토목구조기술사 합격 바이블 제3판 <sup>4권</sup>

# 강구조

이 책은 기본서 위주의 이론과 최신의 KDS 설계기준과 편람, 학회지 등의 주요 내용을 정리하고 있으며, 기존의 기출 문제를 분석하여 최대한 이론을 바탕으로 작성하였다.

# 토목구조기술사 합격 바이블 제3판 4권

# 강구조

안시준, 최성진 저

# 머리말

인류의 수명이 지금처럼 길어진 10대 요인 중 가장 중요한 요인이 의학의 발전과 더불어 사회 기반시설의 발전이라고 합니다. 상하수도가 놓이면서 오염으로 인한 전염병 등 질병의 전파가 늦어지고, 험한 지형에 교량과 터널을 이용한 도로가 만들어지면서 사람의 이동이 수월해졌습니다. 인류는 모르는 사이에 인류복지를 실현하는 중요한 역할을 토목기술자가 최일선에서 수행하고 있다는 사실을 잊고 있었는지도 모릅니다.

기술은 빠르게 변하고 있습니다. 그 변화의 중심에는 바로 AI(Artificial Intelligence)가 있습니다. 과거에 인간이 만든 모든 피조물은 인간의 명령에 따라 움직였는데 이 AI는 스스로 생각하고 판단한다고 합니다(유발 하라리). 어떻게 하면 구조기술자가 이 변화하는 흐름 속에서 주도적인 역할을 할까? 업종의 경계가 없어지고 업종 간 융복합되고, 심지어 기획-설계(디자인)-홍보-판매-피드백 순의 시간적 흐름도 순서가 없어지는 시대의 한복판에 서 있습니다. 빅데이터, 사물인터넷(Iot), 인공지능, 공간정보 등을 이용하여 기존의 요소기술을 조합한 새로운 업역을 창출해서 우리 구조기술자가 그것들의 플랫폼 역할을 해야 합니다. 부화뇌동할 필요는 없지만 시작은 하여야 하는 시점입니다.

토목구조기술사는 수치적인 감이 있어야 하고 과목도 다양해서 시험 준비가 만만치 않습니다. 과거와 달리 지금은 학원이 있기는 하나 학원에 다닌다고 공부를 잘하는 것이 아니라는 사실은 잘 알고 계실 것입니다. 최소 하루에 4시간 집중해서 6개월은 하셔야 시험을 볼 수 있습니다. 기술사를 취득한다고 해서 많은 것이 달라지지는 않지만, 자기만족이라는 성취감과 자신감이라는 귀한 선물을 얻어 세상을 사는 데 힘이 될 것입니다.

기술사가 되시면 헬기를 타고 아래를 내려보듯 과업 전체를 보시기 바랍니다. 그리고 복잡하다고 생각되시면 목적물의 기능성, 안전성, 미관, 경제성을 차례로 생각하십시오.

개정판을 준비하면서 안시준 님께서 바쁜 가운데에도 장시간에 걸쳐 자료를 수집하고, 바뀐 기준을 정리하는 등 힘든 과정을 거쳐 애써 주신 덕분에 좋은 책이 세상에 나오게 되었습니다. 이 책이 많은 분에게 도움이 되리라 확신합니다.

기술사가 되는 날까지
Never, Never, Never, Give up


2025년 12월
**최 성 진** 올림

# 개정판을 준비하면서

'토목구조기술사'라는 길을 함께 걸어가고자 하는 분들에게 조금이나마 도움이 되고자 하는 마음으로 『토목구조기술사 합격 바이블』을 처음 세상에 선보인 지 벌써 10년이 흘렀습니다.

이 책을 처음 집필하게 된 계기는 방대한 기술사 시험 범위와 자료를 체계적으로 정리한 책이 필요하다는 생각에서 시작되었습니다. 저 또한 수험생 시절, 정리되지 않은 자료 속에서 어려움을 겪으며 '누군가 이 내용을 일목요연하게 정리해 두었더라면 얼마나 좋았을까'라는 생각을 늘 해왔습니다.

이번 3판을 준비하면서 과목별로 정리하다 보니, 과거와 현재의 설계기준이 혼재되어 출제되고 있어 수험생들에게 많은 혼란을 주고 있다는 생각이 들었습니다. 그나마 다행스러운 것은 과거 설계기준 변경에 따른 혼선과 허용응력설계법, 강도설계법, 한계상태설계법의 혼용 문제들이 KDS 기준 체계로 정비되면서 체계적이고 명확하게 정리되어 가고 있다는 점입니다.

이론에서부터 실무에 이르기까지, 전문 기술사를 준비하는 수험생들에게 요구되는 지식과 역량은 더욱 폭넓어지고 있습니다. 단순한 공학적 문제뿐만 아니라, 관계 법령과 기술기준, 신기술, 그리고 제도 변화까지도 폭넓은 이해를 필요로 합니다. 실제 최근 기출문제를 분석해 보면, 구조역학 19%, 철근콘크리트 17%, 프리스트레스트 9%, 강구조 13%, 교량공학 27%, 동역학 및 내진 6%, 가시설 및 지하시설물 등 3%로 구성되어 있으며, 건설기술진흥법, 중대재해처벌법, BIM, CM, 건설사업관리 등 다양한 관계 법령·제도와 관련된 문제도 약 6% 정도 출제되고 있습니다. 특히, 계산문제의 비중은 1교시에서 점차 낮아지고 있으며, 2~4교시 선택 문제로 이동하는 경향을 보이고 있습니다. 또한, KDS 기준의 개정과 새로운 제도 도입에 관련된 문제들도 꾸준히 출제되고 있어, 수험생 여러분께서는 과목별 학습 비중을 잘 조절하여 대비하시기 바랍니다.

기술사라는 길은 언제나 그렇듯 많은 시간과 노력이 필요한 과정입니다. 바쁜 일상과 어려운 환경 속에서도 꿈을 향해 도전하는 모든 수험생께 진심 어린 응원과 찬사를 보냅니다. 지금 흘리고 있는 땀과 노력이 반드시 값진 결실로 돌아오리라 믿습니다. 처음 품었던 목표와 꿈을 끝까지 잊지 마시고, 포기하지 마시기를 바랍니다.

최근의 설계기준에 대한 이론과 출제경향을 반영해 개정한 본 수험서가 부족하나마 수험생 여러분에게 도움이 되기를 바랍니다.

마지막으로, 언제나 저를 인도해주시는 하나님께 감사드리며, 사랑하는 가족의 변함없는 응원에도 이 자리를 빌려 깊은 감사의 마음을 전합니다.

2025년 12월
**안 시 준** 올림

# 차 례

# 강구조물의 성질

# 01 강구조물의 성질

## 01 강재의 특성

### 1. 재료적 특징 <sup>91회/121회</sup>

**【 기출유형 ① 】** 구조재료로서의 강재의 장단점 설명

| 장 점 | 단 점 |
|---|---|
| ① 고강도 재료 | ① 부식에 취약(도장관리 등 유지관리 필요) |
| ② 재료가 균질 → 재료 신뢰성 우수 | ② 내화성 취약(고강도 재료일수록 내화성 취약) |
| ③ 내구성 및 연성 우수 → 극한내하력 증가 | ③ 좌굴의 취약(단면 강성이 작아 좌굴에 취약) |
| ④ 탄성한도 내에 탄성계수 일정 | ④ 내풍성 불리(질량이 작아 장대교일수록 불리) |
| ⑤ 보수보강 용이 | ⑤ 피로 취약(연결 용접부의 피로 취약) |
| ⑥ 사전조립 가능으로 시공속도가 빠름 | ⑥ 처짐 및 진동(강성이 작아 처짐 및 진동 취약) |
| ⑦ 다양한 형상으로 제작 가증 | ⑦ 연결부 취약(볼트 용접 연결로 연결부 응력집중, 피로 |
| ⑧ 연결재 이용으로 시공성 우수 | 등의 문제 → 연결부 검사 필요) |
| ⑨ 재사용이 가능함 | ⑧ 잔류응력(압연 및 열가공으로 인한 소성변형) |

### 2. 구조적 특징 <sup>94회</sup>

**【 기출유형 ① 】** 압연보(Rolled beam)과 판형(plate girder)의 구분과 장단점

1) 용접구조물 : 압연구조물(Rolled Beam)의 제작상의 한계(국내 h ≤ 1800mm, L ≤ 20m)로 인하여 판형(Plate Girder)을 통하여 다양한 형상의 구조물 제작이 가능함

2) 현장 접합으로 시공성 양호

   ① 수송 여건에 맞게 블록으로 제작하여 현장에서 고장력 볼트나 용접을 통해서 연결하여 시공속도가 빠르고 공기단축 용이, 하부구조와 병행시공 가능

② 대형 블록의 공장제작으로 구조물의 장대화 거대화가 가능

③ 현장용접 시 안전율 고려 허용응력 90% 적용

④ 화물차 운반 적재용량을 고려한 구조물 분할계획수립 필요

## 3) 박판 구조로 인한 경량화

① 고강도 강재를 이용하여 박판 구조물로 제작 사용이 다수

② 박판 구조물 사용 시 보강재(수직 수평 보강재 등) 사용 필요

→ 박판 구조물 사용으로 단면의 $I$값을 크게 할 수 있으나 집중하중부위의 전단지연 및 비틀림 등의 문제가 발생하며 국부 좌굴에 대처하기 위해 보강재 설치 필요

③ 박판 구조물 사용으로 구조물의 경량화, 장지간화, 하부구조와 기초의 하중 경감

④ 강도의 증가로 인하여 단면 축소 등으로 강성의 저하 → 진동 및 변형, 피로하중에 대한 검토 필요

⑤ 경량구조로 인하여 부재제작 및 운송, 가설작업이 용이

⑥ 경량구조로 인한 지진, 풍하중, 진동, 소음 등의 영향이 크며 장대교일수록 내풍성능은 취약

## 4) 구조물의 연성능력 향상

① 콘크리트 구조에 비해서 소성거동 능력 향상으로 지진하중에 대해 유리

② 에너지 흡수성능 향상

③ 압축과 인장에 대한 에너지 흡수성능 동등

## 5) 보수 및 보강 개조

① 현장에서의 보수 보강 성능 우수, 개조 용이

② 해체 및 부재의 재사용 가능

## 6) 기타 : 재활용 가능

| 구분 | 압연 구조물(Rolled Beam) | 판형 구조물(Plate Girder) |
|---|---|---|
| 장점 | ① 일체의 압연 구조물 공장 제작으로 연결부가 별도 없어 신뢰성이 높음<br>② 연결부로 인한 부재의 안정성 검토 필요 없음 | ① 크기 규약에 제한 없이 제작이 가능<br>② 두께가 다른 압연판 간 연결가능으로 경제적 단면 제작 가능<br>③ 자유로운 형태의 구조물 제작 가능 |
| 단점 | ① 크기의 제약, 장지간 구조물 제작 어려움<br>② 제작된 기성품의 사용으로 부재별 선택적 단면 적용이 어려움<br>③ 좌굴발생 우려 | 용접이나 고강도 볼트 연결 등 연결부의 불완전 요소에 대한 설계반영이 필요하다.<br>① 용접부의 응력경화<br>② 용접부의 결함, 잔류응력, 응력집중<br>③ 용접부의 취성파괴, 피로파괴<br>④ 잔류응력으로 인한 피로강도, 좌굴강도 저하<br>⑤ 고강도 볼트 연결 시 연결판 등 강재량 증가<br>⑥ 볼트 체결 풀림 등 우려<br>⑦ 볼트 연결 시 지연파괴 우려 |

# 3. 강재의 기계적 성질 95회/100회/103회/119회/121회/125회/128회



외력의 작용을 받아 강재의 변형(Deformation), 파괴 형태(Failure Type) 및 내하력(Load Carrying Capacity)에 대한 성질을 재료의 기계적 성질이라 한다. 강재의 기계적 성질은 구조물의 강도를 결정하는 데 매우 중요한 성질로 응력-변형도 곡선을 이용해 알 수 있다.

## 1) 강재의 응력-변형률 관계

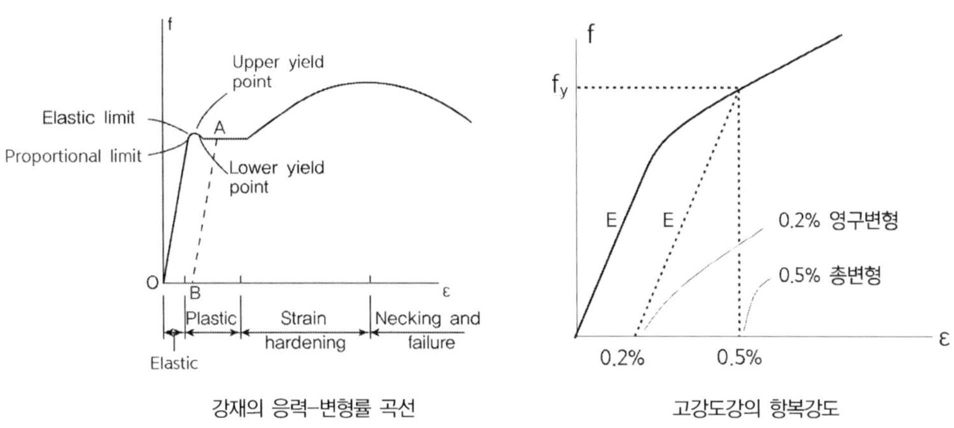


강재의 응력-변형률 곡선   고강도강의 항복강도

① 탄성영역(Elastic) : 응력과 변형도가 탄성관계를 가지는 영역

② 항복영역/소성영역(Plastic) : 응력의 증가없이 변형도만 증가하는 영역

③ 변형률 경화영역(Strain hardening) : 항복영역 이후 변형률이 증가하면서 응력이 비선형적으로 증가하는 영역

④ 파괴영역(Necking and failure) : 변형도는 증가하지만 응력이 오히려 줄어드는 영역으로 네킹 현상으로 단면적이 현저히 감소한다.

⑤ 비례한도(Proportional limit) : 응력과 변형률이 비례하여 선형관계를 유지하는 한계의 응력을 의미하며, 응력과 변형률 사이에 후크의 법칙이 성립된다.

⑥ 탄성한도(Elastic limit) : 하중을 비례한도보다 다소 높은 응력까지 높인 후 하중을 제거하면 원점으로 돌아가지는 지점을 말한다.

⑦ 항복점(Yield point) : 금속재료의 항복점은 응력의 증가 없이 변형도가 크게 증가하기 시작하는 지점의 응력을 말하며 상항복점(Upper yield point)과 하항복점(lower yield point)이 있다.

⑧ 항복강도($F_y$) : 강재의 항복강도는 하항복점을 의미한다. 항복점이 뚜렷하게 보이지 않을 경

우 제하(unloading) 시에 0.2%의 영구 변형률을 가지는 점의 응력을 항복강도로 정의하거나, 0.5%의 총변형률에 해당하는 응력을 항복강도로 정의하기도 한다.

※ 0.2% Offset Method : 항복점이 정확히 정의되지 않은 특성을 가진 강재의 항복점을 정의 도로교 설계 기준에서는 변형률 0.0035를 기준으로 항복응력 산정토록 규정

⑨ 인장강도($F_u$) : 재료가 감당할 수 있는 최대의 응력을 말하며, 재료에 인장하중을 재하하면 하중에 따라 변형이 선형적으로 증가하다가 항복점을 지나 소성변형이 발생되는데 어느 최대 점을 지나면 인장에 의한 단면적의 감소로 인장하중이 감소하다가 파괴되는데 이 인장하중이 최대가 되는 점에서의 응력을 인장강도라고 한다. 인장강도는 인장시험에서 시험편이 받을 수 있는 최대응력으로 변형률 경화영역의 최대응력을 의미한다.

⑩ 항복비(Yield ratio) : 항복비는 인장강도에 대한 항복강도의 비로 정의한다.

⑪ 전단탄성계수(G) : 비례한도 내에서의 전단변형도에 대한 전단응력의 비를 전단탄성계수라 하며 탄성계수와 선형적인 비례관계를 가진다.

⑫ 연성(Ductility) : 재료가 하중을 받아 항복 후 파괴에 이르기까지 소성변형을 할 수 있는 능력으로 파괴까지의 영구변형량을 기준으로 정의한다.

$$\text{Ductility ratio}(\gamma) = \frac{\epsilon_{fracture}}{\epsilon_{elastic}}$$

⑬ 전성(malleability) : 부재의 압축에서 소성변형이 발생할 수 있는 능력을 의미한다.

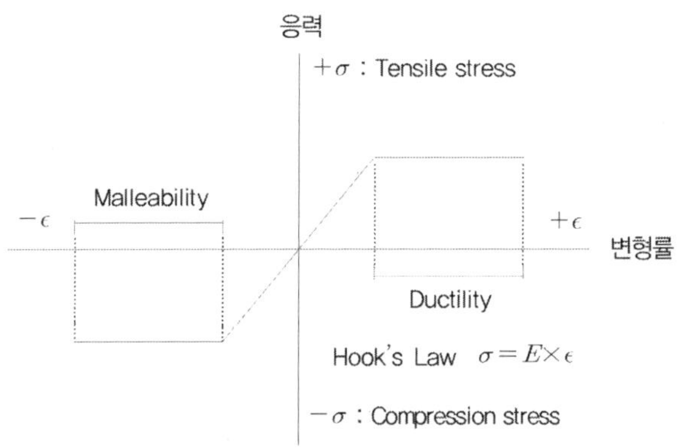


⑭ 경성(Hardness) : 국부적인 압축하중에 대해 소성변형이 없이 견딜 수 있는 능력을 의미한다.

⑮ 연신율 : 인장시험편의 파단 후에 표점 간 거리와 시험 전의 표점 간 거리의 차이를 시험 전의 표점 간 거리에 대한 백분율로 나타낸 것을 말한다.

⑯ 단면수축률 : 인장시험편의 파단 후의 단면적과 시험 전의 단면적의 차이를 시험 전의 단면적의 백분율로 나타낸 것을 말한다.

⑰ 인성(toughness) : 인성은 재료의 변형에너지를 흡수할 수 있는 능력을 의미하며, 응력-변형률 곡선의 면적으로 정의된다. 인성은 재료의 강도와 연성에 의하여 결정된다. 노치인성은 노

치(notch)가 있는 재료의 취성파괴에 대한 저항능력을 의미한다. 낮은 온도나 고속재하의 조건에서 큰 소성변형이 반복적으로 작용하는 경우에는 강재는 충분한 에너지를 흡수하지 못하고 점성도 없이 파괴되는데 이를 파괴인성이라 한다.

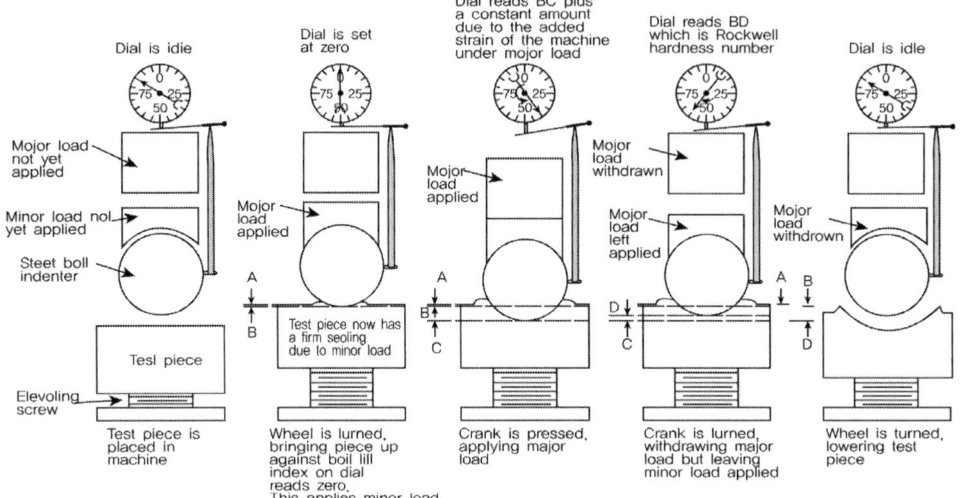


⑱ 충격강도 : 강재에 충격력이 가해지면 정적인 시험에 비해 변형속도가 매우 빠르며 강재가 충분히 변형할 여유가 없이 파괴된다. 연성파괴를 하는 재료도 결함이 있을 경우 충격력을 받으면 취성파괴될 수 있다. 이때의 강도를 충격강도라 하며 샤르피(ahcrpy) 충격시험기를 이용하여 시험한다.

⑲ 취성파괴(Brittle failure) : 소성힌지발생이 없이 갑자기 파괴되는 경우에 취성파괴라고 한다. 취성파괴의 영향인자로는 온도, 재하비율, 응력레벨, 결함의 크기, 판의 두께, 구속조건, 기하학적 조이트 형상 등이 있다.

　※ 판 두께의 효과(thickness effect) : 후판의 경우 비교적 취성적인 특성을 지니는데 이는 3축 응력과 제조과정에서의 열이 식는 비율이 다름 등의 영향을 받기 때문이다.

⑳ 다축상태의 항복강도(Von Mises' Yield Criterion)

In 3D   $\sigma_y^2 = \dfrac{1}{2}\left[(\sigma_1 - \sigma_2)^2 + (\sigma_2 - \sigma_3)^2 + (\sigma_3 - \sigma_1)^2\right]$　　　$\sigma_1,\ \sigma_2,\ \sigma_3$ : 주응력

평면 내의 응력문제로 본다면($\sigma_3 = 0$)　　　$\sigma_y^2 = \sigma_1^2 + \sigma_2^2 - \sigma_1\sigma_2$

순수전단 조건에서는 $\sigma_1 = -\sigma_2 = \tau$　　　$\sigma_y^2 = \sigma_1^2 + \sigma_1^2 - \sigma_1(-\sigma_1) = 3\sigma_1^2$

$$\therefore \tau_y = \sigma_1 = \sigma_y / \sqrt{3} \quad \text{(Shear yield)}$$

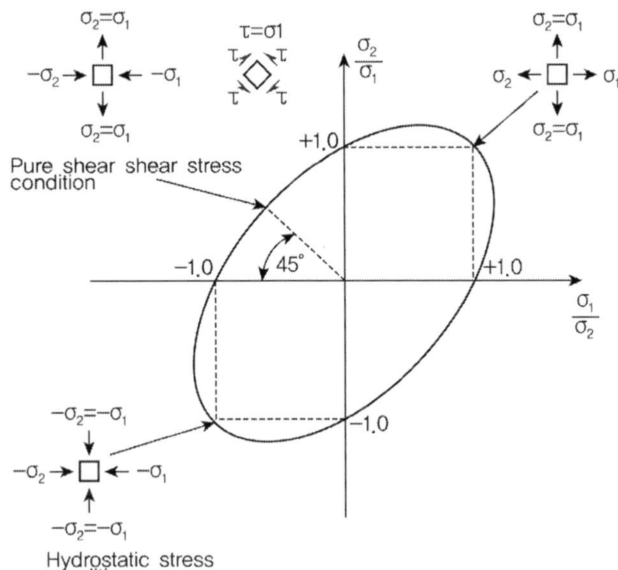



## 2) 기계적 성질에 영향을 미치는 요인

① 작용하중의 종류 : 인장, 압축, 휨 또는 전단의 단독 또는 조합
② 작용하중의 형식 : 정적, 동적, 반복, 충격 또는 지속하중
③ 작용온도 : 저온, 상온 또는 고온
④ 주변환경 : 공기중, 수중, 다습한 환경, 산성 또는 알칼리성 환경
⑤ 지지조건

## 3) 강재의 파괴 형태의 구분

① 연성파괴(Ductile Failure) : 상온하의 정적인 외적 하중재하 시
② 피로파괴(Fatigue Failure) : 외력의 반복재하 시
③ 취성파괴(Brittle Failure) : 저온하의 충격하중 재하 시
④ 크리프 및 릴랙세이션 : 고온하의 지속하중 재하 시
⑤ 지연파괴(Delayed Failure) : 수중, 다습한 환경, 산성 환경하의 지속하중 재하 시 수소취화
⑥ 응력부식(Stress Corrosion) : 알칼리 환경하의 지속하중 재하 시

## 4. 강재의 화학적 성질

강재의 주요 구성인자에 따른 강도, 연성, 인성, 부식, 충격저항성능 등에 관한 성질로 화학적 성질이나 첨가량에 따라 강재를 탄소강, 합금강, 열처리강, TMCP, HSB 등으로 구분할 수 있다.

### 1) 강재를 구성하는 주요 성분

| 종류 | 함유량 | 특성 |
|---|---|---|
| 철(Fe) | 98% 이상 | 강재의 거의 대부분을 차지하는 구성요소 |
| 탄소(C) | 0.04~2.0% | 탄소량이 커지면 강도가 증가, 취성 증가, 인장강도 및 항복점, 경도가 증가하나 연성, 인성(fracture toughness)은 감소한다. |
| 망간(Mn) | 0.5~1.7% | 담금질(quenching)이 잘 되고 강도와 인성을 높인다. |
| 크롬(Cr) | 0.1~0.9% | 부식 방지, 스테인레스강의 주요 성분 |
| 실리콘(Si) | 0.4% 이하 | 항복점이 높아지며 주요 탈산제 |
| 구리(Cu) | 0.2% 이하 | 강재의 주요한 부식 방지제 |
| 인(P) | 0.05% 이하 | 취성은 증대하나 충격치를 저하시킴 |
| 황(S) | 0.05% 이하 | 취성은 증대하나 충격치를 저하시킴 |

### 2) 화학적 성질에 따른 구조용 강재별 특징

① 탄소강(Carbon steels) : 가격이 싸고 성질이 우수하여 가장 많이 쓰이는 강재로 탄소량이 증가하면 강도는 증가하나 인성이 감소한다. 탄소강의 성분 중에서 인성과 용접성에 나쁜 영향을 미치는 황과 인 성분을 억제해야 한다. 탄소강은 탄소 함유량에 따라 구분되며 주로 연탄소강이 구조용 강재로 쓰인다.

   ※ 저탄소강 (0.15% 미만), 연탄소강(0.15~0.29%, 구조용 강재 SS400급), 중탄소강(0.30~0.59%), 고탄소강(0.6~1.7%)

② 고강도 저합금강(High-strength low alloy steels) : 탄소강의 단점을 보완해 고강도와 인성 및 용접성을 동시에 확보하기 위해 개발된 강재로, 망간과 탄소의 증가 대신 합금원소(Cb, Mo, V 등)를 첨가하여 고강도이면서 인성감소를 억제하고 적절한 용접성을 확보한다.

③ 열처리강/QT강(High-strength quenched and tempered alloy steels) : 담금질(quenching)과 뜨임(tempering)의 열처리를 통해 얻어진 고강도강으로 강성증진, 안정된 조직에 근접되어 잔류응력이 감소하고 강재의 인성을 증가시킨다.

   ※ 담금질(quenching) : 가열한 후 급냉하여 강의 조직변화를 꾀하는 강도와 경도 향상 작업
   뜨임(tempering) : 안정된 조직으로 근접시키는 동시에 잔류응력 감소목적으로 적당한 온도를 가열 냉각시켜 강재의 인성을 증가시키는 작업

④ TMCP(Thermo mechanical control process steels) : 구조물의 고층화, 대형화에 따라 용접성, 내진성이 우수한 극후판 고강재로 압연 가공과정 중 열처리 공정을 동시에 처리한다. 제어열처리강이라고 하며 소성가공과 열처리를 결합하여 적은 탄소량 함유로 용접성이 우수하고 소성변형 능력이 뛰어나 장대교량에 적합하다. 주로 후판적용 시에도 안정된 조직으로 인해서

항복강도를 저하할 필요가 없어 40mm 이상의 후판의 대용으로 적용된다.

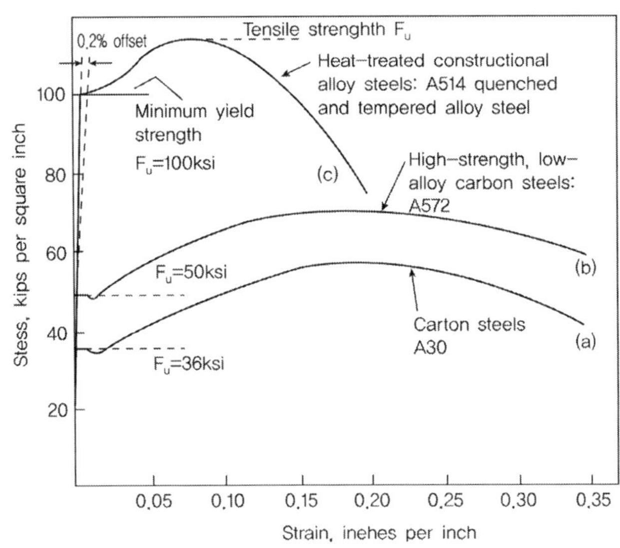



3) 탄소강의 제조방법에 따른 분류

① 킬드강(Killed steel) : 탈산제로 기포가 생기는 것을 방지하여 화학성분과 재질의 균질성이 우
수하나 고가인 강
② 세미킬드강(Semi-killed steel) : 림드강과 킬드강의 중간에 속하는 킬드강에 가까운 림드강
③ 캡드강(Capped steel) : 탈산제 주입방법과 시기를 조절하여 만들어진 강으로 림드강과 킬드강
의 중간에 속하는 킬드강에 가까운 림드강
④ 림드강(Rimmed steel) : 불완전 탈산된 강으로 50~70mm 정도 테(Rim층)가 생기는 강으로 내
부에 기포가 많이 생기고 겉도 불균일한 강


## 5. 강재의 내화성 104회/134회/136회



강재는 압축, 인장, 전단에 대하여는 뛰어난 강도를 유지하지만 고열을 받으면 강도가 저하되어
내화성에 취약하다. 탄소강의 경우 강도는 200~300°C에서 상온의 강도보다는 증가하나 500°C에
서는 연화하여 상온의 강도에 50% 정도가 되고 600°C에서는 30%, 1000°C에서는 강도를 모두 잃
으며 1400~1500°C에서는 용융된다. 탄소강을 구조재로 사용할 경우 내화피복을 하는 것이 효과
적이다.

1) 고온에서의 거동 : 용접이나 화재와 같이 고온에 노출된 경우 인장강도($F_u$), 항복강도($F_y$), 탄성 계수(E)가 변화된다. 200℃를 초과하면 비선형적인 특성을 나타내며 500℃ 이상에서는 심한 변화 가 발생된다.

   (1) 고탄소강의 경우 200°F(93℃) 이상에서 응력-변형률 곡선이 비선형을 보인다.
   (2) 탄성계수($E$), 항복응력($\sigma_y$), 극한응력($\sigma_u$)이 감소한다.
   (3) 변형률 시효(Strain aging)로 인해서 430℃ < T < 540℃에서 상대적으로 항복응력($\sigma_y$), 극한응력($\sigma_u$)이 증가한다.

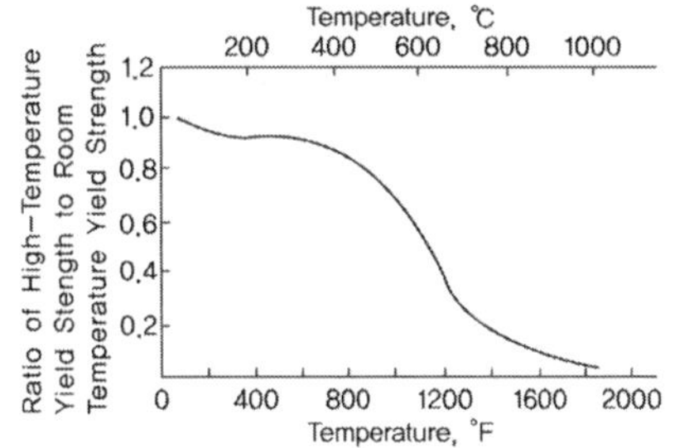

(a) Average Effect of Temperature on Yield Strength

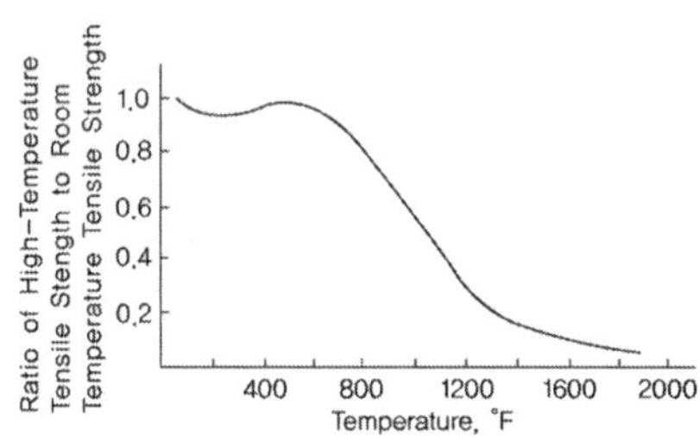

(b) Average Effect of Temperature on Tensile Strength

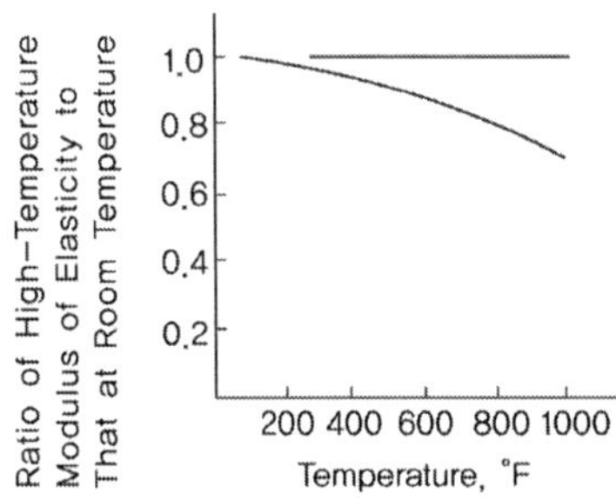

(c) Typical Effect of Temperature on Modulus of Elasticity

2) 저온에서의 거동(변형률 경화) : 일반적인 강재는 온도가 낮아짐에 따라 인장강도, 항복점, 탄성계 수는 증가하며 연성, 단면수축 인성은 급격히 감소한다. 또한 천이온도 이하에서는 물리적인 성질 이 바뀌며 노치나 균열 등의 결함이 있는 부재에 충격하중이 작용하면 연성과 인성이 감소되기 때 문에 변형능력이 줄어들어(변형률 경화) 취성파괴가 발생하기 쉽다.

   (1) D점에서 재재하 시 항복응력 증가(변형률 경화, 잔여 연성은 감소)
   (2) 변형시효(strain aging : 냉간 가공한 강을 실내온도로 방치하면 시간과 함께 경도의 증가, 연신율의 증가, 충격치의 저하 등이 일어나는 것)로 저온에서 항복강도($\sigma_y$)가 다소 증가하 기도 하나 연성은 감소, 취성파괴

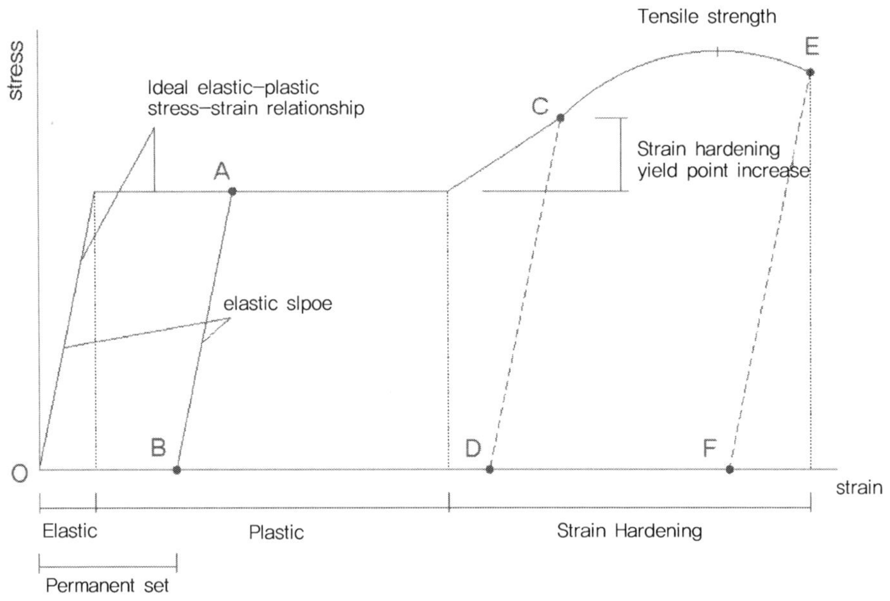


## 6. 강재의 내구성(교량편 강교의 피로/부식/파괴 참조) [97회]

**【 기출유형 ① 】** 강재의 내구성 향상을 위해 설계 시 고려사항

강재는 습한 상태나 수중에서 물의 분해에 의해서 전해작용을 일으켜 표면에 빨간색 녹이 생긴다. 습기 또는 수중에 탄산가스가 존재하면 이 부식작용이 더욱 촉진된다. 따라서 강재의 부식 방지를 위해서 도료나 기타, 다른 재료로 표면에 피막을 만들든지 모르타르나 콘크리트로 피복을 하여야 한다.

강구조물의 내구성을 향상시키기 위해서 설계 시 고려할 사항으로는 구조상의 유의사항과 강 자체의 방청기법의 선택으로 나누어 생각할 수 있다.

1) 구조상 유의사항

① 강형교에서 병렬하는 주형 간의 강성차가 클 경우 노면의 상판에 윤하중 재하 시의 변형차에 의해서 손상이 발생할 수 있으며 분배거더 또는 대경구와 주형과의 연결부의 피로에 의한 균열이 발생하는 경우도 있다. 따라서 반복 재하되는 윤하중에 대해 주형 전체가 균등하게 저항할 수 있도록 병렬하는 주형간의 강성차를 적정하도록 유지하는 설계상의 배려가 필요하다.

② 교량에서의 취약점은 신축이음 장치로 통행 차량에 의한 소음 진동이나 누수로 인한 국부적인 부식이 문제가 된다. 이러한 신축이음 장치의 보수에는 많은 비용이 소요되며 보수기간 중의 통행차량의 정체 등 많은 문제점이 있다. 따라서 주위 환경이나 구조물의 중요도에 따른 적절

한 신축이음 장치의 선택은 매우 중요한 사항이다.

③ 강상형 및 강재 교각의 내부로의 우수의 침입이나 결로 현상에 의한 부식은 강구조물의 내구
성에 심각한 영향을 미칠 수 있으므로 적절한 배수 시설의 설치가 필요하다.

④ 근래 구조물 안전진단 결과 용접부의 결함에 의한 응력 집중 및 피로 파괴 등이 많이 발견되고
있다. 이러한 용접부의 품질관리나 시공 후의 비파괴 검사 등은 매우 어렵다는 문제점이 있다.
따라서 용접위치의 선정에 주의를 기울여야 하며 용접 이음부의 개소를 줄이는 등의 배려가
필요하다.

## 2) 강재 자체의 방청기법 적용

강구조물의 내구성을 향상시키기 위해서는 주변 환경과 기후조건 등을 고려한 적절한 방청기법의
선택이 중요하다.

① 강재표면 도장 처리 : 강구조물에서 사용되는 가장 일반적인 방법으로서 통상 방청 효과의 지
속기간이 10년 이하이므로 반복적인 도장작업이 필요하다. 근래 재료적인 면에서의 비약적인
발달에 의해 장기간의 도장막이 보존되는 영구도장 등이 개발되어 있으나 이의 채용을 위해서
는 충분한 조사, 연구가 필요하다.

② 강재표면의 도금 처리 : 도금재료로는 통상 아연도금이 사용되고 있으며 도장막에 비하여 방청
력이 우수한 장점이 있으나 도금조의 크기가 한정되어 있으므로 20m 이상의 교량은 분할 시
공을 해야 하며 분할 시공 시 접합부의 처리방법에 문제가 있다. 또한 그 색조가 한정되어 있
으므로 일반적으로는 사용되지 않는다.

③ 내후성 강재 사용 : 내후성 강재는 강재의 표면에 미리 녹을 발생시켜서 외부와 강재 표면을 차
단시켜 부식을 방지하고 강재로서 도장이나 도금의 필요는 없으나, 습윤상태로 되는 경우가
많은 장소 또는 염분입자의 비산범위 내에 있는 장소에서는 사용할 수 없다는 사용 환경상의
제약이 있다.

강재의 특성

강재의 장단점에 대하여 설명하시오.

## 풀 이

### ▶ 강재의 특성

구조재료로 사용되는 강재는 압연이나 용접구조물 형식으로 다양한 형상의 구조물의 제작이 가능하고 현장 접합으로 시공성이 양호하며 박판구조로 인한 경량화와 연성능력도 가지고 있는 구조적 특성을 가지는 재료로 다양한 분야에서 사용되고 있다.

① 용접구조물로 다양한 형상의 구조물 제작이 가능하다.

② 용접이나 볼트를 이용해 현장에서 접합이 가능해 시공성이 양호하다.

③ 고강도 강재를 이용하여 박판 구조물로 경량화가 가능하다.

④ 콘크리트 구조에 비해서 연성능력이 높고 소성거동 능력이 향상되어 지진하중에 대해 유리하다.

⑤ 현장에서의 보수 보강 성능 우수하며, 개조가 용이하다.

⑥ 재활용이 가능하다.

### ▶ 강재의 장단점

1) 장점 : 고강도의 재료인 강재는 재료가 균질하고 내구성과 연성이 우수한 등의 특성을 가진다.

2) 단점 : 부식이나 내화성, 좌굴 등에는 취약하며, 사용 시에 적정한 설계 검토와 도장, 보강재 등을 사용해 보완해야 한다.

| 장 점 | 단 점 |
|---|---|
| ① 고강도재료 | ① 부식에 취약(도장관리 등 유지관리 필요) |
| ② 재료가 균질 → 재료 신뢰성 우수 | ② 내화성 취약(고강도 재료일수록 내화성 취약) |
| ③ 내구성 및 연성 우수 → 극한내하력 증가 | ③ 좌굴에 취약(단면 강성이 작아 좌굴에 취약) |
| ④ 탄성한도 내에 탄성계수 일정 | ④ 내풍성 불리(질량이 작아 장대교일수록 불리) |
| ⑤ 보수보강 용이 | ⑤ 피로 취약(연결 용접부의 피로 취약) |
| ⑥ 사전조립 가능으로 시공속도가 빠름 | ⑥ 처짐 및 진동(강성이 작아 처짐 및 진동취약) |
| ⑦ 다양한 형상으로 제작 가증 | ⑦ 연결부 취약(볼트 용접 연결로 연결부 응력집중, 피로 등의 문제 → 연결부 검사 필요) |
| ⑧ 연결재 이용으로 시공성 우수 | ⑧ 잔류응력(압연 및 열가공으로 인한 소성변형) |
| ⑨ 재사용이 가능함 | |

## 강재의 인성과 연성

강재의 인성(Toughness)과 연성(Ductility)에 대하여 설명하시오.

### 풀 이

> ### 개요

강재의 응력과 변형률은 탄성, 소성, 변형률 경화, 파괴영역으로 구분되며, 이러한 기계적 성질은
강재의 변형(Deformation), 파괴 형태(Failure Type) 및 내하력(Load Carrying Capacity)에 관한
성질을 결정하는 데 중요한 역할을 한다. 강재의 기계적 성질 중 연성은 소성변형을 할 수 있는
능력이며, 인성은 재료의 변형에너지를 흡수할 수 있는 능력을 의미한다.

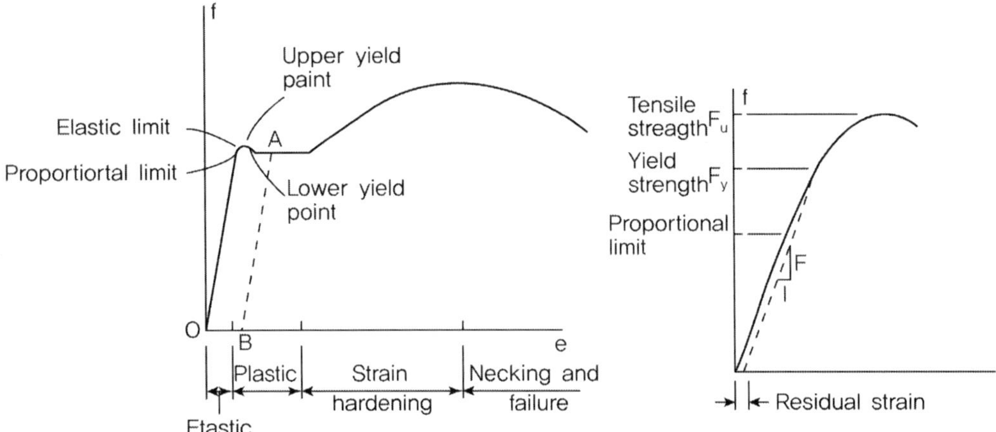


> ### 인성과 연성

1) 인성(Toughness) : 인성은 재료의 변형에너지를 흡수할 수 있는 능력을 의미하며, 응력-변형률 곡
   선의 면적으로 정의된다. 인성은 재료의 강도와 연성에 의하여 결정된다. 노치인성은 노치(notch)
   가 있는 재료의 취성파괴에 대한 저항능력을 의미한다. 낮은 온도나 고속재하의 조건에서 큰 소성변
   형이 반복적으로 작용하는 경우에는 강재는 충분한 에너지를 흡수하지 못하고 점성도 없이 파괴되
   는 데 이를 파괴인성이라 한다.

2) 연성(Ductility) : 재료가 하중을 받아 항복 후 파괴에 이르기까지 소성변형을 할 수 있는 능력으로
   파괴까지의 영구변형량을 기준으로 정의한다. 강구조물에서 나타나는 대표적인 파괴 형태로 강재
   가 탄성체에서 소성상태를 거쳐 파단에 이르는 과정을 연성파괴라고 하며, 저강도 강재일수록 신장

능력이 커서(항복비가 작아서) 강재파단 시 신장에 의한 에너지 흡수성능이 크다.

$$\text{Ductility ratio}(\gamma) = \frac{\epsilon_{fracture}}{\epsilon_{elastic}}$$

## ▶ 강재의 인성요구 조건

강재의 인성(Material Toughness)은 파괴에 저항하는 강재의 능력을 의미하며, 재료가 파괴될 때까지 견디는 변형에 대한 수용능력으로 평가될 수 있다. 축방향 인장을 받는 부재의 인성은 응력변형률 곡선의 하부 면적에 해당한다. 노치의 인성은 샤르피노치 테스트를 통해서 측정한다. 일반적으로 강재는 타 재료에 비해 고강도로 우수한 연성을 가지며 극한 내하력이 높고 인성이 커 충격에 강하며 조립이 용이한 특징을 가진다. 그러나 강재는 저온에서 취성파괴의 특성이 있기 때문에 국내 도로교설계기준에서는 강재의 인성요구조건을 별도로 제시하기도 하였다. 강재의 인성은 연성파괴를 유도하는 중요한 인자이기 때문에 별도의 고인성강으로 제작하기도 한다. 일반 강의 경우 냉간 휨가공 시 인성저하를 방지하기 위해서 내측 휨반경이라는 제약조건을 두고 있고 저온상태에서의 취성파괴의 위험성 때문에 한냉 지역에서의 사용이 제한된다. 국내 도로교설계기준에서는 강재의 인성요구조건을 국내 강재의 인성기준이 사용 환경에 대한 고려가 없던 것을 전국을 최저 공용온도에 따라 3개 지역으로 구분하고 강도등급 및 인성규격에 따라 강종별로 교량이 건설되는 지역의 최저 공용온도에 따라 최대 허용 판두께를 제시하고 있다.

## 강재의 특징

강재의 항복강도, 연신율, 연성 및 연성지수에 대하여 설명하시오.

**풀 이**

### ▶ 개요

강재가 외력의 작용을 받아 변형(Deformation), 파괴 형태(Failure Type) 및 내하력(Load Carrying Capacity)에 대한 성질을 기계적 성질이라 하며, 강재의 기계적 성질은 응력-변형률 곡선을 이용해 표현된다. 강재는 연성적 재료로 항복후 파괴에 이르기까지 소성변형을 할 수 있는 능력이 다른 재료에 비해 매우 높다. 이러한 재료의 연성능력을 비교할 때 연성, 연신율, 연성지수 등을 이용한다.

### ▶ 강재의 항복강도, 연신율, 연성 및 연성지수

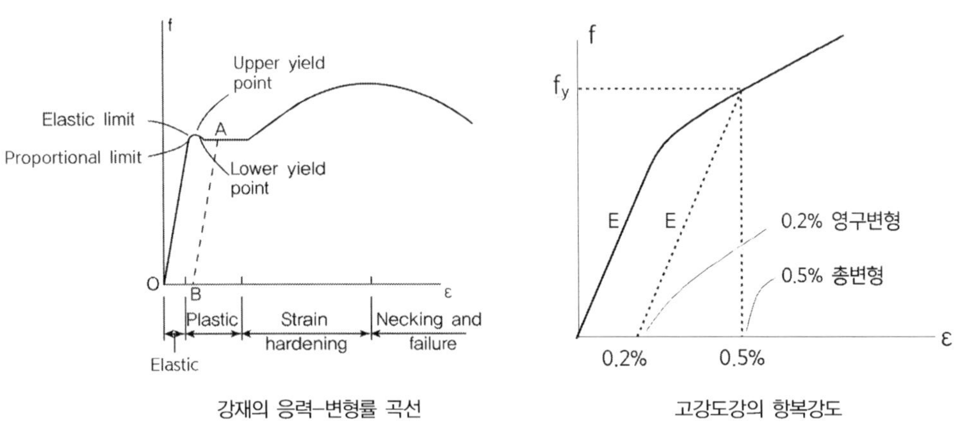


강재의 응력-변형률 곡선          고강도강의 항복강도

① 항복강도($F_y$) : 강재의 항복강도는 하항복점을 의미한다. 항복점이 뚜렷하게 보이지 않을 경우 제하(unloading) 시에 0.2%의 영구 변형률을 가지는 점의 응력을 항복강도로 정의하거나, 0.5%의 총변형률에 해당하는 응력을 항복강도로 정의하기도 한다.

　※ 0.2% Offset Method : 항복점이 정확히 정의되지 않은 특성을 가진 강재의 항복점을 정의 도로교 설계 기준에서는 변형률 0.0035를 기준으로 항복응력 산정토록 규정

② 연신율 : 인장시험편의 파단 후에 표점 간 거리와 시험 전의 표점 간 거리의 차이를 시험 전의 표점 간 거리에 대한 백분율로 나타낸 것을 말한다.

③ 연성(Ductility) : 재료가 하중을 받아 항복 후 파괴에 이르기까지 소성변형을 할 수 있는 능력

으로 파괴까지의 영구변형량을 기준으로 정의한다.

④ 연성지수 : 연성 능력을 표현할 때 사용되며 파괴 시 변형과 항복 시 변형의 비를 나타낸다.

$$\text{Ductility ratio, Ductility Index}(\gamma) = \frac{\epsilon_{fracture}}{\epsilon_{elastic}}$$



① 탄성영역(Elastic) : 응력과 변형도가 탄성관계를 가지는 영역

② 항복영역/소성영역(Plastic) : 응력의 증가없이 변형도만 증가하는 영역

③ 변형률 경화영역(Strain hardening) : 항복영역 이후 변형률이 증가하면서 응력이 비선형적으로 증가하는 영역

④ 파괴영역(Necking and failure) : 변형도는 증가하지만 응력이 오히려 줄어드는 영역으로 네킹 현상으로 단면적이 현저히 감소한다.

⑤ 비례한도(Proportional limit) : 응력과 변형률이 비례하여 선형관계를 유지하는 한계의 응력을 의미하며, 응력과 변형률 사이에 후크의 법칙이 성립된다.

⑥ 탄성한도(Elastic limit) : 하중을 비례한도보다 다소 높은 응력까지 높인 후 하중을 제거하면 원점으로 돌아가지는 지점을 말한다.

⑦ 항복점(Yield point) : 금속재료의 항복점은 응력의 증가 없이 변형도가 크게 증가하기 시작하는 지점의 응력을 말하며 상항복점(Upper yield point)과 하항복점(lower yield point)이 있다.

⑧ 인장강도($F_u$) : 재료가 감당할 수 있는 최대의 응력을 말하며, 재료에 인장하중을 재하하면 하중에 따라 변형이 선형적으로 증가하다가 항복점을 지나 소성변형이 발생되는데 어느 최대점을 지나면 인장에 의한 단면적의 감소로 인장하중이 감소하다가 파괴되는데 이 인장하중이 최대가 되는 점에서의 응력을 인장강도라고 한다. 인장강도는 인장시험에서 시험편이 받을 수 있는 최대응력으로 변형률 경화영역의 최대응력을 의미한다.

⑨ 항복비(Yield ratio) : 항복비는 인장강도에 대한 항복강도의 비로 정의한다.

⑩ 전단탄성계수(G) : 비례한도 내에서의 전단변형도에 대한 전단응력의 비를 전단탄성계수라 하며 탄성계수와 선형적인 비례관계를 가진다.

⑪ 전성(malleability) : 부재의 압축에서 소성변형이 발생할 수 있는 능력을 의미한다.

⑫ 경성(Hardness) : 국부적인 압축하중에 대해 소성변형이 없이 견딜 수 있는 능력을 의미한다.

⑬ 단면수축율 : 인장시험편의 파단 후의 단면적과 시험 전의 단면적의 차이를 시험 전의 단면적의 백분율로 나타낸 것을 말한다.

⑭ 인성(toughness) : 인성은 재료의 변형에너지를 흡수할 수 있는 능력을 의미하며, 응력-변형률 곡선의 면적으로 정의된다. 인성은 재료의 강도와 연성에 의하여 결정된다. 노치인성은 노치(notch)가 있는 재료의 취성파괴에 대한 저항능력을 의미한다. 낮은 온도나 고속재하의 조건에서 큰 소성변형이 반복적으로 작용하는 경우에는 강재는 충분한 에너지를 흡수하지 못하고 점성도 없이 파괴되는데 이를 파괴인성이라 한다.

응력이력곡선

구조용 강재의 응력이력곡선

**풀 이**

## ➤ 개요

강재의 응력이력곡선(Hysteresis Loop)은 하중이 반복적으로 재하할 때와 제거할 때의 강재 재료의 물리적 응답의 경로를 그린 그림을 의미한다. 응력이력곡선은 통상적으로 피로에 대한 평가나 강재의 소성변형모델 등에서 주로 사용된다. 강재에 힘을 점진적으로 작용시키면 비례한도(proportional limit)라 불리는 응력 값까지는 강재의 늘어난 변형률(strain)과 내부 저항력인 응력(stress)은 비례 관계에 있다. 그리고 이 지점보다 더 큰 힘을 가하게 되면 항복점(yielding point)이라 불리는 응력 값에 도달하여 힘을 제거하여도 물체는 어느 정도 영구적인 변형을 일으킨다. 이론적으로 항복 값은 물체가 잡아당기는 힘을 받을 때나 압축시키는 힘을 받는 두 경우에 있어 동일한 크기여야 한다. 하지만 바우싱거 효과(Bauschinger effect)로 인해 항복점을 초과하여 하중을 가한 다음 역으로 압축시키는 교변하중을 받는 경우, 압축하중에 의한 항복은 이론적인 항복 값보다 낮은 압축응력에서 발생한다.

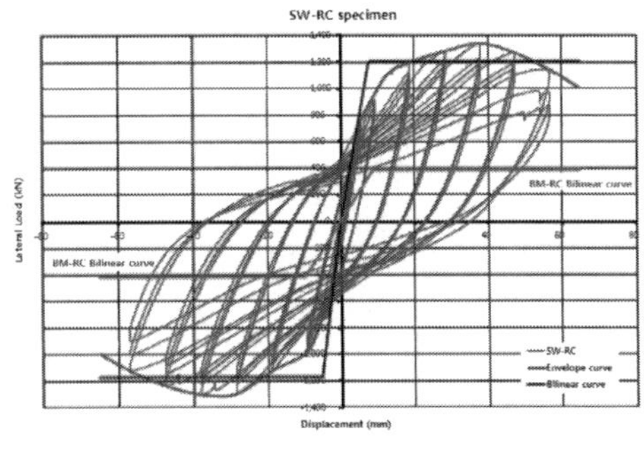

응력이력곡선(Hysteresis Loop) 예시

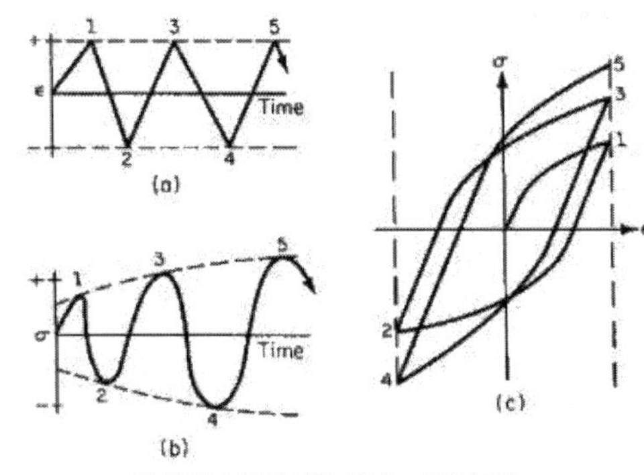

반복하중 바우싱거 효과 - 변형강화

## ➤ 응력이력곡선의 활용

1) 피로설계 S-N선도 : 구조물에 반복하중 작용 시 구조물의 응력 집중부에 소성변형으로 균열이 발생, 진전, 파괴되는 현상을 피로파괴라 하며, 상대적으로 아주 작은 하중에서 파괴된다. 피로발생에는 응력의 반복, 인장응력, 소성변형이 동시에 존재하는 것이 필요조건이 된다. S-N선도는 피로설계를 위해 응력 S와 반복횟수 N을 log 도표에 나타낸 것으로 응력을 반복횟수에 따라 표현한 일종의

응력이력곡선의 한 범주로 볼 수 있다.

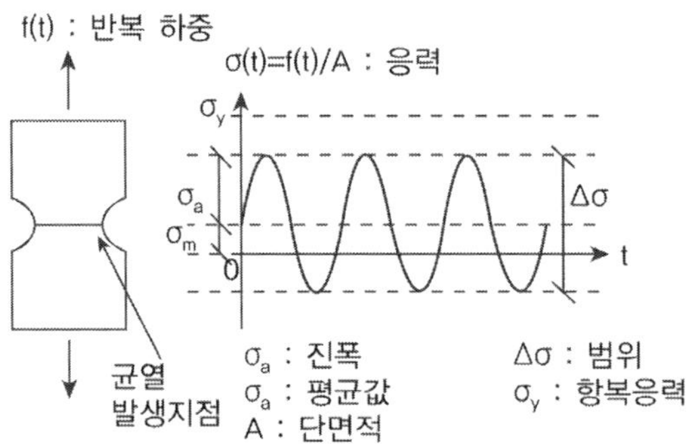


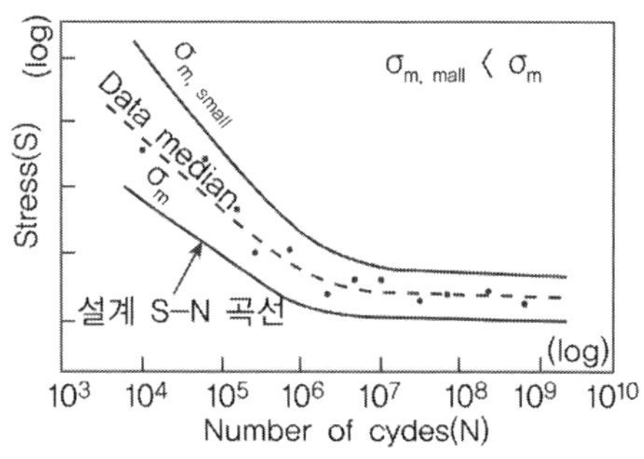


2) 반복소성모델 : 구조물의 소성 후 거동까지 확인하기 위해 반복하중에 의한 강재의 변형강화 등을 고려한 탄성-소성모델을 만드는 데에도 응력이력곡선이 이용된다.

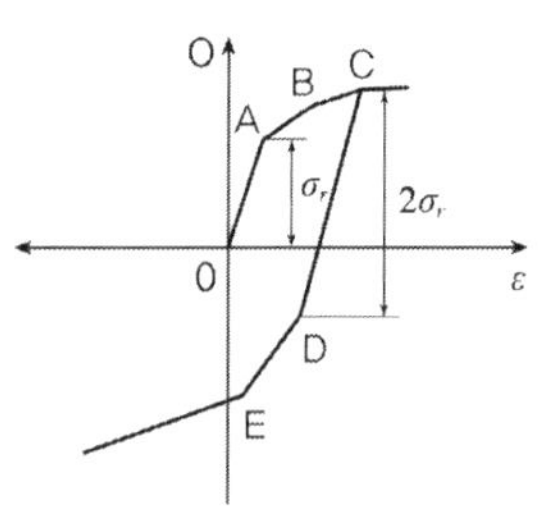


Masing 모델

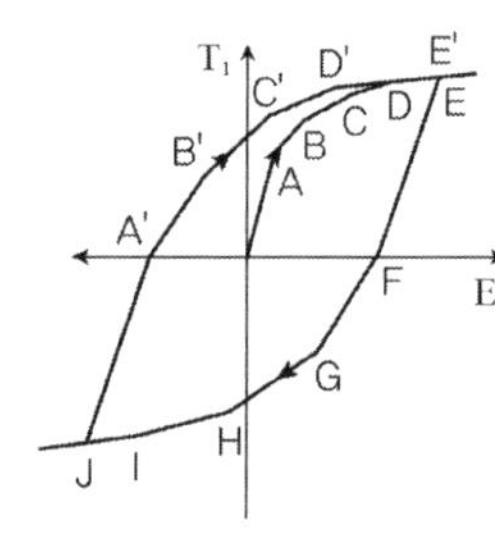


Mroz 모델

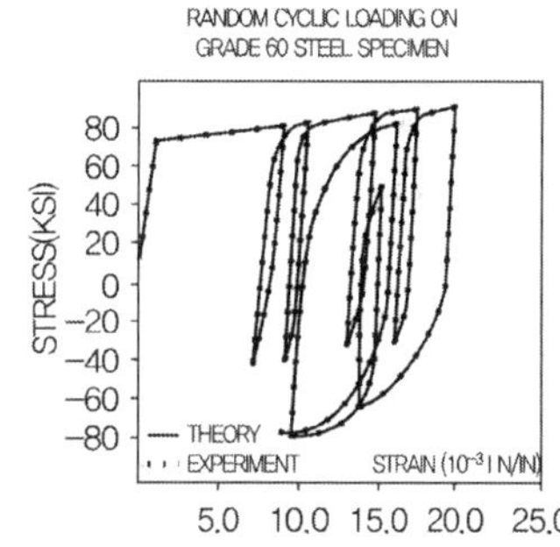


Dafalias−Popov 모델

## 강재의 온도변화 성질

온도변화에 따른 강재의 성질 변화에 대하여 설명하시오.

**풀 이**

### ➤ 개요

강재는 압축, 인장, 전단에 대하여는 뛰어난 강도를 유지하지만 온도변화에 따라 강도가 저하되거나 변형률이 경화되는 성질변화를 보인다. 화재와 같은 고열을 받으면 강재의 강도가 저하되어 내화성에 취약해지며, 저온에서는 인성은 급격히 감소하며 취성파괴의 특성을 가지게 된다.

### ➤ 온도변화에 따른 강재의 성질 변화

1) 고온에서의 거동

용접이나 화재와 같이 고온에 노출된 경우 인장강도($F_u$), 항복강도($F_y$), 탄성계수(E)가 변화된다. 200°C를 초과하면 비선형적인 특성을 나타내며 500°C 이상에서는 심한 변화가 발생된다.

① 고탄소강의 경우 200°F(93°C) 이상에서 응력-변형률 곡선이 비선형을 보인다.
② 탄성계수($E$), 항복응력($\sigma_y$), 극한응력($\sigma_u$)가 감소한다.
③ 변형률 시효(Strain aging)로 인해서 430°C < T < 540°C에서 상대적으로 항복응력($\sigma_y$), 극한응력($\sigma_u$)이 증가한다.

2) 저온에서의 거동

일반적인 강재는 온도가 낮아짐에 따라 인장강도, 항복점, 탄성계수는 증가하며 연성, 단면수축 인성은 급격히 감소한다. 또한 천이온도 이하에서는 물리적인 성질이 바뀌며 노치나 균열 등의 결함이 있는 부재에 충격하중이 작용하면 연성과 인성이 감소되기 때문에 변형능력이 줄어들어 (변형률 경화) 취성파괴가 발생하기 쉽다.

① Strain hardening 구간에서 unloading 후 재 재하 시 항복응력 증가(변형률 경화, 잔여 연성은 감소)
② 변형시효(strain aging : 냉간 가공한 강을 실내온도로 방치하면 시간과 함께 경도의 증가, 연신율의 증가, 충격치의 저하 등이 일어나는 것)로 저온에서 항복강도($\sigma_y$)가 다소 증가하기도 하나 연성은 감소, 취성파괴

### 강교의 화재손상

화재로 손상을 입은 강교의 조사방법, 고온에 따라 발생하는 강교 손상 및 강교 부재 변형의 평가에 대한 기술적 대책에 대하여 기술하시오.

### 풀 이

**화재손상에 대한 구조물의 위험도 평가(2013, 한국도로공사)**

#### ▶ 개요

교량의 하부에서의 화재나 가스관 폭발과 같은 고온에 의해서 강교가 손상을 받게 되면 부재의 강도가 저하되는 현상이 발생된다. 일반적으로 고온에서의 강재의 거동은 다음과 같은 특징을 가진다.

(1) 고탄소강의 경우 200°F(93°C) 이상에서 응력–변형률 곡선이 비선형을 보인다.

(2) 탄성계수($E$), 항복응력($\sigma_y$), 극한응력($\sigma_u$)이 감소한다.

(3) 변형률 시효(Strain aging)로 인해서 430°C < T < 540°C에서 상대적으로 항복응력($\sigma_y$), 극한응력($\sigma_u$)이 증가한다.

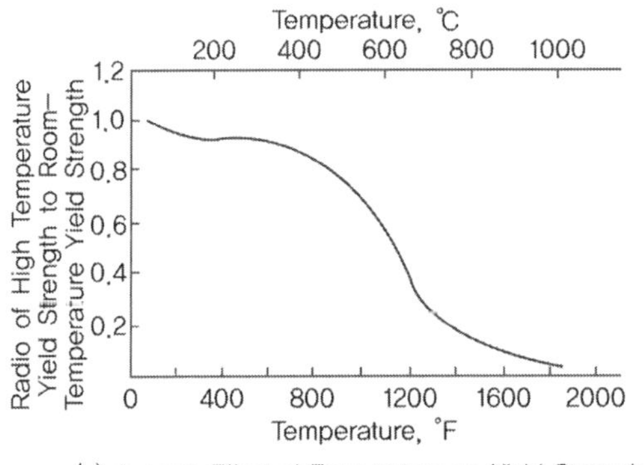

(a) Average Effect of Temperature on Yield Strength

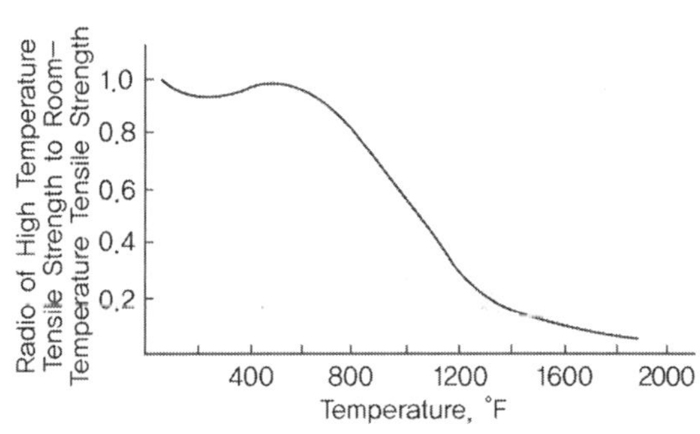

(b) Average Effect of Temperature on Tensile Strength

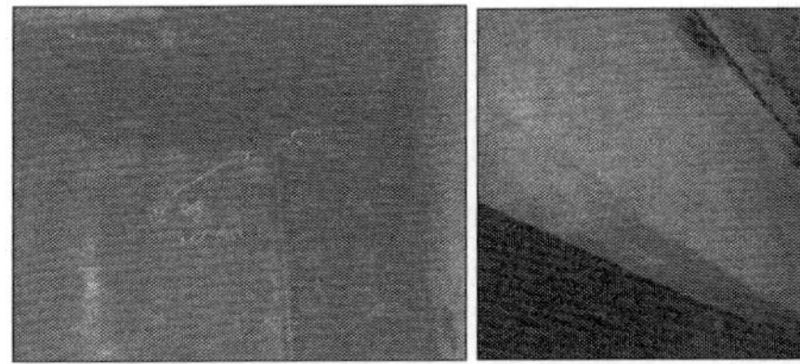

강교 하부 화재로 연결상세부 균열, 가로보 좌굴

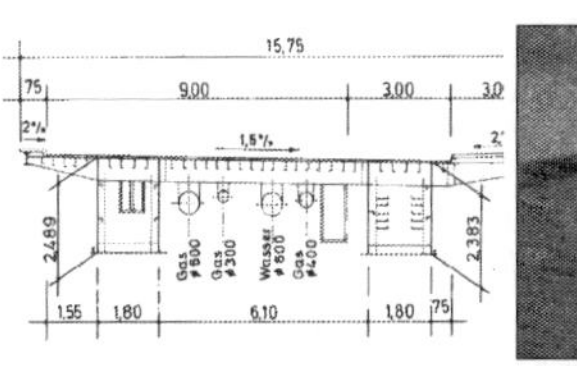

GAS관폭발로 인한 상부리브 좌굴

국내 교량 화재 사례 및 손상 유형

| 교량명 | 발생일시 | 화재원인 | 교량재료 | 손상 및 보수 |
|---|---|---|---|---|
| 안성 JCT | '03.5 | 교량 상부 트럭 추돌사고로 화재 발생 | 강재박스거더+콘크리트바닥판 연속교 | 바닥판 손상 및 강재거더 복부판 좌굴 |
| 서해대교 | '06.6 | 교량 상부 화물트럭 등 29중 충돌사고로 폭발, 화재 발생 | PSC 박스거더 | 바닥판, 방호벽 등의 시설물 손상 |
| 굴현대교 | '10.2 | 교량 하부 불법적재물 화재 | 강재거더+강상판교량+콘크리트 교각 | 콘크리트 교각 손상 및 박스거더 복부판, 가로보 좌굴 |
| 부천고가교 | '10.12 | 교량 하부 불법주차 유조 탱크로리 화재 | 강재박스거더+콘크리트바닥판 연속교 | 교량처짐, 거더의 균열 및 좌굴발생, 손상 구간 철거 및 재가설 |
| ○○고가교(철도) | '10.12 | 교량 인근 쇼파공장 화재로 교량 하부 적치된 콘테이너 등 전소 | PSC거더+콘크리트바닥판 | 12개 PSC거더 중 5개 PSC거더와 콘크리트 바닥판 박리, 박락 및 철근 노출 발생, 단면복구 실시 |

## ➤ 국내교량 화재 발생 특성

1) 대부분 교량 관련 대형화재는 위험물질을 탑재한 탱크로리 차량에 의해 발생하는 탄화수소 화재(Hydrocarbon Fire)였다.

2) 교고가 낮은 강재 거더교의 하부에서 발생한 화재를 제외하고는 화재 손상을 입은 대부분의 교량에서는 급격한 붕괴가 발생하지 않았다.

3) 제한된 부위에서 손상이 발생된 경우에도 손상부위의 보수, 보강을 위해 교량의 일시적인 차단에 따른 교통통제로 인하여 많은 피해가 발생하였다.

4) 심각한 구조적인 손상은 탱크로리 트럭에 의해 교량 하부에서 화재가 발생한 경우에 나타났으며, 교량상부에서의 전도, 추돌사고 등에 의해 발생하는 화재가 구조물에 미치는 영향은 제한적이었다.

## ➤ 화재손상 조사방법

화재가 발생하지 않도록 사전예방을 하는 것이 최선책이나 화재가 발생한 경우에는 안전도 평가를 통해서 화재로 인해 손상된 정도를 파악하고 그에 맞게 대책을 수립하는 것이 중요하다.

일반적으로 화재발생으로 인한 화재손상 조사방법은 크게 열 영향범위의 조사, 구조용 재료의 물성변화 조사, 안전도 평가의 단계를 거치며 각각의 조사내용은 다음과 같다.

1) 열 영향범위 조사 : 외관상태 조사, 방사선 투과시험, 코아채취, 내구성 조사, 물성시험 등으로 열 영향범위를 조사

2) 구조용 재료의 물성변화 조사

3) 안전도 평가 : 재료상수 결정, 단계별 허용응력, 파괴에 대한 안전도 검토

화재가 발생된 경우 손상된 정도의 파악을 위해서는 화재부위의 시편을 채취하여 시차열분석법이

나 주사전자현미경 관찰, X-RAY회절분석 등으로 통해 화재로 인한 열손상정도를 평가할 수 있다.

| 구분 | 화재손상구간 조사 및 분석내용 |
| --- | --- |
| 1. 콘크리트 내구성조사 | 비파괴 조사와 코어채취에 의한 조사 실시 |
| – 비파괴 조사 | 측정장비를 사용하여 콘크리트 강도, 품질, 균열 깊이 및 중성화 상태, 철근배근조사 실시 |
| – 코어채취조사 | 채취된 코어는 실내시험을 실시하여 콘크리트 강도, 염화물 함유량시험 등 콘크리트 품질에 관한 시험을 실시 |
| 2. 화재손상조사 | 화재 손상 조사를 위해 콘크리트 코어 및 시편을 채취하여 실내시험 실시 |
| – 시차열 분석 | 화상으로 인한 시차열 분석은 건전한 부위와 화상부위의 시차열에 따른 결과를 상호비교하여 수열온도를 분석 |
| – X-ray 회절분석 | XRD를 통해 화상으로 인한 콘크리트 재료의 성분변화를 조사하여 수열온도 분석 |
| – SEM(주사현미경) | 주사현미경을 통해 화상으로 인한 콘크리트 세부 조직변화 조사 |
| 3. 강재인장시험 | 강재시편을 채취하여 실내에서 인장시험 실시 |
| 4. 재하시험 | 부재의 내력 및 강성저하 정도를 판단하기 위해 재하시험 실시 |

또한 교량 구조물의 화재손상정도는 화재의 규모뿐만 아니라 교량부재와 화재 발생원으로부터의 이격거리에 따라서도 차이가 발생할 수 있으므로 CFD(Computational Fluid Dynamics)해석을 통해 화재발생원으로부터 이격거리에 따라 영향범위를 파악할 수 있으며 이를 통해 내화대책을 수립할 수 있다.

## ▶ 강교 손상 및 강교 부재 변형의 평가에 대한 기술적 대책

1) 교량하부의 교각과 같은 콘크리트 부위는 화재로 인해 폭렬현상 등이 발생할 수 있으며, 강교의 강재의 경우 화재로 인한 강도저하, 좌굴발생 등의 영향이 발생할 수 있다. 화재가 발생할 경우에 대책 수립을 위해서는 먼저 설계 시 화재발생 시나리오를 구성하고 이에 따라 발생될 수 있는 화재로 인해서 피해를 받는 구조물에 대해 내화성능 등급에 따라 구조물을 설계할 수 있는 체계의 구축이 우선적으로 수반되어야 한다.

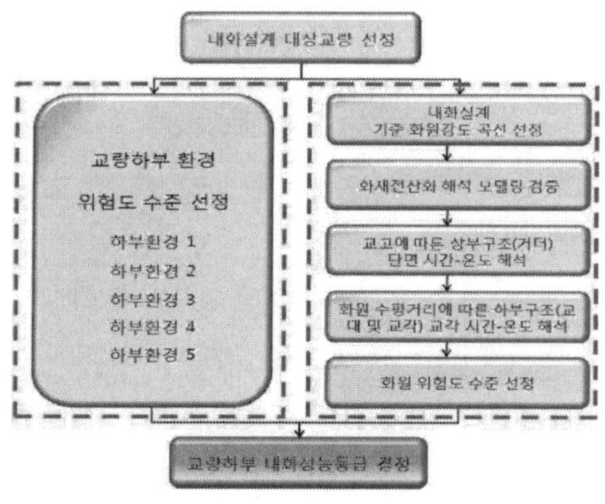

2) 강교의 손상이나 부재의 변형의 수반은 화재영향범위에 따라서 구조물에 local적인 영향을 미칠 것인지 Global하게 영향을 미칠 것인지 달라질 수 있다. 뿐만 아니라 화재 영향을 받을 당시의 영향을 미친 온도에 따라서도 변형이 달라질 수 있다.

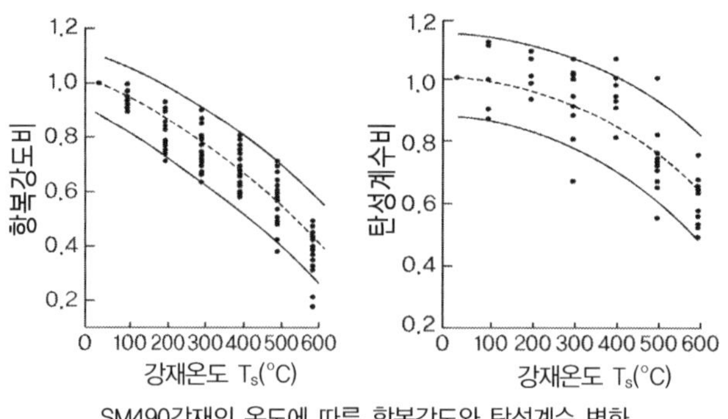


SM490강재의 온도에 따른 항복강도와 탄성계수 변화

3) 합리적인 구조부재의 손상 및 변형으로 인한 영향을 평가하기 위해서는 구조부재의 안전도 평가가 필요하며, 이러한 평가방법으로는 과도 비선형 열-구조 연성해석(Transient nonlinear thermal structural interaction)을 통해서 온도상승에 따른 전체적인 부재 거동, 단면력 손실, 국부좌굴 등에 대한 평가가 이루어질 수 있다.

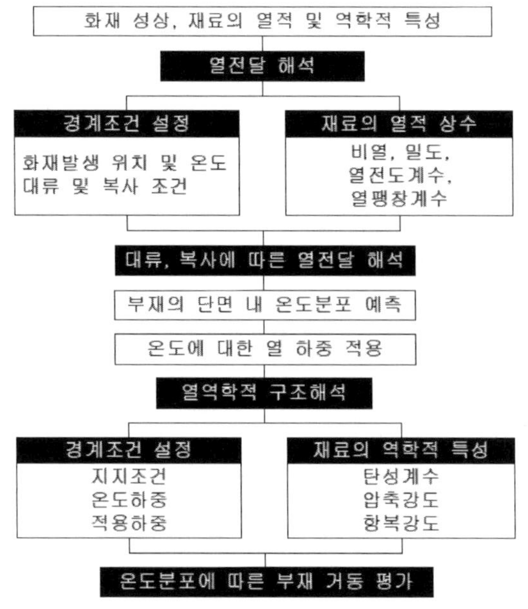


열전달 및 열역학적 구조해석 절차

## 1. 고장력강(High Strength Steel) 76회/91회/97회/116회

【 기출유형 ① 】 고장력강을 사용하는 목적과 그 특성을 설명
【 기출유형 ② 】 고강도강을 교량에 적용할 때 설계와 제작상 유의사항
【 기출유형 ③ 】 고장력강을 사용해도 구조적으로 반드시 유리하지 않은 경우에 대해 설명

고강도강, 고장력강은 일반강에 비해 인장강도를 향상시킨 강을 지칭하는 것으로서 일반적으로 490MPa 이상 980MPa 이하의 인장강도를 갖는 용접구조용강을 말하는데 최근에는 570MPa 이상의 인장강도를 갖는 강재를 지칭하는 경우가 대부분이다. 고장력강의 사용목적은 부재단면 및 하부구조 단면감소로 구조물 경량화, 제작 및 가설 작업의 단축 및 간소화, 시공의 단순화 및 급속화를 위해서 많이 도입되고 있으나, 일반적으로 고강도강은 에너지 흡수능력이 저하되고 강도증진을 위해 탄소량의 증가로 인한 용접성 저하 등의 문제가 발생할 수 있으므로 이에 대한 이해득실을 검토하여 적용하여야 한다.

### 1) 고장력강의 사용 이점

① 부재 단면감소로 재료가 감소되어 경제적

② 구조물이 경량화되어 가설기기의 용량이 줄어들고, 블록 단위 가설이 용이하여 시공속도가 증가한다.

③ 판 두께의 감소로 후판 시공 시 용접상 문제점을 피할 수 있다.

④ 단면 감소로 제작 시 절단량, 용접량이 감소되어 경제성을 기하고 작업의 간소화를 기대할 수 있다.

⑤ 장대지간의 교량건설이 가능하고 구조 형식 선정 시 자유도가 증가한다.

⑥ 날렵한 구조설계가 가능하여 미관이 우수하다.

⑦ 상부 구조물이 경량화되어 하부 구조의 부담감소로 경제적이다.

### 2) 고장력강 사용에 따른 문제점

고장력강을 사용하면 단면감소에 의한 강성저하로 처짐 및 진동이 크고, 항복비가 높으며, 용접성이 좋지 못하다.

① 강성저하

(1) 고장력강의 사용은 단면축소에 따른 강성의 저하로 처짐과 변형에 따른 2차 응력을 유발하며 진동에 취약하여 사용성이 떨어지므로 이에 대한 고려가 필요하다.

(2) 설계기준상의 처짐 제한규정으로 단면강성이 결정되므로 고장력강의 사용 이점이 감소되므로 이에 대한 고려가 필요하다.

(3) 설계기준상의 압축부재에서 허용압축응력이 단면크기의 세장비에 관계되어 고장력강 사용 시 이점이 감소되므로 이에 대한 고려가 필요하다.

② 항복비

항복비가 높으면 항복 후 신장 능력이 작아져 예측 못한 하중에 대해 강재 파단의 신장에 의한 에너지 흡수가 불가능해질 수 있으므로 이에 대한 고려가 필요하다.

③ 용접성

강재는 강도가 높을수록, 판 두께가 두꺼울수록 용접성이 나빠져서 설계기준상 후판에서는 이를 고려하여 허용응력을 저감시키도록 하고 있어 설계단계에서 강종 선정 시 강재강도와 판 두께에 대해 용접성을 고려하여 선정하여야 한다.

④ 경제성

고장력강으로 사용할 경우 최소 판 두께 사용은 시방서 규정과 형상유지를 위해 만족할 경우 경제적 이득이 있으나, 강재 사용량을 경감시킬 경우 강재단가와 제작단가의 관계로 인해 경제적이지 못한 경우도 있다.

## 3) 고장력강에 요구되는 성질

① 인장강도, 항복강도 및 피로강도가 높아야 한다.
② 용접성, 가공성이 좋아야 한다.
③ 내식성이 양호해야 한다.
④ 경제적이어야 한다.

## 4) 설계 및 제작 시 유의사항

설계 단계에서는 고장력강의 장단점을 고려하여 적용성을 검토하여야 하며, 제작 시에도 용접이나 볼트 연결 등의 시공 시 강재의 특성에 맞게 주의 깊은 관리가 요구된다. 강재의 선정 시 고장력강의 필요에 따라 적용할 경우 도로교 설계기준상의 강성의 저하나 허용응력의 저하 등을 고려하여 고장력강의 요구조건에 부합되는 HSB(High performance Steel for Bridge) 등의 적용성을 검토할 수 있으며 이 경우 TMCP 제조법 및 내 라멜라테어링 성질, 내후성, 내부식성, 저온인성, 굽힘가공성 등의 교량의 요구특성에 맞는 강재를 사용할 수 있도록 이해득실을 반드시 고려하여 적용하도록 하여야 한다.

# 2. TMCP강(Thermo-Mechanical Control Process Steel) <sup>68회</sup>

**【 기출유형 ① 】** TMCP강(Thermo-Mechanical Control Process Steel)

TMCP 또는 TMC(Thermo Mechanical Control Process Steels)는 열가공 제어 프로세스로 제조되는 강재로 담금질(quenching)과 뜨임(tempering)의 열처리로 강성증진, 안정된 조직에 근접되어 잔류응력이 감소된 강재로 동일 강도의 일반 압연강에 비해 탄소당량($C_{eq}$)이나 용접균열감응도($P_{cm}$)를 낮출 수 있기 때문에 대입열 용접이 용이하고 예열조건을 대폭 완화할 수 있는 등 용접성이 매우 우수하며 인성이 좋고 항복비를 작게 관리하기 때문에 높은 소성변형능력을 확보할 수 있고 판 두께 방향으로 단면수축률을 보증하므로 라멜라테이링이 발생할 우려가 작은 장점을 가지고 있다. 특히 판 두께가 증가하더라도 항복점의 변화가 없어 판 두께 증가에 따른 허용응력 저감을 하지 않아도 되기 때문에 극후판 구조물에 적합한 강재다.

## 1) 특징

① 제어냉각을 통해 강도를 확보하여 동일강도의 일반강보다 탄소당량($C_{eq}$ : 탄소의 영향력)을 낮출 수 있다.

② 균일한 경도와 안정적인 품질로 판 두께가 40mm 이상의 후판에서도 설계기준강도를 저하시킬 필요가 없다.

③ 탄소당량이 낮아서 예열조건을 대폭 완화할 수 있으며 용접성이 좋다.

④ 열제어 가공으로 조직이 치밀하여 저온인성이 좋으며 취성파괴에 유리하다.

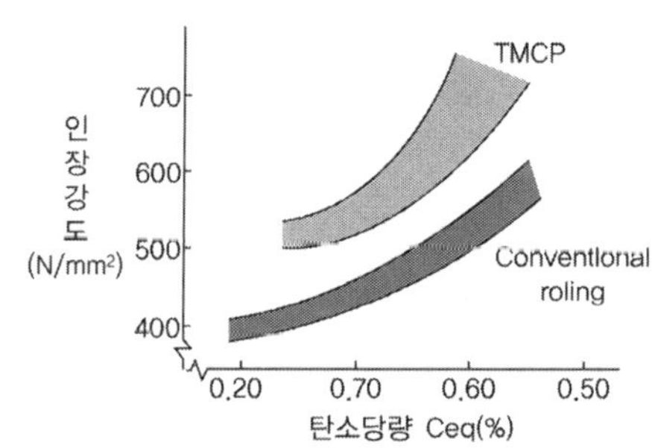


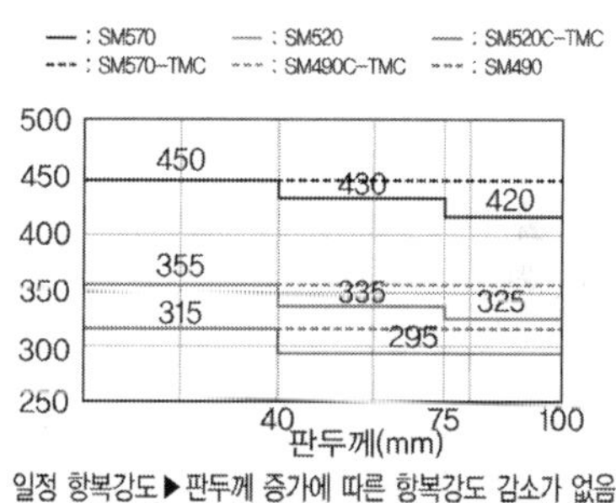


## 2) 경제성

① 일반 강재에 비해서 고가이나 제작, 운반, 설치비용 등을 고려 시 절감효과가 발생할 수 있다.

② 용접예열온도의 저감, 용접부 품질 등의 제고로 경제적 효과가 발생한다.

3) 적용성 (TMC 강재 적용 강교량, RIST 보고서)

철도교나 도로교 설계기준상에 명시되어 있어 적용될 수 있으며, 설계기준상의 피로설계기준에 따라 설계할 수 있다. 국외에서는 40mm 이상의 후판에 적용하고 있다(일본, 유럽 및 국내에서 소수주형거더에 많이 적용).

① 국내 최초 적용 : 일산대교 SM570-TMC 적용
② 고속철도 단순합성 2주형교 적용 시(B=13.5m, L=50m, SM520 대비)
　　전체 감재량 3.1% 감소(0.2% 전체 공사비 절감)
　　→ t > 40mm 부재에 대한 허용응력 증가분은 7.7% 정도이나 처짐제한기준으로 강중 감소량
　　　은 허용응력 증가분에 미치지 못함

## 3. 고인성강(Steel with Excellent Toughness)

일반강의 경우 냉간 휨가공 시 인성저하를 방지하기 위해서 15t 이상의 내측 휨반경이라는 제약조건을 두고 있다. 또한 저온상태에서의 취성파괴의 위험성 때문에 한냉지역에서의 사용이 제한된 사항을 극복하기 위해 인상을 향상시킨 강을 말한다.

1) 특징

① 냉간성 형성이 향상된다.
② 한냉지역에서의 적용성이 좋아진다.

## 4. 저예열강(Low Preheating Steel)

고강도강인 경우 용접 시 저온균열이 발생할 우려가 있기 때문에 용접 전에 적절한 예열이 필요하며, 기존 고강도강의 경우 최소 예열온도가 100℃ 이상에 이르는 등 용접작업조건에 여러 제약조건이 많았다. 이를 개선하고자 기존 고강도강의 용접균열감수성조성(PCM) 조정을 통해 예열온도를 대폭 낮춘 강재이다.

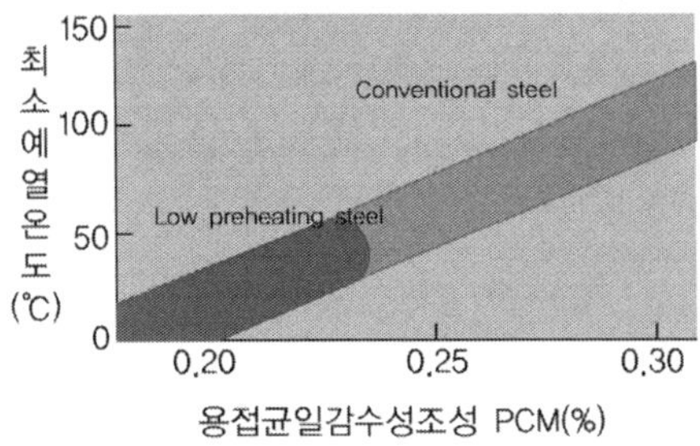


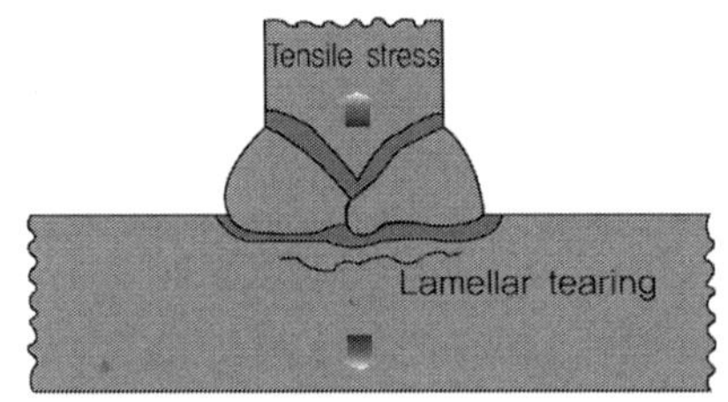

## 5. 내 라멜라테어링 강(Steel with Lamellar-tearing Resistance) [102회]



구조물이 장대화되면서 현수교 또는 사장교의 주탑과 같이 구조적, 기능적 및 미적 관점으로부터 판 두께 방향으로 높은 인장응력을 받도록 용접된 부재들이 많이 적용되고 있다. 이러한 부재들은 판 두께 방향으로 인장응력이 균등하지 않거나, 용접부의 냉각 시 모재의 강도가 용접부의 강도보다 작은 경우 라멜라테어링을 일으킬 수 있어 이에 대하여 판 두께 방향으로 인장성능을 보증하는 강재를 말한다.

**TIP** | 라멜라테어링 |

견고한 완전구속 조건 상태에 있는 용접접합부에서 용접부의 용착금속이 냉각시 수축함으로써 발생되는 두께 방향의 변형에 의해 모재가 갈라지는 것을 라멜라테어링(Lamellar-tearing)이라 한다.

1. 발생 원인

층상균열을 일으키는 용착금속의 여러 층에 대한 국부변형도는 대단히 크다. 국부적으로 큰 변형도와 내적구속이 결합되어 층상균열을 일으키며, 강재는 두께 방향으로는 높은 강도를 갖고 있지만 탄성한계 변형을 초과하는 변형에 대해서는 내하력의 한계를 갖는다. 내적구속이란 용착금속의 국부적인 수축에 의한 큰 변형을 억제하는 내적인 구속을 뜻하며 비탄성 변형을 일으키는 성질이 연성이다. 구조재료 중 압연 방향에 평행 또는 직각 방향으로 하중을 받는 강재만이 이 같은 연성을 나타낸다.

2. 특성

① 주로 T형 접합 또는 접합 모서리에서 일어난다.

② 용접이 끝나면 냉각이 되면서 비금속 모재물과 철금속 사이의 접촉면에서는 격리가 발생될 정도까지 용접수축 변형도가 증가하며 강의 미시적인 균열이 형성된다. 용접이 완료되었을 때 주위 온도가 계속 강하하므로 변형도는 증가하여 결국 파괴에 의한 접촉면의 격리로 일어난 단층들은 층상 필릿균열을 형성한다.

3. 층상균열 발생영향 인자

1) 연결된 재료의 특성 : 강재에 두께 방향으로 응력을 주게 되는 연결부들이 반드시 불리한 작용을 하는 것은 아니지만 강하게 구속된 설계에 있어서 용착금속 수축변형이 두께 방향으로 흡인작용을 한다면 수축력이 부재면에 작용된 경우보다 연결부가 층상균열되는 경향이 커진다. 두 방향의 연성 감소현상은 미시적인 비금속 모재물에 의하여 일어날 수도 있다. 이 모재물들은 산소 함유량을 감소시켜 격자구조를 세립화함으로써 제품의 질을 개량하기 위해 용융강에 첨가된 첨가물이 잔류물로 남는 것이다. 이 모재물들은 주로 황화물, 산화물, 또는 규산염들이며 이들은 강판이나 형상으로 압연될 때 압연면에 평행하게 옆으로 확산되고 길이 방향으로 성장된다. 강제품의 생산기술을 향상시키고 비금속 모재물을 감소시키기 위한 노력이 부단히 이루어지고 있으나 경제적으로 구조용 연강재의 이방성을 개선할 수 있는 획기적인 방안은 있을 것 같지 않다.

2) 용착금속의 특징 : 모재에 가장 적합한 전극, 용접봉 또한 용제에 대한 규정은 1972년도에 제정한 AWS Structural Welding Code(D1.1-72)와 AISC 시방서에 잘 규정되어 있다. 일반적으로 모재에 제일 적합한 전극은 극한 인장강도에 준하여 결정된다. 설계자가 인장강도에 제일 적합한 전극을 선택하였다면 용접부의 항복점은 뚜렷이 높아질 것이다. 이 현상을 전변형도는 연결된 재료에 강제력으로 작용하게 되므로 필요 이상의 전극은 문제가 되고, 낮은 항복전극은 변형도의 재분보에 도움이 된다.

3) 구속 : 층상 균열은 높은 구속이 존재하는 플랜지에 용접을 실시할 때 일어난다. 이러한 구속은 재료의 두께, 특별한 연결부의 강성, 용착금속의 용적 또는 연결부나 국부에서의 변형 집중에 의해 일어나게 된다.

## 4. 대책

1) 재료의 적절한 선정

2) 용접 설계 시 부재방향을 고려한 적절한 절개(Grooving)와 용접방향을 설정하면 재료의 결함에도 불구하고 층상균열을 피할 수 있다.

## 6. 내후성 강재 [111회]

**【 기출유형 ① 】** 무도장 내후성 교량에 대한 설명
**【 기출유형 ② 】** 강교에 내후성강 적용 시 환경적 측면에서 제한조건

일반적으로 강재는 대기 중에서 부식되기 쉬우나 대기 중에서 부식에 잘 견디고 녹슬음의 진행이 지연되도록 개선시킨 강재를 내후성 강재(SMA)라 한다. 특히 P, Cu, Cr, Ni, V계의 내후성 고장력강은 내후성이 우수하여 무도장으로 사용할 수 있는데, 도장 없이 사용하는 내후성 고장력강을 내후성 무도장 강재라고 분류한다. 내후성 확보에 효과적인 Cu, Cr, Ni 등이 함유되어 대기에 노출되면 강재 표면에 치밀한 안정녹을 형성한다.

※ 내후성 강재는 무도장 강재의 경우 W로 표시하며, 도장을 실시하여 사용하는 경우 P로 표기한다.

### 1) 내후성 강재의 원리

대기에 강재가 노출되면 일반강과 유사하게 녹이 발생하나 기간이 경과함에 따라서 그 녹의 일부가 서서히 모재에 밀착한 녹층을 형성하는 녹안정화가 진행되고 이 녹층이 부식진행 유발인자인 산소와 물이 모재로 침투하는 것을 막는 보호막이 되어 부식의 진전이 억제된다.

### 2) 특징

① 내식성이 우수하다(일반강에 비해 4~8배)  ② 저온에서 인성(toughness)이 좋다

③ 내부식성이 우수하다        ④ 녹슬음이 지연된다

⑤ 무도장으로 사용이 가능하다

⑥ 두께 증가 시 용접성이 저하되는 특징이 있다(볼트 연결)

⑦ 외부 녹 발생 시 부식시공의 오해가 발생할 수 있다

3) 내후성 강재 적용 시 유의사항

① 용접성의 저하

내후성 강재는 내후성을 증가시키기 위해 인(P)의 양을 증가시켰기 때문에 강재두께가 두꺼울
수록 용접성이 떨어지는 단점을 가지고 있어 가능한 용접연결을 지양하고 볼트 연결을 사용하
여야 한다. 적용되는 볼트는 강재와 동일한 내후성강용 고장력 볼트를 사용하여야 한다.

② 환경에 따른 제한조건

해수지역에서는 녹층 안정화가 지연되어 적용성이 제한될 수 있다.

③ LCC 비교

강교량의 가장 큰 취약점인 부식 문제를 어느 정도 극복할 수 있으며 초기 도장 및 재도장의
생략으로 인한 초기 건설비용 및 유지관리 비용의 감소라는 경제성 측면에서 효과를 기대할
수 있다.

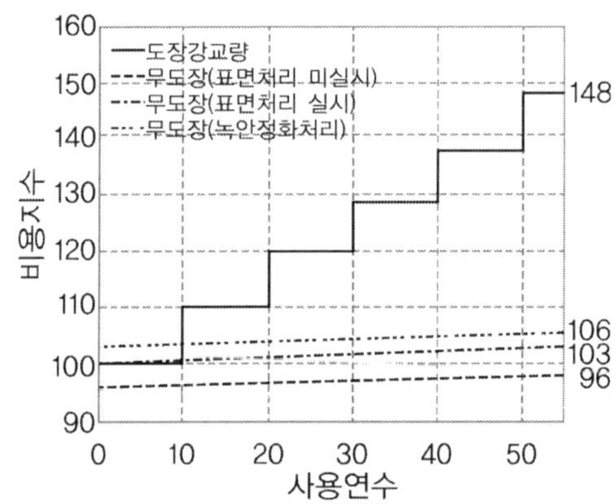

## 7. HSB(High performance Steel for Bridge) <sup></sup>86회/90회/100회/116회



개선된 고성능 강재의 특성을 동시에 보유한 통합 성능 개선형 고성능강재를 지칭하며 고강도, 고용접성, 고인성, 내후성 등을 동시에 보유한 강재로 구조 단순화, 제작성 향상, 초기 건설비용 및 유지관리비용 절감, 장수명화를 도모하기 위해서 제작되었다.

① 강재의 생산자 측면이 아니고 사용자 관점에서 목표성능을 설정하였다.

② TMCP 제조법을 적용하였으며 생산범위인 판 두께 100mm까지 항복강도가 일정하다.

③ 충격흡수에너지 성능을 −20°C에서 47J 이상으로 상향 설정하였다.

④ 용접 예열작업이 불필요하도록 화학성분을 조정하였다.

### 1) 고성능 강재의 활용방안

① 하이브리드(Hybrid) 설계법 적용 : 강도가 다른 2개의 강재를 한 단면 내에서 최적의 경제성을 확보할 수 있도록 혼용하여 주로 응력이 큰 지점부에서 고강도강을 적용하는 방법

② 구조의 단순화 : 경제성 개선을 위해 고성능 강재와 후판을 적용하여 용접이 많은 보강재를 최소화하는 구조적용

③ 기존 강교량의 합리화 : 큰 강박스 거더교를 지양하고 고성능 강재를 적용한 개구제형교, 소수 거더교와 유사한 세폭의 박스거더교 등을 적용

④ 이중합성 구조의 도입 : 강거더의 상부플랜지와 상판을 전단연결재로 결합한 통상의 연속 합성 거더교에 대해 압축력이 크게 작용하는 중간지점 영역의 강거더 하부플랜지 및 복부판 일부를 RC판을 연결해 합성시키는 이중합성교의 중간지점 영역의 거더의 강성이 경제적으로 증가시킬 수 있어 형고를 낮출 수 있고 중간지점 부근의 강형 하부 플랜지의 극후판화를 제한할 수 있으며 교량 전체의 강성이 증가하므로 연속합성 박스거더교 등의 지간을 장대화시킬 수 있다.

### 2) 국내 적용사례 : 이순신 대교

강재는 타 재료에 비해 고강도로 우수한 연성을 가지며 극한 내하력이 높고 인성이 커 충격에 강하며 조립이 용이한 특징을 가진다. 일반적으로 도로교 설계기준에서는 구조용으로 적용되는 탄소강에 대해서 다음과 같이 4가지로 구분하여 적용하도록 하고 있다.

① 일반구조용 압연강재(SS) : SS400

② 용접구조용 압연강재(SM) : SM400, SM490, SM520, SM570, SM490Y

③ 용접구조용 내후성 열간 압연강재(SMA) : SMA400, SMA490, SMA 570

④ 교량구조용 압연강재(HSB) : HSB500, HSB600

## 1) 강재별 특성

① 일반구조용 압연강재(SS)

   (1) 토목, 건축, 선박, 차량 등의 구조물에 가장 일반적으로 사용된다.

   (2) S, P에 대한 제한값(0.05 이하)이 높으나 C, Si, Mn 등의 규정이 없다

   (3) 휨 시험에서 휨 반지름도 크게 규정된다.

   (4) 강도조건만 요구되는 곳에는 SS재의 적용이 가장 적절하며 강도에 따라 강종을 선택한다.

② 용접구조용 압연강재(SM)

   (1) SS재와 같이 널리 사용되며 특히 우수한 용접성이 요구될 때 사용된다.

   (2) 화학성분은 S, P 값은 0.04 이하, C, Si, Mn에 대한 규정치는 강재의 종류별로 정해지며 용접구조용 강재의 특성을 좌우한다. 강도를 높이기 위해서는 C값을 증가시키고, 용접성을 증가시키기 위해서는 Mn 값을 증가시킨다.

   (3) 강도분류와 함께 인성치를 기준으로 범위를 분류한다.

   ※ A, B, C재 : 저온인성 판단기준으로 인성치인 샤르피(Charpy) 흡수에너지에 따라 분류한다.

     A재 : 0°C V노치 샤르피 흡수에너지에 대한 규정이 없음

     B재 : 0°C V노치 샤르피 흡수에너지에 대한 규정이 없음

     C재 : 0°C V노치 샤르피 흡수에너지에 대한 규정이 없음

③ 용접구조용 내후성 열간 압연강재(SMA)

   (1) 철골, 교량 등 대형구조물의 구조용 강재로서 내부 식성이 요구되는 경우에 사용한다.

   (2) Cr, Cu를 기본으로 Ni, Mn, V, Ti 등을 첨가하여 제조한다.

④ 교량구조용 압연강재(HSB : High Performance steel for Bridge)

   (1) 내후성, 인성, 내 라멜라테어링, 강도 등을 증진시켜 교량에 적합한 강재이다.

(2) 항복특성 및 용접성이 우수하다.

(3) 다양한 교량 설계와 제작조건에 대응이 유리하다.

(4) 저온인성이 좋다.

(5) 고강도, TMCP, 고인성, 저예열, 내 라멜라테어링, 내후성 등의 특징을 고루 갖추고 있다.



① 인장강도만 차이가 있고 항복점, 신장률, 기타 기계적 성질은 거의 같다.

② SM490Y는 진정강(killed steel)과 반진정강(Semi-killed steel)이 있다.

③ 반진정강으로 별 문제없이 사용될 수 있는 범위는 판 두께 25mm까지이다.

④ 후판일수록 압연비가 작아지므로 반진정강에서는 품질의 변화가 커지는 경향이 있다.

⑤ SM490Y는 25mm 이상에서는 진정강으로 제조되는 것이 필요하며, 40mm 이상에서는 반드시 SM520을 사용해야 한다.

## 9. KS 기준에 따른 구조용 강재의 명칭 <sup>98회/132회</sup>

**【 기출유형 ① 】** KS강재 표준규격에서 각 기호의 의미를 설명
**【 기출유형 ② 】** 강재의 규격 표시방법(SS400, SM400A,B,C, SMA500)과 각 강재의 차이점

2018년 KS 기준이 변경되면서 국제표준에 부합되도록 기존의 강재의 기호를 인장강도($F_u$) 기준에서 항복강도($F_y$) 기준으로 변경하고 항복강도를 상향하였다. 강재기호의 표기는 통상 Steel의 약자인 S로 시작되며 제품의 형상이나 용도, 강종을 나타내는 기호, 항복강도, 에너지 흡수 품질 등을 표시하는 순서로 표기된다.

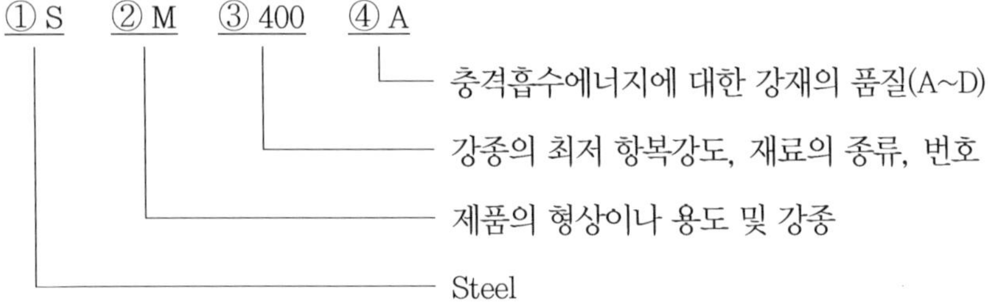


①은 강재(Steel)의 약자인 S, ②는 제품의 형상, 용도 등을 나타내어 S는 일반구조용, M은 용접 구조용 등으로 구분되어 표기되며, ③은 항복강도, ④는 충격흡수에너지 성능을 A~D까지 표시한다. A보다는 D가 충격특성이 향상되는 고품질의 강을 의미하며, C, D 강재는 저온에서 사용되는 구조물과 취성파괴가 문제되는 특수 부위에 사용된다. 추가로 , ⑤ 내후성 등급(W, P), ⑥ 열처리 종류(N, QT, TMC), ⑦ 내 라멜라테어링 등급(ZC)을 더 표시할 수 있다.

고성능 강재

고성능 강재의 종류와 특징을 열거하고 활용 방안에 대하여 설명하시오.

## 풀 이

### ▶ 개요

강재의 주요 구성인자에 따라 강도, 연성, 인성, 부식, 충격저항성능 등에 관한 성질을 변화할 수 있으며, 이러한 강재의 화학적 특징은 첨가량에 따라 크게 탄소강, 합금강, 열처리강 등으로 구분될 수 있으며, 강재별 성질에 따라서 고강도강, 고장력강, TMCP강, 고인성강, 저예열강, 내 라멜라테어링강 등으로 구분할 수 있다.

### ▶ 강재의 화학적 성분에 따른 분류와 특징

강재를 구성하는 주요 성분은 철, 탄소, 망간, 크롬, 실리콘, 구리, 인, 황 등으로 구성되며, 함유량에 따라 강재의 특성이 다르게 나타난다. 화학적 성질에 따라 강재를 다음의 4가지로 분류해 설명한다.

① 탄소강(Carbon steels) : 가격이 싸고 성질이 우수하여 가장 많이 쓰이는 강재로 탄소량이 증가하면 강도는 증가하나 인성이 감소한다. 탄소강의 성분 중에서 인성과 용접성에 나쁜 영향을 미치는 황과 인 성분을 억제해야 한다. 탄소강은 탄소 함유량에 따라 구분되며 주로 연탄소강이 구조용 강재로 쓰인다.

   ※ 저탄소강 (0.15% 미만), 연탄소강(0.15~0.29%, 구조용 강재 SS400급), 중탄소강(0.30~0.59%), 고탄소강(0.6~1.7%)

② 고강도 저합금강(High-strength low alloy steels) : 탄소강의 단점을 보완해 고강도와 인성 및 용접성을 동시에 확보하기 위해 개발된 강재로, 망간과 탄소의 승가 대신 합금원소(Cu, Mo, V 등) 첨가하여 고강도이면서 인성감소를 억제하고 적절한 용접성을 확보한다.

③ 열처리강/QT강(High-strength quenched and tempered alloy steels) : 담금질(quenching)과 뜨임(tempering)의 열처리를 통해 얻어진 고강도강으로 강성증진, 안정된 조직에 근접되어 잔류응력이 감소하고 강재의 인성을 증가시킨다.

   ※ 담금질(quenching) : 가열한 후 급냉하여 강의 조직변화를 꾀하는 강도와 경도 향상 작업
   뜨임(tempering) : 안정된 조직으로 근접시키는 동시에 잔류응력 감소 목적으로 적당한 온도를 가열 냉각시켜 강재의 인성을 증가시키는 작업

④ TMCP(Thermo mechanical control process steels) : 구조물의 고층화, 대형화에 따라 용접성, 내진성이 우수한 극후판 고강재로 압연 가공과정 중 열처리 공정을 동시에 처리한다. 제어열

처리강이라고 하며 소성가공과 열처리를 결합하여 적은 탄소량 함유로 용접성이 우수하고 소성변형 능력이 뛰어나 장대교량에 적합하다. 주로 후판 적용 시에도 안정된 조직으로 인해서 항복강도 저하할 필요가 없어 40mm 이상의 후판의 대용으로 적용된다.

## ➤ 강재의 성능에 분류와 특징

### 1) 고장력강(High Strength Steel)

고강도강, 고장력강은 일반강에 비해 인장강도를 향상시킨 강을 지칭하는 것으로서 일반적으로 490MPa 이상 980MPa 이하의 인장강도를 갖는 용접구조용강을 말하는데 최근에는 570MPa 이상의 인장강도를 갖는 강재를 지칭하는 경우가 대부분이다. 고장력강의 사용목적은 부재단면 및 하부구조 단면감소로 구조물 경량화, 제작 및 가설 작업의 단축 및 간소화, 시공의 단순화 및 급속화를 위해서 많이 도입되고 있으나, 일반적으로 고강도강은 에너지 흡수능력의 저하되고 강도증진을 위해 탄소량의 증가로 인한 용접성 저하 등의 문제가 발생할 수 있으므로 이에 대한 이해득실을 검토하여 적용하여야 한다.

① 부재 단면감소로 재료가 감소되어 경제적
② 구조물이 경량화되어 가설기기의 용량이 줄고, 블록단위 가설이 용이하여 시공속도가 증가한다.
③ 판 두께의 감소로 후판 시공 시 용접상 문제점을 피할 수 있다.
④ 단면 감소로 제작 시 절단량, 용접량이 감소되어 경제적이고 작업 간소화를 기대할 수 있다.
⑤ 장대지간의 교량건설이 가능하고 구조 형식 선정 시 자유도가 증가한다.
⑥ 날렵한 구조설계가 가능하여 미관이 우수하다.
⑦ 상부 구조물이 경량화되어 하부 구조의 부담감소로 경제적이다.

### 2) TMCP강(Thermo-Mechanical Control Process Steel)

TMCP 또는 TMC(Thermo Mechanical Control Process Steels)은 열가공 제어 프로세스로 제조되는 강재로 담금질(quenching)과 뜨임(tempering)의 열처리로 강성증진, 안정된 조직에 근접되어 잔류응력이 감소된 강재로 동일강도의 일반 압연강에 비해 탄소당량($C_{eq}$)이나 용접균열감응도($P_{cm}$)를 낮출 수 있기 때문에 대입열 용접이 용이하고 예열조건을 대폭완화할 수 있는 등 용접성이 매우 우수하며 인성이 좋고 항복비를 작게 관리하기 때문에 높은 소성변형능력을 확보할 수 있고 판 두께 방향으로 단면수축율을 보증하므로 라멜라테이링이 발생할 우려가 작은 장점을 가지고 있다. 특히 판 두께가 증가하더라도 항복점의 변화가 없어 판 두께 증가에 따른 허용응력 저감을 하지 않아도 되기 때문에 극후판 구조물에 적합한 강재다.

① 제어냉각을 통해 강도를 확보하여 동일강도의 일반강보다 탄소당량($C_{eq}$ : 탄소의 영향력)을 낮출 수 있다.
② 균일한 경도와 안정적인 품질로 판 두께가 40mm 이상의 후판에서도 설계기준강도를 저하시

킬 필요가 없다.

③ 탄소당량이 낮아서 예열조건을 대폭 완화할 수 있으며 용접성이 좋다.

④ 열제어 가공으로 조직이 치밀하여 저온인성이 좋으며 취성파괴에 유리하다.

## 3) 고인성강(Steel with Excellent Toughness)

일반강의 경우 냉간 휨가공 시 인성저하를 방지하기 위해서 15t 이상의 내측 휨반경이라는 제약조건을 두고 있다. 또한 저온상태에서의 취성파괴의 위험성 때문에 한냉지역에서의 사용이 제한된 사항을 극복하기 위해 인상을 향상시킨 강을 말한다.

① 냉간성 형성이 향상된다.

② 한냉지역에서의 적용성이 좋아진다.

## 4) 저예열강(Low Preheating Steel)

고강도강인 경우 용접 시 저온균열이 발생할 우려가 있기 때문에 용접 전에 적절한 예열이 필요하며, 기존 고강도강의 경우 최소 예열온도가 100℃ 이상에 이르는 등 용접작업조건에 여러 제약조건이 많았다. 이를 개선하고자 기존 고강도강의 용접균열감수성조성(PCM) 조정을 통해 예열온도를 대폭 낮춘 강재이다.

## 5) 내 라멜라테어링강(Steel with Lamellar-tearing Resistance)

구조물이 장대화되면서 현수교 또는 사장교의 주탑과 같이 구조적, 기능적 및 미적 관점으로부터 판 두께 방향으로 높은 인장응력을 받도록 용접된 부재들이 많이 적용되고 있다. 이러한 부재들은 판 두께방향으로 인장응력이 균등하지 않거나, 용접부의 냉각 시 모재의 강도가 용접부의 강도보다 작은 경우 라멜라테어링을 일으킬 수 있어 이에 대하여 판 두께 방향으로 인장성능을 보증하는 강재를 말한다.

## 6) 내후성 강재

일반적으로 강재는 대기 중에서 부식되기 쉬우나 대기 중에서 부식에 잘 견디고 녹슬음의 진행이 지연되도록 개선시킨 강재를 내후성 강재(SMA)라 한다. 특히 P, Cu, Cr, Ni, V계의 내후성 고장력강은 내후성이 우수하여 무도장으로 사용할 수 있는데, 도장 없이 사용하는 내후성 고장력강을 내후성 무도장 강재라고 분류한다. 내후성 확보에 효과적인 Cu, Cr, Ni 등이 함유되어 대기에 노출되면 강재 표면에 치밀한 안정녹을 형성한다.

※ 내후성 강재는 무도장 강재의 경우 W로 표시하며, 도장을 실시하여 사용하는 경우 P로 표기한다.

① 내식성이 우수하다(일반강에 비해 4~8배).

② 저온에서 인성(toughness)이 좋다.

③ 내부식성이 우수하다.

④ 녹슬음이 지연된다.

⑤ 무도장으로 사용이 가능하다.

⑥ 두께 증가 시 용접성이 저하되는 특징이 있다(볼트 연결).

⑦ 외부 녹 발생 시 부식시공의 오해가 발생할 수 있다.

7) HSB(High performance Steel for Bridge)

개선된 고성능 강재의 특성을 동시에 보유한 통합 성능 개선형 고성능강재를 지칭하며 고강도, 고용접성, 고인성, 내후성 등을 동시에 보유한 강재로 구조 단순화, 제작성 향상, 초기 건설비용 및 유지관리비용 절감, 장수명화를 도모하기 위해서 제작되었다.

① 강재의 생산자 측면이 아니고 사용자 관점에서 목표성능을 설정하였다.

② TMCP 제조법을 적용하였으며 생산범위인 판 두께 100mm까지 항복강도가 일정하다.

③ 충격흡수에너지 성능을 −20°C에서 47J 이상으로 상향 설정하였다.

④ 용접 예열작업이 불필요하도록 화학성분을 조정하였다.

고장력강         개정판　2권　제4편 강구조　p. 1227

고장력강의 설계 및 제작 시 유의사항에 대하여 설명하시오.

**풀 이**

## ▶ 개요

고강도강, 고장력강은 일반강에 비해 인장강도를 향상시킨 강을 지칭하는 것으로서 일반적으로 490MPa 이상 980MPa 이하의 인장강도를 갖는 용접 구조용강을 말하는데 최근에는 570MPa 이상의 인장강도를 갖는 강재를 지칭하는 경우가 대부분이다. 고장력강의 사용목적은 부재단면 및 하부구조 단면감소로 구조물 경량화, 제작 및 가설 작업의 단축 및 간소화, 시공의 단순화 및 급속화를 위해서 많이 도입되고 있으나, 일반적으로 고강도강은 에너지 흡수능력의 저하되고 강도 증진을 위해 탄소량의 증가로 인한 용접성 저하 등의 문제가 발생할 수 있으므로 이에 대한 이해 득실을 검토하여 적용하여야 한다.

## ▶ 고장력강의 장점

① 부재 단면감소로 재료가 감소되어 경제적이다.
② 구조물이 경량화되어 가설기기의 용량이 줄고, 블록 단위 가설이 용이해 시공속도가 증가한다.
③ 판 두께의 감소로 후판 시공 시 용접상 문제점을 피할 수 있다.
④ 단면 감소로 제작 시 절단량, 용접량이 감소되어 경제성을 기하고 작업의 간소화를 기대할 수 있다.
⑤ 장대지간의 교량건설이 가능하고 구조 형식 선정 시 자유도가 증가한다.
⑥ 날렵한 구조설계가 가능하여 미관이 우수하다.
⑦ 상부 구조물이 경량화되어 하부 구조의 부담감소로 경제적이다.

## ▶ 고장력강의 단점

고장력강을 사용하면 단면감소에 의한 강성저하로 처짐 및 진동이 크고, 항복비가 높으며, 용접성이 좋지 못하다.

1) 강성저하

① 고장력강의 사용은 단면축소에 따른 강성의 저하로 처짐과 변형에 따른 2차 응력을 유발하며 진동에 취약하여 사용성이 떨어지므로 이에 대한 고려가 필요하다.

② 설계기준상의 처짐 제한규정으로 단면강성이 결정되므로 고장력강의 사용 이점이 감소되므로 이에 대한 고려가 필요하다.

③ 설계기준상의 압축부재에서 허용압축응력이 단면크기의 세장비에 관계되어 고장력강 사용 시 이점이 감소되므로 이에 대한 고려가 필요하다.

2) 항복비 : 항복비가 높으면 항복 후 신장 능력이 작아져 예측 못한 하중에 대해 강재 파단의 신장에 의한 에너지 흡수가 불가능해질 수 있으므로 이에 대한 고려가 필요하다.

3) 용접성 : 강재는 강도가 높을수록, 판 두께가 두꺼울수록 용접성이 나빠져서 설계기준상 후판에서는 이를 고려하여 허용응력을 저감시키도록 하고 있어 설계단계에서 강종 선정 시 강재강도와 판 두께에 대해 용접성을 고려하여 선정하여야 한다.

4) 경제성 : 고장력강으로 사용할 경우 최소 판 두께 사용은 시방서 규정과 형상유지를 위해 만족할 경우 경제적 이득이 있으나, 강재 사용량을 경감시킬 경우 강재단가와 제작단가의 관계로 인해 경제적이지 못한 경우도 있다.

### ▶ 고장력강 설계 및 제작 시 유의사항

1) 유의사항 : 설계 단계에서는 고장력강의 장단점을 고려하여 적용성을 검토하여야 하며, 제작 시에도 용접이나 볼트 연결 등의 시공 시 강재의 특성에 맞게 주의 깊은 관리가 요구된다. 강재의 선정 시 고장력강의 필요에 따라 적용할 경우 도로교 설계기준상의 강성의 저하나 허용응력의 저하 등을 고려하여 고장력강의 요구조건에 부합되는 HSB(High performance Steel for Bridge) 등의 적용성을 검토할 수 있으며 이 경우 TMCP 제조법 및 내 라멜라테어링 성질, 내후성, 내부식성, 저온인성, 굽힘 가공성 등의 교량의 요구특성에 맞는 강재를 사용할 수 있도록 이해득실을 반드시 고려하여 적용하도록 하여야 한다.

2) 고장력강에 요구되는 성질

① 인장강도, 항복강도 및 피로강도가 높아야 한다.
② 용접성, 가공성이 좋아야 한다.
③ 내식성이 양호해야 한다.
④ 경제적이어야 한다.

HSB

교량구조용 압연강재(HSB재)에 대하여 설명하시오.

## 풀 이

### ▶ 개요

교량맞춤형 고성능강재(HSB : High Performance Steel for Bridge)는 개선된 고성능 강재의 특성을 동시에 보유한 통합 성능 개선형 고성능강재를 지칭하며 고강도, 고용접성, 고인성, 내후성 등을 동시에 보유한 강재로 구조 단순화, 제작성 향상, 초기 건설비용 및 유지관리비용 절감, 장수명화를 도모하기 위해서 제작되었다.

① 강재의 생산자 측면이 아니고 사용자 관점에서 목표성능을 설정하였다.

② TMCP 제조법을 적용하였으며 생산범위인 판 두께 100mm까지 항복강도가 일정하다.

③ 충격흡수에너지 성능을 $-20°C$에서 47J 이상으로 상향 설정하였다.

④ 용접 예열작업이 불필요하도록 화학성분을 조정하였다.

### ▶ HSB

1) 교량구조용 압연강재(HSB : High Performance steel for Bridge)의 특징

(1) 내후성, 인성, 내 라멜라테어링, 강도 등을 증진시켜 교량에 적합한 강재이다.

(2) 항복특성 및 용접성이 우수하다.

(3) 다양한 교량 설계와 제작조건에 대응이 유리하다.

(4) 저온인성이 좋다.

(5) 고강도, TMCP, 고인성, 저예열, 내 라멜라테어링, 내후성 등의 특징을 고루 갖추고 있다.

2) HSB의 활용

(1) 하이브리드(Hybrid) 설계법 적용 : 강도가 다른 2개의 강재를 한 단면 내에서 최적의 경제성을 확보할 수 있도록 혼용하여 주로 응력이 큰 지점부에서 고강도강을 적용하는 방법

(2) 구조의 단순화 : 경제성 개선을 위해 고성능 강재와 후판을 적용하여 용접이 많은 보강재를 최소화하는 구조 적용

(3) 기존 강교량의 합리화 : 큰 강박스 거더교를 지양하고 고성능 강재를 적용한 개구제형교, 소수거더교와 유사한 세폭의 박스거더교 등을 적용

(4) 이중합성 구조의 도입 : 강거더의 상부플랜지와 상판을 전단연결재로 결합한 통상의 연속 합

성거더교에 대해 압축력이 크게 작용하는 중간지점 영역의 강거더 하부플랜지 및 복부판 일부를 RC판을 연결해 합성시키는 이중합성교의 중간지점 영역의 거더의 강성이 경제적으로 증가시킬 수 있어 형고를 낮출 수 있고 중간지점 부근의 강형 하부 플랜지의 극후판화를 제한할 수 있으며 교량 전체의 강성이 증가하므로 연속합성 박스거더교 등의 지간을 장대화시킬 수 있다.

## 내후성강

강교에 내후성강 적용 시 환경적 측면의 제한조건

### 풀 이

#### ▶ 개요

내후성 강재는 강재의 표면에 미리 녹을 발생시켜서 외부와 강재 표면을 차단시켜 부식을 방지하고 강재로 별도의 도장이나 도금이 필요 없는 강재재료다. 그러나 습윤 상태로 되는 경우가 많은 장소 또는 염분입자의 비산범위 내에 있는 장소에서는 사용할 수 없다는 사용 환경상의 제약이 있다.

#### ▶ 내후성 강재의 특징

일반적으로 강재는 대기 중에서 부식되기 수위나 대기 중에서 부식에 잘 견디고 녹슬음의 진행이 지연되도록 개선시킨 강재를 내후성 강재(SMA)라 한다. 특히 P, Cu, Cr, Ni, V계의 내후성 고장력강은 내후성이 우수하여 무도장으로 사용할 수 있는데, 도장 없이 사용하는 내후성 고장력강을 내후성 무도장 강재라고 분류한다. 내후성 확보에 효과적인 Cu, Cr, Ni 등이 함유되어 대기에 노출되면 강재 표면에 치밀한 안정녹을 형성한다.

※ 내후성 강재는 무도장 강재의 경우 W로 표시하며, 도장을 실시하여 사용하는 경우 P로 표기한다.

1) 내후성 강재의 원리

대기에 강재가 노출되면 일반강과 유사하게 녹이 발생하나 기간이 경과함에 따라서 그 녹의 일부가 서서히 모재에 밀착한 녹층을 형성하는 녹안정화가 진행되고 이 녹층이 부식진행 유발인자인 산소와 물이 모재로 침투하는 것을 막는 보호막이 되어 부식의 진전이 억제된다.

2) 특징

① 내식성이 우수하다(일반강에 비해 4~8배).
② 저온에서 인성(toughness)이 좋다.
③ 내부식성이 우수하다.
④ 녹슬음이 지연된다.
⑤ 무도장으로 사용이 가능하다.
⑥ 두께 증가 시 용접성이 저하되는 특징이 있다(볼트 연결).
⑦ 외부 녹 발생 시 부식시공의 오해가 발생할 수 있다.

3) 내후성 강재 적용 시 유의사항

① 용접성의 저하 : 내후성 강재는 내후성을 증가시키기 위해 인(P)의 양을 증가시켰기 때문에 강
재두께가 두꺼울수록 용접성이 떨어지는 단점을 가지고 있어 가능한 용접연결을 지양하고 볼
트 연결을 사용하여야 한다. 적용되는 볼트는 강재와 동일한 내후성강용 고장력 볼트를 사용
하여야 한다.

② 환경에 따른 제한조건 : 해수지역에서는 녹층 안정화가 지연되어 적용성이 제한될 수 있다.

③ LCC 비교 : 강교량의 가장 큰 취약점인 부식 문제를 어느 정도 극복할 수 있으며 초기도장 및
재도장의 생략으로 인한 초기 건설비용 및 유지관리 비용의 감소라는 경제성 측면에서 효과를
기대할 수 있다.

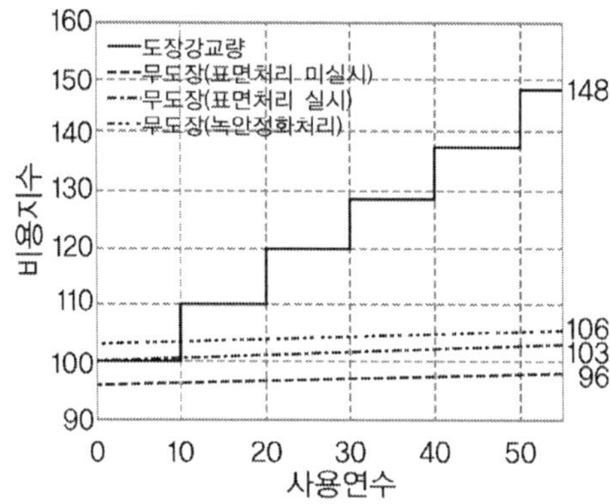

## 용접 구조용 압연 강재

용접 구조용 압연 강재에 대하여 설명하시오

**풀 이**

### ▶ 개요

용접구조물은 압연 구조물(Rolled Beam)과 판형(Plate Girder)로 구분되며, 일정한 품질을 확보할 수 있는 압연 구조물의 제작상의 한계(국내 $h \leq 1800mm$, $L \leq 20m$)로 인해 판형(Plate Girder)도 사용되며 이를 통해 다양한 형상의 구조물 제작이 가능하다.

### ▶ 용접 구조용 압연 강재의 특성

1) 압연강재

일반적으로 도로교 설계기준에서는 구조용으로 적용되는 탄소강인 압연 강재에 대해서 다음과 같이 4가지로 구분하여 적용하도록 하고 있다.
① 일반구조용 압연강재(SS) : SS400
② 용접구조용 압연강재(SM) : SM400, SM490, SM520, SM570, SM490Y
③ 용접구조용 내후성 열간 압연강재(SMA) : SMA400, SMA490, SMA 570
④ 교량구조용 압연강재(HSB) : HSB500, HSB600

2) 용접구조용 압연강재

일반구조용 압연강재(SS)는 토목, 건축, 선박, 차량 등의 구조물에서 다양하게 쓰이며, C, Si, Mn 등의 규정이 없다는 특성을 가진다. 이에 반해 용섭구조용 압연강재의 경우 사용특성에 따라 C, Si, Mn 등의 규정이 있으며 내부식성, 내후성, 인성, 내 라멜라테어링, 강도 등을 증진하기 위한 목적 등에 따라서 용접구조용 압연강재(SM)과 용접구조용 내후성 열간 압연강재(SMA), 교량구조용 압연강재(HSB : High Performance steel for Bridge) 등으로 구분한다.

① 일반구조용 압연강재(SS)
(1) 토목, 건축, 선박, 차량 등의 구조물에 가장 일반적으로 사용된다.
(2) S, P 에 대한 제한값(0.05 이하)이 높으나 C, Si, Mn 등의 규정이 없다.
(3) 휨 시험에서 휨 반지름도 크게 규정된다.
(4) 강도조건만 요구되는 곳에는 SS재의 적용이 가장 적절하며 강도에 따라 강종을 선택한다.

② 용접구조용 압연강재(SM)

  (1) SS재와 같이 널리 사용되며 특히 우수한 용접성이 요구될 때 사용된다.

  (2) 화학성분은 S, P 값은 0.04 이하, C, Si, Mn에 대한 규정치는 강재의 종류별로 정해지며 용접구조용 강재의 특성을 좌우한다. 강도를 높이기 위해서는 C 값을 증가시키고, 용접성을 증가시키기 위해서는 Mn 값을 증가시킨다.

  (3) 강도분류와 함께 인성치를 기준으로 범위를 분류한다.

  ※ A, B, C재 : 저온인성 판단기준으로 인성치인 샤르피(Charpy) 흡수에너지에 따라 분류한다.

    A재 : 0℃ V노치 샤르피 흡수에너지에 대한 규정이 없음

    B재 : 0℃ V노치 샤르피 흡수에너지에 대한 규정이 없음

    C재 : 0℃ V노치 샤르피 흡수에너지에 대한 규정이 없음


③ 용접구조용 내후성 열간 압연강재(SMA)

  (1) 철골, 교량 등 대형구조물의 구조용 강재로서 내부 식성이 요구되는 경우에 사용한다.

  (2) Cr, Cu를 기본으로 Ni, Mn, V, Ti등을 첨가하여 제조한다.


④ 교량구조용 압연강재(HSB : High Performance steel for Bridge)

  (1) 내후성, 인성, 내 라멜라테어링, 강도 등을 증진시켜 교량에 적합한 강재이다.

  (2) 항복특성 및 용접성이 우수하다.

  (3) 다양한 교량 설계와 제작조건에 대응이 유리하다.

  (4) 저온인성이 좋다.

  (5) 고강도, TMCP, 고인성, 저예열, 내 라멜라테어링, 내후성 등의 특징을 고루 갖추고 있다.

## 강종 선정 시 고려사항

강교량 설계에서 강종의 선정 시 고려해야 할 사항에 대하여 설명하시오.

### 풀 이

#### ▶ 개요

KS 기준에 따라 구조용 강재의 명칭은 제품의 형상이나 용도, 강종을 나타내는 기호, 항복강도, 에너지 흡수 품질 등을 표시한다. 일반적으로 강구조물의 강종을 설계할 때는 이러한 강도나 에너지 흡수 품질, 내후성 여부, 열처리 종류 등을 고려해 선정한다.

#### ▶ 강종 선정 시 고려할 사항

1) 항복강도와 인장강도

구조물이 요구하는 강도와 두께를 적용할 수 있는 강재를 먼저 선정한다.

2) 압연용 강재(SS)와 용접구조용 강재(SM)

토목구조물에서 사용하는 강구조물에서는 먼저 그 크기와 형상에 따라 압연용 강재(SS)나 용접구조용 압연강재(SM) 중 선택한다. 압연용 강재는 공장 제작으로 품질이 균일하나 크기나 형상에 제한이 있어 통상의 토목구조물은 용접구조용 압연강재의 사용이 더 많다.

3) 내후성 필요여부(SMA)

구조물의 설치여건에 따라 부식되기 쉬운 여건인 경우 부식에 잘 견디고 녹슬음의 진행이 지연되도록 개선시킨 강재를 선택할 수 있다.

4) 충격에너지 흡수 품질(A~D)

저온인성 특성이 필요한지 여부에 따라 충격에너지 흡수 품질을 샤르피(Charpy) 흡수에너지에 따라 A~D까지 분류한다. A보다는 D가 충격특성이 향상되는 고품질의 강을 의미하며, C, D 강재는 저온에서 사용되는 구조물과 취성파괴가 문제되는 특수 부위에 사용된다.

5) 내후성, 인성, 내 라멜라테어링, 저예열 필요여부

교량구조용 압연강재(HSB : High Performance steel for Bridge)와 같이 고강도와 함께 내후성, 인성, 내 라멜라테어링, 강도 등을 증진이 필요한지 여부에 따라 적용할 수 있다.

강재 기호

한국산업표준(KS)에서 규정하는 강재의 표준규격 중 토목구조물에 적용하는 다음 강재 기호 ①~
④의 의미에 대하여 설명하시오.

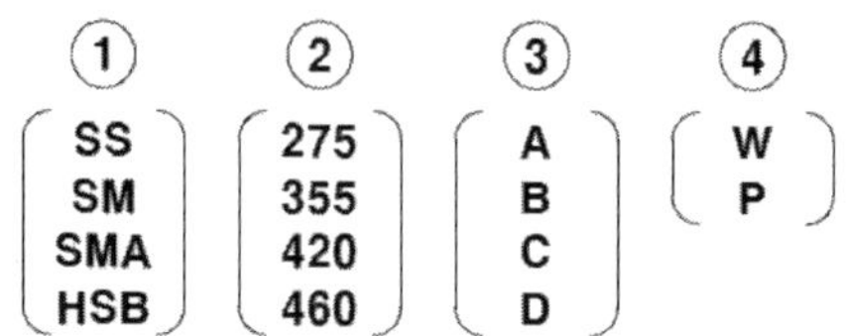

## 풀 이

### ▶ 개요

KS에서 규정한 강재의 표기법은 크게 6가지로 구분되며, 순서대로 ① 강재의 명칭(SS, SM,
SMA), ② 강재의 항복강도(MPa), ③ 샤르피 흡수에너지 등급(A, B, C, D), ④ 내후성 등급(W,
P), ⑤ 열처리 종류(N, QT, TMC), ⑥ 내 라멜라테어링 등급(ZC)

예시) ① SMA ② 460 ③ B ④ W ⑤ N ⑥ ZC

### ▶ 기호설명

① 강재의 명칭 : 일반적으로 도로교 설계기준에서는 구조용으로 적용되는 탄소강인 압연강재에
대해서 (1) 일반구조용 압연강재(SS), (2) 용접구조용 압연강재(SM), (3) 용접구조용 내후성 열
간 압연강재(SMA), (4) 교량구조용 압연강재(HSB)로 구분되어 사용되고 있으며, 일반구조용
압연강재(SS)는 토목, 건축, 선박, 차량 등의 구조물에서 다양하게 쓰이며, C, Si, Mn 등의 규
정이 없다는 특성을 가진다. 이에 반해 용접구조용 압연강재의 경우 사용특성에 따라 C, Si,
Mn 등의 규정이 있으며 내부식성, 내후성, 인성, 내 라멜라테어링, 강도 등을 증진하기 위한
목적 등에 따라서 용접구조용 압연강재(SM)와 용접구조용 내후성 열간 압연강재(SMA), 교량
구조용 압연강재(HSB : High Performance steel for Bridge) 등으로 구분된다.

(1) 일반구조용 압연강재(SS) : 토목, 건축, 선박, 차량 등의 구조물에 가장 일반적으로 사용되
며, S, P에 대한 제한값(0.05 이하)이 높으나 C, Si, Mn 등의 규정이 없다. 휨 시험에서 휨
반지름도 크게 규정되며, 강도조건만 요구되는 곳에는 SS재의 적용이 가장 적절하며 강도에
따라 강종을 선택한다.

(2) 용접구조용 압연강재(SM) : SS재와 같이 널리 사용되며 특히 우수한 용접성이 요구될 때 사용된다. 화학성분은 S, P 값은 0.04 이하, C, Si, Mn에 대한 규정치는 강재의 종류별로 정해지며 용접구조용 강재의 특성을 좌우한다. 강도를 높이기 위해서는 C값을 증가시키고, 용접성을 증가시키기 위해서는 Mn 값을 증가시킨다.

(3) 용접구조용 내후성 열간 압연강재(SMA) : 철골, 교량 등 대형구조물의 구조용 강재로서 내부식성이 요구되는 경우에 사용한다. Cr, Cu를 기본으로 Ni, Mn, V, Ti 등을 첨가하여 제조한다.

(4) 교량구조용 압연강재(HSB) : 내후성, 인성, 내 라멜라테어링, 강도 등을 증진시켜 교량에 적합한 강재로 항복특성 및 용접성이 우수하다. 다양한 교량 설계와 제작조건에 대응이 유리하며 저온인성이 좋다. 고강도, TMCP, 고인성, 저예열, 내 라멜라테어링, 내후성 등의 특징을 고루 갖추고 있다.

② 강재의 항복강도(MPa) : 강재의 항복강도를 나타내며, 2018년 KS 기준이 변경되어 기존의 인장강도를 기준으로 표기하던 내용을 항복강도를 기준으로 변경되었다.

③ 샤르피 흡수에너지 등급 : 시험온도(A 20℃, B 0℃, C -20℃, D -40℃)에 따라 종류의 등급별로 요구되는 최소 샤르피 흡수 에너지(J)를 나타낸다.

| 종류의 기호 | 시험온도 | 샤르피 흡수에너지 |
| --- | --- | --- |
| A | 20 | 27J 이상 |
| B | 0 | 27J 이상 (항복강도 420는 47J 이상) |
| C | -20 | 27J 이상 |
| D | -40 | 27J 이상 |

④ 내후성 등급(W, P) : W는 압연 그대로 또는 녹 안정화 처리 후 사용하는 강재를 의미하며 P는 일반도장 처리 후 사용하는 강재를 의미한다.

## KS 규격

국내의 한국산업표준(KS)에서 규정하는 프리스트레스트 강재의 표준규격에서 다음 기호의 의미를 ①의 예시와 같이 ②~④를 설명하시오.

$$\text{SWPC} \quad 7 \quad \begin{Bmatrix} A \\ B \\ C \\ D \end{Bmatrix} \quad \begin{Bmatrix} N \\ L \end{Bmatrix}$$
$$\quad\;\;① \qquad ② \qquad ③ \qquad\;\; ④$$

예시) ① : 프리스트레스트 원형 강연선

## 풀 이

### ▶ 기호설명

KS D 7001에서 규정한 KS PC 강선 및 PC 강연선 규정에 따라 정의되며, SWPC는 PC에 사용되는 강선 및 강연선으로

① 프리스트레스트 원형 강연선을 의미한다. 그 외 SWPD가 있으며 이는 프르스트레스트 이형 강형선을 의미한다.

② 강연선의 수를 의미하며, 주어진 조건에서는 7연선을 의미한다. 그 외 1, 2, 3, 19연선이 있다.

③ A, B, C, D는 인장강도의 크기를 의미하며, 일반적으로 원형선에선 A에서 D로 한 단계씩 변화할 때마다 인장강도가 100N/mm$^2$ 이상 증가한다. SWPC 7연선의 경우 A는 인장강도가 1720N/mm$^2$이며, B는 1860N/mm$^2$, C는 2160N/mm$^2$, D는 2360N/mm$^2$이다.

④ N과 L은 릴렉세이션 표준값에 따라 보통선의 경우 N, 낮은선의 경우 L로 표기한다.

| 종류 | | | 기호 | 단면 |
|---|---|---|---|---|
| PC강선 | 원형선 | A종 | SWPC1AN, SWPC1AL | ○ |
| | | B종 | SWPC1BN, SWPC1BL | ○ |
| | 이형선 | | SWPD1N, SWPD1L | ○ |
| PC강연선 | 2연선 | | SWPC2N, SWPC2L | 8 |
| | 이형 3연선 | | SWPD3N, SWPD3L | ⊗ |
| | 7연선 | A종 | SWPC7AN, SWPC7AL | ⊛ |
| | | B종 | SWPC7BN, SWPC7AL | ⊛ |
| | | C종 | SWPC7CL | ⊛ |
| | | D종 | SWPC7DL | ⊛ |
| | 19연선 | | SWPC19N, SWPC19L | ● ● |

# 강재의 파괴와 영향인자

## 1. 강재의 파괴 형태

1) 연성파괴(Ductile Failure) : 상온하의 정적인 외적 하중재하 시

강구조물에서 나타나는 대표적인 파괴 형태로 강재가 탄성체에서 소성상태를 거쳐 파단에 이르는 과정을 연성파괴라고 한다. 저강도 강재일수록 신장능력이 커서(항복비가 작아서) 강재파단 시 신장에 의한 에너지 흡수성능이 크다.

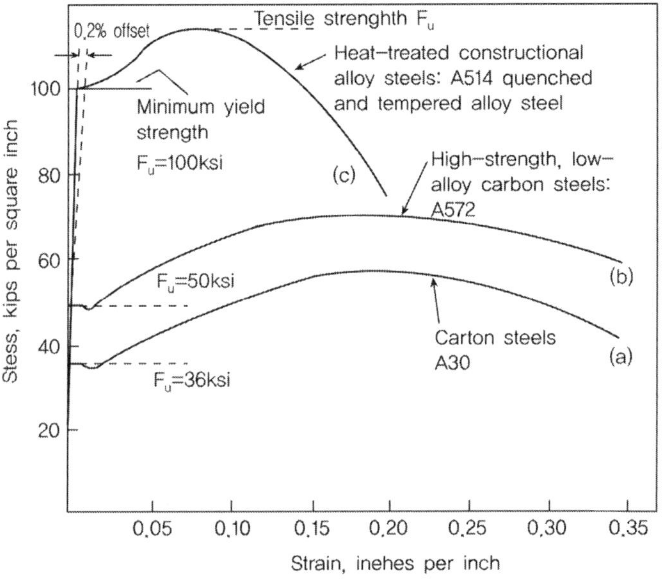


고강도강재와 저강도강재의 응력-변형률 곡선

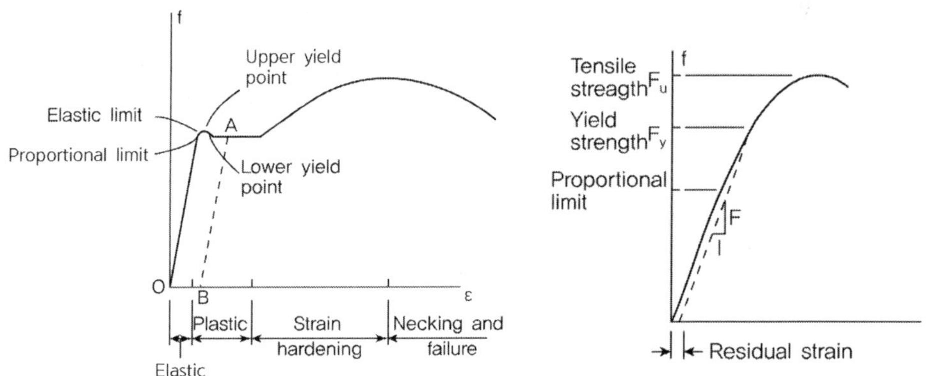


강재와 알루미늄의 응력-변형률 곡선

알루미늄과 같이 명확한 항복점이 없고 비례한도를 지나 곧바로 변형이 일어나는 재료의 경우 항복점 정의. 최초 선형부분에 평행한 직선을 그어 0.2%만큼 표준변형률 값을 offset 시켜서 실제 응력-변형 률선도와 만나는 점을 항복점으로 규정

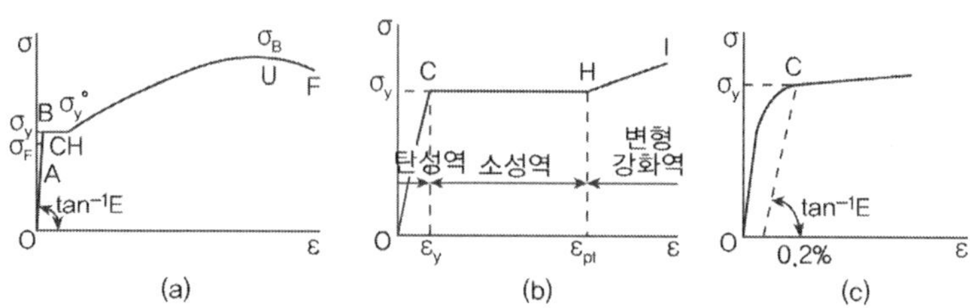


## 2) 취성파괴(Brittle Failure) : 저온하의 충격하중 재하 시 89회/94회/118회/124회/126회/129회/132회

【 기출유형 ① 】 구조용 강재/강구조물의 취성파괴 원인과 대책
【 기출유형 ② 】 강재의 취성파괴 방지를 위해 설계 제작 시 고려사항
【 기출유형 ③ 】 강재의 취성파괴 방지를 위해 설계 제작 시 고려사항

강구조물의 부재에서 노치(Notch), 리벳 구멍, 용접 결함 등의 응력집중부에서 발생하기 쉬우며, 저온에서 냉각 또는 충격적인 하중이 작용하는 경우 그 강재의 인장강도 또는 항복강도 이내에서 소성변형 없이 갑작스럽게 파괴되는 현상을 말한다.



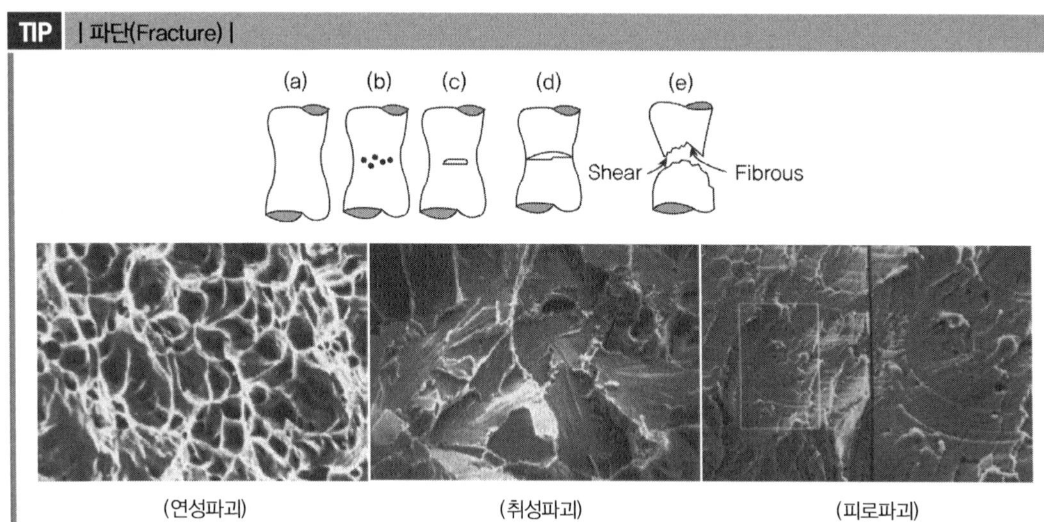

① 강재의 취성파괴 특징

| 구 분 | 취성파괴 | 연성파괴 |
|---|---|---|
| 비 교 | – 소성변형 발생 전 급작스런 파괴 발생<br>– 결정구조 경계면에서 파괴<br>– 파괴면이 결정 모양<br>– 비교적 저온에서 발생<br>– 비교적 낮은 응력에서 파괴(항복점 이전)<br>– 강재의 절취부나 용접결함부에서 유발 | – 소성변형 발생 후 연성거동 파괴<br>– 결정구조 면 내에서 파괴<br>– 파괴면이 섬유 모양<br>– 비교적 상온에서 발생<br>– 비교적 높은 응력에서 파괴(극한점)<br>– 일반적인 강재의 파괴 형태 |

② 취성파괴 피해특징

   (1) 파괴의 진행속도가 빠르다.

   (2) 비교적 저온에서 발생한다.

   (3) 강재의 절취부나 용접결함부에서 유발되기 쉽다.

   (4) 낮은 평균응력에서 파괴된다.

③ 취성파괴 발생원인

| 구 분 | 상세원인 |
|---|---|
| 재료의 인성부족 | – 재료의 화학성분 불량으로 금속조직 결함<br>– 과도한 잔류응력<br>– 설계응력 이상의 인장응력이 발생<br>– 취성파괴에 저항이 낮은 강재 사용<br>– 온도저하로 인한 인성 감소<br>– 경도가 너무 큰 고강도 강재 사용 |
| 강재결함에 의한 응력집중 | – 용접열 영향으로 재료의 이상 경화<br>– 용접결함으로 응력집중<br>– 응력부식 진행<br>– 강재단면의 급격한 변화<br>– 볼트 및 리벳구멍, Notch와 같은 응력집중부 |
| 반복하중에 의한 피로 | |

④ 강재의 취성방지 대책

   (1) 부재설계 시 응력집중(확대)계수 최소화(도로교설계기준 교량용 강재의 인성 요구조건)

   (2) 고강도 강재 선택 시 충격흡수 에너지 점검

   (3) 동절기 강재 용접 시 예열 등의 열처리 실시

   (4) 구조물 설치 시 과도한 외력작용 방지

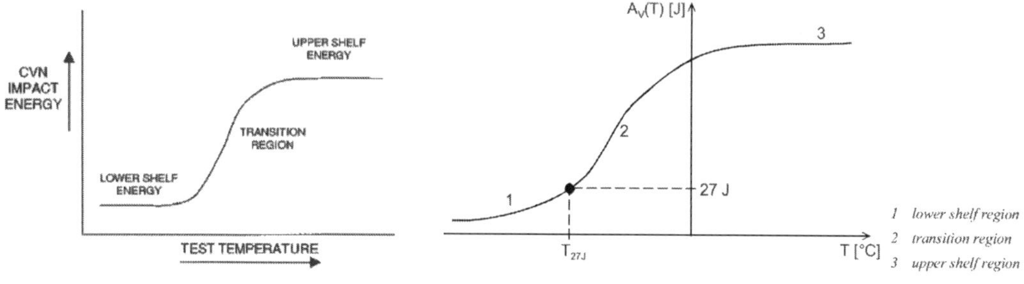

(충격에너지와 온도와의 관계)

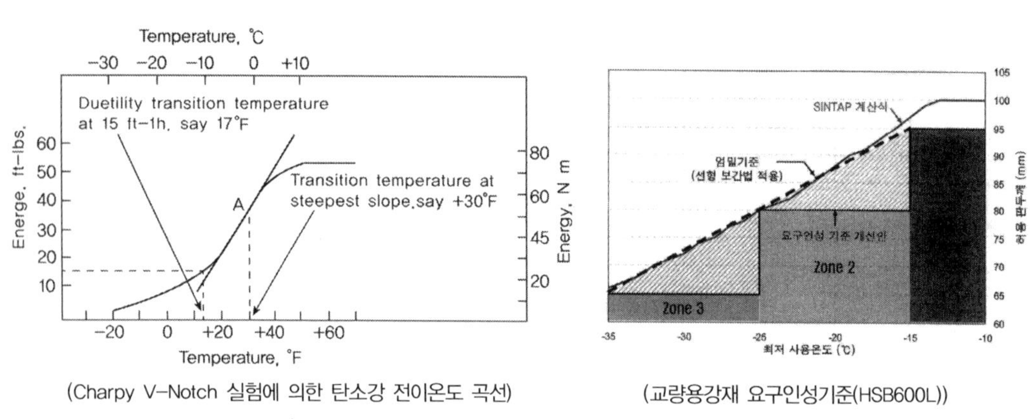

(Charpy V-Notch 실험에 의한 탄소강 전이온도 곡선)　　(교량용강재 요구인성기준(HSB600L))

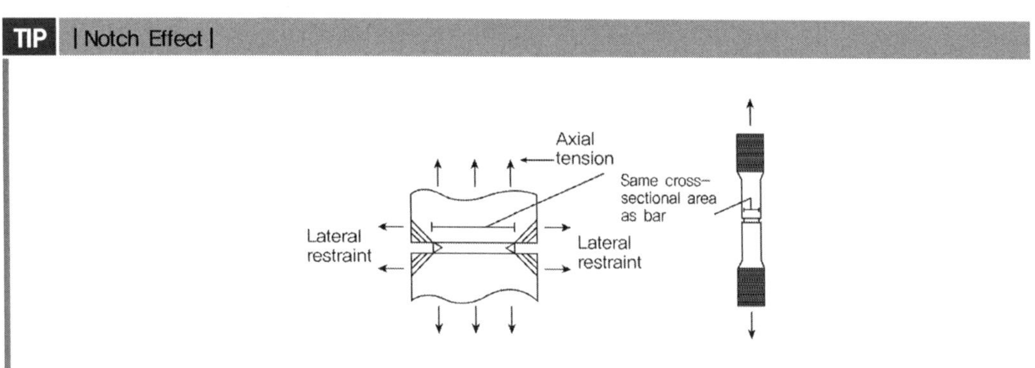



① The necking is resisted by the diagonal pall

② Brittle failure at higher stress than that of same section w/o notch

6.6.2 인성요구조건

(1) 인장 또는 교번응력을 받는 주부재의 사용 강재는 샤르피 흡수에너지로 나타내는 저온인성 규격을 만족해야 한다.

(2) 인장 또는 교번응력을 받는 주부재의 최대 허용 판 두께는 교량이 건설되는 지역의 온도구역에 따라 규정된 값으로 한다.

(3) 인장 또는 교번응력을 받는 주부재는 도면과 공사시방서 등에 명시하여야 한다.

국내 강재의 인성기준이 사용환경에 대한 고려가 없던 것을 전국을 최저 공용온도에 따라 3개 지역으로 구분하고 강도등급 및 인성규격에 따라 강종별로 교량이 건설되는 지역의 최저 공용온도에 따라 최대 허용 판두께를 제시하였다.

이전 기준에서는 강종선정 시 강도에 따른 소요 판두께를 결정하여 판두께 40mm 이하에서는 B재를 40~100mm 이하에서는 C재를 적용하였으며, KS규격에서는 A는 인정에 대한 보증이 없고, B재는 0°C에서 27J의 샤르피 흡수에너지를 C재는 0°C에서 47J의 샤르피 흡수에너지를 보증하고 있다.

국내 온도구역별 최소 공용온도 $T_{min}$
  I   온도구역(남해안 및 동해안일부 지역) : -15°C
  II   온도구역(내륙과 해안 접경지역) : -25°C
  III   온도구역(내륙지역) : -35°C

**인장 또는 교번응력을 받는 주부재의 강종별 인성규격과 온도구역별 최대 허용 판두께**

| 강종 | | | 온도구역 충격시험 | | 온도구역 I (-15°C) | 온도구역 II(-25°C) | 온도구역 III(-35°C) |
|---|---|---|---|---|---|---|---|
| 구분 | 기호 | 시험온도 | 샤르피 흡수에너지 | | 최대 허용 판두께(mm) | | |
| 용접구조용 압연강재 | SM400B | 0°C | 27J 이상 | | 40 | 40 | 40 |
| | SM400C | 0°C | 47J 이상 | | 100 | 100 | 95 |
| | SM490B | 0°C | 27J 이상 | | 40 | 40 | 40 |
| | SM490C | 0°C | 47J 이상 | | 95 | 80 | 70 |
| | SM490C-TMC | 0°C | 47J 이상 | | 95 | 80 | 70 |
| | SM490YB | 0°C | 27J 이상 | | 40 | 40 | 40 |
| | SM520B | 0°C | 27J 이상 | | 40 | 40 | 40 |
| | SM520C | 0°C | 47J 이상 | | 85 | 70 | 60 |
| | SM520C-TMC | 0°C | 47J 이상 | | 85 | 70 | 60 |
| | SM570 | -5°C | 47J 이상 | | 70 | 60 | 50 |
| | SM570-TMC | -5°C | 47J 이상 | | 70 | 60 | 50 |
| 용접구조용내후성열간압연강재 | SMA400B | 0°C | 27J 이상 | | 40 | 40 | 40 |
| | SMA570 | -5°C | 47J 이상 | | 70 | 60 | 50 |
| 교량구조용 압연강재 | HSB500 | -5°C | 47J 이상 | | 85 | 70 | 60 |
| | HSB600 | -5°C | 47J 이상 | | 70 | 60 | 50 |

3) 피로파괴(Fatigue Failure) : 외력의 반복재하 시 <sup>89회/91회/93회/119회/120회/127회/136회</sup>



피로파괴란 강구조 부재에 일정하중이나 반복하중이 지속적인 외력으로 작용하면 부재의 구조적인 응력집중부 또는 용접이음형상이나 용접결함 등의 응력집중부에서 소성변형이 발생하고 이로 인하여 허용응력 이하의 작은 하중에서도 균열이 발생하며 이 균열이 성장하여 최종적으로 설계 강도보다 낮은 응력에서 파단되는 현상을 말한다. 응력 집중이 발생하는 지점에서 작은 크기의 반복응력에도 피로에 의한 균열이 발생할 수 있으며 대략적인 경험에 의하면 금속재료의 경우 이러한 균열이 발생하기 위해서는 응력집중이 발생하는 곳에서 이 응력이 항복응력의 50% 이상이 되어야 하지만 사전 균열이나 결함이 있는 경우 작은 크기의 응력에도 균열이 발생하여 성장할 수 있다. 일단 균열이 발생하면 주로 하중이 작용하는 방향과 직교하는 방향으로 균열은 성장하며 이에 따라 유효단면은 감소하고 결국 부재는 취성 또는 연성 파괴에 이른다.

① 피로파괴 모드가 주로 발생하는 이유와 이를 피하기 위한 설계상의 문제

피로 프로세스는 분산 정도가 크므로 예측하기 어렵고 피로시험 결과를 사용하여 현장에서 피로를 측정하기가 어려우며 구조물의 사용기간 동안 작용하는 하중을 정확하게 모델링하기 어렵고 구조물 피로에 민감한 지점은 여러 복합적인 영향으로 인해 복잡한 응력상태로 실제 구조물의 재료 피로는 여러 가지 다양한 프로세스의 매우 복잡한 상호작용과 관련되므로 파괴를 예측하기가 어렵다.

② 피로파괴 피해 사례

(1) 철도교의 피로파괴

가. 열차하중이 반복재하와 규칙적인 응력변동으로 인한 피로파괴

나. 피로를 고려한 허용응력을 결정하는 설계법 필요

(2) 도로교의 피로파괴

가. 활하중이 설계하중으로 크게 작용하는 강상판 피로파괴

나. 장대교량의 풍하중 및 활하중에 의한 사재 정착부의 피로파괴

다. 피로균열로 인한 강도로교 피로 파괴

③ 피로손상의 평가 : 피로손상이 발견된 경우에는 처음에는 발생 원인을 상세하게 검토하고, 동시에 방치한 경우에 예상되는 거동 등을 고려해 적절한 보수방법을 선정하여야 한다.

(1) 발생원인의 종류

가. 실하중이 설계하중보다 크고 그 빈도 또한 높다.

나. 설계계산 이상의 응력이 발생하고 있다.

다. 구조상세가 적절하지 못했다.

라. 용접부에 허용치 이상의 결함이 있다.

등이 있으며, 이와 같이 원인을 규명하는 것이 보수방법의 결정에 중요하다.

(2) 발견된 손상에 대한 평가항목

    가. 균열의 발생부위가 파괴되었을 때의 영향

    나. 균열의 진전과정(방향 및 속도)

    다. 한계균열장 등이 있다. 평가에 있어서는 피로균열의 발생원인을 상세하게 검토함과 동시에 균열을 방치할 경우에 예상되는 거동을 고려하여야 한다.

④ 방지대책

  (1) 설계 시 허용반복 하중과 피로수명 결정

  (2) 피로허용 응력 범위 결정

  (3) S-N Curve를 고려한 허용압축 응력 저감

  (4) 각종 세부구조 보강

⑤ 피로손상의 보수 : 피로손상의 평가결과 보수가 필요하다고 판단될 경우에는 발생원인에 대비한 적절한 방법을 선택한다. 보수가 부적절하면 다른 손상의 원인이 될 수도 있다. 피로에 대한 안전성은 해당부위의 피로강도를 높이거나 발생응력을 저하시킴으로써 개선될 수 있다. 피로손상의 보수ㆍ보강 방법에는

  (1) 피로균열 선단에 스톱홀 설치

  (2) 용접보수공법(TIG처리 병용)

  (3) 보강부재를 사용하는 용접보수

  (4) 접합부재와 강력 볼트를 쓴 기계적 보수

  (5) PC강재를 사용한 외부 케이블 프리스트레스 방식의 보수 등이 있다.

⑥ S-N 선도(Wohber 곡선)

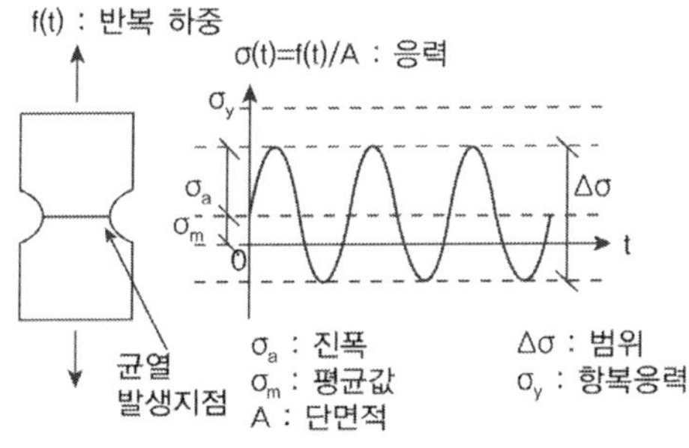


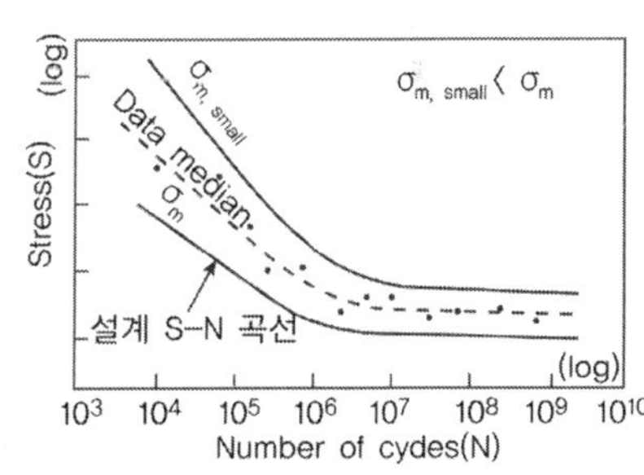


강재는 피로 파괴될 때까지 일정한 크기 또는 일정한 범위의 응력 S를 N회 반복하여 받는다. S와 N을 log 도표에 나타낸 것을 S-N 선도(Wohber 곡선)라고 하며 이 선도는 재료와 응력 평균 등에 따라 영향을 받는다. 일반적으로 피로시험에서 구한 결과의 중앙값보다는 안전성을 고려하여 작은 값을 사용한다.

(1) 구조물에 반복하중 작용 시 구조물의 응력 집중부에 소성변형으로 균열이 발생, 진전, 파괴되는 현상을 피로파괴라 하며, 상대적으로 아주 작은 하중에서 파괴된다. 또한, 피로발생에는 응력의 반복, 인장응력, 소성변형이 동시에 존재하는 것이 필요조건이 된다.

(2) S-N 선도란 재료의 피로에 대한 저항능력을 나타내며 작용응력과 파괴 때까지의 하중의 반복횟수의 관계를 직교 좌표면에 표시한 선을 말한다.

(3) S-N 선도의 특성

　가. 종축 : 재료에 가해진 최대 응력

　나. 횡축 : 파괴 도달하는 하중의 반복횟수(N)

　다. S-N를 대수의 눈금으로 표시

　라. 또한, 파괴확률까지 포함시켜 피로의 상, 하한을 나타낸 것을 P-S-N 선도(Probability – Stress – Number)라 한다.

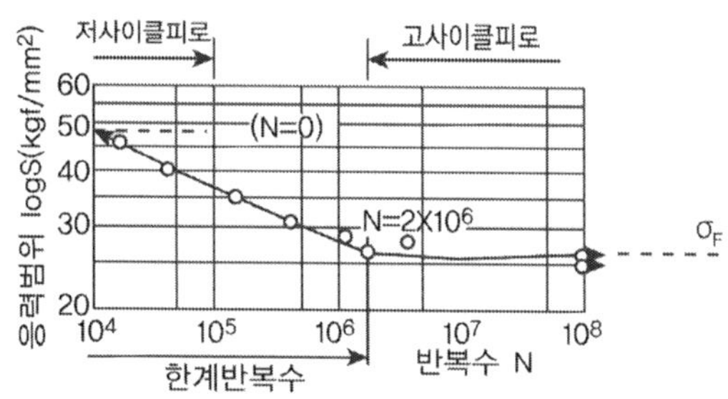


S-N 선도

(4) 피로강도를 나타내기 위해서는 응력 기반 모델, 변형률 기반 모델, 파괴 역학 모델을 주로 사용한다. 응력 기반 모델(Stress based model)은 반복응력을 받는 재료는 탄성영역에 있고 응력집중이 발생하는 지점에서의 응력(S)을 피로강도(N)와 함께 S-N선도로 나타낸다. 통상 N이 $10^5$을 초과하며 이러한 파괴를 고사이클 파괴(High cycle fatigue)라고 한다. 변형률 기반 모델(Strain based model)은 피로파괴가 일어날 것 같은 지점에서의 응력과 변형률을 추정하고 이 지점에서 국부항복이 발생한다고 가정한다. 이 모델은 국부항복과 재료의 응력-변형률 이력관계도 고려되므로 국부변형률 해석(Local strain analysis)이라고도 한다. 랜덤 응력을 부재에 가하였을 때 고려된 지점은 랜덤 이력 프로세스를 거쳐 N회 사이클 후에 균열이 생성된다. 균열이 발생하는데 필요한 사이클 수는 통상 $10^5$ 미만이므로 이러한 파괴를 저 사이클 피로(Low cycle fatigue)라 한다. 파괴역학 모델은 용접결함 등을 포함한 부재에 존재하는 사전균열이나 결함으로 인해 피로균열이 발생한다고 가정한다.

(5) 피로 파괴는 지속적인 반복하중으로 강재의 내하응력이 감소되어 낮은 응력에서도 강재가 소성변형을 일으켜 파괴되는 파괴 형태로 강재의 피로수명 결정, 반복하중 횟수 결정, S-N 선도를 이용한 허용응력 등을 결정하여 강재의 피로파괴에 대한 설계가 필요하다.

피로현상을 이론적으로 규명하기는 거의 불가능하기 때문에 피로강도시험결과의 통계적 분석을 통한 피로강도등급을 규정한다.

① 피로응력의 종류

    (1) 하중유발 피로응력(Load-Induced Fatigue Stress) : 피로설계에 해당, 설계 시 명확히 계산되는 응력. 응력집중효과는 피로강도등급에서 고려

    (2) 뒤틀림 유발 피로응력(Distortion-Induced Fatigue Stress) : 설계 시 고려하지 않음. 2차 응력. 따라서 2차 응력을 유발하는 상세는 피해야 함.

② 피로설계의 개념 : 설계피로응력 ≤ 허용피로응력범위

③ 피로설계 방법의 종류(강구조공학, 제2판, 한국강구조학회 편)

    (1) 무한수명설계 : 모든 피로작용이 피로한계 이하가 되도록 설계, 높은 비파괴 확률, 정기 모니터링 없음

    (2) 안전수명설계 : 용접이음에 초기결함 없다고 가정, 높은 비파괴 확률, 정기 모니터링 없음

    (3) 파손안전설계 : 부정정구조 또는 다재하경로구조가 되도록 설계, 파손의 검사 및 보수에 의한 기능회복가능, 용접구조물은 일정한 비파괴 확률에 의해 설계함

    (4) 손상허용설계 : 비파괴 시험의 검출수준에 따라 결함의 허용결함치수를 가정하여 설계하는 방법, 파괴역학적 접근법에 의한 파손까지 수명을 계산, 검사주기 결정, 용접구조물은 일정 비파괴 확률로 설계

④ 주요 설계 인자 : 피로강도등급, 응력반복횟수, 허용피로응력범위, 반복응력범위

⑤ 피로수명의 산정 : S-N 선도, P-S-N 선도 이용, 하중작용범위와 반복횟수, 파괴확률, 구조상세범주를 변수로 고려하여 피로수명산정, 응력집중과 Hot-Spot 응력을 고려하지 않은 '공칭응력'을 사용하여 작용응력범위 결정

4) 크리프 및 릴랙세이션 : 고온하의 지속하중 재하 시 발생

5) 지연파괴(Delayed Failure) [123회]



수중, 다습한 환경, 산성 환경하의 지속하중 재하 시 수소취화

① 재료에 하중을 가하고 그 상태의 하중을 일정하게 유지할 때 외견상으로는 거의 소성변형을 일으키지 않고 어느 시간 후에 갑자기 취성파괴하는 현상으로 철강의 소재, 기기, 구조물 등이 제조 후 불특정한 시간에 대해 돌연 발생하는 파괴현상이다.

② 거시적으로 보아 부재에 정적하중이 작용하고 있을 때 그 크기가 항복점보다 훨씬 낮은 응력이라 할지라도 장시간 부하될 경우에 외견상 소성변형을 동반함이 없이 돌연히 취성적으로 파괴하는 현상을 지연파괴라고 한다. 환경유발파괴(Environment Assisted Cracking)라고도 한다.

③ 발생하는 응력이 취성파괴나 연성파괴를 일으키는 레벨보다 훨씬 작고 또 그 시간변동 성분도 피

로균열을 일으키는 것보다 훨씬 작은데 돌연파괴가 발생한다. 지연파괴의 부하응력과 시간 사이의 특성은 피로에서의 S-N선에 가까운 형태로 되기 때문에 정적인 피로파괴라고도 불린다.

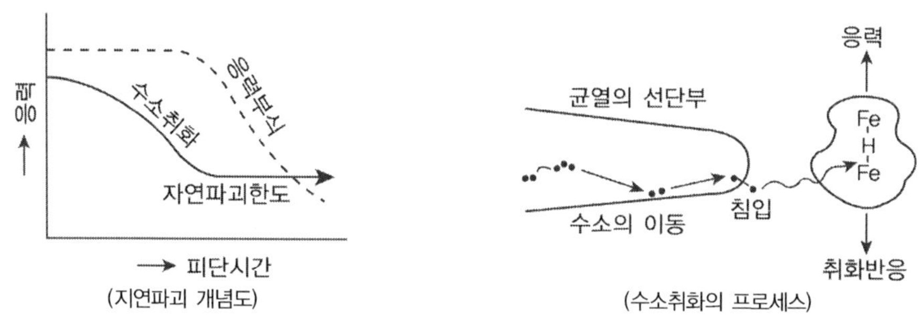


④ 철강재료에 생기는 지연파괴의 메커니즘으로는 응력부식파괴(Stress Corrosion cracking), 수소취성파괴(Hydrogen Embrittlement cracking)가 지연파괴의 속하며 각각의 프로세스는 독립하거나 또는 철과 물이 공존하는 환경에서는 동시에 진행된다.

⑤ 수소취화의 프로세스 개념 : 수소는 원자반지름이 작기 때문에 철강 속에 쉽게 침입하고 결정격자를 통가한다. 용접이음에서는 피복제 등에서 수분 또는 수소가 들어오며 응력이 작용한 상태에서 수소가스환경에 접촉되고 있어도 수소가 침입하고 취하가 생긴다. 또 철과 수분의 부식반응의 결과로서 수소가 생기고 그것이 다시 철 속에 침입하게 된다.

⑥ 강교량에서의 지연파괴 사례로는 마찰접합용 고장력 볼트 지연파괴(F11T)나 미국 Point Pleasant 낙교사고 발생한 아이바 응력부식에 의한 지연파괴가 대표적이다.

⑦ 지연파괴 대책

   (1) 표면 도장처리 철저

   (2) 응력집중부와 급격한 단면변화를 최소화

   (3) 볼트 노출부가 부식되지 않도록 관리

   (4) 용접 상세 선택 시 주의

   (5) 강교에 사용하는 고장력 볼트는 F10T 이하를 사용한다.

6) 응력부식(Stress Corrosion) : 알칼리 환경하의 지속하중 재하 시

응력부식은 인장응력(반드시 인장응력이어야 한다)이 부식성 환경과 만날 때 금속 내부에 미세균열이 발생하여 진전, 설계강도보다 낮은 응력에서 파괴를 유발시키는 지연파괴의 일종으로 볼 수 있다.

1. 지연파괴 : 금속에 정적으로 하중을 가하여 고온에 장시간 유지시키면 응력과 온도에 항복하기 전에 파괴되는 현상. 또, 소량의 수소를 함유한 강에 정하중을 가해 놓으면 일정한 시간이 경과한 후에 취성파괴를 일으킨다. 이러한 파괴현상을 지연파괴라 한다.

2. 취성파괴 : 연성의 강이 수소에 노출되면 급격히 연성을 잃고 취성화되는 수소취화 현상에 의해서도 강은 극한하중 이하의 하중에 급격히 파괴된다. 이것은 일종의 정적인 피로현상(반복하중에 의한 피로에 비교되는 개념)으로 볼 수 있으며 지연파괴의 일종으로 볼 수 있다.

3. 응력부식 : 응력부식은 인장응력(반드시 인장응력이어야 한다)이 부식성 환경과 만날 때 금속 내부에 미세균열이 발생하여 진전, 설계강도보다 낮은 응력에서 파괴를 유발시키는 지연파괴의 일종으로 볼 수 있다.

4. 피로파괴 : 앞서 정적인 피로현상인 수소취화된 금속의 취성파괴를 들었다면, 전통적 의미의 피로파괴는 반복하중에 의해 발생한다. 피로파괴란 강구조 부재에 외력이 작용하면 부재의 구조적인 응력집중부 또는 용접이음형상이나 용접결함 등의 응력집중부에서 균열이 발생하고 이 균열이 성장하여 최종적으로 설계강도보다 낮은 응력에서 파단되는 현상을 말한다.


## 2. 강재의 파괴 기준(Von Mises의 파괴 기준) <sup>82회/115회/118회</sup>



물체는 외부로부터 힘이나 모멘트를 받게 되면 어느 정도까지는 견디지만 얼마 이상의 크기가 되면 외력을 지탱하지 못하고 파괴된다. 이러한 파괴를 예측하는 기준이 되는 조건을 항복조건(Yield Criterion)이라고 부른다. 이러한 항복조건의 대표적이 기준으로 von Mises 항복조건과 Tresca 항복조건이 있으며, von Mises응력이란 von Mises 항복조건에 사용되는 응력으로 하중을 받고 있는 물체의 각 지점에서의 비틀림 에너지(Maximum Distortion Energy)를 나타내는 값이다. 물체는 수학적으로 세 개의 주응력 또는 6개의 독립된 응력들로 정의될 수 있으며 이러한 독립된 응력만을 가지고는 외부하중에 의해 파괴여부를 판단하지 못하기 때문에 응력 성분들의 조합으로 각 성분들이 파괴여부를 확인하기 위한 방법으로 파괴기준이 정립되었다. von Mises응력은 물체의 각 지점에서 응력성분들에 대한 비틀림 에너지를 표현한 것으로 연성재료인 강재에서 파괴를 예측하는 기준으로 많이 사용된다. 다만, Von Mises는 주응력간의 차이에 대한 RMS(Root Mean Square)값이고 Principal Stress는 Mohr Cirle 상의 주응력 값이므로 주응력과 Von Mises의 결과는 다르다. Von Mises는 RMS(Root Mean Square)값이므로 항상 0보다 크며, 압축과 인장에 상관없이 어느 부분의 응력이 많이 작용하는지를 알 수 있고, 주응력은 응력의 크기와 함께 인장과 압축을 알 수 있다. 통상 응력의 크기와 인장과 압축의 부호에 관심이 있을 경우에는 주응력을 기준으로 하고 재료의 파괴에 관심이 있을 경우에는 Von Mises 응력을 사용한다. Von Mises 응력은 구조물 내의 임의지점에서의 응력으로부터 계산되는 값으로 '유효응'이라고도 하며, 구조물의 항복여부를 판정할 때 사용된다.

일반적으로 알고 있는 물성 값은 항복강도($\sigma_y$)다. 이 값은 특정 소재에서 인장시편을 채취하여 단축 인장실험을 통해서 획득되기 때문에 1차원적 응력을 받는 시편으로부터 구해진다. 하지만 실제로 구조물은 3차원 응력으로 X축, Y축, Z축의 응력이 모두 존재하며. 따라서 이 값을 단축인장실험을 통한 항복강도와 비교하기 위해서는 대표 값인 등가응력(EFFECTIVE STRESS)이라는 것이 필요하다. 이러한 등가응력의 개념이 Von Mises 응력이다.

연성재료의 파괴기준은 크게 3가지로 정리된다.

① 최대 수직응력 이론(Maximum Normal stress)
② 최대 전단응력 이론(Tresca의 파괴기준)
③ 최대 비틀림 에너지 이론(Von mises의 재료파괴기준)

## 1) 파괴의 종류

일반적으로 재료파괴에 대한 기본적인 개념은 2가지로 정리된다.
- 취성파괴(Brittle Failure or Fracture) : 분필이나 콘크리트와 같은 물질처럼 작은 소성변형이 발생한 후에 2개로 분리되는 취성파괴
- 연성파괴나 항복(Ductile Failure or Yielding) : 알루미늄이나 철, 구리와 같이 탄성범위를 지나서 영구 소성변형이 나타날 때 연성파괴

## 2) 연성파괴 이론

### ① Maximum Normal stress

최대 수직응력 파괴이론은 취성재료 내의 임의의 방향의 최대 수직응력이 재료의 강도에 도달하여 재료의 파괴가 발생하며 이에 따라 위험단면에서의 주응력을 찾는 문제가 중요하다. 수학적으로 파괴가 발생하는 때는

$$\sigma_1 > f_u \quad \text{또는} \quad \sigma_2 > f_u \quad \text{(인장)} \qquad |\sigma_1| > |f_c| \quad \text{또는} \quad |\sigma_2| > |f_c| \quad \text{(압축)}$$

여기서, $f_u(f_c)$ ; 인장(압축)의 극한강도 (취성재료는 통상 $f_c > f_u$)

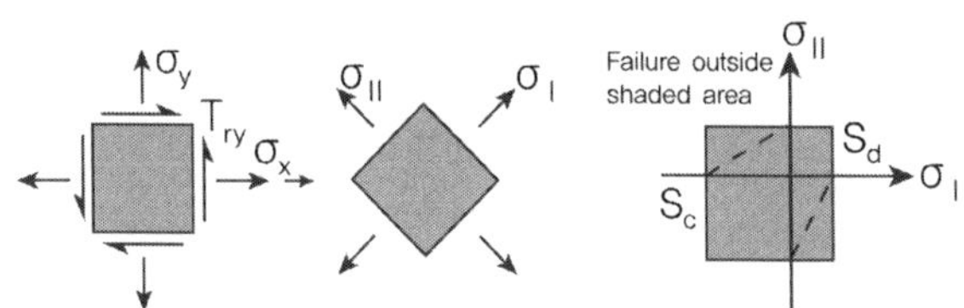



(max normal stress failure surface)

② Tresca의 파괴기준(Maximum Shear stress criterion)

Maximum Shear stress reaches to the yield shear stress in uniaxial stress

Tresca의 항복조건은 연성재료를 기준으로 최대 전단응력이 전단강도($\tau_y$)를 초과할 때 재료가 항복하며, 이는 주어진 평면에서 최대 면내전단응력이 평균 면내 주응력을 뜻한다.

이는 연성재료의 항복이 경사면에 따른 재료의 전단에 의해 발생하므로 전단응력에 기인한다는 관점에 기초를 둔 파괴기준이다.

$$\tau_{\max} = \frac{\sigma_{\max} - \sigma_{\min}}{2}$$

Tresca의 기준이 Von Mises 기준의 안쪽에 위치하여 좀 더 보수적이다.

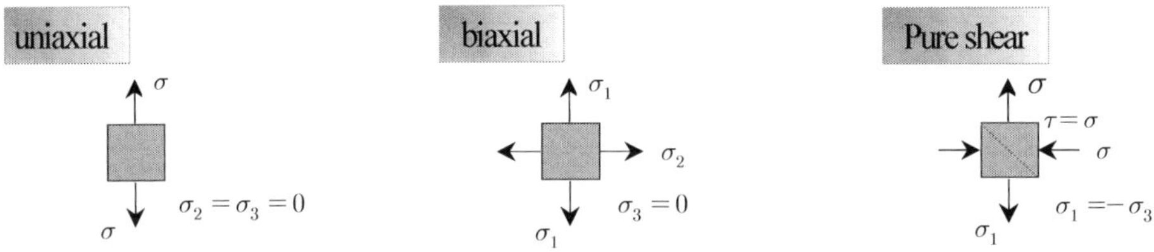


- uniaxial($\sigma_1 = \sigma_y, \quad \sigma_2 = \sigma_3 = 0$) : $\tau_{\max} = \dfrac{\sigma}{2}$

$$\tau_y = \frac{\sigma_y}{2} \quad f = \tau_{\max} = \tau_{\max} - \frac{\sigma_y}{2} = \sigma_e - \frac{\sigma_y}{2}$$

- biaxial($\sigma_3 = 0, \quad \sigma_2 = \pm Y, \quad \sigma_1 = \pm Y, \quad \sigma_1 - \sigma_2 = \pm Y$)

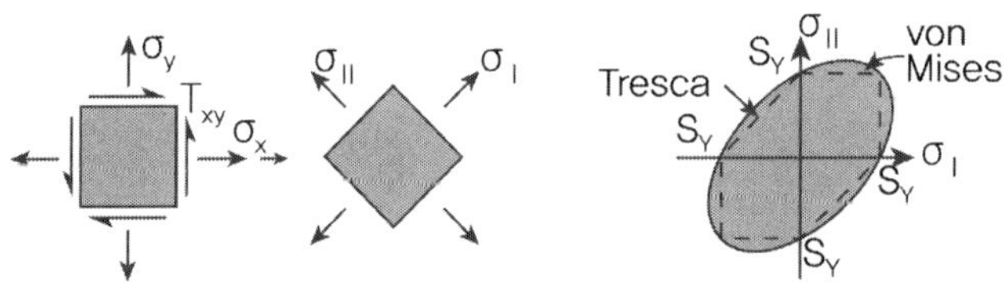


- Maximum Shear stress

$$\tau_1 = \left| \frac{\sigma_2 - \sigma_3}{2} \right|, \quad \tau_2 = \left| \frac{\sigma_3 - \sigma_1}{2} \right|, \quad \tau_3 = \left| \frac{\sigma_1 - \sigma_2}{2} \right| \qquad \tau_{\max} = \max[\tau_1, \ \tau_2, \ \tau_3]$$

$$\therefore \ \sigma_2 - \sigma_3 = \pm Y, \quad \sigma_3 - \sigma_1 = \pm Y, \quad \sigma_1 - \sigma_2 = \pm Y$$

$$\tau_{\max} = \left| \frac{\sigma_1 - \sigma_2}{2} \right| \le \sigma_y (\text{2차원}), \quad \tau_{\max} = \left| \frac{\sigma_1 - \sigma_3}{2} \right| \le \sigma_y (\text{3차원})$$

세 개의 전단응력이 전단항복응력에 도달할 때 파괴발생

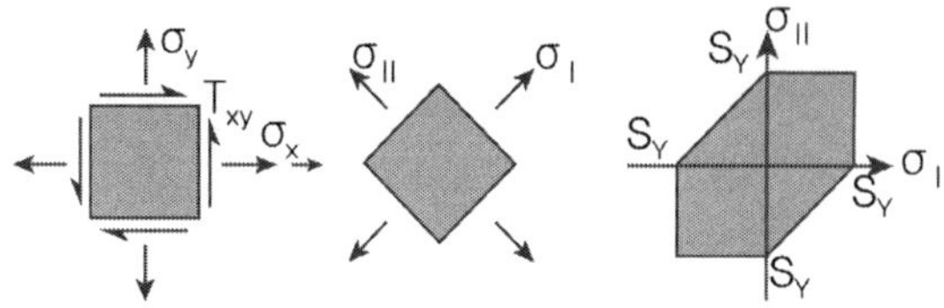


(1) $\sigma_1$과 $\sigma_2$의 부호가 같을 경우 : $|\sigma_1| < \sigma_y$    &    $|\sigma_2| < \sigma_y$

(2) $\sigma_1$과 $\sigma_2$의 부호가 다를 경우 : $|\sigma_1 - \sigma_2| < \sigma_y$


③ Von mises의 재료파괴기준(Maximum Distortional energy)

Yielding begins when the distortional strain energy density reaches to the distortional strain energy density at yield in uniaxial tension(compression)

Von mises의 재료파괴기준은 연성의 재료에 사용되는 파괴기준으로 재료의 단위체적당 뒤틀림 변형에너지가 항복응력상태에서의 단위체적당 뒤틀림 변형에너지를 초과하면 파괴되는 것으로 본다.

Strain energy density

$$U_0 = \frac{1}{2}[\sigma_x \epsilon_x + \sigma_y \epsilon_y + \sigma_z \epsilon_z + \tau_{xy}\gamma_{xy} + \tau_{yz}\gamma_{yz} + \tau_{zx}\gamma_{zx}]$$

$$= \frac{1}{2E}[\sigma_x^2 + \sigma_y^2 + \sigma_z^2 - 2\nu(\sigma_x\sigma_y + \sigma_y\sigma_z + \sigma_z\sigma_x)] + \frac{1}{2G}[\tau_{xy}^2 + \tau_{yz}^2 + \tau_{zx}^2]$$

주응력 축에서는 $\sigma_1$, $\sigma_2$, $\sigma_3$만 존재하므로

$$U_0 = \frac{1}{2E}[\sigma_1^2 + \sigma_2^2 + \sigma_3^2 - 2\nu(\sigma_1\sigma_2 + \sigma_2\sigma_3 + \sigma_3\sigma_1)]$$

체적변화에 대한 변형에너지 밀도 $U_V$와 비틀림에 대한 변형에너지 밀도 $U_D$로 구분하면,

$$U_0 = U_V + U_D = \frac{(\sigma_1 + \sigma_2 + \sigma_3)^2}{18K} + \frac{(\sigma_1 - \sigma_2)^2 + (\sigma_2 - \sigma_3)^2 + (\sigma_3 - \sigma_1)^2}{12G}$$

여기서, $K = \dfrac{E}{3(1-2\nu)}$,    $G = \dfrac{E}{2(1+\nu)}$

$$U_V = \frac{(\sigma_1 + \sigma_2 + \sigma_3)^2}{18K} \quad : \text{Volumetric change associated with Volumn change}$$

$$U_D = \frac{(\sigma_1 - \sigma_2)^2 + (\sigma_2 - \sigma_3)^2 + (\sigma_3 - \sigma_1)^2}{12G} \quad : \text{distortional strain energy density}$$

$\sigma_x$, $\sigma_y$, $\sigma_z$만 받고 있는 미소변위의 체적

$$dV = (1+\epsilon_x)(1+\epsilon_y)(1+\epsilon_z)dxdydz \approx (1+\epsilon_x+\epsilon_y+\epsilon_z)dxdydz$$

요소의 체적변형률 $e$

$$e = \frac{dV}{dxdydz} - 1 = \epsilon_x+\epsilon_y+\epsilon_z = \frac{\sigma_x+\sigma_y+\sigma_z}{E} - \frac{2\nu(\sigma_x\sigma_y+\sigma_y\sigma_z+\sigma_z\sigma_x)}{E} = \frac{1-2\nu}{E}(\sigma_x+\sigma_y+\sigma_z)$$

주응력의 평균값 $\sigma_m = \dfrac{\sigma_x+\sigma_y+\sigma_z}{3}$ 이라고 하면, $\sigma_1 = \sigma_m+\sigma_1{}'$, $\sigma_2 = \sigma_m+\sigma_2{}'$, $\sigma_3 = \sigma_m+\sigma_3{}'$

이때 $\sigma_1{}'+\sigma_2{}'+\sigma_3{}' = 0$

① 정수압(hydrostatic) 상태인 경우($\sigma_x = \sigma_y = \sigma_z = \sigma_m$) : 모양은 변하지 않고 체적만 변화하므로 $U_D$
   와 상관없고 $U_V$에만 관련된다.

② 미소요소의 주응력이 $\sigma_1{}'$, $\sigma_2{}'$, $\sigma_3{}'$인 경우 $e = \dfrac{1-2\nu}{E}(\sigma_1{}'+\sigma_2{}'+\sigma_3{}') = 0$으로 체적변화는 없으므
   로 $U_D$에만 관련이 있고 $U_V$와는 무관하다.

$$U_V = \frac{1}{2E}[\sigma_m^2+\sigma_m^2+\sigma_m^2 - 2\nu(\sigma_m\sigma_m+\sigma_m\sigma_m+\sigma_m\sigma_m)] = \frac{1-2\nu}{E}(\sigma_1+\sigma_2+\sigma_3)^2 = \frac{(\sigma_1+\sigma_2+\sigma_3)^2}{18K}$$

$$U_D = U_0 - U_V = \frac{1}{2E}[\sigma_1^2+\sigma_2^2+\sigma_3^2 - 2\nu(\sigma_1\sigma_2+\sigma_2\sigma_3+\sigma_3\sigma_1)] - \frac{1-2\nu}{E}(\sigma_1+\sigma_2+\sigma_3)^2$$

$$= \frac{1+2\nu}{6E}[(\sigma_1^2-2\sigma_1\sigma_2+\sigma_2^2)+(\sigma_2^2-2\sigma_2\sigma_3+\sigma_3^2)+(\sigma_3^2-2\sigma_3\sigma_1+\sigma_1^2)]$$

$$= \frac{(\sigma_1-\sigma_2)^2+(\sigma_2-\sigma_3)^2+(\sigma_3-\sigma_1)^2}{12G}$$

① 3차원 응력상태

　시편은 항복 시 1차원 응력상태이고, $\sigma_1 = \sigma_Y$, $\sigma_2 = \sigma_3 = 0$이므로,

$$U_{DY} = \frac{1}{12}(\sigma_Y^2+\sigma_Y^2) = \frac{\sigma_Y^2}{6G}$$

$$U_D = \frac{1}{12G}[(\sigma_1-\sigma_2)^2+(\sigma_2-\sigma_3)^2+(\sigma_3-\sigma_1)^2] \leq U_{DY} = \frac{\sigma_Y^2}{6G}$$

$$\therefore \frac{1}{6}[(\sigma_1-\sigma_2)^2+(\sigma_2-\sigma_3)^2+(\sigma_3-\sigma_1)^2] \leq \frac{\sigma_Y^2}{3}$$

파괴기준을 함수로 표현하면,

$$f = \sigma_e^2 - \sigma_Y^2, \quad \sigma_e = \sqrt{\frac{1}{2}\left[(\sigma_1 - \sigma_2)^2 + (\sigma_2 - \sigma_3)^2 + (\sigma_3 - \sigma_1)^2\right]} = \sqrt{3J_2}$$

② 2차원 응력상태

$$\sigma_3 = 0 \text{이므로,} \quad \frac{1}{6}\left[(\sigma_1 - \sigma_2)^2 + \sigma_2^2 + \sigma_1^2\right] \leq \frac{\sigma_Y^2}{3} \qquad \therefore \sigma_1^2 - \sigma_1\sigma_2 + \sigma_2^2 \leq \sigma_Y^2$$

2차원 응력상태에서 순수전단의 경우 $\sigma_1 = -\sigma_2$, $\sigma_3 = 0$이고 $\quad \tau_{\max} = \dfrac{|\sigma_1 - \sigma_2|}{2} = \sigma_1$

$$3\sigma_1^2 = 3\tau_Y^2 \leq \sigma_Y^2 \qquad \therefore \tau_Y = \frac{\sigma_Y}{\sqrt{3}}$$

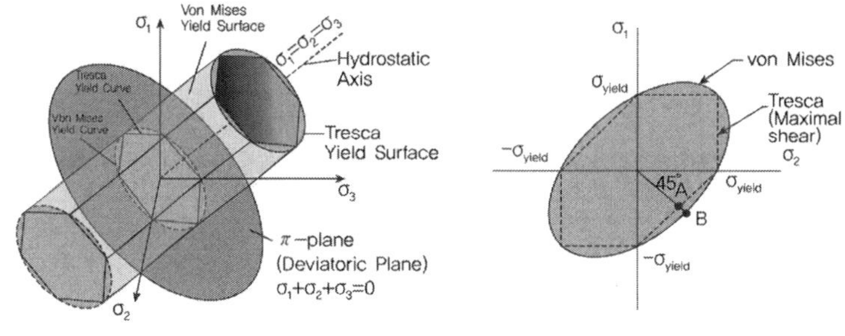


## 3. 강재의 부식

강재는 산화화합물을 환원제련하여 제조하기 때문에 자연계속에서는 불안정한 상태로 존재하므로 산소 및 물과 결합하여 안정한 상태인 발청의 상태로 돌아가고자 하는 현상이 부식이다. 일반적으로 부식은 금속이 저해 있는 환경물질에 의해 화학적 또는 전기화학적으로 침식되는 현상을 말한다. 대기중의 부식인자로는 습기, 온도, 강우량, 일조량, 오염물질(염해입자, 아황산가스)의 영향도에 따라 부식속도가 결정된다. 부식은 부식환경에 따라 습식(wet corrosion)과 건식(dry orrosion)으로 대별되며 전면부식(general corrosion)과 국부부식(local corrosion)으로 다시 구분된다. 전면부식은 그 부식속도로부터 수명예측이 가능하고 그에 대한 대책수립이 용이하나 국부부식은 예측이 불가하다.

## 4. 잔류응력 <sup>63회/72회/81회/91회/101회/105회/116회/118회/125회/126회/127회/130회/132회</sup>



소성변형의 결과로서 구조용 부재에 형성되는 것으로 외부하중이 가해지기 전에도 이미 부재 단면 내에 존재하는 응력을 말하며, 소성변형은 열연(Hot-rolling) 또는 용접, Framing-utting과 같은 제작과정 또는 Cambering 등에 의해 발생하게 된다. 압연형강에서의 소성변형은 언제나 압연 시 온도로부터 대기 온도로 식는 과정에 발생하게 되는데, 이는 형강의 어떤 부분이 다른 부분에 비해 훨씬 빨리 식게 되기 때문이며, 이때 늦게 식는 부분에 소성변형이 일어나게 된다. 용접 과정 중에도 역시 국부적으로 열을 가하게 되므로 소성변형에 의한 잔류응력이 발생하게 된다. 즉, 잔류응력은 재료의 가공 중에 불균질한 항복을 받을 때 발생한다.

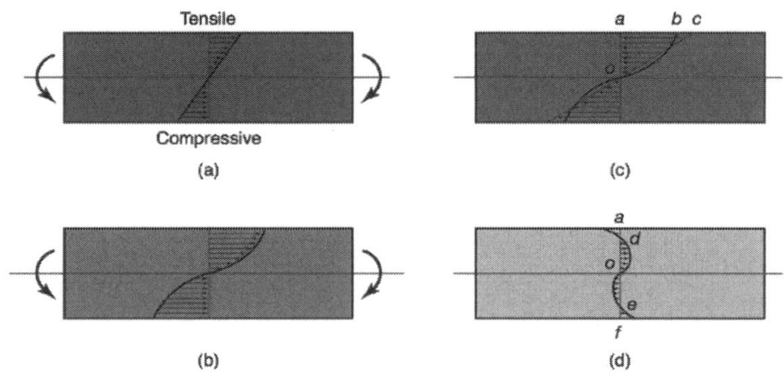


### 1) 잔류응력에 의한 영향

① 소성변형의 발생  
② 인장잔류응력은 피로수명 및 파괴강도 저하  
③ 부식 및 부식균열 촉진  
④ 좌굴응력 저하  
⑤ 뒤틀림 발생

### 2) 잔류응력의 구조적 특징 : 내하력 저하

① 좌굴응력 및 허용응력 저하

(1) I형단면의 압축잔류응력은$(0.2\sim0.3)f_y$ 도달하며 박스형의 경우 $0.3f_y$ 이상된다.

(2) 잔류응력을 가진 부재에 압축하중을 작용하면 압축잔류응력이 큰 플랜지 끝부분으로부터 항복점$(f_y)$에 도달하게 되어 그 분포 폭이 플랜지 안쪽으로 넓어지게 되며 그만큼 유효단면이 감소하게 된다. 이러한 유효단면의 $I$값은 부재축에 따라 서로 다르게 되므로 좌굴축에 관한 좌굴응력 역시 서로 달라지며, 결국 잔류응력의 영향으로 좌굴응력, 즉 내하력이

저하된다. 또한 압축잔류응력으로 단면의 일부가 먼저 항복점에 도달하여 소성화가 진행되므로 극한강도도 저하된다.

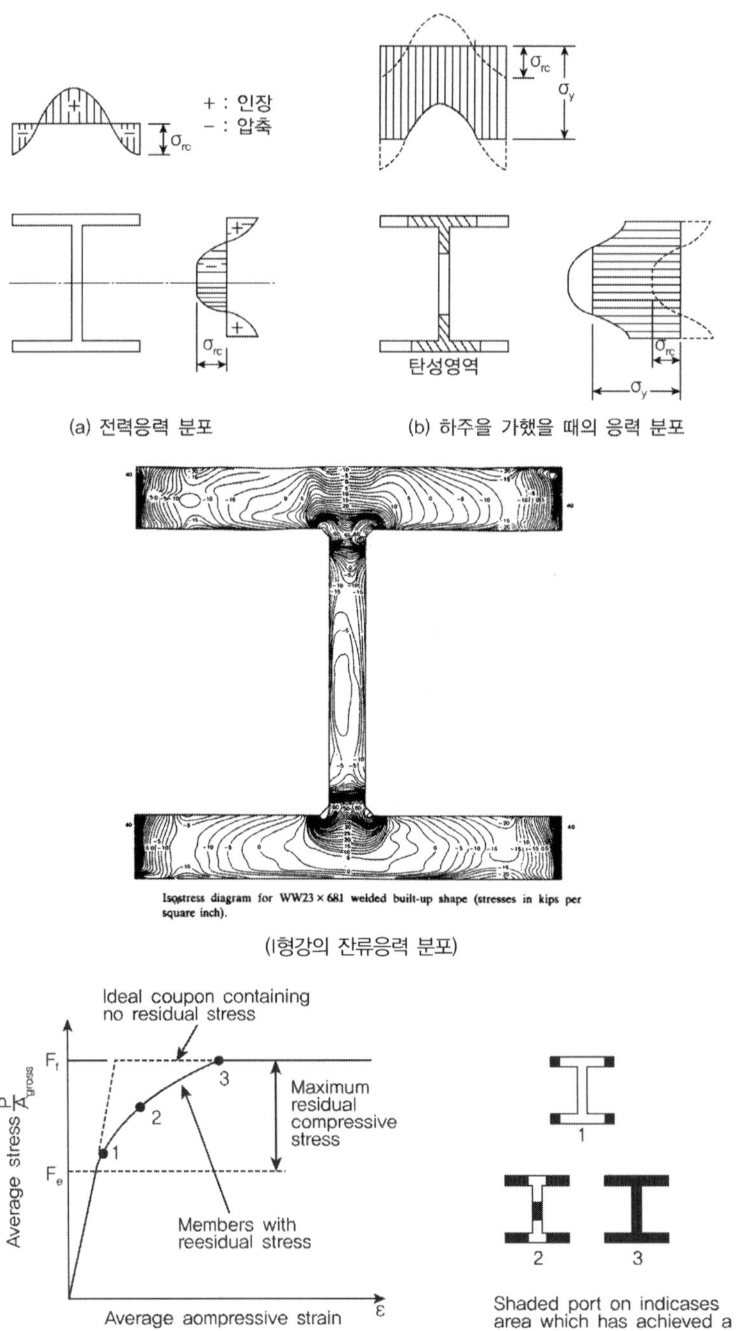


(I형강의 잔류응력 분포)

Influence of residual stress on average stress-strain curve.

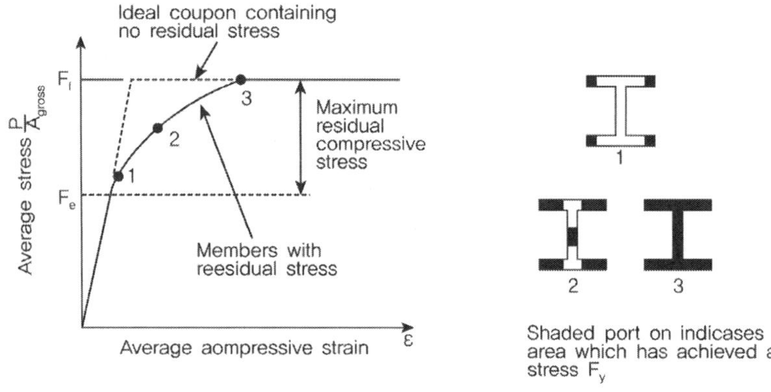


Influence of residual stress on average stress–strain curve.

② 휨 내하력 저하

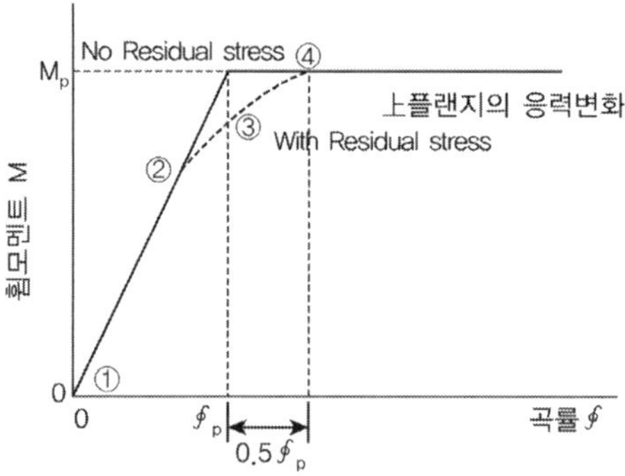


(1) LRFD에서는 보의 파괴를 다음과 같이 3가지 경우로 구분하여 다른 강도를 적용한다.

- ①~② 구간 : $M$이 $M_r(\lambda \fallingdotseq \lambda_r)$보다 작은 구간
- ②~③ 구간 : $M$이 $M_r$과 $M_p(\lambda \fallingdotseq \lambda_p)$ 사이에 있는 구간
- ④ 구간 이후 : $M_p$보다 큰 구간

(2) 잔류응력으로 인하여 모멘트–곡률 곡선의 Slope이 작아진다. 이는 강성의 저하를 의미하며 이로 인하여 $M_p$나 $M_y$가 발생되기 전에 불안정한 단면(Instability : Local buckling, Global buckling)이 된다.

(3) 잔류응력으로 인하여 강성이 줄어들어 ② 구간 이후에서부터는 $M_y$보다 낮은 곳부터 항복하기 시작되며 여기서 국부좌굴이 발생하게 된다.

3) 설계법에 따른 잔류응력의 고려

① ASD : G Schulz의 강도곡선 실험식에서 잔류응력의 분포를 단면형상에 따라 직선형 또는 포물선형으로 고려하고 잔류응력의 크기는 $f_r = (0.3 - 0.7)f_y$로 고려하였다. 따라서 허용 축방향 압축응력의 강도식에서 잔류응력을 고려한 강도를 산정하여 적용한다.

② LRFD : 압축부재와 휨부재에 초기변형, 잔류응력 및 편심이 존재함을 고려하여 강재의 단면을 조밀단면, 비조밀단면, 세장단면으로 구분하여 국부좌굴 발생 등에 따라 강도를 다르게 쓰도록 고려하였다.

4) 일반적인 잔류응력의 처리(제거)방법

① 응력제거 풀림처리(Stress Relief Annealing) 또는 열처리 : 구속된 부분을 Release시키는 방법과 열처리를 통해서 잔류응력을 제거한다.

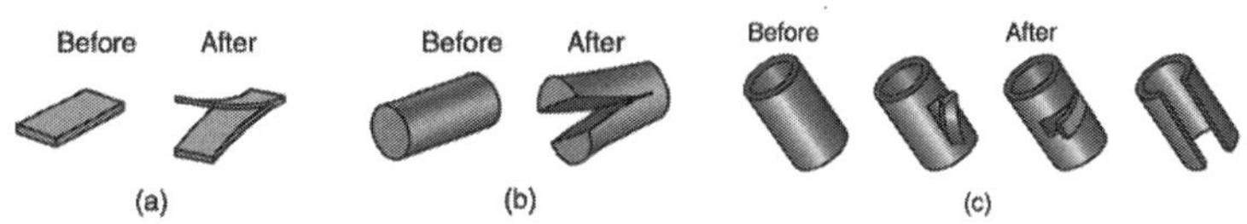


② 균질한 소성변형을 추가하는 방법 : 인장력을 가하여 균질한 소성변형을 하도록 유도

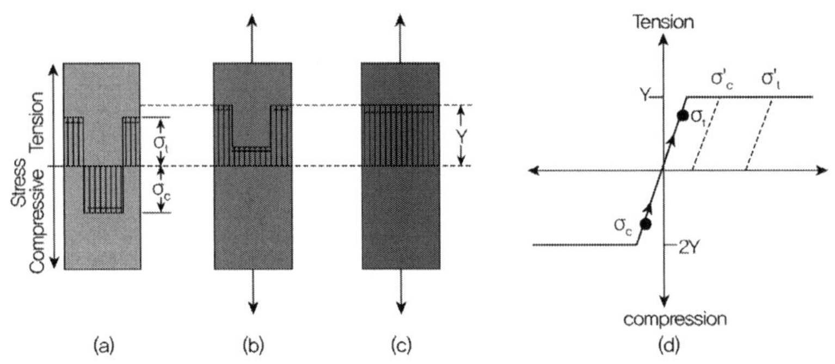


③ 응력이완작용을 통해 잔류응력을 감소시키는 방법

5) 용접부의 잔류응력

강구조물은 주로 용접연결 또는 볼트접합에 의해서 연결되며, 용접가공은 작업성, 안전성, 경제성 및 미관 등의 이점으로 많이 사용되고 있다. 용접연결 시 구조물 강도에 직접적으로 영향을 주는 것이 잔류응력으로 인한 문제이며 특히 강재가 고강도화되고 구조세목이 복잡 다양할 경우 국부응력의 집중현상을 수반하는 용접접합에 대한 면밀히 검토가 필요하다. 일반적으로 용접시공에서는 용접접합부 부근에 국부적 가열, 냉각으로 열팽창변형의 불균일 분포와 고온 소성변형, 용착강의 응고수축으로 인하여 응력을 발생시키므로 상온으로 냉각된 후에도 반드시 응력이 잔류하게 된다.

① 용접이음의 특징

  (1) 연결부재가 필요하지 않아 구조물을 단순, 경량화시킨다.

  (2) 연속적 접합으로 응력전달이 원활하고 시공 시 소음이 적다.

  (3) 인장이음이 확실하다.

  (4) 현장제작 시 신뢰성이 감소한다(허용응력 90% 적용).

(5) 용접부에 응력집중 현상이 발생한다.

(6) 용접부 변형으로 인한 2차 응력 발생가능성이 있다.

(7) 고온으로 인한 용착금속부가 열변화의 영향에 의한 잔류응력이 발생한다.

② 잔류응력으로 인한 영향

용접구조물의 취성파괴를 유발시키며, 용접부에 응력집중과 반복하중으로 인한 피로파괴, 부식저항성능 저하 및 좌굴강도 저하 등의 영향을 미친다.

③ 용접의 검사방법(비파괴 검사)

| 구분 | VT(Visual Test) | PT(Penetration Test) | MT(Magnetic Test) | RT(Radiographic test) | UT(Ultrasonic Test) |
|---|---|---|---|---|---|
| 검사 | 육안검사, 표면부 결함조사 | 침투탐상, 표면부 결함조사 | 자분탐상, 표면부 결함조사 | 방사선투과, 내부 결함조사 | 초음파를 이용 표면/내부결함 조사 |
| 장점 | 수시검사가능, 경제적, 소요시간이 적음 | 장비가 간편, 이동성 편리, 장비가격이 저렴 | 검사속도가 빠름, 검사비용이 저렴, 장비가 간편, 이동성 편리, 검출능력 높음 | 내부결함 검사가능, 현상된 필름 영구 보존 | 3차원적 검사 수행, 한쪽 접촉면을 통해 내부검사가능, 현장휴대검사 적합 |
| 단점 | 표면에만 제한적 적용 | 표면결함만 적용, 검사시간 장시간 소요 | 강자성체만 적용, 자성 제거필요, 검사자 경험 필요 | 방사선으로 환경문제, 시험장비 고가, 별도 판독자 필요 | 검사표면 가공 필요, 검사자 경험 필요, 최소 두께 필요 |
| 예시 | | | | | |

④ 용접 잔류응력의 경감

(1) 용착금속량 경감 : 용착 금속량을 적게 하면 수축 변형량이 적어지고 잔류응력의 크기도 작아진다. 용착금속 양을 경감시키기 위해 용접 홈의 각도를 작게 만들고 루트 간격을 좁혀서 용저부 자체에서 발생되는 내부 구속력을 경감시킨다.

(2) 적절한 용착법이 선정 : 비석법(skip)에 의한 비드 배치법이 잔류응력의 크기가 가장 적은 것으로 알려져 있으며 직선 비드 배치법이 대칭법이나 후퇴법에 비해 잔류응력이 경감된다. 잔류응력의 경감과 변형방지를 동시에 만족시키는 비드 배치법으로는 비석법이 가장 좋다.

(3) 예열 시행 : 용접부에 가해지는 용접열원은 단시간에 고온을 사용하는 관계로 분포도상에 용접열원의 분포가 급경사를 이루고 있는데 이것은 급냉에 의한 용접부위의 변화가 심해질 가능성이 있다는 것이다. 이로 인해 용접부에 잔류응력이 많이 생기게 되므로 이를 경감시키기 위해 용접 이음부에 50~150℃ 정도로 예열한 후 용접하면 용접 시 온도분포의 경사가 완만해지며 용접 후 수축변형량도 감소하고 구속응력도 줄어들게 된다.

(4) 용접순서의 선정 : 용접부재가 같은 크기나 형상이라도 용접 작업순서에 따라 수축변형이 크게 영향을 주므로 공작물의 크기와 구조, 작업조건에 따라서 용접부의 잔류응력 및 구속 응력에 미치는 영향이 크다. 그러므로 적당한 용접순서와 용착법을 자유자재로 선택하기 위하여 용접 구조물을 알맞은 자세로 회전시킬 수 있는 포지셔너를 사용하면 편리하다.

## 5. Hot spot stress(핫스팟응력 해석을 위한 일반지침, 용접강도연구위원회, 2006) [102회]



핫스팟이란 피로균열의 발생이 예상되는 용접토우 등의 취약부를 말하며 핫스팟 방법은 핫스팟에 서의 구적응력 Hot spot stress의 응력진폭을 기준으로 한다. 용접부의 국부적 용접열로 인해 발 생하는 핫스팟 응력(HSS : Hot spot stress)은 용접이음부나 구조물의 피로강도에 영향을 미친다. 용적구조물에 대한 피로해석은 공칭응력을 기준으로 조인트 형상별 분류기준을 바탕으로 실시되 며 이러한 공칭응력을 이용한 접근방법은 특정구조물의 실제 치수영향을 고려하지 못하며 이음부 형상이 복잡한 경우는 공칭응력을 평가하기가 어렵다. 이러한 이유로 균열발생 예상 취약부위 (Hot spot)를 이용하는 방법이 이용되는데, 이 방법의 특징은 용접이음부의 치수 및 형상을 고려 한 응력평가가 가능하며, 핫스팟의 응력을 비교적 체계적으로 평가할 수 있다는 장점이 있다.

### 1) 핫스팟의 종류

① 판재의 표면에 용접부가 있는 경우(Type-a)
② 판재의 가장자리(edge)에 용접부가 있는 경우(Type-b)

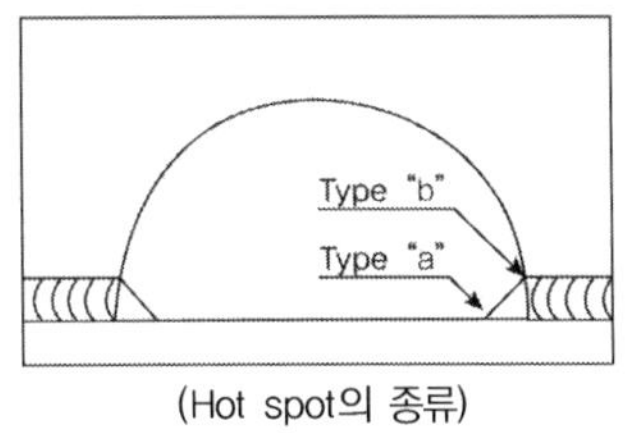


(Hot spot의 종류)

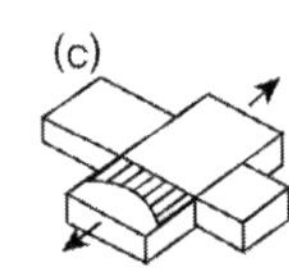


(판재 가장자리에 용접부가 있는 경우 Type-b)

### 2) Type-a 핫스팟의 구조적 응력의 정의

판재(plate or shell) 표면에 작용하는 구조적 응력($\sigma_s$)은 판재 표면에 작용하는 막응력($\sigma_m$ : Membrane stress, 표면응력)과 판재의 휨응력($\sigma_b$)의 합으로 표현된다.

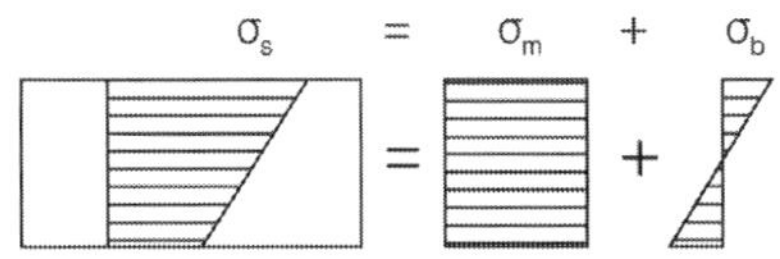

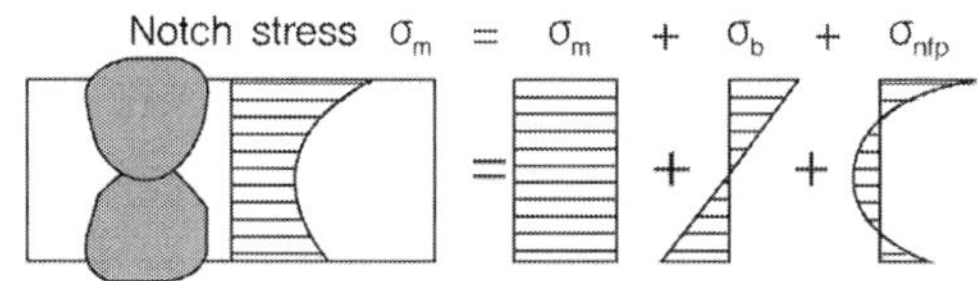



(판의 표면의 구조적 응력 : 막응력 + 휨응력)      (Type-a 핫스팟의 판 두께 방향의 실제 비선형 응력분포)

용접부의 선단에서는 용접토우와 같은 국부 노치에 의하여 판재 두께 방향으로 비선형적인 응력분포가 형성되며 기본적으로 핫스팟 방법은 설계자가 실제 용접 토우 형상을 알 수 없기 때문에 비선형적인 응력($\sigma_{nlp}$)을 제외한 구조적 응력이며 노치의 영향은 실험에 의해 구해진 핫스팟 S-N 선도에 포함되어 있다.

3) 구조적 Hot spot stress(HSS)결정을 위한 실험적 근사방법(Type-a)

핫스팟에 대한 용접부 두께 방향의 응력분포는 용접토우로부터 $0.4t$ ($t$ : 판 두께) 떨어진 위치의 응력은 거의 선형적으로 분포하며 선형 외삽법[1]을 이용하여 구조적 Hot spot stress를 평가한다. 용접토우로부터 두 개의 변형률로 HSS를 산정할 경우 $0.4t(\epsilon_A)$와 $1.0t(\epsilon_B)$ 위치에 스트레인 게이지를 부착하여 측정하고 변형률 추정은 다음 식을 이용하여 계산한다.

$$\epsilon_{hs} = 1.67\epsilon_A - 0.67\epsilon_B$$

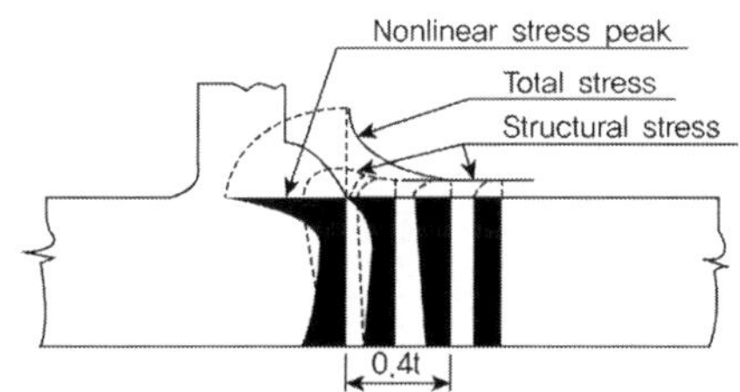



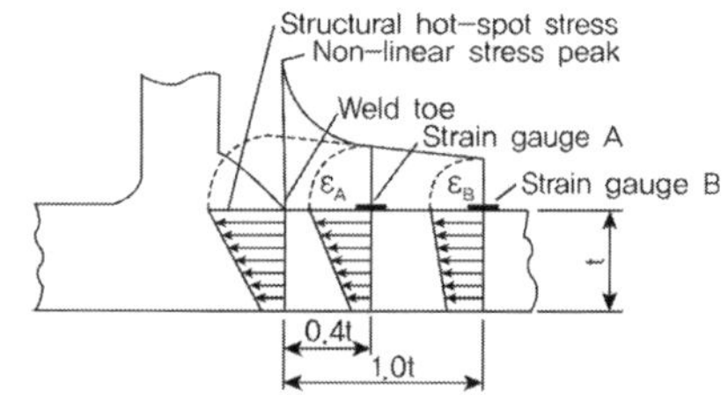



(용접토우 인근 판 두께의 표면 응력분포)      (두 점의 핫스팟 변형률로 추정하는 방법)

응력상태가 1축인 경우 HSS는 $\sigma_{hs} = E\epsilon_{hs}$

4) 유한요소해석을 통한 HSS 변동폭

설계단계에서 유한요소해석을 통해 용접 토우에 수직 또는 ±45° 내의 판재 표면의 주응력을 이용하여 구조적 HSS를 산정할 수 있으며 이때 HSS의 변동폭은 재료 항복강도의 2배를 초과하지 않아야 하며, 따라서 재료가 탄성거동한다고 가정하여 해석을 수행한다. 구조적 HSS의 변동폭을 구하는 것을 목적으로 하기 때문에 적어도 2개 이상의 최대, 최소 하중조건에 대해 해석하여야 하며 shell과 solid 2가지 요소가 사용된다.

---

1) 외삽법 : 주어진 데이터 범위를 넘어선 데이터 추정방법, 주어진 데이터 범위 내의 추정은 보간법

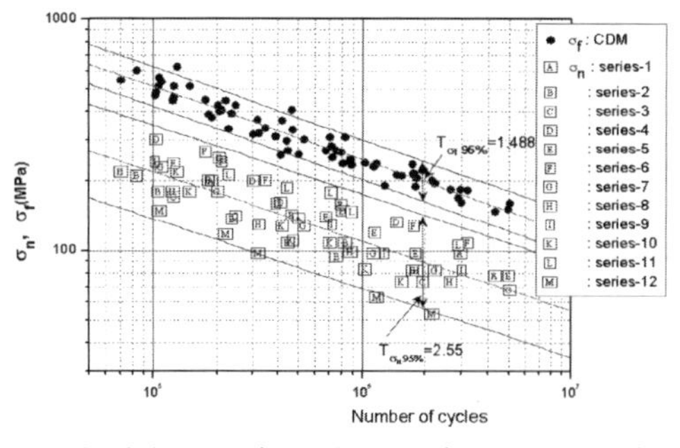

fatigue strength of the experimental results in terms of nominal stress($\sigma_n$) and fatigue effective stress by CDM

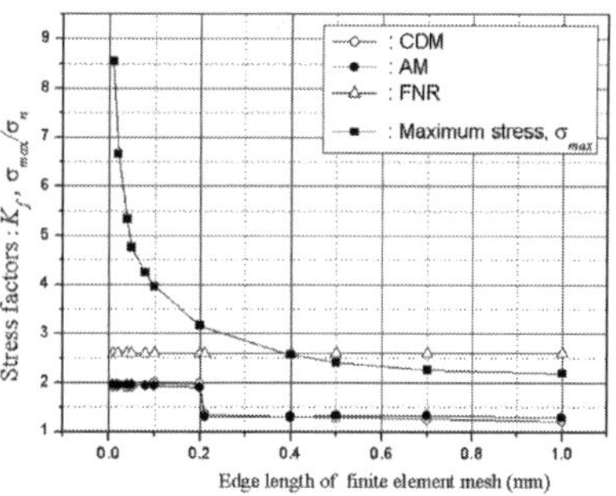

fatigue effective stresses and maximum stress for various minimum edge length of FEM

# 6. 전단지연(내적구속, 전단변형차, 응력전달지연) <sup></sup>68회/71회/72회/75회/85회/108회/126회



기초 휨 이론에서 휨 전에 평면이었던 거더의 단면이 휨 이후에도 그대로 유지된다고 가정한다. 그러나 폭이 넓은 플랜지에서는 이 경우가 항상 받아들여지지는 않는다. 즉, 플랜지에서 평면 내 전단 변형작용 때문에 복부판에서 멀리 떨어진 플랜지 부분에서 길이 방향의 변위는 복부판 근처의 변위보다 지연된다. 이러한 현상을 전단지연(Shear lag)이라고 한다. 전단지연은 기초 휨 이론에 의해 제시되었던 것보다 더 큰 거더의 복부판 플랜지 연결부분에서 휨과 길이 방향의 응력의 결과로 설계의 목적에서 볼 때 각 플랜지의 실제 폭을 어떤 줄어든 폭으로 바꾸기 위해 넓은 플랜지 거더의 휨과 응력을 계산할 때 변형된 단면에 대한 기본 휨 이론의 적용은 최대 휨과 길이방향의 응력의 옳은 값을 가져다 줄 만큼 편리하다. 그 줄어든 폭을 유효폭이라 한다.

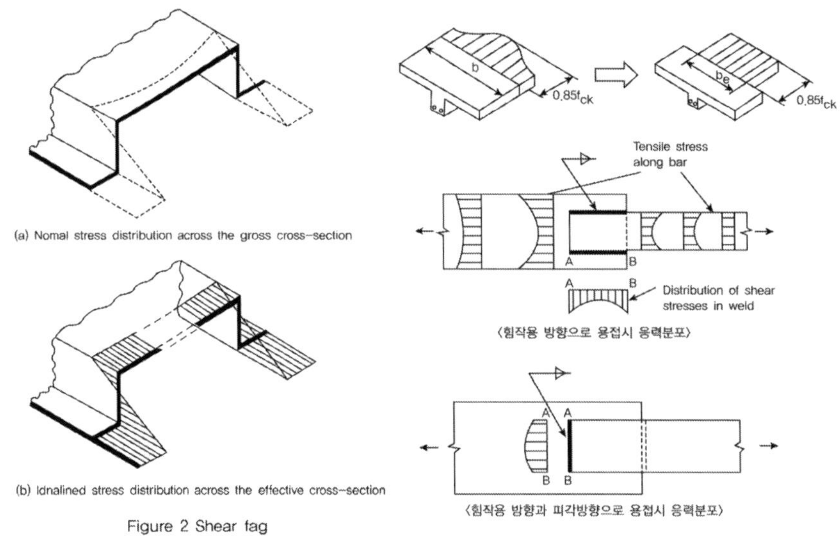



(전단지연 현상)

## 1) 교량에서의 전단지연 고려

교량의 바닥판은 전단에 대해 무한강성을 갖는 것이 아니기 때문에 복부판으로부터 전달되는 전단력에 대해서 불균등한 전단변형을 일으킨다.

이와 같은 전단지연현상은 폭이 좁은 I형 단면에서는 무시할 수 있지만, 상자형과 같이 플랜지의 폭이 넓은 경우에는 그 영향을 신중히 고려해야 한다. 전단지연현상을 고려한 플랜지의 축응력 분포상태는 거의 포물선에 가깝다. 이와 같은 축응력의 불균등 분포는 단면 내 전단력이 급격하게 변하는 위치(예를 들면, 집중하중 밑이나 연속형의 지점 위)에서 특히 크다. 반면에 분포하중이 작용하는 지간부에서는 전단력의 변화가 그렇게 급격하지 않기 때문에 응력의 불균등분포는 지점부에 비교하여 작다.

판이나 쉘 이론에 입각한 해석이 아닌 경우, 응력의 작용 폭을 좁게 가정한 단면으로 대치함으로써 전단지연의 영향을 고려 할 수 있다. 유효폭은 복부판 바로 위 또는 바로 아래에 발생하는 최대 응력이 플랜지에 균일하게 작용하는 것으로 가정하여 구한 플랜지의 이상 폭이다. 이와 같이 유효폭에 의한 응력계산은 플랜지의 불균등한 응력분포를 고려하여 최대응력을 산정하기 위한 일종의 편법이며, 유효폭 범위 밖의 플랜지에 대해서도 좌굴에 대한 안정을 위해 필요한 판 두께 또는 보강재를 둘 필요가 있는 것에 주의한다. 유효폭 범위 밖의 플랜지에서는 작용응력이 상당히 작은 것은 분명하지만 유효폭 내와 같은 외력이 작용하는 것으로 하여 보강위치를 설계하는 것이 간단할 뿐만 아니라 안전하다

## 2) 상자형의 전단지연 현상

플랜지폭이 좁은 I형 단면의 경우에는 기본적인 보 이론에서 가정한 것처럼 휨모멘트에 의한 수직응력이 플랜지의 전폭에 걸쳐서 균등하게 분포한다. 그러나 강 바닥판교나 강재 거더가 콘크리트 슬래브와 합성된 경우, 강 바닥판 또는 콘크리트 슬래브가 상부 플랜지의 역할을 수행하게 되지만, 이때에는 플랜지의 폭이 커지기 때문에 전단지연 현상에 의하여 플랜지의 교축방향 수직응력 분포가 주형 바로 위에서 응력이 최대가 되고 주형에서 밀어질수록 감소하는 포물선 형태로 나타나게 된다. 따라서 강 바닥판 또는 콘크리트 슬래브의 전 폭이 주형과 일체로 작용한다고 보고 단면계수(단면 2차 모멘트 등)를 산정하여 변위나 휨 응력 식에 의해 계산하면 불완전한 설계를 초래한다. 이와 같은 경우에는 플랜지의 특정한 폭만이 유효하고 이 폭에서는 최대 휨 응력($f_0$)과 동일한 응력이 균등하게 분포한다고 보는 '유효폭 개념'을 일반적으로 설계에 적용한다. $f(y)$의 분포는 b/L값과 주형의 휨모멘트 분포형상(포물선, 삼각형) 등에 의해 지배된다. 지간이 길어질수록 유효폭은 커진다.

## 3) 유효폭 산정

유효폭은 복부판 바로 위 또는 바로 아래에 발생하는 최대응력이 플랜지에 균일하게 작용하는 것

으로 가정하여 구한 플랜지의 이상 폭이다. 이와 같이 유효폭에 의한 응력계산은 플랜지의 불균
등한 응력분포를 고려하여 최대응력을 산정하기 위한 일종의 편법이며, 유효폭 범위 밖의 플랜지
에 대해서도 좌굴에 대한 안정을 위해 필요한 판 두께 또는 보강재를 둘 필요가 있는 것에 주의한
다. 유효폭 범위 밖의 플랜지에서는 작용응력이 상당히 작은 것은 분명하지만 유효폭 내와 같은
외력이 작용하는 것으로 하여 보강위치를 설계하는 것이 간단할 뿐 아니라 안전하다. 설계의 목
적에서 볼 때 각 플랜지의 실제 폭을 어떤 줄어든 폭으로 바꾸기 위해 넓은 플랜지 거더의 휨과
응력을 계산할 때 변형된 단면에 대한 기본 휨 이론의 적용은 최대 휨과 길이방향의 응력의 옳은
값을 가져다 줄 만큼 편리하다. 그 줄어든 폭을 유효폭이라 한다. 플랜지의 유효폭은 지간에 따라
변하고 교량의 평면 치수뿐만 아니라 하중분포, 단면성질, 경계조건에 달려 있다는 것으로 알려
져 있다. 설계 부재력을 산정하기 위해 탄성해석과 보 이론을 적용할 때 전단지연 효과를 고려해
야 한다. 구조해석에서 휨모멘트, 전단력의 영향을 계산하기 위한 단면의 성질은 전단지연 효과
를 고려한 유효플랜지 폭을 사용해야 한다. 구조해석에 사용되는 유효폭을 도로교 설계기준에 의
거하여 구한 다음 이를 단면계수 산정에 적용하여 모델링 입력자료로 사용한다.

① 유효폭의 정의 : 플랜지의 응력크기의 총합이 플랜지상의 최대응력($f_0$)이 등분포로 작용한다
  고 가정할 경우의 응력크기의 총합과 같게 될 때의 분포 폭을 플랜지의 유효폭이라 한다.

$$b_e = \frac{\int_0^b f(x)\,dx}{f_o}$$

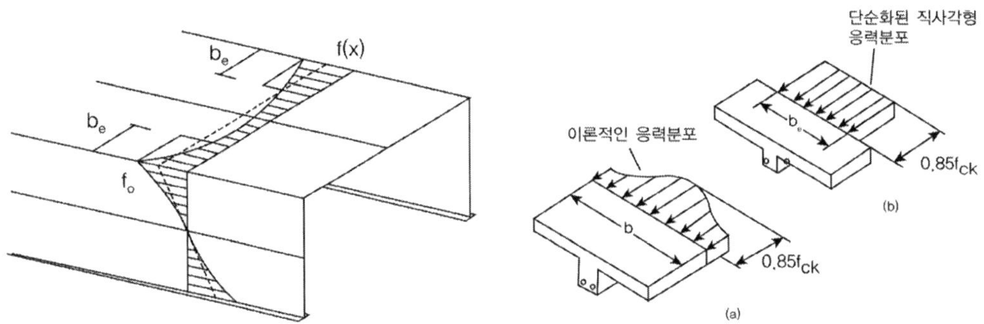


4) 전단지연의 영향요소

① 폭/지간비의 변화 : 지간에 대하여 플랜지 폭을 증가시키면 현저히 증가한다.
② 하중의 형태와 위치 : 길이방향의 불균일한 응력분포는 집중하중부, 지점부에서 빠르게 증가한다.
③ 보강재의 효과 : 유효폭 비는 보강재수가 증가함에 따라 현저히 감소한다.

5) 전단 변형의 차가 큰 곳은 집중하중이 작용하는 곳(연속형의 중간지점, 라멘교각의 우각부)으로, 실제 설계에서 전단지연 현상의 영향은 유효폭을 적용하여 플랜지에 작용하는 최대 축응력이 균일하게 작용하는 것으로 가정해서 설계한다. 유효폭 범위 외의 플랜지에 대해서도 좌굴 안전상 필요한 판 두께를 확보하거나 보강재로 보강하여야 한다.

## 강재 파손 특성과 방지대책

플레이트 거더교에서 발생하는 강재의 파손특성과 파손 방지에 대한 대책을 설명하시오

### 풀 이

> **개요**

플레이트 거더교는 강교에 비교 강재량이 적게 소요되면서 재료를 효율적으로 사용할 수 있는 장점이 있는 반면 강교에 비해 곡선교에 적용성이 떨어지며 브레이싱, 가로보 등 부부재가 많아 용접 등으로 인한 시공성 저하, 유지관리 불리 등의 단점이 있는 교량 형식이다. 강재를 사용하는 플레이트 거더교는 강재 재료의 특성상의 파괴형태로 보면, 외적 하중으로 인한 연성파괴, 반복된 하중으로 인한 피로파괴, 저온하의 충격하중으로 인한 취성파괴, 고온하의 지속하중으로 인한 크리프 및 릴렉세이션, 수중 다습한 환경이나 지속하중 재하시 수소취화(강 속 수소에 의해 강재에 생기는 연성 또는 인성이 저하되는 현상)에 의한 지연파괴, 알칼리 환경하에 지속하중으로 인한 응력부식 등의 파괴가 발생할 수 있다. 전체 구조물로의 파괴는 피로, 좌굴, 극한 변형으로 인한 파괴로 구분될 수 있다. 여기에서는 구조물로서의 파손 특성과 방지대책에 대해 설명하겠다.

> **플레이트 거더교의 파손특성**

1) 피로에 의한 파괴 : 피로파괴란 강구조 부재에 일정하중이나 반복하중이 지속적인 외력으로 작용하면 부재의 구조적인 응력집중부 또는 용접이음형상이나 용접결함 등의 응력집중부에서 소성변형이 발생하고 이로 인하여 허용응력 이하의 작은 하중에서도 균열이 발생하며 이 균열이 성장하여 최종적으로 설계강도보다 낮은 응력에서 파단되는 현상을 말한다. 응력 집중이 발생하는 지점에서 작은 크기의 반복응력에도 피로에 의한 균열이 발생할 수 있으며 대략적인 경험에 의하면 금속재료의 경우 이러한 균열이 발생하기 위해서는 응력집중이 발생하는 곳에서 이 응력이 항복응력의 50% 이상이 되어야 하지만 사전 균열이나 결함이 있는 경우 작은 크기의 응력에도 균열이 발생하여 성장할 수 있다. 일단 균열이 발생하면 주로 하중이 작용하는 방향과 직교하는 방향으로 균열은 성장하며 이에 따라 유효단면은 감소하고 결국 부재는 취성 또는 연성 파괴에 이른다.

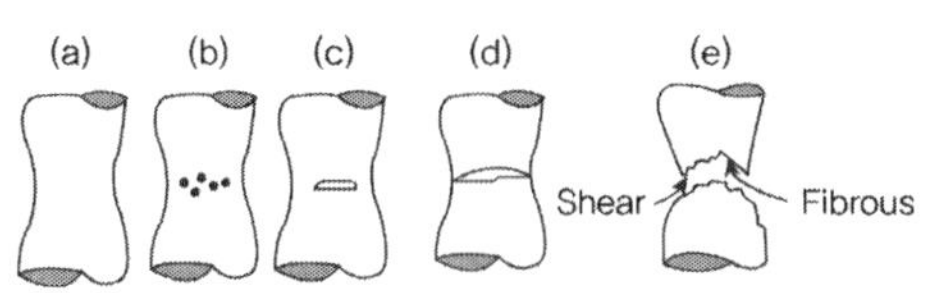


〈피로파괴〉

2) 좌굴에 의한 파괴 : 구조물의 좌굴현상은 주요 부재가 압축응력을 받아 그 크기가 부재의 극한치를 초과하면 이에 대응하는 변형상태가 갑자기 변하여 설계하중을 지탱할 수 없어 구조물이 붕괴되는 현상을 말한다. 플레이트 거더교에서 좌굴이 발생되면 부재는 내하력을 잃고 구조물이 파괴된다. 플레이트 거더의 좌굴로 인한 파괴는 다음과 같이 구분된다.

① 판형의 파손 : 판형은 용접이나 고강도 볼트를 이용하여 제작하기 때문에 연결부의 파손이 발생하기 쉬우며 또한 휨모멘트와 전단력에 의해서 좌굴이 발생할 수 있다.

② 휨 좌굴 : 조밀단면의 경우 잔류응력을 포함하여 최대응력이 항복점에 도달하면 소성화되며 이 때 얇은 Web 판형은 전단변형의 영향도 받기 때문에 직선분포보다 더 큰 응력이 발생한다. 제작 시 초기처짐이나 좌굴에 의해 압축부의 전단면이 유효하지 않기 때문에 최대 압축응력이 최대 인장응력보다 크게 된다. 따라서 판형의 강도는 Flange의 좌굴을 고려하여야 한다. 압축 플랜지의 좌굴유형은 압축 flange 자체의 좌굴, 횡방향 좌굴, 비틀림 좌굴, 복부판 연결부 수직좌굴이 발생할 수 있다.

• 횡방향 좌굴 : 가로보에 의해 횡방향으로 지지된 지지점 사이에서 일어난 단면 전체의 횡방향 좌굴의 결과에 의해 발생하는 측방향 변위이다.

• 비틀림 좌굴 : 주로 국부좌굴현상으로 한계압축응력이 항복응력과 같거나 그 이상이 되도록 폭–두께 비를 제한하여 방지할 수 있다.

• 복부판 연결부의 수직좌굴 : 휨에 의한 만곡부에서 flange의 응력방향이 변화되고 판형의 곡률 때문에 복부판은 상·하 플랜지로부터 곡률반경 중심방향의 압축력을 받는다.

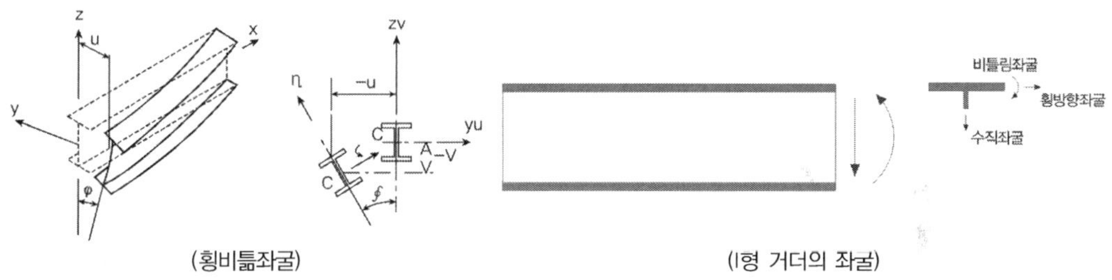



③ 전단좌굴 : 직접적인 지압, 전단력에 의한 좌굴로 보강재로 복부판 보강 시 압축 주응력 방향의 저항력은 상실되나 인장방향 저항력은 확보되어 Pratt truss 구조형식처럼 복부판이 인장력에만 견디는 인장장(Tension field)을 형성하여 전단력에 저항하게 된다. 인장장이 발생 시에는 flange에 추가 압축력이 발생하여 flange의 좌굴강도를 저하시키게 된다.

3) 극한 변형으로 인한 파괴 : 피로나 좌굴, 혹은 설계하중을 초과한 하중, 저온하의 충격하중, 응력 부식 등에 의해서 극도의 변형이 발생될 수 있으며 이로 인해 플레이트 거더교의 파괴를 초래할 수 있다.

➤ **방지대책**

1) 피로에 의한 파괴

　　① 설계 시 허용반복 하중과 피로수명 결정
　　② 피로허용 응력 범위 결정
　　③ S-N Curve를 고려한 허용압축 응력 저감
　　④ 각종 세부구조 보강

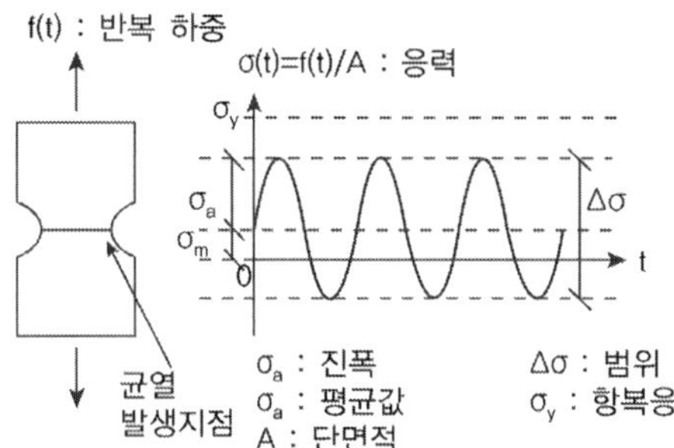


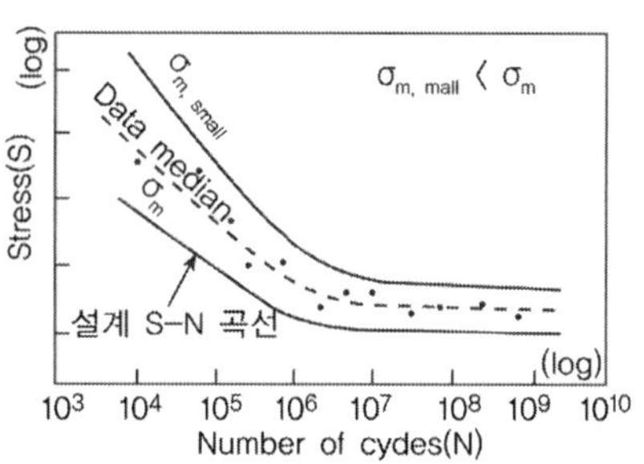


2) 좌굴에 의한 파괴 : 좌굴에 대한 대책은 허용응력의 감소를 통해서 부재의 안정성을 확보하는 방법과 보강재를 통해서 강도 증가, 비지지길이 감소, 세장비 감소, 국부좌굴 방지 등을 통해서 강도를 확보하는 방법으로 크게 구분할 수 있다.

　　① 허용응력의 저감 : 강구조의 허용압축응력은 기둥의 좌굴강도, 보의 횡좌굴 강도를 기본 내하력으로 하여 결정된다. 기본 내하력은 부재의 잔류응력, 초기 변형 등의 불완전 성질을 고려한 실험적 방법으로 구해진다. 허용응력은 기본 내하력에 안전율로 나누어 구한다.

　　② 각종 보강재를 이용한 보강 설계 : 강부재의 면외좌굴로 인한 국부좌굴을 방지하기 위하여 각종 보강재를 설치하여 국부좌굴을 방지하도록 한다.

　　③ 보 : 압축 플랜지의 고정점 거리($l$)와 플랜지 폭($b$)의 비($l/b$)로 허용 휨압축응력이 결정된다. $l/b$가 크게 되면 횡좌굴 현상에 의해 허용 휨압축응력이 크게 저하되므로 상한치를 정하여 그 이하로 제한하는 방법이 적용된다.

　　④ 판 : 판 좌굴의 대책은 판의 폭, 두께를 제한하거나 보강재를 설치한다. 판 두께의 상한치는 판의 지지상태 및 하중조건에 의해 국부좌굴이 발생하지 않는 범위가 결정된다. 보강재를 설치하는 방법은 국부좌굴과 전체 좌굴의 연관성을 고려하여 판에 가로와 세로 방향으로 보강재를 설치한다. 보의 복부판에서 휨 및 전단좌굴에 대한 대책은 최소 복부판 두께를 정하고 필요한 간격 및 강도를 갖는 수평, 수직 보강재를 설치한다.

강재의 파괴

강재의 연성파괴와 피로파괴에 대해 설명하시오.

**풀 이**

### ▶ 개요

강재가 외력의 작용을 받으면 강재의 변형(Deformation), 파괴 형태(Failure Type) 및 내하력(Load Carrying Capacity)변화 등이 발생된다. 강재의 파괴 형태는 연성파괴, 피로파괴, 취성파괴, 지연파괴로 구분될 수 있으며 크리프, 릴렉세이션, 응력부식에 의해 영향을 받는다.

### ▶ 연성파괴(Ductile Failure)와 피로파괴(Fatigue Failure)

상온하의 정적인 외적 하중 재하 시에 발생되는 강재는 연상파괴로 발생되며, 외력의 반복적 하중이 재하될 때에는 피로파괴의 형태로 발생된다.

1) 연성파괴 : 강구조물에서 나타나는 대표적인 파괴 형태로 강재가 탄성체에서 소성상태를 거쳐 파단에 이르는 과정을 연성파괴라고 한다. 저강도 강재일수록 신장능력이 커서(항복비가 작아서) 강재파단 시 신장에 의한 에너지 흡수성능이 큰 특성을 갖는다. 강재의 인성은 연성파괴를 유도하는 중요한 인자이기 때문에 별도의 고인성강으로 제작하기도 한다. 일반강의 경우 냉간 휨가공 시 인성저하를 방지하기 위해서 내측 휨반경이라는 제약조건을 두고 있고 저온상태에서의 취성파괴의 위험성 때문에 한냉 지역에서의 사용이 제한된다. 국내 도로교설계기준에서는 강재의 인성요구조건을 국내 강재의 인성기준이 사용 환경에 대한 고려가 없던 것을 전국을 최저 공용온도에 따라 3개 지역으로 구분하고 강도등급 및 인성규격에 따라 강종별로 교량이 건설되는 지역의 최저 공용온도에 따라 최대 허용 판두께를 제시하고 있다.

2) 피로파괴 : 피로파괴란 강구조 부재에 일정하중이나 반복하중이 지속적인 외력으로 작용하면 부재의 구조적인 응력집중부 또는 용접이음형상이나 용접결함 등의 응력집중부에서 소성변형이 발생하고 이로 인하여 허용응력 이하의 작은 하중에서도 균열이 발생하며 이 균열이 성장하여 최종적으로 설계강도보다 낮은 응력에서 파단되는 현상을 말한다. 응력 집중이 발생하는 지점에서 작은 크기의 반복응력에도 피로에 의한 균열이 발생할 수 있으며 금속재료의 경우 이러한 균열이 발생하기 위해서는 응력집중이 발생하는 곳에서 이 응력이 항복응력의 50% 이상이 되어야 하지만 사전 균열이나 결함이 있는 경우 작은 크기의 응력에도 균열이 발생하여 성장할 수 있다. 일단 균열이 발생하면 주로 하중이 작용하는 방향과 직교하는 방향으로 균열은 성장하며 이에 따라 유효단면은 감소하고 결국 부재는 파괴에 이른다.

### 강재 취성파괴

강재 취성파괴의 정의 및 강재 취성파괴 방지를 위해 설계 시 고려해야 할 사항을 설명하시오.

**풀 이**

### ▶ 개요

강구조물의 파괴는 연성파괴, 취성파괴, 지연파괴, 피로파괴, 응력파괴 등으로 구분할 수 있으며 취성파괴는 극한하중 이하의 하중에 급격히 파괴되는 현상으로 연성의 강이 수소에 노출되면 급격히 연성을 잃고 취성화되는 수소취화 현상에 의해서도 발생된다. 주로 강구조물의 부재에서 노치(Notch), 리벳 구멍, 용접 결함 등의 응력집중부에서 발생하기 쉽고, 저온에서 냉각 또는 충격적인 하중이 작용하는 경우 그 강재의 인장강도 또는 항복강도 이내에서 소성변형 없이 갑작스럽게 파괴되는 현상을 말한다.

### ▶ 강재의 취성파괴와 연성파괴의 특징 비교

취성파괴는 (1) 파괴의 진행속도가 빠르고, (2) 비교적 저온에서 발생하며, (3) 강재의 절취부나 용접결함부에서 유발되기 쉽다. 또한 (4) 낮은 평균응력에서 파괴된다.

| 구 분 | 취성파괴 | 연성파괴 |
|---|---|---|
| 비 교 | – 소성변형 발생 전 급작스러운 파괴 발생<br>– 결정구조 경계면에서 파괴<br>– 파괴면이 결정 모양<br>– 비교적 저온에서 발생<br>– 비교적 낮은 응력에서 파괴(항복점 이전)<br>– 강재의 절취부나 용접결함부에서 유발 | – 소성변형 발생 후 연성거동 파괴<br>– 결정구조 면 내에서 파괴<br>– 파괴면이 섬유 모양<br>– 비교적 상온에서 발생<br>– 비교적 높은 응력에서 파괴(극한점)<br>– 일반적인 강재의 파괴 형태 |

### ▶ 강재의 취성파괴 원인과 대책

1) 취성파괴의 원인

　① 재료의 인성 부족

　　(1) 재료의 화학성분 불량으로 인한 금속조직 결함

　　(2) 과도한 잔류응력

　　(3) 설계응력 이상의 인장응력 발생

　　(4) 취성파괴에 저항이 낮은 강재 사용

　　(5) 온도저하로 인한 인성 감소

　　(6) 경도가 너무 큰 고강도 강재 사용

② 강재결함에 의한 응력집중

  (1) 용접열 영향으로 재료의 이상 경화

  (2) 용접결함으로 인한 응력집중

  (3) 응력 부식 진행

  (4) 강재 단면의 급격한 변화

  (5) 볼트, 리벳 구멍, 노치와 같은 응력집중부

③ 반복하중으로 인한 피로

## 2) 취성방지 대책

① 부재설계 시 응력집중(확대)계수 최소화

② 고강도 강재 선택 시 충격흡수 에너지 점검

③ 동절기 강재 용접 시 예열 등의 열처리 실시

④ 구조물 설치 시 과도한 외력작용 방지

⑤ 도로교설계기준 교량용 강재의 인성 요구조건을 만족시키는 강재 선정

취성파괴

강 구조물에서 발생할 수 있는 취성파괴 원인과 대책에 대하여 설명하시오.

**풀 이**

## ▶ 개요

강구조물의 파괴는 연성파괴, 취성파괴, 지연파괴, 피로파괴, 응력파괴 등으로 구분할 수 있으며 취성파괴는 극한하중 이하의 하중에 급격히 파괴되는 현상으로 연성의 강이 수소에 노출되면 급격히 연성을 잃고 취성화되는 수소취화 현상에 의해서도 발생된다. 주로 강구조물의 부재에서 노치(Notch), 리벳 구멍, 용접 결함 등의 응력집중부에서 발생하기 쉽고, 저온에서 냉각 또는 충격적인 하중이 작용하는 경우 그 강재의 인장강도 또는 항복강도 이내에서 소성변형 없이 갑작스럽게 파괴되는 현상을 말한다.

## ▶ 강재의 취성파괴와 연성파괴의 특징 비교

취성파괴는 (1) 파괴의 진행속도가 빠르고, (2) 비교적 저온에서 발생하며, (3) 강재의 절취부나 용접결함부에서 유발되기 쉽다. 또한 (4) 낮은 평균응력에서 파괴된다.

| 구 분 | 취성파괴 | 연성파괴 |
|---|---|---|
| 비 교 | – 소성변형 발생 전 급작스러운 파괴 발생<br>– 결정구조 경계면에서 파괴<br>– 파괴면이 결정 모양<br>– 비교적 저온에서 발생<br>– 비교적 낮은 응력에서 파괴(항복점 이전)<br>– 강재의 절취부나 용접결함부에서 유발 | – 소성변형 발생 후 연성거동 파괴<br>– 결정구조 면 내에서 파괴<br>– 파괴면이 섬유 모양<br>– 비교적 상온에서 발생<br>– 비교적 높은 응력에서 파괴(극한점)<br>– 일반적인 강재의 파괴 형태 |

## ▶ 강재의 취성파괴 원인과 대책

1) 취성파괴의 원인

　① 재료의 인성부족

　　(1) 재료의 화학성분 불량으로 인한 금속조직 결함

　　(2) 과도한 잔류응력

　　(3) 설계응력 이상의 인장응력 발생

　　(4) 취성파괴에 저항이 낮은 강재 사용

　　(5) 온도저하로 인한 인성 감소

　　(6) 경도가 너무 큰 고강도 강재 사용

② 강재결함에 의한 응력집중

  (1) 용접열 영향으로 재료의 이상 경화

  (2) 용접결함으로 인한 응력집중

  (3) 응력 부식 진행

  (4) 강재 단면의 급격한 변화

  (5) 볼트, 리벳 구멍, 노치와 같은 응력집중부

③ 반복하중으로 인한 피로

## 2) 취성방지 대책

① 부재설계 시 응력집중(확대)계수 최소화

② 고강도 강재 선택 시 충격흡수 에너지 점검

③ 동절기 강재 용접 시 예열 등의 열처리 실시

④ 구조물 설치 시 과도한 외력작용 방지

⑤ 도로교설계기준 교량용 강재의 인성 요구조건을 만족시키는 강재 선정

## 강 구조물의 취성파괴

강 구조물에서 발생할 수 있는 취성파괴 원인과 대책에 대하여 설명하시오.

### 풀 이

▶ **개요**

강구조물의 파괴는 연성파괴, 취성파괴, 지연파괴, 피로파괴, 응력파괴 등으로 구분할 수 있으며 취성파괴는 극한하중 이하의 하중에 급격히 파괴되는 현상으로 연성의 강이 수소에 노출되면 급격히 연성을 잃고 취성화되는 수소취화 현상에 의해서도 발생된다. 주로 강구조물의 부재에서 노치(Notch), 리벳 구멍, 용접 결함 등의 응력집중부에서 발생하기 쉽고, 저온에서 냉각 또는 충격적인 하중이 작용하는 경우 그 강재의 인장강도 또는 항복강도 이내에서 소성변형 없이 갑작스럽게 파괴되는 현상을 말한다.

▶ **강재의 취성파괴와 연성파괴의 특징 비교**

| 구 분 | 취성파괴 | 연성파괴 |
|---|---|---|
| 비 교 | – 소성변형 발생 전 급작스러운 파괴 발생<br>– 결정구조 경계면에서 파괴<br>– 파괴면이 결정 모양<br>– 비교적 저온에서 발생<br>– 비교적 낮은 응력에서 파괴(항복점 이전)<br>– 강재의 절취부나 용접결함부에서 유발 | – 소성변형 발생 후 연성거동 파괴<br>– 결정구조 면 내에서 파괴<br>– 파괴면이 섬유 모양<br>– 비교적 상온에서 발생<br>– 비교적 높은 응력에서 파괴(극한점)<br>– 일반적인 강재의 파괴 형태 |

1) 취성파괴 : 강구조물의 부재에서 노치(Notch), 리벳 구멍, 용접 결함 등의 응력집중부에서 발생하기 쉬우며, 저온에서 냉각 또는 충격적인 하중이 작용하는 경우 그 강재의 인장강도 또는 항복강도 이내에서 소성변형 없이 갑작스럽게 파괴되는 현상을 말한다. 취성파괴의 특징으로는 ① 파괴의 진행 속도가 빠르고, ② 비교적 저온에서 발생하며, ③ 강재의 절취부나 용접결함부에서 유발되기 쉽고, ④ 낮은 평균응력에서 파괴되는 특성을 가진다.
취성파괴가 발생되는 원인으로는 재료의 금속조직 결함, 과도한 잔류응력, 온도저하로 인한 인성감소 등 재료의 인성 부족으로 인한 요인과 용접결함으로 인한 응력집중, 응력부식, 용접열 영향으로 인한 재료의 이상경화 등 강재 결함에 의한 응력 집중 등이 요인으로 작용된다.

2) 연성파괴 : 강구조물에서 나타나는 대표적인 파괴 형태로 강재가 탄성체에서 소성상태를 거쳐 파단에 이르는 과정을 연성파괴라고 한다. 저강도 강재일수록 신장능력이 커서(항복비가 작아서) 강재 파단 시 신장에 의한 에너지 흡수성능이 큰 특성을 갖는다. 그러나 강재는 저온에서 취성파괴의 특

성이 있기 때문에 국내 도로교설계기준에서는 강재의 인성요구조건을 별도로 제시하고 있다. 강재의 인성은 연성파괴를 유도하는 중요한 인자이기 때문에 별도의 고인성강으로 제작하기도 한다. 일반강의 경우 냉간 휨가공 시 인성저하를 방지하기 위해서 내측 휨반경이라는 제약조건을 두고 있고 저온상태에서의 취성파괴의 위험성 때문에 한냉 지역에서의 사용이 제한된다. 국내 도로교설계기준에서는 강재의 인성요구조건을 국내 강재의 인성기준이 사용 환경에 대한 고려가 없던 것을 전국을 최저 공용온도에 따라 3개 지역으로 구분하고 강도등급 및 인성규격에 따라 강종별로 교량이 건설되는 지역의 최저 공용온도에 따라 최대 허용 판두께를 제시하고 있다.

## ▶ 강재의 취성파괴 원인

1) 취성파괴의 원인

   ① 재료의 인성부족
     (1) 재료의 화학성분 불량으로 인한 금속조직 결함　　(2) 과도한 잔류응력
     (3) 설계응력 이상의 인장응력 발생　　(4) 취성파괴에 저항이 낮은 강재 사용
     (5) 온도저하로 인한 인성 감소　　(6) 경도가 너무 큰 고강도 강재 사용

   ② 강재결함에 의한 응력집중
     (1) 용접열 영향으로 재료의 이상 경화　　(2) 용접결함으로 인한 응력집중
     (3) 응력 부식 진행　　(4) 강재 단면의 급격한 변화
     (5) 볼트, 리벳 구멍, 노치와 같은 응력집중부

   ③ 반복하중으로 인한 피로

## ▶ 취성파괴의 대책

   ① 강재에 결함이 없도록 하며 파괴인성이 충분한지 실험을 거쳐야 한다.
   ② 고강도 강재 선택 시 충격흡수 에너지 점검하고 강도 증가에 따라 적절한 노치인성을 가져야 한다.
   ③ 동절기 용접작업 시 예열 등의 열처리를 실시하고 저온에서의 균열강도 저하에 대비한다.
   ④ 부재 이음부 설계 시 응력집중계수가 최소가 되도록 하고 가설 시 이음부에 과도한 외력이 작용하지 않도록 한다.
   ⑤ 피로에 의한 취성파괴에 대비하여 낮은 반복응력에 대한 적절한 규정을 두어야 한다.
   ⑥ 구조물 설치 시 과도한 외력 작용 방지
   ⑦ 도로교설계기준 교량용 강재의 인성 요구조건을 만족시키는 강재 선정

강재의 취성파괴

강재의 취성파괴 원인과 대책에 대하여 설명하시오.

**풀 이**

### ▶ 개요

강재의 취성파괴는 저온하의 충격하중 재하 시에 주로 발생되며, 강구조물의 부재에서 노치 (Notch), 리벳 구멍, 용접 결함 등의 응력집중부에서 발생하기 쉬우며, 저온에서 냉각 또는 충격 적인 하중이 작용하는 경우 그 강재의 인장강도 또는 항복강도 이내에서 소성변형 없이 갑작스럽 게 파괴되는 현상을 말한다.

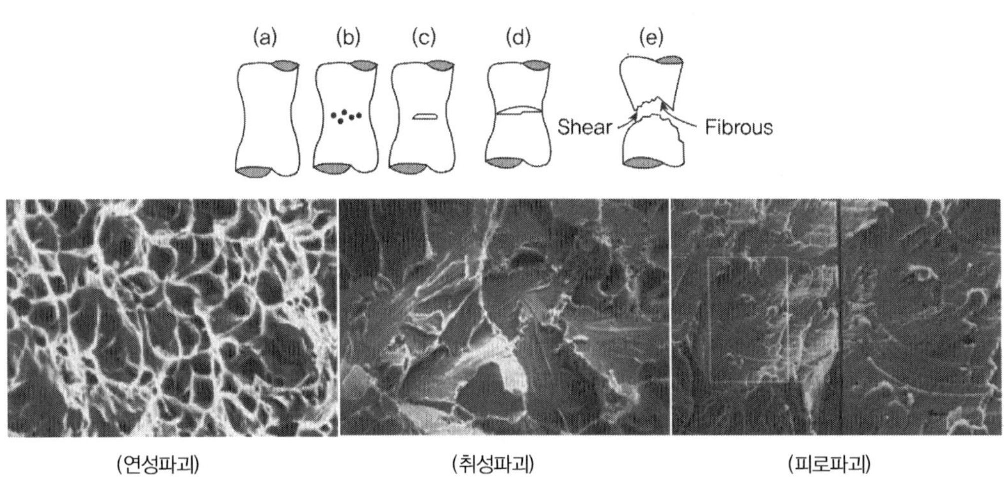


### ▶ 강재의 취성파괴 원인과 대책

강재의 취성파괴는 연성파괴에 비교되며, 소성변형 발생 전에 갑작스런 파괴가 발생되는 특성을 가진다. 비교적 저온에서 발생되며 낮응 응력에서 파괴되고 강재의 절취부나 용접결함부에서 유 발되는 특성이 있다. 취성파괴의 원인으로는 주로 재료의 인성부족이나 강재결함에 의한 응력집 중, 반복하중에 의한 피로가 있다. 도로교 설계기준에서는 취성파괴 방지를 위해서 강재의 인성 요구조건을 만족하도록 하고 있으며 특히 최근 2015 도로교설계기준(한계상태설계법)에서는 취 성파괴 방지를 위해 전국을 최저 공용온도에 따라 3개 지역으로 구분하고 강도등급 및 인성규격 에 따라 강종별로 교량이 건설되는 지역의 최저 공용온도에 따라 최대 허용 판 두께를 제시하였 다. 전 기준에서는 강종 선정 시 강도에 따른 소요 판 두께를 결정하여 판 두께 40mm 이하에서는 B재를 40~100mm 이하에서는 C재를 적용하였으며, KS규격에서는 A는 인정에 대한 보증이 없고,

B재는 0°C에서 27J의 샤르피 흡수에너지를 C재는 0°C에서 47J의 샤르피 흡수에너지를 보증하고 있다. 국내 온도구역별 최소 공용온도 $T_{min}$

I 온도구역(남해안 및 동해안일부 지역) : −15°C
II 온도구역(내륙과 해안 접경지역) : −25°C
III 온도구역(내륙지역) : −35°C

### 1) 강재 취성파괴 특징

| 구 분 | 취성파괴 | 연성파괴 |
|---|---|---|
| 특성<br>비교 | – 소성변형 발생 전 급작스러운 파괴발생<br>– 결정구조 경계면에서 파괴<br>– 파괴면이 결정 모양<br>– 비교적 저온에서 발생<br>– 비교적 낮은 응력에서 파괴(항복점이전)<br>– 강재의 절취부나 용접결함부에서 유발 | – 소성변형 발생 후 연성거동 파괴<br>– 결정구조 면 내에서 파괴<br>– 파괴면이 섬유 모양<br>– 비교적 상온에서 발생<br>– 비교적 높은 응력에서 파괴(극한점)<br>– 일반적인 강재의 파괴 형태 |

### 2) 강재 취성파괴 피해의 특징

① 파괴의 진행속도가 빠르다.
② 비교적 저온에서 발생한다.
③ 강재의 절취부나 용접결함부에서 유발되기 쉽다.
④ 낮은 평균응력에서 파괴된다.

### 3) 강재 취성파괴의 발생원인

| 구 분 | 상세원인 |
|---|---|
| 재료의 인성부족 | – 재료의 화학성분 불량으로 금속조직 결함<br>– 과도한 잔류응력<br>– 설계응력 이상의 인장응력이 발생<br>– 취성파괴에 저항이 낮은 강재 사용<br>– 온도저하로 인한 인성 감소<br>– 경도가 너무 큰 고강도 강재 사용 |
| 강재결함에 의한 응력집중 | – 용접열 영향으로 재료의 이상 경화<br>– 용접결함으로 응력집중<br>– 응력부식 진행<br>– 강재단면의 급격한 변화<br>– 볼트 및 리벳구멍, Notch와 같은 응력집중부 |
| 반복하중에 의한 피로 | |

4) 강재의 취성방지 대책

① 부재설계 시 응력집중(확대)계수 최소화(도로교설계기준 교량용 강재의 인성 요구조건)
② 고강도 강재 선택 시 충격흡수 에너지 점검
③ 동절기 강재 용접 시 예열 등의 열처리 실시
④ 구조물 설치 시 과도한 외력작용 방지

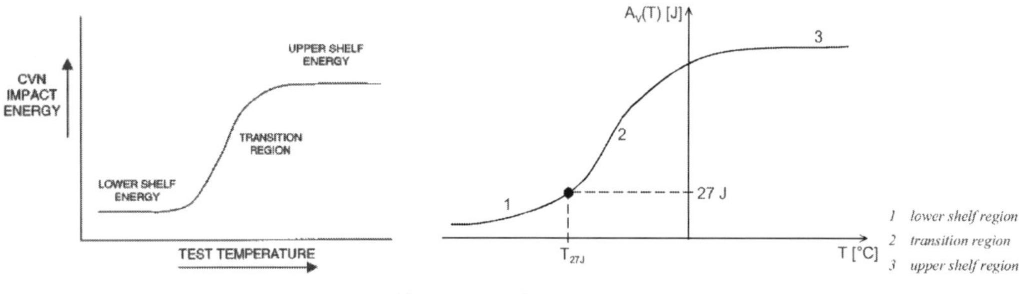


(충격에너지와 온도와의 관계)

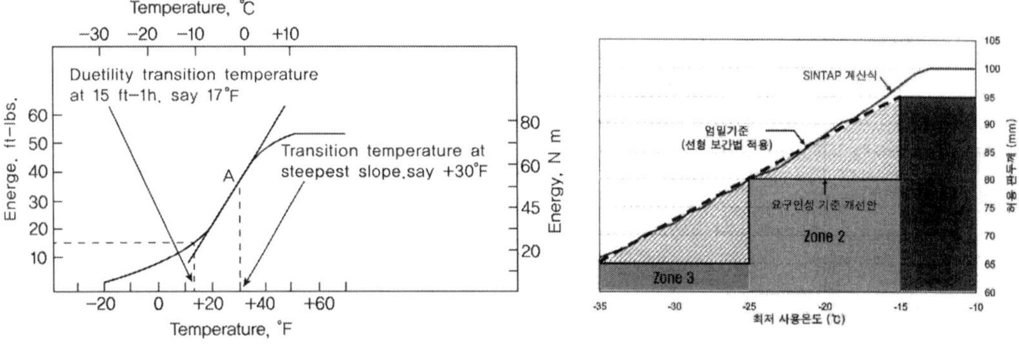


(Charpy V-Notch 실험에 의한 탄소강 전이온도 곡선)          (교량용강재 요구인성기준(HSB600L))

피로파괴

지속적으로 반복 및 충격하중을 받는 강재구조의 특성에 대해 설명하시오.

## 풀 이

### ▶ 개요

강구조 부재에 지속적인 반복하중이나 충격하중이 외력으로 작용하게 되면 부재의 구조적인 응력 집중부, 용접이음형상이나 용접결함 등의 응력집중부에서 소성변형이 발생할 수 있고 이로 인하여 허용응력 이하의 작은 하중에서도 균열이 발생하는 피로파괴(Fatigue Failure) 또는 취성파괴(Brittle Failure)가 발생될 수 있다.

### ▶ 피로파괴

응력 집중이 발생하는 지점에서 작은 크기의 반복응력에도 피로에 의한 균열이 발생할 수 있으며 대략적인 경험에 의하면 금속재료의 경우 이러한 균열이 발생하기 위해서는 응력집중이 발생하는 곳에서 이 응력이 항복응력의 50% 이상이 되어야 하지만 사전 균열이나 결함이 있는 경우 작은 크기의 응력에도 균열이 발생하여 성장할 수 있다. 일단 균열이 발생하면 주로 하중이 작용하는 방향과 직교하는 방향으로 균열은 성장하며 이에 따라 유효단면은 감소하고 결국 부재는 파괴에 이른다.

---

**TIP** | 강재의 파괴 비교 |

1. 지연파괴 : 금속에 정적으로 하중을 가하여 고온에 장시간 유지시키면 응력과 온도에 항복하기 전에 파괴되는 현상. 또, 소량의 수소를 함유한 강에 정하중을 가해 놓으면 일정한 시간이 경과한 후에 취성파괴를 일으킨다. 이러한 파괴현상을 지연파괴라 한다.
2. 취성파괴 : 연성의 강이 수소에 노출되면 급격히 연성을 잃고 취성화되는 수소취화 현상에 의해서도 강은 극한하중 이하의 하중에 급격히 파괴된다. 이것은 일종의 정적인 피로현상(반복하중에 의한 피로에 비교되는 개념)으로 볼 수 있으며 지연파괴의 일종으로 볼 수 있다.
3. 응력부식 : 응력부식은 인장응력(반드시 인장응력이어야 한다)이 부식성 환경과 만날 때 금속내부에 미세균열이 발생하여 진전, 설계강도보다 낮은 응력에서 파괴를 유발시키는 지연파괴의 일종으로 볼 수 있다.
4. 피로파괴 : 앞서 정적인 피로현상인 수소취화된 금속의 취성파괴를 들었다면, 전통적 의미의 피로파괴는 반복하중에 의해 발생한다. 피로파괴란 강구조 부재에 외력이 작용하면 부재의 구조적인 응력집중부 또는 용접이음형상이나 용접결함 등의 응력집중부에서 균열이 발생하고 이 균열이 성장하여 최종적으로 설계강도보다 낮은 응력에서 파단되는 현상을 말한다.

## ▶ 반복 및 충격하중을 받는 강재구조의 특성

반복 및 충격하중을 받는 강재구조는 (1) 비교적 파괴의 진행 속도가 빠르다. (2) 비교적 저온에서 취성파괴가 발생하기 쉽다. (3) 강재의 절취부나 용접결함부에서 응력집중이 유발되기 쉽다. (4) 낮은 평균응력에서 파괴된다는 특성을 가진다.

## ▶ 취성 및 피로파괴 방지대책

1) 피로파괴(Fatigue Failure)

 (1) 설계 시 허용반복 하중과 피로수명 결정
 (2) 피로허용 응력 범위 결정
 (3) S-N Curve를 고려한 허용압축 응력 저감
 (4) 각종 세부구조 보강


2) 취성파괴(Brittle Failure)

 (1) 부재설계 시 응력집중(확대)계수 최소화(도로교설계기준 교량용 강재의 인성 요구조건)
 (2) 고강도 강재 선택 시 충격흡수 에너지 점검
 (3) 동절기 강재 용접 시 예열 등의 열처리 실시
 (4) 구조물 설치 시 과도한 외력작용 방지

## 강교량의 피로균열

강 교량의 피로균열 발생 원인을 설명하고, S-N곡선의 특성에 대하여 설명하시오.

### 풀 이

### ▶ 피로균열의 원인

강 교량에서 피로균열, 또는 피로파괴는 부재에 일정하중이나 반복하중이 지속적인 외력으로 작용하면 부재의 구조적인 응력 집중부 또는 용접이음형상이나 용접결함 등의 응력집중부에서 소성변형이 발생하고 이로 인하여 허용응력 이하의 작은 하중에서도 균열이 발생하며 이 균열이 성장하여 최종적으로 설계 강도보다 낮은 응력에서 파단되는 현상을 말한다.

응력 집중이 발생하는 지점에서 작은 크기의 반복응력에도 피로에 의한 균열이 발생할 수 있으며 대략적인 경험에 의하면 금속재료의 경우 이러한 균열이 발생하기 위해서는 응력집중이 발생하는 곳에서 이 응력이 항복응력의 50% 이상이 되어야 하지만 사전 균열이나 결함이 있는 경우 작은 크기의 응력에도 균열이 발생하여 성장할 수 있다. 일단 균열이 발생하면 주로 하중이 작용하는 방향과 직교하는 방향으로 균열은 성장하며 이에 따라 유효단면은 감소하고 결국 부재는 취성 또는 연성 파괴에 이른다.

강 교량에서 주로 발생되는 피로균열의 원인은 다음과 같이 구분될 수 있다.

1) 실하중이 설계하중보다 크고 그 빈도 또한 높다.

2) 설계계산 이상의 응력이 발생하고 있다.

3) 구조상세가 적절하지 못했다.

4) 용접부에 허용치 이상의 결함이 있다.

### ▶ 피로균열의 대책

1) 방지대책

　(1) 설계 시 허용반복 하중과 피로수명 결정

　(2) 피로허용 응력 범위 결정

　(3) S-N Curve를 고려한 허용압축 응력 저감

　(4) 각종 세부구조 보강

2) 피로균열에 대한 보수 : 피로손상의 평가결과 보수가 필요하다고 판단될 경우에는 발생원인에 대비한 적절한 방법을 선택하여야 하며 보수가 부적절하면 다른 손상의 원인이 될 수도 있다. 피로에 대한 안전성은 해당부위의 피로강도를 높이거나 발생응력을 저하시킴으로서 개선될 수 있다.

(1) 피로균열 선단에 스톱홀 설치

(2) 용접보수공법(TIG처리 병용)

(3) 보강부재를 사용하는 용접보수

(4) 접합부재와 강력 볼트를 쓴 기계적 보수

(5) PC강재를 사용한 외부 케이블 프리스트레스 방식의 보수 등이 있다.

## ▶ S-N곡선의 특성

강재는 피로 파괴될 때까지 일정한 크기 또는 일정한 범위의 응력 S를 N회 반복하여 받는다. S와 N을 log 도표에 나타낸 것을 S-N 선도(Wohber 곡선)라고 하며 이 선도는 재료와 응력 평균 등에 따라 영향을 받는다. 일반적으로 피로시험에서 구한 결과의 중앙값보다는 안전성을 고려하여 작은 값을 사용한다.

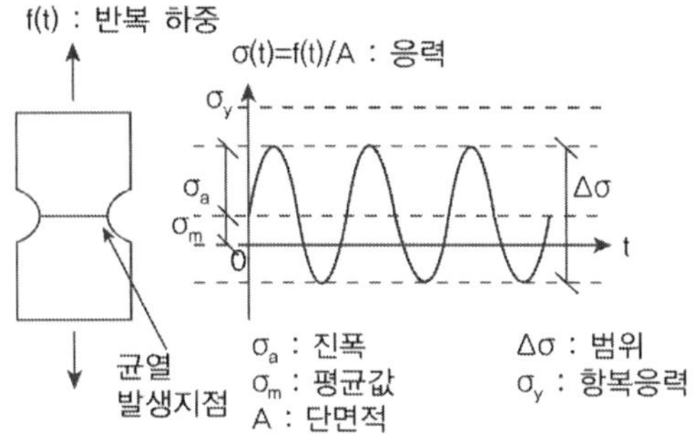


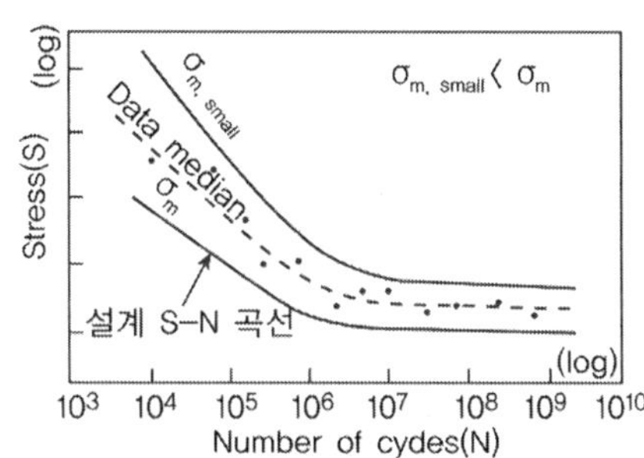


(1) 구조물에 반복하중 작용 시 구조물의 응력 집중부에 소성변형으로 균열이 발생, 진전, 파괴되는 현상을 피로파괴라 하며, 상대적으로 아주 작은 하중에서 파괴된다. 또한, 피로발생에는 응력의 반복, 인장응력, 소성변형이 동시에 존재하는 것이 필요조건이 된다.

(2) S-N 선도란 재료의 피로에 대한 저항능력을 나타내며 작용응력과 파괴 때까지의 하중의 반복횟수의 관계를 직교 좌표면에 표시한 선을 말한다.

(3) S-N 선도의 특성

　가. 종축 : 재료에 가해진 최대 응력

　나. 횡축 : 파괴 도달하는 하중의 반복횟수(N)

　다. S-N를 대수의 눈금으로 표시

　라. 또한, 파괴확률까지 포함시켜 피로의 상, 하한을 나타낸 것을 P-S-N 선도(Probability - Stress - Number)라 한다.

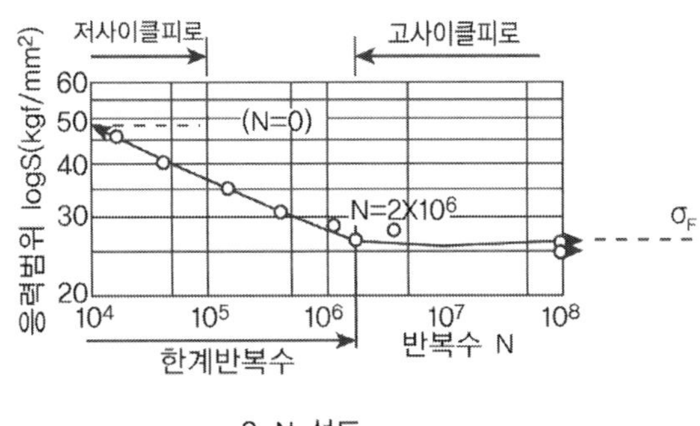



S-N 선도

(4) 피로강도를 나타내기 위해서는 응력 기반 모델, 변형률 기반 모델, 파괴 역학 모델을 주로 사용한다. 응력 기반 모델(Stress based model)은 반복응력을 받는 재료는 탄성영역에 있고 응력집중이 발생하는 지점에서의 응력(S)을 피로강도(N)와 함께 S-N선도로 나타낸다. 통상 N이 105을 초과하며 이러한 파괴를 고사이클 파괴(High cycle fatigue)라고 한다. 변형률 기반 모델(Strain based model)은 피로파괴가 일어날 것 같은 지점에서의 응력과 변형률을 추정하고 이 지점에서 국부항복이 발생한다고 가정한다. 이 모델은 국부항복과 재료의 응력–변형률 이력관계도 고려되므로 국부변형률 해석(Local strain analysis)이라고도 한다. 랜덤 응력을 부재에 가하였을 때 고려된 지점은 랜덤 이력 프로세스를 거쳐 N회 사이클 후에 균열이 생성된다. 균열이 발생하는 데 필요한 사이클 수는 통상 105 미만이므로 이러한 파괴를 저 사이클 피로(Low cycle fatigue)라 한다. 파괴역학 모델은 용접결함 등을 포함한 부재에 존재하는 사전균열이나 결함으로 인해 피로균열이 발생한다고 가정한다.

(5) 피로 파괴는 지속적인 반복하중으로 강재의 내하응력이 감소되어 낮은 응력에서도 강재가 소성변형을 일으켜 파괴되는 파괴 형태로 강재의 피로수명 결정, 반복하중 횟수 결정, S-N 선도를 이용한 허용응력 등을 결정하여 강재의 피로파괴에 대한 설계가 필요하다.

### 강교의 피로손상

강재 교량에서 발생하는 피로손상의 원인에 대하여 설명하시오.

**풀 이**

## ▶ 개요

피로손상이 일어나는 곳은 대부분 연결부, 급격한 단면의 변화가 있는 곳 또는 표면이나 내부에 어떤 결함이 존재하는 곳으로서 국부적인 응력 집중현상이 일어나는 곳이다. 일반적으로 피로파괴는 반복하중이 응력집중부에 인장응력을 일으키면서 소성변형을 발생시켜서 허용응력 이하의 작은 하중에 의해서도 피로균열이 발생하여 파괴로 이루어진다. 용접 결합된 교량요소가 리벳 또는 볼트로 결합된 교량의 구조요소보다는 더욱 피로에 취약하다.

① 응력이 반복되면서 생기는 파괴현상.

② 강재에 반복하중이 지속적으로 작용하여 취약부(Notch, 용접결함 등 초기결함 또는 기하학적 불연속에 의한 응력집중부 등)에 소성변형에 의한 균열이 진전되어 파괴에 이르는 현상

## ▶ 피로손상의 특징과 원인, 영향인자

강교량의 가장 전형적인 손상원인으로 내구성을 지배하는 요인이다. 피로는 반복주기의 횟수에 따라서 고싸이클 피로($N > 10^5$), 저싸이클 피로($N < 10^5$)로 구분하며, 피로로 인해 피로균열이 발생할 경우 부재단면의 감소로 인한 취성파괴의 위험이 있다.

이러한 강재의 취성파괴는 재료의 파괴인성치(fracture toughness)와 연관이 있으며 구조부재가 급격한 취성파괴를 이르게 할 수 있는 한계균열크기를 결정하는 중요한 인자로 분류된다. 한계균열크기는 구조상세, 최대인장응력과 균열방향에 좌우된다.

1) 원인

① 반복응력의 작용에 의한 균열의 진전

② 응력집중부에 반복하중 작용에 의한 소성변형 발생

③ 인장잔류응력

④ 부적절한 구조상세

⑤ 용접부 허용치 이상의 결함

⑥ 부적절한 용접자세(상향용접)

2) 피로 영향인자

  ① 응력범위(S) : 부재에 작용하는 외력 및 기타요인에 의해 발생하는 응력 최대-최솟값 거리
  ② 반복횟수(N) : 반복응력이 작용하는 횟수
  ③ 용접상세, 용접상태, 연결부 상세(구조 상세)
  ④ 결함부, 응력집중부 : 위치, 개소
  ⑤ 인장잔류응력
  ⑥ 재료 파괴인성(Fracture Toughness)
  ⑦ 강종

▶ **피로손상의 방지대책**

  ① 설계 시 허용반복응력크기와 반복횟수를 바탕으로 피로수명 결정(S-N 곡선 이용)
  ② 피로에 유리한 구조상세 선택
  ③ 용접결함부 최소화
  ④ 용접부 마감처리 철저
  ⑤ 응력집중부 최소화
  ⑥ 구조상세 철저한 검토로 불필요한 2차 응력발생 억제
  ⑦ 각종 세부보강방법 적용

## 변형유발피로

강 구조물의 변형유발피로에 대하여 설명하시오.

### 풀 이

> ### 개요

강구조 설계기준에서 피로는 하중으로 유발되는 피로와 변형으로 유발되는 피로로 구분된다. 하중이나 변형은 구조적으로 응력이 집중되는 곳이나 용접이음의 형상 혹은 용접결함으로 인해 응력이 집중되는 곳에서 소성변형을 유발하고 이로 인해 허용응력 이하의 작은 하중에서도 균열을 발생시키고 이 균열이 성장해 최종적으로 설계강도보다 낮은 응력에서 파단되는 현상인 피로파괴를 유발할 수 있다.

> ### 변형유발피로

변형이 발생된 곳에서 반복적인 하중은 변형으로 인한 2차적인 스트레스를 유발할 수 있다. 이때문에 하중유발피로와는 달리 변형유발피로는 변형을 최대한 억제하도록 유도하고 있으며, 설계기준에서는 모든 횡방향 부재를 종방향 부재의 단면을 포함하는 적절한 구조요소에 연결해 줌으로써 예상되거나 예상하지 못한 하중을 전달하기에 충분한 하중경로를 제공하도록 하고 있다.

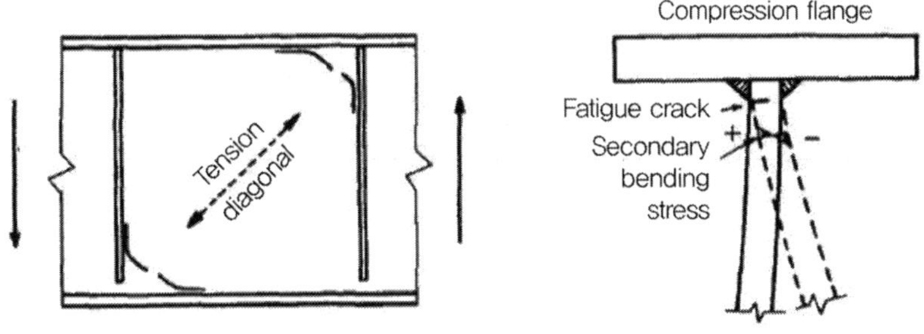


전단을 받는 박판 플레이트 거더의 피로균열

또한 웨브의 좌굴과 면외변형 등으로 인한 변형유발피로를 제어하기 위해서 피로하중조합으로 계산된 값의 2배를 설계피로하중으로 적용해 수직보강재가 설치된 웨브 내측패널이 수평보갱재 유무와 관계없이 전단좌굴강도($V_{cr}$) 이하를 만족하도록 규정하고 있다.

강재의 부식피로

강재의 부식피로(fatigue corrosion)에 대하여 설명하시오.

### 풀 이

### ▶ 개요

부식피로(fatigue corrosion)는 부식에 의한 침식과 주기적 응력, 즉 빠르게 반복되는 인장 및 압축응력과의 상호작용에 의해 생긴다. 주기적 응력의 어느 임곗값, 즉 피로한계이상에서만 생기는 순수한 기계적 피로와는 대조적으로 부식피로는 매우 작은 응력에서도 생긴다.

### ▶ 강교에서 부식 취약부

1) 볼트 및 용접 이음부

    ① 볼트부 : 도막두께 불균일, 빗물침투, 도막불량, 도막 노후화

    ② 용접부 : 도막두께 불균일, 잔류응력, 용접부 결함, 수소기포

2) 거더단부 : 신축이음부 빗물침투, 물고임

3) 박스거더 내부 : 볼트이음부 및 거더단부 다이아프램 개구부 우수침투

4) 받침부 : 신축이음장치 배수기능 불량으로 우수침투, 물고임

### ▶ 강재 부식으로 인한 피로 안전성 평가 방법

강교의 부식년수에 대한 단면감소와 경계조건 변화(수직이동, 수평이동)에 의한 손상가정을 하고 설계하중에 대한 최대응력과 최소응력을 산출하여 피로응력범주를 결정하고 이를 도로교 설계기준의 허용피로응력범위와 비교하여 피로안전성을 평가한다.

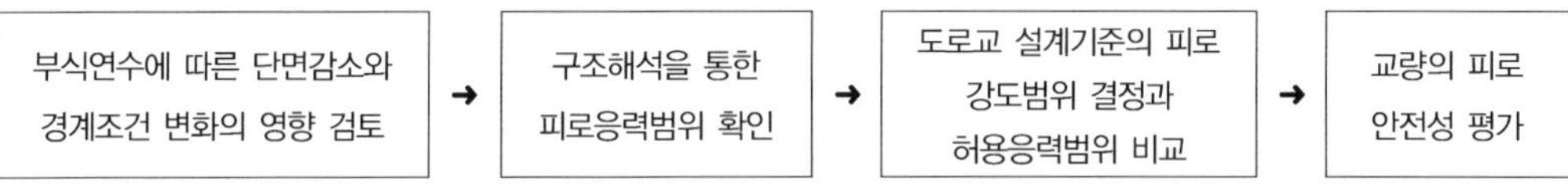


### ▶ 부식년수에 따른 구조물의 파괴양상

강구조물은 사용년수가 길어질수록 부식의 발생 및 진행으로 단면감소가 이루어지고 이에 따른 단면의 내하력이 감소된다. 제작 특성상 점진적으로 세장재의 국부좌굴이 발생되고 이로 인한 부

재 단면에서의 응력집중과 2차 응력으로 주단면 또는 연결부에 피로균열이 발생되어 궁극적으로 전체 구조물이 파괴된다.

## ▶ 강재 부식의 특징

1) 부식환경의 지역성 : 강재는 물 및 산소의 존재하에서 부식하여 녹으로 전환되는데 염분, 산성물질 등 부식성 물질과 접촉되면 부식반응은 더욱 촉진된다.

　　환경에 따른 부식 진행정도 : 해안환경(100) > 도시환경(20~30) > 산간지방(10~20)

2) 강재 부식의 특징 : 강재는 산소 및 수분의 존재하에서 부식이 진행되므로 비를 직접 맞는 부분에 비해 직접 맞지 않는 하부부분 및 내부부분은 발청이 상대적으로 적다. 특히 구조상 물이 고일 수 있는 부분 이나 결로가 발생하는 부분은 발청이 크며 표면처리가 어려운 부분은 특히 녹발생에 취약하므로 이 부분에 대한 표면처리에 유의해야 한다. 도막의 방청성능은 도료의 종류와 도막의 두께나 시공의 품질에 따라 크게 달라진다. 이러한 특성을 고려하여 도장사양, 도막두께 등을 결정하여야 한다.

3) 강재 부식의 Mechanism

　　부식은 크게 건식(dry corrosion)과 습식(wet corrosion)이 있으며 건식은 금속표면에 액체인 물의 작용 없이 일어나는 부식이며 일반적으로 고온산화, 고온가스에 의한 부식 등이 이에 속하고 습식은 액체인 물 또는 전해질 용액에 접하여 발생되는 부식으로 우리 주변에서 경험하는 부식의 대부분은 습식이다.

4) 부식현상의 대책

　　철이 부식하게 되면 그 철재의 강도에 변화를 초래하며, 예를 들어 철재두께의 1%가 녹으로 변할 경우 강도는 5~10% 줄어들며, 또 양면에서 5%의 녹이 발생될 경우에는 사용할 수 없게 된다.

| 부식형태 | 환경의 분류 | 방식방법 |
|---|---|---|
| 건식(dry corrosion) | 고온가스(200℃ 이상)부식 | 내열도료 강재선택(내열합금) |
| 습식(wet corrosion) | 수중(담수, 해수)부식 | 방식도료 전기방식 라이닝 강재 선택 |
| | 화학약품(산, 알칼리, 염)부식 | 내약품성 도료 라이닝 강재의 선택 |
| | 지중(地中)에의 부식 | 방식도료(역청질계) 라이닝, 전기방식 |

① 도막의 방청효과

　　도막의 방청효과는 발청의 원인(부식반응)을 억제시키거나 역행시킴으로써 얻어진다.
　　• 부식의 원인이 되는 물과 산소의 침투를 차단
　　• 철표면이 알칼리성이 되게 하여 부동태화
　　• 철보다 이온화 경향이 큰 안료(아연말)를 사용하여 금속지연이 전지의 Anode가 되어 철이 이온화하는 것을 방지

• 도막이 전기 저항체가 되어 Anode와 Cathode 간의 부식전류를 저지

## ▶ 강재의 방청기법

1) 강재표면 도장 처리 : 강구조물에서 사용되는 가장 일반적인 방법으로서 통상 방청 효과의 지속기간이 10년 이하이므로 반복적인 도장작업이 필요하다. 근래 재료적인 면에서의 비약적인 발달에 의해 장기간의 도장막이 보존되는 영구도장 등이 개발되어 있으나 이의 채용을 위해서는 충분한 조사, 연구가 필요하다.

2) 강재표면의 도금 처리 : 도금재료로는 통상 아연도금이 사용되고 있으며 도장막에 비하여 방청력이 우수한 장점이 있으나 도금조의 크기가 한정되어 있으므로 20m 이상의 교량은 분할 시공을 해야 하며 분할 시공 시 접합부의 처리방법에 문제가 있다. 또한 그 색조가 한정되어 있으므로 일반적으로는 사용되지 않는다.

3) 내후성 강재 사용 : 내후성 강재는 강재의 표면에 미리 녹을 발생시켜서 외부와 강재 표면을 차단시켜 부식을 방지하고 강재로서 도장이나 도금의 필요는 없으나, 습윤상태로 되는 경우가 많은 장소 또는 염분입자의 비산범위 내에 있는 장소에서는 사용할 수 없다는 사용 환경상의 제약이 있다.

## 강재의 지연파괴

강재에서 발생하는 지연파괴(Delayed fracture)

**풀 이**

### ▶ 지연파괴

금속에 정적으로 하중을 가하여 고온에 장시간 유지시키면 응력과 온도에 항복하기 전에 파괴되는 현상으로 소량의 수소를 함유한 강에 정하중을 가해 놓으면 일정한 시간이 경과한 후에 취성파괴를 일으키는데 이러한 파괴현상을 지연파괴라 한다. 지연파괴(Delayed Failure)는 수중, 다습한 환경, 산성 환경하의 지속하중 재하 시 수소취화에 의해 발생된다.

### ▶ 지연파괴의 특징

1) 재료에 하중을 가하고 그 상태의 하중을 일정하게 유지할 때 외견상으로는 거의 소성변형을 일으키지 않고 어느 시간 후에 갑자기 취성파괴하는 현상으로 철강의 소재, 기기, 구조물 등이 제조 후 불특정한 시간에 대해 돌연 발생하는 파괴현상이다.

2) 거시적으로 보아 부재에 정적하중이 작용하고 있을 때 그 크기가 항복점보다 훨씬 낮은 응력이라 할지라도 장시간 부하될 경우에 외견상 소성변형을 동반함이 없이 돌연히 취성적으로 파괴하는 현상을 지연파괴라고 한다. 환경유발파괴(Environment Assisted Cracking)라고도 한다.

3) 발생하는 응력이 취성파괴나 연성파괴를 일으키는 레벨보다 훨씬 작고 또 그 시간변동 성분도 피로균열을 일으키는 것보다 훨씬 작은데 돌연파괴가 발생한다. 지연파괴의 부하응력과 시간 사이의 특성은 피로에서의 S-N선에 가까운 형태로 되기 때문에 정적인 피로파괴라고도 불린다.

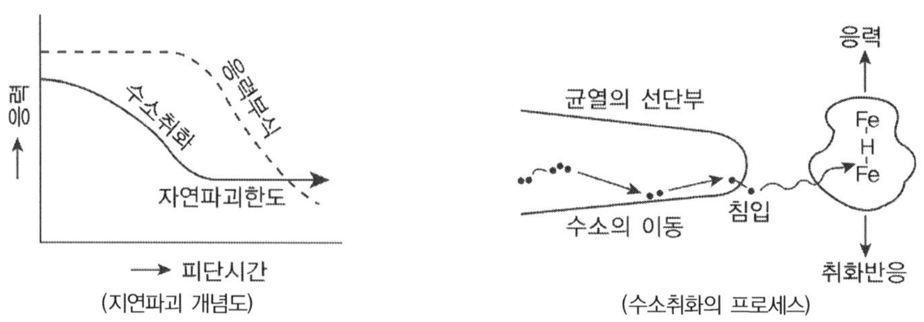


4) 철강재료에 생기는 지연파괴의 메커니즘으로는 응력부식파괴(Stress Corrosion cracking), 수소취성파괴(Hydrogen Embrittlement cracking)가 지연파괴에 속하며 각각의 프로세스는 독립하거나

또는 철과 물이 공존하는 환경에서는 동시에 진행된다.

5) 수소취화의 프로세스 개념 : 수소는 원자반지름이 작기 때문에 철강 속에 쉽게 침입하고 결정격자를 통가한다. 용접이음에서는 피복제 등에서 수분 또는 수소가 들어오며 응력이 작용한 상태에서 수소 가스환경에 접촉되고 있어도 수소가 침입하고 취하가 생긴다. 또 철과 수분의 부식반응의 결과로서 수소가 생기고 그것이 다시 철 속에 침입하게 된다.

6) 강교량에서의 지연파괴 사례로는 마찰접합용 고장력 볼트 지연파괴(F11T)나 미국 Point Pleasant 낙교사고가 발생한 아이바 응력부식에 의한 지연파괴가 대표적이다.

▶ **지연파괴 대책**

① 표면 도장처리 철저
② 응력집중부와 급격한 단면변화를 최소화
③ 볼트 노출부가 부식되지 않도록 관리
④ 용접 상세 선택 시 주의
⑤ 강교에 사용하는 고장력 볼트는 F10T 이하를 사용한다.

## 강구조물 균열

강구조물 균열의 발생, 진전, 파괴과정에 대하여 설명하시오.

### 풀 이

**COD(Crack Opening Displacement)측정에 의한 강재표면의 피로균열 진전속도 평가(김광진, 구조물진단학회, 2011)**

### ➤ 개요

최근의 강구조물은 고강도 강재의 사용과 경량화에 의해 구조물에 작용하는 활하중의 부하 비중이 크고, 미적 경관을 중요시하는 사회적 요구에 따라 더욱 복잡해지는 경향을 보이고 있다. 여기서 활하중의 비중 증가는 강구조 부재에 작용하는 응력범위를 증가시키고, 복잡한 구조형상은 다양한 형태의 응력집중을 유발시킴으로써 피로손상 가능성 또한 높아질 수 있다.

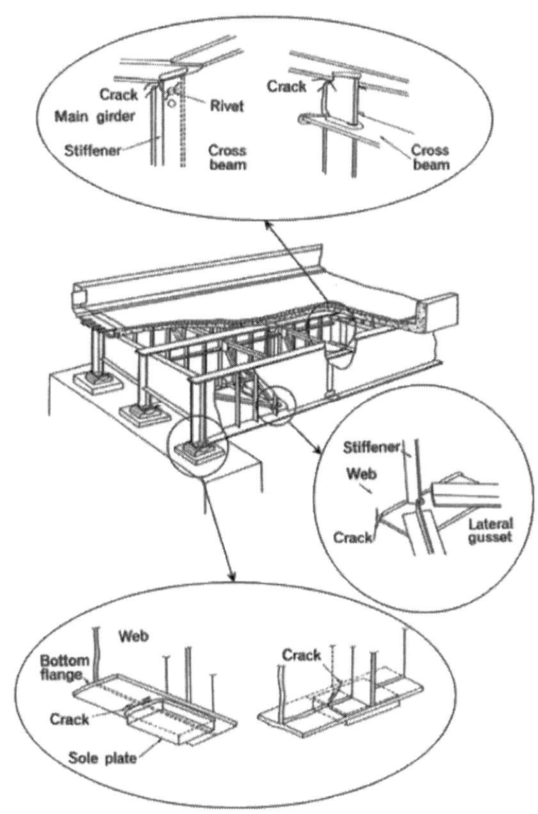


(강교량에서의 전형적인 피로균열)

강구조물의 피로균열과 같은 현상은 설계단계에서 고려하지 못한 2차 응력의 발생, 과적차량, 제작오차나 용접불량 등이 주요 원인이다. 그리고 고강도 강재의 사용으로 사하중의 경감에 따른 활하중의 비중 증가는 구조를 더욱 피로에 취약하게 만들어 지속적인 열화요인이 될 것이다. 일반적인 강구조물의 피로설계 및 조사에는 반복응력을 받는 부재와 이음부의 상세범주에 따른 피로설계곡선(S-N 선도)이 널리 사용되고 있다. 그러나 S-N선도를 이용하는 방법은 피로균열이 존재하지 않는 이음부의 피로수명을 간편하게 평가할 수 있다는 장점이 있지만, 단순 인장반복응력의 작용과 기존에 제시된 상세범주에 대해서만 한정적으로 적용할 수 있다. 근래의 강구조물의 균열에 대한 진전속도 평가의 파라미터는 $\Delta COD / \sqrt{r}$ 을 이용한 방법에 대해 연구가 활발히 진행 중에 있다.

## ▶ 강구조물 균열의 발생, 진전, 파괴과정

1) 강구조물의 균열 : 강구조물에서 발생하는 균열은 대부분 반복하중 등 피로에 의한 균열이 주된 원인이며, 그 외에도 고강도강인 경우 용접 시 저온균열, 지연, 응력부식에 의해 균열과 함께 파괴형상이 나타날 수 있다.

2) 균열의 진전과 파괴과정 : 균열 지점에서 반복하중에 따라 균열이 점차 진전되게 되며 최종적으로는 파괴에 이른다. 피로균열은 절단균열(saw cut crack)과는 다르게 균열이 진전한 후 균열선단 후방으로 잔류인장변형(residual plastic deformation)이 형성된다. 이것 때문에 피로균열의 COD는 절단균열보다는 작게 된다. 모든 균열길이 a에서 균열선단으로부터 거리 r에 따른 $\Delta COD$의 크기는 $\sqrt{r}$ 에 비례한다.

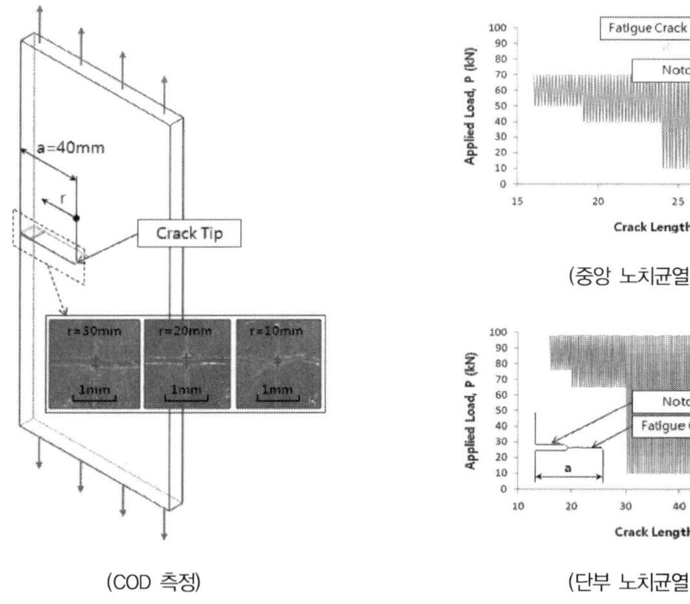


(COD 측정)          (중앙 노치균열 진전)          (단부 노치균열 진전)

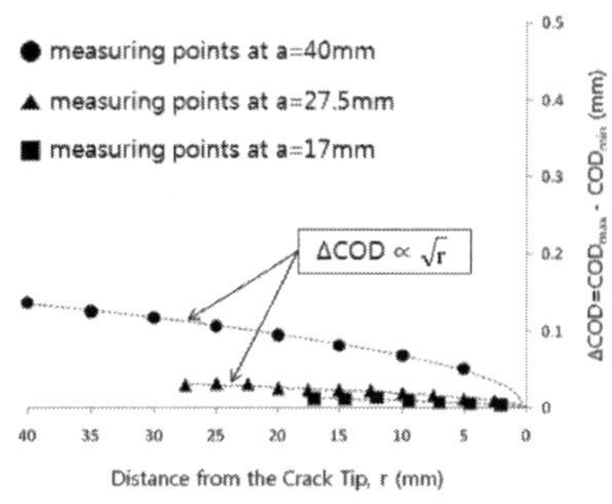

(Opening Shapes of the Fatigue Crack)

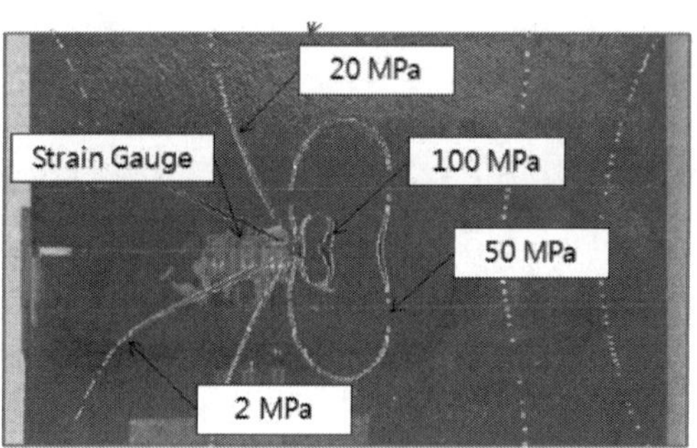

(Stress State in the Vicinity of the strain gauges)

$$\epsilon = \Delta L / L, \quad \Delta COD = \epsilon L_g \qquad \text{여기서, } L_g \text{는 게이지 길이(mm)}$$

$$\Delta COD / \sqrt{r} = \frac{\chi + 1}{2\pi G} \Delta K \sqrt{2\pi} \qquad \text{여기서, } \chi = \frac{3 - \nu}{1 + \nu} \text{(평면응력)}, \; 3 - 4\nu \text{(평면변형률)}$$

균열의 진전속도 $da/dN$은 응력확대계수범위 $\Delta K$가 이용된다.

$$da/dN = C(\Delta K)^m, \; da/dN = C[(\Delta K)^m - (\Delta K_{th})^m]$$

여기서, C와 m은 재료상수, $\Delta K_{th}$는 균열진전하한계

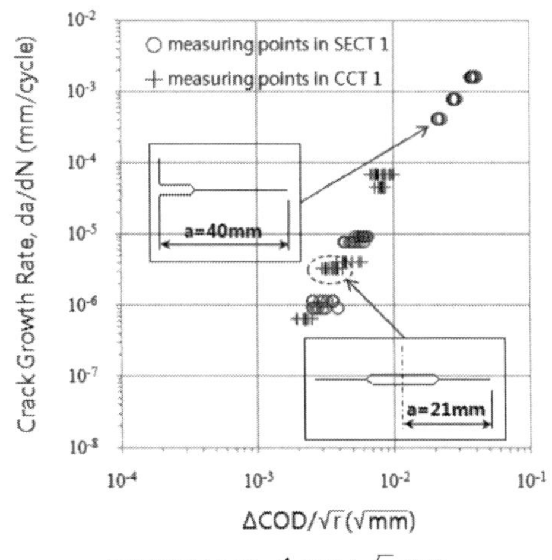

(균열진전속도와 $\Delta COD / \sqrt{r}$ 관계)

항복기준

평면응력상태에서 Tresca와 von Mises 항복기준을 도식적으로 비교하고 각각의 배경 이론을 설명하시오.

## 풀 이

### ▶ 개요

물체는 외부로부터 힘이나 모멘트를 받게 되면 어느 정도까지는 견디지만 얼마 이상의 크기가 되면 외력을 지탱하지 못하고 파괴된다. 이러한 파괴를 예측하는 기준이 되는 조건을 항복조건(Yield Criterion)이라고 부른다.

이러한 항복조건의 대표적인 기준으로 von Mises 항복조건과 Tresca 항복조건이 있으며, von Mises응력이란 von Mises 항복조건에 사용되는 응력으로 하중을 받고 있는 물체의 각 지점에서의 비틀림 에너지(Maximum Distortion Energy)를 나타내는 값이다.

물체는 수학적으로 세 개의 주응력 또는 6개의 독립된 응력들로 정의될 수 있으며 이러한 독립된 응력만을 가지고는 외부하중에 의해 파괴여부를 판단하지 못하기 때문에 응력 성분들의 조합으로 각 성분들이 파괴여부를 확인하기 위한 방법으로 파괴기준이 정립되었다.

von Mises응력은 물체의 각 지점에서 응력성분들에 대한 비틀림 에너지를 표현한 것으로 연성재료인 강재에서 파괴를 예측하는 기준으로 많이 사용된다. 다만, Von Mises는 주응력 간의 차이에 대한 RMS(Root Mean Square)값이고 Principal Stress는 Mohr Cirle 상의 주응력 값이므로 주응력과 Von Mises의 결과는 다르다. Von Mises는 RMS(Root Mean Square)값이므로 항상 0보다 크며, 압축과 인장에 상관없이 어느 부분의 응력이 많이 작용하는지를 알 수 있고, 주응력은 응력의 크기와 함께 인장과 압축을 알 수 있다. 통상 응력의 크기와 인장과 압축의 부호에 관심이 있을 경우에는 주응력을 기준으로 하고 재료의 파괴에 관심이 있을 경우에는 Von Mises 응력을 사용한다. Von Mises 응력은 구조물 내의 임의지점에서의 응력으로부터 계산되는 값으로 '유효응력'이라고도 하며, 구조물의 항복여부를 판정할 때 사용된다.

일반적으로 알고 있는 물성 값은 항복강도($\sigma_y$)다. 이 값은 특정 소재에서 인장시편을 채취하여 단축 인장실험을 통해서 획득되기 때문에 1차원적 응력을 받는 시편으로부터 구해진다. 하지만 실제로 구조물은 3차원 응력으로 X축, Y축, Z축의 응력이 모두 존재하며. 따라서 이 값을 단축인장실험을 통한 항복강도와 비교하기 위해서는 대표 값인 등가응력(Effective Stress)이라는 것이 필요하다. 이러한 등가응력의 개념이 Von Mises 응력이다.

연성재료의 파괴기준은 크게 다음의 3가지로 정리된다.

① 최대 수직응력 이론(Maximum Normal stress)

② 최대 전단응력 이론(Tresca의 파괴기준)
③ 최대 비틀림 에너지 이론(Von mises의 재료파괴기준)

## ▶ 항복기준의 배경 이론

1) 파괴의 종류

일반적으로 재료파괴에 대한 기본적인 개념은 2가지로 정리된다.
- 취성파괴(Brittle Failure or Fracture) : 분필이나 콘크리트와 같은 물질처럼 작은 소성변형이 발생한 후에 2개로 분리되는 취성파괴
- 연성파괴나 항복(Ductile Failure or Yielding) : 알루미늄이나 철, 구리와 같이 탄성범위를 지나서 영구 소성변형이 나타날 때 연성파괴

2) 연성파괴 이론

① Maximum Normal stress : 최대 수직응력 파괴이론은 취성재료 내의 임의의 방향의 최대 수직응력이 재료의 강도에 도달하여 재료의 파괴가 발생하며 이에 따라 위험단면에서의 주응력을 찾는 문제가 중요하다. 수학적으로 파괴가 발생하는 때는

$$\sigma_1 > f_u \quad \text{또는} \quad \sigma_2 > f_u \quad (\text{인장}) \qquad\qquad |\sigma_1| > |f_c| \quad \text{또는} \quad |\sigma_2| > |f_c| \quad (\text{압축})$$

여기서, $f_u(f_c)$ ; 인장(압축)의 극한강도 (취성재료는 통상 $f_c > f_u$)

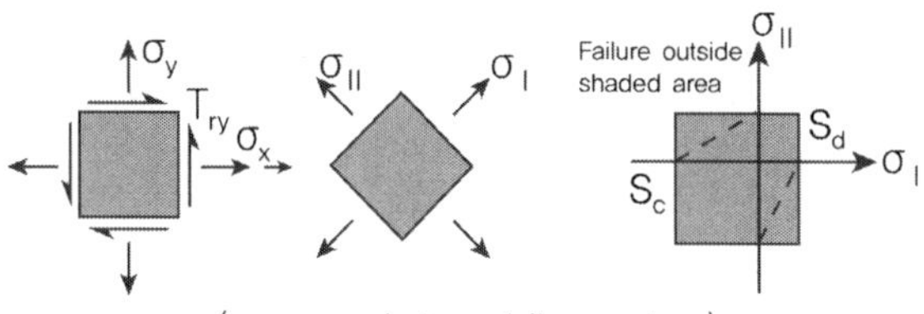


② Tresca의 파괴기준(Maximum Shear stress criterion : Maximum Shear stress reaches to the yield shear stress in uniaxial stress) : Tresca의 항복조건은 연성재료를 기준으로 최대 전단응력이 전단강도($\tau_y$)를 초과할 때 재료가 항복하며, 이는 주어진 평면에서 최대 면내전단응력이 평균 면내 주응력을 뜻한다. 이는 연성재료의 항복이 경사면에 따른 재료의 전단에 의해 발생하므로 전단응력에 기인한다는 관점에 기초를 둔 파괴기준이다.

$$\tau_{\max} = \frac{\sigma_{\max} - \sigma_{\min}}{2}$$

Tresca의 기준이 Von Mises 기준의 안쪽에 위치하여 좀 더 보수적이다.

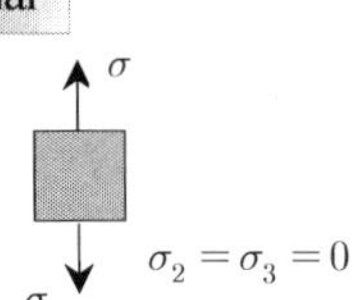


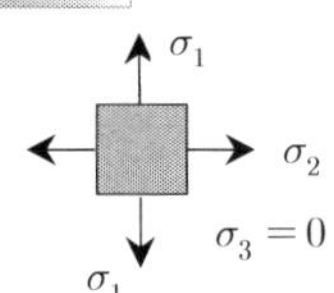


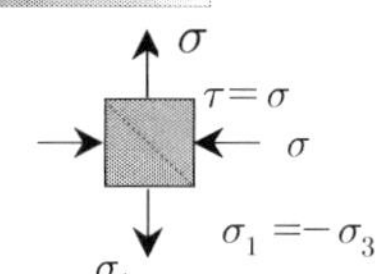


- uniaxial$(\sigma_1 = \sigma_y, \quad \sigma_2 = \sigma_3 = 0) : \tau_{\max} = \dfrac{\sigma}{2}$

$$\tau_y = \frac{\sigma_y}{2} \quad f = \tau_{\max} = \tau_{\max} - \frac{\sigma_y}{2} = \sigma_e - \frac{\sigma_y}{2}$$

- biaxial$(\sigma_3 = 0, \quad \sigma_2 = \pm Y, \quad \sigma_1 = \pm Y, \quad \sigma_1 - \sigma_2 = \pm Y)$

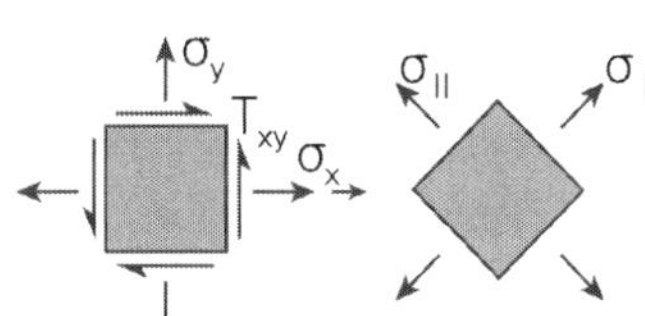


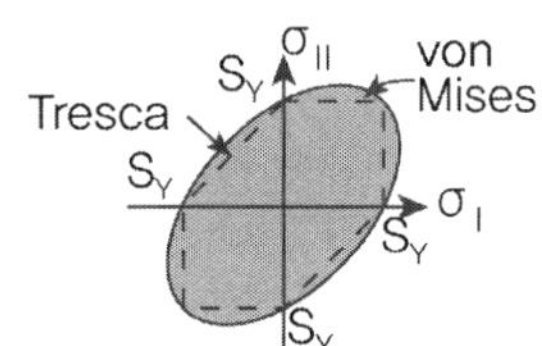


- Maximum Shear stress

$$\tau_1 = \left| \frac{\sigma_2 - \sigma_3}{2} \right|, \quad \tau_2 = \left| \frac{\sigma_3 - \sigma_1}{2} \right|, \quad \tau_3 = \left| \frac{\sigma_1 - \sigma_2}{2} \right| \qquad \tau_{\max} = \max[\tau_1, \ \tau_2, \ \tau_3]$$

$$\therefore \ \sigma_2 - \sigma_3 = \pm Y, \quad \sigma_3 - \sigma_1 = \pm Y, \quad \sigma_1 - \sigma_2 = \pm Y$$

$$\tau_{\max} = \left| \frac{\sigma_1 - \sigma_2}{2} \right| \leq \sigma_y(\text{2차원}), \quad \tau_{\max} = \left| \frac{\sigma_1 - \sigma_3}{2} \right| \leq \sigma_y(\text{3차원})$$

세 개의 전단응력이 전단항복응력에 도달할 때 파괴발생

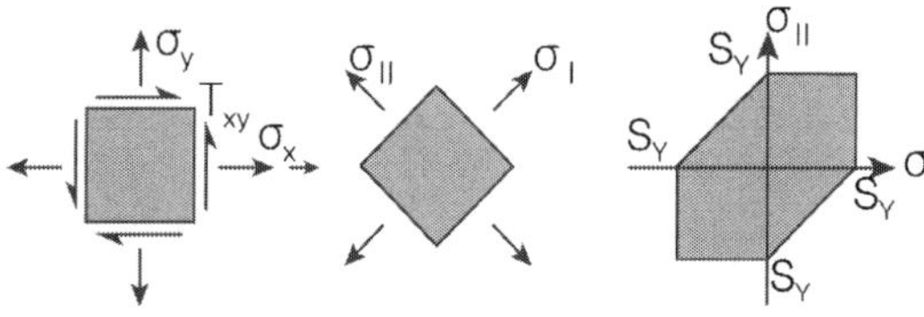


(1) $\sigma_1$과 $\sigma_2$의 부호가 같을 경우 : $|\sigma_1| < \sigma_y \quad \& \quad |\sigma_2| < \sigma_y$

(2) $\sigma_1$과 $\sigma_2$의 부호가 다를 경우 : $|\sigma_1 - \sigma_2| < \sigma_y$

③ Von mises의 재료파괴기준(Maximum Distortional energy : Yielding begins when the distortional strain energy density reaches to the distortional strain energy density at yield in uniaxial tension(compression)) : Von mises의 재료파괴기준은 연성의 재료에 사용되는 파괴기준으로 재료의 단위체적당 뒤틀림 변형에너지가 항복응력상태에서의 단위체적당 뒤틀림 변형에너지를 초과하면 파괴되는 것으로 본다.

Strain energy density

$$U_0 = \frac{1}{2}[\sigma_x \epsilon_x + \sigma_y \epsilon_y + \sigma_z \epsilon_z + \tau_{xy}\gamma_{xy} + \tau_{yz}\gamma_{yz} + \tau_{zx}\gamma_{zx}]$$

$$= \frac{1}{2E}[\sigma_x^2 + \sigma_y^2 + \sigma_z^2 - 2\nu(\sigma_x\sigma_y + \sigma_y\sigma_z + \sigma_z\sigma_x)] + \frac{1}{2G}[\tau_{xy}^2 + \tau_{yz}^2 + \tau_{zx}^2]$$

주응력 축에서는 $\sigma_1$, $\sigma_2$, $\sigma_3$만 존재하므로

$$U_0 = \frac{1}{2E}[\sigma_1^2 + \sigma_2^2 + \sigma_3^2 - 2\nu(\sigma_1\sigma_2 + \sigma_2\sigma_3 + \sigma_3\sigma_1)]$$

체적변화에 대한 변형에너지 밀도 $U_V$와 비틀림에 대한 변형에너지 밀도 $U_D$로 구분하면,

$$U_0 = U_V + U_D = \frac{(\sigma_1 + \sigma_2 + \sigma_3)^2}{18K} + \frac{(\sigma_1 - \sigma_2)^2 + (\sigma_2 - \sigma_3)^2 + (\sigma_3 - \sigma_1)^2}{12G}$$

여기서, $K = \dfrac{E}{3(1-2\nu)}$, $\quad G = \dfrac{E}{2(1+\nu)}$

$$U_V = \frac{(\sigma_1 + \sigma_2 + \sigma_3)^2}{18K} \quad : \text{Volumetric change associated with Volumn change}$$

$$U_D = \frac{(\sigma_1 - \sigma_2)^2 + (\sigma_2 - \sigma_3)^2 + (\sigma_3 - \sigma_1)^2}{12G} \quad : \text{distortional strain energy density}$$

(1) 3차원 응력상태

시편은 항복 시 1차원 응력상태이고, $\sigma_1 = \sigma_Y$, $\sigma_2 = \sigma_3 = 0$이므로,

$$U_{DY} = \frac{1}{12}(\sigma_Y^2 + \sigma_Y^2) = \frac{\sigma_Y^2}{6G}$$

$$U_D = \frac{1}{12G}[(\sigma_1 - \sigma_2)^2 + (\sigma_2 - \sigma_3)^2 + (\sigma_3 - \sigma_1)^2] \leq U_{DY} = \frac{\sigma_Y^2}{6G}$$

$$\therefore \frac{1}{6}\left[(\sigma_1 - \sigma_2)^2 + (\sigma_2 - \sigma_3)^2 + (\sigma_3 - \sigma_1)^2\right] \leq \frac{\sigma_Y^2}{3}$$

파괴기준을 함수로 표현하면,

$$f = \sigma_e^2 - \sigma_Y^2, \qquad \sigma_e = \sqrt{\frac{1}{2}\left[(\sigma_1 - \sigma_2)^2 + (\sigma_2 - \sigma_3)^2 + (\sigma_3 - \sigma_1)^2\right]} = \sqrt{3J_2}$$

## (2) 2차원 응력상태

$$\sigma_3 = 0 \text{이므로,} \qquad \frac{1}{6}\left[(\sigma_1 - \sigma_2)^2 + \sigma_2^2 + \sigma_1^2\right] \leq \frac{\sigma_Y^2}{3} \qquad \therefore \sigma_1^2 - \sigma_1\sigma_2 + \sigma_2^2 \leq \sigma_Y^2$$

2차원 응력상태에서 순수전단의 경우 $\sigma_1 = -\sigma_2$, $\sigma_3 = 0$이고 $\quad \tau_{\max} = \dfrac{|\sigma_1 - \sigma_2|}{2} = \sigma_1$

$$3\sigma_1^2 = 3\tau_Y^2 \leq \sigma_Y^2 \qquad \therefore \tau_Y = \frac{\sigma_Y}{\sqrt{3}}$$

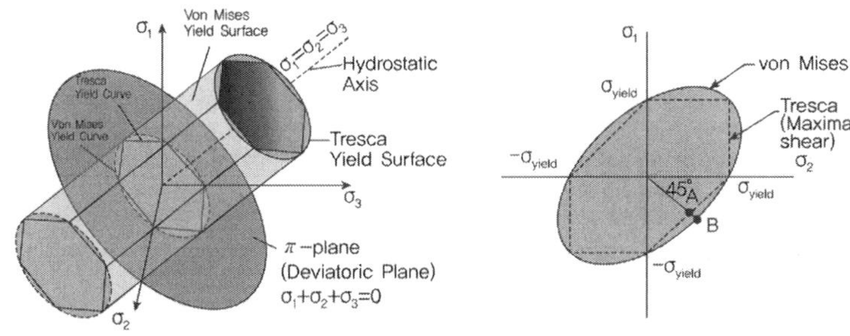

## 최대비틀림에너지

최대 비틀림 에너지에 대하여 설명하시오.

---

**풀 이**

### ▶ 개요

물체는 외부로부터 힘이나 모멘트를 받게 되면 어느 정도까지는 견디지만 얼마 이상의 크기가 되면 외력을 지탱하지 못하고 파괴된다. 이러한 파괴를 예측하는 기준이 되는 조건을 항복조건(Yield Criterion)이라고 부른다.

이러한 항복조건의 대표적이 기준으로 von Mises 항복조건과 Tresca 항복조건이 있으며, von Mises 응력이란 von Mises 항복조건에 사용되는 응력으로 하중을 받고 있는 물체의 각 지점에서의 비틀림 에너지(Maximum Distortion Energy)를 나타내는 값이다.

### ▶ 연성재료의 파괴기준과 최대 비틀림 에너지

금속과 같은 연성재료(brittle material)의 항복(yielding)에 의한 파괴를 예측하는 이론으로서 최대 전단응력 이론(maximum shear stress theory 혹은 Tresca 이론)과 더불어 가장 보편적으로 사용되고 있다.

물체가 힘을 받으면 그 내부에는 일종의 저항력인 응력(stress)이 발생하게 되고, 이 응력은 정수압과 비틀림 성분으로 분해할 수 있다. 전자는 물체의 형상을 전혀 찌그러뜨리지 않고 다만 전체 체적의 변화만 야기한다. 반면 후자는 물체 전체의 체적변화에는 영향을 끼치지 않고 형상만을 찌그러뜨린다. 그리고 물체의 항복과 그에 따른 파괴는 전적으로 후자에 의해 야기된다.

최대 비틀림 에너지 이론은 물체 내에서 등가응력이라 불리는 본 미제스 응력(von Mises stress)의 최댓값이 물체의 항복응력에 도달하였을 때 파괴가 시작된다고 예측하는 이론이다. 이 이론은 물체 내부에 축적된 비틀림 에너지로 파괴를 예측하는 것이라는 관점에서 최대 전단응력 이론과 차이가 있다. 그리고 실용적인 측면에서 최대 전단응력 이론보다 파괴를 판단하는 응력값이 다소 높은 것으로 알려져 있다.

연성재료의 파괴기준

① 최대 수직응력 이론(Maximum Normal stress)

② 최대 전단응력 이론(Tresca의 파괴기준)

③ 최대 비틀림 에너지 이론(Von mises의 재료파괴기준)

### ➤ 최대 비틀림 에너지, Von mises의 재료파괴기준(Maximum Distortional energy)

Von mises의 재료파괴기준은 연성의 재료에 사용되는 파괴기준으로 재료의 단위체적당 뒤틀림 변형에너지가 항복응력상태에서의 단위체적당 뒤틀림 변형에너지를 초과하면 파괴되는 것으로 본다.

Strain energy density

$$U_0 = \frac{1}{2}[\sigma_x \epsilon_x + \sigma_y \epsilon_y + \sigma_z \epsilon_z + \tau_{xy}\gamma_{xy} + \tau_{yz}\gamma_{yz} + \tau_{zx}\gamma_{zx}]$$

$$= \frac{1}{2E}[\sigma_x^2 + \sigma_y^2 + \sigma_z^2 - 2\nu(\sigma_x\sigma_y + \sigma_y\sigma_z + \sigma_z\sigma_x)] + \frac{1}{2G}[\tau_{xy}^2 + \tau_{yz}^2 + \tau_{zx}^2]$$

주응력 축에서는 $\sigma_1$, $\sigma_2$, $\sigma_3$만 존재하므로

$$U_0 = \frac{1}{2E}[\sigma_1^2 + \sigma_2^2 + \sigma_3^2 - 2\nu(\sigma_1\sigma_2 + \sigma_2\sigma_3 + \sigma_3\sigma_1)]$$

체적변화에 대한 변형에너지 밀도 $U_V$와 비틀림에 대한 변형에너지 밀도 $U_D$로 구분하면,

$$U_0 = U_V + U_D = \frac{(\sigma_1 + \sigma_2 + \sigma_3)^2}{18K} + \frac{(\sigma_1 - \sigma_2)^2 + (\sigma_2 - \sigma_3)^2 + (\sigma_3 - \sigma_1)^2}{12G}$$

여기서, $K = \dfrac{E}{3(1-2\nu)}$, $\quad G = \dfrac{E}{2(1+\nu)}$

$$U_V = \frac{(\sigma_1 + \sigma_2 + \sigma_3)^2}{18K} \quad : \text{Volumetric change associated with Volumn change}$$

$$U_D = \frac{(\sigma_1 - \sigma_2)^2 + (\sigma_2 - \sigma_3)^2 + (\sigma_3 - \sigma_1)^2}{12G} \quad : \text{distortional strain energy density}$$

## 잔류응력

I형 단면을 갖는 구조용 압연강재의 잔류응력 분포에 대하여 설명하시오.

## 풀 이

### ▶ 개요

잔류응력은 소성변형의 결과로서 구조용 부재에 형성되는 것으로 외부하중이 가해지기 전에도 이미 부재 단면 내에 존재하는 응력을 말하며, 소성변형은 열연(Hot-rolling) 또는 용접, Framing-utting과 같은 제작과정 또는 Cambering 등에 의해 발생하게 된다. 압연형강에서의 소성변형은 언제나 압연 시 온도로부터 대기 온도로 식는 과정에 발생하게 되는데, 이는 형강의 어떤 부분이 다른 부분에 비해 훨씬 빨리 식게 되기 때문이며, 이때 늦게 식는 부분에 소성변형이 일어나게 된다. 용접과정 중에도 역시 국부적으로 열을 가하게 되므로 소성변형에 의한 잔류응력이 발생하게 된다. 즉, 잔류응력은 재료의 가공 중에 불균질한 항복을 받을 때 발생한다.

### ▶ 구조용 압연강재의 잔류응력 분포

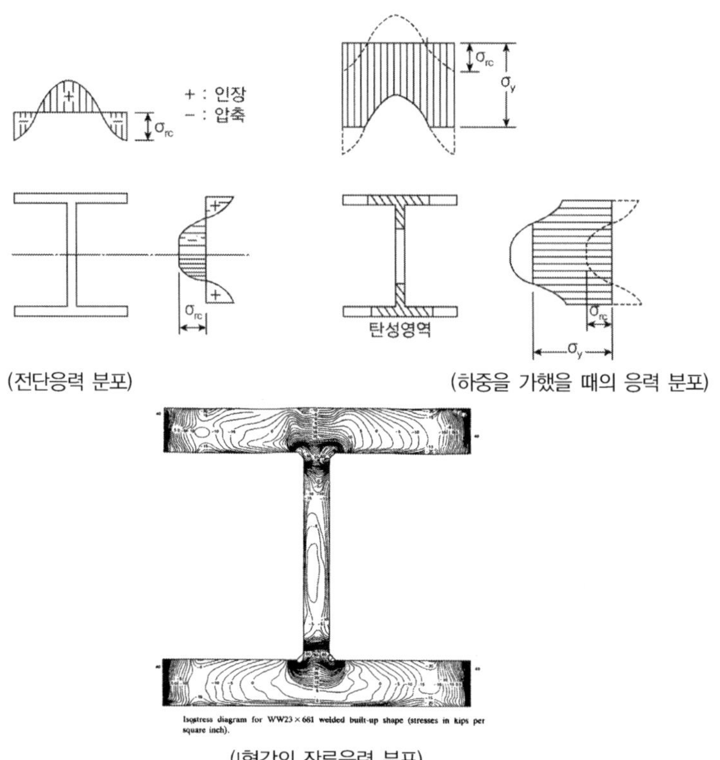


(전단응력 분포)　　　　　　　　　(하중을 가했을 때의 응력 분포)

(I형강의 잔류응력 분포)

압연강재는 Hot-rolling과정 이후 열이 식는 과정에서 자유단으로부터 떨어진 구속이 많은 지점에서 가장 늦게 식기 때문에 소성변형으로 인해 잔류응력이 발생되며, I형 단면의 압축잔류응력은 $(0.2{\sim}0.3)f_y$에 도달하며, 박스형의 경우 $0.3f_y$ 이상이 된다.

잔류응력을 가진 부재에 압축하중을 작용하면 압축잔류응력이 큰 플랜지 끝부분으로부터 항복점 ($f_y$)에 도달하게 되어 그 분포 폭이 플랜지 안쪽으로 넓어지게 되며 그만큼 유효단면이 감소하게 된다. 이러한 유효단면의 $I$값은 부재축에 따라 서로 다르게 되므로 좌굴축에 관한 좌굴응력 역시 서로 달라지며, 결국 잔류응력의 영향으로 좌굴응력, 즉 내하력이 저하된다. 또한 압축잔류응력으로 단면의 일부가 먼저 항복점에 도달하여 소성화가 진행되므로 극한강도도 저하되는 특성을 가진다.

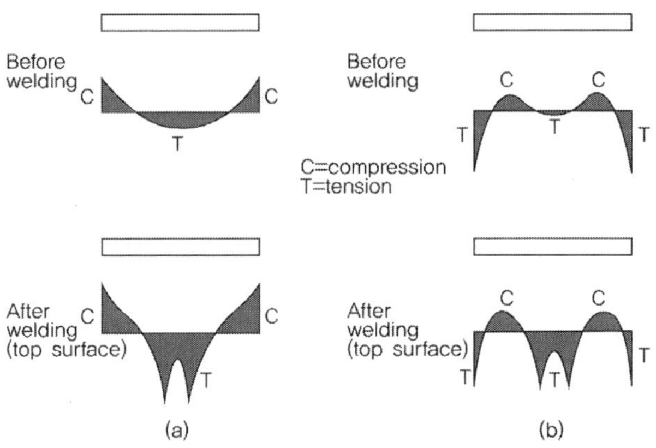



Qualitaive comparison of residual stesses in as-received and center-welded universal mill and oxygen-cut plates: (a) Universal mill plate; (b) oxygen-cut plate.

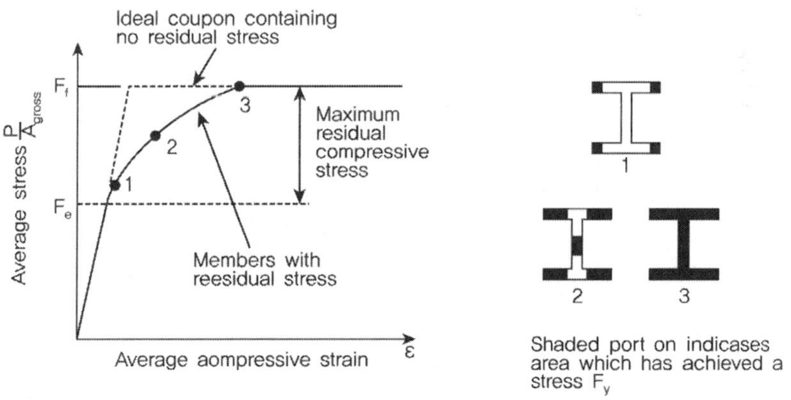



Influence of residual stress on average stress-strain curve.

► **잔류응력에 의한 영향**

① 소성변형의 발생         ② 인장잔류응력은 피로수명 및 파괴강도 저하
③ 부식 및 부식균열 촉진      ④ 좌굴응력 저하
⑤ 뒤틀림 발생

► **잔류응력에 의한 내하력 저하**

1) 좌굴응력 및 허용응력 저하

(1) I형단면의 압축잔류응력은 $(0.2 \sim 0.3)f_y$에 도달하며 박스형의 경우 $0.3f_y$ 이상 된다.

(2) 잔류응력을 가진 부재에 압축하중을 작용하면 압축잔류응력이 큰 플랜지 끝부분으로부터 항복점($f_y$)에 도달되어 그 분포 폭이 플랜지 안쪽으로 넓어지게 되며 그만큼 유효단면이 감소하게 된다. 이러한 유효단면의 $I$값은 부재축에 따라 서로 다르게 되므로 좌굴축에 관한 좌굴응력 역시 서로 달라지며, 결국 잔류응력의 영향으로 좌굴응력, 즉 내하력이 저하된다. 또한 압축잔류응력으로 단면의 일부가 먼저 항복점에 도달하여 소성화가 진행되므로 극한강도도 저하된다.

2) 휨 내하력 저하

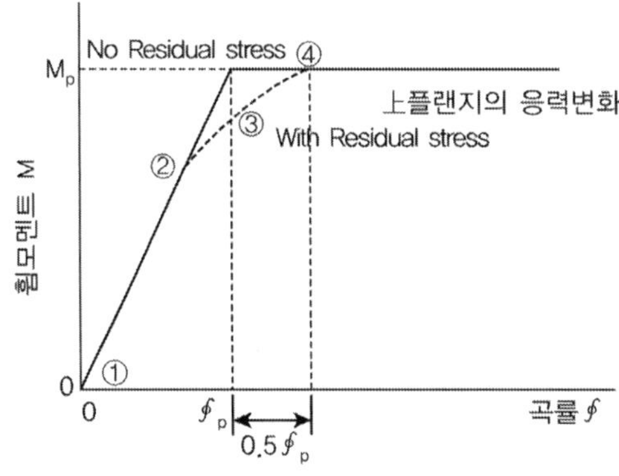


(1) LRFD에서는 보의 파괴를 다음과 같이 3가지 경우로 구분하여 다른 강도를 적용한다.
- ①~② 구간 : $M$이 $M_r(\lambda \risingdotseq \lambda_r)$보다 작은 구간
- ②~③ 구간 : $M$이 $M_r$과 $M_p(\lambda \risingdotseq \lambda_p)$ 사이에 있는 구간
- ④ 구간 이후 : $M_p$보다 큰 구간

(2) 잔류응력으로 인하여 모멘트-곡률 곡선의 Slope이 작아진다. 이는 강성의 저하를 의미하며 이로 인하여 $M_p$나 $M_y$가 발생되기 전에 불안정한 단면(Instability : Local buckling, Global buckling)이 된다.

(3) 잔류응력으로 인하여 강성이 줄어들어 ② 구간 이후에서부터는 $M_y$보다 낮은 곳부터 항복하기 시작되며 여기서 국부좌굴이 발생하게 된다.

3) 설계법에 따른 잔류응력의 고려

(1) ASD : G Schulz의 강도곡선 실험식에서 잔류응력의 분포를 단면형상에 따라 직선형 또는 포물선형으로 고려하고 잔류응력의 크기는 $f_r = (0.3 - 0.7)f_y$로 고려하였다. 따라서 허용 축방향 압축응력의 강도식에서 잔류응력을 고려한 강도를 산정하여 적용한다.

(2) LRFD : 압축부재와 휨부재에 초기변형, 잔류응력 및 편심이 존재함을 고려하여 강재의 단면을 조밀단면, 비조밀단면, 세장단면으로 구분하여 국부좌굴 발생 등에 따라 강도를 다르게 쓰도록 고려하였다.

## ▶ 잔류응력의 처리(제거)방법

1) 응력제거 풀림처리(Stress Relief Annealing) 또는 열처리 : 구속된 부분을 Release시키는 방법과 열처리를 통해서 잔류응력을 제거한다.

2) 균질한 소성변형을 추가하는 방법 : 인장력을 가하여 균질한 소성변형을 하도록 유도

3) 응력이완작용을 통해 잔류응력을 감소시키는 방법

## 잔류응력

강구조물의 용접이음 시 용접부 잔류응력의 영향과 그 대책에 대하여 설명하시오.

### 풀 이

#### ▶ 잔류응력 개요

소성변형의 결과로서 구조용 부재에 형성되는 것으로 외부하중이 가해지기 전에도 이미 부재 단면 내에 존재하는 응력을 말하며, 소성변형은 열연(Hot-rolling) 또는 용접, Framing-utting과 같은 제작과정 또는 Cambering 등에 의해 발생하게 된다. 압연형강에서의 소성변형은 언제나 압연 시 온도로부터 대기 온도로 식는 과정에 발생하게 되는데, 이는 형강의 어떤 부분이 다른 부분에 비해 훨씬 빨리 식게 되기 때문이며, 이때 늦게 식는 부분에 소성변형이 일어나게 된다. 용접 과정 중에도 역시 국부적으로 열을 가하게 되므로 소성변형에 의한 잔류응력이 발생하게 된다. 즉, 잔류응력은 재료의 가공 중에 불균질한 항복을 받을 때 발생한다.

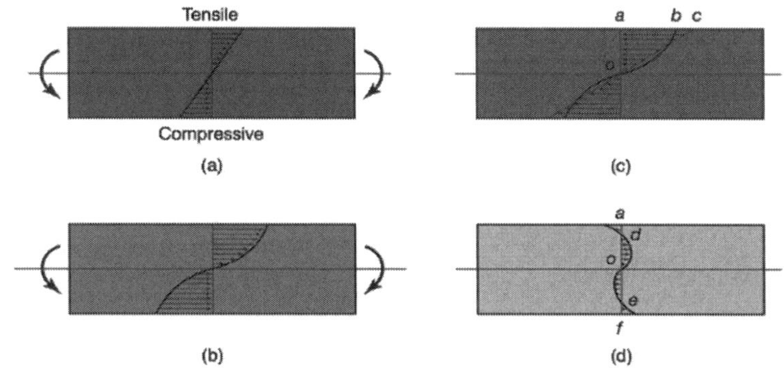


#### ▶ 잔류응력 영향

잔류응력은 용접구조물의 취성파괴를 유발시키며, 용접부에 응력집중과 반복하중으로 인한 피로파괴, 부식저항성능 저하 및 좌굴강도 저하 등의 영향을 미친다.
① 소성변형의 발생
② 인장잔류응력은 피로수명 및 파괴강도 저하
③ 부식 및 부식균열 촉진
④ 좌굴응력, 허용응력, 휨 내하력 저하
⑤ 뒤틀림 발생

**▶ 용접부 잔류응력 저감대책**

① 용착금속량 경감 : 용착 금속량을 적게 하면 수축 변형량이 적어지고 잔류응력의 크기도 작아
진다. 용착금속 양을 경감시키기 위해 용접 홈의 각도를 작게 만들고 루트 간격을 좁혀서 용저
부 자체에서 발생되는 내부 구속력을 경감시킨다.

② 적절한 용착법이 선정 : 비석법(skip)에 의한 비드 배치법이 잔류응력의 크기가 가장 적은 것으
로 알려져 있으며 직선 비드 배치법이 대칭법이나 후퇴법에 비해 잔류응력이 경감된다. 잔류응
력의 경감과 변형방지를 동시에 만족시키는 비드 배치법으로는 비석법이 가장 좋다.

③ 예열 시행 : 용접부에 가해지는 용접열원은 단시간에 고온을 사용하는 관계로 분포도상에 용접
열원의 분포가 급경사를 이루고 있는데 이것은 급냉에 의한 용접부위의 변화가 심해질 가능성
이 있다는 것이다. 이로 인해 용접부에 잔류응력이 많이 생기게 되므로 이를 경감시키기 위해
용접 이음부에 50~150℃ 정도로 예열한 후 용접하면 용접 시 온도분포의 경사가 완만해지며
용접 후 수축변형량도 감소하고 구속응력도 줄어들게 된다.

④ 용접순서의 선정 : 용접부재가 같은 크기나 형상이라도 용접 작업순서에 따라 수축변형이 크게
영향을 주므로 공작물의 크기와 구조, 작업조건에 따라서 용접부의 잔류응력 및 구속응력에
미치는 영향이 크다. 그러므로 적당한 용접순서와 용착법을 자유자재로 선택하기 위하여 용접
구조물을 알맞은 자세로 회전시킬 수 있는 포지셔너를 사용하면 편리하다.

## 비파괴 검사

강재의 품질관리를 위한 비파괴시험 방법의 종류에 대하여 주요 대상 결함사항, 시험방법 및 특성을 설명하시오.

## 풀 이

### ▶ 개요

비파괴 시험이란 재료나 제품의 원형과 기능을 전혀 변화시키지 않고 물리적 에너지를 이용하여 시험체에 이상 여부나 결함의 정도를 알아내는 것을 말한다. 강구조물에 대한 비파괴 시험은 주로 용접 이음부 결함조사에 이용되며 시험방법은 초음파탐상시험, 자분탐상시험, 침투탐상시험, 방사선투과시험, 와류탐상시험 등이 있다.

### ▶ 강재 비파괴시험 종류별 시험방법과 특성

1) 육안검사(Visual Test, VT)

육안으로 표면부에 결함을 조사하는 방법이다. 수시로 검사가 가능하며 소요시간이 짧은 특성을 갖는다. 표면만을 제한적으로 검사할 수 있기 때문에 정밀한 조사를 위해서는 다른 비파괴검사와 병행이 필요하다. 일반적으로 육안검사를 먼저 실시하고 결함이 발견된 부위에 대해서는 정밀조사를 실시한다.

2) 초음파탐상시험(U.T: Ultrasonic test)

초음파탐상시험은 강재 내부결함을 찾아내기 위해 재료 내에서 소리의 파동 특성을 이용한 시험방법으로 강재 용접부의 내부결함, 면상결함, 균열, 용입불량 등을 조사한다. 기계 진동 형태의 고주파 음파를 시험할 부분으로 쏘면 재료를 통과하는 음파는 결함부 또는 외측표면에 부딪치게 된다. 그러면 음향진동은 반사가 되고 반사신호의 성질은 반사표면의 위치와 형태를 표시하게 된다. 펄스파를 이용해 짧은 시간 내의 진동을 시험체로 보내고 수신하는 순간까지의 경과시간을 측정하여 결함이나 후면 등의 반사원까지의 거리, 즉 결함의 위치를 알 수 있다. 일반적으로 사용되는 초음파시험은 결함의 면적이 크면 그에 비례해 커지는 에코 높이로 결함의 크기를 추정한다. 표준 측정장비는 음파생성기, 수신장치와 초기파 및 반사파가 나타나는 표시화면 등으로 구성된다.

① 장점 : 휴대성, 민감성이 뛰어나고 균열의 위치 또는 결함의 위치를 발견할 수 있는 능력이 있다. 화면의 사진기록을 만드는 것이 가능하고 현장관측자료를 이후 컴퓨터처리와 보고서 작업에 적당한 형식으로 저장하는 장비의 사용이 가능하다. 초음파검사는 금속의 조직크기나 다른

방법으로 관찰할 수 없는 작은 결함을 찾을 수 있다.

② 단점 : 이 방법은 검사표면에 대한 가공이 필요하고, 결함을 찾기 위한 최소 두께가 필요해 표면결함을 잘 찾아낼 수 없다. 또한 검사자의 경험이나 조작기술에 의해 결과의 신뢰성이 변화한다는 단점을 가지고 있다.

용접부 표면처리

매질(글리세린)도포

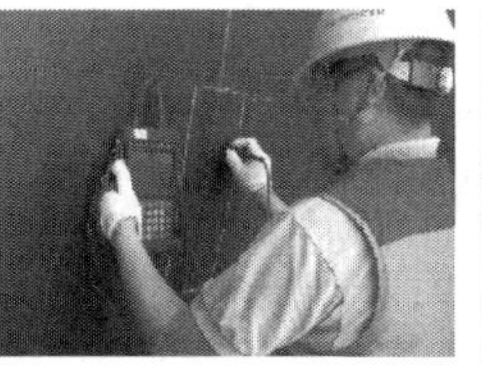

두께측정

용접부 검사(UT)

3) 자분탐상시험(M.T: Magnetic particle test)

자분탐상시험은 강자성체로 된 시험체의 표면 및 바로 밑의 결함(불연속)을 검출하기 위하여 시험체에 자장을 걸어 자화시킨 후 자분을 적용하고 누설자장으로 인해 형성된 자분지시를 관찰하여 불연속의 크기, 위치 및 형상 등을 검사하는 방법이다. 자성체의 표면에 있는 불연속부를 검출하기 위해 자성체를 자화시키고 자분을 적용시켜 누설자장에 의해 자분이 모이거나 붙어서 불연속부의 윤곽을 형성해 위치, 크기, 형태 등을 검사하는 비파괴 검사이다. 자속은 자기의 흐름으로 나타나며, 자성체 중에서 자속은 쉽게 흐르지만 비자성체 중에서 자속은 흐르기 어렵다. 자속이 흐르는 길에 결함이 있으면 결함은 일반적으로 자성체의 불연속으로서 기체, 비금속 게재물 등 비자성체가 들어 있기 때문에 자속이 흐르기 어려워진다. 그러므로 자속은 결함이 가로막게 되면 결함이 있는 곳에서 결함을 피해가려는 모양으로 넓게 흐른다. 이로 인하여 얇은 표층부의 자속은 자성체의 표면 위의 공간으로 새어나간다. 이 결함부의 공간으로 새어나가는 자속을 누설자속이라 하고, 자성체 중에서 결함이 있는 곳으로 흐르는 자속이 많을수록, 자속을 가로막는 결함의 면적이 클수록, 또 결함의 위치가 자성체의 표면에 가까울수록 결함 누설자속은 많아진다. 자성체중의 자속이 공기 중으로 새어나오는 곳에 N극이, 늘어가는 곳에 S극이 형성되며, 이 자극의 강도는 결함 누설 자속이 많을수록 강해진다. 자화된 자성체의 표면에 색깔이 있는 자성체 미립자 즉 자분을 살포할 경우 자성체의 표면에 자속을 가로지르는 결함이 있으면 결함 누설 자속 내에 들어간 자분은 자화되어 자극을 가지는 작은 자석이 되며, 자분 서로가 얽혀 결함부의 자극에 응집 흡착한다. 이 결함부에 응집 흡착하여 생긴 자분의 모양을 결함 자분 모양이라 하며, 그 것의 폭은 결함의 폭에 비해 크게 확대되고 또 자성체 표면의 색과 콘트라스트가 높은 색의 자분을 사용함으로써 식별이 아주 쉬워진다. 이상과 같이 자성체인 어떤 시험체를 자화하여 자속을 흐르게 하고 자분을 탐상면에 뿌려서 결함부에 자분이 모여들어 형성된 결함 자분모양을 찾아내 그것을 평가함으로써 시험체 표층부에 존재하는 결함을 검출하는 과정을 자분탐상기를 이용하게 된다.

① 장점 : 자분탐상시험은 미세한 표면 균열 검출에 가장 적합하며, 시험체의 크기, 형상 등에 크게 구애됨이 없이 검사 수행이 가능하다. 또한 검사방법이 비교적 쉬우며 비교적 검사비용이

저렴한 특성을 갖는다.

② 단점 : 강자성체에만 적용이 가능하고 내부 검사가 불가하며 불연속부 위치가 자속방향에 수평인 결함은 검출이 곤란하다. 대형의 주조물이나 단조물의 시험에는 대단히 높은 전류가 요구되기도 하며, 전기 접점에서 가공면에 손상을 가져오는 경우가 있다. 나타난 지시모양의 판독을 위해서는 경험과 숙련이 필요하다.

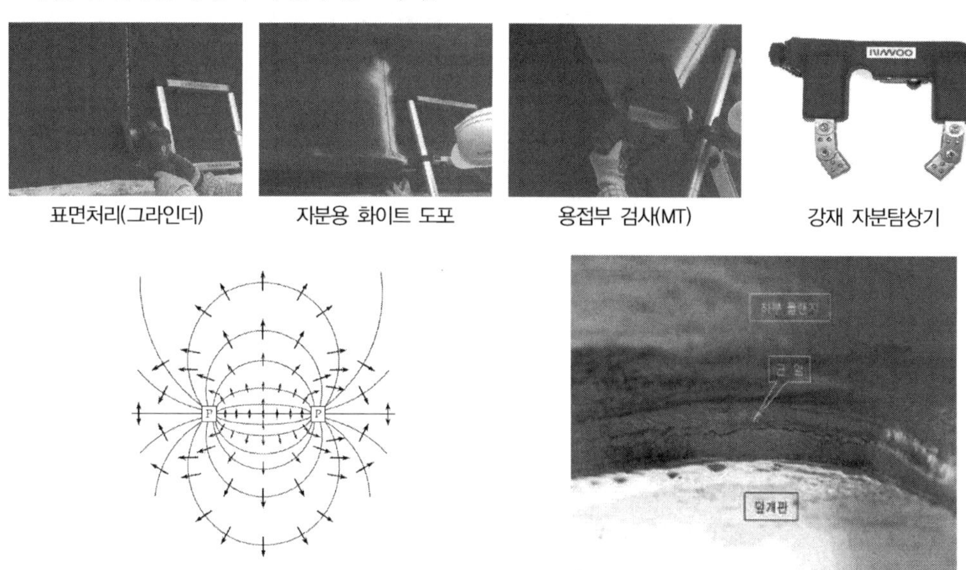

| | | | |
|---|---|---|---|
| 표면처리(그라인더) | 자분용 화이트 도포 | 용접부 검사(MT) | 강재 자분탐상기 |

(자극간 및 자극 주변의 검출하기 쉬운 결함의 방향)　　　(자분탐상 결과 균열부 촬영)

4) 침투탐상시험(P.T: Liquid Penetrant test)

침투탐상시험은 재료가 금속 또는 비금속인 것으로 만들어진 소재, 기기 및 구조물의 표면에 열려 있는 결함의 검출에 이용되고 있는 비파괴검사방법이다. 침투탐상시험의 주된 목적은 표면에 발생한 균열을 검출하는 것이지만 다수가 모인 점상결함 또는 원형과 불규칙한 형상으로 존재하며 어느 정도 체적을 가진 결함의 검출도 가능하다.

① 장점 : 장비가 간편해서 이동성이 편리하고 장비 가격이 저렴한 특성을 가진다.

② 단점 : 표면결함만 적용이 가능하며 검사시간이 장시간 소요된다.

5) 방사선 투과시험(R.T: Radiographic test)

방사선 투과시험은 엑스선, 감마선 등의 방사선을 시험체에 투과시켜 X선 필름에 상을 형성시킴으로써 시험체 내부에 결함을 검출하는 검사방법으로 내부결함을 검출하는 비파괴 검사방법 중 가장 널리 이용되고 있다. 엑스선, 감마선은 물체를 투과하는 성질이 있으며 투과하는 정도는 시험체의 밀도, 두께에 따라 달라진다. 따라서 엑스선 및 감마선이 시험체를 투과할 때 내부에 결함이 있으면 시험체로부터 투과되어 나오는 방사선량에 차이가 발생하는데 이때 시험체 뒤편에 X

선 필름을 부착시키면 투과된 방사선량에 따라 필름의 감광정도가 달라지고 이를 현상하면 감광된 정도에 따라 농도의 차가 생겨 특정 상(象)이 형성되는 원리로 시험체 내부의 결함의 위치와 크기를 판정한다. 한 방향 측에 방사선 발생장치를 배치하여 그 반대측에 X선 필름(방사선투과촬영에 사용하는 필름의 총칭)이 장전된 카세트를 구체면에 밀착하여 촬영한다. X선은 물체를 투과하는 과정에서 지수 함수적으로 그 세기의 강함을 잃어 가므로 투과사진을 촬영할 때는 시험체의 두께에 따라 X선의 에너지의 세기 및 조사(노출)시간을 제어해야 한다. 에너지는 전압(관전압)에 의해, 세기는 전류(관전류)에 의해서, 또한 노출시간은 타이머에 의해 각각 제어할 수 있으며, 일반적인 휴대형의 공업용 X선 장치로는 관전류가 고정되어 있기 때문에 관전압 및 타이머에 의해 촬영조건을 제어하고 있다. 일반적으로 스틸사진이 피사체의 반사상을 찍는 데 반하여 투과사진은 피사체의 투영상이다. 단, X선을 광원(선원)으로 한 경우, X선은 피사체도 투과하기 때문에 그 투과사진은 반투명한 피사체에 뒤에서 빛을 비추었을 때 반투명한 스크린 상에 얻어지는 투영상과 같다. 또한, 태양광과 같이 평행광선이면 피사체의 실태의 투영상 및 피사체 사이의 정확한 상대위치가 얻어지지만, X선을 광원으로 한 경우는 X선은 점광원으로부터 발생하는 반사광이기 때문에 얻어지는 투과사진은 기하학적으로 확대된 투영상이 된다. 따라서, 투과사진으로부터 얻어지는 정보는 피사체의 윤곽과 상대적인 밀도 및 피사체사이의 확대된 상대적인 위치관계이며, 피사체표면의 정보는 얻어지지 않는다.

① 장점 : 내부결함에 대한 검사가 가능하며, 현상된 필름은 영구 보존이 가능하다.

② 단점 : 방사선으로 환경문제를 유발할 수 있고, 시험장비가 다소 고가이며 별도의 판독자가 필요하다.

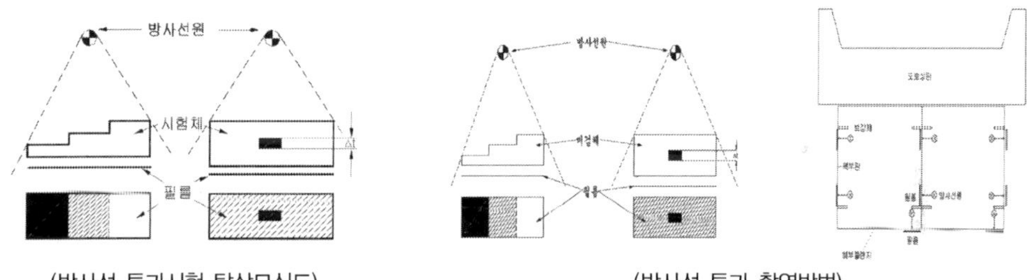

(방사선 투과시험 탐상모식도)　　　　　　(방사선 투과 촬영방법)

## 6) 와류탐상시험(E.T: Eddy Current test)

교류가 흐르는 코일을 금속 등의 도체에 가까이 가져가면 도체의 내부에는 와전류(eddy current)라는 교류 전류가 발생하며 이 와전류는 결함이나 재질 등의 영향에 의해 그 크기와 분포가 변화한다. 와류탐상검사는 이와 같은 와전류가 검사체 표면 근방의 균열 등의 불연속에 의하여 변화하는 것을 관찰함으로써 검사체에 존재하는 결함을 찾아내는 방법이다.

① 장점 : 비접촉식 방법으로 고속으로 탐상할 수 있다. 검사체 내부의 불연속뿐만 아니라 검사체의 전자기 특성이나 형상 치수에 따라서도 변화므로 재질 시험, 두께 측정, 치수 시험 등에도

사용될 수 있다.

② 단점 : 검사체가 전도체일 경우에만 적용할 수 있다.

| 구분 | VT<br>(Visual Test) | PT<br>(Penetration Test) | MT<br>(Magnetic Test) | RT<br>(Radiographic test) | UT<br>(Ultrasonic Test) |
|---|---|---|---|---|---|
| 검사 | 육안검사,<br>표면부 결함조사 | 침투탐상,<br>표면부 결함조사 | 자분탐상,<br>표면부 결함조사 | 방사선투과,<br>내부 결함 조사 | 초음파를 이용<br>표면/내부 결함 조사 |
| 장점 | 수시검사 가능,<br>경제적,<br>소요시간이 적음 | 장비가 간편,<br>이동성 편리,<br>장비 가격이 저렴 | 검사속도가 빠름,<br>검사비용이 저렴,<br>장비가 간편,<br>이동성 편리,<br>검출능력 높음 | 내부결함 검사 가능,<br>현상된 필름 영구<br>보존 | 3차원적 검사 수행,<br>한쪽 접촉면을 통해<br>내부검사 가능,<br>현장휴대검사 적합 |
| 단점 | 표면에만 제한적<br>적용 | 표면결함만 적용,<br>검사시간 장시간<br>소요 | 강자성체만 적용,<br>자성 제거 필요,<br>검사자 경험 필요 | 방사선으로<br>환경문제,<br>시험장비 고가,<br>별도 판독자 필요 | 검사표면 가공 필요,<br>검사자 경험 필요,<br>최소 두께 필요 |
| 예시 | | | | | |

### 용접결함 균열

용접결함에 의한 균열의 종류와 특성, 용접 후 비파괴검사를 위한 최소 지체시간에 대하여 설명하시오.

## 풀 이

### ▶ 개요

용접결함은 크게 치수상 결함, 구조상 결함, 성질상 결함으로 구분되며, 용접 균열은 용접결함 중 치명적으로 작용되기 때문에 미세균열이라도 점차 성장하여 파괴를 초래할 수 있다. 용접균열의 원인은 용접열 사이클로 인하여 생성되는 조직, 석출물로 생성되는 조직으로 발생되는 야금학적 요인과 잔류응력, 구속응력에 의해 발생되는 역학적 요인으로 구분할 수 있다.

### ▶ 용접결함에 의한 균열의 종류와 특성

1) 저온균열(Cold crack)

일반적으로 저온 균열은 경화된 조직, 확산성 수소, 잔류응력의 3가지 요인으로 발생되며 각각의 특성은 다음과 같다.

① 경화된 조직 : 탄소강의 경우 1,000℃에서 500℃로 냉각될 때 상변태가 일어나며 냉각되는 조건과 용접부를 형상하는 화학성분에 따라 성질이 다른 조직이 나타나게 된다.

② 확산성 수소 : 수소는 분해되어 H+ 상태로 쉽게 모재 속에 침투되고 시간이 지날수록 이동 후 결합되어 수소 가스로 성장되며 문제를 일으킨다. 이러한 확산성 수소는 용접 시 고온에 의해 수분이 분해되며 발생된다. 확산성 수소량이 많을수록 크랙이 발생하는 임계응력이 낮아져 낮은 응력에서도 크랙이 발생한다.

③ 잔류응력 : 잔류응력은 용접 시 발생하는 수축응력이 구조물의 구속력에 의해 발생하며 그 크기는 판두께, 구조물의 크기, 배부 보강재의 구속 정도에 따라 달라진다. 즉, 구속력이 클수록 용접 후 발생하는 잔류응력은 크게 된다.

2) 고온 균열

일반적으로 공온 균열은 응고 균열, HAZ 액화 균열, 연성저하 균열, Cu 침투 균열이 있으며 응고 과정에서 용착금속에 발생하는 응고균열이 대부분이다. 대부분 응고과정에서 발생하고 발생 후에 진전된다. 균열 입계에 따라 파단되며, 균열이 표면까지 진전되면 균열의 면은 산화되어 산화 피막이 형성된다.

① 응고 균열 : 용착금속의 응과 마지막 단계에서 액상의 필름이 결정입계를 따라 존재하고 이 액

상이 존재하는 입계가 응고 및 냉각 중 발생하는 응력을 견디지 못해 발생한다.

② 액화균열 : HAZ 액화균열의 다른 형태로 용접금속 내 다층 용접 중 재가열된 용접금속에서 발생한다. 용접금속은 이미 불순물이 편석되어 있으므로 입계의 국부적 용융을 위해 불순물의 이동은 없다.

③ 연성저하 균열 : 이 균열은 보통 HAZ 보다는 용접금속에서 발생하는 고상균열로 사용한 용접재료가 재결정온도보다 약간 높은 온도에서 심각한 연성저하현상이 나타내서 발생한다.

④ Cu침투 균열 : 액체금속 취화로 Cu의 용융점 이상으로 가결된 경우 액상 Cu가 입계로 침투하여 적당한 구속도에서 균열이 발생한다. 균열이 발생하기 위해서는 액체와 고체 금속 사이에 상호용해도가 낮아야 하며, 고체와 액체 간의 금속 간 화합물이 형성되지 않아야 한다. 또한 기지가 쉽게 소성변형되지 않아야 한다.

## 3) 크레이터(crater) 균열

용접 시 용융부위가 그대로 용융되어 움푹하게 패인 부분을 크레이트라고 하며 슬래그나 기공이 완전히 제거되지 않아 결함을 내장하여 균열발생의 원인이 된다. crater부분을 다 채우지 않았거나 GMAW를 사용 시 Crater 전류와 기능을 적절히 사용하지 않은 경우 크랙이 방사형으로 발생한다.

## ▶ 용접 비파괴검사와 최소 지체시간

| 구분 | VT(Visual Test) | PT(Penetration Test) | MT(Magnetic Test) | RT(Radiographic test) | UT(Ultrasonic Test) |
|---|---|---|---|---|---|
| 검사 | 육안검사, 표면부 결함조사 | 침투탐상, 표면부 결함조사 | 자분탐상, 표면부 결함조사 | 방사선투과, 내부 결함 조사 | 초음파를 이용 표면/내부 결함 조사 |
| 장점 | 수시검사 가능, 경제적, 소요시간이 적음 | 장비가 간편, 이동성 편리, 장비 가격이 저렴 | 검사속도가 빠름, 검사비용이 저렴, 장비가 간편, 이동성 편리, 검출능력 높음 | 내부결함 검사 가능, 현상된 필름 영구 보존 | 3차원적 검사 수행, 한쪽 접촉면을 통해 내부검사 가능, 현장휴대검사 적합 |
| 단점 | 표면에만 제한적 적용 | 표면결함만 적용, 검사시간 장시간 소요 | 강자성체만 적용, 자성 제거 필요, 검사자 경험 필요 | 방사선으로 환경문제, 시험장비 고가, 별도 판독자 필요 | 검사표면 가공 필요, 검사자 경험 필요, 최소 두께 필요 |
| 예시 | | | | | 탐촉자 / 모재 / 결함 / 용접부 |

육안검사를 합격한 용접부를 대상으로 실시하는 비파괴검사를 실시할 때는 KCS 14 31 20에 따라 용접 후에 용접의 목두께, 용접 입열량, 인장강도에 따라 구분된 최소 지체시간이 경과한 후에 하도록 규정하고 있다

비파괴시험의 용접 후 최소 지체시간

| 용접 목두께 (mm) | 용접 입열량 (J/mm) | 지체시간(시간, h)[1] | |
| --- | --- | --- | --- |
| | | 인장강도(MPa) | |
| | | 420 이하 | 420 초과 |
| a ≤ 6 | 모든 경우 | 냉각시간 | 24 |
| 6 < a ≤ 12 | 3000 이하 | 8 | 24 |
| | 3000 초과 | 16 | 40 |
| 12 ≤ a | 3000 이하 | 16 | 40 |
| | 3000 초과 | 40 | 48 |

주 1) 여기서 지체시간은 용접완료 후부터 비파괴시험 시작 때까지의 시간을 뜻함

### 전단지연

플랜지의 두께가 얇고 폭이 큰 강I형 단면이나 강박스 단면에서의 전단지연(Shear Lag)에 대하여 설명하시오

### 풀 이

#### ▶ 개요

플랜지폭이 좁은 I형 단면의 경우에는 기본적인 보 이론에서 가정한 것처럼 휨모멘트에 의한 수직응력이 플랜지의 전폭에 걸쳐서 균등하게 분포한다. 그러나 플랜지폭이 큰 I형 단면이나 BOX 단면의 경우에는 플랜지에서의 평면 내 전단변형작용 때문에 복부판에서 멀리 떨어진 플랜지 부분에서 길이방향의 변위는 복부판 근처의 변위보다 지연되는데 이러한 현상을 전단지연이라 한다.

#### ▶ 교량에서 전단지연

강재 거더가 콘크리트 슬래브와 합성된 경우, 콘크리트 슬래브가 상부 플랜지의 역할을 수행하게 되지만, 이때에는 플랜지의 폭이 커지기 때문에 전단지연 현상에 의하여 플랜지의 교축방향 수직응력 분포가 주형 바로 위에서 응력이 최대가 되고 주형에서 멀어질수록 감소하는 포물선 형태로 나타나게 된다. 따라서 강 바닥판 또는 콘크리트 슬래브의 전폭이 주형과 일체로 작용한다고 보고 단면계수(단면 2차 모멘트 등)를 산정하여 변위나 휨 응력 식에 의해 계산하면 불완전한 설계를 초래한다. 이와 같은 경우에는 플랜지의 특정한 폭만이 유효하고 이 폭에서는 최대 휨 응력과 동일한 응력이 균등하게 분포한다고 보는 '유효폭 개념'을 일반적으로 설계에 적용한다.

$$b_e = \frac{\displaystyle\int_0^b f(x)\,dx}{f_o}$$

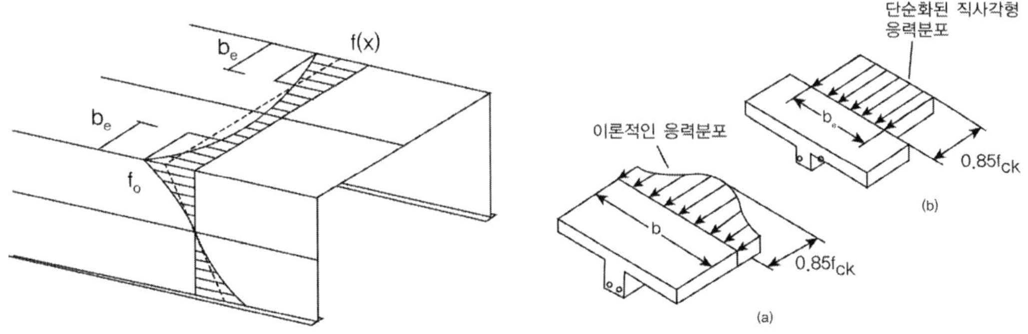

# Chapter 02

# 설계의 개념

# 설계의 개념

## 01 강구조 설계 일반

### 1. 설계원칙

구조설계의 기본원칙은 소요강도(required strenth)가 유효강도(available strength)를 초과해서는 안 된다는 것이다.

소요강도(required strenth) $\leq$ 유효강도(available strength)

### 1) 허용응력설계법(allowable stress design)

허용응력설계법(ASD)에서는 최대 축력, 전단력 또는 모멘트가 허용 값을 초과하지 않도록 충분히 큰 단면적이나 관성 모멘트와 같은 단면 값을 갖는 부재를 선택한다. 이때 허용 값은 공칭 또는 이론 강도를 안전율로 나눈 값으로 정한다. 허용응력은 탄성영역 안에 있고 이 설계방법은 탄성설계법(elastic design) 또는 작용응력설계법(working stress design)이라고도 불린다. 작용응력은 작용하중으로 인한 응력이고 사용하중이라고도 한다.

소요강도(required strenth) $\leq$ 허용강도(allowable strength)

$$\text{허용강도(allowable strength)} = \frac{공칭강도(nominal\ strength)}{안전율(safety\ factor)}$$

### 2) 소성설계법(plastic design)

소성설계법(PD)은 작용하중상태보다는 파괴상태를 고려하는 데 그 근거를 두고 있다. 작용하중보다는 더 큰 하중하에서 구조물이 파괴될 것을 근거로 부재를 선택하며 이때 파괴는 붕괴 또는 극히 큰 변형을 의미한다. 구조물이 여러 위치에서 단면 전체가 소성상태가 되면 소성힌지가 형성되고 그 구조물은 붕괴기구에 도달하게 된다. 실제의 하중은 하중계수(load factor)라고 불리는 안전계수에 의해 파괴하중보다 작아 이 방법으로 설계된 부재는 파괴를 상정하여 설계된 것임에도 안전하다. 즉, 소성이론에 따라 설계된 부재는 계수하중으로 인해 파괴점에 도달하기 때문에 실제 작용하중 하에는 안전하다.

3) 한계상태설계법, 또는 하중저항계수 설계법(load and resistance factor design)

한계상태설계법(LRFD)은 강도와 파괴조건을 고려한다는 점에서 소성설계법과 유사하다. 하중계수가 사용하중에 적용되고 계수하중에 저항하는 데 충분한 강도를 갖는 부재가 선택된다. 또한 부재의 이론적인 강도는 저항계수를 적용해서 감소시킨다. 부재를 선택하는 데 계수하중(factored load)가 계수강도(factored strength) 이하가 되도록 한다.

$$\text{계수하중(factored load)} \leq \text{계수강도(factored strength)}$$

여기서 계수하중은 부재가 저항해야 할 모든 사용하중에 각각의 하중계수를 곱해서 더한 값으로 예를 들어 사하중과 활하중은 서로 다른 하중계수를 갖는다. 계수강도는 이론적인 강도에 저항계수를 곱해 산정한다. 계수하중은 전체 사용하중보다 큰 파괴하중이고, 따라서 하중계수는 보통 1보다 크다. 그러나 계수강도는 감소된 유효강도이고 저항계수는 보통 1보다 작다. 계수하중은 구조물이나 부재를 한계상태에 이르게 하는 하중으로 안전도 면에서 이 한계상태는 파단, 항복, 좌굴 등이고 계수저항은 이론 값에 저항계수를 곱해 감소시킨 부재의 유효강도이다.

| 구분 | 허용응력 설계법(ASD) | 강도설계법(PD) | 한계상태설계법(LRFD) |
|---|---|---|---|
| 정의 | 탄성체로 가정하고 탄성이론에 의해 재료의 허용응력 이내로 설계 | 비탄성 거동인 극한강도를 기초로 설계하중이 단면저항력 이내가 되도록 설계 | 신뢰성이론에 근거하여 안전성과 사용성을 하나의 개념으로 보고 각각의 한계상태에서 확률론적으로 안전성을 확보하는 설계 |
| 기본 가정 | ① Bernoulli의 정리 성립<br>② 변형률은 중립축 거리 비례 | ① Bernoulli의 정리 성립<br>② 변형률은 중립축 거리 비례<br>③ 부재는 선형탄성–완전소성 | 한계상태 구분<br>① 극한한계상태<br>② 사용한계상태<br>③ 피로 및 파단 한계상태<br>④ 극한상황한계상태 |
| 장점 | 전통성, 친근성, 단순성, 경험, 편리성 | 안전도확보, 하중특성 반영, 재료특성반영 | 신뢰성, 안전율 조정성, 거동 재료무관시방서, 경제성 |
| 단점 | 신뢰도, 임의성, 보유내하력 설계형식 | 사용성 별도 검토, 경제성, LSD에 비해 비 합리적 | 변화, S/W, 이론에 치중, 보정 |

## 02 강구조물의 한계상태설계법 일반

### 1. 한계상태설계법의 개념적 기초

1) ASD(허용응력설계)와의 차이점

① 하중과 저항에 대한 다중(또는 부분) 안전계수 사용
② 종래의 단순한 설계공식을 지양하고 실험과 이론의 발전결과를 체계적으로 반영하여 구조거동 중심으로 설계식화
③ 하중조합의 취급에서 보다 더 개선되고 합리적인 방법의 사용
④ 구조신뢰성 방법에 의한 부분안전계수들의 보정
⑤ 상이한 재료 및 시공형식에 대한 공통의 기본설계기준 및 공통하중계수의 사용

2) 한계상태

① 강도한계상태(Strength limit state) : Yielding(Strength, plastic strength), fracture, buckling, sliding, fatigue, overturning
구조물의 일부분 또는 전체의 붕괴와 관련되는 한계상태로 인명손실이나 재정적 손실, 정치, 사회, 경제적 문제점 야기되므로 매우 낮은 발생확률을 가져야 한다.
(1) 구조물의 일부 또는 전체의 평형상실(전도, 인발, 슬라이딩)
(2) 재료의 강도, 파손, 파괴, 피로파괴 등의 한계 초과로 부재 내하력 상실
(3) 최초의 국부적인 파손이 전체 구조붕괴로 확대(점진적 붕괴, 구조 건전도 결핍)
(4) 붕괴 메커니즘이나 전체적인 불안정으로 변환시키는 과도한 변형이나 진동

② 사용성한계상태(Serviceability limit state) : Excessive deflection, vibration, permanent deformation, cracking
열화손상 등으로 구조물의 용도상 구조적 기능이 저하 손상되는 구조물의 한계상태로 인명손실 위험이 적기 때문에 강도한계상태보다는 더 큰 발생확률을 허용할 수 있다.
(1) 구조물의 용도, 배수, 외관을 저해하거나 비구조적 요소나 부착물의 손상을 유발하는 과도한 처짐이나 회전
(2) 구조물 외관, 구조물의 용도나 내구성에 나쁜 영향을 미치는 국부적 손상(균열, 할렬, 파단, 항복, 활동)
(3) 거주자의 안락감이나 장비 작동에 나쁜 영향을 주는 과도한 진동

## 2. 확률적 안전도 <sup>103회/105회/136회</sup>



### 1) 구조물의 파괴확률

확률적인 개념에 의한 구조안전도는 구조물의 신뢰도 $P_r$ 또는 한계상태확률 또는 파괴확률 $P_f$ 에 의해 정의. 작용외력 $S$와 저항 $R$은 기지의 확률밀도 함수 $f_S(x)$와 $f_R(x)$라 하면 구조부재 의 안전도는 랜덤변량인 안전여유 $Z = R - S$에 의해 좌우되며 $Z \leq 0$일 때 안전성을 상실한 파 손 또는 파괴 상태가 된다.

$$P_f = P(R \leq S) = P(R - S \leq 0) \quad \text{또는} \quad P_f = P(R/S \leq 1) = P(\ln R - \ln S \leq 0)$$

$$P_f = P(R - S \leq 0) = \iint_D f_{R,S}(r,s)drds$$

$f_{R,S}(r,s)drds$ : R, S의 결합밀도 함수, D는 파괴영역

R과 S가 독립일 때 $f_{R,S}(r,s)drds = f_R(r)f_S(s)$

$$P_f = P(R - S \leq 0) = \int_{-\infty}^{\infty} \int_{-\infty}^{s \geq r} f_R(r)f_S(s)drds = \int_{-\infty}^{\infty} f_R(x)f_S(x)dx$$

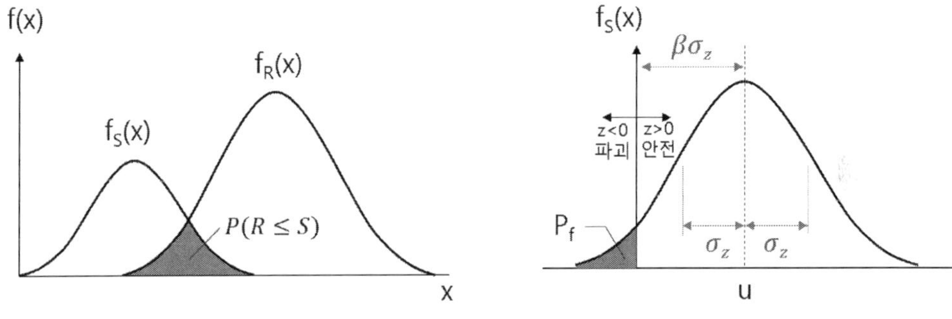


(파괴확률과 안전여유의 분포)

### 2) 신뢰성 지수

확률적인 안전도의 정의로 전술한 파괴확률 대신에 상대적인 안전여유를 나타내는 신뢰성 지수 (reliability index) 즉, 안전도지수(safety index)를 사용하는데 기본적인 정의는 다음과 같다. R 과 S의 각각의 평균 $\mu_R$, $\mu_S$, 분산을 $\sigma_R^2$, $\sigma_S^2$을 갖는 정규분포일 경우 안전여유 Z =R-S는 다음 과 같은 평균과 분산을 가진다.

$$\mu_Z = \mu_R - \mu_S, \quad \sigma_Z^2 = \sigma_R^2 + \sigma_S^2, \quad \beta = \frac{\mu_Z}{\sigma_Z} = \frac{(\mu_R - \mu_S)}{\sqrt{\sigma_R^2 + \sigma_S^2}}$$

$$P_f = P(R - S \leq 0) = P(Z \leq 0) = \phi\left[\frac{-(\mu_R - \mu_S)}{\sqrt{\sigma_R^2 + \sigma_S^2}}\right] = \phi(-\beta), \qquad \beta : 신뢰성지수$$

또는 $Z = \ln(R/Q)$ 확률분포도에서 $\ln(R/Q)$의 평균으로부터 한계상태점은 $Z = 0$까지의 거리를 표준편차 $\sigma_{\ln R/Q}$의 $\beta$배로 나타내는 경우 $\beta$를 신뢰성 지수로 정의한다.

$$P_f = P[Z \leq 0] = P[\ln R/Q \leq 0] \quad 이때 \ \beta = \frac{\ln R_m - \ln Q_m}{\sqrt{V_R^2 + V_Q^2}}$$

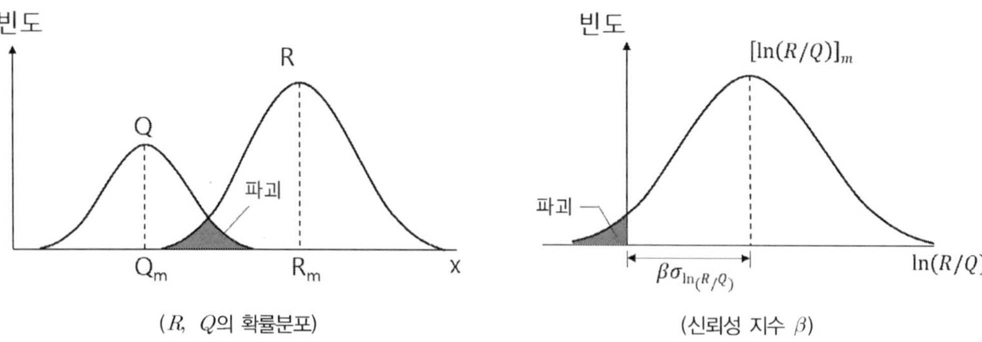



($R,\ Q$의 확률분포)  　　　　(신뢰성 지수 $\beta$)

## 3) 목표 신뢰성 지수($\beta$)

강구조 부재의 신뢰성 지수 $\beta$는 부재 형식별로 상이하지만 통상적으로 전형적인 강재보의 $\beta$는 3 내외이며, 전형적인 연결부의 $\beta$는 4~5의 범위에 있다. LRFD 설계기준의 보정에 사용된 신뢰성 방법에 기초한 보정방법의 특징은 구 설계기준에 의해 설계된 전형적인 강구조물의 신뢰성지수에 기초를 두고 부재별로 합리적인 대표치를 사용하여 목표 신뢰성지수를 선정함으로써 이들 목표신뢰성 지수에 맞는 다중하중 및 저항계수를 2차 모멘트 신뢰성 방법에 의해 결정한다.

| 하중조합 | 목표신뢰성지수 $\beta_0$ | 비고 |
|---|---|---|
| 고정하중+활하중 | 3.0 | 부재 |
| | 4.5 | 연결부 |
| 고정하중+활하중+풍하중 | 2.5 | 부재 |
| 고정하중+활하중+지진 | 1.75 | 부재 |

## 3. 저항계수 $\phi$

| 구분 | 인장재 | 압축재 | 빔 | 체결재 |
|---|---|---|---|---|
| $\phi$ | $\phi_t = 0.90$ (도설 $\phi_t$=0.95) (yielding limit state) <br> $\phi_t = 0.75$ (도설 $\phi_t$=0.80) (fracture limit state) | $\phi_c = 0.90$ (buckling limit state) | $\phi_b = 0.90$ (flexure and shear) | $\phi = 0.75$ (tensile and shear) |

## 4. 강재의 강도

2018년 KS 기준이 변경되면서 국제표준에 부합되도록 기존의 강재의 기호를 인장강도($F_u$) 기준에서 항복강도($F_y$) 기준으로 변경하고 항복강도를 상향하였다. 강구조 설계기준(KDS 14 31 00 : 2024, 하중저항계수설계법), 도로교설계기준(KDS 24 14 31 : 2018, 한계상태설계법)에서는 변경된 KS 기준을 따르도록 하고 있으며, 도로교설계기준(2016, 한계상태설계법), 도로교설계기준(2012, 한계상태설계법), 도로교설계기준(2010)에서는 변경 전 표기법을 사용하고 있다. 강구조에서 응력은 소문자로 표기하고 강도는 대문자로 표기하는 것을 원칙으로 하고 있다. 따라서 강재의 항복강도($F_u$)와 인장강도($F_y$)는 대문자로 표시하고 콘크리트나 강재, 철근의 응력은 소문자($f_c$, $f_{cw}$, $f_r$)로 표시하도록 한다.

【 KDS 14 31 00 : 2024 강구조설계기준 】

| | 강도 | SS235 | SS275 | SM275 SMA275 | SS315 | SM355 SMA355 | SS410 | SM420 | SS450 | SM460 SMA460 | SS550 |
|---|---|---|---|---|---|---|---|---|---|---|---|
| $F_y$ | ≤16mm | 235 | 275 | 275 | 315 | 355 | 410 | 420 | 450 | 460 | 550 |
| | 16~40mm | 225 | 265 | 265 | 305 | 345 | 400 | 410 | 440 | 450 | 540 |
| $F_u$ | | 330 | 410 | 410 | 490 | 490 | 540 | 520 | 590 | 570 | 690 |

| 강도(≤100mm) | HSB380 | HSB460 | HSB690 | HSA650 | SM275-TMC | SM355-TMC | SM420-TMC | SM460-TMC |
|---|---|---|---|---|---|---|---|---|
| $F_y$ | 380 | 460 | 690 | 650 | 275 | 355 | 420 | 460 |
| $F_u$ | 500 | 600 | 800 | 800 | 410 | 490 | 520 | 570 |

【 2018 KS기준 변경 전 강재 강도 비교 】

| 구분 (40mm이하) | | SS400(SM400) | SM490 | SM520(SM490Y) | SM570 |
|---|---|---|---|---|---|
| 강구조설계기준(2014) 도로교설계기준(2015) | $F_y$ | 235 | 315 | 355 | 450 |
| | $F_u$ | 400 | 490 | 520 (490) | 570 |
| 도로교설계기준(2010) | $F_y$ | 235 | 315 | 355 | 450 |
| | $F_u$ | 400~510 | 490~610 | 490~610 520~640(SM520) | 570~720 |
| | $f_a$ | 140 | 190 | 215 | 270 |

## 1. 주요 구조용 강재의 재료강도(MPa)

| 강도 \ 기호 \ 판 두께 | SS235 | SS275 | SM275<br>SMA275[1] | SS315 | SM355<br>SMA355[1] | SS410 | SM420 | SS450 | SM460[2]<br>SMA460[3] | SS550 |
|---|---|---|---|---|---|---|---|---|---|---|
| $F_y$ 16mm 이하 | 235 | 275 | 275 | 315 | 355 | 410 | 420 | 450 | 460 | 550 |
| 16mm 초과 40mm 이하 | 225 | 265 | 265 | 305 | 345 | 400 | 410 | 440 | 450 | 540 |
| 40mm 초과 75mm 이하 | 205 | 245 | 255 | 295 | 335 | – | 400 | – | 430 | – |
| 75mm 초과 100mm 이하 | 205 | 245 | 245 | 295 | 325 | – | 390 | – | 420 | – |
| 100mm 초과 | 195 | 235 | 235 | 275 | 305 | – | 380 | – | – | – |
| $F_u$ | 330 | 410 | 410 | 490 | 490 | 540 | 520 | 590 | 570 | 690 |

주1) SMA275CW,CP, SMA355CW, CP 적용두께 100mm 이하

주2) SM460B, C는 주문자 제조자 협정에 따라 150mm 이하  강판 제조 가능

주3) SMA460W, P 적용두께는 100mm 이하

| 강도 \ 기호 \ 판 두께 | HSB380<br>HSM380[1] | HSB460 | HSB690[2] | HSA650[2] | SM275-TMC[3] | SM355-TMC[3] | SM420-TMC[3] | SM460-TMC[3] |
|---|---|---|---|---|---|---|---|---|
| $F_y$ 100mm 이하 | 380 | 460 | 690 | 650 | 275 | 355 | 420 | 460 |
| $F_u$ 100mm 이하 | 500 | 600 | 800 | 800 | 410 | 490 | 520 | 570 |

주1) HSM380 적용두께는 40mm 이하

주2) HSA650, HSB690 적용두께는 80mm 이하

주3) 열가공제어(TMC)를 한 경우 두께에 따른 항복강도의 저감없이 기준값(16mm 이하의 항복강도)을 적용한다.
    강구조 건축물에 적용되는 TMC강재의 적용두께는 80mm 이하

## 2. 접합재료의 강도(MPa)

| 볼트 등급 \ 최소 강도 | F8T | | F10T | | F13T | |
|---|---|---|---|---|---|---|
| | $F_y$ | $F_u$ | $F_y$ | $F_u$ | $F_y$ | $F_u$ |
| 최소강도 | 640 | 800 | 900 | 1000 | 1170 | 1300 |

## 3. 물리상수값

| 강·주강 탄성계수(MPa) | PS 강선·강봉 탄성계수(MPa) | PS강연선 탄성계수(MPa) | 주철 탄성계수(MPa) |
|---|---|---|---|
| 210,000 | 205,000 | 195,000 | 100,000 |
| 강 전단탄성계수(MPa) | 강·주강 포아송비 | 주철의 포아송비 | 강의 열팽창지수(/℃) |
| 81,000 | 0.30 | 0.25 | $1.2 \times 10^{-5}$ |

신뢰도 기반 설계기준

신뢰도 기반 설계기준에 대하여 설명하시오.

**풀 이**

## ▶ 개요

한계상태설계법(LSD, Limit State Design)은 기존의 확정적 방법론에 기반한 허용응력설계법(ASD)이나 강도설계법(USD)과는 달리 구조물의 성능이나 하중효과의 변동성을 확률적으로 고려할 수 있는 합리적인 설계법으로 신뢰도지수를 기반으로 한 설계기준이다.

## ▶ 신뢰도 기반의 설계기준

구조물의 신뢰도는 일반적으로 신뢰지수(Reliability Index, β)로 표시되며 대상 시스템이 주어진 한계상태를 얼만큼 만족할 것인지에 대한 확률적 척도이다. 신뢰도는 안전확률(Probability of Safety)의 지수로서 R과 S의 각각의 평균 $\mu_R$, $\mu_S$, 분산을 $\sigma_R^2$, $\sigma_S^2$을 갖는 정규분포일 경우 안전여유 Z =R-S는 다음과 같은 평균과 분산을 가진다.

$$\mu_Z = \mu_R - \mu_S, \ \sigma_Z^2 = \sigma_R^2 + \sigma_S^2, \quad \beta = \frac{\mu_Z}{\sigma_Z} = \frac{(\mu_R - \mu_S)}{\sqrt{\sigma_R^2 + \sigma_S^2}}$$

$$P_f = P(R - S \le 0) = P(Z \le 0) = \phi\left[\frac{-(\mu_R - \mu_S)}{\sqrt{\sigma_R^2 + \sigma_S^2}}\right] = \phi(-\beta), \quad \beta : 신뢰성지수$$

또는 $Z = \ln(R/Q)$ 확률분포도에서 $\ln(R/Q)$의 평균으로부터 한계상태점은 $Z = 0$까지의 거리를 표준편차 $\sigma_{\ln R/Q}$의 $\beta$배로 나타내는 경우 $\beta$를 신뢰지수로 정의한다.

$$P_f = P[Z \le 0] = P[\ln R/Q \le 0] \quad 이때 \ \beta = \frac{\ln R_m - \ln Q_m}{\sqrt{V_R^2 + V_Q^2}}$$

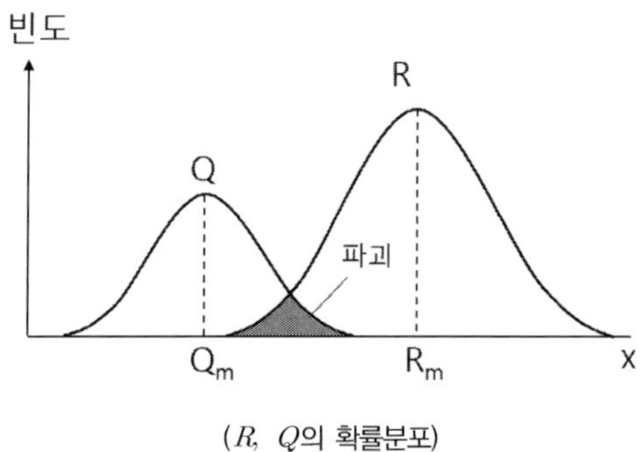


(R, Q의 확률분포)

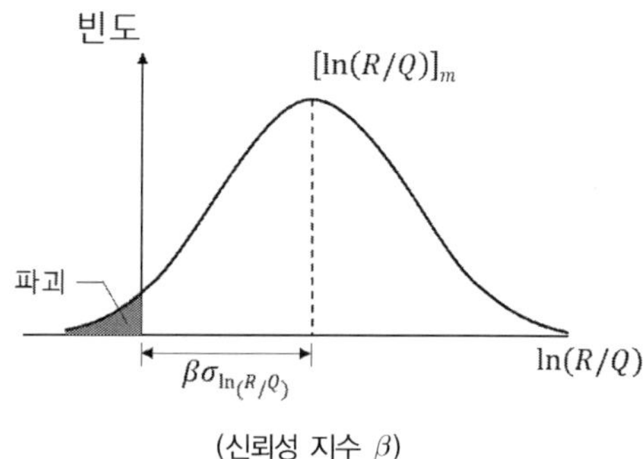


(신뢰성 지수 β)

LRFD(또는 LSD)는 USD와 PD와 다르게 하중계수($\gamma_i$)와 강도감소계수($\phi_i$)를 경험에 의해서 확정적으로 결정하는 것이 아니라 하중과 구조저항과 관련된 불확실성을 확률통계적으로 처리하는 구조 신뢰성 이론에 따라 다중 하중계수와 저항계수를 보정함으로써 구조물의 일관성 있는 적정수준의 안전율을 갖도록 하고 있다.

「기존 USD 파괴확률 = 초과하중 작용확률(0.1%) × 설계강도이하일 확률(1%) = 1/100,000」

## 케이블교량의 목표신뢰도지수

교량설계 일반사항(KDS 24 10 12)에 따른 케이블 교량의 영구부재(주부재)에 대한 한계상태별 목표신뢰도지수에 대하여 설명하시오.

### 풀 이

> **개요**

목표신뢰도지수는 구조물이 목표로 하는 안정성을 결정하는 신뢰도지수로서, 일반적으로 기존 구조물들의 안전성(신뢰도지수)과 사회, 경제적 측면을 고려하여 결정한다. 또한, 케이블 교량의 영구부재는 통상적인 유지관리를 통하여 교량의 설계수명과 동일한 100년 또는 200년의 사용수명을 갖는 부재를 일컬으며, 현수교 주 케이블, 주탑, 주탑기초, 주탑새들, 스프레이새들 등을 포함한다.

> **한계상태별 목표신뢰도지수**

신뢰도 지수는 파괴확률 $P_f$를 대신하여 신뢰도를 나타내기 위하여 사용하는 지수로 $\beta$로 표현한다. 이때 $\beta = -\Phi^{-1}(P_f)$로 정의하며, 여기서 $\Phi^{-1}$은 표준정규분포 누적분포함수의 역함수이다. 케이블교량은 기본적으로 1등급의 중요도등급을 가지며, 해당하는 대표신뢰도지수와 목표파괴확률에 근거하여 설계한다. 그러나 발주자가 특별히 지정하는 경우에는 특등급의 중요도등급을 기준으로 설계할 수 있다. 케이블부재를 제외한 주부재에 대한 목표신뢰도지수를 중력방향 하중조합인 극한한계상태 하중조합I에 대해 3.7로 정의한다. 그러나 발주자가 특별히 지정한 특등급의 중요도를 가지는 케이블교량에 대해서는 목표신뢰도지수를 4.0으로 정의한다. KDS 24 10 12에서 제시하는 영구부재의 한계상태별 목표신뢰도지수는 3.0~4.0을 가지며, 그에 따른 목표파괴확률은 1/1000~3.16/100,000로 아래와 같다.

| 중요도등급 | 한계상태(하중조합) | 목표신뢰도지수 | 목표파괴확률 |
|---|---|---|---|
| 1등급<br>(중요) | 극한한계상태 하중조합 I, II, IV, V, VII | 3.7 | $1.00 \times 10^4$ |
| | 극한한계상태 하중조합 III, VI | 3.1 | $1.00 \times 10^3$ |
| 특등급<br>(매우 중요) | 극한한계상태 하중조합 I, II, IV, V, VII | 4.0 | $3.16 \times 10^5$ |
| | 극한한계상태 하중조합 III, VI | 3.4 | $3.16 \times 10^4$ |

케이블부재에 대한 목표신뢰도지수는 현수교 주 케이블에 대하여 6.7 ($p_f = 10^{-11}$) 수준으로 설정

하고, 현수교 행어로프와 사장교 케이블에 대하여 5.6 ($p_f = 10^{-8}$) 수준으로 설정한다. 발주자의 동의가 있을 경우 설계자는 케이블의 2차응력 및 시공관리, 재료의 품질 등을 고려하여 현수교 주 케이블에 대하여 6.4~7.0 사이의 값을, 현수교 행어로프와 사장교 케이블에 대하여 5.2~6.0 사이의 값을 선택할 수 있다. 여기서 케이블부재에 대해서는 교량의 중요도를 별도로 고려하지 않는다.

파괴확률

파괴확률 $P_f$(probability of failure)과 안전지수 $\beta$(safety index)의 상관관계를 설명하고 다음 조건의 교량에 대한 안전지수 $\beta$를 구하시오.

| 대표거더의 휨모멘트 통계자료(지간 30m, 거더간격 2.4m의 단순 PSC교) | | | |
|---|---|---|---|
| 하중영향(정규분포) | | 저항모멘트(대수정규분포) | |
| 계수모멘트의 평균값 $\overline{Q}$ | 5,000 kNm | 공칭저항모멘트 $R_m$ | 7,000 kNm |
| | | 저항모멘트에 대한 편심계수 $\lambda_R$ | 1.05 |
| 계수모멘트의 표준편차 $\sigma_Q$ | 400 kNm | 저항모멘트의 변동계수 $V_R$ | 0.075 |

## 풀 이

### ➤ 개요

LRFD에서는 하중계수($\gamma_i$)와 강도감소계수($\phi_i$)를 경험에 의해서 확정적으로 결정하는 것이 아니라 하중과 구조저항과 관련된 불확실성을 확률통계적으로 처리하는 구조 신뢰성 이론에 따라 다중 하중계수와 저항계수를 보정함으로써 구조물의 일관성 있는 적정수준의 안전율을 갖도록 하고 있다. 또한 구조물의 신뢰도는 하중, 재료성질, 해석이론 등의 설계변수가 갖는 불확실성을 확률과 통계이론을 사용하여 구하며, 기본자료의 정확도, 해석의 복잡성 등에 따라 4가지 단계로 나뉜다. 통상적으로 아래의 2단계의 신뢰도 해석방법을 사용하여 설계법에 적용하고 있다.

① 각 기본변수의 불확실성을 하나의 특성값(Characteristic value)으로 표현(예, 하중계수 $D = 1.25$)

② 각각의 기본변수가 갖는 불확실성을 두 개의 특성값(평균과 변동계수)으로 표현(예, 하중발생의 확률이 90%, 변동계수가 0.1인 변수로 표현하여 신뢰도 해석하는 단계)

③ 각각의 불확실 변수의 분포함수를 이용하여 파괴확률을 계산

④ 각 변수들의 상호분포함수, 경제성을 고려

### ➤ 안전지수(신뢰성 지수, 안전도 지수)의 정의

1) 신뢰성 지수(safety index)

확률적인 안전도의 정의로 전술한 파괴확률 대신에 상대적인 안전여유를 나타내는 신뢰성 지수(reliability index), 즉 안전도지수(safety index)를 사용하는데 기본적인 정의는 다음과 같다. R과 S의 각각의 평균 $\mu_R$, $\mu_S$, 분산을 $\sigma_R^2$, $\sigma_S^2$을 갖는 정규분포일 경우 안전여유 Z =R-S는 다음과 같은 평균과 분산을 가진다.

$$\mu_Z = \mu_R - \mu_S, \quad \sigma_Z^2 = \sigma_R^2 + \sigma_S^2, \quad \beta = \frac{\mu_Z}{\sigma_Z} = \frac{(\mu_R - \mu_S)}{\sqrt{\sigma_R^2 + \sigma_S^2}}$$

$$P_f = P(R - S \leq 0) = P(Z \leq 0) = \phi\left[\frac{-(\mu_R - \mu_S)}{\sqrt{\sigma_R^2 + \sigma_S^2}}\right] = \phi(-\beta), \quad \beta : \text{신뢰성지수}$$

또는 $Z = \ln(R/Q)$ 확률분포도에서 $\ln(R/Q)$의 평균으로부터 한계상태점은 $Z = 0$까지의 거리를 표준편차 $\sigma_{\ln R/Q}$의 $\beta$배로 나타내는 경우 $\beta$를 신뢰성 지수로 정의한다.

$$P_f = P[Z \leq 0] = P[\ln R/Q \leq 0] \quad \text{이때 } \beta = \frac{\ln R_m - \ln Q_m}{\sqrt{V_R^2 + V_Q^2}}$$

## 2) 목표 신뢰성 지수($\beta$)

강구조 부재의 신뢰성 지수 $\beta$는 부재 형식별로 상이하지만 통상적으로 전형적인 강재보의 $\beta$는 3 내외이며, 전형적인 연결부의 $\beta$는 4~5의 범위에 있다. LRFD 설계기준의 보정에 사용된 신뢰성 방법에 기초한 보정방법의 특징은 구 설계기준에 의해 설계된 전형적인 강구조물의 신뢰성지수에 기초를 두고 부재별로 합리적인 대표치를 사용하여 목표 신뢰성지수를 선정함으로써 이들 목표신뢰성 지수에 맞는 다중하중 및 저항계수를 2차 모멘트 신뢰성 방법에 의해 결정한다.

| 하중조합 | 목표신뢰성지수 $\beta_0$ | 비고 |
|---|---|---|
| 고정하중+활하중 | 3.0 | 부재 |
| | 4.5 | 연결부 |
| 고정하중+활하중+풍하중 | 2.5 | 부재 |
| 고정하중+활하중+지진 | 1.75 | 부재 |

## ▶ 안전지수(신뢰성지수, 안전도 지수, $\beta$) 산정

| 대표거더의 휨모멘트 통계자료(지간 30m, 거더간격 2.4m의 단순 PSC교) | | | |
|---|---|---|---|
| 하중영향(정규분포) | | 저항모멘트(대수정규분포) | |
| 계수모멘트의 평균값 $\overline{Q}$ | 5,000 kNm | 공칭저항모멘트 $R_m$ | 7,000 kNm |
| | | 저항모멘트에 대한 편심계수 $\lambda_R$ | 1.05 |
| 계수모멘트의 표준편차 $\sigma_Q$ | 400 kNm | 저항모멘트의 변동계수 $V_R$ | 0.075 |

$$Q_m = 5000 \text{ kNm}, \quad R_m = 7000 \text{ kNm}, \quad \sigma_Q = 400 \text{ kNm}$$

변동계수 = 표준편차/평균 $\quad \therefore \sigma_R = 0.075 \times 7000 = 525 \text{ kNm}$

$$\therefore \beta = \frac{\mu_z}{\sigma_z} = \frac{\mu_R - \mu_S}{\sqrt{\sigma_R^2 + \sigma_Q^2}} = \frac{7000 - 5000}{\sqrt{400^2 + 525^2}} = 3.03$$

# 인장부재

# 03 인장부재

## 01 인장부재 일반

인장재는 부재의 축방향으로 인장력을 받는 구조부재로 트러스의 현재, 브레이싱, 현수교의 케이블 등이 해당된다. 강구조물에서 사용되는 인장재는 강봉이나 ㄱ형강, T형강, H형강 등이 쓰이며 단부는 고장력볼트 등이나 용접을 통해 연결한다. 접합에 볼트 채결을 할 경우에는 구멍을 뚫어야 하기 때문에 단면결손이 발생하며 이 영향을 고려해야 한다. 이 감소된 단면적을 순 단면적(net area or net section)이라고 하고, 감소되지 않은 단면적은 전 단면적(gross section)이라고 한다. 통상 인장재는 총단면에 대한 항복과 단면 결손 부분의 파단이라는 두 가지 한계상태를 모두 고려해야 한다. 전형적인 설계는 계수하중이 설계강도보다 크지 않도록 충분한 단면적을 갖는 부재를 선택한다. 이를 위해 주어진 부재에 대한 설계강도를 산정하고 이를 계수하중과 비교 검토한다.

### 1. ASD와 LRFD 비교

1) 안전율 비교

$$\text{LRFD} : \phi R_n \geq \sum \gamma_i Q_i \qquad\qquad \text{ASD} : \frac{\phi R_n}{S.F} \geq \sum Q_i$$

인장부재에 대한 안전율 비교

$$\text{LRFD} : 1.2D + 1.6L = 0.9R_n \,(\text{사하중과 활하중 재하 시}), \qquad 1.4D = 0.9R_n \,(\text{사하중 재하 시})$$

$$\text{ASD} : D + L = \frac{R_n}{1.67}$$

$$\frac{LRFD}{ASD} = \frac{1.33D + 1.78L}{1.67D + 1.67L} = \frac{0.8 + 1.07(L/D)}{1 + (L/D)}, \qquad \frac{1.56D}{1.67D + 1.67L} = \frac{0.93}{1 + (L/D)}$$

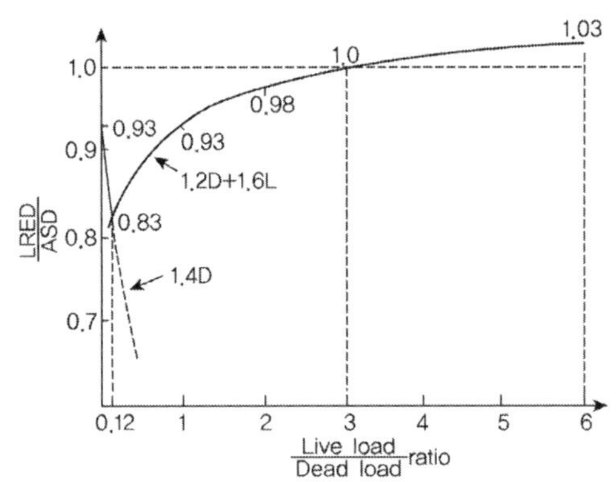


① $L/D$의 비가 3 이하에서는 LRFD가 더 효율적/경제적이다(일반적인 구조물).

② $L/D$의 비가 3 이상에서도 그 차이가 크지 않다.

③ 고정하중이 지배적인 구조물은 LRFD가 활하중이 지배적인 구조물은 ASD가 효율적

## 2. 인장부재의 세장비

교량을 제외한 강구조의 경우 인장부재 설계 시 최대 세장비 제한은 없다. 다만 강봉이나 강대 또는 매달린 부재를 제외하고는 과대 처짐이나 진동 등을 제어하기 위해서 가급적 300을 넘지 않아야 한다.

$$\lambda = \left(\frac{l}{r}\right)_{\max} \leq 300$$

교량 강구조의 경우 아이바, 봉강, 케이블 및 판을 제외한 모든 인장부재는 다음을 만족해야 한다.

- 교번응력을 받는 주부재        $\lambda = (l/r)_{\max} \leq 140$
- 교번응력을 받지 않는 주부재     $\lambda = (l/r)_{\max} \leq 200$
- 2차 부재                     $\lambda = (l/r)_{\max} \leq 240$

## 3. 순 단면적($A_n$)

1) 총단면적($A_g$) : 부재축의 직각방향으로 측정된 각 요소단면의 합

2) 순단면적($A_n$) : 연결재 구멍에 의한 결손부분을 고려한 단면적으로 구멍의 배열상태에 따라 파단이 일어나는 형태가 달라지므로 발생 가능한 파단선에 대해 순단면적을 구한 후 가장 작은 값을 순단면적으로 사용한다.

① 정렬배치 구멍의 경우 : 파단경로 A–B, 순단면적 $A_n$은 총단면적 $A_g$에서 연결재 구멍에 의한 결손부분을 뺀 값으로 한다.

$$A_n = A_g - ndt$$

여기서, $n$은 구멍 수, $t$는 부재의 두께(mm), $d$는 연결재 구멍직경(볼트+2~3mm, M22 이하 +2mm, M24 이상 +3mm)

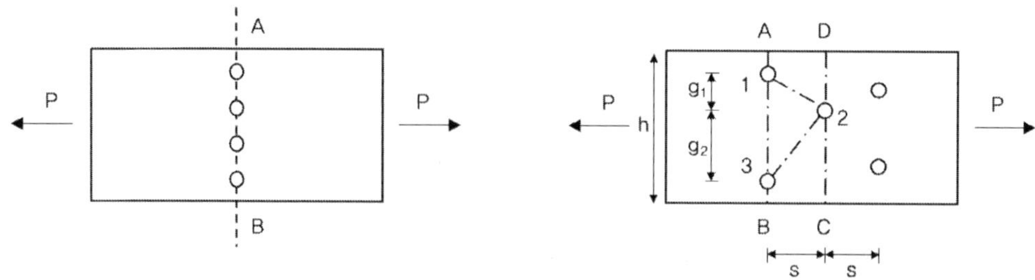

② 엇 배치 구멍의 경우 : 가능한 파단선을 가정하고 순단면적이 가장 작은 경우로 한다.

$$A_n = A_g - ndt + \sum \frac{s^2}{4g} t$$

여기서, $s$는 인접한 2개 구멍의 응력방향 중심간격, $g$는 응력 수직방향 중심간격

(1) 파단선 A–1–3–B　　: $A_n = (h - 2d)t$

(2) 파단선 A–1–2–3–B : $A_n = \left( h - 3d + \dfrac{s^2}{4g_1} + \dfrac{s^2}{4g_2} \right) t$

(3) 파단선 A–1–2–C　　: $A_n = \left( h - 2d + \dfrac{s^2}{4g_1} \right) t$

(4) 파단선 D–2–3–B　　: $A_n = \left( h - 2d + \dfrac{s^2}{4g_2} \right) t$

동일 평면상에 있지 않은 ㄱ형강의 순단면적은 두 면을 펴서 동일 평면상에 놓은 후 산정한다. 이때 수직방향 중심간격은 중복되는 두께 t값을 감하여 사용한다.

$$g = g_a + g_b - t$$

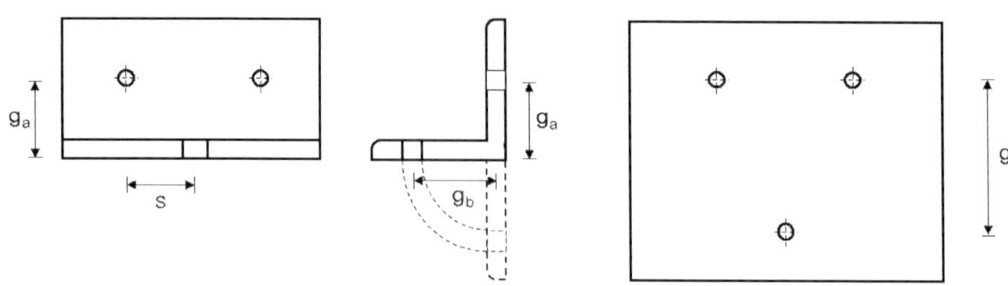

## 4. 유효 순 단면적 ($A_e$)

접합부에서 어느 정도 떨어진 위치에서는 인장재에서는 인장재 내의 응력은 당면에 걸쳐 균등하게 분포된다. 그러나 접합부 가까이에서는 접합의 형태에 따라 응력의 분포가 달라질 수 있다. 접합의 중심이 인장재 중심과 일치하지 않는 경우 편심의 영향으로 인장력은 먼저 접합에 사용된 면을 통해 전단응력의 형태로 점차 전체 단면으로 전달하게 되며 이러한 인장력의 불균등이 나타나는 현상을 전단지연(Shear leg)이라고 한다. 유효 순 단면적은 Shear leg의 영향을 고려하기 위해 도입되었다. Shear leg 현상은 인장부재 중심축과 인장력의 축이 일치하지 않을 때 발생되며 두 축 사이의 거리 $\bar{x}$ 가 클수록 커지고 접합부의 길이 $l$ 이 길어질수록 그 영향이 줄어든다.

$$A_e = UA_n$$

여기서, $U$는 전단지연계수 또는 전단뒤짐계수

$$U = 1 - \frac{\bar{x}}{L} \leq 0.9 \quad \bar{x} : \text{편심연결된 요소의 도심으로부터 하중전달면까지의 거리}$$

$$(\bar{x} \text{는 } x_1, x_2 \text{중 큰 값}), \quad L : \text{격점의 길이}$$

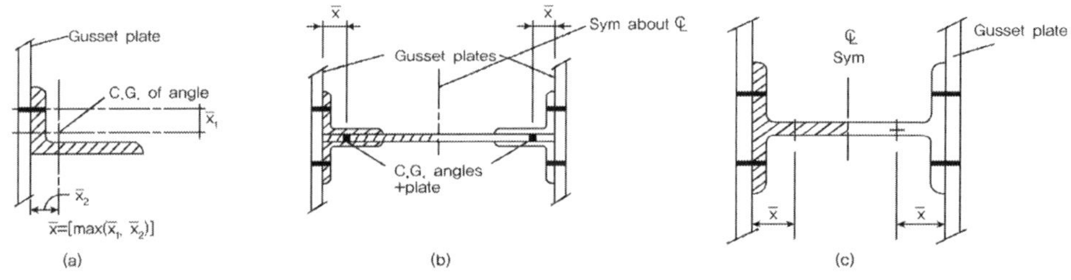




**|유효 순 단면적 산정 예 |**

구멍직경 D22, L=100×100×7의 난면적 $A = 1,362mm^2$, $\bar{x}_1 = 27.9mm$, $\bar{x}_2 = 27.1mm$

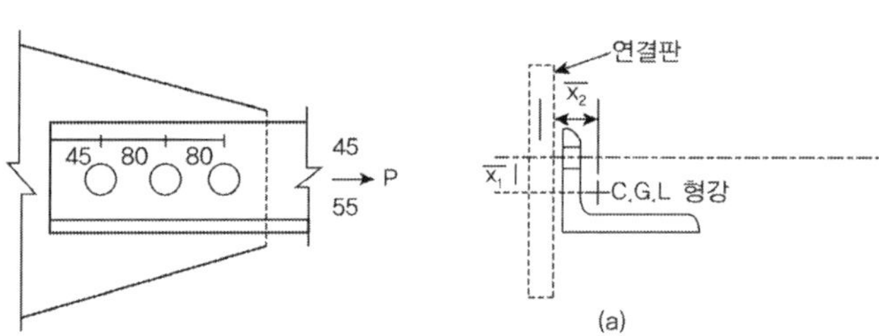



① $A_n = A_g - ndt = 1,362 - (22+2) \times 7 = 1,194mm^2$

② $U$결정 : $L = 80 + 80 = 160mm$, $\bar{x} = 27.9mm$ $\qquad U = 1 - \dfrac{27.9}{160} = 0.83$

③ $A_e = UA_n = 0.83 \times 1,194 = 991mm^2$

## 5. 블록전단파단(Block shear rupture/fracture) <sup>96회/128회</sup>



고력볼트의 사용 증가에 따라 접합부 설계는 보다 적은 개수의 그리고 보다 큰 직경의 볼트를 사용하려는 경향이 되었다. 이로 인하여 전단파괴와 인장파단에 의해 접합부의 일부분이 찢겨나가는 파괴형태인 블록전단파괴(Block shear rupture) 양상이 일어날 확률이 커지게 되었다. 블록전단파단은 그림 (a)에서와 같이 a-b 부분의 전단파괴와 b-c 부분의 인장파괴에 의해 접합부의 일부분이 찢겨서 나가는 파괴형태이다.

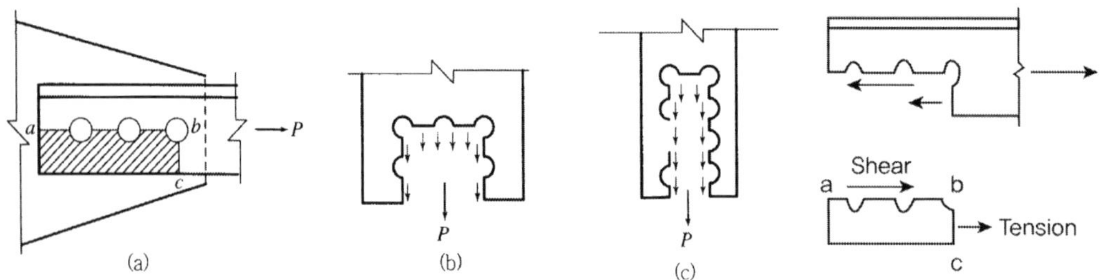


전단파괴선을 따라 발생하는 전단파단과 직각으로 발생하는 인장파단의 블록전단파단 한계상태에 대한 다음의 식으로 산정한 공칭강도에 $\phi = 0.75$를 적용한다.

$$\phi = 0.75$$
$$R_n = [0.6F_u A_{nv} + U_{bs}F_u A_{nt}] \leq [0.6F_y A_{gv} + U_{bs}F_u A_{nt}]$$

여기서, $A_{gv}$는 전단저항 총단면적$(\text{mm}^2)$, $A_{nv}$는 전단저항 순단면적$(\text{mm}^2)$
$A_{nt}$는 인장저항 순단면적$(\text{mm}^2)$, $U_{bs}$는 인장응력이 균일할 때 1, 불균일할 경우 0.5

(1) 인장파괴 강도에 지배되는 경우(전단영역의 항복과 인장영역의 파괴에 관한 것)

$$F_u A_{nt} \geq 0.6F_u A_{nv} : \phi R_n = \phi[0.6F_y A_{gv} + F_u A_{nt}]$$

(2) 전단파괴 강도에 지배되는 경우(전단영역의 파괴와 인장영역의 항복에 관한 것)

$$F_u A_{nt} < 0.6F_u A_{nv} : \phi R_n = \phi[0.6F_u A_{nv} + F_y A_{gt}]$$

인장재 등변 ㄱ형강 L-90×90×10의 설계블록전단파단강도를 구하라.  형강의 재질은 SM275($F_y$= 275MPa, $F_u$=410MPa), 고장력볼트 M24(F10T)를 사용한다.

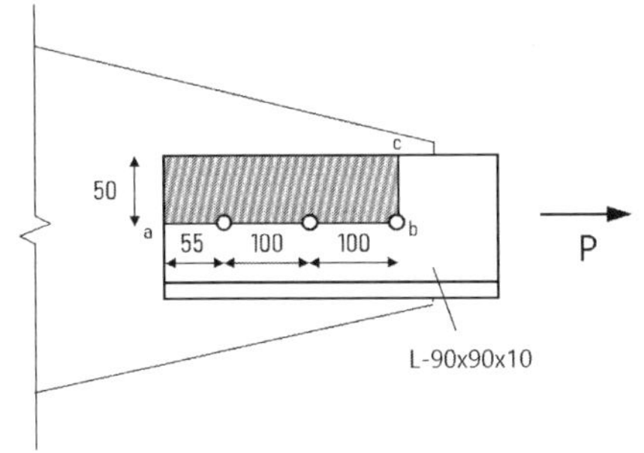


① 파단선 a-b : 전단영역
$$A_{gv} = (55+100+100) \times 10 = 2{,}550\,\text{mm}^2$$
$$A_{nv} = [55+100+100-(27 \times 2.5)] \times 10 = 1{,}875\,\text{mm}^2$$

② 파단선 b-c : 인장영역
$$A_{nt} = (50-27 \times 0.5) \times 10 = 365\,\text{mm}^2$$

③ 블록전단파단 강도 : 인장응력이 균일하므로 $U_{bs} = 1.0$

$$[0.6F_u A_{nv} + U_{bs}F_u A_{nt}] = 0.6 \times 410 \times 1{,}875 + 1.0 \times 410 \times 365 = 610.9 kN$$
$$[0.6F_y A_{gv} + U_{bs}F_u A_{nt}] = 0.6 \times 275 \times 2{,}550 \times 1.0 \times 410 \times 365 = 570.4 kN$$
$$\therefore [0.6F_u A_{nv} + U_{bs}F_u A_{nt}] > [0.6F_y A_{gv} + U_{bs}F_u A_{nt}] : \text{전단항복이 지배한다.}$$

④ 설계블록전단파단강도
$$\therefore \phi R_n = 0.75 \times [0.6F_y A_{gv} + U_{bs}F_u A_{nt}] = 0.75 \times [0.6 \times 275 \times 2{,}550 + 1.0 \times 410 \times 365] = 427.8 kN$$



$$R_n = Min(0.6F_u A_{nv} + U_{bs}F_u A_{nt}, \quad 0.6F_y A_{gv} + U_{bs}F_u A_{nt}) \qquad \phi = 0.75 \ (\text{LRFD})$$
$$U_{bs} = 1.0 : \text{Tensile stress is uniform}$$
$$U_{bs} = 0.5 : \text{Tensile stress is nonuniform}$$

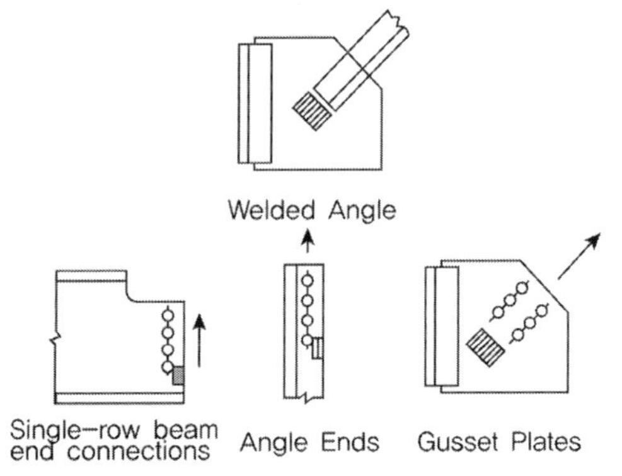


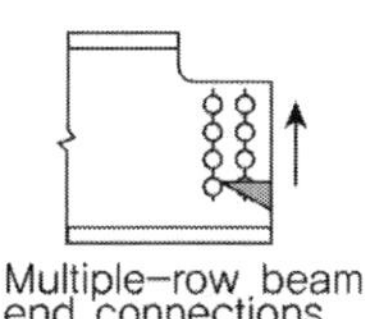

인장재의 설계는 총단면적의 항복과 유효순단면적의 파단의 두 가지 한계상태에 대해 검토한다. 연성을 갖는 총단면적의 항복강도의 인장저항계수 $\phi_t = 0.90$, 급격한 파괴가 일어나는 유효순단면의 파단강도에 대해서는 $\phi_t = 0.75$ 를 적용한다. 인장재의 설계인장강도는 총단면적의 항복강도, 유효순단면의 파단강도와 블록전단파단강도를 비교하여 작은 값으로 결정한다.

$$\phi_t P_n \geq P_u$$

1) 한계상태

① 총 단면의 항복 : $P_n = F_y A_g$ ($F_y$ : 항복강도, $A_g$ : 전단면), $\phi_t = 0.90$

② 유효 순단면의 파단 : $P_n = F_u A_e$ ($F_u$ : 인장강도, $A_e$ : 유효 순단면($= U A_n$)), $\phi_t = 0.75$

---

**TIP** | 도로교설계기준 : 한계상태설계법(2016)| 전단지연을 고려하기 위한 감소계수 U

정밀해석이나 실험을 하지 않을 경우에는 연결부에서 전단지연으로 인한 인장부재의 유효순단면적 개념을 적용하기 위해서 도로교설계기준(2016)에서는 아래의 감소계수를 적용하도록 하였다.

① 볼트나 용접 연결 단면 내에서 각 연결요소에 직접적으로 인장력이 전달되는 단면 : U=1.0

볼트 연결부에서는

② 플랜지폭이 복부판 높이의 2/3 이상인 압연 I형 단면 및 I형 단면으로부터 한쪽 플랜지가 제거된 T형 단면에서 응력방향으로 한 접합선당 3개 이상 볼트로 플랜지에서 연결된 부재 : U=0.90

③ ①에 해당되지 않는 부재에서 응력방향으로 한 접합선당 3개 이상의 볼트를 사용한 부재 : U=0.85

④ 응력방향으로 한 접합선당 2개의 볼트를 사용한 모든 부재 : U=0.75

인장력이 단면 일부분의 필릿 용접부로 전달되는 경우에는 용접강도로 설계한다.

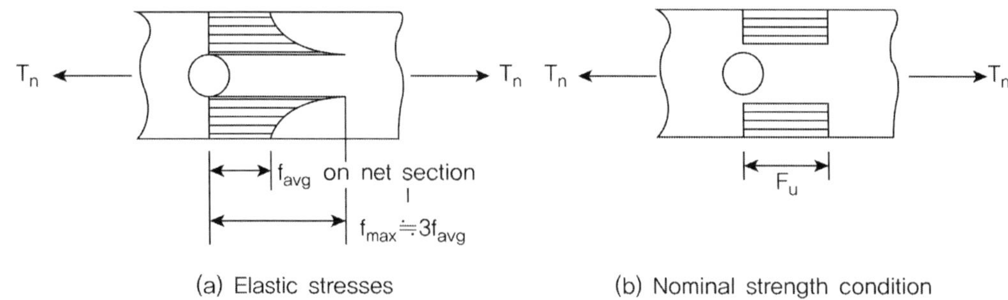


(a) Elastic stresses

(b) Nominal strength condition

2) 인장재 접합부 설계 검토

① 총단면 항복, ② 유효 순단면 파단, ③ 블록전단파단, ④ 고장력볼트/용접, ⑤ 거셋 플레이트

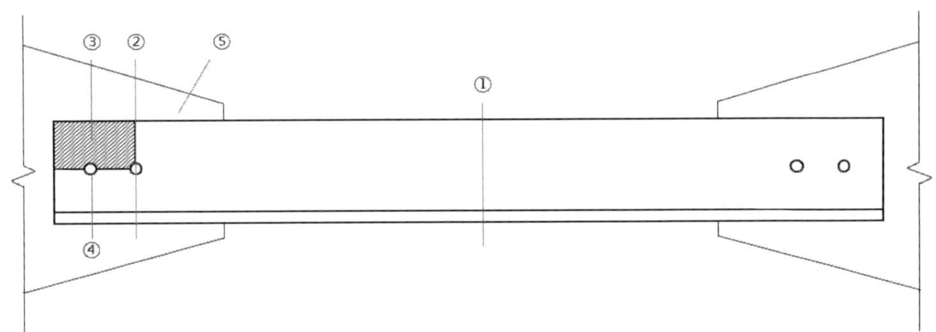

| ① 총단면 항복 | ② 유효순단면 파단 | ③ 블록전단파단 | ④ 볼트/용접<br>(볼트 미끄럼 강도) | ⑤ 거셋 플레이트<br>(인장항복) |
|---|---|---|---|---|
| $\phi_t = 0.90$ | $\phi_t = 0.75$ | $\phi_t = 0.75$ | $\phi=1.0,\ 0.85,\ 0.75$ | $\phi = 0.75$ |
| $R_n = F_y A_g$ | $P_n = F_u A_e$ | $[0.6F_u A_{nv} + U_{bs} F_u A_{nt}]$ | $R_n = \mu h_f T_0 N_s$ | $R_n = F_y A_g$ |
| | $A_e = U A_n$ | $[0.6F_y A_{gv} + U_{bs} F_u A_{nt}]$ | (필릿용접) | (인장파단) |
| | $U = 1 - \dfrac{\bar{x}}{L} \le 0.9$ | 중 작은 값 | $\phi = 0.75$<br>$R_n = 0.6 F_u a l_e$ | $\phi = 0.75$<br>$R_n = F_u A_n$ |

$$\phi R_n = \min[①,\ ②,\ ③,\ ④,\ ⑤]$$

$$\phi R_n \ge P_u$$

② $A_e$ 유효단면 : 용접

(1) 횡방향(하중작용방향의 직각)으로 편심없이 용접된 경우 : 용접 연결된 면적 전체

$$A_e = U A_n = A_{connected}$$

(2) 종방향(하중작용방향)으로 편심없이 용접된 경우 : 조건에 따른 감소계수($U$) 적용

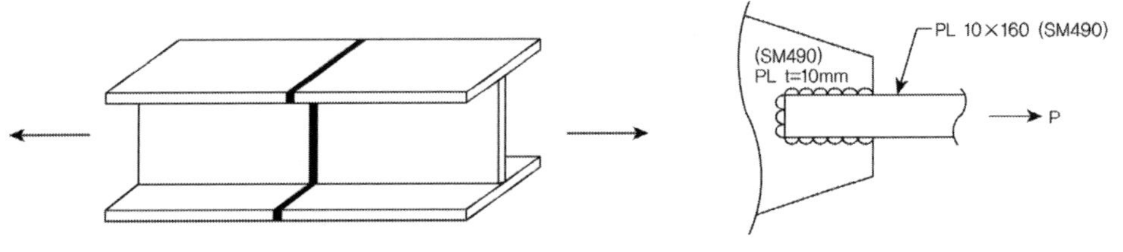

| 구분 | 조건 | $U$ |
|---|---|---|
| 용접<br>(⑤-②) | $l \geq 2w$ | 1.00 |
|  | $1.5w \leq l < 2w$ | 0.87 |
|  | $w \leq l < 1.5w$ | 0.75 |

(3) 편심이 있는 경우 : 볼트와 동일하게 감소계수 적용

$$A_e = UA_n = UA_g$$

$$U = 1 - \frac{\overline{x}}{L} \leq 0.9$$

## 1. 허용 축방향인장응력(MPa)

기본적으로 기준항복점에 대해서 안전율을 약 1.7로 본 값이다. 다만 SM570 및 SMA570에 관해서는 인장강도와 항복점의 비가 다른 강재에 비해 높음을 고려하여 안전율을 약간 높게 취하였다(항복비가 높으면 변형능력이 작아지고, 인성이 작다).

| 강 종 | SS400, SM400 SMA400 | | SM490 | | SM490Y, SM520 SMA490 | | | SM570 SMA570 | | |
|---|---|---|---|---|---|---|---|---|---|---|
| 판두께 (mm) | 40 이하 | 40~100 | 40 이하 | 40~100 | 40 이하 | 40~75 | 75~100 | 40 이하 | 40~75 | 75~100 |
| 기준항복점 | 240 | 220 | 320 | 300 | 360 | 340 | 330 | 460 | 440 | 430 |
| 허용축방향 인장응력 | 140 | 130 | 190 | 175 | 210 | 200 | 195 | 260 | 250 | 245 |
| 안전율 | 1.71 | 1.69 | 1.68 | 1.71 | 1.71 | 1.70 | 1.69 | 1.77 | 1.76 | 1.76 |

## 2. 인장부재의 허용응력설계

$$T = f_t A_g, \quad T = f_t A_n \text{ (볼트용 구멍 등 단면손실이 있는 경우)}$$

① 강구조 설계기준

$$f_t = 0.6 f_y \text{ (총 단면적에 대한 검토 시)}$$

$$f_t = 0.5 f_u \text{ (유효 순단면적에 대한 검토 시)}$$

② 도로교 설계기준 : 강재의 종류에 따라서 일괄로 규정

| 강 종 | SS400, SM400 SMA400 | | SM490 | | SM490Y, SM520, SMA490 | | | SM570 SMA570 | | |
|---|---|---|---|---|---|---|---|---|---|---|
| 판두께 (mm) | 40 이하 | 40~100 | 40 이하 | 40~100 | 40 이하 | 40~75 | 75~100 | 40 이하 | 40~75 | 75~100 |
| 기준항복점 | 240 | 220 | 320 | 300 | 360 | 340 | 330 | 460 | 440 | 430 |
| $f_t$ | 140 | 130 | 190 | 175 | 210 | 200 | 195 | 260 | 250 | 245 |
| 안전율 | 1.71 | 1.69 | 1.68 | 1.71 | 1.71 | 1.70 | 1.69 | 1.77 | 1.76 | 1.76 |

③ 유효순단면적

$$A_n = b_n \times t$$

$$b_n = b_g - \Sigma (d + 3^{mm}) + \Sigma \frac{p^2}{4g}$$

여기서 $d + 3^{mm}$는 M20, M22, M24에 적용하고 $d + 4^{mm}$는 M27, M30에 적용

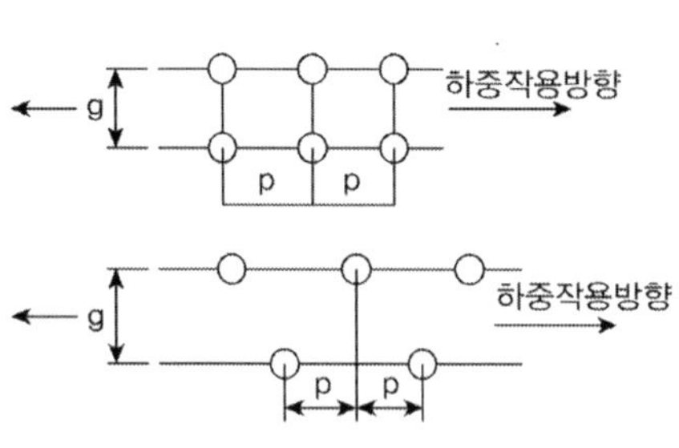


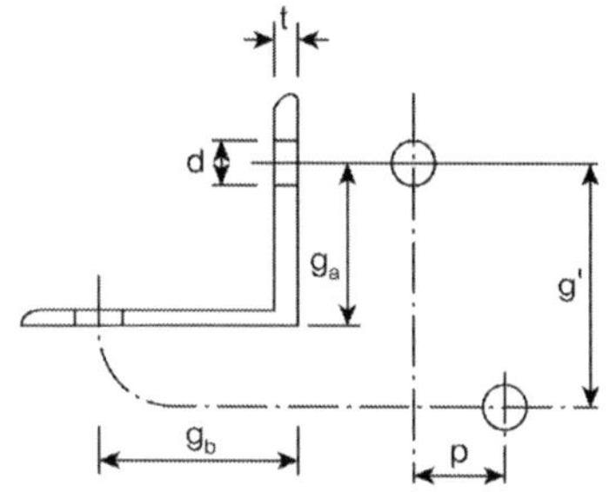


 토목구조기술사 합격 바이블 4권_강구조

### 한계상태설계법

한계상태설계법에서 인장강도 산정방법을 기존의 강도설계법과 비교하여 설명하시오.

### 풀 이

> **개요**

부재의 인장강도 산정 시 콘크리트에서는 인장강도를 무시하고 설계하므로 강재의 인장강도 산정 방법에 대해서 비교한다.

> **한계상태설계법에서의 인장강도 산정방법**

LRFD에서는 인장강도의 항복강도 산정 시에 전단면이 항복하는 경우와 유효단면이 파괴되는 경우의 두 가지 경우에 대해서 비교토록 하고 있으며, 고장력볼트를 사용하는 경우에는 전단파괴와 인장파단에 의해 접합부의 일부분이 찢겨나가는 파괴형태인 블록전단파괴(Block shear rupture) 양상이 일어날 확률이 크므로 이에 대한 고려도 하도록 하고 있다.

1) 인장부재의 공칭강도 산정
   ① 전단면 항복 : $T_n = f_y A_g$ ($f_y$ : 항복응력, $A_g$ : 전단면)
   ② 유효단면의 파괴 : $T_n = f_u A_e$ ($f_u$ : 인장강도, $A_e$ : 유효단면($= U A_n$))

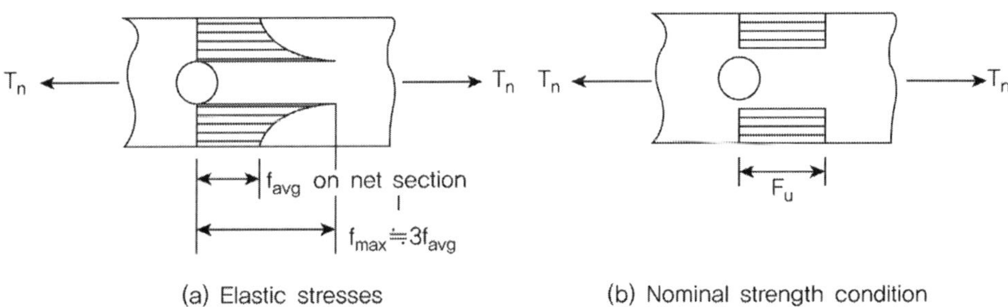


2) 고장력 볼트사용 시 블록전단파괴(block shear fracture)
   고력볼트의 사용 증가에 따라 접합부 설계는 보다 적은 개수의 그리고 보다 큰 직경의 볼트를 사용하려는 경향이 되었다. 이로 인하여 전단파괴와 인장파단에 의해 접합부의 일부분이 찢겨나가는 파괴형태인 블록전단파괴(Block shear rupture) 양상이 일어날 확률이 크게 되었다. 그림 (a)에서와 같이 a-b 부분의 전단파괴와 b-c 부분의 인장파괴에 의해 접합부의 일부분이 찢겨서 나가는 파괴형태이다.

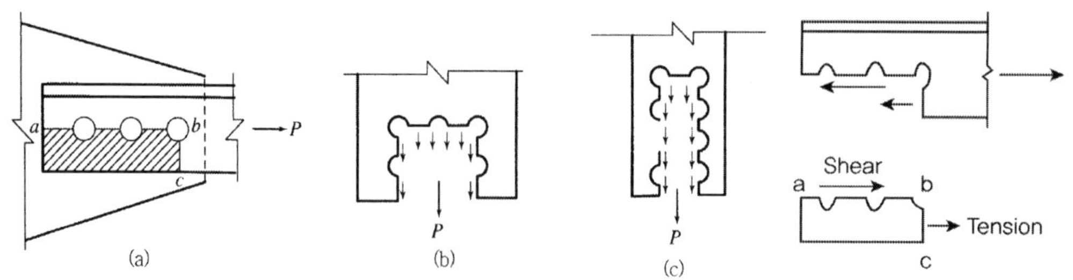


① 블록전단파단의 설계강도 산정

허용응력 설계법에서는 이러한 블록전단파괴를 순전단면적과 순인장면적을 강재의 인장강도
와 함께 표현하여 1개의 식으로 고려하였으나 LRFD(한계상태설계법, 하중저항계수설계법)에
서는 전단파괴강도와 인장파괴강도를 구한 뒤 그 값에 따라 식을 구분하여 산정토록 하였다.

② 인장파괴 강도에 지배되는 경우(전단영역의 항복과 인장영역의 파괴에 관한 것)

$$F_u A_{nt} \geq 0.6 F_u A_{nv} : \phi R_n = \phi[0.6 F_y A_{gv} + F_u A_{nt}]$$

③ 전단파괴 강도에 지배되는 경우(전단영역의 파괴와 인장영역의 항복에 관한 것)

$$F_u A_{nt} < 0.6 F_u A_{nv} : \phi R_n = \phi[0.6 F_u A_{nv} + F_y A_{gt}]$$

여기서, $\phi = 0.75$

## 3) LRFD 인장부재의 설계

$$P_u \leq \phi_t P_n$$

① LRFD에서는 총단면적의 항복과 순단면적의 파단이라는 2가지 한계상태에 대해 검토

② $\phi_t$는 연성을 갖는 총단면적의 항복강도에 대해서는 0.9를 적용, 급격한 파괴를 가져오는 유효
순단면적의 파단강도에 대해서는 0.75를 적용

③ 다음의 두 가지 경우 중 작은 값으로 강도 결정

  (1) 총단면적이 항복 : $P_n = f_y A_g$ ($\phi_t = 0.90$)

  (2) 유효순단면의 파단 : $P_n = f_u A_e$ ($\phi_t = 0.75$)

## ➤ 한계상태설계법과 기존 설계법의 비교

한계상태설계법과 기존의 강교에서 사용하는 허용응력설계법과 안전율을 비교해 보면, 한계상태
설계법에서는 부재의 계수하중과 재료감소계수를 고려하는 반면에 허용응력설계법에서는 안전율
(SF=1.67) 개념을 도입하여 설계토록 하고 있다.

1) LRFD : $\phi R_n \geq \sum \gamma_i Q_i$

2) ASD : $\dfrac{\phi R_n}{S.F} \geq \sum Q_i$

3) 인장부재에서의 안전율 비교

LRFD : $1.2D + 1.6L = 0.9R_n$ (사하중과 활화중 재하 시),　　$1.4D = 0.9R_n$ (사하중 재하 시)

ASD : $D + L = \dfrac{R_n}{1.67}$

$$\frac{LRFD}{ASD} = \frac{1.33D + 1.78L}{1.67D + 1.67L} = \frac{0.8 + 1.07(L/D)}{1 + (L/D)}, \quad \frac{1.56D}{1.67D + 1.67L} = \frac{0.93}{1 + (L/D)}$$

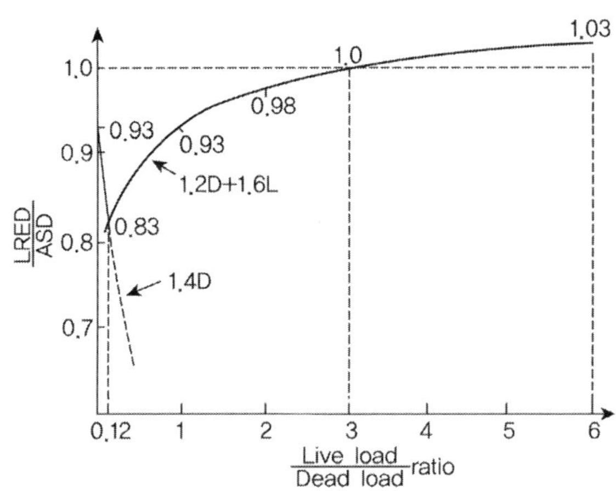


4) LRFD(한계상태설계법)와 ASD(허용응력설계법)의 비교

① $L/D$의 비가 3 이하에서는 LRFD가 더 효율적/경제적이다(일반적인 구조물).

② $L/D$의 비가 3 이상에서도 그 차이가 크지 않다.

③ 고정하중이 지배적인 구조물은 LRFD가 활하중이 지배적인 구조물은 ASD가 효율적이다.

## 인장부재 세장비

도로교설계기준(한계상태설계법, 2016)에서 강교 설계 시 인장부재의 세장비 기준

### 풀 이

#### ▶ 개요

도로교 설계기준에서는 강 구조물의 과대 처짐이나 진동 등을 제어하기 위해서 인장부재에 대해 세장비 제한 규정을 두고 있다.

#### ▶ 인장부재 세장비 제한규정

교량강구조의 경우 아이바, 봉강, 케이블 및 판을 제외한 모든 인장부재의 세장비는 다음을 만족해야 한다.

1) 교번응력을 받는 주부재

$$\lambda = \left(\frac{l}{r}\right)_{\max} \leq 140$$

2) 교번응력을 받지 않는 주부재

$$\lambda = \left(\frac{l}{r}\right)_{\max} \leq 200$$

3) 2차 부재

$$\lambda = \left(\frac{l}{r}\right)_{\max} \leq 240$$

## 순 단면적(net area)

그림과 같은 ㄷ형강(channel)의 순 단면적(net area)을 구하시오. 단, 볼트구멍의 직경은 25mm로 한다.

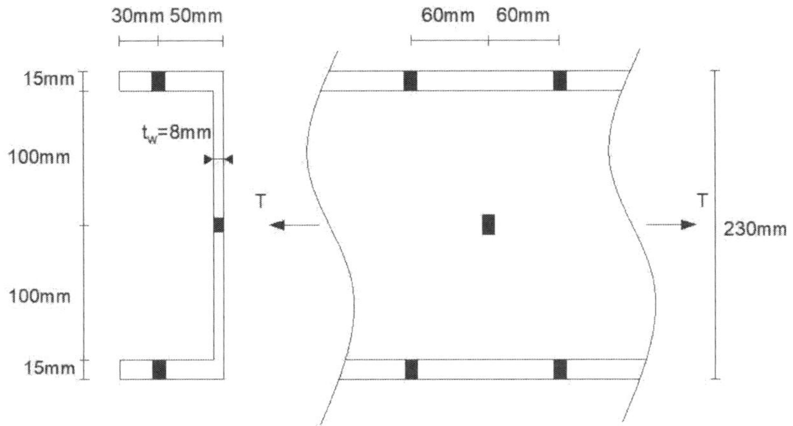


## 풀 이

### ➤ 개요

부재의 순단면적 $A_n$은 두께와 계산된 각 요소의 순폭을 곱한 값들의 합으로 나타낸다. 인장과 전단을 받는 부재의 순단면적을 산정하는 경우 볼트구멍의 폭은 구멍직경에 3mm를 더한 값으로 한다. 중심인장을 받는 연결재 접합부재의 순단면적은 연결재 구멍의 영향을 고려하여 산정해야 한다. 순단면적 $A_n$은 최소순단면적을 갖는 파단선으로부터 구한다.

1) 정렬배치인 경우

$$A_n = A_g - ndt$$

여기서, $n$ : 인장력에 의한 파단선상에 있는 구멍의 수

$d$ : 연결재 구멍의 직경(mm)

$t$ : 부재의 두께(mm)

2) 불규칙배치(엇모배치)인 경우

$$A_n = A_g - ndt + \Sigma \frac{s^2}{4g} t$$

여기서, $s$ : 인접한 2개 구멍의 응력 방향 중심간격(mm)

$g$ : 연결재 게이지선 사이의 응력 수직방향 중심간격 (mm)

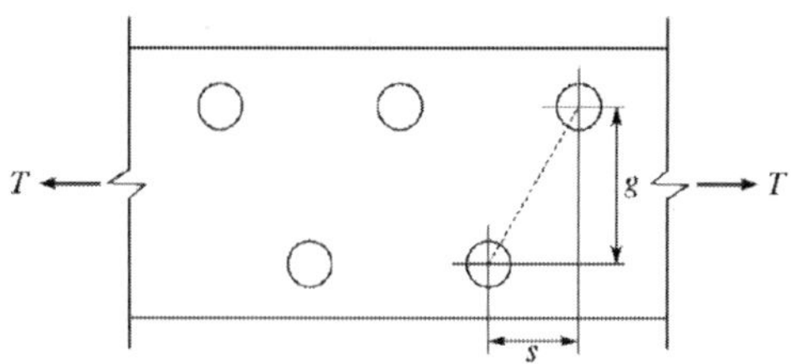

### ➤ 순단면적 산정

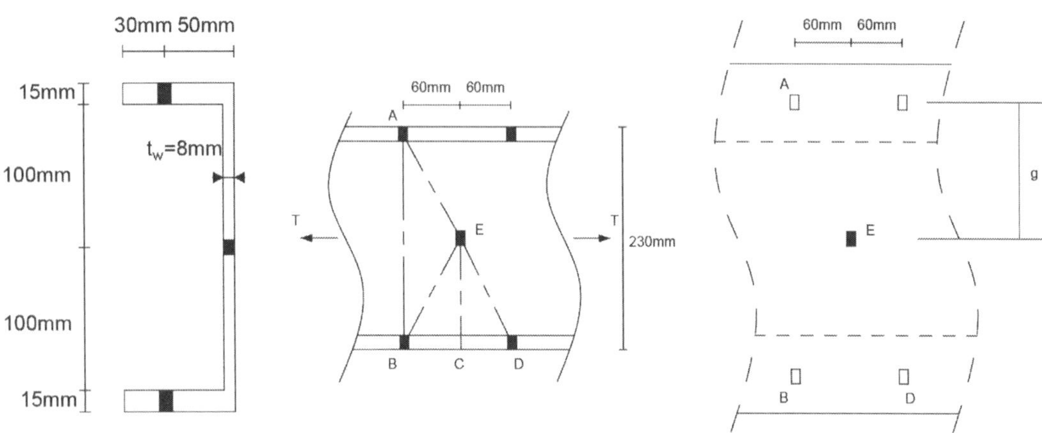

$$A_g = 80{\times}15+200{\times}8+80{\times}15=4{,}000\text{mm}^2, \quad \text{유효구멍의 직경} : 25+3=28\text{mm}$$

1) 파괴선 A–B

$$A_n = A_g - 2{\times}(28){\times}15 = 3{,}160\text{mm}^2$$

2) 파괴선 A–E–B

$$A_n = A_g - ndt + \Sigma \frac{s^2}{4g}t$$

s=60mm, g=50+100−15/2=142.5mm

$$A_n = A_g - 2{\times}(28){\times}15 - 28{\times}8 + 2{\times}\frac{60^2}{4\times142.5}{\times}8 = 3{,}037\text{mm}^2$$

($t_w$와 $t_f$가 다르므로 안전측으로 $t_w$로 고려)

$$\therefore A_n = 3{,}037\text{mm}^2$$

볼트 파괴

그림과 같은 리벳 또는 볼트이음에서 파괴 경로가 A–B–F–C–D–E로 되는 피치길이 $p_1$, $p_2$ 조건을 구하고, 그래프를 그려서 설명하시오(단, 리벳 도는 볼트의 구멍의 직경은 20mm로 일정).

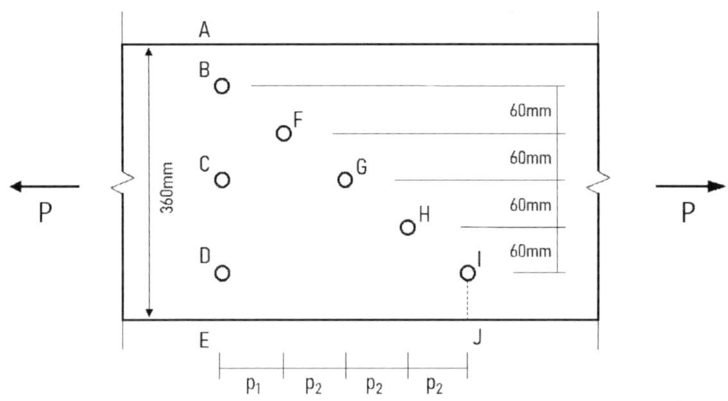


풀 이

### ▶ 개요

연결재 구멍에 의한 결손부분을 고려한 단면적인 순단면적은 구멍의 배열상태에 따라 파단이 일어나는 형태가 달라지므로 발생 가능한 파단선에 대해 순단면적을 구한 후 가장 작은 값을 순단면적으로 사용해야 한다.

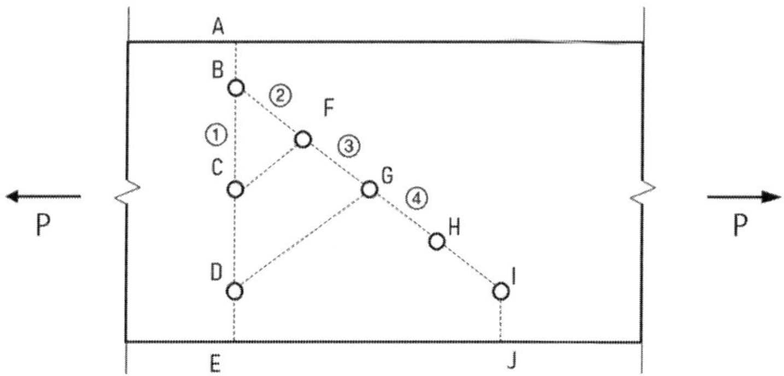


파단경로는 천공홀과 가까운 곳으로 이동한다고 가정하면, 분기점은 A, F, G점을 기준으로 ① A–B–C–D–E, ② A–B–F–C–D–E, ③ A–B–F–G–D–E, ④ A–B–F–G–H–I–J의 네 가지 경우로 구분할 수 있다.

엇배치 구멍의 경우 가능한 파단선을 가정하고 순 단면적이 가장 작은 경우로 산정하므로

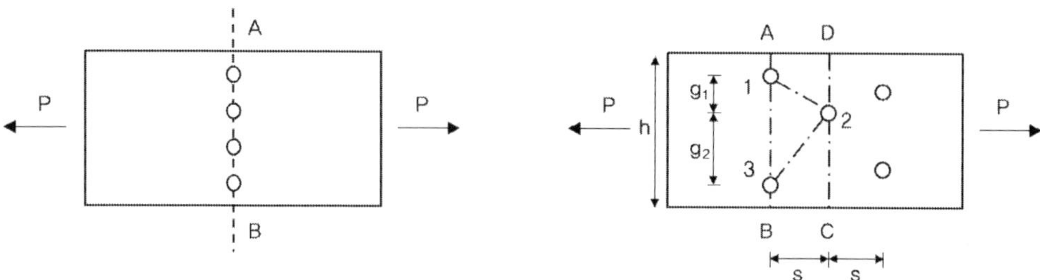

$$A_n = A_g - ndt + \sum \frac{s^2}{4g}t$$

1) A–B–C–D–E

$$A_{n1} = (h - nd)t = (360 - 3 \times 20)t$$

2) A–B–F–C–D–E (결정된 파단 경로)

$$A_{n2} = \left(h - nd + \sum \frac{p_i^2}{4g_i}\right)t = (360 - 4 \times 20 + 2 \times \frac{p_1^2}{4 \times 60})t$$

$$A_{n1} > A_{n2} \text{이어야 하므로} \quad \frac{2p_1^2}{4 \times 60} < 20 \quad \therefore \; p_1 < 48.99 \text{ mm}$$

3) A–B–F–G–D–E

$$A_{n3} = \left(h - nd + \sum \frac{p_i^2}{4g_i}\right)t = (360 - 4 \times 20 + \frac{p_1^2}{4 \times 60} + \frac{p_2^2}{4 \times 60} + \frac{(p_1 + p_2)^2}{4 \times 60})t$$

$$A_{n3} > A_{n2} \text{이어야 하므로} \; (p_1 + p_2)^2 + p_2^2 - p_1^2 > 0 \quad \therefore \; p_2(p_1 + p_2) > 0$$

$p_1$ 과 $p_2$ 는 모두 양수이므로 만족하므로 3)은 파괴경로가 아니다.

4) A–B–F–G–H–I–J

$$A_{n4} = \left(h - nd + \sum \frac{p_i^2}{4g_i}\right)t = (360 - 5 \times 20 + \frac{p_1^2}{4 \times 60} + 3 \times \frac{p_2^2}{4 \times 60})t$$

$$A_{n4} > A_{n2} \text{이어야 하므로} \; 3p_2^2 > p_1^2 + 4 \times 60 \times 20$$

$$\therefore \ \frac{p_2^2}{1600} - \frac{p_1^2}{4800} > 1, \qquad \frac{p_2^2}{40^2} - \frac{p_1^2}{69.28^2} > 1$$

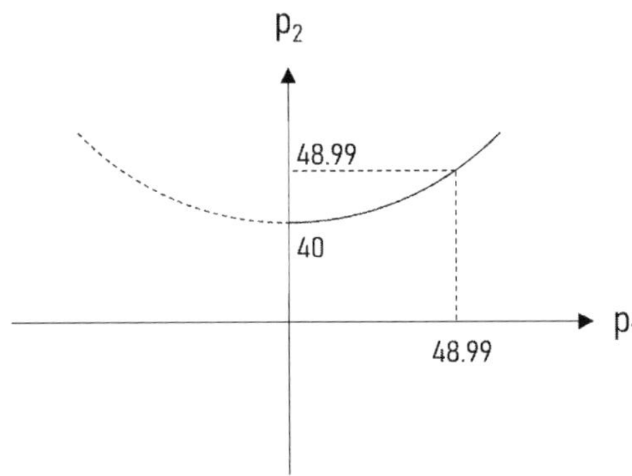



$p_1$ 과 $p_2$ 는 모두 양수이고, 2)로부터 $p_1 < 48.99$ mm이므로

$$\therefore \ 40 < p_2 < 48.99$$

## 고력볼트접합부의 전단지연계수 및 유효순단면적 산정

다음 그림과 같은 L형강 L-150×100×9 인장재의 고력볼트접합부에서 전단지연계수 U를 산정하고 유효순단면적($A_e$)을 구하시오.

단, 사용고력볼트는 M20(F10T), L형강의 단면적은 $A_g$=2,184mm², 도심 위치는 (23.2mm, 47.7mm)라고 한다.

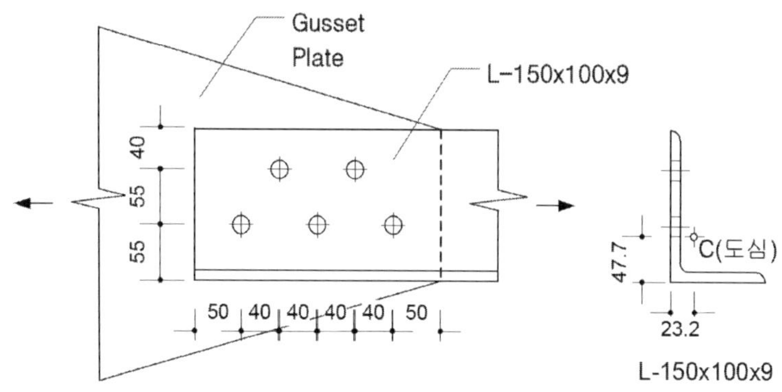


### 풀 이

#### ➤ 개요

Shear leg의 영향을 고려하기 위해 유효순단면적 개념이 도입되었으며, 접합부 부근에서는 접합의 형태에 따라 응력의 분포가 달라질 수 있다. 접합의 중심과 인장재 중심이 일치하지 않아서 편심이 발생하는 접합부에서는 인장력은 먼저 접합에 사용된 면을 통해서 전단응력의 형태로 점차 전체 단면으로 전달된다. 이때 전체가 인장력을 받게 되나 접합에 상용되지 않은 면에는 인장력이 불균등하게 생기는데 이러한 현상을 shear leg라 한다. shear leg 현상은 인장부재 중심축과 인장력의 축이 일치하지 않을 때 발생되며 두 축 사이의 거리 $\bar{x}$가 클수록 심해지며 접합부의 길이 $l$이 길어질수록 그 영향이 줄어든다.

#### ➤ 전단지연계수(감소계수) 산정

1) 도로교설계기준(2012)에 따라 조건에 따른 감소계수 산정 : $U = 0.85$

| 구분 | 조건 | $U$ |
|---|---|---|
| | $b_f \geq (2/3)h$인 I형, T형중 응력방향으로 한 접합선당 3개이상 볼트 연결 | 0.90 |
| 볼트 | **이외의 부재 중 3개 이상 볼트 연결** | **0.85** |
| | 2개 볼트 사용 | 0.75 |

2) 거리를 이용한 산정방법

$$U = 1 - \frac{\overline{x}}{L} \leq 0.9 \quad \overline{x} : \text{편심연결된 요소의 도심으로부터 하중전달면까지의 거리}$$

$$(\overline{x}\text{는 } x_1,\ x_2 \text{중 큰 값}), \quad L : \text{격점의 길이}$$

$$L = 40+40+40+40 = 160\text{mm}$$
$$\overline{x} = \max(23.2,\ 55-47.7) = 23.2\text{mm}$$
$$U = 1 - \frac{\overline{x}}{L} = 1 - \frac{23.2}{160} = 0.855 \leq 0.9 \qquad \therefore \text{Use } U = 0.86$$

➤ **유효단면적 산정**

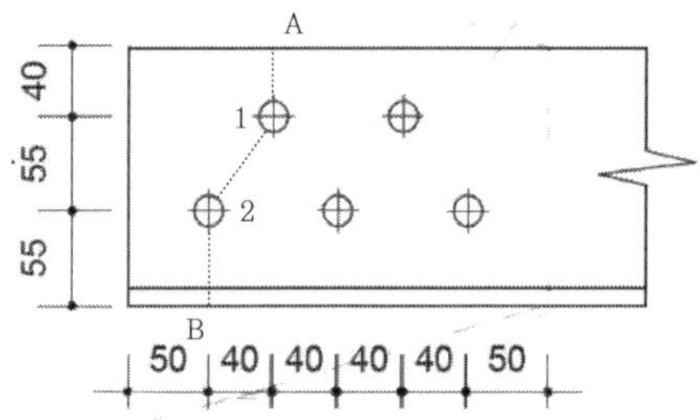


파단선 A-1-단부, A-1-2-B 중 A-1-2-B 경로의 유효단면적이 더 작으므로,

$$A_n = A_g - \left[ n(d+3) - \left( \frac{p^2}{4g} \right) \right] t = 2{,}184 - \left[ 2(20+3) - \frac{40^2}{4\times 55} \right] \times 9 = 1835.45$$

$$\therefore A_e = U A_n = 0.85 \times 1835.45 = 1560.14\,\text{mm}^2$$

블록전단파괴

블록전단파괴(Block shear rupture)강도에 대하여 설명하시오.

## 풀 이

### ▶ 개요

고력볼트의 사용 증가에 따라 접합부 설계는 보다 적은 개수의 그리고 보다 큰 직경의 볼트를 사용하려는 경향이 되었다. 이로 인하여 전단파괴와 인장파단에 의해 접합부의 일부분이 찢겨나가는 파괴형태인 블록전단파괴(Block shear rupture) 양상이 일어날 확률이 커지게 되었다.

### ▶ 블록전단파괴의 강도

블록전단파단은 그림 (a)에서와 같이 a-b 부분의 전단파괴와 b-c 부분의 인장파괴에 의해 접합부의 일부분이 찢겨서 나가는 파괴형태이다.

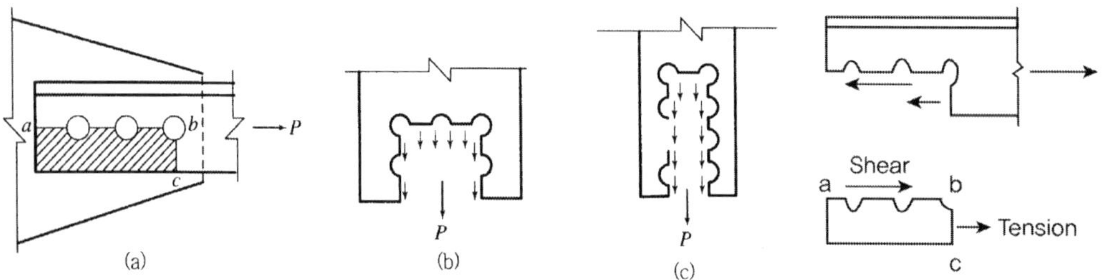


전단파괴선을 따라 발생하는 전단파단과 직각으로 발생하는 인장파단의 블록전단파단 한계상태에 대한 다음의 식으로 산정한 공칭강도에 $\phi = 0.75$를 적용한다.

$$\phi = 0.75$$

$$R_n = [0.6F_u A_{nv} + U_{bs}F_u A_{nt}] \leq [0.6F_y A_{gv} + U_{bs}F_u A_{nt}]$$

여기서, $A_{gv}$는 전단저항 총단면적(mm$^2$), $A_{nv}$는 전단저항 순단면적(mm$^2$)

$A_{nt}$는 인장저항 순단면적(mm$^2$), $U_{bs}$는 인장응력이 균일할 때 1, 불균일할 경우 0.5

(1) 인장파괴 강도에 지배되는 경우(전단영역의 항복과 인장영역의 파괴에 관한 것)

$$F_u A_{nt} \geq 0.6F_u A_{nv} : \phi R_n = \phi[0.6F_y A_{gv} + F_u A_{nt}]$$

(2) 전단파괴 강도에 지배되는 경우(전단영역의 파괴와 인장영역의 항복에 관한 것)

$$F_u A_{nt} < 0.6F_u A_{nv} : \phi R_n = \phi[0.6F_u A_{nv} + F_y A_{gt}]$$

## 블록전단강도

다음 그림과 같은 L-150×150×12를 인장재로 하여 고장력볼트로 연결할 때 강구조 설계기준에 의하여 블록전단강도를 구하시오. 단, 형강의 강도는 $F_y$ =235MPa, $F_u$ =400MPa이며, 고장력볼트는 M24(F10T).

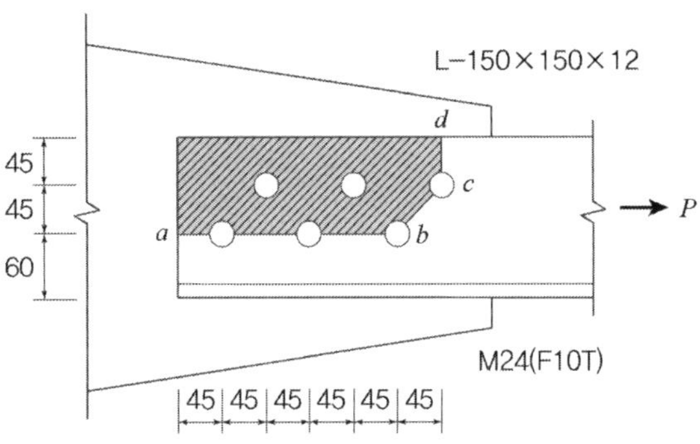


### 풀 이

> **개요**

고력볼트의 사용 증가에 따라 접합부 설계는 보다 적은 개수의 그리고 보다 큰 직경의 볼트를 사용하려는 경향이 되었다. 이로 인하여 전단파괴와 인장파단에 의해 접합부의 일부분이 찢겨나가는 파괴형태인 블록전단파괴(Block shear rupture) 양상이 일어날 확률이 크게 되었다. 그림 (a)에서와 같이 a-b 부분의 전단파괴와 b-c 부분의 인장파괴에 의해 접합부의 일부분이 찢겨서 나가는 파괴형태이다.

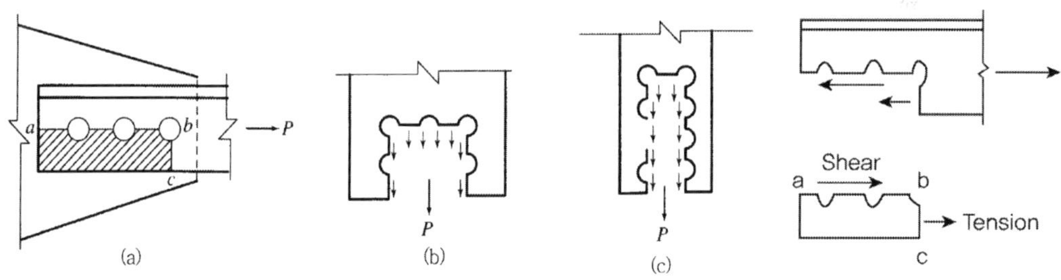


(1) 블록전단파단의 설계강도 산정

허용응력 설계법에서는 이러한 블록전단파괴를 순전단면적과 순인장면적을 강재의 인장강도와 함께 표현하여 1개의 식으로 고려하였으나 LRFD(한계상태설계법, 하중저항계수설계법)에서는 전단파괴강도와 인장파괴강도를 구한뒤 그 값에 따라 식을 구분하여 산정토록 하였다.

(2) 인장파괴 강도에 지배되는 경우(전단영역의 항복과 인장영역의 파괴에 관한 것)

$$F_u A_{nt} \geq 0.6 F_u A_{nv} : \phi R_n = \phi [0.6 F_y A_{gv} + F_u A_{nt}]$$

(3) 전단파괴 강도에 지배되는 경우(전단영역의 파괴와 인장영역의 항복에 관한 것)

$$F_u A_{nt} < 0.6 F_u A_{nv} : \phi R_n = \phi [0.6 F_u A_{nv} + F_y A_{gt}]$$

여기서, $\phi = 0.75$

### ➤ 블록전단강도 산정

1) 전단이 일어나는 면의 단면적

전단저항 총 단면적 $A_{gv}$ = ( a–c 경로길이 ) × 두께 = 6 × 45 × 12 = 3240 mm2

전단저항 순 단면적 $A_{nv}$ = ( a–c 경로길이 – 3.5 × 볼트구멍 ) × 두께
$$= [ 6 \times 45 - 3.5 \times ( 24 + 3 )] \times 12 = 2106 \text{ mm2}$$

2) 인장이 일어나는 면의 단면적

인장저항 총 단면적 $A_{gt}$ = ( b–d경로길이 ) × 두께 = 2 × 45 × 12 = 1080 mm2

인장저항 순 단면적 $A_{nt}$ = ( b–d경로길이 – 1.5×볼트구멍)×두께
$$= [ 2 \times 45 - 1.5 \times ( 24 + 3 )] \times 12 = 594 \text{ mm2}$$

3) 블록전단강도 산정

$$F_u A_{nt} = 400 \times 594 = 237600 \text{ N} < 0.6 F_u A_{nv} = 0.6 \times 400 \times 2106 = 505440 \text{ N}$$

$$\therefore \phi R_n = \phi [0.6 F_u A_{nv} + F_y A_{gt}]$$
$$= 0.75 \times [ 0.6 \times 400 \times 2106 + 235 \times 1080 ] = 569.43 \text{ kN}$$

### 블록전단파괴 검토

그림과 같이 12mm 연결보강판에 3개의 30mm 볼트로 체결된 L=100×100×7의 단면적 $A = 1362mm^2$ 형강의 전단파괴모드에 대하여 검사하라. 강재는 SM400이다. 사용고력볼트 M20(F10T)

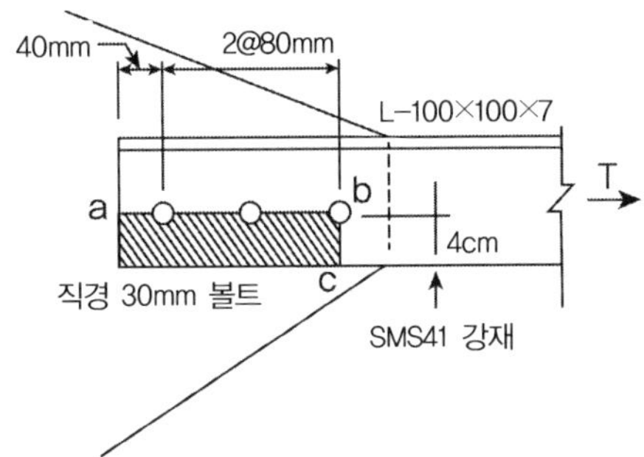




강구조설계기준2014, 도로교설계기준 2015(판두께 40mm 이하, 단위 MPa)

| 구 분 | SM400 | SM490 | SM520 | SM570 |
|---|---|---|---|---|
| $F_y$(항복강도) | 235 | 315 | 355 | 450 |
| $F_u$(인장강도) | 400 | 490 | 520 | 570 |
| $f_a$(허용응력) | 140 | 190 | 210 | 260 |

### ▶ 인장부재의 해석

1) 총단면적이 항복하는 경우 : $\phi_t T_n = \phi_t F_y A_g$

$$\phi_t T_n = 0.9 \times 240 \times 1362 = 294.2 kN$$

2) 순단면이 파단하는 경우 : $\phi_t T_n = \phi_t F_u A_e = \phi_t F_u (UA_n)$

조건에 따라 $U = 0.85$

$$\phi_t T_n = 0.75 \times 400 \times 0.85 \times (1362 - (30+3) \times 7) = 288.405 kN$$
(강구조설계기준 $\phi_t = 0.75$, 도로교설계기준 $\phi_t = 0.80$)

3) 블록전단파괴

① $A_{nt}$ : ( b-c경로길이 − 0.5×볼트구멍)×두께

$$A_{nt} = (40 - 0.5 \times (30 + 3)) \times 7 = 165mm^2$$

$$A_{gt} = 40 \times 7 = 280mm^2$$

② $A_{nv}$ : ( a-b경로길이 − 2.5×볼트구멍)×두께

$$A_{nv} = (200 - 2.5 \times (30 + 3)) \times 7 = 823mm^2$$

$$A_{gv} = (40 + 80 + 80) \times 7 = 1400mm^2$$

③ $f_u A_{nt} = 400 \times 165 = 66kN \ < \ 0.6 f_u A_{nv} = 0.6 \times 400 \times 823 = 197.52$(전단영역에 의해 지지)

$$\therefore \ \phi R_{bs} = \phi [0.6 F_u A_{nv} + F_y A_{gt}] = 0.75 \times [0.6 \times 400 \times 823 + 235 \times 40 \times 7] = 197.49kN$$

필릿용접 블록전단

다음 그림과 같이 인장부재가 연결판에 접합되어 있을 때 부재의 총 인장강도를 발휘할 수 있는 필릿용접을 하중저항계수 설계법으로 설계하고 블록전단에 대한 안전성을 검토하시오(단, 최소 용접치수를 사용하고 강재의 항복강도 $F_y = 325MPa$, 강재의 인장강도 $F_u = 490MPa$).

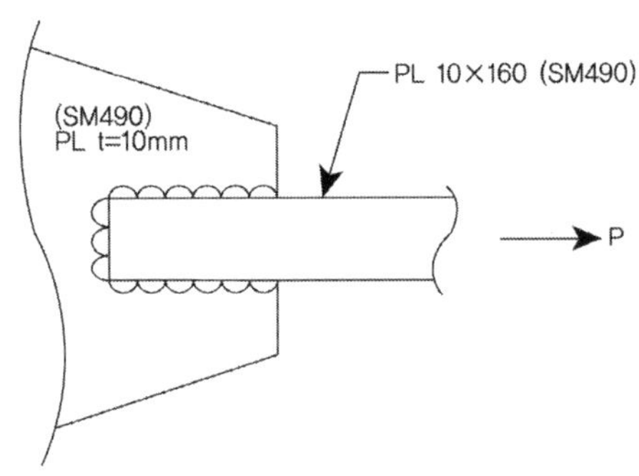


풀 이

## ➤ LRFD 용접설계(강구조설계, 한국강구조학회)

### 1) Fillet 용접(모살용접)

유효면적은 유효길이에 유효목두께를 곱한 것으로 하고 필릿 용접의 유효길이는 필릿 용접의 총 길이에서 필릿사이즈 s의 2배를 공제한 값으로 한다.

① 필릿 용접 사이즈

| 두꺼운 판 두께 | $t < 6$ | $6 \leq t < 12$ | $12 \leq t < 20$ | $t > 20$ |
|---|---|---|---|---|
| 최소사이즈 | 3 | 5 | 6 | 8 |

② 설계강도

$$P_n = \phi P_w = \phi F_w A_w \quad (\phi = 0.9)$$

| 용접구분 | 응력구분 | 공칭강도 |
|---|---|---|
| 완전 용입 용접 | 유표단면의 직교인장, 직교압축 | $F_y$ |
|  | 유표단면의 전단 | $0.6F_y$ |
| 부분 용입 용접 | 유효단면 직교 압축 | $F_y$ |
|  | 유효단면 직교 인장 | $0.6F_y$ |
|  | 용접선 평행 인장, 압축 | $F_y$ |
|  | 용접선 평행 전단 | $0.6F_y$ |
| 필릿 용접 | 전단, 인장, 압축 | $0.6F_y$ |

$$\phi = 0.9, \quad F_y = 325MPa, \quad F_u = 490MPa, \quad F_w = 0.6F_y = 195MPa$$

$$A_w = a \times [160 + 2(l - 2s)], \quad a = 0.707s$$

$$A_w = 0.707s\,[160 + 2(l - 2s)], \quad s = 10\,(모재두께\ 10mm)$$

$$0.9 \times (0.6F_y) \times A_w = F_u \times 160 \times 10 \quad \therefore\ s \geq 255.9mm \quad \therefore\ \text{Use s} = 260mm$$

Check 전단면 항복, 유효단면 파괴

## ▶ 블록전단 검토

용접접합일 때 감소계수(U)

| 조건 | U | 비고 | |
|---|---|---|---|
| $l \geq 2w$ | 1.0 | $l$ : 용접 길이(mm), $w$ : 플레이트 폭 (용접선 간 거리, mm) | |
| $2w > l \geq 1.5w$ | 0.87 | | |
| $1.5w > l \geq w$ | 0.75 | | |

① 인장영역

$$A_{nt} = a(160 - 2 \times s) = a \times 140mm = 989.8mm^2 \qquad A_{gt} = 160a = 1131.2mm^2$$

② 전단영역

$$A_{nv} = a[2(l - 2s)] = 3393.6mm^2 \qquad A_{gv} = a \times 2l = 3676.4mm^2$$

③ $F_u A_{nt} = 485kN < 0.6F_u A_{nv} = 997.7kN$

$$\phi R_n = \phi[0.6F_u A_{nv} + F_y A_{gt}] = 0.75 \times [0.6 \times 490 \times 3393.6 + 325 \times 1131.2] = 1024kN$$

④ $P_u = F_u A = 490 \times 160 \times 10 = 784kN$

$$\phi R_n > P_u \quad \text{O.K}$$

### 인장재의 설계강도

그림과 같이 인장재에 소요인장강도 $P_u$ =324kN이 작용할 때 이 인장재의 설계인장강도를 구하고 안전성을 평가하시오. 등변 ㄱ형강 L-100×100×13(SM275, $A_g$ =2,431mm², $C_x = C_y$ = 29.4 mm)이고, 4-M20(F10T) ($T_o$ =165 kN), 거셋플레이트 $t$ =9mm (SM275)를 사용한다. 거셋플레이트 유효폭 $b$는 첫 번째 고장력볼트에서 양쪽으로 30° 각도의 응력분포를 갖는 것으로 가정한다.

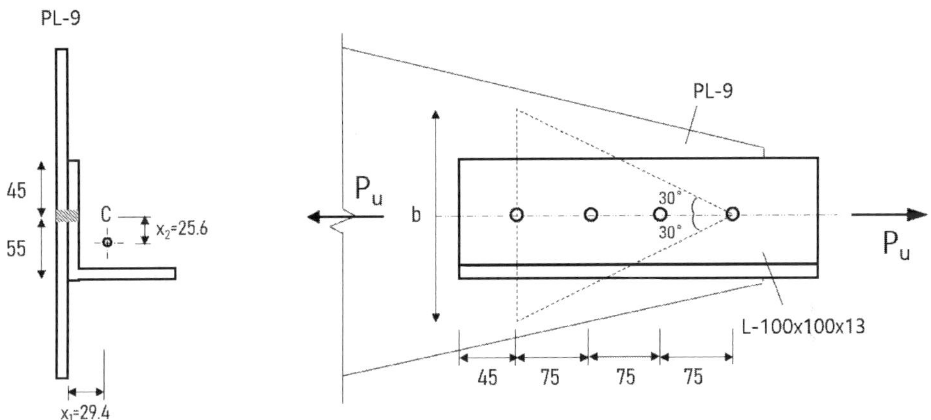




### ▶ 총 단면의 항복 설계인장강도

총 단면의 항복 : $P_n = F_y A_g$ ($F_y$ : 항복강도, $A_g$ : 전단면), $\phi_t = 0.90$

$$\therefore \phi R_n = 0.9 \times 275 \times 2431 \times 10^{-3} = 602 \text{ kN}$$

### ▶ 유효 순단면의 파단 설계인장강도

유효 순단면의 파단 : $P_n = F_u A_e$ ($F_u$ : 인장강도, $A_e$ : 유효 순단면($= UA_n$)), $\phi_t = 0.75$

$$A_n = 2431 - 22 \times 13 = 2145 \text{ mm}^2$$

$$\overline{x} = \max(\overline{x_1}, \ \overline{x_2}) = (29.4, \ 25.6) = 29.4 \text{ mm}$$

$$U = 1 - \frac{\overline{x}}{L} = 1 - \frac{29.4}{75 \times 3} = 0.87$$

$$A_e = UA_n = 0.87 \times 2145 = 1866.2 \text{ mm}^2$$

$$\therefore \phi R_n = 0.75 \times 410 \times 1866.2 \times 10^{-3} = 574 \text{ kN}$$

## ▶ 블록전단파단강도

$$A_{gv} = (45 + 75 \times 3) \times 13 = 3510\,\text{mm}^2$$

$$A_{nv} = (45 + 75 \times 3 - 3.5 \times 22) \times 13 = 2509\,\text{mm}^2$$

$$A_{nt} = (45 - 0.5 \times 22) \times 13 = 442\,\text{mm}^2$$

인장응력이 균일하므로 $U_{bs} = 1.0$

$$[0.6F_u A_{nv} + U_{bs}F_u A_{nt}] = [0.6 \times 410 \times 2509 + 1.0 \times 410 \times 442] \times 10^{-3} = 798.4\ \text{kN}$$

$$[0.6F_y A_{gv} + U_{bs}F_u A_{nt}] = [0.6 \times 275 \times 3510 \times 1.0 \times 410 \times 442] \times 10^{-3} = 760.3\ \text{kN}$$

$$\therefore\ [0.6F_u A_{nv} + U_{bs}F_u A_{nt}] > [0.6F_y A_{gv} + U_{bs}F_u A_{nt}]\ :\ \text{전단항복이 지배한다.}$$

따라서, 설계블록전단파단강도는

$$\therefore\ \phi R_n = 0.75 \times [0.6F_y A_{gv} + U_{bs}F_u A_{nt}] = 0.75 \times [0.6 \times 275 \times 3510 + 1.0 \times 410 \times 442] \times 10^{-3} = 570\ \text{kN}$$

## ▶ 고장력 볼트의 설계미끄럼 강도

$$\phi R_n = \phi \mu h_f T_0 N_s = (1.0 \times 0.5 \times 1.0 \times 165 \times 1) \times 4 = 330\ \text{kN}$$

## ▶ 거셋플레이트

거셋플레이트 유효폭은 첫 번째 고장력볼트에서 양쪽으로 30° 각도의 응력분포를 갖는 것으로 가정했으므로,

$$b = [(75 \times 3)\tan 30°] \times 2 = 259.8\,\text{mm}$$

인장항복 $\quad \phi R_n = 0.9F_y A_g = 0.9 \times 275 \times 259.8 \times 9 \times 10^{-3} = 579\ \text{kN}$

인장파단 $\quad \phi R_n = 0.75F_u A_n = 0.75 \times 410 \times (259.8 - 22) \times 9 \times 10^{-3} = 658\ \text{kN}$

## ▶ 설계인장강도

계산된 값 중 가장 작은 값인 고장력볼트의 마찰강도가 설계인장강도로 작용하고, 소요인장강도보도 크므로 안전하다.

$$\therefore\ \phi R_n = 330\ \text{kN}\ >\ P_u = 324\ \text{kN} \qquad \text{O.K}$$

### 인장재의 설계강도

그림과 같이 등변 ㄱ형강 L-150×150×12(SM275, $A_g$=3,477mm$^2$, $C_x = C_y$=41.4mm)로 구성된
650kN의 계수하중을 받는 인장재를 설계하고자 한다. 안전성을 검토하시오. 형강 SM275의
$F_y$ =275MPa, $F_u$ =410MPa이며, 사용 고장력볼트는 M20(F10T)이다. 블록전단파단은 고려하지
않으며, 거셋플레이트는 안전한 것으로 가정한다.

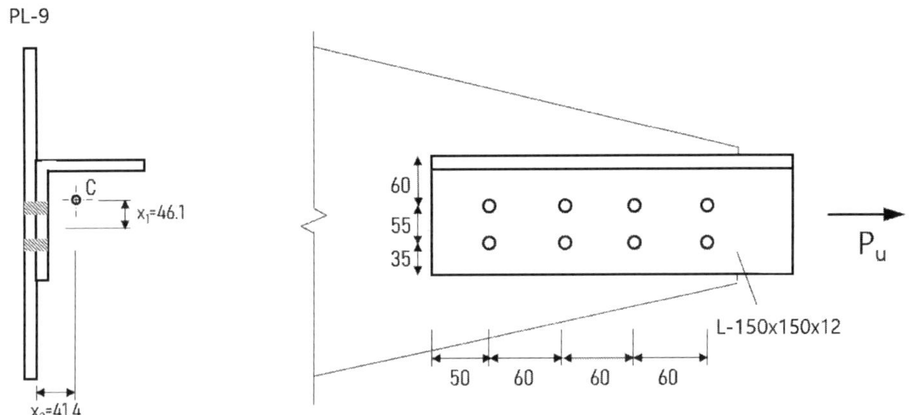




### ▶ 총 단면의 항복 설계인장강도

총 단면의 항복 : $P_n = F_y A_g$ ($F_y$ : 항복강도, $A_g$ : 전단면), $\phi_t = 0.90$

$$\therefore \ \phi R_n = 0.9 \times 275 \times 3477 \times 10^{-3} = 860 \ \text{kN}$$

### ▶ 유효 순단면의 항복 설계인장강도

유효 순단면의 파단 : $P_n = F_u A_e$ ($F_u$ : 인장강도, $A_e$ : 유효 순단면($= UA_n$)), $\phi_t = 0.75$

$$A_n = 3477 - 2 \times 22 \times 12 = 2949 \, \text{mm}^2$$

$$\overline{x} = \max(\overline{x_1}, \ \overline{x_2}) = (46.1, \ 41.4) = 46.1 \, \text{mm}$$

$$U = 1 - \frac{\overline{x}}{L} = 1 - \frac{46.1}{60 \times 3} = 0.74$$

$$A_e = UA_n = 0.74 \times 2949 = 2182.3 \, \text{mm}^2$$

$$\therefore \ \phi R_n = 0.75 \times 410 \times 2182.3 \times 10^{-3} = 671 \, \text{kN}$$

## ▶ 블록전단파단강도

고려하지 않음

## ▶ 고장력 볼트의 설계미끄럼 강도

$$\phi R_n = \phi \mu h_f T_0 N_s = (1.0 \times 0.5 \times 1.0 \times 165 \times 1) \times 8 = 660 \ \text{kN}$$

## ▶ 거셋플레이트

고려하지 않음

## ▶ 설계인장강도

계산된 값 중 가장 작은 값인 고장력볼트의 마찰강도가 설계인장강도로 작용하고, 소요인장강도 보다 크므로 안전하다.

$$\therefore \ \phi R_n = 660 \ \text{kN} \ > \ P_u = 650 \ \text{kN} \qquad \text{O.K}$$

### 인장재의 설계강도

아래 그림과 같이 강종 SM355강재의 L형강(L-150×150×12)부재가 M22(F10T) 고장력 볼트로 연결될 경우, L형강의 파단 한계상태와 설계강도를 검토하시오.

(단, 유효 순단면적은 순단면적의 85%, 구멍의 지름은 25mm, SM355의 항복응력 $F_y$는 355MPa, 인장응력 $F_u$은 490MPa, L형강 단면적 $A_g$는 3477mm$^2$이다.)

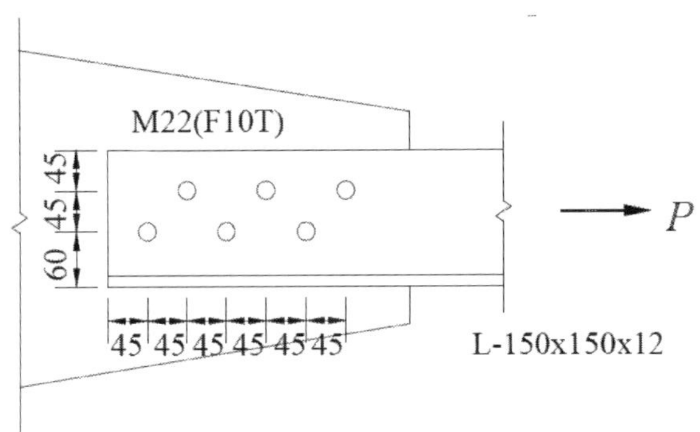


### 풀 이

#### ➤ 개요

인장부재 접합부의 설계 시 파단 한계상태와 설계강도는 총단면적의 항복과 유효순단면적의 파단의 두 가지 한계상태에 대해 검토한다. 연성을 갖는 총단면적의 항복강도의 인장저항계수 $\phi_t = 0.90$, 급격한 파괴가 일어나는 유효순단면의 파단강도에 대해서는 $\phi_t = 0.75$를 적용한다. 설계에서는 인장재의 설계인장강도는 총단면적의 항복강도, 유효순단면의 파단강도와 블록전단 파단강도도 함께 비교하여 작은 값으로 결정한다.

#### ➤ 총 단면의 항복 설계인장강도

총 단면의 항복 : $P_n = F_y A_g$ ($F_y$ : 항복강도, $A_g$ : 전단면), $\phi_t = 0.90$

$$\therefore \phi R_n = 0.9 \times 355 \times 3477 \times 10^{-3} = 1100.9 \text{ kN}$$

#### ➤ 유효 순단면의 파단 설계인장강도

유효 순단면의 파단 : $P_n = F_u A_e$ ($F_u$ : 인장강도, $A_e$ : 유효 순단면($= U A_n$)), $\phi_t = 0.75$

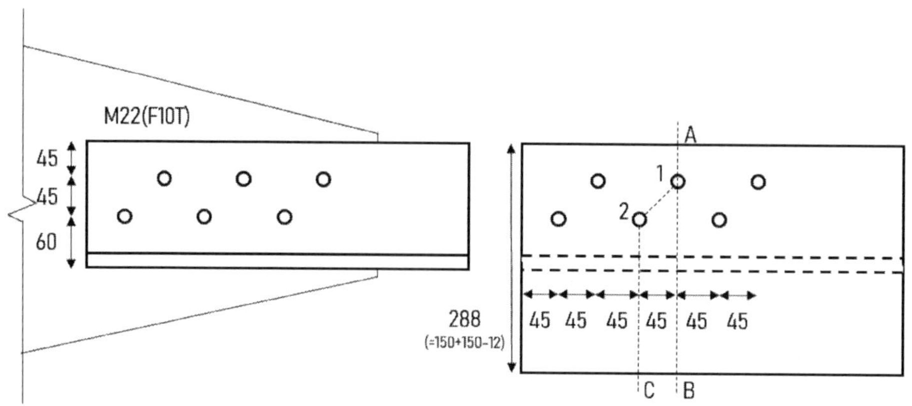


① 파단면 A-1-B

$$A_n = A_g - ndt = 3477 - 1 \times 25 \times 12 = 3177\,\text{mm}^2$$

② 파단면 A-1-2-C

$$A_n = A_g - ndt + \sum \frac{s^2}{4g}t = 3477 - 2 \times 25 \times 12 + \frac{45^2}{45} \times 12 = 3417\,\text{mm}^2$$

$$\therefore A_n = 3177\,\text{mm}^2$$

$$A_e = UA_n = 0.85 \times 3177 = 2904.45\,\text{mm}^2$$

$$\therefore \phi R_n = 0.75 \times 490 \times 2904.45 \times 10^{-3} = 1067.4\,\text{kN}$$

### ▶ 파단 한계상태와 설계강도

계산된 두 한계상태 중 유효 순단면적의 파단이 한계상태로 작용한다. 이때의 설계강도는 1,067kN이다.

### 완전용입 그루브용접

50kN의 고정하중(DL), 300kN의 활하중(LL)이 작용하는 인장부재에 대하여 맞대기 용접 시에 필요한 강재의 두께를 항복상태와 파단상태를 모두 고려하여 결정하시오(단, 사용강재의 강도는 $F_y$=235MPa, $F_u$=400MPa, 고정하중계수 1.2, 활하중계수 1.6, 항복 시 강재 강도감소계수 0.9, 파단 시 강재 강도감소계수 0.75이다).

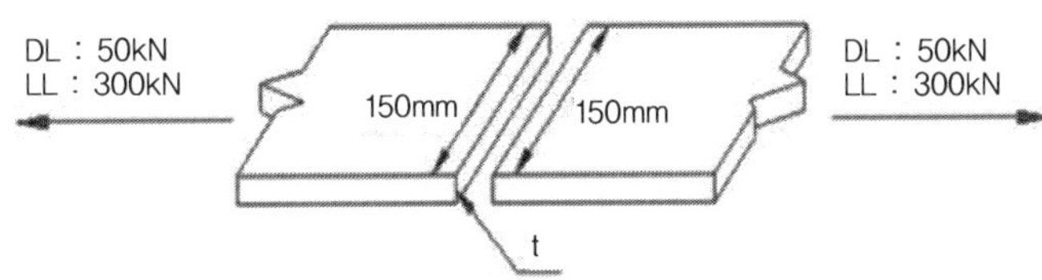


### 풀 이

#### ▶ 개요

그루브용접의 유효면적은 용접유효길이에 유효 목두께를 곱한 것으로 한다. 유효길이는 하중방향의 직각인 접합부분의 폭으로 하며, 유효 목두께는 완전용입용접은 접합판 중 얇은 판의 판두께로 한다. 토목구조물은 모재의 규정 항복강도와 인장강도 이상이 되도록 용접된 완전용입 그루브용접의 공칭강도는 접합되는 모재 중 공칭강도가 작은 쪽 값으로 한다. 단, 인장강도 600 MPa 이상의 강종에 대해 언더매칭 용접을 한 경우에는 용접금속의 인장강도를 기준으로 공칭강도를 정한다.

#### ▶ 하중산정

$$R_u = 1.2D + 1.6L = 1.2 \times 50 + 1.6 \times 300 = 540 \text{ kN}$$

#### ▶ 강판의 총단면의 인장항복(항복한계상태) 검토

1) 강재의 재료강도

$$F_y\text{=235MPa}, \quad F_u\text{=400MPa}$$

2) 판두께 검토

$$R_u \leq \phi R_n = \phi F_{nBM} A_{BM} = \phi F_y A_g$$

$$\phi = 0.90, \quad l_e = l = 150\text{mm}, \ a = t \qquad \therefore \ A_g = l_e \times a = 150t$$

$$R_u \leq \phi R_n = \phi F_y A_g = \phi F_y (150t) \ ; \quad \therefore \ t \geq \frac{R_u}{\phi F_y \times 150} = \frac{540 \times 10^3}{0.9 \times 235 \times 150} = 17.02\text{mm}$$

## ➤ 강판의 유효순단면의 인장파단(파단한계상태)

$$R_u \leq \phi R_n = \phi F_{nBM} A_{BM} = \phi F_u A_e$$

$$\phi = 0.75, \ A_e = A_g = l_e \times a = 150t$$

$$R_u \leq \phi R_n = \phi F_u A_e = \phi F_u (150t) \quad ; \ t \geq \frac{R_u}{\phi F_u \times 150} = \frac{540 \times 10^3}{0.75 \times 400 \times 150} = 12.0\text{mm}$$

## ➤ 강판의 최소 판두께

$$t_{\min} = \max(17.02, \ 12.0) = 17.02\text{mm} \ <=16\text{mm}$$

따라서 최소 판두께는 17.02mm 이다.

## 이음설계

다음 그림과 같은 지압이음의 경우에 한계상태설계법을 적용하여 최대 사용하중을 구하시오.
단, F12T M22($F_{ub}$=1200MPa), F12T  볼트 SS400($F_y$=235MPa, $F_u$=400MPa), 사용 활하중은 고
정하중의 3배

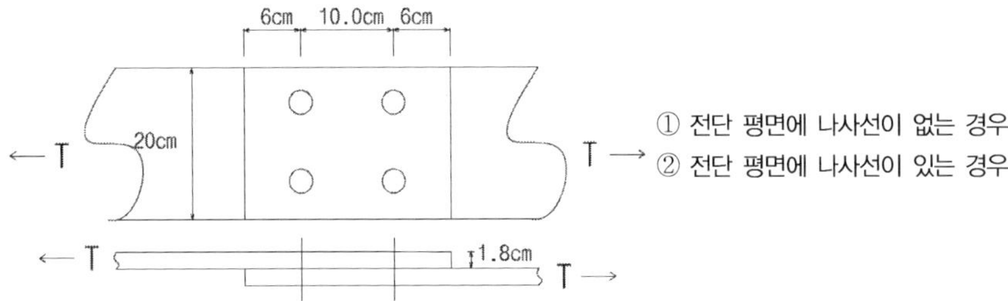




### ➤ 개요

지압연결부에 작용하는 하중은 볼트의 전단력과 연결부재의 지압력 및 마찰력에 의해서 전달되
며, 연결부의 파괴형태는 볼트의 전단파괴, 연결부재의 찢어짐 또는 볼트구멍의 과대한 변형 등
으로 발생된다. 최종 파괴하중은 볼트 체결력과는 무관하다.
도로교설계기준(2015 한계상태설계법)에서 지압연결은 축방향 압축을 받는 연결부 또는 브레이
싱 연결부에 대해서만 허용하도록 규정하고 있다. 이때 이음은 극한한계상태에서 설계강도를 만
족하여야 한다.

### ➤ 강도 검토

1) 볼트의 전단강도(2015 도로교설계기준, 연결부 길이가 1,270mm 이하)

① 전단 평면에 나사선이 없는 경우

$$R_r = \phi R_n = \phi \times 0.48 A_b F_{ub} N_s = 0.65 \times 0.48 \times \frac{\pi \times 22^2}{4} \times 1200 \times 4 = 569.29\text{kN}$$

② 전단 평면에 나사선이 있는 경우

$$R_r = \phi R_n = \phi \times 0.38 A_b F_{ub} N_s = 0.65 \times 0.38 \times \frac{\pi \times 22^2}{4} \times 1200 \times 4 = 450.69\text{kN}$$

* 도로교설계기준, 전단력을 받는 고장력 볼트 F8T, F10T, F13T $\phi_t$=0.80, 전단력을 받는 일반볼트 $\phi_s$=0.65

2) 볼트 구멍의 지압강도

볼트구멍들의 순간격 100mm > 2d(=2×22)

$$R_n = 2.4dt F_u = 2.4×22×18×400 = 380.16kN$$

$$\therefore R_r = \phi_{bb} R_n = 0.8×380.16×4 = 1216.52kN$$

3) 연결부재의 인장강도(2015 도로교설계기준)

① 전단면 항복

$$P_r = \phi_y P_{ny} = \phi_y f_y A_g = 0.95×235×(18×200) = 803.70kN$$

② 순단면 파단

$$P_r = \phi_u P_\nu = \phi_u f_u A_n U = 0.80×400×[200-2×(24+3.2)]×18 = 838.66kN$$

## ▶ 최대 사용하중 산정

1) 전단 평면에 나사선이 없는 경우  $R_r$ = min[569.29, 1216.52, 803.70] = 569.29kN

사용활하중이 고정하중의 3배이므로 D+L=(3+1/3)L   ∴ L ≤ 426.97kN

∴ 고정하중과 사용활하중을 포함한 최대 사용하중은 569.29kN, 최대 사용활하중은 426.97kN

2) 전단 평면에 나사선이 있는 경우  $R_r$ = min[450.69, 1216.52, 803.70] = 450.69kN

사용활하중이 고정하중의 3배이므로 D+L=(3+1/3)L   ∴ L ≤ 338.02kN

∴ 고정하중과 사용활하중을 포함한 최대 사용하중은 450.69kN, 최대 사용활하중은 338.02kN

## 강재 전단지연 감소계수

도로교설계기준(한계상태설계법, 2016)에서 강재 인장부재의 볼트연결부 전단지연을 고려하기 위한 감소계수(U)

## 풀 이

### ▶ 개요

도로교 설계기준에서는 볼트연결부의 공칭강도(Nominal strength)를 전단면이 항복하는 경우와 유효단면이 파괴되는 경우로 구분하고 있으며, 유효단면이 파괴되는 경우에 연결부 전단지연으로 인한 인장부재의 유효 순 단면적 개념을 적용하기 위해 감소계수를 적용하도록 하고 있다.

도로교설계기준(한계상태설계법, 2015) 공칭강도 산정 한계상태
① 전단면 항복 : $T_n = F_y A_g$ ($F_y$ : 항복강도, $A_g$ : 전단면), 도·설(2015) $\phi_y = 0.95$
② 유효단면의 파괴 : $T_n = F_u A_e$ ($F_u$ : 인장강도, $A_e$ : 유효단면($= U A_n$)), 도·설(2015) $\phi_u = 0.80$

### ▶ 볼트연결부 감소계수(U)

Shear leg의 영향을 고려하기 위해 유효 순 단면적 개념을 도입하였다. 접합부 부근에서는 접합의 형태에 따라 응력의 분포가 달라질 수 있다. 접합의 중심과 인장재 중심이 일치하지 않아서 편심이 발생하는 접합부에서는 인장력은 먼저 접합에 사용된 면을 통해서 전단응력의 형태로 점차 전체 단면으로 전달된다. 이때 전체가 인장력을 받게 되나 접합에 상용되지 않은 면에는 인장력이 불균등하게 생기는데 이러한 현상을 shear leg라 한다. shear leg 현상은 인장부재 중심축과 인장력의 축이 일치하지 않을 때 발생되며 두 축 사이의 거리 $\bar{x}$ 가 클수록 심해지며 접합부의 길이 $l$이 길어질수록 그 영향이 줄어든다.

1) $A_n = A_g - n(d+3)t, \quad A_g - \left[ n(d+3) - \left( \dfrac{p^2}{4g} \right) \right] t$

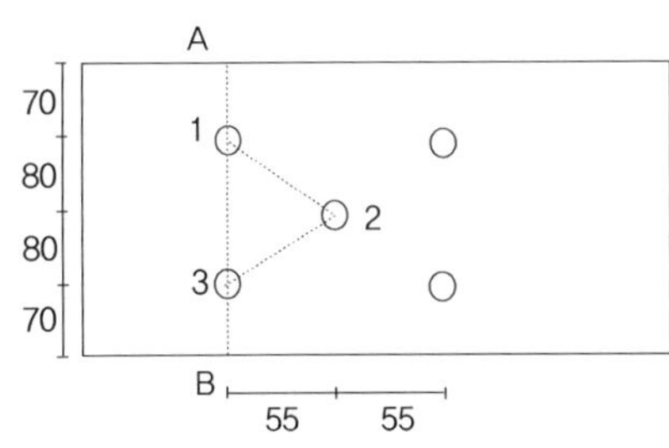

(ㄱ) 파단선 A-1-3-B

$$A_n = (300 - 2 \times (20 + 3)) \times 6 = 1524 mm^2$$

(ㄴ) 파단선 A-1-2-3-B

$$A_n = (300 - 3 \times (20 + 3)) \times 6 + \frac{55^2}{4 \times 80} \times 2 \times 6$$

$$= 1499 mm^2$$

$$\therefore A_n = 1499 mm^2$$

2) $U$(감소계수)

$$U = 1 - \frac{\overline{x}}{L} \leq 0.9 \quad \overline{x} : \text{편심연결된 요소의 도심으로부터 하중전달면까지의 거리}$$

$$(\overline{x} \text{는 } x_1,\ x_2 \text{중 큰 값}), \quad L : \text{격점의 길이}$$

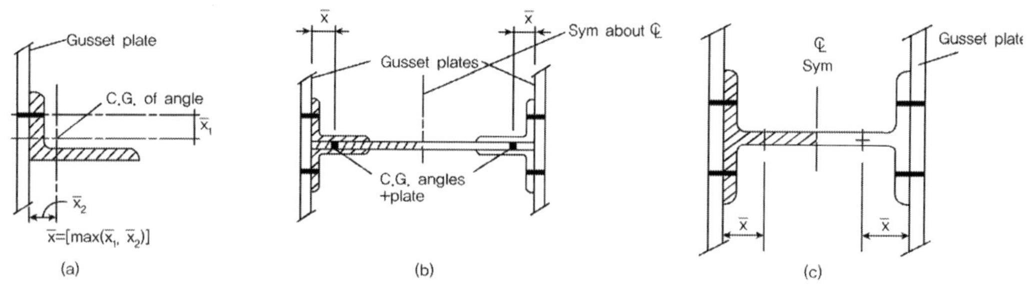


3) $U$(조건에 따른 감소계수, 도로교설계기준 2015)

| 구분 | 조건 | $U$ |
|---|---|---|
| 볼트 | 볼트나 용접 연결 단면 내에서 각 연결요소에 직접적으로 인장력이 전달되는 단면 | 1.0 |
| | 플랜지폭이 복부판 높이의 2/3 이상인 압연 I형 단면 및 I형 단면으로부터 한쪽 플랜지가 제거된 T형 단면에서 응력방향으로 한 접합선당 3개 이상 볼트로 플랜지에서 연결된 부재 | 0.90 |
| | 이외의 부재 중 3개 이상 볼트 연결 | 0.85 |
| | 응력방향으로 한 접합선당 2개의 볼트를 사용한 모든 부재 | 0.75 |

Chapter 04

# 강구조물의 좌굴

# 강구조물의 좌굴

## 01 좌굴이론

### 1. 강구조물의 좌굴현상 94회/95회/107회/120회/127회

【 기출유형 ① 】 강재 I형거더 또는 플레이트 거더의 파괴 특징
【 기출유형 ② 】 강구조물의 좌굴현상과 설계상 대책
【 기출유형 ③ 】 분기좌굴, 면외좌굴

일반적으로 강구조물의 파괴는 피로에 의한 파괴, 좌굴에 의한 파괴, 극도의 변형으로 인한 파괴로 구분할 수 있으며, 구조물의 좌굴현상은 주요 부재가 압축응력을 받아 그 크기가 부재의 극한치를 초과하면 이에 대응하는 변형상태가 갑자기 변하여 설계하중을 지탱할 수 없어 구조물이 붕괴되는 현상을 말한다. 좌굴이 발생되면 부재는 내하력을 잃고 구조물이 파괴된다. 좌굴은 탄성한도 내에서 발생하는 탄성 좌굴(Elastic Buckling, Euler's Buckling)과 탄성범위를 벗어나 불안정한 상태인 비탄성 좌굴(Inelastic Buckling)로 구분할 수 있으며, 좌굴이 발생하는 위치가 면내 또는 면외에서 발생하는지에 따라 면내 좌굴(In-plane Buckling)과 면외 좌굴(Out of plane Buckling)로 구분할 수 있다. 또한 좌굴현상이 발생할 때 구조물 전체가 동시에 내하력을 잃는 전체 좌굴(Global Buckling)과 구조계의 개개 부재에서 발생하는 국부좌굴(Local Buckling)로 구분할 수 있다.

### 1) 강구조물 부재별 좌굴 현상

#### ① 압축부재의 좌굴

실제 부재는 제작상의 결함, 초기변형, 잔류응력, 지점조건, 하중의 편심에 따라 강도의 변화가 존재하며 실제부재에서 이러한 요건으로 인하여 좌굴강도가 저하되게 된다. 압축부재는 세장비가 클 경우 재료의 파괴보다는 좌굴로 인한 파괴의 안정성의 문제가 더 크게 되므로 도로교 설

계기준에서는 세장비에 따라 압축부재의 강도를 정하도록 하고 있다.

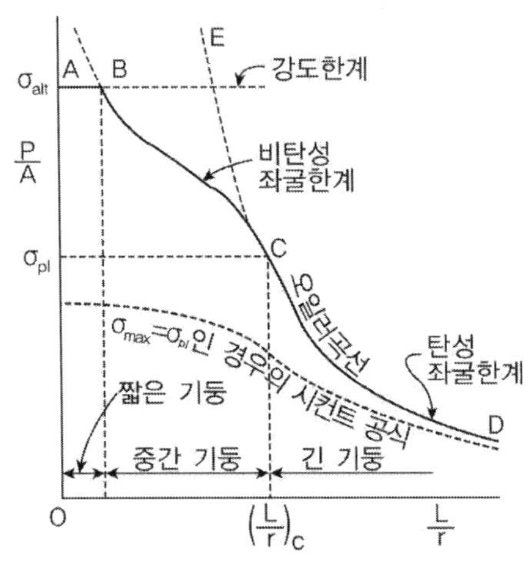

기둥의 좌굴은 탄성 좌굴과 비탄성 좌굴로 구분할 수 있으며 일반적으로 Euler의 좌굴응력이 재료의 비례한계에 도달할 때를 기준으로 구분한다.

- AB(단주) : 재료의 항복, 파쇄에 의한 파괴
- BC(중간주) : 비탄성 좌굴에 의한 파괴, 임계하중은 오일러하중보다 작다.

$$\sigma_{cr}{}' = \frac{P_{cr}}{A} = \frac{\pi^2 E_t}{(L/r)^2} \quad (\text{접선탄성계수 적용})$$

- CD(장주) : 오일러 법칙에 따른다.

$$\sigma_{cr} = \frac{P_{cr}}{A} = \frac{\pi^2 E}{(L/r)^2}, \quad \lambda_c = \left(\frac{L}{r}\right)_c = \sqrt{\frac{\pi^2 E}{\sigma_{pl}}}$$

---

**TIP** |비탄성 좌굴|

중간길이의 기둥에서 Euler하중에 도달하기 이전에 응력이 비례한도에 도달함으로 인해 탄성 좌굴 이론과 다른 별도의 비탄성 좌굴 이론이 필요하게 되었다. 비탄성 좌굴 이론은 Shanley의 이론이 주로 정설로 입증되고 있으나 안정성이나 계산상의 편리성을 고려하여 접선계수 이론이 주로 적용된다.

① 접선계수 이론 : 비례한도 위의 점에서 재료의 탄성계수를 접선계수로 적용($E_t = d\sigma/d\epsilon$)

② 감소계수(등가계수) 이론 : 부재의 위치에 따라 탄성계수를 다르게 적용되므로(압축측은 $E_t$, 인장측은 $E$), 등가의 탄성계수($E_r$)로 적용

$$E_r = \frac{4EE_t}{(\sqrt{E} + \sqrt{E_t})^2} \text{(직사각형)}, \quad E_r = \frac{2EE_t}{E + E_t} \text{(Wide Flange 보)}$$

③ Shanley 이론 : 처진 모양이 하중변화 없이 갑자기 발생하는 중립평형 대신 계속 증가하는 축하중을 가진 기둥을 고려하여 중립평형대신 하중-처짐 사이 명확한 관계를 가지는 기둥을 고려하여 해석

---

② 휨부재의 좌굴

휨부재의 파괴 모드는 소성파괴(Fully plastic failure by excessive deformation), 국부좌굴 (Local Buckling : Web local buckling, Flange local buckling), 횡비틂좌굴(Lateral-Torsional buckling)로 구분할 수 있으며, 허용응력설계법에서는 휨모멘트를 받는 H형강 단면의 플랜지부 허용응력은 거더의 횡방향 좌굴응력을 기본 내하력으로 규정하고 있다. LRFD설계에서는 단면을 구분(조밀, 비조밀, 세장단면)하여 강도를 결정하도록 하고 있다. 횡비틂좌굴(또는 횡좌굴)은 단면의 강축면 내에서 휨이 작용할 때 휨이 어느 일정치에 도달하면 부재가 처짐면 내에서 처짐면 외로 비틀림을 동반하여 횡방향으로 변형이 발생되어 내하력을 잃는 상태를 말한다.

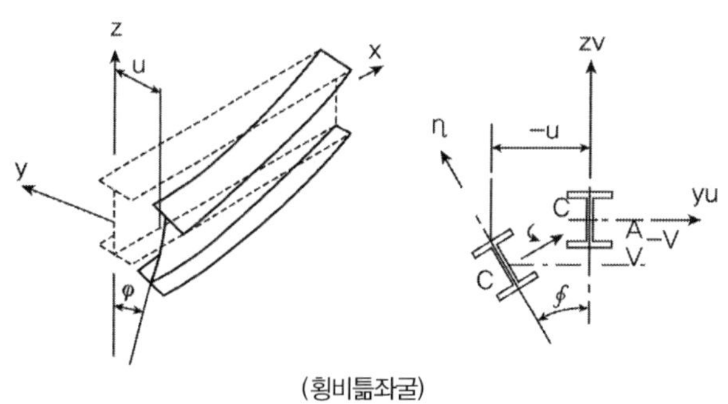

(횡비틂좌굴)

### ③ 축방향력과 휨을 동시에 받는 부재의 좌굴

축방향 압축력과 휨을 동시에 받는 부재는 휨모멘트가 강축에 대해 작용하는 것이 보통이다. 이 경우 휨 작용면 내의 휨 좌굴과 휨 작용면 외의 휨과 비틀림이 일어나 휨비틂좌굴이 생길 가능성이 있다. 따라서 2가지의 안전성을 조사해야 하나 일반적으로 작용면 외의 좌굴강도가 작다.

### ④ 판(Plate)의 좌굴

강부재를 구성하는 판이 면내의 순압축력과 휨을 받아 압축응력이 어느 일정치에 도달하면 면외 방향으로 휘는 현상을 국부좌굴이라 하며, 실제 구조물에서는 초기 변형과 잔류응력을 받는다. 판의 좌굴에는 거더의 복부판 및 강관 중에서 많이 나타나며, 거더에서 복부판 부분의 경우에는 후좌굴 현상이 발생된다.

도로교 설계기준 허용응력설계법에서는 휨응력을 받고 있는 보에서 전체좌굴에 앞서 국부좌굴이 발생되지 않도록 판에 대해서 판·폭 두께 비를 제한하는 방식을 적용하였다. 이 방식은 설계 시 국부좌굴을 고려하지 않아도 되므로 설계가 간편해지나 작용응력이 작을 경우에는 재료강도를 충분히 활용하지 못하는 비경제적인 설계가 될 수 있다. 다른 방법으로는 $R > R_{cr}$ 인, 즉 판의 국부좌굴을 허용하는 방식으로 재료의 강도를 충분히 활용하여 경제적인 설계가 될 수 있다는 장점이 있는 반면, 웨브의 좌굴발생으로 인한 Post-Buckling Behavior로 인해 Flange에 추가적인 압축강도의 발생으로 Flange의 좌굴 강도저하를 고려해야 한다는 점이다. 미국의 AISC는 이러한 판형의 후좌굴강도를 고려하여 복부판의 휨응력에 의한 국부좌굴을 허용하는 대신에 플랜지의 추가분담률을 고려하여 플랜지의 강도를 감소시키는 방법을 적용하고 있기도 하다.

## 2) 판형(Plate Girder)의 좌굴

상대적으로 긴 경간의 주형(Girder)은 단면에 발생하는 M, V가 대단히 크기 때문에 소요단면적을 공장제작 생산하는 압연보로 충족시키기 어렵다. 소요단면적의 충족을 위해서는 강판을 조립하여 만들어야 하며 이러한 주형을 Plate Girder, 판형이라고 한다. 국내의 압연보는 H=900mm, B=300mm로 제한적인 것으로 알려져 있다.

① 판형의 파손

판형은 용접이나 고강도 볼트를 이용하여 제작하기 때문에 연결부의 파손이 발생하기 쉬우며 또한 휨모멘트와 전단력에 의해서 좌굴이 발생할 수 있다.

② 휨 좌굴

조밀단면의 경우 잔류응력을 포함하여 최대응력이 항복점에 도달하면 소성화되며 이때 얇은 Web 판형은 전단변형의 영향도 받기 때문에 직선분포보다 더 큰 응력이 발생한다. 제작 시 초기처짐이나 좌굴에 의해 압축부의 전단면이 유효하지 않기 때문에 최대 압축응력이 최대 인장응력보다 크게 된다. 따라서 판형의 강도는 Flange의 좌굴을 고려하여야 한다. 압축 플랜지의 좌굴유형은 압축 flange 자체의 좌굴, 횡방향 좌굴, 비틀림 좌굴, 복부판 연결부 수직좌굴이 발생할 수 있다.

- 횡방향 좌굴 : 가로보에 의해 횡방향으로 지지된 지지점 사이에서 일어난 단면 전체의 횡방향 좌굴의 결과에 의해 발생하는 측방향 변위이다.
- 비틀림 좌굴 : 주로 국부좌굴현상으로 한계압축응력이 항복응력과 같거나 그 이상이 되도록 폭 두께 비를 제한하여 방지할 수 있다.
- 복부판 연결부의 수직좌굴 : 휨에 의한 만곡부에서 flange의 응력방향이 변화되고 판형의 곡률 때문에 복부판은 상하플랜지로부터 곡률반경 중심방향의 압축력을 받는다.

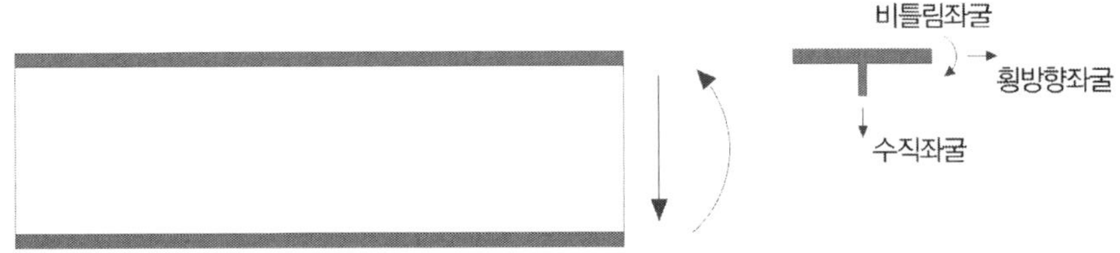


③ 전단좌굴

직접적인 지압, 전단력에 의한 좌굴로 보강재로 복부판 보강 시 압축 주응력 방향의 서항력은 상실되나 인장방향 저항력은 확보되어 Pratt truss 구조형식처럼 복부판이 인장력에만 견디는 인장장(Tension field)을 형성하여 전단력에 저항하게 된다. 인장장이 발생 시에는 flange에 추가 압축력이 발생하여 flange의 좌굴강도를 저하시키게 된다. 이를 방지하기 위해서 Web의 국부좌굴방지를 위한 b/t 제한 또는 플랜지의 좌굴강도를 저하시키는 허용응력 저하 방법이 있다.

3) 좌굴에 대한 설계상의 대책

좌굴에 대한 설계상의 대책은 허용응력의 감소를 통해서 부재의 안정성을 확보하는 방법과 보강재를 통해서 강도 증가, 비지지길이 감소, 세장비 감소, 국부좌굴방지 등을 통해서 강도를 확보하는 방법으로 크게 구분할 수 있다.

① 허용응력의 저감

강구조의 허용압축응력은 기둥의 좌굴강도, 보의 횡좌굴 강도를 기본 내하력으로 하여 결정된다. 기본 내하력은 부재의 잔류응력, 초기 변형 등의 불완선 성질을 고려한 실험적 방법으로 구해진다. 허용응력은 기본 내하력에 안전율로 나누어 구한다.

② 각종 보강재를 이용한 보강 설계

강부재의 면외좌굴로 인한 국부좌굴을 방지하기 위하여 각종 보강재를 설치하여 국부좌굴을 방지하도록 한다.

## 4) 부재별 설계 시 대책

① 기둥 : 세장비에 의해 허용압축응력이 결정된다. 세장비는 기둥단면과 유효 좌굴길이로 결정되며, 기둥 부재의 양단 지지조건에 따라 좌굴형태 및 유효 좌굴길이가 다르다. 그러므로 부재 설계 시 양단 지지조건과 세장비를 고려하여 허용 압축응력을 구할 수 있다.

② 보 : 압축 플랜지의 고정점 거리($l$)와 플랜지 폭($b$)의 비($l/b$)로 허용 휨압축응력이 결정된다. $l/b$가 크게 되면 횡좌굴 현상에 의해 허용 휨압축응력이 크게 저하되므로 상한치를 정하여 그 이하로 제한하는 방법이 적용된다.

③ 판 : 판좌굴의 대책은 판의 폭, 두께를 제한하거나 보강재를 설치한다. 판 두께의 상한치는 판의 지지상태 및 하중조건에 의해 국부좌굴이 발생하지 않는 범위가 결정된다. 보강재를 설치하는 방법은 국부좌굴과 전체 좌굴의 연관성을 고려하여 판에 가로와 세로방향으로 보강재를 설치한다. 보의 복부판에서 휨 및 전단좌굴에 대한 대책은 최소 복부판 두께를 정하고 필요한 간격 및 강도를 갖는 수평, 수직 보강재를 설치한다.

## 2. 탄성 좌굴과 비탄성 좌굴 [126회]



강재단면 구성하는 판 요소의 판 두께 폭 비에 따라 Compact section, Non-compact section, Slender section으로 구분한다. 강재의 판 폭 두께 비가 Non-compact section의 한계 판 폭 두께 비를 초과하지 않으면 국부좌굴 방지를 위한 내력 감소는 필요하지 않으나 압축재가 길어지면 압축재 전체가 불안정 현상을 나타내는 부재좌굴이 발생하여 구조물 안전에 문제가 생긴다.

### 1) 탄성 좌굴

부재가 세장한 경우 저항할 수 있는 하중은 작고 따라서 부재에 생기는 압축응력도가 탄성범위 내에서 좌굴이 발생한다. 이와같은 좌굴을 탄성 좌굴이라고 하고 탄성좌굴하중은 오일러가 중심압축력을 받는 부재의 좌굴미분방정식으로부터 구하였다.

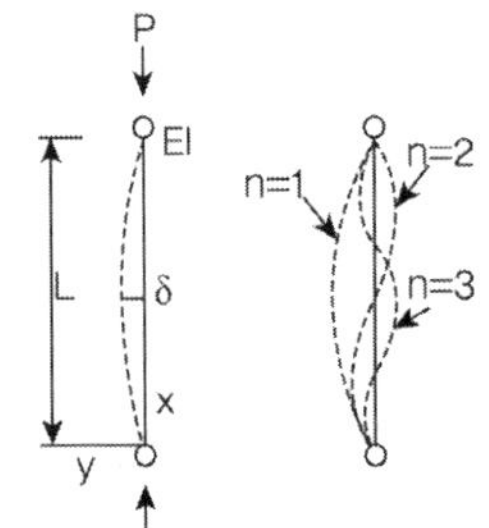

$$Py = - M = - EIy''$$

$$y'' + k^2 y = 0, \ k^2 = \frac{P}{EI} \qquad y = A\sin kx + B\cos kx$$

From B.C  ① $y = 0$ at $x = 0$,  ② $y = 0$ at $x = L$ $\qquad \sin kL = 0$ $\quad \therefore \ kL = n\pi$

$$\therefore \ P_{cr} = \frac{\pi^2 EI}{L^2} \quad \rightarrow \ \text{B.C에 따라 탄성좌굴하중 } P_{cr} = \frac{\pi^2 EI}{(KL)^2} \text{로 표현}$$

$$\therefore \ F_{cr} = \frac{P_{cr}}{A} = \frac{\pi^2 E}{(KL)^2}\frac{I}{A} = \frac{\pi^2 E}{(KL)^2}r^2 = \frac{\pi^2 E}{(KL/r)^2}$$

| 경계조건 | 고정-고정 | 고정-힌지 | 고정-회전구속 | 힌지-힌지 | 고정-자유단 | 힌지-회전구속 |
|---|---|---|---|---|---|---|
| K 이론값 | 0.5 | 0.7 | 1.0 | 1.0 | 2.0 | 2.0 |
| K 설계값 | 0.65 | 0.8 | 1.2 | 1.0 | 2.1 | 2.0 |

오일러의 탄성 좌굴은 강재가 탄성범위 내에 있을 때 성립되며 축하중이 증가하여 기둥의 응력이 탄성범위를 벗어나면 그대로 적용할 수 없으며 이러한 불안정한 현상을 비탄성 좌굴(inelastic buckling)이라고 한다.
압축재는 세장비의 크기에 따라서 탄성 좌굴 또는 비탄성 좌굴이 발생하며 그 세장비를 한계세장비라고 한다.

1. Euler의 좌굴방정식 가정사항

① 부재의 단부는 단순지지되어 있다. 하단부는 이동하지 못하는 힌지이고 상단부는 회전에 자유롭고 수직방향으로는 이동가능하나 수평방향으로는 이동하지 못한다.

② 부재는 일직선으로 되어 있고 하중은 부재의 중심선에 재하된다.

③ 부재는 후크의 법칙에 따른다.

④ 부재의 변형은 미소한 변위로 거동되기 때문에 곡률 식 $y''/[1+(y')^2]^{3/2}$ 에서 $(y')^2$은 무시될 수 있으므로 곡률식은 $y''$ 에 관한 식으로 표현할 수 있다.

2. Elastic buckling Equation : Hinge – Roller, Boundary Condition

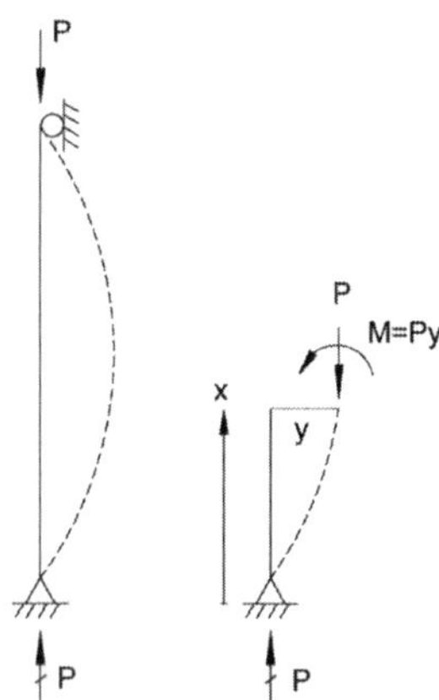

$$EIy'' = -M = -Py, \quad EIy'' + Py = 0, \quad y'' + \frac{P}{EI}y = 0$$

General Solution $y = A\cos kx + B\sin kx$, $k^2 = \dfrac{P}{EI}$

From B.C

① $x = 0, \ y = 0 : A = 0$

② $x = L, \ y = 0 : B\sin kL = 0 \quad \therefore kL = n\pi$

$$k^2 = \frac{P}{EI} = \frac{n^2\pi^2}{L^2}, \text{ if } n = 1 \quad \therefore P_{cr} = \frac{\pi^2 EI}{L^2}$$

3. Elastic buckling Equation : Fixed – free, Boundary Condition

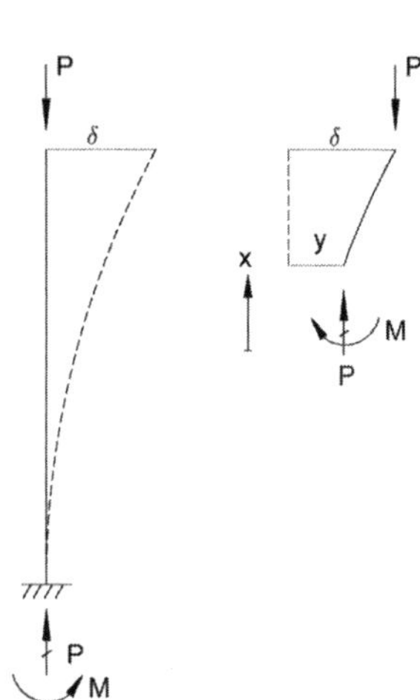

$$M = -P(\delta - y)$$

$$EIy'' = -M = P(\delta - y), \quad y'' + \frac{P}{EI}y = \frac{P}{EI}\delta, \quad k^2 = \frac{P}{EI}$$

General(Homogeneous) Solution $y_h = A\cos kx + B\sin kx$

Particular Solution $y_p = \delta$

$y = y_h + y_p = A\cos kx + B\sin kx + \delta$

From B.C

① $x = 0, \ y = 0 : A = -\delta$

② $x = 0, \ y' = 0 : Bk = 0, \ \therefore B = 0$

③ $x = L, \ y = \delta : -\delta\cos kL + \delta = \delta, \cos kL = 0, kl = \dfrac{n\pi}{2}$

$$k^2 = \frac{P}{EI} = \frac{n^2\pi^2}{2L^2}, \text{if } n = 1 \quad \therefore P_{cr} = \frac{\pi^2 EI}{4L^2} = \frac{\pi^2 EI}{(2L)^2}$$

4. Elastic buckling Equation : Fixed – fixed, Boundary Condition

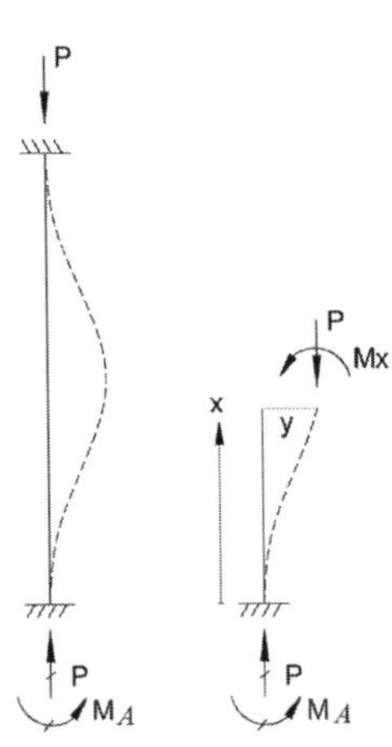

$$M_x = Py - M_A$$

$$EIy'' = -Py + M_A, \quad y'' + \frac{P}{EI}y = \frac{P}{EI}\frac{M_A}{P}, \quad k^2 = \frac{P}{EI}$$

General(Homogeneous) Solution $y_h = A\cos kx + B\sin kx$

Particular Solution $y_p = \dfrac{M_A}{P}$

$$y = y_h + y_p = A\cos kx + B\sin kx + \frac{M_A}{P}$$

From B.C  ① $x = 0,\ y = 0\ :\ A = -\dfrac{M_A}{P}$

② $x = 0,\ y' = 0\ :\ Bk = 0,\ \therefore\ B = 0$

③ $x = L,\ y = 0\ :\ \cos kL = 1,\ kl = 2n\pi$

$$k^2 = \frac{P}{EI} = \frac{4n^2\pi^2}{L^2},\ \text{if } n = 1 \qquad \therefore\ P_{cr} = \frac{4\pi^2 EI}{L^2} = \frac{\pi^2 EI}{(0.5L)^2}$$

5. Elastic buckling Equation : Fixed – hinge, Boundary Condition

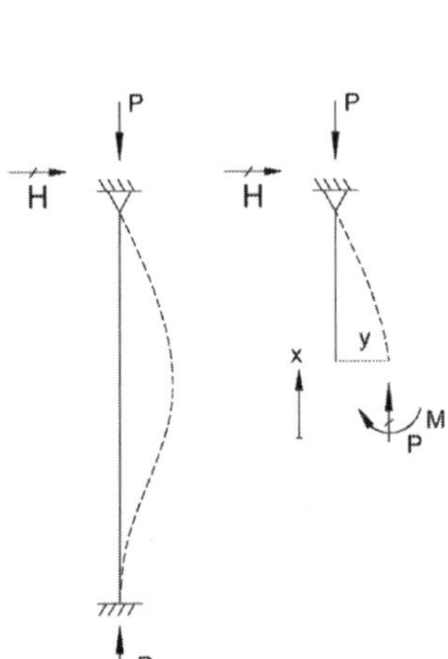

$$M_x = Py - H(L - x)$$

$$EIy'' = -M = -Py + H(L - x)$$

$$y'' + \frac{P}{EI}y = \frac{P}{EI}\frac{H}{P}(L - x),\ k^2 = \frac{P}{EI}$$

General(Homogeneous) Solution $y_h = A\cos kx + B\sin kx$

Particular Solution $y_p = \dfrac{H}{P}(L - x)$

$$y = y_h + y_p = A\cos kx + B\sin kx + \frac{H}{P}(L - x)$$

From B.C

① $x = 0,\ y = 0\ :\ A = -\dfrac{HL}{P}$

② $x = 0,\ y' = 0\ :\ Bk = \dfrac{H}{P},\ \therefore\ B = \dfrac{H}{Pk}$

③ $x = L,\ y = 0\ :\ -\dfrac{HL}{P}\cos kL + \dfrac{H}{Pk}\sin kL = 0$

$$\tan kL = kL,\ k^2 = \frac{P}{EI} = \frac{(4.49)^2}{L^2} \quad \therefore\ P_{cr} \fallingdotseq \frac{2\pi^2 EI}{L^2} = \frac{\pi^2 EI}{(0.7L)^2}$$

6. Elastic buckling Equation : Elastically restrained end, Boundary Condition

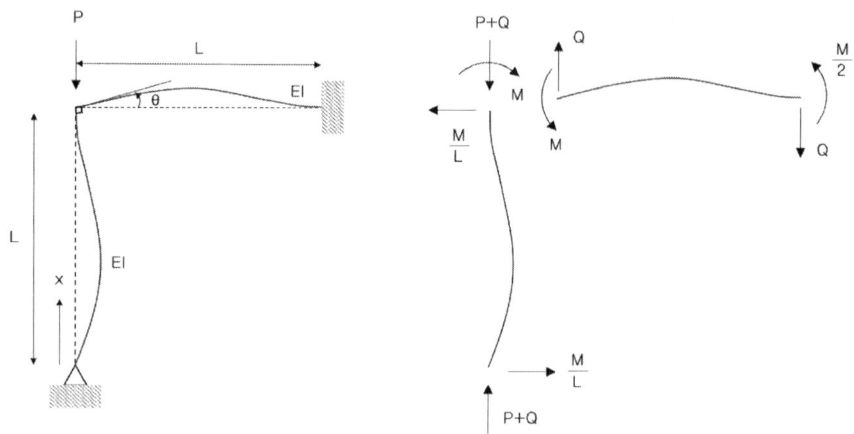

$$M_x = Py - \frac{M}{L}x, \qquad EIy'' + Py = \frac{Mx}{L}, \qquad y'' + k^2y = \frac{M}{EI}\frac{x}{L}$$

General(Homogeneous) Solution $y_h = A\sin kx + B\cos kx$

Particular Solution $y_p = \frac{M}{P}\frac{x}{L}$ $\qquad\qquad \therefore\ y = A\sin kx + B\cos kx + \frac{M}{P}\frac{x}{L}$

From B.C

① $x=0,\ y=0\ :\ B=0$

② $x=L,\ y=0\ :\ A = -\frac{M}{P}\frac{1}{\sin kL},\qquad \therefore\ y = \frac{M}{P}\left(\frac{x}{L} - \frac{\sin kx}{\sin kL}\right)$

③ $x=L,\ y'=\theta\ :\ y' = \frac{M}{kEI}\left(\frac{1}{kL} - \frac{1}{\tan kL}\right)$

From slope–deflection eq.(처짐각법) $M = \frac{2EI}{L}(2\theta)\quad \therefore\ \theta = \frac{ML}{4EI}$

$$y' = \theta\ ;\ \frac{ML}{4EI} = \frac{M}{kEI}\left(\frac{1}{kL} - \frac{1}{\tan kL}\right)\quad \therefore\ \tan kL = \frac{4kL}{(kL)^2 + 4},\qquad kL = 3.83$$

$$\therefore\ P_{cr} = \frac{14.7EI}{L^2}$$

7. 기둥의 탄성 좌굴 방정식 일반 해와 유효길이

$$P_{cr} = \frac{\pi^2 EI}{(kL)^2},\quad P_y = AF_y,\quad r^2 = \frac{I}{A}\quad \therefore\ P_{cr} = \frac{\pi^2 EI}{\lambda^2},\quad \lambda_c = \frac{kL}{r}\sqrt{\frac{F_y}{\pi^2 E}}$$

2) 비탄성 좌굴 이론

오일러의 탄성 좌굴은 강재가 탄성범위 내에 있을 때 성립되며 축하중이 증가하여 기둥의 응력이 탄성범위를 벗어나면 그대로 적용할 수 없으며 이러한 불안정한 현상을 비탄성 좌굴(inelastic buckling)이라고 한다. 압축재는 세장비의 크기에 따라서 탄성 좌굴 또는 비탄성 좌굴이 발생하며 그 세장비를 한계세장비라고 한다. 비탄성 좌굴에 대해서는 많은 실험식들이 제안되었으며 2005년 ASD에 적용되었던 포물선 식이나 접선계수이론, Shanley의 실험식 등이 있다.

① 등가계수이론(감소계수이론, Reduced Modulus theory)은 기둥의 횡변위가 생기지 않고 단면 내에 압축응력이 균등하게 분포하면서 등가계수하중(그림(a)의 B점)에 도달하고 이 점에 도달하자마자 횡변위에 의한 응력변화가 일어나서 단면 내의 응력이 증가하는 부분과 감소하는 부분에서 서로 상이한 탄성계수 $E$와 $E_t$가 존재한다는 이론이다.

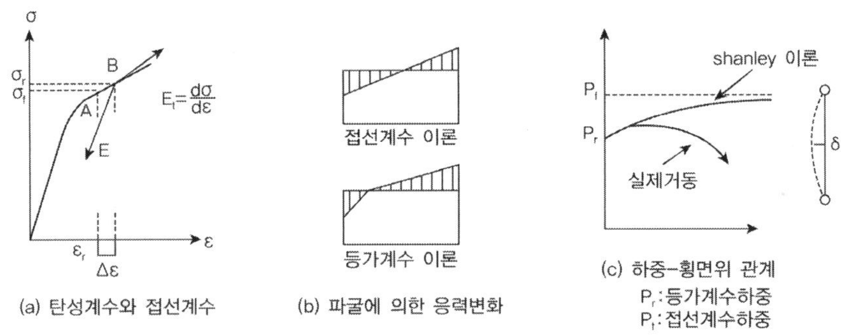



(a) 탄성계수와 접선계수　　(b) 파굴에 의한 응력변화

② 접선계수이론(Tangent Modulus theory)은 하중이 그림(a)의 A점에 도달하여 휨변형 발생 시 응력증감 영역에서 동일한 접선계수 $E_t$가 존재한다는 이론이다. 등가계수이론 가정과 유사하나 축력이 부재의 변형에 따라 변화된다고 가정한 것이 다르다.

③ Shanley의 이론 : 집신계수하중($P_t$)와 감소계수하중($P_r$)은 $P_{cr}$보다 직은 값이므로 기둥이 오일러 좌굴과 유사한 방법으로 비탄성 좌굴을 일으키는 것은 불가능하며, 처진 모양이 하중변화 없이 갑자기 발생하는 중립평형 대신 계속 증가하는 축하중을 가진 기둥을 고려해야 한다는 이론, 이 경우 중립평형 대신 하중-처짐 사이 명확한 관계를 가지는 기둥을 고려하여 해석해야 한다. Shanley의 이론은 비탄성 좌굴의 정설로 입증되고 있으나 계산상이나 실용적인 이유로 안전율을 고려하여 접선계수 하중이 많이 적용되고 있다.

④ 등가계수이론은 단면 내부에 탄성계수 $E$가 존재한다고 생각하므로 $E_t$만 고려하는 접선계수이론보다 그 값이 크다.

⑤ Shanley의 실험에 따르면 비탄성 영역의 좌굴하중은 접선계수하중보다 크고 등가계수이론보다 작다.

⑥ 또한 실제거동은 과도한 휨변형에 의해 재료파괴로 인하여 그림 (c)와 같이 나타난다.

 **| 비탄성 좌굴 이론( Theories of Inelastic buckling ) |**

중간길이 기둥에서 Euler하중에 도달하기 이전에 응력이 비례한도에 도달함으로 인해 탄성 좌굴 이론과 다른 별도의 비탄성 좌굴 이론이 필요하게 되었다. 비탄성 좌굴 이론은 Shanley의 이론이 주로 정설로 입증되고 있으나 안정성이나 계산상의 편리성을 고려하여 접선계수 이론이 주로 적용된다.

1. 감소(등가)계수 이론(Reduced or doubled Modulus theory)

부재의 위치에 따라 탄성계수를 다르게 적용되므로(압축측은 $E_t$, 인장측은 $E$), 등가의 탄성계수 $(E_r)$로 적용한다. 감소계수 이론은 실제 강도보다 큰 결과를 보인다.

$$E_r = \frac{4EE_t}{(\sqrt{E} + \sqrt{E_t})^2} \text{ (직사각형)}, \quad E_r = \frac{2EE_t}{E + E_t} \text{ (Wide Flange 보)}$$

① Assumptions

(1) small $\Delta$ $\rightarrow$ material nonlinearity only

(2) Plane sections remains plane $\rightarrow$ Bernoullis' Hypothesis

(3) The relationship between stress-strain and longitudinal fiber is given by stress-strain diagram of the material

(4) The column section is at least singly symmetric and the plane of bending is a plane of symmetry

(5) The axial load remains constant as the member moves from the straight to deformed position

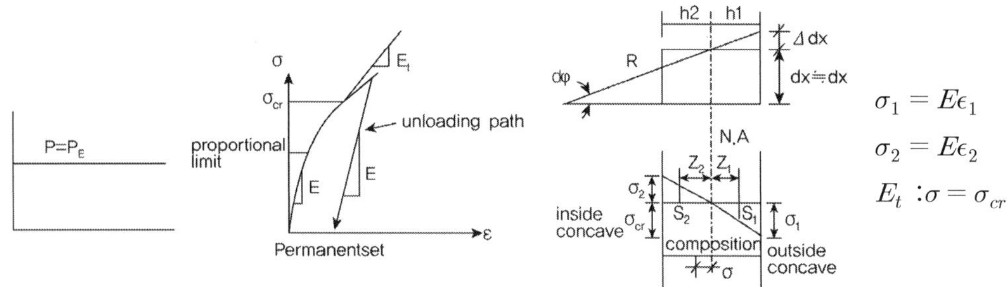


② 수식 유도과정

$$Curvature = \frac{1}{R} \approx \frac{d^2y}{dx^2} = \frac{d\phi}{dx} \text{ (미소변위 이론)}$$

$$\epsilon_1 = Z_1 y'', \quad \epsilon_2 = Z_2 y'', \quad \sigma_1 = Eh_1 y'', \quad \sigma_2 = E_t h_2 y'' \rightarrow S_1 = EZ_1 y'', \quad S_2 = E_t Z_2 y''$$

$$\int_0^{h_1} S_1 dA - \int_0^{h_2} S_2 dA = 0 : \text{Pure bending only}$$

$$\int_0^{h_1} S_1 (Z_1 + e) dA + \int_0^{h_2} S_2 (Z_2 - e) dA = Py : \text{y remained from C.G}$$

$$C+T=0 : Ey'' \int_0^{h_1} Z_1 dA - E_t y'' \int_0^{h_2} Z_2 dA = 0, \quad \text{Let} \quad Q_1 = \int_0^{h_1} Z_1 dA, \quad Q_2 = \int_0^{h_1} Z_2 dA$$

$$EQ_1 - E_t Q_2 = 0$$

$$\therefore y'' \left( E \int_0^{h_1} Z_1^2 dA + E_t \int_0^{h_2} Z_2^2 dA + ey'' \left( E \int_0^{h_1} Z_1 dA - E_t \int_0^{h_2} Z_2 \right) \right) = Py$$

$$\text{Let} \quad \overline{E} = \frac{EI_1 + E_t I_2}{I}$$

$$\overline{E}Iy'' + Py = 0 \quad \rightarrow \quad P_r = \frac{\pi^2 E_r I}{L^2}, \quad \sigma_r = \frac{\pi^2 E_r}{(L/r)^2}$$

$$\text{Let} \quad \tau_r = \overline{E}/E, \quad \tau = E_t/E < 1.0$$

$$EI_r y'' + Py = 0, \quad \tau_r = \frac{E_t}{E}\frac{I_2}{I} + \frac{I_1}{I} = \tau \frac{I_2}{I} + \frac{I_1}{I}, \quad \sigma_r = \frac{P_r}{A} = \frac{\pi^2 E \tau_r}{(L/r)^2}$$

2. 접선계수 이론(Tangent Modulus theory)

비례한도 위의 점에서 재료의 탄성계수를 접선계수로 적용($E_t = d\sigma/d\epsilon$)한다. 등가계수이론 가정과 유사하나 축력이 부재의 변형에 따라 변화된다고 가정한 것이 다르다. 접선계수 이론은 실제 강도보다 작은 결과를 보인다.

① Assumptions

The axial load increases during the transition from straight to slight bent position such that the increase in average stress in compression is greater than the decrease in stress due to bending at the extreme fiber on the convex side, i.e., no strain reversal takes place on the convex side. The compressible stress increases at all point : the tangent modulus governs the entire cross-section.

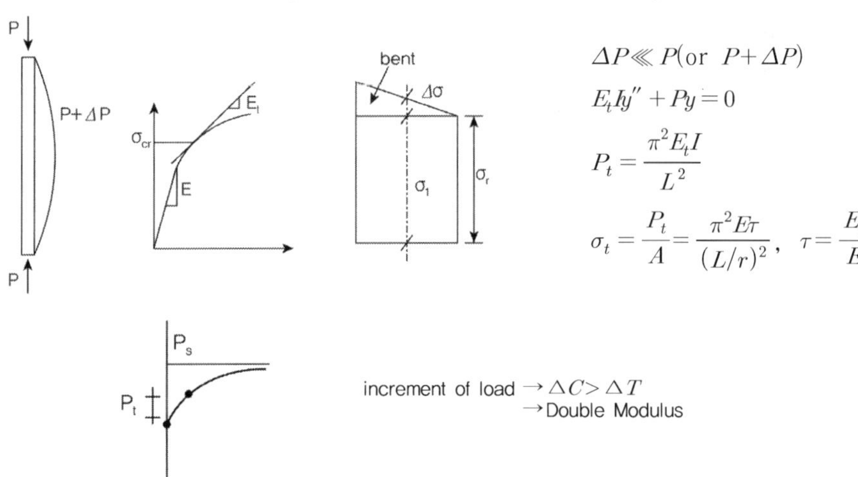


$$\Delta P \ll P(\text{or} \ P + \Delta P)$$

$$E_t Iy'' + Py = 0$$

$$P_t = \frac{\pi^2 E_t I}{L^2}$$

$$\sigma_t = \frac{P_t}{A} = \frac{\pi^2 E \tau}{(L/r)^2}, \quad \tau = \frac{E_t}{E}$$

3. Shanley 이론(Shanley concept)

처진 모양이 하중변화 없이 갑자기 발생하는 중립평형 대신 계속 증가하는 축하중을 가진 기둥을 고려하여 중립 평형대신 하중−처짐 사이 명확한 관계를 가지는 기둥을 고려하여 해석한다.

① Tangent Modulus Theory : $P_t = \pi^2 E_t I / L^2$

② Reduced(Double) Modulus Theory : $P_r = \pi^2 E_r I / L^2$, $\quad E_r = (EI_1 + E_t I_2)/I$

③ Post Buckling Behavior(by Shanley, 1947)

$P = P_t$ 일 때 좌굴이 발생

→ After Buckling, increase in stiffness due to elastic unloading of some fibers in the section, results in increase in load, without further yielding($P \to P_r$), further yielding (further decrease in stiffness & $P \to P_{\max}$, $\quad P_t < P_{\max} < P_r$)

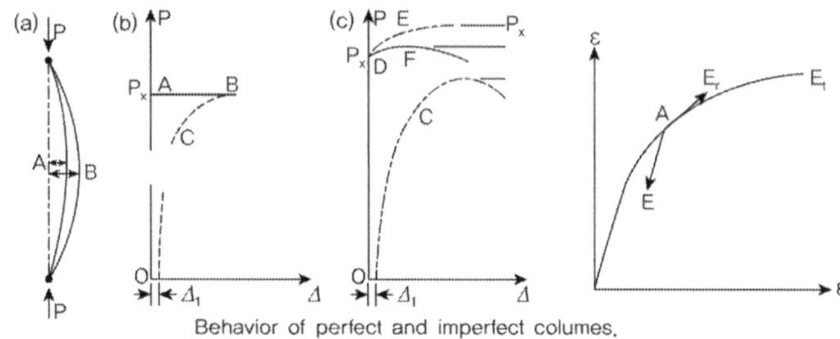

Behavior of perfect and imperfect columes.

3) 초기변형, 편심, 잔류응력

① 초기변형, 편심 : 초기변형($y_0$)이나 편심($e$)가 존재하는 경우에는 부재의 좌굴내력을 저감시 킨다. 좌굴방정식상에서 초기변형의 경우에는 $y_0 = a \sin \dfrac{\pi x}{L}$ 의 초기변형이 있다고 가정하고 풀이할 수 있다. 편심의 경우에도 마찬가지로 Scant 공식 유도 방식으로 풀이할 수 있다.



1. 기둥에 초기 변형이 있는 경우(Initially bent columns)

초기 변형형상 $y_0 = a \sin \dfrac{\pi x}{L}$ 이라고 가정하면, $M_x = -EIy''$

$$EIy'' + P(y_0 + y) = 0, \quad k^2 = \frac{P}{EI} \quad \therefore \ y'' + k^2 y = -k^2 a \sin \frac{\pi x}{L}$$

General(Homogeneous) Solution $y_h = A\sin kx + B\cos kx$

Particular Solution $y_p = C\sin \dfrac{\pi x}{L} + D\cos \dfrac{\pi x}{L}$

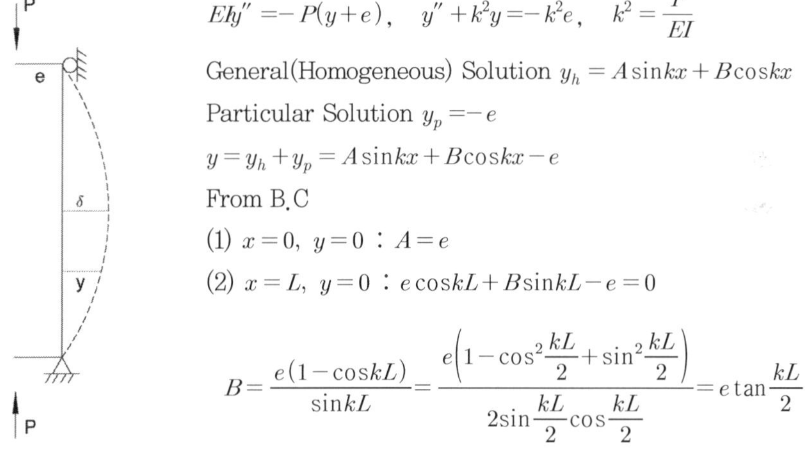

$$C = \frac{a}{(\pi^2/k^2 L^2) - 1}, \quad D = 0 \quad \text{or} \quad P = \frac{\pi^2 EI}{L^2}$$

$P = \dfrac{\pi^2 EI}{L^2}$ 값은 본 좌굴에 해당 없으므로,

$\alpha = \dfrac{P}{P_{cr}}$ 이라고 하면, $C = \dfrac{a}{(1/\alpha - 1)} = \dfrac{a\alpha}{1-\alpha}$

$$\therefore y_p = \frac{a\alpha}{1-\alpha} \sin \frac{\pi x}{L}$$

$$\therefore y = y_h + y_p = A\sin kx + B\cos kx + \frac{a\alpha}{1-\alpha} \sin \frac{\pi x}{L}$$

From B.C

(1) $x=0,\ y=0$ : $B=0$      (2) $x=L,\ y=0$ : $A\sin kL = 0,\ A=0,$    $\therefore\ y = \dfrac{a\alpha}{1-\alpha} \sin \dfrac{\pi x}{L}$

최종 변형은 $y_T = y_0 + y = \left(1 + \dfrac{\alpha}{1-\alpha}\right) a\sin\dfrac{\pi x}{L} = \dfrac{a}{1-\alpha}\sin\dfrac{\pi x}{L}$

중앙에서의 처짐값을 $\delta$라고 하면, $\delta = \dfrac{a}{1-\alpha} = \dfrac{a}{1-(P/P_{cr})}$

2. 기둥 작용하중에 편심이 있는 경우(Scant formula)

$$Ely'' = -P(y+e), \quad y'' + k^2 y = -k^2 e, \quad k^2 = \frac{P}{EI}$$

General(Homogeneous) Solution $y_h = A\sin kx + B\cos kx$

Particular Solution $y_p = -e$

$y = y_h + y_p = A\sin kx + B\cos kx - e$

From B.C

(1) $x=0,\ y=0$ : $A=e$

(2) $x=L,\ y=0$ : $e\cos kL + B\sin kL - e = 0$

$$B = \frac{e(1-\cos kL)}{\sin kL} = \frac{e\left(1 - \cos^2 \dfrac{kL}{2} + \sin^2 \dfrac{kL}{2}\right)}{2\sin\dfrac{kL}{2}\cos\dfrac{kL}{2}} = e\tan\frac{kL}{2}$$

$$\therefore y = e\cos kx + e\tan\frac{kL}{2}\sin kx - e$$

$x = \dfrac{L}{2}$ 일 때, $\delta = e\cos\dfrac{kL}{2} + e\tan\dfrac{kL}{2}\sin\dfrac{kL}{2} - e = e\left[\dfrac{\cos^2\dfrac{kL}{2} + \sin^2\dfrac{kL}{2}}{\cos\dfrac{kL}{2}} - 1\right] = e\left[\sec\dfrac{kL}{2} - 1\right]$

② 잔류응력 : 용접뿐만 아니라 열간압연에 의해 형강이 냉각수축될 때 단면 내에서 냉각속도의
  차이에 의해 잔류응력이 발생된다. 이 잔류응력이 존재하는 강재는 순수한 강재보다 낮은 압
  축력에서 재료의 성질이 비탄성영역으로 변하기 때문에 부재의 강성이 낮아져서 좌굴에 대해
  불리하게 작용한다.

**참고** | 초기틀림이 없는 기둥 부재의 비탄성 좌굴(Inelastic buckling strength without any imperfection) |

1. 압축부재 강도의 영향인자

   (1) 초기틀림(Imperfection : out-of-straightness, eccentricity of axial load)

   (2) 재료의 비선형(Material nonlinearity)   (3) 구속조건(End restraints)   (4) 잔류응력(Residual stress)

2. 압축부재의 강도이론 변천

   (1) 실험결과에 따른 식 : 실험식에만 의존하고 구속조건에 대한 고려가 없음

   (2) 항복상태기준(Yield limit state) 식 : 초기틀림이 있는 하중조건에서의 탄성 응력범위만 고려, 구속
       조건에 대한 합리적인 고려가 없어 압축부재에 대한 비선형성의 고려가 미흡

   (3) 접선계수이론에 따른 식 : 초기틀림에 대해 2가지 방법으로 고려하도록 하고 있으며, 단부 구속
       조건에 대해 비교적 정확히 고려됨

   (4) 최대강도 기준 정립식 : 초기틀림과 잔류응력을 고려하여 최대 강도 곡선으로부터 수식적으로
       유도된 식으로 현재 설계기준을 정립하고 있음(SSRC curves 1,2,3, Euro code3, Canadian standard)

3. 잔류응력의 영향

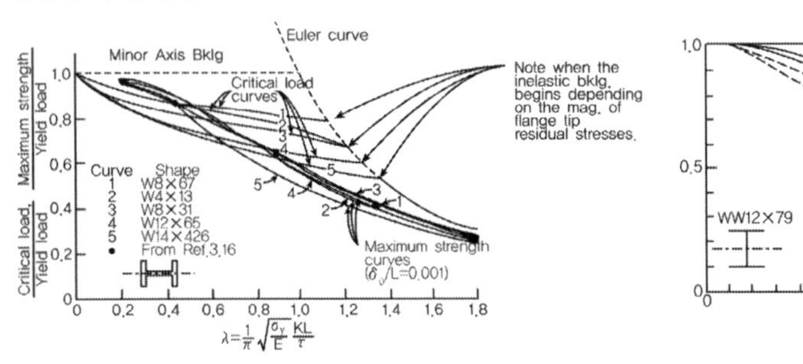


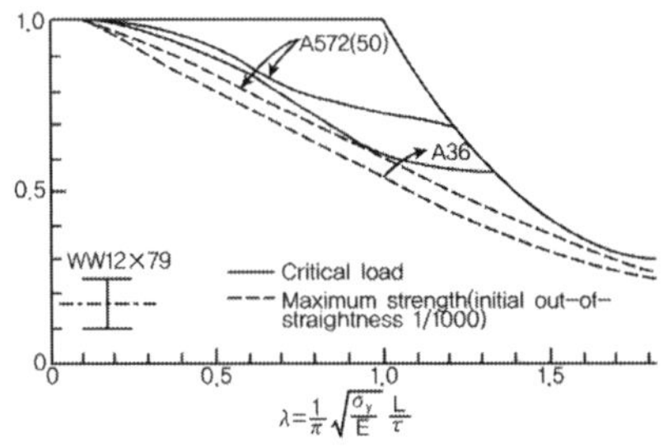


(압연기둥 : Hot-rolled shape)   (용접기둥 : welded column)

4. 잔류응력으로 인한 압축부재의 비선형 거동

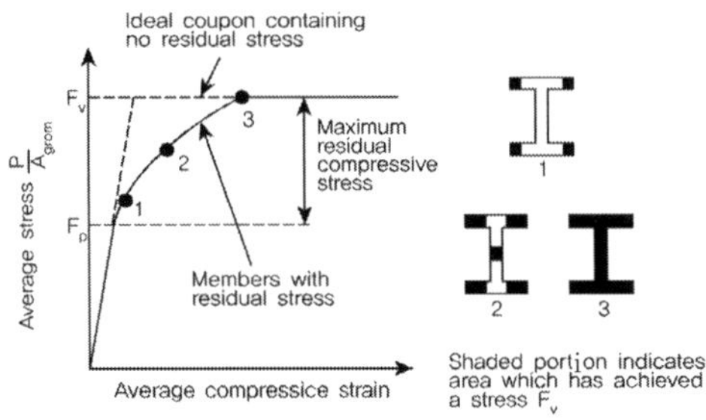


Influence of residual stress on average stress–strain curve.

4) 강재단면의 분류

① 조밀단면(Compact section : $\lambda < \lambda_p$)

좌굴이 생기기 전에 전체 소성응력분포를 받을 수 있고 국부좌굴 발생 전 약 3 정도의 연성비를 갖는다.

② 비조밀단면(Non-compact section : $\lambda_p < \lambda \leq \lambda_r$)

국부좌굴이 발생하기 전에 압축부재에서 항복응력이 발생할 수 있으나 완전소성응력분포를 위해 요구되는 변형값에서 소성국부좌굴에는 저항하지 못한다. 압축세장판부재는 부재가 항복응력 도달 전에 탄성적으로 좌굴한다.

③ 세장단면(Slender section : $\lambda > \lambda_r$)

판 폭 두께 비가 지나치게 커서 국부좌굴 발생 전에 비틀림에 의해 부재가 파괴된다.

## 3. 장주의 기본이론

장주는 기둥의 길이가 길다는 의미보다는 단면의 크기 또는 강성에 비해서 길이가 상대적으로 긴 압축부재를 말하며, 주로 세장비를 기준으로 장주로 구분한다. 길이가 긴 압축부재는 변형이 크게 발생하고 그로 인해 축방향력이 추가로 모멘트를 발생시켜서 좌굴의 위험이 있으므로 이를 고려해야 한다.

1) 모멘트와 곡률과의 관계

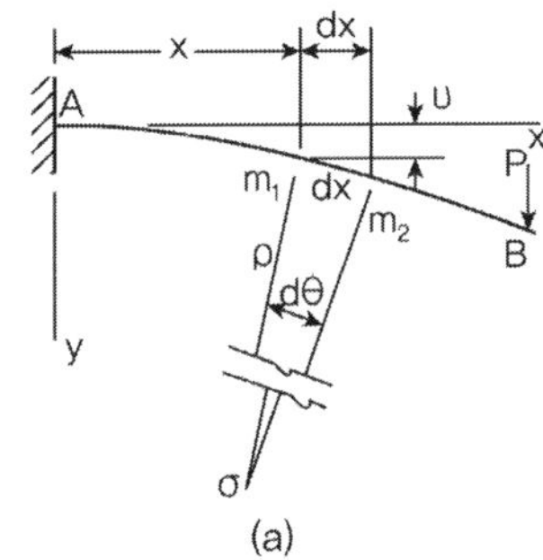
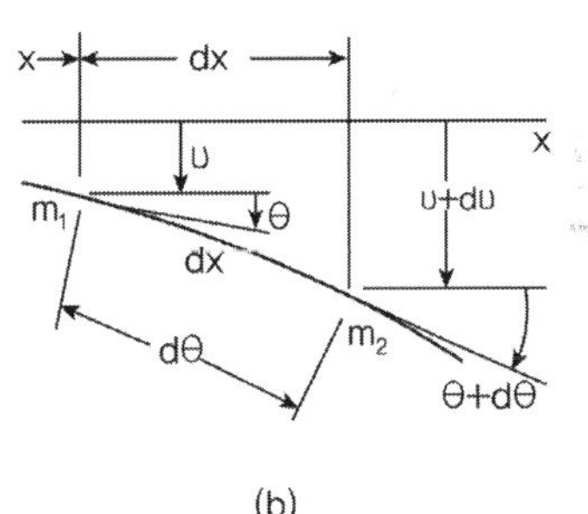

(a)  (b)

$$\text{Let,} \quad \kappa = \frac{1}{\rho} \qquad dx \approx ds = \rho d\theta \qquad \therefore \kappa = \frac{1}{\rho} = \frac{d\theta}{dx}$$

중립축에서 y만큼 떨어진 임의의 위치에서 부재의 원래 길이를 $l_1$, 변형 후의 길이를 $l_2$라 하면,

$$l_1 = dx$$

$$l_2 = (\rho - y)d\theta = \rho d\theta - y d\theta = dx - y\left(\frac{dx}{\rho}\right)$$

$$\therefore \ \epsilon_x = \frac{l_2 - l_1}{l_1} = - y\left(\frac{dx}{\rho}\right)\frac{1}{dx} = - \frac{y}{\rho} = - \kappa y$$

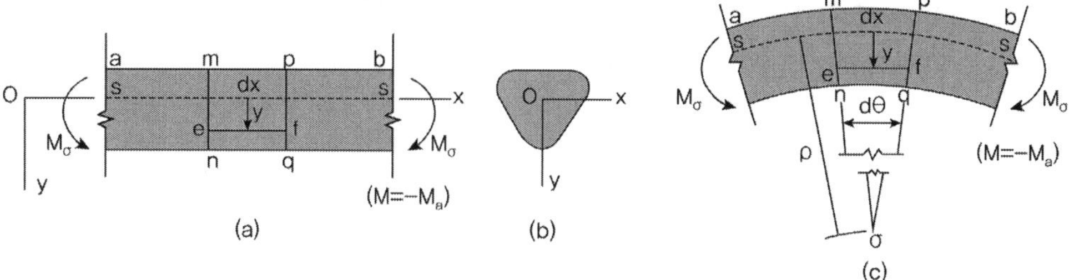

$$\sigma_x = E\epsilon_x = - E\kappa y \ \text{이므로},$$

$$\therefore \ M = \int \sigma_x y \, dA = \int y(-E\kappa y) dA = -\kappa E \int y^2 dA = -\kappa EI = -\frac{EL}{\rho}$$

$$\theta \approx \tan\theta = \frac{dy}{dx} \ \text{이므로}, \qquad \kappa = \frac{1}{\rho} = \frac{d\theta}{dx} = \frac{d^2 y}{dx^2} \quad (\text{여기서 } v \text{는 처짐})$$

$$\therefore \ M = - EI\frac{d^2 y}{dx^2} = - EIy'' \quad (\text{보의 처짐곡선의 기본 미분방정식})$$

2) Euler의 좌굴하중

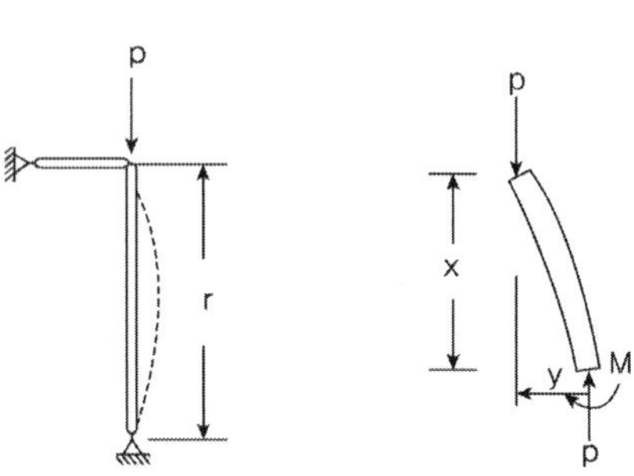

$$M = - EIy'' = Py$$

$$EIy'' + Py = 0 \quad \text{let} \quad \lambda^2 = \frac{P}{EI}$$

General solution $\quad y = A\sin\lambda x + B\cos\lambda x$

From B.C

$$y(0) = 0 \ : \ B = 0$$

$$y(l) = 0 \ : \ A\sin\lambda l = 0$$

if $A = 0 \rightarrow$ trivial solution (무용해)

$$\therefore \ A \neq 0, \quad \sin\lambda l = 0 \quad \lambda l = n\pi \quad \lambda = \frac{n\pi}{l} \quad P_{cr} = \frac{\pi^2 EI}{l_e^2} = \frac{\pi^2 EI}{(kl)^2} = \frac{\pi^2 EA}{(kl/r)^2}$$

$$\lambda = kl/r = \sqrt{\frac{\pi^2 E}{f_y}} \ : \ \text{세장비}$$

3) 유효길이

여러 가지 경우의 단부조건을 가진 기둥에 대한 임계하중을 양단이 힌지로 된 기둥의 임계하중
(즉, 좌굴의 기본형에 대한 좌굴하중)으로 나타낼 때 각 단부조건이 양단 힌지로 된 기둥과 같은

처짐 형상을 갖는 기둥의 길이를 유효길이라 하며, 양단 힌지인 기둥 길이 L에 대해 상수값을 곱하여 구해지며, 이때 양단힌지인 기둥 길이 L에 곱해지는 상수값을 기둥의 유효길이 계수(Effective Length Factor, k)라 한다. 다시 말하면, 기둥의 유효길이는 변곡점(Inflection Points) 사이에서 좌굴의 기본 형상을 나타내는 기둥의 길이이다.

| | 1 | 2 | 3 | 4 | 5 | 6 |
|---|---|---|---|---|---|---|
| 좌굴 모양이 점선과 같은 경우 | | | | | | |
| k의 이론값 | 0.50 | 0.7 | 1.0 | 1.0 | 2.0 | 2.0 |
| k의 설계값 | 0.65 | 0.8 | 1.2 | 1.0 | 2.1 | 2.0 |

4) 구속조건에 따른 좌굴길이

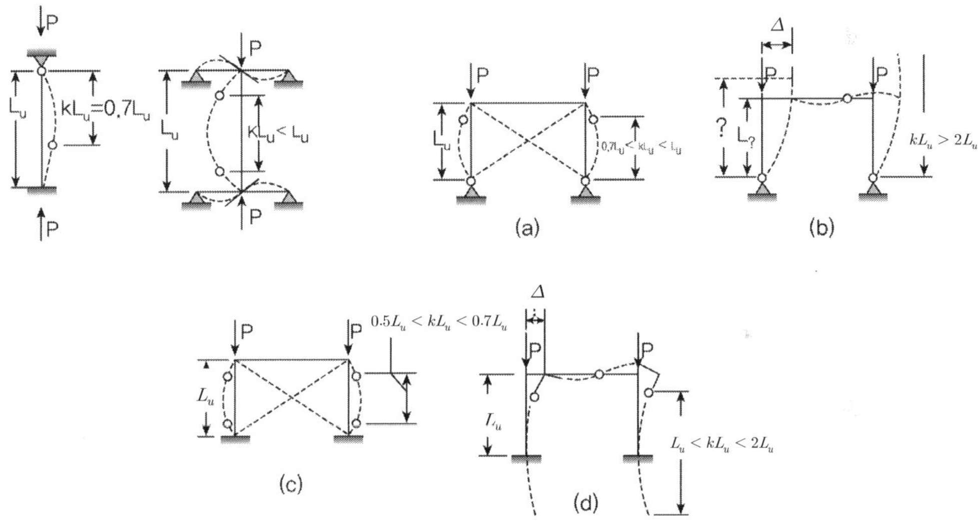


5) 도표를 이용한 유효좌굴길이 산정

① 유효좌굴길이 $kl_u$ 는 양단의 B.C에 따라 결정하도록 되어 있어 실제 설계에서는 다음의 방식으로 구하도록 하고 있다.

$$\Psi_A = \frac{\left[\sum \dfrac{EI}{l}\right]_{column}}{\left[\sum \dfrac{EI}{l}\right]_{beam}} (상단), \quad \Psi_B = \frac{\left[\sum \dfrac{EI}{l}\right]_{column}}{\left[\sum \dfrac{EI}{l}\right]_{beam}} (하단)$$

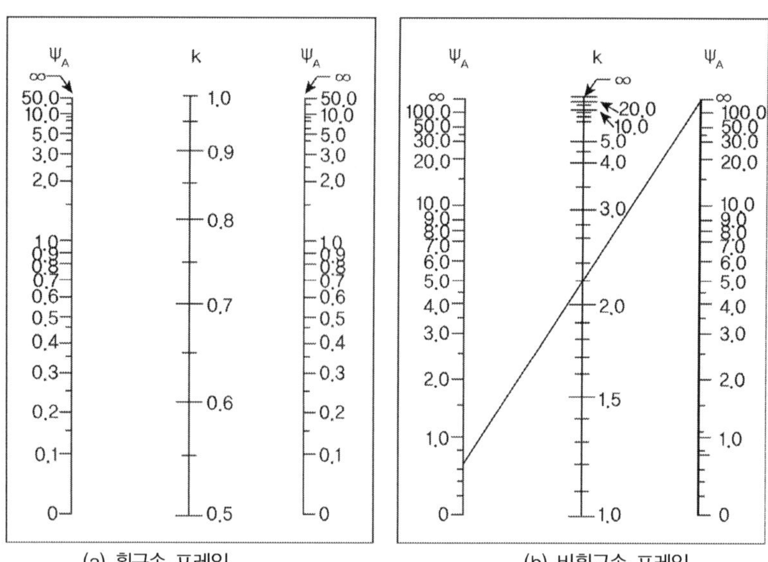



$\Psi =$ 압축부재 단부의 강성도비 $= \Sigma(EI/L_c)_{기둥}/\Sigma(EI/L)_{보}$   Find $k$ by $\Psi_A$, $\Psi_B$ → 도표에서 직선연결

(유효길이계수 $k$ 직선연결도표)

② 도표를 이용한 해석상의 문제점

    (1) 횡구속 여부의 판단이 명확하지 않다. $Q$(안정지수, stability index)를 통해서 횡구속 여부를 판별하거나 또는 자율적으로 결정하도록 되어 있어 이로 인하여 유효좌굴길이$(kl_u)$가 실제와 다를 수 있다.

    (2) 휨부재의 B.C도 기둥의 유효좌굴길이에 영향을 미치지만 설계 계산 시 휨부재의 강성만 고려하도록 되어 있어 휨부재의 실제거동이 반영되지 않은 문제점이 있다.

    (3) 기둥 상, 하단의 강성산정에서 기둥과 휨부재의 재료가 다를 경우 강성비의 변화로 지점 경계조건에서 발생하는 실제거동과 해석상의 거동이 다를 수 있다. 특히 기둥과 slab가 이종자재인 기둥과 두께가 얇은 slab에서는 횡구속 효과를 보지 못하는 경우가 있다.

6) 하중 변위 곡선

    (i) 완벽하게 직선인 기둥         (iia) 작은 초기의 휨변형이 있는 경우

    (iib) 초기의 휨변형이 큰 경우       (iii) 편심을 가진 하중이 가해진 경우

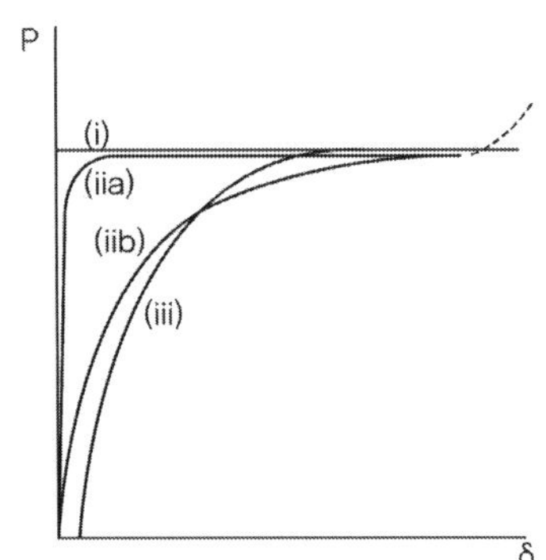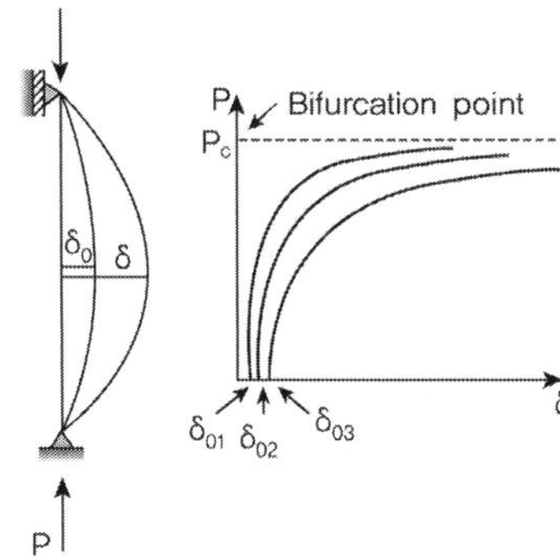

## 4. Beam-Column 부재

모멘트와 축력을 동시 받을 때 부재의 응력은

$$f = \frac{P}{A} + \frac{M}{S}$$

만약 $f = f_y$ 라면,

$$\frac{P}{Af_y} + \frac{M}{Sf_y} = 1.0 \qquad \therefore \ \frac{P}{P_Y} + \frac{M}{M_Y} = 1.0$$

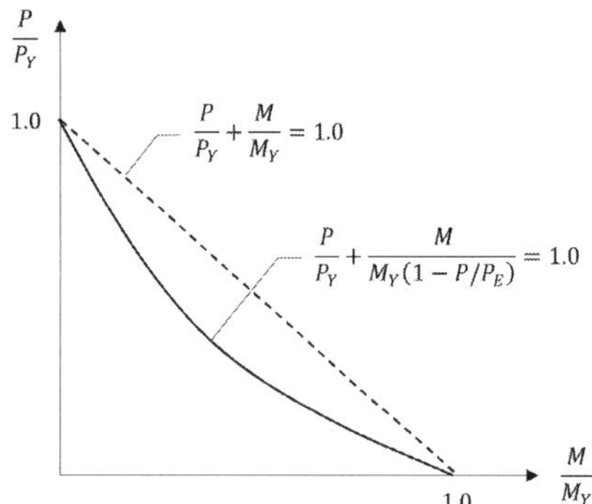

① 축방향력과 횡방향 처짐으로 인한 2차모멘트를 근사적으로 1차모멘트의 $\dfrac{1}{1 - P/P_E}$ 만큼 증가

② 상태변화(I형, ㅁ형, 알루미늄, 강재, 편심축하중, 횡하중 등)를 고려하여 감소계수 $C_m$ 적용

$$\frac{P}{P_Y} + \frac{M}{M_Y}\frac{C_m}{1 - P/P_E} = 1.0$$

③ 허용응력법에 따른 접근법에서는 $P_Y$(비탄성 한계치)을 $P_{cr}$로 대치, 안전율 $n$을 도입

$$\frac{nP}{P_{cr}} + \frac{nM}{M_Y}\frac{C_m}{1 - nP/P_E} = 1.0$$

→ 하중을 A, 모멘트는 S로 나누면 $\dfrac{f_c}{f_{cr}/n} + \dfrac{f_b}{f_y/n}\dfrac{C_m}{1 - f_a/(f_E/n)} = 1.0$

$$\therefore \ \frac{f_c}{f_{ca}} + \frac{f_b}{f_{ba}}\frac{C_m}{1 - f_c/f_E{}'} = 1.0, \qquad \text{여기서 } f_E{}' = \frac{1,200,000}{(l/r_x)^2}$$

## 1) 휨모멘트와 압축력이 동시에 작용하는 경우의 확대모멘트

### ① Beam Column with concentrated lateral load : 무한급수를 이용한 해석방법

$$M_x = Py + \frac{Qx}{2}, \quad EIy'' = -M_x = -\left(Py + \frac{Q}{2}x\right)$$

$$EIy'' + Py = -\frac{Q}{2}x, \quad k^2 = \frac{P}{EI} \quad\quad y'' + k^2 y = -\frac{Q}{2EI}x = -k^2\frac{Q}{2P}x$$

$$\therefore y = A\cos kx + B\sin kx - \frac{Qx}{2P} \quad \rightarrow \quad y' = -Ak\sin kx + Bk\cos kx - \frac{Q}{2P}$$

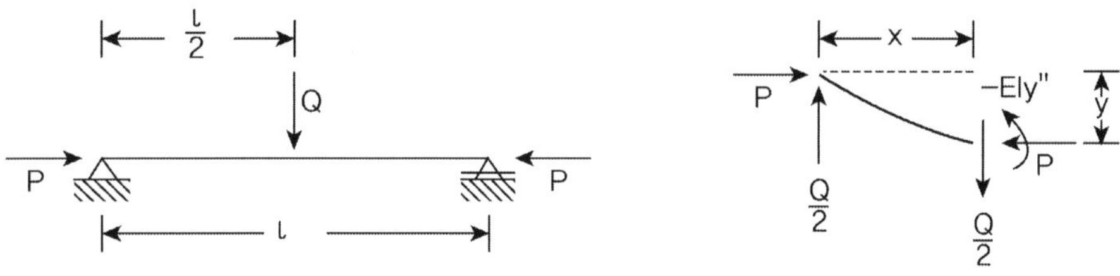

From B.C

$$x = 0, \ y = 0 \quad : \quad A = 0$$

$$x = \frac{l}{2}, \ y' = 0 \ : \ Bk\cos\frac{kl}{2} - \frac{Q}{2P} = 0, \quad B = \frac{Q}{2Pk}\frac{1}{\cos\left(\frac{kl}{2}\right)}$$

$$\therefore y = \frac{Q}{2Pk}\frac{1}{\cos\left(\frac{kl}{2}\right)}\sin kx - \frac{Qx}{2P} = \frac{Q}{2kP}\left[\frac{\sin kx}{\cos\left(\frac{kl}{2}\right)} - kx\right]$$

$$\delta_{y=\frac{l}{2}} = \frac{Q}{2kP}\left(\tan\frac{kl}{2} - \frac{kl}{2}\right) \quad\quad \cdots \ (1)$$

$$\delta_0 = \frac{Ql^3}{48EI} \ \text{이므로}, \quad \delta = \frac{Ql^3}{48EI}\frac{24EI}{kPl^3}\left(\tan\frac{kl}{2} - \frac{kl}{2}\right) = \frac{Ql^3}{48EI}\frac{3}{\left(\frac{kl}{2}\right)^3}\left(\tan\frac{kl}{2} - \frac{kl}{2}\right)$$

$$\text{Let} \quad u = \frac{kl}{2}, \quad \delta_0 = \frac{Ql^3}{48EI}$$

$$\therefore \delta = \delta_0 \circ \frac{3(\tan u - u)}{u^3}, \quad \text{여기서} \ u^2 = \left(\frac{kl}{2}\right)^2 = \frac{P}{EI}\left(\frac{l}{2}\right)^2 = \frac{P}{\frac{\pi^2 EI}{l^2}}\frac{\pi^2}{4} = 2.46\frac{P}{P_{cr}}$$

$$\tan u \ \text{의 무한급수 전개는} \quad \tan u = u + \frac{u^3}{3} + \frac{2}{15}u^5 + \frac{17}{315}u^7 + \cdots$$

$$\therefore\ \delta = \delta_0\left(1 + \frac{2}{5}u^2 + \frac{17}{315}u^4 + \cdots\right) = \delta_0\left(1 + 0.984\frac{P}{P_{cr}} + 0.998\left(\frac{P}{P_{cr}}\right)^2 + \cdots\right)$$

$$\approx \delta_0\left(1 + \frac{P}{P_{cr}} + \left(\frac{P}{P_{cr}}\right)^2 + \cdots\right) = \delta_0 \cdot \frac{1}{1 - \left(\dfrac{P}{P_{cr}}\right)}$$

이때, 중앙에서의 최대 모멘트는 $M_{\max} = \dfrac{QL}{4} + P\delta$로 표현될 수 있으므로,

$$M_{\max} = \frac{QL}{4} + \frac{PQL^3}{48EI}\frac{1}{1-(P/P_{cr})} = \frac{QL}{4}\left(1 + \frac{PL^2}{12EI}\frac{1}{1-(P/P_{cr})}\right)$$

$$= \frac{QL}{4}\left(1 + 0.82\frac{P}{P_{cr}}\frac{1}{1-(P/P_{cr})}\right) = \frac{QL}{4}\frac{1-(0.18P/P_{cr})}{1-(P/P_{cr})}$$

$$= M_0\frac{1-(0.18P/P_{cr})}{1-(P/P_{cr})}, \quad 여기서\ M_0 = \frac{QL}{4}\ (집중하중\ 단순보의\ 최대\ 모멘트)$$

---

**TIP** | 처짐 곡선 형상 가정을 이용한 해법(Assume deflection shape mode by Reyligh & Ritz method) |

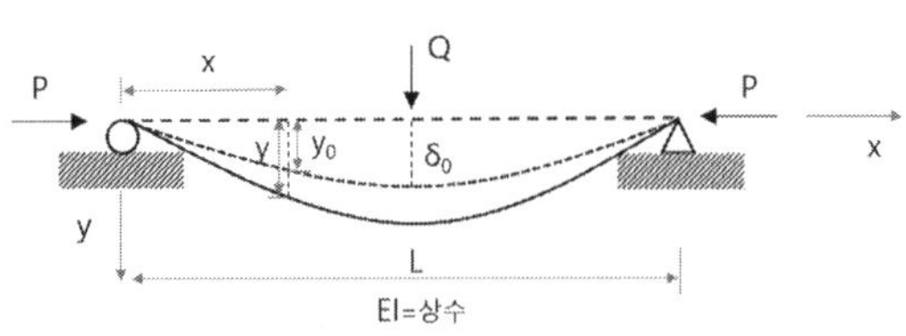


하중 Q에 의한 처짐곡선을 다음과 같이 가정

$$y_0 = \delta_0\sin\left(\frac{\pi x}{L}\right)$$

$x$ 위치에서의 모멘트는

$$EIy'' = -M = -P(y + y_0),$$

$$y'' + k^2y = -k^2y_0 = -k^2\delta_0\sin\left(\frac{\pi x}{L}\right)$$

$y_p = A\sin\dfrac{\pi x}{L} + B\cos\dfrac{\pi x}{L}$ 이므로, $y_p' = A\left(\dfrac{\pi}{L}\right)\cos\dfrac{\pi x}{L} - B\left(\dfrac{\pi}{L}\right)\sin\dfrac{\pi x}{L}$, $y_p'' = -A\left(\dfrac{\pi}{L}\right)^2\sin\dfrac{\pi x}{L} - B\left(\dfrac{\pi}{L}\right)^2\cos\dfrac{\pi x}{L}$

정리하면, $\left[-A\left(\dfrac{\pi}{L}\right)^2 + Ak^2 + k^2\delta_0\right]\sin\dfrac{\pi x}{L} + \left[-B\left(\dfrac{\pi}{L}\right)^2 + Bk^2\right]\cos\dfrac{\pi x}{L} = 0$

여기서, $k^2 = \left(\dfrac{\pi}{L}\right)^2$ 이면 $P_{cr} = \dfrac{\pi^2 EI}{L^2}$ 으로 무의미한 해이므로 $k^2 \neq \left(\dfrac{\pi}{L}\right)^2$, $B = 0$

$$-A\left[\left(\frac{\pi}{L}\right)^2 + k^2\right] + k^2\delta_0 = 0 \quad \therefore A = -\frac{k^2\delta_0}{k^2 - \left(\dfrac{\pi}{L}\right)^2} = \frac{\dfrac{P}{EI}\delta_0}{\dfrac{P}{EI} - \left(\dfrac{\pi}{L}\right)^2} = -\frac{\delta_0}{1 - \dfrac{P_{cr}}{P}} = \frac{\delta_0}{\dfrac{P_{cr}}{P} - 1}$$

$$\therefore y = \left(\frac{\delta_0}{P_{cr}/P - 1}\right)\sin\frac{\pi x}{L}$$

$$M = P(y + \delta_0) = P\left(\frac{\delta_0}{P_{cr}/P - 1} + \delta_0\right)\sin\frac{\pi x}{L} = P\delta_0\left(\frac{P_{cr}/P}{P_{cr}/P - 1}\right)\sin\frac{\pi x}{L} = P\delta_0\left(\frac{1}{1 - P/P_{cr}}\right)\sin\frac{\pi x}{L}$$

$$\therefore M_{\max\left(x = \frac{L}{2}\right)} = P\delta_0\left(\frac{1}{1 - P/P_{cr}}\right)$$

② Beam Column with distributed lateral load

  (1) Assume deflection shape mode by Reyligh & Ritz method

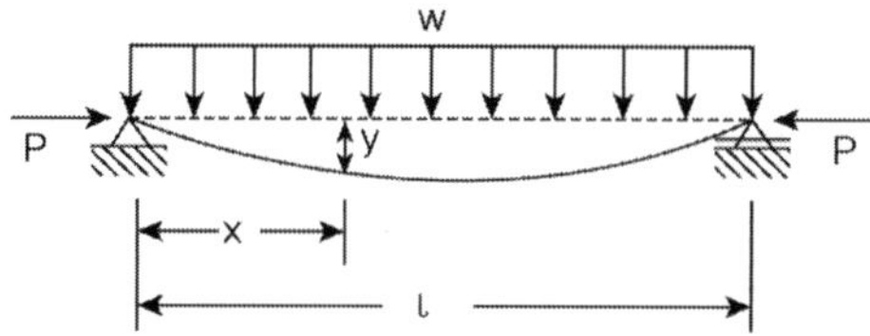

Assume    $y_0 = e \sin \dfrac{\pi x}{l}$

$M = P(y_0 + y)$

$EIy'' = -M = -P(y_0 + y), \quad y'' + k^2 y = k^2 y_0 = k^2 e \sin \dfrac{\pi x}{l}$

$\therefore y = A \sin \dfrac{\pi x}{l} + B \cos \dfrac{\pi x}{l}$

$y' = \dfrac{A\pi}{l} \cos \dfrac{\pi x}{l} - \dfrac{B\pi}{l} \sin \dfrac{\pi x}{l}, \quad y'' = -A\left(\dfrac{\pi}{l}\right)^2 \sin \dfrac{\pi x}{l} - B\left(\dfrac{\pi}{l}\right)^2 \cos \dfrac{\pi x}{l}$

원식에 대입하면,

$$-A\left(\dfrac{\pi}{l}\right)^2 \sin \dfrac{\pi x}{l} - B\left(\dfrac{\pi}{l}\right)^2 \cos \dfrac{\pi x}{l} + k^2 \left[ A \sin \dfrac{\pi x}{l} + B \cos \dfrac{\pi x}{l} \right] = k^2 e \sin \dfrac{\pi x}{l}$$

$$\left[ Ak^2 - A\left(\dfrac{\pi}{l}\right)^2 + k^2 e \right] \sin \dfrac{\pi x}{l} + \left[ k^2 B - B\left(\dfrac{\pi}{l}\right)^2 \right] \cos \dfrac{\pi x}{l} = 0$$

$$\therefore B = 0, \quad A = \dfrac{k^2 e}{\left(\dfrac{\pi}{l}\right)^2 - k^2} = \dfrac{\dfrac{P}{EI} e}{\dfrac{\pi^2 EI}{Pl^2} - 1} = \dfrac{e}{\dfrac{P_{cr}}{P} - 1}$$

$$\therefore y = A \sin \dfrac{\pi x}{l} + B \cos \dfrac{\pi x}{l} = A \sin \dfrac{\pi x}{l} = \left( \dfrac{e}{\dfrac{P_{cr}}{P} - 1} \right) \sin \dfrac{\pi x}{l}$$

$$M = P(y_0 + y) = P \left( e + \dfrac{e}{\dfrac{P_{cr}}{P} - 1} \right) \sin \dfrac{\pi x}{l}, \qquad M_{\max} \text{는 } x = \dfrac{l}{2} \text{ 이므로,}$$

$$\therefore M_{\max \left( x = \frac{l}{2} \right)} = Pe \left( \dfrac{\dfrac{P_{cr}}{P}}{\dfrac{P_{cr}}{P} - 1} \right) = Pe \cdot \dfrac{1}{1 - \left( \dfrac{P}{P_{cr}} \right)}$$

## 1. 무한급수를 이용한 해법

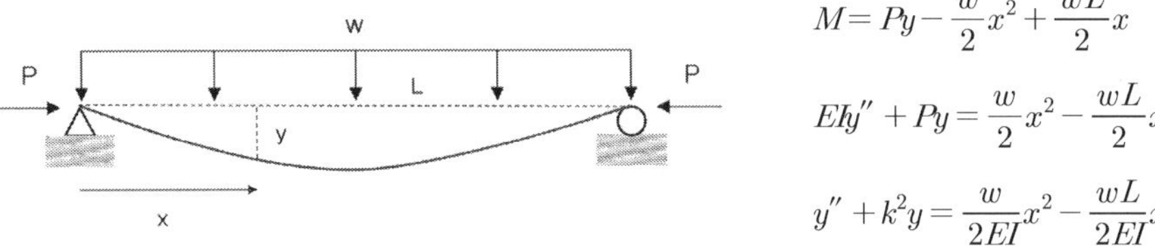

$$M = Py - \frac{w}{2}x^2 + \frac{wL}{2}x$$

$$EIy'' + Py = \frac{w}{2}x^2 - \frac{wL}{2}x$$

$$y'' + k^2 y = \frac{w}{2EI}x^2 - \frac{wL}{2EI}x$$

General Solution $\quad y_h = A\sin kx + B\cos kx$

Particular Solution $\quad y_p = Cx^2 + Dx + E$

$$y' = 2Cx + D, \ y'' = 2C \quad \therefore \ Ck^2 = \frac{w}{2EI}, \quad Dk^2 = -\frac{wL}{2EI}, \quad 2C + Dk^2 = 0$$

$$\therefore \ C = \frac{w}{2EIk^2}, \quad D = -\frac{wL}{2EIk^2}, \quad E = -\frac{2C}{k^2} = -\frac{w}{EIk^4} \quad \therefore \ y_p = \frac{w}{2EIk^2}x^2 - \frac{wL}{2EIk^2}x - \frac{w}{EIk^4}$$

$$\therefore \ y = y_h + y_p = A\sin kx + B\cos kx + \frac{w}{2EIk^2}x^2 - \frac{wL}{2EIk^2}x - \frac{w}{EIk^4}$$

From B.C $\quad$ ① $x = 0, \ y = 0 : B = \frac{w}{EIk^4}$

② $x = \frac{L}{2}, \ y' = 0 : A = \frac{w}{EIk^4}\tan\frac{kL}{2}$

$$\therefore \ y = \frac{w}{EIk^4}\left(\tan\frac{kL}{2}\sin kx + \cos kx - 1\right) - \frac{w}{2EIk^2}x(L - x)$$

$u = \frac{kL}{2}$ 라고 치환하면, $\quad y = \frac{wL^4}{16EIu^4}\left(\tan u \sin\frac{2ux}{L} + \cos\frac{2ux}{L} - 1\right) - \frac{wL^2}{8EIu^2}x(L - x)$

$$M = -EIy'' = \frac{wL^2}{4u^2}\left(\tan u \sin\frac{2ux}{L} + \cos\frac{2ux}{L} - 1\right)$$

$$\therefore \ y_{\max} = y\left(\frac{L}{2}\right) = \frac{wL^4}{16EIu^4}\left(\frac{1 - \cos u}{\cos u}\right) - \frac{wL^4}{32EIu^2} = \frac{5wL^4}{384EI}\left(\frac{12(2\sec u - u^2 - 2)}{5u^4}\right)$$

$$= \delta_0\left(\frac{12(2\sec u - u^2 - 2)}{5u^4}\right)$$

복소수 함수의 급수전개(power series of expansion)를 이용해 단순화 시키면

$$\sec u = 1 + \frac{1}{2}u^2 + \frac{5}{24}u^4 + \frac{61}{720}u^6 + \cdots \quad \therefore \ y = \delta_0(1 + 0.4067u^2 + 0.1649u^4 + \cdots)$$

$$u^2 = \left(\frac{kL}{2}\right)^2 = \frac{P}{EI}\frac{L^2}{4} = \left(\frac{L^2}{\pi^2 EI}\right) \times \frac{\pi^2 P}{4} = \frac{\pi^2}{4}\frac{P}{P_{cr}} = 2.46\frac{P}{P_{cr}}$$

$$\therefore \ y_{\max} = \delta_0\left[1 + 1.003\left(\frac{P}{P_{cr}}\right) + 1.004\left(\frac{P}{P_{cr}}\right)^2 + \cdots\right] \approx \delta_0\left[1 + \left(\frac{P}{P_{cr}}\right) + \left(\frac{P}{P_{cr}}\right)^2 + \cdots\right]$$

$$= \delta\left[\frac{1}{1 - P/P_{cr}}\right]$$

$$M_{\max} = M\!\left(\frac{L}{2}\right) = \frac{wL^2}{4u^2}\left[\sec u - 1\right] = \frac{wL^2}{8}\left[\frac{2(\sec u - 1)}{u^2}\right] = M_0\left[\frac{2(\sec u - 1)}{u^2}\right]$$

또는,
$$M_{\max} = M_0 + Py_{\max} = M_0\left[1 + 0.4167u^2 + 0.1694u^4 + 0.06870u^6 + \cdots\right]$$

$$= M_0\left[1 + 1.028\left(\frac{P}{P_{cr}}\right) + 1.031\left(\frac{P}{P_{cr}}\right)^2 + 1.032\left(\frac{P}{P_{cr}}\right)^3 + \cdots\right]$$

$$= M_0\left(1 + \left[1.028\left(\frac{P}{P_{cr}}\right)\right]\left[1 + 1.003\left(\frac{P}{P_{cr}}\right) + 1.004\left(\frac{P}{P_{cr}}\right)^2 + \cdots\right]\right)$$

$$\approx M_0\left(1 + \left[1.028\left(\frac{P}{P_{cr}}\right)\right]\left[1 + \left(\frac{P}{P_{cr}}\right) + \left(\frac{P}{P_{cr}}\right)^2 + \cdots\right]\right)$$

$$= M_0\left(1 + \left[1.028\left(\frac{P}{P_{cr}}\right)\right]\left[\frac{1}{1 - P/P_{cr}}\right]\right)$$

$$= M_0\frac{1 + 0.028P/P_{cr}}{1 - P/P_{cr}}$$

$$\approx M_0\frac{1}{1 - P/P_{cr}}$$

## 2. 에너지법을 이용한 해법

Deflection shape Assumption $\quad y = \delta\sin\dfrac{\pi x}{l}$

Strain Energy $\quad U = \dfrac{EI}{2}\int_0^l\left(\dfrac{d^2y}{dx^2}\right)^2 dx$

Potential Energy $\quad V = -w\int_0^l y\,dx - \dfrac{P}{2}\int_0^l\left(\dfrac{dy}{dx}\right)^2 dx$

Total Energy

$$U + V = \frac{EI}{2}\int_0^l\left(\frac{d^2y}{dx^2}\right)^2 dx - w\int_0^l y\,dx - \frac{P}{2}\int_0^l\left(\frac{dy}{dx}\right)^2 dx$$

$$= \frac{EI\delta^2\pi^4}{2l^4}\int_0^l \sin^2\frac{\pi x}{l}\,dx - w\delta\int_0^l \sin\frac{\pi x}{l}\,dx - \frac{P\delta^2\pi^2}{2l^2}\int_0^l \cos^2\frac{\pi x}{l}\,dx$$

여기서, $\displaystyle\int_0^l \sin^2\frac{\pi x}{l}\,dx = \int_0^l \cos^2\frac{\pi x}{l}\,dx = \frac{l}{2}, \quad \int_0^l \sin\frac{\pi x}{l}\,dx = \frac{2l}{\pi}$

$$\therefore\ U + V = \frac{EI}{4}\frac{\delta^2\pi^4}{l^3} - \frac{2w\delta l}{\pi} - \frac{P\delta^2\pi^2}{4l}$$

$$\frac{\partial(U + V)}{\partial\delta} = \frac{EI\delta\pi^4}{2l^3} - \frac{2wl}{\pi} - \frac{P\delta\pi^2}{2l} = 0\ :\ \delta = \frac{4wl^4}{\pi}\frac{1}{EI\pi^4 - P\pi^2l^2}$$

Let, $\delta_0 = \dfrac{5wl^4}{384EI}$

$$\therefore \delta = \frac{5wl^4}{384EI}\frac{1536EI}{5\pi}\frac{1}{EI\pi^4 - P\pi^2 l^2} = \frac{5wl^4}{384EI}\frac{1536}{5\pi^5}\frac{1}{1-(P/P_{cr})} \approx \delta_0 \cdot \frac{1}{1-(P/P_{cr})}$$

$$M_{max} = \frac{wl^2}{8} + P\delta = \frac{wl^2}{8} + \frac{5Pwl^4}{384EI}\frac{1}{1-(P/P_{cr})} = \frac{wl^2}{8}\left[1 + \frac{5Pl^2}{48EI}\frac{1}{1-(P/P_{cr})}\right]$$

$$= \frac{wl^2}{8}\left[1 + 1.03P/P_{cr}\frac{1}{1-(P/P_{cr})}\right] = \frac{wl^2}{8}\left[\frac{1+(0.03P/P_{cr})}{1-(P/P_{cr})}\right] = M_0\left[\frac{1+(0.03P/P_{cr})}{1-(P/P_{cr})}\right]$$

③ Beam Column with end moments

$$M = M_A + Py - \frac{M_A + M_B}{L}x$$

$$EIy'' + P_y = \frac{M_A + M_B}{L}x - M_A$$

$$y'' + k^2 y = \frac{M_A + M_B}{LEI}x - \frac{M_A}{EI}$$

General Solution $\qquad y_h = A\sin kx + B\cos kx$

Particular Solution $\qquad y_p = \dfrac{M_A + M_B}{LEIk^2}x - \dfrac{M_A}{EIk^2}$

$$y = y_h + y_p = A\sin kx + B\cos kx + \frac{M_A + M_B}{LEIk^2}x - \frac{M_A}{EIk^2}$$

From B.C $\quad$ ① $x = 0,\; y = 0 : B = \dfrac{M_A}{EIk^2}$

$\qquad\qquad$ ② $x = L,\; y = 0 : A = -\dfrac{1}{EIk^2\sin kL}(M_A\cos kL + M_B)$

$$\therefore y = -\frac{M_A\cos kL + M_B}{EIk^2\sin kL}\sin kx + \frac{M_A}{EIk^2}\cos kx + \frac{M_A + M_B}{LEIk^2}x - \frac{M_A}{EIk^2}$$

$$y' = -\frac{M_A\cos kL + M_B}{EIk\sin kL}\cos kx - \frac{M_A}{EIk}\sin kx + \frac{M_A + M_B}{LEIk^2}$$

$$y'' = \frac{M_A\cos kL + M_B}{EI\sin kL}\sin kx - \frac{M_A}{EI}\cos kx$$

$$y''' = \frac{k(M_A\cos kL + M_B)}{EI\sin kL}\cos kx + \frac{kM_A}{EI}\sin kx$$

$M_{\max}$ 에서 전단력 $V(= EIy''')$=0이므로,  $\tan kx = -\dfrac{(M_A\cos kL + M_B)}{M_A\sin kL}$

$$\sin kx = \frac{(M_A\cos kL + M_B)}{\sqrt{M_A^2 + 2M_A M_B\cos kL + M_B^2}}$$

$$\cos kx = -\frac{M_A\sin kL}{\sqrt{M_A^2 + 2M_A M_B\cos kL + M_B^2}}$$

$$0 \le kx \le kL\left(= \pi\sqrt{P/P_{cr}}\right) \le \pi \quad \rightarrow \quad \sin kx \ge 0, \quad \cos kx \le 0$$

$$M = EIy'' = EI\left(\frac{M_A\cos kL + M_B}{EI\sin kL}\sin kx - \frac{M_A}{EI}\cos kx\right) = \frac{M_A\cos kL + M_B}{\sin kL}\sin kx - M_A\cos kx$$

$$\therefore \ M_{\max} = \frac{-(M_A\cos kL + M_B)^2}{\sin kL\sqrt{M_A^2 + 2M_A M_B\cos kL + M_B^2}} - \frac{M_A^2\sin kL}{\sqrt{M_A^2 + 2M_A M_B\cos kL + M_B^2}}$$

$$= -\frac{\sqrt{M_A^2 + 2M_A M_B\cos kL + M_B^2}}{\sin kL}$$

$$\therefore \ M_{\max} = -M_B\left[\sqrt{\frac{(M_A/M_B)^2 + 2(M_A/M_B)\cos kL + 1}{\sin^2 kL}}\right]$$

만약, $M = M_A = M_B$이면,  $\therefore \ M_{\max} = -M\sqrt{\dfrac{2(1 - \cos kL)}{\sin^2 kL}}$

## 5. 휨응력을 받고 있는 판의 좌굴 <sup>86회/96회</sup>



복부판에 순수 휨응력이 가해질 경우 탄성 좌굴응력 $f_{cr}$ 은

$$f_{cr} = k\frac{\pi^2 E}{12(1-\nu^2)}\left(\frac{t}{b}\right)^2$$

여기서 $E$는 탄성계수, $\nu$는 포아송비, $k$는 휨응력에 대한 좌굴계수로 판요소의 형상비$(a/b)$와 4변의 경계조건에 따라 결정된다. 설계 시에는 안전측으로 형상비가 무한대인 경우로 간주한다.

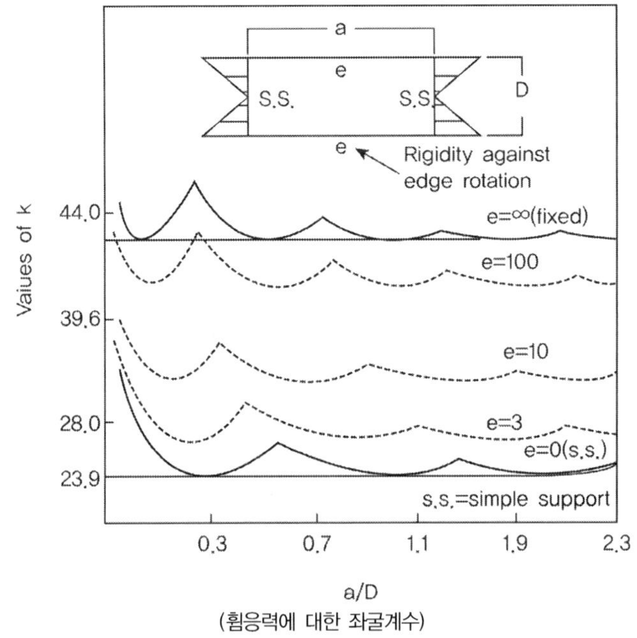


(휨응력에 대한 좌굴계수)

① 수직보강재를 설계할 때 단순지지조건을 만족하도록 하는 소요강성을 결정하기 때문에 복부판에서 수직보강재와 접하는 변의 경계조건은 단순지지로 취급한다. 그러나 플랜지와 접하는 변에서의 경계조건은 단순지지와 고정지지의 중간인 탄성지지(elastically restrained)된 상태이며 플랜지의 복부판에 대한 상대적인 강성에 따라 단순 또는 고정지지에 근접할 수 있다.

② 미구의 AISC에서는 플랜지와 복부판의 경계조건을 단순지지에서 고정지지 쪽으로 80% 정도 된다고 가정하고 있다.

③ AASHTO의 경우 단순지지로 가정하기도 하고 AISC와 같이 고정지지측의 80% 정도로 가정하기도 한다.

④ 국내 도로교 설계기준(2008, 허용응력)에서는 단순지지로 가정하고 $k = 23.9$로 적용하였다.

## 6. 인장장(Tension field) <sup></sup>93회/96회/110회/124회



축압축부재는 좌굴 후 즉시 붕괴하나, 판형(Plate Girder)의 복부에는 면내력이 작용할 때 좌굴 후에도 계속 저항력을 나타내어 바로 극한상태에 도달하지 않는 경우가 있는데 이렇게 좌굴 후에도 강도를 가지는 현상을 Post Buckling Behavior(후좌굴강도)라고 한다. 후좌굴이 작용하는 면내의 인장력을 인장장(Tension Field) 또는 인장력 작용(Tension Field Action)이라 한다.

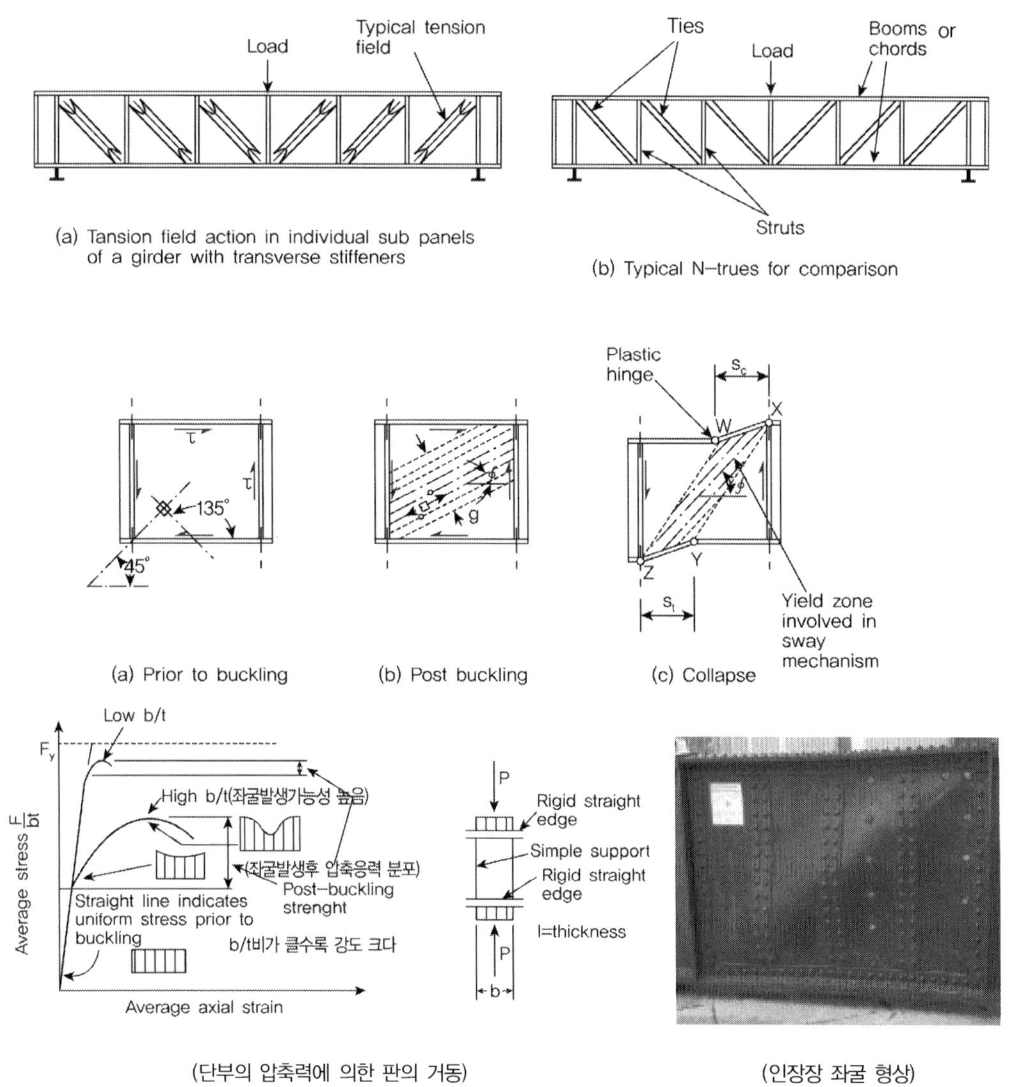


(단부의 압축력에 의한 판의 거동)       (인장장 좌굴 형상)

1) 판의 좌굴 후 거동(Post Buckling behavior)의 발생원리

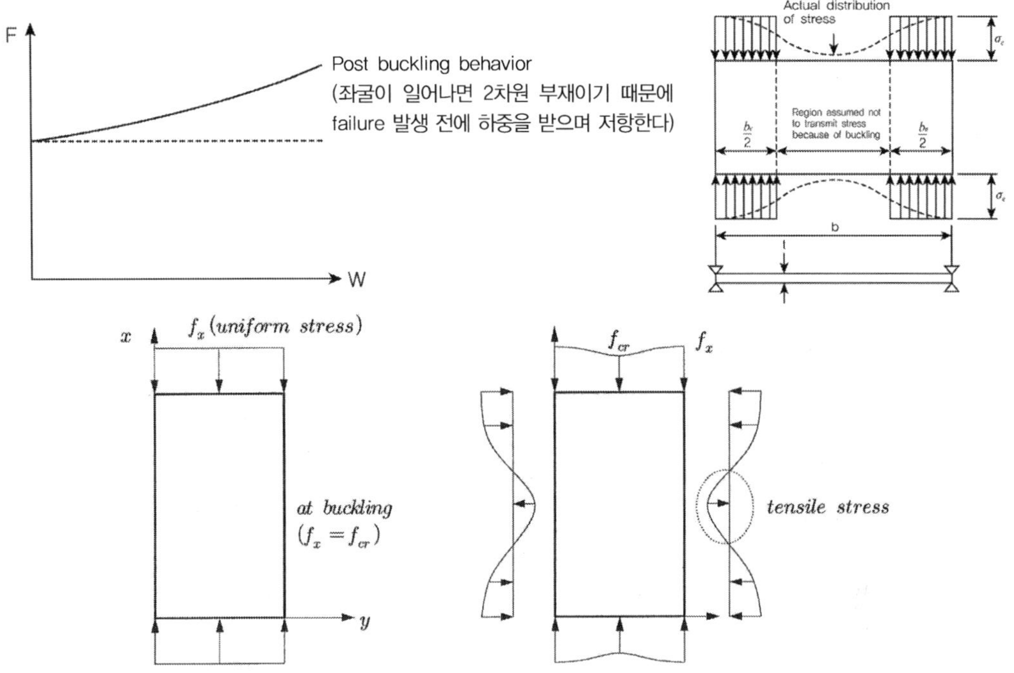



① 응력이 서로 다른 것은 늘어나는 면에 대해서 직선적으로 변형되기 위한 응력이다.

$$\therefore \ \Sigma \int f_Y = 0 \ (\text{수평방향 힘의 합력은 } 0)$$

② 여기서 발생되는 인장력은 수직응력에 영향을 주어서 Post buckling strength가 발생한다. 양 끝단에서는 supported되었기 때문에 강성(stiffness)이 강하다. 따라서 가운데 부분에서는 $f_{cr}$ 이상의 하중은 받지 못하고 양끝단에서 하중을 받는다.

③ Y방향의 인장응력 : 횡방향 변위에 저항하는 판의 강성(지지조건)은 좌굴 후 강도에 영향을 준다.

④ 종방향 끝단 인근 판의 좌굴발생 후 변형 형상은 횡방향 변형에 큰 강성을 가지며, 좌굴 후의 증가하중의 대부분을 부담한다.

⑤ 좌굴 후 강도(Post Buckling Strength)

- 면외 방향의 좌굴 변형으로 등분포되지 않은 응력 분포로 나타난다.
- 인장응력으로 인하여 추가적인 강도가 발생된다.
- 좌굴 후 강도는 $b/t$ 비율이 클수록 크게 나타난다.
- 지점이 지지된 부재(stiffened element)가 지지되지 않은 부재(unstiffened element)보다 좌굴 후 강도가 크다.

## 2) 인장장의 작용현상

판형의 상, 하 플랜지와 복부판의 수직보강재로 둘러싸인 Pannel 부분에 큰 전단력이 작용할 경우 복부판에 전단응력이 크게 발생되어 전단 좌굴 후에도 바로 파괴되지 않는데, 이는 상, 하 플랜지와 복부판의 수직 보강재가 각각 Pratt Truss의 현재와 수직재로 작용하여 약 45° 방향으로 주름이 생기면서 인장응력이 작용하는 인장력장(Tension Field)이 발생하게 된다. 이 인장응력장은 트러스에 사재와 같은 개념으로 작용하여 들보작용의 전단력 이외 추가적인 전단력을 저항할 수 있기 때문에 좌굴 후에도 하중을 지탱할 수 있게 되는 것이다.

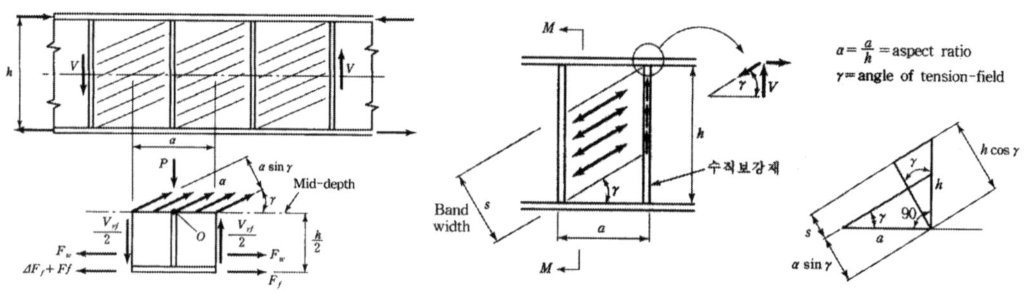


보강재를 고려한 복부판 단면력 해석

## 7. 조밀단면과 비조밀단면 89회/94회/122회/125회

【 기출유형 ① 】 조밀단면과 비조밀단면 구분 설명
【 기출유형 ② 】 휨을 받는 강구조부재의 조밀단면, 비조밀단면, 세장단면 설명

일반적으로 국부좌굴이 발생되기 전에 부재가 완전소성 영역상태에 도달하고 소성힌지가 형성되어 회전이 가능한 단면을 조밀단면(Compact Section)이라고 하며, 국부좌굴이 발생되기 전에 압축부는 항복점에 도달하지만 완전 소성영역 상태 시 변형에 따른 비탄성 좌굴에는 저항하지 못하는 단면을 비조밀단면(Non-Compact Section)이라고 한다. 또한 압축부가 항복점에 도달하기 이전에 국부좌굴이 발생하는 단면을 세장단면(Slender Section)이라고 한다.

① 조밀단면(Compact Section, $\lambda < \lambda_p$) : 완전소성상태 도달
② 비조밀단면(Non-Compact Section, $\lambda_p \leq \lambda < \lambda_r$) : 항복점에 도달하지만 완전소성 이전에 국부좌굴 발생
③ 세장단면(Slender Section, $\lambda > \lambda_r$) : 항복점에 도달하기 이전에 국부좌굴 발생, 일반적으로 세장단면은 춤이 큰 보로 플레이트 거더로 설계된다.

1) 판정기준

① 허용응력설계법 : 일반적으로 플랜지를 기준으로 할 것인지 복부를 기준으로 할 것인지에 따라 구분된다.

- 플랜지 기준 조밀단면 : $\lambda\left(=\dfrac{b_f}{2t_f}\right)$,　　　　　　　　- 복부 기준 조밀단면 : $\lambda\left(=\dfrac{h}{t_w}\right)$

| 구분 | 플랜지기준 | 복부기준 | 허용응력 |
|---|---|---|---|
| 조밀단면 | $\lambda \leq \dfrac{170}{\sqrt{f_y}}$ | $\lambda \leq \dfrac{1680}{\sqrt{f_y}}$ | $f_b = 0.66f_y$ |
| 비조밀단면 | $\dfrac{170}{\sqrt{f_y}} < \lambda \leq \dfrac{250}{\sqrt{f_y}}$ | $\lambda > \dfrac{1680}{\sqrt{f_y}}$ | 직선보간 |
| 세장단면 | $\lambda > \dfrac{250}{\sqrt{f_y}}$ | | $f_b = 0.60f_y$ |

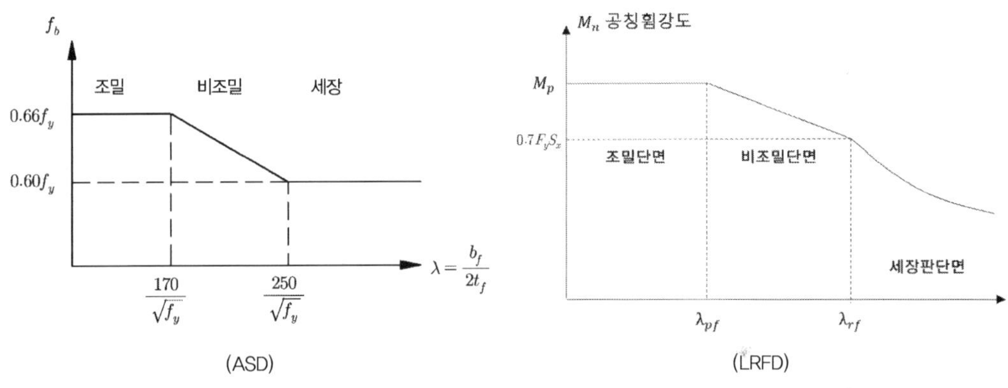


② LRFD(KDS) : 경우에 따라 달라지며, 2축 대칭 압연 H형강 휨부재 기준은 다음과 같다.

| 구분 | 플랜지기준 | 복부기준 | 공칭휨강도 |
|---|---|---|---|
| 조밀단면 | $\lambda\left(=\dfrac{b_f}{2t_f}\right) \leq 0.38\sqrt{\dfrac{E}{F_y}}$ | $\lambda\left(=\dfrac{h}{t_w}\right) \leq 3.76\sqrt{\dfrac{E}{F_y}}$ | $M_n = M_p = Z_x F_y$ |
| 비조밀단면 | $0.38\sqrt{\dfrac{E}{F_y}} < \lambda \leq 1.0\sqrt{\dfrac{E}{F_y}}$ | $3.76\sqrt{\dfrac{E}{F_y}} < \lambda \leq 5.70\sqrt{\dfrac{E}{F_y}}$ | $M_n = M_p - (M_p - M_r)\left(\dfrac{\lambda - \lambda_p}{\lambda_r - \lambda_p}\right) \leq M_p$ |
| 세장단면 | $\lambda > 1.0\sqrt{\dfrac{E}{F_y}}$ | $\lambda > 5.70\sqrt{\dfrac{E}{F_y}}$ | $M_n = M_{cr} = F_{cr}S < M_p$ |

## 판의 좌굴(Differential Equation of Plate buckling : Linear Theory)

### TIP | Plate의 구분

1. Thin Plate(박판) : 두께를 고려하지 않음(두께방향 응력, 변형률 미고려, 2차원 해석)
2. Thick Plate(후판) : 두께 고려(Shear deformation 고려) → axial, bending으로 하중에 저항
3. Membrane(박막) : axial 방향의 강성만 고려

### ➤ 개요

중립축 이론을 이용하여 박판의 면내 임계하중을 산정하기 위해서는 휨변형 구성에서의 평형방정식을 통해서 산정할 수 있다. 횡방향 휨을 받는 판은 다음의 두 개의 힘으로 분류할 수 있다.

(To Determine the critical in-plane loading of a flat plate by the concept of neutral equlibrium, it is necessary to have the equation of equilibrium for the plate in a slightly bent configuration. An element of a laterally bent plate is acted on by two sets of forces.)

① in-plane forces : equal to the externally applied loads
② moments and shear : result from the transverse bending of the plate

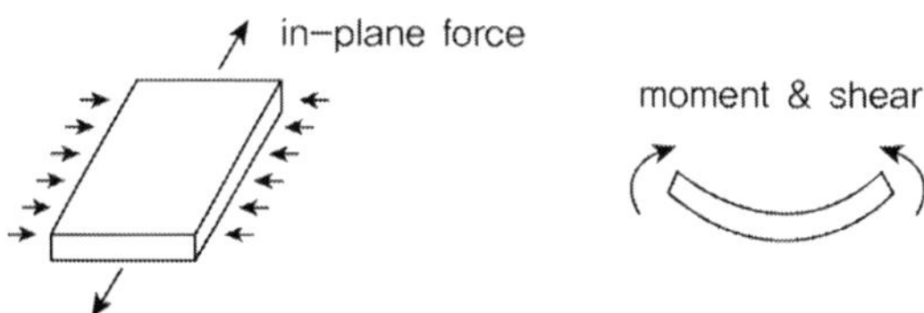


### ➤ Equilibrium of In-plane Forces

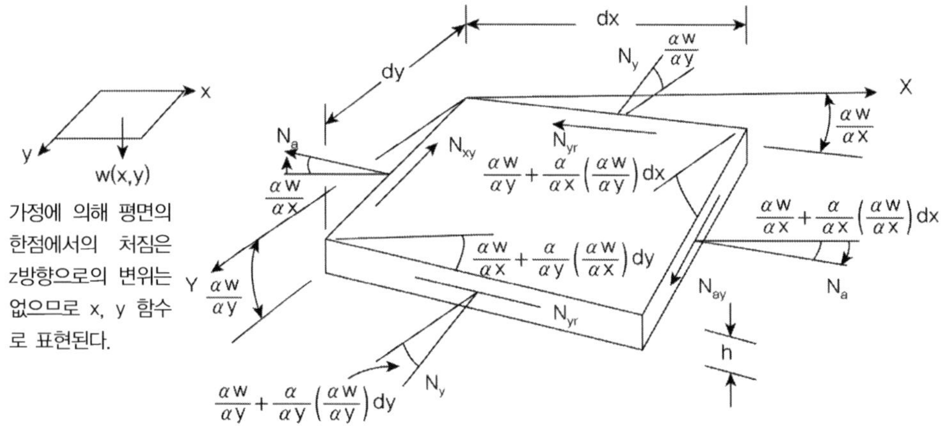

if $\theta$ is small($\cos\theta \approx 1$, $\sin\theta \approx 0$), downward is positive

z축의 $N_x$ 의 분력성분의 합은

$$N_x\left(\frac{\partial w}{\partial x} + \frac{\partial^2 w}{\partial x^2}dx\right)dy - N_x\frac{\partial w}{\partial x}dy = N_x\frac{\partial^2 w}{\partial x^2}dxdy \tag{1}$$

z축의 나머지 분력성분의 합은

$$\left(N_y\frac{\partial^2 w}{\partial y^2} + N_{xy}\frac{\partial^2 w}{\partial x\partial y} + N_{yx}\frac{\partial^2 w}{\partial x\partial y}\right)dxdy \tag{2}$$

$N_{xy} = N_{yx}$ 를 고려하여 z축 성분의 총합은(위의 두 식의 합)

$$\therefore \left(N_x\frac{\partial^2 w}{\partial x^2} + N_y\frac{\partial^2 w}{\partial y^2} + 2N_{xy}\frac{\partial^2 w}{\partial x\partial y}\right)dxdy \quad : \text{ In-Plane Forces} \tag{3}$$

➤ Equilibrium of Bending Moments, Twisting Moment, and Shear

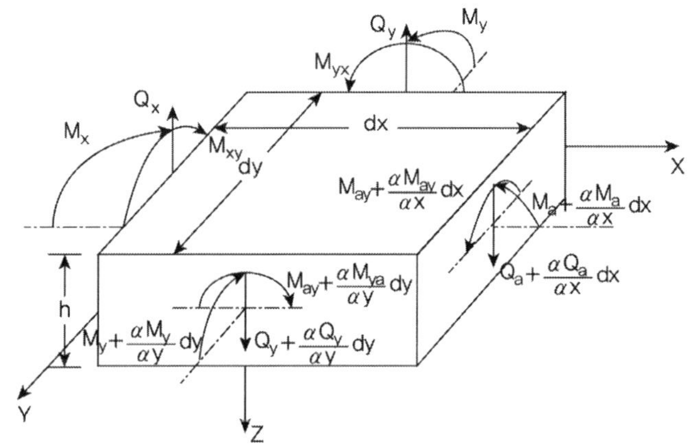


z축의 전단력 성분의 합은

$$\left(\frac{\partial Q_x}{\partial x} + \frac{\partial Q_y}{\partial y}\right)dxdy \tag{4}$$

z축방향의 전단력과 면내력의 합력은 Zero이므로,

(3) + (4) = 0

$$\frac{\partial Q_x}{\partial x} + \frac{\partial Q_y}{\partial y} + N_x\frac{\partial^2 w}{\partial x^2} + N_y\frac{\partial^2 w}{\partial y^2} + 2N_{xy}\frac{\partial^2 w}{\partial x\partial y} = 0 \tag{5}$$

$$\sum M_x = 0 :$$

$$\frac{\partial M_y}{\partial y}dydx - \frac{\partial M_{xy}}{\partial x}dxdy - \frac{\partial Q_x}{\partial x}\frac{dxdydz}{2} - Q_y dxdy - \frac{\partial Q_y}{\partial y}dxdydz = 0 \,(\because dxdydz \approx 0)$$

$$\rightarrow \frac{\partial M_y}{\partial y} - \frac{\partial M_{xy}}{\partial x} - Q_y = 0 \tag{6}$$

$$\sum M_y = 0 :$$

$$\rightarrow \frac{\partial M_x}{\partial x} - \frac{\partial M_{xy}}{\partial y} - Q_x = 0 \tag{7}$$

From (5), (6), (7) $\rightarrow$ Plate의 좌굴 편미분 방정식

$$\therefore \frac{\partial^2 M_x}{\partial x^2} - 2\frac{\partial^2 M_{xy}}{\partial x \partial y} + \frac{\partial^2 M_y}{\partial y^2} + N_x\frac{\partial^2 w}{\partial x^2} + N_y\frac{\partial^2 w}{\partial y^2} + 2N_{xy}\frac{\partial^2 w}{\partial x \partial y} = 0 \tag{8}$$

## ▶ Differential Equation of plate buckling의 유도

from Moment–Stress, Stress–Strain, Strain–Displacement $\rightarrow$ Moment–Displacement relations

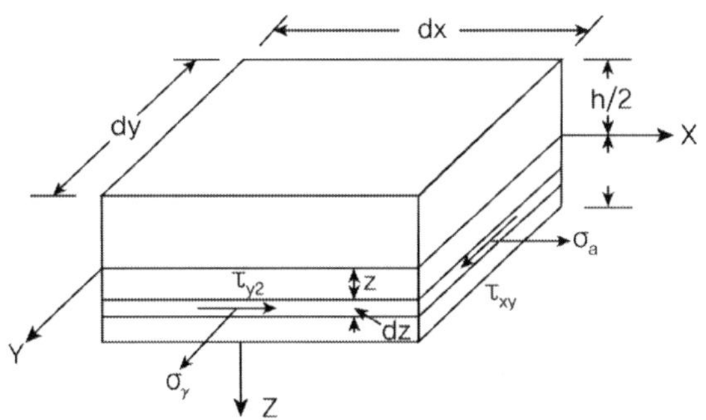


1) M $-\ \sigma$

$$M_x = \int_{-h/2}^{h/2}\sigma_x z\,dz, \quad M_y = \int_{-h/2}^{h/2}\sigma_y z\,dz, \quad M_{xy} = \int_{-h/2}^{h/2}\tau_{xy} z\,dz \tag{9}$$

2) $\epsilon\ -\ \sigma$

$$\sigma_x = \frac{E}{1-\mu^2}(\epsilon_x + \mu\epsilon_y), \quad \sigma_y = \frac{E}{1-\mu^2}(\epsilon_y + \mu\epsilon_x), \quad \tau_{xy} = \frac{E}{2(1+\mu)}\gamma_{xy} \tag{10}$$

$$(\because \epsilon_x = \frac{1}{E}[\sigma_x - \mu(\sigma_y + \sigma_z)], \quad \epsilon_y = \frac{1}{E}[\sigma_y - \mu(\sigma_x + \sigma_z)], \quad \gamma_{xy} = \frac{1}{G}\tau_{xy} = \frac{2(1+\mu)}{E}\tau_{xy}$$

$$\&\ \sigma_z = 0)$$

3) $\epsilon$ $-$ Displacement

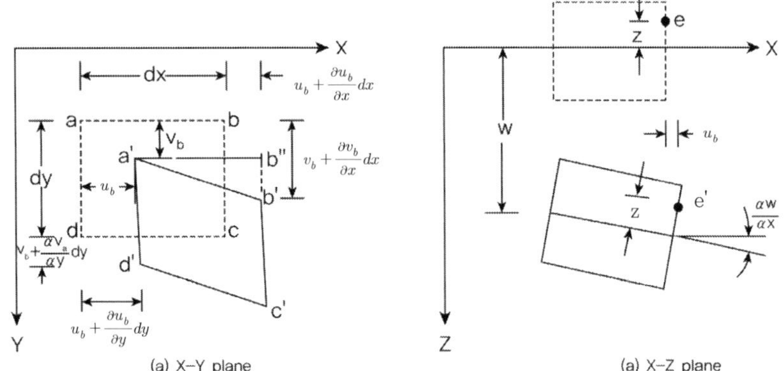

(a) X–Y plane        (a) X–Z plane

$a'b'' \fallingdotseq a'b'$ ,

$u_0$ & $v_0$ : in-plane force에 의한 변위(균일)

$u_b$ & $v_b$ : 좌굴, bending에 의해 생기는 변위(middle surface에서는 zero)

$$u = u_0 + u_b, \; v = v_0 + v_b \tag{11}$$

$$\epsilon_x = \frac{a'b' - ab}{ab} = \frac{dx - u_b + u_b + (\frac{\partial u_b}{\partial x})dx - dx}{dx} = \frac{\partial u_b}{\partial x}, \; \epsilon_y = \frac{\partial v_b}{\partial y}, \; \gamma_{xy} = \frac{\partial u_b}{\partial y} + \frac{\partial v_b}{\partial x} \tag{12}$$

$$u_b = -z\frac{\partial w}{\partial x}, \quad v_b = -z\frac{\partial w}{\partial y} \tag{13}$$

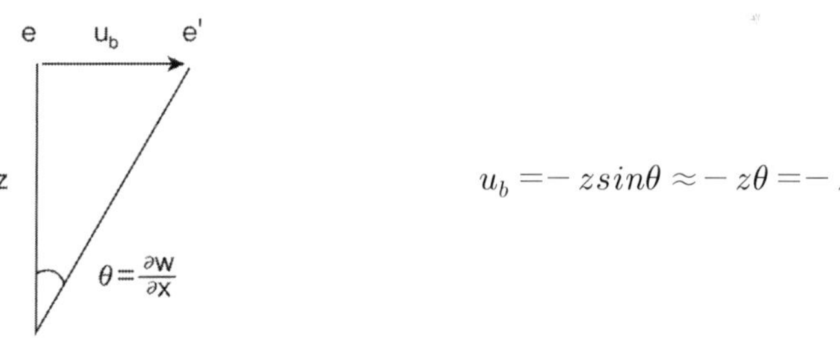

$$u_b = -z\sin\theta \approx -z\theta = -z\frac{\partial w}{\partial x}$$

From (12), (13)   $\epsilon - w$

$$\epsilon_x = -z\frac{\partial^2 w}{\partial x^2}, \quad \epsilon_y = -z\frac{\partial^2 w}{\partial y^2}, \quad \gamma_{xy} = -2z\frac{\partial^2 w}{\partial x \partial y} \tag{14}$$

From (14), (10)  $\sigma - w$

$$\sigma_x = -\frac{Ez}{1-\mu^2}\left(\frac{\partial^2 w}{\partial x^2}+\mu\frac{\partial^2 w}{\partial y^2}\right), \ \sigma_y = -\frac{Ez}{1-\mu^2}\left(\frac{\partial^2 w}{\partial y^2}+\mu\frac{\partial^2 w}{\partial x^2}\right), \ \tau_{xy} = -\frac{Ez}{1+\mu^2}\left(\frac{\partial^2 w}{\partial x \partial y}\right)$$

$$(15)$$

From (15), (9)  $M - w$

$$M_x = -D\left(\frac{\partial^2 w}{\partial x^2}+\mu\frac{\partial^2 w}{\partial y^2}\right), \quad M_y = -D\left(\frac{\partial^2 w}{\partial y^2}+\mu\frac{\partial^2 w}{\partial x^2}\right), \quad M_{xy} = -D(1-\mu)\frac{\partial^2 w}{\partial x \partial y} \quad (16)$$

여기서,  $D = \dfrac{Eh^3}{12(1-\mu^2)}$

Differential Equation of plate buckling (16), (8)

$$\therefore D\left(\frac{\partial^4 w}{\partial x^4}+2\frac{\partial^4 w}{\partial x^2 \partial y^2}+\frac{\partial^4 w}{\partial y^4}\right) = N_x\frac{\partial^2 w}{\partial x^2}+N_y\frac{\partial^2 w}{\partial y^2}+N_{xy}\frac{\partial^2 w}{\partial x \partial y}, \quad D = \frac{Eh^3}{12(1-\mu^2)} \quad (17)$$

## ▶ Critical Load of Plate Uniformly Compressed in One Direction(B.C : Simply Supported)

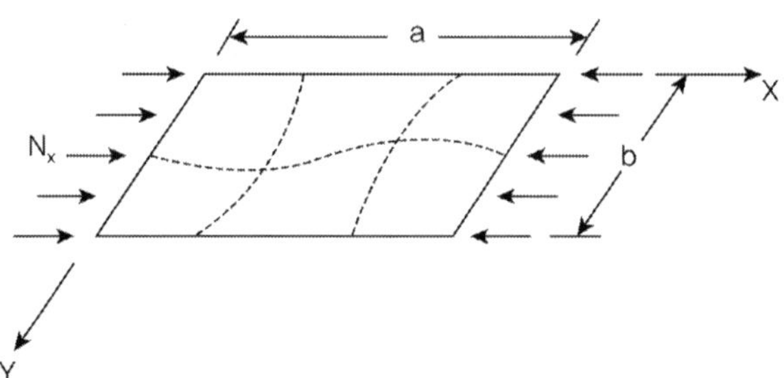


Simply Supported plate Uniformly Compressed in x-direction

$N_y = N_{xy} = 0, \quad N_x$ : Negative

$$(17) : D\left(\frac{\partial^4 w}{\partial x^4}+2\frac{\partial^4 w}{\partial x^2 \partial y^2}+\frac{\partial^4 w}{\partial y^4}\right)+N_x\frac{\partial^2 w}{\partial x^2}=0 \tag{18}$$

From B.C

$$w = \frac{\partial^2 w}{\partial x^2}+\mu\frac{\partial^2 w}{\partial y^2}=0 \ \text{ at } x=0, \ a, \qquad w = \frac{\partial^2 w}{\partial y^2}+\mu\frac{\partial^2 w}{\partial x^2}=0 \ \text{ at } \ x=0, \ b \tag{19}$$

 토목구조기술사 합격 바이블 4권_강구조

Lateral deflection and bending moment vanish along each edge

$$\frac{\partial^2 w}{\partial y^2} = 0 \quad \text{at} \quad x = 0,\ a, \qquad \frac{\partial^2 w}{\partial x^2} = 0 \quad \text{at} \quad x = 0,\ b \tag{20}$$

From (19), (20)

$$w = \frac{\partial^2 w}{\partial x^2} = 0 \quad \text{at} \quad x = 0,\ a, \qquad w = \frac{\partial^2 w}{\partial y^2} = 0 \ \text{at} \ x = 0,\ b$$

Assume

$$w = \Sigma \Sigma A_{mn} \sin \frac{m\pi x}{a} \sin \frac{n\pi y}{b}$$

From Assumption $\rightarrow$ (18)

$$\Sigma \Sigma A_{mn} \left( \frac{m^4 \pi^4}{a^4} + 2 \frac{m^2 n^2 \pi^4}{a^2 b^2} + \frac{n^4 \pi^4}{b^4} - \frac{N_x}{D} \frac{m^2 \pi^2}{a^2} \right) \times \sin \frac{m\pi x}{a} \sin \frac{n\pi y}{b} = 0$$

$$\therefore A_{mn} \left[ \pi^4 \left( \frac{m^2}{a^2} + \frac{n^2}{b^2} \right)^2 - \frac{N_x}{D} \frac{m^2 \pi^2}{a^2} \right] = 0$$

$$\rightarrow N_x = \frac{D\pi^2}{b^2} \left[ \frac{mb}{a} + \frac{n^2 a}{mb} \right]^2 \qquad \text{(4변이 S.S 조건인 경우의 좌굴하중)}$$

Minimum Value of $N_x$ : $n = 1$, $\quad \dfrac{dN_x}{dm} = 0$

$$\frac{dN_x}{dm} = \frac{2D\pi^2}{b^2} \left[ \frac{mb}{a} + \frac{a}{mb} \right] \left[ \frac{b}{a} - \frac{a}{bm^2} \right] = 0 \qquad m = \frac{a}{b}, \quad k = 4$$

$$\therefore N_x = \frac{4D\pi^2}{b^2}, \quad D = \frac{Eh^3}{12(1 - \mu^2)}, \quad h = t$$

General Case $N_x = \dfrac{kD\pi^2}{b^2}, \quad k = \left( \dfrac{mb}{a} + \dfrac{n^2 a}{mb} \right)^2$

$$\therefore N_x = \sigma_x t \quad \rightarrow \quad \sigma_x = \frac{k\pi^2 E}{12(1 - \mu^2)(b/t)^2}$$

① Buckling stress coefficient k for uniaxially compressed plate

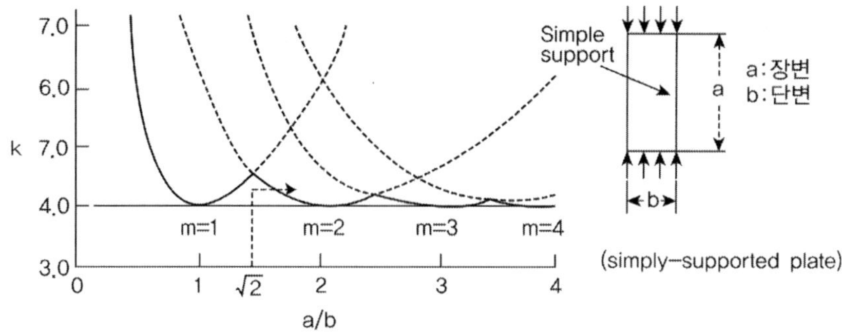



* a가 길어질수록 half sine이 많아져야 최저 좌굴하중 발생

simply supported : minimum $k = 4.0$

② Various end condition

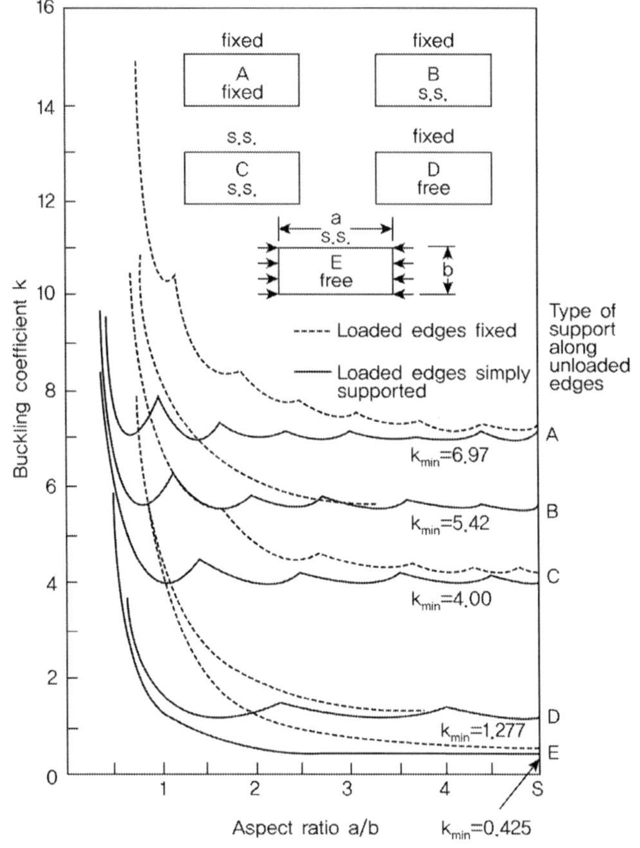



※ 도로교 설계기준 강구조물의 허용응력 (양연지지판 $k = 4.0$, 3연지지판 $k = 0.43$)

| Loading | Ratio of Bending stress to Uniform Compresion Stress $\sigma_{cb}/\sigma_{c}$ | Minimum Bucking Coefficient, $*k_c$ | | Top Edge Free | | Bottom Edge Free | |
|---|---|---|---|---|---|---|---|
| | | Unloaded Edges Simply Supported | Unloaded Edges Fixed | Bottom Edge Simpl Supported | Bottom Edge Fixed | Top Edge Simply Supported | Top Edge Fixed |
| 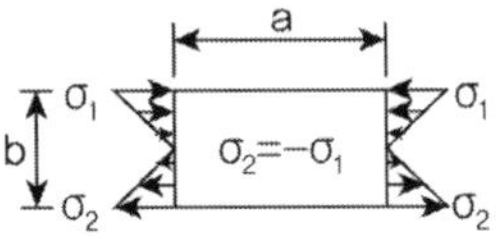 $\sigma_2=-\sigma_1$ | $\infty$ (pure bending) | 23.9 | 39.6 | 0.85 | 2.15 | | |
| 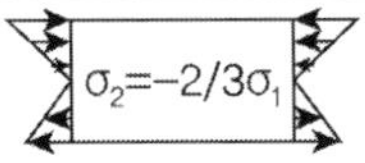 $\sigma_2=-2/3\sigma_1$ | 5.00 | 15.7 | | | | | |
| 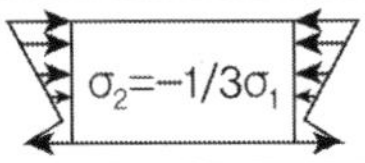 $\sigma_2=-1/3\sigma_1$ | 2.00 | 11.0 | | | | | |
| 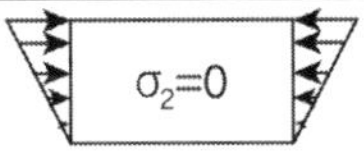 $\sigma_2=0$ | 1.00 | 7.8 | 13.6 | 0.57 | 1.61 | 1.70 | 5.93 |
| 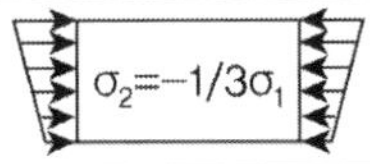 $\sigma_2=-1/3\sigma_1$ | 0.50 | 5.8 | | | | | |
| 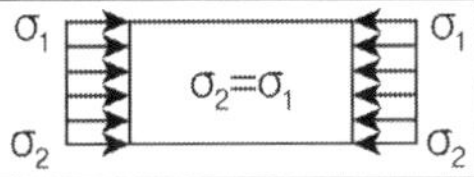 $\sigma_2=\sigma_1$ | 0.0 (pure compression) | 4.0 | 6.97 | 0.42 | 1.33 | 0.42 | 1.33 |

* Values given are based on plates having loaded edges simply supported and are conservative for plates having loaded edges fixed.

## 강구조물의 좌굴, 파괴형상

강재 I형 거더의 파괴형상을 4가지 이상 들고, 각각의 파괴형상에 대한 보강방법에 대하여 설명하시오

## 풀 이

### ▶ 개요

일반적으로 강구조물의 파괴는 피로에 의한 파괴, 좌굴에 의한 파괴, 극도의 변형으로 인한 파괴로 구분할 수 있으며, 구조물의 좌굴현상은 주요 부재가 압축응력을 받아 그 크기가 부재의 극한치를 초과하면 이에 대응하는 변형상태가 갑자기 변하여 설계하중을 지탱할 수 없어 구조물이 붕괴되는 현상을 말한다. 좌굴이 발생되면 부재는 내하력을 잃고 구조물이 파괴된다. 좌굴은 탄성한도 내에서 발생하는 탄성 좌굴(Elastic Buckling, Euler's Buckling)과 탄성범위를 벗어나 불안정한 상태인 비탄성 좌굴(Inelastic Buckling)로 구분할 수 있으며, 좌굴이 발생하는 위치가 면내 또는 면외에서 발생하는지에 따라 면내 좌굴(In-plane Buckling)과 면외 좌굴(Out of plane Buckling)로 구분할 수 있다. 또한 좌굴현상이 발생할 때 구조물 전체가 동시에 내하력을 잃는 전체 좌굴(Global Buckling)과 구조계의 개개 부재에서 발생하는 국부좌굴(Local Buckling)로 구분할 수 있다.

상대적으로 긴 경간의 주형(Girder)을 갖는 I형 거더 단면에 발생하는 M, V가 대단히 크기 때문에 소요단면적을 공장제작 생산하는 압연보로 충족시키기 어렵다. 소요단면적의 충족을 위해서는 강판을 조립하여 만들어야 하며 이러한 주형을 Plate Girder, 판형이라고 한다. 국내의 압연보는 H=900mm, B=300mm로 제한적인 것으로 알려져 있다.

### ▶ 파괴형상 : 판형의 손상

판형은 용접이나 고강도 볼트를 이용하여 제작하기 때문에 연결부의 파손이 발생하기 쉬우며 또한 휨모멘트와 전단력에 의해서 좌굴이 발생할 수 있다.

### ▶ 파괴형상 : 휨 좌굴

조밀단면의 경우 잔류응력을 포함하여 최대응력이 항복점에 도달하면 소성화되며 이때 얇은 Web 판형은 전단변형의 영향도 받기 때문에 직선분포보다 더 큰 응력이 발생한다. 제작 시 초기처짐이나 좌굴에 의해 압축부의 전단면이 유효하지 않기 때문에 최대 압축응력이 최대 인장응력보다 크게 된다. 따라서 판형의 강도는 Flange의 좌굴을 고려하여야 한다. 압축 플랜지의 좌굴유형은 압축 flange 자체의 좌굴, 횡방향 좌굴, 비틀림 좌굴, 복부판 연결부 수직좌굴이 발생할 수 있다.

- 횡방향 좌굴 : 가로보에 의해 횡방향으로 지지된 지지점 사이에서 일어난 단면 전체의 횡방향 좌굴의 결과에 의해 발생하는 측방향 변위이다.
- 비틀림 좌굴 : 주로 국부좌굴현상으로 한계압축응력이 항복응력과 같거나 그 이상이 되도록 폭 두께 비를 제한하여 방지할 수 있다.
- 복부판 연결부의 수직좌굴 : 휨에 의한 만곡부에서 flange의 응력방향이 변화되고 판형의 곡률 때문에 복부판은 상하플랜지로부터 곡률반경 중심방향의 압축력을 받는다.

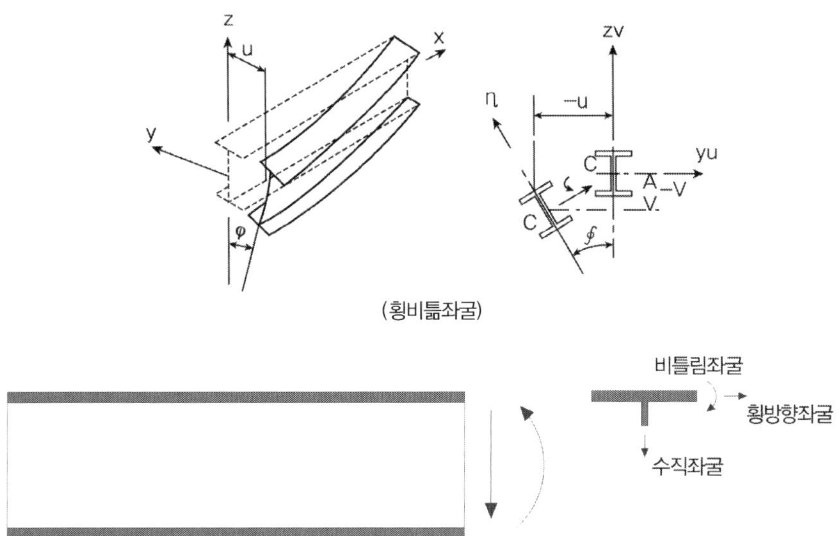



### ▶ 파괴형상 : 전단좌굴

직접적인 지압, 전단력에 의한 좌굴로 보강재로 복부판 보강 시 압축 주응력 방향의 저항력은 상실되나 인장방향 저항력은 확보되어 Pratt truss 구조형식처럼 복부판이 인장력에만 견디는 인장장(Tension field)을 형성하여 전단력에 저항하게 된다. 인장장이 발생 시에는 flange에 추가 압축력이 발생하여 flange의 좌굴강도를 저하시키게 된다. 이를 방지하기 위해서 Web의 국부좌굴 방지를 위한 b/t 제한 또는 플랜지의 좌굴강도를 저하시키는 허용응력 저하하는 방법이 있다.

### ▶ 파괴 형상에 대한 보강방법 : 좌굴에 대한 설계상의 대책

좌굴에 대한 설계상의 대책은 허용응력의 감소를 통해서 부재의 안정성을 확보하는 방법과 보강재를 통해서 강도 증가, 비지지길이 감소, 세장비 감소, 국부좌굴방지 등을 통해서 강도를 확보하는 방법으로 크게 구분할 수 있다.

① 허용응력의 저감

강구조의 허용압축응력은 기둥의 좌굴강도, 보의 횡좌굴 강도를 기본 내하력으로 하여 결정된다. 기본 내하력은 부재의 잔류응력, 초기 변형 등의 불완선 성질을 고려한 실험적 방법으로 구해진다. 허용응력은 기본 내하력에 안전율로 나누어 구한다.

② 각종 보강재를 이용한 보강 설계
강부재의 면외좌굴로 인한 국부좌굴을 방지하기 위하여 각종 보강재를 설치하여 국부좌굴을 방지하도록 한다.

▶ **파괴형상에 대한 보강방법 : 부재별 설계 시 대책**

① 기둥 : 세장비에 의해 허용압축응력이 결정된다. 세장비는 기둥단면과 유효 좌굴길이로 결정되며, 기둥 부재의 양단 지지조건에 따라 좌굴형태 및 유효 좌굴길이가 다르다. 그러므로 부재 설계 시 양단 지지조건과 세장비를 고려하여 허용 압축응력을 구할 수 있다.

② 보 : 압축 플랜지의 고정점 거리($l$)와 플랜지 폭($b$)의 비($l/b$)로 허용 휨압축응력이 결정된다. $l/b$가 크게 되면 횡좌굴 현상에 의해 허용 휨압축응력이 크게 저하되므로 상한치를 정하여 그 이하로 제한하는 방법이 적용된다.

③ 판 : 판좌굴의 대책은 판의 폭, 두께를 제한하거나 보강재를 설치한다. 판 두께의 상한치는 판의 지지상태 및 하중조건에 의해 국부좌굴이 발생하지 않는 범위가 결정된다. 보강재를 설치하는 방법은 국부좌굴과 전체 좌굴의 연관성을 고려하여 판에 가로와 세로방향으로 보강재를 설치한다. 보의 복부판에서 휨 및 전단좌굴에 대한 대책은 최소 복부판 두께를 정하고 필요한 간격 및 강도를 갖는 수평, 수직 보강재를 설치한다.

분기 좌굴

분기 좌굴(Bifurcation Buckling)

## 풀 이

### ▶ 분기좌굴의 정의

기둥과 같은 구조물에서 하중을 작용시켰을 때 하중의 증가가 어느 임계점(Critical point, Bifurcation point) 이상에 도달하게 되면 하중이 작용하는 방향의 변형뿐만 아니라 갑작스럽게 하중 외 방향인 횡방향으로 변형을 일으키는데 이를 분기 좌굴이라고 한다. Euler 기둥의 좌굴도 분기 좌굴로 볼 수 있다.

### ▶ 분기좌굴의 특성

분기좌굴은 초기변형(Imperfection)이 있어 하중의 증가와 함께 부재에 변형이 동시에 발생하는 대변위 좌굴(Large displacement buckling)과 구분되며, 파괴점까지 재료의 강도를 유지하는 구조체의 하중-변위 관계와도 구별된다. 항복점 이전에 발생되며, 변형이 없다가 안정상태에 있다가 분기좌굴 발생 후 후 좌굴 경로(post-buckling)에 따라 불안정한 구조로 변경된다. 주로 세장한 기둥구조에서 발생된다. 아치나 등분포 수압을 받는 구에서 발생하는 한계점에서 변형이 발생해 다시 평형상태에 도달하는 snap-through bucking과도 구분된다.

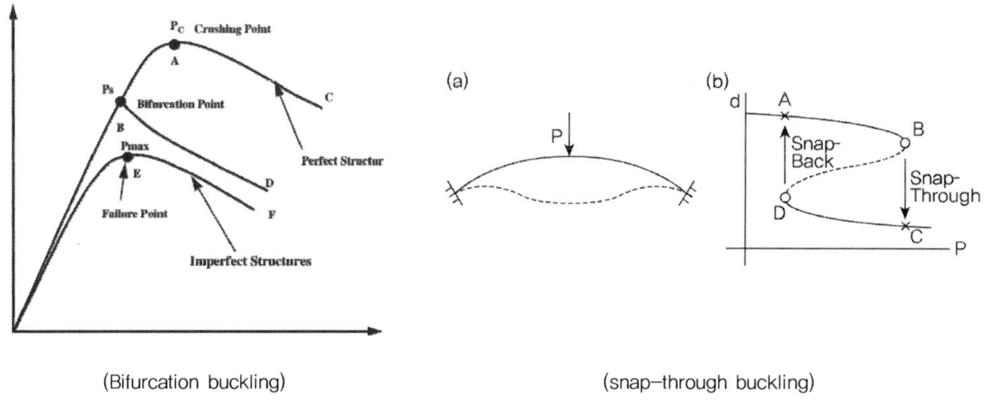


(Bifurcation buckling)　　　(snap-through buckling)

## 강구조물의 면외좌굴

강구조물에서 부재의 면외 좌굴.

### 풀 이

> **개요**

좌굴은 부재가 압축응력을 받아 그 크기가 부재의 극한치를 초과하면 이에 대응하는 변형상태가 갑자기 변하며 하중을 지탱할 수 없어 구조물이 파괴되는 현상으로 좌굴이 발생되면 부재는 내하력을 잃고 구조물은 파괴된다. 좌굴은 탄성한도 내에서 발생하는 탄성 좌굴(Elastic Buckling, Euler's Buckling)과 탄성범위를 벗어나 불안정한 상태인 비탄성 좌굴(Inelastic Buckling)로 구분할 수 있으며, 좌굴이 발생하는 위치가 면내 또는 면외에서 발생하는지에 따라 면내 좌굴(In-plane Buckling)과 면외 좌굴(Out of plane Buckling)로 구분할 수 있다.

> **강구조물의 면외 좌굴**

면외좌굴은 하중이 재하되는 평면과 다른 평면으로 좌굴이 발생되는 현상으로 아치, 트러스 등 축력이 주된 하중인 구조물뿐만 아니라 휨비틀림좌굴과 같이 휨부재에서도 발생한다. 면외 좌굴은 초기결함, 비대칭 단면의 사용(약축) 등으로 발생될 수 있으며 설계기준상에는 세장비 제한, 비지지길이 검토 등을 통해 좌굴이 발생이 되지 않도록 하거나 좌굴이 발생하더라도 좌굴 후 강도(Post buckling behavior)를 고려해 설계하도록 하고 있다. 대표적으로 휨과 압축을 동시에 받는 H형강 구조물의 경우에는 휨모멘트가 어느 한곗값에 도달하면 압축 플랜지는 압축응력에 의해 횡방향으로 좌굴하게 되고 보의 단면은 비틀림 변형이 발생하며 휨강도는 감소한다. 이러한 현상을 횡좌굴(lateral buckling) 또는 횡비틀림좌굴(lateral torsional buckling)이라고 한다.

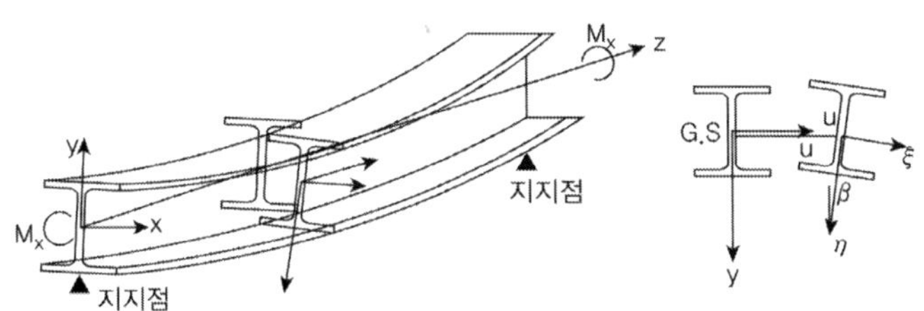


보의 단면중심의 $x$, $y$방향의 변위를 $u$, $v$라 하고 단면 비틀림 각을 $\beta$라 하면

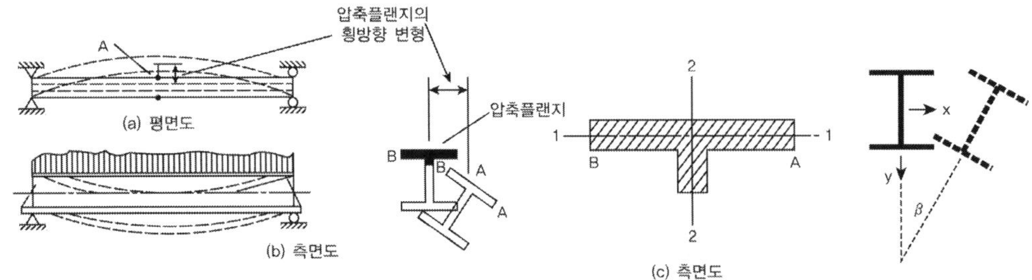


면내 휨에 대해　$EI_x\dfrac{d^2v}{dz^2}+M_x=0$

면외 휨에 대해　$EI_y\dfrac{d^2u}{dz^2}+\beta M_x=0$

비틀림에 대해　$EC_w\dfrac{d^3\beta}{dz^3}-GJ\dfrac{d\beta}{dz}+\dfrac{du}{dz}M_x=0$　$\left(C_w=\dfrac{h^2}{4}I_y : \text{Warping constant}\right)$

$$\therefore M_{cr}=\sqrt{EI_yGJ\left(\dfrac{\pi}{L}\right)^2+E^2I_yC_w\left(\dfrac{\pi}{L}\right)^4}=\dfrac{\pi}{L}\sqrt{EI_yGJ+\left(\dfrac{\pi E}{L}\right)^2I_yC_w}$$

$$f_{cr}=\dfrac{M_{cr}}{S}\equiv\dfrac{\pi}{LS}\sqrt{EI_yGJ+\left(\dfrac{\pi E}{L}\right)^2I_yC_w}$$

이러한 면외 좌굴(횡비틀림 좌굴)은 단면형상, 횡지지길이, 지점조건, 하중패턴, 하중작용위치에 영향을 받으며 Open Section의 경우 비틀림강성($GJ$)이 매우 낮아서 더욱 취약하다.

## 후 좌굴

후 좌굴(Post Buckling)에 대하여 설명하시오

### 풀 이

> ## 개요

일반적인 기둥과 달리 plate girder의 web은 보강재 등으로부터 구속되어 있다. 후 좌굴 현상 (Post Buckling Behavior)은 이러한 구속조건 등으로 인해서 좌굴이 발생된 이후에도 극한상태에 도달하지 않고 일정 수준 이상의 강도를 나타내는 현상을 말한다. Plate girder의 web에서는 이 러한 후 좌굴 현상으로 면내의 인장력이 발생되는데 이를 인장장(tension field)이라고 한다.

> ## 후 좌굴 현상

1) 판의 좌굴 후 거동(Post Buckling behavior)의 발생원리

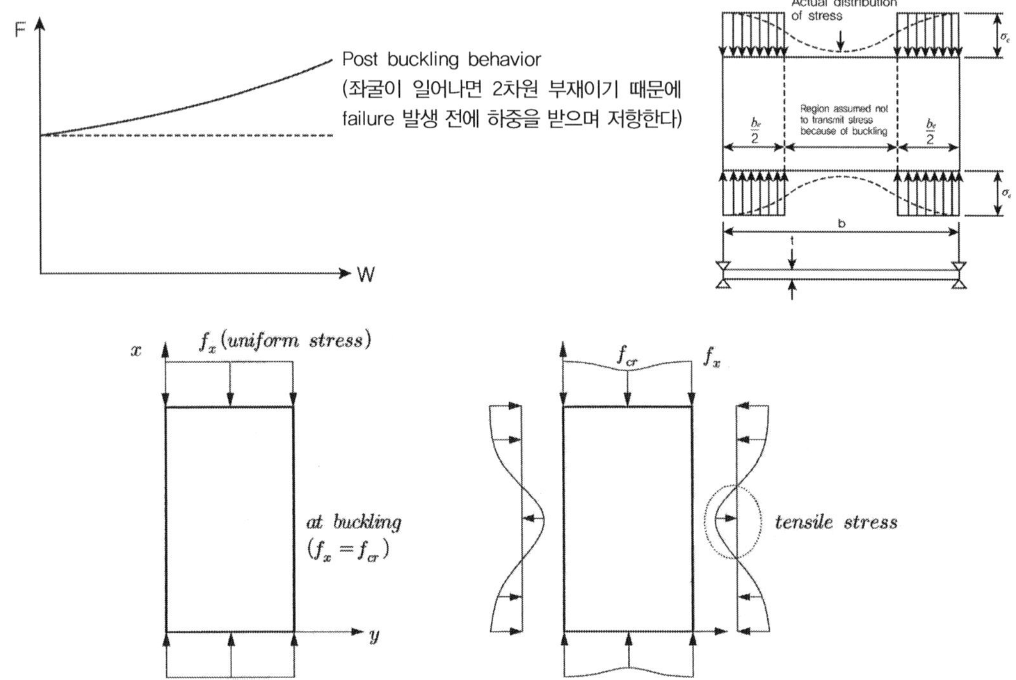


※ 판이 등분포 하중이 좌굴하중에 이르면 구속된 구간은 응력의 집중으로 좌굴하중을 초과하게 되며, 전단지연으로 인해 중 앙부의 응력은 단부보다 작은 응력분포를 가지게 된다. 구속된 판에서는 좌굴 후에도 구속효과로 인해 강도가 증가되는 좌굴 후 거동현상이 발생된다.

① 응력이 서로 다른 것은 늘어나는 면에 대해서 직선적으로 변형되기 위한 응력이다.

   ∴ $\Sigma \int f_Y = 0$ (수평방향 힘의 합력은 0)

② 여기서 발생되는 인장력은 수직응력에 영향을 주어서 Post buckling strength가 발생한다. 양 끝단에서는 supported되었기 때문에 강성(stiffness)이 강하다. 따라서 가운데 부분에서는 $f_{cr}$ 이상의 하중은 받지 못하고 양끝단에서 하중을 받는다.

③ Y방향의 인장응력 : 횡방향 변위에 저항하는 판의 강성(지지조건)은 좌굴 후 강도에 영향을 준다.

④ 종방향 끝단 인근 판의 좌굴발생 후 변형 형상은 횡방향 변형에 큰 강성을 가지며, 좌굴 후의 증가하중의 대부분을 부담한다.

⑤ 좌굴 후 강도(Post Buckling Strength)

- 면외 방향의 좌굴 변형으로 등분포되지 않은 응력 분포로 나타난다.
- 인장응력으로 인하여 추가적인 강도가 발생된다.
- 좌굴 후 강도는 $b/t$ 비율이 클수록 크게 나타난다.
- 지점이 지지된 부재(stiffened element)가 지지되지 않은 부재(unstiffened element)보다 좌굴 후 강도가 크다.

## ▶ 플레이트 거더의 인장장

판형의 상, 하 플랜지와 복부판의 수직보강재로 둘러싸인 Panel 부분에 큰 전단력이 작용할 경우 복부판에 전단응력이 크게 발생되어 전단 좌굴 후에도 바로 파괴되지 않는데, 이는 상, 하 플랜지와 복부판의 수직 보강재가 각각 Pratt Truss의 현재와 수직재로 작용하여 약 45° 방향으로 주름이 생기면서 인장응력이 작용하는 인장력장(Tension Field)이 발생하게 된다. 이 인장응력장은 트러스에 사재와 같은 개념으로 작용하여 들보작용의 전단력 이외 추가적인 전단력을 저항할 수 있기 때문에 좌굴 후에도 하중을 지탱할 수 있게 되는 것이다.

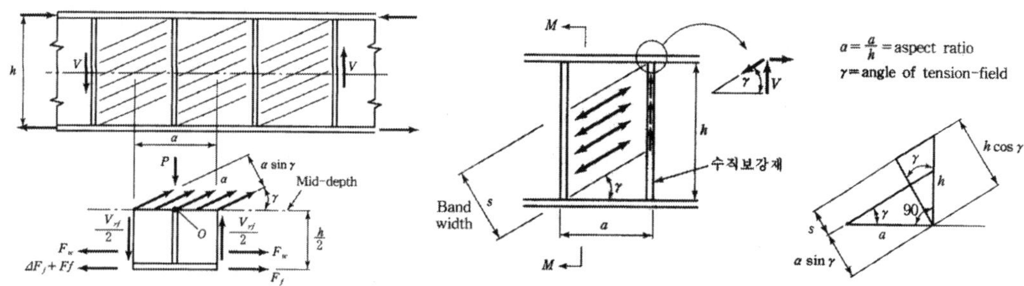

보강재를 고려한 복부판 단면력 해석

## 세장비

기둥의 좌굴에서 항복응력($F_y$)에 대한 탄성휨좌굴응력($F_e$)의 비($F_e/F_y$)에 대해 설명하시오.

### 풀 이

#### ▶ 개요

기둥의 좌굴에서 항복응력($F_y$)에 대한 탄성휨좌굴응력($F_e$)의 비($F_e/F_y$)는 임계세장비($\lambda_c$)를 산정할 때 사용하며, 임계세장비는 탄성좌굴과 비탄성좌굴과의 영역의 분계가 되는 기준이다.

#### ▶ 항복응력과 탄성휨좌굴응력의 비

부재가 세장한 경우 저항할 수 있는 하중은 작고 따라서 부재에 생기는 압축응력도가 탄성범위 내에서 좌굴이 발생한다. 이와 같은 좌굴을 탄성 좌굴이라고 하고 탄성좌굴하중은 오일러가 중심압축력을 받는 부재의 좌굴미분방정식으로부터 구하였다.

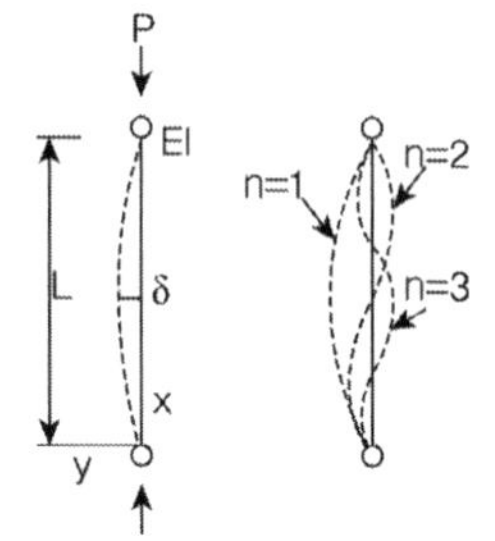

$$\frac{d^2y}{dx^2} + \frac{P_{cr}\,y}{EI} = 0 \quad \therefore\ P_{cr} = \frac{\pi^2 EI}{L^2}$$

오일러의 탄성 좌굴은 강재가 탄성범위 내에 있을 때 성립되며 축하중이 증가하여 기둥의 응력이 탄성범위를 벗어나면 그대로 적용할 수 없으며 이러한 불안정한 현상을 비탄성 좌굴(inelastic buckling)이라고 한다. 압축재는 세장비의 크기에 따라서 탄성 좌굴 또는 비탄성 좌굴이 발생하며 그 세장비를 한계세장비 또는 임계세장비라고 한다.

임계세장비의 기준은 부재의 제작이나 시공상의 오차, 편심, 초기변형, 잔류응력 등을 고려해야 하며 이전 허용응력설계법에서는 G. Schulz의 실험식을 근거로 항복응력과 탄성휨좌굴응력의 비를 정하고 구분했으나, 변경된 LRFD 설계기준에서는 임계세장비($\lambda_c$)를 1.5를 기준으로 해서 탄성휨좌굴응력($F_e$)이 항복응력($F_y$)의 약 44%일 때를 기준으로 적용하고 있다.

$$P_n = A_g F_{cr}, \qquad F_e = F_{cr} = P_e/A = \frac{\pi^2 E}{(kL/r)^2} = \frac{\pi^2 E}{\lambda^2}$$

$$\lambda_c = 1.5 \ \rightarrow\ \frac{F_{cr}}{F_y} = \frac{1}{2.25} = 0.44$$

$$\textcircled{1} \ \lambda_c \leq 1.5 \quad F_{cr} = \left(0.658^{\lambda_c^2}\right)F_y = \left(0.658^{F_y/F_e}\right)F_y, \quad \frac{kL}{\gamma} \leq 4.71\sqrt{\frac{E}{F_y}} \quad \text{or} \quad F_e \geq 0.44F_y$$

$$\textcircled{2} \ \lambda_c > 1.5 \quad F_{cr} = \left(\frac{0.877}{\lambda_c^2}\right)F_y = 0.877F_e, \quad \frac{kL}{\gamma} > 4.71\sqrt{\frac{E}{F_y}} \quad \text{or} \quad F_e < 0.44F_y$$

 | 도로교설계기준과 강구조설계기준의 휨좌굴 강도 비교 |

1) 강구조설계기준의 기준식 $\dfrac{kl}{r} \leq 4.71\sqrt{\dfrac{E}{F_y}}$

$\lambda = \left(\dfrac{kl}{r}\right)$ 이므로 양변을 $\lambda_0 = \pi\sqrt{\dfrac{E}{F_y}}$ 으로 나누어 무차원화 하면,

$$\frac{\lambda}{\lambda_0} = \overline{\lambda} \leq 4.71\sqrt{\frac{E}{F_y}} \times \frac{1}{\pi}\sqrt{\frac{F_y}{E}} = \frac{4.71}{\pi}$$

양변을 제곱하여 도로교 설계기준과 동일하게 비교하면,

$\lambda' = \left(\overline{\lambda}\right)^2 \leq \left(\dfrac{4.71}{\pi}\right)^2 = 2.25$ 따라서 주어진 구분식은 도로교설계기준과 동일하다.

2) 강구조설계기준의 기준식 $F_e \geq 0.44F_y$

$F_e = \dfrac{\pi^2 E}{\lambda^2}$ 이므로, $\quad \dfrac{\pi^2 E}{\lambda^2} \geq 0.44F_y \quad \therefore \ \lambda \leq \pi\sqrt{\dfrac{E}{0.44F_y}} = 4.71\sqrt{\dfrac{E}{F_y}}$ 이므로 ①식과 동일하다.

3) 강구조설계기준의 $\dfrac{F_y}{F_e}$

$F_e = \dfrac{\pi^2 E}{\lambda^2}$ 이므로, $\quad \dfrac{F_y}{F_e} = \dfrac{F_y \lambda^2}{\pi^2 E} = \left(\dfrac{kl}{r\pi}\right)^2 \dfrac{F_y}{E} = \overline{\lambda_c^2} = \lambda'$ 이므로 도로교와 동일하다.

4) 강구조설계기준의 $F_{cr} = 0.877F_e$

$F_e = \dfrac{\pi^2 E}{\lambda^2}$ 이므로, $\quad F_{cr} = 0.877F_e = \dfrac{0.877F_y}{\left(\dfrac{F_y}{F_e}\right)} = \dfrac{0.877}{\overline{\lambda_c^2}}F_y = \dfrac{0.877}{\lambda'}F_y$ 이므로 도로교와 동일하다.

5) 강구조설계기준의 강도와 도로교설계기준의 강도는 동일한 식이며, 다만 도로교실계기준에서는 표현의 편리성을 위해 계수를 소수점 이하 2자리에서 반올림하여 표현하였다.

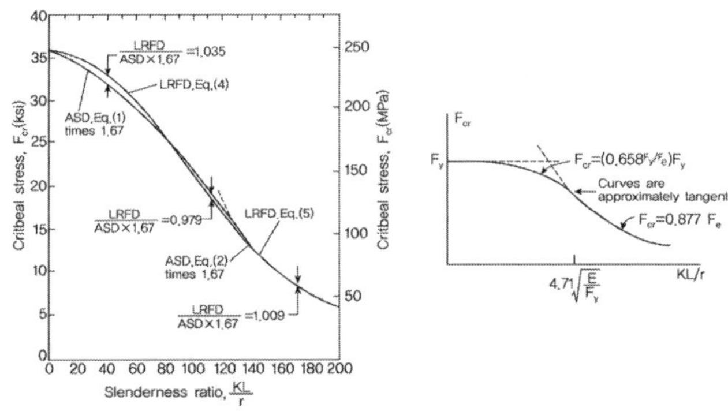

## 비탄성 좌굴

강구조물의 비탄성 좌굴 이론에 대하여 설명하시오.

### 풀 이

### ▶ 개요

강구조물은 이론적 탄성한계에서 Euler 좌굴 방정식으로 산정될 수 있으나, 실제 강구조물의 부재는 제작상의 결함, 초기변형, 잔류응력, 지점조건, 하중의 편심에 따라 강도의 변화가 존재하며 실제 부재에서 이러한 요건으로 인하여 좌굴강도가 저하되게 된다. 이로 인해 압축부재는 세장비가 클 경우 재료의 파괴보다는 좌굴로 인한 파괴의 안정성의 문제가 더 크다.

### ▶ 탄성 좌굴과 비탄성 좌굴의 구분

기둥의 좌굴은 탄성 좌굴과 비탄성 좌굴로 구분할 수 있으며 일반적으로 Euler의 좌굴응력이 재료의 비례한계에 도달할 때를 기준으로 구분한다. 비탄성 좌굴은 중간주에서 발생하며 제작상의 결함, 초기변형, 잔류응력, 지점조건, 하중의 편심으로 인해 탄성좌굴 보다 임계하중이 더 작은 특징을 가진다.

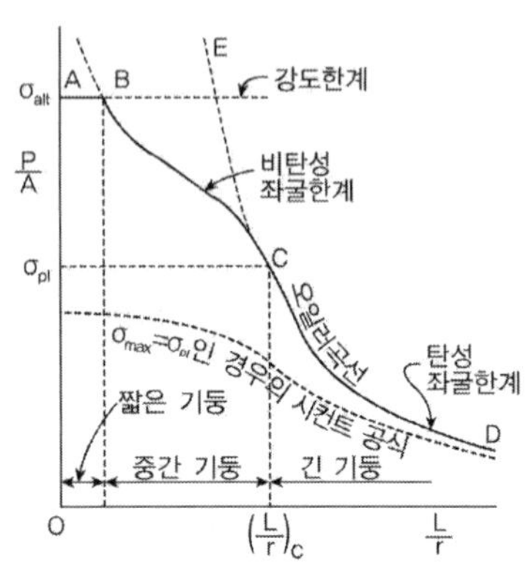


기둥의 좌굴은 탄성 좌굴과 비탄성 좌굴로 구분할 수 있으며 일반적으로 Euler의 좌굴응력이 재료의 비례한계에 도달할 때를 기준으로 구분한다.

• AB(단주) : 재료의 항복, 파쇄에 의한 파괴
• BC(중간주) : 비탄성 좌굴에 의한 파괴, 임계하중은 오일러하중보다 작다.

$$\sigma_{cr}' = \frac{P_{cr}}{A} = \frac{\pi^2 E_t}{(L/r)^2} \text{ (접선탄성계수 적용)}$$

• CD(장주) : 오일러 법칙에 따른다.

$$\sigma_{cr} = \frac{P_{cr}}{A} = \frac{\pi^2 E}{(L/r)^2}, \quad \lambda_c = \left(\frac{L}{r}\right)_c = \sqrt{\frac{\pi^2 E}{\sigma_{pl}}}$$

## ➤ 비탄성 좌굴 이론

기둥은 한계세장비 이하의 중간길이 기둥에서 Euler하중에 도달하기 이전에 응력이 비례한도에 도달함으로 인해 탄성 좌굴 이론과 다른 별도의 비탄성 좌굴 이론이 필요하게 되었다. 비탄성 좌굴 이론은 Shanley의 이론이 주로 정설로 입증되고 있으나 안정성이나 계산상의 편리성을 고려하여 접선계수 이론이 주로 적용된다.

① 등가계수이론(감소계수이론, Reduced Modulus theory)은 기둥의 횡변위가 생기지 않고 단면 내에 압축응력이 균등하게 분포하면서 등가계수하중[그림 (a)의 B점]에 도달하고 이 점에 도달하자마자 횡변위에 의한 응력변화가 일어나서 단면 내의 응력이 증가하는 부분과 감소하는 부분에서 서로 상이한 탄성계수 $E$와 $E_t$가 존재한다는 이론이다(압축측은 $E_t$, 인장측은 $E$, 등가의 탄성계수 $E_r$ 적용).

$$E_r = \frac{4EE_t}{(\sqrt{E} + \sqrt{E_t})^2}\,(\text{직사각형}), \quad E_r = \frac{2EE_t}{E + E_t}\,(\text{Wide Flange 보})$$

② 접선계수이론(Tangent Modulus theory)은 하중이 그림(a)의 A점에 도달하여 휨변형 발생 시 응력증감영역에서 동일한 접선계수 $E_t$가 존재한다는 이론으로 비례한도 위의 점에서 재료의 탄성계수를 접선계수로 적용한다.

$$E_t = \frac{d\sigma}{d\epsilon}$$

③ Shanley의 이론 : 접선계수하중($P_t$)와 감소계수하중($P_r$)은 $P_{cr}$ 보다 작은 값이므로 기둥이 오일러 좌굴과 유사한 방법으로 비탄성 좌굴을 일으키는 것은 불가능하며, 처진 모양이 하중변화 없이 갑자기 발생하는 중립평형 대신 계속 증가하는 축하중을 가진 기둥을 고려해야 한다는 이론으로 중립평형 대신 하중–처짐 사이 명확한 관계를 가지는 기둥을 고려하여 해석해야 한다.

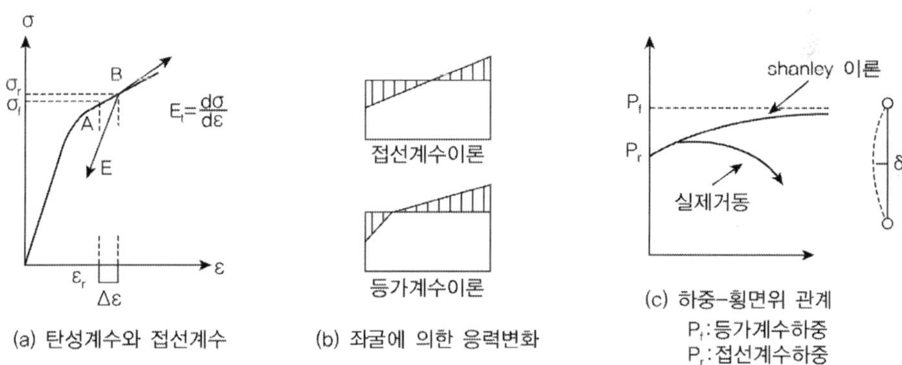

### 탄성좌굴 : Beam–Column 부재의 처짐 방정식

다음 그림과 같은 동일한 EI값을 갖는 보가 있다.

(1) 양단이 핀으로 지지되어 있고 $P < P_{cr} = \pi EI / l^2$ 인 조건에서 중앙점의 처짐을 구하라.

(2) 보의 단면이 폭 30cm, 높이 50cm인 직사각형단면으로 가정하고 지간은 $l = 3m$ 이며,
$E = 210,000 MPa$, $P = 5kN$, $Q = 20kN$일 때 축력 $P$가 없는 경우에 중앙점의 처짐 $\delta_1$과
축력 $P$가 작용하는 경우에 중앙점의 처짐 $\delta_2$를 구하여 비교하시오.

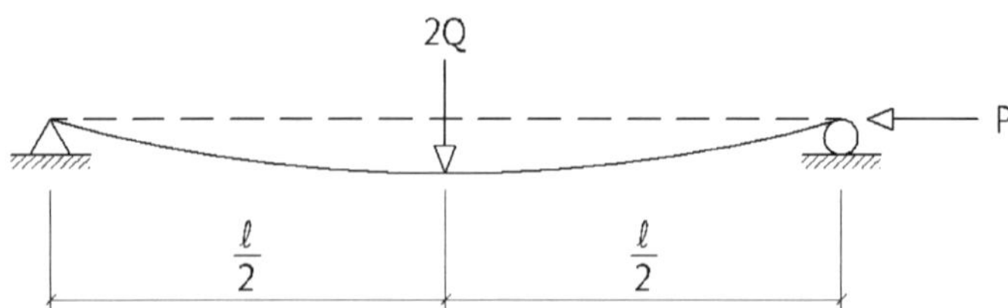


---



### ▶ 휨과 압축력을 받는 보의 좌굴방정식 유도

1) 무한급수를 이용한 해석방법

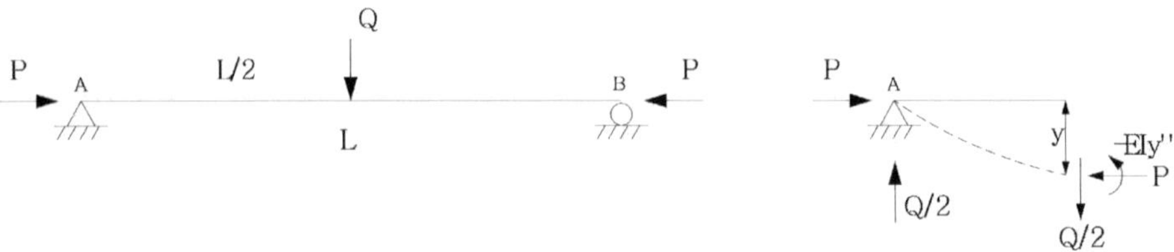


$$M_x = Py + \frac{Qx}{2}, \quad EIy'' = -M_x = -\left(Py + \frac{Q}{2}x\right)$$

$$EIy'' + Py = -\frac{Q}{2}x, \quad k^2 = \frac{P}{EI}$$

$$y'' + k^2 y = -\frac{Q}{2EI}x = -k^2 \frac{Q}{2P}x$$

$$\therefore\ y = A\cos kx + B\sin kx - \frac{Qx}{2P} \quad \rightarrow \quad y' = -Ak\sin kx + Bk\cos kx - \frac{Q}{2P}$$

From B.C

$$x = 0, \ y = 0 \ : \ A = 0$$

$$x = \frac{l}{2}, \ y' = 0 \ : \ Bk\cos\frac{kl}{2} - \frac{Q}{2P} = 0, \quad B = \frac{Q}{2Pk}\frac{1}{\cos\left(\dfrac{kl}{2}\right)}$$

$$\therefore \ y = \frac{Q}{2Pk}\frac{1}{\cos\left(\dfrac{kl}{2}\right)}\sin kx - \frac{Qx}{2P} = \frac{Q}{2kP}\left[\frac{\sin kx}{\cos\left(\dfrac{kl}{2}\right)} - kx\right]$$

$$\delta_{y=\frac{l}{2}} = \frac{Q}{2kP}\left(\tan\frac{kl}{2} - \frac{kl}{2}\right)$$

$$\delta_0 = \frac{Ql^3}{48EI} \ \text{이므로}, \ \ \delta = \frac{Ql^3}{48EI}\frac{24EI}{kPl^3}\left(\tan\frac{kl}{2} - \frac{kl}{2}\right) = \frac{Ql^3}{48EI}\frac{3}{\left(\dfrac{kl}{2}\right)^3}\left(\tan\frac{kl}{2} - \frac{kl}{2}\right)$$

Let $u = \dfrac{kl}{2}$, $\delta_0 = \dfrac{Ql^3}{48EI}$

$$\therefore \ \delta = \delta_0 \circ \frac{3(\tan u - u)}{u^3}, \quad \text{여기서 } u^2 = \left(\frac{kl}{2}\right)^2 = \frac{P}{EI}\left(\frac{l}{2}\right)^2 = \frac{P}{\dfrac{\pi^2 EI}{l^2}}\frac{\pi^2}{4} = 2.46\frac{P}{P_{cr}}$$

$\tan u$의 무한급수 전개는

$$\tan u = u + \frac{u^3}{3} + \frac{2}{15}u^5 + \frac{17}{315}u^7 + \cdots$$

$$\therefore \ \delta = \delta_0\left(1 + \frac{2}{5}u^2 + \frac{17}{315}u^4 + \cdots\right) = \delta_0\left(1 + 0.984\frac{P}{P_{cr}} + 0.998\left(\frac{P}{P_{cr}}\right)^2 + \cdots\right)$$

$$\approx \delta_0\left(1 + \frac{P}{P_{cr}} + \left(\frac{P}{P_{cr}}\right)^2 + \cdots\right) = \ \delta_0 \cdot \frac{1}{1 - \left(\dfrac{P}{P_{cr}}\right)}$$

2) 처짐형상 가정을 통한 해석방법

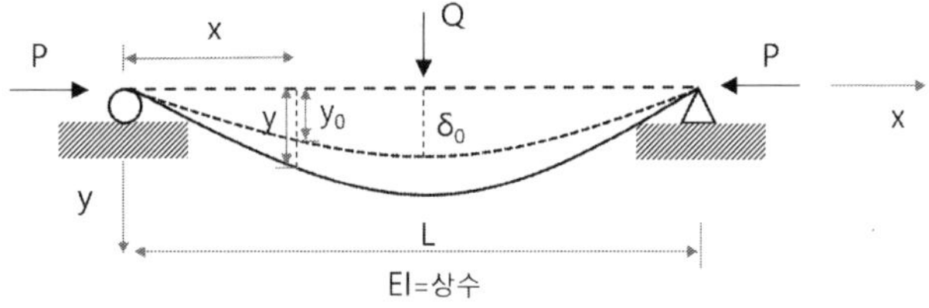


하중 Q에 의한 처짐곡선을 다음과 같이 가정

$$y_0 = \delta_0 \sin\left(\frac{\pi x}{L}\right)$$

$x$ 위치에서의 모멘트는 $EIy'' = -M = -P(y + y_0)$

$$y'' + k^2 y = -k^2 y_0 = -k^2 \delta_0 \sin\left(\frac{\pi x}{L}\right)$$

따라서 $y_p = A\sin\dfrac{\pi x}{L} + B\cos\dfrac{\pi x}{L}$ 이므로,

$$y_p{}' = A\left(\frac{\pi}{L}\right)\cos\frac{\pi x}{L} - B\left(\frac{\pi}{L}\right)\sin\frac{\pi x}{L} \ , \ y_p{}'' = -A\left(\frac{\pi}{L}\right)^2\sin\frac{\pi x}{L} - B\left(\frac{\pi}{L}\right)^2\cos\frac{\pi x}{L}$$

정리하면,

$$\left[-A\left(\frac{\pi}{L}\right)^2 + Ak^2 + k^2\delta_0\right]\sin\frac{\pi x}{L} + \left[-B\left(\frac{\pi}{L}\right)^2 + Bk^2\right]\cos\frac{\pi x}{L} = 0$$

여기서, $k^2 = \left(\dfrac{\pi}{L}\right)^2$ 이면 $P_{cr} = \dfrac{\pi^2 EI}{L^2}$ 으로 무의미한 해이므로 $k^2 \neq \left(\dfrac{\pi}{L}\right)^2$, $B = 0$

$$-A\left[\left(\frac{\pi}{L}\right)^2 + k^2\right] + k^2\delta_0 = 0$$

$$\therefore A = -\frac{k^2\delta_0}{k^2 - \left(\dfrac{\pi}{L}\right)^2} = \frac{\dfrac{P}{EI}\delta_0}{\dfrac{P}{EI} - \left(\dfrac{\pi}{L}\right)^2} = -\frac{\delta_0}{1 - \dfrac{P_{cr}}{P}} = \frac{\delta_0}{\dfrac{P_{cr}}{P} - 1}$$

$$\therefore y = \left(\frac{\delta_0}{\dfrac{P_{cr}}{P} - 1}\right)\sin\frac{\pi x}{L} = \delta_0 \bullet \frac{1}{1 - \left(\dfrac{P}{P_{cr}}\right)}\sin\frac{\pi x}{L}$$

$$M = P(y + \delta_0) = P\left(\frac{\delta_0}{\dfrac{P_{cr}}{P} - 1} + \delta_0\right)\sin\frac{\pi x}{L} = P\delta_0\left(\frac{\dfrac{P_{cr}}{P}}{\dfrac{P_{cr}}{P} - 1}\right)\sin\frac{\pi x}{L}$$

$$= P\delta_0\left(\frac{1}{1 - \dfrac{P_{cr}}{P}}\right)\sin\frac{\pi x}{L}$$

$$\therefore M_{\max\left(x = \frac{L}{2}\right)} = P\delta_0\left(\frac{1}{1 - \dfrac{P_{cr}}{P}}\right)$$

▶ **양단이 핀으로 지지되어 있고 $P < P_{cr} = \pi EI/l^2$ 인 조건에서 중앙점의 처짐**

주어진 조건에서 집중하중이 $2Q$이므로   $\therefore\ \delta_{y=\frac{l}{2}} = \frac{(2Q)}{2kP}\left(\tan\frac{kl}{2} - \frac{kl}{2}\right) = \frac{Q}{kP}\left(\tan\frac{kl}{2} - \frac{kl}{2}\right)$

▶ **축력 $P$가 없는 경우에 중앙점의 처짐 $\delta_1$과 축력 $P$가 작용하는 경우에 중앙점의 처짐 $\delta_2$**

1) 축력 P가 없는 경우

$$I = \frac{bh^3}{12} = \frac{300 \times 500^3}{12} = 3,125,000,000 mm^4$$

$$\delta_1 = \frac{(2Q)l^3}{48EI} = \frac{Ql^3}{24EI} = \frac{20 \times 10^3 \times 3000^3}{24 \times 210000 \times 3125000000} = 0.0342^{mm}$$

2) 축력 P가 작용하는 경우

$$k = \sqrt{\frac{P}{EI}} = \sqrt{\frac{5,000}{210,000 \times 3,125,000,000}} = 2.76 \times 10^{-6}$$

$$\delta_2 = \frac{Q}{kP}\left(\tan\frac{kl}{2} - \frac{kl}{2}\right)$$

$$= \frac{20,000}{2.76 \times 10^{-6} \times 5,000}\left(\tan\left(\frac{2.76 \times 10^{-6} \times 3000}{2}\right) - \left(\frac{2.76 \times 10^{-6} \times 3000}{2}\right)\right)$$

$$= 0.03428^{mm}$$

▶ **두 처짐의 비교**

1에서 유도한 바와 같이 축력과 휨모멘트가 동시에 작용하는 경우 휨만 작용하는 경우에 비해서 처짐값이 커지게 되고 그로 인한 2차 응력을 유발한다. 설계기준에서는 이러한 이유로 축력과 모멘트가 동시에 작용하는 구조물에서는 $P-\Delta$효과를 식섭적으로 고려하거나 MMF(모멘트 확대계수)를 고려하여 설계하도록 하고 있다.

$$\delta_2 = \delta_1 \times \frac{1}{1 - \left(\dfrac{P}{P_{cr}}\right)}, \quad M_{\max(x=\frac{L}{2})} = P\delta_1 \times \frac{1}{1 - \left(\dfrac{P_{cr}}{P}\right)}, \quad MMF = \frac{1}{1 - \left(\dfrac{P_{cr}}{P}\right)}$$

## 탄성좌굴 : Beam–Column 부재의 모멘트 증가계수

그림과 같이 보 부재의 휨모멘트를 유발하는 등분포 하중 w가 작용할 때, 보 부재의 압축단면력 P에 의한 모멘트 증가계수를 구하시오(단, 보 부재의 압축단면력은 보 부재 오일러 좌굴하중의 25% 크기로 작용한다).

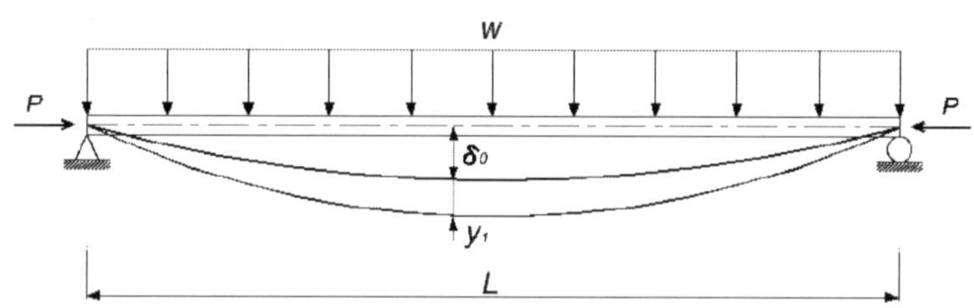

### 풀 이

#### ▶ 개요

휨과 압축응력을 받는 보의 좌굴방정식 유도는 2계도 미분방정식을 직접 해석하거나, 처짐형상 가정을 통해 해석하는 방법을 이용해서 풀이할 수 있다.

#### ▶ 처짐형상 가정을 통한 해석방법

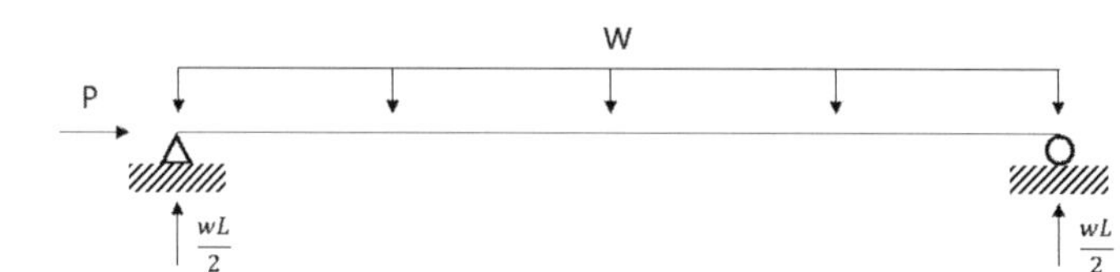

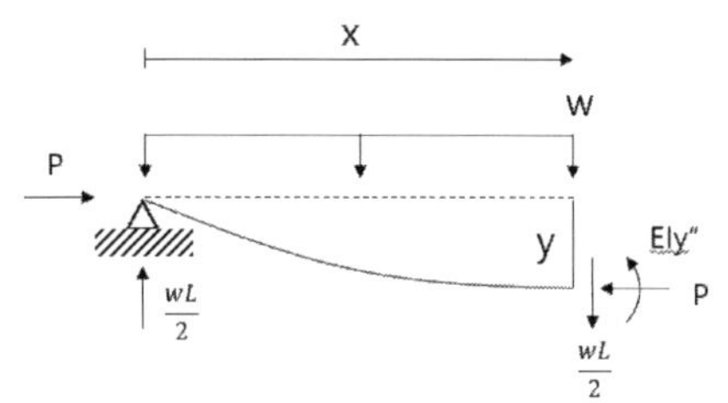

처짐형상을 $y = \delta \sin \dfrac{\pi x}{L}$ 로 가정하면,

에너지법에 따라 휨에 의해 내부축적된 에너지(U, Stain Energy)와 외부 하중에 의한 에너지(V, potiengial energy of the external loads)의 합은 0이다.

1) Strain Energy stored in the member as it bends

$$U = \frac{EI}{2}\int_0^L (y'')^2 dx = \frac{EI\delta^2\pi^4}{2L^4}\int_0^L \sin^2\frac{\pi x}{L}dx$$

2) Potential Energy of the external loads

$$V = -w\int_0^L y\,dx - \frac{P}{2}\int_0^L (y')^2 dx = w\delta\int_0^L \sin\frac{\pi x}{L}dx - \frac{P\delta^2\pi^2}{2L^2}\int_0^L \cos^2\frac{\pi x}{L}dx$$

$$\therefore\ U + V = \frac{EI\delta^2\pi^4}{2L^4}\int_0^L \sin^2\frac{\pi x}{L}dx + w\delta\int_0^L \sin\frac{\pi x}{L}dx - \frac{P\delta^2\pi^2}{2L^2}\int_0^L \cos^2\frac{\pi x}{L}dx$$

여기서, $\displaystyle\int_0^L \sin^2\frac{\pi x}{L}dx = \int_0^L \cos^2\frac{\pi x}{L}dx = \frac{L}{2}$, $\displaystyle\int_0^L \sin\frac{\pi x}{L}dx = \frac{2L}{\pi}$ 이므로

3) 모멘트 증가계수

$$U + V = \frac{EI}{4}\frac{\delta^2\pi^4}{L^3} - \frac{2w\delta L}{\pi} - \frac{P\delta^2\pi^2}{4L}$$

$$\frac{\partial(U+V)}{\partial\delta} = 0 \ ;\ \frac{EI\delta\pi^4}{2L^3} - \frac{2wL}{\pi} - \frac{P\delta\pi^2}{2L} \qquad \therefore\ \delta = \frac{4wL^4}{\pi}\frac{1}{EI\pi^4 - P\pi^2 L^2}$$

$$\therefore\ \delta = \frac{5wL^4}{384EI}\frac{1536EI}{5\pi}\frac{1}{EI\pi^4 - P\pi^2 L^2} = \frac{5wL^4}{384EI}\frac{1536}{5\pi^5}\frac{1}{1 - \dfrac{P}{\dfrac{\pi^2 EI}{L^2}}}$$

$$= \frac{5wL^4}{384EI}\frac{1536}{5\pi^5}\frac{1}{1 - \dfrac{P}{P_{cr}}} \approx \frac{5wL^4}{384EI}\frac{1}{1 - \dfrac{P}{P_{cr}}} = \delta_0 \times \frac{1}{1 - \dfrac{P}{P_{cr}}} \qquad (\because\ P_{cr} = \frac{\pi^2 EI}{L^2})$$

$$M_{\max} = \frac{wL^2}{8} + P\delta = \frac{wL^2}{8} + \frac{5PwL^4}{384EI}\frac{1}{1 - P/P_{cr}} = \frac{wL^2}{8}\left[1 + \frac{5PL^2}{48EI}\frac{1}{1 - P/P_{cr}}\right]$$

$$= \frac{wL^2}{8}\left[1 + 1.03\frac{P}{P_{cr}}\frac{1}{1 - P/P_{cr}}\right] = M_0\left[1 + 1.03\frac{P}{P_{cr}}\frac{1}{1 - P/P_{cr}}\right]$$

$$\therefore\ \text{모멘트 증가계수} = 1 + 1.03\frac{P}{P_{cr}}\frac{1}{1 - P/P_{cr}} = 1 + 1.03 \times 0.25 \times \frac{1}{(1 - 0.25)} = 1.34$$

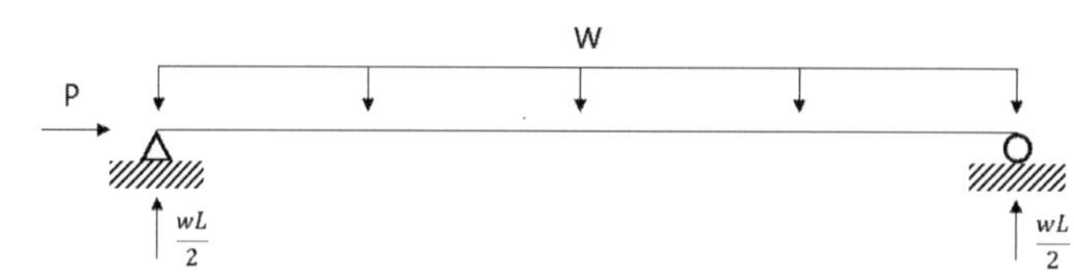

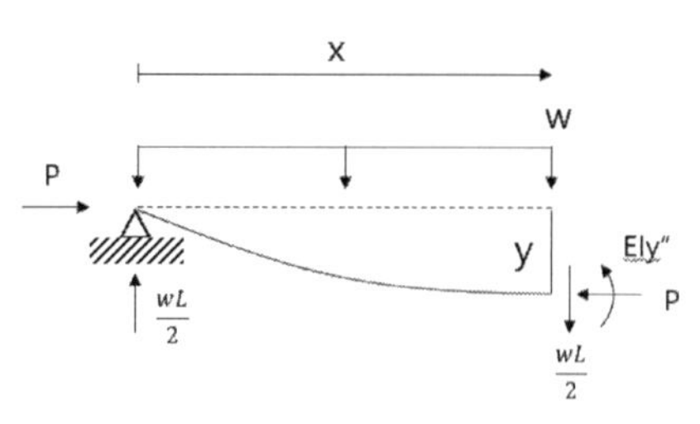

$$M_x = Py + \frac{wL}{2}x - \frac{wx^2}{2}$$

$$EIy'' = -M_x = -\left(Py + \frac{wL}{2}x - \frac{wx^2}{2}\right)$$

$$\therefore EIy'' + Py = \frac{wx^2}{2} - \frac{wL}{2}x$$

$$y'' + k^2y = \frac{w}{2EI}x^2 - \frac{wL}{2EI}x, \quad k^2 = \frac{P}{EI}$$

2계도 미분방정식의 해는 조화해(제차해, Homogeneous solution, $y_h$)와 특수해(particular solution, $y_p$)를 가지므로,

$$y = y_h + y_p \qquad \cdots ①$$

1) Homogeneous solution

$y'' + k^2y = 0$ 에서 일반적인 조화해는 $\quad y_h = A\sin kx + B\cos kx \qquad \cdots ②$

2) Particular solution

$y'' + k^2y = \dfrac{w}{2EI}x^2 - \dfrac{wL}{2EI}x$ 에서 일반적인 특수해는 $y_p = C_1x^2 + C_2x + C_3$

$$\therefore y_p' = 2C_1x + C_2, \quad y_p'' = 2C_1$$

$$y_p'' + k^2y_p = 2C_1 + k^2(C_1x^2 + C_2x + C_3) = (C_1k^2)x^2 + (C_2k^2)x + (2C_1 + C_3k^2)$$

$$(C_1k^2)x^2 + (C_2k^2)x + (2C_1 + C_3k^2) = \frac{w}{2EI}x^2 - \frac{wL}{2EI}x$$

$$\therefore C_1 k^2 = \frac{w}{2EI}, \quad C_2 k^2 = -\frac{wL}{2EI}, \quad 2C_1 + C_3 k^2 = 0$$

$$\therefore C_1 = \frac{w}{2EIk^2}, \quad C_2 = -\frac{wL}{2EIk^2}, \quad C_3 = -\frac{2C_1}{k^2} = -\frac{w}{EIk^4}$$

$$\therefore y_p = \frac{w}{2EIk^2}x^2 - \frac{wL}{2EIk^2}x - \frac{w}{EIk^4} \qquad \cdots ③$$

①, ②, ③으로부터,

$$\therefore y = y_h + y_p = A\sin kx + B\cos kx + \frac{w}{2EIk^2}x^2 - \frac{wL}{2EIk^2}x - \frac{w}{EIk^4}$$

3) 방정식 해

경계조건(Boundary Condition)으로부터, $y(0) = 0$, $y'\left(\dfrac{L}{2}\right) = 0$

$$\therefore B = \frac{w}{EIk^4}, \quad A = \frac{w}{EIk^4}\tan\frac{kL}{2}$$

$$\therefore y = \frac{w}{EIk^4}\left[\tan\frac{kL}{2}\sin kx + \cos kx - 1\right] - \frac{w}{2EIk^2}x(L-x)$$

$u = \dfrac{kL}{2}$ 치환하면,

$$y = \frac{wL^4}{16EI}u^4\left[\tan u \sin\frac{2ux}{L} + \cos\frac{2ux}{L} - 1\right] - \frac{wL^2}{8EIu^2}x(L-x)$$

4) 모멘트 증기계수

$$y_{\max} = y\left(\frac{L}{2}\right) = \frac{wL^4}{16EIu^4}\left[\frac{1-\cos u}{\cos u}\right] - \frac{wL^4}{32EIu^2}$$

$$= \frac{5wL^4}{384EI}\left[\frac{12(2\sec u - u^2 - 2)}{5u^4}\right] = y_0\left[\frac{12(2\sec u - u^2 - 2)}{5u^4}\right]$$

$\sec u$의 무한급수 전개는

$$\sec u = u + \frac{1}{2}u^2 + \frac{5}{24}u^4 + \frac{61}{720}u^6 + \frac{277}{8064}u^8 + \cdots$$

$$\therefore y_{\max} = y_0\left(1 + 0.4067u^2 + 0.1649u^4 + \cdots\right)$$

$$u = \frac{kL}{2} = \frac{L}{2}\sqrt{\frac{P}{EI}} = \frac{\pi}{2}\sqrt{\frac{P}{P_{cr}}}, \quad P_{cr} = \frac{\pi^2 EI}{L^2}$$

$$\therefore y_{\max} = y_0\left[1 + 1.003\left(\frac{P}{P_{cr}}\right) + 1.004\left(\frac{P}{P_{cr}}\right)^2 + \cdots\right] \approx y_0\left[1 + \left(\frac{P}{P_{cr}}\right) + \left(\frac{P}{P_{cr}}\right)^2 + \cdots\right]$$

$$= y_0\left[\frac{1}{1 - \left(\dfrac{P}{P_{cr}}\right)}\right]$$

$$M = -EIy'' = \frac{wL^2}{4u^2}\left[\tan u \sin\frac{2ux}{L} + \cos\frac{2ux}{L} - 1\right]$$

$$M_{\max} = M_{x\,=\,L/2} = \frac{wL^2}{4u^2}(\sec u - 1) = \frac{wL^2}{8}\left[\frac{2(\sec u - 1)}{u^2}\right] = M_0\left[\frac{2(\sec u - 1)}{u^2}\right]$$

$$(\text{or } M_{\max} = M_0 + Py_{\max})$$

$$M_{\max} = M_0\left[1 + 0.4167u^2 + 0.1694u^4 + 0.06870u^6 + \cdots\right]$$

$$\because u = \frac{kL}{2} = \frac{L}{2}\sqrt{\frac{P}{EI}} = \frac{\pi}{2}\sqrt{\frac{P}{P_{cr}}}$$

$$\therefore M_{\max} = M_0\left[1 + 1.028\left(\frac{P}{P_{cr}}\right) + 1.031\left(\frac{P}{P_{cr}}\right)^2 + 1.032\left(\frac{P}{P_{cr}}\right)^3 + \cdots\right]$$

$$= M_0\left[1 + \left(1.028\left(\frac{P}{P_{cr}}\right)\right)\left(1 + 1.03\left(\frac{P}{P_{cr}}\right) + 1.004\left(\frac{P}{P_{cr}}\right)^2 + \cdots\right)\right]$$

$$\approx M_0\left[1 + \left(1.028\left(\frac{P}{P_{cr}}\right)\right)\left(1 + \left(\frac{P}{P_{cr}}\right) + \left(\frac{P}{P_{cr}}\right)^2 + \cdots\right)\right]$$

$$= M_0\left[1 + \left(1.028\left(\frac{P}{P_{cr}}\right)\right)\left(\frac{1}{1 - \left(\dfrac{P}{P_{cr}}\right)}\right)\right] = M_0\left[\frac{1 + 0.028(P/P_{cr})}{1 - (P/P_{cr})}\right]$$

$$\approx M_0\left[\frac{1}{1 - P/P_{cr}}\right]$$

$$\therefore \text{모멘트 증가계수} = \frac{1 + 0.028(P/P_{cr})}{1 - (P/P_{cr})} = \frac{1}{1 - P/P_{cr}} = 1.34$$

### 확대모멘트

다음 그림과 같이 공용중인 하부도로로 인하여 단선 철도교량에서 받침의 중심선이 강재 교각 기둥의 중심선으로부터 불가피하게 0.3m 이격되도록 설계되었다. 철도교 교각 상단 2개의 받침에 작용하는 연직반력의 합이 5,000kN일 때, 이 연직반력에 의해 교각 기둥부 하단에 발생하는 기저모멘트(Base Moment)를 산정하시오(단, 교각의 자중은 무시하고 철도교 교각 받침에는 수평반력이 작용하지 않음. 기저 모멘트 산정 시 모멘트 확대에 의한 2차 모멘트도 고려해야 함. 강재의 탄성계수 $E = 2.10 \times 10^8 kN/m^2$).

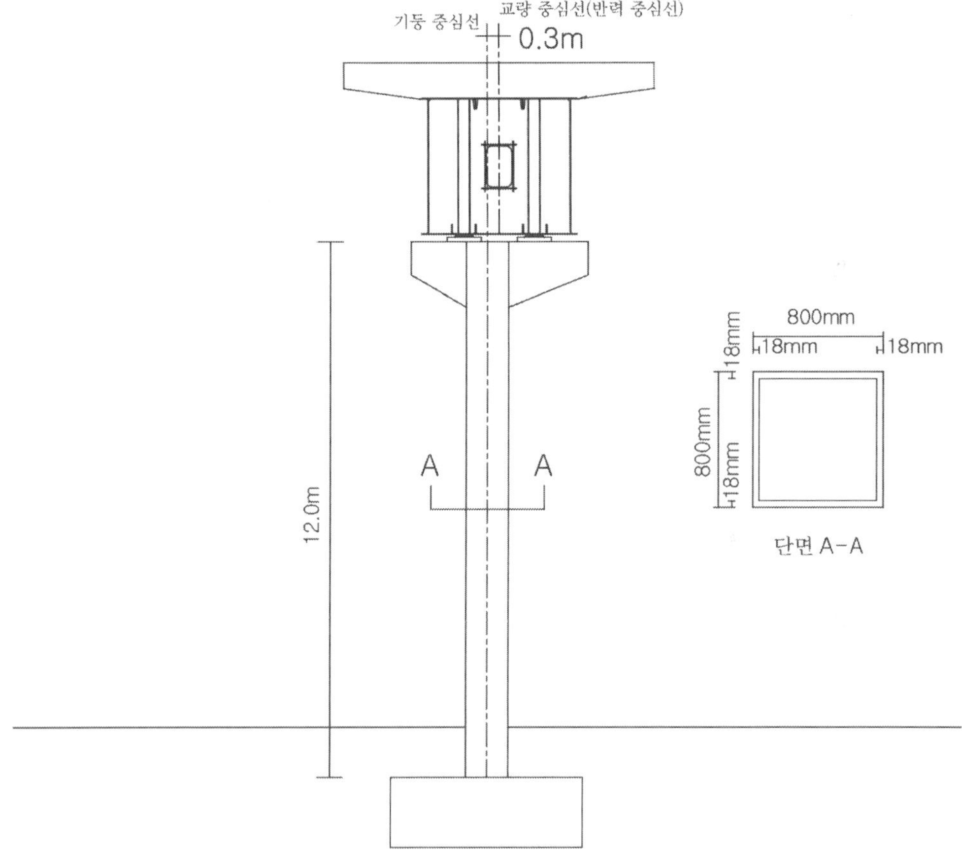

## ▶ 개요

도로교 설계기준에서 제시하고 있는 2차 모멘트 고려하는 간략식을 적용하여 계산할 수 있다. 주어진 문제에서의 구조물은 축력 5,000kN에 편심으로 인한 모멘트 1500kNm가 발생하는 휨과 축력이 동시에 발생하는 구조물이다.

## ▶ 발생 모멘트 산정

단면2차 모멘트 $I = \dfrac{1}{12}\left(800^4 - (800 - 2 \times 18)^4\right) = 5.741 \times 10^9 mm^4 = 0.005742 m^4$

편심하중으로 인한 상부 수평변위 산정

Castigliano의 제2정리에 따라서 수평방향으로의 부정정력 $F(=0)$에 대해 정리하면,

$$M = Fx + 0.3P, \quad \frac{\partial M}{\partial F} = x$$

$$\Delta_h = \frac{\partial U}{\partial F} = \int_0^{12} \frac{M}{EI}\left(\frac{\partial M}{\partial F}\right) dx = \frac{1}{EI}\int_0^{12}(Fx + 1500)x\,dx = \frac{288(2F + 375)}{EI}$$

$$\therefore \Delta_h = 0.0896m \ (\because F = 0)$$

## ▶ 모멘트 확대계수 산정

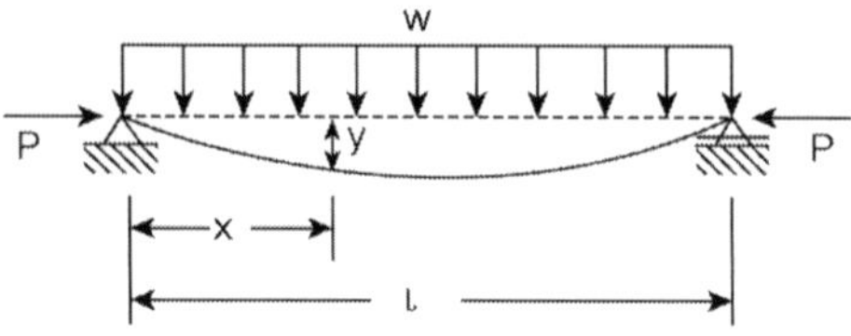


Deflection shape Assumption $\quad y = \delta \sin \dfrac{\pi x}{l}$

Strain Energy $\qquad U = \dfrac{EI}{2}\int_0^l \left(\dfrac{d^2 y}{dx^2}\right)^2 dx$

Potential Energy $\qquad V = -w\int_0^l y\,dx - \dfrac{P}{2}\int_0^l \left(\dfrac{dy}{dx}\right)^2 dx$

Total Energy

$$U + V = \frac{EI}{2}\int_0^l \left(\frac{d^2 y}{dx^2}\right)^2 dx - w\int_0^l y\,dx - \frac{P}{2}\int_0^l \left(\frac{dy}{dx}\right)^2 dx$$

$$= \frac{EI\delta^2\pi^4}{2l^4}\int_0^l \sin^2\frac{\pi x}{l}dx - w\delta\int_0^l \sin\frac{\pi x}{l}dx - \frac{P\delta^2\pi^2}{2l^2}\int_0^l \cos^2\frac{\pi x}{l}dx$$

여기서, $\int_0^l \sin^2\frac{\pi x}{l}dx = \int_0^l \cos^2\frac{\pi x}{l}dx = \frac{l}{2}, \quad \int_0^l \sin\frac{\pi x}{l}dx = \frac{2l}{\pi}$

$$\therefore\ U+V = \frac{EI}{4}\frac{\delta^2\pi^4}{l^3} - \frac{2w\delta l}{\pi} - \frac{P\delta^2\pi^2}{4l}$$

$$\frac{\partial(U+V)}{\partial\delta} = \frac{EI\delta\pi^4}{2l^3} - \frac{2wl}{\pi} - \frac{P\delta\pi^2}{2l} = 0 \ ; \ \delta = \frac{4wl^4}{\pi}\frac{1}{EI\pi^4 - P\pi^2l^2}$$

Let, $\delta_0 = \frac{5wl^4}{384EI}$

$$\therefore\ \delta = \frac{5wl^4}{384EI}\frac{1536EI}{5\pi}\frac{1}{EI\pi^4 - P\pi^2l^2} = \frac{5wl^4}{384EI}\frac{1536}{5\pi^5}\frac{1}{1-(P/P_{cr})} \approx \delta_0 \cdot \frac{1}{1-(P/P_{cr})}$$

$$\therefore\ \text{모멘트 확대계수(Moment magnification factor)} : \frac{1}{1-(P/P_{cr})}$$

$$P_{cr} = \frac{\pi^2 EI}{(kL)^2} = \frac{\pi^2 \times 2.1 \times 10^8 \times 0.005742}{(2\times 12)^2} = 20,661kN$$

$$\therefore\ MMF = \frac{1}{1-(P/P_{cr})} = \frac{1}{1-(5,000/20,661)} = 1.32 > 1.0$$

### ▶ 기저 모멘트 산정

1) 편심에 의한 발생 모멘트 량 : $P \times e = 1500kNm$

2) 2차 모멘트에 의한 발생 모멘트 량 : $P \times \Delta_h \times MMF = 591.36kN$

3) 총 발생 기저 모멘트 : $M_{base} = 2091.36kNm$

### 판의 휨 변형 가정사항

판의 휨 변형에 대한 탄성해석에 도입되는 기본 가정사항에 대하여 설명하시오.

## 풀 이

### ▶ 개요

판의 해석은 크게 후판(Thick Plate)과 박판(Thin plate)로 구분되며, 후판의 경우 판의 두께 방향에 따른 응력과 변형에 대한 고려가 필요하고, 박판의 경우에는 그 두께가 길이에 비하여 작기 때문에 일반적으로 두께방향의 응력과 변형은 무시하고 해석을 수행한다. 일반적으로 판의 휨변형에 대한 탄성해석은 박판 구조물을 기준으로 하므로, 고전적 이론(Small deflection theory)에 따른 박판 구조물에 대한 해석 시 기본 가정사항에 대하여 설명한다.

### ▶ 판(Thin Plate)의 해석 시 가정사항

1) 두께방향의 전단응력과 전단응력 변형률은 무시한다.
2) 단면은 평면을 유지한다.
3) 두께방향의 응력과 변형률은 무시한다.
4) 재료는 등방성 균질한 재료로 구성되어 있다.
이상의 가정사항을 기본으로 판의 휨변형 해석은 2차원 구조체로 가정해서 해석을 수행할 수 있다(두께 방향의 변형이나 응력은 무시한다).

### ▶ 후판 구조물

후판 구조물의 경우에는 두께방향의 응력이나 변형률을 무시할 수 없을 정도의 두께를 가지므로 일반적으로 두께방향의 응력이나 변형률에 대하여 고려하여 해석을 수행한다. 예를 들어 박판구조물의 이론과 후판구조물의 이론을 각각 등방성 재료와 직교이방성 재질로 비교한다면 그 해석값이 다를 수 있으므로 이에 대한 설계 시 주의가 필요하다.

## 축하중을 받는 양영지지판의 국부좌굴 : 허용응력설계법

다음 그림은 도로교설계기준에서 정하고 있는 압축응력을 받는 양연지지판의 기준강도곡선을 나타낸 것이다. 이를 참고로 하여 구성판 요소의 국부좌굴에 대한 대처방법(2가지)과 장단점을 비교하시오.

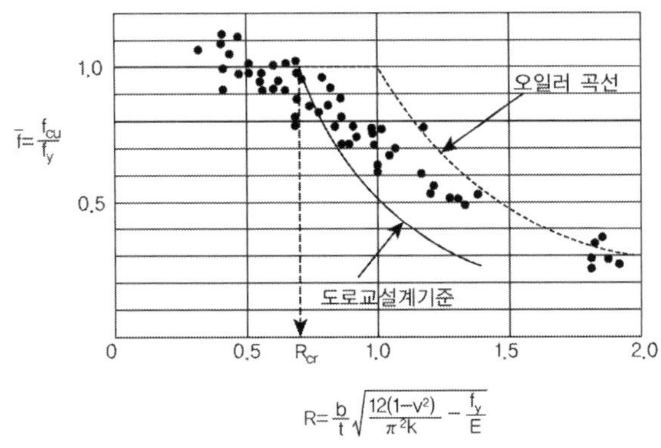


### 풀 이

#### ▶ 개요

강 부재를 구성하는 판이 면내의 순압축력과 휨을 받아 압축응력이 어느 일정치에 도달하면 면외 방향으로 휘는 현상을 국부좌굴이라 하며, 실제 구조물에서는 초기 변형과 잔류응력을 받는다. 판의 좌굴에는 거더의 복부판 및 강관 중에서 많이 나타나며, 거더에서 복부판 부분의 경우에는 후좌굴 현상이 발생된다. 도로교 설계기준(허용응력설계법)에서는 평판에 대한 내하력을 다음과 같이 적용하고 있다.

$$\bar{f} = \frac{f_{cr}}{f_y} = \begin{cases} 1.0 & R \le 0.7 \\ \dfrac{1}{2R^2} & R > 0.7 \end{cases}, \qquad f_{cr} = k\frac{\pi^2 E}{12(1-\nu^2)}\left(\frac{t}{b}\right)^2$$

$$R = \sqrt{\frac{f_y}{f_{cr}}} = \frac{1}{\pi}\sqrt{\frac{12(1-\nu^2)}{k}}\sqrt{\frac{f_y}{E}}\left(\frac{b}{t}\right), \qquad k = \begin{cases} 4.0 & \text{양연지지} \\ 0.43 & \text{자유돌출} \end{cases}$$

#### ▶ 압축응력을 받는 양연지지판의 국부좌굴 방지 방법

$$R_{cr}(=0.7) = \frac{1}{\pi}\sqrt{\frac{12(1-\nu^2)}{k}}\sqrt{\frac{f_y}{E}}\left(\frac{b}{t}\right)$$

$$R \le R_{cr} : \left(\frac{b}{t}\right)_{limit} \ge \pi R_{cr} \sqrt{\frac{k}{12\left(1-\nu^2\right)}} \sqrt{\frac{E}{f_y}}$$

일반적으로 국부좌굴을 방지하기 위한 방법은 다음의 2가지 경우로 고려될 수 있다.

① 판·폭 두께 비 제한

　도로교 설계기준에서는 전체좌굴에 앞서 국부좌굴이 발생되지 않도록 판에 대해서 판·폭 두께 비를 제한하는 방식을 적용하고 있다. $R_{cr} \le 0.7$ 적용함으로써 국부좌굴이 발생하지 않도록 하는 방법이다. 이 방식은 설계 시 국부좌굴을 고려하지 않아도 되므로 설계가 간편해지나 작용응력이 작을 경우에는 재료 강도를 충분히 활용하지 못하는 비경제적인 설계가 될 수 있다.

② 국부좌굴을 허용하되 허용응력을 저감하는 방법

　$R > R_{cr}$인, 즉 판의 국부좌굴을 허용하는 방식으로 $R_{cr} > 0.7$인 경우에 허용응력을 그만큼 감소시키는 방법으로 $f_{cr} = f_y/2R^2$으로 감소시키는 방법이다. 이 방법은 재료의 강도를 충분히 활용하여 경제적인 설계가 될 수 있다는 장점이 있는 반면, 설계 시 복잡해진다는 단점이 있다.

판의 좌굴 : 허용응력설계법

도로교설계기준해설(2008)의 좌굴식 $f_{cr} = \dfrac{k\pi^2 E}{12\left(1-\mu\right)^2 (b/t)^2}$ 의 좌굴계수 $k$에 대하여,

$k$의 적용 사항과 $k$값에 의한 복부판 최소 두께 결정기준에 대해 설명하시오.

(단, $E$는 탄성계수, $\mu$ 는 포아송비, $b/t$는 폭-두께 비)

## 풀 이

### ▶ 판의 좌굴식

판의 좌굴 강도식(Differential Equation of plate buckling)은 다음과 같이 유도되며,

$$D\left(\frac{\partial^4 w}{\partial x^4} + 2\frac{\partial^4 w}{\partial x^2 \partial y^2} + \frac{\partial^4 w}{\partial y^4}\right) = N_x \frac{\partial^2 w}{\partial x^2} + N_y \frac{\partial^2 w}{\partial y^2} + N_{xy} \frac{\partial^2 w}{\partial x \partial y}, \quad D = \frac{Eh^3}{12\left(1-\mu^2\right)}$$

판의 처짐 방정식은 $w = \sum \sum A_{mn} \sin \dfrac{m\pi x}{a} \sin \dfrac{n\pi y}{b}$

이때의 축방향력은 $N_x = \dfrac{kD\pi^2}{b^2}, \quad k = \left(\dfrac{mb}{a} + \dfrac{n^2 a}{mb}\right)^2$ 로 표현되며,

$N_x = f_{cr} t$ 로부터 $\quad f_{cr} = \dfrac{k\pi^2 E}{12\left(1-\mu^2\right)(b/t)^2}$

### ▶ $k$값

위의 식에서부터 $k$값은 지점 조건에 따라 다음과 같이 변화하며, 지지조건과 $(a/b)$에 따라 $k$값은 아래의 그림과 같다. 도로교 설계기준에서는 양연지지판(s-s) $k = 4.0$, 3연지지판(s-f) $k = 0.43$으로 적용하고 있다.

$k = \left(\dfrac{mb}{a} + \dfrac{n^2 a}{mb}\right)^2$ 에서 $n = 1$이고 $\dfrac{a}{b} = X$라고 하면,

$k = X^2 \left(\dfrac{m}{X^2} + \dfrac{1}{m}\right)^2$

$\dfrac{\partial k}{\partial X} = 0 : X = m \qquad \therefore k = 4$

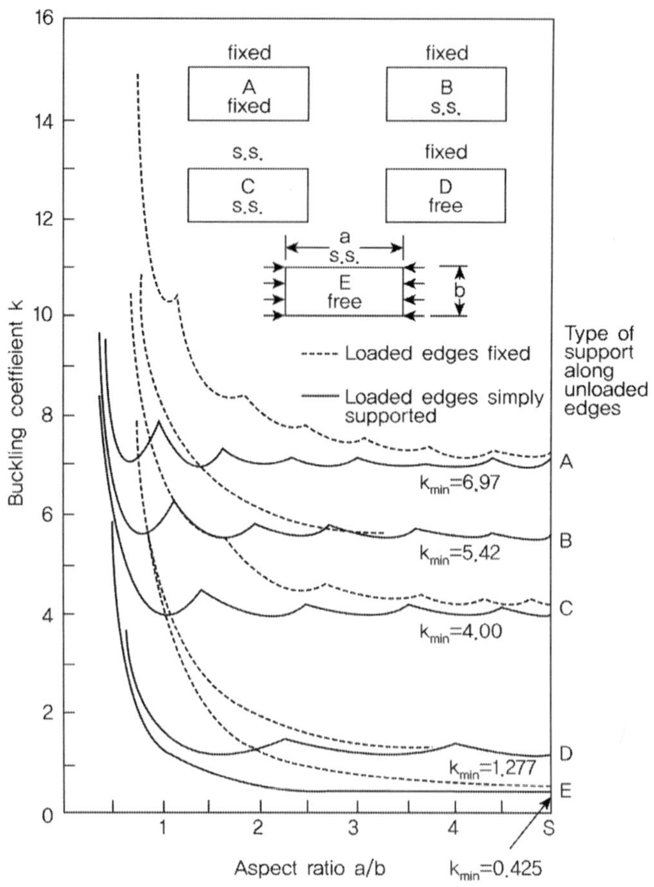


## ▶ 복부판 최소 두께 결정방법

도로교 설계기준에서는 판의 국부좌굴의 방지를 위하여 $b/t$ 규정을 두고 있으며, 이러한 $b/t$의 규정은 다음과 같이 유도된다.

$$\overline{f} = \frac{f_{cr}}{f_y} = \begin{cases} 1.0 & R \leq 0.7 \\ \dfrac{1}{2R^2} & R > 0.7 \end{cases}, \qquad f_{cr} = k\frac{\pi^2 E}{12(1-\nu^2)}\left(\frac{t}{b}\right)^2$$

$$R = \sqrt{\frac{f_y}{f_{cr}}} = \frac{1}{\pi}\sqrt{\frac{12(1-\nu^2)}{k}}\sqrt{\frac{f_y}{E}}\left(\frac{b}{t}\right) \qquad k = \begin{cases} 4.0 & \text{양연지지} \\ 0.43 & \text{자유돌출} \end{cases}$$

$$R_{cr}(=0.7) = \frac{1}{\pi}\sqrt{\frac{12(1-\nu^2)}{k}}\sqrt{\frac{f_y}{E}}\left(\frac{b}{t}\right)$$

$$R \leq R_{cr} : \left(\frac{b}{t}\right)_{limit} \geq \pi R_{cr}\sqrt{\frac{k}{12(1-\nu^2)}}\sqrt{\frac{E}{f_y}}$$

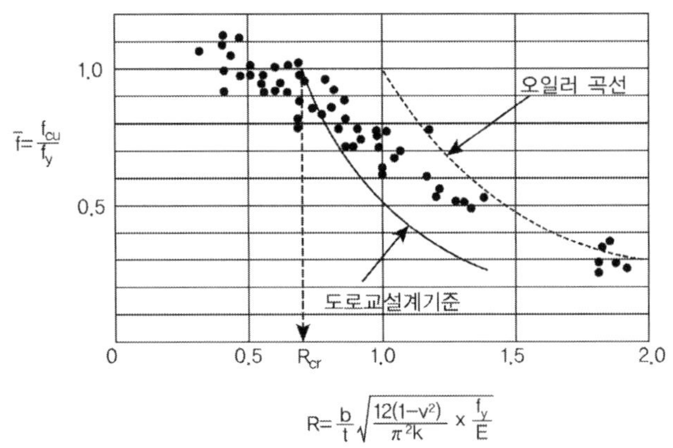


용접에 의한 변형이나 취급 시 예상치 못한 외력에 의한 손상 및 강성저하를 막기 위해서는 $R \leq 1.0$이 되도록 한다. 압축력만 작용하고 SS400인 강재의 복부판은 $k = 4.0$일 경우

$$\left(\frac{b}{t}\right)_{\min} = R_{\max}\,\pi\,\sqrt{\frac{k}{12\left(1-\nu^2\right)}}\,\sqrt{\frac{E}{f_y}} = 56.2$$

이 값에 응력구배계수 $i$를 적용하면 도로교 설계기준에서 제시된 압축응력을 받는 양연지지판의 최소판 두께 기준이 된다.

| $t < 40^{mm}$ | SS400 | SM490 | SM520 | SM570 |
|---|---|---|---|---|
| $t_{\min}$ | $\dfrac{b}{56i}$ | $\dfrac{b}{48i}$ | $\dfrac{b}{46i}$ | $\dfrac{b}{40i}$ |

여기서, $i = 0.65\left(\dfrac{\phi}{n}\right)^2 + 0.13\left(\dfrac{\phi}{n}\right) + 1.0$

$\phi = \dfrac{f_1 - f_2}{f_1}$ (응력구배)

$n$ : 종방향 보강재에 의한 패널 수

## 복부판의 후좌굴강도

강합성판형교에서 비보강 복부판과 보강된 복부판에 대한 후좌굴강도에 대하여 설명하시오.

### 풀 이

> ### 개요

축압축부재는 좌굴 후 즉시 붕괴하나, 판형(Plate Girder)의 복부에는 면내력이 작용할 때 좌굴 후에도 계속 저항력을 나타내어 바로 극한상태에 도달하지 않는 경우가 있는데 이렇게 좌굴 후에도 강도를 가지는 현상을 Post Buckling Behavior(후좌굴강도)라고 한다. 후좌굴이 작용하는 면내의 인장력을 인장장(Tension Field) 또는 인장력 작용(Tension Field Action)이라 한다.

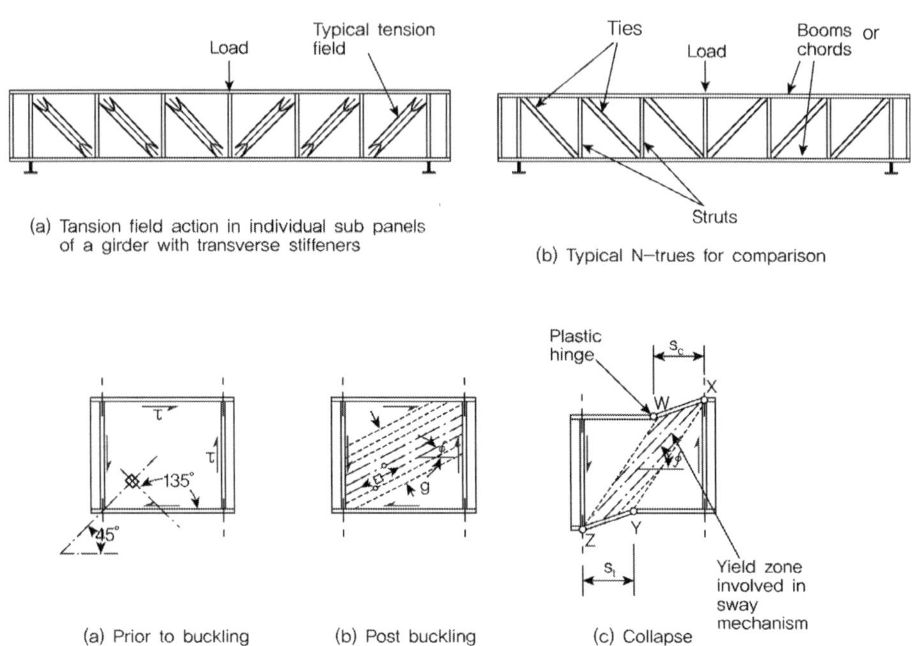


> ### 보강 전·후 복부판의 후좌굴강도

판형의 상, 하 플랜지와 복부판의 수직보강재로 둘러싸인 Pannel 부분에 큰 전단력이 작용할 경우 복부판에 전단응력이 크게 발생되어 전단 좌굴 후에도 바로 파괴되지 않는데, 이는 상, 하 플랜지와 복부판의 수직 보강재가 각각 Pratt Truss의 현재와 수직재로 작용하여 약 45° 방향으로 주름이 생기면서 인장응력이 작용하는 인장력장(Tension Field)이 발생하게 된다. 이 인장응력장은 트러스에 사재와 같은 개념으로 작용하여 들보작용의 전단력 이외 추가적인 전단력을 저항할 수 있기 때문에 좌굴 후에도 하중을 지탱할 수 있게 되는 것이다.

1) 판의 좌굴 후 거동(Post Buckling behavior)의 발생원리

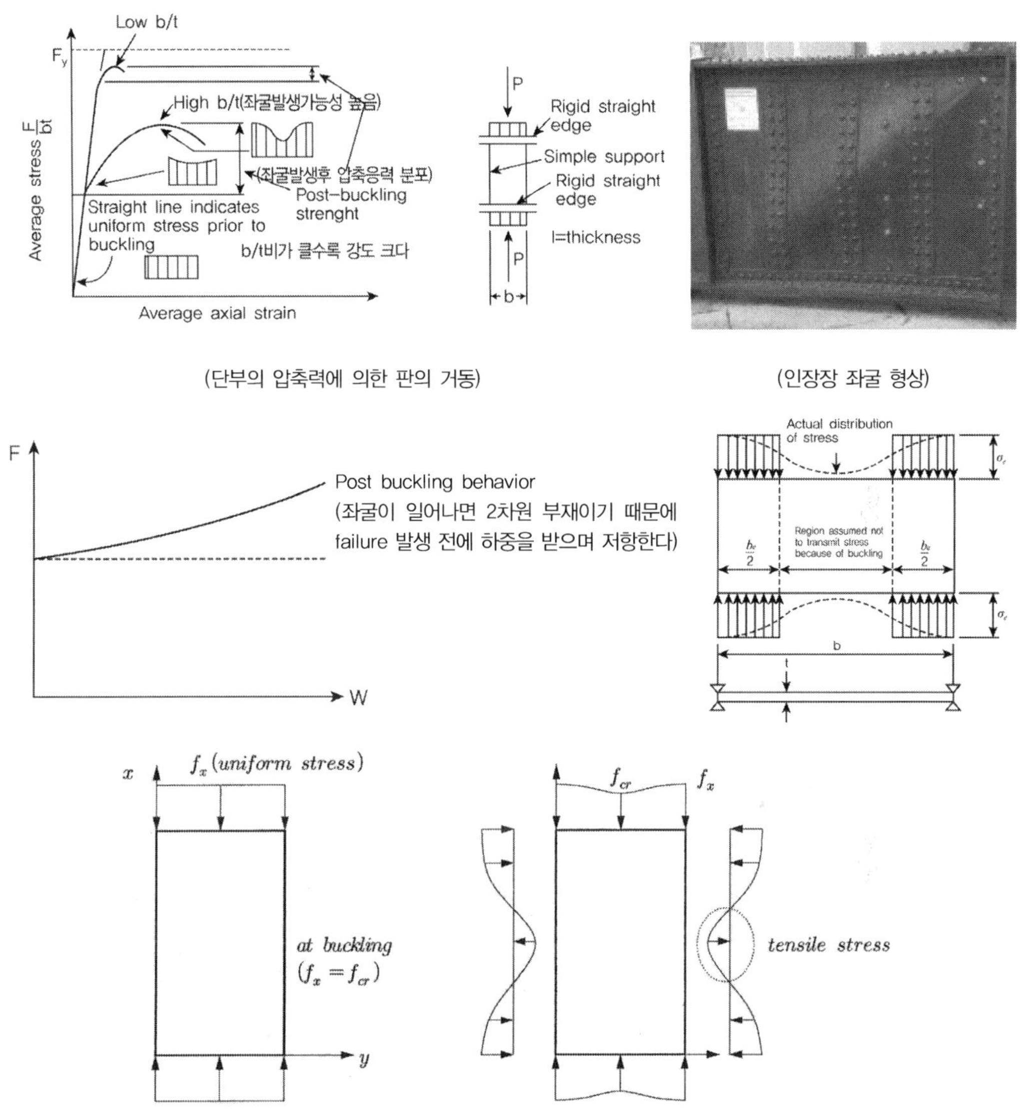



(단부의 압축력에 의한 판의 거동)　　　　(인장장 좌굴 형상)

① 응력이 서로 다른 것은 늘어나는 면에 대해서 직선적으로 변형되기 위한 응력이다.

$\therefore \Sigma \int f_Y = 0$ (수평방향 힘의 합력은 0)

② 여기서 발생되는 인장력은 수직응력에 영향을 주어서 Post buckling strength가 발생한다. 양 끝단에서는 supported되었기 때문에 강성(stiffness)이 강하다. 따라서 가운데 부분에서는 $f_{cr}$ 이상의 하중은 받지 못하고 양끝단에서 하중을 받는다.

③ Y방향의 인장응력 : 횡방향 변위에 저항하는 판의 강성(지지조건)은 좌굴 후 강도에 영향을 준다.

④ 종방향 끝단 인근 판의 좌굴발생 후 변형 형상은 횡방향 변형에 큰 강성을 가지며, 좌굴 후의 증가하중의 대부분을 부담한다.

⑤ 좌굴 후 강도(Post Buckling Strength)

- 면외 방향의 좌굴 변형으로 등분포되지 않은 응력 분포로 나타난다.

- 인장응력으로 인하여 추가적인 강도가 발생된다.

- 좌굴 후 강도는 $b/t$ 비율이 클수록 크게 나타난다.

- 지점이 지지된 부재(stiffened element)가 지지되지 않은 부재(unstiffened element)보다 좌굴 후 강도가 크다.


2) 보강된 판의 좌굴강도

① 플랜지와 접하는 변의 경계조건은 단순지지와 고정지지의 중간 상태인 탄성적으로 지지 (Elastically restrained)된 상태이며 플랜지의 웹에 대한 상대적인 강성에 따라 지지조건이 바뀐다. AISC시방에서는 경계조건을 고정지지의 80% 정도로 가정하고 있으며 AASHTO의 경우에는 단순지지로 가정하거나 AISC처럼 고정지지의 80%로 가정하기도 한다. 국내 설계기준에서는 단순지지로 보고 적용하였다.

② 전단좌굴에 의한 보의 국부좌굴로 Post Buckling Behavior가 발생할 경우, 복부판이 분담해야 하는 휨모멘트의 일부가 플랜지로 전가되어 추가적인 하중이 증가하므로 AISC에서는 Web의 국부좌굴을 허용하는 대신에 플랜지의 추가적인 하중증가를 고려하여 강도를 감소시키도록 하고 있다. 국내의 도로교 설계기준에서는 AASHTO 설계기준과 같이 Web의 국부좌굴 방지를 위한 b/t 규정제한에 따라 허용하지 않는 대신 Post Buckling Behavior에 대한 부분을 국부좌굴에 대한 안전계수를 낮추는 방법으로 간접적으로 고려하고 있다.

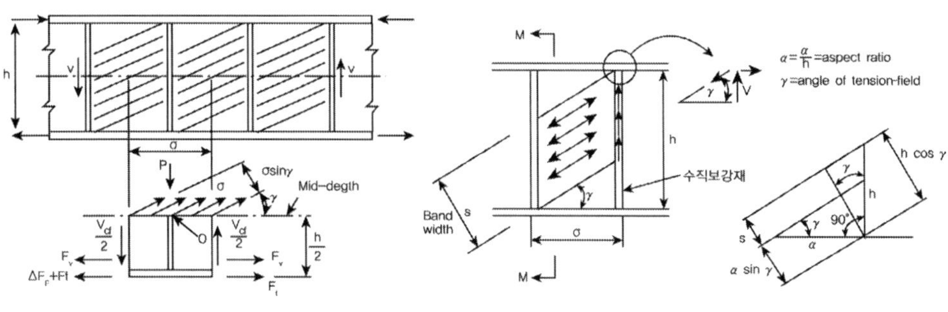

보강재를 고려한 복부판 단면력 해석기념      보강재를 부담하중 해석

# Chapter 05

# 압축부재

# 압축부재

## 01 압축부재 설계 일반

압축재는 축방향 압축력만을 받는 구조용 부재로 트러스의 현재, 웨브제, 기둥 등이 압축력만 받는 구조부재에 해당된다. 압축재의 하중은 부재 단면의 도심을 통과하는 종 축방향으로 작용하는 것으로 가정한다. 그러나 이상적인 가정과 달리 약간의 하중편심은 불가피하기 때문에 휨이 발생하게 되며 이러한 편심에 대해 설계기준에서 고려해 설계하고 있다. 이를 위해 설계에서는 강재의 단면을 구성되는 판요소의 판 폭-두께의 비에 따라 조밀단면(Compact section), 비조밀단면(Non-compact section), 세장판단면(Slender section)으로 구분한다. 강재의 판 폭-두께비가 비조밀단면(Non-compact section)의 한계 판 폭-두께비를 초과하지 않으면 국부좌굴 방지를 위한 내력 감소는 필요하지 않으나 압축재가 길어지면 압축재 전체가 불안정 현상을 나타내는 부재 전체좌굴이 발생하여 구조물 안전에 문제가 생긴다. 이러한 부재 전체좌굴은 압축재의 길이가 동일하더라도 지지조건에 따라 저항능력이 달라지게 된다.

### 1. ASD와 LRFD 비교

1) ASD $\qquad P_a \leq \dfrac{P_n}{SF(=1.67)}, \qquad f_a \leq F_a = \dfrac{F_{cr}}{1.67} = 0.6 F_{cr}$

2) LRFD $\qquad P_n = A_g F_{cr}, \qquad F_e = P_e/A = \dfrac{\pi^2 E}{(kL/r)^2}$

약간의 수정을 가하면, 이 식은 탄성영역에서의 임계응력으로 사용될 수 있다. 탄성기둥의 임계응력을 구하기 위해 오일러 응력 $F_e$ 는 초기 변형 효과를 고려해서 다음과 같이 감소된다.

$$F_{cr} = 0.877 F_e$$

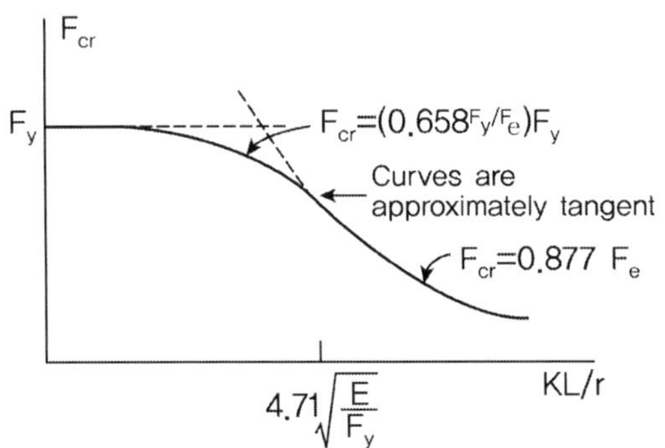



비탄성 기둥에 대해 접선계수식  $F_{cr} = \dfrac{\pi^2 E_t}{(kL/r)^2}$ 은 다음의 지수 식으로 대체된다.

$$F_{cr} = \left(0.658^{F_y/F_e}\right)F_y$$

위의 식을 사용하면 접선계수 식이 원래부터 가지고 있던 시행착오법을 사용하지 않아도 직접 비탄성 기둥의 값을 구할 수 있으며 비탄성과 탄성 기둥의 경계에서 $F_{cr}$ 은 같은 값을 갖는다. 이 때 경계가 되는 세장비 $kL/r$ 은 근사적으로 $4.71\sqrt{E/F_y}$ 의 값을 갖는다.

$F_y/F_e$ 의 한계 값은 다음과 같이 유도된다.

$$F_e = \frac{\pi^2 E}{(kL/r)^2} \ \text{로부터,} \ \frac{kL}{r} = \sqrt{\frac{\pi^2 E}{F_e}}$$

$$\frac{kL}{r} \leq 4.71\sqrt{\frac{E}{F_y}} \ \text{이면,} \ \sqrt{\frac{\pi^2 E}{F_e}} \leq 4.71\sqrt{\frac{E}{F_y}} \qquad \therefore \ \frac{F_y}{F_e} \leq 2.25$$

① $\lambda_c \leq 1.5 \quad F_{cr} = (0.658^{\lambda_c^2})F_y = (0.658^{F_y/F_e})F_y, \quad \dfrac{kL}{\gamma} \leq 4.71\sqrt{\dfrac{E}{F_y}} \quad \text{or} \quad F_e \geq 0.44F_y$

② $\lambda_c > 1.5 \quad F_{cr} = \left(\dfrac{0.877}{\lambda_c^2}\right)F_y = 0.877F_e, \quad \dfrac{kL}{\gamma} > 4.71\sqrt{\dfrac{E}{F_y}} \quad \text{or} \quad F_e < 0.44F_y$

$$\lambda_c = 1.5 \rightarrow \frac{F_{cr}}{F_y} = \frac{1}{2.25} = 0.44$$

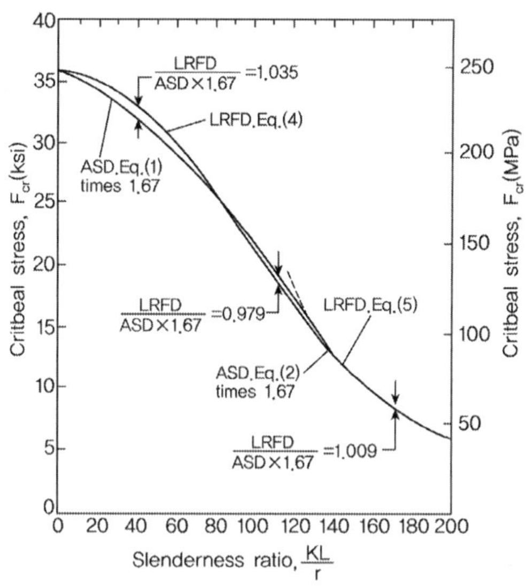


## 2. 압축부재의 세장비 제한

AISC에서는 세장비 $kL/r$에 대한 최대값을 제한하고 있지는 않지만, 200이하로 사용할 것을 추천하고 있으며, 국내 설계기준(KDS 14 31 10 : 2024 강구조 부재설계기준, 도로교설계기준 2016)에서는 다음과 같이 주부재와 브레이싱의 세장비를 제한하고 있다. 이는 이 값보다 세장한 기둥은 강도가 거의 없고 비경제적이기 때문에 실용적인 상한을 제한한 것이다.

주부재 $\dfrac{kl}{r} \leq 120$ 　　　　　　　　브레이싱(가새) $\dfrac{kl}{r} \leq 140$

## 3. 강재 단면의 구분

부재의 요소가 많아 국부적으로 좌굴(local buckling)이 발생한다면 전체 좌굴모드에 상응하는 강도가 발현될 수 없다. 이런 유형의 불안정성은 제한된 위치에서의 국부좌굴이라고 한다. 국부좌굴이 발생되면 단면은 전체가 유효하지 못하고 부재의 파괴가 발생된다. 얇은 플랜지나 복부판을 갖는 I형 단면에서 발생되기 쉬운 이러한 현상은 부재의 사용을 제한하거나 압축강도를 감소시킬 필요가 있다. 국부좌굴과 같은 현상이 발생될 가능성을 측정할 수단으로 판 폭-두께비가 사용되며, 이때 판-폭 두께비는 하중과 나란한 방향으로 한변만 지지되어 있는 비구속요소와 양 변이 지지되어 있는 구속요소로 구분하여 고려되어 진다. 압축재에서 국부좌굴이 발생 가능성에 여부에 따라 세장판 단면과 비세장판단면으로 구분되며, 국부좌굴이 발생될 가능성이 있는 세장판 단면에서는 그에 상응하는 감소된 강도로 적용해야 한다.

1) 강재 단면의 구분

① 조밀단면(Compact section - 비세장판 단면) : $\lambda < \lambda_p$

전단면이 소성영역에 도달할 때까지 단면상에 국부좌굴이 발생하지 않는 단면, 좌굴이 생기기 전에 전체 소성응력분포를 받을 수 있고 국부좌굴 발생 전 약 3 정도의 연성비를 갖는다.

② 비조밀단면(Non-compact section - 비세장판 단면) : $\lambda_p < \lambda \le \lambda_r$

단면국부좌굴이 발생하기 전에 압축부재에서 항복응력이 발생할 수 있으나 완전소성응력분포를 위해 요구되는 변형값에서 소성국부좌굴에는 저항하지 못하는 단면, 압축세장판부재는 부재가 항복응력 도달 전에 탄성적으로 좌굴한다.

③ 세장판단면(Slender section) : $\lambda > \lambda_r$

판 폭두께비가 지나치게 커서 국부좌굴 발생 전에 비틀림에 의해 부재가 파괴된다.

2) 한계 폭 두께비

압축을 받는 판요소는 중심압축력을 받는 기둥부재와 동일한 거동양상을 나타내며 단부의 구속조건(비구속판 요소-자유돌출판, 구속판요소-양연지지판)에 따라 기둥부재와 유사한 형태의 탄성 좌굴하중이 산정된다.

① 비구속판요소(자유돌출판)의 폭 : 압축력 방향과 평행한 면 중에서 한쪽면만이 다른 요소에 의해 지지되어 있는 요소로 정의한다.

(1) I, H형강과 T형강의 플랜지의 폭 b는 전체 공칭폭의 1/2로 한다.

(2) ㄱ형강, ㄷ형강 및 Z형강의 다리의 폭 b는 전체공칭치수로 한다.

(3) 플레이트의 폭 b는 자유단으로부터 체결재(볼트)의 첫 번째 줄 또는 용접선까지의 거리다.

(4) T형강의 스템(stem) d는 전체공칭춤으로 한다.

② 구속판요소(양연지지판)의 폭 : 압축력 방향과 평행한 양면이 다른 요소에 의해 지지되는 요소로 정의한다.

(1) 압연이나 경량형강의 웨브의 폭 h는 각 플랜지에서 필릿이나 모서리 반경을 감한 플랜지 사이의 순간격으로 한다.

(2) 조립단면 웨브의 폭 h는 인접한 체결재(볼트)의 열간거리 또는 용접한 경우 플랜지 사이의 순간격으로 한다.

(3) 조립단면에서 플랜지 또는 다이아프램 플레이트의 폭 b는 인접한 체결재(볼트)의 열간 거리 또는 용접선간 거리다.

(4) 상자형 단면의 플랜지 폭 b는 각 변의 내측 모서리 반경을 감한 웨브사이의 순간격이다. 만

일 모서리 반경을 알 수 없는 경우에는 단면의 외부폭 치수에서 두께의 3배를 감한다.

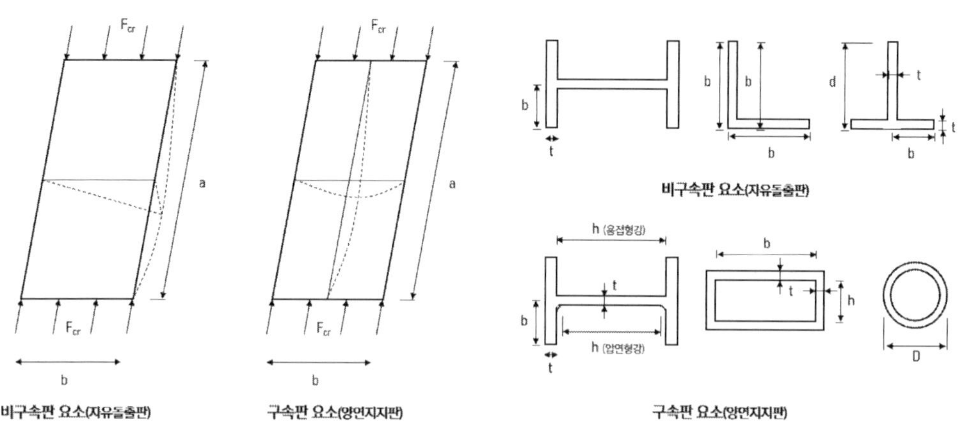


| 한쪽 단이 지지된 판 | $k'$ | b |
|---|---|---|
| 플랜지와 자유돌출판 | 0.56 | I형 단면의 플랜지 폭의 반 |
| | | ㄷ형 단면의 플랜지 전폭 |
| | | 자유단과 판의 첫 번째 볼트 연결선 또는 용접선 간의 거리 |
| | | 맞대어진 두 L형강에서 맞대어지지 않은 한 L형강의 다리길이 |
| 압연 T형강의 복부판 | 0.75 | T형강 |
| 기타 돌출부재 | 0.45 | 단일 L형강 또는 분리재를 갖는 이중 L형강에 있어서 돌출다리의 전체폭 |
| | | 기타 경우는 전 돌출폭 |
| 양단이 지지된 판 | $k'$ | b |
| 박스거더 단면의 플랜지와 덮개판 | 1.40 | 박스거더 단면의 플랜지의 경우 복부판간 순간격에서 내부 모서리 반경을 뺀 거리 |
| | | 플랜지 덮개판의 용접선 또는 볼트선 간 거리 |
| 복부판과 기타 판 요소 | 1.49 | 압연 보의 복부판에서 플랜지간 순간격에서 필릿 반경을 뺀 거리 |
| | | 기타의 모든 경우는 지지점 간 순 간격 |
| 유공덮개판(cover plate) | 1.86 | 지지점 간 순 간격 |

☞ $F_{cr} = \sigma_x = k\dfrac{\pi^2 E}{12(1-\mu^2)(b/t)^2}$ , $k = \left(\dfrac{mb}{a} + \dfrac{n^2 a}{mb}\right)^2$ 의 좌굴 식으로부터,

좌굴계수 $k$는 하중 및 지지조건의 함수로 한쪽 단순지지인 경우 k=0.425, 양쪽이 모두 단순지지된 경우에 $k$=4.00이다. 이를 판–폭 두께 제한식(b/t)로 정리하면 각각 $k'$=0.620, 1.90이 된다. 이 값을 해석과 많은 실험결과를 통해서 잔류응력, 초기결함, 실제 지지조건 등을 고려하여 위의 표와 같은 값이 결정되었다.

3) 국부좌굴에 대한 단면의 분류

KDS 14 31 10 : 2014 강구조 부재 설계기준(하중저항계수설계법)에서는 압축력을 판 요소의 단면을 국부좌굴에 영향을 받지 않는 비세장판 단면(조밀단면, 비조밀단면)과 국부좌굴에 영향을 받는 세장판 단면으로 구분하여 적용하도록 하고 있다.

① 비세장판 단면 : 압축 판요소의 폭두께비 $\lambda$ 가 압축판요소의 판폭두께비 $\lambda_r$ 를 초과하지 않는 비세장판요소의 단면($\lambda \le \lambda_r$)

② 세장판 단면 : 단면을 구성하는 요소 중 하나 이상의 압축 판요소의 폭두께비 $\lambda$ 가 압축판요소의 판폭두께비 $\lambda_r$ 를 초과하는 세장판요소인 단면($\lambda > \lambda_r$)

4) 축방향 압축부재의 판 폭-두께비 제한($\lambda_r = k' \sqrt{\dfrac{E}{F_y}}$ , 2016 도로교설계기준)

비세장판단면으로 설계하기 위해서는 판의 세장비 $b/t$ 는 다음의 조건을 만족해야 한다.

$$\lambda\left(=\frac{b}{t}\right) \le k' \sqrt{\frac{E}{F_y}} \qquad (\text{원형강관 } \frac{D}{t} \le 2.8 \sqrt{\frac{E}{F_y}} \text{ , 사각형 강관 } \frac{b}{t} \le 1.7 \sqrt{\frac{E}{F_y}} )$$

---

 **| Elastic buckling |**

· Euler's column equation, Elastic buckling

$$P_{cr} = \frac{\pi^2 EI}{L^2}$$

Mode shape :

$$y = B\sin kx = B\sin\left(\sqrt{\frac{P_{cr}}{EI}}\,x\right) = B\sin\frac{n\pi x}{L}$$

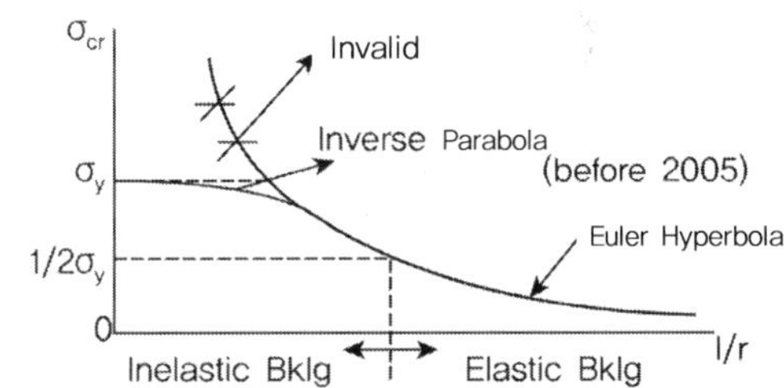


· Residual stress

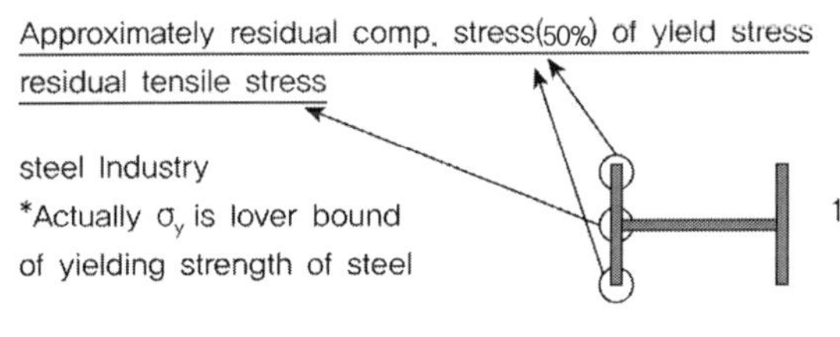


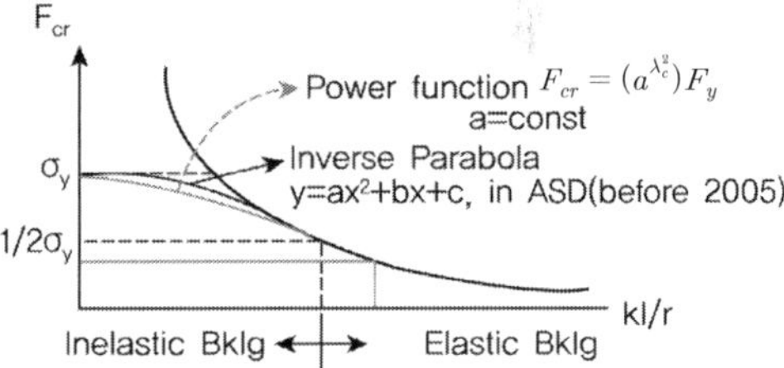


$$\lambda_c = \frac{kl}{r} \text{ when } \sigma_{cr} = ; \ \frac{1}{2}\sigma_y = \frac{\pi^2 E}{(kl/r)^2} \rightarrow \frac{kl}{r} = \lambda_c = \sqrt{\frac{2\pi^2 E}{F_y}}$$

$$\lambda_c = 1.5 \text{ means } \lambda_c = \sqrt{\frac{F_y}{F_e}} = 1.5 \rightarrow F_e = 0.44 F_y$$

## 1. 압축판요소의 판폭두께비(비구속판 요소, 자유돌출판)

| | 구분 | 판요소에 대한 설명 | 판폭두께비 $\lambda$ | 판폭두께비 상한값 | | 예 |
|---|---|---|---|---|---|---|
| | | | | $\lambda_p$ (조밀단면) | $\lambda_r$ (비조밀단면) | |
| 비구속판요소 / 자유돌출판 | 1 | 균일압축을 받는<br>- 압연 H형강의 플랜지<br>- 압연 H형강으로부터 돌출된 플레이트<br>- 서로 접한 쌍ㄱ형강의 돌출된 다리<br>- ㄷ형강의 플랜지 | $b/t$ | – | $0.56\sqrt{E/F_y}$ | |
| | 2 | 균일압축을 받는<br>- 용접 H형강의 플랜지<br>- 용접 H형강으로부터 돌출된 플레이트와 ㄱ형강 다리 | $b/t$ | – | $0.64\sqrt{k_c E/F_y}$ [1] | |
| | 3 | 균일압축을 받는<br>- ㄱ형강의 다리<br>- 끼움판을 낀 쌍ㄱ형강의 다리<br>- 그 외 모든 한쪽만 지지된 판요소 | $b/t$ | – | $0.45\sqrt{E/F_y}$ | |
| | 4 | 압축을 받는 원형강관 | $d/t$ | – | $0.75\sqrt{E/F_y}$ | |

주 1) $k_c = \dfrac{4}{\sqrt{h/t_w}}$, $0.35 \leq k_c \leq 0.76$

## 2. 압축판요소의 판폭두께비(구속판요소, 양연지지판)

| | 구분 | 판요소에 대한 설명 | 판폭두께비 $\lambda$ | 판폭두께비 상한값 | | 예 |
|---|---|---|---|---|---|---|
| | | | | $\lambda_p$ (조밀단면) | $\lambda_r$ (비조밀단면) | |
| 구속판요소 / 양연지지판 | 5 | 균일압축을 받는 2축 대칭 H형강의 웨브 | $h/t_w$ | – | $1.49\sqrt{E/F_y}$ | |
| | 6 | 균일압축을 받는<br>- 각형강관의 플랜지<br>- 플랜지 커버 플레이트<br>- 연결재 또는 용접선 사이의 다이아프램 플레이트 | $b/t$ | $1.12\sqrt{E/F_y}$ | $1.40\sqrt{k_c E/F_y}$ | |
| | 7 | 균일압축을 받는 그 외 모든 양쪽이 지지된 판요소 | $b/t$ | – | $1.49\sqrt{E/F_y}$ | |
| | 8 | 압축을 받는 원형강관 | $D/t$ | – | $0.11 E/F_y$ | |

### 3. 휨부재 단면의 판폭두께비

| | 판요소에 대한 설명 | 폭두께비 | 폭두께비 제한 값 | | 예 |
|---|---|---|---|---|---|
| | | | $\lambda_p$ (조밀/비조밀) | $\lambda_r$ (비조밀/세장) | |
| 자유돌출판 | ① 압연 H형강, ㄷ형강 및 T형강의 플랜지 | $b/t$ | $0.38\sqrt{\dfrac{E}{F_y}}$ | $1.0\sqrt{\dfrac{E}{F_y}}$ | |
| | ② 2축 또는 1축 대칭인 용접 H형강의 플랜지 | $b/t$ | $0.38\sqrt{\dfrac{E}{F_y}}$ | $0.95\sqrt{\dfrac{k_c E}{F_L}}$ [1),2)] | |
| | ③ 단일 ㄱ형강의 다리 | $b/t$ | $0.54\sqrt{\dfrac{E}{F_y}}$ | $0.91\sqrt{\dfrac{E}{F_y}}$ | |
| | ④ 약축 휨을 받는 압연 H형강, ㄷ형강의 플랜지 | $b/t$ | $0.38\sqrt{\dfrac{E}{F_y}}$ | $1.0\sqrt{\dfrac{E}{F_y}}$ | |
| | ⑤ T형강의 플랜지 | $d/t$ | $0.84\sqrt{\dfrac{E}{F_y}}$ | $1.52\sqrt{\dfrac{E}{F_y}}$ | |
| 양연지지판 | ① −2축 대칭 H형강의 웨브 −ㄷ형강의 웨브 | $h/t_w$ | $3.76\sqrt{\dfrac{E}{F_y}}$ | $5.70\sqrt{\dfrac{E}{F_y}}$ | |
| | ② 1축 대칭 H형강의 웨브 | $h_c/t_w$ | $\dfrac{\dfrac{h_c}{h_p}\sqrt{\dfrac{E}{F_y}}}{\left(0.54\dfrac{M_p}{M_y}-0.09\right)^2} \le \lambda_r$ | $5.70\sqrt{\dfrac{E}{F_y}}$ | |
| | ③ 균일한 두께를 갖는 각형강관과 박스의 플랜지 | $b/t$ | $1.12\sqrt{\dfrac{E}{F_y}}$ | $1.40\sqrt{\dfrac{E}{F_y}}$ | |
| | ④ −플랜지 커버플레이트 −연결재 또는 용접선 사이의 다이아프램 플레이트 | $b/t$ | $1.12\sqrt{\dfrac{E}{F_y}}$ | $1.40\sqrt{\dfrac{E}{F_y}}$ | |
| | ⑤ 각형강관과 박스의 웨브 | $h/t$ | $2.42\sqrt{\dfrac{E}{F_y}}$ | $5.70\sqrt{\dfrac{E}{F_y}}$ | |
| | ⑥ 원형강관 | $D/t$ | $0.07\dfrac{E}{F_y}$ | $0.31\dfrac{E}{F_y}$ | |

주 1) $k_c = \dfrac{4}{\sqrt{h/t_w}}$ , 여기서 $0.35 \le k_c \le 0.76$

2) $F_L = 0.7F_y$ : 약축 휨을 받는 경우, 웨브가 세장판 단면인 용접 H형강이 강축 휨을 받는 경우, 그리고 조밀단면 웨브 또는 비조밀단면 웨브이고 $S_{xt}/S_{xc} \ge 0.7$인 용접 H형강이 강축 휨을 받는 경우

$F_L = F_y S_{xt}/S_{xc} \ge 0.5F_y$ : 조밀 또는 비조밀단면 웨브로 $S_{xt}/S_{xc} < 0.7$인 용접 H형강이 강축 휨을 받는 경우

## 압축부재의 국부좌굴

### ▶ 평편의 좌굴강도

기둥의 공칭 압축강도는 전체 좌굴뿐만 아니라 부재의 국부좌굴에 의해서 제한된다. 전체좌굴 강도에 도달하기 이전에 구성 판요소에 좌굴이 발생하는 현상을 국부좌굴이라고 하며 이러한 판 부재의 국부좌굴 강도는 평판 좌굴이론에 의해 평가된다.

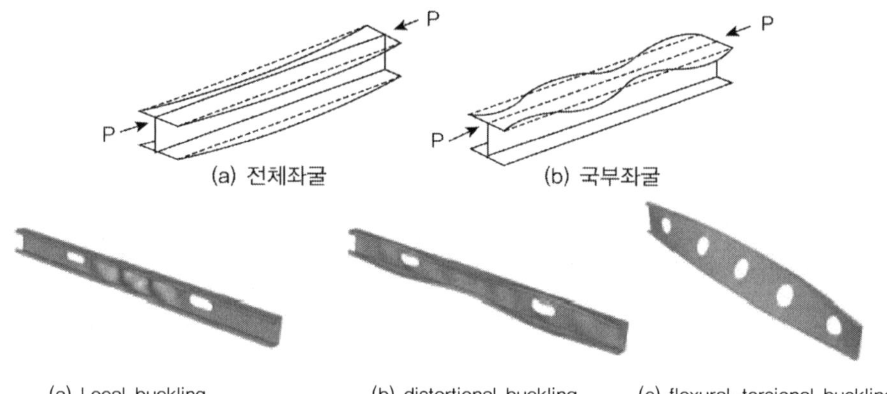



$$f_{cr} = k \frac{\pi^2 E}{12(1-\mu^2)} \left(\frac{t}{b}\right)^2, \quad \alpha = \frac{a}{b} \,(\text{형상비}), \quad k : \text{평판의 좌굴계수}$$

(평판의 좌굴계수)

| 하 중 | 압 축 | | 휨 | 전 단 |
|---|---|---|---|---|
| | 4변단순지지 | 3변단순지지 | 4변단순지지 | 4변단순지지 |
| 지점 조건 | $a$<br>$b$<br>$f_b$ | $f_b$ | $f_b$ | $f_v$ |
| 좌굴 계수 | $k = \left(\dfrac{m}{a} + \dfrac{a}{m}\right)^2$ <br><br> $m = 1, 2, 3...$ <br><br> $k = 4.0$ | $a > 0.66$ <br><br> $k = 0.42 + \dfrac{1}{a^2}$ <br><br> $a \le 0.66$ <br><br> $k = 2.366 +$ <br><br> $= 5.3a^2 + \dfrac{1}{a^2}$ | $a > \dfrac{2}{3}$ <br><br> $k = 23.9$ <br><br> $a \le \dfrac{2}{3}$ <br><br> $k = 15.87 +$ <br><br> $1.87a^2 + \dfrac{8.6}{a^2}$ | $a > 1$ <br><br> $k = 5.34 + 4.00/a^2$ <br><br> $a \le 1$ <br><br> $k = 4.00 + 5.34/a^2$ |

강구조물 조밀단면

강교량의 단면계획 시 조밀단면에 대하여 설명하시오

## 풀 이

### ▶ 개요

한계상태설계법에서는 압축부재와 휨부재에 초기변형, 잔류응력 및 편심이 존재함을 고려하여 강재의 단면을 조밀단면, 비조밀단면, 세장단면으로 구분하여 국부좌굴 발생 등에 따라 강도를 다르게 쓰도록 고려하고 있다. 조밀단면은 압축이나 휨을 받을 때 플랜지나 웨브에 국부좌굴이 일어나지 않고 완전소성상태에 도달하는 단면으로서 이 단면은 플랜지와 웨브의 세장비와 가새(브레이싱)에 관한 요구조건들을 만족해야 한다.

### ▶ 국부좌굴 거동 특성에 따른 단면의 구분

국부좌굴은 보의 강도를 조기에 저하시킬 수 있는 요인이다. 보의 단면이 항복모멘트에 도달하기 위해 압축플랜지가 항복응력에 도달할 수 있어야 하고 복부는 상응하는 전단응력을 지지해야 한다. 그러나 국부좌굴로 인해서 항복모멘트에 도달하기 전에 저항력을 잃을 수 있기 때문에 설계기준에서는 국부좌굴을 방지하기 위해 판폭두께비를 제한하고 있다. 이는 플랜지와 복부의 국부좌굴은 폭두께비가 큰 경우에 발생하기 쉽기 때문이다. 일반적으로 국부좌굴이 발생되기 전에 부재가 완전소성 영역상태에 도달하고 소성힌지가 형성되어 회전이 가능한 단면을 조밀단면(Compact Section)이라고 하며, 국부좌굴이 발생되기 전에 압축부는 항복점에 도달하지만 완전소성영역 상태 시 변형에 따른 비탄성 좌굴에는 저항하지 못하는 단면을 비조밀단면(Non-Compact Section)이라고 한다. 또한 압축부가 항복점에 도달하기 이전에 국부좌굴이 발생하는 단면을 세장단면(Slender Section)이라고 한다.

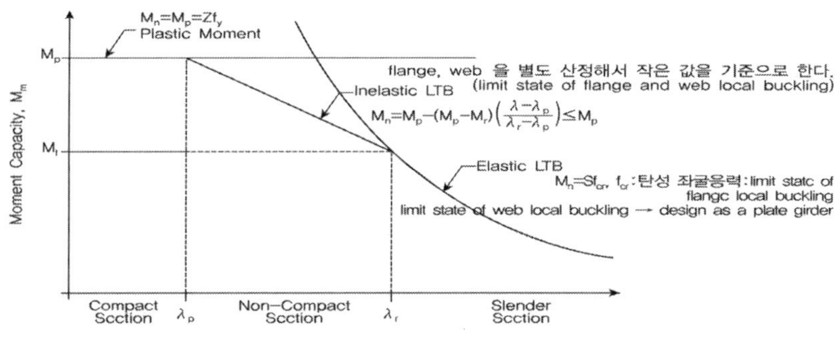


(Variation of $M_n$ with $\lambda$)

압축재의 단면결정, 세장비

SM355A 용접 H형강인 H-450×450×20×28의 폭두께비를 검토하시오

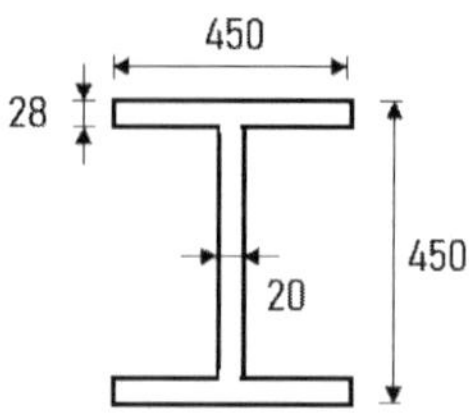




### ▶ 압축재의 폭 두께비

플랜지  $b/t_f = (450/2)/28 = 8.04$

웨브    $h/t_w = (450 - 2 \times 28)/20 = 19.7$

### ▶ 압축재의 폭 두께비 제한값 $\lambda_r$ 산정

16mm 초과 SM355A의 $F_y = 345$

1) 플랜지

$$k_c = \frac{4}{\sqrt{h/t_w}} = \frac{4}{\sqrt{19.7}} = 0.90, \quad 0.35 \leq k_c \leq 0.76 \text{이어야 하므로, } k_c = 0.76$$

$$\lambda_r = 0.64\sqrt{k_c E/F_y} = 0.64 \times \sqrt{0.76 \times 210,000/345} = 13.765$$

2) 웨브

$$\lambda_r = 1.49\sqrt{E/F_y} = 1.49\sqrt{210,000/345} = 36.761$$

### ▶ 압축재의 단면결정

1) 플랜지    $b/t_f(= 8.04) < \lambda_r(= 13.77)$

2) 웨브      $h/t_w(= 19.7) < \lambda_r(= 36.76)$

$\therefore$ 플랜지, 웨브 모두 조밀 또는 비조밀단면이다.

## 압축재의 단면결정, 세장비

건축물 강구조 설계기준(KDS 41 30 10)에 따라 다음과 같은 H형강을 사용할 경우, 판요소의 폭 두께비를 검토하고 강재의 단면을 구분하시오.

(1) 균일 압축을 받는 용접 H형강(BH 500×500×20×30, SM 355A)

(2) 휨을 받는 압연 H형강(H 600×200×11×17, SM 275A, r=22 mm)

$$0.35 \leq k_c \leq 0.76$$

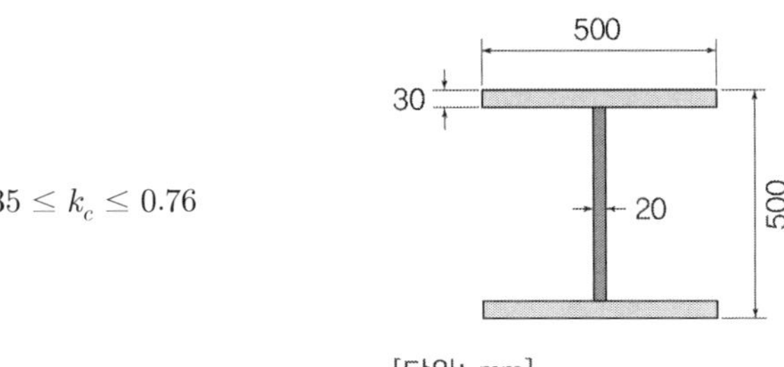


### 풀 이

### ▶ 용접 압축재의 폭 두께비 제한

1) 용접 H형강의 세장비

플랜지 $b/t_f = 500/2 \times 30 = 8.33$

웨브 $h/t_w = (500 - 2 \times 30)/20 = 22.0$

2) 플랜지의 한계세장비

$$k_c = \frac{4}{\sqrt{h/t_w}} = \frac{4}{\sqrt{22.0}} = 0.85, \quad 0.35 \leq k_c \leq 0.76 \text{이어야 하므로,} \; k_c = 0.76$$

$$\lambda_r = 0.64 \sqrt{\frac{k_c E}{F_y}} = 0.64 \times \sqrt{\frac{0.76 \times 210,000}{345}} = 13.765, \quad \therefore \; \lambda_f < \lambda_r$$

3) 웨브의 한계세장비

$$\lambda_r = 1.49 \sqrt{\frac{E}{F_y}} = 1.49 \sqrt{\frac{210,000}{345}} = 36.761, \quad \therefore \; \lambda_f < \lambda_r$$

∴ 플랜지, 웨브 모두 조밀 또는 비조밀단면이다.

➤ **휨을 받는 압연재의 폭 두께비 제한**

16mm 초과 SM 275A의 $F_y = 265$ MPa

1) 압연재의 세장비

플랜지  $b/t_f = 200/2 \times 17 = 5.88$

웨브     $h/t_w = (600 - 2 \times (17 + 22))/11 = 47.45$

2) 플랜지의 한계세장비

$$\lambda_p = 0.38 \sqrt{\frac{E}{F_y}} = 0.38 \sqrt{\frac{210,000}{265}} = 10.70, \quad \therefore \ \lambda_f < \lambda_p$$

3) 웨브의 한계세장비

$$\lambda_r = 3.76 \sqrt{\frac{E}{F_y}} = 3.76 \sqrt{\frac{210,000}{265}} = 105.85, \quad \therefore \ \lambda_f < \lambda_r$$

$\therefore$ 플랜지, 웨브 모두 조밀단면이다.

예 제

## 압축재의 단면결정, 탄성좌굴강도

단순지지된 길이 9m인 압연 H형강 H-200×200×8×12(SM355A)가 압축부재 중앙지점에서 약축 (y축)에 대한 휨변형이 구속(단순지지)되어 있다. 이 부재의 탄성좌굴강도($P_{cr}$)를 구하시오. A=63.53×10$^2$mm$^2$, I$_x$=4.72×10$^7$mm$^4$, I$_y$=1.60×10$^7$mm$^4$

풀 이

### ▶ 개요

강축과 약축 모두 좌굴하중을 산정하고 불리한 값을 압축부재의 탄성좌굴하중으로 한다.

### ▶ 판 폭두께비 검토

16mm 미만 SM355A의 $F_y = 355\,\mathrm{MPa}$

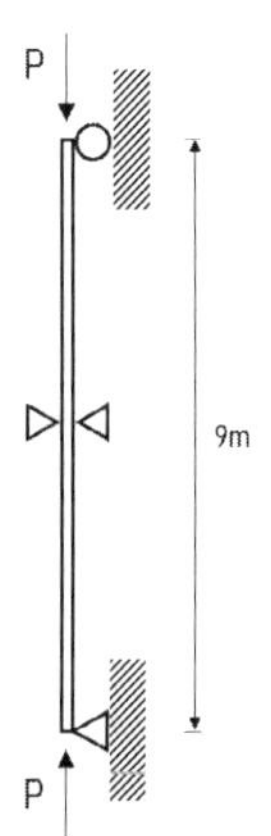


① 압연 H형강의 플랜지 폭두께비

$$b/t_f = (200/2)/12 = 8.3$$
$$\lambda_r = 0.56\sqrt{E/F_y} = 0.56\sqrt{210,000/355} = 13.6$$
$$\therefore b/t_f < \lambda_r$$

② 압연 H형강의 웨브 폭두께비

$$h/t_w = (200 - 2\times(12+13))/8 = 18.8$$
$$\lambda_r = 1.49\sqrt{E/F_y} = 1.49\sqrt{210,000/355} = 36.2$$
$$\therefore h/t_w < \lambda_r$$

∴ 플랜지, 웨브 모두 비조밀단면이다.

### ▶ 좌굴하중 산정

힌지-힌지 조건이므로 유효좌굴길이 계수 $K = 1.0$

y축(약축) 좌굴길이 $KL_y = 1.0 \times 4.5 \times 10^3$ $\qquad P_{cr(y)} = \dfrac{\pi^2 EI}{(KL_y)^2} = 1207.7\,\mathrm{kN}$

x축(강축) 좌굴길이 $KL_x = 1.0 \times 9.0 \times 10^3$ $\qquad P_{cr(x)} = \dfrac{\pi^2 EI}{(KL_x)^2} = 1637.6\,\mathrm{kN}$

$$\therefore P_{cr} = 1207.7\,\mathrm{kN} \qquad F_{cr} = \frac{P_{cr}}{A} = 190\,\mathrm{MPa}$$

압축부재의 설계압축강도 $\phi_c P_n$ 은 공칭압축강도 $P_n(=P_r)$ 은 휨좌굴, 비틀림좌굴, 휨-비틀림좌굴의 한계상태 중에서 가장 작은 값으로 한다. 이때 2축 대칭부재와 1축 대칭부재는 휨좌굴에 대한 한계상태를 적용하며, 1축대칭부재와 비대칭부재 그리고 십자형이나 조립기둥과 같은 2축대칭부재는 비틀림좌굴 또는 휨-비틀림좌굴에 대한 한계상태를 적용한다. 별도의 규정이 없으면 강도저항계수는 $\phi_c = 0.90$ 을 적용한다.

---

**TIP** | 도로교설계기준(2015) 압축강도 산정 |

도로교설계기준(2015)에서는 압축부재에 대해서 비세장부재(Non-slender member)를 기준으로 폭-두께비를 제한한다. AISC(2005)의 기둥설계식과 같으며, Galambos의 기둥강도곡선식을 적용하였다. 초기변형값을 L/1500을 사용한다.

도로교설계기준(2015)에서 압축부재는 최소 하나의 대칭면을 갖고 횡방향 압축 또는 축방향 압축과 대칭축에 대한 휨을 동시에 받는 균일단면 강부재에 적용한다.

1) 축방향 압축 : $P_r = \phi_c P_n$  여기서 $\phi_c = 0.90$, $P_n$ 은 공칭압축강도

2) 축방향 압축과 휨

기존의 기둥설계공식에 일반적인 제작, 가설 중에 발생할 수 있는 편심 및 제작오차 등의 영향을 고려되어 있으며, 교량 설계 시에는 추가적인 현저한 편심의 영향도 고려하도록 하고 있다.

$$\frac{P_u}{P_r} < 0.2 \text{인 경우} \quad \frac{P_u}{2.0 P_r} + \left(\frac{M_{ux}}{M_{rx}} + \frac{M_{uy}}{M_{ry}}\right) \leq 1.0$$

$$\frac{P_u}{P_r} \geq 0.2 \text{인 경우} \quad \frac{P_u}{P_r} + \frac{8.0}{9.0}\left(\frac{M_{ux}}{M_{rx}} + \frac{M_{uy}}{M_{ry}}\right) \leq 1.0$$

---

1) 비 세장단면의 휨좌굴에 대한 압축강도(KDS 14 31 10 : 2024 강구조 부재설계기준)

조밀단면과 비조밀단면의 압축재에 적용된다. 비틀림에 대한 비지지길이가 횡좌굴에 대한 비지지길이보다 큰 경우 H형강기둥과 그와 유사한 기둥의 설계는 이 방식에 따른다. 공칭 압축강도 $P_n$

$$P_n = F_{cr} A_g$$

| $\dfrac{KL}{r} \leq 4.71\sqrt{\dfrac{E}{F_y}}$, $\dfrac{F_y}{F_e} \leq 2.25$ | $\dfrac{KL}{r} > 4.71\sqrt{\dfrac{E}{F_y}}$, $\dfrac{F_y}{F_e} > 2.25$ |
|---|---|
| $F_{cr} = \left(0.658^{\frac{F_y}{F_e}}\right) F_y$ | $F_{cr} = 0.877 F_e$ |

$F_e = \dfrac{\pi^2 E}{(KL/r)^2}$ : 탄성휨좌굴강도, $A_g$ : 부재의 총단면적

1. 도로교설계기준(2015) 비세장단면의 휨좌굴 압축강도

| $\lambda' \leq 2.25\ (\overline{\lambda_c} \leq 1.5)$ | $\lambda' > 2.25\ (\overline{\lambda_c} > 1.5)$ |
|---|---|
| $P_n = 0.66^{\lambda'} F_y A_s$   또는   $F_{cr} = \left(0.66^{\overline{\lambda_c^2}}\right) F_y$ | $P_n = \dfrac{0.88 F_y A_s}{\lambda'}$   또는   $F_{cr} = \left(\dfrac{0.88}{\overline{\lambda_c^2}}\right) F_y$ |

$$\lambda' = \overline{\lambda_c^2} = \left[\frac{1}{\pi}\sqrt{\frac{F_y}{E}}\left(\frac{kl}{r}\right)\right]^2 = \left(\frac{kl}{r\pi}\right)^2 \frac{F_y}{E} \quad \left(\overline{\lambda_c} = \frac{\lambda}{\lambda_0},\ \lambda_0 \text{는 } F_y = F_{cr} = \frac{\pi^2 E}{\lambda_0^2},\ \therefore \lambda_0 = \pi\sqrt{\frac{E}{F_y}}\ \right)$$

2. 강구조설계기준과 도로교설계기준의 비교

1) 강구조설계기준의 기준식 $\dfrac{kl}{r} \leq 4.71\sqrt{\dfrac{E}{F_y}}$

$\lambda = \left(\dfrac{kl}{r}\right)$ 이므로 양변을 $\lambda_0 = \pi\sqrt{\dfrac{E}{F_y}}$ 으로 나누어 무차원화 하면,

$$\frac{\lambda}{\lambda_0} = \overline{\lambda} \leq 4.71\sqrt{\frac{E}{F_y}} \times \frac{1}{\pi}\sqrt{\frac{F_y}{E}} = \frac{4.71}{\pi}$$

양변을 제곱하여 도로교 설계기준과 동일하게 비교하면,

$\lambda' = \left(\overline{\lambda}\right)^2 \leq \left(\dfrac{4.71}{\pi}\right)^2 \fallingdotseq 2.25$ 따라서 주어진 구분식은 도로교설계기준과 동일하다.

2) 강구조설계기준의 기준식 $F_e \geq 0.44 F_y$

$F_e = \dfrac{\pi^2 E}{\lambda^2}$ 이므로,   $\dfrac{\pi^2 E}{\lambda^2} \geq 0.44 F_y$

$\therefore \lambda \leq \pi\sqrt{\dfrac{E}{0.44 F_y}} \fallingdotseq 4.71\sqrt{\dfrac{E}{F_y}}$ 이므로 ①식과 동일하다.

3) 강구조설계기준의 $\dfrac{F_y}{F_e}$

$F_e = \dfrac{\pi^2 E}{\lambda^2}$ 이므로,   $\dfrac{F_y}{F_e} = \dfrac{F_y \lambda^2}{\pi^2 E} = \left(\dfrac{kl}{r\pi}\right)^2 \dfrac{F_y}{E} = \overline{\lambda_c^2} = \lambda'$ 이므로 도로교와 동일하다.

4) 강구조설계기준의 $F_{cr} = 0.877 F_e$

$F_e = \dfrac{\pi^2 E}{\lambda^2}$ 이므로,

$$F_{cr} = 0.877 F_e = \frac{0.877 F_y}{\left(\dfrac{F_y}{F_e}\right)} = \frac{0.877}{\overline{\lambda_c^2}} F_y = \frac{0.877}{\lambda'} F_y \text{ 이므로 도로교와 동일하다.}$$

5) 강구조설계기준(2014)의 강도와 도로교설계기준(2015)의 강도는 동일한 식이며, 다만 도로교설계기준에서는 표현의 편리성을 위해 계수를 소수점 이하 2자리에서 반올림하여 표현하였다.

2) 세장판 요소를 갖는 압축부재의 압축강도(KDS 14 31 10 : 2024 강구조 부재설계기준) [113회]



세장판 단면 요소의 국부좌굴에 의한 압축강도 감소를 고려하여 감소계수 $Q$를 적용한다. $Q$값은 세장판 요소가 아닌 경우는 1.0, 세장판 요소를 갖는 부재에 $Q = Q_s Q_a$로 정의된다. $Q_a$는 세장한 구속판 요소(양연지지판)의 저감계수이고, $Q_s$는 세장한 비구속판 요소(자유돌출판)의 저감계수이다.

| $\dfrac{KL}{r} \leq 4.71\sqrt{\dfrac{E}{QF_y}}$ , $\dfrac{QF_y}{F_e} \leq 2.25$ | $\dfrac{KL}{r} > 4.71\sqrt{\dfrac{E}{QF_y}}$ , $\dfrac{QF_y}{F_e} > 2.25$ |
|---|---|
| $F_{cr} = \left(0.658^{\frac{QF_y}{F_e}}\right) QF_y$ | $F_{cr} = 0.877 F_e$ |

$F_e = \dfrac{\pi^2 E}{(KL/r)^2}$ : 탄성휨좌굴강도, $A_g$ : 부재의 총단면적

$Q = Q_s Q_a$ : 세장한 구속판 요소와 비구속판 요소로 조합된 단면
$Q = Q_a$ : 세장한 구속판 요소의 저감계수(세장한 비구속판 요소가 없으므로 $Q_s = 1.0$)
$Q = Q_s$ : 세장한 비구속판 요소의 저감계수(세장한 구속판 요소가 없으므로 $Q_a = 1.0$)

① 세장한 구속판 요소(양연지지판)의 저감계수 $Q_a$

$$Q_a = \frac{A_{eff}}{A}$$

여기서, $A$ : 부재의 총단면적, $A_{eff}$ : 감소된 유효폭 $b_e$를 제외한 유효단면적의 합

(1) 균일한 두께를 갖는 정방향이나 장방향 단면의 플래지를 제외한 등단면압축력을 받는 세장한 부재$\left(\dfrac{b}{t} \geq 1.49\sqrt{\dfrac{E}{f}}\right)$ : $b_e = 1.92t\sqrt{\dfrac{E}{f}}\left[1 - \dfrac{0.34}{(b/t)}\sqrt{\dfrac{E}{f}}\right] \leq b$
여기서, $f$는 $Q = 1.0$일때의 $F_{cr}$ 값이다.

(2) 균일한 두께를 갖는 정방향이나 장방향의 세장한 플랜지 단면$\left(\dfrac{b}{t} \geq 1.40\sqrt{\dfrac{E}{f}}\right)$ :

$$b_e = 1.92t\sqrt{\frac{E}{f}}\left[1 - \frac{0.38}{(b/t)}\sqrt{\frac{E}{f}}\right] \leq b$$
여기서, $f$는 $P_n/A_{eff}$

(3) 축력을 받는 원형단면이 $0.11\dfrac{E}{F_y} < \dfrac{D}{t} < 0.45\dfrac{E}{F_y}$ 일 경우 $Q = Q_a = \dfrac{0.038E}{F_y(D/t)} + \dfrac{2}{3}$

여기서, $D$는 부재의 외경, $t$는 부재의 두께

| 구분 | | 판요소에 대한 설명 | 판폭두께비 $\lambda$ | 판폭두께비 상한값 | | 예 |
|---|---|---|---|---|---|---|
| | | | | $\lambda_p$(조밀단면) | $\lambda_r$(비조밀단면) | |
| 구속판요소 / 양연지지판 | (1) | 균일압축을 받는 2축 대칭 H형강의 웨브 | $h/t_w$ | – | $1.49\sqrt{E/F_y}$ | |
| | | 균일압축을 받는 그 외 모든 양쪽이 지지된 판요소 | $b/t$ | – | $1.49\sqrt{E/F_y}$ | |
| | (2) | 균일압축을 받는<br>– 각형강관의 플랜지<br>– 플랜지 커버 플레이트<br>– 연결재 또는 용접선 사이의 다이아프램 플레이트 | $b/t$ | $1.12\sqrt{E/F_y}$ | $1.40\sqrt{k_c E/F_y}$ | |
| | (3) | 압축을 받는 원형강관 | $D/t$ | – | $0.11E/F_y$ | |

② 세장한 비구속판 요소(자유돌출판)의 저감계수 $Q_s$

(1) 압연 기둥재 또는 다른 압축재로부터 돌출된 플랜지, ㄱ형강 및 플레이트

(a) $\dfrac{b}{t} \leq 0.56\sqrt{\dfrac{E}{F_y}}$ 일 때 $\qquad\qquad Q_s = 1.0$

(b) $0.56\sqrt{\dfrac{E}{F_y}} < \dfrac{b}{t} < 1.03\sqrt{\dfrac{E}{F_y}}$ 일 경우 $\quad Q_s = 1.415 - 0.74\left(\dfrac{b}{t}\right)\sqrt{\dfrac{F_y}{E}}$

(c) $\dfrac{b}{t} \geq 1.03\sqrt{\dfrac{E}{F_y}}$ 일 경우 $\qquad\qquad Q_s = \dfrac{0.69E}{F_y\left(\dfrac{b}{t}\right)^2}$

(2) 조립 기둥재 또는 다른 압축재로부터 돌출된 플랜지, ㄱ형강 및 플레이트

(a) $\dfrac{b}{t} \leq 0.64\sqrt{\dfrac{Ek_c}{F_y}}$ 일 때 $\qquad\qquad Q_s = 1.0$

(b) $0.64\sqrt{\dfrac{Ek_c}{F_y}} < \dfrac{b}{t} < 1.17\sqrt{\dfrac{Ek_c}{F_y}}$ 일 경우 $\quad Q_s = 1.415 - 0.65\left(\dfrac{b}{t}\right)\sqrt{\dfrac{F_y}{Ek_c}}$

(c) $\dfrac{b}{t} \geq 1.17 \sqrt{\dfrac{Ek_c}{F_y}}$ 일 경우

$$Q_s = \dfrac{0.90Ek_c}{F_y\left(\dfrac{b}{t}\right)^2}$$

여기서, $k_c = \dfrac{4}{\sqrt{h/t_w}}$, $0.35 < k_c \leq 0.76$

(3) 단일 ㄱ형강

(a) $\dfrac{b}{t} \leq 0.45 \sqrt{\dfrac{E}{F_y}}$ 일 때

$$Q_s = 1.0$$

(b) $0.45 \sqrt{\dfrac{E}{F_y}} < \dfrac{b}{t} < 0.91 \sqrt{\dfrac{E}{F_y}}$ 일 경우

$$Q_s = 1.34 - 0.76\left(\dfrac{b}{t}\right)\sqrt{\dfrac{F_y}{E}}$$

(c) $\dfrac{b}{t} \geq 0.91 \sqrt{\dfrac{E}{F_y}}$ 일 경우

$$Q_s = \dfrac{0.53E}{F_y\left(\dfrac{b}{t}\right)^2}$$

(4) T형강의 스템

(a) $\dfrac{d}{t} \leq 0.75 \sqrt{\dfrac{E}{F_y}}$ 일 때

$$Q_s = 1.0$$

(b) $0.75 \sqrt{\dfrac{E}{F_y}} < \dfrac{d}{t} < 1.03 \sqrt{\dfrac{E}{F_y}}$ 일 경우

$$Q_s = 1.908 - 1.22\left(\dfrac{d}{t}\right)\sqrt{\dfrac{F_y}{E}}$$

(c) $\dfrac{d}{t} \geq 1.03 \sqrt{\dfrac{E}{F_y}}$ 일 경우

$$Q_s = \dfrac{0.69E}{F_y\left(\dfrac{d}{t}\right)^2}$$

| 구분 | | 판요소에 대한 설명 | 판폭두께비 $\lambda$ | 판폭두께비 상한값 | | 예 |
| --- | --- | --- | --- | --- | --- | --- |
| | | | | $\lambda_p$ (조밀단면) | $\lambda_r$ (비조밀단면) | |
| 비구속판요소 / 자유돌출판 | (1) | 균일압축을 받는<br>- 압연 H형강의 플랜지<br>- 압연 H형강으로부터 돌출된 플레이트<br>- 서로 접한 쌍ㄱ형강의 돌출된 다리<br>- ㄷ형강의 플랜지 | $b/t$ | — | $0.56\sqrt{E/F_y}$ | |
| | (2) | 균일압축을 받는<br>- 용접 H형강의 플랜지<br>- 용접 H형강으로부터 돌출된 플레이트와 ㄱ형강 다리 | $b/t$ | — | $0.64\sqrt{k_c E/F_y}$ | |
| | (3) | 균일압축을 받는<br>- ㄱ형강의 다리<br>- 끼움판을 낀 쌍ㄱ형강의 다리<br>- 그 외 모든 한쪽만 지지된 판요소 | $b/t$ | — | $0.45\sqrt{E/F_y}$ | |
| | (4) | 압축을 받는 원형강관 | $d/t$ | — | $0.75\sqrt{E/F_y}$ | |

③ 세장판 요소를 갖는 압축부재의 설계(KDS 14 31 10 : 2024 강구조 부재설계기준)

저감계수 개념을 유효단면적 개념으로 단순화시켜 강도저감을 고려하도록 규정하였다. 세장판 단면의 압축부재의 공칭압축강도 $P_n$은 휨좌굴, 비틀림좌굴 및 휨비틀림좌굴에 근거하여 해당하는 한계상태 중 가장 작은 값으로 다음과 같이 산정한다.

$$P_n = F_{cr}A_e$$

여기서, $A_e$ : 감소된 유효폭 $b_e$, $d_e$, $h_e$에 기초하여 계산된 단면의 유효면적으로 전체단면적 $A_g$로부터 $(b - b_e)t$로 계산된 감소된 단면적을 감하여 산정

$F_{cr}$ : 임계응력

(1) 원형강관을 제외한 세장판 부재 : 세장판 부재의 유효폭 $b_e$ (T형강의 경우 유효폭은 $d_e$, 웨브에 대해서는 $h_e$)는 다음과 같이 계산한다.

(a) $\lambda \le \lambda_r \sqrt{\dfrac{F_y}{F_{cr}}}$ 인 경우 $\qquad\qquad\qquad b_e = b$

(b) $\lambda > \lambda_r \sqrt{\dfrac{F_y}{F_{cr}}}$ 인 경우 $\qquad\qquad b_e = b\left(1 - c_1 \sqrt{\dfrac{F_{el}}{F_{cr}}}\right)\sqrt{\dfrac{F_{el}}{F_{cr}}}$

여기서, $b$ : 부재의 폭(T형강의 경우 폭은 $d$, 웨브에 대해서는 $h$)

$c_1$ : 표로부터 계산된 유효폭 불완전 조정계수

$$c_2 = \frac{1 - \sqrt{1 - 4c_1}}{2c_1}$$

| 사례 | 세장부재 | $c_1$ | $c_2$ |
|---|---|---|---|
| 1 | 정사각형 또는 사각형 강관을 제외한 보강 부재 | 0.18 | 1.31 |
| 2 | 정사각형 또는 사각형 강관 부재 | 0.20 | 1.38 |
| 3 | 다른 모든 부재 | 0.22 | 1.49 |

$\lambda$ : 부재의 폭두께비 ($b/t$, $d/t$, $h/t_w$)

$\lambda_r$ : 부재의 한계 폭두께비

$$F_{el} = \left(c_2 \frac{\lambda_r}{\lambda}\right)^2 F_y \quad \text{또는 탄성국부좌굴해석에 의한 탄성국부좌굴응력}$$

(2) 원형강관 : 다음과 같이 유효단면적 $A_e$를 계산한다.

(a) $\dfrac{D}{t} \le 0.11 \dfrac{E}{F_y}$ 인 경우 $\qquad\qquad A_e = A_g$

(b) $0.11 \dfrac{E}{F_y} < \dfrac{D}{t} < 0.45 \dfrac{E}{F_y}$ 인 경우 $\qquad A_e = \left[\dfrac{0.038E}{F_y(D/t)} + \dfrac{2}{3}\right]A_g$

3) 비틀림, 휨-비틀림좌굴에 대한 압축강도(KDS 14 31 10 : 2024 강구조 부재설계기준)

휨-비틀림좌굴 및 비틀림좌굴에 대한 한계상태의 공칭압축강도 $P_n = F_{cr}A_g$ 을 사용하며, 좌굴
강도 $F_{cr}$ 을 산정할 때 사용되는 $F_e$ 값은 부재의 형태에 따라 다르게 산정한다.

| $\dfrac{KL}{r} \leq 4.71\sqrt{\dfrac{E}{F_y}}$ ,  $\dfrac{F_y}{F_e} \leq 2.25$ | $\dfrac{KL}{r} > 4.71\sqrt{\dfrac{E}{F_y}}$ ,  $\dfrac{F_y}{F_e} > 2.25$ |
|:---:|:---:|
| $F_{cr} = \left(0.658^{\frac{F_y}{F_e}}\right)F_y$ | $F_{cr} = 0.877F_e$ |

① 2축 대칭부재의 경우(+자형 단면)

$$F_e = \left[\frac{\pi^2 E C_w}{(K_z L)^2} + GJ\right]\frac{1}{I_x + I_y}$$

② y축에 대칭인 1축대칭부재의 경우(T자형 단면)

$$F_e = \left(\frac{F_{ey} + F_{ez}}{2H}\right)\left[1 - \sqrt{1 - \frac{4F_{ey}F_{ez}H}{(F_{ey} + F_{ez})^2}}\right]$$

③ 비대칭부재의 경우 다음 방정식의 해 중 가장 작은 값을 $F_e$ 로 한다.

$$(F_e - F_{ex})(F_e - F_{ey})(F_e - F_{ez}) - F_e^2(F_e - F_{ey})\left(\frac{x_0}{\overline{r_0}}\right)^2 - F_e^2(F_e - F_{ex})\left(\frac{y_0}{\overline{r_0}}\right)^2 = 0$$

여기서,
$A_g$ : 총단면적(mm$^2$),  $G$ : 전단탄성계수(81,000MPa)
$x_0, y_0$ : 단면중심에 대한 전단중심의 좌표
$\overline{r_0}$ : 전단중심에 대한 극2차 반경
$C_w$ : 뒤틀림상수(mm$^6$) 2축대칭 H형강의 경우 $C_w = I_y h_0^2/4$, $h_0$ 는 플랜지 중심간 거리

$$\overline{r_0^2} = x_0^2 + y_0^2 + \frac{I_x + I_y}{A_g}, \qquad H = 1 - \frac{x_0^2 + y_0^2}{\overline{r_0^2}}$$

$$F_{ex} = \frac{\pi^2 E}{\left(\dfrac{K_x L}{r_x}\right)^2}, \quad F_{ey} = \frac{\pi^2 E}{\left(\dfrac{K_y L}{r_y}\right)^2}, \quad F_{ez} = \left[\frac{\pi^2 E C_w}{(K_z L)^2} + GJ\right]\frac{1}{A_g \overline{r_0^2}}$$

$F_{ez}$ 산정 시 T형강 또는 쌍 ㄱ형강일 경우 $C_w$ 를 포함한 항을 삭제하고 $x_0$ 는 0으로 한다.

### 압축부재 좌굴 공칭압축강도

도로교설계기준(한계상태설계법)에서 공칭압축강도는 다음 식을 이용해 산정한다.

$$\lambda \leq 2.25\text{인 경우} : P_n = 0.658^{\lambda} F_y A_s$$

$$\lambda > 2.25\text{인 경우} : P_n = \frac{0.877 F_y A_s}{\lambda}$$

$$\text{단, } \lambda = \left(\frac{KL}{r\pi}\right)^2 \frac{F_y}{E}$$

여기서   $A_s$ = 부재의 총 단면적($\text{mm}^2$)

$F_y$ =항복강도(MPa)

E=강재의 탄성계수(MPa)

K=유효좌굴길이계수

L=비지지길이(mm)

r=회전반경(mm)

위 식을 이용하여 압축부재의 탄성좌굴과 비탄성좌굴을 양분하는 한계세장비 $\left(\dfrac{KL}{r}\right)_{cr}$ 는 다음의 식으로 표현할 수 있다.

$$\left(\frac{KL}{r}\right)_{cr} = C\sqrt{\frac{E}{F_y}}$$

위 식을 유도하고 C값을 구하시오.

### 풀 이

#### ▶ 기둥의 좌굴방정식

임의의 B.C에서 기둥의 탄성 좌굴방정식은 다음과 같이 표현할 수 있다.

$$P_{cr} = \frac{\pi^2 EI}{(kL)^2}, \quad r^2 = \frac{I}{A}, \quad \therefore \ F_{cr} = \frac{P_{cr}}{A} = \frac{\pi^2 E}{(kL)^2}\frac{I}{A} = \frac{\pi^2 E}{\left(\dfrac{kL}{r}\right)^2}$$

#### ▶ 한계 세장비의 유도

$$\lambda_c = \left(\frac{KL}{r\pi}\right)_c^2 \frac{F_y}{E} = 2.25 \approx \left(\frac{4.71}{\pi}\right)^2 \qquad \therefore \left(\frac{KL}{r}\right)_c^2 = \left(\frac{4.71}{\pi}\right)^2 \pi^2 \frac{E}{F_y} = 4.71^2 \frac{E}{F_y}$$

$$\therefore \left(\frac{KL}{r}\right)_c = 4.71\sqrt{\frac{E}{F_y}} \qquad \therefore C = 4.71$$

LRFD에서의 탄성과 비탄성 좌굴의 경계값은 여러 실험들을 통해서 $F_{cr} = 0.44F_y$ 일 때를 기준으로 설정되었다. 한계세장비에 대한 검토는 설계기준별로 직관적으로 $F_y$를 기준으로 표현하거나 세장비를 기준으로 표현하기도 한다. 도로교설계기준의 경우 무차원화된 값을 기준으로 $\lambda^2$을 $\lambda_0^2$으로 나누고 이때의 값을 $\lambda'(= \overline{\lambda^2} = (\lambda/\lambda_0)^2)$라고 하고 이를 기준으로 표현하였다.

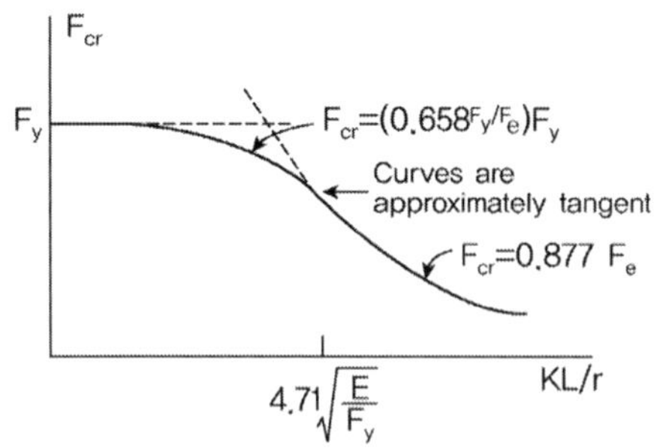


즉, $F_{cr}$ 이 $F_y$와 같을 때를 $\lambda_0$라고 정의하면, $\lambda_0^2 = \left(\dfrac{kL}{r}\right)_0^2 = \dfrac{\pi^2 E}{F_y}$ $\quad \therefore \lambda_0 = \pi \sqrt{\dfrac{E}{F_y}}$

$F_{cr} = 0.44F_y$ $\quad \lambda = \left(\dfrac{KL}{r}\right) = \pi \sqrt{\dfrac{E}{0.44F_y}} \fallingdotseq 4.71 \sqrt{\dfrac{E}{F_y}}$ 이므로

양변을 $\lambda_0 = \pi \sqrt{\dfrac{E}{F_y}}$ 으로 나누어 무차원화 하면, $\quad \overline{\lambda} = \dfrac{\lambda}{\lambda_0} = 4.71 \sqrt{\dfrac{E}{F_y}} \times \dfrac{1}{\pi} \sqrt{\dfrac{F_y}{E}} = \dfrac{4.71}{\pi}$

양변을 제곱하면, $\lambda_c' = (\overline{\lambda})^2 = \left(\dfrac{4.71}{\pi}\right)^2 \fallingdotseq 2.25$

$\therefore$ 도로교설계기준에서는 세장비 2.25를 기준으로 탄성 좌굴과 비탄성 좌굴로 구분한다.

### 압축부재 좌굴 강도 검토, 비세장판 단면

다음 그림과 같이 1단 고정, 타단 핀고정의 절점이동이 없는 중심압축재에 2,000kN의 소요 압축
강도가 필요할 때 중심압축재의 단면을 주어진 조건으로 강구조 부재 설계기준(KDS 14 31 10, 하
중저항계수설계법)에 따라 검토하시오(단, 압축재의 길이는 8m이고 부재 중간에 약축방향으로
횡지지되어 있으며, 강재는 SM 355, H-300×300×10×15이다).

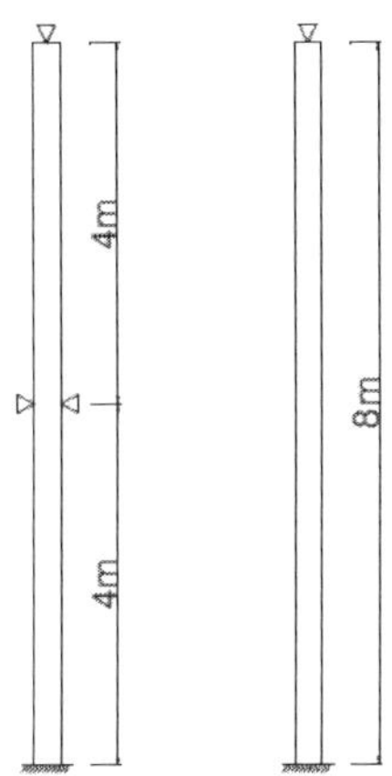

$$A_g = 119.8 \times 10^2 \text{mm}^2 \quad r = 18\text{mm} \quad r_x = 131\text{mm} \quad r_y = 75.1\text{mm}$$
$$I_x = 20,400 \times 10^4 \text{mm}^4 \quad I_y = 6,750 \times 10^4 \text{mm}^4$$

### 풀 이

#### ▶ 국부좌굴에 대한 단면 분류

$$\text{플랜지} \quad \frac{b}{2t_f} = \frac{300}{2 \times 15} = 10 \quad < \quad \lambda_r = 0.56\sqrt{E/F_y} = 0.56\sqrt{205000/355} = 13.46$$

$$\text{웨브} \quad \frac{h}{tw} = (300 - 2 \times 15)/10 = 27 \quad < \quad \lambda_r = 1.49\sqrt{E/F_y} = 35.80$$

$$\therefore \text{비세장판 단면}$$

#### ▶ 설계압축강도 산정

$$\frac{K_x L_x}{r_x} = \frac{0.8 \times 8000}{131} = 48.9 \quad < \quad 4.71\sqrt{\frac{E}{F_y}} = 113.2$$

$$\frac{K_y L_y}{r_y} = \frac{0.65 \times 8000}{75.1} = 69.2 \quad < \quad 4.71 \sqrt{\frac{E}{F_y}} = 113.2 \quad (\text{지배단면})$$

【 유효길이계수 $K$ 】

| 기둥의 좌굴형태를 점선으로 표시 | (a) | (b) | (c) | (d) | (e) | (f) |
|---|---|---|---|---|---|---|
| 이론값 | 0.5 | 0.7 | 1.0 | 1.0 | 2.0 | 2.0 |
| 설계값 | 0.65 | 0.8 | 1.2 | 1.0 | 2.1 | 2.0 |

| 단부조건 | |
|---|---|
| (회전고정 이동고정) | 회전고정 및 이동고정 |
| (회전자유 이동고정) | 회전자유 및 이동고정 |
| (회전고정 이동자유) | 회전고정 및 이동자유 |
| (회전자유 이동자유) | 회전자유 및 이동자유 |

$$F_e = \frac{\pi^2 E}{(K_y L_y / r_y)^2} = 422\text{MPa} \qquad \therefore \ F_{cr} = \left[ 0.658^{\frac{F_y}{F_e}} \right] F_y = 249.6\text{MPa}$$

$$P_n = F_{cr} A_g = 2990.7\text{kN}$$

$$\phi_c = 0.90 \qquad \therefore \ \phi_c P_n = 2692 \text{ kN} > P_u = 2000\text{kN} \qquad \text{O.K}$$

## 압축부재 좌굴 강도 검토, 비세장판 단면

양단 단순지지된 길이 3m인 압연 H형강 H−200×200×8×12(SM355A)가 소요압축강도 $P_u =$ 1240kN가 작용할 때 안전성을 검토하시오. A=63.53×10²mm², I$_x$=4.72×10⁷mm⁴, I$_y$=1.60×10⁷ mm⁴, F$_y$=355MPa, E=210GPa이다.

### 풀 이

#### ▶ 단면검토

$$r_x = \sqrt{\frac{I_x}{A}} = 86.2\,\text{mm}, \quad r_y = \sqrt{\frac{I_y}{A}} = 50.2$$

#### ▶ 판 폭두께비 검토

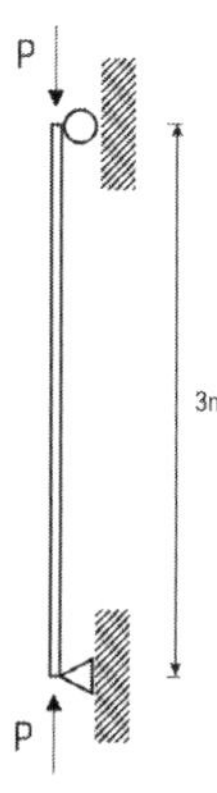


① 압연 H형강의 플랜지 폭두께비
$$b/t_f = (200/2)/12 = 8.3$$
$$\lambda_r = 0.56\sqrt{E/F_y} = 0.56\sqrt{210,000/355} = 13.6 \quad \therefore b/t_f < \lambda_r$$

② 압연 H형강의 웨브 폭두께비
$$h/t_w = (200 - 2 \times (12 + 13))/8 = 18.8$$
$$\lambda_r = 1.49\sqrt{E/F_y} = 1.49\sqrt{210,000/355} = 36.2 \quad \therefore h/t_w < \lambda_r$$

$\therefore$ 플랜지, 웨브 모두 비조밀단면이다.

#### ▶ 휨 좌굴강도 산정

양단 힌지이므로 유효좌굴길이계수 $K = 1.0$

$$\left(\frac{KL}{r}\right)_y = \frac{1.0 \times 3000}{50.2} = 59.76 \quad < \quad 4.71\sqrt{\frac{E}{F_y}} = 4.71\sqrt{\frac{210000}{355}} = 114.6$$

$$F_e = \frac{\pi^2 E}{(KL/r_y)^2} = 580.4\,\text{MPa}, \quad \therefore \frac{F_y}{F_e} = 0.61$$

$$\therefore F_{cr} = \left(0.658^{\frac{F_y}{F_e}}\right)F_y = 275\,\text{MPa}$$

$$\therefore \phi P_n = \phi F_{cr} A_g = 0.9 \times 275 \times 6353 = 1572.4\,\text{kN} \quad > \quad P_u\,(=1240\text{kN}) \quad \text{O.K}$$

### 압축부재 좌굴 강도 검토, 비세장판 단면

양단이 단순 지지되어 있는 압축부재(H-400×400×13×21)의 중심축에 고정하중 900kN, 활하중 700kN이 작용할 때 압축부재의 안전성을 검토하시오(단, LRFD강구조설계기준을 적용하고 압축부재의 길이는 4,500mm이고 강재의 A=21,870mm², $F_y$=234N/mm²).

### 풀 이

#### ▶ 단면 검토

강축, 약축 모두 좌굴 유효길이계수 $k = 1.0$

$$A_g = 2 \times 400 \times 21 + ( 400 - 21 \times 2 ) \times 13 = 21,454\text{mm}^2$$

$$I_x = \frac{400 \times 400^3}{12} - \frac{387 \times 358^3}{12} = 6.53616 \times 10^8 \text{ mm}^4 \ , \ r_x = \sqrt{\frac{I_x}{A}} = 174.545\text{mm}, \ \frac{kL}{r_x} = 25.78$$

$$I_y = \frac{400 \times 400^3}{12} - \frac{358 \times 387^3}{12} = 4.04175 \times 10^8 \text{ mm}^4 \ , \ r_y = \sqrt{\frac{I_y}{A}} = 137.256\text{mm}, \ \frac{kL}{r_y} = 32.78$$

$$F_e = \frac{\pi^2 E}{\left( \dfrac{kL}{r_y} \right)^2} = 1837.01$$

#### ▶ 판폭두께비 검토

Flange : $b/t_f = (400/2)/21 = 9.524$

$$\lambda_r = 0.56 \sqrt{E/F_y} = 0.56 \sqrt{2.0 \times 10^5 / 234} = 16.37 \qquad \therefore b/t_f < \lambda_r$$

Web　　: $h/t_w = 358/13 = 27.54$

$$\lambda_r = 1.49 \sqrt{E/F_y} = 1.49 \sqrt{2.0 \times 10^5 / 234} = 43.56 \qquad \therefore h/t_w < \lambda_r$$

$$\therefore \text{비조밀(비세장) 단면}(\lambda < \lambda_r)$$

#### ▶ 압축강도 검토

1) 세장비 제한

$$\text{주부재} \ \frac{kL}{r_y} = 32.78 \leq 120 \qquad \text{O.K}$$

2) 휨좌굴 압축강도

비세장 단면 $\dfrac{kL}{r_y} = 32.78 \leq 4.71\sqrt{\dfrac{E}{F_y}} = 137.698$

$$F_{cr} = \left(0.658^{\left(\frac{F_y}{F_e}\right)}\right)F_y = \left(0.658^{\left(\frac{234}{1837.01}\right)}\right) \times 234 = 221.85 \text{ MPa}$$

## ▶ 설계압축강도 산정

$$\phi_c P_n = \phi_c F_{cr} A_s = 0.9 \times 221.85 \times 21454 = 4283.63 \text{ kN}$$

## ▶ 안정성 검토

소요압축강도 $P_u = 1.2N_D + 1.6N_L = 2200\text{kN} > 1.4N_D \qquad \therefore P_u < \phi_c P_n$ 안전함

## 압축부재 좌굴 강도 검토, 비세장판 단면

단순지지된 H200×200×8×12이 압축력 $N_D = 500kN$, $N_L = 400kN$ 작용 시 안정성을 검토하시오.

$L = 3.0m$, SM490($f_y = 315MPa$, $E = 2.06 \times 10^5 MPa$)



### ▶ 단면의 성질

$$A_s = 63.53 \times 10^2 mm^2, \quad I_x = 4720 \times 10^4 mm^4,$$
$$r_x = 86.2mm, \quad r_y = 50.2mm, \quad r = 13mm$$

### ▶ 판폭두께비 검토

Flange : $b/t_f = (200/2)/12 = 8.3$

$$\lambda_r = 0.56\sqrt{E/F_y} = 0.56\sqrt{2.06 \times 10^5/325} = 14.1 \qquad \therefore b/t_f < \lambda_r$$

Web　 : $h/t_w = [200 - 2 \times (12 + 13)]/8 = 18.8$

$$\lambda_r = 1.49\sqrt{E/F_y} = 1.49\sqrt{2.06 \times 10^5/325} = 37.5 \qquad \therefore h/t_w < \lambda_r$$

$\therefore$ 비조밀(비세장) 단면($\lambda < \lambda_r$)

### ▶ $f_{cr}$ 의 산정

유효좌굴계수 $k = 1.0$(단순지지), $\quad \overline{\lambda_c} = \dfrac{kL}{r}\sqrt{\dfrac{F_y}{\pi^2 E}} = \dfrac{1.0 \times 3000}{50.2 \times \pi} \times \sqrt{\dfrac{325}{206000}} = 0.76 < 1.5$

$$\therefore F_{cr} = (0.66^{\overline{\lambda_c^2}})F_y = 0.66^{0.76^2} \times 325 = 255MPa$$

### ▶ 설계강도

$$\phi_c = 0.9, \quad P_n = A_g F_{cr} = 63.53 \times 10^2 \times 255 = 1620kN$$
$$\phi_c P_n = 0.9 \times 1620 = 1458kN$$

### ▶ 안정성 검토

소요압축강도 $P_u = 1.2N_D + 1.6N_L = 1240kN > 1.4N_D \quad \therefore P_u < \phi_c P_n$ 안전함

압축부재 좌굴 강도 검토, 비세장판 단면 : 2015 도로교 설계기준

그림과 같이 브레이싱된 구조물에서 고정하중 200N과 활하중 400N을 축방향 압축력으로 받을 수 있는 길이 9m인 주부재로 사용할 SM400강재로 된 최경량 H형강을 선정 안정성을 검토하라. 부재는 상하부 핀지지되고 부재 중간에 약축 방향으로 지지되어 있다(H300×200×8×12 사용).

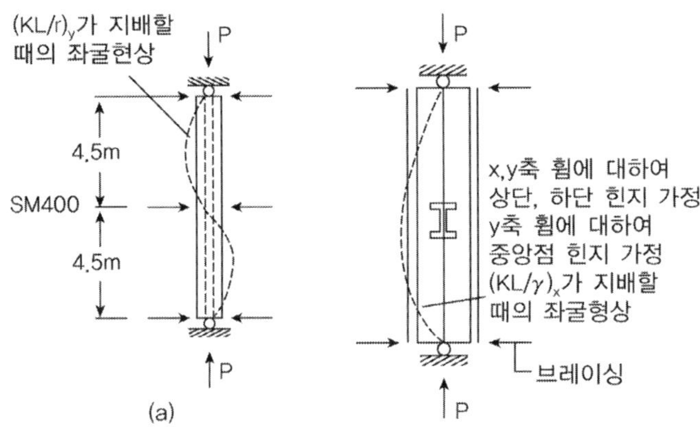


## 풀 이

### ▶ 하중 산정

$$P_u = 1.2D + 1.6L = 880^{kN}$$

### ▶ 단면 검토

강축, 약축 모두 좌굴 유효길이계수 $k = 1.0$

$(kL)_x = 2(kL)_y$ 이므로 $r_x/r_y \geq 2$인 경우에 약축이 지배한다.

여기서 $H - 300 \times 200$의 $r_x/r_y = 2.65$이므로 약축이 지배한다.

$$\therefore \lambda = \frac{kL}{r_y} = \frac{450}{4.71} = 95.5, \quad \lambda_0 = \pi \sqrt{\frac{E}{f_y}}$$

[SM400 $F_y = 235 MPa$(도로교설계기준, 2015)]

$$\overline{\lambda_c} = \frac{\lambda}{\lambda_0} = \frac{95.5}{\pi} \sqrt{\frac{F_y}{E}} = \frac{95.5}{\pi} \sqrt{\frac{235}{2.0 \times 10^5}} = 1.042 < 1.5$$

$$F_{cr} = \left(0.66^{\overline{\lambda_c}^2}\right) F_y = 0.66^{1.042^2} \times 235 = 149.7^{MPa}$$

$$\phi_c P_n = \phi_c F_{cr} A_s = 0.9 \times 149.7 \times 7238 = 975.0^{kN} > P_u = 880^{kN} \qquad \text{O.K}$$

## ➤ 압축부재의 유효길이

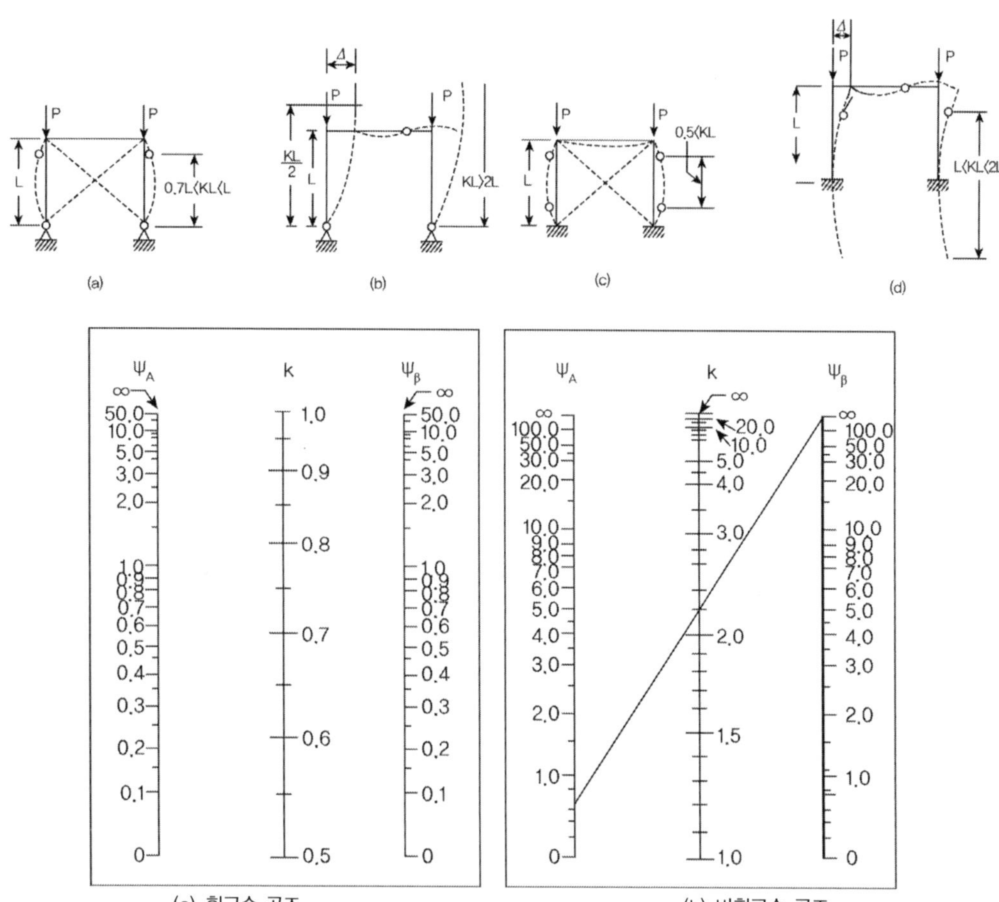


Jackson–Moreland[10.3]의 유효길이계수 $k$를 구하는 직선연결도표 :
(a) 횡구속 골조, (b) 비횡구속 골조, $\Psi$=압축부재 단부의 강성도비$= \Sigma(EI/l_c)_{(기둥)} / \Sigma(EI/l)_{(보)}$

$$\Psi_A = \frac{\left[\Sigma \dfrac{EI}{l}\right]_{column}}{\left[\Sigma \dfrac{EI}{l}\right]_{beam}} \text{(상단)}, \quad \Psi_B = \frac{\left[\Sigma \dfrac{EI}{l}\right]_{column}}{\left[\Sigma \dfrac{EI}{l}\right]_{beam}} \text{(하단)} \ \text{Find } k \text{ by } \Psi_A, \ \Psi_B \ \& \ \text{직선연결}$$

(대부분의 힌지연결은 $\Psi = 10$, 고정지점은 $\Psi = 1.0$)

## 압축부재 좌굴 강도 검토, 세장판 단면

다음 그림과 같이 단순지지인 압축재 용접 H형강 H−450×450×10×15에 고정하중 1000kN, 활하중 1200kN이 작용할 때 휨좌굴 한계상태에 대한 안전성을 검토하시오. 단 비틀림 좌굴한계상태는 고려하지 않고 하중조합은 1.2D+1.6L을 사용한다. 압축재의 길이는 5m이고 사용강종은 SM355A이며 E=210GPa이다.

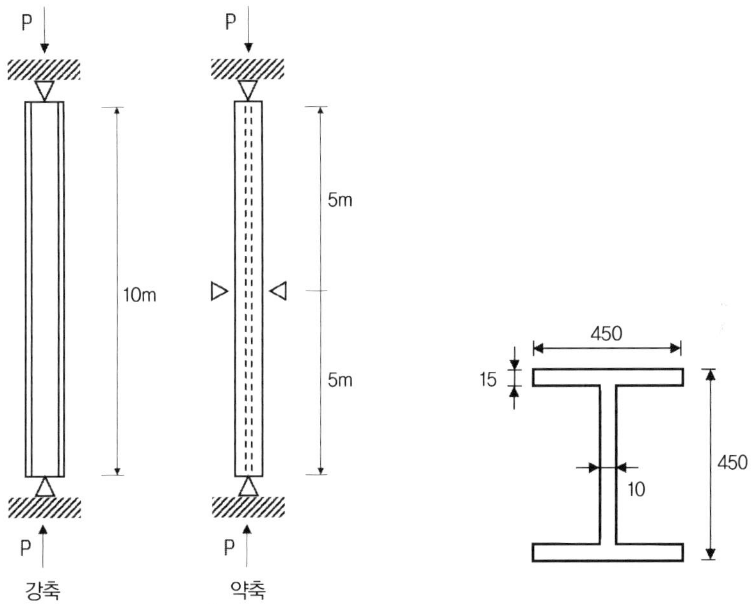




### ▶ 단면 성질

1) 단면적 : $A_g = 2b_f t_f + h t_w = 2 \times 450 \times 15 + (450 - 2 \times 15) \times 10 = 17{,}700\,\mathrm{mm}^2$

2) 단면2차 모멘트

$$
\begin{aligned}
\text{x축(강축)} : I_x &= 2(I_f + A_f d^2) + I_w = 2 \times \left( \frac{b_t t_f^3}{12} + b_f t_f \left( \frac{H}{2} - \frac{t_f}{2} \right)^2 \right) + \frac{t_w (H - 2t_f)^3}{12} \\
&= 2 \times \left( \frac{450 \times 15^3}{12} + 450 \times 15 \left( \frac{450}{2} - \frac{15}{2} \right)^2 \right) + \frac{10(450 - 2 \times 15)^3}{12} \\
&= 7.01 \times 10^8 \,\mathrm{mm}^4
\end{aligned}
$$

$$y축(약축) : I_y = 2I_f + I_w = 2 \times \frac{t_f b_f^3}{12} + \frac{(H - 2t_f)t_w^3}{12}$$

$$= 2 \times \frac{15 \times 450^3}{12} + \frac{(450 - 2 - \times 15) \times 10^3}{12} = 2.28 \times 10^8 \, mm^4$$

3) $r_x = \sqrt{\dfrac{I_x}{A}} = 199.01 \, mm, \quad r_y = \sqrt{\dfrac{I_y}{A}} = 113.50 \, mm$

### ➤ 판폭두께비 검토

16mm 초과 SM355A의 $F_y = 345 \, MPa$

1) 플랜지

$$\frac{b}{t_f} = \frac{(450/2)}{15} = 15$$

$$k_c = \frac{4}{\sqrt{h/t_w}} = \frac{4}{\sqrt{(450 - 2 \times 15)/10}} = 0.62, \;\; 0.35 \le k_c \le 0.76 \quad\quad O.K$$

$$k_c = 0.62, \quad \therefore \lambda_r = 0.64\sqrt{k_c E/F_y} = 0.64 \times \sqrt{0.62 \times 210,000/355} = 12.26$$

$$\therefore \frac{b}{t_f} > \lambda_r \left( = 0.64\sqrt{k_c E/F_y} \right)$$

$\therefore$ 비구속판(자유돌출판) 세장판 단면이므로 $Q_s$를 고려해 강도를 저감한다.

2) 웨브

$$\frac{h}{t_w} = \frac{(450 - 2 \times 152)}{10} = 42$$

$$\lambda_r = 1.49\sqrt{E/F_y} = 1.49\sqrt{210,000/355} = 36.24$$

$$\therefore \frac{h}{t_w} > \lambda_r \left( = 1.49\sqrt{E/F_y} \right)$$

$\therefore$ 구속판(양연지지판) 세장판 단면이므로 $Q_a$를 고려해 강도를 저감한다.

### ➤ 휨 좌굴 한계상태에 대한 $F_{cr}$ 산정

양단 힌지이므로 유효좌굴길이계수 $K = 1.0$
유효좌굴길이는 x축과 y축이 모두 동일하므로 세장비가 큰 y축을 기준으로 한다.

$$\left( \frac{KL}{r} \right)_y = \frac{1.0 \times 5000}{113.5} = 44.05 \;\; < \;\; 4.71\sqrt{\frac{E}{F_y}} = 4.71\sqrt{\frac{210000}{355}} = 114.6$$

$$F_e = \frac{\pi^2 E}{(KL/r_y)^2} = \frac{\pi^2 \times 210,000}{44.05^2} = 1068.14\,\text{MPa}, \qquad \therefore\; \frac{F_y}{F_e} = 0.33$$

$$\therefore\; F_{cr} = \left(0.658^{\frac{F_y}{F_e}}\right) F_y = 309.2\,\text{MPa}$$

### ➤ 세장판 단면의 국부좌굴 한계상태

1) 플랜지 $Q_s$

$$\frac{b}{t_f} = \frac{(450/2)}{15} = 15$$

$$k_c = \frac{4}{\sqrt{h/t_w}} = \frac{4}{\sqrt{(450 - 2 \times 15)/10}} = 0.62$$

$$\therefore\; 0.64\sqrt{Ek_c/F_y}\,(=12.26) < b/t_f < 0.64\sqrt{Ek_c/F_y}\,(=22.40)$$

$$\therefore\; Q_s = 1.415 - 0.65\left(\frac{b}{t_f}\right)\sqrt{\frac{F_y}{Ek_c}} = 1.415 - 0.65 \times 15\sqrt{\frac{355}{210000 \times 0.62}} = 0.91$$

2) 웨브 $Q_a$

$f$는 $Q = 1.0$ 일때의 $F_{cr}$ 값이므로, $f = F_{cr} = 309\,\text{MPa}$

$$\frac{h}{t_w}(=42) \geq 1.49\sqrt{\frac{E}{f}}\,(=38.84)$$

$$\therefore\; b_e = 1.92t\sqrt{\frac{E}{f}}\left[1 - \frac{0.34}{(h/t_w)}\sqrt{\frac{E}{f}}\right] = 1.92 \times 10\sqrt{\frac{210000}{309}}\left[1 - \frac{0.34}{42}\sqrt{\frac{210000}{309}}\right]$$

$$= 394.9 \; < \; h\,(=420)$$

$$\therefore\; Q_a = \frac{A_{eff}}{A} = \frac{A_w - \sum(h - b_e)t_w}{A_w} = \frac{420 \times 10 - (420 - 394.9) \times 10}{420 \times 10} = 0.94$$

3) 국부좌굴응력

$$Q = Q_s Q_a = 0.91 \times 0.94 = 0.86$$

$$\frac{KL}{r} = 44.05 < 4.71\sqrt{\frac{E}{QF_y}} = 4.71\sqrt{\frac{210000}{0.86 \times 355}} = 123.53$$

$$\therefore\; F_{cr} = \left(0.658^{\frac{QF_y}{F_e}}\right)QF_y = 270.88\,\text{MPa}$$

$$\phi_c P_n = \phi_c A_g F_{cr} = 0.9 \times 17700 \times 270.88 \times 10^{-3} = 4795\,\text{kN}$$

$$P_u = 1.2P_D + 1.6P_L = 1.2 \times 1000 + 1.6 \times 1200 = 3120\,\text{kN} \qquad \therefore\; \phi_c P_n > P_u \qquad \text{O.K}$$

### 압축부재 좌굴 강도 검토, 비세장판 단면 : 휨비틀림 강도

압연 T형강 T–175×350×12×19 (SM355A)의 설계압축강도를 계산하시오. x축에 대한 유효좌굴길
이는 2.5m이고 y축과 z축에 대한 유효좌굴길이이는 5m이다.

여기서, $F_y = 345\,\text{MPa}$, $A_g = 8{,}690\,\text{mm}^2$, $r_x = 41.8\,\text{mm}$, $r_y = 88.4\,\text{mm}$, $y_0 = 19.1\,\text{mm}$,

$$I_x = 1.52 \times 10^7 \,\text{mm}^4,$$

$$I_y = 6.79 \times 10^7 \,\text{mm}^4, \quad J = 8.96 \times 10^5 \,\text{mm}^4$$

### 풀 이

#### ▶ 판폭두께비 검토

16mm 초과 SM355A의 $F_y = 345\,\text{MPa}$

1) 플랜지

$$\frac{b}{t_f} = \frac{(350/2)}{19} = 9.21$$

$$\lambda_r = 0.56 \sqrt{k_c E / F_y} = 0.56 \times \sqrt{210{,}000/345} = 13.8 \qquad \therefore \frac{b}{t_f} < \lambda_r$$

$$\therefore 비세장단면(비조밀단면)$$

2) 웨브

$$\frac{h}{t_w} = \frac{175}{12} = 14.58$$

$$\lambda_r = 0.75 \sqrt{E/F_y} = 1.49 \sqrt{210{,}000/345} = 18.5 \qquad \therefore \frac{h}{t_w} < \lambda_r$$

$$\therefore 비세장단면(비조밀단면)$$

#### ▶ x축 휨 좌굴 강도 산정

$$\frac{KL}{r_x} = \frac{2500}{41.8} = 59.81 \ < \ 4.71 \sqrt{\frac{E}{F_y}} = 4.71 \times \sqrt{\frac{210000}{345}} = 116.2$$

$$F_{ex} = \frac{\pi^2 E}{(KL/r_x)^2} = \frac{\pi^2 \times 210000}{59.81^2} = 579.4\,\text{MPa}$$

$$F_{crx} = \left(0.658^{\frac{F_y}{F_{ex}}}\right) F_y = 268.9\,\text{MPa} \qquad \therefore \phi_c P_n = 0.9 \times 268.9 \times 8690 \times 10^{-3} = 2103.1\,\text{kN}$$

➤ y축과 z축의 휨 좌굴 응력도 산정

1) y축

$$\frac{KL}{r_y} = \frac{2500}{88.4} = 56.56 \; < \; 4.71\sqrt{\frac{E}{F_y}} = 4.71 \times \sqrt{\frac{210000}{345}} = 116.2$$

$$F_{ey} = \frac{\pi^2 E}{(KL/r_y)^2} = \frac{\pi^2 \times 210000}{56.56^2} = 647.9\,\mathrm{MPa}$$

$$F_{cry} = \left(0.658^{\frac{F_y}{F_{ey}}}\right)F_y = 276\,\mathrm{MPa}$$

2) z축

$$G = 81,000\,\mathrm{MPa}$$

$$\overline{r_0^2} = x_0^2 + y_0^2 + \frac{I_x + I_y}{A_g} = 19.1^2 + \frac{(1.52 + 6.79)\times 10^7}{8690} = 9928\,\mathrm{mm^2}$$

$$F_{crz} = \frac{GJ}{A_g \overline{r_0^2}} = \frac{81000 \times 8.96 \times 10^5}{8690 \times 9928} = 841.2\,\mathrm{MPa}$$

➤ y축과 z축에 대한 휨-비틀림 좌굴강도 산정

$$H = 1 - \frac{x_0^2 + y_0^2}{\overline{r_0^2}} = 1 - \frac{19.1^2}{9928} = 0.9633$$

$$F_e = \left(\frac{F_{ey} + F_{ez}}{2H}\right)\left[1 - \sqrt{1 - \frac{4F_{ey}F_{ez}H}{(F_{ey} + F_{ez})^2}}\right]$$

$$= \frac{276 + 841.2}{2 \times 0.9633} \times \left[1 - \sqrt{1 - \frac{4 \times 276 \times 841.2 \times 0.9633}{(276 + 841.2)^2}}\right] = 271.3\,\mathrm{MPa}$$

$$\therefore \; \phi_c P_n = 0.9 \times 271.3 \times 8690 \times 10^{-3} = 2357.6\,\mathrm{kN}$$

∴ x축에 대한 휨좌굴 설계강도 $\phi_c P_n = 2103.1\,\mathrm{kN}$ 과 y축 z축에 대한 휨-비틀림좌굴강도 $\phi_c P_n = 2357.6\,\mathrm{kN}$ 중 작은 값인 x축에 대한 휨좌굴 설계강도 $\phi_c P_n = 2103.1\,\mathrm{kN}$이 지배 설계강도이다.

## 압축부재 좌굴 강도 검토, 비세장판 단면

그림과 같은 용접 H형강 압축재의 설계압축강도를 건축구조기준에 따라 산정하시오.

단, 부재의 양단은 양방향으로 핀 접합되어 있으며 다음과 같은 강재를 사용하며 국부좌굴에 대한 검토는 생략하고 계산 값의 유효수사는 3자리로 한다.

재료강도 : $F_y = 325MPa$,  탄성계수 : $E = 205{,}000MPa$,  전단탄성계수 : $G = 79{,}000MPa$

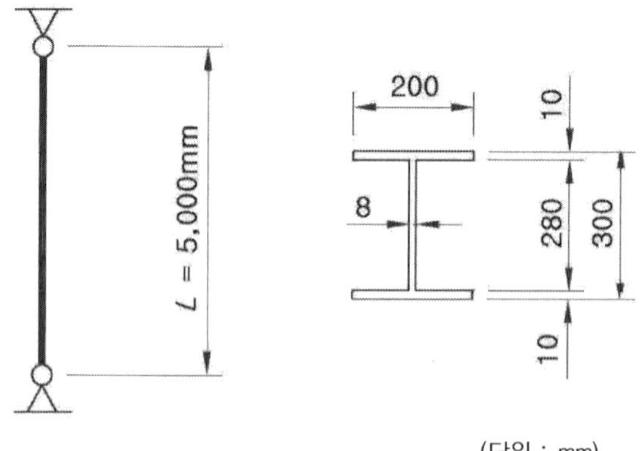



설계압축강도 $\phi_c P_n$의 산정은 건축구조기준의 다음 식을 사용한다.

$$P_n = F_{cr} A_g, \quad \phi_c = 0.90$$

$$F_e = \frac{\pi^2 E}{\left(\dfrac{KL}{r}\right)^2}, \quad F_e = \left[\frac{\pi^2 E C_w}{(K_z L)^2} + GJ\right]\frac{1}{I_x + I_y}, \quad C_w = \frac{I_y h_0^2}{4}, \quad J = \sum \frac{bt^3}{3}$$

## 풀 이

### ▶ 개요

압축부재의 설계압축강도 $\phi_c P_n$은 공칭압축강도 $P_n (= P_r)$은 휨좌굴, 비틀림좌굴, 휨-비틀림좌굴의 한계상태 중에서 가장 작은 값으로 한다. 이때 2축 대칭부재와 1축 대칭부재는 휨좌굴에 대한 한계상태를 적용하며, 1축대칭부재와 비대칭부재 그리고 십자형이나 조립기둥과 같은 2축대칭부재는 비틀림좌굴 또는 휨-비틀림좌굴에 대한 한계상태를 적용한다. 별도의 규정이 없으면 강도저항계수는 $\phi_c = 0.90$을 적용한다.

### ▶ 단면 검토

강축, 약축 모두 좌굴 유효길이계수 $k = 1.0$

$$A_g = 2 \times 200 \times 10 + 280 \times 8 = 6240\,\mathrm{mm}^2$$

$$I_x = \frac{200 \times 300^3}{12} - \frac{192 \times 280^3}{12} = 98768000\ \mathrm{mm}^4, \quad r_x = \sqrt{\frac{I_x}{A}} = 125.8\,\mathrm{mm}, \quad \frac{kL}{r_x} = 39.7$$

$$I_y = \frac{300 \times 200^3}{12} - \frac{280 \times 192^3}{12} = 34849280\,\mathrm{mm}^4, \quad r_y = \sqrt{\frac{I_y}{A}} = 74.7\,\mathrm{mm}, \quad \frac{kL}{r_y} = 66.9$$

$h_0 = 290\,\mathrm{mm}$ (플랜지 중심간 거리)

$$C_w = \frac{I_y h_0^2}{4} = 7.327 \times 10^7, \quad J = \sum \frac{bt^3}{3} = 58672000\,\mathrm{mm}^4$$

$$F_e = \frac{\pi^2 E}{\left(\dfrac{KL}{r}\right)^2} = 451.98, \quad F_e = \left[\frac{\pi^2 E C_w}{(K_z L)^2} + GJ\right]\frac{1}{I_x + I_y} = 35{,}133$$

## ▶ 판 폭두께비 검토

$\text{Flange} : b/t_f = (200/2)/10 = 10$

$$\lambda_r = 0.56\sqrt{E/F_y} = 0.56\sqrt{2.05 \times 10^5/325} = 14.1 \qquad \therefore b/t_f < \lambda_r$$

$\text{Web}\ \ : h/t_w = 280/8 = 35$

$$\lambda_r = 1.49\sqrt{E/F_y} = 1.49\sqrt{2.05 \times 10^5/325} = 37.4 \qquad \therefore h/t_w < \lambda_r$$

$\therefore$ 비조밀(비세장) 단면$(\lambda < \lambda_r)$

## ▶ 압축강도 검토

1) 세장비 제한

$$주부재\ \frac{kL}{r_y} = 66.9 \leq 120\,\mathrm{O.K}$$

2) 휨좌굴 압축강도

$$비세장\ 단면\ \ \frac{kL}{r} = 66.9 \leq 4.71\sqrt{\frac{E}{F_y}} = 118.3$$

$$F_{cr} = \left(0.658^{\left(\frac{F_y}{F_e}\right)}\right)F_y = 240.5\,MPa$$

## ▶ 설계압축강도 산정

$$\phi_c P_n = \phi_c F_{cr} A_s = 0.9 \times 240.5 \times 6240 = 1351^{kN}$$

## 지압 보강재 압축강도

강합성 박스거더의 지점부가 다음과 같이 보강재로 보강되어 있을 때, 도로교 설계기준(한계상태설계법, 2016)에 의한 지압보강재의 축방향 압축강도를 구하시오. 단, 보강재는 복부판에 용접으로 접합되었으며 거더의 플랜지와 복부판, 그리고 보강재는 동일 강종이다.

(강종 : HSB500, $F_y$=380MPa, E=205,000MPa, 보강재 두께 $t_p$=36mm, 보강재 돌출폭 $b_t$=200mm, 보강재 설치간격 $d_e$=350mm, 보강재 높이 H=2,400mm, 다이아프램 두께 $t_w$=24mm, 유효좌굴길이 계수 K=0.75, 저항계수 $\phi_c$=0.9)

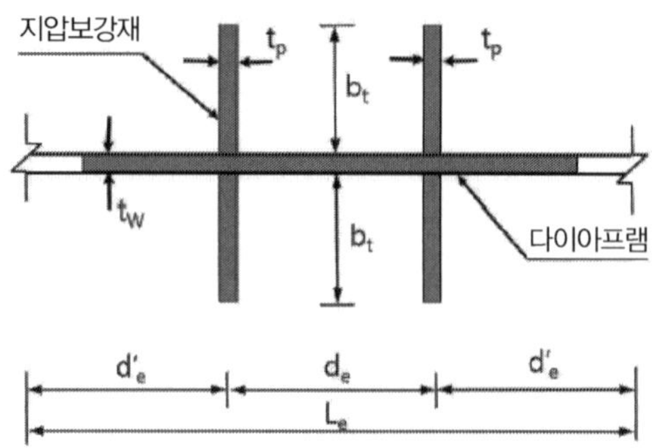




### ▶ 개요

도로교설계기준 6.10.8의 기준에 따라 복부판에 용접으로 접합된 한 쌍 이상의 지압보강재가 사용된 경우는 모든 지압보강재와 지압보강재 중 가장 외측 돌출 요소로부터 $9t_w$이내의 복부판을 유효기둥단면으로 본다.

### ▶ 돌출폭 검토

$$b_t(=200) \leq 0.48t_p \sqrt{\frac{E}{F_{ys}}}\left(= 0.48 \times 36 \times \sqrt{\frac{205000}{380}} = 401.35\right) \qquad \text{O.K}$$

### ▶ 지압강도

$A_{pn}$ = 4×200×36 =28,800mm$^2$ (모따기는 없는 것으로 가정한다.)

$\therefore B_r = 1.4\phi_b A_{pn} F_{ys} = 1.4 \times 1.0 \times 28800 \times 380 = 15,321.6$ kN

**➤ 축방향 압축강도**

1) 유효단면

외측 돌출 요소들로부터 $9t_w$ 이내의 복부판을 유효기둥단면으로 본다.

$$A_{eff} = 4(b_t \times t_p) + (2 \times 9t_w + d_e) \times t_w$$
$$= 4(200 \times 36) + (2 \times 9 \times 24 + 350) \times 24 = 47{,}568 \text{mm}^2$$

$$I = \frac{2t_p(2b_t + t_w)^3}{12} + \frac{(2 \times 9t_w + d_e) \times t_w^3}{12} = \frac{2 \times 36(2 \times 200 + 24)^3}{12} + \frac{(2 \times 9 \times 24 + 350) \times 24^3}{12}$$
$$= 458{,}251{,}008 \text{mm}^4$$

$$r = \sqrt{\frac{I}{A}} = 98.15 \text{mm}$$

2) 세장비

① 교량 강구조 압축부재의 세장비 제한 $\quad \dfrac{KL}{r} = \dfrac{0.75 \times 2400}{98.15} = 18.34 \leq 120 \qquad$ O.K

② $\dfrac{KL}{r}$ (=18.34) $\leq$ $4.71\sqrt{\dfrac{E}{F_y}}$ (=109.4) $\qquad\qquad \therefore F_{cr} = \left[0.658^{\frac{F_y}{F_e}}\right] F_y$

3) 강도산정

$$F_e = \frac{\pi^2 E}{(KL/r)^2} = 6{,}015.27 \text{ MPa} \qquad \therefore F_{cr} = \left[0.658^{\frac{F_y}{F_e}}\right] F_y = 370.1 \text{ MPa}$$

$$\therefore P_r = \phi_c P_n = \phi_c F_{cr} A_g = 0.9 \times 370.1 \times 47{,}568 = 15{,}843.7 \text{ kN}$$

## 비대칭단면의 휨좌굴과 휨비틀림좌굴

압축력을 받는 일축 비대칭 단면을 갖는 기둥에서 휨좌굴과 휨-비틀림 좌굴에 대하여 설명하시오.

### 풀 이

### ▶ 개요

압축부재의 설계압축강도 $\phi_c P_n$은 공칭압축강도 $P_n(=P_r)$은 휨좌굴, 비틀림좌굴, 휨-비틀림좌굴의 한계상태 중에서 가장 작은 값으로 한다. 이때 2축 대칭부재와 1축 대칭부재는 휨좌굴에 대한 한계상태를 적용하며, 1축 대칭부재와 비대칭부재 그리고 십자형이나 조립기둥과 같은 2축 대칭부재는 비틀림좌굴 또는 휨-비틀림좌굴에 대한 한계상태를 적용한다. 별도의 규정이 없으면 강도저항계수는 $\phi_c = 0.90$을 적용한다.

### ▶ 압축력을 받는 일축 비대칭 단면의 한계상태

강구조설계기준에서는 압축부재의 형태에 따라 세장판의 유무에 따라 한계상태를 구분하며, T형강과 같은 일축 비대칭 단면의 경우 휨좌굴과 휨비틀림좌굴을 한계상태로 보고 검토해야 한다.

| 단면 | 세장판이 없는 경우 한계상태 (비세장판 단면) | 세장판이 있는 경우 한계상태 (세장판 단면) |
|---|---|---|
| ⊥ (I형) | 휨좌굴<br>비틀림좌굴 | 국부좌굴<br>휨좌굴<br>비틀림좌굴 |
| ⊏ ⊥ ⊐ | 휨좌굴<br>휨비틀림좌굴 | 국부좌굴<br>휨좌굴<br>휨비틀림좌굴 |
| ⊤ | 휨좌굴<br>휨비틀림좌굴 | 국부좌굴<br>휨좌굴<br>휨비틀림좌굴 |

### ▶ 압축력을 받는 일축 비대칭 단면의 휨좌굴

휨 좌굴의 강도는 세장비에 따라 좌굴거동이 달라지게 되며, 세장한 단면의 경우에는 세장비가 임계세장비보다 커서 부재의 항복점에 도달하기 이전에 국부좌굴이 발생하는 부재를 말한다. 세장단면의 경우 국부좌굴로 인한 강도의 저감이 발생할 수 있으며 Q계수를 통해 강도 감소를 고려한다.

| 비세장 단면 | $\dfrac{kl}{r} \leq 4.71\sqrt{\dfrac{E}{F_y}}$ , $\dfrac{F_y}{F_e} \leq 2.25$ | $\dfrac{kl}{r} > 4.71\sqrt{\dfrac{E}{F_y}}$ , $\dfrac{F_y}{F_e} > 2.25$ |
|---|---|---|
| | $F_{cr} = \left(0.658^{\left(\frac{F_y}{F_e}\right)}\right)F_y$ | $F_{cr} = 0.877F_e$ |
| 세장 단면 | $\dfrac{kl}{r} \leq 4.71\sqrt{\dfrac{E}{QF_y}}$ , $\dfrac{QF_y}{F_e} \leq 2.25$ | $\dfrac{kl}{r} > 4.71\sqrt{\dfrac{E}{QF_y}}$ , $\dfrac{QF_y}{F_e} > 2.25$ |
| | $F_{cr} = Q\left[0.658^{\left(\frac{QF_y}{F_e}\right)}\right]F_y$ | $F_{cr} = 0.877F_e$ |

### ▶ 압축력을 받는 일축 비대칭 단면의 휨비틀림좌굴

휨–비틀림좌굴 및 비틀림좌굴에 대한 한계상태의 공칭압축강도 $P_n = F_{cr}A_g$ 을 사용하며, 좌굴강도 $F_{cr}$ 은 부재에 따라 구분한다.

① 전단중심을 중심으로 비틀리는 $y$축에 대칭인 1축대칭 부재의 경우 휨비틀림 탄성 좌굴응력 $(F_e)$ 은 다음과 같이 산정한다.

$$F_e = \left(\frac{F_{ey} + F_{ez}}{2H}\right)\left[1 - \sqrt{1 - \frac{4F_{ey}F_{ez}H}{(F_{ey} + F_{ez})^2}}\right]$$

ㄷ형강과 같이 $x$축에 대칭인 1축대칭 부재의 경우 $F_{ey}$ 대신 $F_{ex}$ 를 적용한다.

② 전단중심을 중심으로 비틀리는 2축 대칭부재의 경우에는 다음 식을 적용한다.

$$F_e = \left[\frac{\pi^2 EC_w}{L_{cz}^2} + GJ\right]\frac{1}{I_x + I_y}$$

③ 전단중심을 중심으로 비틀리는 비대칭 부재의 경우 다음 3차 방정식의 해 중 가장 작은 해를 $F_e$ 를 사용한다.

$$(F_e - F_{ex})(F_e - F_{ey})(F_e - F_{ez}) - F_e^2(F_e - F_{ey})\left(\frac{x_0}{r_0}\right)^2 - F_e^2(F_e - F_{ex})\left(\frac{y_o}{r_0}\right)^2 = 0$$

여기서, $F_{ex} = \dfrac{\pi^2 E}{\left(\dfrac{K_x L}{r_x}\right)^2}$ , $F_{ey} = \dfrac{\pi^2 E}{\left(\dfrac{K_y L}{r_y}\right)^2}$ , $F_{ez} = \left[\dfrac{\pi^2 EC_w}{(K_z L)^2} + GJ\right]\dfrac{1}{A_g r_0^2}$

$H = 1 - \dfrac{x_0^2 + y_0^2}{r_0^2}$ , $\qquad K_x$ : $x$축에 대해서 휨좌굴에 대한 유효길이계수

$K_y$ : $y$축에 대해서 휨좌굴에 대한 유효길이계수

$K_z$ : $z$축에 대해서 비틀림좌굴에 대한 유효길이계수

$\overline{r_0}$ : 전단중심에 대한 극2차반경(mm)

$x_0, y_0$ : 단면의 도심에서 전단중심까지의 거리(mm)

$$\overline{r_0}^2 = x_0^2 + y_0^2 + \frac{I_x + I_y}{A_g}$$

### 세장단면의 압축강도 감소계수

강압축재의 설계에서 Q계수에 대하여 설명하시오.

**풀 이**

> **개요**

압축부재의 설계압축강도 $\phi_c P_n$은 공칭압축강도 $P_n (= P_r)$은 휨좌굴, 비틀림좌굴, 휨-비틀림좌굴의 한계상태 중에서 가장 작은 값으로 한다. 이 때 휨 좌굴의 강도는 세장비에 따라 좌굴거동이 달라지게 되며, 세장한 단면의 경우에는 세장비가 임계세장비보다 커서 부재의 항복점에 도달하기 이전에 국부좌굴이 발생하는 부재를 말한다. 세장단면의 경우 국부좌굴로 인한 강도의 저감이 발생할 수 있으며 이러한 국부좌굴로 인해 압축강도가 감소하는 것을 고려한 계수가 Q계수이다.

| 비세장 단면 | $\dfrac{kl}{r} \le 4.71 \sqrt{\dfrac{E}{F_y}}$ , $\dfrac{F_y}{F_e} \le 2.25$ | $\dfrac{kl}{r} > 4.71 \sqrt{\dfrac{E}{F_y}}$ , $\dfrac{F_y}{F_e} > 2.25$ |
|---|---|---|
| | $F_{cr} = \left(0.658^{\left(\frac{F_y}{F_e}\right)}\right) F_y$ | $F_{cr} = 0.877 F_e$ |
| 세장 단면 | $\dfrac{kl}{r} \le 4.71 \sqrt{\dfrac{E}{QF_y}}$ , $\dfrac{QF_y}{F_e} \le 2.25$ | $\dfrac{kl}{r} > 4.71 \sqrt{\dfrac{E}{QF_y}}$ , $\dfrac{QF_y}{F_e} > 2.25$ |
| | $F_{cr} = Q \left[0.658^{\left(\frac{QF_y}{F_e}\right)}\right] F_y$ | $F_{cr} = 0.877 F_e$ |

> **Q계수**

세장판 요소의 국부좌굴에 의한 압축강도 감소를 고려하는 감소계수로 세장판 요소가 아닌 경우에는 1.0으로 세장판 요소의 경우에는 $Q = Q_s Q_a$로 정의한다. 이때 $Q_a$는 세장한 구속판 요소의 저감계수, $Q_s$는 세장한 비구속판요소의 저감계수를 나타낸다.

① 세장한 비구속판 요소만으로 조합된 단면 : $Q = Q_s$ ($Q_a$ =1.0)
② 세장한 구속판 요소로 조합된 단면 : $Q = Q_a$ ($Q_s$ =1.0)
③ 세장한 구속판 요소와 비구속판 요소로 조합된 단면 : $Q = Q_s Q_a$

1) 세장한 구속판 요소의 저감계수 $Q_a$

$$Q_a = \frac{A_{eff}}{A}$$

여기서  $A$ : 부재의 총단면적

$A_{eff}$ : 감소된 유효폭 $b_e$ 를 제외하고 산정된 유효단면적의 합

이때, 세장판 요소로 감소된 유효폭 $b_e$ 는 다음과 같다.

(1) 균일한 두께를 갖는 정방향이나 장방향 단면의 플랜지를 제외한 등단면압축력을 받는 세장한

부재 $\left( \dfrac{b}{t} \geq 1.49 \sqrt{\dfrac{E}{f}} \right) : b_e = 1.92t \sqrt{\dfrac{E}{f}} \left[ 1 - \dfrac{0.34}{(b/t)} \sqrt{\dfrac{E}{f}} \right] \leq b$

여기서, $f$ 는 $Q = 1.0$ 일 때의 $F_{cr}$ 값

(2) 균일한 두께를 갖는 정방향이나 장방향의 세장한 플랜지 단면 $\left( \dfrac{b}{t} \geq 1.49 \sqrt{\dfrac{E}{f}} \right)$ :

$b_e = 1.92t \sqrt{\dfrac{E}{f}} \left[ 1 - \dfrac{0.38}{(b/t)} \sqrt{\dfrac{E}{f}} \right] \leq b$

여기서, $f$ 는 $P_n / A_{eff}$ 일때의 $F_{cr}$ 값

(3) 축력을 받는 원형단면 $0.11 \dfrac{E}{F_y} < \dfrac{D}{t} < 0.45 \dfrac{E}{F_y}$ 일 경우 :

$Q = Q_a = \dfrac{0.038E}{F_y (D/t)} + \dfrac{2}{3}$

여기서, $D$ 와 $t$ 는 부재의 외경과 두께

2) 세장한 비구속판 요소의 저감계수 $Q_s$

  (1) 압연기둥재 또는 다른 압축재로부터 돌출된 플랜지, ㄱ형강 및 플레이트

    ① $b/t \leq 0.56 \sqrt{E/F_y}$ 일 경우 : $Q_s = 1.0$

    ② $0.56 \sqrt{E/F_y} < b/t < 1.03 \sqrt{E/F_y}$ 일 경우 : $Q_s = 1.415 - 0.74 \left( \dfrac{b}{t} \right) \sqrt{\dfrac{F_y}{E}}$

    ③ $b/t \geq 1.03 \sqrt{E/F_y}$ 일 경우 : $Q_s = \dfrac{0.69E}{F_y \left( \dfrac{b}{t} \right)^2}$

  (2) 조립기둥재 또는 다른 압축재로부터 돌출된 플랜지, ㄱ형강 및 플레이트

    ① $b/t \leq 0.64 \sqrt{k_c E/F_y}$ 일 경우 : $Q_s = 1.0$

    ② $0.64 \sqrt{k_c E/F_y} < b/t < 1.03 \sqrt{k_c E/F_y}$ 일 경우 : $Q_s = 1.415 - 0.65 \left( \dfrac{b}{t} \right) \sqrt{\dfrac{F_y}{k_c E}}$

③ $b/t \geq 1.17 \sqrt{k_c E/F_y}$ 일 경우 : $Q_s = \dfrac{0.90 k_c E}{F_y \left(\dfrac{b}{t}\right)^2}$

여기서, $k_c = \dfrac{4}{\sqrt{h/t_w}}$ , $0.35 < k_c \leq 0.76$

(3) 단일 ㄱ형강

① $b/t \leq 0.45 \sqrt{E/F_y}$ 일 경우 : $Q_s = 1.0$

② $0.45 \sqrt{E/F_y} < b/t \leq 0.91 \sqrt{E/F_y}$ 일 경우 : $Q_s = 1.34 - 0.76 \left(\dfrac{b}{t}\right)\sqrt{\dfrac{F_y}{E}}$

③ $b/t > 0.91 \sqrt{E/F_y}$ 일 경우 : $Q_s = \dfrac{0.53 E}{F_y \left(\dfrac{b}{t}\right)^2}$

여기서, $b$는 ㄱ형강 가장 긴 다리의 폭

(4) T형강의 스템

① $d/t \leq 0.75 \sqrt{E/F_y}$ 일 경우 : $Q_s = 1.0$

② $0.75 \sqrt{E/F_y} < d/t \leq 1.03 \sqrt{E/F_y}$ 일 경우 : $Q_s = 1.908 - 1.22 \left(\dfrac{d}{t}\right)\sqrt{\dfrac{F_y}{E}}$

③ $d/t > 1.03 \sqrt{E/F_y}$ 일 경우 : $Q_s = \dfrac{0.69 E}{F_y \left(\dfrac{b}{t}\right)^2}$

여기서, $d$는 T형강의 깊이, $t$는 두께

---

**TIP** | 강구조설계기준(2019)에서 Q계수 |

강구조설계기준(2019)에서는 세장판 요소를 갖는 압축부재의 강도감수계수 $Q$적용 시에 부재유형별 적용공식의 복잡성을 고려해 유효단면적 $A_e$를 고려하는 방식으로 단순화시켰다.

1) 균일압축을 받는 단면에 대하여 세장판단면의 압축부재의 공칭압축강도 $P_n$은 휨좌굴, 비틀림좌굴 및 휨비틀림좌굴에 근거하여 해당하는 한계상태 중 가장 작은 값으로 다음과 같이 산정한다.

$P_n = F_{cr} A_e$

여기서, $A_e$ : 감소된 유효폭 $b_e$, $d_e$ 또는 $h_e$에 기초하여 계산된 단면의 유효면적, $F_{cr}$ : 임계응력

2) 유효단면적 $A_e$는 전체단면적 $A_g$로부터 $(b - b_e)t$로 계산된 감소된 단면적을 감한다.

① 원형강관을 제외한 세장판 부재 : 세장판 부재의 유효폭 $b_e$ (T형강의 경우 유효폭은 $d_e$, 웨브에 대해서는 $h_e$)는 다음과 같이 계산한다.

(1) $\lambda \leq \lambda_r \sqrt{\dfrac{F_y}{F_{cr}}}$ 인 경우  $\qquad\qquad$ $b_e = b$

(2) $\lambda > \lambda_r \sqrt{\dfrac{F_y}{F_{cr}}}$ 인 경우  $\qquad\qquad$ $b_e = b\left(1 - c_1 \sqrt{\dfrac{F_{el}}{F_{cr}}}\right)\sqrt{\dfrac{F_{el}}{F_{cr}}}$

여기서, $b$ : 부재의 폭(T형강의 경우 폭은 $d$, 웨브에 대해서는 $h$)

$\quad\quad c_1$ : 아래 표로부터 계산된 유효폭 불완전 조정계수

$$c_2 = \frac{1 - \sqrt{1 - 4c_1}}{2c_1}$$

| 세장부재 | $c_1$ | $c_2$ |
|---|---|---|
| 정사각형 또는 사각형 강관을 제외한 보강 부재 | 0.18 | 1.31 |
| 정사각형 또는 사각형 강관 부재 | 0.20 | 1.38 |
| 다른 모든 부재 | 0.22 | 1.49 |

$\quad\lambda$ : 부재의 폭두께비

$\quad\lambda_r$ : 부재의 한계 폭두께비

$$F_{el} = \left(c_2 \frac{\lambda_r}{\lambda}\right)^2 F_y \quad \text{탄성국부좌굴해석에 의한 탄성국부좌굴응력}$$

② 원형강관 : 유효단면적 $A_e$ 는 다음과 같이 계산한다.

(1) $\dfrac{D}{t} \leq 0.11 \dfrac{E}{F_y}$ 인 경우  $\qquad\qquad$ $A_e = A_g$

(2) $0.11 \dfrac{E}{F_y} < \dfrac{D}{t} < 0.45 \dfrac{E}{F_y}$ 인 경우  $\qquad$ $A_e = \left[\dfrac{0.038E}{F_y(D/t)} + \dfrac{2}{3}\right] A_g$

여기서, $D$ : 원형강관의 외경(mm), $t$ : 두께(mm)

 압축부재의 허용응력설계

## 1. 허용 축방향인장응력 및 허용 휨인장응력(MPa) [92회]

**【기출유형 ① 】** 도로교 설계기준 구조용 강재의 허용압축응력의 종류와 좌굴기준, 유효좌굴길이

기본적으로 기준항복점에 대해서 안전율을 약 1.7로 본 값이다. 다만 SM570 및 SMA570에 관해서는 인장강도와 항복점의 비가 다른 강재에 비해 높음을 고려하여 안전율을 약간 높게 취하였다 (항복비가 높으면 변형능력이 작아지고, 인성이 작다).

| 강 종 | SS400, SM400 SMA400 | | SM490 | | SM490Y, SM520 SMA490 | | | SM570 SMA570 | | |
|---|---|---|---|---|---|---|---|---|---|---|
| 판두께 (mm) | 40 이하 | 40~100 | 40 이하 | 40~100 | 40 이하 | 40~75 | 75~100 | 40 이하 | 40~75 | 75~100 |
| 기준항복점 | 240 | 220 | 320 | 300 | 360 | 340 | 330 | 460 | 440 | 430 |
| 허용축방향 인장응력 | 140 | 130 | 190 | 175 | 210 | 200 | 195 | 260 | 250 | 245 |
| 안전율 | 1.71 | 1.69 | 1.68 | 1.71 | 1.71 | 1.70 | 1.69 | 1.77 | 1.76 | 1.76 |

## 2. 허용 축방향 압축응력

초기변형, 하중의 편심, 잔류응력, 부재단면 내에세 항복점의 기복 등의 압축부재의 불완전성을 고려한 강도곡선에 근거하여 G Schulz의 강도곡선을 기준으로 한다.

허용축방향압축응력 강도식

$$\overline{f} = \frac{f_{cr}}{f_y}, \qquad \overline{\lambda} = \frac{1}{\pi}\sqrt{\frac{f_y}{E}}\frac{l}{r}$$

$$-\overline{f} = 1.0 \qquad\qquad (\overline{\lambda} \leq 0.2)$$

$$-\overline{f} = 1.109 - 0.545\overline{\lambda} \qquad (0.2 < \overline{\lambda} \leq 1.0)$$

$$-\overline{f} = 1.0/(0.773 + \overline{\lambda}^2) \qquad (\overline{\lambda} > 1.0)$$

G Schulz의 강도곡선식의 곡선III, IV와 거의 같은 곡선이며, 안전율 1.7을 적용하여 결정한 것이다. SM570과 SMA570은 허용축방향압축응력의 상한값을 260MPa로 제한하고 있어서 $\overline{\lambda}$ 가 작은 영역에서 안전율을 1.7보다 크게 취하였다.

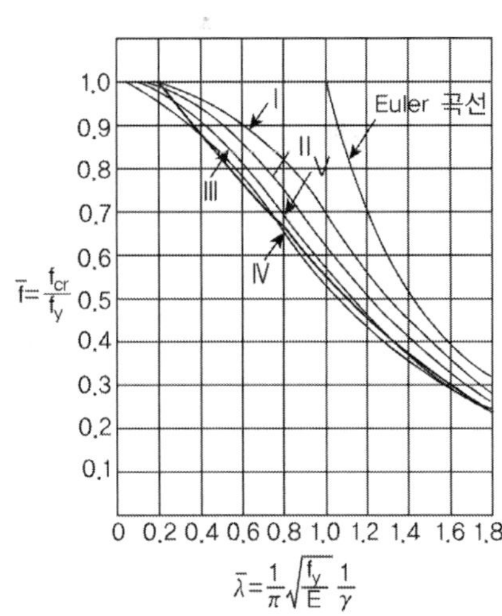

1) 실제로 발생하는 부재의 초기변형으로 부재의 중앙점에서 $f = l/1,000$의 처짐을 갖는 Sine형의 변형을 고려

2) 잔류응력분포는 단면형상에 따라 직선 또는 포물선형을 쓰고 잔류응력의 크기는 $f_r = (0.3 - 0.7)f_y$를 사용

3) 부재 양단은 단순지점으로 가정하고 하중은 편심없이 작용하는 것으로 한다.

① 허용 축방향 압축응력$(f_{ca}) = f_{cag} \times f_{cal}/f_{cao}$

- $f_{cal}$ : 양연지지판, 자유돌출판 및 보강된 판에 대해서 규정된 국부좌굴응력에 대한 허용응력
- $f_{cag}$ : 국부좌굴을 고려하지 않는 허용 축방향압축응력
- $f_{cao}$ : 국부좌굴을 고려하지 않는 허용 축방향압축응력의 상한값

② 국부좌굴을 고려하지 않는 허용 축방향압축응력$(f_{cag}, f_{cao})$

| 판<br>두께 | SS400, SM400<br>SMA400 | | SM490 | | SM490Y, SM520<br>SMA490 | | SM570<br>SMA570 | |
|---|---|---|---|---|---|---|---|---|
| 40<br>이하 | $20 \geq \dfrac{l}{r}$ | 140 | $15 \geq \dfrac{l}{r}$ | 190 | $14 \geq \dfrac{l}{r}$ | 210 | $18 \geq \dfrac{l}{r}$ | 260 |
| | $20 < \dfrac{l}{r} \leq 93$ | $140 - 0.84(\dfrac{l}{r} - 20)$ | $15 < \dfrac{l}{r} \leq 80$ | $190 - 1.3(\dfrac{l}{r} - 15)$ | $14 < \dfrac{l}{r} \leq 76$ | $210 - 1.5(\dfrac{l}{r} - 14)$ | $18 < \dfrac{l}{r} \leq 67$ | $260 - 2.2(\dfrac{l}{r} - 18)$ |
| | $\dfrac{l}{r} > 93$ | $\dfrac{1,200,000}{6,700 + (\dfrac{l}{r})^2}$ | $\dfrac{l}{r} > 80$ | $\dfrac{1,200,000}{5,000 + (\dfrac{l}{r})^2}$ | $\dfrac{l}{r} > 76$ | $\dfrac{1,200,000}{4,500 + (\dfrac{l}{r})^2}$ | $\dfrac{l}{r} > 67$ | $\dfrac{1,200,000}{3,500 + (\dfrac{l}{r})^2}$ |

③ 국부좌굴을 고려한 허용응력$(f_{cal})$

| 판<br>두께 | 양연지지판 | | | | | | | |
|---|---|---|---|---|---|---|---|---|
| | SS400, SM400<br>SMA400 | | SM490 | | SM490Y, SM520<br>SMA490 | | SM570<br>SMA570 | |
| 40<br>이하 | $\dfrac{b}{39.6i} \leq t$ | 140 | $\dfrac{b}{34.0i} \leq t$ | 190 | $\dfrac{b}{32.4i} \leq t$ | 210 | $\dfrac{b}{29.1i} \leq t$ | 260 |
| | $\dfrac{b}{80i} \leq t < \dfrac{b}{39.6i}$ | $220,000(\dfrac{ti}{b})^2$ | $\dfrac{b}{80i} \leq t < \dfrac{b}{34i}$ | $220,000(\dfrac{ti}{b})^2$ | $\dfrac{b}{80i} \leq t < \dfrac{b}{32.4i}$ | $220,000(\dfrac{ti}{b})^2$ | $\dfrac{b}{80i} \leq t < \dfrac{b}{29.1i}$ | $220,000(\dfrac{ti}{b})^2$ |
| | 자유돌출판 | | | | | | | |
| 40<br>이하 | $\dfrac{b}{13.1} \leq t$ | 140 | $\dfrac{b}{11.2} \leq t$ | 190 | $\dfrac{b}{10.7} \leq t$ | 210 | $\dfrac{b}{9.6} \leq t$ | 260 |
| | $\dfrac{b}{16} \leq t < \dfrac{b}{13.1}$ | $24,000(\dfrac{t}{b})^2$ | $\dfrac{b}{16} \leq t < \dfrac{b}{11.2}$ | $24,000(\dfrac{t}{b})^2$ | $\dfrac{b}{16} \leq t < \dfrac{b}{10.7}$ | $24,000(\dfrac{t}{b})^2$ | $\dfrac{b}{16} \leq t < \dfrac{b}{9.6}$ | $24,000(\dfrac{t}{b})^2$ |

## 3. 판의 국부좌굴

$$\overline{f} = \frac{f_{cr}}{f_y} , \quad \frac{f_{cr}}{f_y} = \frac{1}{R^2} , \quad f_{cr} = k\frac{\pi^2 E}{12(1-\mu^2)}\left(\frac{t}{b}\right)^2 , \quad k = 4.0\,(\text{양연지지}) \quad k = 0.43\,(\text{3연지지})$$

$$-\ \overline{f} = 1.0 \qquad (R \le 0.7)$$

$$-\ \overline{f} = \frac{1}{2R^2} \qquad (R > 0.7)$$

---

**TIP** | 보강된 판의 국부좌굴 기준식 |

$$\frac{f_{bu}}{f_y} = 1.0 \qquad\qquad (R_R \le 0.5)$$

$$\qquad = 1.5 - R_R \qquad (0.5 < R_R \le 1.0)$$

$$\qquad = \frac{1}{2R_R^2} \qquad\quad (R_R > 1.0)$$

$$R_R = \frac{b}{t}\frac{1}{\pi}\sqrt{\frac{f_y}{E}}\sqrt{\frac{12(1-\mu)^2}{k_R}}$$

$$k_R = 4n^2$$

### 강구조물의 좌굴

강구조물의 좌굴현상과 설계상 대책에 대하여 설명하시오.

## 풀 이

### ▶ 개요

일반적으로 강구조물의 파괴는 피로에 의한 파괴, 좌굴에 의한 파괴, 극도의 변형으로 인한 파괴로 구분할 수 있으며, 구조물의 좌굴현상은 주요 부재가 압축응력을 받아 그 크기가 부재의 극한치를 초과하면 이에 대응하는 변형상태가 갑자기 변하여 설계하중을 지탱할 수 없어 구조물이 붕괴되는 현상을 말한다. 좌굴이 발생되면 부재는 내하력을 잃고 구조물이 파괴된다.

좌굴은 탄성한도 내에서 발생하는 탄성 좌굴(Elastic Buckling, Euler's Buckling)과 탄성범위를 벗어나 불안정한 상태인 비탄성 좌굴(Inelastic Buckling)로 구분할 수 있으며, 좌굴이 발생하는 위치가 면내 또는 면외에서 발생하는지에 따라 면내 좌굴(In-plane Buckling)과 면외 좌굴(Out of plane Buckling)로 구분할 수 있다. 또한 좌굴현상이 발생할 때 구조물 전체가 동시에 내하력을 잃는 전체좌굴(Global Buckling)과 구조계의 개개 부재에서 발생하는 국부좌굴(Local Buckling)로 구분할 수 있다.

### ▶ 강구조물 부재별 좌굴 현상

1) 압축부재의 좌굴

실제 부재는 제작상의 결함, 초기변형, 잔류응력, 지점조건, 하중의 편심에 따라 강도의 변화가 존재하며 실제부재에서 이러한 요건으로 인하여 좌굴강도가 저하되게 된다. 압축부재는 세장비가 클 경우 재료의 파괴보다는 좌굴로 인한 파괴의 안정성의 문제가 더 크게 되므로 도로교 설계기준에서는 세장비에 따라 압축부재의 강도를 정하도록 하고 있다.

기둥의 좌굴은 탄성 좌굴과 비탄성 좌굴로 구분할 수 있으며 일반적으로 Euler의 좌굴응력이 재료의 비례한계에 도달할 때를 기준으로 구분한다.

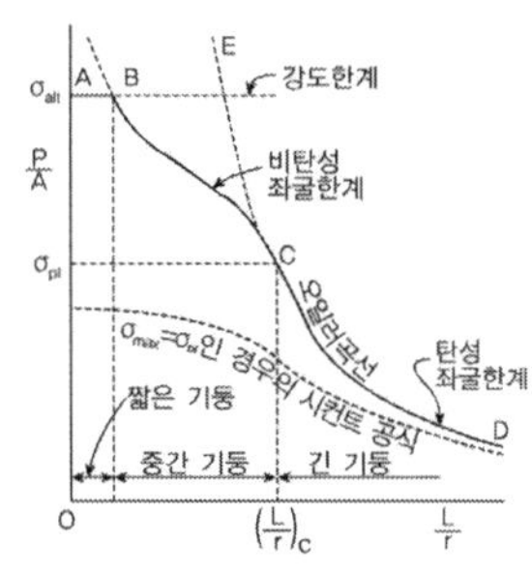


- AB(단주) : 재료의 항복, 파쇄에 의한 파괴
- BC(중간주) : 비탄성 좌굴에 의한 파괴, 임계하중은 오일러하중보다 작다.

$$\sigma_{cr}{}' = \frac{P_{cr}}{A} = \frac{\pi^2 E_t}{(L/r)^2} \quad \text{(접선탄성계수 적용)}$$

- CD(장주) : 오일러 법칙에 따른다.

$$\sigma_{cr} = \frac{P_{cr}}{A} = \frac{\pi^2 E}{(L/r)^2}, \quad \lambda_c = \left(\frac{L}{r}\right)_c = \sqrt{\frac{\pi^2 E}{\sigma_{pl}}}$$

도로교 설계기준(허용응력설계법)에서는 압축부재의 좌굴강도를 G. Schulz의 실험식을 통해 세장비에 따라 다음과 같이 적용하고 있다.

$$\bar{f} = \frac{f_{cr}}{f_y} \quad \bar{\lambda} = \frac{\lambda}{\lambda_c} = \frac{1}{\pi} \sqrt{\frac{f_y}{E}} \left( \frac{l}{r} \right) \quad \text{(여기서 } \lambda_c \text{는 } f_{cr} = f_y \text{ 일 때의 세장비} \quad \because f_y = \frac{\pi^2 E}{\lambda_c^2} \text{)}$$

$$\bar{f} = \begin{cases} 1.0 & \bar{\lambda} \leq 0.2 & \text{(단주)} \\ 1.109 - 0.545\bar{\lambda} & 0.2 < \bar{\lambda} \leq 1.0 & \text{(중간주)} \\ 1.0/(0.773 + \lambda^2) & 1.0 < \bar{\lambda} & \text{(장주)} \end{cases} \quad \therefore f_a = \frac{f_{cr}}{S.F(\fallingdotseq 1.77)} = \frac{\bar{f} \times f_y}{S.F(\fallingdotseq 1.77)}$$

## 2) 휨부재의 좌굴

휨부재의 파괴 모드는 소성파괴(Fully plastic failure by excessive deformation), 국부좌굴(Local Buckling : Web local buckling, Flange local buckling), 횡비틂좌굴(Lateral−Torsional buckling)로 구분할 수 있으며, 허용응력설계법에서는 휨모멘트를 받는 H형강 단면의 플랜지부 허용응력은 거더의 횡방향 좌굴응력을 기본 내하력으로 규정하고 있다. LRFD설계에서는 단면을 구분(조밀, 비조밀, 세장단면)하여 강도를 결정하도록 하고 있다. 횡비틂좌굴(또는 횡좌굴)은 단면의 강축면 내에서 휨이 작용할 때 휨이 어느 일정치에 도달하면 부재가 처짐면 내에서 처짐면 외로 비틀림을 동반하여 횡방향으로 변형이 발생되어 내하력을 잃는 상태를 말한다.

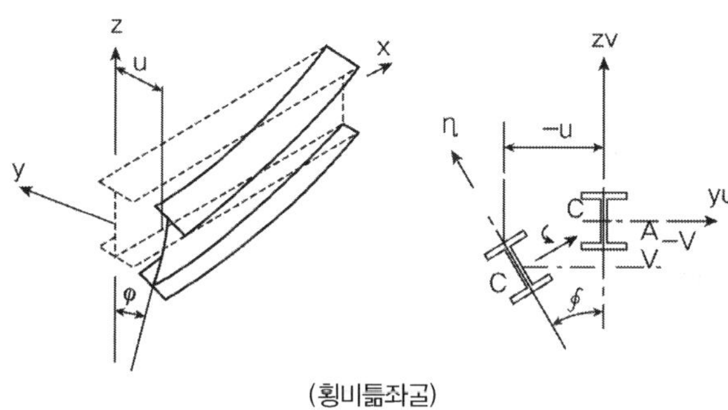

(횡비틂좌굴)

도로교 설계기준(허용응력설계법)에서는 휨부재에 대한 극한휨모멘트와 허용휨압축응력은 I형 단면의 횡방향 좌굴강도($A_w/A_c$)를 기본으로 한 휨강도로 정해진다.

- 극한 휨모멘트 $M_u = \min[M_{bu},\ M_y]$,　　$M_{bu} = f_{bu}S_c$,　　$M_y = f_y S_t$
- 허용 휨모멘트 $M_a = \min[M_{ba},\ M_{ta}]$,　　$M_{ba} = f_b S_c$,　　$M_y = f_t S_t$
- 압축플랜지의 극한 휨압축응력 $f_{bu}$

$$\frac{f_{bu}}{f_y} = \begin{cases} 1.0 & \alpha \leq 0.2 \\ 1 - 0.412(\alpha - 0.2) & \alpha > 0.2 \end{cases}, \qquad \alpha = \sqrt{\frac{f_y}{f_{cr}}} = \frac{2}{\pi} k \sqrt{\frac{f_y}{E}} \left( \frac{l}{b} \right)$$

$$f_{cr} = \frac{\pi^2 E}{4\left(k\frac{l}{b}\right)^2} \qquad k = \begin{cases} 2.0 & \dfrac{A_w}{A_c} \leq 2.0 \\[2mm] \sqrt{3 + \dfrac{A_w}{2A_c}} & \dfrac{A_w}{A_c} > 2.0 \end{cases}$$

$$\therefore f_b = \frac{f_{bu}}{S.F(\fallingdotseq 1.7)}$$

### 3) 축방향력과 휨을 동시에 받는 부재의 좌굴

축방향 압축력과 휨을 동시에 받는 부재는 휨모멘트가 강축에 대해 작용하는 것이 보통이다. 이 경우 휨 작용면 내의 휨 좌굴과 휨 작용 면외의 휨과 비틀림이 일어나 휨비틂 좌굴이 생길 가능성이 있다. 따라서 2가지의 안전성을 조사해야 하나 일반적으로 작용면 외의 좌굴강도가 작다.

도로교 설계기준(허용응력설계법)에서는 조합하중에 대하여 다음과 같이 검토하고 있다.

$$\frac{f_c}{f_{ca}} + \frac{f_b}{f_{ba}(1 - f_c/f_E{}')} < 1.0, \qquad \text{여기서} \quad f_E{}' = \frac{1{,}200{,}000}{\left(\dfrac{l}{r_x}\right)^2}$$

### 4) 판(Plate)의 좌굴

강부재를 구성하는 판이 면내의 순압축력과 휨을 받아 압축응력이 어느 일정치에 도달하면 면외 방향으로 휘는 현상을 국부좌굴이라 하며, 실제 구조물에서는 초기 변형과 잔류응력을 받는다. 판의 좌굴에는 거더의 복부판 및 강관 중에서 많이 나타나며, 거더에서 복부판 부분의 경우에는 후좌굴 현상이 발생된다.

도로교 설계기준(허용응력설계법)에서는 압축응력을 받는 평판에 대한 내하력을 다음과 같이 적용하고 있다.

$$\overline{f} = \frac{f_{cr}}{f_y} = \begin{cases} 1.0 & R \leq 0.7 \\[2mm] \dfrac{1}{2R^2} & R > 0.7 \end{cases}, \qquad f_{cr} = k\frac{\pi^2 E}{12(1-\nu^2)}\left(\frac{t}{b}\right)^2$$

$$R = \sqrt{\frac{f_y}{f_{cr}}} = \frac{1}{\pi}\sqrt{\frac{12(1-\nu^2)}{k}}\sqrt{\frac{f_y}{E}}\left(\frac{b}{t}\right) \qquad k = \begin{cases} 4.0 & \text{양연지지} \\ 0.43 & \text{자유돌출} \end{cases}$$

또한 도로교 설계기준에서는 휨응력을 받고 있는 보에서 전체좌굴에 앞서 국부좌굴이 발생되지 않도록 판에 대해서 판·폭 두께 비를 제한하는 방식을 적용하고 있다.

$$\therefore R \leq R_{cr} : \quad \left(\frac{b}{t}\right)_{limit} \geq \pi R_{cr}\sqrt{\frac{k}{12(1-\nu^2)}}\sqrt{\frac{E}{f_y}}$$

이 방식은 설계 시 국부좌굴을 고려하지 않아도 되므로 설계가 간편해지나 작용응력이 작을 경우에는 재료 강도를 충분히 활용하지 못하는 비경제적인 설계가 될 수 있다. 다른 방법으로는

$R > R_{cr}$인, 즉 판의 국부좌굴을 허용하는 방식으로 재료의 강도를 충분히 활용하여 경제적인 설계가 될 수 있다는 장점이 있는 반면, 웨브의 좌굴발생으로 인한 Post-Buckling Behavior로 인해 Flange에 추가적인 압축강도의 발생으로 Flange의 좌굴강도 저하를 고려해야 한다는 점이다. 미국의 AISC는 이러한 판형의 후좌굴강도를 고려하여 복부판의 휨응력에 의한 국부좌굴을 허용하는 대신에 플랜지의 추가분담율을 고려하여 플랜지의 강도를 감소시키는 방법을 적용하고 있기도 하다.

## 5) 판형(Plate Girder)의 좌굴

상대적으로 긴 경간의 주형(Girder)은 단면에 발생하는 M, V가 대단히 크기 때문에 소요단면적을 공장제작 생산하는 압연보로 충족시키기 어렵다. 소요단면적의 충족을 위해서는 강판을 조립하여 만들어야 하며 이러한 주형을 Plate Girder, 판형이라고 한다. 국내의 압연보는 H=900mm, B=300mm로 제한적인 것으로 알려져 있다.

① 판형의 파손 : 판형은 용접이나 고강도 볼트를 이용하여 제작하기 때문에 연결부의 파손이 발생하기 쉬우며 또한 휨모멘트와 전단력에 의해서 좌굴이 발생할 수 있다.

② 휨 좌굴

조밀단면의 경우 잔류응력을 포함하여 최대응력이 항복점에 도달하면 소성화되며 이때 얇은 Web 판형은 전단변형의 영향도 받기 때문에 직선분포보다 더 큰 응력이 발생한다. 제작 시 초기처짐이나 좌굴에 의해 압축부의 전단면이 유효하지 않기 때문에 최대 압축응력이 최대 인장응력보다 크게 된다. 따라서 판형의 강도는 Flange의 좌굴을 고려하여야 한다. 압축 플랜지의 좌굴유형은 압축 Flange 자체의 좌굴, 횡방향 좌굴, 비틀림 좌굴, 복부판 연결부 수직좌굴이 발생할 수 있다.

- 횡방향 좌굴 : 가로보에 의해 횡방향으로 지지된 지지점 사이에서 일어난 단면 전체의 횡방향 좌굴의 결과에 의해 발생하는 측방향 변위이다.
- 비틀림 좌굴 : 주로 국부좌굴현상으로 한계압축응력이 항복응력과 같거나 그 이상이 되도록 폭 두께 비를 제한하여 방지할 수 있다.
- 복부판 연결부의 수직좌굴 : 휨에 의한 만곡부에서 flange의 응력방향이 변화되고 판형의 곡률 때문에 복부판은 상·하플랜지로부터 곡률반경 중심방향의 압축력을 받는다.

③ 전단좌굴

직접적인 지압, 전단력에 의한 좌굴로 보강재로 복부판 보강 시 압축 주응력 방향의 저항력은 상실되나 인장방향 저항력은 확보되어 Pratt truss 구조형식처럼 복부판이 인장력에만 견디는 인장장(Tension field)을 형성하여 전단력에 저항하게 된다. 인장장이 발생 시에는 flange에 추가 압축력이 발생하여 flange의 좌굴강도를 저하시키게 된다. 이를 방지하기 위해서 Web의 국부좌굴방지를 위한 b/t(폭/두께) 제한 또는 플랜지의 좌굴강도를 저하시키는 허용응력 저하하는 방법이 있다.

▶ **강구조물 좌굴에 대한 설계상의 대책**

좌굴에 대한 설계상의 대책은 허용응력의 감소를 통해서 부재의 안정성을 확보하는 방법과 보강재를 통해서 강도 증가, 비지지길이 감소, 세장비 감소, 국부좌굴방지 등을 통해서 강도를 확보하는 방법으로 크게 구분할 수 있다.

1) 허용응력의 저감 : 강구조의 허용압축응력은 기둥의 좌굴강도, 보의 횡좌굴 강도를 기본 내하력으로 하여 결정된다. 기본 내하력은 부재의 잔류응력, 초기 변형 등의 불완전 성질을 고려한 실험적 방법으로 구해진다. 허용응력은 기본 내하력에 안전율로 나누어 구한다.

2) 변위방지 및 구속요건 강화 : 횡 좌굴 등 전체좌굴 방지를 위해 변위방지를 위한 브레이싱 설치, 구속요건을 강화하여 K값을 증가시키는 방법 등을 고려할 수 있다.

3) 각종 보강재를 이용한 보강 설계 : 강부재의 면외좌굴로 인한 국부좌굴을 방지하기 위하여 각종 보강재를 설치하여 국부좌굴을 방지하도록 한다.

▶ **강구조물 부재별 설계 시 대책**

1) 기둥 : 세장비에 의해 허용압축응력이 결정된다. 세장비는 기둥단면과 유효 좌굴길이로 결정되며, 기둥 부재의 양단 지지조건에 따라 좌굴형태 및 유효 좌굴길이가 다르다. 그러므로 부재 설계 시 양단 지지조건과 세장비를 고려하여 허용 압축응력을 구할 수 있다.

2) 보 : 압축 플랜지의 고정점 거리($l$)와 플랜지 폭($b$)의 비($l/b$)로 허용 휨압축응력이 결정된다. $l/b$가 크게 되면 횡좌굴 현상에 의해 허용 휨압축응력이 크게 저하되므로 상한치를 정하여 그 이하로 제한하는 방법이 적용된다.

3) 판 : 판 좌굴의 대책은 판의 폭, 두께를 제한하거나 보강재를 설치한다. 판 두께의 상한치는 판의 지지상태 및 하중조건에 의해 국부좌굴이 발생하지 않는 범위가 결정된다. 보강재를 설치하는 방법은 국부좌굴과 전체 좌굴의 연관성을 고려하여 판에 가로와 세로방향으로 보강재를 설치한다. 보의 복부판에서 휨 및 전단좌굴에 대한 대책은 최소 복부판 두께를 정하고 필요한 간격 및 강도를 갖는 수평, 수직 보강재를 설치한다.

한계세장비, 허용응력설계법

한계세장비 $\lambda_c$ 를 정의하고, $E_s = 2 \times 10^5 MPa$, $f_y = 460 MPa$ 일 때, $\lambda_c$ 를 구하고 도로교 설계 기준상 이 값이 의미하는 바를 간단히 설명하시오.

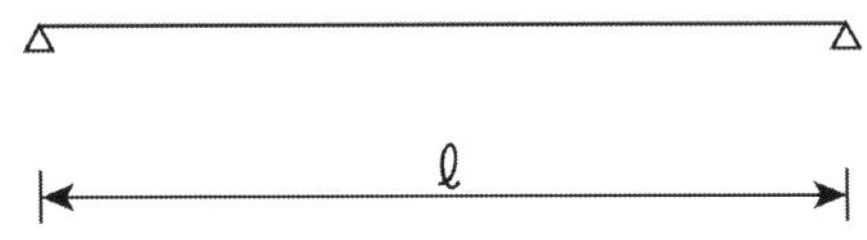

**풀 이**

▶ **한계세장비($\lambda_c$) : Euler의 좌굴응력이 항복응력과 같을 때의 세장비**

$$f_y = \frac{\pi^2 E}{\lambda_c^2} \qquad \lambda_c = \pi \sqrt{\frac{E}{f_y}} = \pi \sqrt{\frac{2 \times 10^5}{460}} = 65.5 \approx 67$$

▶ **도로교 설계기준(2010)**

도로교 설계기준에서는 전통적인 Euler의 좌굴방정식이나, 비탄성 좌굴이론(접선계수이론, 감소계수이론, Shanley의 이론 등)에 의해 산정하기보다는 부재의 제작이나 시공상의 오차, 편심, 초기변형, 잔류응력 등을 고려하여 G. Schulz의 실험식을 근거로 허용응력을 산정하고 있다.

(1) G Schulz의 실험식

$$\bar{f} = \frac{f_{cr}}{f_y}, \qquad \bar{\lambda} - \frac{\lambda}{\lambda_c} = \frac{1}{\pi} \sqrt{\frac{f_y}{E}} \left( \frac{l}{r} \right)$$

① $\bar{\lambda} \leq 0.2$     $\bar{f} = 1.0$

② $0.2 < \bar{\lambda} \leq 1.0$    $\bar{f} = 1.109 - 0.545\bar{\lambda}$

③ $\bar{\lambda} > 1.0$     $\bar{f} = \dfrac{1.0}{0.773 + \bar{\lambda}^2}$

(2) 도로교 설계기준에서의 의미

도로교 설계기준에서는 실험식에 안전율(약 1.7)을 적용하여 허용압축응력을 정하고 있으며 주어진 $f_y = 460 MPa$ 은 SM570의 항복응력으로 SM570의 경우 인장강도와 항복점의 비가 다른 강재에 비해 작은 점을 고려하여 안전율을 약간 높게 취하고 허용축방향 압축응력의 상한값을 260MPa로 제한하고 있다.

도로교 설계기준의 SM570의 허용축방향응력은 세장비에 따라 다음과 같이 구분된다.

① 단주 $\lambda \leq 18$        $f_a = 260$    $(MPa)$

② 중간주 $18 < \lambda \leq 67$        $f_a = 260 - 2.2(\lambda - 18)$    $(MPa)$

② 장주 $\lambda > 67$        $f_a = \dfrac{1,200,000}{3500 + \lambda^2}$    $(MPa)$

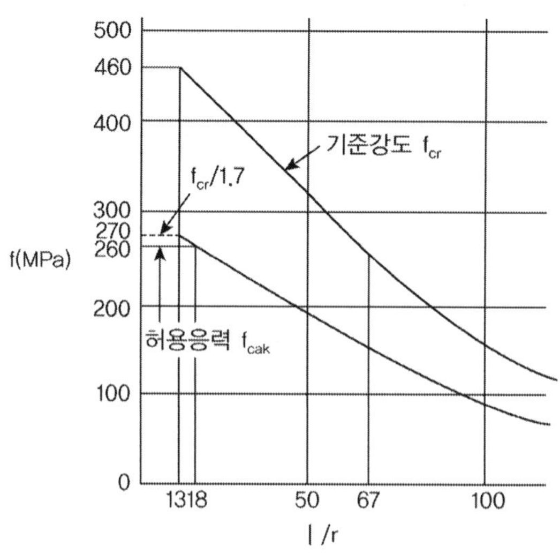


즉 주어진 문제에서의 한계세장비$(\lambda_c)$는 장주와 중간주의 구분을 나타내는 세장비를 의미한다.

### 한계세장비, 허용응력설계법

다음 그림은 도로교설계기준의 허용축방향 압축응력의 기준이 되는 강도곡선을 나타낸 것이다. 다음 물음에 답하시오.

1) 환산세장비 또는 세장비파라메타를 나타내는 $\overline{\lambda} = \dfrac{1}{\pi}\sqrt{\dfrac{f_y}{E}}\cdot\dfrac{l}{r}$ 이 되는 과정

2) 도로교설계기준에서 기준강도곡선의 설정방법

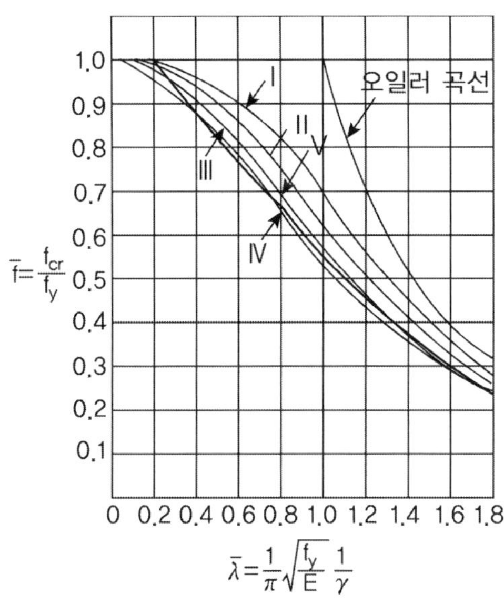


### 풀 이

#### ▶ 개요

한계세장비($\lambda_c$)는 Euler의 좌굴응력이 항복응력과 같을 때의 세장비를 나타내며 이 세장비를 무차원화시킨 세장비를 환산세장비 또는 세장비파라메타라고 한다.

$$f_y = \frac{\pi^2 E}{\lambda_c^2} \qquad \lambda_c = \pi\sqrt{\frac{E}{f_y}}$$

$$\therefore \overline{\lambda} = \frac{\lambda}{\lambda_c} = \frac{1}{\pi}\sqrt{\frac{f_y}{E}}\left(\frac{l}{r}\right)$$

도로교 설계기준에서는 전통적인 Euler의 좌굴방정식이나, 비탄성 좌굴이론(접선계수이론, 감소
계수이론, Shanley의 이론 등)에 의해 산정하기보다는 부재의 제작이나 시공상의 오차, 편심, 초
기변형, 잔류응력 등을 고려하여 G. Schulz의 실험식을 근거로 허용응력을 산정하고 있다.

(1) G Schulz의 실험식

$$\overline{f} = \frac{f_{cr}}{f_y}, \quad \overline{\lambda} = \frac{\lambda}{\lambda_c} = \frac{1}{\pi}\sqrt{\frac{f_y}{E}}\left(\frac{l}{r}\right)$$

① $\overline{\lambda} \leq 0.2$(단주)            $\overline{f} = 1.0$

② $0.2 < \overline{\lambda} \leq 1.0$(중간주)      $\overline{f} = 1.109 - 0.545\overline{\lambda}$

③ $\overline{\lambda} > 1.0$(장주)            $\overline{f} = \dfrac{1.0}{0.773 + \overline{\lambda}^2}$

(2) 도로교 설계기준에서의 기준강도곡선

도로교 설계기준에서는 G. Schulz의 실험식에 안전율(약 1.7)을 적용하여 허용압축응력을 정하
고 있다. 다만, SM570의 경우 인장강도와 항복점의 비가 다른강재에 비해 작은 점을 고려하여
안전율(약1.77)을 다소 높게 취하고 있다.

$$f_{cr} = \overline{f} \times f_y \qquad f_a = \frac{f_{cr}}{S.F}$$

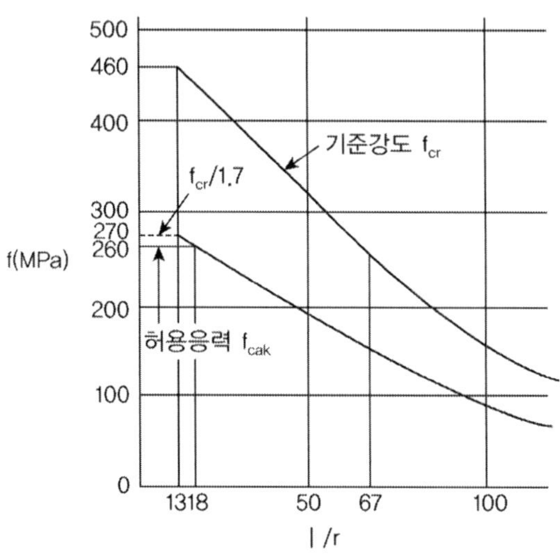

## 국부좌굴 안정성평가, 허용응력설계법

Steel Box 상하부플랜지에 휨에 의한 압축응력 160MPa이 작용할 때, 하부플랜지의 국부좌굴에 대한 안전성을 평가하고, 필요시 최소의 종방향 보강재를 설치하는 경우 및 하부플랜지 판 두께를 늘이는 경우의 안전성과 경제성을 검토하시오(도로교설계기준 2010적용, 종방향 보강재 배치 시 종방향 보강재 사이의 최소 간격은 300mm 이상 확보).

- 하부플랜지 SM490, 하부플랜지 두께(t) = 12mm

| | | |
|---|---|---|
| 양연지연 판 | 190 | $\dfrac{b}{34.0i} \le t$ |
| | $220{,}000\left(\dfrac{ti}{b}\right)^2$ | $\dfrac{b}{80i} \le t < \dfrac{b}{34.0i}$ |
| 보강된 판 | 190 | $\dfrac{b}{24in} \le t$ |
| | $190 - 3.9\left(\dfrac{b}{tin} - 24\right)$ | $\dfrac{b}{49in} \le t < \dfrac{b}{24in}$ |
| | $220{,}000\left(\dfrac{tin}{b}\right)^2$ | $\dfrac{b}{80in} \le t < \dfrac{b}{49in}$ |

〈SM490 강재의 국부좌굴에 대한 허용응력(MPa)〉

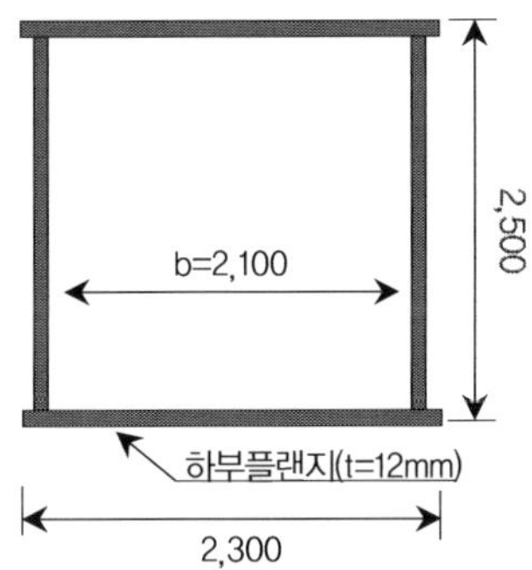




### ▶ 강재의 국부좌굴 강도

$$f_{cr} = k\frac{\pi^2 E}{12(1-\mu^2)}\left(\frac{t}{b}\right)^2, \quad \frac{f_{cr}}{f_y} = \frac{1}{R^2}, \quad \therefore R = \sqrt{\frac{f_y}{f_{cr}}} = \frac{1}{\pi}\sqrt{\frac{f_y}{E}}\sqrt{\frac{12(1-\mu^2)}{k}}\left(\frac{b}{t}\right)$$

여기서 k=4.0(양연지지판), k=0.43(3연지지판)

$$R = \frac{1}{\pi}\sqrt{\frac{320}{2.1\times10^5}}\sqrt{\frac{12(1-0.3^2)}{4.0}}\left(\frac{2100}{12}\right) = 1.874 > 0.7$$

여기서 $\dfrac{f_{bu}}{f_y} = 1.0\,(R \le 0.7),\quad \dfrac{f_{bu}}{f_y} = \dfrac{1}{2R^2}\,(R > 0.7)$ 이므로,

$$f_{bu} = f_y \times \frac{1}{2R^2} = 320 \times \frac{1}{2 \times 2.7^2} = 45.53$$

$$\therefore f_{ca} = \frac{f_{bu}}{S.F} = \frac{21.92}{1.7} = 26.78\,MPa < f_b(=160\,MPa)$$

N.G(보강재 보강 또는 판두께 변경!!)

## ▶ 보강재로 보강하는 경우

주어진 보강재 최소 간격 300mm

$$n_{\max} = \frac{2100}{300} = 7\ \text{(n : 보강재로 구분되는 패널의 수)}$$

보강재 판두께와 동일한 12mm $6^{EA}$ 사용 검토

---

**TIP** | 보강된 판의 국부좌굴 기준식 |

$$\frac{f_{bu}}{f_y} = 1.0 \qquad (R_R \le 0.5)$$

$$\phantom{\frac{f_{bu}}{f_y}} = 1.5 - R_R \qquad (0.5 < R_R \le 1.0)$$

$$\phantom{\frac{f_{bu}}{f_y}} = \frac{1}{2R_R^2} \qquad (R_R > 1.0)$$

$$R_R = \frac{b}{t}\frac{1}{\pi}\sqrt{\frac{f_y}{E}}\sqrt{\frac{12(1-\mu)^2}{k_R}}$$

$$k_R = 4n^2$$

---

$$\therefore R_R = \frac{2100}{12}\times\frac{1}{\pi}\times\sqrt{\frac{320}{2.1\times10^5}}\sqrt{\frac{12(1-0.3^2)}{4\times7^2}} = 0.513 > 0.5$$

$$\frac{f_{bu}}{f_y} = 1.5 - R_R = 1.5 - 0.513 = 0.986, \quad f_{bu} = 315.76\,MPa$$

$$\therefore f_{ca} = \frac{315.76}{S.F} = 185.7\,MPa > f_b(=160\,MPa)\quad O.K$$

➤ **판두께 조정하는 경우**

$R_{cr} = 0.7$ 이라고 하면,

$$R_{cr} = \frac{1}{\pi} \sqrt{\frac{f_y}{E}} \sqrt{\frac{12(1-\mu^2)}{k}} \left(\frac{b}{t}\right)_{\min} \qquad \therefore \left(\frac{b}{t}\right)_{\min} = R_{cr} \times \pi \sqrt{\frac{E}{f_y}} \sqrt{\frac{k}{12(1-\mu^2)}}$$

$$\left(\frac{b}{t}\right)_{\min} = 0.7 \times \pi \sqrt{\frac{2.1 \times 10^5}{320}} \sqrt{\frac{4}{12(1-0.3^2)}} = 34.10$$

$$t_{\min} = \frac{2100}{34.10} = 61.58mm \qquad\qquad \therefore \text{Use } t = 62mm$$

➤ **안전성과 경제성 검토(판의 국부좌굴 → $b/t$ 제한($R_{\min}$), 보강재 설치)**

모재의 두께 조정을 통한 안정성확보 방안은 용접의 최소화 및 국부좌굴 발생 이전에 모재의 강도확보 등의 이점이 있으나, 강재량의 과다사용 및 강재의 효율적 이용 측면에서 불리하며, 보강재를 통한 국부좌굴 안정성 확보방안은 설계의 간편성 모재의 효율적 이용 등의 이점이 있으나 보조부재의 연결을 위한 용접과다, 용접으로 인한 잔류응력 및 초기변형 등의 영향을 받을 것으로 사료된다. 부재의 효율적인 사용이나 경제성 면에서 보강재를 통한 강도확보가 유리할 것으로 사료되며, 다만 공장 용접을 통하여 용접의 신뢰성을 높이고 용접으로 인한 잔류응력 및 응력집중 등을 최소화하도록 노력해야 한다.

## Jack Up 보강재, 허용응력설계법

공용중인 Steel Box Girder교의 교량받침 교체를 위해 복부판에 L형강으로 보강 후 인상하려고 한다. 잭업 보강재 설계지침에 대하여 설명하고 다음 그림의 잭업보강재를 설계하시오.

- 고정하중 500kN
- 활하중 250kN
- 보강재 길이 : 1000mm

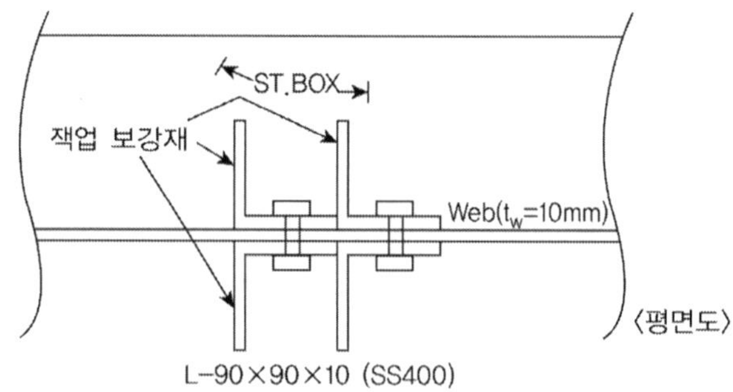




### ▶ 적용하중

교좌받침 교체를 위한 보강부재의 설계 시 설계반력은 평상시 지점반력을 할증한 값(D+1.5L)으로 검토한다.

$$\therefore P = 1.0D + 1.5L = 500 + 1.5 \times 250 = 875kN$$

### ▶ 보강재

보강재의 길이 $l = 1,000mm$, 보강재의 폭 $b = 90mm$,

보강재의 두께 $t_s = 10mm > b/16\,(= 90/16 = 5.625mm)$　　　O.K

보강재의 설치간격 $d = 90mm$

보강재의 사용열수 $n = 2EA$

웹의 두께 $t_w = 10.0mm$

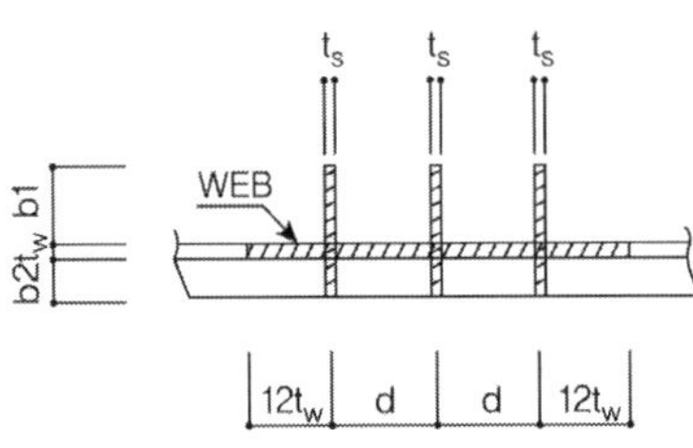


- 단면 유효폭 $d = 90 < 24t_w = 240mm$ 이므로,
$$B_e = 2t_w + d = 2 \times 10 + 90 = 110mm$$
- 보강재의 단면적($A_s$)
$$A_s = 4^{ea} \times (90 \times 10) = 3600mm^2$$
- 유효 단면적($A_e$)
$$A_e = B_e \times t_w + A_s$$
$$= 110 \times 10 + 90 \times 10 \times 4 + 3600$$
$$= 8300mm^2 > 1.7A_s$$

1) 중립축은 Web 상에 위치(대칭단면)

2) 단면2차 모멘트

$$I = \frac{B_e \times t_w^3}{12} + \frac{t_s \times b^3}{12} = \frac{110 \times 10^3}{12} + 4 \times \frac{90 \times 10^3}{12} + 4 \times \frac{10 \times 90^3}{12} = 2,469,167mm^4$$

3) 단면2차 반경 $r = \sqrt{\dfrac{I}{A_e}} = \sqrt{\dfrac{2469167}{8300}} = 17.25$

4) 유효좌굴길이 $l_e = 0.5l = 500mm$

5) 허용축방향 압축응력 $\lambda = \dfrac{l_e}{r} = 28.99$

① $f_{cag}$(국부좌굴을 고려하지 않은 허용축방향 압축응력)

SS400 $20 < \dfrac{l_e}{r} \leq 93$ 일 때,

$$f_{cag} = 140 - 0.84(\lambda - 20) = 132.45MPa(국부좌굴을 고려하지 않은 허용축방향 압축응력)$$

 | G Schulz |

$$\therefore f_{cr} = \frac{\pi^2 E}{\lambda_c^2} = f_y, \quad \overline{\lambda} = \frac{\lambda}{\lambda_c} = \frac{1}{\pi} \times \sqrt{\frac{f_y}{E}} \times \lambda = 0.31 > 0.2, \quad \overline{f} = 1.109 - 0.545\overline{\lambda} = 0.826$$

$$\overline{f} = \frac{f_{bu}}{f_y} = 0.826, \quad f_{cr} = \frac{f_{bu}}{S.F} = \frac{225.4}{1.7} = 132.56MPa$$

② $f_{cal}$(국부좌굴에 대한 허용응력)

$$f_{cr} = k\frac{\pi^2 E}{12(1-\mu^2)}\left(\frac{t}{b}\right)^2, \qquad \frac{1}{R^2} = \frac{f_{cr}}{f_y}$$

$$R = \frac{1}{\pi}\sqrt{\frac{f_y}{E}} \times \sqrt{\frac{12(1-\mu^2)}{k}} \times \left(\frac{b}{t}\right)$$

$$= \frac{1}{\pi}\sqrt{\frac{240}{2.1\times 10^5}} \times \sqrt{\frac{12(1-0.3^2)}{0.43}} \times \left(\frac{90}{10}\right) = 0.358 < 0.7$$

$$\frac{f_{bu}}{f_y} = 1.0, \quad f_{cal} = f_{cr} = \frac{f_{bu}}{S.F} = 140 MPa$$

③ $f_{ca}$(허용축방향 압축응력)

$$f_{ca} = f_{cag} \times \frac{f_{cal}}{f_{cao}} = 132.45 MPa$$

6) 보강재에서의 압축응력

$$f_c = \frac{P}{A_e} = \frac{875\times 10^3}{8300} = 105.4 MPa < f_{ca}(132.45 MPa) \qquad O.K$$

## ➤ 보강재의 설계

L-90×90×10의 보강재를 2개씩 양측에 붙여서 적용한다.

## 보강재, 허용응력설계법

아래 그림과 같이 형고 2.0m인 강합성박스거더의 단지점부에 잭업 보강재를 설치할 때, 이 보강재의 안전을 검토하시오. 단, 사용 강종 : SM490

최대지점반력 : $R_D$(자중반력) = 1350.0KN, $R_L$ (활하중반력)=1540.0KN

보강재의 폭 : $b_1$ =100.0mm, $b_2$ =80.0mm　　보강재의 높이 : H=1000.0mm

보강재의 두께 : $t_s$ =20.0mm　　　　　　　　보강재의 설치간격 : d=200.0mm

보강재의 사용열수 : n=3개　　　　　　　　　복부의 두께 : $t_w$ =12.0mm

보강재 3열이 동시에 반력을 받는다고 가정

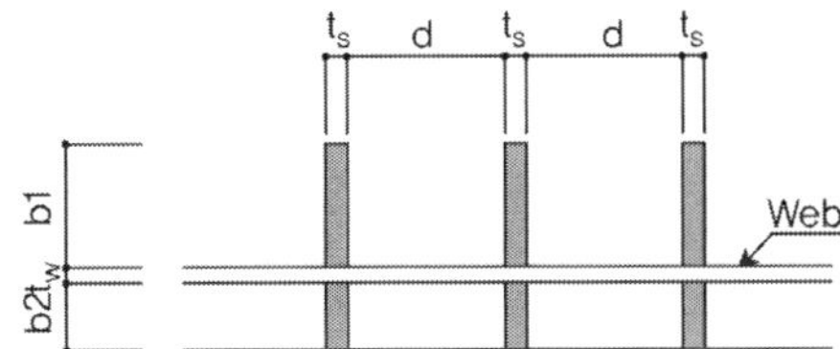


| 강 종 | 허용응력(MPa) | | 강 종 | 허용응력(MPa) | |
|---|---|---|---|---|---|
| SM490 | 190 | $: \dfrac{1}{r} \leq 15$ | SM490 | 190 | $: \dfrac{b}{11.2} \leq t$ |
| | $190 - 1.3\left(\dfrac{1}{r} - 15\right)$ | $: 15 < \dfrac{1}{r} \leq 80$ | | $24{,}000\left(\dfrac{1}{b}\right)^2$ | $: \dfrac{b}{16} \leq t < \dfrac{b}{11.2}$ |

## 풀 이

### ▶ 하중 산정

잭업 보강재를 위한 하중은 $R_D + 1.5R_L = 3{,}660kN$

### ▶ 단면의 유효폭

$$d_e = 24t_w = 24 \times 12 = 288^{mm} > \text{d}(= 200^{mm})$$

$$\therefore b_e = 24t_w + 2d = 24 \times 12 + 400 = 688^{mm}$$

### ▶ 보강재의 단면적

$$A_s = \sum (b \times t_s \times n) = 100 \times 20 \times 3 + 80 \times 20 \times 3 = 10{,}800^{mm^2}$$

유효단면적 $A_e = b_e \times t_w + A_s = 688 \times 12 + 10{,}800 = 19{,}056^{mm^2} > 1.7A_s$　　　　N.G

$$\therefore A_e = 1.7A_s = 18{,}360^{mm^2}$$

### ▶ 보강재의 단면2차 모멘트

$b_1 \neq b_2$ 이므로 중립축이 web에 있지 않다.

$$y_0 = \frac{\sum Ay}{\sum A_e} = \frac{688 \times 12 \times 86 + 80 \times 20 \times 40 \times 3 + 100 \times 20 \times (80 + 12 + 50) \times 3}{19056} = 92.045^{mm}$$

$$I = \sum \left( \frac{bh^3}{12} + Ad^2 \right)$$

$$= \left( \frac{20 \times 80^3}{12} + 20 \times 80 \times (92.045 - 40)^2 \right) \times 3^{EA} + \left( \frac{688 \times 12^3}{12} + 688 \times 12 \times (92.045 - 80 - 6)^2 \right)$$

$$+ \left( \frac{20 \times 100^3}{12} + 20 \times 100 \times (92.045 - 80 - 12 - 50)^2 \right) \times 3^{EA} = 3.5935 \times 10^7 mm^4$$

### ▶ λ(판-폭 두께비)

$$r = \sqrt{\frac{I}{A_e}} = \sqrt{\frac{3.5935 \times 10^7}{18,360}} = 44.24, \qquad \lambda = \frac{kl}{r} = \frac{0.5 \times 1000}{44.24} = 11.30$$

### ▶ 허용응력 산정

① $f_{cag}$(국부좌굴을 고려하지 않은 허용축방향 압축응력)

SM490에서 $\lambda \leq 15$ 일 때, $\quad f_{cag} = 190^{MPa}$

② $f_{cal}$(국부좌굴에 대한 허용응력)

$$\frac{b}{11.2} \left( = 7.1 \ \text{or} \ 8.9 \right) < t \left( = 20^{mm} \right) \qquad \therefore f_{cal} = 190^{MPa}$$

③ $f_{ca}$(허용축방향 압축응력)

$$f_{ca} = f_{cag} \times \frac{f_{cal}}{f_{cao}} = 190^{MPa}$$

단, 잭업 보강재는 허용축방향 압축응력을 25% 할증하여 적용할 수 있다.

$$\therefore f_{ca}' = 1.25 \times 190 = 237.5^{MPa}$$

### ▶ 보강재에서의 압축응력

$$f_c = \frac{R_{\max}}{A_e} = \frac{3660 \times 10^3}{18360} = 199.35^{MPa} < f_{ca}' \left( = 237.5^{MPa} \right) \quad \text{O.K}$$

### 보강재, 허용응력설계법

다음과 같이 형고 2.2m인 강합성박스거더의 단지점부가 보강재로 보강되어 있을 때 안전을 검토하시오. 단, 사용강종 : SM520, 지점반력 $R_{\max}$ =3500kN, 강재의 폭 $b$ = 240mm, 보강재두께 $t_s$ =20mm, 보강재 설치간격 $d$ = 200mm, 단지점부 다이아프램 두께 $t_d$ =20.0mm이다.

<table>
<tr><td colspan="3">허용축방향압축응력(전체좌굴)</td><td colspan="2">자유돌출판 국부좌굴에 대한 허용응력</td></tr>
<tr><td>강종</td><td colspan="2">허용응력(MPa)</td><td>강종</td><td>허용응력(MPa)</td></tr>
<tr><td>SM490Y</td><td>210</td><td>: $\dfrac{l}{r} \leq 14$</td><td>SM490Y</td><td>210   : $\dfrac{b}{10.7} \leq t$</td></tr>
<tr><td>SM520</td><td>$210 - 1.5\left(\dfrac{l}{r} - 14\right)$</td><td>: $14 < \dfrac{l}{r} \leq 76$</td><td>SM520</td><td>$24{,}000\left(\dfrac{t}{b}\right)^2$   : $\dfrac{b}{16} \leq t < \dfrac{b}{10.7}$</td></tr>
</table>

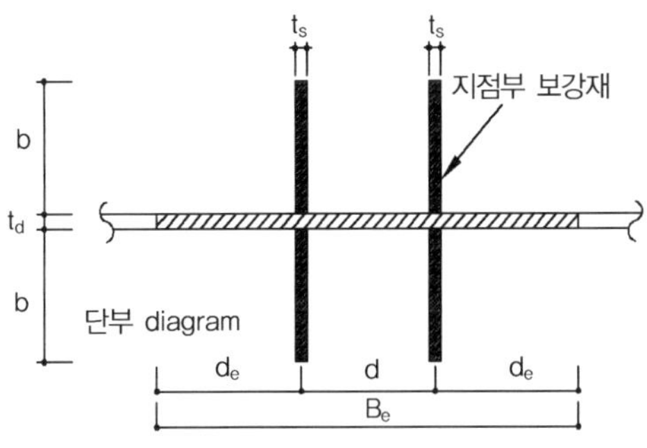




▶ **보강재의 두께 검토**       $t_s = 20\text{mm} > t_{s.\min}(= b/16) = 15\text{mm}$

▶ **단면의 유효폭**

$$d_e = 24t_d = 24 \times 20 = 480^{mm} > \text{d}(= 200^{mm}) \quad \therefore b_e = 24t_d + d = 24 \times 20 + 200 = 680^{mm}$$

▶ **보강재의 단면적**

$$A_s = b \times t_s \times n = 240 \times 20 \times 4 = 19{,}200^{mm^2}$$

유효단면적 $A_e = b_e \times t_d + A_s = 680 \times 20 + 19200 = 32{,}800^{mm^2} > 1.7A_s(= 32{,}640^{mm^2})$

N.G

$$\therefore \ A_e = 1.7 A_s = 32{,}640^{mm^2}$$

## ▶ 보강재의 단면2차 모멘트

$$I = \frac{b_c t_d^3}{12} + \left( \frac{t_s b^3}{12} + t_s b \times \left( \frac{b}{2} + \frac{t_d}{2} \right)^2 \right) \times 4^{EA}$$

$$= \frac{680 \times 20^3}{12} + \left( \frac{20 \times 240^3}{12} + 20 \times 240 \times \left( \frac{240}{2} + \frac{20}{2} \right)^2 \right) \times 4^{EA} = 1.088 \times 10^8 mm^4$$

## ▶ λ(판-폭 두께비)

$$r = \sqrt{\frac{I}{A_e}} = \sqrt{\frac{1.088 \times 10^8}{32640}} = 57.74 \qquad\qquad \lambda = \frac{kl}{r} = \frac{0.5 \times 2200}{57.74} = 19.05$$

## ▶ 허용응력 산정

1) $f_{cag}$(국부좌굴을 고려하지 않은 허용축방향 압축응력)

$\quad$ SM520에서 $14 < \lambda \leq 76$일 때, $\qquad f_{cag} = 210 - 1.5(\lambda - 14) = 202.425^{MPa}$

$\quad$ 또는 $f_{cr} = \dfrac{\pi^2 E}{\lambda_c^2} = f_y, \quad \bar{\lambda} = \dfrac{\lambda}{\lambda_c} = \dfrac{1}{\pi} \times \sqrt{\dfrac{f_y}{E}} \times \lambda = 0.251 > 0.2$

$\quad \bar{f} = 1.109 - 0.545 \bar{\lambda} = 0.972, \quad \bar{f} = \dfrac{f_{bu}}{f_y} = 0.972, \quad \therefore f_a = \dfrac{f_{bu}}{S.F} = \dfrac{350}{1.7} = 205.8 MPa$

2) $f_{cal}$(국부좌굴에 대한 허용응력)

$\quad \dfrac{b}{16} (= 15^{mm}) \leq t(= 20^{mm}) < \dfrac{b}{10.7} (= 22.43^{mm}) \quad \therefore f_{cal} = 24{,}000 \left( \dfrac{t}{b} \right)^2 = 166.67^{MPa}$

$\quad$ 또는, $f_{cr} = k \dfrac{\pi^2 E}{12(1 - \mu^2)} (\dfrac{t}{b})^2, \qquad \dfrac{1}{R^2} = \dfrac{f_{cr}}{f_y}$

$\quad R = \dfrac{1}{\pi} \sqrt{\dfrac{f_y}{E}} \sqrt{\dfrac{12(1 - \mu^2)}{k}} \left( \dfrac{b}{t} \right) = \dfrac{1}{\pi} \sqrt{\dfrac{360}{2.1 \times 10^5}} \times \sqrt{\dfrac{12(1 - 0.3^2)}{0.43}} \times \left( \dfrac{240}{20} \right) = 0.796 > 0.7$

$\quad \dfrac{f_{bu}}{f_y} = \dfrac{1}{2R^2} \qquad \therefore f_{bu} = \dfrac{360}{2R^2} = \dfrac{360}{2 \times 0.796^2} = 284.1^{MPa} \qquad \therefore f_{cal} = \dfrac{f_{bu}}{S.F} = 167.1 MPa$

3) $f_{ca}$(허용축방향 압축응력)

$$f_{ca} = f_{cag} \times \frac{f_{cal}}{f_{cao}} = 202.4 \times \frac{167.1}{210} = 161.05^{MPa}$$

## ➤ 보강재에서의 압축응력

$$f_c = \frac{R_{\max}}{A_e} = \frac{3500 \times 10^3}{32640} = 107.23^{MPa} < f_{ca}(= 161.05^{MPa}) \qquad \text{O.K}$$

### 잭업 보강재의 안전성 검토, 허용응력설계법

다음 강합성 박스거더의 잭업 보강재에 대한 안전성을 검토하시오.

---

- 사용강종 : SM490, 보강재의 압축응력 할증 25%
- 최대지점반력 : $R_D$(자중반력)=1400.0kN, $R_L$(활하중 반력)=1600.0kN
- 하중조합 : $1.0R_D + 1.5R_L$
- 보강재의 두께 : $t_s$=20.0mm,   Web의 두께 : $t_w$=16.0mm
- 전체좌굴에서 강종(SM490)의 허용응력

  ① $\dfrac{l}{r} \leq 15$ : 190MPa   ② $15 < \dfrac{l}{r} \leq 80$ : $190-1.3\left(\dfrac{l}{r}-15\right)$MPa    $\dfrac{l}{r}$ : 세장비

- 국부좌굴에서 강종(SM490)의 허용응력

  ① $\dfrac{b}{11.2} \leq t$ : 190MPa   ② $\dfrac{b}{16} \leq t < \dfrac{b}{11.2}$ : $24,000\left(\dfrac{t}{b}\right)^2$ MPa

---

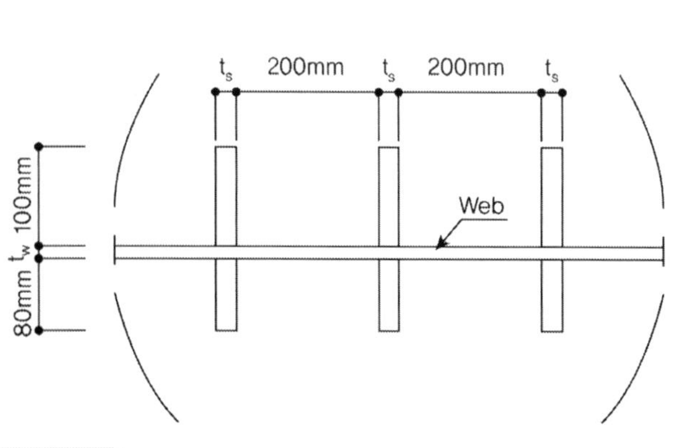


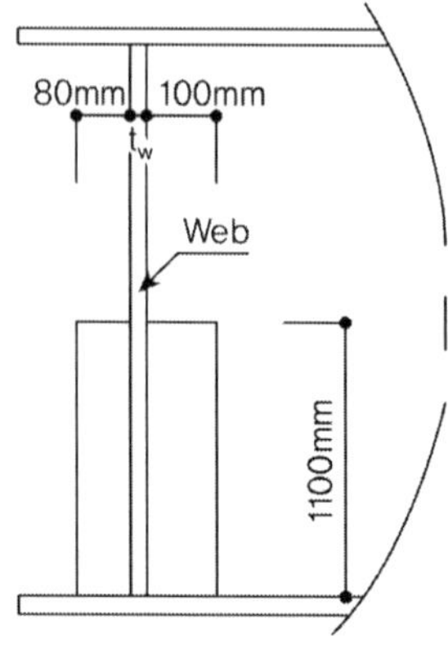




### ➤ 개요

2010 도로교설계기준 허용응력법에 따라 잭업보강재의 안정성 평가를 검토한다.

### ➤ 적용하중

교좌받침 교체를 위한 보강부재의 설계 시 설계반력은 평상시 지점반력을 할증한 값(D+1.5L)으로 검토한다.

$$\therefore P = 1.0R_D + 1.5R_L = 1.0 \times 1,400 + 1.5 \times 1,600 = 3,800kN$$

### ➤ 보강재

보강재의 길이 $l = 1{,}100mm$, 보강재의 폭 $b_{\max} = 100mm$,

보강재의 두께 $t_s = 20mm > b/16\,(= 100/16 = 6.25mm)$     O.K

보강재의 설치간격 $d = 200mm$

보강재의 사용열수 $n = 3EA$

웹의 두께 $t_w = 16.0mm$

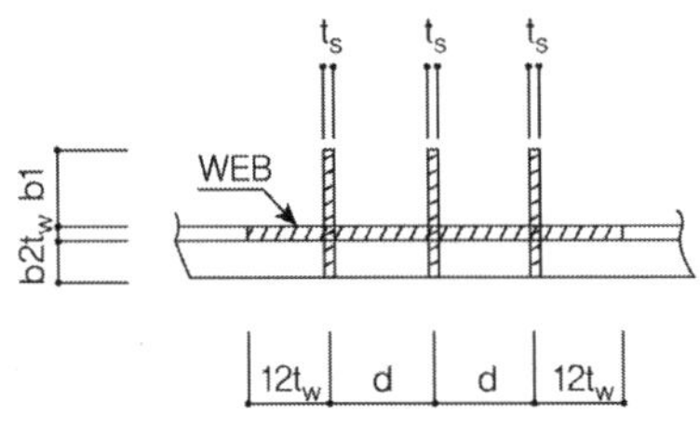


- 단면 유효폭 $d = 200 < 24t_w = 384mm$ 이므로,

  $$\therefore\ b_e = 24t_w + 2d = 24 \times 16 + 400 = 784mm$$

- 보강재의 단면적$(A_s)$

  $$\therefore\ A_s = \sum (b \times t_s \times n)$$
  $$= 100 \times 20 \times 3 + 80 \times 20 \times 3 = 10{,}800\,\text{mm}^2$$

- 보강재의 유효 단면적$(A_s)$

$$A_e = b_e \times t_w + A_s = 784 \times 12 + 10{,}800 = 20{,}208\,\text{mm}^2 > 1.7 A_s\,(= 18{,}360\,\text{mm}^2)\,\text{N.G}$$

$$\therefore\ A_e = 1.7 A_s = 18{,}360\,\text{mm}^2$$

### ➤ 보강재의 단면2차 모멘트

$b_1 \neq b_2$ 이므로 중립축이 web에 있지 않다.

$$y_0 = \frac{\sum Ay}{\sum A_e} = \frac{784 \times 16 \times (80 + 16/2) + 80 \times 20 \times 3 \times (80/2) + 100 \times 20 \times 3 \times (80 + 16 + 50)}{20{,}208}$$

$$= 107.476\,\text{mm}\quad (\text{단면 하단으로부터의 길이})$$

$$I = \sum \left( \frac{bh^3}{12} + Ad^2 \right)$$

$$= \left( \frac{20 \times 80^3}{12} + 20 \times 80 \times (107.476 - 40)^2 \right) \times 3^{EA} + \left( \frac{784 \times 16^3}{12} + 784 \times 16 \times (107.476 - 80 - 8)^2 \right)$$

$$+ \left( \frac{20 \times 100^3}{12} + 20 \times 100 \times (107.476 - 80 - 16 - 50)^2 \right) \times 3^{EA} = 4.334 \times 10^7\,\text{mm}^4$$

### ➤ 세장비 $\lambda$

$$r = \sqrt{\frac{I}{A_e}} = \sqrt{\frac{4.334 \times 10^7}{18{,}360}} = 48.59, \qquad \lambda = \frac{kl}{r} = \frac{0.5 \times 1100}{48.59} = 11.32$$

➤ **허용응력 산정**

1) $f_{cag}$ (국부좌굴을 고려하지 않은 허용축방향 압축응력)

    SM490에서 $\lambda \leq 15$ 일 때,   $f_{cag} = 190^{MPa}$

2) $f_{cal}$ (국부좌굴에 대한 허용응력)

$$\frac{b}{11.2}(= 7.1 \ \ or \ \ 8.9) < t_s\,(= 20^{mm}) \qquad \therefore f_{cal} = 190^{MPa}$$

3) $f_{ca}$ (허용축방향 압축응력)

$$f_{ca} = f_{cag} \times \frac{f_{cal}}{f_{cao}} = 190^{MPa}$$

주어진 조건에서 잭업 보강재는 허용축방향 압축응력을 25% 할증하여 적용할 수 있다.

$$\therefore f_{ca}{}' = 1.25 \times 190 = 237.5^{MPa}$$

➤ **보강재에서의 압축응력**

$$f_c = \frac{R_{\max}}{A_e} = \frac{3,800 \times 10^3}{18,360} = 206.97\,MPa < f_{ca}{}'\,(= 237.5\,MPa) \quad O.K$$

### 축하중 구조, 허용응력설계법

다음 그림 및 조건과 같이 양단힌지로 지지되고 있는 길이 6m 기둥이 있다. 이 기둥에 대해 잔류 응력, 편심하중, 초기처짐 등의 영향을 고려하지 않을 때 허용응력 설계법을 이용하여 허용 축하 중을 구하시오(단, SM520강재, 항복강도 $F_y = 355MPa$ 이다).

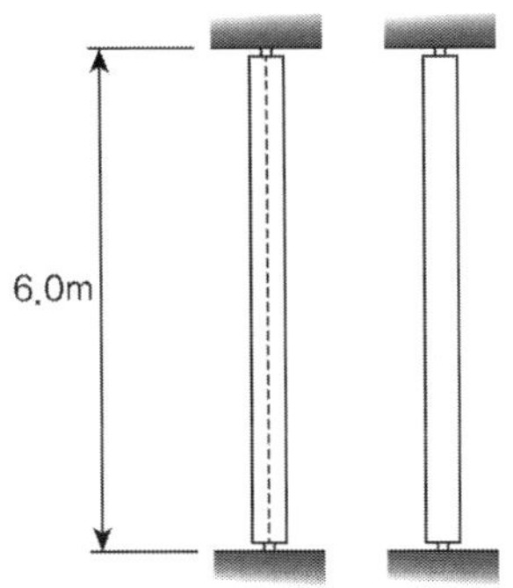
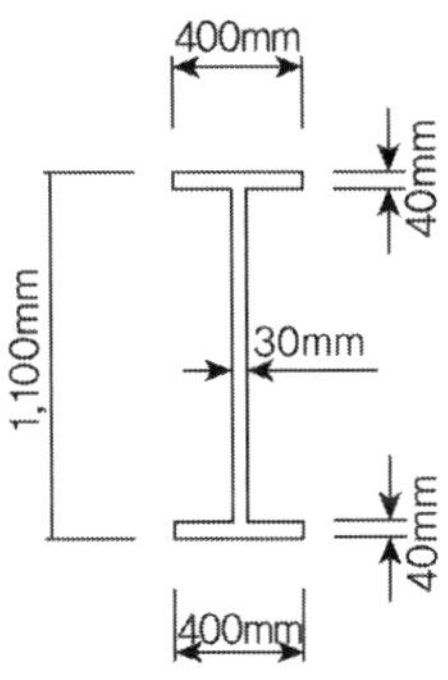

⟨조건⟩

| 국부좌굴 여부 | 판의 지지조건 | 허용압축응력(MPa) | 적용 범위 |
|---|---|---|---|
| 국부좌굴에 대한 허용응력 | 양연지지판 | 215 | $\dfrac{b}{32.0i} \leq t$ |
| | | $220,000\left(\dfrac{ti}{b}\right)^2$ | $\dfrac{b}{80.0i} \leq t < \dfrac{b}{10.5}$ |
| | 자유돌출판 | 215 | $\dfrac{b}{10.0} \leq t$ |
| | | $24,000\left(\dfrac{t}{b}\right)^2$ | $\dfrac{b}{16.0} \leq t < \dfrac{b}{10.5}$ |
| 국부좌굴 미고려 시 허용 축방향 압축응력 | – | 215 | $\dfrac{l}{r} \leq 15.1$ |
| | – | $215 - 1.55\left(\dfrac{l}{r} - 15.1\right)$ | $15.1 < \dfrac{l}{r} \leq 75.5$ |

$l$ : 부재의 유효좌굴길이(mm)

$r$ : 부재 총 단면의 단면회전반경(mm)

$t$ : 판 두께(mm), $b$ : 판의 고정연 사이의 거리(mm)

$i$ : 응력구배계수 $[i = 0.65\phi^2 + 0.13\phi + 1.0]$

$\phi$ : 응력구배 $\left[\phi = \dfrac{f_1 - f_2}{f_1}\right]$

$f_1, f_2$ : 각각 판의 양연에서의 응력(MPa)

➤ $f_{cag}$ **(국부좌굴을 고려하지 않은 허용축방향 압축응력)**

$$A = 400 \times 1,100 - (400 - 30)(1,100 - 80) = 62,600 mm^2$$

$$I = \sum \frac{bh^3}{12} = \frac{400 \times 1,100^3}{12} - \frac{(400 - 30)(1,100 - 80)^3}{12} = 11,646,086,667 mm^4$$

$$r = \sqrt{\frac{I}{A}} = \sqrt{\frac{11,646,086,667}{62,600}} = 431.32^{mm}$$

$$\lambda = \frac{kl}{r} = \frac{1.0 \times 6000}{431.22} = 13.91$$

$$\text{SM520} \ \lambda \leq 15 \qquad \therefore f_{cag} = 215^{MPa}$$

➤ $f_{cal}$ **(국부좌굴에 대한 허용응력)**

1) flange

$$\text{자유돌출판} \quad t(= 40mm) > \frac{b}{10.5}(= 19.04) \qquad f_{cal} = 215^{MPa}$$

2) Web

판의 양연에서의 응력은 동일하다고 가정하면,   $\phi = 1.0$

$$\text{양연지지판} \quad t(= 40mm) > \frac{b}{30.2}(= 31.87) \qquad f_{cal} = 215^{MPa}$$

➤ **허용응력 산정**

$$f_{ca} = f_{cag} \times \frac{f_{cal}}{f_{cao}} = 215^{MPa}$$

$$\therefore P_{ca} = f_{ca}A = 13,459^{kN}$$

# Chapter 06

# 휨부재

# 휨부재

## 01 휨부재 일반

휨부재 혹은 보(beam)는 일반적으로 횡하중(transcerse load)을 받아 휨이 발생하는 구조용부재로 무시하지 못할 정도의 축력이 횡하중과 함께 작용하는 부재는 보-기둥(beam-column)이라고도 한다. 보통 구조부재에는 작은 크기의 축력이 함께 작용하지만 대부분 축력의 효과는 무시할 정도이기 때문에 보로 취급한다. 휨부재는 휨과 전단을 발생시키는 하중을 지지하는 구조부재로 주로 휨모멘트가 구조적 거동을 지배한다. 휨부재에 발생되는 휨과 전단에 의한 응력과 변형은 작용하중이 단면의 전단중심(Shear center)과 일치하지 않을 경우 비틀림이 수반되기 때문에 보는 충분한 휨과 전단강도과 함께 비틀림 강도를 보유하여야 하며, 처짐에 대한 사용성도 확보되어야 한다. 보 부재에 사용되는 단면형상은 H형이 주로 사용되며 비틀림이나 횡좌굴길이(비지지길이)가 매우 큰 경우에는 박스형 단면이 사용되기도 한다.

### 1. ASD와 LRFD비교

1) ASD
$$M_a \leq \frac{M_n}{SF(=1.67)} = 0.6M_n, \quad \frac{M_a}{S} \leq \frac{0.6M_n}{S}, \quad f_b \leq F_b$$

2) LRFD
$$M_u \leq \phi_b M_n = 0.9M_n$$

### 2. 휨부재의 거동

1) 휨변형

휨을 받고 있는 보는 최연단의 휨변형도와 휨응력에 따라 탄성거동과 비탄성 거동을 하게 된다.

최연단의 휨응력이 강재의 항복강도에 도달할 때 항복모멘트 $M_y = F_y S$, 단면의 항복영역이 확장되어 전 단면이 항복강도에 도달한 완전소성상태의 휨강도 소성모멘트는 $M_p = F_y Z$이 된다.

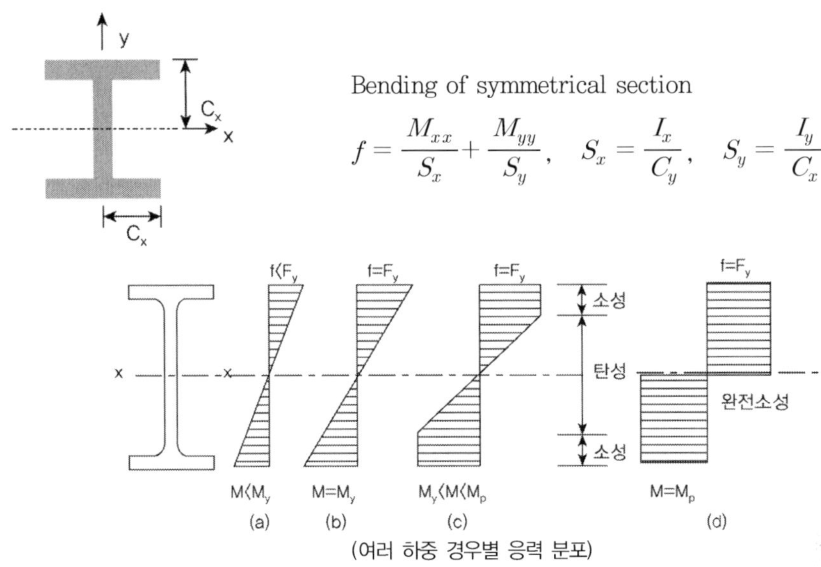



$$f = \frac{M_{xx}}{S_x} + \frac{M_{yy}}{S_y}, \quad S_x = \frac{I_x}{C_y}, \quad S_y = \frac{I_y}{C_x}$$

(여러 하중 경우별 응력 분포)

① 단부항복상태(그림 (b)) : $M_n = M_y = S_x f_y$

② 소성상태(그림 (d)) : $M_n = M_p = Z f_y$, $\quad Z = \int y dA$ : 소성계수

일반적인 I형강 보에서 형상계수($Z/S$)는 1.09~1.18 사이로 $M_p$가 $M_y$보다 10% 정도 더 크다.

## 2) 전단응력과 전단중심

전단력 V가 작용할 때 임의의 위치에서 전단응력 $f_v$, $\quad f_v = \frac{V Q_x}{I_x b} = \frac{V}{I_x b} \int_x^{h/2} y dA$

중립축에서 발생하는 최대전단응력 $f_{v,\max}$, $\quad f_{v,\max} = \frac{3}{2}\frac{V}{bh} = \frac{3}{2}\frac{V}{A} = \frac{3}{2}\overline{f_v}$

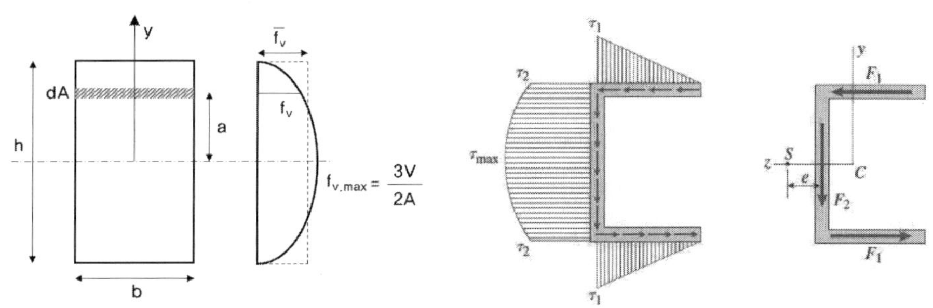

최대전단응력은 평균전단응력 $\overline{f_v}$ 의 1.5배가 되며, 단면 형상에 따라 달라진다. 원형단면은 1.33, H형단면에서는 보통 1.1~1.2의 범위에 있다. ㄷ형강에서 하중을 단면의 도심에 가하면 비틀림이 생기고 이 비틀림의 크기는 하중의 웨브 쪽으로 옮겨감에 따라 감소한다. 웨브 외측의 특정 위치 S에 하중이 작용할 경우에는 비틀림이 생기지 않고 휨변형만 발생되는데 이때의 S를 전단중심이라고 한다. 하중 작용선과 전단중심의 수직거리가 클수록 비틀림의 크기는 증가하게 된다.

## 3) 비틀림

강구조물에서 비틀림 응력은 주요한 발생응력이라 할 수 없지만 휨부재의 횡방향 안정성(Lateral stability)과 밀접한 관련이 있으므로 비틀림 거동에 대한 이해가 필요하다. 외력이 부재의 전단중심에서 벗어나 작용하면 편심으로 인한 비틀림 모멘트가 발생하며 이러한 부재의 비틀림에는 순수비틀림(Pure torsion)과 뒤틀림(Warping torsion)으로 분류할 수 있다. 순수비틀림은 단면의 변형이나 길이방향의 직응력을 일으키지 않고 단면전체가 일정하게 각 변위를 일으키는 비틀림이다. 이를 Saint vernant Torsion이라고도 하며 $T_s$ 로 나타내고, 순수 비틀림에 의한 부재의 단위 길이당 비틀림 각과 비틀림 모멘트는 다음과 같이 표시한다.

$$\frac{d\theta}{dz} = \frac{T_s}{GJ} \quad T_s = GJ\frac{d\theta}{dz}$$

$GJ$ : 단위길이당 단위비틀림각을 유발하는 데 필요한 비틀림 모멘트, 비틀림 강성(torsional rigidity)

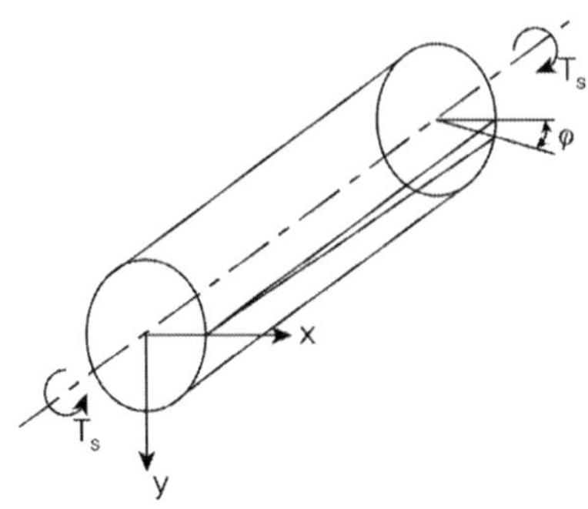


원형단면이 아닌 부재가 비틀림 하중을 받게 되면 뒤틀림변형을 동반하게 되며 H형강의 경우 그림과 같이 단면에 작용하는 뒤틀림모멘트는 양쪽 플랜지에 작용하는 힘 $V_f$ 의 우력으로 치환할 수 있다. $V_f = T_w/h$ 로 계산되고 변형된 부재의 전단중심에서의 각 변위를 $\phi$ 라고 하면 횡변위 $u_f = h\phi/2$ 가 된다. $M_f$ 와 $u_f$ 의 관계는 모멘트 곡률 관계식으로부터 다음과 같다.

$$M_f = -EI_f\frac{d^2u_f}{dz^2}$$

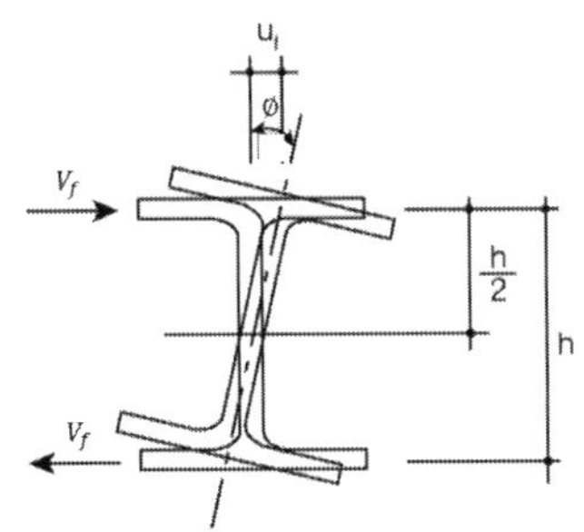
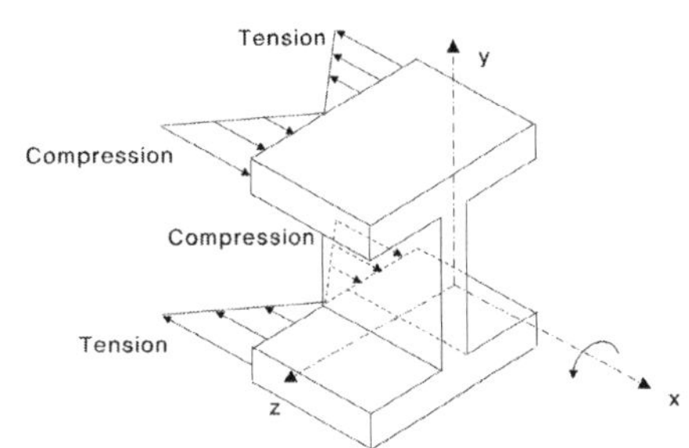


위의 식에서 $I_f$는 한 플랜지의 y축에 대한 단면2차 모멘트이고 $V_f = dM_f/dz$이므로 단부에서의 뒤틀림 모멘트는 다음과 같이 비틀림 각으로 표시할 수 있다.

$$T_w = V_f h = - EI_f \frac{d^3 u_f}{dz^3} h, \quad u_f = \frac{h}{2}\phi, \quad \therefore T_w = - EI_f \frac{h}{2}\frac{d^3\phi}{dz^3} h \quad 여기서 \ I_y \approx 2I_f$$

$$T_w = - E\left(\frac{I_y}{2}\right)\frac{h^2}{2}\frac{d^3\phi}{dz^3}$$

H형강의 뒤틀림상수(Warping constant)를 $C_w = \frac{h^2}{4}I_y$로 정의하면,

$$T_w = - EC_w \frac{d^3\phi}{dz^3}$$

따라서 뒤틀림이 발생하는 H형강과 같은 부재의 비틀림 응력전달은 다음과 같이 순수비틀림과 뒤틀림에 의한 2개의 성분의 합으로 표시한다.

$$T = T_s + T_w = GJ\frac{d\theta}{dz} - EC_w \frac{d^3\phi}{dz^3}$$

### 4) 탄성횡좌굴모멘트 [122회/133회]

【 기출유형 ① 】 강구조물 부재의 면외좌굴
【 기출유형 ② 】 강재보의 횡비틀림좌굴 설계방법

수직하중에 대해 경제적으로 설계함에 따라 보의 단면은 복부에 평행한 수직축(약축)에 대한 휨과 비틀림에는 상대적으로 약한 성질을 갖는다. 휨 변형 발생 시 휨모멘트가 어느 한곗값에 도달하면 압축플랜지는 압축응력에 의해 횡방향으로 좌굴하게 되고 보의 단면은 비틀림 변형이 발생하며 휨강도는 감소한다. 이러한 현상을 횡좌굴(lateral buckling) 또는 횡비틀림좌굴(lateral torsional buckling)이라고 한다.

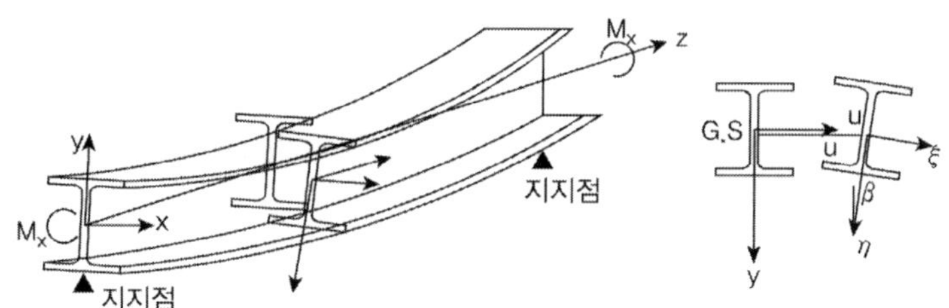

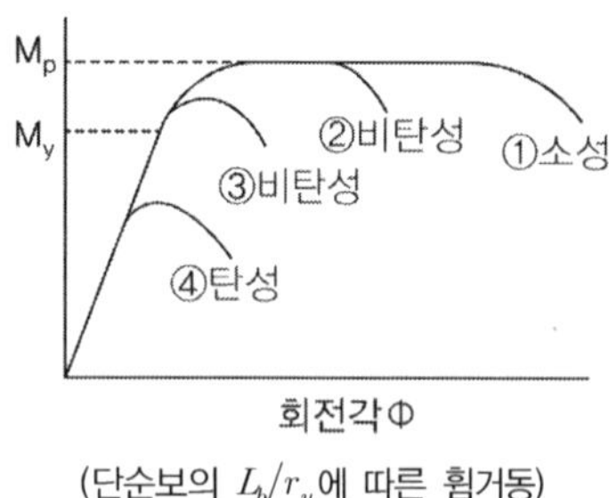

(단순보의 $L_b/r_y$에 따른 휨거동)

횡좌굴을 방지하고 휨강도를 증가시키기 위해서는 압축플랜지의 횡방향 변위를 구속할 수 있는 브레이싱이나 슬래브 등에 의해 보를 횡방향으로 지지해야 한다. 이때 횡방향 지지점 사이의 거리를 비지지길이(unbraced length) $L_b$라고 한다.

①은 세장비가 매우 작아 소성모멘트에 도달 또는 초과, 변형능력이 매우 큰 거동

②는 보의 세장비가 ①보다는 큰 경우로 소성모멘트에는 도달하나 회전변형능력이 크지 않은 비탄성 거동을 보임. 플랜지에 비탄성변형이 생긴 상태에서 횡좌굴이 발생하며 이때의 휨강도는 소성모멘트가 된다.

③은 보의 세장비가 다소 큰 경우 비탄성좌굴에 의해 소성모멘트보다는 작고 항복모멘트보다는 큰 휨강도를 갖는다. 보의 플랜지에 있는 잔류응력의 영향으로 비탄성거동을 보이고 횡좌굴을 일으켜 한계상태에 도달한다. 이때의 휨강도는 비탄성좌굴강도가 된다.

④는 보의 횡방향 지지길이가 매우 큰 경우로 보는 탄성횡좌굴에 의해 한계상태에 도달하며 최대모멘트는 항복모멘트에 도달하지 못하며 휨강도는 탄성좌굴강도가 된다.

보의 단면중심의 $x$, $y$방향의 변위를 $u$, $v$라하고 단면 비틀림 각을 $\beta$라 하면,

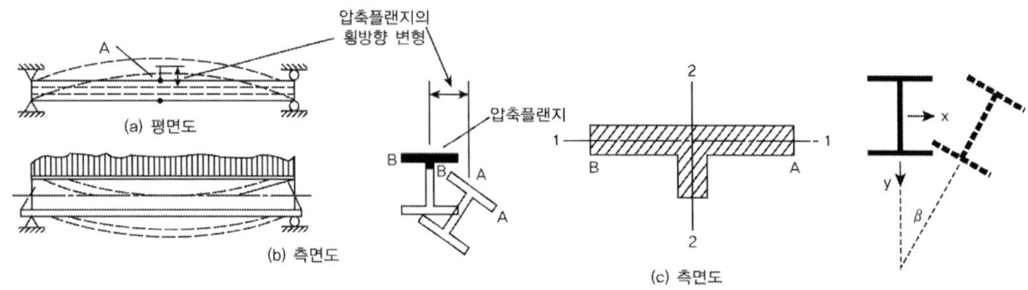

(단부가 횡방향으로 지지된 보)

면내 휨에 대해  $EI_x \dfrac{d^2v}{dz^2} + M_x = 0$

면외 휨에 대해  $EI_y \dfrac{d^2u}{dz^2} + \beta M_x = 0$

비틀림에 대해  $EC_w \dfrac{d^3\beta}{dz^3} - GJ\dfrac{d\beta}{dz} + \dfrac{du}{dz}M_x = 0$   여기서, $C_w = \dfrac{h^2}{4}I_y$ Warping constant

$$\therefore M_{cr} = \sqrt{EI_y GJ\left(\frac{\pi}{L}\right)^2 + E^2 I_y C_w \left(\frac{\pi}{L}\right)^4} = \frac{\pi}{L}\sqrt{EI_y GJ + \left(\frac{\pi E}{L}\right)^2 I_y C_w}$$

$$F_{cr} = \frac{M_{cr}}{S} \equiv \frac{\pi}{LS}\sqrt{EI_y GJ + \left(\frac{\pi E}{L}\right)^2 I_y C_w}$$

탄성 횡좌굴 응력은 횡지지길이(L), 약축방향 휨강성($EI_y$), 비틀림강성(GJ), 뒤틀림강성($EC_w$)에 영향을 받으며, 단면형상, 지지조건, 하중패턴, 하중작용위치에 따라 변화된다. 상자형 단면이나 원형단면과 같은 폐단면은 H형강에 비해 비틀림 강성이 크므로 상대적으로 횡비틀림좌굴이 일어나기 어렵다. H형강이나 ㄷ형강이 약축휨을 받는 경우는 강축방향의 단면 2차 모멘트가 크기 때문에 횡비틀림좌굴이 발생되지 않으며 압축플랜지에 작용하는 압축력의 2% 정도만 횡방향에서 지지하면 횡비틀림좌굴을 방지할 수 있다.

전 길이에 걸쳐 균일한 휨모멘트를 받는 보의 횡비틀림좌굴강도와 비지지길이와의 상관관계는 크게 세가지로 구분할 수 있다.

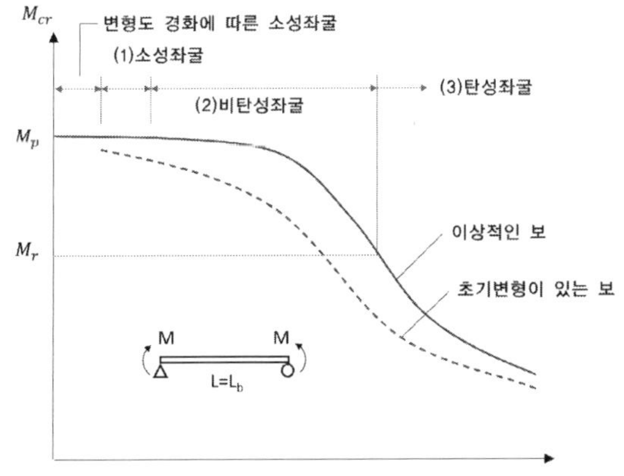


① 소성좌굴 : 비지지길이가 짧아 소성모멘트에 도달한 후 좌굴이 일어나는 구간

② 비탄성좌굴 : 보의 일부분이 항복한 후에 불안정이 나타나는 비탄성 횡비틀림좌굴 구간이 지배하는 구간

③ 탄성좌굴 : 비지지길이가 길어 탄성횡비틀림좌굴이 지배하는 구간

소성좌굴과 비탄성좌굴에 해당하는 비지지길이가 충분히 짧은 보로 설계하였더라도 횡방향 지지부재가 설치되지 않은 상태에서 시공하중에 의한 휨거동을 하는 부재라면 탄성좌굴에 대해서도 검토할 필요가 있다.

보의 횡 좌굴(Lateral Buckling) : 길이 L인 I형 보에서 웨브에 편심을 가지는 축력 P와 수직하중 $w_y$ 가 작용할 때, 전단중심을 $x_0$, $y_0$ 라고 하면, y축에 대해서 대칭이므로 $x_0 = 0$, 전단중심으로부터 변형 후의 $\xi$, $\eta$축으로의 변위를 u, v라고 정의하고 다음의 사항을 가정으로 해석한다.

① 단면은 변화하지 않는다.

② 외부하중으로 인한 응력은 좌굴발생 시 비례한계를 넘지 않는다.

③ 휨이나 뒤틀림을 받을 때의 보의 변형은 단면의 모양을 변화시키지 않는다.

④ 변형 후에도 외부하중은 기존 축에 평행하게 작용한다.

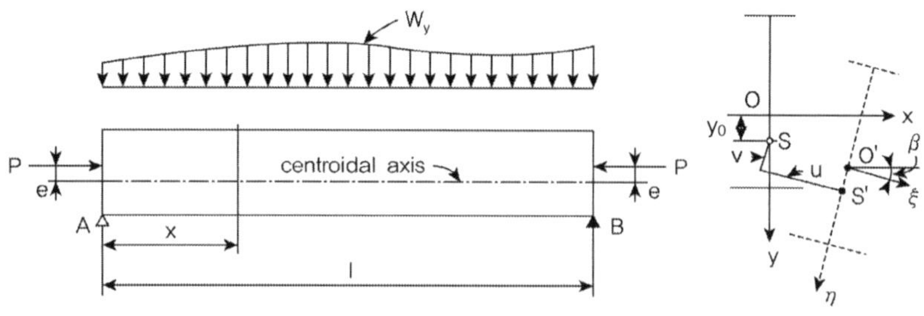

Potential Energy U

Internal Strain Energy V

– 좌굴발생 전의 휨과 압축으로 인한 $EI_x v''^2$과 $EA\epsilon^2$ term은 생략되므로

$$V = \frac{1}{2} \int_0^L (EI_y u''^2 + EC_w \beta''^2 + GJ\beta'^2) dz$$

– 하중 P에 의한 Potential Energy $U_w$

$$\sigma = \frac{P}{A} - \frac{Pe}{I_x} y, \quad \text{미소면적 dA에 작용하는 } \sigma\text{에 대해서 } dU_w = -\sigma dA\left(\delta_c + \frac{1}{E}\int_0^L \Delta\sigma_z dz\right)$$

$$U_w = -\int_A \sigma \delta_c dA - \frac{1}{E}\int_0^L \left(\int_A \sigma \Delta\sigma_z dA\right) dz$$

여기서, $\Delta\sigma_z$은 좌굴로 인한 응력 변화량, $\delta_c$는 축력 인해 좌굴되었을 때 보의 전체 신축량

보에서 $\Delta\sigma_z$는 z축에 평행하여야 하며 x축에 대한 모멘트는 상쇄되므로,

$$\int_A \Delta\sigma_z dA = 0 \quad \text{and} \quad \int_A y\Delta\sigma_z dA = 0$$

$$U_w = -\frac{P}{A}\int_A \delta_c dA + \frac{Pe}{I_x}\int_A y\delta_c dA$$

$$\therefore U_w = -\frac{1}{2}\int_0^L \left[P(u'^2 + v'^2) + 2P(y_0 + e)u'\beta' + P\left(\frac{I_p}{A} + e\frac{Z}{I_x}\right)\beta'^2\right]dz$$

여기서, $Z = 2y_0 I_x - \int_A y(x^2 + y^2)dA$ (x축에 대칭인 단면인 경우 $Z = 0$)

좌굴 발생 전에는 $u' = \beta' = 0$이므로   $U_w = -\dfrac{1}{2}\displaystyle\int_0^L Pv'^2 dz$

$$\therefore U_w = -\frac{1}{2}\int_0^L \left[ Pu'^2 + 2P(y_0 + e)u'\beta' + P\left(\frac{I_p}{A} + e\frac{Z}{I_x}\right)\beta'^2 \right] dz$$

– 하중 $w_y$에 의한 Potential Energy $U_w{}'$

$\beta \approx 0$, $1 - \cos\beta = \beta^2/2$

$$U_w{}' = -\int_0^L w_y y_s dz - \frac{a}{2}\int_0^L w_y \beta^2 dz$$

$$\frac{dQ_w}{dz} = -w_y, \quad \frac{dM_w}{dz} = Q_w \text{이므로,}$$

$$-\int_0^L w_y y_s dz = \left[ Q_w y_s \right]_0^L - \int_0^L Q_e \frac{dy_s}{dz} dz = \left[ Q_w y_s \right]_0^L - \left[ M_w \frac{dy_s}{dz} \right]_0^L + \int_0^L M_w \frac{d^2 y_s}{dz^2} dz$$

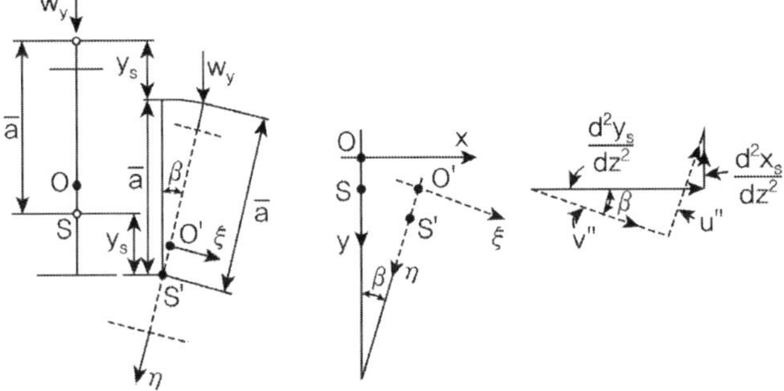

보의 단부에서 $y_s = 0$, $M_w = 0$이므로,   $U_w{}' = \displaystyle\int_0^L M_w \frac{d^2 y_s}{dz^2} dz - \frac{a}{2}\int_0^L w_y \beta^2 dz$

$$\frac{d^2 y_s}{dz^2} = v'' + \beta u'' \quad \therefore U_w{}' = \int_0^L M_w v'' dz + \int_0^L M_w \beta u'' dz - \frac{a}{2}\int_0^L w_y \beta^2 dz$$

좌굴 발생 전에는 $\beta = u'' = 0$이므로   $U_w = \displaystyle\int_0^L M_w v'' dz$

$$\therefore U_w{}' = \int_0^L M_w \beta u'' dz - \frac{a}{2}\int_0^L w_y \beta^2 dz$$

– 전체 Potential Energy U

$U = V + U_w + U_w{}'$

$$= \frac{1}{2}\int_0^L \left[ (EI_y u''^2 + EC_w \beta''^2 + GJ\beta'^2 - Pu'^2 - 2P(y_0 + e)u'\beta' - P\left(\frac{I_p}{A} + e\frac{Z}{I_x}\right)\beta'^2 + 2M_w u''\beta - aw_y\beta^2)dz \right]$$

여기서,   $\displaystyle\int_0^L \left[ -2P(y_0 + e)u'\beta' \right] dz = -2P(y_0 + e)\left[ u'\beta \right]_0^L + \int_0^L 2P(y_0 + e)u''\beta dz$

$z = 0$에서 $\beta = 0$,  $2P(y_0 + e)u''\beta + 2M_w u''\beta = 2(Py_0 + Pw + M_w)u''\beta = 2M''\beta$

$(\because M = M_w + Py_0 + Pe)$

$$\therefore\ U = \frac{1}{2}\int_0^L \left[ EI_y u''^2 + EC_w \beta''^2 + GJ\beta'^2 - Pu'^2 + 2M''\beta - P\left(\frac{I_p}{A} + \frac{eZ}{I_x}\right)\beta'^2 - aw_y\beta^2 \right] dz$$

위의 식은 보의 좌굴 방정식이며 이 방정식의 해를 구하기 위해서는 Ritz method나 기타 유사한 방법을 통해서 한계하중을 산정할 수 있다.

Euler의 방정식으로부터

$$EI_y u^{IV} + Pu'' + \frac{d}{dz^2}(M\beta) = 0 \qquad\qquad\text{--- ①}$$

$$EC_w\beta^{IV} + \left(P\frac{I_p}{A} - GJ + Pe\frac{Z}{I_x}\right)\beta'' - aw_y\beta + M'' = 0 \qquad\text{--- ②}$$

①식을 2번 적분하면, $EI_y u'' + Pu + M\beta = C_1 + C_2 z$

일반적인 경계조건에서 단부에서 $u = u'' = \beta = 0$이므로 $C_1 = C_2 = 0$

$$\therefore\ EI_y u'' + Pu + M\beta = 0,\quad EC_w\beta^{IV} + \left(P\frac{I_p}{A} - GJ + Pe\frac{Z}{I_x}\right)\beta'' - aw_y\beta + M'' = 0$$

- 축방향 하중이 없는 경우($P = 0$)

  $EI_y u'' + M\beta = 0$, $EC_w\beta^{IV} - GJ\beta'' - aw_y\beta + M'' = 0$ 이므로, $u''$을 소거하면

  $$EC_w\beta^{IV} - GJ\beta'' - \left(aw_y + \frac{M^2}{EI_y}\right)\beta = 0$$

  여기서 $M$이 일정한 값을 갖는다면 $w_y = 0$이므로, $EC_w\beta^{IV} - GJ\beta'' - \frac{M^2}{EI_y}\beta = 0$

  단순지지된 지점에서 $\beta = \beta'' = 0$이므로, $\therefore\ M_{cr} = \frac{\pi}{L}\sqrt{EI_y GJ}\sqrt{1 + \frac{\pi^2}{L^2}\frac{EC_w}{GJ}}$

## 5) 보(휨재)의 국부좌굴 [122회/125회]

**【 기출유형 ① 】** 강재 휨부재의 국부좌굴에 따른 단면 구분
**【 기출유형 ② 】** 강 교량의 단면계획 시 단면 구분

횡–비틀림좌굴은 부재 전체에서 발생하는 전체좌굴로 보의 강도를 감소시킨다. 보의 강도를 조기에 저하시킬 수 있는 다른 요인은 국부좌굴이 있다. 보의 단면이 항복모멘트에 도달하기 위해 압축플랜지가 항복응력에 도달할 수 있어야 하고 복부는 상응하는 전단응력을 지지해야 한다. 플랜지와 복부의 국부좌굴은 폭두께비가 큰 경우에 발생하기 쉽기 때문에 일반적인 형강의 플랜지와 복부는 국부좌굴을 방지하기 위해 판폭두께비를 제한하고 있다.

① 플랜지의 판폭두께비 : $\lambda_f = \dfrac{b}{t_f} = \dfrac{b_f}{2t_f}$

② 복부의 판폭두께비 : $\lambda_w = \dfrac{h_c}{t_w}$

한계상태설계법에서는 보 단면의 형태를 판 요소의 폭두께비에 따라 조밀단면, 비조밀단면 그리고 세장판단면으로 구분한다. 아래 표는 압축판요소의 폭두께비 한곗값(조밀단면의 폭두께비 한곗값 $\lambda_p$, 비조밀단면의 폭두께 한곗값 $\lambda_r$)을 나타낸다. 탄성한계 모멘트 $M_r$은 잔류응력으로 인해 비탄성국부좌굴이 시작되는 모멘트로 재료의 항복강도 $F_y$에서 잔류응력 $F_r = 0.3F_y$를 뺀 $0.7F_y$에 탄성단면계수 $S_x$를 곱한값 $0.7F_yS_x$ 이다. 조밀단면에서는 플랜지 또는 웨브의 국부좌굴이 발생하지 않으므로 소성모멘트 $M_p$에 도달할 수 있다.

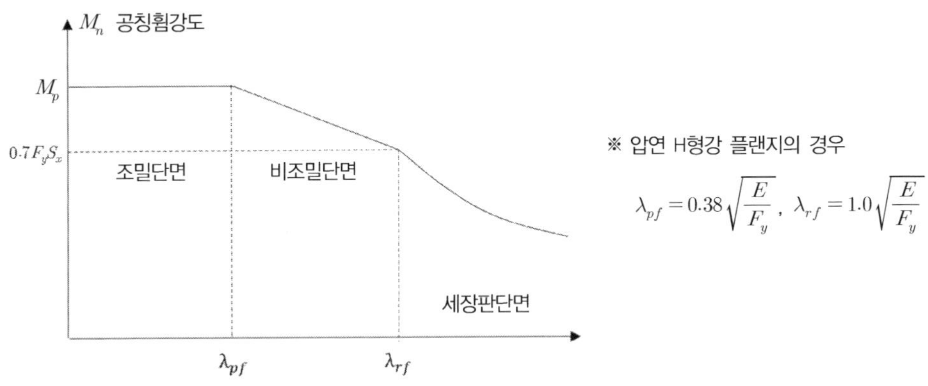

| | | 폭 두께비 | 폭두께비 제한 값 | | 예 |
|---|---|---|---|---|---|
| | 판요소에 대한 설명 | | $\lambda_p$ (조밀/비조밀) | $\lambda_r$ (비조밀/세장) | |
| 자유돌출판 | ① 압연 H형강, ㄷ형강 및 T형강의 플랜지 | $b/t$ | $0.38\sqrt{\dfrac{E}{F_y}}$ | $1.0\sqrt{\dfrac{E}{F_y}}$ | |
| | ② 2축 또는 1축 대칭인 용접 H형강의 플랜지 | $b/t$ | $0.38\sqrt{\dfrac{E}{F_y}}$ | $0.95\sqrt{\dfrac{k_c E}{F_L}}$ [1),2] | |
| | ③ 단일 ㄱ형강의 다리 | $b/t$ | $0.54\sqrt{\dfrac{E}{F_y}}$ | $0.91\sqrt{\dfrac{E}{F_y}}$ | |
| | ④ 약축 휨을 받는 압연 H형강, ㄷ형강의 플랜지 | $b/t$ | $0.38\sqrt{\dfrac{E}{F_y}}$ | $1.0\sqrt{\dfrac{E}{F_y}}$ | |
| | ⑤ T형강의 플랜지 | $d/t$ | $0.84\sqrt{\dfrac{E}{F_y}}$ | $1.52\sqrt{\dfrac{E}{F_y}}$ | |
| 양연지지판 | ① −2축 대칭 H형강의 웨브 −ㄷ형강의 웨브 | $h/t_w$ | $3.76\sqrt{\dfrac{E}{F_y}}$ | $5.70\sqrt{\dfrac{E}{F_y}}$ | |
| | ② 1축 대칭 H형강의 웨브 | $h_c/t_w$ | $\dfrac{\dfrac{h_c}{h_p}\sqrt{\dfrac{E}{F_y}}}{\left(0.54\dfrac{M_p}{M_y}-0.09\right)^2} \leq \lambda_r$ | $5.70\sqrt{\dfrac{E}{F_y}}$ | |
| | ③ 균일한 두께를 갖는 각형강관과 박스의 플랜지 | $b/t$ | $1.12\sqrt{\dfrac{E}{F_y}}$ | $1.40\sqrt{\dfrac{E}{F_y}}$ | |
| | ④ −플랜지 커버플레이트 −연결재 또는 용접선 사이의 다이아프램 플레이트 | $b/t$ | $1.12\sqrt{\dfrac{E}{F_y}}$ | $1.40\sqrt{\dfrac{E}{F_y}}$ | |
| | ⑤ 각형강관과 박스의 웨브 | $h/t$ | $2.42\sqrt{\dfrac{E}{F_y}}$ | $5.70\sqrt{\dfrac{E}{F_y}}$ | |
| | ⑥ 원형강관 | $D/t$ | $0.07\dfrac{E}{F_y}$ | $0.31\dfrac{E}{F_y}$ | |

주 1) $k_c = \dfrac{4}{\sqrt{h/t_w}}$ , 여기서 $0.35 \leq k_c \leq 0.76$

2) $F_L = 0.7F_y$ : 약축 휨을 받는 경우, 웨브가 세장판 단면인 용접 H형강이 강축 휨을 받는 경우, 그리고 조밀단면 웨브 또는 비조밀단면 웨브이고 $S_{xt}/S_{xc} \geq 0.7$인 용접 H형강이 강축 휨을 받는 경우

$F_L = F_y S_{xt}/S_{xc} \geq 0.5F_y$ : 조밀단면 웨브 또는 비조밀단면 웨브이고 $S_{xt}/S_{xc} < 0.7$인 용접 H형강이 강축 휨을 받는 경우

### 강구조물 조밀단면

강 교량의 단면계획 시 조밀단면에 대하여 설명하시오.

## 풀 이

### ▶ 개요

한계상태설계법에서는 압축부재와 휨부재에 초기변형, 잔류응력 및 편심이 존재함을 고려하여 강재의 단면을 조밀단면, 비조밀단면, 세장단면으로 구분하여 국부좌굴 발생 등에 따라 강도를 다르게 쓰도록 고려하고 있다. 조밀단면은 압축이나 휨을 받을 때 플랜지나 웨브에 국부좌굴이 일어나지 않고 완전소성상태에 도달하는 단면으로서 이 단면은 플랜지와 웨브의 세장비와 가새(브레이싱)에 관한 요구조건들을 만족해야 한다.

### ▶ 국부좌굴 거동 특성에 따른 단면의 구분

국부좌굴은 보의 강도를 조기에 저하시킬 수 있는 요인이다. 보의 단면이 항복모멘트에 도달하기 위해 압축플랜지가 항복응력에 도달할 수 있어야 하고 복부는 상응하는 전단응력을 지지해야 한다. 그러나 국부좌굴로 인해서 항복모멘트에 도달하기 전에 저항력을 잃을 수 있기 때문에 설계기준에서는 국부좌굴을 방지하기 위해 판폭두께비를 제한하고 있다. 이는 플랜지와 복부의 국부좌굴은 폭 두께비가 큰 경우에 발생하기 쉽기 때문이다. 일반적으로 국부좌굴이 발생되기 전에 부재가 완전소성 영역상태에 도달하고 소성힌지가 형성되어 회전이 가능한 단면을 조밀단면(Compact Section)이라고 하며, 국부좌굴이 발생되기 전에 압축부는 항복점에 도달하지만 완전소성영역 상태 시 변형에 따른 비탄성 좌굴에는 저항하지 못하는 단면을 비조밀단면(Non-Compact Section)이라고 한다. 또한 압축부가 항복점에 도달하기 이전에 국부좌굴이 발생하는 단면을 세장단면(Slender Section)이라고 한다.

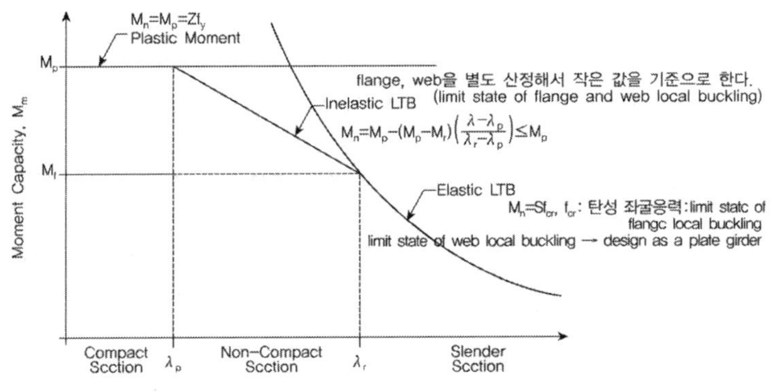


(Variation of $M_n$ with $\lambda$)

## 강재 휨부재의 단면구분

강재의 휨부재에서 국부좌굴 거동 특성에 따른 단면의 구분 방법과 각각의 단면에 대한 저항모멘트강도($M_n$)를 산정하는 방법을 설명하고, 횡좌굴 거동에 따라 부재의 저항모멘트강도($M_n$)를 산정하는 방법에 대하여 개념적(수식을 사용할 필요 없음)으로 설명하시오(단, 잔류응력의 영향은 무시하는 것으로 간주함).

### 풀 이

#### ▶ 개요

강재의 휨부재의 구조설계 시에는 ① 항복강도 또는 소성강도(Yielding strength or Plastic strength), ② 국부좌굴(Flange local buckling, Web local buckling), ③ 횡 비틂좌굴(Lateral torsional buckling), ④ 붕괴 메커니즘(collapse mechanism)을 고려하여 설계한다.

#### ▶ 국부좌굴 거동 특성에 따른 단면의 구분

국부좌굴은 보의 강도를 조기에 저하시킬 수 있는 요인이다. 보의 단면이 항복모멘트에 도달하기 위해 압축플랜지가 항복응력에 도달할 수 있어야 하고 복부는 상응하는 전단응력을 지지해야 한다. 그러나 국부좌굴로 인해서 항복모멘트에 도달하기 전에 저항력을 잃을 수 있기 때문에 설계기준에서는 국부좌굴을 방지하기 위해 판폭두께비를 제한하고 있다. 이는 플랜지와 복부의 국부좌굴은 폭 두께비가 큰 경우에 발생하기 쉽기 때문이다. 일반적으로 국부좌굴이 발생되기 전에 부재가 완전소성 영역상태에 도달하고 소성힌지가 형성되어 회전이 가능한 단면을 조밀단면(Compact Section)이라고 하며, 국부좌굴이 발생되기 전에 압축부는 항복점에 도달하지만 완전소성영역 상태 시 변형에 따른 비탄성 좌굴에는 저항하지 못하는 단면을 비조밀단면(Non-Compact Section)이라고 한다. 또한 압축부가 항복점에 도달하기 이전에 국부좌굴이 발생하는 단면을 세장단면(Slender Section)이라고 한다.

① 조밀단면(Compact Section, $\lambda < \lambda_p$) : 완전소성상태 도달
② 비조밀단면(Non-Compact Section, $\lambda_p \leq \lambda < \lambda_r$) : 항복점에 도달하지만 완전소성 이전에 국부좌굴 발생
③ 세장단면(Slender Section, $\lambda > \lambda_r$) : 항복점에 도달하기 이전에 국부좌굴 발생, 일반적으로 세장단면은 춤이 큰 보로 플레이트 거더로 설계된다.

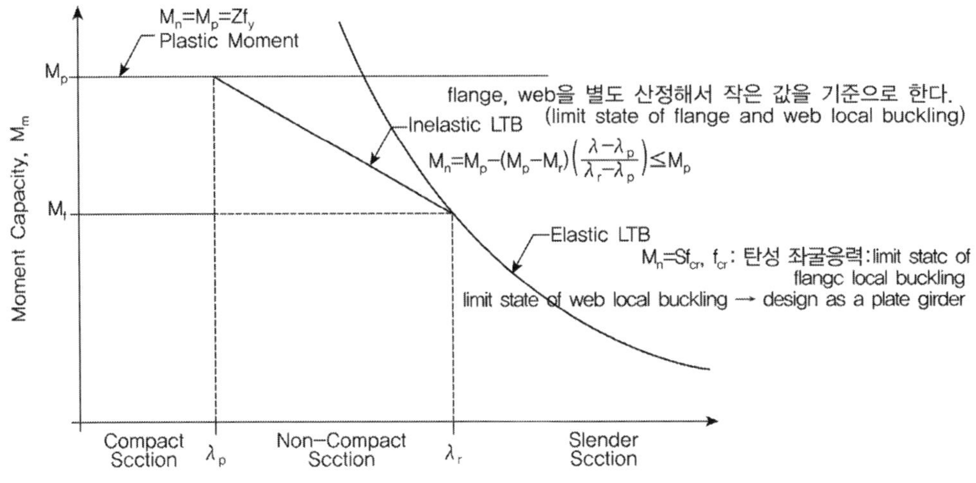



① 조밀단면(Compact Section, $\lambda < \lambda_p$) : 저항모멘트는 소성모멘트와 같다.

$$M_n = M_p = ZF_y$$

② 비조밀단면(Non-compact Section, Partially Compact Section) : 탄성좌굴응력에서 산정되는 세장단면의 저항모멘트와 조밀단면의 저항모멘트값 사이에서 보간법에 따라 산정한다. 플랜지와 웨브를 별도 산정하고 작은 값을 기준으로 적용한다.

$$M_n = M_p - (M_p - M_r)\left(\frac{\lambda - \lambda_p}{\lambda_r - \lambda_p}\right) \leq M_p$$

③ 세장단면(Slender Section) : 탄성좌굴응력에서 산정되는 좌굴모멘트와 같다.

$$M_n = SF_{cr} = M_{cr} \leq M_p$$

## ➤ 횡좌굴 거동에 따른 부재의 저항모멘트 산정

수직하중에 대해 경제적으로 설계함에 따라 보의 단면은 복부에 평행한 수직축(약축)에 대한 휨과 비틀림에는 상대적으로 약한 성질을 갖는다. 휨변형 발생 시 휨모멘트가 어느 한곗값에 도달하면 압축플랜지는 압축응력에 의해 횡방향으로 좌굴하게 되고 보의 단면은 비틀림 변형이 발생하며 휨강도는 감소한다. 이러한 현상을 횡좌굴(lateral buckling) 또는 횡비틀림좌굴(lateral torsional buckling)이라고 한다. 횡좌굴을 방지하고 휨강도를 증가시키기 위해서는 압축플랜지의 횡방향 변위를 구속할 수 있는 브레이싱이나 슬래브 등에 의해 보를 횡방향으로 지지해야 한다. 이때 횡방향 지지점 사이의 거리를 비지지길이(unbraced length) $L_b$라고 한다.

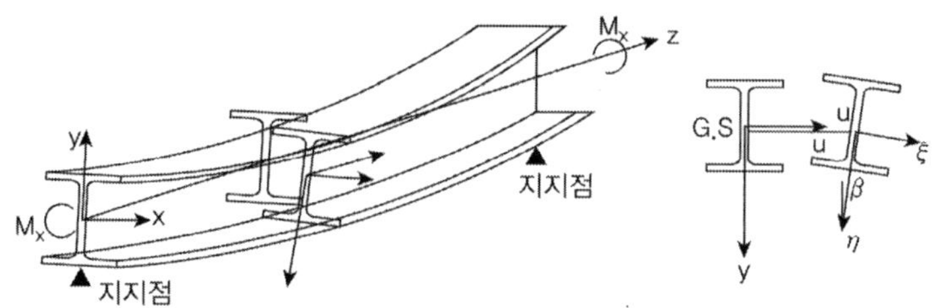

보의 단면중심의 $x$, $y$방향의 변위를 $u$, $v$라 하고 단면 비틀림 각을 $\beta$라 하면,

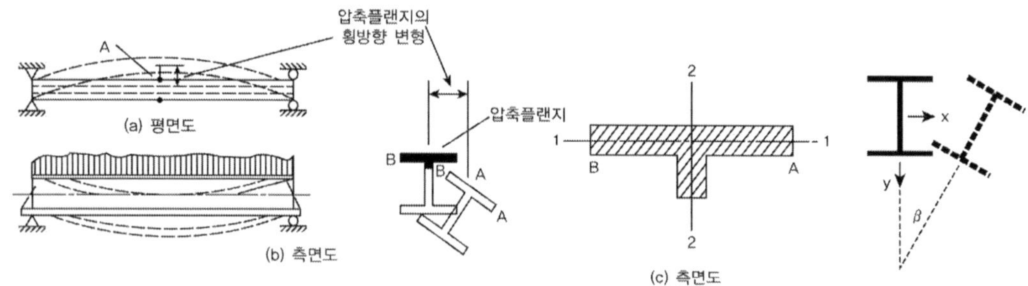


면내 휨에 대해   $EI_x \dfrac{d^2 v}{dz^2} + M_x = 0$

면외 휨에 대해   $EI_y \dfrac{d^2 u}{dz^2} + \beta M_x = 0$

비틀림에 대해   $EC_w \dfrac{d^3 \beta}{dz^3} - GJ \dfrac{d\beta}{dz} + \dfrac{du}{dz} M_x = 0$   여기서, $C_w = \dfrac{h^2}{4} I_y$ Warping constant

$$\therefore M_{cr} = \sqrt{EI_y GJ \left(\frac{\pi}{L}\right)^2 + E^2 I_y C_w \left(\frac{\pi}{L}\right)^4} = \frac{\pi}{L} \sqrt{EI_y GJ + \left(\frac{\pi E}{L}\right)^2 I_y C_w}$$

$$f_{cr} = \frac{M_{cr}}{S} \equiv \frac{\pi}{LS} \sqrt{EI_y GJ + \left(\frac{\pi E}{L}\right)^2 I_y C_w}$$

탄성 횡좌굴 응력은 횡지지길이(L), 약축방향 휨강성($EI_y$), 비틀림강성(GJ), 뒤틀림강성($EC_w$)에 영향을 받으며, 단면형상, 지지조건, 하중패턴, 하중작용위치에 따라 변화된다. 상자형 단면이나

원형단면과 같은 폐단면은 H형강에 비해 비틀림 강성이 크므로 상대적으로 횡비틀림좌굴이 일어나기 어렵다. H형강이나 ㄷ형강이 약축휨을 받는 경우는 강축방향의 단면 2차 모멘트가 크기 때문에 횡비틀림좌굴이 발생되지 않으며 압축플랜지에 작용하는 압축력의 2%정도만 횡방향에서 지지하면 횡비틀림좌굴을 방지할 수 있다.

전 길이에 걸쳐 균일한 휨모멘트를 받는 보의 횡비틀림좌굴강도와 비지지길이와의 상관관계는 크게 세가지로 구분할 수 있다.

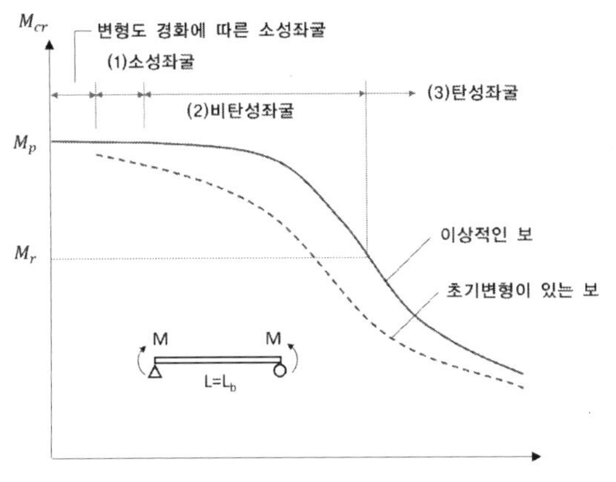


① 소성좌굴 : 비지지길이가 짧아 소성모멘트에 도달한 후 좌굴이 일어나는 구간

② 비탄성좌굴 : 보의 일부분이 항복한 후에 불안정이 나타나는 비탄성 횡비틀림좌굴 구간이 지배하는 구간

③ 탄성좌굴 : 비지지길이가 길어 탄성횡비틀림좌굴이 지배하는 구간

① 소성좌굴 : 횡좌굴 강도를 고려하지 않고 소성좌굴 강도를 사용한다.

$$L_b \leq L_p \qquad\qquad\qquad\qquad : \quad M_n = M_p$$

② 비탄성좌굴 : 탄성좌굴과 소성좌굴 보간법을 적용해 강도를 구한다. 이때 설계기준에서는 잔류응력 $F_r = 0.3F_y$ 과 비지지 길이 내에서 비대칭 휨을 고려 계수 $C_b$ 를 고려해 적용한다.

$$L_p < L_b \leq L_r : \quad M_n = C_b\left[ M_p - (M_p - 0.7F_yS_x)\left(\frac{L_b - L_p}{L_r - L_p}\right)\right] \leq M_p$$

③ 탄성좌굴 : 탄성좌굴응력에서 산정되는 좌굴모멘트와 같다.

$$L_b > L_r \qquad\qquad\qquad\qquad : \quad M_n = F_{cr}S_x \leq M_p$$

## PSC와 강거더의 횡좌굴 비교

PSC 거더와 강 거더의 횡 좌굴에 대하여 비교 설명하시오.

### 풀 이

> **개요**

강재 기둥부재와 달리 프리스트레스가 도입된 기둥부재 또는 축력부재에서는 콘크리트와 PS강연선이 부착되어 있을 경우에는 축하중에 의한 좌굴하중과 PS강선에 의한 직선으로 회귀하려는 성질이 서로 상쇄되기 때문에 좌굴작용, 기둥작용이 발생되지 않는다. 그러나 PSC 거더가 장경간화되어 감에 따라 거더에 설치되는 강연선이 많아지고, 거더형고는 높아지면서 강축방향으로는 큰 강성을 갖게 되지만 상대적으로 횡방향 강성은 더 취약해, 장경간 PSC 거더에서 좌굴 현상과 유사하게 횡방향으로 변형이 유발되는 횡만곡 현상이 발생될 수 있다.

> **강 거더와 PSC 거더의 횡 좌굴**

1) 강 거더의 횡좌굴

강 거더는 수직하중에 대해 경제적으로 설계하기 위해 복부에 평행한 수직축인 약축에 대해 휨과 비틀림이 상대적으로 약한 성질을 갖는다. 이 때문에 휨 변형이 발생하면 휨모멘트가 어느 한계 값에 도달할 때 압축 플랜지는 압축응력에 의해 횡방향으로 좌굴하게 되고 보의 단면에는 비틀림 변형을 발생하게 되며 휨강도가 감소되는 현상이 발생하는데 이러한 현상을 횡좌굴(lateral buckling) 또는 횡비틀림좌굴(lateral torsional buckling)이라고 한다. PSC 거더와 달리 강거더의 경우 재료적, 단면적 특성으로 인해서 일정하게 발생되는 현상으로 설계 시에는 이러한 횡좌굴로 인한 강도 저감을 단면에 따라 감안해 설계하도록 규정한다.

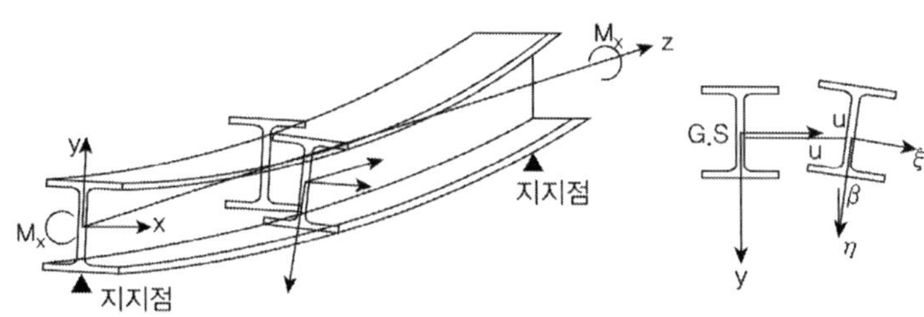


$$M_{cr} = \sqrt{EI_y GJ\left(\frac{\pi}{L}\right)^2 + E^2 I_y C_w \left(\frac{\pi}{L}\right)^4} = \frac{\pi}{L}\sqrt{EI_y GJ + \left(\frac{\pi E}{L}\right)^2 I_y C_w}$$

$$f_{cr} = \frac{M_{cr}}{S} \equiv \frac{\pi}{LS} \sqrt{EI_y GJ + \left(\frac{\pi E}{L}\right)^2 I_y C_w}$$

## 2) PSC 거더의 횡 좌굴

강 거더와는 달리 PSC 거더는 주로 제작상의 문제로 발생되며, 통상 횡만곡이라 표현된다. 강거더가 좌굴이 발생되면 횡방향으로의 급격하게 Snap-through현상이 발생되는 것과는 달리, PSC 거더에서는 급격한 변위가 발생되지는 않지만 거더의 일직선으로 분포되지 않아 하중 전달이 원활하지 못하게 될 수 있다. 횡만곡이 발생되는 원인은 통상 아래와 같다.

① PSC 압축 응력 도입 시 : PSC 텐던이 좌우 대칭되어 설계되어 있다 하더라도 현장 제작 시의 쉬스관의 조립오차, 긴장력의 순차적 도입에 따른 탄성변형으로 인한 하중 비대칭성, 도입된 강연선의 파단 등으로 인해 비대칭이 발생될 수 있고 이로 인해 횡만곡이 발생할 수 있다.

② 거푸집 변형, 재료의 불균질, 온도노출 편차 : 제작대 설치 오차나 거푸집의 변형이나, 골재나 혼화재의 품질 불균질, 직사광선에 노출되는 정도로 인한 온도 구배 등으로 인해 거더의 외형이나 응력 불균질을 유발할 수 있고 이로 인해 횡만곡이 발생될 수 있다.

③ 제작장 부등침하 : 긴장력 도입 시 지지조건을 이루는 제작장이 부등침하한 경우 긴장력에 편심이 도입될 수 있으며 이로 인해 횡만곡이 유발될 수 있다.

④ 인양과정에서 무게 중심 변동 : 인양과정에서 연직 방향으로 작용해야 자중의 작용방향이 변화될 경우 텐던에 도입되는 압축력과 텐던의 편심에 의해 발생하는 모멘트가 변경될 수 있고 미세한 하중의 변화는 만곡을 증가시키거나 신규로 생성시킬 수 있다.

⑤ 콘크리트 크리프로 인한 추가 변형 : 발생된 횡만곡은 콘크리트 크리프로 인해 추가 하중이 없어도 변형이 지속될 수 있으며, 이는 횡만곡을 더 심화시키는 요인으로 작용한다.

### 횡비틀림좌굴

휨모멘트를 받는 강재보의 횡비틀림좌굴(Lateral-Torsional Buckling) 설계방법에 대하여 설명하시오.

## 풀 이

### ▶ 개요

수직하중에 대해 경제적으로 설계함에 따라 보의 단면은 복부에 평행한 수직축(약축)에 대한 휨과 비틀림에는 상대적으로 약한 성질을 갖는다. 휨변형 발생시 휨모멘트가 어느 한곗값에 도달하면 압축플랜지는 압축응력에 의해 횡방향으로 좌굴하게 되고 보의 단면은 비틀림 변형이 발생하며 휨강도는 감소한다. 이러한 현상을 횡좌굴(lateral buckling) 또는 횡비틀림좌굴(lateral torsional buckling)이라고 한다.

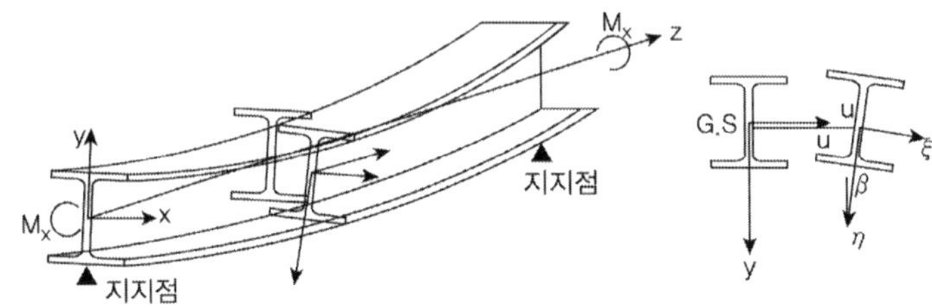


### ▶ 횡비틀림좌굴(Lateral-Torsional Buckling) 설계방법

1) 횡좌굴을 방지하고 휨강도를 증가시키기 위해서는 압축플랜지의 횡방향 변위를 구속할 수 있는 브레이싱이나 슬래브 등에 의해 보를 횡방향으로 지지해야 한다. 이때 횡방향 지지점 사이의 거리를 비지지길이(unbraced length) $L_b$ 라고 한다.

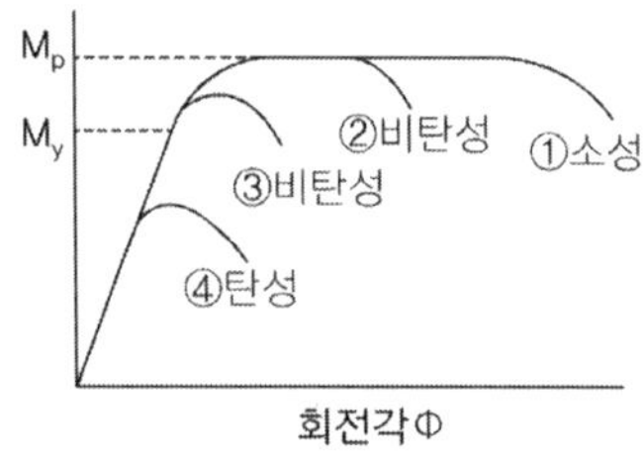


(단순보의 $L_b/r_y$ 에 따른 휨거동)

- ①은 세장비가 매우 작아 소성모멘트에 도달 또는 초과, 변형능력이 매우 큰 거동
- ②은 보의 세장비가 ①보다는 큰 경우로 소성모멘트에는 도달하나 회전변형능력이 크지 않은 비탄성 거동을 보임. 플랜지에 비탄성변형이 생긴 상태에서 횡좌굴이 발생하며 이때의 휨강도는 소성모멘트가 된다.
- ③은 보의 세장비가 다소 큰 경우 비탄성좌굴에 의해 소성모멘트보다는 작고 항복모멘트보다는 큰 휨강도를 갖는다. 보의 플랜지에 있는 잔류응력의 영향으로 비탄성거동을 보이고 횡좌굴을 일으켜 한계상태에 도달한다. 이때의 휨강도는 비탄성좌굴강도가 된다.
- ④는 보의 횡방향 지지길이가 매우 큰 경우로 보는 탄성횡좌굴에 의해 한계상태에 도달하며 최대 모멘트는 항복모멘트에 도달하지 못하며 휨강도는 탄성좌굴강도가 된다.

2) 탄성 횡좌굴 모멘트

보의 단면중심의 $x$, $y$방향의 변위를 $u$, $v$라하고 단면 비틀림 각을 $\beta$라 하면

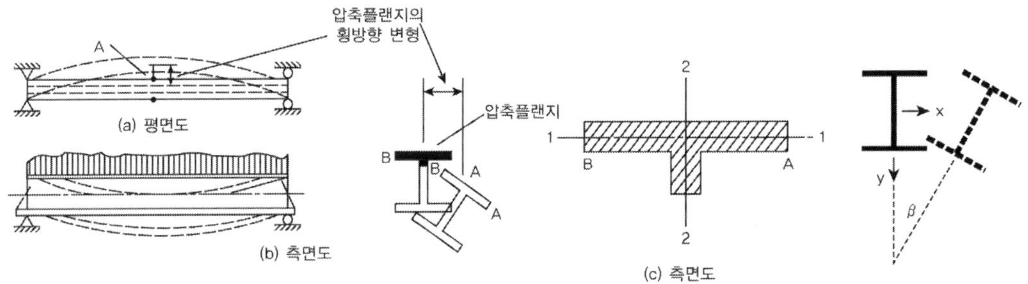



면내 휨에 대해 $\quad EI_x \dfrac{d^2 v}{dz^2} + M_x = 0$

면외 휨에 대해 $\quad EI_y \dfrac{d^2 u}{dz^2} + \beta M_x = 0$

비틀림에 대해 $\quad EC_w \dfrac{d^3 \beta}{dz^3} - GJ \dfrac{d\beta}{dz} + \dfrac{du}{dz} M_x = 0 \quad \left( C_w = \dfrac{h^2}{4} I_y : \text{Warping constant} \right)$

$$\therefore M_{cr} = \sqrt{EI_y GJ \left( \frac{\pi}{L} \right)^2 + E^2 I_y C_w \left( \frac{\pi}{L} \right)^4} = \frac{\pi}{L} \sqrt{EI_y GJ + \left( \frac{\pi E}{L} \right)^2 I_y C_w}$$

$$f_{cr} = \frac{M_{cr}}{S} \equiv \frac{\pi}{LS} \sqrt{EI_y GJ + \left( \frac{\pi E}{L} \right)^2 I_y C_w}$$

단면형상, 횡지지길이, 지점조건, 하중패턴, 하중작용위치에 영향을 받으며 Open Section의 경우 비틀림강성($GJ$)이 매우 낮아서 횡비틀림좌굴에 취약하다.

국부좌굴에 의한 단면 구분

용접 H형강 H−600×300×8×12(SM275)보의 국부좌굴에 의한 단면을 구분하시오.



## ▶ 단면 형상 및 계수

1) H−600×300×8×12         $b = 300,\ h = 600,\ t_f = 12,\ t_w = 8$

2) SM355         웨브와 플렌지 두께 16mm 이하이므로 $F_y$=275MPa (SM275A)

## ▶ 국부좌굴에 대한 단면 구분

1) 플랜지

$$\lambda = \frac{b}{2t_f} = \frac{300}{2 \times 12} = 12.50$$

1축 대칭인 용접 H형강 휨재의 플랜지이므로

$$\therefore \lambda_r = 0.95 \sqrt{\frac{k_c E}{f_L}} = 0.95 \sqrt{\frac{0.47 \times 210,000}{192.5}} = 21.51$$

$$k_c = \frac{4}{\sqrt{h/t_w}} = \frac{4}{\sqrt{(600 - 2 \times 12)/8}} = 0.47, \quad 0.35 \leq k_c \leq 0.76 \quad \text{O.K}$$

$$f_L = 0.7 F_y \text{=192.5MPa (세장한 복부판을 가진 플레이트 거더의 경우)}$$

$$\lambda_p = 0.38 \sqrt{\frac{E}{F_y}} = 0.38 \sqrt{\frac{205000}{355}} = 9.13 \qquad \therefore \lambda_p < \lambda < \lambda_r \quad \text{비조밀단면}$$

2) 웨브

$$\lambda = \frac{h}{t_w} = \frac{600 - 2 \times 12}{8} = 72.0$$

휨부재의 복부 판폭두께비 상한값 적용 시 $\lambda_p = 3.76 \sqrt{\dfrac{E}{F_{yt}}} = 103.90 \quad \therefore \lambda < \lambda_p \quad$ 조밀단면

$$\therefore \text{비조밀단면}$$

국부좌굴에 의한 단면 구분

용접 H형강 H–700×300×10×16(SM355)보의 국부좌굴에 의한 단면을 구분하시오.

**풀 이**

### ▶ 단면 형상 및 계수

1) H–700×300×10×16 $\qquad b = 300,\ h = 700,\ t_f = 16,\ t_w = 10$

2) SM355 $\qquad F_y$=355MPa, $F_u$=490MPa, $E$=210,000MPa

### ▶ 국부좌굴에 대한 단면 구분

1) 플랜지

$$\lambda = \frac{b}{2t_f} = \frac{300}{2 \times 16} = 9.375$$

1축 대칭인 용접 H형강 휨재의 플랜지이므로

$$\therefore \lambda_r = 0.95\sqrt{\frac{k_c E}{f_L}} = 0.95\sqrt{\frac{0.489 \times 210,000}{248.5}} = 18.86$$

$$k_c = \frac{4}{\sqrt{h/t_w}} = \frac{4}{\sqrt{(700 - 2 \times 16)/10}} = 0.489, \quad 0.35 \leq k_c \leq 0.76 \quad \text{O.K}$$

$f_L = 0.7 F_y$=248.5MPa (세장한 복부판을 가진 플레이트 거더의 경우)

$$\lambda_p = 0.38\sqrt{\frac{E}{F_y}} = 0.38\sqrt{\frac{210000}{355}} = 9.24 \qquad \therefore \lambda_p < \lambda < \lambda_r \ \ \text{비조밀단면}$$

2) 웨브

$$\frac{h}{t_w} = \frac{700 - 2 \times 16}{10} = 66.8$$

휨부재의 복부 판폭두께비 상한값 적용시 $\lambda_p = 3.76\sqrt{\dfrac{E}{F_{yt}}} = 91.45 \quad \therefore \lambda < \lambda_p \ \ \text{조밀단면}$

$$\therefore \text{비조밀 단면}$$

## 1. 휨부재의 공칭 휨강도

한계상태설계법에서 구조물의 설계방법은 소성해석방법과 탄성해석법을 모두 포함하고 있다. 소성설계법은 제한조건이 있고 익숙하지 않기 때문에 주로 탄성해석법에 의해 구조물이 설계되고 있다. 휨부재는 보의 비지지길이($L_b$)에 따라 공칭휨강도($M_n$)가 변화한다. 휨재의 공칭휨강도는 소성모멘트 $M_p$에 이르는 소성설계구간, 비탄성 횡비틀림좌굴구간 및 탄성 횡비틀림좌굴구간에 따라 공칭휨강도가 결정되며 보의 비지지길이가 증가하면 휨재의 공칭휨강도도 작아진다. 따라서 비지지길이를 적절히 유지시키지 않으며 횡비틀림 좌굴로 인하여 단면 자체가 갖고 있는 보유강도에 비해 휨내력이 감소하는 경향을 보인다.

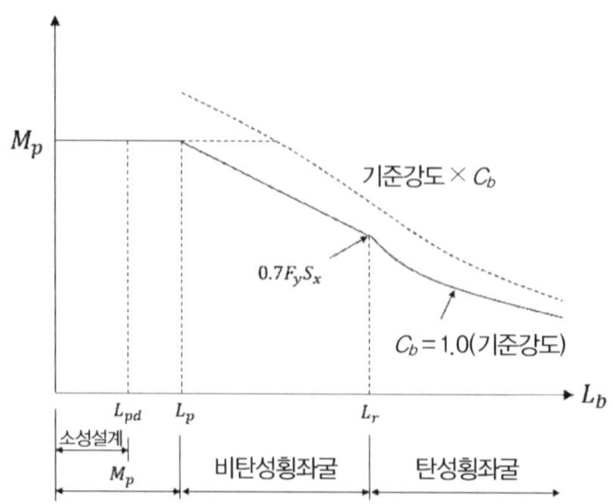


$$C_b = \frac{12.5M_{\max}}{2.5M_{\max} + 3M_A + 4M_B + 3M_C}R_m \leq 3.0$$

여기서,　$M_{\max}$ : 비지지 길이 내의 최대 절댓값(단부 포함)
　　　　$M_A$ : 비지지 길이의 1/4지점 절댓값
　　　　$M_B$ : 비지지 길이의 1/2지점 절댓값
　　　　$M_C$ : 비지지 길이의 3/4지점 절댓값
　　　　$R_m$ : 대칭단면(1.0), 채널과 같은 1축 대칭$(0.5 + 2(I_{yc}/I_y)^2$
　　　　$I_{yc}$ : 압축플랜지의 y축에 대한 단면 2차 모멘트

앞선 탄성횡좌굴모멘트는 양단에서 동일한 크기의 휨모멘트가 작용해 일정한 경우의 대한 값으로 보의 비지지길이 내에서 모멘트가 변화하는 경우에는 보의 휨강도가 증가한다. 이러한 모멘트의

분포형태가 횡좌굴모멘트에 미치는 영향을 고려하기 위해 횡좌굴모멘트 수정계수(lateral buckling modification factor) $C_b$를 적용한다. 비지지구간 내에서 보 양단부의 휨모멘트가 균일하지 않는 경우에 휨모멘트에 대한 저항성능의 증가분을 보정하기 위해 사용되는 변수로 휨모멘트가 균일한 경우에 1.0이 된다.



단순보에서 단부에서 횡방향으로 지지 시 $C_b$

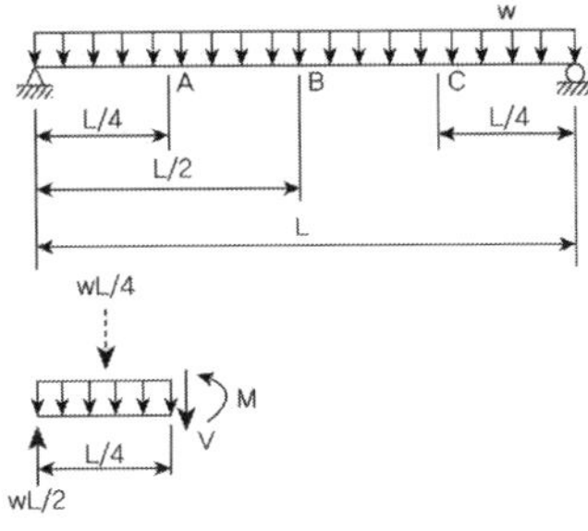

$$M_{\max} = M_B = \frac{1}{8}wL^2$$

$$M_A = M_B = \frac{wL}{2}\frac{L}{4} - \frac{wL}{4}\frac{L}{8} = \frac{3}{32}wL^2$$

$$C_b = \frac{12.5 M_{\max}}{2.5 M_{\max} + 3M_A + 4M_B + 3M_C}$$

$$= \frac{12.5(1/8)}{2.5(1/8) + 3(3/32) + 4(1/8) + 3(3/32)} = 1.14$$

1) 횡비틀림좌굴 : 강축 휨을 받는 2축 대칭 H형강 또는 ㄷ형강으로 웨브와 플랜지 모두 조밀단면

길이에 따라 균일한 강축방향 휨모멘트를 받는 H형강 또는 ㄷ형강보 압축플랜지의 한계비지지길 이인 $L_p$ 및 $L_r$는 횡비틀림좌굴강도에 영향을 미친다. 여기서 $L_p$는 완전소성모멘트에 도달할 수 있는 휨성능에 대한 한계비지지길이이고, $L_r$은 비탄성횡비틀림좌굴에 대한 한계비지지길이다. 보의 비지지길이 $L_b$에 따른 조밀단면 휨재의 횡비틀림좌굴강도는 보의 비지지길이와 $L_p$, $L_r$와 의 관계로부터 3가지 영역으로 구분해 $M_n$을 구한다.

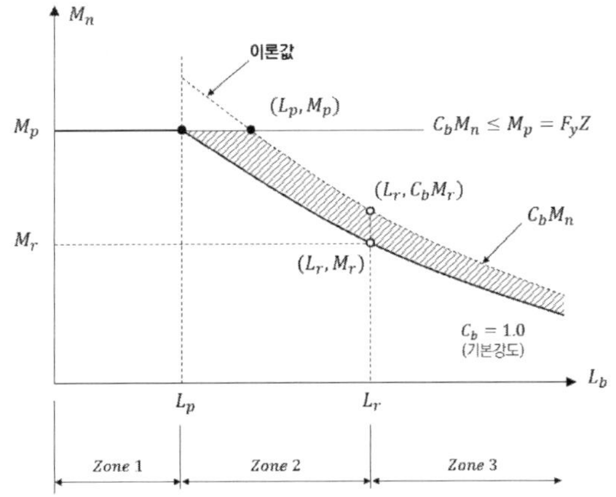

$$L_p = 1.76 r_y \sqrt{\frac{E}{F_{yf}}}$$

$$L_r = 1.95 r_{ts} \frac{E}{0.7 F_y} \sqrt{\frac{Jc}{S_x h_0} \sqrt{1 + \sqrt{1 + 6.76 \left(\frac{0.7 F_y}{E} \frac{S_x h_o}{Jc}\right)^2}}}$$

여기서, $r_{ts}^2 = \dfrac{\sqrt{I_y C_w}}{S_x}$, 압연 H형강의 경우 $C_w = \dfrac{h^2 I_y}{4}$ 이므로 $r_{ts} = \sqrt{\dfrac{I_y h_0}{2 S_x}}$

$\quad\quad h_0$ : 상하부플랜지 간 중심거리 $h - t_f$

$\quad\quad c$ : 2축 대칭인 H형강 부재(1.0), ㄷ형강 $\left(= \dfrac{h_o}{2} \sqrt{\dfrac{I_y}{C_w}}\right)$

$L_r$은 $C_b$를 안전측으로 1.0으로 하고 탄성횡좌굴응력도 $F_{cr}$를 탄성과 비탄성횡비틀림좌굴의 경계값인 $0.7 F_y$와 같다고 하면 다음과 같이 단순화시킬 수 있다.

$$F_{cr} = \frac{C_b \pi^2 E}{\left(\dfrac{L_b}{r_{ts}}\right)^2} = 0.7 F_y \qquad \therefore L_r = \pi r_{ts} \sqrt{\frac{E}{0.7 F_y}}$$

① (Zone 1, $L_b \leq L_p$) $M_n = M_p = F_y Z_x$     별도의 횡비틀림좌굴을 고려하지 않는다.

보가 소성모멘트 $M_p$ 발휘하므로 소성모멘트가 보의 횡비틀림좌굴강도가 되며 이 구간에서는 횡비틀림좌굴이 발생되지 않는다.

② (Zone 2, $L_p < L_b \leq L_r$)   $M_n = C_b \left[ M_p - (M_p - 0.7 F_y S_x)\left(\dfrac{L_b - L_p}{L_r - L_p}\right) \right] \leq M_p$

보의 압축플랜지가 횡비틀림지지 간격이 $L_p$보다 커 비탄성거동에 의한 횡비틀림좌굴이 발생하는 비탄성횡좌굴구간에 해당된다. 보의 비지지길이에 따라 반비례적으로 횡좌굴강도가 감소하며 소성모멘트 $M_p$와 탄성한계횡좌굴모멘트 $M_r (=0.7 F_y S_x)$를 보의 비지지길이에 따라 직선보간하여 산정한다.

③ (Zone 3, $L_b > L_r$) $M_n = M_{cr} = F_{cr} S_x \leq M_p$,

$$F_{cr} = \frac{C_b \pi^2 E}{\left(\dfrac{L_b}{r_{ts}}\right)^2} \sqrt{1 + 0.078 \frac{Jc}{S_x h_0} \left(\frac{L_b}{r_{ts}}\right)^2} \fallingdotseq \frac{C_b \pi^2 E}{\left(\dfrac{L_b}{r_{ts}}\right)^2}$$

여기서 안전측으로 $\sqrt{1 + 0.078 \dfrac{Jc}{S_x h_0} \left(\dfrac{L_b}{r_{ts}}\right)^2} \fallingdotseq 1.0$으로 설계할 수 있다.

보의 압축플랜지의 횡지지 간격이 매우 커 단면의 어느 부분도 항복하지 않고 조기에 횡비틀림 좌굴이 발생하는 경우로 이때 강축에 휨을 받는 보의 횡비틀림좌굴강도는 탄성횡비틀림좌굴모 멘트 $M_{cr}$에 의해 결정된다.

2) 국부좌굴 : 강축 휨을 받는 2축 대칭 H형강(웨브 조밀단면, 플랜지 비조밀단면 또는 세장판단면)

① 플랜지와 웨브가 조밀 단면인 경우

1)의 횡비틀림좌굴강도에 따른다.

② 비조밀단면 플랜지의 경우($\lambda_{pf} < \lambda \leq \lambda_{rf}$)

$$M_n = \left[ M_p - (M_p - 0.7F_yS_x)\left(\frac{\lambda - \lambda_{pf}}{\lambda_{rf} - \lambda_{pf}}\right)\right]$$

플랜지 판폭두께비가 조밀단면의 $\lambda_{pf}$보다 크고 비조밀단면의 $\lambda_{rf}$보다 작은 경우에는 비탄성 국 부좌굴을 일으키며 이때의 공칭휨강도 $M_n$은 $M_p$와 $0.7F_yS_x$ 사이에서 직선보강해 산정한다.

③ 세장판단면 플랜지의 경우($\lambda > \lambda_{rf}$)

$$M_n = \frac{k_c\pi^2 ES_x}{12(1-\nu^2)(b_f/2t_f)^2} = \frac{0.9E\,k_cS_x}{\lambda^2}$$

플랜지 판폭두께비가 비조밀단면의 $\lambda_{rf}$보다 큰 경우 판요소는 탄성 국부좌굴을 일으키는 경우 에 해당된다.

여기서, $\lambda = \dfrac{b_f}{2t_f}$, $\nu = 0.3$(강재), $\lambda_{pf} = \lambda_p$, $\lambda_{rf} = \lambda_r$, $k_c = \dfrac{4}{\sqrt{h/t_w}}$ $(0.35 \leq k_c \leq 0.76)$

3) 국부좌굴 : 강축 휨을 받는 기타 H형강(조밀단면 웨브 또는 비조밀단면웨브)

비조밀단면 웨브를 갖는 강축에 휨을 받는 2축대칭 H형강 단면, 조밀단면 웨브 또는 비조밀단면 웨브를 갖는 강축에 휨을 받는 1축대칭 H형강 단면의 공칭휨강도 $M_n$은 압축플랜지 항복강도, 횡비틀림좌굴강도, 압축플랜지 국부좌굴강도 및 인장플랜지 항복강도 중 작은 값으로 한다.

① 압축플랜지 항복강도

$$M_n = R_{pc}M_{yc} = R_{pc}F_yS_{xc}$$

여기서, $M_{yc}$는 압축플랜지의 항복모멘트(N·mm), $M_{yc} = F_yS_{xc}$
$R_{pc}$는 웨브 소성화 계수

(a) $\dfrac{I_{yc}}{I_y} > 0.23 \quad R_{pc} = \dfrac{M_p}{M_{yc}}$ $\qquad\qquad \left(\dfrac{h_c}{t_w} \le \lambda_{pw}\right)$

$$= \left[\dfrac{M_p}{M_{yc}} - \left(\dfrac{M_p}{M_{yc}} - 1\right)\left(\dfrac{\lambda - \lambda_{pw}}{\lambda_{rw} - \lambda_{pw}}\right)\right] \le \dfrac{M_p}{M_{yc}} \qquad \left(\dfrac{h_c}{t_w} > \lambda_{pw},\ \lambda = \dfrac{h_c}{t_w}\right)$$

$h_c$ : 중립축에서 압축플랜지 내측면 거리에서 코너반경을 제외한 거리의 2배값

$M_p = Z_x F_y \le 1.6 S_{xc} F_y$

$S_{xc},\ S_{xt}$ : 압축, 인장플랜지 각각의 단면계수

(b) $\dfrac{I_{yc}}{I_y} \le 0.23 \quad R_{pc} = 1.0$

② 횡비틀림좌굴강도

항복한계상태에서의 한계비지지길이 $L_p$ 는 $\qquad L_p = 1.1 r_t \sqrt{\dfrac{E}{F_y}}$

비탄성 비틀림좌굴 한계상태에서의 한계비지지길이 $L_r$ 는

$$L_r = 1.95 r_t \dfrac{E}{F_L} \sqrt{\dfrac{J}{S_{xc}h_0}} \sqrt{1 + \sqrt{1 + 6.76\left(\dfrac{F_L}{E}\dfrac{S_{xc}h_0}{J}\right)^2}}$$

(1) $L_b \le L_p$ $\qquad\qquad$ 횡비틀림좌굴강도를 산정하지 않는다.

(2) $L_p < L_b \le L_r$ 의 경우

$$M_n = C_b\left[R_{pc}M_{yc} - (R_{pc}M_{yc} - F_L S_{xc})\left(\dfrac{L_b - L_p}{L_r - L_p}\right)\right] \le R_{pc}M_{yc}$$

(3) $L_b > L_r$ $\qquad\qquad M_n = F_{cr}S_{xc} \le R_{pc}M_{yc}$

여기서, $I_{yc}$ 는 y축에 대한 압축플랜지의 단면2차모멘트

$$F_{cr} = \dfrac{C_b \pi^2 E}{\left(\dfrac{L_b}{r_t}\right)^2}\sqrt{1 + 0.078\dfrac{J}{S_{xc}h_o}\left(\dfrac{L_b}{r_t}\right)^2}$$

① $F_{cr}$ 산정 $\quad \dfrac{I_{yc}}{I_y} \leq 0.23$ 인 경우 $J = 0$

  (a) $\dfrac{S_{xt}}{S_{xc}} \geq 0.7 \qquad\qquad F_L = 0.7F_y$

  (b) $\dfrac{S_{xt}}{S_{xc}} < 0.7 \qquad\qquad F_L = F_y \dfrac{S_{xt}}{S_{xc}} \geq 0.5F_y$

    $S_{xc}$, $S_{xt}$ : 압축, 인장플랜지 각각의 단면계수

② $r_t$ (횡비틀림좌굴에 대한 유효단면 2차 반경) 산정

  (a) 사각형 압축플랜지를 갖는 H형강 부재 $\qquad r_t = \dfrac{b_{fc}}{\sqrt{12\left(\dfrac{h_0}{d} + \dfrac{1}{6} a_w \dfrac{h^2}{h_{0d}}\right)}}$

  (b) 압축플랜지에 ㄷ형강으로 캡을 씌우거나 커버플레이트가 부착된 H형강, 사각형 압축플랜지
    를 갖는 H형강 부재의 근사식

    $r_t = \dfrac{b_{fc}}{\sqrt{12\left(1 + \dfrac{1}{6} a_w\right)}}$    압축플랜지와 압축측 웨브의 1/3에 해당하는 면적을 합한 단면의 y
                                  축에 대한 단면2차 반경

여기서, $a_w = \dfrac{h_c t_w}{b_{fc} t_{fc}}$  압축 웨브면적에 2배한 값과 압축플랜지 면적의 비

        $b_{fc}$ 압축플랜지의 폭,  $t_{fc}$ 압축플랜지의 두께

③ 압축플랜지 국부좌굴강도

  (1) 조밀단면 플랜지                국부좌굴강도를 산정하지 않는다.

  (2) 비조밀단면 플랜지 $\qquad M_n = \left[R_{pc}M_{yc} - (R_{pc}M_{yc} - F_L S_{xc})\left(\dfrac{\lambda - \lambda_{pf}}{\lambda_{rf} - \lambda_{pf}}\right)\right]$

  (3) 세장판 단면 플랜지 $\qquad M_n = \dfrac{0.9 E k_c S_{xc}}{\lambda^2}$

여기서, $F_L$, $R_{pc}$ 앞선 산정방식에 따른다.

$$k_c = \dfrac{4}{\sqrt{h/t_w}}, \quad 0.35 \leq k_c \leq 0.76, \quad \lambda = \dfrac{b_{fc}}{2t_{fc}}, \quad \lambda_{pf} = \lambda_p, \quad \lambda_{rf} = \lambda_{pr}$$

④ 인장플랜지 항복강도

  (1) $S_{xt} \geq S_{xc}$            플랜지 인장항복강도를 산정하지 않는다.

  (2) $S_{xt} < S_{xc}$            $M_n = R_{pt}M_{yt}, \quad M_{yt} = F_y S_{xt}$

---

**TIP** | $R_{pt}$ (인장플랜지 항복 시 적용하는 웨브 단면 소성화 계수) 산정 |

$$M_{yt} = F_y S_{xt}$$

(a) $\dfrac{I_{yc}}{I_y} > 0.23$    $R_{pt} = \dfrac{M_p}{M_{yt}}$                        $\left( \dfrac{h_c}{t_w} \leq \lambda_{pw} \right)$

$$= \left[ \frac{M_p}{M_{yt}} - \left( \frac{M_p}{M_{yt}} - 1 \right) \left( \frac{\lambda - \lambda_{pw}}{\lambda_{rw} - \lambda_{pw}} \right) \right] \leq \frac{M_p}{M_{yt}} \quad \left( \frac{h_c}{t_w} > \lambda_{pw}, \ \lambda = \frac{h_c}{t_w} \right)$$

    $h_c$ : 중립축에서 압축플랜지 내측면 거리에서 코너반경을 제외한 거리의 2배값

    $M_p = Z_x F_y \leq 1.6 S_{xc} F_y$

    $S_{xc},\ S_{xt}$ : 압축, 인장플랜지 각각의 단면계수

(b) $\dfrac{I_{yc}}{I_y} \leq 0.23$    $R_{pt} = 1.0$

    여기서,   $M_p = F_y Z_x \leq 1.6 F_y S_x, \quad \lambda = \dfrac{h_c}{t_w}, \quad \lambda_{pw} = \lambda_p, \quad \lambda_{rw} = \lambda_r$

---

4) 국부좌굴 : 강축 휨을 받는 기타 H형강(세장판 단면 웨브)

공칭휨강도 $M_n$은 압축플랜지 항복강도, 횡비틀림좌굴강도, 압축플랜지 국부좌굴강도 및 인장플랜지 항복강도 중 작은 값으로 한다.

① 압축플랜지 항복강도

    $M_n = R_{pg} F_y S_{xc}$

② 횡비틀림좌굴강도

    $M_n = R_{pg} F_{cr} S_{xc}$

  (1) $L_b \leq L_p$            횡비틀림좌굴강도를 산정하지 않는다.

  (2) $L_p < L_b \leq L_r$의 경우     $F_{cr} = C_b \left[ F_y - (0.3 F_y) \left( \dfrac{L_b - L_p}{L_r - L_p} \right) \right] \leq F_y$

(3) $L_b > L_r$
$$F_{cr} = \frac{C_b \pi^2 E}{\left(\dfrac{L_b}{r_t}\right)^2} \leq F_y$$

여기서, $L_p = 1.1 r_t \sqrt{\dfrac{E}{F_y}}$ , $L_r = \pi r_t \sqrt{\dfrac{E}{0.7 F_y}}$

$R_{pg}$ : 휨강도 감소계수  $R_{pg} = 1 - \dfrac{a_w}{1200 + 300 a_w}\left(\dfrac{h_c}{t_w} - 5.7\sqrt{\dfrac{E}{F_y}}\right) \leq 1.0$

$a_w = \dfrac{h_c t_w}{b_{fc} t_{fc}} \leq 10$

$r_t$ 횡비틀림좌굴에 대한 유효단면 2차 반경

(a) 사각형 압축플랜지를 갖는 H형강 부재    $r_t = \dfrac{b_{fc}}{\sqrt{12\left(\dfrac{h_0}{d} + \dfrac{1}{6} a_w \dfrac{h^2}{h_{0d}}\right)}}$

(b) 압축플랜지에 ㄷ형강으로 캡을 씌우거나 커버플레이트가 부착된 H형강, 사각형 압축플랜지를 갖는 H형강 부재의 근사식

$r_t = \dfrac{b_{fc}}{\sqrt{12\left(1 + \dfrac{1}{6} a_w\right)}}$   압축플랜지와 압축측 웨브의 1/3에 해당하는 면적을 합한 단면의 y축에 대한 단면2차 반경

③ 압축플랜지 국부좌굴강도

$M_n = R_{pg} F_{cr} S_{xc}$

(1) 조밀단면 플랜지    국부좌굴강도를 산정하지 않는다.

(2) 비조밀단면 플랜지    $F_{cr} = \left[F_y - (0.3 F_y)\left(\dfrac{\lambda - \lambda_{pf}}{\lambda_{rf} - \lambda_{pf}}\right)\right]$

(3) 세장판 단면 플랜지    $F_{cr} = \dfrac{0.9 E k_c}{\left(\dfrac{b_f}{2 t_f}\right)^2}$

여기서, $k_c = \dfrac{4}{\sqrt{h/t_w}}$ , $0.35 \leq k_c \leq 0.76$, $\lambda = \dfrac{b_{fc}}{2 t_{fc}}$ , $\lambda_{pf} = \lambda_p$, $\lambda_{rf} = \lambda_{pr}$

④ 인장플랜지 항복강도

  (1) $S_{xt} \geq S_{xc}$             플랜지 인장항복강도를 산정하지 않는다.

  (2) $S_{xt} < S_{xc}$              $M_n = F_y S_{xt}$

5) 국부좌굴 : 약축 휨을 받는 H형강 또는 ㄷ형강

항복강도(전소성모멘트) 및 플랜지 국부좌굴강도 중 최솟값으로 한다.

① 항복강도

$$M_n = M_p = Z_y F_y \leq 1.6 F_y S_y$$

여기서, $Z_y$, $S_y$ : 약축의 소성계수, 단면계수

② 플랜지 국부좌굴강도

  (1) 조밀단면 플랜지            국부좌굴강도를 산정하지 않는다.

  (2) 비조밀단면 플랜지      $M_n = M_p - (M_p - 0.7 F_y S_x)\left(\dfrac{\lambda - \lambda_{pf}}{\lambda_{rf} - \lambda_{pf}}\right)$

  (3) 세장판 단면 플랜지     $M_n = F_{cr} S_y, \quad F_{cr} = \dfrac{0.69 E}{\left(\dfrac{b_f}{2 t_f}\right)^2}$

6) 원형강관

$D/t$ 비가 $0.45 E / F_y$ 보다 적은 원형강관에 적용하며, 공칭휨강도 $M_n$ 은 항복강도(소성모멘트) 및 국부좌굴강도의 한계상태 중 작은 값으로 한다.

① 항복강도

$$M_n = M_p = F_y Z$$

여기서, $Z$은 소성단면계수 $(\text{mm}^3)$

② 국부좌굴강도

  (1) 조밀단면 플랜지            국부좌굴강도를 산정하지 않는다.

(2) 비조밀단면 플랜지 $\qquad M_n = \left(\dfrac{0.021E}{(D/t)} + F_y\right)S$

(3) 세장판 단면 플랜지 $\qquad M_n = F_{cr}S$


여기서, $F_{cr} = \dfrac{0.33E}{(D/t)}$

$\quad S$ : 탄성단면계수 $(\text{mm}^3)$

$\quad D$ : 원형강관의 외경 $(\text{mm})$

$\quad t\ $ : 원형강관의 두께 $(\text{mm})$

---



1. Definition of beam and plate girder

1) Beam : $\dfrac{h}{t_w} \le 5.70\sqrt{\dfrac{E}{F_y}}$ (압연보와 일부 판형보)

2) Plate girder : $\dfrac{h}{t_w} > 5.70\sqrt{\dfrac{E}{F_y}}$ (일부 판형보)

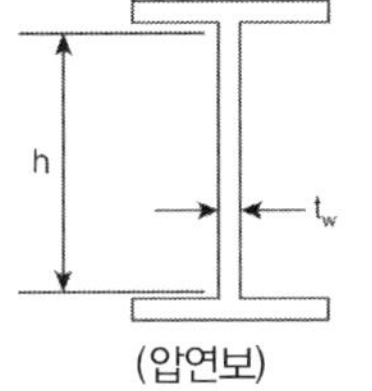
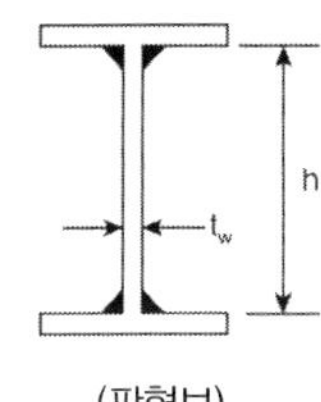


2. Bending of symmetrical section

$$f = \dfrac{M_{xx}}{S_x} + \dfrac{M_{yy}}{S_y}$$

여기서, $\quad S_x = \dfrac{I_x}{C_y}, \quad S_y = \dfrac{I_y}{C_x}$

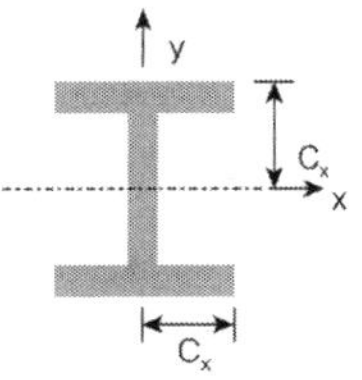


3. Behavior of laterally stable beams

횡방향으로 안정한 보는 횡방향으로 지지되어 있음을 의미하며 이로 인하여 횡방향 좌굴에 대해 안정한 구조를 의미한다.

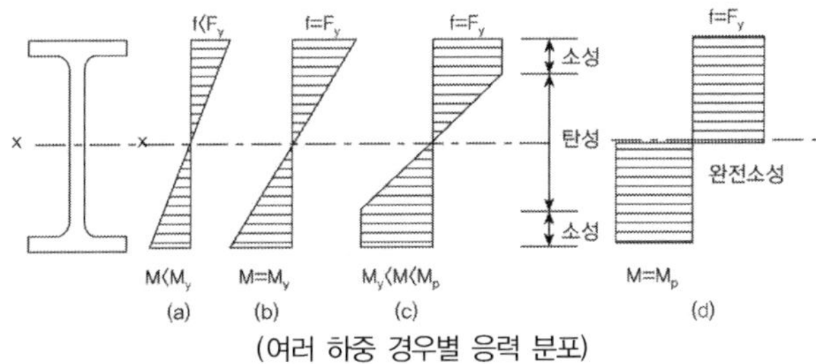

(여러 하중 경우별 응력 분포)

1) 단부항복상태(그림 (b)) : $M_n = M_y = S_x f_y$

2) 소성상태(그림 (d)) : $M_n = M_p = Z f_y, \quad Z = \int y\,dA$ : 소성계수

일반적인 I형강 보에서 형상계수($Z/S$)는 1.09~1.18사이로 $M_p$가 $M_y$보다 10% 정도 더 크다.

## 4. 휨 구조 설계 시 고려사항

### 1) 보의 설계 시 고려사항

① 항복강도 또는 소성강도(Yielding strength or Plastic strength)

② 국부좌굴(Flange local buckling, Web local buckling)

③ 횡 비틂좌굴(Lateral torsional buckling)

④ 붕괴 메커니즘(collapse mechanism)

### 2) 보의 설계

① 조밀단면(Compact Section)

   (1) $\phi_b M_n = \phi_b M_p = \phi_b Z F_y \leq 1.5 M_y$ (작업하중 변형 제어 목적)

   (2) 소성상태 도달전에 국부좌굴이 발생하지 않는다.

   (3) $\lambda \leq \lambda_p$ (flange, web 모두 만족하여야 하며, 가장 불리한 단면을 기준으로 한다)

② 비조밀단면(Non-compact Section, Partially Compact Section)

 (1) Flange Non-compact Section $\lambda_p < \lambda \leq \lambda_r$    $M_n = M_p - (M_p - M_r)\left(\dfrac{\lambda - \lambda_p}{\lambda_r - \lambda_p}\right) \leq M_p$

$$\text{여기서, } \lambda_r = 0.83\sqrt{\frac{E}{f_y - f_r}}, \quad \lambda_p = 0.38\sqrt{\frac{E}{f_y}}, \quad M_r = (f_y - f_r)S_x$$

$$f_r : \text{플랜지내 잔류압축응력(압연형강 } 69\,MPa, \text{ 용접형강 } 114\,MPa)$$

 (2) Web Non-compact Section $\lambda_p < \lambda \leq \lambda_r$    $M_n = M_p - (M_p - M_r)\left(\dfrac{\lambda - \lambda_p}{\lambda_r - \lambda_p}\right) \leq M_p$

$$\text{여기서, } \lambda_r = 5.70\sqrt{\frac{E}{F_y}}, \quad \lambda_p = 3.76\sqrt{\frac{E}{F_y}}, \quad M_r = F_y S_x$$

③ 세장단면(Slender Section)     $\lambda > \lambda_r$      $M_n = S F_{cr} = M_{cr} \leq M_p$

### 3) Lateral Buckling

① Elastic Lateral Buckling (Theory of elastic stability, Timoshenko & Gere)

$$M_n = F_{cr} S_x, \quad F_{cr} = \frac{\pi}{L_b S_x}\sqrt{E I_y G J + \left(\frac{\pi E}{L_b}\right)^2 I_y C_w}$$

여기서, $I_y$ : 약축의 단면 2차 모멘트

$L_b$ : 비지지 길이

$G$ : 전단계수

$J$ : 비틀림 계수

$C_w$ : Warping상수

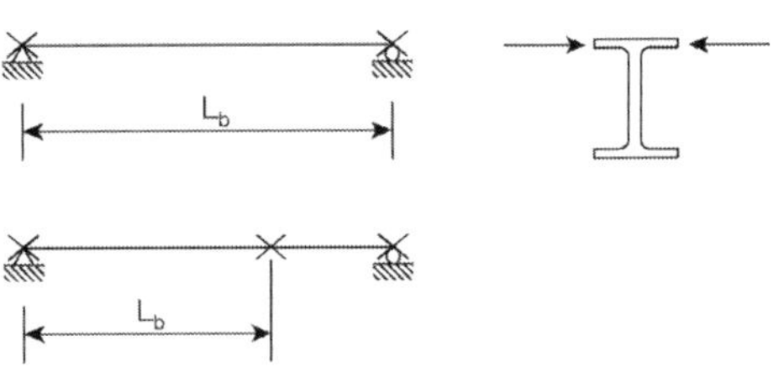

② AISC Lateral Buckling Specification

$$M_n = F_{cr}S_x \leq M_p, \qquad F_{cr} = C_b \times \frac{\pi^2 E}{(L_b/r_{ts})^2}\sqrt{1 + 0.078\frac{Jc}{S_x h_0}\left(\frac{L_b}{r_{ts}}\right)^2}$$

여기서 $C_b$ : 비지지 길이 내에서 비 대칭 휨 고려 계수, $r_{ts}^2 = \dfrac{\sqrt{I_y C_w}}{S_x}$,

$h_0$ : 플랜지 중심 간의 거리$(d - t_f)$, $c$ : 대칭단면(I형, 1.0),  채널단면$(= \dfrac{h_0}{2}\sqrt{\dfrac{I_y}{C_w}})$

최초 항복이 발생할 때의 모멘트 $M_r = 0.7f_y S_x$

(1) $L_r$ : $M_{cr} = M_r$ 일 때의 비지지 길이

$$L_r = 1.95 r_{ts}\frac{E}{0.7F_y}\sqrt{\frac{Jc}{S_x h_0}}\sqrt{1 + \sqrt{1 + 6.76\left(\frac{0.7F_y S_x h_0}{EJc}\right)^2}}$$

(2) $L_p$ : LTB가 발생하지 않을 때 비지지 길이

$$L_p = 1.76 r_y \sqrt{\frac{F_r}{F_y}}$$

③ AISC Lateral Torsional Buckling Strength

(1) $L_b \leq L_p$         : $M_n = M_p$

(2) $L_p < L_b \leq L_r$ : $M_n = C_b\left[M_p - (M_p - 0.7F_y S_x)\left(\dfrac{L_b - L_p}{L_r - L_p}\right)\right] \leq M_p$

(3) $L_b > L_r$         : $M_n = F_{cr}S_x \leq M_p$

여기서 $C_b$ : Moment Gradient effect

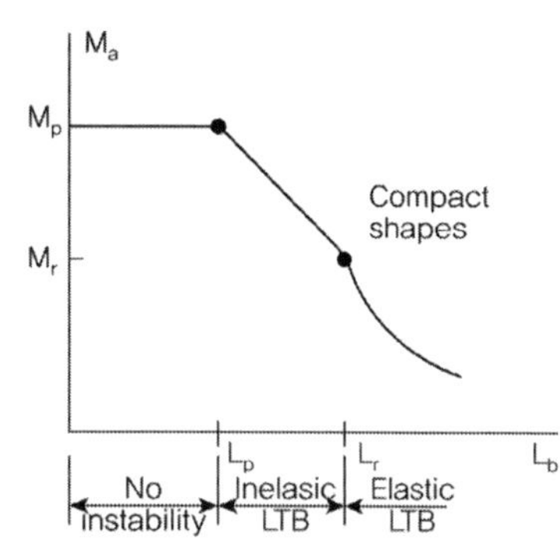


$$C_b = \frac{12.5 M_{\max}}{2.5 M_{\max} + 3 M_A + 4 M_B + 3 M_C} R_m \leq 3.0$$

$M_{\max}$ : 비지지 길이 내의 최대 절댓값(단부 포함)

$M_A$ : 비지지 길이의 1/4지점 절댓값

$M_B$ : 비지지 길이의 1/2지점 절댓값

$M_C$ : 비지지 길이의 3/4지점 절댓값

$R_m$ : 대칭단면(1.0), 채널과 같은 1축 대칭$(0.5 + 2(I_{yc}/I_y)^2$

$I_{yc}$ : 압축플랜지의 y축에 대한 단면 2차 모멘트

### 안정성 검토(AISC–LRFD)

40ft 길이를 가진 단순지지된 보가 단부에서 횡방향으로 지지되어 있다. 보의 자중을 포함하여 사하중이 400lb/ft, 활하중이 1000lb/ft가 재하될 때, W14×90, $f_y = 50ksi$의 단면이 적정한지 검토하시오.

| 구분 | A $(in^2)$ | Depth $(in)$ | Web $t_w(in)$ | Flange | | X-X | | | Y-Y | | |
|---|---|---|---|---|---|---|---|---|---|---|---|
| | | | | $b_f(in)$ | $t_f(in)$ | $I(in^4)$ | $Z(in^3)$ | $r_x(in)$ | $I(in^4)$ | $Z(in^3)$ | $r_y(in)$ |
| W14×90 | 26.5 | 14.0 | 0.440 | 14.5 | 0.710 | 999 | 157 | 6.14 | 362 | 75.6 | 3.70 |

$$L_p = 15.1^{ft}(\text{X–X축}), \quad L_r = 38.4^{ft}(\text{X–X축}), \quad J = 4.06in^4, \quad C_w = 16,000in^6$$



### ▶ 하중산정

$$w_u = 1.2w_d + 1.6w_L = 1.2 \times 0.4 + 1.6 \times 1.0 = 2.08kips/ft$$

$$M_u = \frac{1}{8}w_u L^2 = \frac{2.08 \times 40^2}{8} = 416ft - kips$$

### ▶ 단면의 구분

1) Flange Local buckling

$$\lambda = \frac{b_f}{2t_f} = \frac{14.5}{2 \times 0.710} = 10.2, \quad \lambda_p = 0.38\sqrt{\frac{E}{f_y}} = 0.38\sqrt{\frac{29000}{50}} = 9.15,$$

$$\lambda_r = 0.83\sqrt{\frac{E}{f_y - f_r}} = 0.83\sqrt{\frac{29000}{50-10}} = 22.3 \quad \therefore \lambda_p < \lambda \leq \lambda_r \text{ Non–compact section}$$

설계강도 산정

$$M_p = f_y Z_p = \frac{50(157)}{12} = 654.2ft - kips$$

$$M_r = (f_y - f_r)S_x = \frac{(50-10)(143)}{12} = 476.7ft - kips$$

$$M_n = M_p - (M_p - M_r)\left(\frac{\lambda - \lambda_p}{\lambda_r - \lambda_p}\right) = 654.2 - (654.2 - 476.7)\left(\frac{10.2 - 9.15}{22.3 - 9.15}\right)$$

$$= 640.0ft - kips \leq M_p$$

2) Lateral torsional buckling

$$L_p = 1.76 r_y \sqrt{\frac{E}{f_y}} = 15.1 ft$$

$$A = 26.5 in^2, \quad S_x = 143 in^3, \quad I_y = 362 in^4, \quad J = 4.06 in^4, \quad C_w = 16,000 in^6$$

$$X_1 = \frac{\pi}{S_x} \sqrt{\frac{EGJA}{2}} = \frac{\pi}{143} \sqrt{\frac{29000(11200)(4.06)(26.5)}{2}} = 2,904 ksi,$$

$$X_2 = \frac{4 C_w}{I_y}\left(\frac{S_x}{GJ}\right)^2 = \frac{4(16000)}{362}\left(\frac{143}{11200 \times 4.06}\right)^2 = 0.001748 ksi^{-2}$$

$$L_r = \frac{r_y X_1}{(f_y - f_r)} \sqrt{1 + \sqrt{1 + X_2(f_y - f_r)^2}} = \frac{3.70 \times 2904}{(50-10)} \sqrt{1 + \sqrt{1 + 0.001748 \times )50 - 10)^2}}$$

$$L_r = 461.2 in = 38.4 ft \quad \therefore L_b(=40 ft) > L_r \quad \text{Elastic LTB}$$

단순보에서 $C_b = \dfrac{12.5 M_{\max}}{2.5 M_{\max} + 3 M_A + 4 M_B + 3 M_C} \equiv \dfrac{12.5 \dfrac{1}{8}}{2.5\dfrac{1}{8} + 3\dfrac{3}{32} + 4\dfrac{1}{8} + 3\dfrac{3}{32}} = 1.14$

$$M_n = M_{cr} = C_b \frac{\pi}{L_b} \sqrt{EI_y GJ + \left(\frac{\pi E}{L_b}\right)^2 I_y C_w}$$

$$= 1.14 \frac{\pi}{40(12)} \sqrt{29000(362)(11200)(4.06) + \left(\frac{\pi \times 29000}{40 \times 12}\right)^2 (362)(16000)}$$

$$= 6180^{\in kips} = 515^{ftkips}$$

$$M_n = 515.0^{ftkips} < M_p = 654.2^{ftkips} \qquad \text{O.K}$$

LTB에 의해서 결정되므로$(515.0 < 640.0)$
$$\therefore \phi_b M_n = 0.9 \times 515 = 464^{ftkips} > M_u = 416^{ftkips}$$

## Beam buckling

휨에 의해 지배되는 빔, 거더, 들보(joist), 트러스는 약축의 판보다는 큰 강도와 강성을 갖는다. 적절한 브레이싱으로 보강되지 않을 경우에는 내부판이 보유하고 있는 최대 저항력에 도달하기 이전에 횡비틀림 좌굴(Lateral-torsional buckling)에 의해 파괴된다. 이러한 좌굴파괴현상은 브레이싱이 없거나 완공 후 구조물과 다른 형태로 보강된 공사 중에 발생되기 쉽다.

횡비틀림좌굴은 구조적 유용성의 한계상태로 하중저항성능은 변화가 없음에도 주로 면내에서의 빔의 변형이 발생되었던 구조가 횡방향으로의 변위와 뒤틀림의 조합으로 변경되게 된다.

적절한 간격으로 횡브레이싱을 설치하거나 비틀림 강성이 큰 박스단면이나 다이아프램과 같은 횡비틀림저항을 할 수 있는 개단면 보를 사용할 경우 횡비틀림 좌굴을 방지할 수 있다. 횡비틀림좌굴 강도의 주요 영향요소로는 횡브레이싱의 간격, 하중의 종류와 위치, 단부조건, 단면의 크기, 지점의 연속성, 보강재의 여부, 와핑(Warping)저항성, 단면성능, 잔류응력의 크기와 분포, 프리스트레스힘, 기하학적 초기결함, 하중의 편심, 단면의 뒤틀림 등이 있다.

횡비틀림좌굴거동은 아래의 그림과 같이 비지지된 길이와 연관된 한계모멘트로 표현되며, 아래의 그래프에서 실선은 완전히 직선인 보에서의 관계를 나타내고, 점선은 초기결함이 존재할 경우를 나타낸다. 그래프는 3가지 범위로 구분되며, (1) 탄성좌굴구간(Elastic buckling, 긴 보가 지배적), (2) 비탄성좌굴구간(Inelastic buckling, 보의 일부가 항복한 후 발생), (3) 소성영역(Platic behavior, 비지지된 길이가 소성모멘트에 도달하기 이전에 좌굴이 발생)

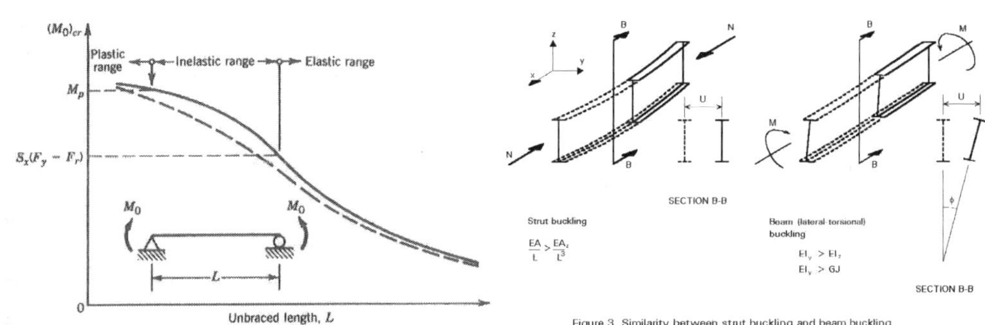

Figure 3  Similarity between strut buckling and beam buckling

1) 탄성 횡비틀림 좌굴(Elastic Lateral-Torsional Bucling, Elastic LTB)

① 단순지지된 2축 대칭 동일 단면 보(Simply supported doubly symmetric beams of constant sections)

**Uniform Bending.**

$$M_{cr} = \frac{\pi}{L}\sqrt{EI_y GJ}\sqrt{1+W^2}, \quad \text{여기서 } W = \frac{\pi}{L}\sqrt{\frac{EC_w}{GJ}}$$

보의 단부는 횡방향 변위($u=0$)와 뒤틀림($\beta=\phi=0$)은 제한되고 횡방향 회전($u''=0$)과 와핑($\phi''=0$)은 가능

**Nonuniform Bending.**

$$M_{cr} = C_b M_{cr}$$

$$M_{cr} = C_b M_{0cr}$$

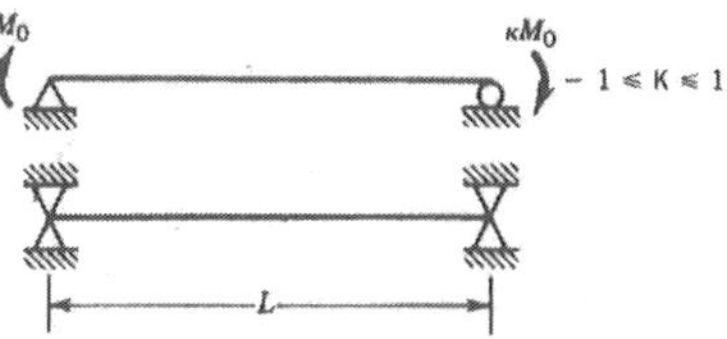


$C_b$ : equivalent uniform moment factor

$$C_b = \frac{12.5 M_{\max}}{2.5 M_{\max} + 3M_A + 4M_B + 3M_C}$$

② 고정지지된 2축 대칭 동일 단면 보(End−Restrained doubly symmetric beams of constant sections)

**Nethercot and Rockey(1972).**

| I | II | III | IV | V |
|---|---|---|---|---|
| Simply supported $u = \phi = u'' = \phi'' = 0$ | Warping prevented $u = \phi = u'' = \phi' = 0$ | Lateral bending prevented $u = \phi = u' = \phi'' = 0$ | Fixed end $u = \phi = u' = \phi' = 0$ | Lateral support at center. Retsraint : equal at both ends |

$$M_{cr} = C M_{cr}$$

$C = A/B$  Top flange loading

$\phantom{C} = A$  mid−height loading

$\phantom{C} = AB$  bottom flange loading

| Loading | Restraint | A | B |
|---|---|---|---|
| 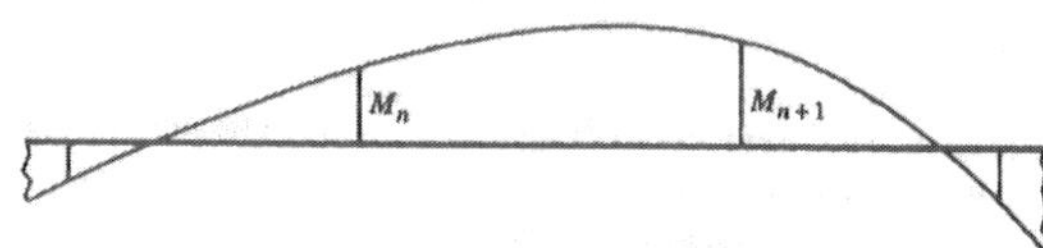 | I | 1.35 | $1 - 0.180W^2 + 0.649W$ |
| | II | $1.43 + 0.485W^2 + 0.463W$ | $1 - 0.317W^2 + 0.619W$ |
| | III | $2.0 - 0.074W^2 + 0.304W$ | $1 - 0.207W^2 + 1.047W$ |
| | IV | $1.916 - 0.424W^2 + 1.851W$ | $1 - 0.466W^2 + 0.923W$ |
| | V | $2.95 - 1.143W^2 + 4.070W$ | 1 |
| 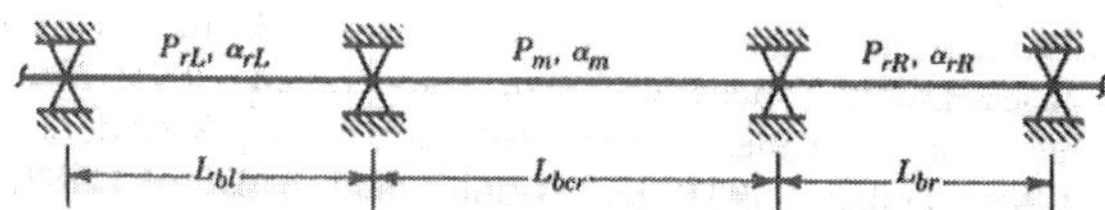 | I | 1.13 | $1 - 0.154W^2 + 0.535W$ |
| | II | $1.2 + 0.416W^2 + 0.402W$ | $1 - 0.225W^2 + 0.571W$ |
| | III | $1.9 - 0.120W^2 + 0.006W$ | $1 - 0.100W^2 + 0.806W$ |
| | IV | $1.643 - 0.405W^2 + 1.771W$ | $1 - 0.339W^2 + 0.625W$ |
| | V | $2.093 - 0.947W^2 + 3.117W$ | $1.073 + 0.044W$ |

**Trahair and Bradford(1988).**

ⓐ Compute the in−plane BMD



ⓑ Determine $C_b$, $M_{cr}$ for each unbraced segment in the beam, using the actual unbraced length as the effective length in $M_{cr} = \dfrac{\pi}{L} \sqrt{EI_y GJ} \sqrt{1 + W^2}$ and identify the segment with the lowest critical load.

The critical loads for buckling assuming simply supported ends for the weakest segment and the two adjacent segment are $P_m$, $P_{rL}$ and $P_{rR}$, respectively.

ⓒ Compute the stiffness ratios for the three segments as follows : for the critical segment

$$\alpha_m = \frac{2EI_y}{L_{bcr}}$$

and for each adjacent segment $\alpha_r = n\dfrac{EI_y}{L_b}\left(1 - \dfrac{P_m}{P_r}\right)$

where n=2 if the far end of the adjacent segment is continuous, n=3 if it is pinned and n=4 is it is fixed.

ⓓ Determine the stiffness ratios $G = \alpha_m/\alpha_r$ and obtain the effective length factor K from the nonsway restrained column nomographs.

ⓔ Compute the critical moment and the buckling load of the critical segment from the equation

$$M_{cr} = \frac{C_b\pi\sqrt{EI_y GJ}}{KL}\sqrt{1 + \frac{\pi^2 EC_w}{GJ(KL)^2}}$$

횡방향(lateral)과 뒤틀림(waroing)에 대한 단부지점이 동일하지 않을 때는 다음의 개략식을 사용할 수 있다.

$$M_{cr} = \frac{C_b\pi\sqrt{EI_y GJ}}{K_y L}\sqrt{1 + \frac{\pi^2 EC_w}{GJ(K_z L)^2}}$$

II의 조건에서 $K_y = 1.0(u'' = 0)$, $K_z = 0.5(\phi' = 0)$

pin $-$ fix 조건 $K_z = 0.7$

③ 캔틸레버 보(Cantilever beams)

Nethercot(1983).

$$M_{cr} = \frac{\pi}{KL}\sqrt{EI_y GJ}\sqrt{1 + \frac{\pi^2 EC_w}{(KL)^2 GJ}}$$

경계 조건별 유효길이 factor K는 다음과 같이 고려

| Restraint conditions | | Effective length | |
| --- | --- | --- | --- |
| At root | At tip | Top flange loading | All other cases |
| | | 1.4L | 0.8L |
| | | 1.4L | 0.7L |
| | | 0.6L | 0.6L |
| | | 2.5L | 1.0L |
| | | 2.5L | 0.9L |
| | | 1.5L | 0.8L |
| | | 7.5L | 3.0L |
| | | 7.5L | 2.7L |
| | | 4.5L | 2.4L |

## 횡방향 보강재가 없는 보의 설계 (Design of Laterally unsupported beams)

횡비틀림 좌굴에 대한 설계는 갑작스런 파괴를 방지하기 위해서 주요한 설계내용이다. 그러나 횡비틀림 좌굴설계는 복잡한 문제이고 여러 변수를 포함하기 때문에 상세설계에서는 모든 가능성을 포함하여 설계를 수행하여야 한다. 따라서 상세설계 기준에서는 단부경계조건을 보수적인 가정을 기준으로 하며 대부분 설계기준은 단순지지조건($u = \phi = u'' = \phi'' = 0$)을 기준으로 하게 되며, 일반적으로 뒤틀림(Warping)이 방지된 보와 방지되지 않은 보에서의 좌굴하중은 방지된 보가 약 33% 더 크게 나타나는 것으로 알려져 있다.

탄성 한계 모멘트는 $M_{cr} = \dfrac{\pi}{L}\sqrt{EI_y GJ}\sqrt{1 + W^2}$ 식을 이용하며,

비탄성 좌굴은 경험곡선의 형태로 결정되어 진다. 이 경험곡선은 대체로 긴 보에 대한 탄성해석에서 필수적인 해법을 제시하며, 짧은 보에서는 $M_{cr} = M_p$인 소성모멘트로 종료된다.

다음의 경험적인 방법은 비탄성영역에서 좌굴하중을 결정하는 데 이용된다.

① (Eurocode 3, SSRC) 비탄성영역에서 보와 기둥은 유사하게 거동한다고 가정하므로 횡비틀림 좌굴 강도는 동등한 세장비를 가지는 유사한 기둥 방정식을 통해 산정한다.

$$\lambda_{eq} = \sqrt{\dfrac{M_p}{M_E}}$$

② (German specifications for stability) 경험적 방정식 이용

$$\dfrac{M_{cr}}{M_p} = \left(\dfrac{1}{1 + \lambda_{eq}^{2n}}\right)^{1/n} \qquad \text{여기서 n은 2.5~1.5의 상수}$$

③ (LRFD, AISC 1993) 탄성 좌굴곡선에서 직선 변환선으로 작성된 곡선으로 $L = L_r$일 때 $M_{cr} = M_r$, $L = L_p$일 때 $M_{cr} = M_p$인 곡선

$$M_r = S_x (F_y - F_r), \quad L_p = 1.762\sqrt{\dfrac{E}{F_y}}\, r_y$$

단순지지되어 등분포 모멘트를 받는 보에서

$$M_{cr} = \begin{cases} M_p & L \leq L_p \\[2mm] C_b\left[M_p - (M_p - M_r)\dfrac{L - L_p}{L_r - L_p}\right] \leq M_p & L_p \leq L \leq L_r \\[2mm] M_E & L \geq L_r \end{cases}$$

Simply supported beam under uniform moment, W24x55, L=150in(3.81m), $C_b = 1.0$

$F_y = 36ksi(248\text{MPa})$, $F_r = 10ksi(69\text{MPa})$, $E = 29,000ksi(200,000\text{MPa})$, G/E=0.385

$r_y = 1.34$in(34mm), J=1.18$in^4(0.491 \times 10^6 mm^4)$, $C_w = 3870in^6(1.039 \times 10^{12} mm^6)$

$$M_{cr} = M_E = \dfrac{\pi}{L}\sqrt{EI_y GJ}\sqrt{1 + \dfrac{\pi^2 EC_w}{L^2 GJ}} = 4806\text{in-kips} \;\; (543\text{kNm})$$

$$M_p = F_y Z_x = 4824\text{in-kips} \;(545\text{kNm}), \quad \lambda = \sqrt{M_p/M_E} = 1.00$$

| ① Equivalent column method | ② European beam formula | ③ AISC LRFD method |
|---|---|---|
| SSRC column curve no.2 $\alpha = 0.293$<br><br>$Y = 1 + \alpha(\lambda - 0.15) + \lambda^2 = 2.253$<br><br>$\dfrac{M_{cr}}{M_p} = \dfrac{Y - \sqrt{Y^2 - 4\lambda^2}}{2\lambda^2} = 0.609$ | $\dfrac{M_{cr}}{M_p} = \left(\dfrac{1}{1 + \lambda^{2n}}\right)^{1/n} = 0.756$ | $M_r = S_x(F_y - F_r) = 2964\,\text{in-kips}\ (335\text{kNm})$<br><br>$M_r = \dfrac{\pi}{L_r}\sqrt{EI_y GJ}\sqrt{1 + \dfrac{\pi^2 EC_w}{L_r^2 GJ}}$ 로부터<br><br>$\therefore\ L_r = 198.1\,\text{in}\ (5.03\text{m}) > L = 150\,\text{in}$<br><br>$L_p = \dfrac{300r_y}{\sqrt{F_y}} = 67.0\,\text{in}(1.70\text{m}) < L = 150\,\text{in}$<br><br>$\therefore\ M_{cr} = C_b\left[M_p - (M_p - M_r)\dfrac{L - L_p}{L_r - L_p}\right]$<br><br>$\qquad = 3646\,\text{in-kips}$ |
| $M_{cr} = 2938\,\text{in-kips}\ (332\text{kNm})$ | $M_{cr} = 3656\,\text{in-kips}\ (413\text{kNm})$ | $M_{cr} = 3646\,\text{in-kips}\ (412\text{kNm})$ |

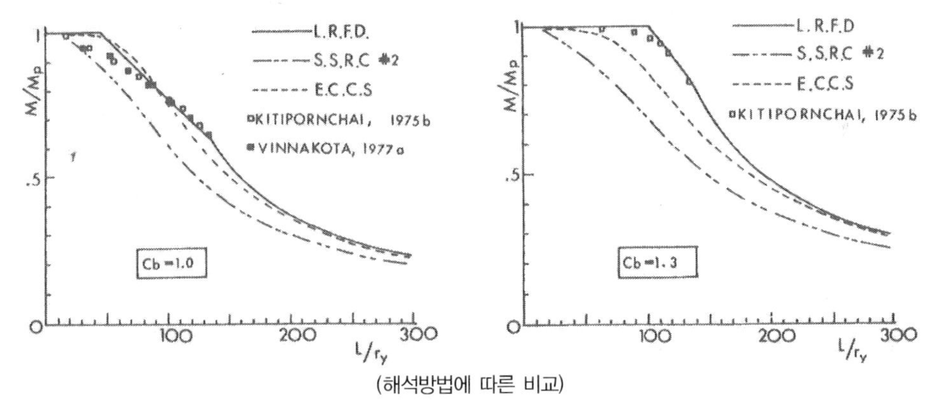


(해석방법에 따른 비교)

## 2. 휨부재의 설계 전단강도

휨재에 가해지는 전단력은 주로 웨브가 저항하므로, 보의 전단강도는 웨브의 항복과 좌굴에 해당하는 한계상태에 의해 결정된다. 웨브의 폭두께비가 작은 경우에는 전단항복에 의한 한계상태가 되지만, 큰 경우에는 웨브의 전단에 의한 비탄성 또는 탄성좌굴이 발생한다. 휨의 전단강도 산정은 인장역작용(tension field action)에 의한 웨브의 좌굴후 강도(post-buckling strength)를 이용하지 않고 산정하는 방법과 조립부재의 웨브에 한하여 인장역작용을 이용하여 산정하는 방법이 있다. 웨브의 폭두께비 $h/t_w$ 에 따라 세 영역(웨브의 전단항복, 웨브의 비탄성좌굴, 웨브의 탄성좌굴)으로 구분하여 다음의 설계전단강도를 산정한다.

$$\phi_v V_n = \phi_v (0.6 F_y) A_w C_v \qquad \phi_v = 0.9 \text{ 또는 } 1.0, \ A_w \text{ 웨브의 단면적}, \ C_v \text{ 전단좌굴감소계수}$$

$F_y$는 플랜지의 항복강도를 사용한다. 통상 플랜지보다 웨브의 판두께가 작아서 항복강도가 큰 경우도 있다. 하지만 보 부재의 안전성은 주로 휨강도에 의해 좌우된다는 점과 취성적 파단이 발생할 수 있는 전단거동에 대한 보수적인 평가라는 측면에서 플랜지의 항복강도를 전단강도에 사용한다. 압연 H형강의 경우 $A_w$는 전체 높이에 웨브두께를 곱한 값으로 하며 각형강관 및 상자형 단면은 코너 반경 안쪽의 플랜지 사이의 순간격에 웨브 두께를 곱한 값으로 한다.

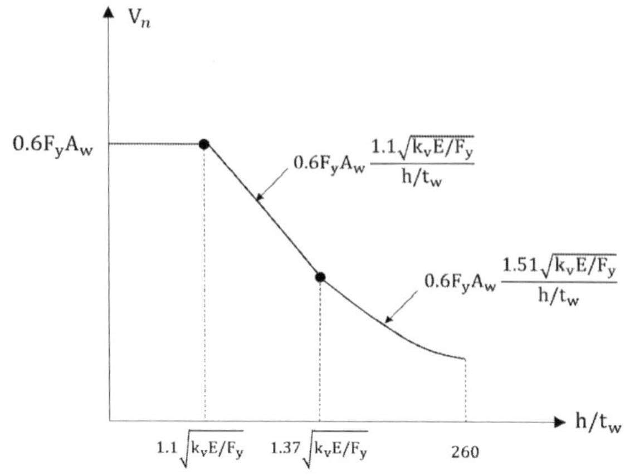


### 【 인장역작용, 좌굴 후 강도 고려하지 않는 방법 】

1) 비보강 또는 보강 웨브를 가진 부재

웨브 면내에 전단력을 받는 1축 또는 2축 대칭 단면과 ㄷ형강 웨브를 가진 부재의 공칭전단강도로 각형강관과 상자형 단면($A_w = 2ht$, $k_v = 5.0$)에도 적용된다. $V_n$은 전단항복과 전단좌굴의 한계상태에 따라 다음과 같이 산정한다.

$$V_n = 0.6 F_y A_w C_v$$



1. $C_v$, $\phi_v$

  ① $h/t_w \leq 2.24 \sqrt{E/F_y}$ 인 압연 H형강의 웨브 : $\phi_v = 1.0$ 및 $C_v = 1.0$

  ② 원형강관을 제외한 모든 2축 대칭단면, 1축 대칭단면, ㄷ형강 : $\phi_v = 0.9$

    (1) $h/t_w \leq 1.10 \sqrt{k_v E/F_y}$                      $C_v = 1.0$

    (2) $1.10 \sqrt{k_v E/F_y} < h/t_w \leq 1.37 \sqrt{k_v E/F_y}$      $C_v = \dfrac{1.10 \sqrt{k_v E/F_y}}{h/t_w}$

    (3) $1.37 \sqrt{k_v E/F_y} < h/t_w < 260$          $C_v = \dfrac{1.51 k_v E}{(h/t_w)^2 F_y}$

2. $k_v$ 웨브의 좌굴계수

  ① T형강의 스템을 제외한 $h/t_w < 260$ 인 비구속지지 판요소 웨브      $k_v = 5$

  ② $h/t_w < 260$ 인 T형강 스템                         $k_v = 1.2$

  ③ 구속판 요소(양연지지판 요소) 웨브                   $k_v = 5 + \dfrac{5}{(a/h)^2}$

    여기서, $a/h > 3.0$ 또는 $a/h > \left[\dfrac{260}{(h/t_w)}\right]^2$ 인 경우에는    $k_v = 5$

       $a$ 수직스티프너의 순간격,

       $h$ 압연형강에서 필릿(코너반경)을 제외한 플랜지간 순거리, 용접한 경우 플랜지간 순거리


## 【 인장역작용, 좌굴후 강도 고려하는 방법 】

1) 인장역 작용 고려 조건

  ① 인장역작용을 사용하기 위해서는 웨브의 4면 모두가 플랜지나 보강재에 의해 지지되어야 한다.

  ② 다음과 같은 경우 인장역작용을 사용할 수 없고 앞선 공칭전단강도 산정방식에 따른다.

    (1) 수직보강재를 갖는 모든 부재 내의 단부패널

    (2) $a/h > 3.0$ 또는 $a/h > \left(\dfrac{260}{h/t_w}\right)^2$ 인 경우

    (3) $\dfrac{h}{b_{fc}} > 6.0$ 또는 $\dfrac{h}{b_{ft}} > 6.0$ 인 경우

여기서, $A_{fc}$ : 압축플랜지의 단면적 $(mm^2)$,  $A_{ft}$ : 인장플랜지의 단면적 $(mm^2)$

$b_{fc}$ : 압축플랜지의 폭 $(mm)$,  $b_{ft}$ : 인장플랜지의 폭 $(mm)$

## 2) 인장역 작용 고려 공칭전단강도

① $h/t_w \leq 1.10 \sqrt{k_v E/F_{yw}}$      $V_n = 0.6 F_{yw} A_w$

② $h/t_w > 1.10 \sqrt{k_v E/F_{yw}}$      $V_n = 0.6 F_{yw} A_w \left( C_v + \dfrac{1 - C_v}{1.15 \sqrt{1 + (a/h)^2}} \right)$

## 3) 수직보강재

인장역작용을 이용할 때 수직보강재는 다음의 조건을 만족해야 한다.

① $(b/t)_{st} \leq 0.56 \sqrt{E/F_{yst}}$

② $I_{st} \geq I_{st1} + (I_{st2} - I_{st1}) \left[ \dfrac{V_r - V_{c1}}{V_{c2} - V_{c1}} \right]$

여기서, $(b/t)_{st}$ : 보강재의 폭두께비,  $F_{yst}$ : 보강재의 항복강도 $(MPa)$

$I_{st}$ : 양면 보강재의 경우 웨브중심축, 일면 보강재는 웨브면 단면2차모멘트 $(mm^4)$

$I_{st1}$ : 인장장이 없는 경우의 단면2차모멘트 $(mm^4)$

$I_{st2}$ : 좌굴 또는 후좌굴 전단강도가 발현되는 단면2차모멘트 $(mm^4)$

$$= \dfrac{h^4 \rho_{st}^{1.3}}{40} \left( \dfrac{F_{yw}}{E} \right)^{1.5}$$

$V_r$ : 하중조합에 의한 인접 웨브패널의 소요전단강도 중 큰 값 $(N)$

$V_{c1}$ : 인장장 작용없이 계산된 인접 웨브패널의 전단강도 중 작은 값 $(N)$

$V_{c2}$ : 인장장 작용을 고려해 계산된 인접 웨브패널의 전단강도 중 작은 값 $(N)$

$\rho_{st}$ : $F_{yw}/F_{yst}$ 와 1 중 큰 값

$F_{yw}$ : 웨브의 항복강도 $(MPa)$

## 4) 원형강관의 공칭전단강도

$$V_n = F_{cr} A_g / 2$$

여기서, $F_{cr} = \max \left[ \dfrac{1.60 E}{\sqrt{\dfrac{L_v}{D}} \left( \dfrac{D}{t} \right)^{\frac{5}{4}}} , \dfrac{0.78 E}{\left( \dfrac{D}{t} \right)^{\frac{3}{2}}} \right] \leq 0.6 F_y$,  $A_g$ 강관의 전단면적 $(mm^2)$

$D$ : 강관의 외경 $(mm)$,  $L_v$ : 최대전단력 작용점과 전단력이 0인 점의 거리 $(mm)$

## Plate buckling

1) 판의 좌굴방정식 : 축방향 압축력이 등분포 압축하중을 받을 때의 판의 좌굴(Differential Equation of plate buckling, Linear theory, uniform longitudinal compressive stress)

$$\sigma_x = k\frac{\pi^2 E}{12(1-\mu^2)(b/t)^2}, \qquad k=\left(\frac{mb}{a}+\frac{n^2 a}{mb}\right)^2$$

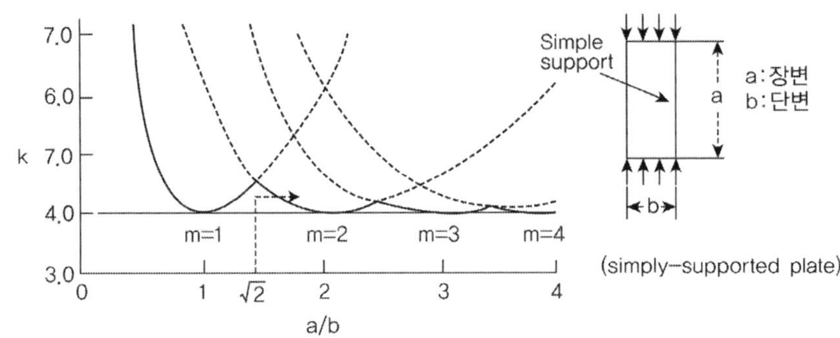


* a가 길어질수록 half sine이 많아져야 최저 좌굴하중 발생(simply supported : minimum $k=4.0$)

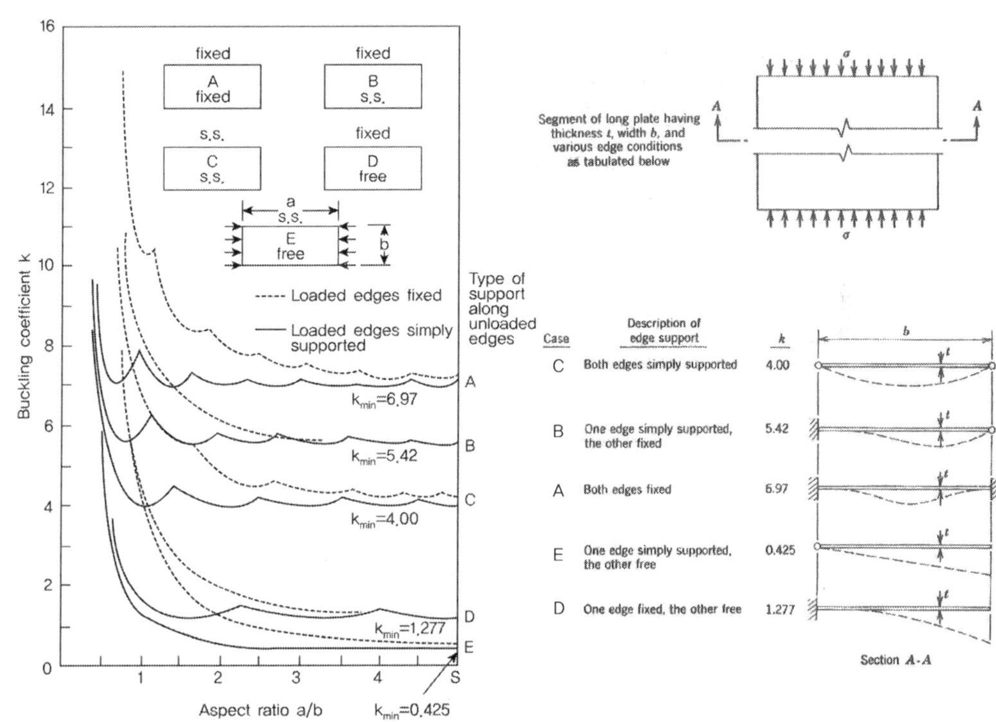


* a/b가 작으면(a/b≪1) 기둥과 같이 거동

2) 판의 좌굴 후 거동 : 축방향 압축력(Post Buckling behavior, Inelastic buckling, uniform longitudinal compressive stress)

축방향 하중의 변화에 따라 비례한계 이후의 강도의 증가로 인해 비선형 좌굴에 대한 보정식은 다음과 같이 표현한다.

$$\sigma_x = k \frac{\pi^2 E \sqrt{\eta}}{12(1-\mu^2)(b/t)^2}, \quad \eta = E_t / E$$

판의 국부좌굴(local buckling)의 발생으로 인해 일부구간에서 강성을 잃게 되고 그로 인해 응력이 재분배되는 결과가 나타나서 단부의 등분포 압축력이 좌굴 후에는 균일하게 분포하지 않게 된다. 좌굴된 판의 강성은 단부지점으로 이동하게 되어 단부에서의 강성이 커지게 된다.

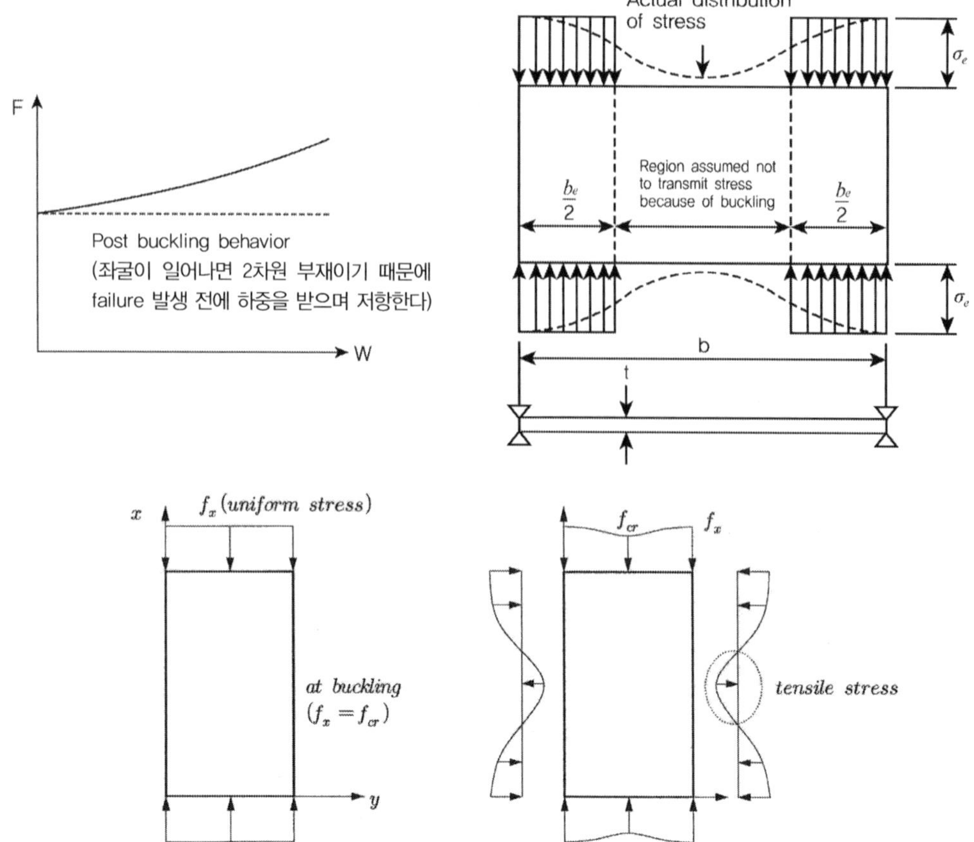


좌굴발생 이후 강도를 추정하는 방법으로는 양단부 지점에서 강성이 커지는 사실로부터 단부에 두 개의 분리된 등분포하중이 작용하고 중앙부에서는 하중이 분배되지 않는다는 가정을 통해서 산정한다. 이때 단부에 등분포하중이 분포되는 유효폭 개념(Effective width concept)을 도입하게 되었으며 AISC(1993) 등의 설계기준에서 적용하고 있다.

von Karman의 유효폭 제안식(1932)　　$b_e = \left[ \dfrac{\pi}{\sqrt{3(1-\mu^2)}} \sqrt{\dfrac{E}{\sigma_e}} \right] t$

k=4.0일 때, 등분포 압축하중을 받을 때의 판의 좌굴방정식을 고려하면　　$\dfrac{b_e}{b} = \sqrt{\dfrac{\sigma_c}{\sigma_e}}$

단부 등분포하중을 받는 양쪽의 폭을 $b_e/2$라고 하면 평균응력은　　$\sigma_{av} = \dfrac{b_e}{b}\sigma$

$\therefore \ \sigma_{av} = \sqrt{\sigma_c \sigma_y} \ \ (\sigma_e = \sigma_y)$

| Post Buckling behavior |
| --- |

① 응력이 서로 다른 것은 늘어나는 면에 대해서 직선적으로 변형되기 위한 응력이다.

　$\therefore \ \Sigma \displaystyle\int f_Y = 0$ (수평방향 힘의 합력은 0)

② 여기서 발생되는 인장력은 수직응력에 영향을 주어서 Post buckling strength가 발생한다. 양끝단에서는 supported되었기 때문에 강성(stiffness)이 강하다. 따라서 가운데 부분에서는 $f_{cr}$ 이상의 하중은 받지 못하고 양끝단에서 하중을 받는다.

③ Y방향의 인장응력 : 횡방향 변위에 저항하는 판의 강성(지지조건)은 좌굴 후 강도에 영향을 준다.

④ 종방향 끝단 인근 판의 좌굴발생 후 변형 형상은 횡방향 변형에 큰 강성을 가지며, 좌굴 후의 증가하중의 대부분을 부담한다.

⑤ 좌굴 후 강도(Post Buckling Strength)

- 면외 방향의 좌굴 변형으로 등분포되지 않은 응력 분포로 나타난다.
- 인장응력으로 인하여 추가적인 강도가 발생된다.
- 좌굴 후 강도는 $b/t$ 비율이 클수록 크게 나타난다.
- 지점이 지지된 부재(stiffened element)가 지지되지 않은 부재(unstiffened element)보다 좌굴 후 강도가 크다.

3) 축력과 휨을 받는 판의 좌굴

축력과 휨을 받는 판은 판의 좌굴은 단부에서 발생하는 최대 응력 $\sigma_1$ 과 최소 응력 $\sigma_2$ 의 내력변화에 따라 달라진다. 판의 탄성 한계응력은 단부경계조건과 등분포 축응력을 받는 판에 대한 휨응력의 비율에 따라 달라지게 되며, 등분포 축응력을 빋을 때의 k값 대신 $k_c$ 를 사용한다. $k_c$ 는 중간의 응력비 $(\sigma_{cb}/\sigma_c)$로 선형보간에 의해 산정한다.

| Loading | Ratio of Bending stress to Uniform Compresion Stress $\sigma_{cb}/\sigma_c$ | Minimum Bucking Coefficient, $*k_c$ | | | | | |
| --- | --- | --- | --- | --- | --- | --- | --- |
|  |  | Unloaded Edges Simply Supported | Unloaded Edges Fixed | Top Edge Free | | Bottom Edge Free | |
|  |  |  |  | Bottom Edge Simpl Supported | Bottom Edge Fixed | Top Edge Simply Supported | Top Edge Fixed |
| $\sigma_1,\ \sigma_2=-\sigma_1$ (a, b) | $\infty$ (pure bending) | 23.9 | 39.6 | 0.85 | 2.15 | – | – |
| $\sigma_2=-2/3\sigma_1$ | 5.00 | 15.7 | – | – | – | – | – |
| $\sigma_2=-1/3\sigma_1$ | 2.00 | 11.0 | – | – | – | – | – |

| Loading | Ratio of Bending stress to Uniform Compresion Stress $\sigma_{cb}/\sigma_c$ | Minimum Bucking Coefficient, *$k_c$ | | | | | |
|---|---|---|---|---|---|---|---|
| | | Unloaded Edges Simply Supported | Unloaded Edges Fixed | Top Edge Free | | Bottom Edge Free | |
| | | | | Bottom Edge Simpl Supported | Bottom Edge Fixed | Top Edge Simply Supported | Top Edge Fixed |
| $\sigma_2=0$ | 1.00 | 7.8 | 13.6 | 0.57 | 1.61 | 1.70 | 5.93 |
| $\sigma_2=-1/3\sigma_1$ | 0.50 | 5.8 | — | — | — | — | — |
| $\sigma_2=\sigma_1$ | 0.0 (pure compression) | 4.0 | 6.97 | 0.42 | 1.33 | 0.42 | 1.33 |

* Values given are based on plates having loaded edges simply supported and are conservative for plates having loaded edges fixed.

### 4) 순수 전단을 받는 판의 좌굴

판 구조에서 순수전단을 받게 되어 인장과 압축응력이 동일한 크기로 발생되면 45° 방향으로 전단 응력이 존재한다. 압축응력의 불안정한 영향은 수직방향의 인장응력에 의해 저항된다. 단부의 압축 을 받는 경우와는 다르게 순수전단을 받는 경우에 좌굴모드는 여러 파형의 조합으로 나타나게 된다. 한계전단응력은 전단응력 $\tau_c$와 전단좌굴응력의 좌굴계수인 $k_s$로 표현된다.

순수전단상태의 전단좌굴계수 $k_s$는 단부지지조건에 따라 다음의 3가지로 구분되어 평가되어진다. 여기서 단변 b는 플레이트거더에 적용할 때에는 웨브의 높이 h로 적용된다.

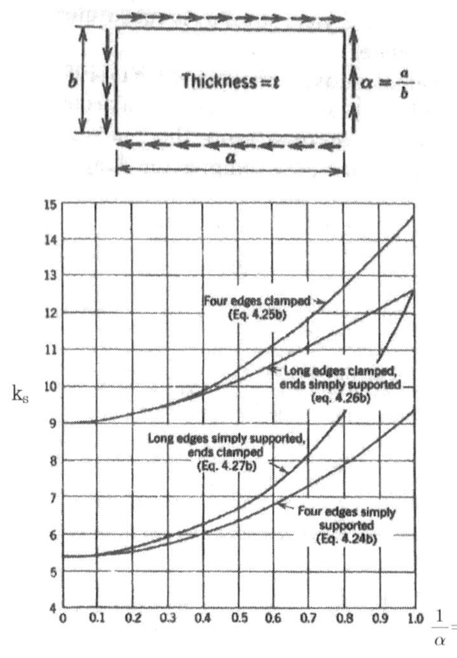


① 네 지점이 단순지지인 경우
$$k_s = 4.00 + \frac{5.34}{\alpha^2}\ (\alpha \le 1), \quad 5.34 + \frac{4.00}{\alpha^2}\ (\alpha \ge 1)$$

② 네 지점이 고정지지인 경우
$$k_s = 5.6 + \frac{8.98}{\alpha^2}\ (\alpha \le 1), \quad 8.98 + \frac{5.6}{\alpha^2}\ (\alpha \ge 1)$$

③ 두 지점 고정, 두 지점 단순지지인 경우
(장변이 고정인 경우)
$$k_s = \frac{8.98}{\alpha^2} + 5.61 - 1.99\alpha\ (\alpha \le 1)$$
$$= 8.98 + \frac{5.61}{\alpha^2} - \frac{1.99}{\alpha^3}\ (\alpha \ge 1)$$

(단변이 고정인 경우)
$$k_s = \frac{5.34}{\alpha^2} + \frac{2.31}{\alpha} - 3.44 + 8.39\alpha\ (\alpha \le 1)$$
$$= 5.34 + \frac{2.31}{\alpha} - \frac{3.44}{\alpha^2} + \frac{8.39}{\alpha^3}\ (\alpha \ge 1)$$

### 5) 합성응력을 받는 판의 좌굴

① 전단과 종방향 압축력을 받는 경우 : 단순지지인 경우

$$\frac{\sigma_c}{\sigma_c^*} + \left(\frac{\tau_c}{\tau_c^*}\right)^2 = 1$$    여기서, $\sigma_c^*$, $\tau_c^*$는 각각 압축, 전단만 받을 때의 한계 응력

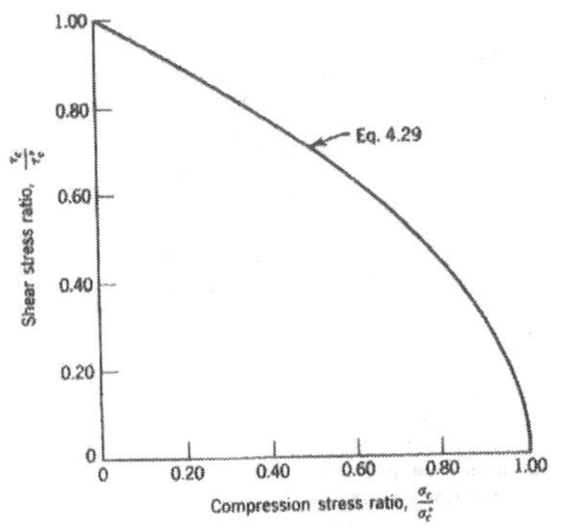


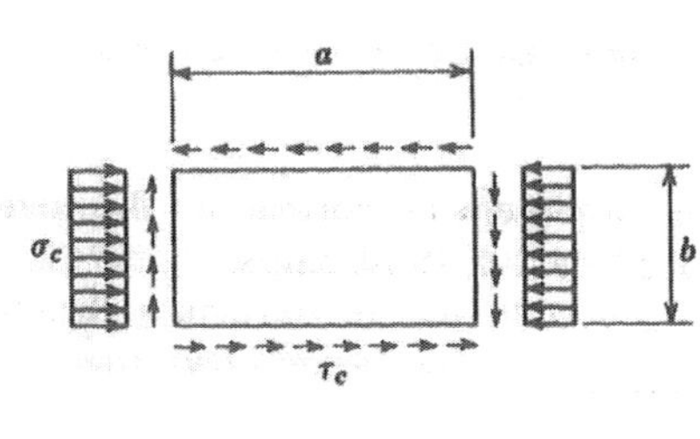


Peters(1954)에 의해 비탄성영역에서의 합성응력에서는 다음의 식이 더 보수적인 결과를 나타내는 것으로 발표

$$\left(\frac{\sigma_c}{\sigma_c^*}\right)^2 + \left(\frac{\tau_c}{\tau_c^*}\right)^2 = 1$$

② 전단과 휨응력을 받는 경우 : 단순지지인 경우

Timoshenko(1934)는 $\alpha$=0.5, 0.8, 1.0일 때의 $\tau_c/\tau_c^*$ 값과 연관하여 $k_c$값을 줄여서 조정하는 방정식을 제시하였고, Stein and Way(1936)에 의해 아래의 그래프와 같이 제시되었다. Chwalla(1936)는 현재 많이 사용되고 있는 아래의 개략적인 관계식을 제시하였고 그 값이 그래프의 값과 유사하게 나타난다.

$$\left(\frac{\sigma_{cb}}{\sigma_{cb}^*}\right)^2 + \left(\frac{\tau_c}{\tau_c^*}\right)^2 = 1$$    여기서, $\sigma_{cb}^*$, $\tau_c^*$는 각각 휨, 전단만 받을 때의 한계 응력

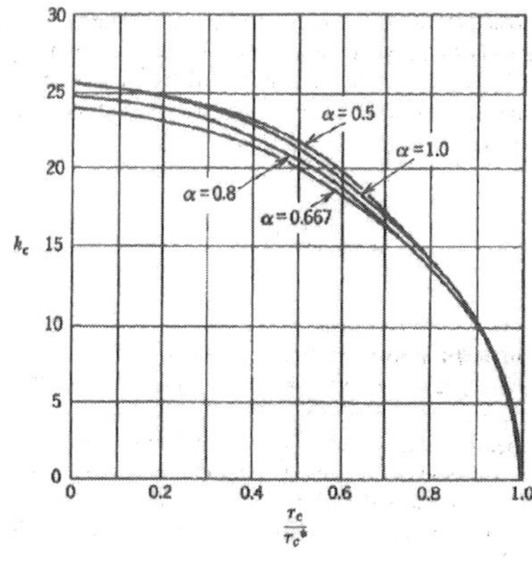


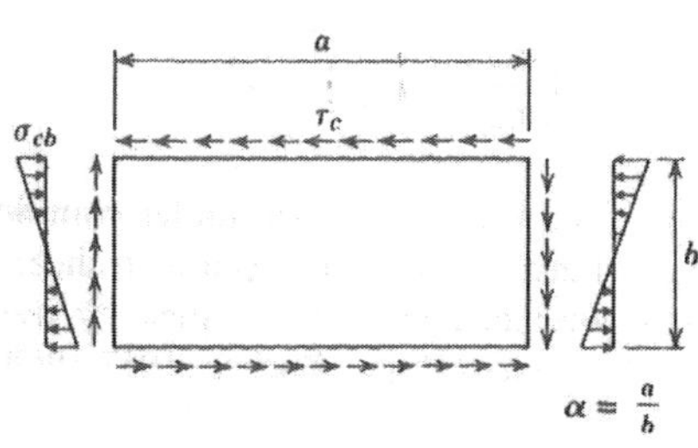

③ 전단과 휨응력과 압축력을 받는 경우 : 단순지지인 경우

Gerard and Becker(1958)에 의해 다음의 3개의 텀으로 구성된 개략식이 제시되었다.

$$\frac{\sigma_c}{\sigma_c^*} + \left(\frac{\sigma_{cb}}{\sigma_{cb}^*}\right)^2 + \left(\frac{\tau_c}{\tau_c^*}\right)^2 = 1$$ 여기서, $\sigma_c^*$, $\sigma_{cb}^*$, $\tau_c^*$는 각각 압축, 휨, 전단만 받을 때의 한계응력

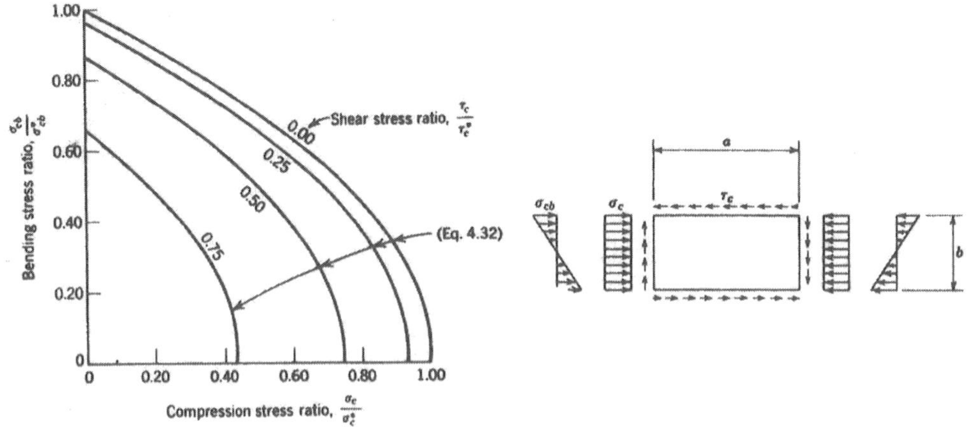


6) 보강된 판의 국부좌굴(Local buckling of stiffende plates)

종방향 또는 횡방향 보강재로 보강된 판은 판의 압축강도를 향상시키기 때문에 일반적으로 사용하는 경제적인 방법이다. 다음의 조건은 단순지지된 경우로 가정한다.

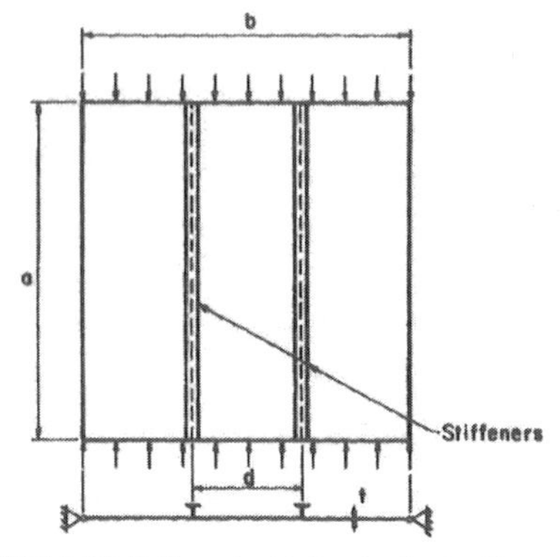


종방향 보강패널(panal with longitudinal stiffeners)

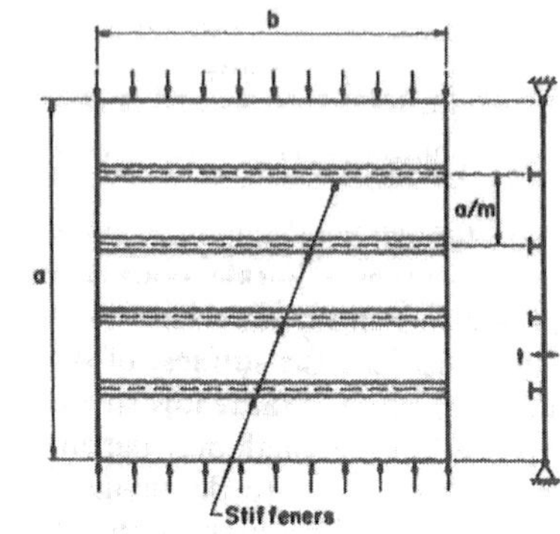


횡방향 보강패널(panal with transverse stiffeners)

① 종방향 보강패널(panal with longitudinal stiffeners)

종방향 보강재는 비틀림강성을 가지지 않는다고 가정한다.Sharp(1966)에 의해 제시된 보수적인 방법은 2가지 영역으로 구분한다. 첫 번째 영역은 좌굴된 모양이 종방향과 횡방향 모두에서 1/2 사인곡선을 가지는 짧은 판에 적용되며, 두 번째 영역은 횡방향으로는 1/2 사인곡선을 가지면서 종방향으로 여러개의 파형을 가지는 긴 판에 적용된다. 짧은 판에서 보강재와 판의 폭은 동일한 길이 d를 가지며 이는 세장비와 함께 기둥의 길이 a와 같이 해석된다.

$$\left(\frac{L}{r}\right)_{eq} = \frac{a}{r_e}$$
여기서 $r_e$는 보강재와 판으로 구성된 단면의 회전반경

긴 판의 경우 기둥강도식을 사용하기 위해서는 세장비에 대한 정의가 필요하다.

$$\frac{L}{r_{eq}} = \sqrt{6(1-\nu^2)}\,\frac{b}{t}\sqrt{\frac{1+(A_s/bt)}{1+\sqrt{(EI_e/bD)+1}}}$$

여기서, b =Nd : 종방향으로 보강된 판의 전체 폭

　　　　N : 종방향보강재로 나뉘어진 판의 개수

　　　　$I_e$ : 종방향 보강재와 폭 d와 동등한 판으로 구성된 단면의 단면2차 모멘트

　　　　$A_s$ : 보강재의 면적

$$D = \frac{Et^3}{12(1-\nu^2)}$$

위의 두 식 중 작은 값을 취하며, 판은 패널의 폭 d가 모두 사용되는 것으로 가정한다.

② 횡방향 보강패널(panal with transverse stiffeners)

축방향 압축력을 받는 판의 횡방향 보강재의 필요크기는 Timoshenko and Gere(1961)에 의해서 1~3의 보강재가 동일 간격으로 보강된 경우와 Klitchieff(1949)에 여러 개의 보강재인 경우 등에 대해서 제시되어져 왔다. 보강된 판의 강도는 보강재 사이의 판의 좌굴강도에 의해 제한된다.

Klitchieff가 제시한 필요한 최소한의 값 $\gamma$는

$$\gamma = \frac{(4m^2-1)[(m^2-1)^2 - 2(m^2+1)\beta^2 + \beta^4]}{2m5m^2 + 1 - \beta^2\alpha^3}$$

여기서, $\beta = \dfrac{\alpha^2}{m}$, $\alpha = \dfrac{a}{b}$, $\gamma = \dfrac{EI_s}{bD}$

　　　　$m$은 보강재로 나뉜 패널의 수, $EI_s$는 횡방향보강재의 휨강성

Timoshenko and Gere 제시 완전히 강체로 거동할 수 있는 기둥의 탄성지점조건의 스프링계수 $K$

$$K = \frac{mP}{Ca},\text{ 여기서 } P = \frac{m^2\pi^2(EI)_c}{a^2},\text{ a는 기둥의 총 길이}$$

이때, C는 m에 따른 상수로 m=2일 때, C=0.5, m이 무한대일 때 0.25를 가진다.

횡방향 보강된 판에서 보강재에 의해 종방향으로의 구분된 판은 횡방향 보강재에 의해 탄성 지지된 기둥과 같이 거동한다고 가정할 수 있으며 보강재에 의해 종방향으로의 구분된 판에 작용하는 하중은 보강재의 변위에 비례한다. 1/2 사인곡선 변위를 가질 때의 스피링 상수 K는

$$K = \frac{\pi^4(EI)_s}{b^4}$$

$$\therefore\ \frac{(EI)_s}{b(EI)_c} = \frac{m^3}{\pi^2 C(a/b)^3}$$
여기서 종방향 보강재가 없을 때 $(EI)_c = D$이므로 좌측 식은 $\gamma$와 같다.

③ 종방향 보강재와 횡방향 보강재로 구성된 패널(panal with longitudinal and transverse stiffeners)

Gerard and Becker(1957/1958)에 의해서 제안된 방법으로 종방향 보강재와 횡방향 보강재가 조합된 변수함수 $\alpha$에 대해 최솟값 $\gamma$를 제시하였다.

$\dfrac{(EI)_s}{b(EI)_c} = \dfrac{m^3}{\pi^2 C(a/b)^3}$ 의 방정식이 사용되며 스프링 상수 $K$값이 종방향 보강재의 개수에 따라 변화한다. 횡방향 보강재의 휨강성 $(EI)_c$은 판의 종방향 보강재의 단위 폭당 평균 강성으로 표현한다.

| Number and spacing of longitudinal stiffeners | Spring Constant K | $\dfrac{(EI)_s}{b(EI)_c} = \gamma$ |
|---|---|---|
| One centrally located | $\dfrac{48(EI)_s}{b^3}$ | $\dfrac{0.206m^3}{C(a/b)^3}$ |
| Two equally spaced | $\dfrac{162}{5}\dfrac{(EI)_s}{b^3}$ | $\dfrac{0.206m^3}{C(a/b)^3}$ |
| Four equally spaced | $\dfrac{18.6(EI)_s}{b^3}$ | $\dfrac{0.133m^3}{C(a/b)^3}$ |
| Infinite number equally spaced | $\dfrac{\pi^4(EI)_s}{b^3}$ | $\dfrac{m^3}{\pi^2 C(a/b)^3} = \dfrac{0.1013m^3}{C(a/b)^3}$ |

횡방향 보강재의 필요크기는 종방향 보강재를 포함하여 개략적으로 표현된다.

$$\frac{(EI)_s}{b(EI)_c} = \frac{m^3}{\pi^2 C(a/b)^3}\left(1 + \frac{1}{N-1}\right)$$

## 3. 집중하중을 받는 플랜지와 웨브의 강도 검토

보의 웨브에는 휨모멘트와 전단력에 의한 응력 외에도 플랜지에 작용하는 집중하중에 의해 국부적으로 압축응력이나 인장응력이 발생한다. 보의 단부에서 반력에 의해 웨브에 압축응력이 생기는 경우와 보의 중간 지점에서 집중하중에 의해 웨붕에 압축응력을 받는 경우가 있다. 이러한 집중하중에 대해 웨브의 안전성(웨브의 국부항복, 웨브의 크리플링, 웨브의 횡좌굴)을 검토하고 필요한 경우 보강해야 한다. 또, 집중하중부에서 플랜지 국부휨에 대한 안전성 검토도 수행되어야 한다.

H형강 보 부재에서 플랜지에 수직이며 웨브에 대하여 대칭인 집중하중을 받는 경우 플랜지와 웨브의 강도를 검토한다. 한쪽의 플랜지에 집중하중을 받는 경우 플랜지 국부휨, 웨브 국부항복, 웨브 클리핑, 웨브 횡좌굴을 검토하고 양측의 플랜지가 집중하중을 받는 경우에는 웨브 국부항복, 웨브 압축좌굴을 검토한다.

### 1) 플랜지의 국부휨강도

플랜지에 작용하는 하중의 범위($N$)가 플랜지 전체 폭의 $0.15(0.15b_f)$배 이하인 경우에는 검토하지 않으며, 부재단부로부터 집중하중에 저항하는 거리가 $10t_f$보다 작은 경우에는 $R_n$의 50%를 저감한다.

$$\phi_l R_n = \phi_l (6.25 t_f^2 F_{yf}), \quad \phi_l = 0.9, \quad R_n = 6.25 t_f^2 F_{yf}$$

여기서, $\phi_l$ 강도저항계수, $t_f$ 하중을 받는 플랜지의 두께(mm), $F_{yf}$ 플랜지 항복강도(MPa)

### 2) 웨브의 국부항복강도

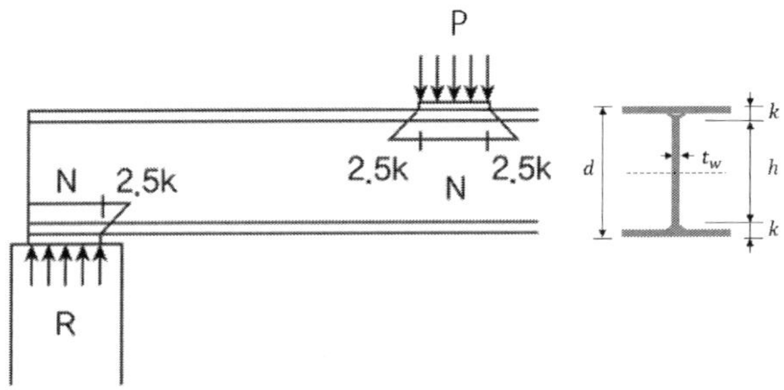


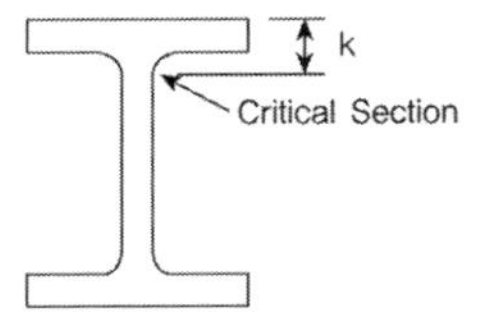


임계단면(Critical section) : 플랜지 상단에서 용접 하단부까지 거리 $k$만큼 떨어진 지점에서의 단면

웨브의 직상·하의 플랜지에 작용하는 집중하중에 의해 보의 웨브가 국부적으로 항복을 일으키는 상태로 집중하중이 웨브에 1:2.5의 기울기로 분산되는 것으로 가정한다. 웨브의 필릿선단부를 집중하중에 의한 취약단면으로 가정하고 설계국부항복강도 $\phi_l R_n$ 은 다음과 같이 산정한다.

① 인장 또는 압축 집중력의 작용점이 지점에서 부재의 높이 d 이하 거리에 있을 때

$$\phi_l R_n = \phi_l (2.5k + N)t_w F_{yw}, \quad \phi_l = 1.0, \quad R_n = (2.5k + N)t_w F_{yw}$$

② 인장 또는 압축 집중력의 작용점이 지점에서 부재의 높이 d 를 초과하는 거리에 있을 때

$$\phi_l R_n = \phi_l (5k + N)t_w F_{yw}, \quad \phi_l = 1.0, \quad R_n = (5k + N)t_w F_{yw}$$

3) 웨브의 크리플링 강도

웨브 크리플링(crippling)은 플랜지에 작용하는 집중하중에 의해 웨브가 면외방향으로 좌굴되는 현상으로 웨브의 국부항복과는 구별된다. 집중하중을 받는 무보강 웨브의 설계크리플링 강도는 $\phi_l R_n$ 이고 공칭크리플링강도 $R_n$ 은 다음과 같이 산정한다.

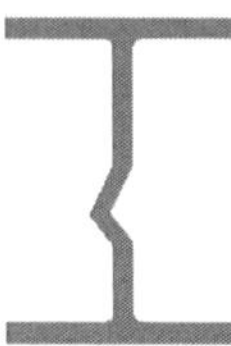

① 집중하중이 지점에서 $d/2$ 이상 떨어져 작용할 때
$$\phi_l = 0.75$$
$$R_n = 0.8t_w^2 \left[1 + 3\frac{N}{d}\left(\frac{t_w}{t_f}\right)^{1.5}\right]\sqrt{\frac{EF_{yw}t_f}{t_w}}$$

② 집중하중이 지점에서 $d/2$ 미만 떨어져 작용할 때
$$\phi_l = 0.75$$
$$(1) \quad \frac{N}{d} \leq 0.2 \quad : R_n = 0.4t_w^2 \left[1 + 3\frac{N}{d}\left(\frac{t_w}{t_f}\right)^{1.5}\right]\sqrt{\frac{EF_{yw}t_f}{t_w}}$$
$$(2) \quad \frac{N}{d} > 0.2 \quad : R_n = 0.4t_w^2 \left[1 + \left(\frac{4N}{d} - 0.2\right)\left(\frac{t_w}{t_f}\right)^{1.5}\right]\sqrt{\frac{EF_{yw}t_f}{t_w}}$$

4) 웨브의 압축좌굴강도

보의 웨브가 기둥의 상하 압축력에 의해 압축을 받거나 기둥–보 접합부에서 보의 플랜지에 의한 압축력을 받을 때 무보강 웨브의 설계압축강도 $\phi_l R_n$ 다음과 같다. 단, 부재 단부로부터 한 쌍의 집중하중에 저항하는 거리가 $d/2$보다 작을 경우에는 $R_n$ 의 50%를 저감한다. 집중 압축력이 설계

압축강도 $\phi_l R_n$ 을 초과하는 경우에는 웨브 양쪽에 한 쌍의 스티프너를 배치한다.

$$\phi_l = 0.9$$

$$\phi_l R_n = \phi_l \frac{24t_w^3 \sqrt{EF_{yw}}}{h}$$

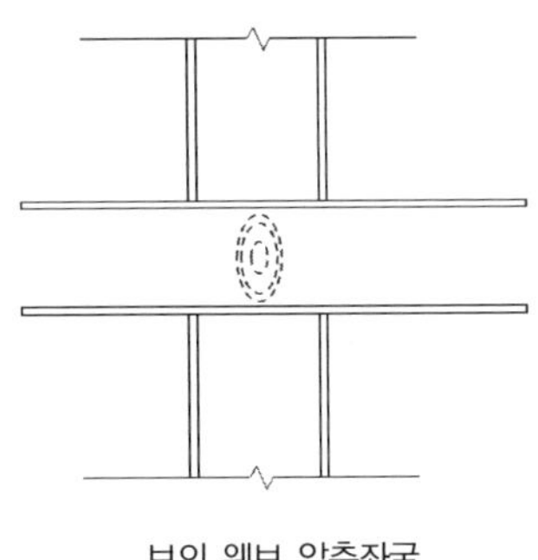

보의 웨브 압축좌굴          기둥의 웨브 압축좌굴



웹의 항복이나 큰 충격을 주지 않을 N값, 반력에 저항할 수 있는 B, t의 값을 산정하기 위해서는 다음의 사항에 대해 고려하여야 한다.

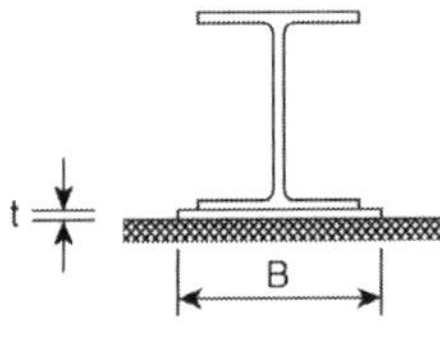
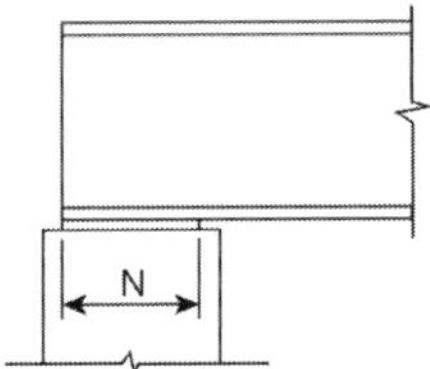

① Local web yielding $\rightarrow$ Determine N

② Web inelastic buckling(crippling) $\rightarrow$ Determine N

③ Side-sway web buckling

④ Web compression buckling

① Local web yielding

  (1) AISC LRFD ($\phi = 1.0$)    (a) Interior loads : $R_n = (N + 5k)f_{yw}t_w$

                                        (b) End reaction : $R_n = (N + 2.5k)f_{yw}t_w$

  (2) ASD ($\Omega = 1.5$)         (a) Interior loads : $f_c = \dfrac{R}{t_w(N+5k)} \leq 0.66f_y \left(= \dfrac{f_y}{SF}\right)$

                                          (b) End reaction : $f_c = \dfrac{R}{t_w(N+2.5k)} \leq 0.66f_y \left(= \dfrac{f_y}{SF}\right)$

② Web crippling

  (1) AISC LRFD($\phi = 0.75$)

    (a) Interior loads : $R_n = 0.80 t_w^2 \left[ 1 + 3 \left( \dfrac{N}{d} \right) \left( \dfrac{t_w}{t_f} \right)^{1.5} \right] \sqrt{\dfrac{E f_{yw} t_f}{t_w}}$

    (b) End reaction

$$R_n = 0.4 t_w^2 \left[ 1 + 3 \left( \dfrac{N}{d} \right) \left( \dfrac{t_w}{t_f} \right)^{1.5} \right] \sqrt{\dfrac{E f_{yw} t_f}{t_w}} \qquad (N/d \leq 0.2)$$

$$R_n = 0.4 t_w^2 \left[ 1 + 3 \left( \dfrac{4N}{d} - 0.2 \right) \left( \dfrac{t_w}{t_f} \right)^{1.5} \right] \sqrt{\dfrac{E f_{yw} t_f}{t_w}} \qquad (N/d > 0.2)$$

  (2) ASD($\Omega = 2.0$) $\qquad\qquad P_{all} = 0.5 R_n$

③ Concrete bearing strength $P_p = 0.85 f_{ck} A_1$    or    $P_p = 0.85 f_{ck} A_1 \sqrt{\dfrac{A_2}{A_1}} \leq 1.7 f_{ck} A_1$

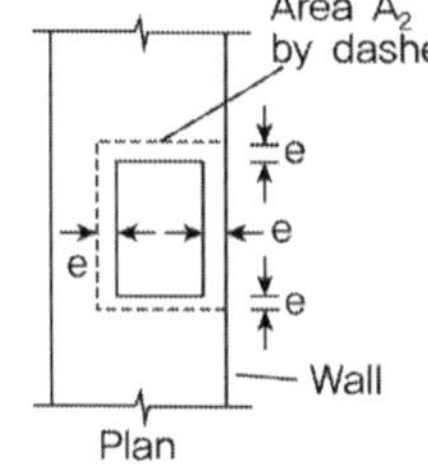


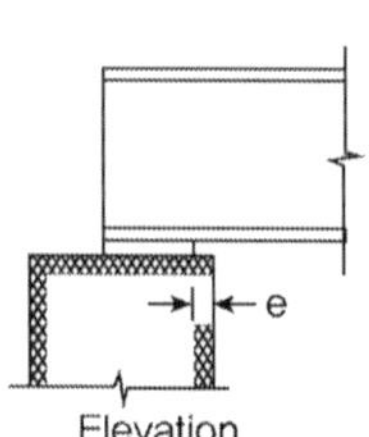


④ Plate thickness

$$\phi_b M_n \geq M_u$$

$$0.9 f_y \frac{t^2}{4} \geq \frac{R_u n^2}{2BN} \qquad \therefore t \geq \sqrt{\frac{2 R_u n^2}{0.9 BN f_y}} = \sqrt{\frac{2.22 R_u n^2}{BN f_y}}$$

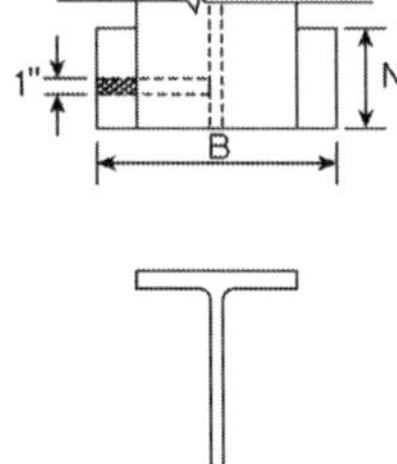


Critical Section

$$M_n = M_p = f_y \frac{t^2}{4}$$

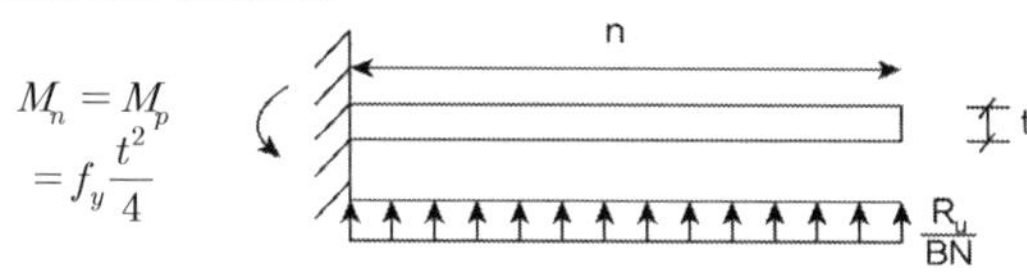


$$\therefore M_u = \frac{R_u}{BN} \times n \times \frac{n}{2} = \frac{R_u}{2BN} n^2$$

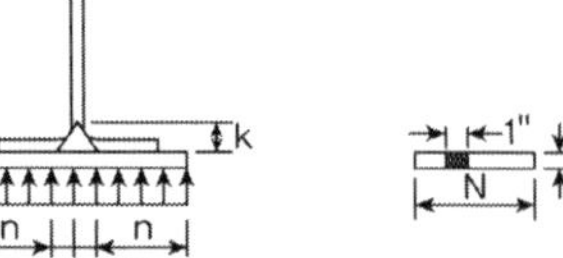

## 4. 휨부재의 설계

휨부재의 휨강도, 전단강도, 플랜지와 웨브의 국부좌굴 등을 고려해 보의 설계휨강도($\phi_b M_n$)를
결정하고 소요 휨강도($M_u$)보다 크게 설계한다.

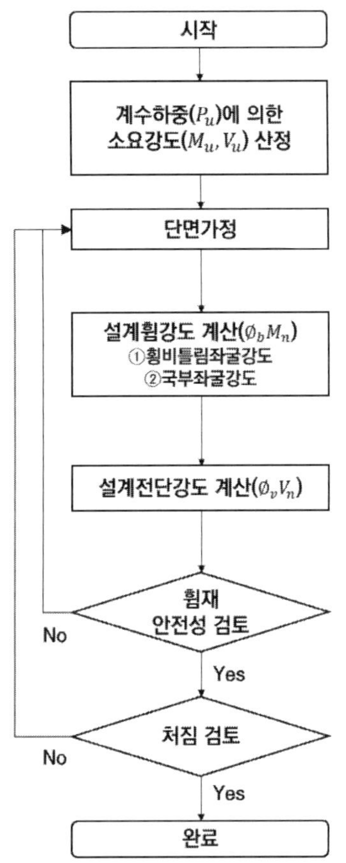


① 횡비틀림좌굴강도($L_b$, $L_p$, $L_r$)
② 플랜지 국부좌굴강도($\lambda$, $\lambda_p$, $\lambda_r$)
③ 웨브 국부좌굴강도($\lambda$, $\lambda_p$, $\lambda_r$)

$h/t_w$에 따른 공칭 전단강도 산정
$$V_n = 0.6 F_y A_w C_v$$

$$\phi_b M_n \geq M_u$$
$$\phi_v V_n \geq V_u$$

### 휨부재 좌굴

휨부재의 횡 좌굴현상을 설명하고 조밀단면으로 강축 휨을 받는 2축대칭 H형강 부재의 횡 지지길이
변화에 따른 영역별 휨강도 산정방법에 대하여 설명하시오.

### 풀 이

> **개요**

휨부재는 일반적으로 수직하중에 대해 경제적으로 설계함에 따라 보의 단면은 복부에 평행한 수
직축(약축)에 대한 휨과 비틀림에는 상대적으로 약한 성질을 갖는다. 휨 변형 발생 시 휨 모멘트
가 어느 한계 값에 도달하면 압축 플랜지는 압축응력에 의해 횡 방향으로 좌굴하게 되고 보의 단
면은 비틀림 변형이 발생하며 휨강도는 감소한다. 이러한 현상을 횡좌굴(lateral buckling) 또는
횡비틀림좌굴(lateral torsional buckling)이라고 한다.

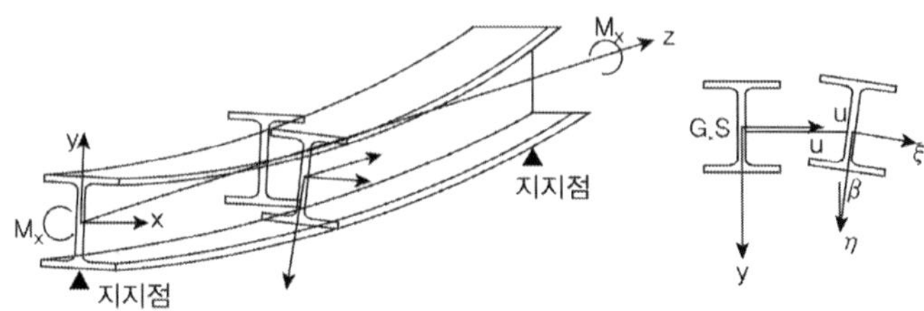


> **휨 강도 산정방법**

횡좌굴을 방지하고 휨 강도를 증가시키기 위해서는 압축플랜지의 횡 방향 변위를 구속할 수 있는 브
레이싱이나 슬래브 등에 의해 보를 횡 방향으로 지지해야 한다. 이때 횡 방향 지지점 사이의 거리를
비지지길이(unbraced length) $L_b$ 라고 한다. 비지지길이에 따라 휨부재는 다른 거동을 보인다.

1) 비지지길이에 따른 휨부재의 거동

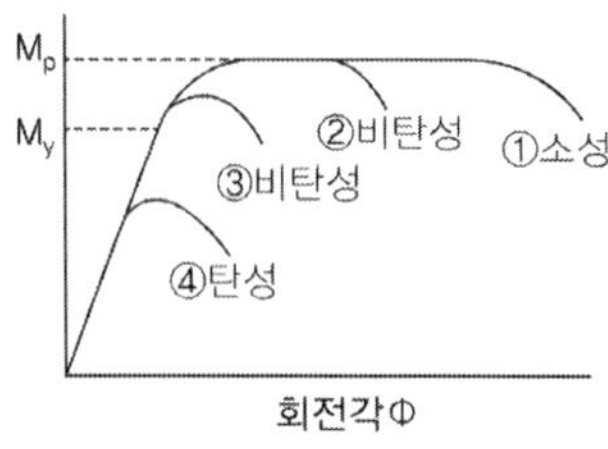


(단순보의 $L_b/r_y$ 에 따른 휨 거동)

①은 세장비가 매우 작아 소성모멘트에 도달 또는 초과, 변형 능력이 매우 큰 거동을 보인다.

②는 보의 세장비가 ①보다는 큰 경우로 소성모멘트에는 도달하나 회전 변형 능력이 크지 않은 비탄성 거동을 보인다. 플랜지에 비탄성변형이 생긴 상태에서 횡 좌굴이 발생하며 이때의 휨강도는 소성모멘트가 된다.

③은 보의 세장비가 다소 큰 경우로 비탄성좌굴에 의해 소성모멘트보다는 작고 항복모멘트보다는 큰 휨강도를 갖는다. 보의 플랜지에 있는 잔류응력의 영향으로 비탄성거동을 보이고 횡 좌굴을 일으켜 한계상태에 도달한다. 이때의 휨강도는 비탄성좌굴강도가 된다.

④는 보의 횡 방향 지지길이가 매우 큰 경우로 보는 탄성 횡 좌굴에 의해 한계상태에 도달하며 최대 모멘트는 항복모멘트에 도달하지 못하며 휨강도는 탄성좌굴강도가 된다.

## 2) 탄성 횡좌굴 모멘트

보의 단면 중심의 $x$, $y$방향의 변위를 $u$, $v$라 하고 단면 비틀림 각을 $\beta$라 하면

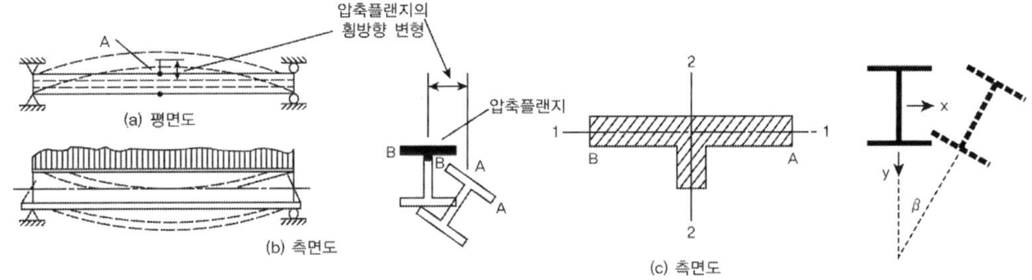



면내 휨에 대해 $\quad EI_x \dfrac{d^2v}{dz^2} + M_x = 0$

면외 휨에 대해 $\quad EI_y \dfrac{d^2u}{dz^2} + \beta M_x = 0$

비틀림에 대해 $\quad EC_w \dfrac{d^3\beta}{dz^3} - GJ\dfrac{d\beta}{dz} + \dfrac{du}{dz} M_x = 0 \quad \left( C_w = \dfrac{h^2}{4} I_y : \text{Warping constant} \right)$

$$\therefore M_{cr} = \sqrt{EI_y GJ\left(\dfrac{\pi}{L}\right)^2 + E^2 I_y C_w \left(\dfrac{\pi}{L}\right)^4} = \dfrac{\pi}{L}\sqrt{EI_y GJ + \left(\dfrac{\pi E}{L}\right)^2 I_y C_w}$$

$$f_{cr} = \dfrac{M_{cr}}{S} \equiv \dfrac{\pi}{LS}\sqrt{EI_y GJ + \left(\dfrac{\pi E}{L}\right)^2 I_y C_w}$$

단면형상, 횡지지길이, 지점조건, 하중패턴, 하중작용위치에 영향을 받으며 Open Section의 경우 비틀림강성($GJ$)이 매우 낮아서 횡비틀림좌굴에 취약하다.

## ▶ 강축 휨을 받는 2축대칭 H형강 부재의 횡 지지길이 변화에 따른 영역별 휨강도 산정방법

휨에 의해 지배되는 빔, 거더, 들보(joist), 트러스는 약축의 판보다는 큰 강도와 강성을 갖는다. 적절한 브레이싱으로 보강되지 않을 경우에는 내부판이 보유하고 있는 최대 저항력에 도달하기 이전에 횡비틀림좌굴(Lateral-torsional buckling)에 의해 파괴된다. 이러한 좌굴파괴현상은 브레이싱이 없거나 완공 후 구조물과 다른 형태로 보강된 공사 중에 발생되기 쉽다.

횡비틀림좌굴은 구조적 유용성의 한계상태로 하중저항성능은 변화가 없음에도 주로 면내에서의 빔의 변형이 발생되었던 구조가 횡 방향으로의 변위와 뒤틀림의 조합으로 변경되게 된다.

적절한 간격으로 횡 브레이싱을 설치하거나 비틀림 강성이 큰 박스단면이나 다이아프램과 같은 횡 비틀림 저항을 할 수 있는 개단면 보를 사용할 경우 횡비틀림좌굴을 방지할 수 있다. 횡비틀림 좌굴 강도의 주요 영향요소로는 횡 브레이싱의 간격, 하중의 종류와 위치, 단부조건, 단면의 크기, 지점의 연속성, 보강재의 여부, 와핑(Warping)저항성, 단면성능, 잔류응력의 크기와 분포, 프리스트레스힘, 기하학적 초기결함, 하중의 편심, 단면의 뒤틀림 등이 있다.

횡비틀림좌굴거동은 아래의 그림과 같이 비지지된 길이와 연관된 한계모멘트로 표현되며, 아래의 그래프에서 실선은 완전히 직선인 보에서의 관계를 나타내고, 점선은 초기결함이 존재할 경우를 나타낸다. 그래프는 3가지 범위로 구분되며, (1) 탄성좌굴구간(Elastic buckling, 긴 보가 지배적), (2) 비탄성좌굴구간(Inelastic buckling, 보의 일부가 항복한 후 발생), (3) 소성영역(Platic behavior, 비지지된 길이가 소성모멘트에 도달하기 이전에 좌굴이 발생)

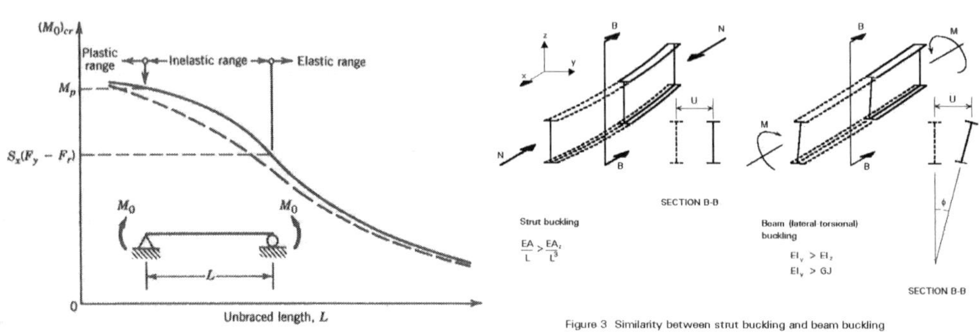

Figure 3  Similarity between strut buckling and beam buckling

1) 탄성 횡비틀림좌굴(Elastic Lateral-Torsional Bucling, Elastic LTB)

　① 단순지지 2축 대칭 동일단면 보(Simply supported doubly symmetric beams of constant sections) **Uniform Bending.**

$$M_{cr} = \frac{\pi}{L} \sqrt{EI_y GJ} \sqrt{1 + W^2}, \quad \text{여기서 } W = \frac{\pi}{L} \sqrt{\frac{EC_w}{GJ}}$$

　보의 단부는 횡방향 변위($u = 0$)와 뒤틀림($\beta = \phi = 0$)은 제한되고 횡방향 회전($u'' = 0$)과 와핑($\phi'' = 0$)은 가능

Nonuniform Bending.

$$M_{cr} = C_b M_{cr}$$

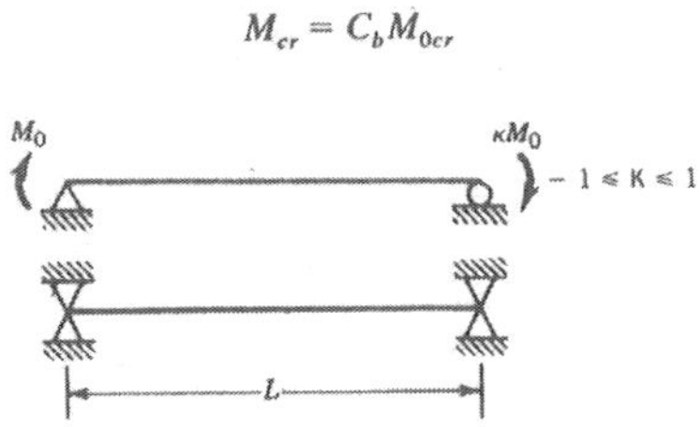


$C_b$ : equivalent uniform moment factor

$$C_b = \frac{12.5 M_{\max}}{2.5 M_{\max} + 3M_A + 4M_B + 3M_C}$$

② 고정지지된 2축 대칭 동일 단면 보(End-Restrained doubly symmetric beams of constant sections)

Nethercot and Rockey(1972).

| I | II | III | IV | V |
|---|---|---|---|---|
| 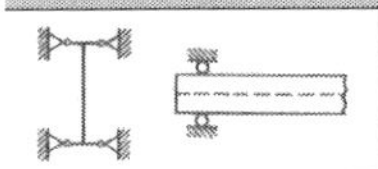 | 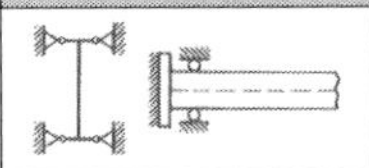 | 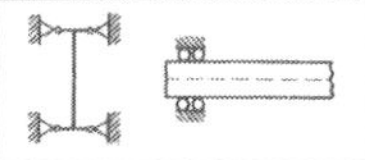 | 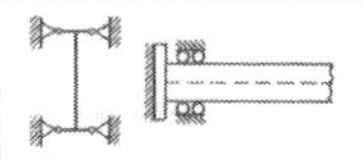 | 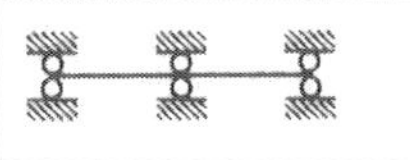 |
| Simply supported $u=\phi=u''=\phi''=0$ | Warping prevented $u=\phi=u''=\phi'=0$ | Lateral bending prevented $u=\phi=u'=\phi''=0$ | Fixed end $u=\phi=u'=\phi'=0$ | Lateral support at center. Retsraint : equal at both ends |

$$M_{cr} = CM_{cr}$$

$C = A/B$ Top flange loading

$= A$ mid-height loading

$= AB$ bottom flange loading

| Loading | Restraint | A | B |
|---|---|---|---|
| 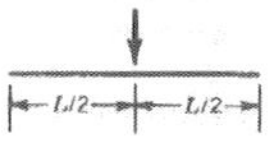 | I | 1.35 | $1-0.180W^2+0.649W$ |
| | II | $1.43+0.485W^2+0.463W$ | $1-0.317W^2+0.619W$ |
| | III | $2.0-0.074W^2+0.304W$ | $1-0.207W^2+1.047W$ |
| | IV | $1.916-0.424W^2+1.851W$ | $1-0.466W^2+0.923W$ |
| | V | $2.95-1.143W^2+4.070W$ | 1 |
| 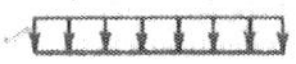 | I | 1.13 | $1-0.154W^2+0.535W$ |
| | II | $1.2+0.416W^2+0.402W$ | $1-0.225W^2+0.571W$ |
| | III | $1.9-0.120W^2+0.006W$ | $1-0.100W^2+0.806W$ |
| | IV | $1.643-0.405W^2+1.771W$ | $1-0.339W^2+0.625W$ |
| | V | $2.093-0.947W^2+3.117W$ | $1.073+0.044W$ |

2) 강구조설계기준(2014) : 조밀단면, 강축 휨을 받는 2축대칭 H형강 부재

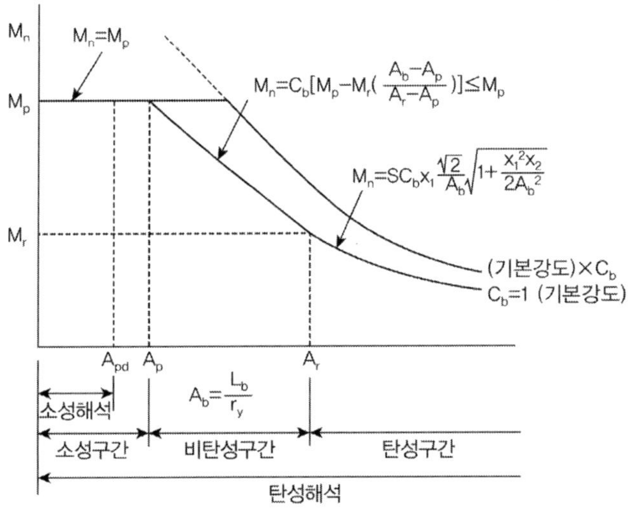

① 소성 휨모멘트 : $M_n = M_p = Z_x F_y$

② 횡비틀림좌굴강도

- $L_b \leq L_p$             : $M_n = M_p$    (횡 좌굴강도를 고려하지 않는다)

- $L_p < L_b \leq L_r$        : $M_n = C_b\left[M_p - (M_p - 0.7F_y S_x)\left(\dfrac{L_b - L_p}{L_r - L_p}\right)\right] \leq M_p$

- $L_b > L_r$             : $M_n = F_{cr} S_x \leq M_p$

여기서, $F_{cr} = C_b \times \dfrac{\pi^2 E}{(L_b/r_{ts})^2} \sqrt{1 + 0.078 \dfrac{Jc}{S_x h_0}\left(\dfrac{L_b}{r_{ts}}\right)^2}$,    $L_p = 1.76 r_y \sqrt{\dfrac{E}{F_y}}$

$$L_r = 1.95 r_{ts} \dfrac{E}{0.7F_y} \sqrt{\dfrac{Jc}{S_x h_0}} \sqrt{1 + \sqrt{1 + 6.76\left(\dfrac{0.7F_y S_x h_0}{EJc}\right)^2}}$$

$r_{ts}^2 = \dfrac{\sqrt{I_y C_w}}{S_x}$,   c=1 (2축대칭 H형강),   $\dfrac{h_0}{2}\sqrt{\dfrac{I_y}{C_w}}$   (ㄷ형강)

$h_0$ : 상하부 플랜지 간 중심거리

**휨부재의 공칭 휨강도 : 횡비틀림좌굴강도**

압연 H형강 H-500×200×10×16(SM275)의 보가 단순지지되어 있을 때, 횡비틀림좌굴강도를 산정하시오. 보는 슬래브에 의해 압축플랜지가 전 길이에 대해 횡방향으로 지지되어 있다($L_b = 0$). $r = 20\,\text{mm}$, $A = 11{,}420\,\text{mm}^2$, $I_x = 478{,}000{,}000\,\text{mm}^4$, $I_y = 21{,}400{,}000\,\text{mm}^4$, $F_y = 275\,\text{MPa}$이다.

**풀 이**

## ▶ 국부좌굴에 의한 단면 구분

1) 플랜지의 판복두께비

$$\lambda = \frac{b_f}{2t_f} = \frac{200}{2 \times 16} = 6.25, \quad \lambda_{pf} = 0.38\sqrt{\frac{E}{F_y}} = 0.38\sqrt{\frac{210{,}000}{275}} = 10.50$$

$$\therefore \lambda < \lambda_{pf} \quad \text{조밀단면}$$

2) 웨브의 판복두께비

$$\lambda = \frac{h}{t_w} = \frac{500 - 2(16 + 20)}{10} = 42.8, \quad \lambda_{pw} = 3.76\sqrt{\frac{E}{F_y}} = 3.76\sqrt{\frac{210{,}000}{275}} = 103.9$$

$$\therefore \lambda < \lambda_{pw} \quad \text{조밀단면}$$

$$\therefore \text{플랜지와 웨브 모두 조밀단면이다.}$$

## ▶ 횡비틀림좌굴강도 산정

1) 소성한계 비지지길이

$$r_y = \sqrt{\frac{I_y}{A}} = 43.3\,\text{mm}, \quad L_p = 1.76r_y\sqrt{\frac{E}{F_{yf}}} = 1.76 \times 43.3 \times \sqrt{\frac{210{,}000}{275}} \times 10^{-3} = 2.11\,\text{m}$$

$\therefore L_b < L_p$ 이므로 보가 소성모멘트 $M_p$ 발휘하므로 소성모멘트가 보의 횡비틀림좌굴강도가 되며 이 구간에서는 횡비틀림좌굴이 발생되지 않는다.

2) 횡좌굴강도

$$Z_x = 2Q_x = 2 \times [(200 \times 16) \times (250 - 8) + (250 \times 10) \times 242] = 2.76 \times 10^6\,\text{mm}^3$$

$$\therefore M_n = M_p = F_y Z_x = 275 \times 2.76 \times 10^6 \times 10^{-6} = 759\,\text{kNm}$$

### 휨부재의 공칭 휨강도 : 횡비틀림 좌굴강도

압연 H형강 H−600×200×11×17(SM275, $F_y = 265\,\text{MPa}$)의 보가 단순지지되어 있을 때, 횡비틀림 좌굴강도를 산정하시오. $L_b = 2.4\,\text{m}$, $C_b = 1.0$으로 가정하고, $r_y = 41.2\,\text{mm}$, $r_{ts} = 50.7\,\text{mm}$, $S_x = 2.59 \times 10^6\,\text{mm}^3$, $Z_x = 2.98 \times 10^6\,\text{mm}^3$, $I_y = 22.8 \times 10^6\,\text{mm}^4$



## ▶ 국부좌굴에 의한 단면 구분

1) 플랜지의 판복두께비

$$\lambda = \frac{b_f}{2t_f} = \frac{200}{2 \times 17} = 5.88 \ < \ \lambda_{pf} = 0.38\sqrt{\frac{E}{F_y}} = 0.38\sqrt{\frac{210,000}{265}} = 10.7$$

2) 웨브의 판복두께비

$$\lambda = \frac{h}{t_w} = \frac{600 - 2(17 + 20)}{10} = 52.6 \ < \ \lambda_{pw} = 3.76\sqrt{\frac{E}{F_y}} = 3.76\sqrt{\frac{210,000}{265}} = 105.8$$

∴ 플랜지와 웨브 모두 조밀단면이다.

## ▶ 횡비틀림좌굴강도 산정

1) 소성한계 비지지길이

$$L_p = 1.76r_y\sqrt{\frac{E}{F_{yf}}} = 1.76 \times 41.2 \times \sqrt{\frac{210,000}{265}} \times 10^{-3} = 2.04\,\text{m}$$

$$L_r = \pi r_{ts}\sqrt{\frac{E}{0.7F_y}} = \pi \times 50.7 \times \sqrt{\frac{210,000}{0.7 \times 265}} \times 10^{-3} = 5.36\,\text{m}$$

∴ $L_p < L_b < L_r$ 이므로 횡좌굴영역은 비탄성횡좌굴구간에 해당한다.

2) 횡좌굴강도

$$M_p = F_y Z_x = 265 \times 2.98 \times 10^6 \times 10^{-6} = 789.7\,\text{kNm}$$

$$0.7F_y S_x = 0.7 \times 265 \times 2.59 \times 10^6 \times 10^{-6} = 480.5\,\text{kNm}$$

$$\therefore M_n = C_b\left[M_p - (M_p - 0.7F_y S_x)\left(\frac{L_b - L_p}{L_r - L_p}\right)\right] = 756.2\ \text{kNm} \leq M_p$$

### 휨부재의 공칭 휨강도 : 횡비틀림 좌굴강도

압연 H형강 H-600×200×11×17(SM275, $F_y = 265\,\text{MPa}$)의 보가 단순지지되어 있을 때, 횡비틀림 좌굴강도를 산정하시오. $L_b = 6.5\,\text{m}$, $C_b = 1.0$으로 가정하고, $r_y = 41.2\,\text{mm}$, $r_{ts} = 50.7\,\text{mm}$, $S_x = 2.59 \times 10^6\,\text{mm}^3$, $Z_x = 2.98 \times 10^6\,\text{mm}^3$, $I_y = 22.8 \times 10^6\,\text{mm}^4$

풀 이

▶ **국부좌굴에 의한 단면 구분**　　　　$\therefore$ 플랜지와 웨브 모두 조밀단면이다.

▶ **횡비틀림좌굴강도 산정**

1) 소성한계 비지지길이

$$L_p = 1.76 r_y \sqrt{\frac{E}{F_{yf}}} = 1.76 \times 41.2 \times \sqrt{\frac{210{,}000}{265}} \times 10^{-3} = 2.04\,\text{m}$$

$$L_r = \pi r_{ts} \sqrt{\frac{E}{0.7 F_y}} = \pi \times 50.7 \times \sqrt{\frac{210{,}000}{0.7 \times 265}} \times 10^{-3} = 5.36\,\text{m}$$

$\therefore L_b > L_r$ 이므로 횡좌굴영역은 탄성횡좌굴구간에 해당한다.

2) 횡좌굴강도

① 이론식에 따른 강도 산정　　$\dfrac{Jc}{S_x h_0} = \dfrac{906 \times 10^3 \times 1.0}{2.59 \times 10^6 \times (600 - 17)} = 0.0006$

$$\therefore F_{cr} = \frac{C_b \pi^2 E}{\left(\dfrac{L_b}{r_{ts}}\right)^2} \sqrt{1 + 0.078 \frac{Jc}{S_x h_0} \left(\frac{L_b}{r_{ts}}\right)^2}$$

$$= \frac{1.0 \times \pi^2 \times 210{,}000}{\left(\dfrac{6.5 \times 10^3}{50.7}\right)^2} \sqrt{1 + 0.078 \times 0.0006 \times \left(\frac{6.5 \times 10^3}{50.7}\right)^2} = 167.7\,\text{MPa}$$

② 안전측 강도 산정　　$F_{cr} \fallingdotseq \dfrac{C_b \pi^2 E}{\left(\dfrac{L_b}{r_{ts}}\right)^2} = 126.1\,\text{MPa}$

$$\therefore M_n = F_{cr} S_x = 167.7 \times 2.59 \times 10^6 \times 10^{-6} = 434.3\ \text{kNm}$$

휨부재의 공칭 휨강도 : 횡비틀림 좌굴강도

용접 H형강 H−600×300×8×12(SM275, $F_y = 265\,\text{MPa}$)의 국부좌굴을 고려한 공칭휨강도를 산정하시오. $S_x = 2.499 \times 10^6\,\text{mm}^3$, $Z_x = 2.781 \times 10^6\,\text{mm}^3$

풀  이

### ▶ 국부좌굴에 의한 단면 구분

$\therefore$ 플랜지 비조밀단면, 웨브 조밀단면이다.

### ▶ 국부좌굴에 의한 공칭휨강도

$\lambda = 12.50$, $\lambda_{pf} = 10.5$, $\lambda_{rf} = 21.51$

$M_p = F_y Z_x = 275 \times 2.781 \times 10^6 \times 10^{-6} = 764.8\,\text{kNm}$

$0.7 F_y S_x = 0.7 \times 275 \times 2.499 \times 10^6 \times 10^{-6} = 481.1\,\text{kNm}$

$$\therefore M_n = \left[ M_p - (M_p - 0.7 F_y S_x)\left( \frac{\lambda - \lambda_{pf}}{\lambda_{rf} - \lambda_{pf}} \right) \right]$$

$$= \left[ 764.8 - (764.8 - 481.1)\left( \frac{12.50 - 10.50}{21.51 - 10.50} \right) \right] = 713.3\,\text{kNm}$$

## 휨부재의 공칭 휨강도 : 캔틸레버 공칭 휨 강도와 좌굴 안전성

다음 그림과 같이 캔틸레버보에 강축 방향으로 활하중이 작용하고 있고, 보의 횡 변위는 구속되어 있지 않다. H-단면 (SM490)을 사용할 때, 한계상태설계법(KDS 24 14 31)을 적용하여 공칭 휨강도와 좌굴 안전성을 구하시오(단, 강재의 단위중량은 78.5kN/m$^3$으로 함).

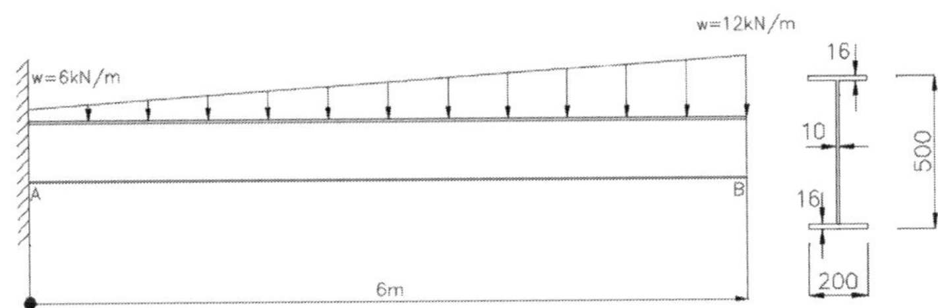


### 풀 이

#### ➤ 단면계수

$$A = 16 \times 200 \times 2 + 10 \times (500 - 16 \times 2) = 7{,}880\,\text{mm}^2$$

$$I_x = \frac{200 \times 500^3}{12} - \frac{190 \times 468^3}{12} = 460{,}365{,}493\,\text{mm}^4, \quad S_x = \frac{I_x}{y} = 1{,}841{,}462\,\text{mm}^3$$

$$I_y = 2 \times \frac{16 \times 200^3}{12} + \frac{468 \times 10^3}{12} = 21{,}372{,}333.3\,\text{mm}^4$$

$$\text{J} = \sum \frac{1}{3}bt^3 = \frac{1}{3} \times \left[ (200 \times 16^3) \times 2 + ((500 - 16 \times 2) \times 10^3) \right] = 702{,}133.3\,\text{mm}^4$$

$$r_x = \sqrt{\frac{I_x}{A}} = 241.71\,\text{mm}, \quad r_y = \sqrt{\frac{I_y}{A}} = 52.08\,\text{mm}$$

#### ➤ 극한모멘트 산정

1) 사하중

도로교설계기준 극한한계상태 I 하중조합에 따라 A점에서 극한하중을 산정한다.

$$w_d = 7880 \times 10^{-6} \times 78.5 = 0.61858\,\text{kN/m}, \quad M_d = \frac{w_d L^2}{2} = 11.134\,\text{kNm}$$

2) 활하중

$$M_l = \frac{6 \times 6^2}{2} + (0.5 \times 6 \times 6) \times \frac{2}{3} \times 6 = 180\,\text{kNm}$$

3) 극한하중

$$M_u = 1.25 M_d + 1.8 M_l = 337.9175\text{kNm}$$

## ➤ 폭두께비 검토

SM490의 $F_u = 490\text{MPa}$, $F_y = 315\text{MPa}$이므로,

① 플랜지 검토

$$\lambda = \frac{b}{t_f} = \frac{200/2}{16} = 6.25 \quad < \quad \lambda_p = 0.38\sqrt{\frac{E}{F_y}} = 0.38\sqrt{\frac{210,000}{315}} = 9.81$$

② 웨브 검토

$$\lambda = \frac{h}{t_w} = \frac{500 - 2 \times 16}{10} = 46.8 \quad < \quad \lambda_p = 3.76\sqrt{\frac{E}{F_y}} = 97.08$$

$\therefore$ 플랜지와 웨브 모두 조밀단면

## ➤ 공칭 휨강도 산정

① 횡좌굴영역 산정

$$L_b = 6\text{m}$$

$$L_p = 1.76 r_y \sqrt{\frac{E}{F_y}} = 1.76 \times 52.08 \times \sqrt{\frac{210,000}{315}} \times 10^{-3} = 2.37\text{m}$$

$$L_r = \pi r_{ts} \sqrt{\frac{E}{0.7F_y}} = \pi \times 53.0 \times \sqrt{\frac{210,000}{0.7 \times 315}} \times 10^{-3} = 5.14\text{m}$$

$$\text{여기서, } r_{ts} = \sqrt{\frac{I_y h_0}{2S_x}} = \sqrt{\frac{21,372,333 \times (500 - 16)}{2 \times 1,841,462}} = 53.0\text{mm}$$

$\therefore L_b > L_r$ 이므로 횡좌굴영역은 탄성횡좌굴영역에 해당된다.

② 공칭 횡좌굴강도 산정

$$M_{\max} = M_A = 11.134 + 180 = 191.134\text{kNm}$$

$$M_{center} = \frac{1}{2} \times 11.134 + \frac{6 \times 3^2}{2} + \frac{1}{2} \times 3 \times 3 \times \frac{2}{3} \times 3 = 41.57\text{kNm}$$

$$M_{x=\frac{1}{4}L} = \frac{1}{4} \times 11.134 + \frac{6 \times (6/4)^2}{2} + \frac{1}{2} \times (6/4)^2 \times \frac{2}{3} \times (6/4) = 10.66\text{kNm},$$

$$M_{x=\frac{3}{4}L} = \frac{3}{4} \times 11.134 + \frac{6 \times (6 \times 3/4)^2}{2} + \frac{1}{2} \times (6 \times 3/4)^2 \times \frac{2}{3} \times (6 \times 3/4) = 99.47\text{kNm}$$

$$C_b = \frac{12.5 M_{\max}}{2.5 M_{\max} + 3 M_A + 4 M_B + 3 M_C} = 2.45$$



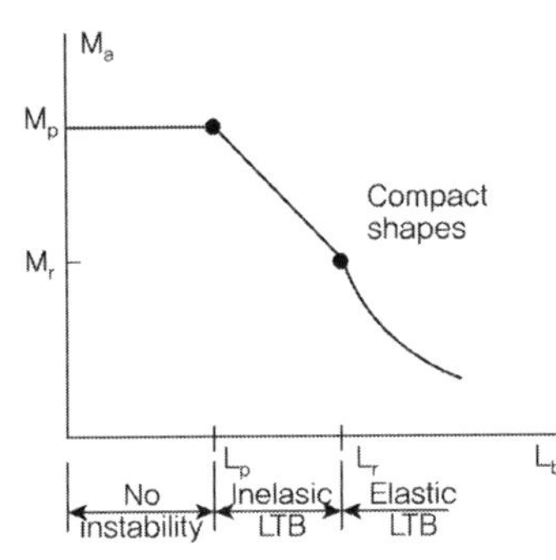


$$C_b = \frac{12.5 M_{\max}}{2.5 M_{\max} + 3 M_A + 4 M_B + 3 M_C} R_m \leq 3.0$$

$M_{\max}$ : 비지지 길이 내의 최대 절댓값(단부 포함)

$M_A$ : 비지지 길이의 1/4지점 절댓값

$M_B$ : 비지지 길이의 1/2지점 절댓값

$M_C$ : 비지지 길이의 3/4지점 절댓값

$R_m$ : 대칭단면(1.0), 채널과 같은 1축 대칭$(0.5 + 2(I_{yc}/I_y)^2$

$I_{yc}$ : 압축플랜지의 y축에 대한 단면 2차 모멘트

$$F_{cr} = C_b \times \frac{\pi^2 E}{\left(\dfrac{L_b}{r_{ts}}\right)^2} \sqrt{1 + 0.078 \frac{Jc}{S_x h_0}\left(\frac{L_b}{r_{ts}}\right)^2}$$

$$= 2.45 \times \frac{\pi^2 \times 210,000}{\left(\dfrac{6000}{53}\right)^2} \sqrt{1 + 0.078 \times 0.0007878 \times \left(\frac{6000}{53}\right)^2} = 529.73\text{N/mm}^2$$

여기서, $\dfrac{Jc}{S_x h_0} = \dfrac{702,133.3 \times 1}{1,841,462 \times (500 - 16)} = 0.0007878$

$$\therefore M_n = F_{cr} S_x = 529.73 \times 1,841,462 \times 10^{-6} = 975.47\text{kNm} > M_u \quad \text{O.K}$$

$\therefore$ 안정하다.

## 휨부재의 공칭 휨 및 전단강도 : 2축 대칭 H형강

7m의 단순지지된 보에 활하중 $w_L = 18kN/m$, 고정하중 $w_D = 10kN/m$가 작용하고 있다. 단순보의 비지지길이 $L_b = 7.0m$이다. 이때 보의 단면을 H-500×200×10×16 (SM355)을 사용할 때 다음을 검토하라. H-500×200×10×16 $S_x = 1910 \times 10^3 \, mm^3$, $Z_x = 2180 \times 10^3 \, mm^3$, $r = 20mm$, $r_y = 43mm$, $J = 702 \times 10^3 \, mm^4$, $I_y = 21.4 \times 10^6 \, mm^4$

1) 공칭 휨강도   2) 공칭 전단강도   3) 소요강도   4) 안정성 검토

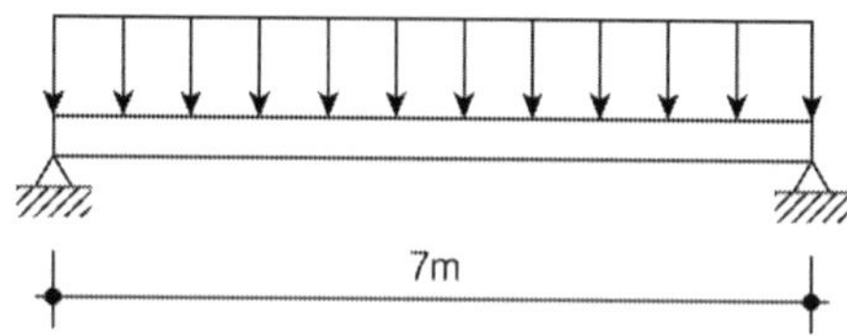



---

풀 이

### ▶ 공칭휨강도 산정

1) 국부좌굴강도 산정

① 플랜지 국부좌굴강도

$$\lambda = \frac{b}{t_f} = \frac{200/2}{16} = 6.3,$$

$$\lambda_p = 0.38 \sqrt{E/f_{yp}} = 0.38 \sqrt{2.1 \times 10^5 / 355} = 9.24, \quad \lambda < \lambda_p \ : \ 조밀단면(Compact\ Section)$$

$$M_n = M_p = Z_x f_y = 2180 \times 10^3 \times 10^{-6} \times 355 = 773.9 \, kNm$$

② 웨브 국부좌굴강도

$$\lambda = \frac{h}{t_w} = \frac{(500 - 2 \times 16 - 2 \times 20)}{10} = 42.8$$

$$\lambda_p = 3.76 \sqrt{E/f_{yp}} = 3.76 \sqrt{2.1 \times 10^5 / 355} = 91.45, \quad \lambda < \lambda_p \ : \ 조밀단면(Compact\ Section)$$

$$M_n = M_p = Z_x f_y = 2180 \times 10^3 \times 10^{-6} \times 355 = 773.9 \, kNm$$

∴ 국부좌굴강도 $M_n = 773.9 \, kNm$

2) 횡좌굴강도 산정

① 소성한계 및 비탄성한계 비지지길이

$$L_p = 1.76 r_y \sqrt{E/f_{yf}} = 1.76 \times 43.3 \times \sqrt{2.1 \times 10^5/355} \times 10^{-3} = 1.85\,\text{m}$$

$$L_r = 1.95 r_{ts} \frac{E}{0.7F_y} \sqrt{\frac{Jc}{S_x h_0} \sqrt{1 + \sqrt{1 + 6.76\left(\frac{0.7F_y}{E}\frac{S_x h_o}{Jc}\right)^2}}} \fallingdotseq \pi r_{ts} \sqrt{\frac{E}{0.7F_y}}$$

$$= \pi \times 52.1 \sqrt{\frac{2.1 \times 10^5}{0.7 \times 355}} \times 10^{-3} = 4.76\,\text{m}$$

여기서, $r_{ts} = \sqrt{\dfrac{I_y h_0}{2S_x}} = \sqrt{\dfrac{21.4 \times 10^6 \times (500-16)}{2 \times 1.91 \times 10^6}} = 52.1\,\text{mm}$

$\therefore L_b > L_r \quad$ 탄성횡좌굴구간에 해당한다.

② 횡좌굴강도 산정

$$C_b = \frac{12.5 M_{\max}}{2.5 M_{\max} + 3M_A + 4M_B + 3M_C} R_m$$

$$= \frac{12.5 \times 249.9}{2.5 \times 249.9 + 3 \times 187.4 + 4 \times 249.9 + 3 \times 187.4} \times 1 = 1.14$$

$$F_{cr} = \frac{C_b \pi^2 E}{\left(\dfrac{L_b}{r_{ts}}\right)^2} \sqrt{1 + 0.078 \frac{Jc}{S_x h_0}\left(\frac{L_b}{r_{ts}}\right)^2}$$

$$= \frac{1.14 \times \pi^2 \times 210{,}000}{\left(\dfrac{7.0 \times 10^3}{52.1}\right)^2} \sqrt{1 + 0.078 \times 0.00076 \times \left(\frac{7.0 \times 10^3}{52.1}\right)^2} = 188.3\,\text{MPa}$$

여기서, $\dfrac{Jc}{S_x h_0} = \dfrac{702 \times 10^3 \times 1}{1.91 \times 10^6 \times (500-16)} = 0.00076$

$\therefore M_n = F_{cr} S_x = 188.3 \times 1.94 \times 10^6 \times 10^{-6} = 365.3\,\text{kNm}$

▶ 공칭전단강도 산정

$$h/t_w = \frac{(500 - 2 \times 16 - 2 \times 20)}{10} = 42.8$$

$$2.24\sqrt{E/F_{yw}} = 2.24 \times \sqrt{2.1 \times 10^5/355} = 54.5 \qquad \therefore \frac{h}{t_w} < 2.24\sqrt{\frac{E}{F_y}} \qquad C_v = 1.0$$

$$\therefore V_n = 0.6F_y A_w C_v = 0.6 \times 355 \times (500 \times 10) \times 1.0 \times 10^{-3} = 1065\,\text{kN}$$

▶ 소요강도 산정

$$W = 1.2W_D + 1.6W_L = 1.2 \times 10 + 1.6 \times 19 = 40.8\,\text{kN/m}$$

$$M_u = \frac{40.8 \times 7^2}{8} = 249.9\ \text{kNm}, \qquad V_u = \frac{40.8 \times 7}{2} = 142.8\,\text{kN}$$

▶ 안정성 검토

$$M_u(= 249.9\ \text{kNm}) \ < \ \phi_b M_n = 0.9 \times 365.3 = 329\,\text{kNm} \qquad \text{O.K}$$
$$V_u(= 142.8\ \text{kN}) \ < \ \phi_v V_n = 1.0 \times 1065 = 1065\ \text{kN} \qquad \text{O.K}$$

## 휨부재의 공칭 휨 및 전단강도 : 2축 대칭 H형강

다음과 같은 조건하에서 경간이 12m인 강재 철골보의 설계휨강도 및 설계전단강도를 검토하시오 (단, KBC 2009 적용, 철골보의 자중은 무시한다).

[검토조건]

작용하중 : $P$ ($P_D = 71kN$, $P_L = 88kN$)

경계조건(강재보) : 양단고정, 3등분점 횡지지

강재 철골보 : H-600×200×11×17(SS400)

$I_x = 776 \times 10^6 mm^4$,  $S_x = 2.59 \times 10^6 mm^3$,

$Z_x = 2.98 \times 10^6 mm^3$

$I_y = 22.8 \times 10^6 mm^4$,  $J = 1.13 \times 10^6 mm^3$,

$C_w = 1.94 \times 10^{12} mm^6$

$h_o = 583mm$,  $r_y = 41.2mm$,  $r = 22mm$

$E = 2.05 \times 10^5 MPa$

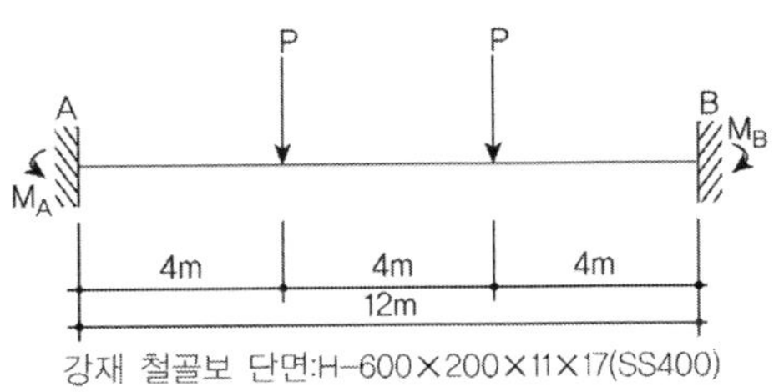


강재 철골보 단면:H-600×200×11×17(SS400)

### 풀 이

### ▶ 공칭휨강도 산정

1) 국부좌굴강도 산정

① 플랜지 국부좌굴강도

$$\lambda = \frac{b}{t_f} = \frac{200/2}{17} = 5.88$$

$$\lambda_p = 0.38 \sqrt{E/f_{yp}} = 0.38 \sqrt{2.05 \times 10^5/235} = 11.223 \qquad \therefore \lambda < \lambda_p : 조밀단면$$

$$M_n = M_p = Z_x f_y = 2.98 \times 10^6 \times 10^{-6} \times 235 = 700.3^{kNm}$$

② 웨브 국부좌굴강도

$$\lambda = \frac{h}{t_w} = \frac{(600 - 2 \times 17 - 2 \times 22)}{11} = 47.45$$

$$\lambda_p = 3.76 \sqrt{E/f_{yp}} = 3.76 \sqrt{2.05 \times 10^5/235} = 111.05 \qquad \therefore \lambda < \lambda_p : 조밀단면$$

$$M_n = M_p = Z_x f_y = 2.98 \times 10^6 \times 10^{-6} \times 235 = 700.3^{kNm}$$

$$\therefore 국부좌굴강도 \ M_n = 700.3^{kNm}$$

2) 횡좌굴강도 산정

① 단면 검토

$$L_b = \frac{12,000}{3} = 4,000mm$$

$$L_p = 1.76r_y\sqrt{\frac{E}{f_y}} = 2,141.67mm$$

$$r_{ts}^2 = \frac{\sqrt{I_y C_w}}{S_x} = \frac{\sqrt{22.8 \times 10^6 \times 1.94 \times 10^{12}}}{2.59 \times 10^6} = 2567.84 \qquad \therefore r_{ts} = 50.67\,\text{mm}$$

$$L_r = 1.95r_{ts}\frac{E}{0.7f_y}\sqrt{\frac{Jc}{S_x h_0}}\sqrt{1 + \sqrt{1 + 6.76\left(\frac{0.7f_y S_x h_0}{EJc}\right)^2}}$$

$$= 1.95 \times 50.67 \times \frac{2.05 \times 10^5}{0.7 \times 235} \times \sqrt{\frac{1.13 \times 10^3 \times 1.0}{2.59 \times 10^6 \times 583}}$$

$$\times \sqrt{1 + \sqrt{1 + 6.76\left(\frac{0.7 \times 235 \times 2.59 \times 10^6 \times 583}{2.05 \times 10^5 \times 1.13 \times 10^3 \times 1.0}\right)^2}} = 5,625.279mm$$

$\therefore L_p < L < L_r$ 인 Compact Section이므로 소성모멘트와 비탄성횡좌굴강도를 산정한 후 최
솟값이 공칭휨강도가 된다.

② 휨모멘트 산정

$$P_u = 1.2P_D + 1.6P_L = 1.2 \times 71 + 1.6 \times 88 = 226^{kN} > 1.4P_D$$

$$R_A = R_B = P_u$$

$$M_A = -M_B = -\Sigma\left(\frac{Pab^2}{L^2}\right) = -\left[\frac{P\left(\frac{L}{3}\right)\left(\frac{2L}{3}\right)^2}{L^2} + \frac{P\left(\frac{2L}{3}\right)\left(\frac{L}{3}\right)^2}{L^2}\right] = -\frac{6}{27}PL = -602.67^{kNm}$$

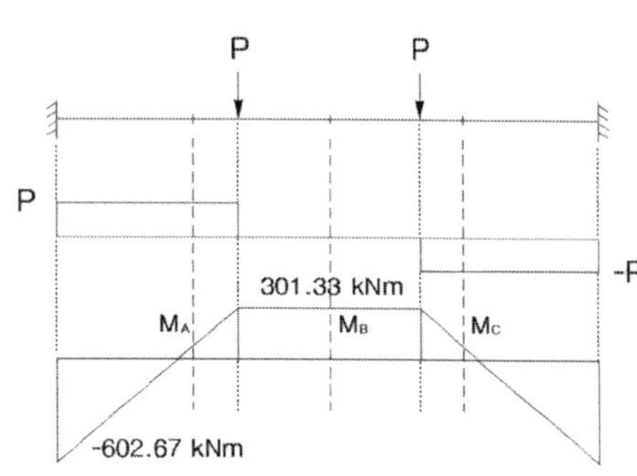


$$C_b = \frac{12.5M_{\max}}{2.5M_{\max} + 3M_A + 4M_B + 3M_C}R_m \leq 3.0$$

$M_{\max}$ : 비지지 길이 내의 최대 절댓값(단부포함)

$M_A$ : 비지지 길이의 1/4지점 절댓값

$M_B$ : 비지지 길이의 1/2지점 절댓값

$M_C$ : 비지지 길이의 3/4지점 절댓값

$R_m$ : 대칭단면(1.0),

   채널과 같은 1축 대칭$(0.5 + 2(I_{yc}/I_y)^2$

$I_{yc}$ : 압축플랜지의 y축에 대한 단면 2차 모멘트

$$M_{\max} = M_A = 602.67kNm, \quad M_A = M_C = |-602.67 + 226 \times 3| = 75.33kNm$$

$$M_B = 301.33kNm, \quad R_m = 1.0$$

$$\therefore C_b = \frac{12.5M_{\max}}{2.5M_{\max} + 3M_A + 4M_B + 3M_C} \times 1.0 = 2.38 < 3.0$$

$$M_n = M_p = Z_x f_y = 2.98 \times 10^6 \times 10^{-6} \times 235 = 700.3^{kNm}$$

$$M_n = C_b \left[ M_p - (M_p - M_r)\left(\frac{\Lambda - \Lambda_p}{\Lambda_r - \Lambda_p}\right)\right] = C_b \left[ M_p - (M_p - 0.7f_y S_x)\left(\frac{L_b - L_p}{L_r - L_p}\right)\right] \leq M_p$$

$$= 2.38 \left[ 700.3 \times 10^6 - (700.3 \times 10^6 - 0.7 \times 235 \times 2.59 \times 10^6)\left(\frac{4000 - 2414.67}{5625.279 - 2414.67}\right)\right]$$

$$= 1,344.98^{kNm} > M_p$$

$$\therefore \phi M_n = \phi M_p = 0.9 \times 700.3^{kNm} = 630.27^{kNm} > M_u(= 602.67^{kNm}) \quad \text{O.K}$$

> **전단강도 산정**

$$V_u = P_u = 226^{kN}$$

1) 전단상수 산정

$$h = d - 2t_f - 2r = 600 - 2 \times 17 - 2 \times 22 = 522mm$$

$$h/t_w = 522/11 = 47.5 < 2.24\sqrt{E/f_y} = 66.16$$

$$\therefore h/t_w \leq 2.24\sqrt{E/f_y} \text{ 인 압연 H형강} \quad C_v = 1.00, \ \phi_v = 1.00$$

2) 공칭전단강도 산정

$$A_w = dt_w = 600 \times 11 = 6600mm^2$$

$$V_n = 0.6f_y A_w C_v = 0.6 \times 235 \times 6600 \times 1.0 \times 10^{-3} = 930.6kN$$

$$\therefore \phi_v V_n = 930.6kN$$

## 휨부재의 공칭 휨강도 : 비대칭 형강

경간 6m의 3스팬 연속된 비대칭 Z형강 중도리에 등분포하중 $w_D = 0.5kN/m$, $w_L = 1.8kN/m$ 이 아래와 같이 작용하고 있다. 이러한 경우 Z형강(KS D3503 SS400)의 설계휨강도를 산정하시오. 단, 이 부재는 콤팩트 단면이며 각 부재의 양단과 3등분점에서 Z형강의 중심에 횡구속이 되어 있는 것으로 한다.

$$I_y = 1.87 \times 10^6 mm^4, \quad F_{cr} = 0.5 \times \frac{C_b \pi^2 E}{\left(\dfrac{L_b}{r_{ts}}\right)^2}, \quad C_b = 1.0, \quad r_{ts} = 0.62 r_y$$

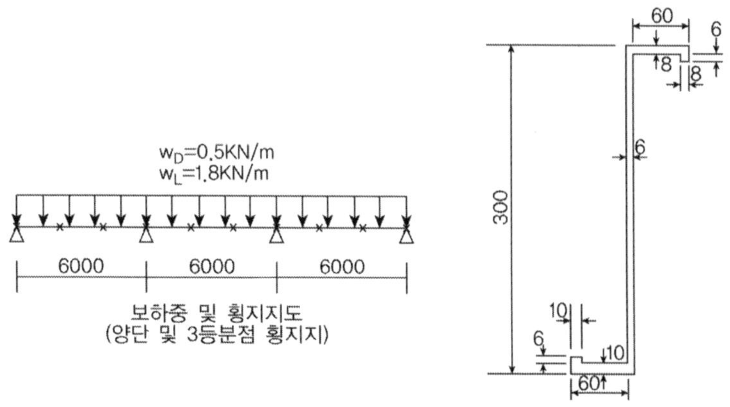



<hr>

### 풀 이

**TIP** | 비대칭단면의 휨강도 | 강구조설계기준 6.2.1.1.12 비대칭단면

1. 비대칭단면의 휨강도

   공칭휨강도 $M_n$ 은 항복강도(전소성모멘트), 횡좌굴강도 및 국부좌굴강도 중 최솟값으로 한다.

   $M_n = F_n S$    $S$ : 휨축에 대한 탄성단면계수 중 최솟값

   1) 항복강도        : $F_n = F_y$

   2) 횡좌굴강도    : $F_n = F_{cr} \leq F_y$,        $F_{cr}$ : 해석으로부터 산정된 좌굴응력

   3) 국부좌굴강도 : $F_n = F_{cr} \leq F_y$,        $F_{cr}$ : 해석으로부터 산정된 좌굴응력

### ▶ 부재의 공칭 휨강도 산정

1) 콤팩트 단면이므로 국부좌굴에 대해서는 검토하지 않는다.

2) 횡좌굴 강도

① 단면 검토

$$L_b = \frac{6,000}{3} = 2,000mm, \quad I_y = 1.87 \times 10^6 mm^4$$

$$A = (6 \times 8 + 60 \times 8) + (6 \times 300) + (6 \times 10 + 60 \times 10) = 2,988mm^2$$

$$r_y = \sqrt{\frac{I_y}{A}} = 25.017mm \qquad \therefore r_{ts} = 0.62 r_y = 15.51mm$$

SS400이므로 $F_y = 235MPa$, $E = 2.05 \times 10^5 MPa$ 라고 하면,

$$L_p = 1.76 r_y \sqrt{\frac{E}{F_y}} = 1,300.4mm$$

$$L_r = 1.95 r_{ts} \frac{E}{0.7F_y} \sqrt{\frac{Jc}{S_x h_0}} \sqrt{1 + \sqrt{1 + 6.76 \left(\frac{0.7 f_y S_x h_0}{EJc}\right)^2}} \approx \pi r_{ts} \sqrt{\frac{E}{0.7F_y}} = 1,720.1mm$$

$\therefore L_b > L_r$ 인 콤팩트 Z형 강보의 경우에는 탄성횡좌굴응력 $F_{cr}$ 은 등가의 ㄷ형강의 탄성횡좌
굴응력의 1/2로 산정한다.

$$F_{cr} = 0.5 \times \frac{C_b \pi^2 E}{\left(\dfrac{L_b}{r_{ts}}\right)^2} = 0.5 \times \frac{1.0\pi^2 \times 2.05 \times 10^5}{\left(\dfrac{2000}{15.51}\right)^2} = 60.84MPa$$

$$\therefore F_n = \min[F_y, \ F_{cr}] = F_{cr}$$

## ▶ 부재의 단면상수

1) 중립축

부재의 상단으로부터의 거리를 $y$ 라고 하면,

$$\bar{y} = \frac{(6 \times 8)(8+3) + (60 \times 8) \times 4 + (300 \times 6) \times 150 + (60 \times 10)(300-5) + (6 \times 10)(300-10-3)}{A}$$

$$= 156.1807mm$$

2) $I_x$

$$I_x = \left[\frac{8 \times 6^3}{12} + 8 \times 6 \times (156.1807 - 8 - 3)^2\right] + \left[\frac{60 \times 8^3}{12} + 60 \times 8 \times (156.1807 - 4)^2\right]$$

$$+ \left[\frac{6 \times 300^3}{12} + 6 \times 300 \times (156.1807 - 150)^2\right] + \left[\frac{60 \times 10^3}{12} + 60 \times 10 \times (300 - 156.1807 - 5)^2\right]$$

$$+\left[\frac{10\times 6^3}{12}+6\times 10\times (300-156.1807-10-3)^2\right]=38.294\times 10^6 mm^4$$

3) $S_x$

$$S_t=\frac{I_x}{y_t}=\frac{1.87\times 10^6}{300-156.1807}=266,264mm^3,\quad S_c=\frac{I_x}{y_t}=\frac{1.87\times 10^6}{156.1807}=245,190mm^3$$

$$S_x=\min[S_t,\ S_c]=245,190mm^3$$

▶ **공칭휨강도**

$$M_n=F_{cr}S_x=14.92kNm\qquad \therefore\ \phi_b M_n=13.43kNm$$

▶ **부재의 휨모멘트 산정**

$$w_u=1.2w_D+1.6w_L=3.48kN/m$$

3연 모멘트 방정식에 따라서

$$M_L\frac{L_L}{I_L}+2M_C\left(\frac{L_L}{I_L}+\frac{L_R}{L_R}\right)+M_R\frac{L_R}{I_R}=-\frac{1}{I_L}\left(\frac{6A_L\overline{x_L}}{L_L}\right)-\frac{1}{I_R}\left(\frac{6A_R\overline{x_R}}{L_R}\right)+6E\left[\frac{\Delta_L}{L_L}-\Delta_C\left(\frac{1}{L_L}+\frac{1}{L_R}\right)+\frac{\Delta_R}{L_R}\right]$$

대칭이므로 $M_C=M_R$, $2M_C(6+6)+M_R(6)=-2\times\dfrac{w_u\times 6^3}{4}$ $\quad\therefore M_{center}=-12.528kNm$

$$\therefore\ M_u=12.528kNm < \phi_b M_n\qquad \text{O.K}$$

# 03 휨부재의 한계상태설계법 : 판형, 플레이트 거더(Plate girder)

판형과 압연보의 차이는 압연보는 주로 표준 압연 조밀단면을 사용하는 데 반해 판형은 플랜지와 복부를 세장한 강판으로 제작하여 만든 것이기 때문에 거동면에서 상이한 특성을 보인다. 그러나 판형도 깊은 보의 일종이므로 압연보의 한계상태가 그대로 적용된다. LRFD에서는 기본 휨한계상태에 대한 $\lambda$와 $M_n$의 관계를 횡비틀림좌굴, 플랜지국부좌굴, 복부국부좌굴로 구분하여 적용할 수 있다. 플랜지가 세장한 경우($\lambda > \lambda_n$)에는 LRFD 판형설계기준에 따라서 설계하여야 하지만 $\lambda$가 $\lambda_n$을 초과하지 않는 경우에는 요소 내 응력이 탄성좌굴이 일어나지 않고 항복응력에 도달할 수 있다. 판형이 압연보와 상이하게 다른 구조적 특성 중 하나는 규칙적으로 배열된 보강재를 사용한다는 점이다. 보강재는 복부의 전단 저항내력을 증가시켜준다. 판형 복부의 탄성 또는 비탄성좌굴이 최대 전단강도를 나타내는 척도는 아니며 적절한 간격의 보강재를 사용한 경우에는 좌굴 후에 상당한 크기의 후좌굴강도를 발휘한다.

---

**TIP** | AISC의 휨부재 구분 적용 |

① AISC 시방서는 비조밀 복부판을 가지는 휨부재 및 세장한 복부판이 적용된 휨부재, 즉 플레이트 거더로 간주되는 범주를 다음의 구분에서 적용토록 하고 있다.

<u>F4(비조밀 복부판을 가지는 휨부재)</u> : Other I-Shape Members with Compact or Noncompact Webs Bents About Their Major Axis

<u>F5(세장한 복부판이 적용된 휨부재)</u> : Doubly Symmetric and Singly Symmetric I-Shape Members with Slender Webs Bents About Their Major Axis

② AISC 휨부재의 전단규정은 G장에서 다루며, 다른 요구사항은 F13에서 명시하고 있다.

  G(휨부재의 전단규정) : Design of Members for Shears

  F13(기타 요구사항) : Proportions of Beams and Girders

③ 압연보와 플레이트 거더교의 구분

- Beam : $\dfrac{h}{t_w} \le 5.70\sqrt{\dfrac{E}{f_y}}$ (압연보와 일부 판형보)

- Plate girder : $\dfrac{h}{t_w} > 5.70\sqrt{\dfrac{E}{f_y}}$ (일부 판형보)

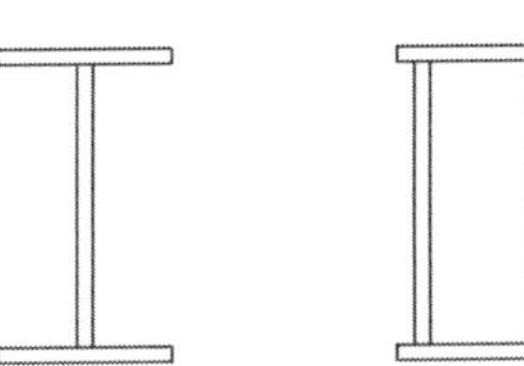
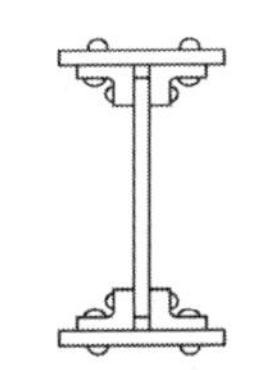
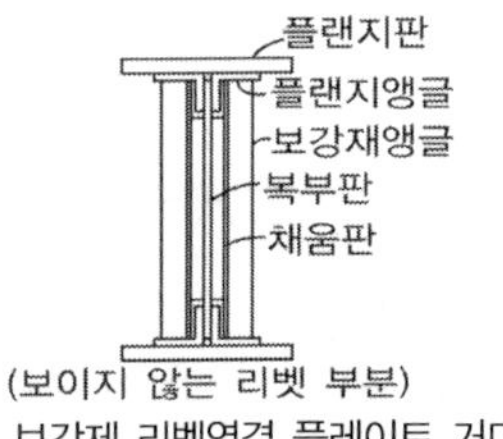


용접연결 플레이트 거더     리벳연결 플레이트 거더     보강제 리벳연결 플레이트 거더

# 1. 플레이트 거더의 특징

## 1) 플레이트 거더의 좌굴

강구조 설계는 대부분 국부적 또는 전체적 안정에 관한 Stability에 관한 문제이다. 플레이트 거더의 경우 설계자는 압연 형강의 경우에는 대부분 문제되지 않던 여러 요인을 고려해야 하는데 깊고 얇은 복부판이 사용됨으로 인하여 국부좌굴 문제를 포함한 특별한 문제를 고려해야 한다. 이는 판의 좌굴에 대한 문제로 귀결되므로 탄성안정론에 대한 기본지식이 필요로 하게 된다.

플레이트 거더는 복부판에 좌굴이 일어난 후의 가용한 강도에 의존하기 때문에 대부분 휨강성은 플랜지로부터 얻어지게 되며, 고려되는 한계상태는 인장플랜지의 항복 및 압축 플랜지의 좌굴이다. 압축플랜지의 좌굴은 복부판의 수직좌굴, 플랜지의 국부좌굴(FLB : Flange Local Buckling)의 형태로 발생되며 횡-비틀림좌굴(LTB : Lateral-Torsional Buckling)을 유발할 수도 있다.

## 2) 플레이트 거더의 전단(Tension-Field Action)

지점부 및 중립축 부근과 같이 복부판에 큰 전단이 발생하는 위치에서 주평면은 부재의 종축이 사선방향이며 주응력은 사선방향의 인장 및 압축응력이다. 사선방향의 인장응력은 아무런 문제가 되지 않지만 사선방향 압축응력은 복부판의 좌굴을 유발한다. 이러한 문제의 해결을 위해서는 다음의 방법 중에 선택하여 적용하고 있다.

① 복부판의 깊이와 두께의 비를 충분히 작게 한다.
② 전단 강도가 증가된 패널을 형성할 수 있도록 복부판 보강재를 사용한다.
③ 인장장 작용(Tension-Field Action)을 통하여 사방향 압축력에 저항하는 패널을 형상할 수 있는 복부판 보강재를 사용한다.

인장장 작용은 좌굴이 발생하는 시점에서 복부판은 사선방향 압축에 저항할 능력을 상실하게 되며 이 응력은 수직보강재와 플랜지로 전이하게 된다. 보강재는 사방향 압축의 수직분력에 플랜지는 수평분력에 대해 저항하게 된다. 복부판은 단지 사방향 인장력에 대해서만 저항하게 되며 따라서 인장장 작용이라 부른다. 이러한 거동은 수직복부재는 압축력을, 사재는 인장을 받는 플랫 트러스(Pratt Truss)와 유사하며 복부판의 좌굴이 시작되기 전에는 인장장이 존재하지 않으므로 복부판의 좌굴이 발생하기 전까지는 복부판의 전단강도에 기여하지 못하게 된다. 전체 강도는 좌굴전의 강도와 인장장 작용에 의한 후좌굴 강도(Post-Buckling Strength)를 더한 것이 된다.

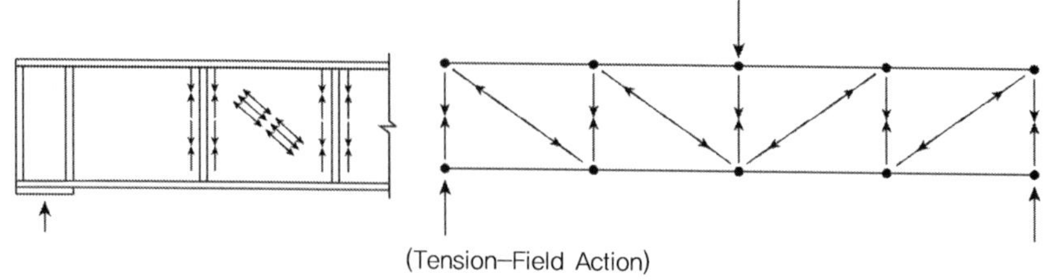

## 2. 플레이트 거더의 일반규정

KDS 14 31 10 강구조부재설계기준(하중저항계수설계법)에 규정된 플레이트 거더의 일반규정은 웨브 중심선을 통과하는 수직축에 대하여 대칭인 I형 압연 또는 조립 직선교량과 직선 부재가 각을 이루는 연속으로 연결된 교량 또는 수평 곡선 교량의 휨설계에 적용된다. 또한 합성 또는 비합성 단면, 하이브리드 또는 균질 단면, 그리고 웨브의 높이가 일정한 단면 또는 변단면에도 적용된다. 휨을 받는 모든 I형 단면은 다음의 규정을 만족하도록 설계해야 한다.

1) 단면비 제한조건 : 웨브와 플랜지의 단면비 제한

① 웨브의 단면비

(a) 수평보강재가 없는 웨브 $\dfrac{D}{t_w} \le 150$      (b) 수평보강재가 있는 웨브 $\dfrac{D}{t_w} \le 300$

② 플랜지의 단면비 : 압축플랜지와 인장플랜지는 다음 조건을 만족해야 한다.

$$\frac{b_f}{2t_f} \le 12.0, \ b_f \ge \frac{D}{6}, \ t_f \ge 1.1t_w, \ 0.1 \le \frac{I_{yc}}{I_{yt}} \le 10$$

여기서, $I_{yc}$ : 웨브 중심선의 수직축에 관한 압축플랜지의 단면2차모멘트($\text{mm}^4$)

$I_{yt}$ : 웨브 중심선의 수직축에 관한 인장플랜지의 단면2차모멘트($\text{mm}^4$)

---

**TIP** | 도로교설계기준 2015 휨을 받는 I형 단면의 단면비 제한 |

복부판 중심선의 수직축에 대하여 대칭인 직선 플레이트 거더의 휨 설계에 적용한다. 조밀 또는 비조밀단면과 합성 또는 비합성단면에 적용된다. 곡률을 갖는 거더교는 상세 구조해석을 적용하거나 강구조설계기준에 따른다.

① 딘면비의 제한      $0.1 \le \dfrac{I_{yc}}{I_y} \le 0.9$

② 복부판의 세장비

(a) 수평보강재가 없는 경우 : $\dfrac{2D_c}{t_w} \le 6.77\sqrt{\dfrac{E}{f_c}} \le 200$

(b) 수평보강재가 있는 경우 : $\dfrac{2D_c}{t_w} \le 13.54\sqrt{\dfrac{E}{f_c}} \le 400$

여기서, $D_c$는 탄성영역 내 압축을 받는 복부판의 높이, $f_c$는 설계하중에 의한 압축플랜지의 응력

③ 플랜지의 단면비

(a) 압축플랜지      $b_f \ge 0.3D_c$      $b_f$는 압축플랜지의 폭, $D_c$ 탄성영역 압축받는 복부판 높이

(b) 인장플랜지      $\dfrac{b_t}{2t_t} \le 12.0$      여기서, $b_t$는 인장플랜지의 폭, $t_t$ 인장플랜지 두께

2) 강도한계상태 요구조건

① 정모멘트부 합성단면에서 다음의 요구조건을 만족하는 직선교의 합성단면은 조밀단면으로 간주한다.

(1) 플랜지 $F_y \leq 460\,\mathrm{MPa}$,

(2) 수평보강재가 없는 웨브로 $\dfrac{D}{t_w} \leq 150$,

(3) 웨브의 세장비 한계를 만족 $\dfrac{2D_{cp}}{t_w} \leq 3.76\sqrt{\dfrac{E}{F_{yc}}}$

여기서, $D_{cp}$ = 부록 B.3.2에 규정된 소성모멘트 적용 시 압축 측 웨브의 높이(mm)

$\lambda_{rw}$ = 비조밀 웨브 세장비 한계, $4.6\sqrt{\dfrac{E}{F_{yc}}} \leq \lambda_{rw} = \left(3.1 + \dfrac{5.0}{a_{wc}}\right)\sqrt{\dfrac{E}{F_{yc}}} \leq 5.7\sqrt{\dfrac{E}{F_{yc}}}$

② 부모멘트 합성단면에서 직교 혹은 사각이 20° 미만인 사교에 중간 다이아프램 또는 크로스프레임이 지점과 평행한 선을 따라 설치되어 있고, 다음의 조건을 만족하면 조밀 또는 비조밀 웨브 단면의 규정에 따라 설계할 수 있다.

(1) 플랜지 $F_y \leq 460\,\mathrm{MPa}$,

(2) 웨브가 비조밀단면 세장비 한계를 만족 $\dfrac{2D_c}{t_w} \leq \lambda_{rw}$

(3) 플랜지가 아래의 비율을 만족 $\dfrac{I_{yc}}{I_{yt}} \geq 0.3$

여기서, $D_c$ : 탄성범위 내에서 웨브의 압축 측 높이 (mm)

$I_{yc}$ : 웨브 중심선의 수직축에 관한 압축플랜지의 단면2차모멘트(mm⁴)

$I_{yt}$ : 웨브 중심선의 수직축에 관한 인장플랜지의 단면2차모멘트(mm⁴)

③ 순단면의 파단 : 강도한계상태 또는 시공성에 대해 휨부재 검토 시 인장플랜지에 구멍 있는 경우 다음의 추가적인 요건을 만족해야 한다.

$$f_t \leq 0.84\left(\dfrac{A_n}{A_g}\right)F_u \leq F_{yt}$$

여기서, $A_n$ : 인장플랜지의 순단면적(mm²), $A_g$ : 인장플랜지의 전단면적(mm²)

$f_t$ : 플랜지의 횡방향 휨을 고려하지 않고 계산된 계수하중에 의한 인장플랜지의 전단면에 발생하는 응력 (MPa), $F_u$ : 인장플랜지의 최소인장강도(MPa)

④ 플랜지 응력과 부재 휨모멘트 : 휨강도가 횡비틀림좌굴에 의해 지배되는 경우 $f_{bu}$ 비지지길이

구간에서 발생하는 횡방향 휨응력을 제외한 플랜지 압축응력 중 가장 큰 값으로 하고, $M_u$는 비지지길이 구간 내에 작용하는 주축에 대한 휨모멘트 값 중 가장 큰 값, $f_l$은 고려 대상 플랜지가 있는 비지지길이 구간에서 작용하는 횡방향 휨에 의한 응력 중 가장 큰 값으로 한다.

⑤ 웨브 휨좌굴강도

   (1) 수평보강재가 없는 웨브

$$F_{crw} = \frac{0.9Ek}{(D/t_w)^2} < \min[R_h F_{yc},\ F_{yw}/0.7]$$

   여기서, $k$ 휨좌굴계수 $k = \dfrac{9}{(D_c/D)^2}$

   (2) 수평보강재가 있는 웨브

    (a) $\dfrac{d_s}{D_c} \geq 0.4$       $k = \dfrac{5.17}{(d_s/D)^2} \geq \dfrac{9}{(D_c/D)^2}$

    (b) $\dfrac{d_s}{D_c} < 0.4$       $k = \dfrac{11.64}{\left(\dfrac{D_c - d_s}{D}\right)^2}$

   여기서, $d_s$ : 종방향 수평보강재 중심선과 압축플랜지 안쪽 면 사이의 거리(mm)

## 3) 강도한계상태의 휨강도

압연보와 달리 판형에서는 공칭휨강도 계산에 수반되는 모든 단면의 성질이나 비틀림 강성의 계산이 각 거더별로 이루어져야 하므로 판형에 대해서는 LRFD에서 별도의 설계기준에 수록하고 있다. 판형은 통상 $\lambda > \lambda_n$이 되는 세장한 단면을 가지므로 최대 강도는 플랜지 최외단 응력이 항복응력 $f_y$에 도달하는 데 기초를 두고 있다. 따라서 설계상에서는 비탄성거동을 고려하지 않는다. 세장한 복부를 가진 판형의 공칭 휨강도 $M_n$은 인장플랜지의 항복 한계상태나 압축플랜지에서의 좌굴한계상태에 바탕을 두고 계산된다.

① 정모멘트부 합성단면

   (1) 조밀단면의 조건      $M_u + \dfrac{1}{3}f_l S_{xt} \leq \phi_f M_n$

    여기서, $\phi_f$ : 휨에 대한 강도저항계수, $f_l$ : 플랜지 횡방향 휨응력(MPa)

            $M_n$ : 공칭휨강도(N·mm),  $M_u$ : 단면의 주축에 대한 휨모멘트(N·mm)

            $M_{yt}$ : 인장플랜지에 관한 항복모멘트(N·mm)

            $S_{xt}$ : $M_{yt}/F_{yt}$로 구하는 인장플랜지의 주축에 대한 탄성단면계수(mm$^3$)

(2) 조밀단면의 공칭휨강도 $M_n$

  (a) 공칭항복강도 $F_y \leq 460\,\text{MPa}$

    ⓐ $D_p \leq 0.1D_t$ 인 경우          $M_n = M_p$

    ⓑ 그 밖의 경우              $M_n = M_p\left(1.07 - 0.7\dfrac{D_p}{D_t}\right)$

  (b) 공칭항복강도 $F_y = 690\,\text{MPa}$

    ⓐ $D_p \leq 0.1D_t$ 인 경우          $M_n = M_p$

    ⓑ $0.1D_t < D_p \leq 0.2D_t$       $M_n = M_p\left(1.19 - 1.9\dfrac{D_p}{D_t}\right)$

    ⓒ $D_p > 0.2D_t$             $M_n = M_p\left(1.0 - 0.95\dfrac{D_p}{D_t}\right)$

  (c) 연속교                  $M_n \leq 1.3R_h M_y$

---

**TIP** | 단면의 응력감소계수 $R_h$, $R_b$ |

① 하이브리드 단면 플랜지 응력감소계수 $R_h$

압연, 균질 조립단면과 웨브강도가 양측 플랜지강도보다 큰 경우 $R_h$는 1.0을 사용한다. 그렇지 않으면 다른 합리적인 해석 대신 하이브리드 단면의 플랜지 응력감소계수는 다음 식으로 구한다.

$$R_h = \frac{12 + \beta(3\rho - \rho^3)}{12 + 2\beta} \qquad \text{여기서,} \quad \beta = \frac{2D_n t_w}{A_{fn}}, \quad \rho : F_{yw}/f_n \text{과 } 1.0 \text{ 중에 작은 값}$$

  $A_{fn}$ : 플랜지 단면적과 $D_n$ 방향에 위치한 플랜지 덮개판 면적의 합($\text{mm}^2$). 부모멘트를 받는 합성단면인 경우 상부플랜지에 대한 $A_{fn}$값은 종방향 철근단면적을 포함시킨다.

  $D_n$ : 단면의 탄성중립축으로부터 양 플랜지의 안쪽 면까지의 거리 중 큰 값(mm). 중립축의 위치가 웨브중앙에 위치하는 경우에는 중립축으로부터 먼저 항복이 발생하는 중립축 측 플랜지 안쪽 면까지의 거리

  $f_n$ : $D_n$ 방향에 위치한 플랜지, 덮개판 또는 종방향 철근에서 처음으로 항복이 발생하는 단면의 경우에는 $A_{fn}$ 산정 시 포함된 각 요소의 최소항복강도(MPa). 그 밖의 경우에는 $D_n$ 과 반대 방향에서 최초 항복 발생 시 $D_n$ 방향에 위치한 플랜지, 덮개판 또는 종방향 철근의 탄성응력 중 가장 큰 값

② 웨브의 국부좌굴에 따른 플랜지 응력감소계수 $R_b$

  (a) $\dfrac{2D_c}{t_w} \leq \lambda_{rw}$                  $R_b = 1.0$

(b) 종방향 수평보강재가 설치되고 $\dfrac{d_s}{D_c} < 0.76$ $\qquad R_b = 1.07 - 0.12\dfrac{D_c}{D} - \dfrac{a_{wc}}{1200 + 300a_{wc}}\left[\dfrac{D}{t_w} - \lambda_{rwD}\right] \leq 1.0$

(c) 그 외의 경우 $\qquad R_b = 1 - \left(\dfrac{a_{wc}}{1200 + 300a_{wc}}\right)\left(\dfrac{2D_c}{t_w} - \lambda_{rw}\right) \leq 1.0$

여기서, $\lambda_{rw}$는 $2D_c/t_w$에 의해 표현되는 비조밀 웨브에 대한 세장비에 관한 한계치

ⓐ 수평보강재가 있는 단면의 경우, $\quad \lambda_{rw} = \left(\dfrac{2D_c}{D}\right)\lambda_{rwD}$

ⓑ 그 밖의 모든 경우, $\quad 4.6\sqrt{\dfrac{E}{F_{yc}}} \leq \lambda_{rw} = \left(3.1 + \dfrac{5.0}{a_{wc}}\right)\sqrt{\dfrac{E}{F_{yc}}} \leq 5.7\sqrt{\dfrac{E}{F_{yc}}}$

$\lambda_{rwD}$는 $D/t_w$에 의해 표현되는 비조밀 웨브세장비에 관한 한계치

ⓐ 수평보강재가 있는 균질 단면의 경우, $\quad \lambda_{rwD} = 0.95\sqrt{\dfrac{Ek}{F_{yc}}}$

ⓑ 수평보강재가 있는 하이브리드 단면의 경우, $\quad \lambda_{rwD} = \left(\dfrac{1}{2D_c/D}\right)5.7\sqrt{\dfrac{E}{F_{yc}}}$

$a_{wc}$는 압축을 받는 웨브 면적을 2배로 한 것과 압축플랜지 면적의 비 $\quad a_{wc} = \dfrac{2D_c t_w}{b_{fc} t_{fc}}$

ⓐ 정모멘트 수평보강재 합성단면 $\quad a_{wc} = \dfrac{2D_c t_w}{b_{fc} t_{fc} + b_s t_s (1 - f_{DC1}/F_{yc})/3n}$

$f_{DC1}$ : 콘크리트 바닥판이 경화 전이나 합성 전에 작용하는 설계영구하중에 대한 압축플
랜지 응력(MPa)이며, 이때 플랜지 횡방향 휨에 의한 응력은 포함하지 않는다.

$k$ : 수평보강재가 설치된 웨브의 휨좌굴계수

$t_s$ : 콘크리트 바닥판의 두께(mm)

$D_c$ : 탄성범위 내에서 웨브의 압축 측 높이(mm)

(3) 비조밀단면의 조건 (압축 플랜지) $f_{bu} \leq \phi_f F_{nc}$ (인장 플랜지) $f_{bu} + \dfrac{1}{3}f_l \leq \phi_f F_{nt}$

여기서, $\phi_f$ : 휨에 대한 강도저항계수

$\quad f_{bu}$ : 플랜지 횡방향 휨을 고려하지 않고 계산한 플랜지응력 (MPa)

$\quad F_{nc}$ : 압축플랜지의 공칭휨강도 (MPa)

$\quad f_l$ : 플랜지 횡방향 휨응력 (MPa)

$\quad F_{nt}$ : 인장플랜지의 공칭휨강도 (MPa)

(4) 비조밀단면의 공칭휨강도 $M_n$

  (a) 압축플랜지 휨강도      $F_{nc} = R_b R_h F_{yc}$      (b) 인장플랜지 휨강도    $F_{nt} = R_h F_{yt}$

② 부모멘트부 합성단면

  (1) 불연속 횡지지된 압축플랜지      $f_{bu} + \dfrac{1}{3} f_l \leq \phi_f F_{nc}$

  (2) 불연속 횡지지된 인장플랜지      $f_{bu} + \dfrac{1}{3} f_l \leq \phi_f F_{nt}$

  (3) 연속 횡지지된 압축·인장플랜지      $f_{bu} \leq \phi_f R_h F_{yf}$

4) 압축플랜지 휨강도

① 국부좌굴강도

  (1) $\lambda_f \leq \lambda_{pf}$      $F_{nc} = R_b R_h F_{yc}$

  (2) 그 밖의 경우      $F_{nc} = \left[ 1 - \left( 1 - \dfrac{F_{yr}}{R_h F_{yc}} \right) \left( \dfrac{\lambda_f - \lambda_{pf}}{\lambda_{rf} - \lambda_{pf}} \right) \right] R_b R_h F_{yc}$

여기서,   $\lambda_f$ 세장비 $\left( = \dfrac{b_f}{2t_f} \right)$, $\lambda_{pf}$ 조밀단면 $\left( = 0.38 \sqrt{\dfrac{E}{F_{yc}}} \right)$, $\lambda_{rf}$ 비조밀단면 $\left( = 0.56 \sqrt{\dfrac{E}{F_{yr}}} \right)$

     $F_{yr}$ : 잔류응력의 영향을 포함한 공칭항복강도에 도달할 때 압축플랜지 응력. 압축플랜지 횡방향 휨은 고려치 않으며 $0.7F_{yc}$와 $F_{yw}$ 중작은 값, $0.5F_{yc}$ 이상이어야 한다.

② 횡비틀림좌굴강도

  (1) $L_b \leq L_p$      $F_{nc} = R_b R_h F_{yc}$

  (2) $L_p < L_b \leq L_r$      $F_{nc} = C_b \left[ 1 - \left( 1 - \dfrac{F_{yr}}{R_h F_{yc}} \right) \left( \dfrac{L_b - L_p}{L_r - L_p} \right) \right] R_b R_h F_{yc} \leq R_b R_h F_{yc}$

  (3) $L_b > L_r$      $F_{nc} = F_{cr} \leq R_b R_h F_{yc}$

여기서,   $L_p$ 소성거동을 보장 비지지길이 $\left( = 1.0 r_t \sqrt{\dfrac{E}{F_{yc}}} \right)$

     $L_r$ 비탄성 횡비틀림좌굴 보장 비지지길이 $\left( = \pi r_t \sqrt{\dfrac{E}{F_{yr}}} \right)$

     $C_b$ 모멘트 보정계수

       (a) 브레이싱이 없는 캔틸레버나 $f_{mid}/f_2 > 1$ 또는 $f_2 = 0$인 부재      $C_b = 1.0$

       (b) 그 밖에 경우      $C_b = 1.75 - 1.05 \left( \dfrac{f_1}{f_2} \right) + 0.3 \left( \dfrac{f_1}{f_2} \right)^2 \leq 2.3$

5) 인장플랜지 휨강도 $\qquad F_{nt} = R_h F_{yt}$

$F_{cr}$ 탄성 횡비틀림좌굴응력 $\left( = \dfrac{C_b R_b \pi^2 E}{(L_b/r_t)^2} \right)$

$r_t$ 압축플랜지와 압축을 받는 웨브 높이의 1/3을 합한 면적의 연직축에 대한 유효회전반경

$$= \dfrac{b_{fc}}{\sqrt{12\left(1 + \dfrac{1}{3}\dfrac{D_c t_w}{b_{fc} t_{fc}}\right)}}\,\text{(mm)}$$

$D_c$ : 탄성범위 내에서 웨브의 압축 측 높이 (mm)

$f_{mid}$ 고려 중인 플랜지의 비지지길이 구간 중앙점에서의 횡방향 휨을 고려하지 않은 휨응력
으로 최대 압축응력을 발생시키거나 압축이 전혀 작용하지 않는 경우에는 최소 인장응
력을 발생시키는 설계모멘트로 산정한다. 이 응력은 계수하중에 의한 응력이며 압축일
경우가 양의 값이며 인장인 경우는 음의 값이다(MPa).

$f_0$ $f_2$에 대응하는 반대지점의 횡방향 휨을 고려하지 않은 휨응력으로 최대 압축응력을 발생
시키거나 압축이 전혀 작용하지 않는 경우에는 최소 인장응력을 발생시키는 설계모멘트
로 산정한다. 이 응력은 계수하중에 의한 응력이며 압축일 경우가 양의 값이며 인장인
경우는 음의 값이다(MPa).

$f_1$ $f_2$에 대응하는 반대쪽 브레이싱 지점의 횡방향 휨을 고려하지 않은 휨응력으로, $C_b$ 값을
가장 작게 발생시키는 $f_2$와 $f_0$ (또는 $f_{mid}$) 간 선형보간하여 구한 응력

    (a) 브레이싱 양단 지점 간의 거리에 따라 모멘트의 변화가 오목 $f_1 = f_0$

    (b) 그 밖의 경우 $\quad f_1 = 2f_{mid} - f_2 \geq f_0$

$f_2$ 브레이싱 양단 지점에서 발생하는 압축응력 중 큰 값(MPa). 가장 불리한 계수하중을 적용
하며 항상 양의 값을 갖는다. 브레이싱 양 지점에서 플랜지의 응력이 0이거나 인장으로
작용하는 경우에는 0으로 한다.

---

**TIP** | $C_b > 1.0$인 경우 횡비틀림 좌굴, KDS 14 31 10 강구조 부재설계기준 B.4 |

① $L_b \leq L_p \qquad F_{nc} = R_b R_h F_{yc}$

② $L_p < L_b \leq L_r \quad$ (1) $L_b \leq L_p + \dfrac{\left(1 - \dfrac{1}{C_b}\right)}{\left(1 - \dfrac{F_{yr}}{R_h F_{yc}}\right)}(L_r - L_p) \ \ F_{nc} = R_b R_h F_{yc}$

     (2) 그 밖의 경우 $\quad F_{nc} = C_b\left[1 - \left(1 - \dfrac{F_{yr}}{R_h F_{yc}}\right)\left(\dfrac{L_b - L_p}{L_r - L_p}\right)\right]R_b R_h F_{yc} \leq R_b R_h F_{yc}$

③ $L_b > L_r \quad$ (1) $L_b \leq \pi r_t \sqrt{\dfrac{C_b E}{R_h F_{yc}}} \qquad F_{nc} = R_b R_h F_{yc}$

     (2) 그 밖의 경우 $\qquad F_{nc} = F_{cr} \leq R_b R_h F_{yc}$

1) 인장플랜지의 항복 $\qquad M_n = f_{yt}S_{xt} \qquad S_{xt}$ : 인장플랜지 단면계수$(=I_x/y_t)$

2) 압축플랜지의 좌굴 $\qquad M_n = f_{cr}S_{xc}R_{PG}$

여기서, $R_{PG} = 1 - \dfrac{a_r}{1200+300a_r}\left(\dfrac{h_c}{t_w} - 5.7\sqrt{E/f_{cr}}\right) < 1$ : 휨강도 감소계수

$\qquad a_r = A_w/A_f \leq 10, \qquad h_c$ : I형판형의 경우 복부판의 높이

플랜지의 임계응력 $f_{cr}$은 플랜지가 조밀, 비조밀, 세장인지에 따라 구분된다. AISC에서는 플랜지의 폭-두께 비와 그 한계를 정의하기 위해 다음과 같이 표기한다.

$\lambda = \dfrac{b_f}{2t_f}, \quad \lambda_p = 0.38\sqrt{\dfrac{E}{f_y}}, \quad \lambda_r = 0.95\sqrt{\dfrac{k_c E}{f_L}}, \quad k_c = \dfrac{4}{\sqrt{h/t_w}} \, (0.35 \leq k_c \leq 0.76)$

$f_L = 0.7f_y$ (세장한 복부판을 가진 플레이트 거더의 경우)

① $\lambda \leq \lambda_p$ : 플랜지 조밀, 항복한계상태가 지배, $f_{cr} = f_y \qquad \therefore$ 공칭 휨강도 $M_n = f_y S_{xc}R_{PG}$

② $\lambda_p < \lambda \leq \lambda_r$ : 플랜지 비조밀, 비탄성 FLB가 지배

$\qquad\qquad \therefore$ 공칭 휨강도 $M_n = f_{cr}S_{xc}R_{PG} \qquad f_{cr} = \left[f_y - 0.3f_y\left(\dfrac{\lambda - \lambda_p}{\lambda_r - \lambda_p}\right)\right]$

③ $\lambda > \lambda_r$ : 플랜지 세장, 탄성 FLB가 지배 $\qquad \therefore M_n = f_{cr}S_{xc}R_{PG} \qquad f_{cr} = \dfrac{0.9Ek_c}{\left(\dfrac{b_f}{2t_f}\right)^2}$

3) 횡-비틀림 좌굴 $\qquad M_n = f_{cr}S_{xc}R_{PG}$

횡비틀림좌굴은 횡방향 지지(support) 정도 즉, 전체 개수에 따른 비지지 길이 $L_b$에 따라 결정된다. 비지지 길이가 충분히 짧으면 횡비틀림좌굴 전에 항복 또는 플랜지 국부좌굴이 발생된다. 길이인자는 $L_p$와 $L_r$이며 다음과 같이 정의한다.

$$L_p = 1.1r_t\sqrt{\dfrac{E}{f_y}}, \; L_r = \pi r_t\sqrt{\dfrac{E}{0.7f_y}}$$

$\qquad r_t$ : 압축플랜지와 복부판 압축부의 1/3단면 부분의 약축회전반경, 2축 대칭의 경우 복부판 높이의 1/6이다.

① $L_b \leq L_p$ : 횡비틀림 좌굴이 발생하지 않는다.

② $L_p < L_b \leq L_r$ : 비탄성 LTB에 의해 파괴가 발생한다.

$\qquad\qquad \therefore M_n = f_{cr}S_{xc}R_{PG} \qquad f_{cr} = C_b\left[f_y - 0.3f_y\left(\dfrac{L_b - L_p}{L_r - L_p}\right)\right] \leq f_y$

③ $L_b > L_r$ : 탄성 LTB에 의해 파괴가 발생한다. $\therefore M_n = f_{cr}S_{xc}R_{PG} \quad f_{cr} = \dfrac{C_b\pi^2 E}{\left(\dfrac{L_b}{r_t}\right)^2} \leq f_y$

## 극한한계상태에 대한 휨강도

강재의 항복강도가 460MPa를 넘는 경우, 단면의 높이가 변하는 경우, 수평보강재가 설치된 경우에 연성에 관한 연구자료가 많지 않고 인장플랜지에 구멍을 뚫게 되는 경우의 소성거동에 대한 연구결과가 부족하기 때문에 소성모멘트를 적용하는 데 제한을 둔다. 따라서 도로교설계기준(2015)에서는 강재의 항복강도가 460MPa 이하이고, 거더의 높이가 일정하고, 복부판에 수평보강재가 없고 인장플랜지에 구멍이 없는 경우에는 조밀단면의 복부판 세장비 규정에서부터 휨강도 검토를 수행하며, 그 외의 경우에는 정모멘트를 받는 합성단면은 비조밀단면의 플랜지 휨강도 규정을 적용하여 각 플랜지의 휨강도를 구하고, 기타 단면은 비조밀단면 압축플랜지 세장비 규정을 검토하도록 하고 있다.

$$M_r = \phi_f M_n, \quad F_r = \phi_f F_n \quad \text{여기서 } \phi_f = 1.0$$

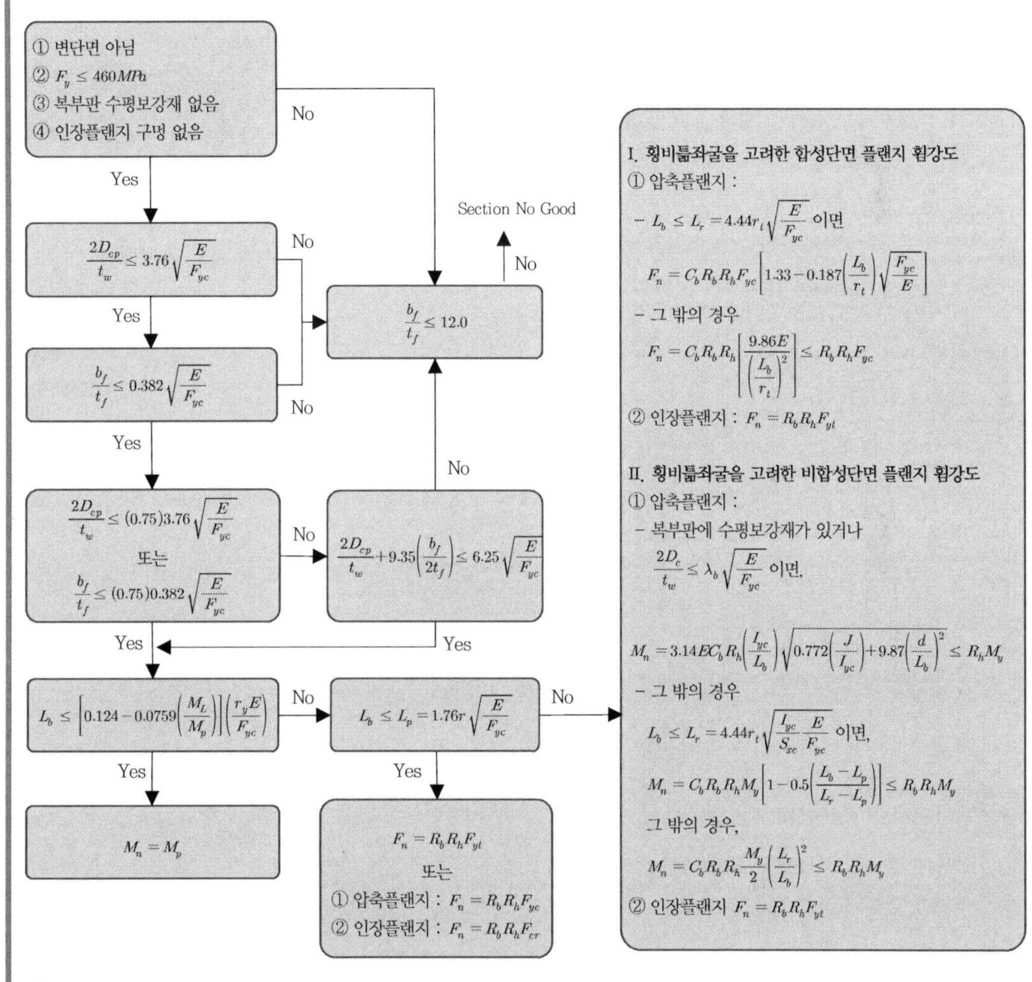



⟨I형 단면의 휨설계를 위한 흐름도⟩

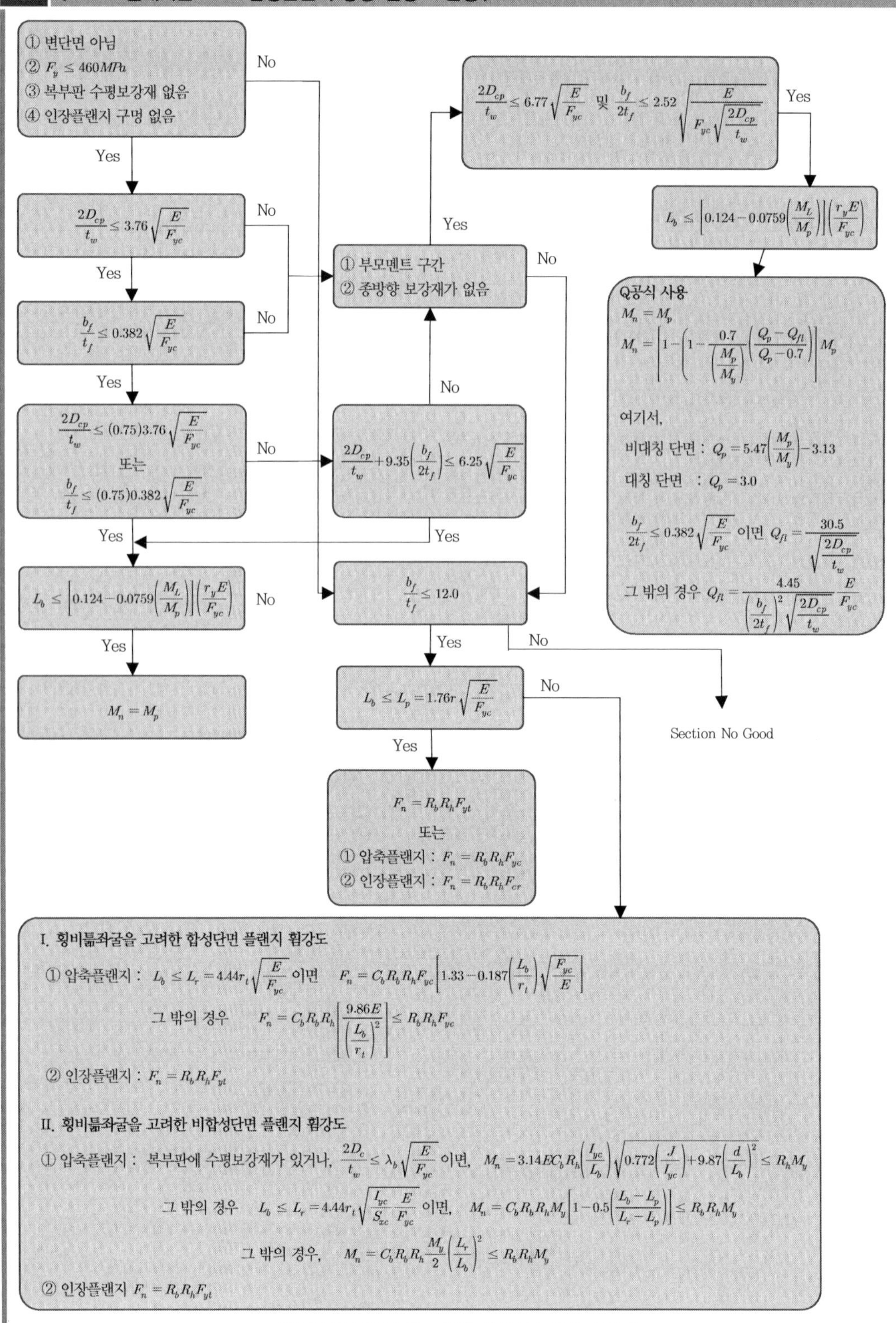

<caption>〈I형 단면의 Q공식을 고려한 휨설계를 위한 흐름도〉</caption>

## 도로교설계기준 Q공식

도로교설계기준 한계상태설계법에서는 압축플랜지 또는 거더단면의 휨강도 규정은 조밀성에 따라 다른 강도 산정식을 적용하도록 규정하고 있는데 단면 휨강도는 조밀단면인 경우 소성모멘트, 비조밀단면인 경우 Q공식을 적용할 수 있는 경우 소성모멘트 이하, Q공식을 적용할 수 없는 경우에는 압축플랜지 국부좌굴 및 횡-비틀림 좌굴을 고려하여 항복모멘트 이하로 규정하고 있다.

조밀단면의 휨강도식 $M_n = M_p$

**Q공식을 적용할 수 있는 단면의** $M_n$**은**   $M_n = \left[ 1 - \left( 1 - \dfrac{0.7}{\left( \dfrac{M_p}{M_y} \right)} \right) \left( \dfrac{Q_p - Q_{fl}}{Q_p - 0.7} \right) \right] M_p$

$M_y$ : 단면의 항복모멘트

$Q_p$ : 대칭단면 3.0, 비대칭단면 $5.47 \left( \dfrac{M_p}{M_y} \right) - 3.13$

$Q_{fl}$ : 조밀 압축플랜지 $\dfrac{30.5}{\sqrt{\dfrac{2D_{cp}}{t_w}}}$ ,   비조밀 압축플랜지 $\dfrac{4.45}{\left( \dfrac{b_f}{2t_f} \right)^2 \sqrt{\dfrac{2D_{cp}}{t_w}}} \dfrac{E}{F_{yc}}$

여기서, $D_{cp}$ : 단면 소성모멘트 상태에서 압축을 받는 복부판의 높이

$t_w$ : 복부판의 두께

$E$ : 강재의 탄성계수

$F_{yc}$ : 압축플랜지의 항복강도

$b_f$ : 압축플랜지의 폭

$t_f$ : 압축플랜지의 두께

$r_y$ : 수직축에 대한 강재단면의 회전반경

조밀단면의 휨강도식과 Q공식에 의한 휨강도식은 강재의 항복강도 460MPa 이하인 강재로 제작된 거더에만 적용되도록 제한하고 있다.

**Q공식을 적용할 수 없는 비조밀단면의** 압축플랜지 공칭휨강도 $F_n = R_b R_h F_{cr}$

$R_b$ : 복부판 국부좌굴에 대한 플랜지 강도감소계수

$R_h$ : 하이브리드단면의 플랜지 강도감소계수

$F_{cr}$ : 압축플랜지 국부좌굴강도로 복부판에 수평보강재가 없는 경우는 아래와 같다.

$F_{cr} = \dfrac{1.904E}{\left( \dfrac{b_f}{2t_f} \right) \sqrt{\dfrac{2D_c}{t_w}}} \le F_{yc}, \qquad D_c$ ; 탄성영역에서 압축을 받는 복부판의 높이

## Q공식의 유도

횡좌굴에 대해 구속된 H형 단면 보의 휨강도는 압축측 플랜지와 웨브의 국부좌굴에 의해 결정된다. 판 요소의 좌굴강도는 폭–두께비와 경계조건에 따라 달라지게 되며 H형 단면의 경우 플랜지와 웨브는 상호작용을 통해서 서로에 대해 어느 정도 구속효과를 갖게 된다. 폭–두께비가 큰 웨브를 갖는 보에서는 웨브가 먼저 국부좌굴을 일으키게 되나 그 후에도 보는 응력의 재분배를 통해 계속하여 힘을 받을 수 있으며 최종적인 보의 파괴는 플랜지가 좌굴함으로써 일어난다. 그러므로 플랜지의 좌굴강도가 보의 휨강도를 결정하는 데 중요한 역할을 하게 된다.

AASHTO LRFD규준에서는 플랜지의 탄성좌굴강도식을 항복응력 $f_y$로 나눈 값을 Q로 나타내며 이를 보의 휨강도를 결정하는 지표로 사용한다.

$$\text{플랜지의 탄성좌굴강도} : F_y = \frac{k\pi^2 E}{12(1-\mu^2)(b/t)^2} \quad ---- \text{①}$$

$$Q = \frac{k\pi^2 E}{12(1-\mu^2)(b/t)^2 F_y} \quad ---- \text{②}$$

여기서 $k$는 웨브의 구속효과를 무시한 단순지지의 경우 $k=0.425$, 완전 시 구속된 고정단인 경우 $k=1.277$으로 1986년 LRFD에서는 중간값인 $0.76$을 임의로 사용하였으나 Donald Johnson의 실험결과에 따라 플랜지에 대한 웨브의 구속효과는 웨브의 폭–두께비에 따라 달라지며 웨브의 폭–두께비가 매우 큰 경우에는 웨브의 좌굴에 의한 마이너스 구속효과가 발생하여 k의 값이 단순지지 경우의 값인 $0.425$이하로 발생될 수 있다는 결과를 보였으며, 실험결과에 따라 플랜지와 웹브의 상호작용을 고려한 좌굴계수를 아래와 같이 유도하였다.

$$k = \frac{4.05}{(h/t)^{0.46}}$$

LRFD에서는 위의 식을 단순화된 형태로 다음의 식을 사용한다.

$$k = \frac{4.92}{\sqrt{h/t}} \quad ---- \text{③}$$

③의 식을 ②에 대입하고 프아송비 $\mu = 0.3$을 적용하면

$$Q = \frac{4.45}{\left(\dfrac{b_f}{2t_f}\right)^2 \sqrt{\dfrac{2D_{cp}}{t_w}}} \left(\frac{E}{F_y}\right) \quad ---- \text{④}$$

여기서 $D_{cp}$는 소성모멘트 상태에서 웨브의 압축응력을 받는 부분의 깊이를 나태내며 비대칭단면의 경우도 고려하기 위해서 ③의 식에서 웨브의 폭–두께비 h/t 대신에 $2D_{cp}/t_w$를 사용하였다.

④식은 탄성좌굴응력과 항복응력의 비이므로 탄성상태에서의 보의 휨강도는 ④의 식으로 구한 $Q$값에 항복모멘트 $M_y$를 곱함으로써 구해진다. 보의 최대 잔류응력의 크기를 $0.3F_y$로 가정하면 $Q = 0.7$일 때 탄성한계에 도달하게 된다. ④의 식으로 구한 $Q$의 값이 0.7보다 커지게 되면 보는 비탄성영역에 있게 된다. 휨강도가 소성모멘트 $M_p$에 도달할 때의 $Q$의 값을 $Q_p$로 나타내면 비탄성영역에서의 휨강도는 탄성한계점과 소성모멘트점을 연결하는 직선으로 구해진다.

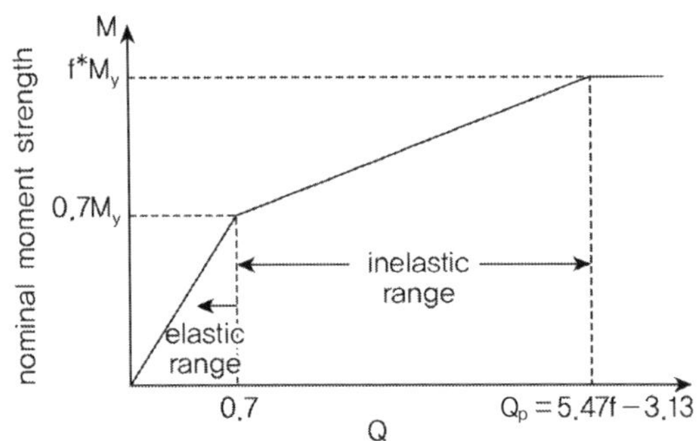


(Nominal moment strength vs Q value of the Q formula)

1) $Q < 0.7$ : $M_n = QM_y$

2) $Q_p > Q \geq 0.7$ : $M_n = M_p - (M_p - 0.7M_y)\left(\dfrac{Q_p - Q}{Q_p - 0.7}\right)$

3) $Q \geq Q_p$ : $M_n = M_p$

비대칭단면의 소성모멘트에 도달하기 위해서는 대칭단면의 경우보다 더 큰 압축측 플랜지의 변형도가 필요하게 되며 이를 고려하기 위해 $Q_p$는 단면의 형상계수의 함수로 구해진다.

$$Q_p = 5.47\left(\frac{M_p}{M_{yc}}\right) - 3.13$$

여기서 $M_p / M_{yc}$는 형상계수이며, $M_{yc}$는 압축측 플랜지가 항복응력에 도달할 때의 모멘트를 나타낸다.

# 3. 플레이트 거더의 시공성 요구조건

주요 시공단계 중에는 적절한 강도가 확보되도록 해야 한다. 또한 주요부재에 대해서는 하이브리드 단면웨브의 항복을 제외하고 공칭항복강도를 초과하지 않도록 설계해야 하며, 후좌굴강도를 고려해서는 안 된다. 시공단계에서 다음의 휨과 전단 규정을 만족해야 하며 휨부재의 시공성 검토 시 모든 하중은 해당 설계기준에서 규정된 계수를 고려하고 처짐 계산시에는 하중계수 1.0을 사용한다.

1) 휨(불연속으로 횡지지된 압축플랜지)

① 조밀 또는 비조밀 웨브　$f_{bu} + f_l \leq \phi_f R_h F_{yc}$ (세장한 웨브와 $f_l = 0$인 경우 검토 안 함)

② 모든 단면　$f_{bu} + \dfrac{1}{3}f_l \leq \phi_f F_{nc}$

③ 세장한 웨브　$f_{bu} \leq \phi_f F_{crw}$ (조밀 또는 비조밀 웨브인 경우 검토 안함)

여기서, $\phi_f$ : 휨에 대한 강도저항계수

$f_{bu}$ : 고려 중인 플랜지에서 횡방향 휨을 고려하지 않고 전체 비지지길이 내에 발생하는 압축응력 중 가장 큰 값

$f_l$ : 플랜지 횡방향 휨응력(MPa),

$$f_l = \left( \frac{0.85}{1 - \dfrac{f_{bu}}{F_{cr}}} \right) f_{l1} \geq f_{l1} \quad \text{또는} \quad f_l = \left( \frac{0.85}{1 - \dfrac{M_u}{F_{cr} S_{xc}}} \right) f_{l1} \geq f_{l1}$$

$f_{l1}$ : 고려 대상 단면에서 1차 압축플랜지 횡방향 휨응력 또는 비지지길이에 걸친 압축플랜지의 최대 1차 횡방향 휨응력(MPa)

$F_{crw}$ : 웨브 공칭휨좌굴강도(MPa), $F_{crw} = \dfrac{0.9Ek}{(D/t_w)^2}$, $k = \dfrac{9}{(D_c/D)^2}$

$F_{nc}$ : 플랜지의 공칭휨저항강도(MPa)

$M_{yc}$ : 압축플랜지에 관한 항복모멘트(Nmm)

2) 휨(불연속으로 횡지지된 압축플랜지)　　　$f_{bu} + f_l \leq \phi_f R_h F_{yt}$

3) 휨(연속적으로 횡지지된 압축 또는 인장 플랜지)

$f_{bu} \leq \phi_f R_h F_{yf}$, 세장한 웨브와 압축 플랜지를 갖는 비합성 단면은 $f_{bu} \leq \phi_f F_{crw}$도 만족

4) 전단　$V_u \leq \phi_v V_{cr}$

여기서, $\phi_v$ : 전단에 대한 강도감소계수, $V_u$ : 비합성단면에 적용된 설계시공하중과 설계영

구하중에 의한 웨브의 전단력 (N), $V_{cr}$ : 전단좌굴저항강도 (N)



합성단면은 먼저 합성단면으로 작용하는 최종단계의 거더와 바닥판 콘크리트가 굳기 이전 비합성단면으로 거동하는 거더의 시공성을 검토하여야 한다. 시공성을 확보하기 위하여 시공 중 비합성인 단면은 적절한 하중조합에 바닥판의 시공단계별로 비합성단면 검토를 수행하여야 하며, 이는 바닥판이 동시에 타설되지 않고 시공순서에 따라 단계적으로 거더가 합성이 되기 때문에 타설 중 일시적인 모멘트가 완공 후 최대 비합성 단면 고정하중 모멘트보다 클 수도 있기 때문이다.

① 공칭 휨강도

$$f_{cw} = \frac{0.9E\alpha k}{\left(\dfrac{D}{t_w}\right)^2} \le F_{yw}$$

여기서, $f_{cw}$ : 복부판의 최대 휨압축응력

$\alpha$ : 1.25(수평보강재 없는 경우), 1.00(수평보강재 있는 경우)

$D$ : 복부판의 높이, $\quad t_w$ : 복부판의 두께, $\quad F_{yw}$ : 복부판의 항복강도

$k$ (수평보강재가 없는 경우) $9.0(D/D_c)^2$

(수평보강재가 있는 경우) $d_s/D_c \ge 0.4$ 이면 $k = 5.17(D/d_s)^2 \ge 9.0(D/D_c)^2 \ge 7.2$

$d_s/D_c < 0.4$ 이면 $k = 11.64\left(D/(D_c - d_s)\right)^2 \ge 9.0(D/D_c)^2 \ge 7.2$

② 공칭전단강도 $\quad V_n = CV_p$

여기서, $C$는 조밀단면에서 전단항복강도에 대한 전단좌굴응력의 비, $V_p$는 소성전단강도

(전단설계, 부재의 후좌굴강도를 고려하지 않는 웨브가 수직보강재에 의해 보강 또는 보강되지 않는 부재의 $C_v$값과 소성전단강도 산정식 참조)

## 4. 플레이트 거더의 사용한계상태 요구조건

사용한계상태조합을 적용해 탄성처짐과 영구처짐에 대해 검토한다. 사용한계상태조합에서 강재의 응력을 계산할 때는 다음의 방법을 적용할 수 있다.

1) 일반사항

① 전 길이에 걸쳐 전단연결재가 부착된 부재의 경우 합성단면에 별개로 작용하는 하중에 의한 휨응력은 단기 또는 장기 합성단면으로 가정하여 계산한다. 사용한계상태조합하에서 교축방향으로 발생하는 콘크리트의 최대인장응력이 $2f_r$보다 작으면 콘크리트 바닥판은 정모멘트 및 부모멘트 구간에서 모두 유효하다고 가정할 수 있다. 여기서, $f_r$은 콘크리트의 균열응력이다.

② 부모멘트 구간에서 합성단면 콘크리트 바닥판의 교축방향 최대인장응력이 $2f_r$보다 큰 경우에는 사용한계상태조합 하에서 강재의 휨응력 계산 시 강재단면과 콘크리트 바닥판의 유효단면

내에 있는 철근만을 고려한다.

③ 부모멘트를 받는 비합성단면은 강재의 휨응력을 구할 때 강재단면만 유효한 것으로 본다.

2) 휨 : 다음의 요구조건을 만족하여야 한다.

① 플랜지

    (1) 합성단면 상부플랜지 $\qquad\qquad\qquad\qquad\qquad f_f \leq 0.95 R_h F_{yf}$

    (2) 합성단면 하부플랜지 $\qquad\qquad\qquad\qquad\qquad f_f + \dfrac{f_l}{2} \leq 0.95 R_h F_{yf}$

    (3) 비합성단면 상하부 플랜지의 경우 $\qquad\quad f_f + \dfrac{f_l}{2} \leq 0.80 R_h F_{yf}$

      여기서, $f_f$ : 플랜지 횡방향 휨을 고려하지 않은 사용한계상태조합에서 플랜지 응력(MPa)

               $f_l$ : 사용한계상태조합에 의한 플랜지 횡방향 휨응력(MPa)

               $R_h$ : 하이브리드 단면의 플랜지 응력감소계수

② 동바리 공법을 이용하여 시공한 정모멘트부의 합성 조밀단면의 경우 사용한계상태조합에 의한 콘크리트 바닥판의 교축방향 압축응력은 $0.6 f_c{}'$ 을 초과해서는 안 된다.

③ 수평보강재가 없는 웨브 규정을 만족하는 정모멘트부 합성단면을 제외하고 모든 단면은 다음의 규정을 만족해야 한다.

$$f_c \leq F_{crw}$$

      여기서, $f_c$ : 플랜지 횡방향 휨을 고려하지 않고 계산된 단면의 압축플랜지 응력(MPa)

$$F_{crw} : \text{웨브 공칭휨좌굴강도(MPa)} \quad F_{crw} = \frac{0.9 E k}{(D/t_w)^2}$$

## 5. 합성 휨부재의 특성 산정

### 1) 소성 모멘트

소성모멘트 $M_p$ 는 소성단면력의 소성중립축에 대한 일차모멘트로 구한다. 단면의 강재 부분의 소성력은 플랜지, 웨브 및 철근의 항복응력을 사용하여 계산한다. 단면의 압축부 콘크리트의 소성단면력은 콘크리트 응력의 크기가 $0.85 f_c{}'$ 인 직사각형 응력블록으로 구하며 인장부 콘크리트는 무시한다. 소성중립축의 위치는 단면력의 평형조건을 적용하여 구한다. 소성모멘트 산정시 합력은 다음의 세가지 경우로 구분할 수 있다. ① 플랜지와 슬래브의 중심점, ② 복부판의 중간점, ③ 철근의 중심, 소성중립축의 위치와 소성모멘트는 아래의 순서에 따라 검토하여 합력조건을 맨 먼저 만족하는 경우로 선택한다.

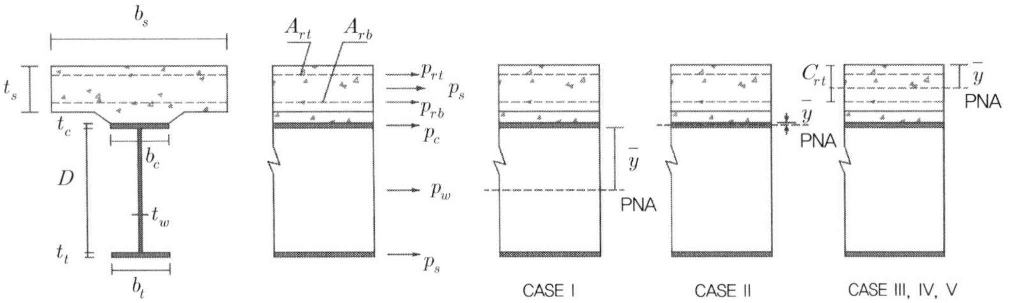

〈정모멘트 단면의 소성중립축과 소성모멘트〉

| 구분 | 소성중립축 | 조건 | 소성중립축($\bar{y}$)과 소성모멘트($M_p$) |
|---|---|---|---|
| I | 복부판 | $P_t + P_w \geqq P_c + P_s + P_{rb} + P_{rt}$ | $\bar{y} = \left(\dfrac{D}{2}\right)\left[\dfrac{P_t - P_c - P_s - P_{rt} - P_{rb}}{P_w} + 1\right]$ <br><br> $M_p = \dfrac{P_w}{2D}\left(\bar{y}^2 + (D-\bar{y})^2\right) + \left(P_s d_s + P_{rt}d_{rt} + P_{rb}d_{rb} + P_c d_c + P_t d_t\right)$ |
| II | 상부플랜지 | $P_t + P_w + P_c \geqq P_s + P_{rb} + P_{rt}$ | $\bar{y} = \left(\dfrac{t_c}{2}\right)\left[\dfrac{P_w + P_t - P_s - P_{rt} - P_{rb}}{P_c} + 1\right]$ <br><br> $M_p = \dfrac{P_w}{2t_c}\left(\bar{y}^2 + (t_c - \bar{y})^2\right) + M_p = \dfrac{P_w}{2t_c}\left(\bar{y}^2 + (t_c - \bar{y})^2\right) +$ <br> $\left(P_s d_s + P_{rt}d_{rt} + P_{rb}d_{rb} + P_w d_w + P_t d_t\right)$ |
| III | 슬래브 ($P_{rb}$ 아래) | $P_t + P_w + P_c \geqq \left(\dfrac{C_{rb}}{t_s}\right)P_s + P_{rb} + P_{rt}$ | $\bar{y} = (t_s)\left[\dfrac{P_c + P_w + P_t - P_{rt} - P_{rb}}{P_s}\right]$ <br><br> $M_p = \left(\dfrac{\bar{y}^2 P_s}{2t_s}\right) + \left(P_{rt}d_{rt} + P_{rb}d_{rb} + P_c d_c + P_w d_w + P_t d_t\right)$ |
| IV | 슬래브 ($P_{rb}$ 부분) | $P_t + P_w + P_c + P_{rb} \geqq \left(\dfrac{C_{rb}}{t_s}\right)P_s + P_{rt}$ | $\bar{y} = c_{rb}$ <br><br> $M_p = \left(\dfrac{\bar{y}^2 P_s}{2t_s}\right) + \left(P_{rt}d_{rt} + P_c d_c + P_w d_w + P_t d_t\right)$ |
| V | 슬래브 ($P_{rb}$ 상부) | $P_t + P_w + P_c + P_{rb} \geqq \left(\dfrac{C_{rt}}{t_s}\right)P_s + P_{rt}$ | $\bar{y} = (t_s)\left[\dfrac{P_{rb} + P_c + P_w + P_t - P_{rt}}{P_s}\right]$ <br><br> $M_p = \left(\dfrac{\bar{y}^2 P_s}{2t_s}\right) + \left(P_{rt}d_{rt} + P_{rb}d_{rb} + P_c d_c + P_w d_w + P_t d_t\right)$ |

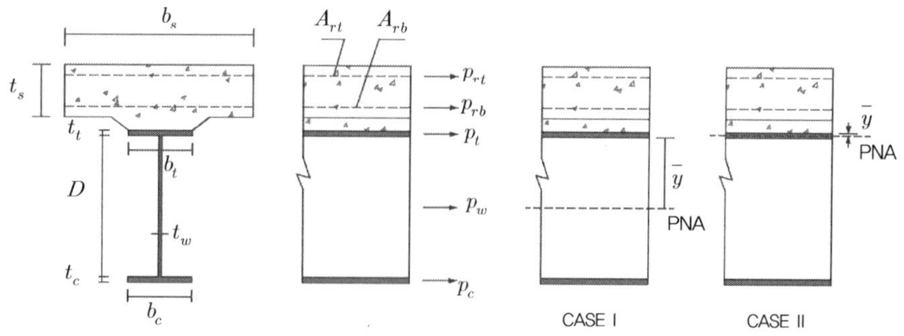


〈부모멘트 단면의 소성중립축과 소성모멘트〉

| 구분 | 소성중립축 | 조건 | 소성중립축($\bar{y}$)과 소성모멘트($M_p$) |
|---|---|---|---|
| I | 복부판 | $P_c + P_w \geq P_t + P_{rb} + P_{rt}$ | $\bar{y} = \left(\dfrac{D}{2}\right)\left[\dfrac{P_c - P_t - P_{rt} - P_{rb}}{P_w} + 1\right]$<br>$M_p = \dfrac{P_w}{2D}\left(\bar{y}^2 + (D-\bar{y})^2\right) + (P_{rt}d_{rt} + P_{rb}d_{rb} + P_t d_t + P_c d_c)$ |
| II | 상부플랜지 | $P_c + P_w + P_t \geq P_{rb} + P_{rt}$ | $\bar{y} = \left(\dfrac{t_t}{2}\right)\left[\dfrac{P_w + P_c - P_{rt} - P_{rb}}{P_t} + 1\right]$<br>$M_p = \dfrac{P_t}{2t_t}\left(\bar{y}^2 + (t_t - \bar{y})^2\right) + (P_{rt}d_{rt} + P_{rb}d_{rb} + P_w d_w + P_c d_c)$ |

여기서, $P_{rt} = F_{yrt}A_{rt}$,  $P_s = 0.85f_{ck}b_s t_s$,  $P_{rb} = F_{yrb}A_{rb}$,  $P_c = F_{yc}b_f t_b$,  $P_w = F_{yw}Dt_w$,  $P_t = F_y b_t t_t$

## 2) 항복 모멘트

항복모멘트 $M_y$는 강도한계상태에서 상하부 어느 한쪽 강재 플랜지에서 최초 항복을 일으키는 강재 단면, 단기 합성단면과 장기 합성단면에 각각 작용하는 모멘트의 합과 같다. 이와 같은 계산 시 모든 형태의 단면에서 플랜지 횡방향 휨과 하이브리드 단면의 웨브 항복은 무시해야 한다.

① 정모멘트부

(1) 콘크리트 바닥판이 굳기 전이나 합성되기 전에 작용하는 계수영구하중에 의한 모멘트 $M_{D1}$을 계산한다. 이 모멘트는 강재 단면에 적용된다.

(2) 계수영구하중에 의한 모멘트 $M_{D2}$를 계산한다. 이 모멘트는 장기 합성단면에 적용된다.

(3) 단기 합성단면에서 어느 한 쪽 플랜지가 항복응력에 도달하기 위해 추가로 적용해야 하는 모멘트 $M_{AD}$를 계산한다.

(4) 항복모멘트는 총 영구하중에 의한 모멘트와 추가모멘트의 합이다.

$$F_{yf} = \frac{M_{D1}}{S_{NC}} + \frac{M_{D2}}{S_{LT}} + \frac{M_{AD}}{S_{ST}}$$

$$M_y = M_{D1} + M_{D2} + M_{AD}$$

여기서, $S_{NC}$ : 비합성단면의 단면계수($mm^3$), $S_{ST}$ : 단기 합성단면의 단면계수($mm^3$)
$S_{LT}$ : 장기 합성단면의 단면계수($mm^3$), $M_{D1}$, $M_{D2}$ 및 $M_{AD}$ : 단면에 적용되는
계수하중에 의한 모멘트(Nmm), $M_y$는 압축플랜지 항복모멘트 $M_{yc}$ 또는 인장플랜
지 항복모멘트 $M_{yt}$ 가운데 작은 값이다.

② 부모멘트부 : 부모멘트부 합성단면의 경우 단기 합성과 장기 합성모멘트에 대한 합성단면은
콘크리트 바닥판 유효폭 내의 종방향 철근과 강재 단면으로 구성된 단면으로 하며 결과적으로
$S_{ST}$와 $S_{LT}$는 같은 값이다. 또한, $M_{yt}$는 인장플랜지 또는 종방향 철근 중에 먼저 항복에 도
달할 때에 대응되는 모멘트이다.

## 3) 압축을 받는 웨브의 높이

① 탄성 범위상태

정모멘트부 합성단면의 경우, 탄성범위에서 압축을 받는 웨브의 높이 $D_c$는 고정하중, 활하중
및 충격하중에 의한 강재 단면, 장기 합성단면과 단기 합성단면에 작용하는 하중에 의해 발생
하는 응력의 대수적 합이 압축인 웨브의 높이다. 응력 다이아그램으로부터 정모멘트부 단면의
$D_c$를 구하는 대신 아래 식을 적용할 수 있다. 부모멘트를 받는 단면의 경우 강재거더와 축방향
철근만으로 구성된 단면으로 계산한다.

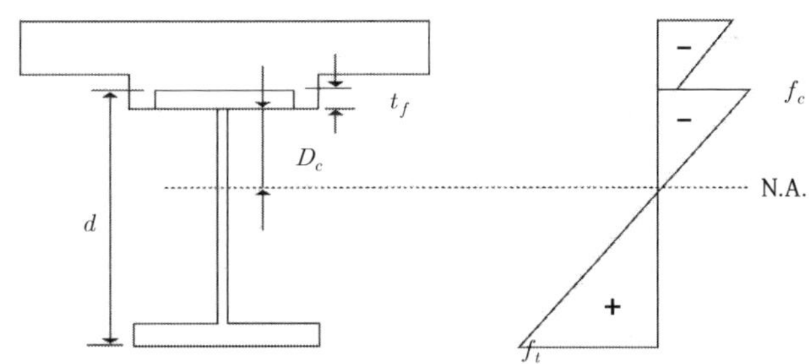


$$D_c = \left(\frac{-f_c}{|f_c| + f_t}\right)d - t_{fc} \geq 0$$

여기서, $f_c$는 여러 하중에 의해 발생된 압축플랜지의 휨 응력의 합(DC1 + DC2 + DW + LL+IM)
$f_t$는 여러 하중에 의한 인장플랜지의 휨 응력의 합
d는 강재단면의 높이, $t_f$는 압축플랜지의 두께

② 소성 모멘트 상태

 (1) 합성단면

　정모멘트부 합성 단면에서 소성중립축이 복부판 내에 있을 때 웨브의 높이 $D_{cp}$ 는

$$D_{cp} = \frac{D}{2}\left(\frac{F_{yt}A_t - F_{yc}A_c - 0.85f_{ck}A_s - F_{yr}A_r}{F_{yw}A_w} + 1\right)$$

위의 경우를 제외한 정모멘트 단면에서는 $D_{cp} = 0$ 으로 하고 복부판은 조밀단면 복부판 세장비 조건을 만족해야 한다. 부모멘트를 받는 단면에서 소성중립축이 복부판 내에 있을 때의 $D_{cp}$ 는

$$D_{cp} = \frac{D}{2A_w f_{yw}}(F_{yt}A_t + F_{yw}A_w + F_{yr}A_r - F_{yc}A_c)$$

그 밖의 모든 부모멘트 단면에서 $D_{cp}$ 는 $D$ 로 한다.

 (2) 비합성단면

　정모멘트부 비합성단면에서 소성중립축이 복부판 내에 있을 때 웨브의 높이 $D_{cp}$ 는

$F_{yw}A_w \geq |F_{yc}A_c - F_{yt}A_t|$ 인 경우 : $D_{cp} = \dfrac{D}{2A_w f_{yw}}(F_{yt}A_t + F_{yw}A_w - F_{yc}A_c)$

그 밖의 경우 : $D_{cp} = D$

도로교 설계기준(한계상태설계법, 2015) 극한한계상태의 휨강도산정

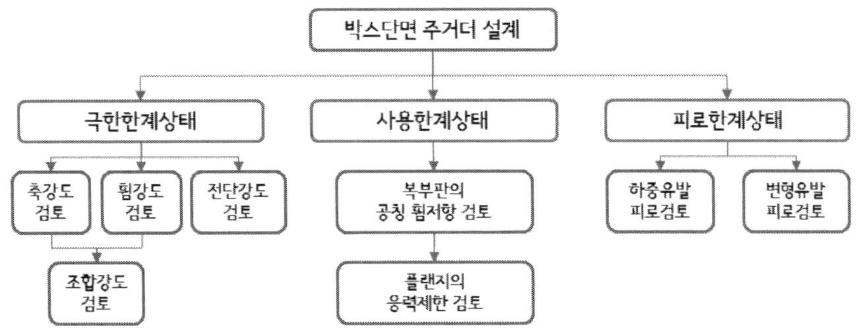



1) 극한한계상태에서의 I형단면의 휨강도

$$M_r = \phi_f M_n, \quad f_r = \phi_f F_n \quad \phi_f = 1.0$$

2) 조밀단면과 비조밀단면의 구분

| 단면 구분 | 복부판 세장비 | 압축플랜지 세장비 |
|---|---|---|
| 조밀단면 | $\dfrac{2D_{cp}}{t_w} \leq 3.76\sqrt{\dfrac{E}{F_{yc}}}$ | $\dfrac{b_f}{2t_f} \leq 0.382\sqrt{\dfrac{E}{F_{yf}}}$ |
| 비조밀단면 | − | $\dfrac{b_f}{2t_f} \leq 12$ |

$D_{cp}$ : 소성모멘트 적용 시 압축력 측 복부판의 높이(mm)

3) 조밀단면과 비조밀 단면의 세장비의 검토 및 휨강도

휨강도는 Q공식하여 산정하거나 다음의 식을 적용하여 산정할 수 있다. Q공식의 적용을 위해서는 부모멘트 구간에서 강재의 항복강도가 460MPa를 초과하지 않고 거더의 높이가 일정하면서 복부판 수평보강재가 설치되어 있지 않고 인장플랜지에 구멍이 없는 경우 다음의 복부판과 압축플랜지 세장비 규정을 만족해야 한다.

(1) 조밀단면 $\lambda\left(= \dfrac{b_f}{2t_f}\right) \leq \lambda_p \left(= 0.382\sqrt{\dfrac{E}{F_{yf}}}\right)$의 복부판과 압축플랜지 세장비 상관관계 검토

$$\frac{2D_{cp}}{t_w} \leq 0.75(3.76)\sqrt{\frac{E}{F_{yc}}}, \quad \text{또는} \quad \frac{b_f}{2t_f} \leq 0.75(0.382)\sqrt{\frac{E}{F_{yf}}}$$

① 위의 두 조건 중 하나를 만족할 경우 압축플랜지 비지지 길이 규정을 검토한다.

$$L_b \leq \left[0.124 - 0.0759 \left(\frac{M_L}{M_p}\right)\right] \frac{r_y E}{F_{yc}}$$

② 위의 두 조건을 모두 만족하지 못할 경우 상호작용 검토 후 비지지 길이 규정 검토

$$\frac{2D_{cp}}{t_w} + 9.35 \left(\frac{b_f}{2t_f}\right) \leq 6.25 \sqrt{\frac{E}{F_{yc}}} \quad \rightarrow \quad 만족 시 \ L_b \leq \left[0.124 - 0.0759 \left(\frac{M_L}{M_p}\right)\right] \frac{r_y E}{F_{yc}}$$

여기서, $M_L$ : 설계하중에 의한 비지지 지간의 양단에 발생하는 모멘트 중 작은 값

③ 조밀단면의 설계휨강도

$$D_p \leq D' \qquad\qquad M_n = M_p$$

$$D' < D_p \leq 5D' \qquad M_n = \frac{5M_p - 0.85M_y}{4} + \frac{0.85M_y - M_p}{4}\left[\frac{D_p}{D'}\right]$$

여기서 $D_p$ : 슬래브 상단에서 소성모멘트 중심까지 거리

$$D' = \beta \frac{(d + t_s + t_h)}{7.5},$$

$$d : 강재단면의 높이, \quad t_s : 슬래브의 두께, \quad t_h : 헌치의 두께$$

(2) 비조밀 단면 $\lambda_p \left(= 0.382 \sqrt{\frac{E}{F_{yf}}}\right) < \lambda \left(= \frac{b_f}{2t_f}\right) \leq \lambda_r (= 12)$ 의 복부판과 압축플랜지 세장비 상

관관계 검토

$$\frac{b_f}{2t_f} \leq 12$$

① 압축플랜지 비지지 길이 규정을 검토

$$L_b \leq L_p = 1.76 r_t \sqrt{\frac{E}{F_{yc}}}$$

② 비조밀단면의 설계휨강도

(위의 조건 ① 만족 시)　　비조밀단면의 압축플랜지 휨강도 규정 적용

　　　　　　　　강재 $f_y > 460\text{MPa}$인 경우 비조밀단면 플랜지 휨강도 적용

• 압축플랜지　$F_n = R_b R_h F_{yc}$ (정모멘트 구간 합성단면)

$$F_n = R_b R_h F_{cr} \ (기타 \ 단면과 \ 시공중인 \ 단면)$$

여기서 $F_{cr} = \dfrac{1.904E}{\left[\dfrac{b_f}{2t_f}\right]^2 \sqrt{\dfrac{2D_c}{t_w}}} \leq F_{yc}$ : 복부판에 수평보강재가 없는 경우

$\qquad\quad = \dfrac{0.166E}{\left[\dfrac{b_f}{2t_f}\right]^2} \leq F_{yc}$ : 복부판에 수평보강재가 있는 경우

$D_c$ : 탄성영역 내에서 압축을 받는 복부판의 높이

$R_h$ : 하이브리드단면의 플랜지 강도감소계수

$R_b$ : 복부판 국부좌굴에 대한 플랜지 강도감소계수

- 인장플랜지 $F_n = R_b R_h f_{yt}$

  (위의 조건 ① 미 만족 시) 횡비틀림 좌굴을 고려한 플랜지 휨강도 규정 적용



**횡비틀좌굴을 고려한 합성단면 플랜지의 휨강도**

1) 압축플랜지 : 응력으로 표시되는 압축플랜지의 공칭휨강도는 위에 산정된 값으로 구하나, 횡비틀림을 고려한 다음의 식을 초과할 수 없다.

$$L_b \leq L_r \left(= 4.44 r_t \sqrt{\dfrac{E}{F_{yc}}}\right) \quad F_n = C_b R_b R_h F_{yc}\left\{1.33 - 0.187\left(\dfrac{L_b}{r_t}\right)\sqrt{\dfrac{F_{yc}}{E}}\right\} \leq R_b R_h F_{yc}$$

$$L_b > L_r \left(= 4.44 r_t \sqrt{\dfrac{E}{f_{yc}}}\right) \quad F_n = C_b R_b R_h \left[\dfrac{9.86E}{\left(\dfrac{L_b}{r_t}\right)^2}\right] \leq R_b R_h F_{yc}$$

여기서 $C_b = 1.0$ (브레이싱이 없는 캔틸레버나 브레이싱 사이에 휨모멘트가 부재 양단의 모멘트 중 큰 값을 초과하는 경우)

$$\qquad = 1.75 - 1.05\left(\dfrac{P_L}{P_h}\right) + 0.3\left(\dfrac{P_L}{P_h}\right)^2 \leq K_b \text{ (그 외의 경우)}$$

$P_L$ : 설계하중하에서 양 브레이싱에서 발생하는 압축플랜지 단면력 중 작은 값

$P_h$ : 설계하중하에서 양 브레이싱에서 발생하는 압축플랜지 단면력 중 큰 값

$L_b$ : 브레이싱 간의 거리

$K_b$ : 1.75 또는 2.3

이때, $C_b$값은 AISC의 $C_b = \dfrac{12.5P_{\max}}{2.5P_{\max} + 3P_A + 4P_B + 3P_C}$ 를 사용할 수도 있다.

2) 인장플랜지 $F_n = R_b R_h F_{yt}$

**횡비틀좌굴을 고려한 비합성단면 플랜지의 휨강도**

1) 압축플랜지 : 응력으로 표시되는 압축플랜지의 공칭휨강도는 위에 산정된 값으로 구하나, 횡비틀림을 고려한 다음의 식을 초과할 수 없다.

① 복부판에 수평보강재가 있거나 $\dfrac{2D_c}{t_w} \leq \lambda_b \sqrt{\dfrac{E}{F_{yc}}}$ 일 경우

$$M_n = 3.14 E C_b R_h \left(\dfrac{I_{yc}}{L_b}\right) \sqrt{0.772\left(\dfrac{J}{I_{yc}}\right) + 9.82\left(\dfrac{d}{L_b}\right)^2} \leq R_h M_y$$

② 복부판에 수평보강재가 없거나 $\dfrac{2D_c}{t_w} > \lambda_b \sqrt{\dfrac{E}{F_{yc}}}$ 일 경우

$$- \ L_b \leq L_r\left(= 4.44\sqrt{\dfrac{I_{yc}d}{S_{xc}}\dfrac{E}{F_{yc}}}\right) : M_n = C_b R_b R_h M_y\left[1 - 0.5\left(\dfrac{L_b - L_p}{L_r - L_p}\right)\right] \leq R_b R_h M_y$$

$$- \ L_b > L_r\left(= 4.44\sqrt{\dfrac{I_{yc}d}{S_{xc}}\dfrac{E}{F_{yc}}}\right) : M_n = C_b R_b R_h \dfrac{M_y}{2}\left(\dfrac{L_r}{L_b}\right)^2 \leq R_b R_h M_y$$

여기서, $J = \dfrac{Dt_w^3 + b_f t_f^3 + b_t t_t^3}{3}$ , $L_p = 1.76 r_t \sqrt{\dfrac{E}{F_{yc}}}$

(3) Q공식에 의한 플랜지 휨강도

강재의 항복강도($f_y$)가 460MPa 이하인 경우에만 Q공식 적용토록 제한, 휨강도 $M_n$은 다음의 값 중 작은 값을 적용한다.

$$M_n = M_p, \quad M_n = \left[1 - \left(1 - \dfrac{0.7}{\left(\dfrac{M_p}{M_y}\right)}\right)\left(\dfrac{Q_p - Q_{fl}}{Q_p - 0.7}\right)\right] M_p$$

여기서 $Q_p = 3.0$         (대칭단면)

$\qquad\qquad = 5.47\left(\dfrac{M_p}{M_y}\right) - 3.13$   (비대칭단면)

$\quad Q_{fl} = \dfrac{30.5}{\sqrt{\dfrac{2D_{cp}}{t_w}}}$        (조밀단면 압축플랜지, $\dfrac{b_f}{2t_f} \leq 0.382\sqrt{\dfrac{E}{F_{yf}}}$ )

$\qquad = \dfrac{4.45}{\left(\dfrac{b_f}{2t_f}\right)^2 \sqrt{\dfrac{2D_{cp}}{t_w}}} \dfrac{E}{F_{yc}}$ (비조밀단면 압축플랜지, $0.382\sqrt{\dfrac{E}{F_{yf}}} < \dfrac{b_f}{2t_f} \leq 12$)

4) 강교의 주거더 단면설계 Flow(도로교설계기준 한계상태설계법 : MIDAS IT 교육자료)

(1) 극한한계상태검토 : 축강도 검토

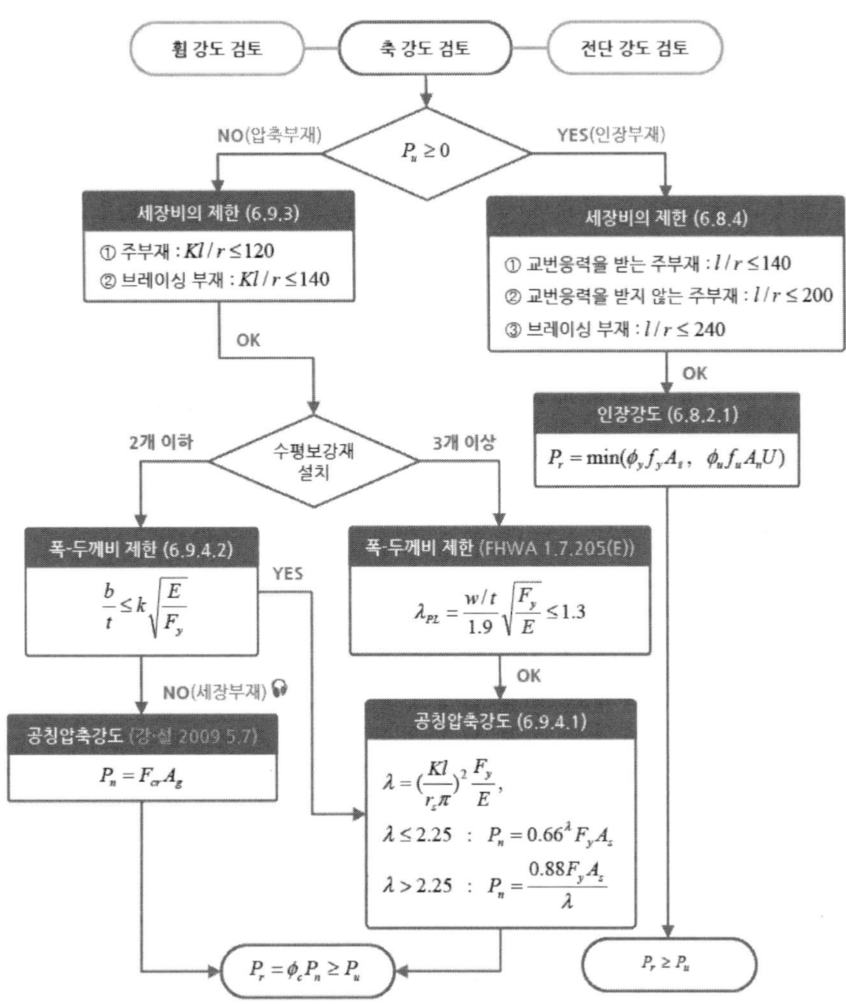

(2) 극한한계상태검토 : 휨강도 검토

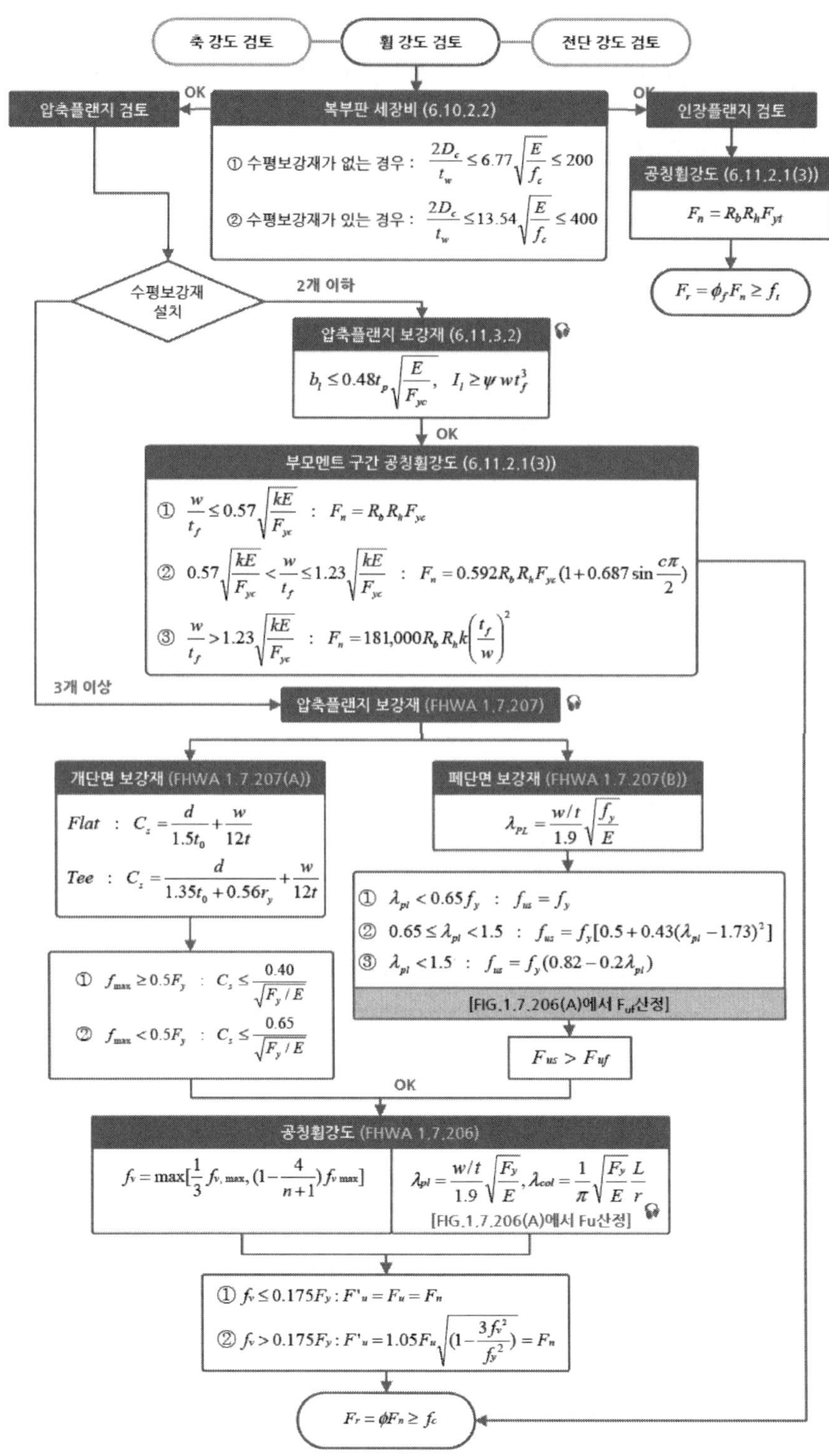

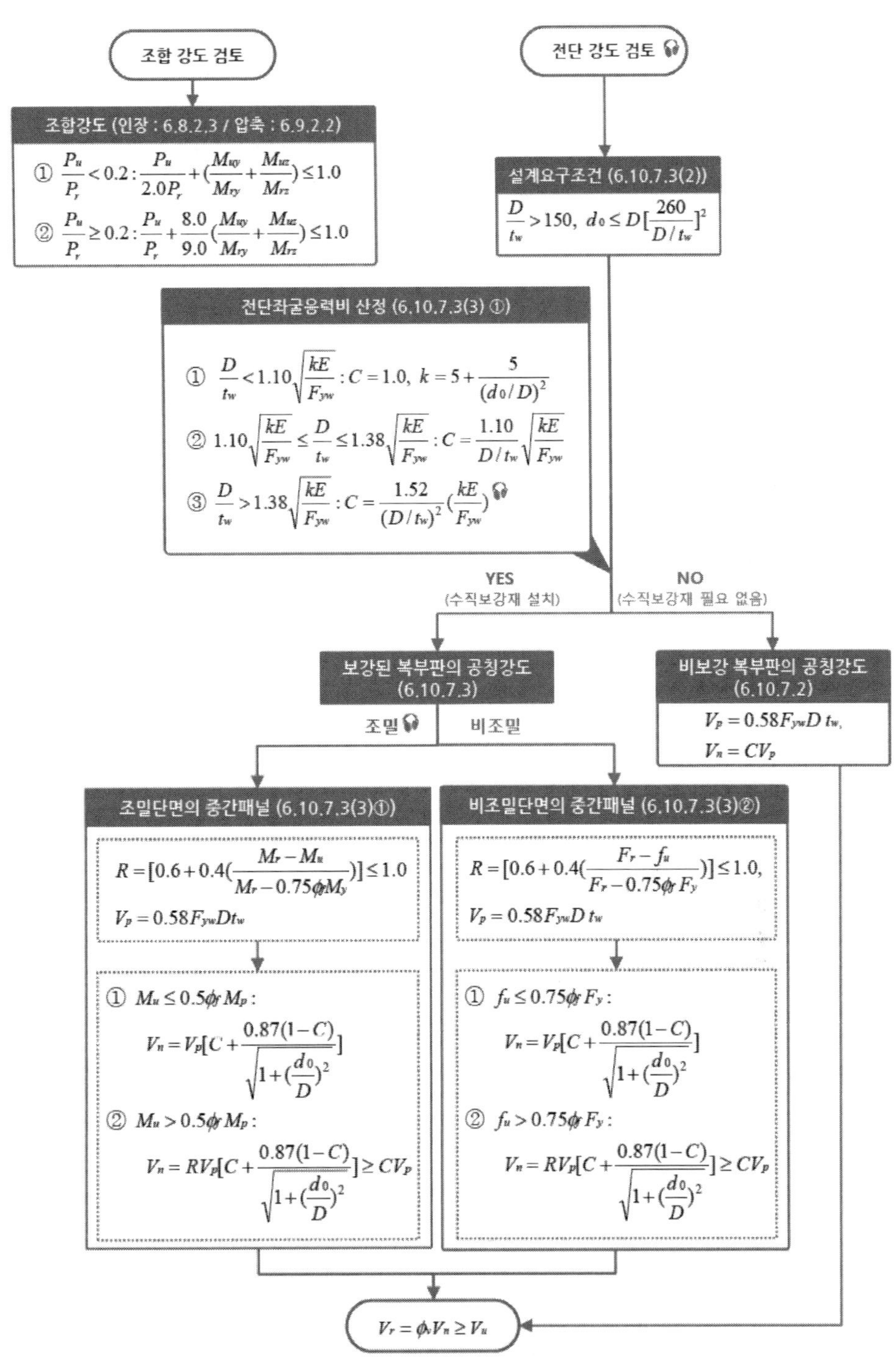


조합 강도 검토
전단 강도 검토
조합강도 (인장 : 6.8.2.3 / 압축 : 6.9.2.2)
① $\dfrac{P_u}{P_r} < 0.2 : \dfrac{P_u}{2.0P_r} + (\dfrac{M_{uy}}{M_{ry}} + \dfrac{M_{uz}}{M_{rz}}) \leq 1.0$
② $\dfrac{P_u}{P_r} \geq 0.2 : \dfrac{P_u}{P_r} + \dfrac{8.0}{9.0}(\dfrac{M_{uy}}{M_{ry}} + \dfrac{M_{uz}}{M_{rz}}) \leq 1.0$
설계요구조건 (6.10.7.3(2))
$\dfrac{D}{t_w} > 150, \quad d_0 \leq D[\dfrac{260}{D/t_w}]^2$
전단좌굴응력비 산정 (6.10.7.3(3) ①)
① $\dfrac{D}{t_w} < 1.10\sqrt{\dfrac{kE}{F_{yw}}} : C = 1.0, \quad k = 5 + \dfrac{5}{(d_0/D)^2}$
② $1.10\sqrt{\dfrac{kE}{F_{yw}}} \leq \dfrac{D}{t_w} \leq 1.38\sqrt{\dfrac{kE}{F_{yw}}} : C = \dfrac{1.10}{D/t_w}\sqrt{\dfrac{kE}{F_{yw}}}$
③ $\dfrac{D}{t_w} > 1.38\sqrt{\dfrac{kE}{F_{yw}}} : C = \dfrac{1.52}{(D/t_w)^2}(\dfrac{kE}{F_{yw}})$
YES
(수직보강재 설치)
NO
(수직보강재 필요 없음)
보강된 복부판의 공칭강도
(6.10.7.3)
비보강 복부판의 공칭강도
(6.10.7.2)
$V_p = 0.58F_{yw}D\,t_w,$
$V_n = CV_p$
조밀
비조밀
조밀단면의 중간패널 (6.10.7.3(3)①)
$R = [0.6 + 0.4(\dfrac{M_r - M_u}{M_r - 0.75\phi_f M_y})] \leq 1.0$
$V_p = 0.58F_{yw}Dt_w$
① $M_u \leq 0.5\phi_f M_p :$
$V_n = V_p[C + \dfrac{0.87(1-C)}{\sqrt{1 + (\dfrac{d_0}{D})^2}}]$
② $M_u > 0.5\phi_f M_p :$
$V_n = RV_p[C + \dfrac{0.87(1-C)}{\sqrt{1 + (\dfrac{d_0}{D})^2}}] \geq CV_p$
비조밀단면의 중간패널 (6.10.7.3(3)②)
$R = [0.6 + 0.4(\dfrac{F_r - f_u}{F_r - 0.75\phi_f F_y})] \leq 1.0,$
$V_p = 0.58F_{yw}D\,t_w$
① $f_u \leq 0.75\phi_f F_y :$
$V_n = V_p[C + \dfrac{0.87(1-C)}{\sqrt{1 + (\dfrac{d_0}{D})^2}}]$
② $f_u > 0.75\phi_f F_y :$
$V_n = RV_p[C + \dfrac{0.87(1-C)}{\sqrt{1 + (\dfrac{d_0}{D})^2}}] \geq CV_p$
$V_r = \phi_v V_n \geq V_u$

(4) 사용한계상태검토

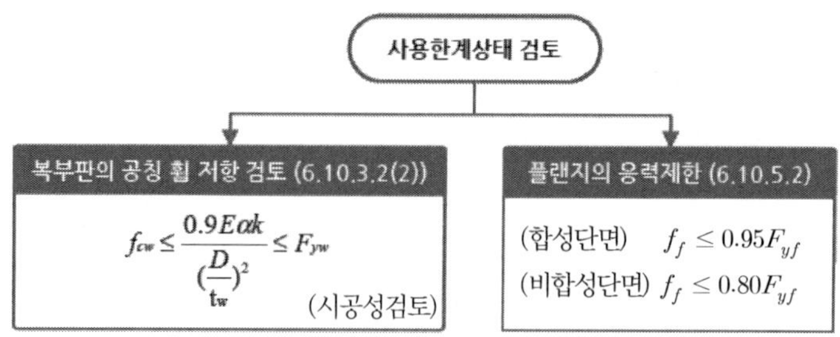


$$f_{cw} \leq \frac{0.9E\alpha k}{(\frac{D}{t_w})^2} \leq F_{yw}$$

$$(합성단면) \quad f_f \leq 0.95 F_{yf}$$
$$(비합성단면) \quad f_f \leq 0.80 F_{yf}$$

(5) 피로한계상태검토

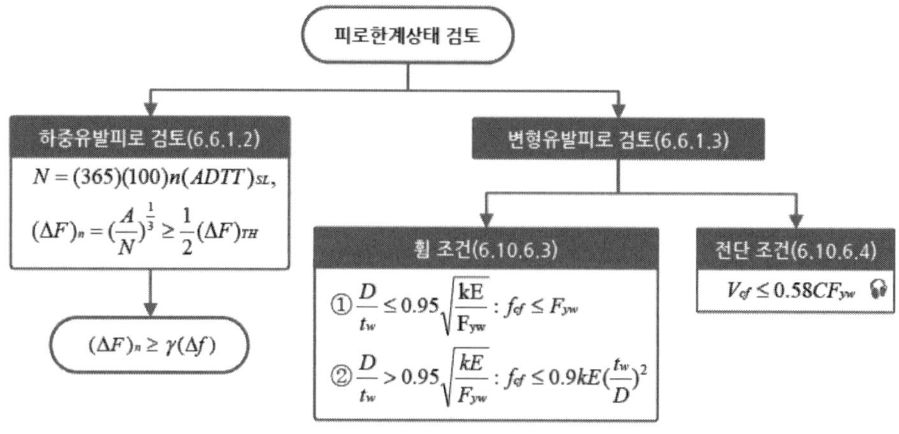


$$N = (365)(100)n(ADTT)_{SL},$$
$$(\Delta F)_n = (\frac{A}{N})^{\frac{1}{3}} \geq \frac{1}{2}(\Delta F)_{TH}$$

$$(\Delta F)_n \geq \gamma(\Delta f)$$

$$① \frac{D}{t_w} \leq 0.95\sqrt{\frac{kE}{F_{yw}}} : f_{cf} \leq F_{yw}$$

$$② \frac{D}{t_w} > 0.95\sqrt{\frac{kE}{F_{yw}}} : f_{cf} \leq 0.9kE(\frac{t_w}{D})^2$$

$$V_{cf} \leq 0.58CF_{yw}$$

# 6. 플레이트 거더의 전단강도 산정

플레이트 거더의 전단강도는 복부판의 깊이-두께 비와 중간 수직보강재 간격의 함수이다. 전단
강도는 좌굴 전 강도와 후좌굴강도의 두 가지 구성요소로 구분되며, 후좌굴강도는 인장장 작용에
의한 것이며 중간 수직보강재가 있어 가능하다. 보강재가 없거나 간격이 매우 큰 경우 인장장작
용이 일어나지 않으며 전단저항력은 좌굴 전 강도에 지배된다.

$$V_u \leq \phi_v V_n$$

1) 전단항복에 대한 전단좌굴응력비 $C$ : 복부전단 좌굴응력과 복부전단 항복응력의 비

$$\text{①} \quad \frac{D}{t_w} < 1.12 \sqrt{\frac{E\,k}{F_{yw}}} \qquad\qquad\qquad C = 1.0$$

$$\text{②} \quad 1.12 \sqrt{\frac{E\,k}{F_{yw}}} \leq \frac{D}{t_w} \leq 1.40 \sqrt{\frac{E\,k}{F_{yw}}} \qquad C = \frac{1.12}{(D/t_w)} \sqrt{\frac{E\,k}{F_{yw}}}$$

$$\text{③} \quad \frac{D}{t_w} > 1.40 \sqrt{\frac{E\,k}{F_{yw}}} \qquad\qquad\qquad C = \frac{1.57}{(D/t_w)^2} \left( \frac{Ek}{F_{yw}} \right)$$

2) 전단좌굴계수 $k$ $\qquad\qquad k = 5 + \dfrac{5}{(d_0/D)^2}$

3) 비보강 웨브의 공칭강도

$$V_n = V_{cr} = C\,V_p, \qquad V_p = 0.58\,F_{yw}\,D\,t_w$$

여기서, $C$ 전단항복강도에 대한 전단좌굴응력의 비로서, 전단좌굴계수 $k$는 5.0으로 한다.
$V_{cr}$ : 전단좌굴강도(N),  $V_n$ : 공칭전단강도(N),  $V_p$ : 소성전단력(N)

4) 보강 웨브의 공칭 강도

① 내측패널

$$(1) \quad \frac{2Dt_w}{(b_{fc}t_{fc} + b_{ft}t_{ft})} \leq 2.5 \qquad V_n = V_p \left[ C + \frac{0.87\,(1-C)}{\sqrt{1 + \left(\dfrac{d_0}{D}\right)^2}} \right]$$

$$(2) \quad \text{그 외의 경우} \qquad V_n = V_p \left[ C + \frac{0.87\,(1-C)}{\left( \sqrt{1 + \left(\dfrac{d_0}{D}\right)^2} + \dfrac{d_0}{D} \right)} \right]$$

여기서, $d_0$ : 보강재 간격(mm)

② 단부패널 $\qquad\qquad\qquad\qquad V_n = V_{cr} = C\,V_p$

도로교설계기준 한계상태설계법(2015)에서 적용되는 전단저항강도는 ① 보강재가 없는 단면들 ② 수직보강재만 있는 단면들 ③ 수직보강재와 수평보강재가 있는 단면들 하이브리드단면이나 균일단면거더의 비보강 복부판 패널들의 공칭전단강도는 복부판의 세장비에 의해서 ① 전단항복, ② 전단좌굴 중의 하나로 정의되며, 균질단면 거더의 보강된 내부 복부판 패널들의 공칭전단강도는 ① 전단항복, ② 전단좌굴, ③ 모멘트–전단 상호작용 효과를 고려해 인장영역 작용으로 발생되는 후좌굴강도의 합으로 한다.

$$V_r = \phi_v V_n, \quad \phi_v = 1.0$$

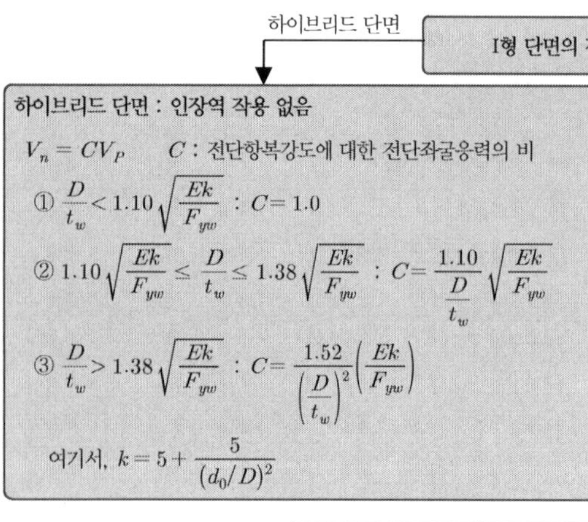


⟨I형 단면의 전단설계를 위한 흐름도⟩

# 7. 중간 수직보강재(Intermediate Stiffeners)

## 1) 일반사항

① 다이아프램이나 수직 브레이싱의 이음판으로 사용되는 보강재는 상·하 플랜지에 접합한다.

② 수직보강재-웨브 용접단부와 이에 인접한 웨브-플랜지 용접부 또는 수평보강재-웨브 용접단까지의 거리는 $4t_w$ 이상 그리고 $6t_w$와 100 mm 이하이어야 한다.

## 2) 돌출폭 $b_t$

$$b_t \geq 50 + \frac{d}{30}, \quad b_f/4 \leq b_t \leq 16t_p$$

여기서, $b_f$ : I-단면의 경우, 가장 넓은 압축플랜지의 전폭; U-형단면의 경우, 가장 넓은 압축플랜지의 전폭; 폐단면 박스거더의 경우 $b_f/4$ 제한치는 적용되지 않는다(mm).

$t_p$ : 수직보강재의 두께 (mm)

## 3) 단면2차 모멘트 $I_t$

① $V_u \leq \phi_v V_{cr}$ $\qquad I_t \geq \min[I_{t1}, I_{t2}]$

여기서, $I_{t1} = b\,t_w^3 J,$ $\qquad\qquad I_{t2} = \dfrac{D^4 \rho_t^{1.3}}{40}\left(\dfrac{F_{yw}}{E}\right)^{1.5}$

$$J = \frac{2.5}{(d_0/D)^2} - 2.0 \geq 0.5, \quad F_{crs} = \frac{0.31E}{\left(\dfrac{b_t}{t_p}\right)^2} \leq F_{ys}$$

$$V_{cr} = C V_p, \qquad\qquad V_p = 0.58\, F_{yw}\, D\, t_w$$

$\phi_v$ : 전단에 대한 강도저항계수,

$V_{cr}$ : 인접 웨브 패널의 공칭전단좌굴강도 중 작은 값 (N)

$I_t$ : 한쪽 면만 보강된 경우는 웨브와의 접합면에 대하여, 양면 보강된 경우에는 웨브의 중심축에 대한 수직보강재의 단면2차모멘트($mm^4$)

$b$ : $d_0$와 $D$ 중 작은 값 (mm), $\qquad d_0$ : 인접한 웨브 폭들 중 작은 값 (mm)

$J$ : 보강재 휨강성 변수, $\qquad\qquad \rho_t$ : $F_{yw}/F_{crs}$와 1.0 중 큰 값

$F_{crs}$ : 보강재의 국부좌굴강도 (MPa), $\quad F_{ys}$ : 보강재의 최소 항복강도 (MPa)

$C$ : 전단항복강도에 대한 전단좌굴강도의 비. 비보강 웨브의 경우 $k = 5.0$을 적용한다.

$V_p$ : 소성전단력 (N)

② $V_u > \phi_v V_{cr}$ (웨브 후좌굴강도, 사인장강도가 요구되는 경우)

(1) $I_{t2} \geq I_{t1}$ $\qquad I_t \geq I_{t1} + (I_{t2} - I_{t1})\left(\dfrac{V_u - \phi_v V_{cr}}{\phi_v V_n - \phi_v V_{cr}}\right)$

(2) 그 밖의 경우 $\quad I_t \geq I_{t2}$

(3) 수평보강재가 있는 경우 추가 만족조건 $\quad I_t \geq \left(\dfrac{b_t}{b_l}\right)\left(\dfrac{D}{3.0 d_0}\right) I_l$

## 8. 하중집중점 지압보강재

### 1) 일반사항

① 지압보강재는 모든 지점부 위치에 설치해야 한다.

② 지압보강재는 웨브의 전체높이까지 연장시켜야 하며, 가능한 한 플랜지 연단까지 연장시켜야 한다. 각 지압보강재는 플랜지에 밀착되어 하중을 지지할 수 있도록 공장가공을 하거나 완전 용입홈용접으로 플랜지와 접합시켜야 한다.

### 2) 돌출폭 $b_t$

$$b_t \leq 0.48 t_p \sqrt{\dfrac{E}{F_{ys}}}$$

여기서, $F_{ys}$ : 지압보강재의 최소항복강도(MPa), $t_p$ : 지압보강재의 두께(mm)

### 3) 지압강도

$$\left(R_{sb}\right)_r = \phi_b (R_{sb})_n$$

여기서, $\phi_b$ : 지압에 대한 강도저항계수, $(R_{sb})_n$ 공칭지압강도 (N) $(= 1.4 A_{pn} F_{ys})$

$A_{pn}$ : 웨브 용접면으로부터 돌출된 지압보강재의 단면적으로서 플랜지 연단 위의 돌출부는 포함하지 않는다(mm$^2$), $F_{ys}$ : 지압보강재의 최소항복강도(MPa)

### 4) 축방향 강도

① 회전반경은 웨브 중심축에 대해 계산하며 유효길이는 $0.75D$ 로 한다. $D$ 는 웨브 높이

② 웨브에 용접된 보강재의 경우, 유효 기둥단면에 웨브의 일부를 포함한다. 웨브에 용접으로 접합된 2개의 지압보강재가 사용된 경우는 지압보강재의 양쪽으로 각각 $9t_w$ 이내의 웨브를 유효 기둥단면으로 본다. 만약 1쌍 이상의 지압보강재가 사용된 경우에는 지압보강재 중 가장 외측 보강재들로부터 각각 $9t_w$ 이내의 웨브를 유효 기둥단면으로 본다.

③ 연속지간의 내부지점부 하이브리드 단면에서 웨브의 최소항복강도가 플랜지의 최소항복강도의 70%보다 작으면 웨브는 유효단면에서 제외시켜야 한다.

④ 웨브의 최소항복강도가 보강재의 항복강도보다 작으면 웨브 유효단면은 $F_{yw}/F_{ys}$ 의 비로 줄여야 한다.

## 9. 수평보강재

### 1) 일반사항

① 웨브의 보강재 역할을 하는 수직보강재가 수평보강재에 의해 간섭되는 경우, 수직보강재는 휨과 축방향 강성을 발휘할 수 있도록 수평보강재에 부착시켜야 한다.

② 강도한계상태에서의 설계하중과 시공성을 검토할 때 수평보강재의 휨응력 $f_s$ 는 다음 식을 만족해야 한다.

$$f_s \leq \phi_f R_h F_{ys}$$

### 2) 돌출폭 $b_t$

$$b_l \leq 0.48 t_s \sqrt{\frac{E}{F_{ys}}}$$
여기서, $t_s$ : 보강재의 두께(mm)

### 3) 단면2차 모멘트 $I_t$ 와 회전반경 $r$

$$I_l = D t_w^3 \left[ 2.4 \left( \frac{d_0}{D} \right)^2 - 0.13 \right] \beta, \qquad r \geq \frac{0.16 d_0 \sqrt{\dfrac{F_{ys}}{E}}}{\sqrt{1 - 0.6 \dfrac{F_{yc}}{R_h F_{ys}}}}$$

여기서, $\beta$ : 수평보강재 휨강성을 위한 곡률보정계수

    (1) 수평보강재가 곡률중심 반대편 웨브에 설치된 경우   $\beta = \dfrac{Z}{6} + 1$

    (2) 수평보강재가 곡률중심쪽 웨브에 설치된 경우   $\beta = \dfrac{Z}{12} + 1$

    $Z$ 곡률인자 $\left( = \dfrac{0.95 d_0^2}{R t_w} \leq 12 \right)$

$d_0$ : 수직보강재 간격(mm),  $R$ : 해당 패널의 최소 거더반경(mm)

$I_l$ : 수평보강재와 웨브 유효폭 $18 t_w$ 를 포함한 조합단면의 중립축에 대한 단면2차 모멘트(mm⁴). $F_{yw}$ 가 $F_{ys}$ 보다 작을 경우 유효단면에 포함된 웨브의 폭을 $F_{yw}/F_{ys}$ 비로 감소시킨다.

$r$ : 수평보강재와 웨브 유효폭 $18 t_w$ 를 포함한 조합단면의 중립축에 대한 회전반경 (mm)

## 중간수직보강재

1) 수직보강재는 복부판에 부착시키는 용접 끝에서 인접한 복부판과 플랜지 필릿용접단까지의 거리는 $4t_w$ 이상이고 $6t_w$ 이하이어야 한다.

2) 수직보강재의 돌출폭 $b_t$ 조건 $\qquad b_t \geq 50.0 + \dfrac{d}{30.0}, \quad 0.25b_f \leq b_t \leq 16.0t_p,$

   여기서, $d$ 강재 단면 높이, $t_p$ 는 수직보강재 두께, $b_f$ 는 플랜지의 전폭

3) 수직보강재의 단면2차 모멘트 $I_t$ 의 조건 $\qquad I_t \geq d_0 t_w^3 J, \quad J = 2.5\left(\dfrac{D}{d_0}\right)^2 - 2.0 \geq 0.5$

   여기서, $I_t$ 는 한쪽 면만 보강된 경우는 복부판과 접합면에 대하여, 양면 보강된 경우에는 복부판의 중심축에 대한 수직보강재의 단면2차모멘트

   $t_w$ 는 복부판 두께, $d_0$ 는 수직보강재의 간격, $D$ 는 복부판의 높이

   수평보강재가 있는 경우에는 다음의 조건도 만족해야 함

   $$I_t \geq \left(\dfrac{b_t}{b_l}\right)\left(\dfrac{D}{3d_0}\right)I_l$$

   여기서, $b_t$ 는 수직보강재의 돌출폭, $b_l$ 은 수평보강재의 돌출폭, $I_l$ 은 복부판과의 접합면에 대한 수평보강재의 단면2차모멘트, $D$ 는 복부판의 높이

4) 복부판 사인장작용에 의한 힘을 지지해야 하는 중간수직보강재의 면적 조건

   $$A_s \geq \left[0.15B\dfrac{D}{t_w}(1-C)\dfrac{V_u}{V_r} - 18\right]\left(\dfrac{F_{yw}}{F_{cr}}\right)t_w^2, \quad F_{cr} = \dfrac{0.311E}{\left(\dfrac{b_t}{t_p}\right)} \leq F_{ys}$$

   여기서, $V_r$ 은 설계전단강도, $V_u$ 는 극한한계상태의 설계하중에 의한 전단력, $A_s$ 는 수직보강재의 단면적, $B = 1.0$(양면보강), 1.8(한쪽 면만 ㄴ형강으로 보강), 2.4(한쪽면만 판으로 보강), C는 전단좌굴응력대 전단항복강도의 비, $F_{yw}$ 는 복부판의 항복강도, $F_{ys}$ 는 수직보강재의 항복강도

## 하중 집중점 지압보강재

1) 압연형강보의 모든 지점과 집중하중이 작용 위치에서 다음 조건이 성립되면 수직 지압보강재를 설치하여야 한다. 플레이트 거더의 경우 모든 지점과 집중하중이 작용하는 위치에서 지압보강재를 두어야 하며, 규정된 지압보강재를 두지 않을 경우 AISC의 web crippling 규정을 적용하여 하중집중을 검토해야 한다.

   $$V_u > 0.75\,\phi_b V_n, \, (\phi_b = 1.0)$$

2) 지압보강재의 돌출폭 $b_t$ 는 다음 조건을 만족해야 한다.

$$b_t \le 0.48t_p\sqrt{\frac{E}{F_{ys}}}$$   여기서, $t_p$ 는 지압보강재의 두께, $F_{ys}$ 는 지압보강재의 항복강도

3) 설계지압강도 $B_r$ 산정

$$B_r = 1.4\phi_b A_{pn}F_{ys}$$   여기서, $A_{pn}$ 은 복부판 용접면으로부터 돌출된 지압보강재의 단면적

4) 지압보강재의 축방향 $P_r$ 강도

① 회전반경은 복부판중심축에 대해 계산하며, 유효폭은 0.75D(복부판 높이)를 사용한다.

② 볼트로 보강된 보강재는 지압보강재만을 유효기둥단면으로 취급, 용접된 경우 모든 지압보강재
와 지압보강재 중 가장 외측 돌출 요소로부터 $9t_w$ 이내의 복부판을 유효기둥단면으로 본다. 하
이브리드단면으로 된 연속지간의 내부지점에서 다음조건이 만족되면 복부판은 유효단면에서 제
외시켜야 한다.

$$\frac{F_{yw}}{F_{yf}} < 0.70$$

### 수평보강재

1) 설계하중에 의해 발생하는 수평보강재의 휨응력은 $\phi_f F_{ys}$ 를 초과해서는 안 된다($\phi_f = 1.0$)

2) 수평보강재의 돌출폭 $b_l$ 의 조건 $b_l \le 0.48t_s\sqrt{\dfrac{E}{F_{ys}}}$   여기서, $t_s$ 는 수평보강재의 두께

3) 단면2차모멘트는 유효단면을 기초로 구하고, 복부판 중심선에서 $18t_w$ 를 초과할 수 없다.

$$I_l = Dt_w^3\left(2.4\left(\frac{d_0}{D}\right)^2 - 0.13\right), \quad r \ge 0.23d_0\sqrt{\frac{F_{ys}}{E}}$$

여기서, $I_l$ 은 복부판과 만나는 끝단에서 복부판과 수평보강재의 단면2차모멘트, $r$ 은 수평보강재의
회전반경, $D$ 는 복부판의 높이, $d_0$ 는 수평보강재의 간격, $t_w$ 는 복부판의 두께, $F_{ys}$ 는 수
평보강재의 항복강도

**TIP** | LRFD 강교의 좌굴 | Guide to stability design criteria for metal structure (Theodore V. Galambos)

PLATE GIRDER

곡선교와 박스거더를 제외한 플레이트 거더교에 대한 규정을 포함한다. 횡비틀림좌굴(LTB, Lateral Torsional Buckling)과 보에서의 플랜지 국부좌굴(FLB, Flange Local Buckling), 웨브 국부좌굴(WLB, Web Local Buckling)을 고려한다. 플레이트거더에서는 보강재의 보강으로 인해서 좌굴후 강도(Post buckling strength)로 상당한 크기로 발휘되나 좌굴후 강도에 대해서는 다른 요소에 의한 파괴나 항복에 비해 웨브 좌굴의 안전율을 작게 설정하여 대부분의 규정에 적용하는 방법이 사용되고 있다. 보강재로 보강된 플레이트 거더의 전단에 대한 웨브의 좌굴후 강도는 Wilson(1886)의 실험결과에 따르면, "얇은 유연한 웨브의 모델이 적절하게 보강재로 보강되어 압축에 대해 더 이상 저항하지 못하게 되었을 때, 보강재가 압축저항력을 인장으로 부담한다. Pratt truss처럼 보강재로 나뉘어진 패널(panal)은 오픈 트러스와 등가의 역할을 하며 각 패널에서의 웨브는 연결된 타이로서의 역할을 수행한다."라고 언급하였다.

일반적으로 플레이트 거더 웨브의 설계는 다음의 두 가지 접근법이 사용된다.

① 좌굴후 강도를 허용하기 위해 안전율을 상대적으로 낮게 설정한 한계상태를 기준으로 하는 방법

② 다른 부재들과 마찬가지로 항복이나 극한강도에 대한 안전율을 동등하게 설정한 한계상태를 기준으로 하는 방법

| 구분 | Shear Buckling of web | Lateral-torsional buckling of girder | Local buckling of compression flange |
|---|---|---|---|
| 형상 | 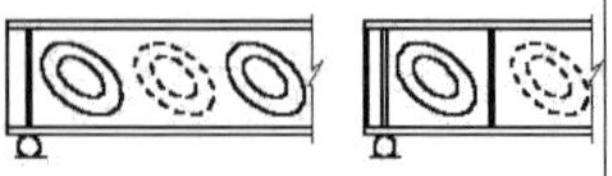 | 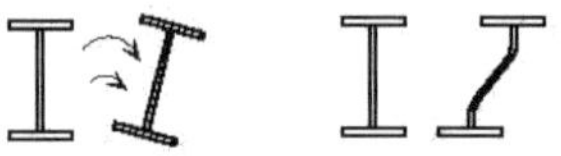 | 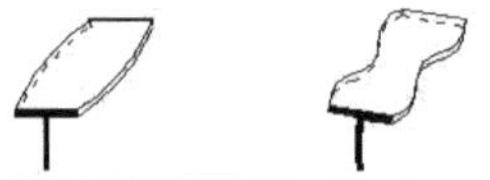 |

| 구분 | Compression buckling of web | Flange induced buckling of the web | Local buckling of web (Due to vertical load) |
|---|---|---|---|
| 형상 | 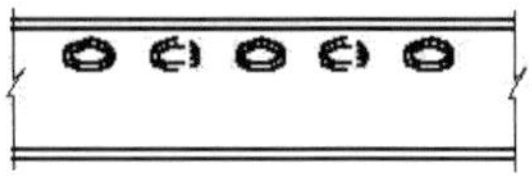 | 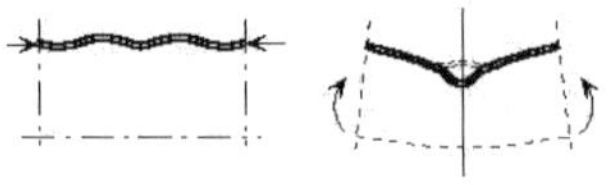 | 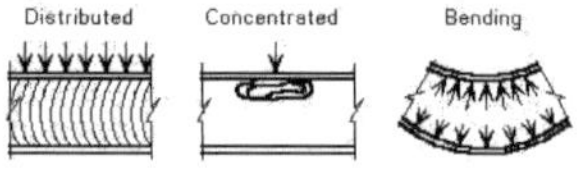 |

1) 웨브의 좌굴(Web buckling as a basis for design)

좌굴이 플레이트 거더 웨브의 기본 설계의 개념으로 정의할 때 보수적인 보이론에 따라 계산된 웨브의 최대 응력은 안전율을 고려한 좌굴응력을 초과하여서는 안된다.

플레이트 거더 웨브의 좌굴을 결정하는 기하학적 변수는 웨브의 두께(t), 웨브의 깊이(h), 횡방향보강재의 간격(a)이며 다음의 4가지 웨브의 세장비 값이 정의되어야 한다.

① 종방향보강재가 없는 웨브의 휨 좌굴을 방지하기 위한 h/t 제한값

② 종방향보강재가 있는 웨브의 휨 좌굴을 방지하기 위한 h/t 제한값

③ 횡방향보강재가 없는 웨브의 전단 좌굴을 방지하기 위한 h/t 제한값

④ 종방향보강재가 있는 웨브의 전단 좌굴을 방지하기 위한 a/t 제한값

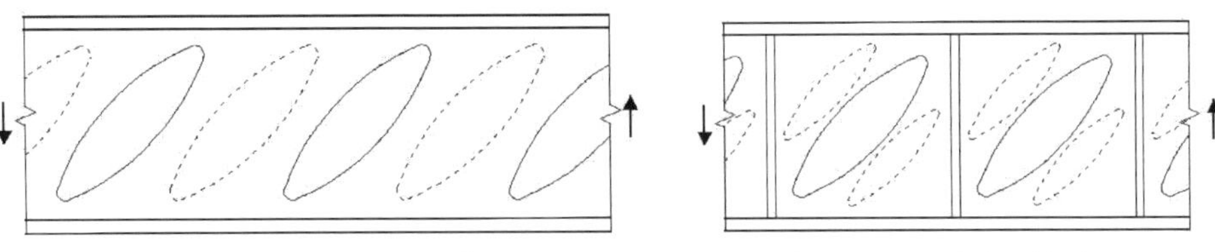

〈Unstiffened Web bucking〉　　　　〈Stiffened Web bucking〉

이 제한사항은 좌굴에 대한 안전율을 고려하기 위해서 정의되며 대부분 플랜지와 보강재에서의 웨브연결을 단순지지로 가정하여 산정한다. 예를 들어 휨좌굴에 대해서 안전율이 1.25일 때 종방향 보강재가 없을 때의 휨좌굴은 h/t제한사항에 따르며, 판의 좌굴방정식으로부터 다음과 같이 산정된다(k=23.9).

$$\sigma_x = k\frac{\pi^2 E}{12(1-\mu^2)(b/t)^2} \;\rightarrow\; 1.25f_b = 23.9\frac{\pi^2 E}{12(1-\mu^2)(h/t)^2} \quad \therefore\; \frac{h}{t} = \frac{23,000}{\sqrt{f_{b,psi}}} = 4.2\sqrt{\frac{E}{f_b}}$$

이 규정은 AASHTO(1994)에서는 제한규정을 $F_y$로 표현하고 있다.

$$\frac{h}{t} = \frac{32,500}{\sqrt{F_{y,psi}}} = 6.04\sqrt{\frac{E}{F_y}} \quad (f_b = 0.55F_y\text{로 볼 때의 값})$$

횡방향 보강재로 보강된 경우에는 형상비(aspect ratio) $\alpha = a/h$를 $k_s$로 표현하여 제한한다.

(Gaylord 1972) $\quad \dfrac{a}{t} = \dfrac{10,500}{\sqrt{f_{v,psi}}}$

AASHTO(1994) $\quad k_s = 5(1+1/\alpha^2),\; f_v = \dfrac{7\times10^7(1+1/\alpha^2)}{(h/t)^2} \;\rightarrow\; \dfrac{a}{t} = \dfrac{8370}{\sqrt{f_v - [8370/(h/t)]^2}}$

위의 식은 좌굴후 강도를 고려하지 않기 때문에 다소 보수적인 값을 가진다.

2) 플레이트 거더의 전단강도(Shear strength of plate girder)

플레이트 거더의 전단에 대한 거동을 평가하기 위해서는 웨브가 재려적으로 탄소성 거동을 한다고 가정한다. 웨브의 변화로 인한 좌굴후 응력분배와 상당한 좌굴후 강도는 사인장(diagonal tension)에 의해서 발휘되며, 이러한 현상을 인장장 작용(tension field action)이라고 한다.

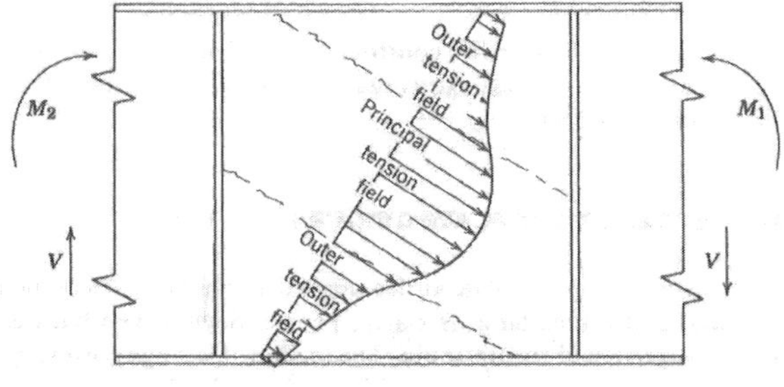


〈Tension field action〉

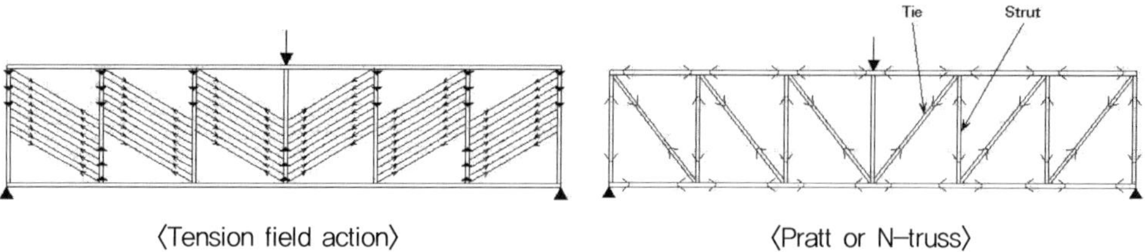

〈Tension field action〉　　　　　　　　〈Pratt or N-truss〉

보강재로 보강된 거더에서의 인장장은 플랜지와 보강재에 고정되어 나타나며, 그 결과로 아래와 같이 플랜지에서의 횡방향 하중이 작용한다. 이 결과로 내부방향으로의 휨이 발생된다. 그러므로 인장장은 플랜지의 휨강성에 의해 영향을 받는다. 예를 들어 플랜지의 강성이 웨브에 비해 상대적으로 클 경우 인장장은 전체 패널에 걸쳐서 균일하게 발생된다. 지속적으로 증가하는 하중에서 인장 막응력(tensile membrane stress)은 웨브의 항복을 일으키는 전단좌굴응력과 합산되고 웨브에서의 항복구역과 플랜지에서 소성힌지가 발생되는 파괴 매커니즘을 지닌 패널의 파괴형상을 가지게 된다. 가능한 3가지 파괴모드는 아래와 같다.

① 각 플랜지에서의 빔 파괴 ② 패널 파괴 ③ 패널과 빔의 조합파괴

플랜지의 소성힌지를 포함하는 파괴 메커니즘의 형성과 관계되어 추가적인 전단을 플랜지작용(flange action)이라고 한다.

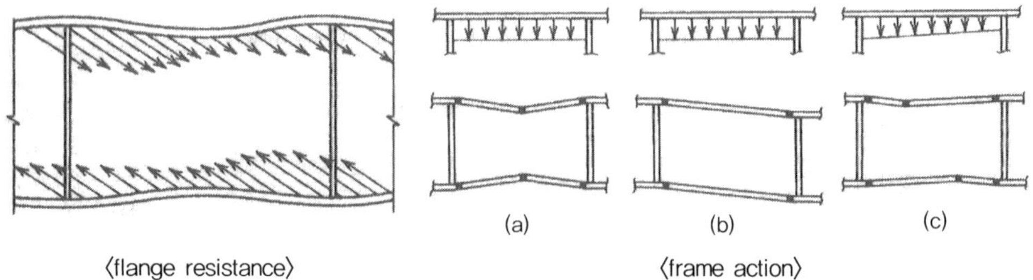

〈flange resistance〉　　　　　　　　　　(a)　　　　　(b)　　　　　(c)
　　　　　　　　　　　　　　　　　　　〈frame action〉

인장장에서의 플랜지가 횡방향 하중을 지지하기에 너무 유연하다고 가정하면, 전단강도는 아래의 여러 가정조건인 항복영역을 어떻게 결정하는 가에 따라 결정되게 된다.

〈Basler 1963〉 전단응력 $\tau_u = \tau_{cr} + \dfrac{1}{2}\sigma_t \sin\theta_d$

여기서, $\tau_{cr}$은 전단좌굴응력, $\sigma_t$는 인장장응력, $\theta_d$ 플랜지에 대한 사인장 패널의 각도

Von Mises의 항복조건으로부터 빔의 전단 $\tau_{cr}$과 좌굴후 인장 $\sigma_t$를 산정하면,

$$\sigma_t = -\frac{3}{2}\tau_{cr}\sin 2\theta + \sqrt{\sigma_{yw}^2 + \left(\frac{9}{4}\sin^2 2\theta - 3\right)\tau_{cr}^2}$$

Basler의 식을 단순화하기 위해서 45°로 인장장이 작용한다고 가정하면, $\sigma_t = \sigma_{yw}\left(1 - \dfrac{\tau_{cr}}{\tau_{yw}}\right)$

**TIP** | LRFD 강교의 좌굴 | Guide to stability design criteria for metal structure (Theodore V. Galambos)

〈Various Tension Field Theories for Plate Girders〉

| investigator | Mechanism | Web Buckling Edge Support | Unequal Flanges | Longitudinal Stiffener | Shear and Moment |
|---|---|---|---|---|---|
| Basler (1963-a) | 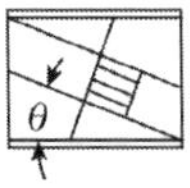 | S<br>S S<br>S | immaterial | Yes, Cooper (1965) | Yes |
| Takeuchi (1964) | 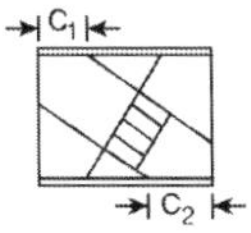 | S<br>S S<br>S | Yes | No | No |
| Fujii (1968, 1971) | 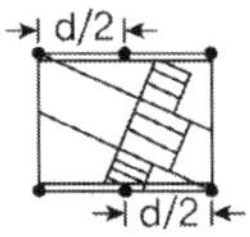 | F<br>S S<br>F | Yes | Yes | Yes |
| Komatsu (1971) | 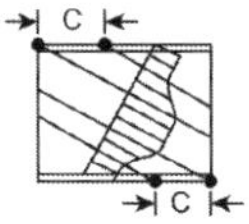 | F<br>S S<br>F | No | Yes, at mid-depth | No |
| Chem and Ostapenko (1969) | 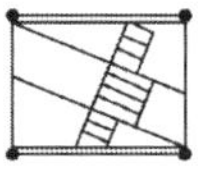 | F<br>S S<br>F | Yes | Yes | Yes |
| Porter et al. (1975) | 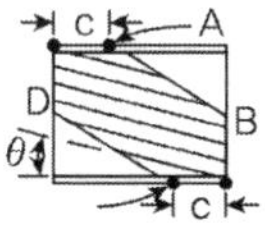 | S<br>S S<br>S | Yes | Yes | Yes |
| Hoglund (1971-a, b) | 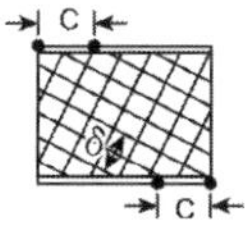 | S<br>S S<br>S | No | No | Yes |
| Herzog (1974-a, b) | 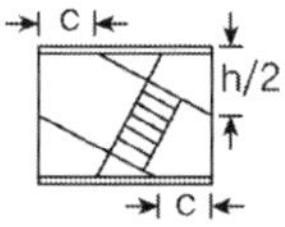 | Web buckling component neglected | Yes, in evaluating $c$ | Yes | Yes |
| Sharp and Clark (1971) | 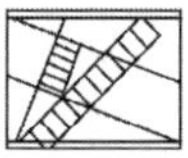 | F/2<br>S S<br>F/2 | No | No | No |
| Steinhardt and Schroter (1971) | 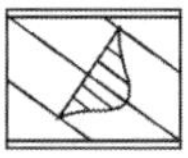 | S<br>S S<br>S | Yes | Yes | Yes |

## Eurocode 3의 전단좌굴강도 산정

① Eurocode 3에서 전단좌굴강도 산정 방법 : 단순한계산정 방법(Simple post-critical method)

$$V_{bb,Rd} = \frac{dt_w \tau_{ba}}{\gamma_{M1}}, \quad \overline{\lambda_w} = \frac{(d/t_w)}{37.4\sqrt{k_\tau}}$$

$$k_\tau = 4 + \frac{5.34}{(a/d)^2}\,(a/d < 1.0), \quad 5.34 + \frac{4}{(a/d)^2}\,(a/d < 1.0), \quad 5.34\ (보강재 없는 경우)$$

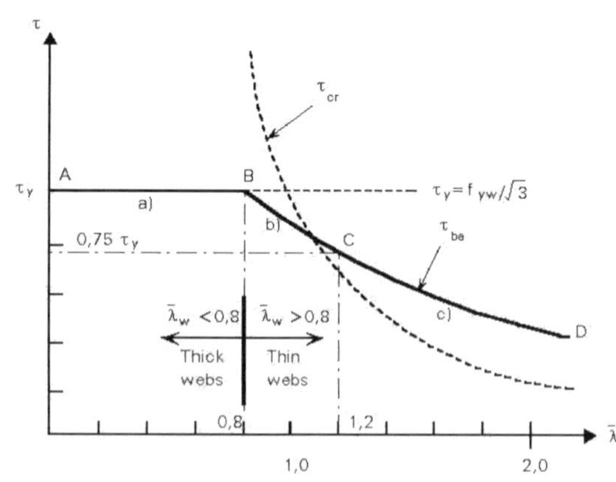


⟨Simple post-critical Shear strength⟩

(a) thick web (AB, $\overline{\lambda_w} \leq 0.8$)

$$\tau_{bb} = f_{yw}/\sqrt{3}$$

(b) intermediate (BC, $0.8 < \overline{\lambda_w} < 1.2$)

$$\tau_{bb} = \left(1 - 0.625(\overline{\lambda_w} - 0.8)\right)\left(f_{yw}/\sqrt{3}\right)$$

(c) thin (CD, $\overline{\lambda_w} \geq 1.25$)

$$\tau_{bb} = \left(\frac{0.9}{\lambda_w^2}\right)\left(f_{yw}/\sqrt{3}\right)$$

② Eurocode 3에서 전단좌굴강도 산정 방법 : 인장장 방법을 고려한 전단좌굴강도 산정

전단좌굴강도($V_{bb,Rd}$)를 초기 탄성좌굴 강도와 좌굴후 강도의 합산으로 나타낸다.

Total Shear Resistance = Elastic Buckling resistance + Post-Buckling resistance

$$V_{bb,Rd} = \frac{dt_w \tau_{bb}}{\gamma_{M1}} + 0.9\frac{gt_w \sigma_{bb}\sin\phi}{\gamma_{M1}}$$

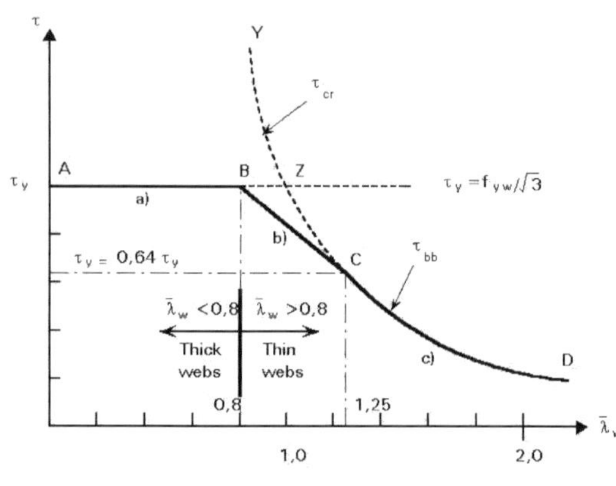


⟨Shear Buckling of web⟩

(a) thick web (AB, $\overline{\lambda_w} = 0.8$)

$$\tau_{bb} = f_{yw}/\sqrt{3}$$

(b) intermediate (BC, $0.8 < \overline{\lambda_w} < 1.25$)

$$\tau_{bb} = \left(1 - 0.8(\overline{\lambda_w} - 0.8)\right)\left(f_{yw}/\sqrt{3}\right)$$

(c) thin (CD, $\overline{\lambda_w} \geq 1.25$)

$$\tau_{bb} = \left(1/\overline{\lambda_w^2}\right)\left(f_{yw}/\sqrt{3}\right)$$

$$\sigma_{bb} = [f_{yw}^2 - 3\tau_{bb}^2 + \psi^2]0.5 - \psi, \quad g = d\cos\phi - (a - s_c - s_t)\sin\phi$$

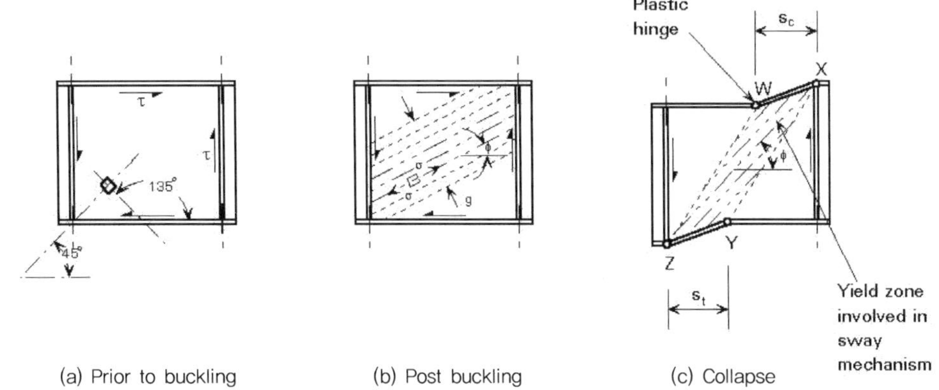

(a) Prior to buckling    (b) Post buckling    (c) Collapse

〈Phases in behavior up to collapse of a typical panel in shear〉

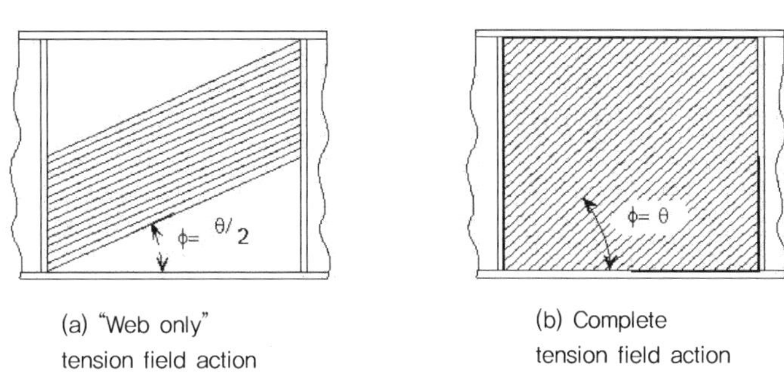

(a) "Web only" tension field action    (b) Complete tension field action

〈Inclination of tension fields〉

3) 플레이트 거더의 휨강도(Bending strength of plate girder)

휨모멘트를 주로 받는 플레이트 거더는 횡비틀림 좌굴, 압축플랜지의 국부좌굴이나 양 플랜지 혹은 한쪽 플랜지의 항복으로 파괴된다. 압축을 받는 플랜지의 웨브 방향으로의 좌굴(수직좌굴)이 많은 실험결과로 검토되어졌으며 다음의 웨브의 세장비 한곗값이 Basler and Thurlimann(1963)에 제시되었다.

$$\frac{h}{t} = \frac{0.68E}{\sqrt{\sigma_y(\sigma_y + \sigma_r)}}\sqrt{\frac{A_w}{A_f}}$$    여기서 $A_w$ : 웨브 면적, $A_f$ : 플랜지 면적, $\sigma_r$ : 잔류응력

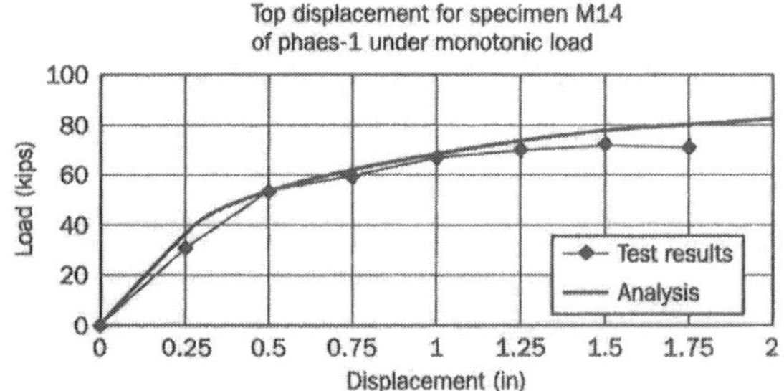

수직좌굴은 일반적으로 패널의 압축플랜지가 항복한 후에 발생된다. 따라서 위의 식은 다소 보수적인 값을 가진다. 하지만 웨브의 세장비는 제작의 용이성과 반복하중에 의한 면외 웨브 변형에 의한 피로균열을 방지하기 위해서 제한이 필요하다.

전단의 경우 휨에 의한 웨브의 좌굴은 패널의 능력을 초과해서는 안된다. 그러나 좌굴후에 휨응력 재분배로 웨브는 비효율적으로 되어지게 되며 이러한 문제의 해결책으로 일부 웨브가 유효하지 않다는 가정으로 제시되었다. Basler and Thurlimann은 아래의 그림과 같이 압축력이 항복이나 한계응력에 도달할 때 유효한 단면에서 응력의 직선 재분배가 발생된다고 가정하고 휨강도를 웨브가 좌굴 없이 항복강도에 도달하는 거더에 대하여 직선적으로 증가한다고 가정하였다.

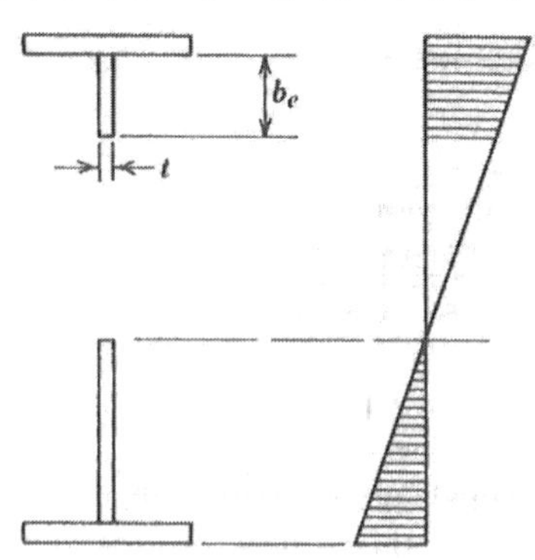

$$\frac{M_u}{M_y} = 1 - C\left[\frac{h}{t} - \left(\frac{h}{t}\right)_y\right]$$

여기서 C는 상수, $(h/t)_y$는 좌굴없이 휨에 의해 항복되는 웨브의 세장비

$$\frac{M_u}{M_y} = 1 - 0.0005\frac{A_w}{A_f}\left[\frac{h}{t} - 5.7\sqrt{\frac{E}{\sigma_y}}\right]$$

AISC에서 $\sigma_y = 33\,\text{ksi}(228\text{MPa})$이고 힌지단부 패널조건일 때 $(h/t)_y = 170$

(Astapenko et al, 1971) Basler의 방정식을 수정하여 제안

$$M_u = \frac{I}{y_c}\sigma_c\left[1 - \frac{I_w}{I} + \frac{\sigma_{yw}}{\sigma_c}\left[\frac{I_w}{I} - 0.002\frac{y_c t}{A_c}\left(\frac{y_c}{t} - 2.85\sqrt{\frac{E}{\sigma_{yw}}}\right)\right]\right]$$

여기서 I : 단면의 2차 모멘트, $I_w$ : 웨브의 단면2차 모멘트

　　　$y_c$ : 중립축으로부터 압축 웨브 끝단까지의 거리, $A_c$ : 압축플랜지의 면적

　　　$\sigma_c$ : 압축플랜지의 좌굴응력, $\dfrac{y_c}{t} \geq 2.85\sqrt{\dfrac{E}{\sigma_{yw}}}$ , $\sigma_{yf} \geq \sigma_{yw}$

플레이트 거더의 설계 휨강도 : 2015 도로교 설계기준

2경간 연속 판형교(18@2=36m)에 고정하중이 31kN/m, 활하중이 47kN/m 작용할 때 단면 (H−1800×550×13×25)이 휨에 안전한지 여부를 판별하라.

단, $E_s = 2.06 \times 10^5 MPa$, $F_y = 240 MPa$, 판형의 자중은 6kN/m로 가정한다.

풀 이

### ➤ 하중산정

$$w_d = 31 + 6 = 37kN/m, \quad w_l = 47kN/m,$$

$$w_u = 1.2w_d + 1.6w_l = 119.6kN/m$$

$$M_u = M_{\max} = \frac{w_u L^2}{8} = \frac{119.6 \times 18^2}{8} = 4844kNm$$

### ➤ 단면계수 산정

$$A_w = ht_w = 1,800 \times 13 = 23,400^{mm^2}$$

$$A_f = b_f t_f = 550 \times 25 = 13,750^{mm^2}$$

$$I_x = 2 \times \left[ \frac{b_f t_f^3}{12} + A_f \left( \frac{h}{2} + \frac{t_f}{2} \right)^2 \right] + \frac{t_w h^3}{12} = 2.92 \times 10^{10} mm^4$$

복부의 세장비  $\quad \lambda_w = \dfrac{h}{t_w} = \dfrac{1,800}{13} = 138$

플랜지의 세장비  $\quad \lambda_f = \dfrac{b_f}{2t_f} = \dfrac{550}{2 \times 25} = 11$

탄성단면계수  $\quad S_x = \dfrac{I_x}{y} = \dfrac{I_x}{h/2 + t_f} = 3.24 \times 10^7 mm^3$

### ➤ 플랜지좌굴응력 산정

① 횡비틀림좌굴(LTB) : 거더가 횡지지되어 있기 때문에 고려하지 않는다.
② 플랜지국부좌굴(FLB)

$$\lambda_p = 0.38 \sqrt{\frac{E}{F_y}} = 10.97, \quad \lambda_r = 0.83 \sqrt{\frac{E}{F_L}} = 0.83 \sqrt{\frac{E}{(F_{yf} - F_r)}} = 33.56$$

$$F_r = 114 MPa \text{ (용접형강)}, \quad F_r = 69 MPa \text{ (압연형강)}$$

$$\therefore \lambda_p < \lambda < \lambda_r$$

$$F_{cr} = F_y\left(1 - \frac{1}{2}\left(\frac{\lambda_f - \lambda_p}{\lambda_r - \lambda_p}\right)\right) = 240 \times \left(1 - \frac{1}{2}\frac{11 - 10.97}{33.56 - 10.97}\right) = 239.8 MPa$$

### ➤ 설계휨강도 산정

$$a_r = \frac{A_w}{A_f} = \frac{23400}{13750} = 1.7$$

$$R_{PG} = 1 - \frac{a_r}{1200 + 300a_r}\left(\frac{h_c}{t_w} - 5.7\sqrt{E/F_{cr}}\right)$$

$$= 1 - \frac{1.7}{1200 + 300 \times 1.7}\left(\frac{1800}{13} - 5.7\sqrt{206,000/239.7}\right) = 1.04 > 1.0 \;\; \therefore R_{PG} = 1.0$$

$$M_n = S_x R_{PG} F_{cr} = 3.24 \times 10^7 \times 239.7 = 7,766 kNm$$

$$\phi M_n = 0.9 \times 7,766 = 6,989 kNm > M_u(= 4,844 kNm) \qquad \text{O.K}$$

## 강합성 거더

도로교설계기준(한계상태설계법)의 하이브리드 강합성 거더에 대하여 설명하시오

**풀 이**

### ▶ 개요

도로교설계기준(한계상태설계법)에서는 하이브리드 거더를 상·하부 플랜지에 사용한 강판과 다른(일반적으로 낮은) 최소항복강도를 갖는 강판을 복부판으로 사용한 거더로 정의하고 있으며, 하이브리드 강합성 거더를 사용하여 설계할 경우 세장비 제한 등 비조밀단면에 대해서는 플랜지의 강도를 감소계수 $R_h$를 통해 감소하여 사용하도록 하고 있다.

### ▶ 하이브리드 강합성 거더의 플랜지 강도 감소계수

도로교설계기준(2015)에서는 강재의 항복강도가 460MPa 이하이고, 거더의 높이가 일정하고, 복부판에 수평보강재가 없고 인장플랜지에 구멍이 없는 경우에는 조밀단면의 복부판 세장비 규정에서부터 휨강도 검토를 수행하며, 그 외의 경우에는 정모멘트를 받는 합성단면은 비조밀단면의 플랜지 휨강도 규정을 적용하여 각 플랜지의 휨강도를 구하고, 기타 단면은 비조밀단면 압축플랜지 세장비 규정을 검토하도록 하고 있다.

이때 하이브리드 강합성 거더의 경우 소성모멘트 산정 시 하이브리드 단면의 영향이 고려되기 때문에 조밀단면이 아닌 경우에 대해 플랜지의 강도저감계수 $R_h$를 고려한다.

$$M_r = \phi_f M_n, \quad F_r = \phi_f F_n \quad \text{여기서 } \phi_f = 1.0$$

1) 균질단면의 경우 : $R_h = 1.0$

2) 정모멘트를 받는 합성단면

$$R_h = 1 - \left\{ \frac{\beta \psi (1-\rho)^2 (3 - \psi + \rho \psi)}{6 + \beta \psi (3 - \psi)} \right\}$$

여기서, $\rho = F_{yw}/F_{yb}$, $\beta = A_w/A_{fb}$, $\psi = d_n/d$

$d_n$ : 하부플랜지 외측겸에서부터 단기 합성단면의 중립축까지 거리(mm)

$d$ : 강재단면 높이

$F_{yb}$는 하부플랜지 항복강도, $F_{yw}$는 복부판의 항복강도

$A_w$는 복부판의 단면적($\text{mm}^2$), $A_{fb}$는 하부플랜지의 단면적($\text{mm}^2$)

3) 비합성단면과 부모멘트를 받는 합성단면 : 합성하이브리드 단면의 중립축 또는 비합성 하이브리드
단면의 중립축이 복부판 중앙으로부터 복부판 높이의 10% 안에 있을 때

$$R_h = \frac{M_{yr}}{M_y}$$

여기서, $M_y$ 복부판 항복을 무시할 경우 항복 모멘트,
$M_{yr}$ 복부판 항복을 고려할 경우 항복모멘트

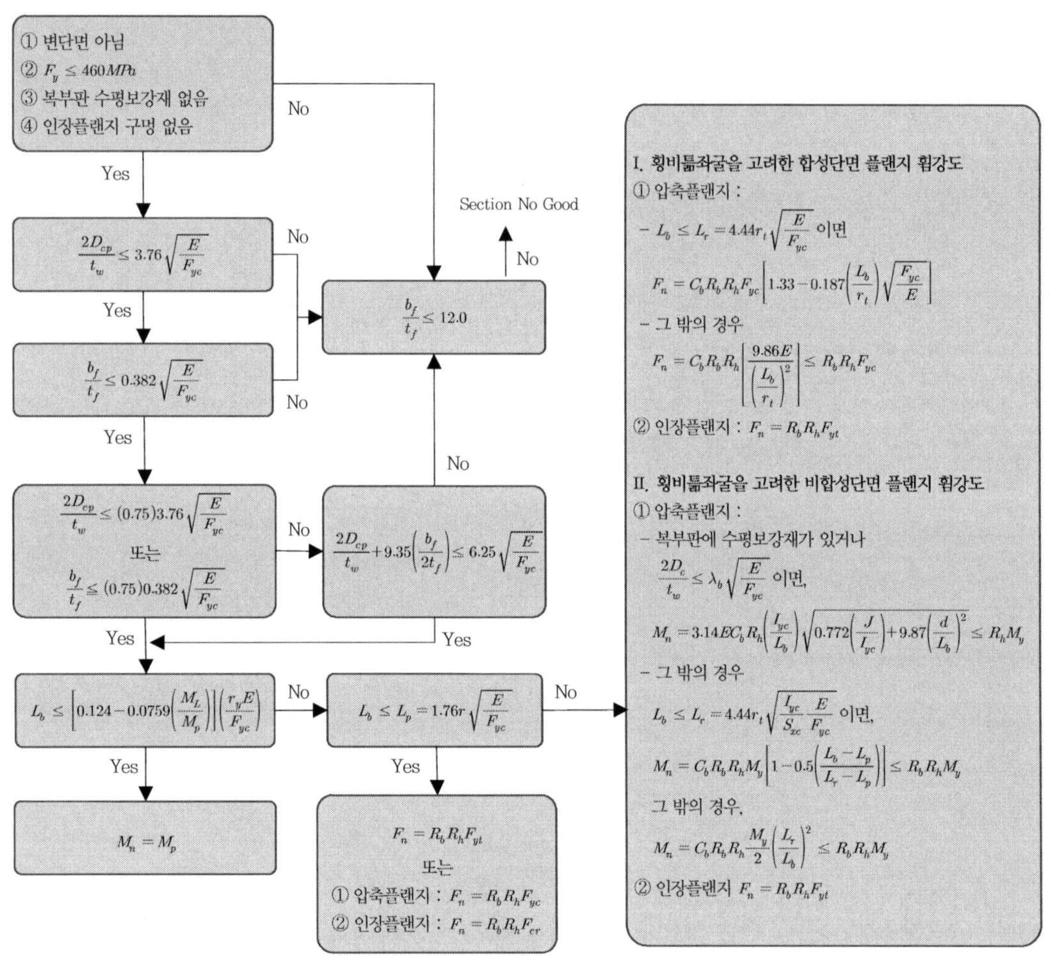

〈I형 단면의 휨설계를 위한 흐름도〉

### 강교 영구처짐

강교에서 영구처짐의 사용한계 상태 검토에 대하여 설명하시오

### 풀 이

참조. 도로교설계기준 6.10.5 (한계상태설계법, 2015)

#### ▶ 개요

교량구조물에서의 처짐은 바람직하지 못한 구조적 또는 심리적 영향을 배제할 수 있도록 제한규정을 두고 있다. 직교이방성 강바닥판을 제외하고 처짐과 높이의 제한이 선택적으로 적용하나 설계검토를 수행하여 교량의 적절한 기능이 수행될 수 있도록 결정하여야 한다.

2015 한계상태설계법에서는 콘크리트교와 강교에서의 처짐산정하는 방법을 별도로 규정하고 있으며, 콘크리트교의 경우 처짐의 한계상태를 지간/깊이의 비로 제한하는 방법과 직접 계산한 처짐량과 한곗값을 비교하는 방법 중에서 하나를 선택하여 검증하도록 하고 있으며, 강교의 경우 탄성적인 처짐과 I형 강재 보와 거더 그리고 강박스 및 튜브형 거더와 같은 강교에서는 플랜지 응력 조정으로 영구처짐을 제한하는 경우에 별도의 규정을 적용하도록 하고 있다.

#### ▶ 강교의 사용한계상태에 따른 영구처짐의 제한 규정

사용한계상태는 일상적인 사용조건에서 처짐, 균열, 진동, 영구변형 등이 과도하여 사용성에 문제가 발생하지 않도록 하기 위한 한계상태로 탄성적인 처짐과 영구처짐을 모두 검토하도록 규정하고 있다. 도로교설계기준 한계상태설계법에서는 복부판 상하부플랜지의 휨강도 검토기준을 규정하고 있으며 복부판의 휨강도 검토기준으로 영구처짐에 대한 요구조건을 만족하도록 규정하고 있다.

도로교설계기준에서 처짐검토 시 사용한계상태조합 II를 적용하도록 규정하며, 영구처짐에 대한 검토시에도 극한한계상태 검토시와 마찬가지로 탄성 또는 비탄성해석으로 수행할 수 있으며 다만 일관성있는 동일한 해석방법을 적용하여야 한다.

1) 사용한계상태조합 II : 1.00DC + 1.00DW + 1.30MV

2) 탄성영역에서 압축을 받는 복부판의 높이 $D_c$를 사용할 경우 공칭휨강도 만족

$$f_{cw} \leq \frac{0.9 E\alpha k}{\left(\dfrac{D}{t_w}\right)^2} \leq F_{yw}$$

$f_{cw}$ : 복부판 최대 휨압축응력,  $\alpha$ =1.25(수평보강재 없는 경우), 1.00(수평보강재 있는 경우)

$D$ : 복부판 높이(mm),  $t_w$ : 복부판 두께(mm),  $F_{yw}$ : 복부판의 항복강도

$D_c$ : 탄성범위 내에서 복부판의 압축측 높이(mm)

(수평보강재 없는 경우) $k = 9.0\left(D/D_c\right)^2 \geq 7.2$

(수평보강재 있는 경우) $\dfrac{d_s}{D_c} \geq 0.4$   ; $k = 5.17\left(\dfrac{D}{d_s}\right)^2 \geq 9.0\left(\dfrac{D}{D_c}\right)^2 \geq 7.2$

$\quad\quad\quad\quad\quad\quad\quad\quad\quad \dfrac{d_s}{D_c} < 0.4$   ; $k = 11.64\left(\dfrac{D}{D_c - d_s}\right)^2 \geq 9.0\left(\dfrac{D}{D_c}\right)^2 \geq 7.2$

여기서, $d_s$ : 수평보강재 중심선과 압축플랜지 안쪽면 사이 거리(mm)

3) 플랜지 응력 제한(I형강) : 정모멘트 및 부모멘트에 의한 플랜지응력

　① 합성단면의 상하 플랜지 : $f_f$(설계하중에 이한 플랜지 탄성응력) $\leq 0.95 F_{yf}$(플랜지 항복강도)

　② 비합성단면의 상하 플랜지 : $f_f$(설계하중에 이한 플랜지 탄성응력) $\leq 0.80 F_{yf}$(플랜지 항복강도)

4) 플랜지 응력 제한(박스거더) : 정모멘트구간에서 플랜지 응력

　$f_f$(설계하중에 이한 플랜지 탄성응력) $\leq 0.95 F_{yf}$(플랜지 항복강도)

## 04 휨부재의 한계상태설계법 : 조합력을 받는 부재

인장력, 압축력, 휨모멘트 중 2개 이상의 조합력을 받는 부재의 설계는 ① 소요강도 대 설계강도의 비의 합으로 표시되는 상호작용식(interaction equation)으로 처리하는 방법과 ② 외력이 유발한 응력도(stress)의 합을 좌굴응력도 또는 항복응력도로 제한하여 설계하는 방법으로 구분되며, 통상 첫 번째 방법을 많이 사용한다.

### 1. 보-기둥 부재의 2차 효과와 모멘트 증폭계수

보-기둥 부재에서는 휨과 축력효과 모두 상당하기 때문에 보로서의 처짐문제와 기둥으로서의 좌굴문제가 동시에 고려되어져야 한다. 특히 휨에 의한 처짐과 편심을 갖고 작용하는 축력은 2차 효과(secondary effects)를 발생시켜 모멘트와 처짐을 증폭하므로 이를 설계 시 고려하여야 한다.

1) 보-기둥 부재의 2차 효과 근사해석

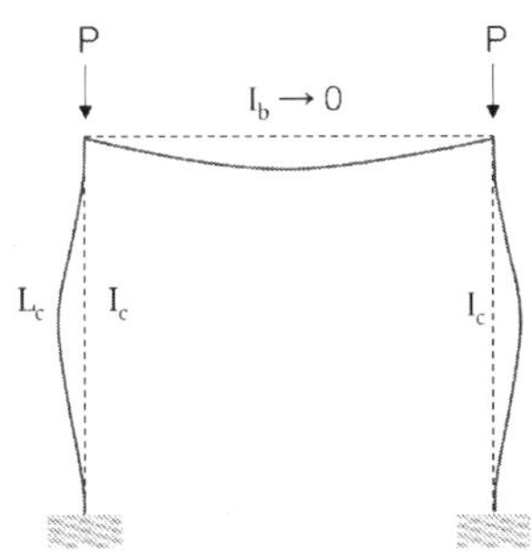


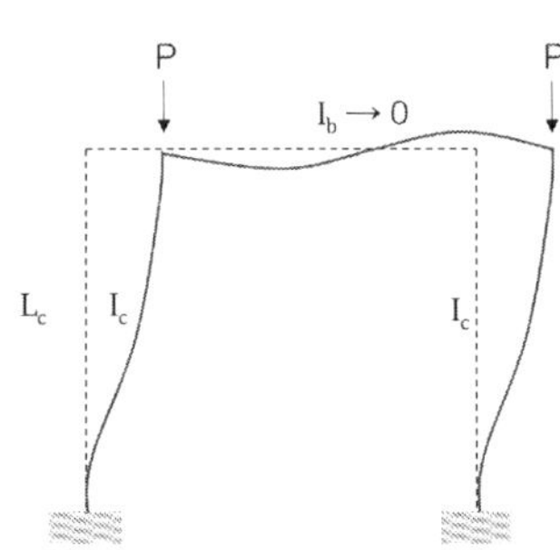


횡 변위(sidesway)가 발생되는지 여부에 따라서 횡변위가 발생하지 않을 때(with non-sidesway)는 부재효과(member effect, $P-\delta$ effect, $B_1$), 횡변위가 발생할 때(with sidesway)를 골조효과(frame effect, $P-\Delta$ effect, $B_2$)로 구분한다. 강구조설계기준에서는 부재효과와 골조효과를 구분하여 각각 $B_1$, $B_2$로 표시되는 증폭계수를 곱하여 2차 효과를 반영하는 방식을 사용한다.

$$M_r = B_1 M_{nt} + B_2 M_{lt}$$

2) 횡구속 부재효과에 의한 증폭계수($B_1$)

① 부재 집중하중을 받는 보-기둥 부재의 모멘트 증폭계수

부재효과에 의한 모멘트 증폭계수의 엄밀한 형태는 부재하중 또는 단부 모멘트에 따라 달라진다.

| 하중조건 | $\Psi$ 정모멘트(부모멘트) | $C_m$ |
|---|---|---|
| 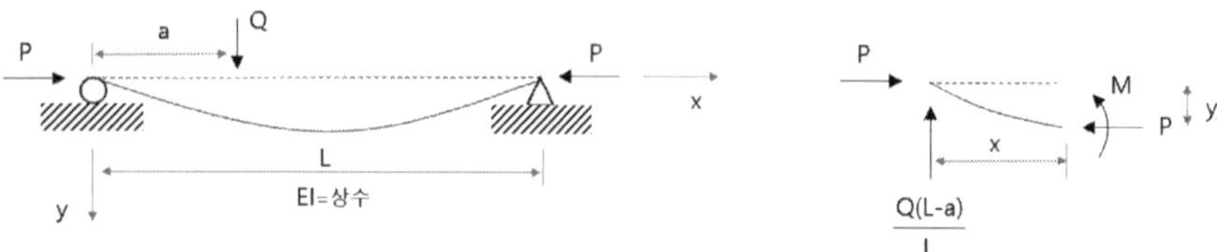 | 0 | 1.0 |
| | −0.20 | $1-0.2\alpha$ |
| | −0.40<br>(−0.40) | $1-0.4\alpha$ |
| | −0.60<br>(−0.20) | $1-0.2\alpha$ |



내부 모멘트 $M_{int} = -EIy''$, $\quad y'' = -\dfrac{M}{EI}$ $\quad$ 외부모멘트 $M_{ext} = \dfrac{Q(L-a)}{L}x + Py$, $\quad M_{int} = M_{ext}$

$$y'' + k^2 y = -\frac{Q(L-a)}{LEI}x \ (0 \le x \le a), \qquad y'' + k^2 y = \frac{Qa(L-a)}{LEI}x \ (a \le x \le L)$$

$$\therefore y = \frac{Q}{EIk^3}\frac{\sin k(L-a)}{\sin kL}\sin kx - \frac{Q(L-a)}{LEIk^2}x \ (0 \le x \le a)$$

$$y = -\frac{Q}{EIk^3}\frac{\sin ka}{\tan kL}\sin kx + \frac{Q\sin ka}{EIk^3}\cos kx - \frac{Qa(L-x)}{LEIk^2} \ (a \le x \le L)$$

$a = L/2$일 때

$$\therefore M_{x(\max)} = \frac{QL}{4}\left(\frac{\tan u}{u}\right) = M_o\left(\frac{\tan u}{u}\right) = M_0\left(\frac{1-0.2(P/P_e)}{1-P/P_e}\right), \quad u = \frac{kL}{2}, \ P_e = \frac{\pi^2 EI}{L^2}$$

유사한 접근법으로 다른 하중조건에서의 모멘트 증폭계수와 관련된 $\Psi$와 $C_m$은 다음과 같다.

$$M_{x(\max)} = M_0\left(\frac{1+\Psi(P/P_e)}{1-P/P_e}\right) = M_0\left(\frac{1+\Psi\alpha}{1-\alpha}\right) = M_0\left(\frac{C_m}{1-\alpha}\right)$$

② 단부모멘트가 작용하는 보-기둥

기둥부재 양단에 단부(재단)모멘트 $M_1$, $M_2$가 작용하는 경우의 이론적 증폭계수는 Austin (1961)이 안전측으로 근사시킨 결과로 다음과 같다.

$$M_{\max} = \left( \frac{C_m}{1 - P/P_e} \right) M_2 ,$$

여기서, $C_m = 0.6 - 0.4 \left( \dfrac{M_1}{M_2} \right) \geq 0.4$

$| M_2 | \geq | M_1 |$ 이고 $\left( \dfrac{M_1}{M_2} \right)$ 의 부호는 변형이 복곡률이면 (+), 단곡률이면 (−)

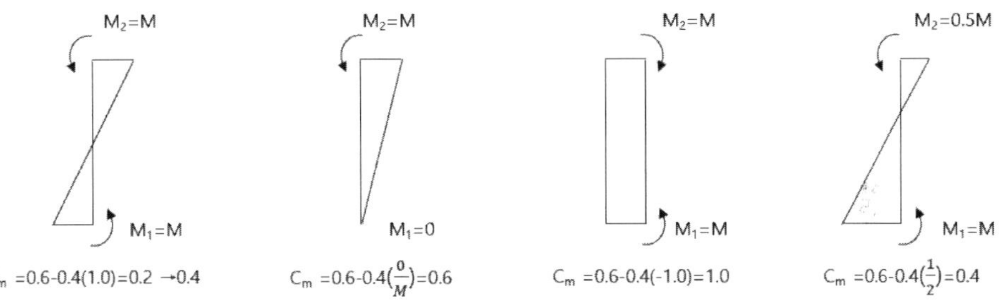


③ 설계기준에서의 증폭계수 $B_1$

부재하중이 작용할 경우 안전측으로 앞선 계산식의 $\Psi(P/P_e)$를 무시할 수 있다. 이는 $\Psi$값이 1보다 작고 작용축력의 크기가 오일러 좌굴하중의 크기보다 훨씬 작을 경우 충분히 실용적인 근사가 될 수 있다. 원래 $C_m$은 단부(재단)모멘트에 따른 모멘트 구배의 영향을 반영하는 계수에서 도입된 것이며 이 개념을 확장하여 부재하중이 작용하는 경우 $C_m = 1.0$으로 택한다면 단일식으로 부재하중 $Q$와 단부모멘트 $M$이 작용하는 두 가지 경우 모두 취급할 수 있다. 설계기준에서는 다음과 같은 형태의 증폭계수 $B_1$을 제시하고 있다.

$$B_1 = \frac{C_m}{1 - (P_r/P_{e1})} \geq 1.0$$

여기서, $M_r$ : 2차 효과를 고려한 소요휨강도

$\quad P_r$ : $P - \Delta$ 2차효과를 고려한 소요축강도

$\quad P_{e1}$ : 골조의 횡변위를 구속한 조건의 휨평면 내 오일러좌굴하중강도

$\quad C_m$ : 부재하중 작용 시 1.0 또는 이론상의 해석값

3) 비횡구속 골조효과에 의한 증폭계수($B_2$)

설계기준에서 제시하는 비횡구속 골조효과에 따른 증폭계수는 다음과 같다.

$$B_2 = \cfrac{1}{1 - \left(\cfrac{\sum P_{nt}}{\sum P_{e2}}\right)} \geq 1.0$$

여기서, $\sum P_{nt}$ : 대상층에 작용하는 총 계수 연직하중

$\sum P_{e2}$ : 대상층에 횡변위가 수반되는 좌굴모드에 대한 층 전체의 탄성좌굴강도

$\sum P_{e2}$ 는 층 좌굴강도 개념과 층 강성 개념의 두 가지 방법으로 산정할 수 있다.

(1) 층 좌굴강도 개념  $\quad \sum P_{e2} = \sum \dfrac{\pi^2 EI}{(K_2 L)^2}$

(2) 층 강성 개념  $\quad \sum P_{e2} = R_M \dfrac{\sum HL}{\Delta_H}$

여기서, $K_2$  기둥의 횡변위 좌굴모드를 고려하여 휨평면에서 산정된 유효좌굴 길이계수

$R_M$  1.0(가새골조), 0.85(모멘트골조 또는 조합구조시스템)

$\Delta_H$  횡력에 대한 1차 해석에서 얻어진 층간변위

$\sum H$  $\Delta_H$ 산정에 사용된 횡력이 유발한 층전단력의 합

 | 비횡구속 골조효과에 의한 모멘트 증폭계수 |

(1) 층 좌굴강도 개념

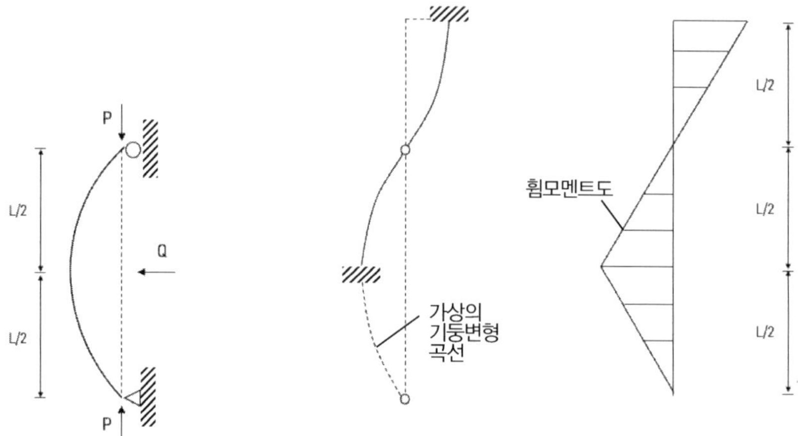

층좌굴(story buckling)개념에 따라 동일 층에 있는 모든 기둥이 동시에 좌굴하는 것으로 가정하고 이 경우의 증폭계수는 단순지지된 보-기둥 중앙부에 집중하중이 작용하는 경우로 근사할 수 있다. 횡변위가 수반되는 기둥의 모멘트 증폭은 스팬 중앙부에 집중하중이 작용하는 경우의 모멘트 증폭과 유사하며 이런 경우 보-기둥 부재의 모멘트 증폭계수는 $[1/(1-P/P_e)]$로 볼 수 있으므로 층에 있는 모든 기둥의 동시 좌굴을 가정해 좌굴 내력을 취하면 설계기준에서 제시된 $B_2$와 같다.

### (2) 층 강성 개념

단위 라디안의 층간 변위각을 유발시키는데 필요한 층전단력은 곧 그 층의 횡좌굴강도 $P_{story,cr}$의 상한에 해당한다. 층높이가 $L$인 층에 $\sum H$인 층전단력이 작용하여 $\Delta_H$의 층간변위를 유발하였다면 이층의 횡좌굴강도는 다음과 같다.

$$P_{story,cr} \leq \frac{\sum H}{(\Delta_H / L)} = \frac{\sum HL}{\Delta_H}$$

여기서 모멘트골조 또는 조합구조시스템에 $R_M = 0.85$를 사용하여 층좌굴강도를 약간 낮춘 것은 통상의 1차 해석에서는 부재효과가 고려되지 않으므로 이에 다른 약간의 횡변위 과소평가 경향을 반영한 것이다.


## 2. 휨과 축력을 받는 대칭단면의 설계

### 1) 압축력과 휨을 받는 1축 및 2축 대칭단면 부재

2축 대칭부재와 $I_{yc}/I_y$의 값이 0.1 이상 0.9 이하로서 기하축($x$축 또는/과 $y$축)으로만 휨이 발생하도록 구속된 1축 및 2축 대칭단면 부재에 대하여 휨과 압축력의 상관관계는 다음과 같다.

① $\dfrac{P_u}{P_r} \geq 0.2$인 경우 
$$\frac{P_u}{P_r} + \frac{8}{9}\left(\frac{M_{ux}}{M_{rx}} + \frac{M_{uy}}{M_{ry}}\right) \leq 1.0$$

② $\dfrac{P_u}{P_r} < 0.2$인 경우 
$$\frac{P_u}{2P_r} + \left(\frac{M_{ux}}{M_{rx}} + \frac{M_{uy}}{M_{ry}}\right) \leq 1.0$$

여기서, $P_u$ : 하중조합으로 구한 소요압축강도(N), $P_r$ : 설계압축강도($= \phi_c P_n$) (N)

$M_u$ : 하중조합으로 구한 소요휨강도 (Nmm), $M_r$ : 설계휨강도($= \phi_b M_n$) (Nmm)

$x$ : 강축, $y$ : 약축, $\phi_c$ : 압축 저항계수($=0.90$), $\phi_b$ : 휨 저항계수($=0.90$)


### 2) 인장력과 휨을 받는 1축 및 2축 대칭단면 부재

① 기하축($x$축 또는/과 $y$축)으로만 휨이 발생하도록 구속된 1축 대칭단면 부재 : 압축력과 휨을

받는 대칭단면의 설계 시 상관관계식과 동일하게 적용한다.

여기서, $P_u$ : 하중조합으로 구한 소요인장강도(N), $P_r$ : 설계인장강도($= \phi_t P_n$) (N)

$M_u$ : 하중조합으로 구한 소요휨강도 (Nmm), $M_r$ : 설계휨강도($= \phi_b M_n$) (Nmm)

$x$ : 강축, $y$ : 약축, $\phi_t$ : 인장 저항계수($=0.90$ 또는 $0.75$), $\phi_b$ : 휨 저항계수($=0.90$)

② 2축 대칭 단면 : 2축대칭 단면을 가진 부재에서 축방향의 인장력과 휨이 동시에 작용할 때, 횡비틀림좌굴 보정계수 $C_b$값은 $\sqrt{1 + \dfrac{P_u}{P_{ey}}}$ 를 곱하여 증가시킬 수 있다. 여기서 $P_{ey} = \dfrac{\pi^2 E I_y}{L_b^2}$ 이다. 이는 압축력과 반대로 축인장력은 휨강성을 다소 증가시키는 효과가 있기 때문에 이에 비례하여 상호작용식의 휨모멘트에 대한 내력의 증가를 허용한다.

## 3) 1축 휨과 압축력을 받는 2축 압연형강 조밀단면 부재

주축에 대한 모멘트와 함께 휨과 압축을 받고 $(KL)_z \leq (KL)_y$인 2축 대칭 압연형강 조밀단면 부재는 조합법 대신에 서로 독립적인 두 한계상태인 면내 불안정 한계상태와 면외좌굴(또는 횡비틀림좌굴) 한계상태에 대하여 개별적으로 고려해도 무방하다. $M_{uy}/M_{ry} \geq 0.05$ 부재는 다음과 같이 검토한다.

① 면내불안정 한계상태 $\qquad \dfrac{P_u}{P_r} + \dfrac{8}{9}\left( \dfrac{M_{ux}}{M_{rx}} \right) \leq 1.0$

① 면외좌굴과 횡비틀림좌굴 한계상태 $\qquad \dfrac{P_u}{P_{ry}} \times \left( 1.5 - 0.5 \dfrac{P_u}{P_{ry}} \right) + \left( \dfrac{M_{ux}}{C_b M_{rx}} \right) \leq 1.0$

여기서, $P_{ry}$ : 면외 휨을 고려한 설계압축강도 (N), $C_b$ : 횡비틀림좌굴 보정계수

$M_{rx}$ : $C_b = 1$을 이용하여 산정된 강축 휨에 대한 설계횡비틀림좌굴강도(N · mm)

## 4) 휨과 축력을 받는 비대칭 단면 부재

앞서 다루지 않는 단면형상에 대한 휨과 축응력의 상관관계에 대해서는 다음의 사항을 이용한다. 이때 단면의 가장 불리한 부분에서의 휨응력의 부호를 고려하여 주축에 대해 적용하고, 휨응력 항은 부호에 따라 축력 항에 적절히 가감되어야 한다. 압축력이 작용하는 경우에는 2차효과를 고려해야 한다.

$$\left| \frac{f_{ua}}{F_{ca}} + \frac{f_{ubw}}{F_{cbw}} + \frac{f_{ubz}}{F_{cbz}} \right| \leq 1.0$$

여기서, $f_{ua}$ : 부재 단면의 특정 위치에서 하중조합으로 구한 소요축방향응력(MPa)

$F_{ca}$ : 설계축방향응력($= \phi_c F_{cr}$), (MPa)

$f_{ubw},\ f_{ubz}$ : 부재 단면의 특정 위치에서 하중조합으로 구한 소요휨응력(MPa)

$F_{cbw},\ F_{cbz}$ : 설계휨응력($= \phi_b M_n / S$)(MPa) 특정 위치 단면계수의 값 사용, 부호 고려

## 3. 비틀림, 전단, 휨, 축력을 동시에 받는 강관

소요비틀림강도 $T_u$가 설계비틀림강도 $T_r$의 20% 이하이면 강관에 대한 비틀림, 전단, 휨 또는/과 축력의 상관관계는 휨과 축력이 작용하는 대칭단면 규정에 따라 산정하고 비틀림 효과는 무시한다. $T_u$가 $T_r$의 20%를 초과하면 비틀림, 전단, 휨 또는/과 축력의 상관관계는 다음의 식에 따른다.

$$\left( \frac{P_u}{P_r} + \frac{M_u}{M_r} \right) + \left( \frac{V_u}{V_r} + \frac{T_u}{T_r} \right)^2 \leq 1.0$$

여기서, $P_u$ : 하중조합으로 구한 소요축강도(N), $P_r$ : 설계인장 또는 압축강도($= \phi P_n$)(N)

$M_u$ : 하중조합으로 구한 소요휨강도(Nmm), $M_r$ : 설계휨강도($= \phi_b M_n$)(Nmm)

$V_u$ : 하중조합으로 구한 소요전단강도(N), $V_r$ : 설계전단강도($= \phi_v V_n$)(N)

$T_u$ : 하중조합으로 구한 소요비틀림강도(Nmm), $T_r$ : 설계비틀림강도(Nmm)

## 휨과 축력을 받는 단면의 설계

강 구조물에서 압축력과 휨모멘트를 동시에 받는 부재의 설계에 대하여 설명하시오.

### 풀 이

### ▶ 개요

인장력, 압축력, 휨모멘트 가운데 2개 이상의 조합력을 받는 부재를 설계할 때에 설계기준에서 조합력을 취급하는 방식은 ① 소요강도 대 설계강도의 비의 합으로 표시되는 상호작용식 (interaction equation)으로 처리하거나, ② 외력이 유발한 응력도(stree)의 합을 좌굴응력도 또는 항복응력도로 제한하는 경우로 구분될 수 있다.

### ▶ 압축력과 휨모멘트를 동시에 받는 부재

휨모멘트와 압축력을 동시에 받는 부재를 보-기둥 부재라고 한다. 보-기둥 부재는 보로서의 처짐문제와 기둥으로서의 좌굴 문제를 동시에 고려되어져야 하며 특히 휨에 의한 처짐과 편심을 갖고 작용하는 축력은 2차 효과(secondary effects)를 발생시켜 모멘트와 처짐을 증폭시키기 때문에 설계 시에 이를 고려하여야 한다. 보-기둥부재의 2차 효과를 고려할 때는 부재효과(member effect)와 골조효과(frame effect)로 구분하며, 부재효과는 골조의 횡변위가 발생하지 않는 조건 (non-sidesway)에서 발생하는 모멘트 증폭 등의 2차 효과를 지칭하며, 골조효과는 횡변위 발생 (sidesway)에 따라 수반되는 모멘트 증폭 등의 2차 효과를 지칭한다.

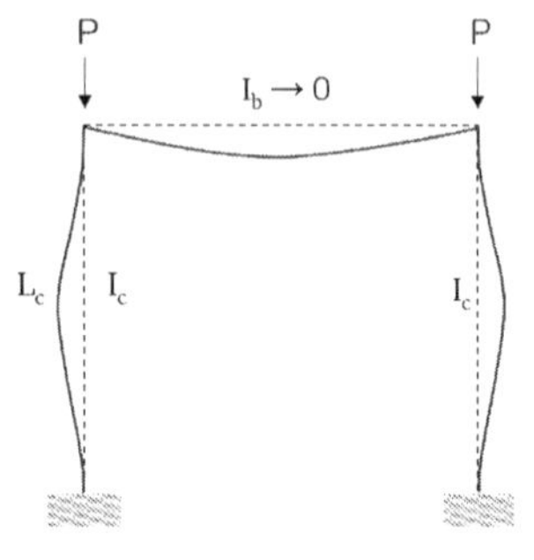


부재효과(non-sidesway)

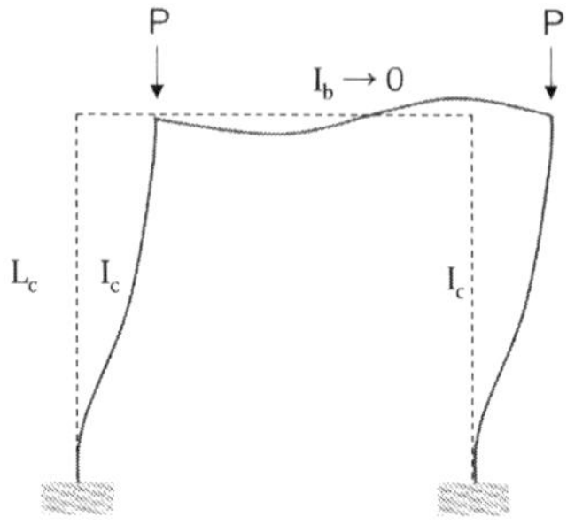


골조효과(sidesway)

1) 횡구속에 의한 모멘트 증폭계수 $B_1$

① 부재 집중하중을 받는 보-기둥 부재의 모멘트 증폭계수

부재효과에 의한 모멘트 증폭계수의 엄밀한 형태는 부재하중 또는 단부 모멘트에 따라 달라진다.

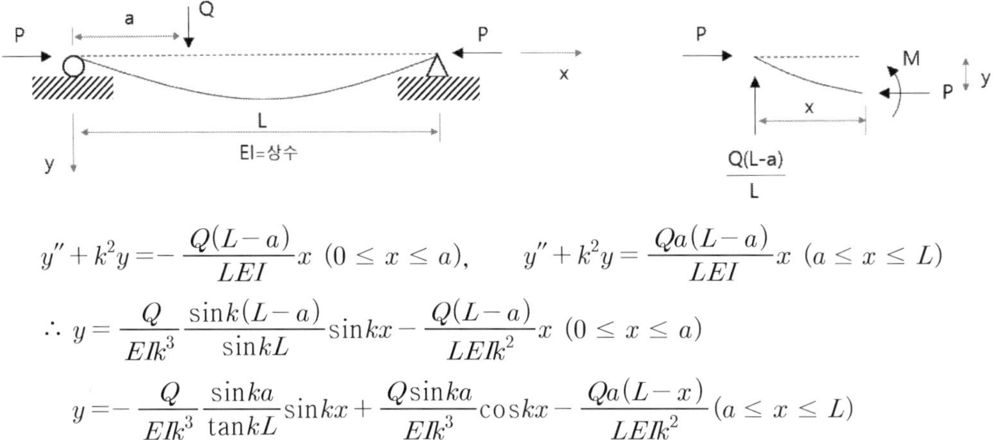

$$y'' + k^2 y = -\frac{Q(L-a)}{LEI}x \ (0 \le x \le a), \qquad y'' + k^2 y = \frac{Qa(L-a)}{LEI}x \ (a \le x \le L)$$

$$\therefore y = \frac{Q}{EIk^3}\frac{\sin k(L-a)}{\sin kL}\sin kx - \frac{Q(L-a)}{LEIk^2}x \ (0 \le x \le a)$$

$$y = -\frac{Q}{EIk^3}\frac{\sin ka}{\tan kL}\sin kx + \frac{Q\sin ka}{EIk^3}\cos kx - \frac{Qa(L-x)}{LEIk^2} \ (a \le x \le L)$$

$a = L/2$일 때

$$\therefore M_{x(\max)} = \frac{QL}{4}\left(\frac{\tan u}{u}\right) = M_o\left(\frac{\tan u}{u}\right) = M_0\left(\frac{1-0.2(P/P_e)}{1-P/P_e}\right), \quad u = \frac{kL}{2}, \ P_e = \frac{\pi^2 EI}{L^2}$$

유사한 접근법으로 다른 하중조건에서의 모멘트 증폭계수와 관련된 $\Psi$와 $C_m$ 은 다음과 같다.

$$M_{x(\max)} = M_0\left(\frac{1+\Psi(P/P_e)}{1-P/P_e}\right) = M_0\left(\frac{1+\Psi\alpha}{1-\alpha}\right) = M_0\left(\frac{C_m}{1-\alpha}\right)$$

| 하중조건 | $\Psi$ 정모멘트(부모멘트) | $C_m$ |
|---|---|---|
| | 0 | 1.0 |
| | −0.20 | $1-0.2\alpha$ |
| | −0.40<br>(−0.40) | $1-0.4\alpha$ |
| | −0.60<br>(−0.20) | $1-0.2\alpha$ |

② 단부모멘트가 작용하는 보-기둥

기둥부재 양단에 단부(재단)모멘트 $M_1$, $M_2$가 작용하는 경우의 이론적 증폭계수는 Austin (1961)이 안전측으로 근사시킨 결과로 다음과 같다.

$$M_{\max} = \left(\frac{C_m}{1 - P/P_e}\right) M_2,$$

$$\text{여기서, } C_m = 0.6 - 0.4\left(\frac{M_1}{M_2}\right) \geq 0.4$$

$$|\, M_2 \,| \geq |\, M_1 \,| \text{ 이고 } \left(\frac{M_1}{M_2}\right) \text{의 부호는 변형이 복곡률이면 (+), 단곡률이면 (−)}$$

③ 설계기준에서의 증폭계수 $B_1$

부재하중이 작용할 경우 안전측으로 앞선 계산식의 $\Psi(P/P_e)$를 무시할 수 있다. 이는 $\Psi$값이 1보다 작고 작용축력의 크기가 오일러 좌굴하중의 크기보다 훨씬 작을 경우 충분히 실용적인 근사가 될 수 있다. 원래 $C_m$은 단부(재단)모멘트에 따른 모멘트 구배의 영향을 반영하는 계수에서 도입된 것이며 이 개념을 확장하여 부재하중이 작용하는 경우 $C_m = 1.0$으로 택한다면 단일식으로 부재하중 $Q$와 단부모멘트 $M$이 작용하는 두 가지 경우 모두 취급할 수 있다. 설계기준에서는 다음과 같은 형태의 증폭계수 $B_1$을 제시하고 있다.

$$B_1 = \frac{C_m}{1 - (P_r/P_{e1})} \geq 1.0$$

여기서, $M_r$ : 2차 효과를 고려한 소요휨강도

$\qquad P_r$ : $P-\Delta$ 2차효과를 고려한 소요축강도

$\qquad P_{e1}$ : 골조의 횡변위를 구속한 조건의 휨평면 내 오일러좌굴하중강도

$\qquad C_m$ : 부재하중 작용 시 1.0 또는 이론상의 해석값

2) 비횡구속에 의한 모멘트 증폭계수 $B_2$

설계기준에서 제시하는 비횡구속 골조효과에 따른 증폭계수는 다음과 같다.

$$B_2 = \frac{1}{1 - \left(\dfrac{\sum P_{nt}}{\sum P_{e2}}\right)} \geq 1.0$$

여기서, $\sum P_{nt}$ : 대상층에 작용하는 총 계수 연직하중

$\qquad \sum P_{e2}$ : 대상층에 횡변위가 수반되는 좌굴모드에 대한 층 전체의 탄성좌굴강도

## 휨과 축력을 받는 단면의 설계

강구조부재설계기준(KDS 14 31 10)에 제시된 압축력과 휨을 동시에 받는 강구조물의 설계에 대하여 설명하시오.

### 풀 이

> **개요**

보-기둥(Beam-column)부재는 휨모멘트와 압축력의 조합력을 받는 부재를 지칭한다. 휨과 축력 효과 모두 무시할 수 없을 정도일 경우 보의 처짐문제와 기둥의 좌굴문제가 동시에 고려되어져야 하며 특히 휨에 의한 처짐과 편심을 갖고 작용하는 축력은 2차 효과(Secondary effects)를 발생시켜 모멘트와 처짐을 증폭시키므로 이를 설계에 고려해야 한다.

> **압축력과 휨을 동시에 받는 강구조물의 설계기준**

1) 압축력 휨을 받는 1축 및 2축 대칭단면 부재

2축 대칭단면 부재와 $I_{yc}/I_y$ 의 값이 0.1 이상 0.9 이하로서 $x$축(강축) 또는 $y$축(약축)으로만 휨이 발생하도록 구속된 1축 및 2축 대칭단면 부재에 있어서 휨과 압축력의 상관관계는 다음과 같다. 여기서, $I_{yc}$ 는 압축력을 받는 플랜지의 $y$축에 대한 단면 2차모멘트를 나타낸다.

① $\dfrac{P_u}{P_r} \geq 0.2$인 경우   $\quad\dfrac{P_u}{P_r} + \dfrac{8}{9}\left(\dfrac{M_{ux}}{M_{rx}} + \dfrac{M_{uy}}{M_{ry}}\right) \leq 1.0$

② $\dfrac{P_u}{P_r} < 0.2$인 경우   $\quad\dfrac{P_u}{2P_r} + \left(\dfrac{M_{ux}}{M_{rx}} + \dfrac{M_{uy}}{M_{ry}}\right) \leq 1.0$

여기서, $P_u$ : 하중조합으로 구한 소요압축강도(N)

$\quad\quad\quad P_r$ : 설계압축강도($= \phi_c P_n$) (N)

$\quad\quad\quad M_u$ : 하중조합으로 구한 소요휨강도 (N·mm)

$\quad\quad\quad M_r$ : 설계휨강도($= \phi_b M_n$) (N·mm)

$\quad\quad\quad x$ : 강축

$\quad\quad\quad y$ : 약축

$\quad\quad\quad \phi_c$ : 압축에 대한 저항계수($=0.90$)

$\quad\quad\quad \phi_b$ : 휨에 대한 저항계수($=0.90$)

이때, $P_r$는 세장비가 최대인 축에 대해 산정하고, $M_r$는 보의 모든 한계상태(횡비틀림강도, 국부좌굴, 소성항복)를 고려하여 최소강도를 사용, $P_u$와 $M_u$는 2차 효과가 포함된 축력과 모멘트이다.

### 2) 휨과 축력을 받는 비대칭 단면 부재

1축 및 2축 대칭단면 부재이외의 단면형상에 대해서는 다음 식에 따른다

$$\left| \frac{f_{ua}}{F_{ca}} + \frac{f_{ubw}}{F_{cbw}} + \frac{f_{ubz}}{F_{cbz}} \right| \leq 1.0$$

여기서, $f_{ua}$ : 부재 단면의 특정 위치에서 하중조합으로 구한 소요축방향응력(MPa)

$F_{ca}$ : 설계축방향응력($= \phi_c F_{cr}$) (MPa)

$f_{ubw}, f_{ubz}$ : 부재 단면의 특정위치에서 하중조합으로 구한 소요휨응력(MPa)

$F_{cbw}, F_{cbz}$ : 설계휨응력($= \dfrac{\phi_b M_n}{S}$)(MPa)

$w$ : 강주축 휨을 나타내는 아래첨자

$z$ : 약주축 휨을 나타내는 아래첨자

$\phi_c$ : 압축에 대한 저항계수($= 0.90$)

$\phi_t$ : 인장에 대한 저항계수(4.1.3 참조)

$\phi_b$ : 휨에 대한 저항계수($= 0.90$)

### 휨과 압축을 받는 횡구속 부재

압연H형강 H−400×400×13×21(SM355A, $F_y$=345MPa) 단면의 기둥이 양단 모두 핀으로 지지되어 있다. 기둥의 길이 L=4.0m, 소요압축강도 $P_u$=3,500kN이 작용하고 강축방향의 단부 모멘트가 양쪽 단부에 $M_{nt}$=300kNm가 작용할 때 다음을 구하라(단, 휨모멘트는 단곡률을 유발하고 기둥의 면외방향 유효좌굴길이계수 $K_y$=1.0, SM 355A : $A$=21,870mm², $S_x$=3.33×106 mm³, $Z_x$=3.67×106mm³, $r$=22mm, $I_x$=6.66×108mm⁴, $I_y$=2.24×108mm⁴, $r_x$=175mm, $r_y$=101mm)

1) 소요 휨강도    2) 설계압축강도    3) 설계휨강도    4) 조합력에 대한 내력 안전성 검토



## ▶ 소요 휨강도 산정

1) 작용 압축강도와 휨강도

$$P_u = 3,500\,\text{kN}, \ M_{u0} = 300\,\text{kNm}$$

2) 모멘트 증폭계수 $B_1$

양단 힌지 구조물로 횡변위 발생은 없고, 부재의 변형이 단곡률이므로 $M_1/M_2$의 값은 (−)다.

$$C_m = 0.6 - 0.4\left(\frac{M_1}{M_2}\right) = 0.6 - 0.4(-1.0) = 1.0$$

$$P_e = \frac{\pi^2 EI_x}{(KL)^2} = \frac{\pi^2 \times 210,000 \times 6.66 \times 10^8}{(1.0 \times 4.0 \times 10^3)^2} \times 10^{-3} = 86,273\,\text{kN}$$

$$B_1 = \frac{C_m}{1 - P_u/P_e} = \frac{1.0}{1 - (3500/86,273)} = 1.04$$

3) 소요 휨강도($M_u$)

보−기둥 부재의 2차 효과를 고려한 소요 휨강도는  $\therefore \ M_{ux} = B_1 M_{u0} = 1.04 \times 300 = 312\,\text{kNm}$

## ▶ 설계압축강도 산정

1) 세장비 검토(위험좌굴 단면 결정)

$$\left(\frac{KL}{r}\right)_x = \frac{1.0 \times 4000}{175} = 22.9 < \left(\frac{KL}{r}\right)_y = \frac{1.0 \times 4000}{101} = 39.6,$$

$$\therefore \left(\frac{KL}{r}\right)_{\max} = 39.6, \ \text{면외방향 약축방향이 위험좌굴 단면이다.}$$

## 2) 설계압축강도 산정

| $\dfrac{KL}{r} \le 4.71\sqrt{\dfrac{E}{F_y}}, \quad \dfrac{F_y}{F_e} \le 2.25$ | $\dfrac{KL}{r} > 4.71\sqrt{\dfrac{E}{F_y}}, \quad \dfrac{F_y}{F_e} > 2.25$ |
|---|---|
| $F_{cr} = \left(0.658^{\frac{F_y}{F_e}}\right)F_y$ | $F_{cr} = 0.877 F_e$ |

$$F_e = \frac{\pi^2 E}{(KL/r)^2} : \text{탄성휨좌굴강도}, \ A_g : \text{부재의 총단면적}$$

$$\left(\frac{KL}{r}\right)_{\max} = 39.6 \ < \ 4.71\sqrt{\frac{E}{F_y}} = 116.2$$

$$F_e = \frac{\pi^2 E}{(KL/r)^2} = \frac{\pi^2 \times 210,000}{39.6^2} = 1,321.7\,\text{MPa}, \qquad \frac{F_y}{F_e} = \frac{345}{1321.7} = 0.26$$

$$F_{cr} = \left(0.658^{\frac{F_y}{F_e}}\right)F_y = 0.658^{0.26} \times 345 = 309.43 \ \text{MPa}$$

$$\therefore P_c = \phi_c P_n = \phi_c F_{cr} A_g = 0.9 \times 309.43 \times 21,870 \times 10^{-3} = 6,090\,\text{kN}$$

## ▶ 설계 휨강도 산정

### 1) 소성모멘트

$$M_p = F_y Z_x = 345 \times 3.67 \times 10^6 \times 10^{-6} = 1,266.2\,\text{kNm}$$

### 2) 국부좌굴을 고려한 휨강도

① 플랜지

$$\lambda_{pf} = 0.38\sqrt{\frac{E}{F_y}} = 9.38 \ < \ \lambda = \frac{b_f}{2t_f} = \frac{400}{2 \times 21} = 9.52 \ < \ \lambda_{rf} = 1.0\sqrt{\frac{E}{F_y}} = 24.67$$

$$\therefore \ \lambda_{pf} < \lambda < \lambda_{rf} \quad \text{비조밀단면}$$

$$M_p = F_y Z_x = 345 \times 3.67 \times 10^6 \times 10^{-6} = 1,266.2\,\text{kNm}$$

$$0.7 F_y S_x = 0.7 M_y = 0.7 \times 345 \times 3.33 \times 10^6 \times 10^{-6} = 804.2\,\text{kNm}$$

$$\therefore \ M_n = \left[ M_p - \left( M_p - 0.7 F_y S_x \right)\left( \frac{\lambda - \lambda_{pf}}{\lambda_{rf} - \lambda_{pf}} \right) \right] = 1262.0 \, \text{kNm}$$

② 웨브 : 조밀 단면

$$\lambda = \frac{h}{t_w} = \frac{400 - 2 \times (21 + 22)}{13} = 24.2 \ < \ \lambda_{pw} = 3.76 \sqrt{\frac{E}{F_y}} = 92.77$$

$$\therefore \ \lambda < \lambda_{pw} \quad \text{조밀단면}$$

$$\therefore \ M_{nx} = M_p = F_y Z_x = 345 \times 3.67 \times 10^6 \times 10^{-6} = 1,266.2 \, \text{kNm}$$

③ 국부좌굴 고려한 휨강도 $\qquad \therefore \ M_n = 1262.0 \ \text{kNm}$

3) 횡비틀림좌굴을 고려한 휨강도

$$L_b = 4,000 \, \text{mm} \ < \ L_p = 1.76 r_y \sqrt{\frac{E}{F_y}} = 1.76 \times 101 \times \sqrt{\frac{210,000}{345}} = 4,386 \, \text{mm}$$

$$\therefore \ L < L_p \quad \text{소성모멘트 발현이 가능하다.}$$

$$\therefore \ M_{nx} = M_p = F_y Z_x = 345 \times 3.67 \times 10^6 \times 10^{-6} = 1,266.2 \, \text{kNm}$$

4) 설계 휨강도

부재의 국부좌굴, 횡비틀림좌굴, 소성모멘트 강도 중 최솟값인 국부좌굴 강도 설계휨강도

$$\therefore \ M_{cx} = \phi_b M_{nx} = 0.9 \times 1262 = 1,135.8 \, \text{kNm}$$

## ▶ 조합력에 대한 안전성 검토

주어진 보-기둥은 강축방향의 1축 휨을 받는 2축 대칭 부재이다.

$$\frac{P_u}{P_r} = \frac{3500}{6090} = 0.57 > 0.2$$

$$\therefore \ \frac{P_u}{P_r} + \frac{8}{9}\left( \frac{M_{ux}}{M_{rx}} + \frac{M_{uy}}{M_{ry}} \right) = \frac{3500}{6090} + \frac{8}{9}\left( \frac{312}{1135.8} + 0 \right) = 0.82 \ \leq \ 1.0 \qquad \therefore \ \text{안전하다.}$$

## 휨과 축력을 받는 단면의 설계 : 횡구속 상태

압연H형강 H-400×400×13×21(SM355A, $F_y = 345\,\text{MPa}$) 단면의 기둥이 양단 모두 핀으로 지지 되어 축압축력과 강축방향의 1축 휨모멘트를 동시에 받고 있다. 기둥의 길이 L=5.0m, 축압축력 은 $P_D = 1,000\,\text{kN}$, $P_L = 1,200\,\text{kN}$, 기둥상단부에는 휨모멘트 $M_D = 15\,\text{kNm}$, $M_L = 35\,\text{kNm}$, 기둥하단부에는 $M_D = 80\,\text{kNm}$, $M_L = 100\,\text{kNm}$이 그림과 같이 작용하고 있다. 이 기둥의 안전 성 여부를 검토하시오.

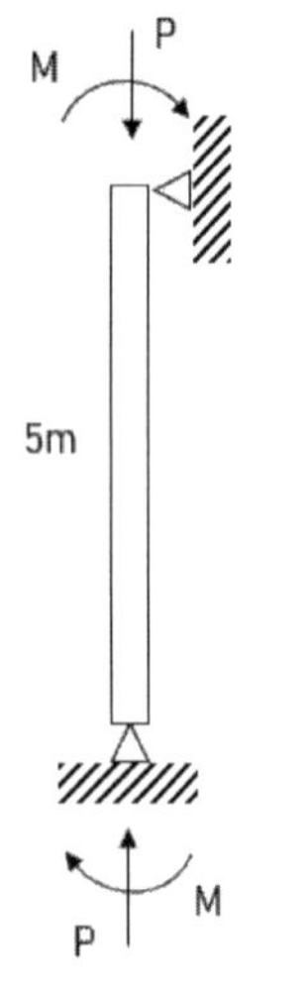


$$K_x = K_y = 1.0,$$
$$A = 21,870\,\text{mm}^2,$$
$$S_x = 3.33 \times 10^6\,\text{mm}^3,$$
$$Z_x = 3.67 \times 10^6\,\text{mm}^3,$$
$$r = 22\,\text{mm},$$
$$I_x = 6.66 \times 10^8\,\text{mm}^4,$$
$$I_y = 2.24 \times 10^8\,\text{mm}^4,$$
$$J = 2.73 \times 10^6\,\text{mm}^4,$$
$$r_x = 175\,\text{mm},$$
$$r_y = 101\,\text{mm}$$



### ▶ 소요 휨강도 산정

1) 계수 축력

$$P_u = 1.2P_D + 1.6P_L = 1.2 \times 1000 + 1.6 \times 1200 = 3120\,\text{kN}$$

2) 계수 휨

① 기둥 상단부 : $M_{ux1} = 1.2D + 1.6L = 1.2 \times 15 + 1.6 \times 35 = 74\,\text{kNm}$

② 기둥 하단부 : $M_{ux2} = 1.2D + 1.6L = 1.2 \times 80 + 1.6 \times 100 = 256\,\text{kNm}$

$$\therefore M_{ux0} = 256\,\text{kNm}$$

③ 모멘트 증폭계수

양단 힌지 구조물로 횡변위 발생은 없고, 부재의 변형이 복곡률이므로 $M_1/M_2$의 값은 (+)다.

$$C_m = 0.6 - 0.4\left(\frac{M_1}{M_2}\right) = 0.6 - 0.4\left(\frac{74}{256}\right) = 0.48$$

$$P_e = \frac{\pi^2 EI_x}{(KL)^2} = \frac{\pi^2 \times 210,000 \times 6.66 \times 10^8}{(1.0 \times 5.0 \times 10^3)^2} \times 10^{-3} = 55,214\,\text{kN}$$

$$B_1 = \frac{C_m}{1 - P_u/P_e} = \frac{0.48}{1 - (3120/55214)} = 0.51 \ < \ 1.0 \qquad \therefore \ B_1 = 1.0$$

$$\therefore \ M_{ux} = B_1 M_{ux0} = 256\,\text{kNm}$$

### ➤ 설계압축강도 산정

1) 세장비 검토(위험좌굴 단면 결정)

$$\left(\frac{KL}{r}\right)_x = \frac{1.0 \times 5000}{175} = 28.6 \ < \ \left(\frac{KL}{r}\right)_y = \frac{1.0 \times 5000}{101} = 49.5,$$

$$\therefore \ \left(\frac{KL}{r}\right)_{\max} = 49.5,\ \text{면외방향 약축방향이 위험좌굴 단면이다.}$$

2) 설계압축강도 산정

$$\left(\frac{KL}{r}\right)_{\max} = 49.5 \ < \ 4.71\sqrt{\frac{E}{F_y}} = 116.2$$

$$F_e = \frac{\pi^2 E}{(KL/r)^2} = \frac{\pi^2 \times 210,000}{49.5^2} = 845.9\,\text{MPa}, \qquad \frac{F_y}{F_e} = \frac{345}{845.9} = 0.41$$

$$F_{cr} = \left(0.658^{\frac{F_y}{F_e}}\right)F_y = 0.658^{0.41} \times 345 = 290.6 \ \text{MPa}$$

$$\therefore \ P_c = \phi_c P_n = \phi_c F_{cr} A_g = 0.9 \times 290.6 \times 21,870 \times 10^{-3} = 5,720\,\text{kN}$$

### ➤ 설계 휨강도 산정

1) 소성모멘트

$$M_p = F_y Z_x = 345 \times 3.67 \times 10^6 \times 10^{-6} = 1,266.2\,\text{kNm}$$

2) 국부좌굴을 고려한 휨강도

① 플랜지

$$\lambda_{pf} = 0.38\sqrt{\frac{E}{F_y}} = 9.38 \ < \ \lambda = \frac{b_f}{2t_f} = \frac{400}{2\times 21} = 9.52 \ < \ \lambda_{rf} = 1.0\sqrt{\frac{E}{F_y}} = 24.67$$

$$\therefore \ \lambda_{pf} < \lambda < \lambda_{rf} \quad \text{비조밀단면}$$

$$M_p = F_y Z_x = 345\times 3.67\times 10^6 \times 10^{-6} = 1{,}266.2\,\text{kNm}$$

$$0.7F_y S_x = 0.7M_y = 0.7\times 345\times 3.33\times 10^6\times 10^{-6} = 804.2\,\text{kNm}$$

$$\therefore \ M_n = \left[ M_p - \left(M_p - 0.7F_y S_x\right)\left(\frac{\lambda - \lambda_{pf}}{\lambda_{rf} - \lambda_{pf}}\right)\right] = 1262.0\,\text{kNm}$$

② 웨브 : 조밀 단면

$$\lambda = \frac{h}{t_w} = \frac{400 - 2\times(21+22)}{13} = 24.2 \ < \ \lambda_{pw} = 3.76\sqrt{\frac{E}{F_y}} = 92.77$$

$$\therefore \ \lambda < \lambda_{pw} \quad \text{조밀단면}$$

$$\therefore \ M_{nx} = M_p = F_y Z_x = 345\times 3.67\times 10^6\times 10^{-6} = 1{,}266.2\,\text{kNm}$$

③ 국부좌굴 고려한 휨강도 $\qquad \therefore \ M_n = 1262.0 \ \text{kNm}$

3) 횡비틀림좌굴을 고려한 휨강도

$$L_p = 1.76 r_y\sqrt{\frac{E}{F_y}} = 1.76\times 101\times\sqrt{\frac{210{,}000}{345}} = 4{,}386\,\text{mm}$$

$$L_r = 1.95 r_{ts}\frac{E}{0.7F_y}\sqrt{\frac{Jc}{S_x h_0}}\sqrt{1 + \sqrt{1 + 6.76\left(\frac{0.7F_y}{E}\frac{S_x h_o}{Jc}\right)^2}}$$

$$= \frac{1.95\times 112.9\times 210{,}000}{0.7\times 345}\sqrt{\frac{2.73\times 10^6}{3.33\times 10^6\times 379}}\sqrt{1 + \sqrt{1 + 6.76\left(\frac{0.7\times 345}{210{,}000}\frac{3.33\times 10^6\times 379}{2.73\times 10^6\times 1}\right)^2}}$$

$$= 11{,}420\,\text{mm}$$

$$\text{여기서, } r_{ts} = \sqrt{\frac{I_y h_0}{2S_x}} = \sqrt{\frac{2.24\times 10^8\times 379}{2\times 3.33\times 10^6}} = 112.9\,\text{mm}, \quad h_0 = H - t_f = 379$$

$$c = 1.0 \ (\text{2축 대칭인 H형강 부재})$$

$$\therefore L_p = 2149 < L = 5000 < L_r = 7871 \quad \text{비탄성 횡비틀림좌굴구간}$$

횡좌굴강도 산정

$$C_b = \frac{12.5 M_{\max}}{2.5 M_{\max} + 3M_A + 4M_B + 3M_C} R_m$$

$$= \frac{12.5 \times 256}{2.5 \times 256 + 3 \times 8.5 + 4 \times 91 + 3 \times 173.9} \times 1 = 2.1$$

$$\therefore M_n = C_b \left[ M_p - (M_p - 0.7 F_y S_x)\left( \frac{L_b - L_p}{L_r - L_p} \right) \right]$$

$$= 2.1 \times \left[ 1266 - (1266 - 0.7 \times 345 \times 3.33 \times 10^6 \times 10^{-6})\left( \frac{5000 - 4386}{11420 - 4386} \right) \right]$$

$$= 2,573.9\,\text{kNm} \ > \ M_p(= 1,266\,\text{kNm}) \qquad \therefore M_n = M_p$$

4) 보의 휨강도는 $M_p$

부재의 국부좌굴, 횡비틀림좌굴, 소성모멘트 강도 중 최솟값인 국부좌굴 강도 설계휨강도

$$\therefore M_{rx} = \phi M_{nx} = 0.9 \times 1,262 = 1,135.8\,\text{kNm}$$

### ▶ 조합력에 대한 안전성 검토

주어진 보–기둥은 강축방향의 1축 휨을 받는 2축 대칭 부재이다.

$$\frac{P_u}{P_r} = \frac{3120}{5720} = 0.55 > 0.2$$

$$\therefore \frac{P_u}{P_r} + \frac{8}{9}\left( \frac{M_{ux}}{M_{rx}} + \frac{M_{uy}}{M_{ry}} \right) = \frac{3120}{5720} + \frac{8}{9}\left( \frac{256}{1135.8} + 0 \right) = 0.75 \ \leq \ 1.0 \qquad \therefore \text{안전하다.}$$

## 휨과 축력을 받는 단면의 설계 : 횡구속 상태

그림의 트러스 부재 A는 축압축력과 부재하중을 동시에 받고 있다. 부재 A(H-200×200×8×12, SM355A)의 안전성을 검토하라. 단, 면내 및 면외 유효좌굴길이는 부재 절점 간 길이로 한다($K_x$ = $K_y$ = 1.0). $E$ = 210,000MPa, $F_y$ = 355MPa. 계수하중은 $1.2D + 1.6L$을 사용한다.

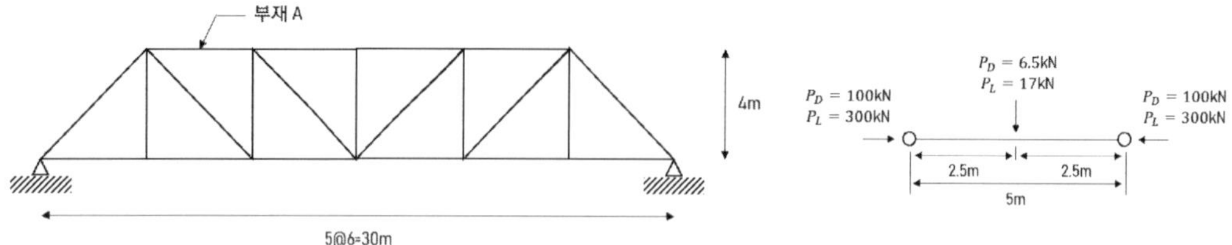


### 풀 이

### ▶ 부재의 단면계수

H-200×200×8×12 : $A = 6{,}353\,\mathrm{mm}^2$ $I_x = 4.72 \times 10^7\,\mathrm{mm}^4$, $I_y = 1.6 \times 10^7\,\mathrm{mm}^4$, $J = 2.6 \times 10^5$ $\mathrm{mm}^4$, $Z_x = 5.2 \times 10^5\,\mathrm{mm}^3$, $Z_y = 2.44 \times 10^5\,\mathrm{mm}^3$, $r_x = 86.2\,\mathrm{mm}$, $r_y = 50.2\,\mathrm{mm}$, $r = 13\,\mathrm{mm}$

### ▶ 부재의 계수하중

1) 기둥 축력

$$P_{u,c} = 1.2P_D + 1.6PL = 1.2 \times 100 + 1.6 \times 300 = 600\,\mathrm{kN}$$

2) 보의 휨

$$P_{u,b} = 1.2P_D + 1.6PL = 1.2 \times 6.5 + 1.6 \times 17 = 35\,\mathrm{kN}$$

$$\therefore M_{u0} = \frac{P_{u,b}}{2} \times \frac{L}{2} = 43.75\,\mathrm{kNm}$$

보-기둥 효과에 따른 모멘트 증폭계수($B_1$) 고려

$$P_e = \frac{\pi^2 E I_x}{(K_x L)^2} = \frac{\pi^2 \times 210{,}000 \times 4.72 \times 10^7}{(1.0 \times 5 \times 10^3)^2} = 3{,}913\,\mathrm{kN}$$

$$\therefore C_m = 1 - \Psi\left(\frac{P}{P_e}\right) = 1 - 0.2 \times \left(\frac{600}{3913}\right) = 0.97, \quad B_1 = \frac{C_m}{1 - P/P_e} = 1.15$$

$$\therefore M_{ux} = B_1 M_{u0} = 1.15 \times 43.75 = 50.31\,\mathrm{kNm}$$

➤ **부재의 강도**

1) 기둥의 압축강도($P_r = \phi P_n$)

① 세장비 검토(위험좌굴 단면 결정)

$$\left(\frac{KL}{r}\right)_x = \frac{1.0 \times 5000}{86.2} = 58.0 \;<\; \left(\frac{KL}{r}\right)_y = \frac{1.0 \times 5000}{50.2} = 99.6$$

$$\therefore \left(\frac{KL}{r}\right)_{max} = 99.6,\; \text{면외방향 약축방향이 위험좌굴 단면이다.}$$

② 압축강도 산정

$$\left(\frac{KL}{r}\right)_{max} = 99.6 \;<\; 4.71\sqrt{\frac{E}{F_y}} = 4.71\sqrt{\frac{210,000}{355}} = 114.6$$

$$F_e = \frac{\pi^2 E}{(KL/r)^2} = \frac{\pi^2 \times 210,000}{99.6^2} = 209\,\text{MPa}, \qquad \frac{F_y}{F_e} = \frac{355}{209} = 1.70$$

$$F_{cr} = \left(0.658^{\frac{F_y}{F_e}}\right) F_y = 0.658^{1.7} \times 345 = 174\;\text{MPa}$$

$$\therefore P_r = \phi_c P_n = \phi_c F_{cr} A_g = 0.9 \times 174 \times 6,353 \times 10^{-3} = 995\,\text{kN}$$

2) 보의 휨강도($M_{rx} = \phi M_{nx}$)

보의 설계휨강도는 부재의 소성모멘트, 국부좌굴, 횡비틀림모멘트 중 작은 값으로 한다.

① 소성모멘트

$$M_p = F_y Z_x = 355 \times 5.26 \times 10^5 \times 10^{-6} = 187\,\text{kNm}$$

② 국부좌굴을 고려한 휨강도
(1) 플랜지 국부좌굴

$$\lambda = \frac{b_f}{2t_f} = \frac{200}{2 \times 12} = 8.33 \;<\; \lambda_p = 0.38\sqrt{\frac{E}{F_y}} = 9.24 \quad \therefore \text{조밀단면}$$

(2) 웨브 국부좌굴

$$\lambda = \frac{h}{t_w} = \frac{200 - 2(12 + 13)}{8} = 18.75 \;<\; \lambda_p = 3.76\sqrt{\frac{E}{F_y}} = 91.45 \quad \therefore \text{조밀단면}$$

$\therefore$ 플랜지와 웨브 모두 조밀단면으로 국부좌굴에 의한 강도저감은 발생하지 않는다.

③ 횡비틀림좌굴을 고려한 휨강도

(1) 소성한계 및 비탄성한계 비지지길이

$$L_p = 1.76 r_y \sqrt{\frac{E}{F_y}} = 1.76 \times 50.2 \times \sqrt{\frac{210,000}{355}} = 2,149\,\text{mm}$$

$$L_r = 1.95 r_{ts} \frac{E}{0.7F_y} \sqrt{\frac{Jc}{S_x h_0}} \sqrt{1 + \sqrt{1 + 6.76\left(\frac{0.7F_y}{E}\frac{S_x h_o}{Jc}\right)^2}}$$

$$= \frac{1.95 \times 56.4 \times 210,000}{0.7 \times 355} \sqrt{\frac{2.6 \times 10^5}{4.72 \times 10^5 \times 188}} \sqrt{1 + \sqrt{1 + 6.76\left(\frac{0.7 \times 355}{210,000}\frac{4.72 \times 10^5 \times 188}{2.6 \times 10^5 \times 1}\right)^2}}$$

$$= 7,871\,\text{mm}$$

여기서, $r_{ts} = \sqrt{\dfrac{I_y h_0}{2S_x}} = \sqrt{\dfrac{1.6 \times 10^7 \times 188}{2 \times 4.72 \times 10^5}} = 56.4\,\text{mm}, \quad h_0 = H - t_f = 188$

$\quad c = 1.0$ (2축 대칭인 H형강 부재)

$\therefore L_p = 2149 < L = 5000 < L_r = 7871$   비탄성 횡비틀림좌굴구간

(2) 횡좌굴강도 산정

$$C_b = \frac{12.5 M_{\max}}{2.5 M_{\max} + 3M_A + 4M_B + 3M_C} R_m$$

$$= \frac{12.5 \times 43.75}{2.5 \times 43.75 + 3 \times 21.9 + 4 \times 43.75 + 3 \times 21.9} \times 1 = 1.32$$

$$\therefore M_n = C_b \left[ M_p - (M_p - 0.7F_y S_x)\left(\frac{L_b - L_p}{L_r - L_p}\right) \right]$$

$$= 1.32 \times \left[ 187 - (187 - 0.7 \times 355 \times 0.472 \times 10^6 \times 10^{-6})\left(\frac{5000 - 2149}{7871 - 2149}\right) \right]$$

$$= 199\,\text{kNm} > M_p (= 187\,\text{kNm}) \qquad \therefore M_n = M_p$$

④ 보의 휨강도는 $M_p$

$$\therefore M_{rx} = \phi M_{nx} = 0.9 \times 187 = 168\,\text{kNm}$$

## ▶ 부재의 조합력 안전성 검토

$$\frac{P_u}{P_r} = \frac{600}{995} = 0.6 \geq 0.2 \qquad \frac{P_u}{P_r} + \frac{8}{9}\left(\frac{M_{ux}}{M_{rx}} + \frac{M_{uy}}{M_{ry}}\right) = \frac{600}{995} + \frac{8}{9}\left(\frac{50.31}{168}\right) = 0.87 \leq 1.0$$

$\therefore$ 부재는 안전하다.

## 비틀림을 받는 강관

다음 그림과 같은 각형강관 □-150×100×6(SPSR490)의 설계비틀림강도($\phi_T T_n$)를 하중저항계수 설계법에 의해 구하시오(단, E=208,000MPa, 항복강도 $F_y$=315MPa이다).

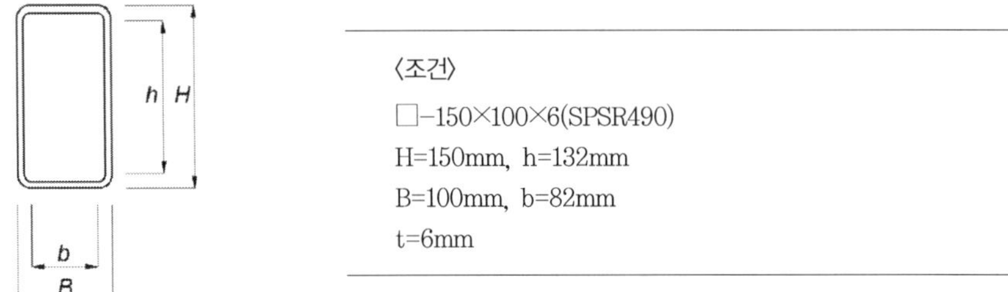


### 풀 이

### ➤ 비틀림 강도 산정

① $\dfrac{h}{t_w} = \dfrac{132}{6} = 22 > \dfrac{b}{t_f} = \dfrac{82}{6} = 13.67$

$2.45\sqrt{E/F_{yw}} = 2.45\sqrt{208000/315} = 62.96 > h/t_w$

$\therefore F_{cr} = 0.6F_y = 0.6 \times 315 = 189^{MPa}$

② 비틀림 상수($C$) 산정

$C = 2(B-t) \times (H-t) \times t - 4.5(4-\pi)t^3 = 2(150-6)(100-6) \times 6 - 4.5(4-\pi) \times 6^3$

$\quad = 161{,}598mm^3$

③ 설계비틀림 강도 산정

$T_n = F_{cr} \times C = 189^{MPa} \times 161{,}598^{mm^3} \times 10^{-6} = 30.54^{kNm}$

$\therefore \phi_T T_n = 0.9 \times 30.54 = 27.49^{kNm}$

---

**TIP** ｜박판구조물｜

1. $T = 2\tau A_m$, $\quad \tau = 0.6F_y$ (LRFD 전단에 대한 항복강도)

2. $A_m = 144 \times 94 - 4 \times 6^2 + \dfrac{\pi}{4} \times 6^2 = 13420.27mm^2$

3. $\phi T = \phi 2\tau A_m = \phi \times 2 \times (0.6F_y) \times A_m = 27.39kNm$

## 1. 원형과 각형강관의 비틀림 강도

원형과 직사각형 강관의 설계비틀림강도 $\phi_T T_n (\phi_T = 0.90)$은 다음과 같이 산정한다.

$$T_n = F_{cr} \times C \text{ (여기서 } C\text{는 강관의 비틀림 상수)}$$

비틀림전단상수 $C$는 보수적으로 다음과 같이 취할 수 있다.

원형강관 : $C = \dfrac{\pi(D-t)^2 t}{2}$

각형강관 : $C = 2(B-t) \times (H-t) \times t - 4.5(4-\pi)t^3$

### 1) 원형강관의 $F_{cr}$

다음의 값 중에 큰 값을 적용하나 $0.6F_y$ 이하로 한다.

$$F_{cr} = \max\left[ \frac{1.23E}{\sqrt{\dfrac{L}{D}}\left(\dfrac{D}{t}\right)^{\frac{5}{4}}}, \quad \frac{0.60E}{\left(\dfrac{D}{t}\right)^{\frac{3}{2}}} \right] \qquad L : \text{부재의 길이(mm)}, \quad D : \text{외경(mm)}$$

### 2) 각형강관의 $F_{cr}$

① $h/t \leq 2.45\sqrt{E/F_y}$ $\qquad\qquad\qquad$ : $F_{cr} = 0.6F_y$

② $2.45\sqrt{E/F_y} < h/t \leq 3.07\sqrt{E/F_y}$ $\qquad$ : $F_{cr} = 0.6F_y\left(2.45\sqrt{E/F_y}\right)/(h/t)$

③ $3.07\sqrt{E/F_y} < h/t \leq 260$ $\qquad\qquad$ : $F_{cr} = 0.458\pi^2 E/(h/t)^2$

## 05 휨부재의 허용응력설계법

### 1. 허용 축방향인장응력 및 허용 휨인장응력(MPa)

기본적으로 기준항복점에 대해서 안전율을 약 1.7로 본 값이다. 다만 SM570 및 SMA570에 관해서는 인장강도와 항복점의 비가 다른 강재에 비해 높음을 고려하여 안전율을 약간 높게 취하였다 (항복비가 높으면 변형능력이 작아지고, 인성이 작다).

| 강 종 | SS400, SM400 SMA400 | | SM490 | | SM490Y, SM520 SMA490 | | | SM570 SMA570 | | |
|---|---|---|---|---|---|---|---|---|---|---|
| 판두께 (mm) | 40 이하 | 40~100 | 40 이하 | 40~100 | 40 이하 | 40~75 | 75~100 | 40 이하 | 40~75 | 75~100 |
| 기준항복점 | 240 | 220 | 320 | 300 | 360 | 340 | 330 | 460 | 440 | 430 |
| 허용축방향 인장응력 | 140 | 130 | 190 | 175 | 210 | 200 | 195 | 260 | 250 | 245 |
| 안전율 | 1.71 | 1.69 | 1.68 | 1.71 | 1.71 | 1.70 | 1.69 | 1.77 | 1.76 | 1.76 |

### 2. 판의 국부좌굴

$$\overline{f} = \frac{f_{cr}}{f_y}, \quad \frac{f_{cr}}{f_y} = \frac{1}{R^2}, \quad f_{cr} = k\frac{\pi^2 E}{12(1-\mu^2)}\left(\frac{t}{b}\right)^2, \quad k = 4.0\,(\text{양연지지}) \quad k = 0.43\,(\text{3연지지})$$

$$-\ \overline{f} = 1.0 \qquad (R \leq 0.7)$$

$$-\ \overline{f} = \frac{1}{2R^2} \qquad (R > 0.7)$$

---

**TIP** | 보강된 판의 국부좌굴 기준식 |

$$\frac{f_{bu}}{f_y} = 1.0 \qquad (R_R \leq 0.5)$$

$$= 1.5 - R_R \qquad (0.5 < R_R \leq 1.0)$$

$$= \frac{1}{2R_R^2} \qquad (R_R > 1.0)$$

$$R_R = \frac{b}{t}\frac{1}{\pi}\sqrt{\frac{f_y}{E}}\sqrt{\frac{12(1-\mu)^2}{k_R}}$$

$$k_R = 4n^2$$

---

### 3. 허용 휨압축응력

보의 횡방향 좌굴강도를 기본으로 하여 허용휨압축응력을 정하고 있다. 즉 횡방향 좌굴에 대해서 보는 압축플랜지의 고정점에서 단순지지되어 있고, 양단에 같은 휨모멘트가 작용할 때의 압축연 허용횡방향 좌굴응력에 의해 허용휨압축응력을 규정하고 있다.

횡방향 좌굴강도는 $A_w/A_c$ 및 $l/b$의 함수로 근사적으로 표현할 수 있다. 이 설계기준에서 횡좌굴의 기준 강도곡선은 $A_w/A_c$의 크기에 따라 다음과 같은 두 종류의 기본식으로 된다.

$$f_{cr}/f_y = 1.0 \qquad\qquad (\alpha \leq 0.2)$$
$$f_{cr}/f_y = 1.0 - 0.412(\alpha - 0.2) \qquad (\alpha > 0.2)$$

$$\text{여기서, } \alpha = \frac{2}{\pi} k \sqrt{\frac{f_y}{E}} \frac{l}{b}, \qquad k = 2 \qquad (A_w/A_c \leq 2.0)$$
$$= \sqrt{3 + \frac{A_w}{2A_c}} \qquad (A_w/A_c > 2.0)$$

두께 40mm 이하.

| 강 종 | SS400, SM400<br>SMA400 | | SM490 | | SM490Y, SM520<br>SMA490 | | SM570<br>SMA570 | |
|---|---|---|---|---|---|---|---|---|
| $\dfrac{A_w}{A_c} \leq 2.0$ | $4.5 \geq \dfrac{l}{b}$ | 140 | $4.0 \geq \dfrac{l}{b}$ | 190 | $3.5 \geq \dfrac{l}{b}$ | 210 | $5.0 \geq \dfrac{l}{b}$ | 260 |
| | $4.5 < \dfrac{l}{b} \leq 30$ | $140 - 2.4(\dfrac{l}{b} - 4.5)$ | $4.0 < \dfrac{l}{b} \leq 30$ | $190 - 3.8(\dfrac{l}{b} - 4.0)$ | $3.5 < \dfrac{l}{b} \leq 27$ | $210 - 4.4(\dfrac{l}{b} - 3.5)$ | $5.0 < \dfrac{l}{r} \leq 25$ | $260 - 6.6(\dfrac{l}{b} - 5.0)$ |
| $\dfrac{A_w}{A_c} > 2.0$ | $\dfrac{9}{K} \geq \dfrac{l}{b}$ | 140 | $\dfrac{8}{K} \geq \dfrac{l}{b}$ | 190 | $\dfrac{7}{K} \geq \dfrac{l}{b}$ | 210 | $\dfrac{10}{K} \geq \dfrac{l}{b}$ | 260 |
| | $\dfrac{9}{K} < \dfrac{l}{b} \leq 30$ | $140 - 1.2(K\dfrac{l}{b} - 9)$ | $\dfrac{8}{K} < \dfrac{l}{b} \leq 30$ | $190 - 1.9(K\dfrac{l}{b} - 8)$ | $\dfrac{7}{K} < \dfrac{l}{b} \leq 27$ | $210 - 2.2(K\dfrac{l}{b} - 7)$ | $\dfrac{10}{K} < \dfrac{l}{b} \leq 25$ | $260 - 3.3(K\dfrac{l}{b} - 10$ |

## 4. 휨부재의 허용 휨응력

도로교 설계기준(허용응력설계법)에서는 휨부재에 대한 극한휨모멘트와 허용휨압축응력은 I형 단면의 횡방향 좌굴강도($A_w/A_c$)를 기본으로 한 휨강도로 정해진다.

- 극한 휨모멘트 $M_u = \min[M_{bu}, M_y]$, $\qquad M_{bu} = f_{bu}S_c$, $\qquad M_y = f_y S_t$
- 허용 휨모멘트 $M_a = \min[M_{ba}, M_{ta}]$, $\qquad M_{ba} = f_b S_c$, $\qquad M_y = f_t S_t$
- 압축플랜지의 극한 휨압축응력 $f_{bu}$

$$\frac{f_{bu}}{f_y} = \begin{cases} 1.0 & \alpha \leq 0.2 \\ 1 - 0.412(\alpha - 0.2) & \alpha > 0.2 \end{cases}, \qquad \alpha = \sqrt{\frac{f_y}{f_{cr}}} = \frac{2}{\pi} k \sqrt{\frac{f_y}{E}} \left(\frac{l}{b}\right)$$

$$f_{cr} = \frac{\pi^2 E}{4\left(k\dfrac{l}{b}\right)^2} \qquad k = \begin{cases} 2.0 & \dfrac{A_w}{A_c} \leq 2.0 \\ \sqrt{3 + \dfrac{A_w}{2A_c}} & \dfrac{A_w}{A_c} > 2.0 \end{cases} \qquad \therefore f_b = \frac{f_{bu}}{S.F(\fallingdotseq 1.7)}$$

## 5. 허용 전단응력 및 허용지압응력

허용전단응력은 Von Mises의 항복조건 $v_y = f_y / \sqrt{3}$ 을 적용하고 안전율 약 1.7을 고려하였다.

| 판<br>두께 | SS400, SM400<br>SMA400 | SM490 | SM490Y, SM520<br>SMA490 | SM570<br>SMA570 |
|---|---|---|---|---|
| 전단<br>응력 | 허용축방향인장응력$\times \sqrt{3}$ | | | |
| | $140 \times \sqrt{3}$ | $190 \times \sqrt{3}$ | $210 \times \sqrt{3}$ | $260 \times \sqrt{3}$ |
| | 80 | 110 | 120 | 150 |
| 지압<br>응력 | 210 | 280 | 310 | 390 |

**TIP** | 고강도강의 허용응력 |

### 1. 허용인장인장(허용축방향 인장/허용휨인장응력, MPa)

| 강종 | SM490C-TMC | SM520C-TMC | HSB500 | HSB600<br>SM570-TMC | HSB800 |
|---|---|---|---|---|---|
| 판두께(mm) | 100 이하 | | | | 80 이하 |
| 기준항복점 | 315 | 355 | 380 | 450 | 690 |
| 허용축방향인장/<br>허용휨인장응력 | 190 | 215 | 230 | 270 | 380 |

### 2. 허용축방향압축응력(전체좌굴, MPa)

| 강종 | SM490C-TMC | | SM520C-TMC | | HSB500 | | HSB600, SM570-TMC | |
|---|---|---|---|---|---|---|---|---|
| 100<br>이하 | $16 \geq \dfrac{l}{r}$ | 190 | $15.1 \geq \dfrac{l}{r}$ | 215 | $14.6 \geq \dfrac{l}{r}$ | 230 | $13.4 \geq \dfrac{l}{r}$ | 270 |
| | $16 < \dfrac{l}{r} \leq 80.1$ | $190 - 1.29\left(\dfrac{l}{r} - 16\right)$ | $15.1 < \dfrac{l}{r} \leq 75.5$ | $215 - 1.55\left(\dfrac{l}{r} - 15.1\right)$ | $14.6 < \dfrac{l}{r} \leq 73$ | $230 - 1.72\left(\dfrac{l}{r} - 14.6\right)$ | $13.4 < \dfrac{l}{r} \leq 67.1$ | $270 - 2.19\left(\dfrac{l}{r} - 13.4\right)$ |
| | $\dfrac{l}{r} > 80.1$ | $\dfrac{1,200,000}{5,000 + \left(\dfrac{l}{r}\right)^2}$ | $\dfrac{l}{r} > 75.5$ | $\dfrac{1,200,000}{4,400 + \left(\dfrac{l}{r}\right)^2}$ | $\dfrac{l}{r} > 73$ | $\dfrac{1,200,000}{4,100 + \left(\dfrac{l}{r}\right)^2}$ | $\dfrac{l}{r} > 67.1$ | $\dfrac{1,200,000}{3,500 + \left(\dfrac{l}{r}\right)^2}$ |

### 3. 허용전단응력과 허용지압응력(MPa)

| 강 종 | SM490C-TMC | SM520C-TMC | HSB500 | HSB600<br>SM570-TMC | HSB800 |
|---|---|---|---|---|---|
| 판두께(mm) | 100 이하 | | | | 80 이하 |
| 전단응력 | 110 | 125 | 135 | 155 | 220 |
| 지압응력<br>(강판과 강판 사이) | 285 | 325 | 345 | 405 | 570 |

# 6. 휨응력을 받고 있는 판의 좌굴 <sup>86회/96회</sup>



복부판에 순수 휨응력이 가해질 경우 탄성 좌굴응력 $f_{cr}$ 은

$$f_{cr} = k \frac{\pi^2 E}{12(1 - \nu^2)} \left( \frac{t}{b} \right)^2$$

여기서 $E$는 탄성계수, $\nu$는 포아송비, $k$는 휨응력에 대한 좌굴계수로 판요소의 형상비($a/b$)와 4변의 경계조건에 따라 결정된다. 설계 시에는 안전측으로 형상비가 무한대인 경우로 간주한다.

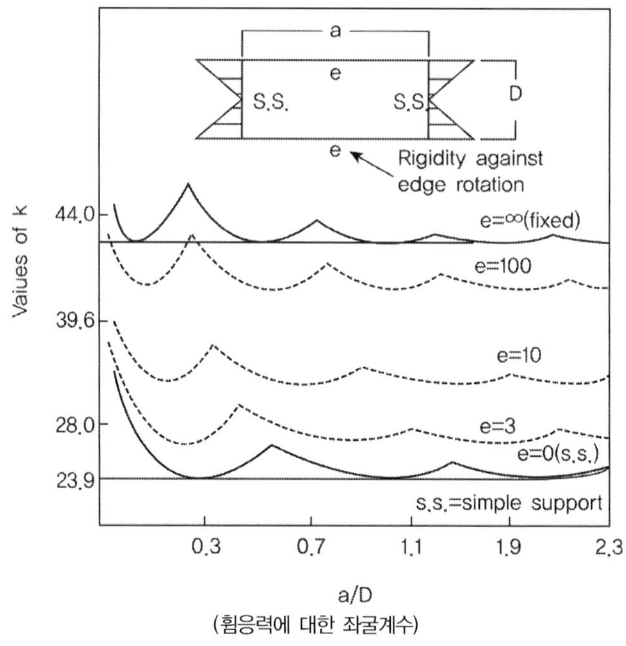


(휨응력에 대한 좌굴계수)

1) 지지조건

① 수직보강재를 설계할 때 단순지지조건을 만족하도록 하는 소요강성을 결정하기 때문에 복부판에서 수직보강재와 접하는 변의 경계조건은 단순지지로 취급한다. 그러나 플랜지와 접하는 변에서의 경계조건은 단순지지와 고정지지의 중간인 탄성지지(elastically restrained)된 상태이며 플랜지의 복부판에 대한 상대적인 강성에 따라 단순 또는 고정지지에 근접할 수 있다.

② 미국의 AISC에서는 플랜지와 복부판의 경계조건을 단순지지에서 고정지지 쪽으로 80% 정도 된다고 가정하고 있다.

③ AASHTO의 경우 단순지지로 가정하기도 하고 AISC와 같이 고정지지측의 80% 정도로 가정하

기도 한다.

④ 국내 도로교 설계기준(2008)에서는 단순지지로 가정하고 $k = 23.9$로 적용한다.

## 2) $b/t$ 비율 규정

### ① 수평보강재가 없는 경우

$$\frac{f_{cr}}{n} = \frac{k}{n} \frac{\pi^2 E}{12(1 - \nu^2)} \left(\frac{t}{b}\right)^2 \leq f_a \qquad \text{여기서 } n = 1.4(\text{안전계수}), \quad k = 23.9$$

$$\therefore \frac{b}{t} \geq \sqrt{\frac{k}{nf_a} \frac{\pi^2 E}{12(1 - \nu^2)}}$$

SM400강재 적용 시 $f_a = 140^{MPa}$이므로 복부판의 최소 두께는 설계기준에서 정하고 있는 $b/152$가 된다. 따라서 위의 값 이상이면 복부판의 최대 휨응력이 허용 휨인장응력에 도달하기 이전에 국부좌굴이 발생하지 않는다는 것을 의미한다.

### ② 수평보강재가 있는 경우

플레이트 거더의 높이가 큰 경우 복부판의 휨좌굴 강도를 높이기 위하여 복부판 두께를 증가시키거나 수평보강재를 대는 방법을 사용할 수 있다. 한 개의 수평보강재를 사용하는 경우 압축플랜지에서 0.2b 지점에 위치하는 것이 가장 효과적으로 응력이 각각 작용할 경우 동시에 좌굴이 발생할 수 있다. 2단을 사용할 경우 각각 0.14b, 0.36b에 위치하는 것이 효과적이다. 다만 수평보강재를 많이 사용하면 그만큼 복부판 휨좌굴강도는 증가하나 복부판과 보강재의 용접연결부에서 피로파괴의 우려가 있으므로 용접부에서 피로균열이 발생할 경우 구조물에 미치는 손상이 좌굴강도 증가효과보다 크기 때문에 AASHTO의 경우 2단 이상의 수평보강재의 설치를 권장하지 않는다.

수평보강재 1단 설치된 복부판은 수평보강재가 없는 경우에 비해 휨좌굴응력이 약 4.4배 증가한다. 따라서 수평보강재가 없는 경우 최소 두께를 $\sqrt{4.4} = 2.1$로 나눈 값이 최소 두께가 되지만 안전측으로 약 1.7로 나누어 적용하였다.

수평보강재 2단 설치된 경우 휨좌굴응력이 약 5.8배 증가하므로 수평보강재가 없는 경우 최소 두께를 $\sqrt{5.8} = 2.4$로 나눈 값이 최소 두께가 되며 기준에서는 2~2.4로 나누어 적용하였다.

## 3) 보강재 설치 규정 [91회/99회]



### ① 수평보강재 설치 기준

수평보강재는 복부판의 좌굴강도를 높이고 복부판 두께가 비경제적으로 두꺼워지지 않도록 하는 역할을 하지만 제작 측면에서는 수평보강재의 단수를 다단으로 하고 복부판 두께를 줄이는 것이 바람직하지 않다. 비합성 플레이트거더의 복부판 최소 두께 규정은 복부판의 국부좌굴을 고려하여 결정되어진 식으로 다음과 같이 계산된다.

☞ k=23.9(Simple-Simple supported), 안전계수 n=1.4 적용(수평보강재가 없는 경우)

$$\frac{f_{cr}}{n} = \frac{k}{n}\frac{\pi^2 E}{12(1-\mu^2)}\left(\frac{t}{b}\right)^2 \leq f_a \quad \rightarrow \quad \text{도로교 설계기준의 복부판 최소 두께 규정}$$

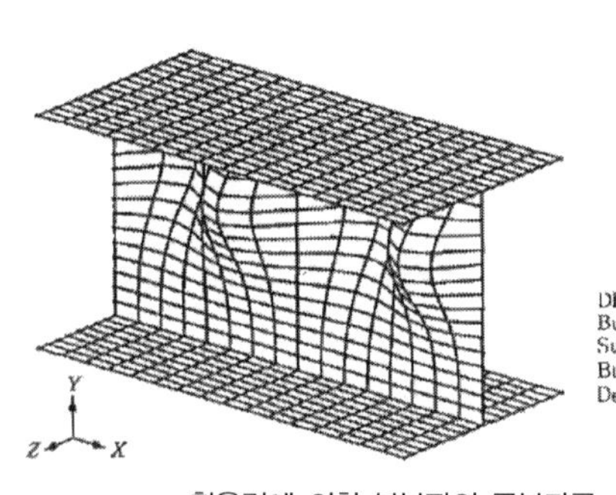

휨응력에 의한 복부판의 국부좌굴

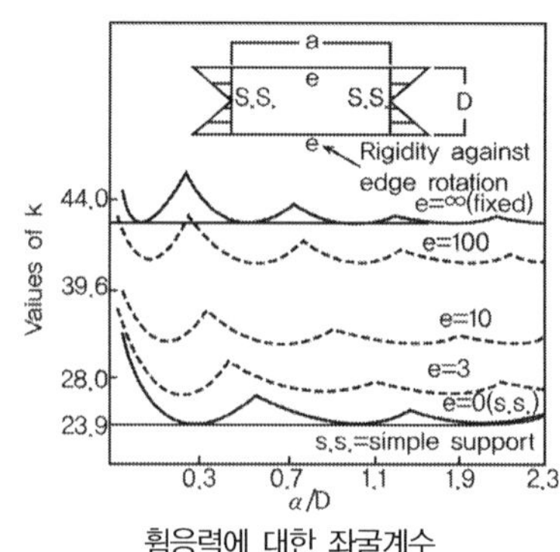


휨응력에 대한 좌굴계수

| 강          종 | SS400<br>SM400<br>SMA400 | SM490 | SM490Y<br>SM520<br>SMA520 | SM570<br>SMA570 |
|---|---|---|---|---|
| 수평보강재가 없을 때 | $\dfrac{b}{152}$ | $\dfrac{b}{130}$ | $\dfrac{b}{123}$ | $\dfrac{b}{110}$ |
| 수평보강재 1단을 사용할 때 | $\dfrac{b}{256}$ | $\dfrac{b}{220}$ | $\dfrac{b}{209}$ | $\dfrac{b}{188}$ |
| 수평보강재 2단을 사용할 때 | $\dfrac{b}{310}$ | $\dfrac{b}{310}$ | $\dfrac{b}{294}$ | $\dfrac{b}{262}$ |

주 : TMC, HSB 강재에 대해서는 [도·설 3.8.4.1, 표 3.8.2(b)]를 따른다.

비합성 플레이트 거더의 복부판 최소두께

**TIP** | AASHTO와 도로교의 Post Buckling Behavior 고려 비교 |

전단좌굴에 의한 보의 국부좌굴로 Post Buckling Behavior가 발생할 경우, 복부판이 분담해야 하는 휨모멘트의 일부가 플랜지로 전가되어 추가적인 하중이 증가하므로 AISC에서는 Web의 국부좌굴을 허용하는 대신에 플랜지의 추가적인 하중증가를 고려하여 강도를 감소시키도록 하고 있다. 국내의 도로교 설계기준에서는 AASHTO 설계기준과 같이 Web의 국부좌굴 방지를 위한 b/t 규정제한에 따라 허용하지 않는 대신 Post Buckling Behavior에 대한 부분을 국부좌굴에 대한 안전계수를 낮추는 방법으로 간접적으로 고려하고 있다.

② 수평보강재의 간격

수평보강재를 3단 이상 사용 시의 강재 위치는 패널의 국부응력을 고려하여 결정한다.

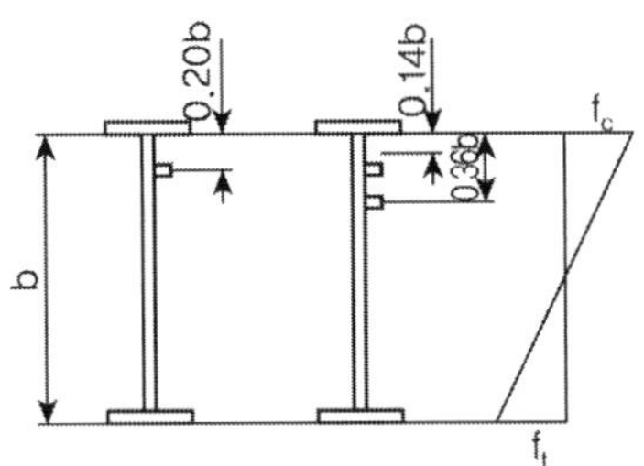



 **│수평보강재가 있는 경우│**

플레이트 거더의 높이가 큰 경우 복부판의 휨좌굴강도를 높이기 위하여 복부판 두께를 증가시키거나 수평보강재를 대는 방법이 사용된다. 연구에 의하면 한 개의 수평보강재만 사용하는 경우 압축플랜지 에서부터 0.2b되는 곳에 위치하는 것이 가장 효과적인 것으로 알려져 있다. 이 위치에 수평보강재를 대면 보강재로 구분되는 두 개의 사변 단순지지판에 위의 그림과 같은 응력이 작용할 경우 동시에 좌 굴이 발생한다. 그리고 2단을 사용할 경우에는 각각 0.14b, 0.36b에 위치하는 것이 좋다.

수평보강재를 많이 사용하면 그만큼 복부판의 휨좌굴강도는 증가하나 복부판과 보강재의 용접 연결부 에서 피로파괴가 발생할 우려가 있다. 수평보강재를 추가로 대어 얻는 휨좌굴강도의 증가효과보다는 만일의 경우 용접부에서 피로균열이 발생할 경우 구조물에 미치는 손상이 훨씬 크기 때문에 미국 AASHTO시방서에서는 2단 이상의 수평보강재가 있는 복부판에 대한 규정이 없으며 이를 권장하지 않 는다.

③ 수평보강재의 설계강도

$$I = \frac{tb^3}{12} \geq I_{req} = \frac{bt^3}{10.92}\gamma \quad \gamma = 30\left(\frac{a}{b}\right)$$

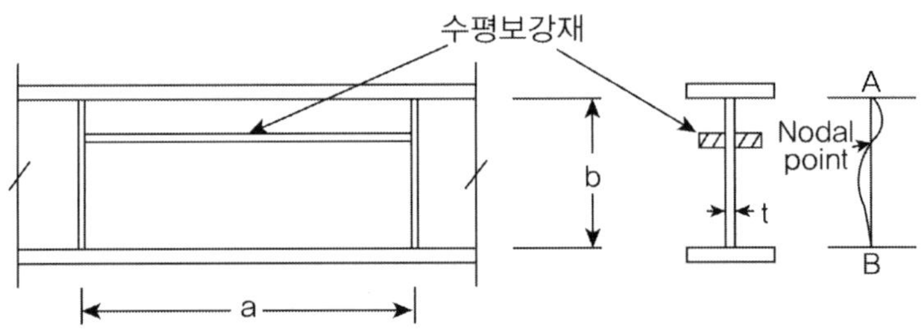



④ 부식, 용접성 등을 고려하여 경험적으로 수직보강재의 두께가 그 폭의 1/16 이상 되게 하고 복

부판 높이의 1/30+50mm보다 크게 하도록 규정

$$t \geq \frac{1}{16}b, \quad \frac{h_{web}}{30}+50^{mm}$$

⑤ 수직보강재

복부판의 최소 두께는 휨응력에 의한 국부좌굴만 고려하여 구한 값이므로 복부판에서는 휨응력뿐만 아니라 전단응력이 동시에 작용하므로 합성작용에 의한 국부좌굴을 고려하여야 하며 필요시 수직보강재를 설치하여야 한다.

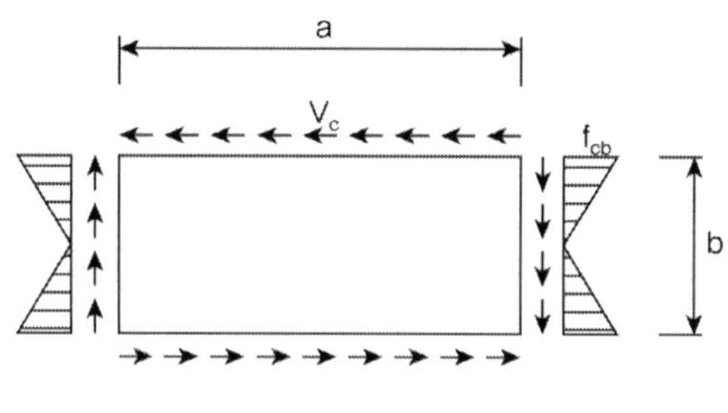


휨응력과 전단응력의 동시작용

⑥ 수직보강재의 간격

다음 식의 관계를 만족하도록 결정하되

지점부에서는 a/b≤1.5로 하고 그 밖에는 a/b≤3.0으로 한다.

– 수평보강재를 사용하지 않을 경우(아래 식을 대입하여 산정)

$$\frac{a}{b} > 1, \quad \left[\frac{b}{100t}\right]^4 \left[\left\{\frac{f}{365}\right\} + \left\{\frac{v}{81+61(b/a)^2}\right\}\right]^2 \leq 1$$

$$\frac{a}{b} > 1, \quad \left[\frac{b}{100t}\right]^4 \left[\left\{\frac{f}{365}\right\} + \left\{\frac{v}{61+81(b/a)^2}\right\}\right]^2 \leq 1$$

– 수평보강재 1단을 사용할 경우(복부판 높이 b 대신 0.85b, f 대신 0.6f 대입)

$$\frac{a}{b} > 0.80, \quad \left[\frac{b}{100t}\right]^4 \left[\left\{\frac{f}{950}\right\} + \left\{\frac{v}{127+61(b/a)^2}\right\}\right]^2 \leq 1$$

$$\frac{a}{b} > 0.80, \quad \left[\frac{b}{100t}\right]^4 \left[\left\{\frac{f}{950}\right\} + \left\{\frac{v}{95+81(b/a)^2}\right\}\right]^2 \leq 1$$

– 수평보강재 2단을 사용할 경우(복부판 높이 b 대신 0.64b, f 대신 0.28f 대입)

$$\frac{a}{b} > 0.64, \quad \left[\frac{b}{100t}\right]^4 \left[\left\{\frac{f}{3,150}\right\} + \left\{\frac{v}{197 + 61\,(b/a)^2}\right\}\right]^2 \leq 1$$

$$\frac{a}{b} > 0.64, \quad \left[\frac{b}{100t}\right]^4 \left[\left\{\frac{f}{3,150}\right\} + \left\{\frac{v}{148 + 81\,(b/a)^2}\right\}\right]^2 \leq 1$$

**TIP** | 휨응력($f$)와 전단응력($v$)가 동시작용 시 좌굴에 대한 상관관계식

$$\left[\frac{f}{f_{cr}}\right]^2 + \left[\frac{v}{v_{cr}}\right]^2 \leq 1 \qquad \text{(S.F 1.25 사용)}$$

여기서, $f_{cr} = k\dfrac{\pi^2 E}{12(1-\mu^2)}\left(\dfrac{t}{b}\right)^2, \quad v_{cr} = k_v\dfrac{\pi^2 E}{12(1-\mu^2)}\left(\dfrac{t}{b}\right)^2$

$k_v$(전단좌굴계수) : 형상비에 따라 정의된다.

$$a/b > 1 : k_v = 5.34 + \frac{4.00}{(a/b)^2} \qquad\qquad a/b \leq 1 : k_v = 4.00 + \frac{5.34}{(a/b)^2}$$

$$\left[\frac{f}{1.25 f_{cr}}\right]^2 + \left[\frac{v}{1.25 v_{cr}}\right]^2 \leq 1$$

$$\rightarrow (1.25)^2 \left[\frac{b}{t}\right]^4 \left[\frac{12(1-\mu^2)}{\pi^2 E}\right]^2 \left[\left\{\frac{f}{23.9}\right\}^2 + \left\{\frac{v}{k_v}\right\}^2\right] \leq 1$$

$$\rightarrow (1.25)^2 \left[\frac{b}{100t}\right]^4 \left[\left\{\frac{f}{(190)(23.9)}\right\}^2 + \left\{\frac{v}{190 k_v}\right\}^2\right] \leq 1$$

이 식에서 전단좌굴계수만 변하는 값이고 나머지는 고정된 값을 가지고 있다. 전단좌굴계수 $k_v$는 수직보강재의 간격 a의 함수로 표현된다. 설계 시에는 복부판에 작용하는 전단응력의 크기에 따라 $k_v$를 조절함으로써 다시 말해서 수직보강재의 간격을 조절함으로써 만족시키면 된다. 국내에서는 관습적으로 수직보강재를 불필요할 정도로 촘촘하게 설치하는 경향이 있다. 그러나 수직보강재를 과다하게 설치하면 제작비용이 증가하고 복부판의 피로강도에 나쁜 영향을 미치게 되므로 간격을 규정에 맞게 합리적으로 결정하여야 한다.

⑦ 수직보강재의 설계강도

$$I = \frac{tb^3}{12} \;\geq\; I_{req} = \frac{bt^3}{10.92}\gamma\,, \qquad\qquad \gamma = 8.0\left(\frac{b}{a}\right)^2$$

⑧ 수직보강재의 폭은 복부판 높이의 1/30+50mm보다 크게, 두께는 수직보강재 폭의 1/13 이상

$$b \geq \frac{h_{web}}{30} + 50^{mm}, \qquad t \geq \frac{1}{13}b$$

⑨ 하중집중점의 보강재

- 지점, 가로보, 세로보, 수직브레이싱 등의 연결부와 같은 집중하중점에는 반드시 보강재를 설치하여야 한다.
- 지점부에 설치하는 수직보강재는 압축력을 받는 기둥으로 보고 허용축방향압축응력에 따라 설계한다. 이때 보강재 전단면과 복부판 가운데 보강재 부착재에서 양쪽으로 각각 복부판 두께의 12배(총 24t)까지 유효단면이라고 생각할 수 있으며, 전체 유효단면은 보강재 단면의 1.7배를 넘어서는 안 된다.
- 허용응력의 계산에 사용하는 단면회전반경은 복부판의 중심선에 대해 구하고 유효좌굴길이는 플레이트거더 높이의 1/2로 한다(스캘럽에 의한 단면손실 고려 안 함).
- 교좌받침 교체를 위한 보강부재의 설계 시 설계반력은 할증한다($R_D + 1.5R_L$).

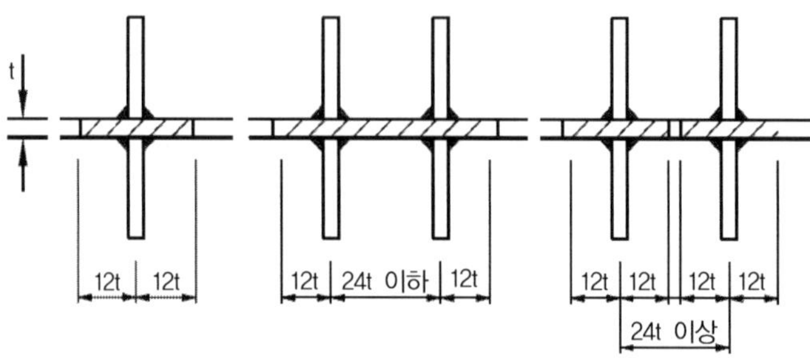


## 7. 축력과 휨을 받는 부재

보-기둥(Beam-Column)구조는 휨모멘트와 축방향 압축력을 동시에 받는 구조로 기둥과 보의 중간적으로 조합된 거동양상을 하며 실제 거동은 P-$\varDelta$ 해석을 통한 고도의 해석과 설계과정이 필요하다. 실무에서는 설계의 편리성을 위해서 도로교 설계기준에서 제시하는 모멘트 증가계수(MMF, MAF)를 이용한 방법이 주로 사용된다.

P-$\varDelta$ 효과(2차 모멘트) ⇨ 비선형 해석요구 ⇨ 설계간편식 ⇨ 적용 용이, 소요정확성 확보

1) 축응력과 휨응력의 단순중첩($P_c/P_{ca} \leq 0.15$)

단순선형이론으로 2차 모멘트에 의한 비선형 효과를 고려하지 않는다.

$$f = \frac{P}{A} \pm \frac{M}{I}c, \qquad f = \frac{P}{A} \pm \frac{M_z}{I_z}y \pm \frac{M_y}{I_y}z \quad \text{(y축과 z축 휨이 동시 발생 시)}$$

2) P–$\Delta$ 효과(축하중 P를 받는 초기처짐 $\delta_0$ 가 있는 보)

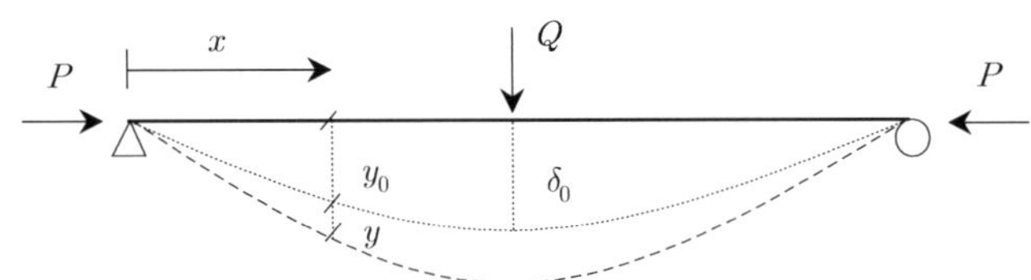


$$M_{\max} = P\delta_0\left(\frac{\dfrac{P_{cr}}{P}}{\dfrac{P_{cr}}{P} - 1}\right) = P\delta_0\left(\frac{1}{1 - \dfrac{P}{P_{cr}}}\right) \qquad \text{MAF(Moment Amplification factor)} = \left(\frac{1}{1 - \dfrac{P}{P_{cr}}}\right)$$

3) P–$\Delta$ 효과를 고려한 P–M상관식

1차 모멘트 증가계수를 포함하여 평가하며, 이를 고려하지 않을 경우 실제 파괴하중을 과소평가하게 된다.

$$\frac{P}{P_y} + \frac{M}{M_y(1 - P/P_E)} = 1 \qquad P_E : \text{오일러 하중}$$

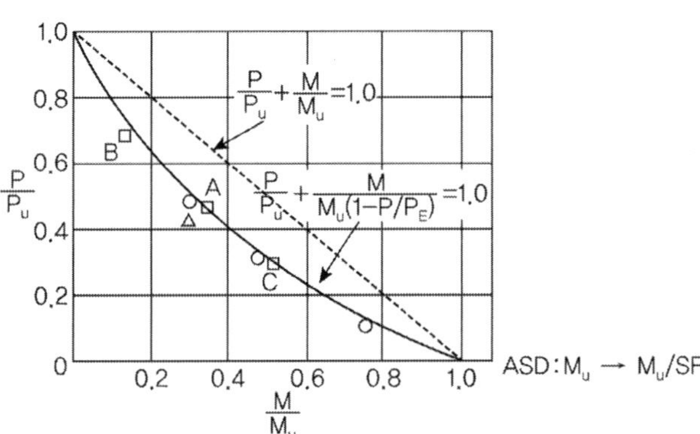


4) 휨모멘트 크기 변화를 고려한 P–M상관식

부재의 양끝에서 모멘트 $M_1$ 과 $M_2$ 의 효과를 고려

$$\frac{P}{P_y} + \frac{C_m M}{M_y(1 - P/P_E)} = 1, \qquad C_m : \text{휨모멘트 감소계수}$$

도로교 설계기준 : 양단 사이에서 휨모멘트가 직선적으로 변화하는 경우 $M/M_{eq}$를 곱하여 허용응력을 증가한다. 환산휨모멘트는 다음 식의 두 값 중 큰 값으로 고려한다.

$$M_{eq} = 0.6M_1 + 0.4M_2 \ (M_1 \geq M_2), \quad M_{eq} = 0.4M_1$$

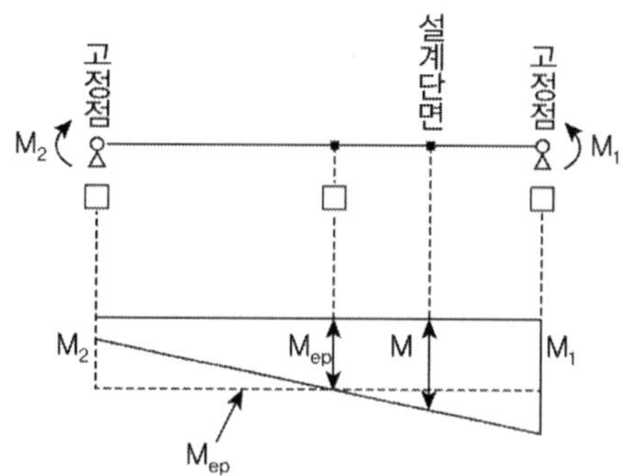


## 5) 허용응력 P–M상관식

### ① 안전계수를 고려한 상관식

$$\frac{f_c}{f_{ca}} + \frac{C_m f_b}{f_{ba}(1 - f_c/f_{Ea})} = 1, \qquad \frac{f_c}{f_{ca}} + \frac{C_{my}f_{by}}{f_{bay}(1 - f_c/f_{Eay})} + \frac{C_{mz}f_{bz}}{f_{baz}(1 - f_c/f_{Eaz})} = 1$$

### ② 도로교 설계기준

- 축방향력(인장)과 휨모멘트를 받는 부재 : 다음조건에 대하여 검사한다.

$$f_t + f_{bty} + f_{btz} \leq f_{ta}, \quad -\frac{f_t}{f_{ta}} + \frac{f_{bty}}{f_{bagy}} + \frac{f_{bcz}}{f_{bao}} \leq 1.0, \quad -f_t + f_{bcy} + f_{bcz} \leq f_{cal}$$

- 축방향력(압축)과 휨모멘트를 받는 부재 : 다음조건에 대하여 검사한다.

$$\text{보–기둥효과 검토} : \frac{f_c}{f_{caz}} + \frac{f_{bcy}}{f_{bag}(1 - f_c/f_{Ey})} + \frac{f_{bcz}}{f_{bao}(1 - f_c/f_{Ez})} \leq 1.0$$

$$\text{국부좌굴 영향 검토} : f_c + \frac{f_{bcy}}{(1 - f_c/f_{Ey})} + \frac{f_{bcz}}{(1 - f_c/f_{Ez})} \leq f_{cal}$$

$$f_{Ey} = \frac{1,200,000}{\left(\dfrac{l}{r_y}\right)^2}, \quad f_{Ez} = \frac{1,200,000}{\left(\dfrac{l}{r_z}\right)^2}$$

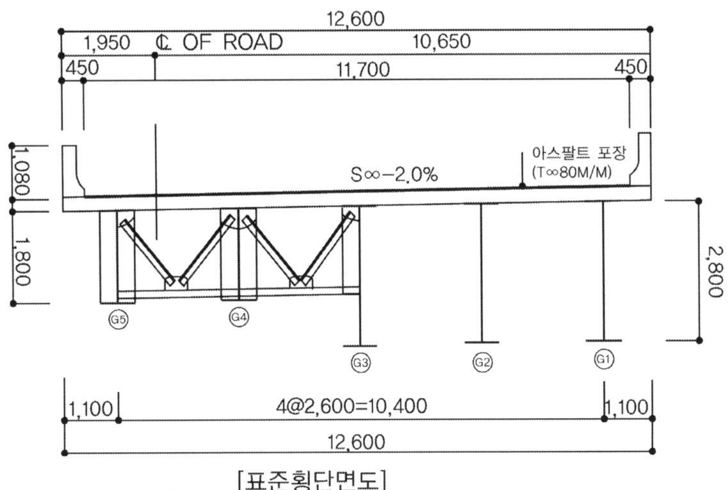



[표준횡단면도]

풀 이

## ➤ 수직브레이싱 설계

1) 하중산정

① 풍하중

D = 방호벽 높이 + 슬래브 두께 + 주형높이 = 1,080 + 240 + 1,800 = 3,120mm

B = 12,600mm

B/D = 4.038    ∴ 1 ≤ B/D < 8이므로,

$$P_w = (4.0 - 0.2B/D)D = 9.96kN/m > 6kN/m$$

수직브레이싱의 간격을 5.0m로 가정(6m 이내, 플랜지폭의 30배 이하)

∴ 1개의 수직브레이싱에 작용하는 하중 = 9.96×5 = 49.8kN

② 지진하중

전체 고정하중 : 24,021.469 kN

$H_e$ = (전체고정하중/연장)×1/2×가속도 = (24,021,469/170)×0.5×0.11 = 7.77kN/m

∴ 1개의 수직브레이싱에 작용하는 하중 = 7.77×5 = 38.85kN

∴ 풍하중으로 설계한다.

2) 부재력 계산

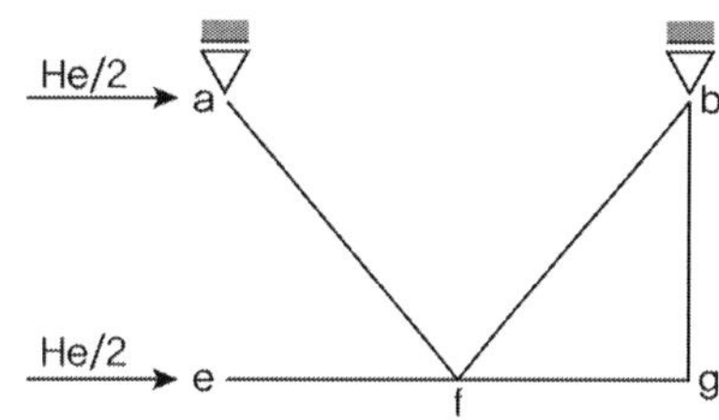

① 부재 제원(mm)

   (1) 상현재 : L100×100×10(SM400)

   (2) 하현재 : L100×100×10(SM400)

   (3) 사 재 : L 90× 90×10(SM400)

② 부재력 계산

(1) 하현재 : $f_{ef,fg} = -\dfrac{1}{2} \times H_e = -24.9kN$

(2) 사 재 : $f_{af} = -\dfrac{1}{2} \times f_{ef} \times \dfrac{d}{l} = -\dfrac{1}{2} \times -24.9 \times \dfrac{1,896.882}{1,124} = 21.011kN$

        $f_{fb} = -f_{af} = -21.011kN$

(3) 상현재 : $f_{ab} = -\dfrac{1}{2} \times H_e - f_{af} \times \dfrac{l}{d} = -\dfrac{1}{2} \times 49.8 - 21.011 \times \dfrac{1,124}{1,896.882} = -37.35kN$

3) 단면검토

① 상현재 [L100×100×10×2,448(SM400)]

$A = 1,900mm^2, \quad r_{\min} = 19.5mm, \quad r_x(= r_y) = 30.4mm$

(1) 세장비     $\lambda = \dfrac{l}{r_{\min}} = \dfrac{2,448}{19.5} = 125.538 < 150$

(2) 허용압축응력

   $\lambda = \dfrac{l}{r_y} = \dfrac{2,448}{30.4} = 80.526, \quad f_{ca} = 140 - 0.84(\lambda - 20) = 89.158MPa$

거셋판에 연결된 경우 허용압축응력 저감

   $f_{ca}{}' = f_{ca} \times \left(0.5 + \dfrac{l/r_y}{1,000}\right) = 89.158 \times \left(0.5 + \dfrac{80.526}{1,000}\right) = 51.759MPa$

(3) 응력검토     $f = \dfrac{P}{A} = \dfrac{37,350}{1,900} = 19.658 < f_{ca}{}'$

② 사재 [L90×90×10×1,897(SM400)]

$A = 1,700mm^2, \quad r_{\min} = 17.4mm, \quad r_x(= r_y) = 27.1mm$

(1) 세장비     $\lambda = \dfrac{l}{r_{\min}} = \dfrac{1,897}{17.4} = 109.023 < 150$

(2) 허용압축응력

$$\lambda = \frac{l}{r_y} = \frac{1,897}{27.1} = 109.023, \quad f_{ca} = 140 - 0.84(\lambda - 20) = 98.0\,MPa$$

거셋판에 연결된 경우 허용압축응력 저감

$$f_{ca}{}' = f_{ca} \times \left(0.5 + \frac{l/r_y}{1,000}\right) = 98 \times \left(0.5 + \frac{70}{1,000}\right) = 55.860\,MPa$$

(3) 응력검토　$f = \dfrac{P}{A} = \dfrac{21,010.833}{1,700} = 12.359 < f_{ca}{}'$

③ 하현재 [L100×100×10×2,448(SM400)]

$$A = 1,900\,mm^2, \quad r_{\min} = 19.5\,mm, \quad r_x\,(= r_y) = 30.4\,mm$$

(1) 세장비　$\lambda = \dfrac{l}{r_{\min}} = \dfrac{2,448}{19.5} = 125.538 < 150$

(2) 허용압축응력

$$\lambda = \frac{l}{r_y} = \frac{2,448}{30.4} = 80.526, \quad f_{ca} = 140 - 0.84(\lambda - 20) = 89.158\,MPa$$

거셋판에 연결된 경우 허용압축응력 저감

$$f_{ca}{}' = f_{ca} \times \left(0.5 + \frac{l/r_y}{1,000}\right) = 89.158 \times \left(0.5 + \frac{80.526}{1,000}\right) = 51.759\,MPa$$

(3) 응력검토　$f = \dfrac{P}{A} = \dfrac{24,900}{1,900} = 13.105 < f_{ca}{}'$

### ➤ 수평브레이싱 설계

1) 하중산정

수평하중(풍하중)에 대해 상판과 수평브레이싱이 1/2씩 분담하므로, $H_e = 9.96/2 = 4.98\,kN$

2) 부재력 계산(트러스 사재 영향선)

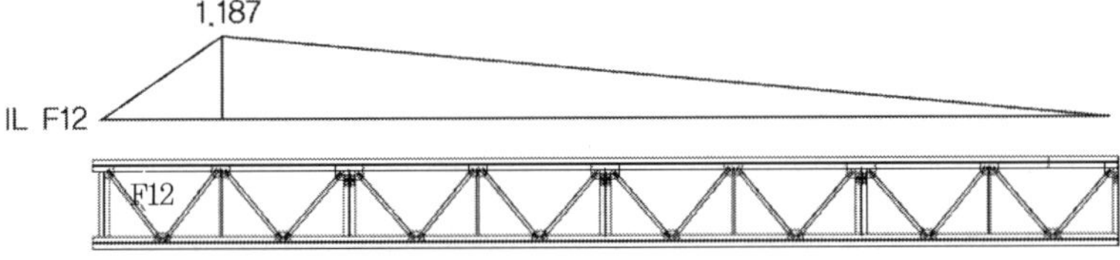


수평브레이싱에 대한 영향선 면적 : 23.74
수평하중에 대한 수평브레이싱의 최대부재력은 $F_{12\max} = 4.98 \times 23.74 = 118.23\,kN$

3) 단면검토(L130×130×9×3,070 (SM400))

$$A = 2,259mm^2, \quad r_{\min} = 25.7mm, \quad r_x(= r_y) = 40.1mm$$

① 세장비　　$\lambda = \dfrac{l}{r_{\min}} = \dfrac{3,070}{25.7} = 119.455 < 150$

② 허용압축응력

$$\lambda = \frac{l}{r_y} = \frac{3,070}{30.4} = 76.559, \quad f_{ca} = 140 - 0.84(\lambda - 20) = 92.491MPa$$

거셋판에 연결된 경우 허용압축응력 저감

$$f_{ca}' = f_{ca} \times \left(0.5 + \frac{l/r_y}{1,000}\right) = 92.49 \times \left(0.5 + \frac{76.559}{1,000}\right) = 53.326MPa$$

③ 응력검토　　$f = \dfrac{P}{A} = \dfrac{118,225.2}{2,259} = 52.335 < f_{ca}'$

## 다이아프램 응력검토

다음 그림과 같은 지점부 다이아프램에서 단면 A와 단면 B의 응력을 검토하시오.

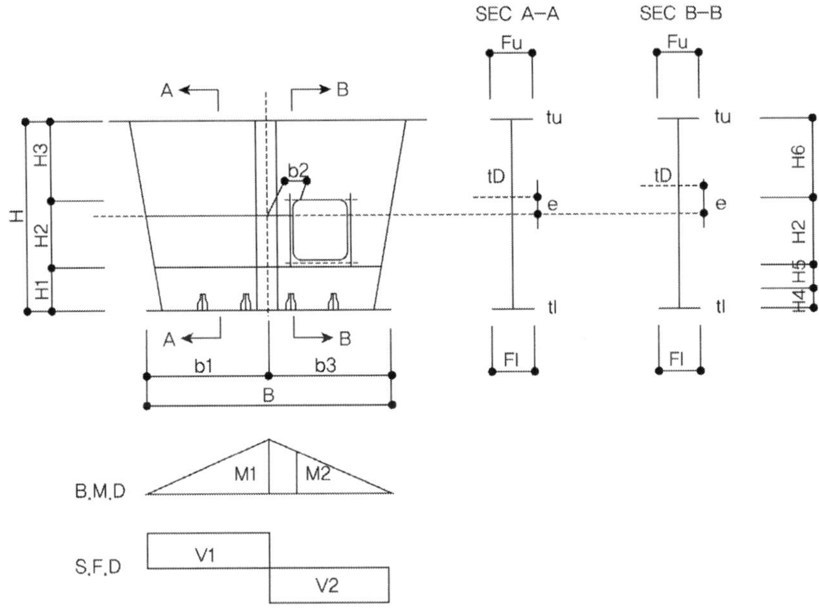


| B | H | H1 | H2 | H3 | H4 | H5 | H6 | b1 | b2 | b3 | tu | tD | tl |
|---|---|---|---|---|---|---|---|---|---|---|---|---|---|
| 1,800 | 2,700 | 400 | 800 | 1,500 | 150 | 250 | 1,500 | 900 | 200 | 900 | 20 | 14 | 16 |

지점부 반력(kN) 6,000kN

$f_v = 215.0 MPa$ (지점부 보강재 수직응력), 강종(HSB500)



### ▶ 단면 A-A 상수

$$F_u = 24t_u = 480^{mm}, \quad F_l = 24t_l = 384^{mm}$$

| 구분 | A(mm²) | Y(mm) | AY(mm²) | AY2(mm⁴) | I(mm⁴) |
|---|---|---|---|---|---|
| UP-FLG($24t_u \times t_u$) | 9,600 | 1,360 | 13,056,000 | 17,756,160,000 | 320,000 |
| DIA-PL(2700×14) | 37,800 | – | – | | 10,804,500,000 |
| LOW-FLG($24t_l \times t_l$) | 6,144 | -1,358 | -8,343,552 | 11,330,543,616 | 131,072 |
| 계 | 53,544 | | 4,712,448 | 29,086,703,616 | 10,804,951,072 |

$$e = \sum Ay / \sum A = 4,712,448 / 53,544 = 88.01$$

$$I = \sum I_0 + \sum Ay^2 - \sum A \times e^2 = 10,804,951,072 + 29,086,703,616 - 53,544 \times 88.01^2 = 3.9477 \times 10^{10mm^4}$$

> ▶ 단면 A-A 응력검토

$$V_1 = V_2 = 3000^{kN}, \quad M_1 = 3000 \times 0.9 = 2700^{kNm}$$

$$f_b = \frac{M_1}{I} y = \frac{2700 \times 10^{6Nmm}}{3.9477 \times 10^{10mm^4}} \times (1350 + 16) = 93.43^{MPa} < f_a(230^{MPa})$$

$$f_v = \frac{V_1}{A_{dia}} = \frac{3000 \times 10^{3N}}{37800^{mm^2}} = 79.4^{MPa} < f_{Va}(135^{MPa})$$

2축 응력 상태 검토

$$\left(\frac{f_v}{f_a}\right)^2 - \left(\frac{f_v}{f_a}\right)\left(\frac{f_l}{f_a}\right) + \left(\frac{f_l}{f_a}\right)^2 + \left(\frac{v}{v_a}\right)^2 = \left(\frac{215}{230}\right)^2 - \left(\frac{215}{230}\right)\left(\frac{93.43}{230}\right) + \left(\frac{93.43}{230}\right)^2 + \left(\frac{79.4}{135}\right)^2 = 1.01 < 1.2$$

O.K

> ▶ 단면 B-B 상수

| 구분 | A(mm$^2$) | Y(mm) | AY(mm$^2$) | AY2(mm$^4$) | I(mm$^4$) |
|---|---|---|---|---|---|
| UP-FLG($24t_u \times t_u$) | 9,600 | 1,360 | 13,056,000 | 17,756,160,000 | 320,000 |
| DIA-PL(1500×14) | 21,000 | 600 | 1,260,000 | 756,000,000 | 3,937,500,000 |
| DIA-PL(400×14) | 5,600 | −1,150 | −6,440,000 | 7,406,000,000 | 74,666,667 |
| LOW-FLG($24t_l \times t_l$) | 6,144 | −1,358 | −8,343,552 | 11,330,543,616 | 131,072 |
| 계 | 42,344 | | −467,552 | 37,248,703,616 | 4,012,617,739 |

$$e = \sum Ay / \sum A = -467{,}552 / 42{,}344 = -11.042$$

$$I = \sum I_0 + \sum Ay^2 - \sum A \times e^2 = 4{,}012{,}617{,}739 + 37{,}248{,}703{,}616 - 42{,}344 \times 11.042^2 = 4.1256 \times 10^{10mm^4}$$

> ▶ 단면 B-B 응력검토

$$M_2 = M_1 \times \frac{(b_3 - b_2)}{b_3} = 2700 \times \frac{7}{9} = 2100^{kNm}$$

$$f_b = \frac{M_2}{I} y = \frac{2100 \times 10^{6Nmm}}{4.1256 \times 10^{10mm^4}} \times (1350 + 16 - 11.042) = 68.97^{MPa} < f_a(230^{MPa})$$

$$f_v = \frac{V_1}{A_{dia}} = \frac{3000 \times 10^{3N}}{26600^{mm^2}} = 112.78^{MPa} < f_{Va}(135^{MPa})$$

2축 응력 상태 검토

$$\left(\frac{f_v}{f_a}\right)^2 - \left(\frac{f_v}{f_a}\right)\left(\frac{f_l}{f_a}\right) + \left(\frac{f_l}{f_a}\right)^2 + \left(\frac{v}{v_a}\right)^2 = \left(\frac{215}{230}\right)^2 - \left(\frac{215}{230}\right)\left(\frac{68.97}{230}\right) + \left(\frac{68.97}{230}\right)^2 + \left(\frac{112.78}{135}\right)^2 = 1.38 > 1.2$$

N.G

### 허용휨모멘트

경간 6.0m 단순 휨을 받는 비대칭 판형교의 극한 휨모멘트 $M_u$와 허용휨모멘트 $M_a$를 구하시오. 단, SS400강재를 사용하고 도로교 설계기준에 따르며 자중은 무시한다. 주어진 단면의 제원은 다음과 같다.

| 구 분 | | $A$ | $y$ | $Ay$ | $I(=Ay^2)$ |
|---|---|---|---|---|---|
| Upper fl. | PL 250×20 | 5,000 | −510 | −2,550,000 | 1,300,500,000 |
| Web | PL 1000×10 | 10,000 | 0 | 0 | 833,330,000 |
| Lower fl. | PL 200×20 | 4,000 | 510 | 2,040,000 | 1,040,400,000 |
| 계 | | 19,000 | | −510,000 | 3,174,230,000 |





### ▶ 단면계수

$$e = -\,510,000/19,000 = -\,26.8mm, \quad I_y = I_x - Ad^2 = 3,160,580,000mm^4$$

$$y_c = 520 - 26.8 = 493.2^{mm}, \qquad y_t = 520 + 26.8 = 546.8^{mm}$$

$$S_c = I_y/y_c = 6,408,000^{mm^3}, \qquad S_t = I_y/y_t = 5,780,000^{mm^3}$$

### ▶ 극한 휨 압축응력 산정

$$\frac{A_w}{A_c} = \frac{10,000}{5,000} = 2.0 \leq 2.0 \quad \therefore k = 2.0, \qquad \frac{l}{b} = \frac{6,000}{250} = 24$$

$$f_{cr} = \frac{\pi^2 E}{4\left(k\dfrac{l}{b}\right)^2} = \frac{\pi^2 \times 2.1 \times 10^5}{4(2.0 \times 24)^2} = 224.9^{MPa}, \quad \alpha = \sqrt{\frac{f_y}{f_{cr}}} = \sqrt{\frac{240}{224.9}} = 1.033 > 0.2$$

$$\frac{f_{bu}}{f_y} = 1 - 0.412(\alpha - 0.2) \quad \therefore f_{bu} = 157.63^{MPa}, \quad f_{ba} = \frac{f_{bu}}{S.F} = \frac{157.63}{1.7} = 92.72^{MPa}$$

### ▶ 극한 휨모멘트 산정

$$M_{bu} = f_{bu} \times S_c = 157.6 \times 6,408,000 = 1,010kNm \ (\text{C}),$$

$$M_y = f_y S_t = 240 \times 5,780,000 = 1,387kNm \ (\text{T}) \quad \therefore M_u = \min[M_{bu}, \ M_y] = 1,010kNm$$

### ▶ 허용 휨모멘트 산정

$$M_{ba} = f_{ba} \times S_c = 92.72 \times 6,408,000 = 597kNm$$

$$M_t = f_a \times S_t = 140 \times 5,780,000 = 809kNm \quad \therefore M_a = \min[M_{ba}, \ M_t] = 597kNm$$

## 웨브 좌굴 보강

플레이트 거더의 웨브 좌굴 보강 방법에 대하여 설명하시오.

### 풀 이

> **개요**

휨에 대해 거동하는 플레이트 거더교에서는 좌굴은 보의 전체거동에 영향을 주는 횡비틀림좌굴(LTB, Lateral Torsional Buckling)과 플랜지(FLB, Flange Local Buckling)와 웨브(WLB, Web Local Buckling)에서의 국부좌굴로 구분될 수 있다. 웨브의 경우 보강재를 통해 국부좌굴이 발생되지 않도록 하는 것이 일반적인 웨브의 좌굴 보강방법이다. 웨브의 좌굴은 보강재의 보강으로 인해 좌굴 후 강도(Post buckling strength)가 상당한 크기로 발휘되는 특성이 있다. 그러나 이전의 허용응력설계법에서는 국부좌굴을 허용하지 않았기 때문에 웨브 좌굴의 안전율을 작게 설정하는 방법을 주로 사용하였으나, 도로교설계기준(2015)에서는 웨브의 전단좌굴을 고려할 때 인장장 작용여부에 따라 구분하여 강도를 산정하도록 하고 있다.

일반적으로 플레이트 거더 웨브의 설계는 다음의 두 가지 접근법이 사용된다. ① 좌굴 후 강도를 허용하기 위해 안전율을 상대적으로 낮게 설정한 한계상태를 기준으로 하는 방법  ② 다른 부재들과 마찬가지로 항복이나 극한강도에 대한 안전율을 동등하게 설정한 한계상태를 기준으로 하는 방법

| 구분 | Shear Buckling of web | Compression buckling of web | Local buckling of web<br>(Due to vertical load) |
|------|------------------------|------------------------------|--------------------------------------------------|
| 형상 | | | Distributed　Concentrated　Bending |

〈Plate Girder 웨브의 좌굴 형상〉

> **웨브의 좌굴 보강방법**

좌굴에 대한 설계상의 대책은 허용응력의 감소를 통해서 부재의 좌굴 안정성을 확보하는 방법과 보강재를 통해서 강도 증가, 비지지길이 감소, 세장비 감소, 국부좌굴방지 등을 통해서 강도를 확보하는 방법으로 크게 구분할 수 있다.

1) 허용응력설계법

　① 허용응력의 저감 : 강구조의 허용압축응력은 기둥의 좌굴강도, 보의 횡좌굴 강도를 기본 내하

력으로 하여 결정된다. 기본 내하력은 부재의 잔류응력, 초기 변형 등의 불완전 성질을 고려한 실험적 방법으로 구해진다. 허용응력은 기본 내하력에 안전율로 나누어 구한다.

② 각종 보강재를 이용한 보강 설계 : 강부재의 면외좌굴로 인한 국부좌굴을 방지하기 위하여 각종 보강재를 설치하여 국부좌굴을 방지하도록 한다.

## 2) 한계상태설계법

① 좌굴 후 강도 고려 : 좌굴 후 강도를 허용하기 위해 안전율을 상대적으로 낮게 설정한 한계상태를 기준으로 하는 방법
② 좌굴 후 강도 미고려 : 다른 부재들과 마찬가지로 항복이나 극한강도에 대한 안전율을 동등하게 설정한 한계상태를 기준으로 하는 방법

좌굴이 플레이트 거더 웨브의 기본 설계의 개념으로 정의할 때 보수적인 보 이론에 따라 계산된 웨브의 최대 응력은 안전율을 고려한 좌굴응력을 초과하지 않아야 하며, 플레이트 거더 웨브의 좌굴을 결정하는 기하학적 변수는 웨브의 두께(t), 웨브의 깊이(h), 횡방향보강재의 간격(a) 등이 있다.

### 후좌굴

후 좌굴(Post Buckling)에 대하여 설명하시오.

### 풀 이

## ▶ 개요

일반적인 기둥과 달리 plate girder의 web은 보강재 등으로부터 구속되어 있다. 후 좌굴 현상 (Post Buckling Behavior)은 이러한 구속조건 등으로 인해서 좌굴이 발생된 이후에도 극한상태에 도달하지 않고 일정 수준 이상의 강도를 나타내는 현상을 말한다. plate girder의 web에서는 이 러한 후 좌굴 현상으로 면내의 인장력이 발생되는데 이를 인장장(tension field)이라고 한다.

## ▶ 후 좌굴 현상

1) 판의 좌굴 후 거동(Post Buckling behavior)의 발생원리

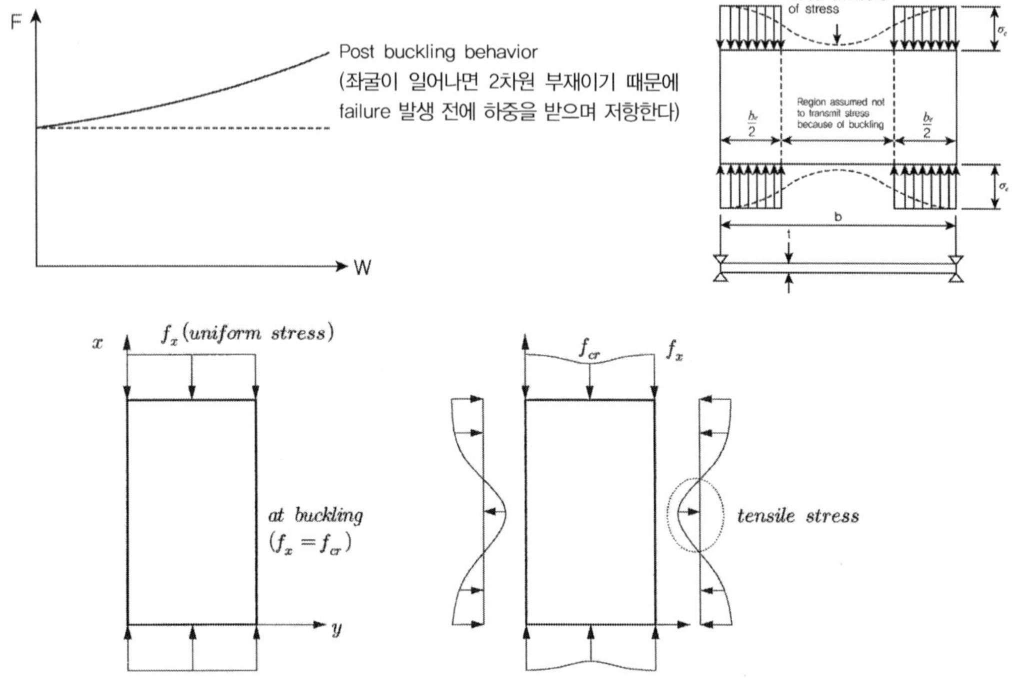


※ 판이 등분포 하중이 좌굴하중에 이르면 구속된 구간은 응력의 집중으로 좌굴하중을 초과하게 되며, 전단지연으로 인해 중 앙부의 응력은 단부보다 작은 응력분포를 가지게 된다. 구속된 판에서는 좌굴 후에도 구속효과로 인해 강도가 증가되는 좌굴 후 거동현상이 발생된다.

① 응력이 서로 다른 것은 늘어나는 면에 대해서 직선적으로 변형되기 위한 응력이다.

$$\therefore \ \Sigma \int f_Y = 0 \ (\text{수평방향 힘의 합력은 } 0)$$

② 여기서 발생되는 인장력은 수직응력에 영향을 주어서 Post buckling strength가 발생한다. 양 끝단에서는 supported되었기 때문에 강성(stiffness)이 강하다. 따라서 가운데 부분에서는 $f_{cr}$ 이상의 하중은 받지 못하고 양끝단에서 하중을 받는다.

③ Y방향의 인장응력 : 횡방향 변위에 저항하는 판의 강성(지지조건)은 좌굴 후 강도에 영향을 준다.

④ 종방향 끝단 인근 판의 좌굴발생 후 변형 형상은 횡방향 변형에 큰 강성을 가지며, 좌굴 후의 증가하중의 대부분을 부담한다.

⑤ 좌굴 후 강도(Post Buckling Strength)

- 면외 방향의 좌굴 변형으로 등분포되지 않은 응력 분포로 나타난다.
- 인장응력으로 인하여 추가적인 강도가 발생된다.
- 좌굴 후 강도는 $b/t$ 비율이 클수록 크게 나타난다.
- 지점이 지지된 부재(stiffened element)가 지지되지 않은 부재(unstiffened element)보다 좌굴 후 강도가 크다.

### ▶ 플레이트 거더의 인장장

판형의 상, 하 플랜지와 복부판의 수직보강재로 둘러싸인 Panel 부분에 큰 전단력이 작용할 경우 복부판에 전단응력이 크게 발생되어 전단 좌굴 후에도 바로 파괴되지 않는데, 이는 상, 하 플랜지와 복부판의 수직 보강재가 각각 Pratt Truss의 현재와 수직재로 작용하여 약 45° 방향으로 주름이 생기면서 인장응력이 작용하는 인장력장(Tension Field)이 발생하게 된다. 이 인장응력장은 트러스에 사재와 같은 개념으로 작용하여 들보작용의 전단력 이외 추가적인 전단력을 저항할 수 있기 때문에 좌굴 후에도 하중을 지탱할 수 있게 되는 것이다.

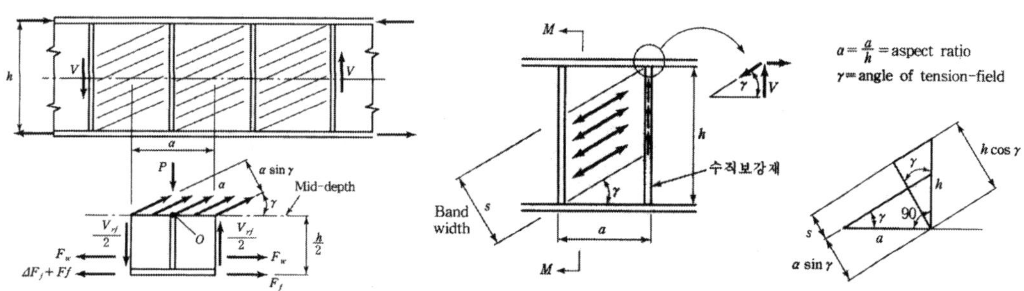

(보강재를 고려한 복부판 단면력 해석)

## 주각부 설계(허용응력설계법)

방음벽(높이 : 8m, 지주간격 : C.T.C 4.0m, 방음판 단위면적당 중량 : $0.3kN/m^2$)의 지주 및 앵커에 대하여 주어진 조건 1, 2에 따라 단면검토를 허용응력설계법(KDS 14 30 00)으로 수행하시오.

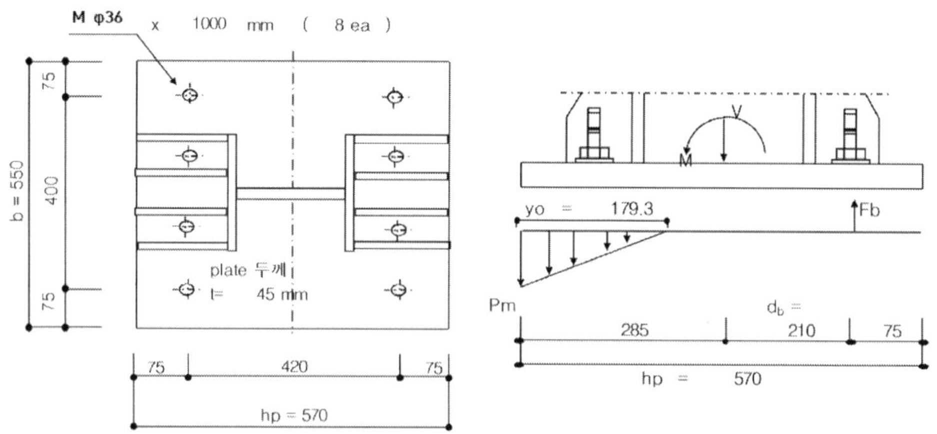


〈조건 1〉

- Base Plae 제원 : 570mm × 550mm × 45mm
- Anchor Bolt 제원 : $\phi$36mm × 1000mm (유효단면적은 80% 적용)
- 풍하중 : $P_w$ =0.9 kN/㎡ (지역 : 인천, 방음벽 높이 : 8m)
- 사용재료 : 콘크리트 $f_{ck}$ =27 MPa, $E_c$=24,422 MPa,   강재 : $E_s$=210,000 MPa

〈조건 2〉

- 지주(H-PILE) 제원 : H-300×300×10×15 (SS275)

| 단면적 | 전단면적 | 단면2차 모멘트 | | 회전반경 | | 단면계수 | | 단위중량 |
|---|---|---|---|---|---|---|---|---|
| $A(mm^2)$ | $A_w(mm^2)$ | $I_x(mm^4)$ | $I_y(mm^4)$ | $r_x(mm)$ | $r_y(mm)$ | $Z_x(mm^3)$ | $Z_y(mm^3)$ | $W(N/m)$ |
| 11,980 | 2,700 | 204,000,000 | 67,500,000 | 131 | 75.1 | 1,360,000 | 450,000 | 922.2 |

허용응력기준

| 구분 | 허용휨압축응력 (MPa) | 허용전단응력 (MPa) | 강재허용응력 할증계수 | 허용 부착응력 (MPa) |
|---|---|---|---|---|
| 콘크리트 | 10.8 | 0.526 | – | 1.05 |
| 강재 | 140 | 80 | 1.25 | – |
| 앵커볼트 | 140 | 60 | 1.25 | – |

### ➤ 하중산정

1) 풍하중

    지주에 작용하는 풍하중(w) = 0.9 kN/m² × 4m = 3.6 kN/m

$$M = \frac{1}{2}wL^2 = 115.2\text{kNm} \qquad V = \frac{wL}{2} = 37.44\text{kN}$$

2) 자중

    방음판 자중은 지주에 하중을 전달하지 않으므로 무시한다.

    지주의 강재 자중 P = 922.2 N/m × 8m = 7.38 kN

### ➤ 지주 안전성 검토

1) 발생 단면력

    M=115.2 kNm,  V=37.44 kN,  P=7.38 kN

2) 지주의 안전성

$$Z_x = \frac{I_x}{y} = \frac{204,000,000}{150} = 1,360,000\,\text{mm}^3$$

$$f_s = \frac{P}{A} + \frac{M}{Z} = \frac{7.38 \times 10^3}{2,700} + \frac{115.2 \times 10^6}{1,360,000} = 87.44\ \text{MPa}$$

$$f_a = 1.25 \times 140 = 175\ \text{MPa} \qquad \therefore\ f_s < f_a \qquad \text{O.K}$$

$$f_v = \frac{V}{A} = \frac{37.44 \times 10^3}{2,700} = 13.87\ \text{MPa}$$

$$f_{va} = 1.25 \times 80 = 100\ \text{MPa} \qquad \therefore\ f_v < f_{va} \qquad \text{O.K}$$

### ➤ 베이스플레이트 접합부와 앵커볼트 안전성 검토

1) 베이스 플레이트와 지주 용접부 검토(주어진 문제에서 검토 생략 가능)

    용접각장(s)는 10mm로 가정한다. $a = 0.7s = 7\,\text{mm}$

    리브 플레이트는 PL−90×150×10이라고 가정하면,

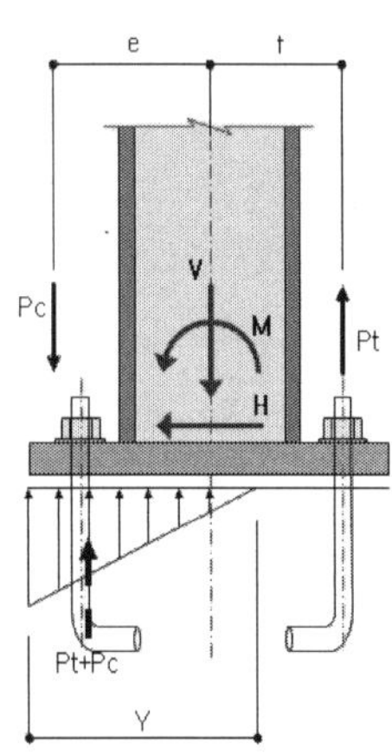


$$H=300mm,\ B=300mm,\ h=H-2\times t_f=270mm$$

$$I_x = 2\times\frac{ah^3}{12}+4\times A_2\times\left(\frac{h}{2}-15-\frac{a}{2}\right)^2$$

$$+4\times A_3\times\left(\frac{H}{2}-\frac{t_f}{2}\right)^2+2A_4\times\left(\frac{H}{2}+\frac{a}{2}\right)^2$$

$$+16A_5\times\left(\frac{H}{2}+\frac{90}{2}\right)^2$$

$$\therefore\ I_x = 2\times\frac{7\times270^3}{12}+4\times145\times7\times\left(\frac{270}{2}-15-\frac{7}{2}\right)^2+4\times15\times7\times\left(\frac{300}{2}-\frac{15}{2}\right)^2$$

$$+2\times300\times7\times\left(\frac{300}{2}+\frac{7}{2}\right)^2+16\times90\times7\times\left(\frac{300}{2}+\frac{90}{2}\right)^2=471,324,910mm^4$$

① 휨 전단

$$f_b = \frac{M}{I}(H+a) = \frac{115.2\times10^6}{471,324,910}\times\left(\frac{300}{2}+7+90\right)= 60.37\ \text{MPa}\ < f_v\ (=72\text{MPa})\ \text{O.K}$$

② 전단응력

$$A = 2A_1 + 4A_2 + 4A_3 + 2A_4 + 16A_5$$

$$=2\times(270\times7)+4\times(145\times7)+4\times(15\times7)+2\times(300\times7)+16\times(90\times7)=22,540mm^2$$

$$f_v = \frac{V}{A} = \frac{37.44\times10^3}{22,540} = 1.66\ \text{MPa}\ < f_v\ (=72\text{MPa})\ \text{O.K}$$

## 2) 앵커볼트 응력검토



앵커볼트의 탄성계수 $E_s$=210,000 MPa

콘크리트의 탄성계수 $E_c$=24,422 MPa

앵커의 유효단면적 $A_{an} = \frac{1}{4}\pi d^2\times0.8 = 814.3\,mm^2$

$$\therefore\ n = \frac{E_s}{E_c}=8.6$$

볼트의 중립축 산정

$$\frac{b}{2}x^2 = N_{an}\times n\times A_{an}\times(d-x),\ b = 550\,mm$$

$$150x^2 + 4\times8.6\times814.3x - 4\times8.6\times814.3\times(420+75) = 0$$

$$\therefore\ x = 224.68\ \text{mm}$$

볼트 1개당 인장력 $T = \dfrac{M}{N_{an} \times j} = \dfrac{115.2 \times 10^3}{4 \times (420 + 75 - 224.68/3)} = 68.55\ \text{kN}$

$$f_{an} = \frac{T}{A_{an}} = \frac{68.55 \times 10^3}{814.3} = 84.19\,\text{MPa}$$

$$f_a = 1.25 \times 140 = 175\ \text{MPa} \qquad \therefore\ f_{an} < f_a \qquad \text{O.K}$$

3) 앵커볼트 길이 검토

앵커볼트의 주장 $\pi d = 113.1\text{mm}$

허용 부착응력 $\tau_a = 1.05\ \text{MPa}$

매입 필요길이 $L_{req} = \dfrac{T}{\tau_a \pi d} = \dfrac{68.55 \times 10^3}{1.05 \times 113.1} = 577.24\,\text{mm} \quad < L(=1000\text{mm}) \qquad \text{O.K}$

# 접합부

# 07 접합부

## 01 볼트접합

고장력 볼트는 볼트에 도입된 높은 인장력이 접합재의 접촉면에 발생하는 마찰저항력을 유발시켜 소요 전단력에 견디도록 설계된 볼트로 볼트의 체결력과 마찰계수에 따라 저항력이 결정되며 소요 전단력에 견디지 못하고 미끄러질 경우 파괴된다고 가정하며 미끄럼 발생 후에는 일반볼트의 파괴형태와 동일하게 나타난다.

| 장점 | 단점 |
|---|---|
| • 적은 작업 인원수<br>• 볼트수가 리벳수보다 적음<br>• 숙련도 적은 사람도 이음이 가능<br>• 가설볼트가 불필요<br>• 소음이 작고 장비가 저렴<br>• 화재안전에 대한 위험이 적음<br>• 피로강도가 크고 구조물 변경, 해체가 용이 | • 볼트구멍 설치에 의한 부재 단면적 감소<br>• 연결판이 필요하고 볼트 돌출로 외관이 손상<br>• 볼트 체결력 손실이나 지연파괴 우려 |

## 1. 볼트접합의 파괴형식 [91회/92회]

【 기출유형 ① 】 강교 부재의 연결설계에서 고려사항
【 기출유형 ② 】 볼트 및 이음판의 파괴형태

볼트가 축단면 전단력으로 저항하는 접합을 전단접합이라고 하고 볼트가 인장력으로 저항하는 접합을 인장접합이라고 한다. 전단접합의 파괴형식은 볼트의 전단파괴, 지압파괴, 측단부 파괴, 연단부 파괴로 구분되며 인장접합의 파괴형식에는 볼트의 인장파괴가 있다.

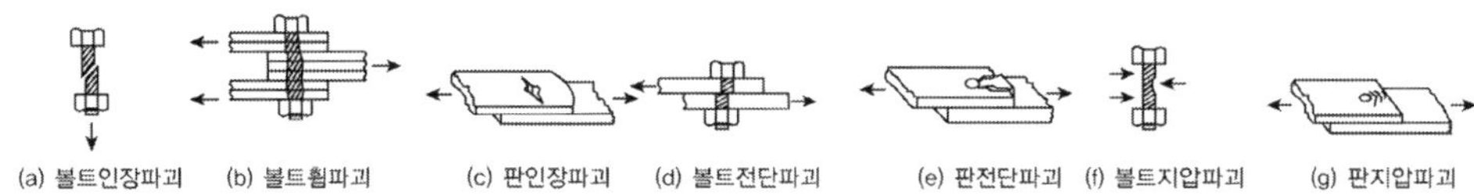



① 이음판의 파괴

- 지압파괴 : 볼트와 맞닿는 부분의 지압판 응력이 허용지압응력 초과 시 발생
- 인장파괴 : 볼트 작용방향의 수직방향으로 이음판이 찢어져 발생
- 전단파괴 : 연단부 전단력이 큰 경우 허용전단력 초과하여 발생, 이음판이 잘리듯 파괴

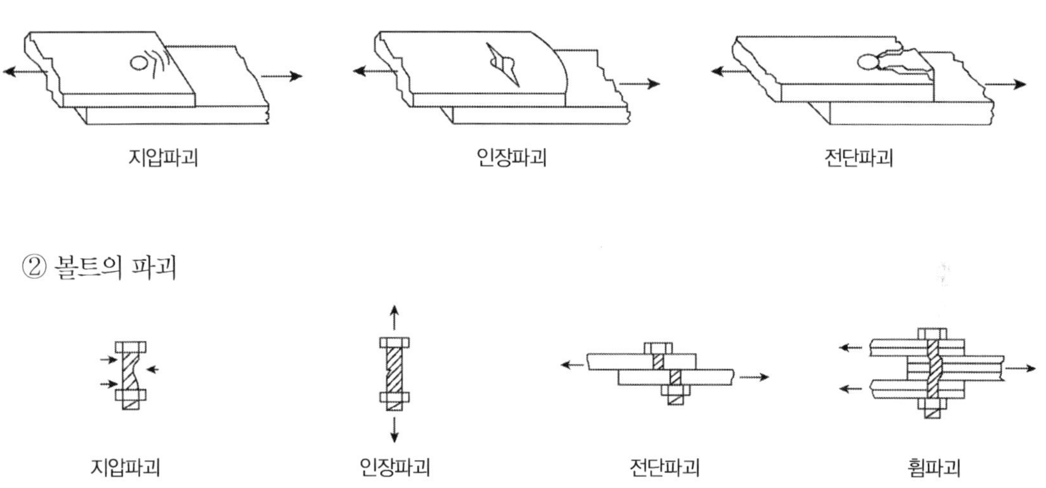



② 볼트의 파괴



## 2. 고장력 볼트의 접합 <sup>129회</sup>

**【 기출유형 ① 】** 고장력 볼트의 접합 종류와 조임방법
**【 기출유형 ② 】** 고장력 볼트의 규격의 차이점

고장력 볼트접합 방법은 마찰접합, 인장접합 및 지압접합으로 구분되며 일반적으로 고장력 볼트의 접합이라고 하면 마찰접합을 말한다. KS규격에 따른 고장력 볼트의 등급은 기계적 성질에 따라 F8T, F10T, F13T로 구분된다. F10T의 경우 F는 마찰접합용(for friction grip joint), 10은 인장강도 표기(tf/cm²), T는 인장시험에 따른 인장강도(tensile strength)를 의미한다. F11T는 지연파괴가 있어 사용하지 않으며, 최근 F13T급의 고장력 볼트의 개발과 더불어 고장력 볼트 조임력의 증가로 인한 강성이 높은 접합부의 설계가 가능해 부재의 고강도화에 대응하는 접합부 시공이 이루어지고 있다. 고장력 볼트접합은 고장력 볼트를 강력히 조여서 얻어지는 원 응력을 응력전달에 이용하는 시스템으로 고장력 볼트접합은 큰 힘을 전달할 수 있으며, 높은 접합 강성을 유지할 수 있는 접합방식으로, 구조적 장점은 다음과 같다.

① 강한 조임력으로 너트의 풀림이 생기지 않는다.

② 응력방향이 바뀌더라도 혼란이 발생하지 않는다.

③ 응력집중이 적으므로 반복응력에 강하다.

④ 유효단면적당 응력이 작으며 피로강도에 강하다.

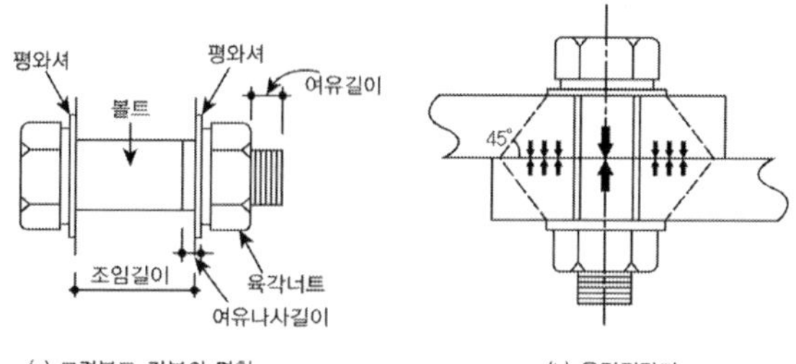



| 기계적 성질에 의한 고장력 볼트의 등급 | 인장시험 | | | |
|---|---|---|---|---|
| | 항복강도(MPa) | 인장강도(MPa) | 연신율(%) | 수축률(%) |
| F8T | 640 이상 | 800~1,000 | 16 이상 | 45 이상 |
| F10T | 900 이상 | 1,000~1,200 | 14 이상 | 40 이상 |
| F13T | 1,170 이상 | 1,300~1,500 | 12 이상 | 35 이상 |

## 1) 마찰접합

마찰접합은 고력볼트이 강력한 체결력에 의해 부재 간의 마찰력을 이용하여 접합하는 형식이다. 응력의 흐름이 원활하며 접합부의 강성이 높다. 볼트접합은 구멍 주변에 집중응력이 생기지만 마찰접합은 부재의 접합면에서 응력이 전달되기 때문에 국부적인 응력집중현상이 생길 염려가 없다. 응력이 부재 간의 마찰력을 초과하게 되면 미끄럼 현상이 일어나게 되는데 이때의 마찰계수를 미끄럼계수라고 한다.

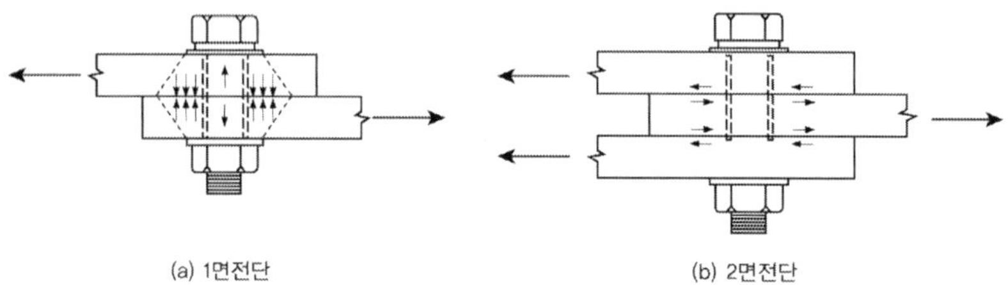



## 2) 지압접합

고장력 볼트의 지압접합은 고장력 볼트 축의 전단력 및 부재의 지압력을 동시에 발생시켜 응력을 부담하는 접합방식이다. 이 지압접합은 종래 마찰접합과 비교하여 고장력 볼트 자체의 고강도성을 유효하게 이용하고자 하는 접합법이기 때문에 종국 내력이 고장력 볼트의 전단내력에 의해 결정되는 이음부의 접합방식으로 주로 이용된다. 지압접합에서 고장력 볼트의 조임방법은 밀착조임으로 할 수 있다. 밀착조임(snug tightened conditioned)이란 임팩트렌치로 최대로 조여서 접합판이 완전히 밀착된 상태를 말한다. 밀착조임은 설계도면과 시공도면에 명확히 표기되어야 한다.

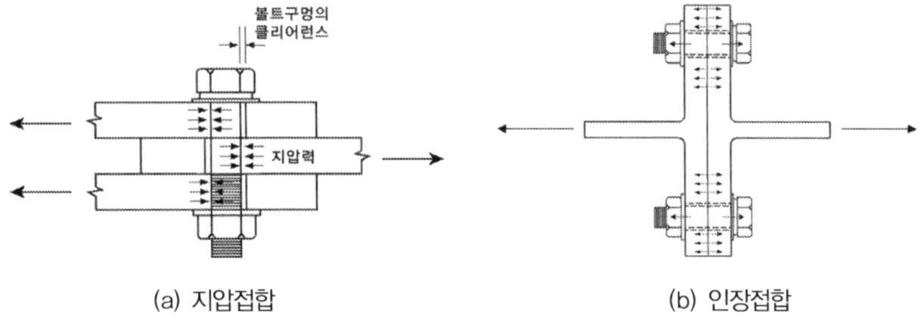


(a) 지압접합    (b) 인장접합

## 3) 인장접합 <sup>133회</sup>



인장접합은 마찰접합과 같이 고력볼트를 체결할 때의 부재 간 압축력을 이용하여 응력을 전달시키지만 응력의 전달메커니즘에서 마찰이 전혀 관여하지 않는다는 점에서 마찰접합과 다르다. 인장접합은 충분한 축력에 의하여 체결된 접합부에 인장외력이 작용할 때 부재 간 압축력과 인장력이 평형상태를 이루기 때문에 부가되는 축력은 미소하게 된다. 따라서 접합부의 변형은 극히 적고 강성은 크며 조립시공 시 편리한 경우가 있다. 그러나 볼트에 일어나는 부가응력의 정도, 접합부의 강성, 접합부의 부재에서 일어나는 응력상태 등의 변동폭이 접합부의 구조디테일에 따라 매우 크게 나타나며 인장외력이 고력볼트 조임력에 가까워지면 접합된 부재가 분리되기 시작하면서 접합부의 강성이 저하된다. 인장접합부는 하중의 작용축과 고장력볼트의 내력이 작용하는 축과 일치하지 않으므로 고장력볼트는 편심인장 상태로 된다. 따라서 플랜지에는 굽힘변형으로 인하여 지레형 반력(prying force)이 발생하게 된다.

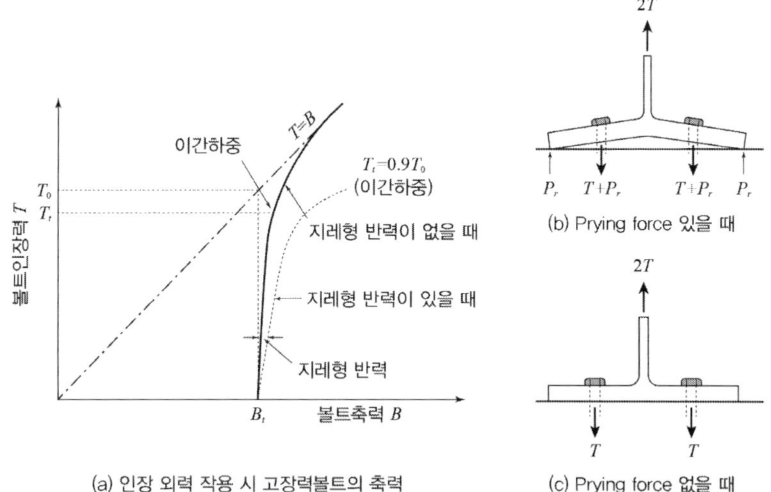


(a) 인장 외력 작용 시 고장력볼트의 축력

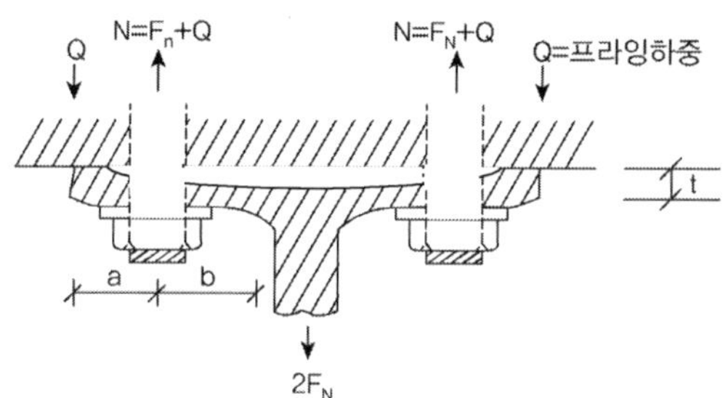



(볼트 연결된 T형 부재의 프라잉 작용)

① T형 부재 플랜지에 설치된 볼트가 하중을 지지하기 위해 인장력을 받게 된다.

② 플랜지가 변형되면서 볼트 체결점 외측 지점이 있는 지렛대 역할을 하여 접촉면에 Q라는 반력이 생성된다.

③ 직접적인 인장력 + 추가반력 Q가 작용

④ 인장하중이 클수록 플랜지 볼트 간의 거리가 클수록 프라잉 작용 영향은 커진다.

⑤ 파괴형태

  (1) 플랜지가 파괴되는 경우 : 프라잉 작용 있음

  (2) 플랜지와 볼트가 파괴되는 경우 : 프라잉 작용 없음

  (3) 볼트가 파괴되는 경우 : 프라잉 작용 없음

## 고장력 볼트의 접합종류와 조임방법

고장력 볼트의 접합 종류별 하중전달체계, 특징 그리고 조임방법에 대하여 설명하시오.

### 풀 이

### ▶ 고장력 볼트의 접합 개요

고장력 볼트접합 방법은 마찰접합, 인장접합 및 지압접합으로 구분되며 일반적으로 고장력 볼트의 접합이라고 하면 마찰접합을 말한다. KS규격에 따른 고장력 볼트의 등급은 기계적 성질에 따라 F8T, F10T, F13T로 구분된다. F10T의 경우 F는 마찰접합용(for friction grip joint), 10은 인장강도 표기(tf/cm$^2$), T는 인장시험에 따른 인장강도(tensile strength)를 의미한다. F11T는 지연파괴가 있어 사용하지 않으며, 최근 F13T급의 고장력 볼트의 개발과 더불어 고장력 볼트 조임력의 증가로 인한 강성이 높은 접합부의 설계가 가능해 부재의 고강도화에 대응하는 접합부 시공이 이루어지고 있다. 고장력 볼트접합은 고장력 볼트를 강력히 조여서 얻어지는 원 응력을 응력전달에 이용하는 시스템으로 고장력 볼트접합은 큰 힘을 전달할 수 있으며, 높은 접합 강성을 유지할 수 있는 접합방식으로, 구조적 장점으로는 ① 강한 조임력으로 너트의 풀림이 생기지 않는다. ② 응력방향이 바뀌더라도 혼란이 발생하지 않는다. ③ 응력집중이 적으므로 반복응력에 강하다. ④ 유효단면적당 응력이 작으며 피로강도에 강하다.

### ▶ 고장력 볼트의 접합 종류별 하중전달체계 및 특징

1) 마찰접합

마찰접합은 고력볼트이 강력한 체결력에 의해 부재 간의 마찰력을 이용하여 접합하는 형식이다. 응력의 흐름이 원활하며 접합부의 강성이 높다. 볼트접합은 구멍 주변에 집중응력이 생기지만 마찰접합은 부재의 접합면에서 응력이 전달되기 때문에 국부적인 응력집중현상이 생길 염려가 없다. 응력이 부재 간의 마찰력을 초과하게 되면 미끄럼 현상이 일어나게 되는데 이때의 마찰계수를 미끄럼계수라고 한다.

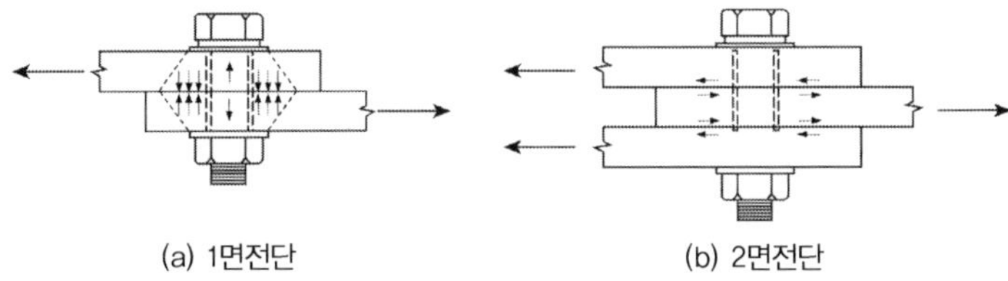

## 2) 지압접합

고장력 볼트의 지압접합은 고장력 볼트 축의 전단력 및 부재의 지압력을 동시에 발생시켜 응력을 부담하는 접합방식이다. 이 지압접합은 종래 마찰접합과 비교하여 고장력 볼트 자체의 고강도성을 유효하게 이용하고자 하는 접합법이기 때문에 종국 내력이 고장력 볼트의 전단내력에 의해 결정되는 이음부의 접합방식으로 주로 이용된다. 지압접합에서 고장력 볼트의 조임방법은 밀착조임으로 할 수 있다. 밀착조임(snug tightened conditioned)이란 임팩트렌치로 최대로 조여서 접합판이 완전히 밀착된 상태를 말한다. 밀착조임은 설계도면과 시공도면에 명확히 표기되어야 한다.

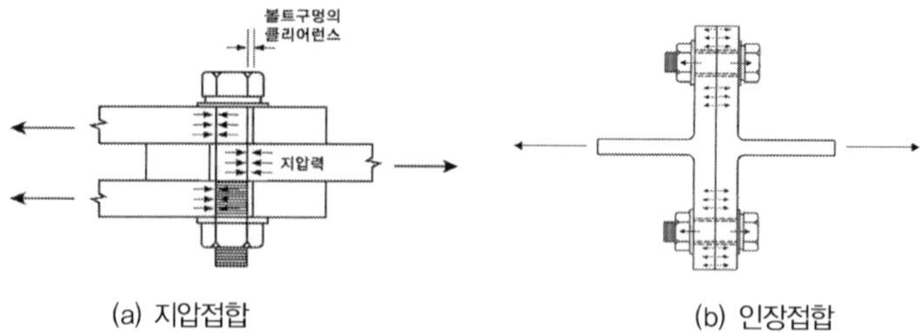



(a) 지압접합               (b) 인장접합

## 3) 인장접합

인장접합은 마찰접합과 같이 고력볼트를 체결할 때의 부재 간 압축력을 이용하여 응력을 전달시키지만 응력의 전달메커니즘에서 마찰이 전혀 관여하지 않는다는 점에서 마찰접합과 다르다. 인장접합은 충분한 축력에 의하여 체결된 접합부에 인장외력이 작용할 때 부재간 압축력과 인장력이 평형상태를 이루기 때문에 부가되는 축력은 미소하게 된다. 따라서 접합부의 변형은 극히 적고 강성은 크며 조립시공 시 편리한 경우가 있다. 그러나 볼트에 일어나는 부가응력의 정도, 접합부의 강성, 접합부의 부재에서 일어나는 응력상태 등의 변동폭이 접합부의 구조디테일에 따라 매우 크게 나타나며 인장외력이 고력볼트 조임력에 가까워지면 접합된 부재가 분리되기 시작하면서 접합부의 강성이 저하된다. 인장접합부는 하중의 작용축과 고장력볼트의 내력이 작용하는 축과 일치하지 않으므로 고장력볼트는 편심인장 상태로 된다. 따라서 플랜지에는 굽힘변형으로 인하여 지레형 반력(prying force)이 발생하게 된다.

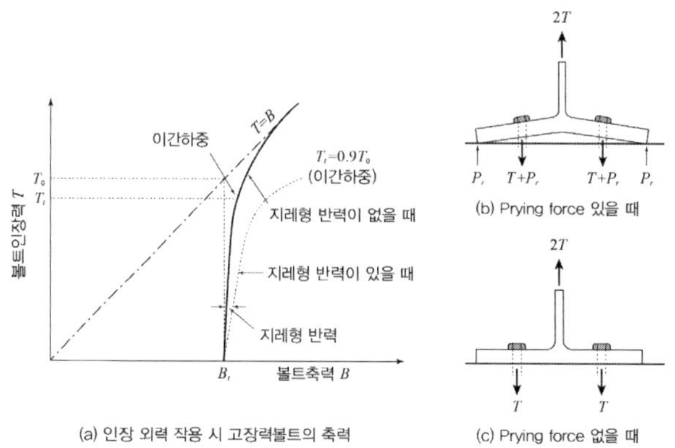



(a) 인장 외력 작용 시 고장력볼트의 축력

## ➤ 고장력 볼트의 조임 방법

### 1) 마찰접합과 인장접합

고장력볼트의 마찰접합 및 인장접합에서 설계볼트장력을 확보하기 위해서는 표준볼트장력을 목표로 조여야 한다. 고장력볼트의 장력을 도입하는 방법에는 너트회전법(turn of nut tightening), 보정렌치조임법(calibrated wrench tightening), 대안설계볼트설치법(installation of alternate design bolts) 및 직접인장측정법(direct tension indicator tightening)을 사용하여 설계볼트 장력 이상으로 장력을 도입하는 방법이 있다. 보정렌치조임법에서는 토크관리법을 주로 사용하고 있고 대안설계설치법으로는 토크쉬어볼트가 많이 사용된다. 너트회전법은 밀착조임 상태로부터 회전을 실시한다.

### 2) 지압접합

밀착조임(snug tightened condition)은 지압접합에서 고장력볼트의 조임방법으로 사용되며 임팩트 렌치로 수회 또는 일반렌치로 최대로 조여서 접합판이 완전히 밀착된 상태를 말한다. 이러한 밀착조임은 지압접합에 사용하고 그 밖에 진동이나 하중변화에 따른 고장력볼트의 풀림이나 피로가 설계에 고려되지 않은 경우에만 적용한다. 밀착조임은 설계도면과 시공도면에 정확히 표기되어야 한다.

프라잉 작용

강거더(Steel Girder) 볼트 연결부의 프라잉 작용(Prying Action)에 대하여 설명하시오.

### 풀 이

## ▶ 개요

볼트와 같은 기계적 연결재를 사용한 인장 접합부에서 외력의 작용선과 연결재의 위치와의 편심으로 인해 접합 끝부분에  외력 방향의 2차 응력이 발생하는 현상을 프라잉 작용(Prying Action)이라고 한다.

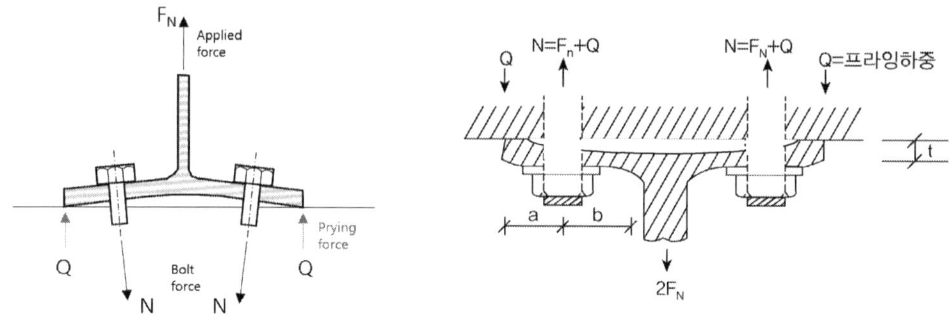


(볼트 연결된 T형 부재의 프라잉 작용)

## ▶ 강거더 볼트 연결부 프라잉 작용의 특징

T형 부재 플랜지 강도에 비해 볼트 강도가 상당히 클 경우 외력 FN이 작용하면 T형 부재 플랜지의 변형으로 플랜지 단부 근처에서 추가적인 힘(Q)가 발생하게 된다. 볼트반력 N과 프라잉 포스(Q)에 의해 추가 휨모멘트가 발생되며 이로 인해 볼트는 축력뿐만 아니라 국부적인 휨을 받게 된다.

다만, 플랜지의 변형이 발생되기 전에 볼트가 파단될 정도로 플랜지의 강도가 충분히 강할 경우에는 프라잉 작용은 발생되지 않는다.  프라잉 작용이 발생될 경우 볼트에는 직접적인 인장력과 추가반력이 작용하게 되며, 인장하중이 크거나 플랜지 볼트 간의 거리가 클수록 프라잉 작용의 영향은 더 커지는 경향이 나타난다.

## ▶ 파괴 형태에 따른 프라잉 작용 발생 유무

(1) 플랜지가 파괴되는 경우 : 프라잉 작용 있음

(2) 플랜지와 볼트가 파괴되는 경우 : 프라잉 작용 없음

(3) 볼트가 파괴되는 경우 : 프라잉 작용 없음

### 고장력 볼트

고장력볼트 F10T와 F13T의 차이점에 대하여 설명하시오.

**풀 이**

### ▶ 개요

고장력볼트는 담금질과 뜨임 등 열처리를 통해 높은 인장강도를 가지는 재질로 되어 있으며 하중의 전달방법에 따라 마찰연결(Friction type), 지압연결(Bearing type) 그리고 인장연결(Tension type)로 분류된다.

### ▶ 고장력볼트 F10T와 F13T의 차이점

〈고장력 볼트의 강도, 도설2015, 강구조 2014〉

| 강도 | | F8T | F10T | F13T | SS(SM)400 일반볼트 |
|---|---|---|---|---|---|
| $F_y$ | | 640 | 900 | 1170 | 235 |
| $F_u$ | | 800 | 1000 | 1300 | 400 |
| 공칭인장강도 $F_{nt}$ (인장강도 0.75배) | | 600 | 750 | 975 | 300 |
| 지압접합 공칭전단강도 $F_{nv}$ | 나사부 전단면에 포함 (인장강도 0.4배) | 320 | 400 | 520 | 160 |
| | 나사부 전단면에 불포함(인장강도 0.5배) | 400 | 500 | 650 | 200 |

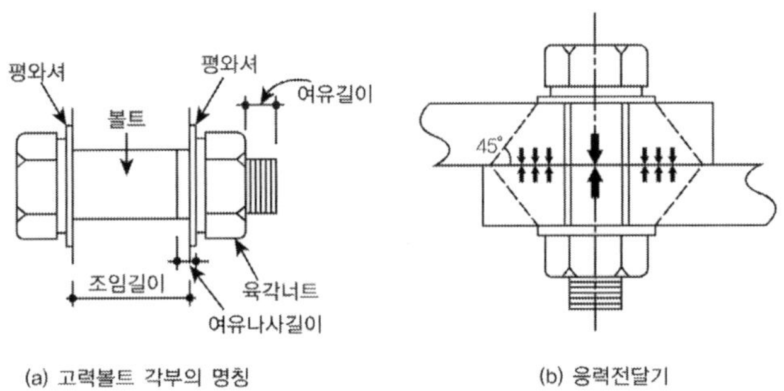


(a) 고력볼트 각부의 명칭          (b) 응력전달기

고장력볼트의 F는 마찰연결을 의미하며, 마찰연결(Friction type)은 하중의 전달이 볼트체결에 의한 부재 간의 마찰력에 의해서만 이루어지고, 미끄러짐에 의한 볼트의 지압응력이 생기지 않는 연결형식을 말한다. F10T와 F13T의 차이는 동일한 마찰연결에 사용되는 고장력볼트라는 점에서

는 동일하나 인장강도에서의 차이가 나타난다. F10T의 경우 인장강도 $F_u$는 1000MPa, F13T의 인장강도는 1300MPa이다.

대부분의 고장력볼트 연결은 마찰연결에 해당되며, 마찰연결용 고장력 볼트의 종류에는 F8T, F10T, F13T가 있다. F11T는 지연파괴가 있어 사용하지 않는 것이 바람직하다. 고력볼트접합은 고력볼트를 강력히 조여서 얻어지는 응력을 응력전달에 이용하는 시스템으로 고력볼트접합은 큰 힘을 전달할 수 있으며 높은 접합강성을 유지할 수 있는 접합방식이다. 고력볼트접합의 구조적 장점은 다음과 같다.

• 강한 조임력으로 너트의 풀림이 생기지 않는다.

• 응력방향이 바뀌더라도 혼란이 발생하지 않는다.

• 응력집중이 적으므로 반복응력에 강하다.

• 고력볼트에 전단 및 판에 지압응력이 생기지 않는다.

• 유효단면적당 응력이 작으며 피로강도에 강하다.

볼트 설계

그림과 같이 경사버팀보를 45°, 2.5m 간격으로 배치하는 흙막이공을 계획하였다. 띠장에 100 kN/m의 하중이 작용하고 온도하중에 의한 경사버팀보의 축력(120kN)을 고려할 때, 허용응력 할 증계수의 적용사유를 가설흙막이 설계기준(KDS 21 30 00)에 따라 설명하고, 경사버팀보와 띠장 연결에 필요한 볼트(M22 F8T)의 필요수량을 검토하시오(단, 계획현장은 단기간(6개월 이내)에 공사 완료되는 현장으로 모든 자재는 재사용 자재를 사용하며, 필요 볼트의 수량은 정수로 구한 다).

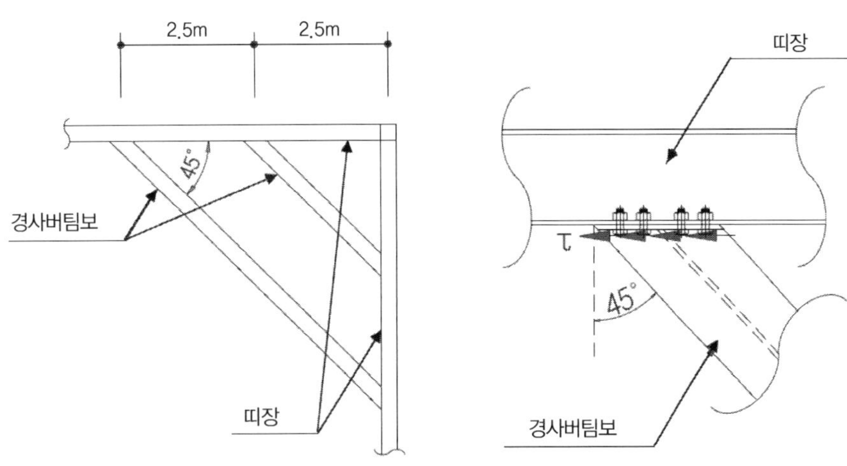


풀 이

## ▶ 허용응력 할증계수 적용 사유

가설흙막이 설계기준(KDS 21 30 00)에서는 공사기간이 2년 미만인 경우에는 가설구조물로, 2년 이상인 경우에는 영구구조물로 간주해 설계하도록 규정하고 있다. 이는 가설구조물로 설계된 구 조물이 2년 이상 경과하면 안정성을 보장할 수 없고 안전점검 등을 실시해 상태를 파악하여야 하 기 때문에 잔여공사기간을 고려해 별도의 안전대책을 수립해야 하기 때문이다. 또한, 재활용 강 재를 사용할 경우에는 신강재의 허용응력에 0.9 이하로 적용해야 한다.

① 가시설 구조물의 재료 허용응력 할증계수 : 1.5
② 영구구조물의 재료 허용응력 할증계수 : 1.25(시공 중), 1.00(완공 후)
③ 재활용 강재 사용 시 : 0.9

## ➤ 경사버팀보와 띠장 연결 볼트

### 1) 띠장에 의해 발생하는 하중

띠장에 작용하는 하중에 대해서 버팀보 또는 앵커 위치를 지점으로 하는 3경간 연속보 또는 단순
보로 가정하고 띠장 위치에서의 엄지말뚝 지점반력을 집중하중으로 간주하여 계산한다. 따라서
띠장에 작용하는 하중 $w = 100\text{kN/m}$이므로 버팀대에 작용하는 집중하중 N=$wL$= 250 kN

① 띠장으로 인해 버팀대에 작용하는 축력 $F_1 = wL/\sin 45° = 353.55\text{kN}$

② 온도하중으로 인해 버팀대에 작용하는 신장력 $F_2 = \pm 120\text{kN}$

③ 경사버팀대에 작용하는 축력 $F_{\max} = F_1 + F_2 = 473.55\text{kN}$

④ 띠장 연결부에 작용하는 전단력 $V = F_{\max}\cos 45° = 334.85$ kN

---

**TIP** ｜ 한국도로공사 도로설계요령 2020 ｜ 경사보강재

① 경사보강재는 45° 각도로 대칭으로 들어가는 것을 원칙으로 한다.

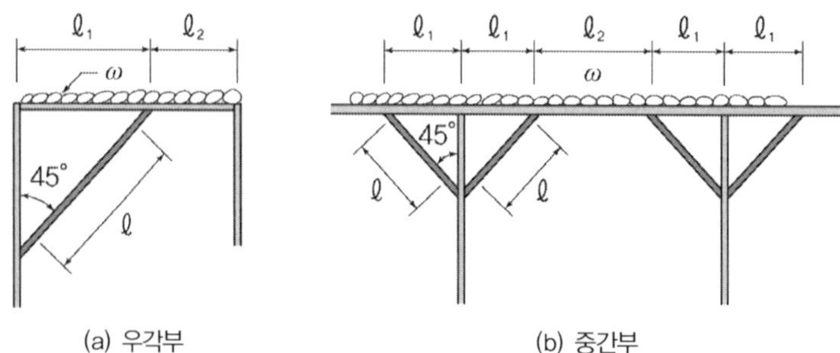


(a) 우각부          (b) 중간부

② 경사보강재에 작용하는 축력은 다음 식에 의해서 계산한다.

$$N = 0.7(l_1 + l_2)w$$

③ 경사보강재 설치부의 전단력 $S = 0.7N$으로 계산한다.

④ 경사보강재 자중은 무시해도 좋다.

---

### 2) 고장력볼트의 허용력

| 볼트의 종류 | 응력의 종류 | 허용응력(MPa) | 비고 |
|---|---|---|---|
| 보통볼트 | 전단 | 100 | SS275 기준 |
| | 지압 | 220 | |
| 고장력볼트 | 전단 | 150 | F8T 기준 |
| | 지압 | 270 | SS275 기준 |

가설흙막이 설계기준(KDS 21 30 00)에 따라 고장력볼트 F8T의 허용응력은 150MPa이고,
허용응력 할증계수는 1.5, 재활용에 따른 감소계수 0.9이므로 $f_{ba}=150\times1.5\times0.9=202.5\text{MPa}$

M22볼트 단면적 $A_b=\dfrac{\pi d^2}{4}=380.1\text{mm}^3$

볼트 1개당 허용 전단력 $R_{ba}=f_{ba}\times A_b=76.98\text{kN}$

$$\therefore\ n=\frac{V}{R_{ba}}=4.35\simeq4\text{개}$$

용접이음은 연결부재가 필요하지 않아 구조물을 단순, 경량화시킬 수 있는 특징을 가진다. 구조물을 연속적으로 접합시켜 응력전달이 원활하고 인장이음이 확실하다는 특징이 있으며 다만 현장에서 용접이음 시에는 신뢰성이 저하되어 허용응력의 90%를 적용하도록 하고 있다. 또한 용접부의 응력집중으로 피로, 부식, 좌굴강도 저하 등의 현상이 발생할 수 있으며 용접 시 변형으로 인한 2차 응력이 발생될 수 있다. 고온으로 인한 용착금속부의 열변화의 영향으로 잔류응력이 발생할 수 있다.

| 장점 | 단점 |
|---|---|
| • 강중량이 절약(거셋판, 용접판, 볼트머리 불필요)<br>• 사용성이 크다(강관 기둥부 연결 등).<br>• 강절 구조에 적합하다<br>• 응력전달이 원활하고 안정성이 높음<br>• 소음이 적고 인장이음이 확실함<br>• 소형 폐단면과 곡선부에 적용이 가능<br>• 설계 변경 및 오류 수정이 용이 | • 용접부 응력집중현상이 발생<br>• 용접부 변형으로 2차 응력 발생 가능<br>• 고온으로 잔류응력이 발생 |

1) 용접이음의 적용성

① 탱크나 관로 등 수밀성, 기밀성이 요구되는 구조
② 포장의 내구성을 중시하는 강상판형교
③ 고장력 볼트의 시공이 어려운 곡선부재나 소형 폐단면 부재
④ 도시고가교와 같이 미관이 중시되는 구조물

2) 용접부 잔류응력의 영향과 대책

용접시공에서는 용접접합부 부근에 국부적 가열, 냉각으로 열팽창 변형의 불균일 분포와 고온소성변형, 용착강의 응고수축으로 응력이 발생되므로 상온에서 냉각된 후에도 잔류응력이 존재하게 된다. 이러한 잔류응력은 구조물의 취성파괴 유발, 피로파괴 유발, 부식저항 성능 저하, 좌굴강도 저하 등의 영향을 미친다.

3) 잔류응력 경감 대책

① 용착금속량 경감
② 적절한 용착법이 선정
③ 예열 시행

④ 용접순서의 선정

## 4) 용접설계 시 유의사항

① 두께와 폭의 경사는 서서히 변화시킨다.

② T이음의 필릿용접은 양쪽을 원칙으로 한다.

③ 교각 60° 이하, 120° 이상의 T이음에서 필릿 용접은 강도계산 시 무시하고 완전용입 홈용접으로 해야 한다.

④ 응력전달을 위해 용접이음을 매끈하게 한다.

⑤ 리벳과 용접의 병용은 금지한다.


## 1. 용접이음의 형태와 결함 103회/113회/115회/116회/127회

【 기출유형 ① 】 용접이음의 종류의 유효 두께
【 기출유형 ② 】 용접접합 방법들의 구조적 특징
【 기출유형 ③ 】 필릿용접, 플러그용접과 슬롯용접
【 기출유형 ④ 】 용접이음 안전율 영향인자

용접은 2개 이상의 강재를 국부적으로 원자간 결합에 의하여 일체화한 접합으로 접합부에 용융금속을 생성 또는 공급하여 국부용융으로 접합하는 것이고 모재의 용융을 동반한다. 건설 분야에서는 주로 아크용접을 사용하며 강재의 용접에서는 국부적으로 급속한 고온에서 급속한 냉각이 수반되므로 모재의 재질변화, 용접변형, 잔류응력이 발생한다.

### 1) 용접이음의 형태와 형식

용접이음의 형태는 맞댐이음, 겹침이음, 모서리이음, T이음 등이 있으며, 용접이음의 형식에는 그루브용접(홈용접, groove), 필릿(fillet)용접, 플러그(plug)용접, 슬롯(slot)용접 등이 있다. 주로 그루브용접과 필릿용접이 가장 많이 사용된다.

① 그루브용접, 홈용접(groove welding)

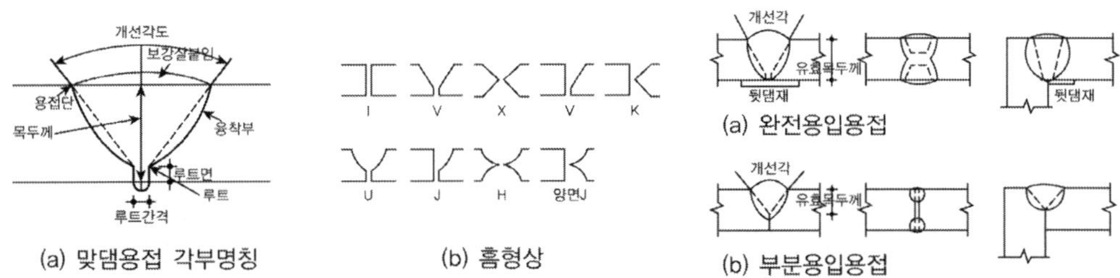

(a) 맞댐용접 각부명칭　　　(b) 홈형상　　　(a) 완전용입용접　　(b) 부분용입용접

맞댐용접이라고도 하며 양쪽 부재의 끝을 용접이 양호하도록 끝단면을 비스듬히 절단하여 용접하는 방법이다. 완전용입용접은 용접 유효목두께가 판두께 이상이 확보되는 건전한 용접부로 이음부의 판폭에 대해서도 충분히 용접되어 일반적으로 이음부 소재의 전체 판두께 및 전체 폭을 용접하는 것이다. 부분용입용접은 응력의 흐름으로 보아 완전용입과 같이 전단면의 유효용접면적이 불필요할 때에 채택하는 방식으로 용접에 의한 H형강의 플랜지와 웨브의 용접, 기둥과 기둥의 이음 또는 후판의 상자형 단면 부재를 조립용접할 때 채택된다.

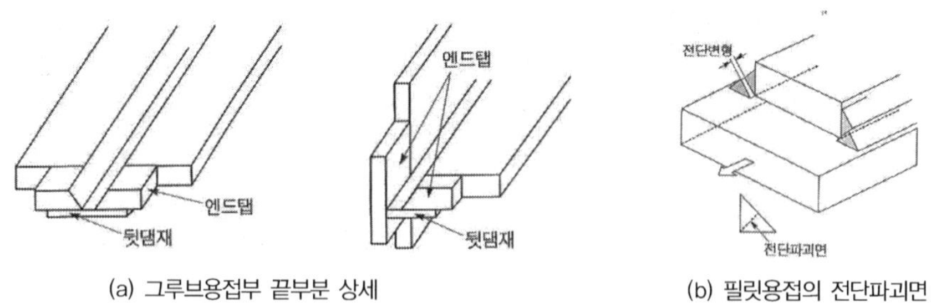

(a) 그루브용접부 끝부분 상세
(b) 필릿용접의 전단파괴면

② 필릿용접(fillet welding, 모살용접)

필릿용접은 응력방향에 따라 전면 필릿용접, 측면필릿용접 등으로 구분된다. 종국적으로 용접부에 대해 전단에 의해 파단되므로 거의가 용접유효면적에 대해 전단응력으로 설계되는 용접으로 구조물의 접합부에 상당히 많이 사용되는 방법이다.

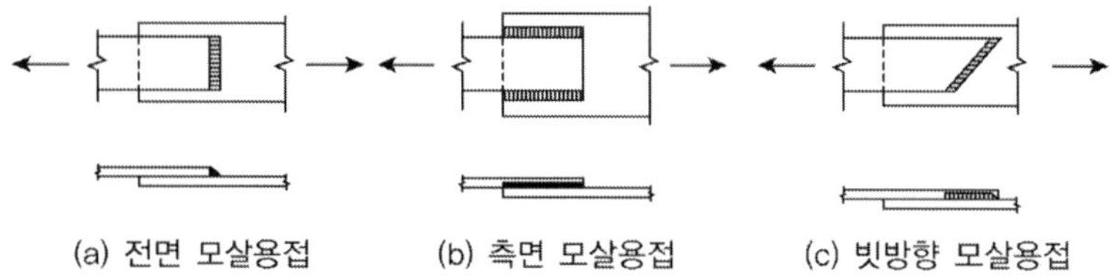

(a) 전면 모살용접  (b) 측면 모살용접  (c) 빗방향 모살용접

③ 플러그(plug)용접과 슬롯(slot)용접

겹친 2장의 판 한쪽에 원형 또는 슬롯구멍을 뚫고 그 구멍주위를 필릿용접하는 방법으로 겹침이음의 전단응력을 전달할 때 겹침 부분의 좌굴 또는 분리를 방지하기 위해서 필릿용접 길이가 확보되지 않을 때 활용될 수 있다.

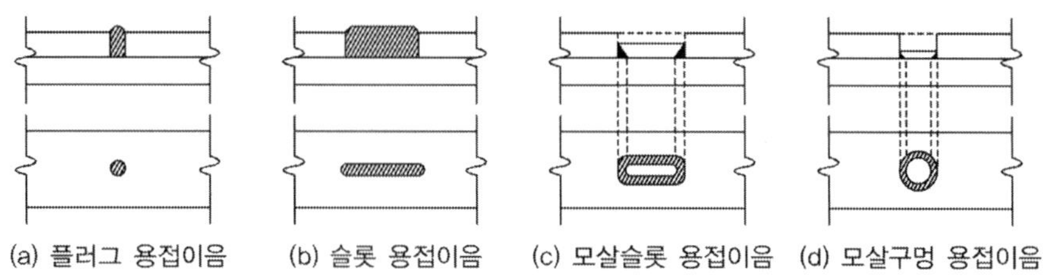

(a) 플러그 용접이음  (b) 슬롯 용접이음  (c) 모살슬롯 용접이음  (d) 모살구멍 용접이음

2) 용접부의 결함

① 용접결함의 종류

용접부에 발생하는 여러 가지의 용접결함 중에서 주된 결함은 균열(crack), 융합불량(incomplete fusion), 용입부족(imcomplete joint penetration), 슬래그 혼입(slag inclusions), 피트(pit), 블로홀(blow hole), 언더컷(under cut), 오보랩(overlap) 등이 있다.

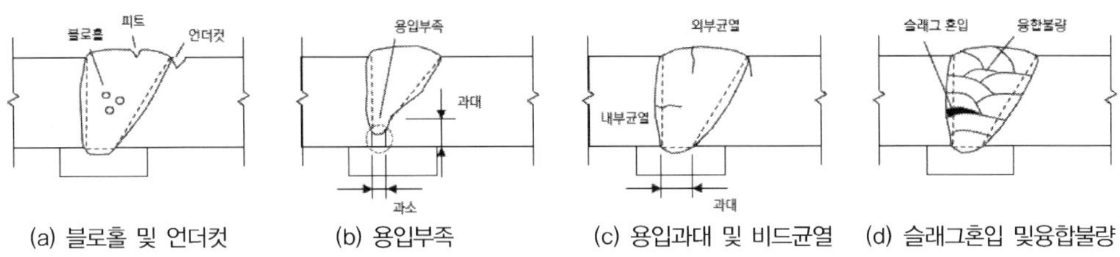


(a) 블로홀 및 언더컷      (b) 용입부족      (c) 용입과대 및 비드균열      (d) 슬래그혼입 밎융합불량

② 용접균열의 종류

용착금속에 생기는 균열에는 비드(bead)균열, 크레이터(crater)균열, 루트(root)균열, 수소균열 등이 있으며, 모재에 생기는 균열에는 루트균열, 측단균열, 비드밑균열, 층상균열(lamellar tearing) 등이 있다. 층상균열은 용접금속의 수축에 의한 국부변형으로 강판의 비금속개제물이나 공극에 따라 생기는 층상균열이다. 모재의 균열로는 550℃ 이상에서 생기는 고온균열과 200℃ 이하에서 생기는 저온균열이 있으며 고온균열은 인(P), 황(S) 등 저용점 불순물에 의해 생긴다. 저온균열은 용접 시 열영향부에 흡수된 수소가 냉각과 동시에 과포화상태가 되어 조직이 약해져서 생기며 저온균열을 방지하기 위해서는 저수조계의 용접봉을 사용하거나 용접봉을 충분히 건조시켜 사용하고, 모재를 예영이나 후열하는 것이 좋다.

③ 균열 이외의 용접결함

균열 이외의 용접결함은 융합불량과 용입부족, 슬래그혼입, 피트와 블로홀 등이 있다. 슬래그 혼입은 용접기술의 미숙이나 첫 비드에 굵은 용접봉을 사용했을 때 발생하기 쉽다. 피트와 블로홀은 도료, 녹, 밀스케일(mill scale), 모재 및 용접봉의 흡습 등이 원인이다. 표면이 깨끗하지 않을 때 이물질의 혼입에 의해 융합불량이 생기며 개선설계의 잘못, 큰 용접봉의 사용 등에 의해 용입부족의 결함이 발생하기도 한다. 이 외에 냉각 시 용접부위에 공극 또는 가스포켓의 발생, 비드의 부정형에 따른 응력집중에도 유의해야 한다. 언더컷은 과대한 용접전류, 아크길이가 지나치게 길어서 생기고, 그 형상에 따라 단면부족이나 응력집중으로 균열이 생기기 쉽다. 오버랩은 용접전류가 적은 경우나 용접속도가 느린 경우에 발생한다.

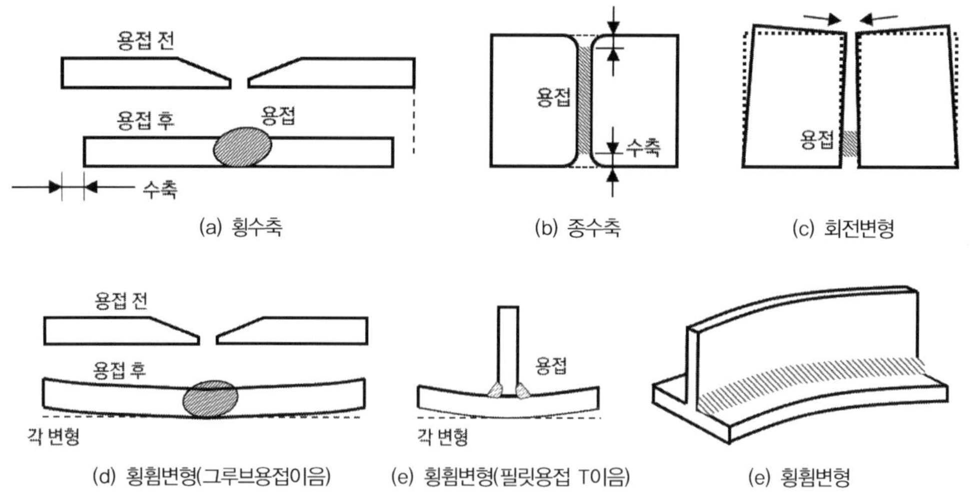



## 3) 용접이음의 도시법

① 용접기호는 접합부를 지시하는 지시선과 기선에 기재한다. 기선을 수평선이고 필요시에는 꼬리를 붙인다. 지시선은 기선에 대해 60° 혹은 120°의 직선이다.

② V형, K형 등에서 개선이 있는 쪽의 부재면을 지시할 필요가 있으면 개선을 낸 부재 쪽에 기선을 긋고 지지선을 절선으로 하며 개선을 낸 면에 화살 끝을 둔다.

③ 기호 및 사이즈는 용접하는 쪽이 화살이 있는 쪽 또는 앞쪽인 때는 기선의 아래쪽에, 화살의 반대쪽이거나 뒤쪽이면 기선의 위쪽에 밀착하여 기재한다.

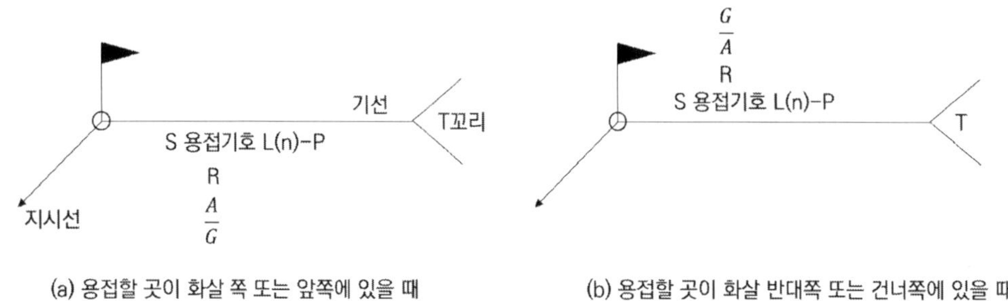



(a) 용접할 곳이 화살 쪽 또는 앞쪽에 있을 때    (b) 용접할 곳이 화살 반대쪽 또는 건너쪽에 있을 때

주) S: 용접사이즈, R : 루트간격, A : 개선각, T : 꼬리(특이사항), : 표면모양, G : 용접부처리방법, L : 용접길이, P : 용접간격, ⌐ : 현장용접

용접이음

용접이음의 안전율에 영향을 미치는 인자에 대하여 설명하시오.

## 풀 이

### ▶ 개요

용접이음은 연결부재가 필요하지 않아 구조물을 단순·경량화시킬 수 있는 특징을 가진다. 구조물을 연속적으로 접합시켜 응력전달이 원활하고 인장이음이 확실하다는 특징이 있으며 다만 현장에서 용접이음 시에는 신뢰성이 저하되어 허용응력의 90%를 적용하도록 하고 있다. 또한 용접부의 응력집중으로 피로, 부식, 좌굴강도 저하 등의 현상이 발생할 수 있으며 용접 시 변형으로 인한 2차 응력이 발생될 수 있다. 고온으로 인한 용착금속부의 열변화의 영향으로 잔류응력이 발생할 수 있다.

| 장점 | 단점 |
|---|---|
| • 강중량이 절약(거셋판, 용접판, 볼트머리 불필요)<br>• 사용성이 크다(강관 기둥부 연결 등).<br>• 강절 구조에 적합하다<br>• 응력전달이 원활하고 안정성이 높음<br>• 소음이 적고 인장이음이 확실함<br>• 소형 폐단면과 곡선부에 적용이 가능<br>• 설계 변경 및 오류 수정이 용이 | • 용접부 응력집중현상이 발생<br>• 용접부 변형으로 2차 응력 발생 가능<br>• 고온으로 잔류응력이 발생 |

### ▶ 용접이음 안전율 영향 인자

일반적으로 용접연결의 강도는 모재나 용착된 용접금속의 강도에 의해 좌우된다. 용접이 되는 방식, 하중의 작용방향, 용접의 면적, 용접부위에 따른 파괴형태, 잔류응력 등에 영향을 받는다.

1) 용접방식 : 완전용입 그루브용접, 부분용입 그루브용접, 필릿용접, 슬롯용접, 플러그 용접 등 용접의 방식에 따라 용접이음의 강도가 달라질 수 있다. 도로교설계기준(한계상태설계법, 2015)에서는 이러한 특성을 반영하여 용접 방식에 따라 극한한계상태에서의 저항계수를 다르게 적용하도록 규정하고 있다.

2) 하중 작용방향 : 용접부는 압축, 인장, 전단, 휨 등을 받을 수 있으며 이에 따라 용접부의 강도도 다르게 적용된다. 도로교설계기준(한계상태설계법, 2015)에서는 이러한 특성을 반영하여 하중 작용에 따라 저항계수를 다르게 적용한다.

3) 용접부위 파괴형태 : 용접부의 파괴는 이음부 파괴, 연결부 파괴, 연결판의 파괴 등 파괴형태

가 다양하게 나타날 수 있으며, 여러 파괴형태 중 가장 작은 값을 기준으로 설계를 하여야 한다.

4) 잔류응력 : 용접시공에서는 용접접합부 부근에 국부적 가열, 냉각으로 열팽창 변형의 불균일 분포와 고온소성변형, 용착강의 응고수축으로 응력이 발생되므로 상온에서 냉각된 후에도 잔류응력이 존재하게 된다. 이러한 잔류응력은 구조물의 취성파괴 유발, 피로파괴 유발, 부식저항 성능 저하, 좌굴강도 저하 등의 영향을 미친다.

용접이음

용접이음의 종류와 유효두께

**풀 이**

## ▶ 개요

용접이음은 연결부재가 필요하지 않아 구조물을 단순, 경량화시킬 수 있는 특징을 가진다. 구조물을 연속적으로 접합시켜 응력전달이 원활하고 인장이음이 확실하다는 특징이 있으며 다만 현장에서 용접 이음 시에는 신뢰성이 저하되어 허용응력의 90%를 적용하도록 하고 있다. 또한 용접부의 응력집중으로 피로, 부식, 좌굴강도 저하 등의 현상이 발생할 수 있으며 용접시 변형으로 인한 2차 응력이 발생될 수 있다. 고온으로 인한 용착금속부의 열변화의 영향으로 잔류응력이 발생할 수 있다.

| 장점 | 단점 |
|---|---|
| • 강중량이 절약(거셋판, 용접판, 볼트머리 불필요)<br>• 사용성이 크다(강관 기둥부 연결 등).<br>• 강절 구조에 적합하다<br>• 응력전달이 원활하고 안정성이 높음<br>• 소음이 적고 인장이음이 확실함<br>• 소형 폐단면과 곡선부에 적용이 가능<br>• 설계 변경 및 오류 수정이 용이 | • 용접부 응력집중현상이 발생<br>• 용접부 변형으로 2차 응력 발생 가능<br>• 고온으로 잔류응력이 발생 |

## ▶ 용접이음의 종류

용접은 2개 이상의 강재를 국부적으로 원자간 결합에 의하여 일체화한 접합으로 접합부에 용융금속을 생성 또는 공급하여 국부용융으로 접합하는 것이고 모재의 용융을 동반한다. 건설분야에서는 주로 아크용접을 사용하며 강재의 용접에서는 국부적으로 급속한 고온에서 급속한 냉각이 수반되므로 모재의 재질변화, 용접변형, 잔류응력이 발생한다.

1) 홈용접(Groove welding) : 맞댐용접이라고도 하며 양쪽 부재의 끝을 용접이 양호하도록 끝단면을 비스듬히 절단하여 용접하는 방법이다. 완전용입용접은 용접 유효목두께가 판두께 이상이 확보되는 건전한 용접부로 이음부의 판폭에 대해서도 충분히 용접되어 일반적으로 이음부 소재의 전체 판두께 및 전체 폭을 용접하는 것이다. 부분용입용접은 응력의 흐름으로 보아 완전용입과 같이 전단면의 유효용접면적이 불필요할 때에 채택하는 방식으로 용접에 의한 H형강의 플랜지와 웨브의 용접, 기둥과 기둥의 이음 또는 후판의 상자형 단면 부재를 조립용접할 때

채택된다.

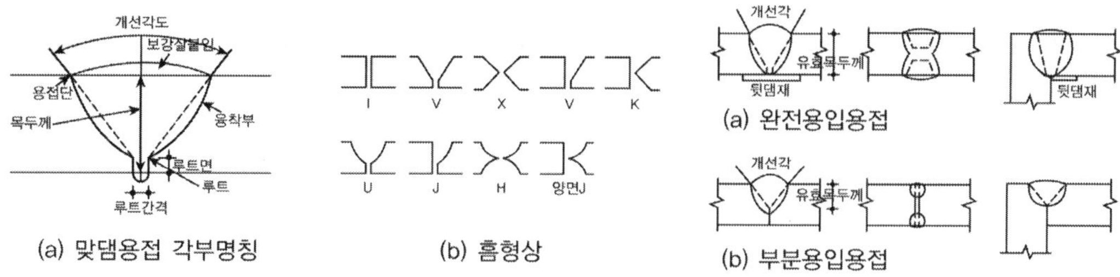

(a) 맞댐용접 각부명칭    (b) 홈형상    (a) 완전용입용접    (b) 부분용입용접

2) 필릿용접(fillet welding, 모살용접) : 종국적으로 용접부에 대해 전단에 의해 파단되므로 거의
   가 용접유효면적에 대해 전단응력으로 설계되는 용접으로 구조물의 접합부에 상당히 많이 사
   용되는 방법이다.

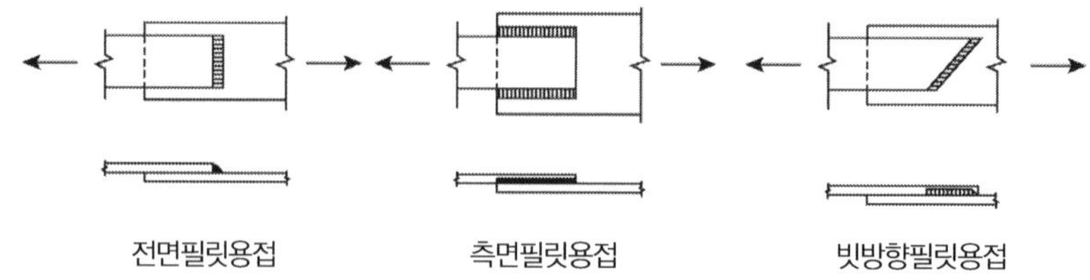

전면필릿용접    측면필릿용접    빗방향필릿용접

3) 플러그(plug)용접과 슬롯(slot)용접 : 겹친 두 장의 판 한쪽에 원형 또는 슬롯구멍을 뚫고 그 구
   멍주위를 용접하는 방법으로 겹침이음의 전단응력을 전달할 때 겹침부분의 좌굴 또는 분리를
   방지하기 위해서 필릿용접길이가 확보되지 않을 때 활용될 수 있다.

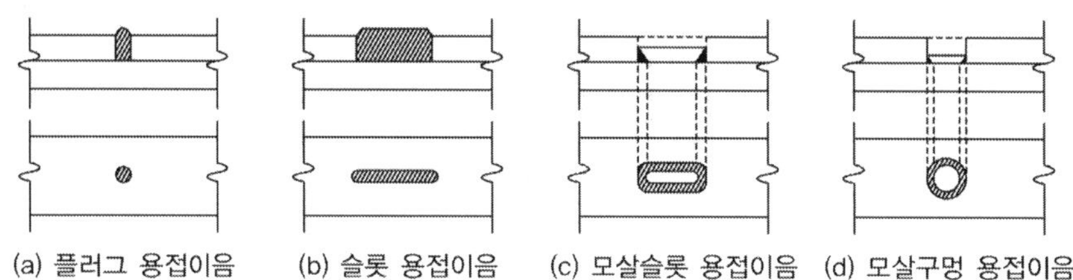

(a) 플러그 용접이음    (b) 슬롯 용접이음    (c) 모살슬롯 용접이음    (d) 모살구멍 용접이음

### ▶ 용접이음의 목두께

① 전단면용입 홈용접의 목두께는 다음과 같이 취하고 두께가 다를 경우 얇은 부재의 두께로 한다.

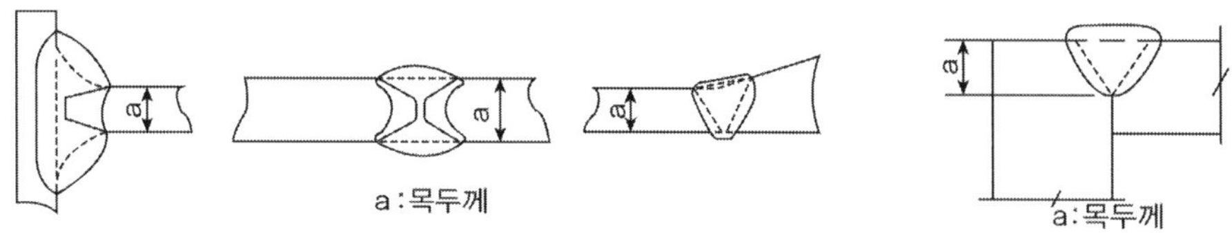

a : 목두께    a : 목두께

② 부분용입 홈용접의 목두께는 용입깊이로 한다.

③ 필릿용접의 목두께는 이음의 루우트를 꼭지점으로 하는 2등변 삼각형의 높이로 한다.

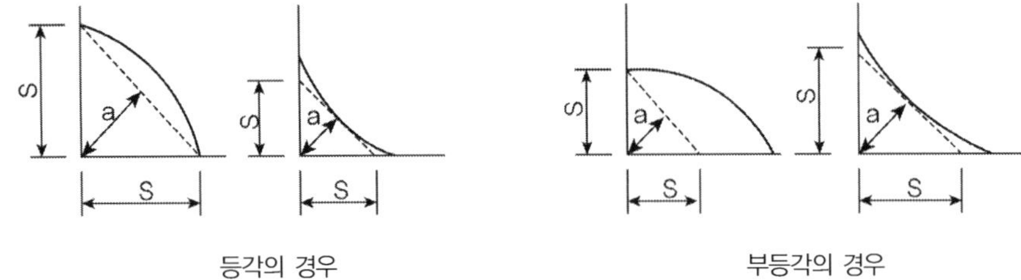



④ 용접부의 유효길이는 이론상의 목두께를 가지는 용접부의 길이로 한다. 다만 전단면용입 홈용접에서 용접선이 응력방향에 직각이 아닌 경우에는 실제적인 유효길이를 응력에 직각인 방향에 투영시킨 길이로 할 수 있다.

⑤ 필릿용접에서 끝돌림용접을 실시한 경우에는 끝돌림용접부분은 유효길이에서 제외한다.

⑥ 주요부재의 응력을 전달하는 필릿용접의 치수는 $6^{mm}$ ($20^{mm}$ 초과 모재는 $8^{mm}$) 이상, 용접부의 얇은 쪽 모재 두께 미만의 범위로 한다.

⑦ 필릿용접의 최소 유효길이는 치수의 10배 이상, $80^{mm}$ 이상으로 한다.

### 용접접합

강구조물 설계 시 적용하는 강판의 용접접합 방법들의 구조적 특징과 개략적인 용접 Schedule을 작성하고, 그 이유를 설명하시오.

### 풀 이

> **개요**

강구조물의 용접 이음의 형태는 맞댐이음, 겹침이음, 모서리이음, T이음 등이 있으며, 용접이음의 형식에는 그루브용접(홈용접, groove), 필릿(fillet)용접, 플러그(plug)용접, 슬롯(slot)용접 등이 있다. 주로 그루브용접과 필릿용접이 가장 많이 사용된다.

> **용접이음의 구조적 특징과 개략적인 용접 Schedule**

1) 그루브용접, 홈용접(groove welding)

① 특징 : 맞댐용접이라고도 하며 양쪽 부재의 끝을 용접이 양호하도록 끝단면을 비스듬히 절단하여 용접하는 방법이다. 완전용입용접은 용접 유효목두께가 판두께 이상이 확보되는 건전한 용접부로 이음부의 판폭에 대해서도 충분히 용접되어 일반적으로 이음부 소재의 전체 판두께 및 전체 폭을 용접하는 것이다. 부분용입용접은 응력의 흐름으로 보아 완전용입과 같이 전단면의 유효용접면적이 불필요할 때에 채택하는 방식으로 용접에 의한 H형강의 플랜지와 웨브의 용접, 기둥과 기둥의 이음 또는 후판의 상자형 단면 부재를 조립용접할 때 채택된다.

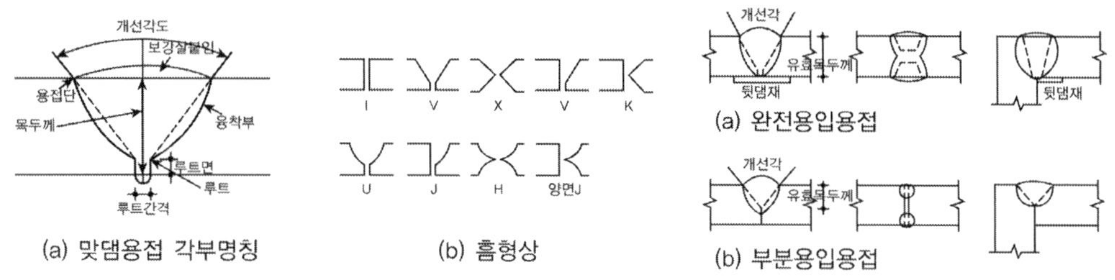

(a) 맞댐용접 각부명칭　　　(b) 홈형상　　　(a) 완전용입용접 / (b) 부분용입용접

② 개략적 용접 Schedule : 그루브용접의 유효면적은 용접유효길이에 유효 목두께를 곱한 것으로 한다. 유효길이는 하중방향의 직각인 접합부분의 폭으로 하며, 유효 목두께는 완전용입용접은 접합판 중 얇은 판의 판두께로 한다. 부분용입용접의 최소 유효 목두께는 얇은판 소재의 두께에 따라 정한다.

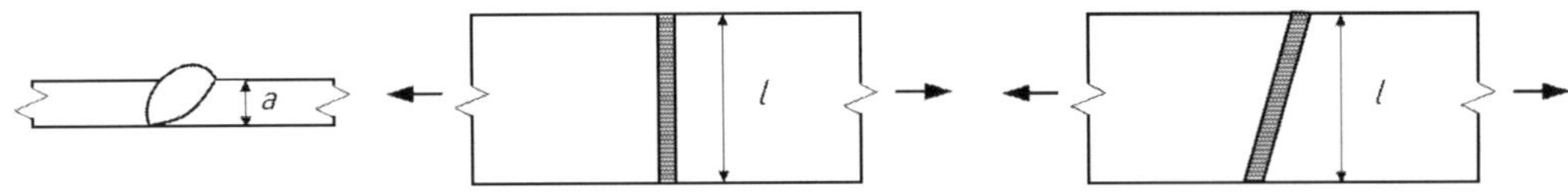

(a) 그루브용접 유효 목두께                  (b) 그루브용접 유효길이

(1) 완전용입된 그루브용접의 유효목두께는 접합판 중 얇은 쪽 판두께로 한다.

(2) 토목구조물의 경우, 부분용입 그루브용접의 유효목두께는 $\sqrt{2t}$ (mm) 이상으로 한다. 여기서, $t$는 연결부(접합부)의 두꺼운 쪽 판의 두께이다. 단, 부분용입 그루브용접의 유효목두께는 얇은 쪽 판의 두께 이하이어야 한다.

## 2) 필릿용접(fillet welding, 모살용접)

① 특징 : 필릿용접은 응력방향에 따라 전면 필릿용접, 측면필릿용접 등으로 구분된다. 종국적으로 용접부에 대해 전단에 의해 파단되므로 거의가 용접유효면적에 대해 전단응력으로 설계되는 용접으로 구조물의 접합부에 상당히 많이 사용되는 방법이다.

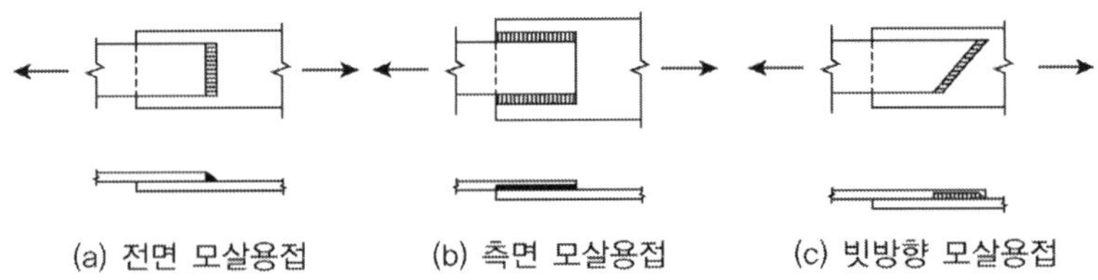

(a) 전면 모살용접        (b) 측면 모살용접        (c) 빗방향 모살용접

② 개략적 용접 Schedule : 필릿용접의 유효면적은 용접유효길이에 유효 목두께를 곱한 것으로 한다. 용접유효길이는 필릿용접의 총길이에서 필릿사이즈의 2배를 공제하며 유효목두께는 필릿사이즈의 0.7배로 한다. 플러그용접과 슬롯용접의 유효길이는 목두께 중심을 잇는 용접중심선의 길이로 한다.

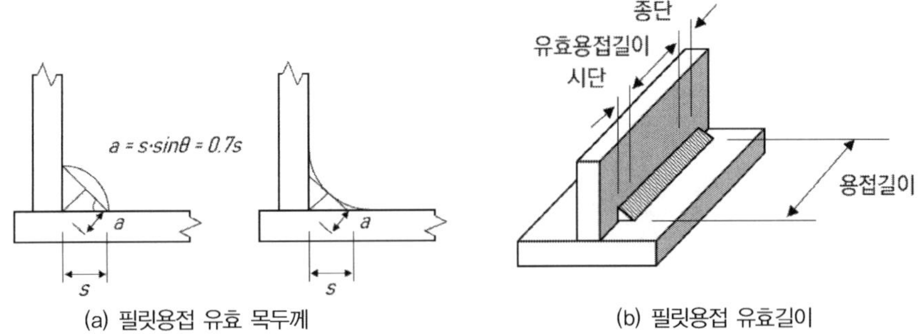


(a) 필릿용접 유효 목두께              (b) 필릿용접 유효길이

(1) 필릿용접의 최소치수는 열결부의 얇은 쪽 소재의 두께를 t(㎜)라고 할 때, $13 \leq t < 20$일 때
는 6mm, $t \geq 20$일 때는 8mm로 한다.

⑵ 필릿용접의 최대치수는 겹침이음의 필릿용접 최대치수 s는 연단이 용접되는 판의 두께 $t$에
대해서, $t < 6\,mm$일 때, $s = t$, $t \geq 6\,mm$일 때, $s = t - 2\,mm$로 한다.

## 3) 플러그(plug)용접과 슬롯(slot)용접

① 특징 : 겹친 2장의 판 한쪽에 원형 또는 슬롯구멍을 뚫고 그 구멍주위를 필릿용접하는 방법으
로 겹침이음의 전단응력을 전달할 때 겹침 부분의 좌굴 또는 분리를 방지하기 위해서 필릿용
접 길이가 확보되지 않을 때 활용될 수 있다.

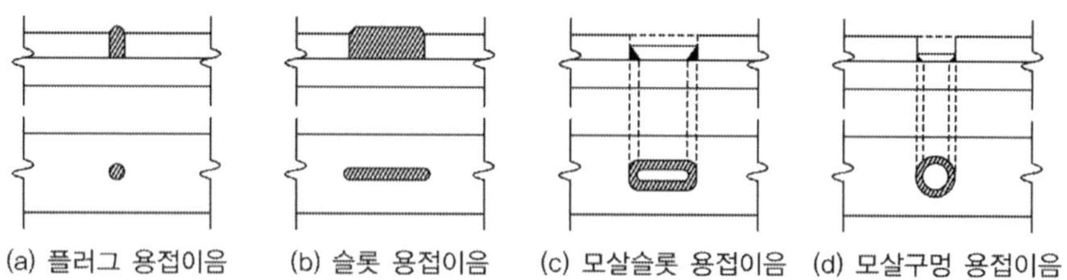



② 개략적 용접 Schedule : 플러그 및 슬롯용접의 유효전단면적은 접합면 내에서 플러그 및 슬롯
의 공칭단면적으로 한다. 플러그 및 슬롯 용접의 두께는 판 두께 16 mm 이하의 경우 판 두께
와 동일하게 하고, 16 mm를 초과하는 경우에는 판 두께의 1/2 이상으로 하되 최소 16 mm로
한다.

## 강재용접

강재 용접이음에서 플러그(plug)용접과 슬롯(slot)용접

### 풀 이

#### ▶ 개요

용접이음은 연결부재가 필요하지 않아 구조물을 단순, 경량화시킬 수 있는 특징을 가진다. 구조물을 연속적으로 접합시켜 응력전달이 원활하고 인장이음이 확실하다는 특징이 있으며 다만 현장에서 용접 이음 시에는 신뢰성이 저하되어 허용응력의 90%를 적용하도록 하고 있다. 또한 용접부의 응력집중으로 피로, 부식, 좌굴강도 저하 등의 현상이 발생할 수 있으며 용접 시 변형으로 인한 2차 응력이 발생될 수 있다. 고온으로 인한 용착금속부의 열변화의 영향으로 잔류응력이 발생할 수 있다.

| 장점 | 단점 |
|---|---|
| • 강중량이 절약(거셋판, 용접판, 볼트머리 불필요) <br> • 사용성이 크다(강관 기둥부 연결 등). <br> • 강절 구조에 적합하다 <br> • 응력전달이 원활하고 안정성이 높음 <br> • 소음이 적고 인장이음이 확실함 <br> • 소형 폐단면과 곡선부에 적용이 가능 <br> • 설계 변경 및 오류 수정이 용이 | • 용접부 응력집중현상이 발생 <br> • 용접부 변형으로 2차 응력 발생 가능 <br> • 고온으로 잔류응력이 발생 |

#### ▶ 플러그(plug)용접과 슬롯(slot)용접

용접이음의 종류는 홈 용접(Groove welding), 필릿용접(fillet welding, 모살용접), 플러그(plug)용접과 슬롯(slot)용접으로 구분된다.

1) 홈용접(Groove welding) : 맞댐용접이라고도 하며 양쪽 부재의 끝을 용접이 양호하도록 끝단면을 비스듬히 절단하여 용접하는 방법이다. 용접의 범위에 따라 완전용입용접과 부분용입용접으로 구분된다.

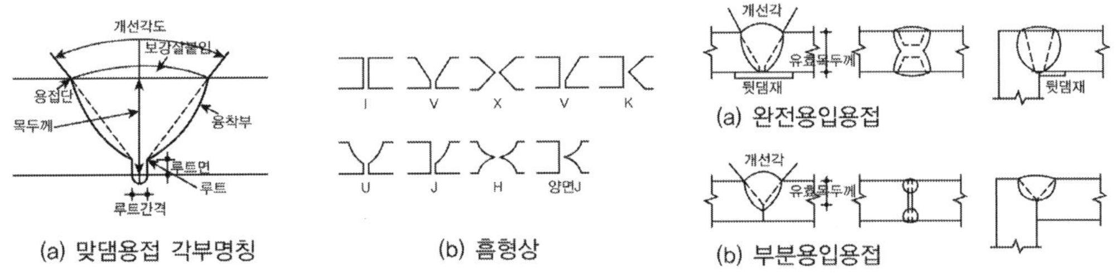

2) 필릿용접(fillet welding, 모살용접) : 용접부는 대부분 전단에 의해 파단되므로 거의가 용접유
   효면적에 대해 전단응력으로 설계되는 용접으로 구조물의 접합부에 상당히 많이 사용되는 방
   법이다.

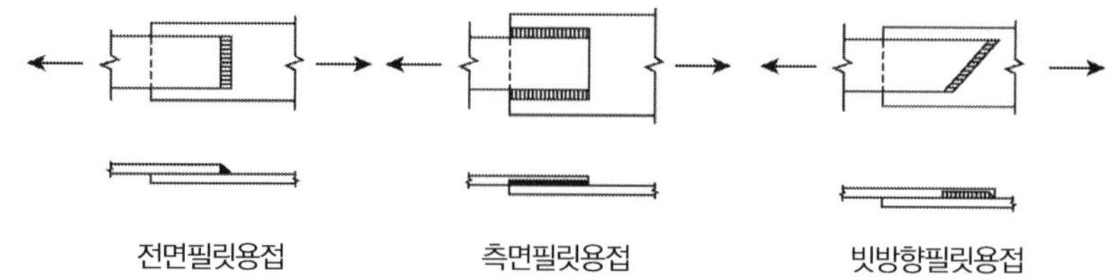



3) 플러그(plug)용접과 슬롯(slot)용접 : 겹친 두 장의 판 한쪽에 원형 또는 슬롯구멍을 뚫고 그 구
   멍주위를 용접하는 방법으로 겹침 이음의 전단응력을 전달할 때 겹침 부분의 좌굴 또는 분리
   를 방지하기 위해서 필릿 용접길이가 확보되지 않을 때 활용될 수 있다. 플러그용접과 슬롯용
   접은 주요부재에 사용해서는 안 된다.

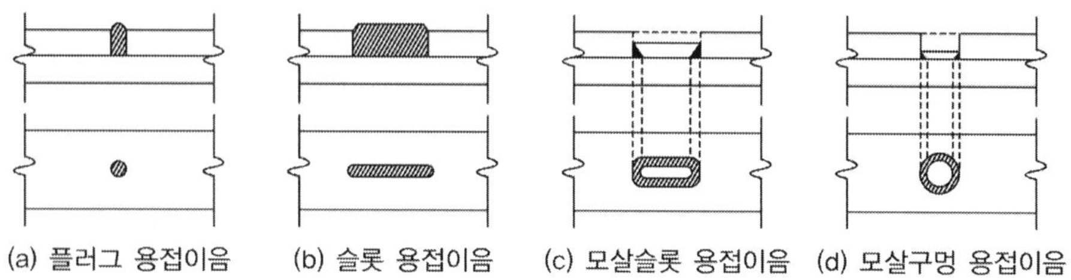

### 필릿용접

도로교설계기준(한계상태설계법, 2016)에 따라 강교에서 부재 연결 시 적용되는 필릿(Fillet)용접의 최대, 최소 치수 및 최소 유효길이 규정에 대하여 설명하시오.

### 풀 이

#### ▶ 개요

필릿(Fillet)용접은 거의 직교하는 2개의 면을 결합하는 삼각형의 크기로 표시하는 용접으로, 종국적으로 용접부에 대해 전단에 의해서 파단되므로 거의가 용접 유효면적에 대해 전단응력으로 설계되는 용접으로 구조물의 접합부에 상당히 많이 사용되는 방법이다.

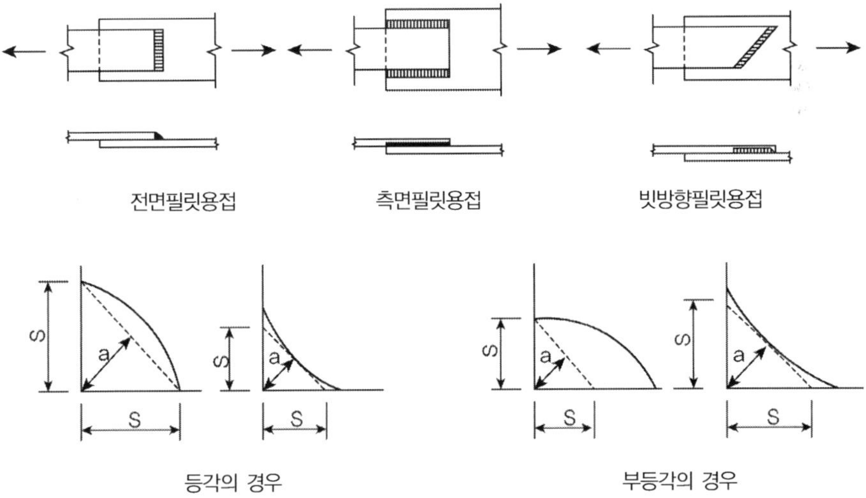


#### ▶ 도로교설계기준 필릿(Fillet)용접 치수 규정

연결부의 설계 시 가정하는 필릿용접의 치수는 설계하중이 압축과 인장은 모재의 설계강도, 전단은 $R_r = 0.6\phi_{e2}F_{exx}$ 를 초과하지 않도록 정한다.

1) 필릿용접의 최대·최소 치수

① 최대치수 : 연결되는 부재의 연단을 따라 용접한 필릿용접의 최대치수는 두께가 6mm 미만인 부재는 그 부재의 두께로 하며, 두께가 6mm 이상인 부재는 부재두께보다 2mm 작은 값으로 한다.

② 최소치수 : 필릿용접의 최소치수는 연결부의 두꺼운 부재의 두께에 따라 6~8mm로 한다. 필릿용접의 최소치수는 강도개념이 아닌 적은 양의 용접으로 인한 두꺼운 부재의 담금질 효과를 근거로 한다. 용접금속의 급랭은 인성의 손실을 초래한다. 두꺼운 부재의 용접에서 용접금속의 수축제한은 용접균열을 발생시킬 수 있다. 수동용접으로 용접 1패스에 의해 용착시킬 수 있는 필릿용접의 최대두께는 8mm이다. 그러나 예열과 층간 온도는 유지해야 한다.

| 연결부의 두꺼운 부재의 두께(T, mm) | 필릿용접의 최소치수(mm) |
|---|---|
| T≤20 | 6 |
| 20〈T | 8 |

③ 최소 유효길이 : 필릿용접의 최소 유효길이는 용접치수의 4배로 하며, 40mm보다 길어야 한다.

1) 고장력볼트와 일반볼트의 병용

일반볼트접합은 볼트축 또는 구멍과의 간격이 크므로 접합강성이 작다. 한편 고장력볼트 마찰접합은 미끄럼하중까지는 강성이 극히 크므로 1개소의 이음 또는 접합부에 고장력볼트와 일반볼트를 겸용하는 경우에는 강성이 큰 고장력볼트에 전내력을 부담시켜야 한다.

2) 고장력볼트와 용접접합의 병용 [101회/111회/121회]

【 기출유형 ① 】 용접과 볼트 이음 병용 시 고려사항

고장력볼트와 용접접합을 1개소의 이음 또는 접합부에 병용하는 경우 용접접합에 전내력을 부담하도록 설계해야 한다. 다만, 고장력볼트를 먼저 조인 후에 용접하는 경우 접합부의 내력은 양쪽 접합내력의 합으로 설계할 수 있다. 용접에 의해서 기존부재에 증축, 개축할 때에는 고장력볼트가 기존 구조물의 고정하중을 지지하고 있으므로 하중을 고장력볼트와 용접에 분담시킬 수 있다.

① 그루브용접(Groove, 홈용접)을 사용한 맞대기 이음과 고장력 볼트 마찰이음의 병용 또는 응력 방향에 평행한 필릿용접과 고장력 볼트 마찰이음을 병용하는 경우 이들이 각각 응력을 분담하는 것으로 본다. 다만 분담상태에 대해서는 충분한 검토를 하여야 한다.
② 응력방향과 직각을 이루는 필릿용접과 고장력 볼트 마찰이음을 병용해서는 안 된다.
③ 용접과 고장력 볼트 지압이음을 병용해서는 안 된다.
④ 용접선에 대해 직각방향으로 인장응력을 받는 이음에는 전단면 용입 홈용접을 사용함을 원칙으로 하며 부분용입 홈용접을 써서는 안 된다.
⑤ 플러그 용접과 슬롯용접은 주요부재에 사용해서는 안 된다.

### 용접과 볼트 병용

용접과 고장력 볼트 병용 시 규정에 대하여 설명하시오.

---

**풀 이**

## ▶ 개요

용접과 고장력 볼트를 병용하는 경우에는 용접은 변위를 허용하지 않기 때문에 용접부가 대부분 하중을 분담할 수 있기 때문에, 하중 분담에 대한 규정을 고려해서 설계해야 한다.

## ▶ 용접과 고장력 볼트 병용

고장력볼트와 용접접합을 1개소의 이음 또는 접합부에 병용하는 경우 용접접합에 전내력을 부담하도록 설계해야 한다. 다만, 고장력볼트를 먼저 조인 후에 용접하는 경우 접합부의 내력은 양쪽 접합내력의 합으로 설계할 수 있다. 용접에 의해서 기존부재에 증축, 개축할 때에는 고장력볼트가 기존 구조물의 고정하중을 지지하고 있으므로 하중을 고장력볼트와 용접에 분담시킬 수 있다.

① 볼트는 용접과 조합해서 하중을 부담시킬 수 없다. 이러한 경우 용접에 전체하중을 부담시키도록 한다.

② 다만, 전단접합 시에는 용접과 볼트의 병용이 허용된다. 전단접합 시 표준 구멍 또는 하중방향에 수직인 단슬롯구멍이 사용된 경우 볼트와 하중방향에 평행한 필릿용접이 하중을 각각 분담할 수 있다. 이때 볼트의 설계강도는 지압접합볼트 설계강도의 50%를 넘지 않도록 한다. 웨브는 볼트접합, 플랜지는 용접접합하는 기둥-보 접합부와 작은보-큰보 접합부의 경우는 이 제한조건을 적용하지 않는다.

③ 마찰볼트접합으로 기 시공된 구조물을 개축할 경우 고장력볼트는 기시공된 하중을 받는 것으로 가정하고 병용되는 용접은 추가된 소요강도를 받는 것으로 용접설계를 병용할 수 있다.

### 강구조물 이음의 병용

볼트이음과 용접이음을 같은 이음 개소에서 병용하는 경우에 유의해야 할 점

---

**풀 이**

## ▶ 개요

강구조물은 균질한 재료특성을 갖는 장점이 있으나 제작상의 한계로 인해 목적 구조물을 만들기 위해서는 부재 간 이음이 필수적이다. 강구조물의 이음은 볼트이음과 용접이음으로 구분되며 이음부재 설계 시에는 다음의 사항을 준수해야 한다.

① 부재의 연결은 작용응력에 대해 설계하는 것을 원칙으로 한다.

② 주요부재의 연결은 적어도 모재의 강도에 75% 이상의 강도를 갖도록 설계하여야 한다. 다만 전단력에 대해서는 작용응력으로 설계하여도 좋다.

③ 부재의 연결부 구조는 다음의 사항을 만족하도록 설계하여야 한다.
- 연결부의 구조가 단순하여 응력의 전달이 확실하게 해야 한다.
- 구성하는 각 재편에 있어서 가급적 편심이 일어나지 않도록 해야 한다.
- 응력집중이 생기지 않도록 해야 한다.
- 해로운 잔류응력이나 2차 응력이 생기지 않도록 해야 한다.

④ 연결부에서 단면이 변하는 경우 작은 단면을 기준으로 연결 제규정을 적용한다.

## ▶ 볼트이음과 용접이음 병용 시 유의사항

볼트이음과 용접이음은 이음의 특성상 힘의 전달방식(연속형, 불연속형)이 다르고, 안전도의 균질성(현장 또는 공장 이음, 제작 등) 등이 다르기 때문에 병용해서 사용할 경우 다음의 사항에 유의해야 한다.

① 그루브용접(Groove, 홈용접)을 사용한 맞대기 이음과 고장력 볼트 마찰이음의 병용 또는 응력 방향에 평행한 필릿용접과 고장력 볼트 마찰이음을 병용하는 경우 이들이 각각 응력을 분담하는 것으로 본다. 다만 분담상태에 대해서는 충분한 검토를 하여야 한다.

② 응력방향과 직각을 이루는 필릿용접과 고장력 볼트 마찰이음을 병용해서는 안 된다.

③ 용접과 고장력 볼트 지압이음을 병용해서는 안 된다.

④ 용접선에 대해 직각방향으로 인장응력을 받는 이음에는 전단면 용입 홈용접을 사용함을 원칙으로 하며 부분 용입 홈용접을 써서는 안 된다.

⑤ 플러그 용접과 슬롯용접은 주요부재에 사용해서는 안 된다.

## 현장용접

강 교량에서 현장용접이 주로 적용되는 부재 위치를 제시하고, 설계단계에서 고려할 사항에 대해서 설명하시오.

## 풀 이

**현장용접 품질관리 매뉴얼 개발에 관한 연구(한국도로협회, 2017)**

### ➤ 개요

기술 발달로 장경간의 강교 가설이 증가하면서 운반 상의 문제로 강 교량 블록을 현장에서 용접하는 사례가 점차 증가하고 있다. 그러나 국내에는 현장용접에 관련해 구체적인 용접환경, 품질관리, 용접검사 등에 관해 관련 시방 기준이 다소 미흡한 실정이다.

### ➤ 현장용접 주요 적용 부재

주로 블록간에 연결을 위해 현장 용접을 적용한다. 플레이트 거더의 경우 웨브와 웨브의 이음, 플랜지와 플랜지 간 이음부에서 현장 용접이 적용된다. 강 박스의 경우에도 길이방향으로 연결하는 웨브–웨브 이음부와 플랜지–플랜지 이음부에 현장 용접이 적용된다.

거더 간 현장용접 이음부

현장용접 간이 방풍시설

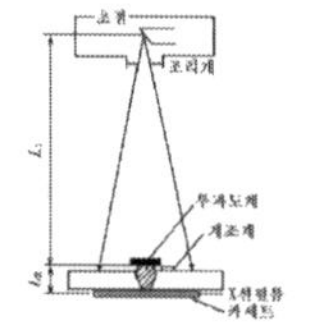
비파괴 검사(RT)

### ➤ 설계단계에서 고려 사항

1) 현장 용접접합부 배치 : 일반적으로 강박스나 플레이트 거더를 현장에서 길이방향으로 연결하는 웨브–웨브 이음부와 플랜지–플랜지 이음부는 100mm 정도 서로 어긋난 곳에 위치를 배치하도록 한다. 현장 용접의 불확실성 때문에 길이방향으로 현장 용접 배치를 한 단면에서 하지 않도록 하기 때문이다. 그러나 종방향으로 거더를 연결하는 이음선의 배치는 거더를 공장에서 제작한 후 현장으로 이동과정에서 변형 등으로 현장 용접부 오차관리에 어려움이 있을 수 있다. 최근 이러한 문제 때문에 현장에서 용접되는 단면을 플랜지와 웨브를 동일 단면으로 하고 용접부 상세의 오차관리와 품질 확보를 통해 해결해야 된다는 의견도 있다. 이러한 동일 단면으로 지정하는 경우에는 현장에서 용접

되는 완전용입 그루브용접부는 100% 비파괴검사를 통하여 관리하지만 강도측면에서 모재에 비해 취약하지 않도록 관리를 철저히 해야 한다.

2) 현장 용접 시공도 작성 : 설계단계나 혹은 시공 전 사전 승인단계에서 현장 용접시공도를 KS 표준 용접기호를 사용하여 작성해야 한다. 현장용접의 위치, 용접규모 등을 포함하여 공사기록 도면에는 용접공의 개별 신원을 명기하도록 하고, 현장품질 관리에 대한 내용도 포함하는 등의 관리가 되도록 해야 한다.

3) 현장 상황을 고려한 가이드 설정 : 공장 용접에 비해 현장용접은 온도나 습도, 바람의 영향 등 공장에 비해 열악하다. 또한 자동화된 SAW용접 설비에 비해 인력으로 용접하는 사례가 다수다. 따라서 현장 용접이 실시되는 용접개소마다 이동식 간이 방풍시설을 설치하고 기후조건에 따라 용접을 불가한 상황을 지정하거나 현장용접이 가능한 강재두께, 용접의 방법, 용접 방향(현행 기준에서는 상향 용접 불가) 등 품질확보를 위한 현장용접 기준을 제시하여야 한다.

4) 품질검사 기준 : 비파괴 검사 등 공장용접과 함께 현장용접에 대한 품질검사 기준을 제시하고 품질검사기준에 따라 관리하도록 하여야 한다. 특히, 현장 용접 중 오차관리를 위해 열교정, 그라인딩, 가우징, 절단, 또는 육성용접 등의 방법으로 수정하는 것은 이미 제작된 구조물에 손상을 입힐 수 있고, 수정 작업 결과로 얻을 수 있는 성과에도 한계가 있다. 따라서 설계 시에 용접부 상세와 제작 시 용접열에 의한 변형, 그리고 수정 작업에 따른 문제점들에 대해 세심한 배려가 있어야 한다.

## 강관 연결

강관 가지연결에 대하여 설명하시오.



### ▶ 개요

강관 간의 연결부는 T형 혹은 Y형 형태의 연결이 발생될 수 있으며, 주강관과 지강관이 연결되어 분기되는 연결구간을 조인트(joint) 혹은 가지연결이라고 한다. 압축과 휨을 받는 연결된 강관구조는 조인트에 대한 강도평가가 이루어져야 하며, AISC, Eurocode에서는 주강관과 지강관의 세장비를 고려하여 조인트구간의 설계기준을 제시하고 있다.

### ▶ 강관 가지연결

수직강관을 서로 연결하여 강성을 유지해주기 위해 설치하는 수평재의 연결부분을 조인트라고 하며, 멀티기둥 구조시스템에서는 강도검토가 이루어져야 하는 구조요소이다. 조인트에서 강관기둥부를 주강관(chord)라고 하고 수평자는 지강관(brace)라고 하며, 연결형태에 따라 T 또는 Y, K, X조인트로 분류된다. 강관 조인트의 설계기준은 기하학적 조인트 종류와 파괴형상모드, 작용하중의 조합종류에 따라 분류하고 있다. T형 조인트의 지강관에 축방향 하중 및 모멘트 하중이 작용할 때 주강관 펀칭전단(chord punching shear)파괴 모드가 발생하거나, 주강관 소성화(chord plastification) 파괴모드에 의해 강도가 결정되는 경우로 구분될 수 있다.

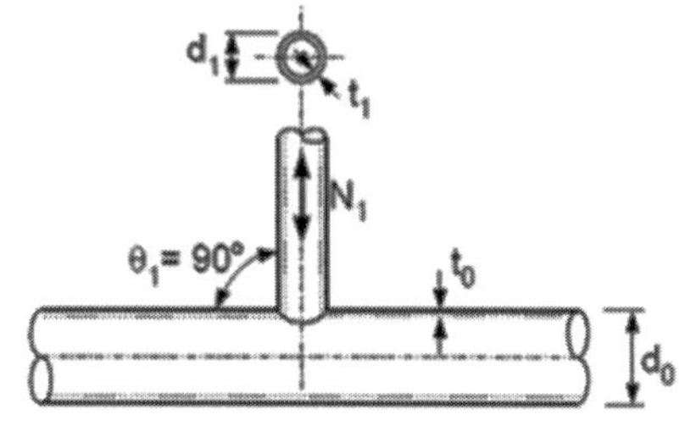


T형 원형 조인트

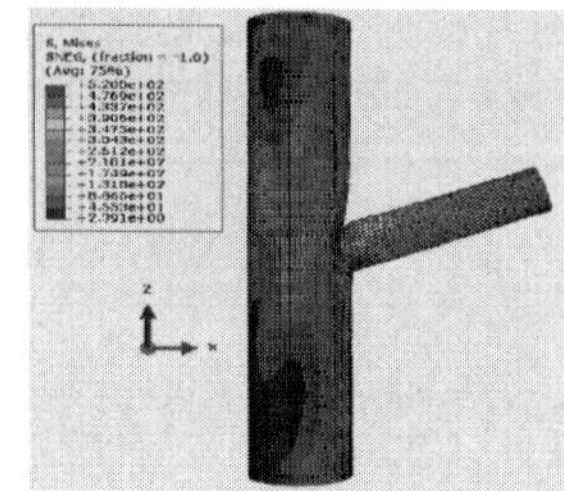

Von mises 응력과 변형형상

AISC에서는 T형 조인트에서 지강관의 축방향 공칭강도 $P_n$과 면내 휨모멘트 공칭강도 $M_n$을 다음과 같이 제시하고 있다.

$$P_n = \frac{f_{yo}t_0^2}{\sin\theta_i}(3.1 + 15.6\beta^2)\gamma^{0.2}Q_f, \quad M_n = \frac{f_{yo}t_0^2}{\sin\theta_i}(5.39\beta d_i)\gamma^{0.5}Q_f$$

여기서, $f_{y0}$는 주강관 항복응력, $t_0$는 주강관 두께, $\theta_i$는 두관의 각도, $\beta = d_i/d_0$, $\gamma = d_0/2t_0$ $d_0$는 주강관, $d_i$는 지강관의 외부직경, $Q_f$는 주강관이 압축이면 1-0.3(1+U), 인장은 1이다.

## 1. 볼트 설계

### 1) 설계미끄럼 강도

미끄럼 한계상태에 대한 설계미끄럼강도 $\phi R_n$ 는 다음과 같이 산정한다.

$$R_n = \mu h_f T_0 N_s$$

여기서,　$\phi$ = 1.0 ; 표준구멍 또는 하중방향에 수직인 단슬롯

　　　　 = 0.85 ; 과대구멍 또는 하중방향에 평행인 단슬롯

　　　　 = 0.75 ; 장슬롯 구멍

　　$\mu$(미끄럼계수) = 0.5 ; 무도장 블라스트처리 마찰면

　　　　　　　　 = 0.45 ; 무기질 아연말 프라이머도장표면

　$h_f$ (필러계수)　 = 1.0 ; 필러 사용하지 않은 경우, 필러 내 하중 분산을 위해 볼트를 추가한 경우, 필러 내 하중 분산을 위해 볼트를 추가하지 않고 접합되는 재료 사이에 한 개의 필러가 있는 경우

　　　　　　　　 = 0.85 ; 필러 내 하중 분산을 위해 볼트를 추가하지 않고 접합되는 재료 사이에 2개 이상의 필러가 있는 경우

$N_s$(전단면의 수, 마찰접합 및 지압접합에만 적용한다.)

$T_0$(설계볼트장력, kN)

| 볼트등급 | 볼트 호칭 | 공칭단면적(㎟)[1] | 설계볼트 장력 $T_0$(kN)[2] | 표준볼트장력 1.1$T_0$(kN) |
|---|---|---|---|---|
| F8T | M16 | 201 | 84 | 93 |
| | M20 | 314 | 132 (도·설 2016, 130) | 146 |
| | M22 | 380 | 160 (도·설 2016, 160) | 176 |
| | M24 | 453 | 190 (도·설 2016, 190) | 209 |
| F10T | M16 | 201 | 106 | 117 |
| | M20 | 314 | 165 (도·설 2016, 160) | 182 |
| | M22 | 380 | 200 (도·설 2016, 200) | 220 |
| | M24 | 453 | 237 (도·설 2016, 235) | 261 |
| F13T | M16 | 201 | 137 | 151 |
| | M20 | 314 | 214 (도·설 2016, 215) | 236 |
| | M22 | 380 | 259 (도·설 2016, 265) | 285 |
| | M24 | 453 | 308 (도·설 2016, 305) | 339 |

※ 1) 고장력볼트 유효단면적은 공칭단면적의 0.75배

　 2) 설계볼트장력은 고장력볼트의 인장강도의 0.7배에 유효단면적을 곱한 값

마찰 연결에서 볼트의 공칭 마찰강도

$$R_n = K_h K_s N_s P_t$$

여기서,　　$N_s$ : 볼트 1개당 미끄러짐 면의 수

　　　　　$P_t$ : 볼트의 설계 축력 (→ 설계볼트장력 $T_0$ 표 참조)

　　　　　$K_h$ : 볼트 연결부에서의 구멍크기 계수 (→ $\phi$ 값과 유사)

| 표준구멍 | 과대볼트구멍 또는 짧은 슬롯 | 재하 방향에 직각인 긴 슬롯 | 재하 방향에 평행인 긴 슬롯 |
|---|---|---|---|
| 1.0 | 0.85 | 0.70 | 0.60 |

　　　　　$K_s$ : 볼트 연결부에서의 표면상태 계수 (→ $\mu$ 값과 유사)

| 등급 A 표면 | 등급 B 표면 | 등급 C 표면 |
|---|---|---|
| 0.33 | 0.40 | 0.33 |

1. A 등급 : 페인트 칠하지 않은 깨끗한 흑피 또는 녹을 제거하고 A급 도장을 한 표면
2. B 등급 : 도장을 하지 않고 녹을 제거한 깨끗한 표면, 녹을 제거한 깨끗한 표면에 등급 B도장을 한 표면
3. C 등급 : 용융 도금한 펴면과 거친 표면

2) 고장력볼트의 설계인장강도와 설계전단강도

밀착조임 볼트, 전인장조임된 고장력볼트의 설계인장강도 또는 설계전단강도 $\phi R_n$ 는 인장파단과 전단파단의 한계상태에 대해 다음과 같이 산정한다.

$$\phi R_n = \phi F_n A_b N_s \quad (\phi = 0.75)$$

여기서,　　$F_n$　① 공칭인장강도 $F_{nt} = 0.75 F_u$ N/mm$^2$ (인장강도의 0.75배)

　　　　　　　　② 공칭전단강도 $F_{nv} = 0.5 F_u$ N/mm$^2$ (나사부 불포함)

　　　　　　　　　　　　　　　　　$= 0.4 F_u$ N/mm$^2$ (나사부 포함)

　　　　　$A_b$　고장력볼트의 공칭단면적(mm$^2$)

| 강도 | | F8T | F10T | F13T |
|---|---|---|---|---|
| $F_y$ (항복강도) | | 640 | 900 | 1170 |
| $F_u$ (인장강도) | | 800 | 1000 | 1300 |
| 공칭인장강도 $F_{nt}$ (인장강도 0.75배) | | 600 | 750 | 975 |
| 지압접합 공칭전단강도 $F_{nv}$ | 나사부 전단면에 포함 (인장강도 0.4배) | 320 | 400 | 520 |
| | 나사부 전단면에 불포함(인장강도 0.5배) | 400 | 500 | 650 |
| $F_{nt} = 0.75 F_u$, $\quad F_{nv} = 0.5 F_u$ 또는 $F_{nv} = 0.4 F_v$ | | | | |

강구조 설계기준(2019)와 도로교설계기준(2016)에 적용되는 계수가 일부 차이가 있다.

① 인장강도 : 작용 인장력은 설계하중에 의한 인장력과 연결부의 변형에 따른 프라잉 작용에 의한 모든 인장력을 더한 값을 사용한다.

  (1) 공칭인장강도 : $T_n = 0.76 F_{ub} A_b$

    여기서, $F_{ub}$ : 볼트의 인장강도, $A_b$: 최소공칭직경에 대한 볼트 단면적

  (2) 피로강도 : 고장력 볼트가 축방향의 피로하중을 받는 경우 볼트의 응력범위 $\Delta f$는 충격을 포함하는 피로설계 활하중에 프라잉력을 합한 것으로 $\gamma(\Delta f) \leq (\Delta F)_n$ ($\Delta f$ : 피로하중 통과 시 발생하는 활하중 응력범위, $(\Delta F)_n$ : 공칭피로강도)을 만족해야 한다.

  (3) 프라잉 작용    $Q_u = \left( \dfrac{3b}{8a} - \dfrac{t^3}{328000} \right) P_u$

    $Q_u$ : 설계하중으로 볼트 1개당 프라잉 인장력, 압축인 경우 0

    $P_u$ : 설계하중에 의한 볼트 1개당 인장력

    $a$ : 볼트의 중심에서 연단까지 거리(mm)

    $b$ : 볼트의 중심에서 연결부의 필릿용접단까지 거리(mm)

    $t$ : 가장 얇은 연결부의 두께(mm)

② 공칭전단강도

  – 길이가 1270mm 이하인 연결부

    · 전단 단면에 나사산이 없을 경우 : $R_n = 0.48 A_b F_{ub} N_s$

    · 전단 단면에 나사산이 있을 경우 : $R_n = 0.38 A_b F_{ub} N_s$

    여기서, $A_b$는 공칭직경에 의한 볼트 단면적, $F_{ub}$는 볼트의 인장강도, $N_s$는 볼트 1개당 전단면수

  – 길이가 1270mm 이상인 연결부 : 볼트 1개당 공칭 전단강도 값의 0.8배

3) 볼트구멍의 설계지압강도

강도한계상태의 마찰접합 및 지압접합에서 고장력볼트와 접합부재의 구멍이 지압상태가 되는 경우, 고장력볼트 구멍에 대한 지압강도를 검토해야 한다. 건축구조기준에서는 기존에 마찰접합만을 사용하였으나 건축구조기준이 개정되며 지압접합을 허용하고 마찰접합에서도 지압접합 관련 강도를 검토하도록 하였다. 이는 접합판이 얇을 경우에 미끄럼 강도 이상의 하중을 받으면 미끄러진 후 지압으로 저항하지 못하고 접합부 파괴로 이어지기 때문이다. 지압강도 한계상태에 대한 볼트구멍에서 설계강도 $\phi R_n$는 다음과 같이 산정한다.

① 표준구멍, 과대구멍, 단슬롯이 모든 방향에 대한 지압력 또는 장슬롯이 지압력 방향에 평행

  – 사용하중상태에서 볼트구멍의 변형을 설계에 고려할 필요가 있을 때

    $\phi = 0.75, \quad R_n = 1.2 L_c t F_u \leq 2.4 dt F_u$

− 사용하중상태에서 볼트구명의 변형을 설계에 고려할 필
요가 없을 때

$$\phi = 0.75, \qquad R_n = 1.5L_c t F_u \le 3.0 dt F_u$$

② 장슬롯이 구멍의 방향에 직각방향으로 지압력을 받을 경우

$$R_n = 1.0 L_c t F_u \le 2.0 dt F_u$$

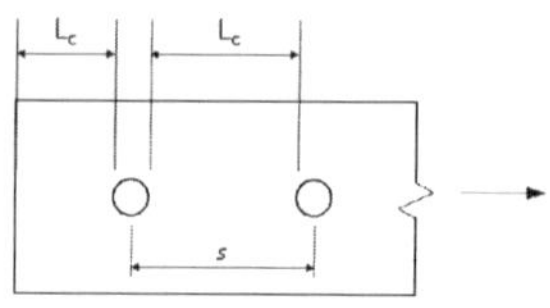


여기서,  d : 볼트 공칭직경(mm)

$F_u$ : 피접합재의 공칭인장강도(N/mm$^2$)

$L_c$ : 하중방향 순간격, 구멍 끝과 피접합재의 끝 또는 인접구멍의 끝까지 거리(mm)

t : 피접합제의 두께(mm)

고장력 볼트접합부에서 하중방향의 연단거리가 짧은 경우 접합부재의 지압파단이 아닌 하중방향으로 전단파단이 발생될 수 있어 볼트 구멍의 지압강도는 전단파단강도 이상으로 규정하였다. 또한 접합부에 대한 지압강도는 각각 고장력 볼트의 지압강도의 합으로 산정하며 고장력 볼트의 전단강도의 합과 고장력볼트 구멍의 지압강도 중 작은 값으로 한다.

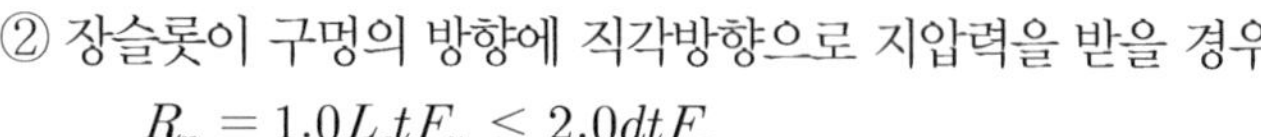

**비교** | 도로교설계기준 2016(한계상태설계법) |

연결부재 지압에 대한 공칭강도 : 볼트의 유효지압면적은 볼트의 지름과 연결부재의 두께의 곱
  1) 지압력 방향과 평행한 긴 슬롯
    · 볼트구멍의 순간격, 또는 응력방향의 순연단거리가 2d이상으로 배열된 경우 : $R_n = 2.4 dt F_u$
    · 볼트구멍들의 순간격, 또는 응력방향의 순연단거리가 2d보다 작은 경우 : $R_n = 1.2 L_c t F_u$
  2) 지압력 방향과 수직인 긴 슬롯
    · 볼트구멍의 순간격 및 순연단 거리가 2d이상인 경우 : $R_n = 2.0 dt F_u$
    · 볼트구멍들의 순간격, 또는 응력방향의 순연단거리가 2d보다 작은 경우 : $R_n = L_c t F_u$

4) 마찰접합에서 인장력과 전단력의 조합

마찰접합이 인장하중을 받아 장력이 감소할 경우 위에 산정된 설계미끄럼강도에서 다음계수를 사용하여 감소한 후 산정한다.

$$k_s = 1 - \frac{T_u}{T_0 N_b}$$

여기서,   $N_b$ : 인장력을 받는 볼트의 수

$T_u$ : 소요인장력(kN)

$T_0$ : 설계볼트 장력(kN)

5) 지압접합에서 인장력과 전단력의 조합

지압접합이 인장과 전단의 조합력을 받는 경우 볼트의 설계강도는 다음의 인장과 전단파괴의 한계상태에 따라 결정한다.

$$\phi R_n = \phi F_{nt}{}' A_b \quad (\phi = 0.75)$$

여기서,     $F_{nt}{}'$ : 전단력의 효과를 고려한 공칭 인장강도(N/mm$^2$)

$$F_{nt}{}' = 1.3 F_{nt} - \frac{F_{nt}}{\phi F_{nv}} f_v \le F_{nt}, \quad f_v \text{는 소요전단응력}$$

$$F_{nt} : \text{공칭인장강도}, \ F_{nv} : \text{공칭전단강도 (N/mm}^2)$$

전단 또는 인장에 의한 소요응력 $f$ 가 설계응력의 30% 이하면 조합응력의 효과는 무시할 수 있다.

**비교** | 도로교설계기준 2016(한계상태설계법) |

① 인장과 전단을 동시에 받는 볼트의 공칭인장강도

$$\frac{P_u}{R_n} \le 0.33 \text{인 경우} \qquad T_n = 0.76 A_b F_{ub}$$

$$\frac{P_u}{R_n} > 0.33 \text{인 경우} \qquad T_n = 0.76 A_b F_{ub} \sqrt{1 - \left(\frac{P_u}{\phi_s R_n}\right)}$$

여기서,     $A_b$ : 공칭직경에 대한 볼트의 단면적

         $F_{ub}$ : 볼트의 최소인장강도(MPa)

         $P_u$ : 설계하중에 의한 볼트의 전단력

         $R_n$ : 볼트의 공칭전단강도

② 사용한계상태조합 II의 설계하중에 대해 인장과 전단이 동시에 작용할 경우 마찰연결 볼트의 공칭강도는 아래의 계수를 곱한 값 이하이어야 한다.

$$1 - \frac{T_u}{P_t}$$

여기서,    $T_u$ : 사용한계상태조합 II에서 설계하중에 의한 인장력

         $P_t$ : 볼트의 최소소요 인장력

6) 핀 접합의 설계

① 휨모멘트를 받는 핀의 설계 휨강도

$$\phi M_n = \phi 1.0 F_y Z \quad (\phi = 0.90)$$

여기서,　　　$F_y$ : 핀의 항복강도(N/mm$^2$),　$Z$ : 핀의 소성단면계수(mm$^3$)

② 휨모멘트를 받는 핀의 설계 전단강도

$$\phi V_n = \phi 0.6 F_y A_p \quad (\phi = 0.90)$$

여기서,　　　$A_p$ : 핀의 단면적(mm$^2$)



## 1. 일반사항

1) 설계부재력

　① 주부재 연결부 : 다음의 하중조건 중 큰 값에 대해 설계

　　– 연결부에서의 설계하중에 의한 단면력과 이음되는 부재의 설계강도의 평균값

　　– 부재의 설계강도의 75%

　② 부부재 연결부 : 설계하중에 의한 부재력에 대해 설계

2) 연결은 가능한 한 부재의 축에 대칭되도록 하며, 한 볼트군당 2개 이상의 볼트 또는 이와 동등한 용접이 되어야 한다.

3) 부재는 편심연결이 되지 않도록 하며, 불가피시 편심에 의한 전단과 모멘트를 고려한다.

4) 보, 거더 및 바닥판의 가로보 등의 단부는 고장력 볼트를 사용하여 연결해야 한다. 불가시 용접연결도 허용된다.

5) 고장력 볼트에 의한 연결은 마찰연결 또는 지압연결로 설계한다.

　① 마찰연결 : 교번응력, 충격하중, 심한 진동을 받는 연결부

　② 지압연결 : 축방향 압축을 받는 연결부 또는 브레이싱 연결부에 대해서만 허용

## 2. 설계강도

1) 사용한계상태의 하중조합 II 상태에서 볼트의 설계강도 $R_r$, $R_r = R_n$(공칭마찰강도)

　　$$R_n = K_h K_s N_s P_t$$

　여기서, $N_s$는 볼트 1개당 미끄러짐 면의 수

　　　　　$P_t$는 볼트의 설계축력(N)

| 볼트 직경 | 볼트 축력 $P_t$(kN) | | |
|---|---|---|---|
| (㎜) | F8T | F10T | F13T |
| 20 | 130 | 160 | 215 |
| 22 | 160 | 200 | 265 |
| 24 | 190 | 235 | 305 |
| 27 | – | 310 | – |
| 30 | – | 375 | – |

$K_h$는 볼트 연결부에서의 구멍크기계수

| 표준구멍 | 과대볼트구멍 또는 짧은 슬롯 | 재하방향에 직각인 긴 슬롯 | 재하방향에 평행인 긴 슬롯 |
|---|---|---|---|
| 1.0 | 0.85 | 0.70 | 0.60 |

$K_s$는 볼트 연결부에서의 표면상태계수

| 등급 A 표면상태 | 등급 B 표면상태 | 등급 C 표면상태 |
|---|---|---|
| 페인트 칠하지 않은 깨끗한 흑피 또는 녹을 제거하고 A등급 도장 표면 | 도장하지 않고 녹 제거한 깨끗한 표면 또는 녹을 제거한 표면에 B등급 도장 표면 | 용융 도금한 표면과 거친 표면 |
| 0.33 | 0.40 | 0.33 |

2) 극한한계상태에서 볼트연결부 설계강도는 $R_n$(볼트연결부 공칭강도) 또는 $T_n$(볼트의 공칭강도) 중 하나를 취한다.

3) 볼트연결부의 공칭강도, $R_n$

  ① 볼트의 전단에 대한 공칭강도

    – 길이가 1270mm 이하인 연결부

     · 전단 단면에 나사산이 없을 경우 : $R_n = 0.48 A_b F_{ub} N_s$

     · 전단 단면에 나사산이 있을 경우 : $R_n = 0.38 A_b F_{ub} N_s$

     여기서, $A_b$는 공칭직경에 의한 볼트 단면적, $F_{ub}$는 볼트의 최소인장강도, $N_s$는 볼트 1개당 전단면수

    – 길이가 1270mm 이상인 연결부 : 볼트 1개당 공칭 전단강도 값의 0.8배

  ② 연결부재 지압에 대한 공칭강도 : 볼트의 유효지압면적은 볼트의 지름과 연결부재의 두께의 곱

    – 지압력 방향과 평행한 긴 슬롯

     · 볼트구멍의 순간격, 또는 응력방향의 순연단거리가 2d이상으로 배열된 경우 : $R_n = 2.4 dt F_u$

     · 볼트구멍들의 순간격, 또는 응력방향의 순연단거리가 2d보다 작은 경우 : $R_n = 1.2 L_c t F_u$

    – 지압력 방향과 수직인 긴 슬롯

     · 볼트구멍의 순간격 및 순연단 거리가 2d이상인 경우 : $R_n = 2.0 dt F_u$

     · 볼트구멍들의 순간격, 또는 응력방향의 순연단거리가 2d보다 작은 경우 : $R_n = L_c t F_u$

  ③ 연결부재의 인장 또는 전단에 대한 공칭강도

    – 인장에 대한 설계강도 $R_r$은 항복과 파괴에 대한 식과 블록전단파괴 강도 중에서 작은 값

    · 전단면 항복 : $T_n = F_y A_g$, $\phi_y = 0.95$

    · 유효단면의 파괴 : $T_n = F_u A_e$, $\phi_u = 0.80$

    · 블록전단파괴

$$A_{nt} \geq 0.58 A_{nv} : R_r = \phi_{bs}[0.58 F_y A_{gv} + F_u A_{nt}]$$

$$A_{nt} < 0.58 A_{nv} : R_r = \phi_{bs}[0.58 F_u A_{nv} + F_y A_{gt}], \quad \phi_{bs} = 0.75$$

4) 볼트의 공칭강도, $T_n$

  ① 볼트의 축방향 인장력에 대한 공칭강도 :   $T_n = 0.76 F_{ub} A_b$

    여기서, $F_{ub}$ : 볼트의 인장강도,   $A_b$ : 최소공칭직경에 대한 볼트 단면적

  ② 볼트의 축방향 인장력과 전단력의 조합에 대한 공칭강도

$$\frac{P_u}{R_n} \le 0.33\text{인 경우} : \ T_n = 0.76 A_b F_{ub}$$

$$\frac{P_u}{R_n} > 0.33\text{인 경우} : \ T_n = 0.76 A_b F_{ub} \sqrt{1 - \left(\frac{P_u}{\phi_s R_n}\right)^2}$$

여기서, $P_u$ 는 설계하중에 의한 볼트의 전단력, $R_n$ 는 볼트의 전단에 대한 공칭강도

7) 접합부재의 설계인장강도

접합부재의 설계인장강도 $\phi R_n$ 은 인장항복과 인장파단의 한계상태에 따라 다음중 작은 값으로
한다.

① 접합부재의 인장항복($\phi = 0.90$) : $R_n = F_y A_g$

② 접합부재의 인장파단($\phi = 0.75$) : $R_n = F_u A_e$

8) 접합부재의 블록전단강도

전단파괴선을 따라 발생하는 전단파단과 직각으로 발생하는 인장파단의 블록전단파단 한계상태
에 대한 전단강도는 다음과 같이 산정한 공칭강도에 $\phi = 0.75$ 를 적용하여 구한다.

$$R_n = [0.6 F_u A_{nv} + U_{bs} F_u A_{nt}] \le [0.6 F_y A_{gv} + U_{bs} F_u A_{nt}]$$

여기서, $U_{bs}$ 는 인장응력이 균일할 경우 1.0, 불균일할 경우 0.5

## 2. 편심 볼트 설계 : 전단만 받는 경우

기둥 브래킷 연결과 같이 편심 전단을 받는 볼트 연결의 경우 해석을 위한 접근법은 전통적인 탄
성해석과 보다 엄밀한 극한강도 해석으로 구분된다.

1) 탄성해석

편심하중 P는 도심에 작용하는 중심하중과 우력 Pe로 대체될 수 있다. 하중은 중심에 작용하며 각
연결재는 $p_e = P/n$ ($n$ : 연결재의 수)로 주어진 하중과 같은 크기로 저항한다고 가정한다. 우력

으로 인한 연결재력은 연결재의 단면적으로 구성되는 단면의 비틀림으로부터 발생하는 연결재의 전단응력을 고려함으로써 구할 수 있다. 각 연결재의 전단응력은 비틀림 공식으로부터 구한다.

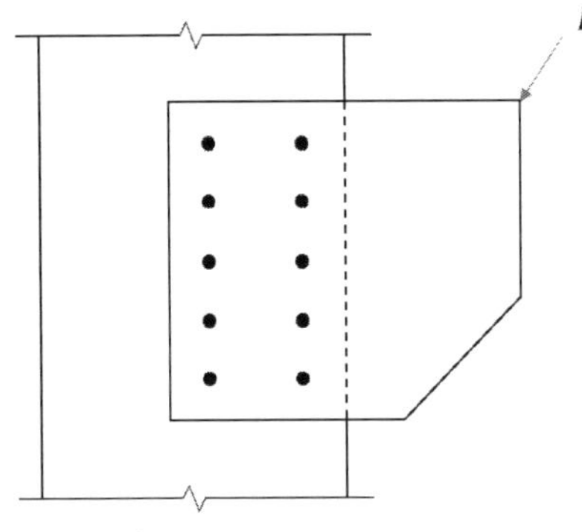

$$f_v = \frac{Md}{J} = \frac{Md}{A\sum d^2}$$

$d$: 면적의 도심으로부터 응력이 계산되는 지점 까지의 거리

$J$ : 도심에 대한 면적의 극관성 2차 모멘트

$$J = \sum Ad^2 = A\sum d^2$$

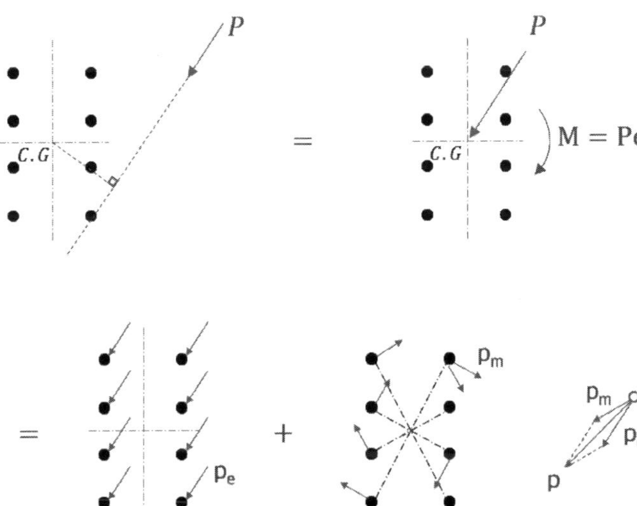


우력으로 인한 각 연결재의 전단력은 다음과 같이 구한다.

$$p_m = Af_v = A\frac{Md}{A\sum d^2} = \frac{Md}{\sum d^2}$$

$p_e$와 $p_m$으로부터 결정된 전단력의 두 성분은 벡터의 합을 사용해 합력 $p$를 구할 수 있다. 가장 큰 합력이 결정되면 이 힘에 저항할 수 있는 연결재의 치수를 선택한다. 일반적으로 힘의 직각성 분을 사용하는 것이 더 편리하므로 각 연결재에 대해 직접전단으로 인한 힘의 수평성분과 수직성 분을 다음과 같이 분리할 수 있다.

$$p_{cx} = \frac{P_x}{n}, \quad p_{cy} = \frac{P_y}{n}, \qquad \text{여기서} \quad \sum d^2 = \sum (x^2 + y^2) \text{이므로},$$

$$\therefore \; p_{mx} = \frac{y}{d} p_m = \frac{y}{d} \frac{Md}{\sum d^2} = \frac{My}{\sum (x^2 + y^2)}, \qquad p_{my} = \frac{Mx}{\sum (x^2 + y^2)}$$

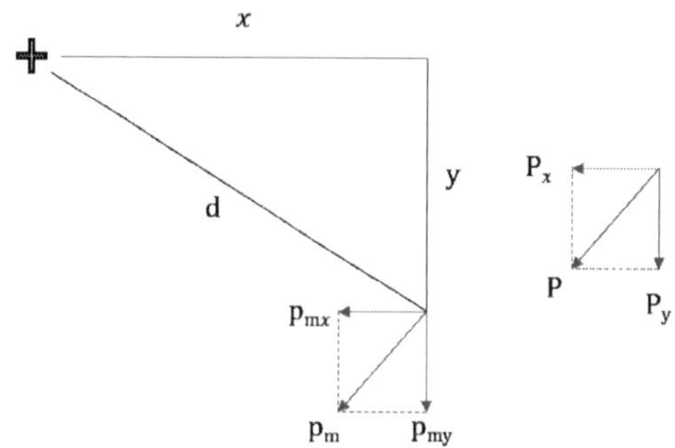


따라서, 총 연결재력은 다음과 같다.

$$p = \sqrt{(\sum p_x)^2 + (\sum p_y)^2} \qquad \text{여기서}, \quad \sum p_x = p_{cx} + p_{mx}, \; \sum p_y = p_{cy} + p_{my}$$

## 2) 극한강도해석

탄성해석은 연결재의 하중–변형관계가 선형이고 항복응력을 초과하지 않는다는 가정을 내포하고 있다. 실제 구조물은 각 연결재가 정확하게 정의된 전단항복응력을 가지고 있지 않다는 것이 실험을 통해 증명되었기 때문에 앞선 방법은 비교적 안전적인 측면에서는 부정확하다는 단점을 가진다. 극한강도해석은 각 연결재에 대해 실험으로 결정된 비선형 하중–변형관계를 이용해 연결부의 극한강도를 결정하는 방법으로 Crawford & Kulak(1971)에 의해서 결정된 방법으로 비교적 안전한 결과를 가져온다(AISC, 1994).

변형 $\Delta$에 대응하는 볼트력 $R$은 다음과 같다.

$$R = R_{ult} (1 - e^{-\mu\Delta})^\lambda$$

여기서, $R_{ult}$ : 파괴 시 볼트의 전단력, $\mu$: 회기계수(=1.0), $\lambda$: 회기계수(=0.55)

연결의 극한강도는 다음의 가정을 근거를 두고 있다.

1. 파괴 시, 연결재군은 순간 중심(instantaneous center, IC)에 대해 회전한다.

2. 각 연결재의 변형은 IC로부터 거리에 비례하고 회전반경에 수직으로 작용한다.

3. IC로부터 가장 멀리 떨어진 연결재가 극한강도에 도달될 때 연결의 내력이 도달된다.

4. 연결부재는 강절을 유지한다.

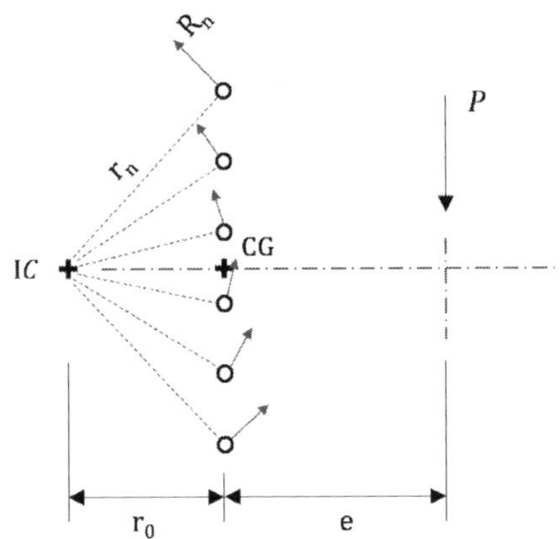


2번 가정에 따라 각 연결재의 변형은 다음과 같다.

$$\Delta = \frac{r}{r_{\max}} \Delta_{\max} = \frac{r}{r_{\max}} (0.34)$$

여기서, $r$ : IC로부터 연결재까지의 거리, $r_{\max}$ : 가장 먼 연결재까지의 거리,

$\Delta_{\max}$ : 극한상태에서 가장 먼 연결재의 변형, 실험에 따라 0.34 in로 결정

탄성해석과 같이 힘의 직가성분을 사용하면,

$$R_y = \frac{x}{r} R, \ R_x = \frac{y}{r} R$$

여기서, $x$, $y$는 순간중심으로부터 연결재까지의 수평, 수직거리

파괴순간에 평형이 유지되어야 하므로 다음의 평형방정식이 연결재군에 적용된다.

$$\Sigma F_x = \sum_{n=1}^{m} (R_x)_n - P_x = 0, \quad \Sigma F_y = \sum_{n=1}^{m} (R_y)_n - P_y = 0$$

$$M_{IC} = P(r_0 + e) - \sum_{n=1}^{m} (r_n \times R_n) = 0$$

계산 방법은 아래의 과정에 따른다.

(1) $r_0$값을 가정한다.        (2) 모멘트 평형에 따라 P를 구한다.

(3) $r_o$와 P를 수직·수평합력 식에 대입한다.    (4) 허용오차 외에 있으면 $r_0$를 다시 가정한다.

## 3. 편심 볼트 설계 : 전단과 인장을 함께 받는 경우

아래 그림과 같은 연결에서 편심하중은 연결재의 상부에는 인장을 증가시키고 하부에는 인장을
감소시키는 우력이 발생된다.

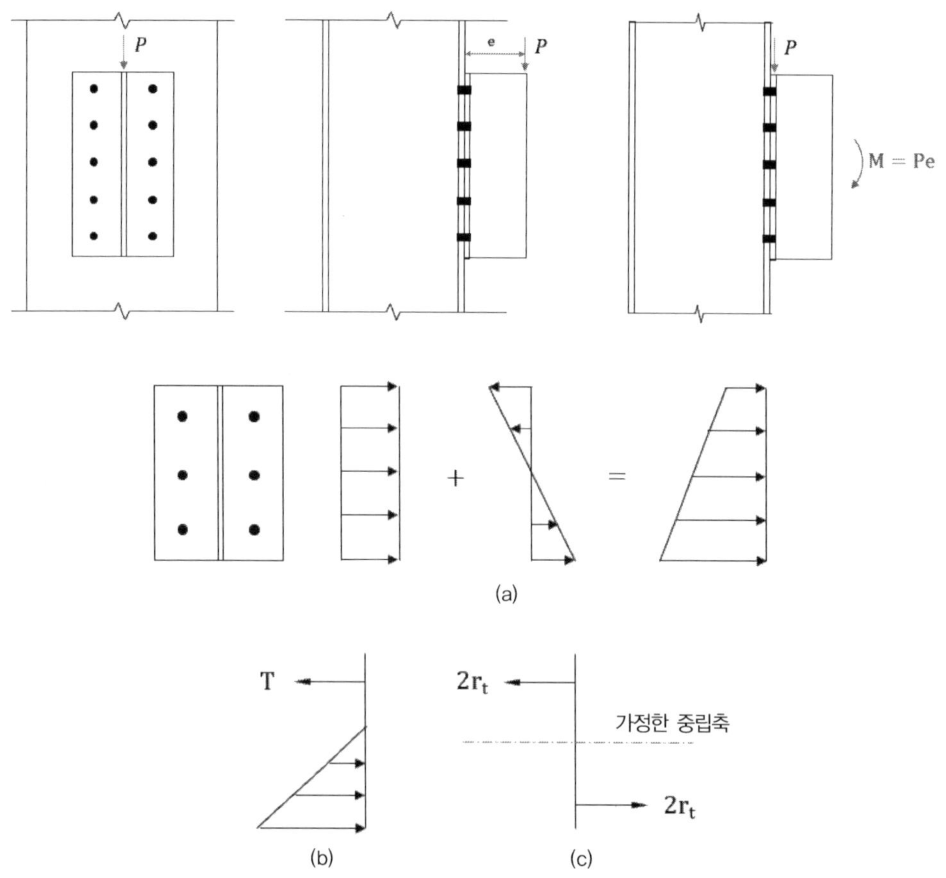

연결재가 초기인장력이 도입된 고장력볼트의 경우, 기둥 플랜지와 브래킷 플랜지 사이의 접촉면
은 외부하중이 작용하기 전에 균등하게 압축된다. 지압력은 총 볼트 인장력을 접지면으로 나눈
것과 같고, 하중 P가 증가함에 따라 (a)와 같이 상부 압축력은 경감되고 하부 압축력은 증가하게
된다. 상부압축이 완전히 없어졌을 때 각 구성요소들을 분리되며 우력 Pe는 (b)와 같이 볼트 인장
력과 나머지 접지면의 압축력에 의해 저항하게 된다. 극한 하중에 접근할 때 볼트력은 볼트의 극
한인장강도에 접근하게 된다.

연결의 중립축이 볼트 면적의 도심을 통과한다고 가정하면 (c)와 같이 중립축 위의 볼트는 인장을
받고 중립축 아래는 압축력을 받는다고 가정한다. 각 볼트는 극한 값 $r_t$에 도달한다고 가정한다.
각 수평선에 두 개의 볼트가 있으므로 각 힘은 $2r_t$로 나타내진다. 이러한 볼트력에 의해 제공되

는 저항모멘트는 인장 볼트력의 합력에 인장 볼트면적의 도심과 압축 볼트면적의 도심 사이의 거리와 같은 모멘트 팔걸이를 곱한 값으로 계산된다.

$$M = nr_t d$$

여기서, $r_t$ : 볼트력, $n$ : 중립축 위의 볼트 개수, $d$ : 인장볼트 도심과 압축볼트 도심 간 거리

## 볼트 설계

그림과 같은 접합부에서 지압접합의 설계강도를 구하시오.
- 강재 SM275, 고장력 볼트 M22(F10T, 표준구멍)
- 나사부가 전단면에 포함되지 않으며, $F_{nv}$=500MPa
- 이음부 플레이트는 안전하고 사용하중상태에서 고장력볼트 구멍의 변형이 설계에 고려된다고 가정한다.

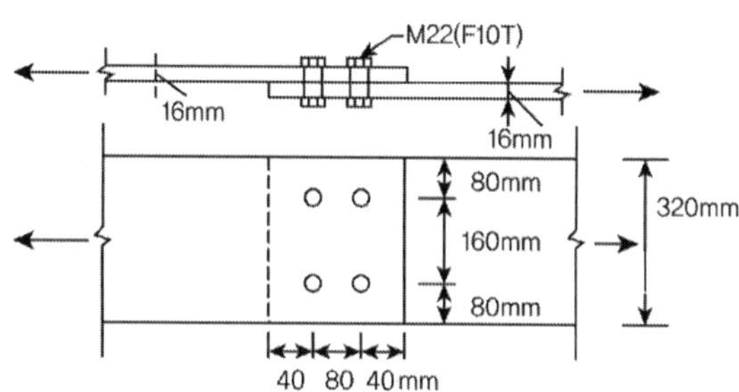




### ▶ 고장력볼트의 설계전단강도 산정(1면 전단)

$$\phi R_n = (\phi F_n A_b N_s) \times n_{bolt}$$
$$\phi R_n = (0.75 \times 500 \times 380 \times 1 \times 10^{-3}) \times 4 = 570 \text{ kN}$$

### ▶ 고장력볼트 구멍의 설계지압강도

$$\phi R_n = \phi 1.2 L_c t F_u \leq \phi 2.4 dt F_u$$

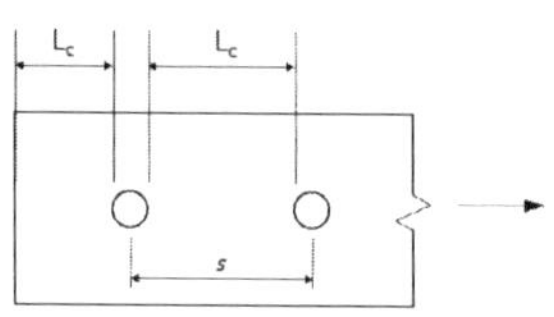


여기서, $\quad \phi = 0.75$

$\qquad L_c \qquad$ – 연단 측 구멍 $\quad L_c = 40 - (22+2)/2 = 28 \text{ mm}$

$\qquad\qquad$ – 중앙 측 구멍 $\quad L_c = 80 - (22+2) = 56 \text{ mm}$

$\qquad t$=16mm, $d$=22mm, $F_u = 410 \text{ N/mm}^2$

① 연단측 고장력 볼트 구멍의 설계지압강도

$$\phi R_n = \phi 1.2 L_c t F_u = 0.75 \times 1.2 \times 28 \times 16 \times 410 \times 10^{-3} = 165.3 \text{ kN}$$
$$\leq \phi 2.4 dt F_u = 0.75 \times 2.4 \times 22 \times 16 \times 410 \times 10^{-3} = 259.8 \text{ kN} \qquad \text{O.K}$$

$\therefore$ 연단측 고장력 볼트 구멍의 설계지압강도는 165.3 kN / 개

② 중앙측 고장력 볼트 구멍의 설계지압강도

$$\phi R_n = \phi 1.2 L_c t F_u = 0.75 \times 1.2 \times 56 \times 16 \times 410 \times 10^{-3} = 330.6 \text{ kN}$$
$$\leq \phi 2.4 dt F_u = 0.75 \times 2.4 \times 22 \times 16 \times 410 \times 10^{-3} = 259.8 \text{ kN} \qquad \text{N.G}$$

$\therefore$ 중앙측 고장력 볼트 구멍의 설계지압강도는 259.8 kN / 개

③ 고장력 볼트 4개에 대한 설계지압강도 165.3×2+259.8×2 = 850.2 kN

### ▶ 고장력볼트의 설계강도

고장력볼트의 설계전단강도와 고장력볼트 구멍의 설계지압강도 중 작은 값을 지압접합의 설계강도로 한다.

$$\therefore \ \phi R_n = \min \{ 570, \ 850.2 \} = 570 \text{ kN}$$

### 접합부 설계

그림과 같이 접합부에 고정하중 $P_D$=120kN과 활하중 $P_L$=100kN이 작용할 때 인장력과 전단력을 동시에 받는 A부분에서 지압접합인 경우 고장력볼트의 설계강도를 검토하시오. 강재는 SM275이며, 고장력 볼트 M22(F10T, 표준구멍)이다. 나사부가 전단면에 포함되어 있으며, 고장력볼트의 공칭인장강도 및 공칭전단강도는 각각 $F_{nt}$ =750MPa, $F_{nv}$=400MPa이다.

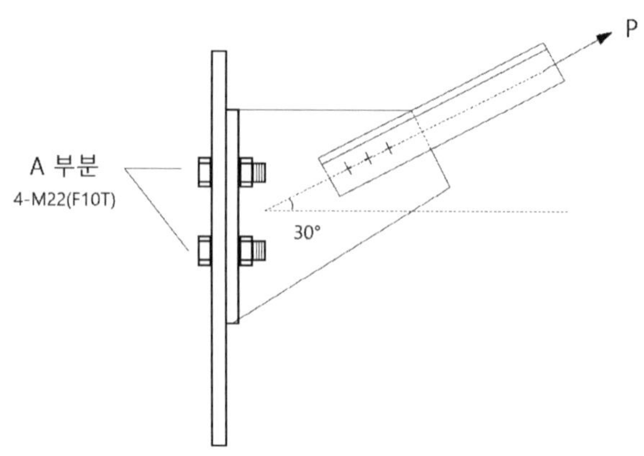




### ▶ 계수하중에 의한 작용하중 산정

고정하중 계수를 1.2, 활하중 계수를 1.6으로 보고 산정한다.

$$P_u = 1.2P_D + 1.6P_L = 1.2 \times 120 + 1.6 \times 100 = 304 \ \text{kN}$$

$$P_{t(x)} = P_u \cos 30° = 304 \times \frac{\sqrt{3}}{2} = 263.3 \ \text{kN}$$

$$P_{s(y)} = P_u \sin 30° = 304 \times \frac{1}{2} = 152.0 \ \text{kN}$$

$$P_{tu} = \frac{263.3}{4} = 65.8 \ \text{kN/볼트}$$

$$P_{su} = \frac{152.0}{4} = 38.0 \ \text{kN/볼트}$$

### ▶ 지압접합이 인장과 전단의 조합력을 받는 경우의 고장력볼트의 설계강도

$$\phi R_n = \phi {F_{nt}}' A_b \ \ (\phi = 0.75)$$

$\phi$=0.75, $F_{nt}$=750 N/mm$^2$, $F_{nv}$=400MPa, $A_b$=380mm$^2$

$$f_v = \frac{P_{su}}{A_b} = \frac{38.0 \times 10^3}{380} = 100 \text{ N/mm}^2 \text{ (소요전단응력)}$$

$$F_{nt}' = 1.3F_{nt} - \frac{F_{nt}}{\phi F_{nv}}f_v \leq F_{nt} \text{이므로,}$$

$$\therefore F_{nt}' = 1.3F_{nt} - \frac{F_{nt}}{\phi F_{nv}}f_v = 1.3 \times 750 - \frac{750}{0.75 \times 400} \times 100 = 725 \text{ N/mm}^2$$

$$F_{nt}' \leq F_{nt} = 750 \text{ N/mm}^2 \qquad \text{O.K}$$

따라서, 고장력볼트의 설계강도는

$$\therefore \phi R_n = \phi F_{nt}' A_b = 0.75 \times 725 \times 380 \times 10^{-3} = 206.6 \text{ kN /개}$$

$$\phi R_n = \phi F_{nt}' A_b > P_{tu} = 65.8 \text{ kN} \qquad \text{O.K}$$

## 강구조 접합설계

그림과 같은 공항 구조물의 인장력을 받는 강구조 접합부 설계저항강도를 강구조부재설계기준 (KDS 14 31 10, 하중저항계수설계법)의 설계규정에 따라 산정하시오.

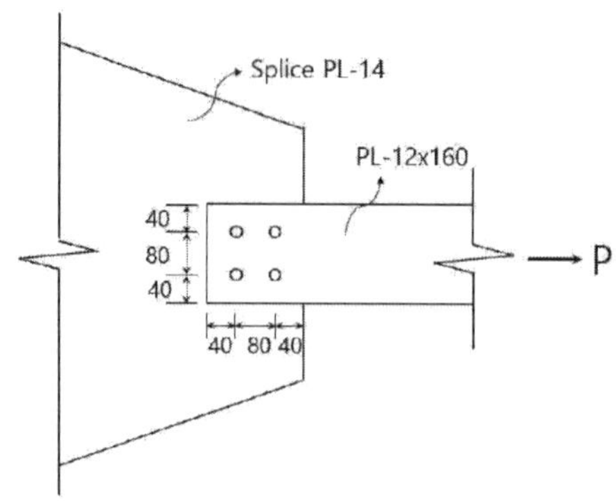


1) 사용강재
   - SM355($F_y$=355MPa, $F_u$=490MPa)
   - 유효순단면적 $A_e$는 순단면적 $A_n$과 같고, 인장응력은 균일
2) 고장력 볼트
   - M20(F10T)로 표준구멍($k_h$=1.0) 사용
   - 나사부가 전단면에 포함된($F_{nv}$=400MPa)
   - 설계볼트장력 $T_0$=165kN
   - 사용하중상태에서 볼트 구멍의 변형이 설계에 고려됨
   - 페인트칠하지 않은 블라스트 청소된 마찰면($\mu$=0.5)으로 미끄럼 허용되지 않음
   - 끼움재는 사용되지 않음($k_f$=1.0)
   - 모든 치수 mm



### ▶ 고장력볼트의 설계미끄럼 강도(1면 전단)

표준구멍 $\phi = 1.0$      페인트칠 하지 않은 블라스트 청소된 마찰면 $\mu = 0.5$

끼움재를 사용하지 않은 경우 $h_f = 1.0$      설계볼트장력 $T_0$=165kN

$$\therefore \ \phi R_n = \phi \mu h_f T_0 N_s = 1.0 \times 0.5 \times 1.0 \times 165 \times 1 = 82.5 \text{ kN}$$

$\therefore$ 고장력 볼트 4개에 대한 설계미끄럼 강도 82.5kN×4 = 330 kN

> ▶ **고장력볼트의 설계전단강도(1면 전단)**

$$\phi R_n = (\phi F_n A_b N_s) \times n_{bolt} = (\phi F_{nv} A_b N_s) \times n_{bolt} = (0.75 \times 400 \times 314 \times 1 \times 10^{-3}) \times 4$$
$$= 376.8\text{kN}$$

> ▶ **고장력볼트 구멍의 설계지압강도**

$$\phi R_n = \phi 1.2 L_c t F_u \leq \phi 2.4 dt F_u$$

여기서,  $\phi = 0.75$

$L_c$  – 연단 측 구멍  $L_c = 40 - (20+2)/2 = 29\text{mm}$

– 중앙 측 구멍  $L_c = 80 - (20+2) = 58\text{mm}$

$t = 14\text{mm},\ d = 20\text{mm},\ F_u = 490\text{N/mm}^2$

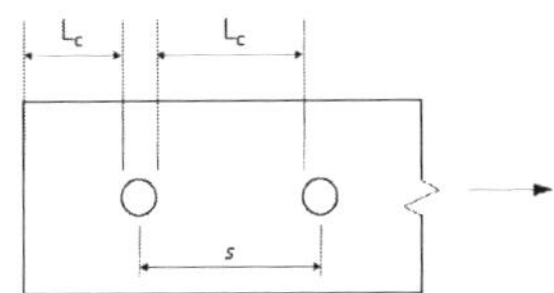


① 연단측 고장력 볼트 구멍의 설계지압강도

$$\phi R_n = \phi 1.2 L_c t F_u = 0.75 \times 1.2 \times 29 \times 14 \times 490 \times 10^{-3} = 179.05\text{kN}$$
$$\leq \phi 2.4 dt F_u = 0.75 \times 2.4 \times 20 \times 14 \times 490 \times 10^{-3} = 246.96\text{kN} \qquad \text{O.K}$$

∴ 연단측 고장력 볼트 구멍의 설계지압강도는 179.05kN

② 중앙측 고장력 볼트 구멍의 설계지압강도

$$\phi R_n = \phi 1.2 L_c t F_u = 0.75 \times 1.2 \times 58 \times 14 \times 490 \times 10^{-3} = 358.09\text{kN}$$
$$\leq \phi 2.4 dt F_u = 0.75 \times 2.4 \times 20 \times 14 \times 490 \times 10^{-3} = 246.96\text{kN} \qquad \text{N.G}$$

∴ 중앙측 고장력 볼트 구멍의 설계지압강도는 246.96kN

③ 고장력 볼트 4개에 대한 설계지압강도 179.05×2+246.96×2 = 852.02kN

> ▶ **고장력볼트의 설계강도**

$$\therefore \phi R_n = \min\{\,330,\ 376.8,\ 852.02\,\} = 330\text{kN}$$

## 접합부 설계 : 강구조설계기준 2019

그림과 같이 연결부에서 고정하중 300kN이 작용할 때 전단력에 대한 최대내력($\phi T_n$)을 검토하라.
단, 강재의 재질은 SS400($f_y = 240MPa$, $f_u = 400MPa$)이며, 볼트는 F10T M22(인장강도 $f_{ub} = 1000MPa$)라고 가정한다.

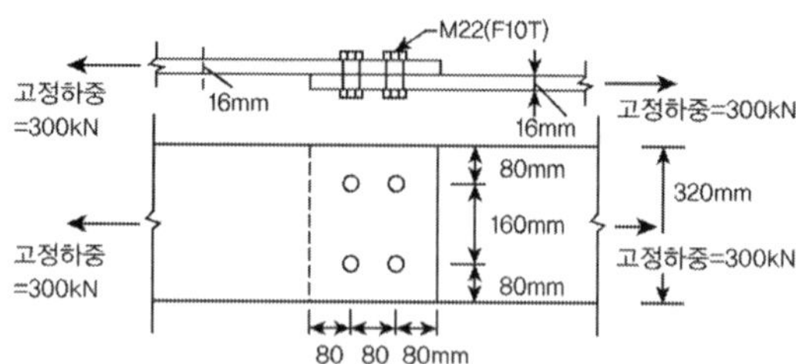




### ▶ 연결부 플레이트의 설계강도 산정

**1) 총단면적 항복 시**

$$A_g = 320 \times 16 = 5120mm^2$$

$$\phi T_n = \phi f_y A_g = 0.9 \times 240 \times 5120 \times 10^{-3} = 1105.9^{kN}$$

**2) 순단면적 파단 시**

$$A_n = [320 - (22 + 2) \times 2] \times 16 = 4352mm^2$$

$$\phi_t T_n = \phi_t f_u A_n = 0.75 \times 400 \times 4352 \times 10^{-3} = 1305.6^{kN}$$

### ▶ 전단력에 대한 최대 내력($\phi T_n$) 검토

$$f_v = 0.6 f_{ub} = 0.6 \times 1000 = 600^{MPa}$$

$$\phi T_n = \phi n A_b f_v = 0.6 \times 1 \times \pi \times 22^2 / 4 \times 600 = 136.9^{kN}$$

고력볼트가 4개이므로 $136.9 \times 4 = 547.6^{kN}$

$$P_u = 1.4D = 1.4 \times 300 = 420^{kN}$$

$$\therefore \ \phi T_n > P_u \qquad\qquad \text{O.K}$$

## 볼트의 합성력

그림과 같이 하중을 받을 때 볼트가 지지할 수 있는 최대하중 $P_{max}$ 를 구하시오.

(단, 각각의 볼트의 단면적은 400mm²이고, 볼트의 허용 전단응력은 100MPa이다.)

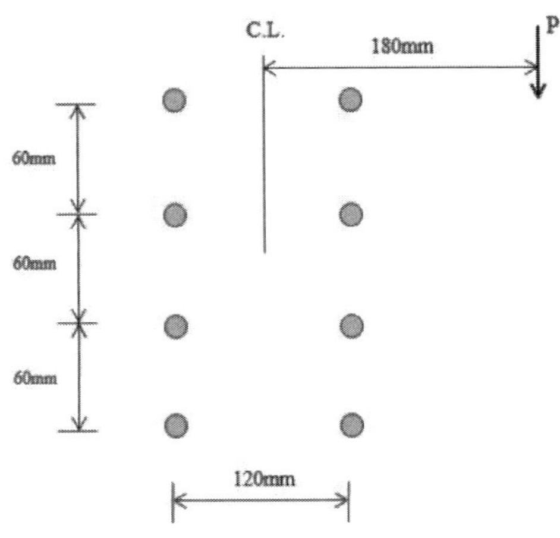



## 풀 이

### ▶ 전단력 산정

$$R_V = \frac{P}{n} = \frac{P}{8}$$

### ▶ 비틀림 산정

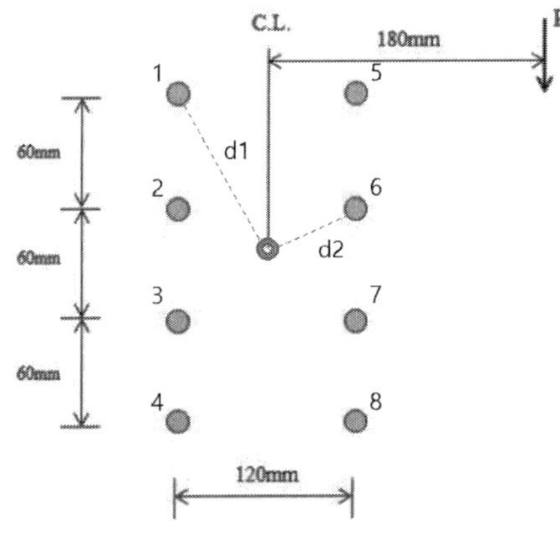



1) 거리산정(볼트 1, 4, 5, 8)

$$d_1 = \sqrt{x^2 + y^2} = \sqrt{60^2 + 90^2} = 108.16\text{mm}$$

2) 거리산정(볼트 2, 3, 6, 7)

$$d_2 = \sqrt{x^2 + y^2} = \sqrt{60^2 + 30^2} = 67.08\text{mm}$$

1) 비틀림력 산정

$$R_n = \tau A = \left(\frac{Tr}{J}\right) \times a = \frac{Ped_i}{\sum(x_i^2 + y_i^2)} \ (\text{용접}, \ J = I_x + I_y)$$

$$R_T = \frac{Pe}{\sum(x^2 + y^2)} d_i$$

① 볼트 1, 4, 5, 8 : $R_T = \dfrac{180 \times P}{4 \times (60^2 + 90^2) + 4 \times (60^2 + 30^2)} \times 108.61 = 0.302\text{P}$

② 볼트 2, 3, 6, 7 : $R_T = \dfrac{180 \times P}{4 \times (60^2 + 90^2) + 4 \times (60^2 + 30^2)} \times 67.08 = 0.186\text{P}$

## ➤ 볼트별 합성 전단력 산정

합성력 산정 $R = \sqrt{R_V^2 + R_T^2 + 2R_V R_T \cos\theta}$ $\quad \tan\theta_1 = \dfrac{3}{2}, \ \tan\theta_2 = \dfrac{1}{2}$

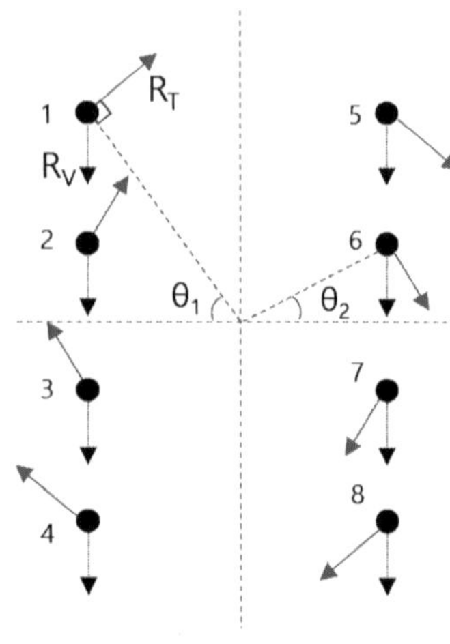



| 번호 | $\theta$ | $R_V$ | $R_T$ | $R$ |
|---|---|---|---|---|
| 1 | $180-\theta_1$ | 0.125P | 0.302P | 0.255P |
| 2 | $180-\theta_2$ | 0.125P | 0.186P | 0.093P |
| 3 | $180-\theta_2$ | 0.125P | 0.186P | 0.093P |
| 4 | $180-\theta_1$ | 0.125P | 0.302P | 0.255P |
| 5 | $\theta_1$ | 0.125P | 0.302P | 0.386P |
| 6 | $\theta_2$ | 0.125P | 0.186P | 0.303P |
| 7 | $\theta_2$ | 0.125P | 0.186P | 0.303P |
| 8 | $\theta_1$ | 0.125P | 0.302P | 0.386P |

$$\therefore R_{\max} = 0.386\text{P} \ (5, 8\text{번 볼트에서 발생}) \leq f_a A_b \, (=100 \times 400)$$

$$\therefore P_{\max} \leq 103.7 kN$$

## 볼트의 합성력

다음 볼트 군(群) 중에서 최대응력을 받는 볼트에 작용하는 힘을 구하시오.

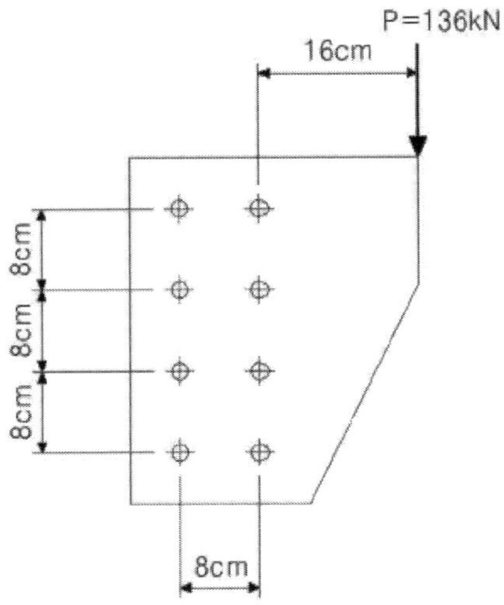


## 풀 이

### ➤ 전단력 산정

$$R_V = \frac{P}{n} = \frac{P}{8} = 0.125P$$

### ➤ 비틀림 산정

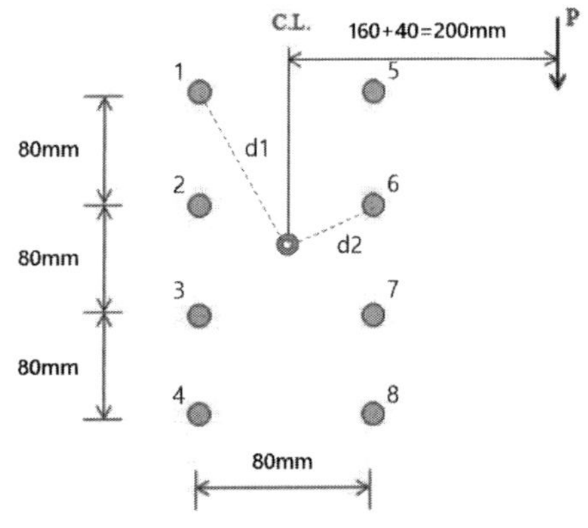


1) 거리산정(볼트 1, 4, 5, 8)

$$d_1 = \sqrt{x^2 + y^2} = \sqrt{40^2 + 120^2} = 126.49\text{mm}$$

2) 거리산정(볼트 2, 3, 6, 7)

$$d_2 = \sqrt{x^2 + y^2} = \sqrt{40^2 + 40^2} = 56.57\text{mm}$$

1) 비틀림력 산정

$$R_n = \tau A = \left(\frac{Tr}{J}\right) \times a = \frac{Ped_i}{\sum (x_i^2 + y_i^2)} \, (\text{용접}, \ J = I_x + I_y)$$

$$R_T = \frac{Pe}{\sum (x^2 + y^2)} d_i$$

① 볼트 1, 4, 5, 8 : $R_T = \dfrac{200 \times P}{4 \times (40^2 + 120^2) + 4 \times (40^2 + 40^2)} \times 126.49 = 0.3294P$

② 볼트 2, 3, 6, 7 : $R_T = \dfrac{200 \times P}{4 \times (40^2 + 120^2) + 4 \times (40^2 + 40^2)} \times 56.57 = 0.1473P$

## ➤ 볼트별 합성 전단력 산정

합성력 산정 $R = \sqrt{R_V^2 + R_T^2 + 2R_V R_T \cos\theta}$     $\tan\theta_1 = \dfrac{120}{40} = 3, \ \tan\theta_2 = 1$

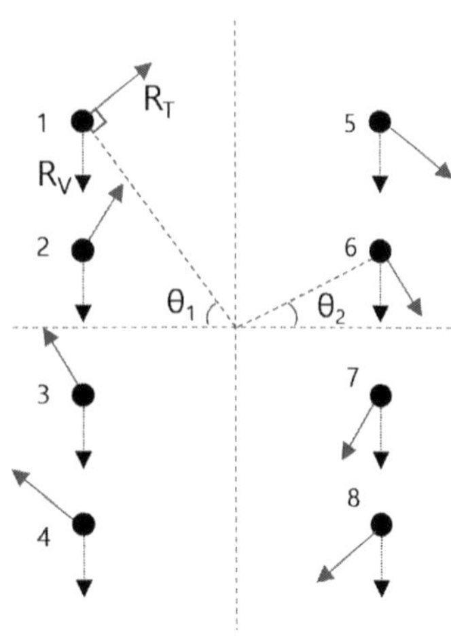

| 번호 | $\theta$ | | $R_V$ | $R_T$ | $R$ |
|---|---|---|---|---|---|
| 1 | $180-\theta_1$ | $=108.435°$ | 0.125P | 0.3294P | 0.313P |
| 2 | $180-\theta_2$ | $=135°$ | 0.125P | 0.1473P | 0.106P |
| 3 | $180-\theta_2$ | $=135°$ | 0.125P | 0.1473P | 0.106P |
| 4 | $180-\theta_1$ | $=108.435°$ | 0.125P | 0.3294P | 0.313P |
| 5 | $\theta_1$ | $=71.565°$ | 0.125P | 0.3294P | 0.3875P |
| 6 | $\theta_2$ | $=45°$ | 0.125P | 0.1473P | 0.2517P |
| 7 | $\theta_2$ | $=45°$ | 0.125P | 0.1473P | 0.2517P |
| 8 | $\theta_1$ | $=71.565°$ | 0.125P | 0.3294P | 0.3875P |

$$\therefore R_{\max} = 0.3875P = 52.7kN(5, \ 6번 \ 볼트에서 \ 발생)$$

## 볼트의 합성력

아래 그림과 같이 배치된 브라켓의 볼트 직경을 결정하시오(단 작용하중 P은 10kN이고, 허용전 단응력 $\tau_a$은 200MPa이다).

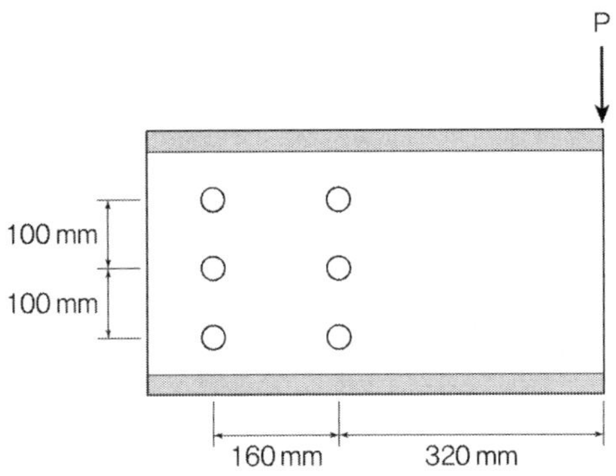


### 풀 이

#### ▶ 전단력 산정

$$R_V = \frac{P}{n} = \frac{P}{6}$$

#### ▶ 비틀림 산정

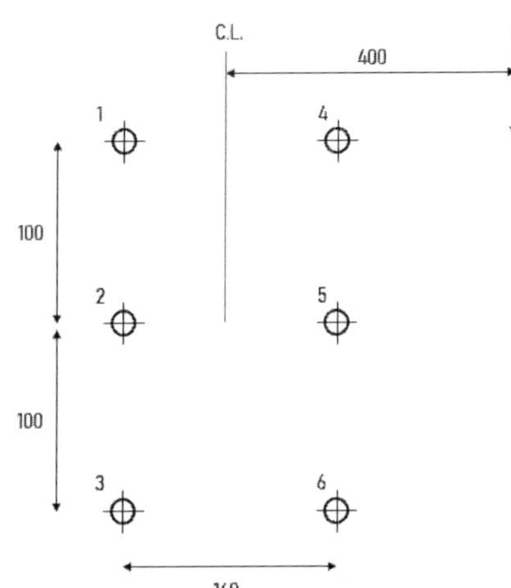


1) 거리산정(볼트 1, 4, 3, 6)

$$d_1 = \sqrt{x^2 + y^2} = \sqrt{80^2 + 100^2} = 128.0 \text{mm}$$

2) 거리산정(볼트 2, 3, 6, 7)

$$d_2 = 80.0 \text{mm}$$

3) 볼트의 비틀림력 산정

$$R_T = \frac{Pe}{\sum(x^2 + y^2)} d_i$$

① 볼트 1, 4, 3, 6 : $R_T = \dfrac{400 \times P}{4 \times (80^2 + 100^2) + 2 \times (80^2)} \times 128.06 = 0.6534P$

② 볼트 2, 5 : $R_T = \dfrac{400 \times P}{4 \times (80^2 + 100^2) + 2 \times (80^2)} \times 80.0 = 0.4082P$

## ➤ 볼트별 합성 전단력 산정

합성력 산정 $R = \sqrt{R_V^2 + R_T^2 + 2R_V R_T \cos\theta}$   $\tan\theta = \dfrac{100}{80} = 51.34°$

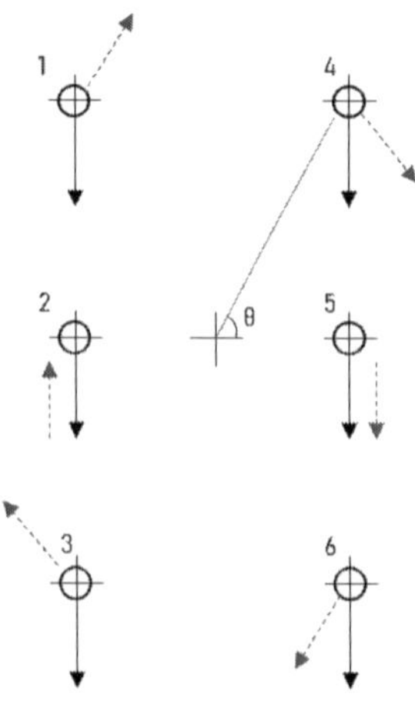

| 번호 | $\theta$ | $R_V$ | $R_T$ | $R$ |
|---|---|---|---|---|
| 1 | $180-\theta$ | 0.167P | 0.6537P | 0.5648P |
| 2 | 180 | 0.167P | 0.4082P | 0.2415P |
| 3 | $180-\theta$ | 0.167P | 0.6537P | 0.5648P |
| 4 | $\theta$ | 0.167P | 0.6537P | **0.7689P** |
| 5 | 0 | 0.167P | 0.4082P | 0.5749P |
| 6 | $\theta$ | 0.167P | 0.6537P | **0.7689P** |

$R_{\max} = 0.7689P = 7.689\text{kN}(4, 6번 볼트에서 발생) \leq f_a A_b$

$A_b \geq \dfrac{7.689 \times 10^3}{200} = 38.45\text{mm}^2$

$\therefore d_{bolt} \geq 7\,\text{mm}$   →   Use  M16 (F8T)

## 볼트의 합성력

그림과 같이 기둥에 연결된 브래킷 접합부에 $P_u$의 편심하중이 작용하는 1면전단 고장력볼트 지압접합부에서 볼트군의 설계강도($\phi R_n$)를 구하시오.

(1) 건축물 강구조 설계기준(KDS 41 30 10) 적용
(2) 접합부에 걸리는 응력은 탄성법(elastic analysis)을 사용
(3) 편심거리 e=400mm
(4) 볼트 1개당 1면 설계전단강도 $\phi r_n = 94.2\,\text{kN}$ 적용
(5) 고장력볼트 F10T, N(전단면에 나사부 포함), 표준구멍(STD), 10-M20, $F_{nv} = 400\,\text{MPa}$, 1면 전단, 볼트 간격 $s = 75\,\text{mm}$, 연단거리 $L_e = 40\,\text{mm}$
(6) 접합판 두께 12mm, SM355($F_y = 355\,\text{MPa}$, $F_u = 490\,\text{MPa}$)
(7) 기둥과 브래킷의 연결플레이트는 안전하게 하중을 지지함

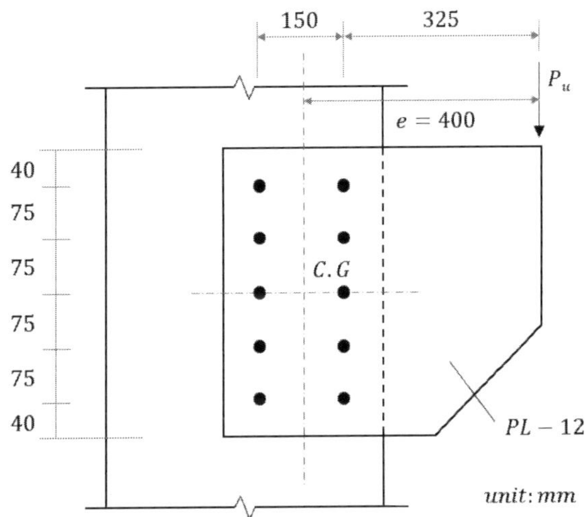


### 풀 이

#### ▶ 하중 및 단면계수 산정

$$V_u = P_u, \qquad M_u = 0.4P_u = 400P_u\,\text{kNmm}$$

$$J = I_x + I_y = (4A_b 75^2 + 4A_b 150^2) + (10A_b 75^2) = 168,750A_b$$

**➤ 최대 볼트력 산정**

1) 전단력에 의한 볼트력

$$p_e = \frac{V}{n} = \frac{P_u}{10}$$

2) 휨에 의한 볼트력

휨에 의해 최대 반력이 발생하는 점은 중심(C.G)로부터 반경이 가장 먼 볼트에서 발생하므로

$$p_{mx} = \frac{My}{J} \times A_b = \frac{400P_u}{168,750A_b} \times 150 \times A_b = 0.356P_u$$

$$\therefore \; p_x = 0.356P_u$$

$$p_{my} = \frac{Mx}{J} \times A_b = 0.1P_u + \frac{400P_u}{168,750A_b} \times 75 \times A_b = 0.178P_u$$

$$\therefore \; p_y = p_e + p_{my} = 0.278P_u$$

3) 합성 최대 볼트력

$$p_{\max} = \sqrt{p_x^2 + p_y^2} = 0.451P_u$$

**➤ 볼트군의 설계강도**

$$\phi r_n = 94.2\,\text{kN} \; \geq \; p_{\max} \qquad \therefore P_u \leq 208.87\,\text{kN}$$

따라서, 접합부의 편심하중 $P_u$ 가 208.87kN 이하로 작용하면 안전하다.

## 1. 용접 설계

### 1) 그루브용접

그루브용접의 유효면적은 용접유효길이에 유효 목두께를 곱한 것으로 한다. 유효길이는 하중방향의 직각인 접합부분의 폭으로 하며, 유효 목두께는 완전용입용접은 접합판 중 얇은 판의 판두께로 한다. 부분용입용접의 최소 유효 목두께는 얇은판 소재의 두께에 따라 정한다.

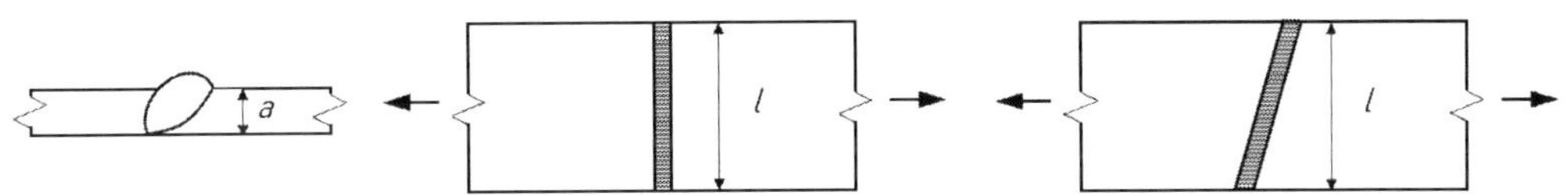

(a) 그루브용접 유효 목두께　　　　　　　　　(b) 그루브용접 유효길이

#### ① 완전용입 그루브용접

(1) 토목구조물은 모재의 규정 항복강도와 인장강도 이상이 되도록 용접된 완전용입 그루브용접의 공칭강도는 접합되는 모재 중 공칭강도가 작은 쪽 값으로 한다. 단, 인장강도 600 MPa 이상의 강종에 대해 언더매칭 용접을 한 경우에는 용접금속의 인장강도를 기준으로 공칭강도를 정한다.

(2) 건축구조물은 완전용입 그루브용접의 공칭강도는 모재의 공칭강도와 완전용입 그루브용접의 공칭강도 중 작은 값으로 한다. 그루브용접의 유효면적, 유효길이, 유효목두께 산정은 다음을 따른다.

　(ㄱ) 그루브용접의 유효면적은 용접의 유효길이에 유효목두께를 곱한 것으로 한다.

　(ㄴ) 그루브용접의 유효길이는 접합되는 부분의 폭으로 한다.

　(ㄷ) 완전용입된 그루브용접의 유효목두께는 접합판 중 얇은 쪽 판두께로 한다.

#### ② 부분용입 그루브용접

(1) 토목구조물의 경우, 부분용입 그루브용접의 유효목두께는 $\sqrt{2t}$ (mm) 이상으로 한다. 여기서, $t$는 연결부(접합부)의 두꺼운 쪽 판의 두께이다. 단, 부분용입 그루브용접의 유효목두께는 얇은 쪽 판의 두께 이하이어야 한다.

(2) 건축구조물의 경우, 부분용입 그루브용접의 용접방법 및 그루브 형상에 따라 달리하며 부분용입 그루브용접의 최소유효목두께는 계산에 의한 응력전달에 필요한 값 이상으로 최소 유효목두께 이상으로 한다. 여기서 $t$는 접합되는 얇은쪽 판두께이다.

| 연결부 얇은쪽 두께 t(mm) | t ≤ 6 | 6 < t ≤13 | 13 < t ≤19 | 19 < t ≤38 | 38 < t ≤57 | 57 < t ≤150 | t >150 |
|---|---|---|---|---|---|---|---|
| 최소 유효목두께(mm) | 3 | 5 | 6 | 8 | 10 | 13 | 16 |

## 2) 필릿용접

### ① 필릿용접의 유효면적

필릿용접의 유효면적은 용접유효길이에 유효 목두께를 곱한 것으로 한다. 용접유효길이는 필릿용접의 총길이에서 필릿사이즈의 2배를 공제하며 유효목두께는 필릿사이즈의 0.7배로 한다. 플러그용접과 슬롯용접의 유효길이는 목두께 중심을 잇는 용접중심선의 길이로 한다.

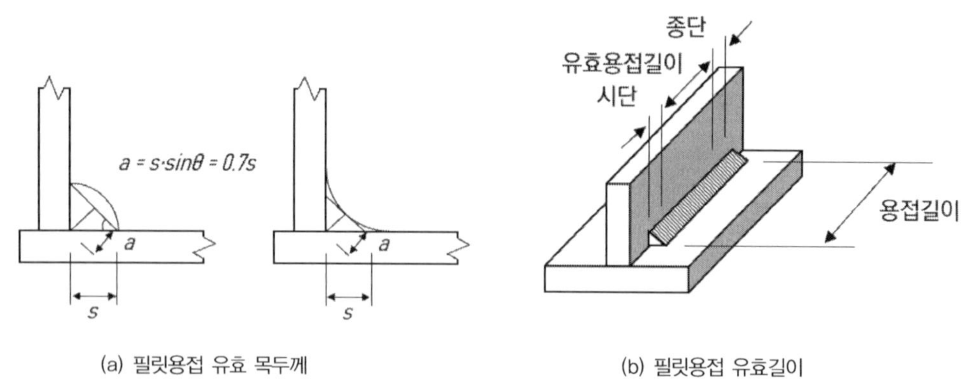


(a) 필릿용접 유효 목두께                    (b) 필릿용접 유효길이

### ② 필릿용접의 제한사항

#### (1) 필릿용접의 최소치수

| 연결부의 얇은 쪽 소재 두께 t | 건축 구조물 | | | |
|---|---|---|---|---|
| | | | 토목구조물 | |
| | t < 6 | 6 ≤ t < 13 | 13 ≤ t < 20 ( t < 20 ) | 20 ≤ t |
| 필릿용접 최소치수 | 3 | 5 | 6 | 8 |

#### (2) 필릿용접의 최대치수

겹침이음의 필릿용접 최대치수 s는 연단이 용접되는 판의 두께 $t$에 대해서,

(ㄱ) $t < 6\,\text{mm}$일 때, $s = t$

(ㄴ) $t \geq 6\,\text{mm}$일 때, $s = t - 2\,\text{mm}$

(3) 강도를 기반으로 하여 설계되는 필릿용접의 최소길이는 공칭용접치수의 4배 이상으로 하여야 한다. 또는 유효용접치수는 그 유효길이의 1/4 이하로 하여야 한다.

(4) 평판 인장재의 단부에 길이방향으로 필릿용접이 될 경우 각 필릿용접의 길이는 이들 용접의 직각방향 간격보다 길게 해야 한다. 이때 인장재의 유효 순단면적은 $A_e = UA_n$ (U : 전단뒤짐계수)를 사용한다.

(5) 부재 단부에 용접된 필릿용접의 길이가 용접치수의 100배 이내인 경우에는 실제 용접된 길이

를 유효길이로 사용할 수 있다. 용접길이가 용접치수의 100배를 초과하고, 300배 이하인 경우에는 실제 용접된 길이에 다음의 감소계수, $\beta$를 곱한 값을 필릿용접의 유효길이로 한다. 용접길이가 용접치수의 300배를 초과하는 경우에는 용접치수의 180배를 필릿용접의 유효길이로 한다.

$$\beta = 1.2 - 0.002\left(\frac{l}{z}\right) \leq 1.0 \qquad (4.1\text{-}1)$$

여기서, $l$ : 부재 단부 필릿용접의 실제 길이 (mm),  $z$ : 필릿용접의 치수 (mm)

(6) 단속 필릿용접은 연결부(접합부) 또는 겹친 면사이의 힘을 전달하거나 조립부재의 요소를 서로 접합하는 데 사용할 수 있다. 단속 필릿용접의 한 세그멘트 길이는 용접치수의 4배 이상이며 최소 38 mm이어야 한다.

(7) 겹침이음의 경우 최소 겹침길이는 연결부(접합부) 얇은 쪽 판 두께의 5배 또는 25 mm로 한다.

(8) 축방향력을 받는 부재의 겹침이음이 횡방향 필릿용접만으로 된 경우 겹쳐진 부재의 양쪽 단부는 필릿용접을 해야 한다. 그러나 최대하중 작용 시에 연결부(접합부)가 벌어지지 않도록 겹친 부분의 변형이 충분히 구속된 경우에는 예외로 한다.

(9) 건축구조물의 돌출요소의 유연성이 요구되는 연결부(접합부)에서 단부돌림용접이 사용되는 경우, 단부돌림용접의 길이는 공칭용접사이즈의 4배 이하, 용접되는 부분 폭의 1/2 이하로 한다.


3) 플러그 용접과 슬롯 용접

① 플러그 용접과 슬롯 용접의 유효면적
플러그 및 슬롯용접의 유효전단면적은 접합면 내에서 플러그 및 슬롯의 공칭단면적으로 한다.

② 플러그 용접과 슬롯 용접의 제한사항
(1) 플러그 및 슬롯용접은 겹침이음부에서의 전단력 전달, 겹침이음한 요소들 사이의 벌어짐 또는 좌굴을 방지, 조립단면의 요소들 사이의 접합 등을 위해 사용할 수 있다.

(2) 플러그 용접을 위한 구멍의 직경은 구멍이 있는 판의 두께에 8 mm를 더한 값 이상, 용접 두께의 2.25배 또는 최소 직경에 3 mm를 더한 값 이하로 한다.

(3) 플러그 용접의 최소 중심간격은 공칭구멍직경의 4배로 한다.

(4) 슬롯 용접의 슬롯길이는 용접두께의 10배 이하로 한다. 슬롯의 폭은 슬롯이 있는 판의 두께에 8 mm를 더한 값 이상, 용접두께의 2.25배 이하로 한다. 슬롯의 끝부분은 반원형, 또는 귀퉁이를 판두께 이상의 반지름으로 둥글게 해야 한다.

(5) 슬롯 용접 길이에 횡방향인 슬롯용접선의 최소간격은 슬롯 폭의 4배로 한다. 길이방향의 최소 중심간격은 슬롯길이의 2배로 한다.

(6) 슬롯용접선의 횡방향 최소간격은 슬롯 폭의 4배로 한다. 길이방향의 최소 중심간격은 슬롯길이의 2배로 한다.

(7) 플러그 및 슬롯 용접의 두께는 판 두께 16 mm 이하의 경우 판 두께와 동일하게 하고, 16 mm 를 초과하는 경우에는 판 두께의 1/2 이상으로 하되 최소 16 mm로 한다.

## 4) 용접부의 설계강도

강구조 연결 설계기준(KDS 14 31 25, LRFD)에서는 토목구조물과 건축구조물의 설계강도를 구분해서 제시하고 있다. 토목구조물의 경우 용접재의 강도를 모재의 강도를 기준으로 $0.6{\sim}0.9F_u$ 를 적용함으로써 기존의 모재의 강도와 비교하는 방법을 간략화한 반면, 건축구조물의 경우 모재의 강도와 용접재의 강도를 구분하여 각각 산정해 이중 작은 값을 적용하도록 하고 있다.

$$\phi R_{nw} \geq \Sigma \gamma_i Q_i$$

① 토목구조물

$$\phi R_n = \phi F_{nw} A_w$$

여기서, $\phi$ 는 저항계수, $F_{nw}$ 는 공칭강도,  $A_w$ 용접 유효면적($mm^2$)

| 용접구분 | 응력구분 | 저항계수($\phi$) | 공칭강도($F_{nw}$) |
|---|---|---|---|
| 완전용입 홈용접 | 용접축에 직교인 인장 | 모재와 동일 | |
| | 용접축에 직교인 압축 | 모재와 동일 | |
| | 용접축에 평행한 인장, 압축 | 별도 검토하지 않음 | |
| | 전단 | 0.8 | $0.6F_u$ |
| 부분용입 홈용접 | 용접축에 직교인 인장 | 0.8 | $0.6F_u$ |
| | 기둥의 선단밀착접합부 압축 | 별도 검토하지 않음 | |
| | 기둥 외의 선단밀착접합부 압축 | 0.8 | $0.6F_u$ |
| | 선단밀착접합부 외의 압축 | 0.8 | $0.9F_u$ |
| | 용접축에 평행한 인장, 압축 | 별도 검토하지 않음 | |
| | 전단 | 0.75 | $0.6F_u^{\ *}$ |
| 필릿용접 | 전단 | 0.75 | $0.6F_u^{\ *}$ |
| | 용접축에 평형한 인장, 압축 | 별도 검토하지 않음 | |
| 플러그/슬롯용접 | 접합면에 평행한 전단 | 0.75 | $0.6F_u^{\ *}$ |

1) $F_u$ 용접부 모재의 인장강도, 언더매칭용접의 경우 용접재의 인장강도 적용

2) * 인장강도 600MPa의 강종(HSB460)은 $0.56F_u$, 800MPa의 강종(HSA650, HSB690)은 $0.45F_u$ 을 적용하며, 인장강도가 이들 사이인 강종의 경우에는 보간법을 적용.

용접의 단위길이당 설계강도 $\phi R_n$ 은 용접단위길이당 소요강도 $P_u$ 이상이어야 한다. 필릿용접의 단위길이당 소요강도, $P_u$ 는 용접의 단위길이당 작용하는 모든 방향의 힘들의 합력의 크기이다. 여기서 합력의 크기는 임의의 방향으로 작용하는 힘들의 벡터 합으로 구할 수 있으며, 작용하는 힘을 용접의 유효면에서 서로 직각인 3방향으로 구분한 경우에는 다음과 같이 계산할 수 있다.

$$P_u = \sqrt{P_\perp^{\,2} + V_\perp^{\,2} + V_\parallel^{\,2}}$$

여기서,  $P_\perp$ : 필릿용접의 유효면에 작용하는 수직력

$V_\perp$ : 필릿용접의 유효면에서 용접축에 직각방향으로 작용하는 전단력

$V_\parallel$ : 필릿용접의 유효면에서 용접축에 평행으로 작용하는 전단력

② 건축구조물

용접부의 설계강도 $\phi R_n$ 은 모재 인장파단, 전단파단 한계상태에 의한 강도와 용접재의 파단한계 상태 강도 중 작은 값으로 한다.

(1) 모재 강도  $\quad R_n = F_{nBM} A_{BM}$

여기서,  $F_{nBM}$ 모재의 공칭강도(MPa),  $A_{BM}$ 모재의 단면적($\text{mm}^2$)

(2) 용접재의 강도  $\quad R_n = F_{nw} A_w$

여기서,  $F_{nw}$ 용접재의 공칭강도(MPa),  $A_w$ 용접 유효면적($\text{mm}^2$)

| 용접구분 | 응력구분 | | 저항계수($\phi$) | 공칭강도($F_{nw}$) |
|---|---|---|---|---|
| 완전용입 홈용접 | 용접축에 직교인 인장 | | 모재와 동일 | |
| | 용접축에 직교인 압축 | | 모재와 동일 | |
| | 용접축에 평행한 인장, 압축 | | 별도 검토하지 않음 | |
| | 전단 | | 모재와 동일 | |
| 부분용입 홈용접 | 용접축에 직교인 인장 | 모재 | 0.75 | $F_u$ |
| | | 용접재 | 0.80 | $0.6 F_w$ |
| | 기둥의 선단밀착접합부 압축 | | 별도 검토하지 않음 | |
| | 기둥 외의 선단밀착접합부 압축 | 모재 | 0.9 | $F_y$ |
| | | 용접재 | 0.8 | $0.6 F_w$ |
| | 지압응력을 전달할 수 있도록 마감되지 않은 접합부의 압축 | 모재 | 0.9 | $F_y$ |
| | | 용접재 | 0.8 | $0.9 F_w$ |
| | 용접축에 평행한 인장, 압축 | | 별도 검토하지 않음 | |
| | 전단 | 모재 | 접합부 인장·압축, 전단, 블록전단강도 비교 | |
| | | 용접재 | 0.75 | $0.6 F_w$ |
| 필릿용접 | 전단 | 모재 | 접합부 인장·압축, 전단, 블록전단강도 비교 | |
| | | 용접재 | 0.75 | $0.6 F_w$ |
| | 용접축에 평형한 인장, 압축 | | 별도 검토하지 않음 | |
| 플러그/슬롯용접 | 접합면에 평행한 전단 | 모재 | 접합부 인장·압축, 전단, 블록전단강도 비교 | |
| | | 용접재 | 0.75 | $0.6 F_w$ |

1) $F_w$ 용접재의 인장강도

| 모재강종 | 적용 가능한 용접재료 | 용접재 인장강도($F_w$) |
|---|---|---|
| 인장강도 400MPa급 연강 | KS D 7004 연강용 피복아크용접봉 | 420 |
| 인장강도 490MPa급 고장력강 | KS D 7006 고장력강용 피복아크용접봉 | 490, 520 |
| 인장강도 400MPa급 연강 | KS D 7104 연강 및 고장력강용 | 420 |
| 인장강도 490MPa급 고장력강 | 아크용접플럭스 코어선 | 490, 540 |
| 인장강도 400MPa급 연강 | KS D 7025 연강 및 고장력강용 | 420 |
| 인장강도 490MPa급 고장력강 | 아크용접솔리드와이어 | 490 |

## 2. 편심 용접 설계 : 전단만 받는 경우

편심볼트연결방식과 같이 탄성해석법이나 극한강도법을 이용해 용접전단연결을 설계할 수 있다.

### 1) 탄성해석

하중에 대해 목두께의 평면에 작용하므로, 아래의 그림과 같은 용접면적에 의해 저항된다. 용접목두께($s/\sqrt{2} = 0.707s$)에 따라 용접면적은 용접길이에 목두께를 곱해서 산정된다. 용접면에 작용하는 편심하중은 용접부에 직접전단과 비틀림 전단을 유발하며 용접의 모든 요소는 같은 크기의 직접전단을 받으므로 직접전단응력은 다음과 같다.

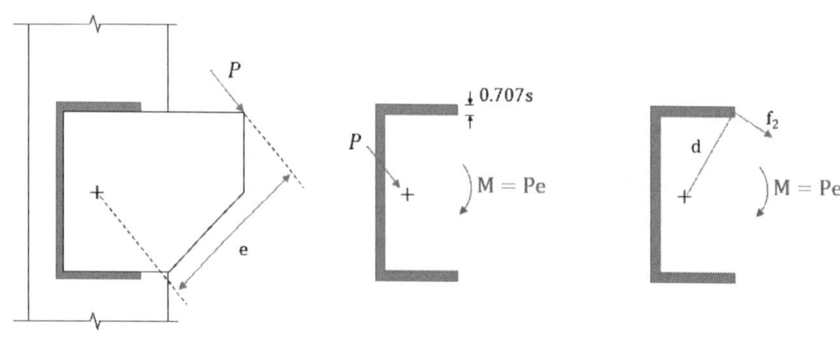



$$f_1 = \frac{P}{L}, \qquad f_{1x} = \frac{P_x}{L}, \ f_{1y} = \frac{P_y}{L}$$

우력으로 인한 전단응력은 비틀림 공식으로부터

$$f_2 = \frac{Md}{J}, \qquad f_{2x} = \frac{My}{J}, \ f_{2y} = \frac{Mx}{J}$$

여기서, $J = \int_A r^2 dA = \int_A (x^2 + y^2) dA = \int_A x^2 dA + \int_A y^2 dA = I_x + I_y$

모든 직각성분은 벡터의 합력으로부터 $f_v = \sqrt{(\sum f_x)^2 + (\sum f_y)^2}$

## 2) 극한강도해석

전단을 받는 편심 용접연결은 탄성방법을 이용해 안전하게 설계될 수 있으나 안전율이 필요 이상으로 커지며 연결형태에 따라 변할 수 있다. 이러한 해석방법은 용접의 선형 하중–변형관계의 가정을 포함해서 편심볼트 연결에 대해 탄성방법을 사용했을 때와 같은 일부 단점이 있다. 또 다른 오차의 원인은 용접강도가 작용하중의 방향에 무관하다는 가정이다. 이를 보완하기 위해 Butler(1972), Kulak & Timler(1984) 연구에 따라 각각의 연결재를 고려하는 대신 연속용접을 작은 분절(discrete segment)의 조합으로 취급하고 파괴 시 연결에 작용하는 하중은 아래 그림과 같이 순간회전 중심(instantaneous center of rotation)으로부터 분절의 도심까지의 반지름에 수직으로 작용하는 각 요소의 힘에 의해 저항된다고 본다.

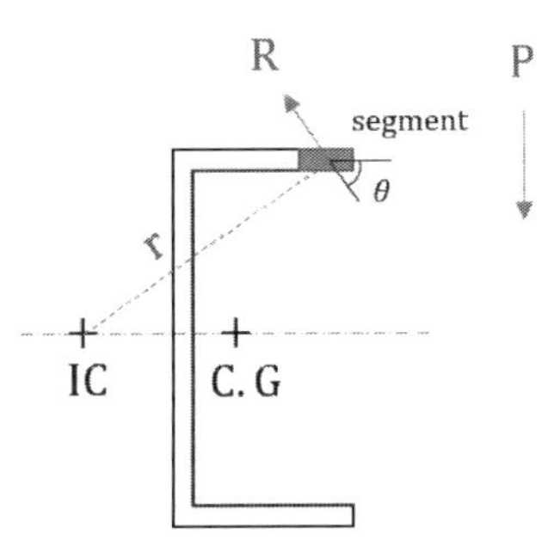


최대응력에 있는 각 요소의 변형은

$$\Delta_m = 0.209(\theta + 2)^{-0.32} s$$

여기서, $\Delta_m$ : 최대응력에 있는 요소의 변형
$\theta$ : 저항력이 용접 미소분절의 축과 이루는 각
$s$ : 용접치수
$r$ : IC부터 요소 도심까지 반지름

각 요소의 $\Delta_m / r$을 계산하고 가장 작은 값을 갖는 요소가 임계요소이다. 즉, 가장 먼저 극한내력에 도달하는 요소로 이때의 극한 파단 변형은 다음과 같다.

$$\Delta_u = 1.087(\theta + 6)^{-0.65} s \leq 0.17s$$

이때의 반지름을 $r_{crit}$ 라고 하면

$$\Delta = r \frac{\Delta_u}{r_{crit}}$$

각 요소의 힘은 $F_{nw} A_w$ 이며, 각 요소의 응력은 다음과 같다.

$$F_{nw} = 0.60 F_{EXX}(1 + 0.5\sin^{1.5}\theta)[p(1.9 - 0.9p)]^{0.3}$$

여기서, $F_{EXX}$ : 용접봉의 강도, $p = \dfrac{\Delta}{\Delta_m}$,

## 3. 편심 볼트 설계 : 전단과 인장을 함께 받는 경우

앞선 볼트의 사례와 같이 편심에 의해 모멘트가 발생하고 이로 인해 전단과 인장을 함께 받는 경
우 편심하중 P를 중심축하중 P와 우력 모멘트 Pe로 대체할 수 있다.
이때 전단응력과 휨응력은 각각 다음과 같다.

$$f_v = \frac{P}{A} \, , \, f_t = \frac{My}{I}$$

이때 최대 응력의 합력은 두 성분의 벡터의 합으로 산정한다.

$$f_r = \sqrt{f_v^2 + f_t^2}$$

## 4. 지압강도

밀 가공면, 핀의 구멍, 베어링 스티프너 등이 지압을 받을 때 지압표면의 설계강도 $\phi R_n$ 은 다음
과 같다.

$$\phi Rn = \phi 1.8 F_y A_{pb}$$

여기서, $F_y$ 항복강도(MPa), $A_{pb}$ 투영된 지압면적($\text{mm}^2$)

## 완전용입 그루브용접

50kN의 고정하중(DL), 300kN의 활하중(LL)이 작용하는 인장부재에 대하여 맞대기 용접 시에 필요한 강재의 두께를 항복상태와 파단상태를 모두 고려하여 결정하시오(단, 사용강재의 강도는 $F_y$=235MPa, $F_u$=400MPa, 고정하중계수 1.2, 활하중계수 1.6, 항복시 강재 강도감소계수 0.9, 파단시 강재 강도감소계수 0.75이다).

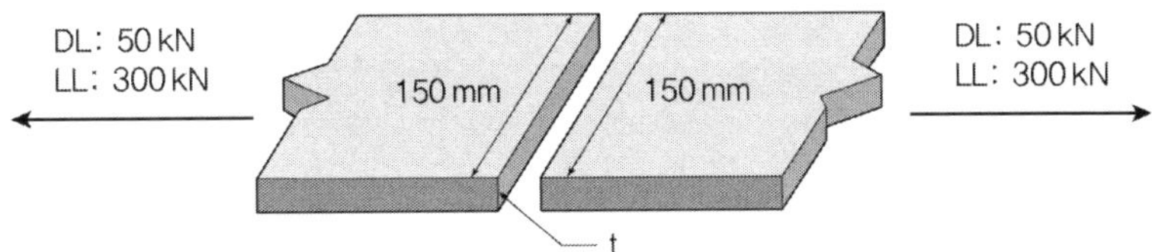


## 풀 이

### ▶ 개요

그루브용접의 유효면적은 용접유효길이에 유효 목두께를 곱한 것으로 한다. 유효길이는 하중방향의 직각인 접합부분의 폭으로 하며, 유효 목두께는 완전용입용접은 접합판 중 얇은 판의 판두께로 한다. 토목구조물은 모재의 규정 항복강도와 인장강도 이상이 되도록 용접된 완전용입 그루브용접의 공칭강도는 접합되는 모재 중 공칭강도가 작은 쪽 값으로 한다. 단, 인장강도 600 MPa 이상의 강종에 대해 언더매칭 용접을 한 경우에는 용접금속의 인장강도를 기준으로 공칭강도를 정한다.

### ▶ 하중산정

$$R_u = 1.2D + 1.6L = 1.2 \times 50 + 1.6 \times 300 = 540 \text{ kN}$$

### ▶ 강판의 총단면의 인장항복(항복한계상태) 검토

1) 강재의 재료강도

$$F_y = 235\text{MPa}, \quad F_u = 400\text{MPa}$$

2) 판두께 검토

$$R_u \leq \phi R_n = \phi F_{nBM} A_{BM} = \phi F_y A_g$$
$$\phi = 0.90, \quad l_e = l = 150\text{mm}, \quad a = t \quad \therefore A_g = l_e \times a = 150t$$

$$R_u \leq \phi R_n = \phi F_y A_g = \phi F_y (150t) \;\; ; \;\; \therefore \; t \geq \frac{R_u}{\phi F_y \times 150} = \frac{540 \times 10^3}{0.9 \times 235 \times 150} = 17.02mm$$

## ➤ 강판의 유효순단면의 인장파단(파단한계상태)

$$R_u \leq \phi R_n = \phi F_{nBM} A_{BM} = \phi F_u A_e$$

$$\phi = 0.75, \; A_e = A_g = l_e \times a = 150t$$

$$R_u \leq \phi R_n = \phi F_u A_e = \phi F_u (150t) \;\;\; ; \;\; t \geq \frac{R_u}{\phi F_u \times 150} = \frac{540 \times 10^3}{0.75 \times 400 \times 150} = 12.0mm$$

## ➤ 강판의 최소 판두께

$$t_{min} = \max(17.02, \; 12.0) = 17.02mm \;\;\; \langle = 16mm$$

따라서 최소 판두께는 17.02mm이다.

## 용접설계

아래 그림과 같은 단면의 지간길이 L=25m인 단지간 플레이트 거더에 등분포하중(w=60kN/m)이 작용한다. 플랜지와 복부판을 필릿용접으로 연결할 때 용접치수를 설계하시오(단, 필릿의 허용전단응력은 80MPa).

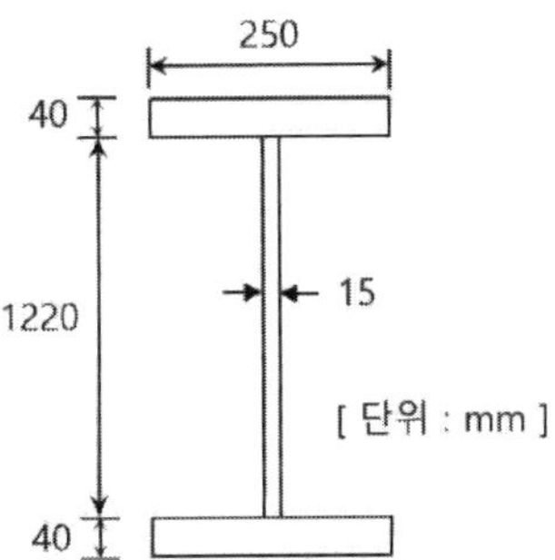


## 풀 이

### ▶ 단면계수 산정

$$I = \frac{250 \times 1300^3}{12} - \frac{(250-15) \times (1220)^3}{12} = 10,210,476,667\text{mm}^4$$

$$Q_{flange} = (250 \times 40) \times (610 + 20) = 6,300,000\text{mm}^3$$

### ▶ 하중산정

단순보에서 최대 전단력은 반력값과 같으므로 $V_{\max} = \dfrac{wL}{2} = \dfrac{60 \times 25}{2} = 750\text{kN}$

### ▶ 용접두께 산정

양측 용접이므로,

$$\tau = \frac{VQ}{Ib} = \frac{VQ}{I(2a)} \leq \tau_a \qquad \therefore a \geq \frac{VQ}{2I(\tau_a)} = \frac{750 \times 10^3 \times 6,300,000}{2 \times 10,210,476,667 \times 80} = 2.89\text{mm}$$

$$a = 0.7s \qquad \therefore s \geq 4.13\text{mm}$$

모재의 두께 $t \geq 20$이므로 필릿용접 최소두께를 고려해 $s = 8$mm로 설계한다.

### 필릿용접부 안정성 검토

그림과 같이 기둥 플랜지에 브라켓이 양면 필릿용접되어 있다. 모재 SM275의 인장강도 $F_u=$ 410MPa이고 계수하중 P=300kN일 때, 접합부의 안전성을 검토하시오(단, 필릿용접부의 저항계수 $\phi=0.75$를 적용한다),

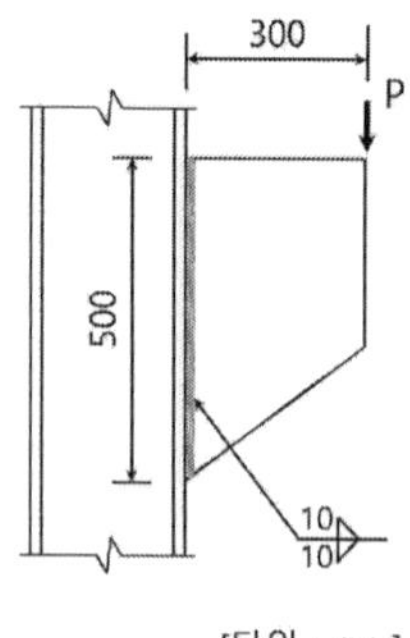


### 풀 이

#### ▶ 소요강도

$$P_u = 300kN, \qquad M_u = P_u \times e = 300 \times 300 = 90,000 kNmm$$

#### ▶ 필릿용접부 유효 목두께와 유효길이

$$a = 0.7s = 0.7 \times 10 = 7\,mm$$
$$l_e = l - 2s = 500 - 2 \times 10 = 480\,mm$$

$$A_w = 2 \times l_e \times a = 2 \times 480 \times 7 = 6,720\,mm^2$$
$$S_w = \frac{a \times l_e^2}{6} \times 2 = \frac{7 \times 480^2}{6} \times 2 = 537,600\,mm^3$$

#### ▶ 필릿용접부의 발생응력

$$\text{휨응력 } \sigma_u = \frac{M}{S_w} = \frac{90,000 \times 10^3}{537,600} = 167.41\ N/mm^2(MPa)$$

$$\text{전단응력 } v_u = \frac{V}{A_w} = \frac{300 \times 10^3}{6,720} = 44.64\ N/mm^2(MPa)$$

조합응력  $\sqrt{\sigma_u^2 + v_u^2} = \sqrt{167.41^2 + 44.64^2} = 173.26$ N/mm$^2$(MPa)

## ▶ 필릿용접부의 안전성 검토

$$\phi F_{nw} = 0.75\,(0.6 F_u) = 0.75 \times 0.6 \times 410 = 184.5 \text{ N/mm}^2\text{(MPa)}$$

$\therefore$ 조합응력 $= 173.26$ N/mm$^2$(MPa) $< \phi F_{nw} = 184.5$ N/mm$^2$(MPa)        O.K 안전함

### 필릿용접부 안정성 검토

인장강도($F_u$)가 410MPa인 기둥에 브라켓을 양면 필릿용접으로 이음하려고 한다. 기둥 플랜지와 브라켓의 단면적은 충분히 크다고 가정한 상태에서 고정하중 $P_D$=120kN, 활하중 $P_L$=30kN이 그림과 같이 작용할 때, 이음부의 안전성을 검토하시오(단, 고정하중의 하중계수는 1.25, 활하중의 하중계수는 1.8이며, 필릿용접의 전단응력 저항계수는 0.75, 공칭강도는 $0.6F_u$이다. 필릿용접의 유효길이는 필릿용접의 총길이에서 용접치수의 2배를 공제한 값으로 한다).

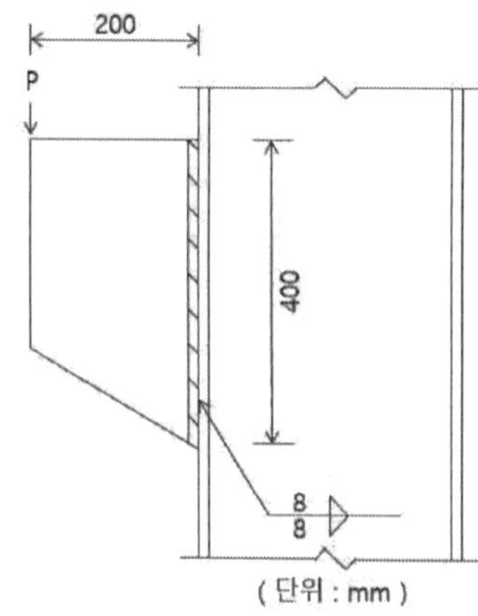


### 풀 이

#### ▶ 소요강도

$$P_U = 1.25P_D + 1.8P_L = 1.25 \times 120 + 1.8 \times 30 = 204\,\text{kN}$$

$$M_u = P_u \times e = 204 \times 200 = 40,800\,\text{kNmm}$$

#### ▶ 필릿용접부 유효 목두께와 유효길이

$$a = 0.7s = 0.7 \times 8 = 5.6\,\text{mm}$$

$$l_e = l - 2s = 400 - 2 \times 5.6 = 388.8\,\text{mm}$$

$$A_w = 2 \times l_e \times a = 2 \times 388.8 \times 5.6 = 4,354.56\,\text{mm}^2$$

$$S_w = \frac{a \times l_e^2}{6} \times 2 = \frac{5.6 \times 388.8^2}{6} \times 2 = 282,175.5\,\text{mm}^3$$

### ➤ 필릿용접부의 발생응력

$$\text{휨응력 } \sigma_u = \frac{M}{S_w} = \frac{40{,}800 \times 10^3}{282{,}175.5} = 144.6 \ \text{N/mm}^2(\text{MPa})$$

$$\text{전단응력 } v_u = \frac{V}{A_w} = \frac{204 \times 10^3}{4354.56} = 46.85 \ \text{N/mm}^2(\text{MPa})$$

$$\text{조합응력 } \sqrt{\sigma_u^2 + v_u^2} = \sqrt{167.41^2 + 44.64^2} = 152.0 \ \text{N/mm}^2(\text{MPa})$$

### ➤ 필릿용접부의 안전성 검토

$$\phi F_{nw} = 0.75\,(0.6\,F_u) = 0.75 \times 0.6 \times 410 = 184.5 \ \text{N/mm}^2(\text{MPa})$$

$$\therefore \text{조합응력} = 152.0 \ \text{N/mm}^2(\text{MPa}) < \phi F_{nw} = 184.5 \ \text{N/mm}^2(\text{MPa}) \qquad \text{O.K 안전함}$$

### 필릿용접부 안정성 검토

그림과 같이 필릿용접 이음부의 설계강도를 구하고, 고정하중과 활하중이 각각 $P_D$=70kN, $P_L$ =50kN이 작용할 때 필릿용접 이음부의 안전성을 검토하시오. 단, 모재는 SM275, 용접재(KS D 7104 연강 및 고장력강용 아크용접플럭스 코어선)의 인장강도는 $F_w$ = 420MPa다.

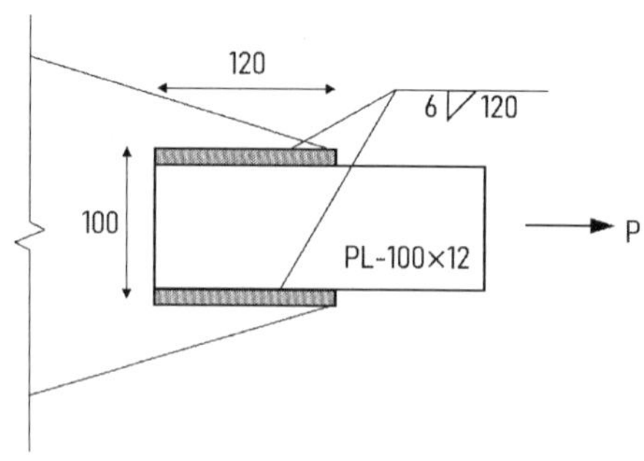




### ▶ 필릿용접의 계수하중

주어진 조건에 따라 건축구조기준에 따라 계수하중을 산정한다.

$$P_u = 1.2P_D + 1.6P_L = 1.2 \times 70 + 1.6 \times 50 = 164 \text{ kN} \ > 1.4P_D = 1.4 \times 70 = 98 \text{ kN}$$
$$\therefore P_u = 164 \text{ kN}$$

### ▶ 필릿용접의 이음부 설계강도

1) 유효 단면적 산정

$$\text{a} = 0.7\text{s} = 0.7 \times 6 = 4.2 \text{ mm}$$
$$l_e = 2 \times (l - 2\text{s}) = 2 \times (120 - 2 \times 6) = 216 \text{ mm}$$
$$\therefore A_w = \text{a} \times l_e = 907.2 \text{ mm}^2$$

2) 필릿용접부의 강도

모재의 강도가 용접재의 강도보다 크다고 가정한다.

$$F_{nw} = 0.6F_u = 0.6 \times 420 = 252 \text{ MPa}$$

$$\therefore \phi F_{nw}A_w = 0.75 \times 252 \times 907.2 \times 10^{-3} = 171.46 \text{ kN} \ > P_u = 164 \text{ kN} \qquad \text{O.K}$$

### 필릿용접부 안정성 검토

접합부에 고정하중 $P_D$=75kN과 활하중 $P_L$=50kN이 작용하고 있다. 편심접합이 되지 않도록 필릿용접이음부의 적절한 용접길이를 구하시오. 모재는 SM275, 용접재(KS D 7104 연강 및 고장력강용 아크용접플럭스 코어선)의 인장강도는 $F_w = 420$MPa다.

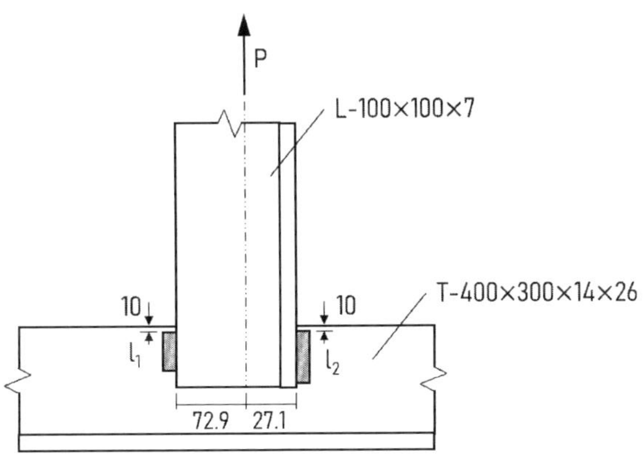




### ▶ 필릿용접의 계수하중

주어진 조건에 따라 건축구조기준에 따라 계수하중을 산정한다.

$$P_u = 1.2P_D + 1.6P_L = 1.2 \times 75 + 1.6 \times 50 = 170 \text{ kN} > 1.4P_D = 1.4 \times 75 = 105 \text{ kN}$$

$$\therefore P_u = 170 \text{ kN}$$

### ▶ 필릿용접의 이음길이 산정

1) 필릿용접 크기

얇은 판의 두께가 7mm(6 ≤ t < 13)이므로, 최소치수 5mm 이상, 최대치수 t-2 = 5mm 이하임을 감안해 s=5mm로 한다.

a = 0.7s = 0.7 × 5 = 3.5mm

$\therefore$ 단위길이당 $A_w$ = a × 1 = 3.5mm$^2$/mm

2) 필릿용접 길이

이음부의 설계강도는 모재의 강도와 용접재의 강도 중 작은 값으로 한다. 모재의 강도가 용접재의 강도보다 매우 크다고 가정한다.

$$F_{nw} = 0.6F_u = 0.6 \times 420 = 252\text{MPa}$$

$$\phi F_{nw} A_w = 0.75 \times 252 \times 3.5 = 661.5\text{N/mm}$$

$\therefore$ 소요 유효용접길이 $l_e = P_u / \phi F_{nw} A_w = 170 \times 10^3 / 661.5 = 256.99\text{mm}$

3) 편심접합이 되지 않을 용접길이

$$l_e = l_1 + l_2$$

중심축에 대해 모멘트 평형조건을 만족하므로 $72.9 \times l_1 = 27.1 \times l_2$  $\therefore l_2 = 2.69 l_1$

$\therefore l_1 = 69.65\text{mm}, \quad l_2 = 187.34\text{mm}$

## 이음부 용접 안정성 검토

그림과 같은 브레이싱 구조를 설계하고자 한다. 이음판과 기둥의 고장력 볼트이음은 지압접합으로, 브레이싱 부재와 이음판은 용접접합으로 설계한다. 브레이싱 부재에 발생하는 극한하중상태에서의 인장단면력($T_u$)은 1,000kN이며 고장력볼트는 F10T-M22를 사용하고 전단면이 나사부에 포함되며, 필릿용접치수는 12mm로 할 때, 소요 고장력볼트 개수와 필릿용접 길이($l_w$)를 구하시오(단, 기둥부재, 브레이싱 부재, 이음판 부재 재질은 모두 SM355이고, 용접재의 인장강도는 490N/mm$^2$이다.)

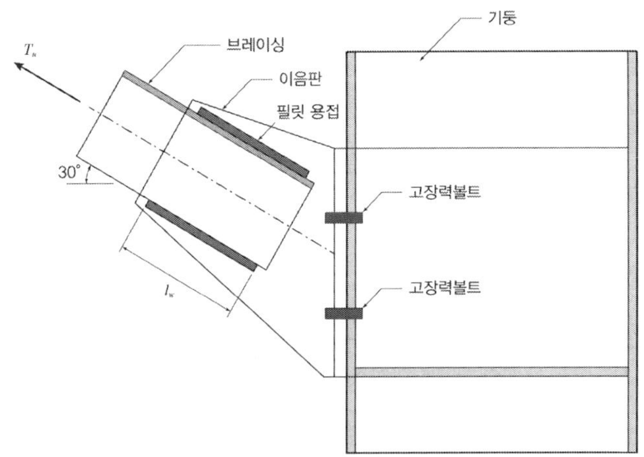




### ▶ 소요 고장력볼트 산정

1) 극한하중의 분력

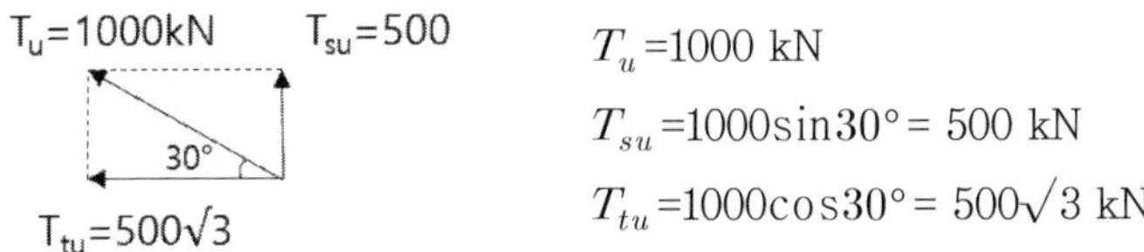


$T_u = 1000$ kN

$T_{su} = 1000 \sin 30° = 500$ kN

$T_{tu} = 1000 \cos 30° = 500\sqrt{3}$ kN

2) 지압접합에서 볼트의 설계강도

지압접합이 인장과 전단의 조합력을 받는 경우 M22(F10T) 볼트의 설계강도는

$$\phi R_n = \phi F_{nt}{'} A_b \quad (\phi = 0.75)$$

$\phi = 0.75$, $F_{nt} = 750$ N/mm$^2$, $A_b = 380$mm$^2$

$N_{bolt} = 8$개로 가정하면, $T_{su} = 1000\sin 30° = 62.5$ kN/개, $T_{tu} = 108.25$ kN/개

(2개부터 Trial and error로 산정한 결과 8개부터 조건 만족)

$$f_v = \frac{T_{su}}{A_b} = \frac{62.5 \times 10^3}{380} = 164.47 \text{ N/mm}^2 \text{ (소요전단응력)}$$

$$\therefore F_{nt}' = 1.3 F_{nt} - \frac{F_{nt}}{\phi F_{nv}} f_v = 1.3 \times 750 - \frac{750}{0.75 \times 400} \times 164.47 = 563.81 \text{ N/mm}^2$$

$$F_{nt}' \leq F_{nt} = 750 \text{ N/mm}^2 \qquad \text{O.K}$$

$$\therefore \phi R_n = \phi F_{nt}' A_b = 0.75 \times 563.81 \times 380 = 160.68 \text{ kN /개} \geq T_{tu}(=108.25 \text{ kN/개}) \quad \text{O.K}$$

$\therefore$ 필요볼트 개수는 8개

## ▶ 소요 필릿용접길이 산정

1) 용접길이 산정

① 단위길이당 필릿용접 이음부의 설계강도와 유효용접길이 : 필릿용접 이음부의 설계강도는 용접재의 강도로 결정되도록 한다.

$\phi = 0.75$, $F_w = (0.6 F_{nw}) = 0.6 \times 490 = 294$ N/mm$^2$

a = 0.7s = 0.7 $\times$ 12 = 8.4mm

$A_w$ = a $\times$ 1(단위길이) = 8.4

$\phi F_w A_w = 0.75 \times 294 \times 8.4 = 1852.2$ N/mm

소요 유효용접길이  $l_e \geq T_u/(\phi F_w A_w) = 1000 \times 10^3/1852.2 = 539.9$mm

② 용접길이

$l_e = 2(l_{e1} + l_{e2}) = 539.9$mm

$l_{e1} = l_{e2} = 134.97$mm

$l_w = l_{e1}(= l_{e2}) + 2s = 134.97 + 2 \times 12 = 158.97$mm         $\therefore$ 용접길이 200mm를 사용

## 필릿용접부 안정성 검토

그림과 같이 H-400×200×8×13을 사용한 보의 필릿용접 안정성을 검토하시오.
$M_u = 140^{kNm}$, $V_u = 120^{kN}$ 이고 강재는 SS275이다.

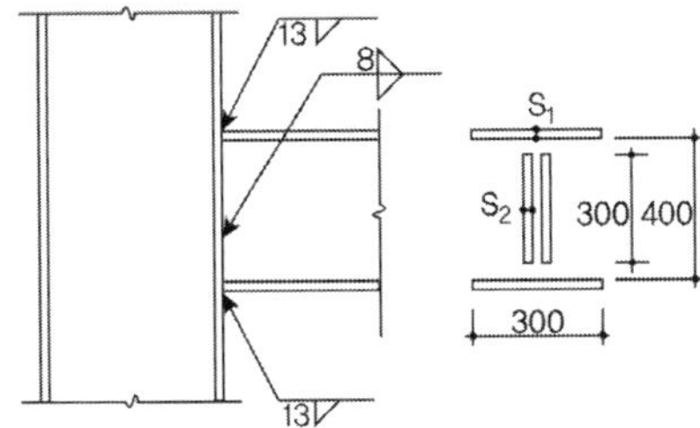



### ▶ 유효 목두께

1) 플랜지 : $a = 0.7 s_1 = 0.7 \times 13 = 9.1 \, \text{mm}$

2) 복 부 : $a = 0.707 s_2 = 0.7 \times 8 = 5.6 \, \text{mm}$

### ▶ 용접부의 단면2차 모멘트 및 복부부의 단면적

$$I_w = 2\left[\frac{t_{ww}h_1^3}{12} + t_{wf}B\left(\frac{H}{2}\right)^2 + \frac{Bt_{wf}^3}{12}\right]$$

$$= 2\left[\frac{5.6 \times 300^3}{12} + 9.1 \times 200\left(\frac{400+9.1}{2}\right)^2 + \frac{200 \times 9.1^3}{12}\right] = 1.78 \times 10^8 \, \text{mm}^4$$

$$A_{ww} = 2t_{ww}h_1 = 2 \times 5.6 \times 300 = 3360 \, \text{mm}^2$$

### ▶ 플랜지 검토

$$y = \frac{H}{2} = 200 \, \text{mm}, \qquad \sigma_w = \frac{M_u}{I_w}y = \frac{140 \times 10^6}{1.78 \times 10^6} \times 100 = 79 \, \text{MPa}$$

$$\phi F_{nw} = \phi(0.6F_u) = 0.9 \times 0.6 \times 410 = 221.4 \, \text{MPa} > \sigma_w \qquad \text{O.K}$$

### ▶ 복부 검토

$$y_1 = \frac{h_1}{2} = 150^{mm}, \quad \sigma_{wm} = \frac{M_u}{I_w}y_1 = \frac{140 \times 10^6}{1.78 \times 10^8} \times 150 = 118 \, \text{MPa}$$

$$v = \frac{V_u}{A_{ww}} = \frac{120 \times 10^3}{3360} = 36 \, \text{MPa}, \qquad \sigma_{wv} = \sqrt{\sigma_{wm}^2 + v^2} = 123 \, \text{MPa} < \phi F_{nw} \qquad \text{O.K}$$

### 필릿용접부 안정성 검토

그림과 같이 소요압축강도 $P_u$ =170kN을 받는 보를 지지하는 브라켓의 이음면을 양면 필릿용접으로 접합할 때 용접부의 안전성을 검토하시오. 부재의 재질은 모두 SM355이고, 필릿 사이즈는 10mm, 이음부 플레이트는 안전한 것으로 가정한다. 용접재(KS D 7104 연강 및 고장력강용 아크 용접플럭스 코어선)의 인장강도는 $F_{nw}$ =490MPa이다.

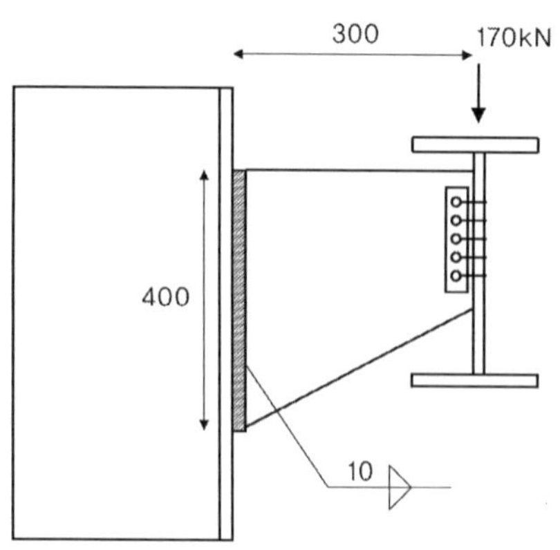




### ▶ 필릿용접의 유효면적

$$a = 0.7s = 0.7 \times 10 = 7.0mm$$

$$l_e = (l - 2s) = (400 - 2 \times 10) = 380mm$$

$$\therefore A_w = a \times l_e \times 2면 = 5,320mm^2$$

$$S_w = \frac{a \times l_e^2}{6} \times 2면 = \frac{7 \times 380^2 \times 2}{6} = 336,933.3mm^3$$

### ▶ 필릿용접부 작용 응력

$$M_u = P_u \times e = 170 \times 300 = 51000kNmm$$

$$V_u = P_u = 170kN$$

$$\therefore \sigma_u = \frac{M_u}{S_w} = \frac{51000 \times 10^3}{336,933.3} = 151.36MPa, \quad v_u = \frac{V_u}{A_w} = \frac{170 \times 10^3}{5,320} = 31.95MPa$$

**➤ 필릿용접부 안전성 검토**

1) 용접부의 설계강도

$$\phi F_w = \phi(0.6 F_{nw}) = 0.75 \times 0.6 \times 490 = 220.5 \text{N/mm}$$

2) 용접부의 조합응력

$$\sqrt{\sigma_u^2 + v_u^2} = \sqrt{151.36^2 + 31.95^2} = 154.69 \text{ N/mm}^2(\text{MPa}) < \phi F_w = 220.5 \text{ N/mm} \quad \text{O.K}$$

## 편심하중을 받는 용접부의 안전성 검토

다음 그림과 같이 계수하중 Pu = 200kN이 작용하는 브라켓의 이음부를 용접치수 8mm로 필릿용접할 경우의 접합부 안전성을 검토하시오(단, 모재(SM355)의 인장강도(Fu)는 490MPa로서 전단강도는 충분하며, 탄성해석법을 적용하되 끝돌림 용접은 무시한다).

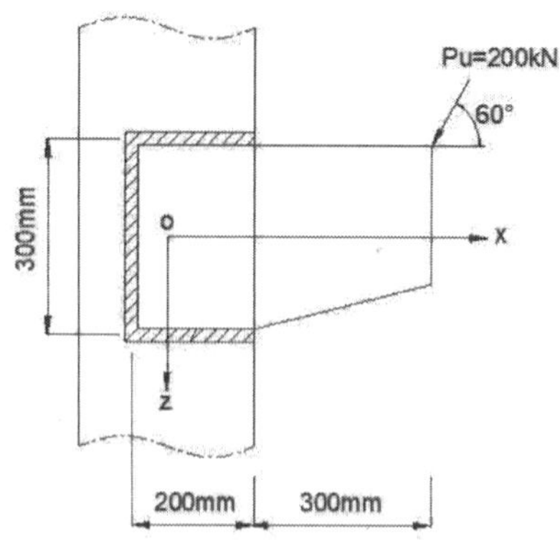


---

### 풀 이

### ▶ 개요

작용하는 전단력 $P_u$와 편심모멘트 $P_u e$로 분리하고, 각 용접부 요소들은 직접 전단력 $P_u$를 균등하게 분담하여 저항하고, 편심모멘트 $P_u e$는 중심으로부터 각 요소까지의 거리에 비례하여 분담한다고 가정한다.

### ▶ 용접군의 중심 산정

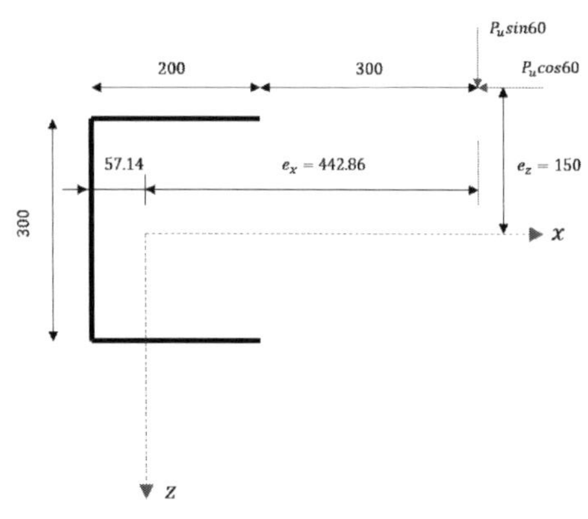


$$\overline{x} = \frac{\sum A_i x_i}{\sum A_i} = \frac{2 \times 200 \times 100}{(2 \times 200 + 300)} = 57.14\,\text{mm}$$

$$e_x = (200 + 300) - \overline{x} = 442.86\,\text{mm}$$

$$e_z = 150\,\text{mm}$$

$$I_x = \frac{300^3}{12} + 2 \times \left(\frac{200}{12} + 200 \times 150^2\right)$$
$$= 11,250,033\,\text{mm}^4$$

$$I_z = 2 \times \left( \frac{200^3}{12} + 200(100 - 57.14)^2 \right) + \frac{300}{12} + 300 \times 57.14^2 = 3,047,644.1\,\text{mm}^4$$

$$I_p = I_x + I_z = 14,297,677\,\text{mm}^4$$

## ➤ 용접부의 단위길이당 직접 전단력

$$r_{pux} = \frac{P_{ux}}{\sum l_i} = \frac{P_u \cos 60^\circ}{\sum l_i} = \frac{200 \times \cos 60^\circ}{300 + 2 \times 200} = 0.143\,\text{kN/mm}$$

$$r_{puy} = \frac{P_{uy}}{\sum l_i} = \frac{P_u \sin 60^\circ}{\sum l_i} = \frac{200 \times \sin 60^\circ}{300 + 2 \times 200} = 0.247\,\text{kN/mm}$$

## ➤ 편심에 의한 추가 전단력

편심에 의한 발생 모멘트

$$M = P_u \sin 60 \times e_x - P_u \cos 60 \times e_z = 61,705.6\,\text{kNmm}$$

$$r_{mux} = \frac{Mz}{I_p} = \frac{61,705.6 \times 150}{14,297,677} = 0.6474\,\text{kN/mm}$$

$$r_{muz} = \frac{Mx}{I_p} = \frac{61,705.6 \times (200 - 57.14)}{14,297,677} = 0.6166\,\text{kN/mm}$$

## ➤ 최대 전단력

$$r_u = \sqrt{(r_{pux} + r_{mux})^2 + (r_{puy} + r_{mux})^2} = 1.1707\,\text{kN/mm}$$

$$\phi r_n = 0.75 F_{nw} a = 0.75 \times (0.6 \times 490) \times (0.7 \times 8) \times 10^{-3} = 1.2348\,\text{kN/mm} > r_u \quad \text{O.K}$$

## 인양고리 용접 안전성 검토

그림과 같은 인양고리(Lug)의 안전성을 아래의 조건을 활용하여 검토하시오.

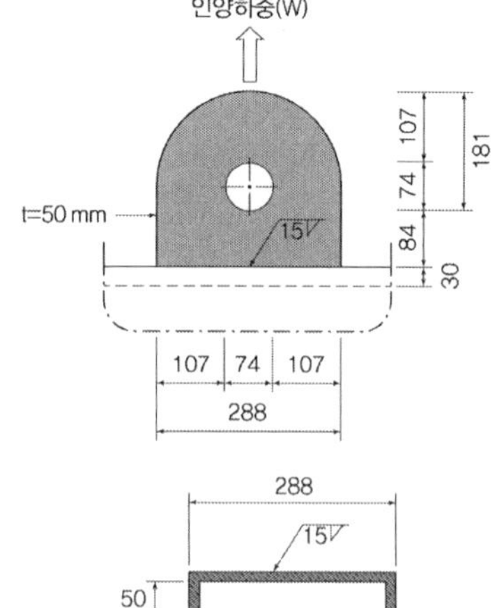


〈조건〉

(1) 강재 규격 : SM275

(2) 적용 기준 : 강교설계기준(허용응력설계법, KDS 24 14 30)

(3) 강재의 허용응력
  - 모재 및 용접부의 허용전단응력($\nu_a$) 90MPa
  - 모재의 지압응력($f_{ba}$) 240MPa
  - 모재의 인장응력($f_{ta}$) 160MPa

(4) 인양하중($W$) 218.6kN

(5) 인양 HOLE에 설치되는 PIN 지압면적($A_b$) 2,750mm²

---

### 풀 이

#### ➤ 개요

인양하중에 대한 PIN의 전단과 용접부 전단에 대해 검토한다.

#### ➤ 인양하중에 대한 PIN의 전단 검토

$$\tau = \frac{V}{A_b} = \frac{218.6 \times 10^3}{2750} = 79.49\text{MPa} \quad < f_{ba}(=240\text{MPa}) \qquad \text{O.K}$$

#### ➤ 인양하중에 대한 PIN의 인장 검토

전체단면적 $\quad A_g = 50 \times 288 = 14,400\,\text{mm}^2$

순단면적 $\quad A_n = A_g - 50 \times (74 + 3) = 10,550\,\text{mm}^2$

$$f = \frac{P}{A_n} = \frac{218.6 \times 10^3}{10,550} = 20.72\,\text{MPa} \quad < f_{ta}(=160\text{MPa}) \qquad \text{O.K}$$

**➤ 인양하중에 대한 용접부 전단 검토**

1) 용접부 단면 상수

$$a = 0.7s = 0.7 \times 15 = 10.5\,\text{mm}$$
$$l = 2 \times 288 + 2 \times 50 = 676\,\text{mm}$$

$$\therefore A_w = l \times a = 10.5 \times 676 = 7{,}098\,\text{mm}^2$$

2) 작용하중에 의한 응력

$$v = \frac{V}{\Sigma\,al} = \frac{218.6 \times 10^3}{7{,}098} = 30.80\ \text{MPa} \quad < \quad v_a = 90\,\text{MPa}$$

O.K

강구조물 부재의 연결은 볼트접합과 고력볼트접합과 같은 기계적인 접합방식과 용접접합과 같은 야금적인 접합방식으로 구분된다. 일반적으로 공사현장에서의 접합은 주로 고력볼트접합이지만 후판부재의 접합인 경우 현장용접으로 접합해야 한다. 특히 주요한 부재의 접합부에는 부재의 존재응력이 낮은 값이더라도 볼트 및 고력볼트접합인 경우 2개 이상으로 설계하여야 한다. 접합부의 성능과 회전에 대한 구속 정도에 따라 전단접합(단순접합), 부분강접합(반강절접합), 완전강접합(완전강결접합)으로 구분된다.

① 전단접합(단순연결, Simple connection/frame) : 회전능력이 있으며 $F$와 $V$에 대해 설계
   전단이음이나 전단접합은 보의 단부가 회전저항에 유연해서 모멘트를 전달하지 않는 접합의 형태이다. 실제 구조물의 전단접합은 플랜지를 연결하지 않고 웨브만 접합한 형태이다. 전단접합은 어느 정도 모멘트 저항을 갖고 있지만 모멘트 저항의 정도가 부재의 모멘트 내력보다 상대적으로 작을 때 이 저항을 무시하고 전단에만 저항하는 것으로 본다.

② 부분강접합(반강절접합, Semi-Rigid connection/frame)
   반강접 접합은 부재 단부의 회전저항에 따른 단부모멘트를 발생시킬 수 있는 접합부이다. 보통 설계에서는 모든 접합부는 단순접합 또는 강접합으로 가정하여 단순하게 수행된다. 그러나 실제 구조물에서는 단순접합과 강접합의 중간인 반강접합의 상태가 대부분이다.

② 완전강접합(완전강결연결, Rigid connection/frame) : $M$, $V$, $F$의 조합력에 따라 설계
   강접합은 이론적으로 보 단부에서 회전을 허용하지 않고 100%에 가까운 단부 모멘트를 기둥 또는 이음부에 전달하는 접합부이다. 충분한 회전저항력을 확보하기 위해 기둥의 웨브에 스티프너가 필요하고 기둥의 패널존의 강성이 보의 모멘트 내력보다 크게 설계되어야 한다.

## 1. 접합부의 용접과 볼트 병용

① 볼트는 용접과 조합해서 하중을 부담시킬 수 없다. 이러한 경우 용접에 전체하중을 부담시키도록 한다.

② 다만, 전단접합 시에는 용접과 볼트의 병용이 허용된다. 전단접합 시 표준 구멍 또는 하중방향에 수직인 단슬롯구멍이 사용된 경우 볼트와 하중방향에 평행한 필릿용접이 하중을 각각 분담할 수 있다. 이때 볼트의 설계강도는 지압접합볼트 설계강도의 50%를 넘지 않도록 한다. 웨브는 볼트접합, 플랜지는 용접접합하는 기둥-보 접합부와 작은보-큰보 접합부의 경우는 이 제한조건을 적용하지 않는다.

③ 마찰볼트접합으로 기 시공된 구조물을 개축할 경우 고장력볼트는 기시공된 하중을 받는 것으로 가정하고 병용되는 용접은 추가된 소요강도를 받는 것으로 용접설계를 병용할 수 있다.

## 2. 접합부 설계의 기본

연결 부재 사이의 모멘트에 대한 부재 상대 회적각의 특성에 따라 달라지는 접합부의 분류에서 전단접합은 보의 단부는 모멘트가 전달되지 않는 접합방식이며, 반강접합은 부재 단부의 회전저항에 따른 단부 모멘트를 발생시킬 수 있는 접합부이다. 강접합은 이론적으로 보 단부에서 회전을 허용하지 않고 100%에 가까운 단부 모멘트를 기둥 또는 이음부에 전달시키는 접합부를 말한다. 보 단부의 휨모멘트가 클 경우에는 기둥이 국부적으로 대변형을 일으키며 파괴가 될 수 있으며 이를 방지하기 위해서는 수평 보강재(stiffener)를 설치해야 한다.

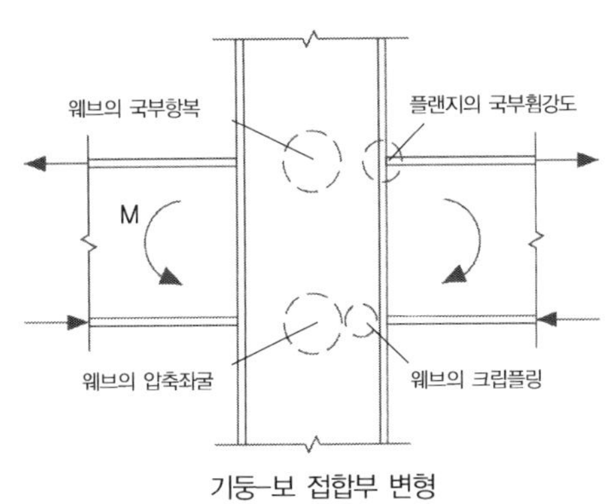


기둥-보 접합부 변형

접합부 설계에서 소요강도를 결정하는 방법은 존재응력설계법이나 전강도설계법을 사용한다.

### 1) 존재응력설계법

계수하중에 의해 접합부에 발생되는 존재응력을 소요강도로 설계하는 방법이다. 따라서 존재응력설계법으로 접합부를 설계하는 경우에는 존재응력과 다음의 전강도설계법에 의한 부재단면 설계강도의 50% 중 큰 값을 소요강도로 한다.

### 2) 전강도 설계법

전강도설계법은 부재 유효단면의 설계강도를 소요강도로 하는 방법으로 접합부가 접합되는 부재의 단면과 동등한 강도를 갖기 때문에 접합부의 안전성 및 부재의 연속성이 큰 것이 특징이다. 특히 전강도설계는 존재응력에 무관하게 설계되기 때문에 비경제적일 수 있으나, 강도적인 면이나 강성적인 면에서 확실한 접합부를 얻을 수 있다. 따라서 부재의 전강도가 필요한 내진설계나 구조상 주요한 부분의 접합부는 부재의 설계강도를 소요강도로 하는 것이 바람직하다. 다만, 고장력볼트 등으로 접합하는 경우에는 모재에 구멍이 뚫리기 때문에 이 고장력볼트 구멍을 공제한 유효단면의 설계강도를 소요강도로 한다.

# 3. 이음설계

## 1) 보 이음

전강도설계법과 존재응력설계법의 50%중 큰 값으로 설계한다.

① 보 이음부의 내력 : 계수하중에 의한 존재응력($M_u$, $V_u$) 이상이며, 또한 부재설계강도의 50% 이상으로 설계하여야 한다.

$$\phi_b M_n = \phi_b M_p = 0.9 F_y Z$$
$$\phi_v V_n = \phi_v (0.6 F_y) A_w$$

여기서, $\phi_b$=0.9, $\phi_v$=0.9 (단, $h/t_w \leq 2.24 \sqrt{E/F_y}$ 인 압연 H형강 웨브는 $\phi_v$=1.0)

② 플랜지 이음부 소요인장강도 : 인장력에 대한 항복 및 파단을 검토하여 설계하며, 플랜지 이음판의 폭은 사용부재의 플랜지 폭과 같거나 작도록 한다. 플랜지 이음부 설계에 필요한 플랜지 이음판의 소요인장강도 $T_u$ 는 이음부에서 계수하중에 의한 휨모멘트 $M_u$ 와 보 설계강도 $\phi_b M_n$ 의 50% 중 큰 값을 모멘트 팔길이로 나눈 값을 이용한다.

$$T_u = \frac{M_u}{d - t_f}, \quad T_u = \frac{0.5 \phi_b M_n}{d - t_f}$$

③ 웨브 이음부 소요전단강도 : 웨브 이음판은 전단력을 모두 부담하여야 한다. 또한 플랜지 이음판만으로 휨모멘트 전체를 부담하지 못하는 경우 웨브 이음판이 추가적으로 휨모멘트를 부담하여야 한다. 웨브 이음판의 소요전단강도 $V_{wu}$ 는 이음부에서 계수하중에 의한 전단력 $V_u$ 와 부재 설계전단강도 $\phi_v V_n$ 의 50% 중 큰 값으로 한다.

$$V_{wv} = V_u, \quad V_{wv} = 0.5 \phi_v V_n$$

## 2) 기둥 이음

① 기둥 이음부의 내력 : 계수하중에 의한 존재응력($M_u$, $V_u$, $P_u$)와 부재설계강도의 50% 이상으로 설계하여야 한다.

$$\phi_b M_n = \phi_b M_p = 0.9 F_y Z$$
$$\phi_v V_n = \phi_v (0.6 F_y) A_w$$
$$\phi_t P_n = \phi_t F_y A_g$$
$$\phi_c P_n = \phi_c F_y A_g$$

여기서, $\phi_b = \phi_t = \phi_c$=0.9, $\phi_v$=0.9 (단, $h/t_w \leq 2.24 \sqrt{E/F_y}$ 압연 H형강 웨브는 $\phi_v$=1.0)

② 압축력과 인장력을 받는 플랜지 이음판 설계

(1) 이음판의 소요압축강도 : 압축력이 발생하는 플랜지의 이음판은 횡지지거리가 매울 짧은 압축재로 설계한다. 인장력을 받는 경우와 동일하게 소요압축강도($P_{fu}$)를 다음 값 중 큰 값으로 한다.

$$P_{fu} = P_{cu(tu)}\frac{A_f}{A_g} + \frac{M_u}{d-t_f}$$

$$P_{fu} = \frac{\phi_{c(t)}P_n}{2}\frac{A_f}{A_g} + \frac{0.5\phi_b M_n}{d-t_f} = \frac{1}{2}\phi_{c(t)}F_y A_f + \frac{0.5\phi_b M_n}{d-t_f} \leq \phi_{c(t)}F_y A_f$$

(2) 이음판의 압축력에 대한 안전성 검토

$$A_{gc} \geq \frac{P_{fu}}{\phi_c F_y}$$

(3) 이음판의 인장력에 대한 안전성 검토

$$A_{gt} \geq \frac{T_u}{\phi F_y} \quad \phi = 0.9, \qquad A_{nt} \geq \frac{T_u}{\phi_t F_u} \quad \phi_t = 0.75$$

③ 축력에 대한 웨브 이음판 설계

(1) 이음판의 소요압축강도 : 플랜지 이음판의 경우와 동일한 개념으로 산정한다. 다만 웨브의 이음판은 휨모멘트를 부담하지 않는 것으로 설계한다. 소요인장강도는 다음 값 중에 큰 값으로 한다.

$$T(P)_{wu} = P_{tu(cu)}\frac{A_w}{A_g} = P_{tu(cu)}\left(1 - \frac{2A_f}{A_g}\right)$$

$$T(P)_{wu} = \frac{\phi_{t(c)}P_n}{2}\frac{A_w}{A_g} = \frac{1}{2}\phi_{t(c)}F_y A_w = \frac{1}{2}\phi_{t(c)}F_y(A_g - 2A_f)$$

(2) 이음판의 압축력에 대한 안전성 검토

$$A_{gc} \geq \frac{P_{fu}}{\phi_c F_y}$$

(3) 이음판의 인장력에 대한 안전성 검토

$$A_{gt} \geq \frac{T_u}{\phi F_y} \quad \phi = 0.9, \qquad A_{nt} \geq \frac{T_u}{\phi_t F_u} \quad \phi_t = 0.75$$

④ 전단력에 대한 웨브 이음판 설계

 (1) 이음판의 소요압축강도

$$V_{wu} = ( V_u, \ 0.65\phi_v V_n )$$

 (2) 이음판의 전단력에 대한 안전성 검토

$$A_{gv} \geq \frac{V_{wu}}{\phi(0.6F_y)} \quad \phi = 1.0$$

$$A_{nv} \geq \frac{V_{wu}}{\phi(0.6F_u)} \quad \phi = 0.75$$

## 4. 전단접합(단순접합)의 설계

전단연결은 보에서 전달되는 전단력을 충분히 저항할 수 있는 강도와 연성이 요구되고 기둥 등의 지지부재에 모멘트가 전달되지 않고 충분히 회전할 수 있는 휨강성과 연성이 요구된다. 특히 전단연결부는 연결부에 회전성이 단순보의 재단과 같이 휨모멘트에 대하여 충분히 회전할 수 있도록 연성이 요구되는 연결로 이러한 연결부는 기둥과 같이 지지부재에 휨모멘트를 전달하지 않고 전단력만 전달하는 것으로 가정하여 설계할 수 있다. 그러나 실제 구조물의 전단 연결부는 어느 정도 휨모멘트 저항을 갖게 되는데 연결부에서 발생되는 모멘트 저항이 보의 고정단모멘트에 비하여 충분히 적을 때는 전단연결부라고 할 수 있다.

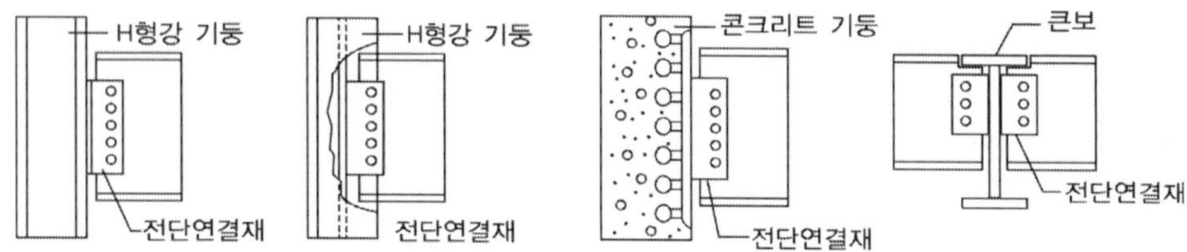


LRFD 설계기준에서 전단연결부는 (a) 연결부나 연결부재는 단순지지보와 같이 계수화된 연직하중을 충분히 지지하도록 하여야 한다. (b) 연결부나 연결부재는 계수화된 수평하중을 충분히 지지하도록 하여야 한다. (c) 연결부는 계수화된 연직하중과 수평하중의 조합하중에서 충분한 비탄성 회전능력을 가져야 한다.

전단연결은 연결재의 종류에 따라 플레이트 연결(single plate connection), 티 연결(tee connection), 엔드플레이트 연결(shear end plate connection), 단L형강 연결(single angle connection), 복L형강 연결(double angle connection) 등으로 분류되고 주로 플레이트 연결과 복L형강 연결이 가장 많이 사용된다.

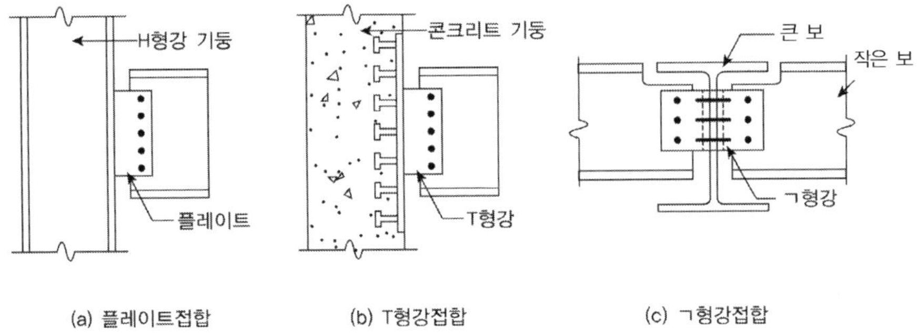



(a) 플레이트접합        (b) T형강접합        (c) ㄱ형강접합

## 1) 전단접합의 설계

전단만을 전달하고 모멘트는 전달할 수 없는 접합부이다. 따라서 전단접합부를 가지고 있는 부재의 단부는 하중이 작용할 때 회전에 대해서 자유로운 것으로 가정한다. 전단접합부의 경우 최대모멘트가 중앙에서 발생하는 반면 단부모멘트는 없는 것으로 가정한다.

① 기둥과 보의 접합 : 접합부의 다음의 사항을 검토한다.
  (1) 고장력볼트 설계강도
  (2) 용접부의 설계강도
  (3) 이음판의 인장항복 및 인장파단
  (4) 이음판의 전단항복 및 전단파단
  (5) 이음판의 블록전단파단
  (6) 집중하중을 받는 기둥의 플랜지와 웨브에 대해서는 플랜지의 국부 휨강도, 웨브의 국부항복강도, 크리플링강도, 압축좌굴강도를 검토한다.

② 큰 보와 작은 보의 접합

  큰 보와 작은 보의 접합은 작은 보의 단부접합 형식에 따라 작은 보를 단순보로 설계하는 방법과 연속보로 취급하는 방법이 있다. 작은 보를 단순보로 취급하는 경우에는 큰 보와 작은 보의 접합을 전단접합으로 설계하여 작은 보로부터 전단력만을 큰 보로 전달되도록 설계한다. 연속보로 취급하는 접합은 강접합에 가깝게 구성하여 작은 보로부터 전단력을 큰 보에 전달하고 휨모멘트는 큰 보 양측의 작은 보로 전달될 수 있도록 설계한다. 이때에는 큰 보와 작은 보가 겹치는 부분의 플랜지에 대해 2방향 조합응력에 대한 검토가 필요하다.

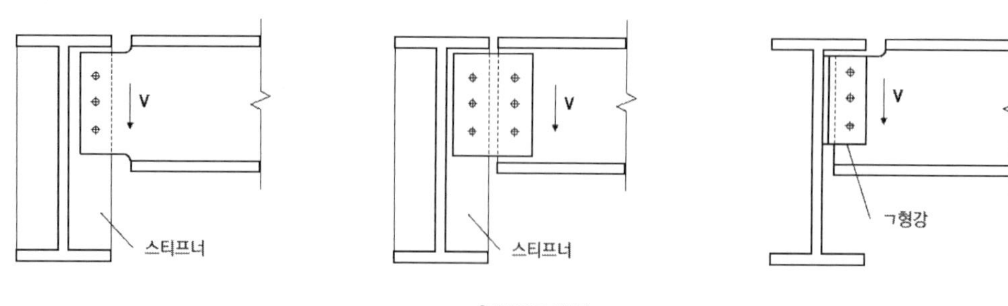


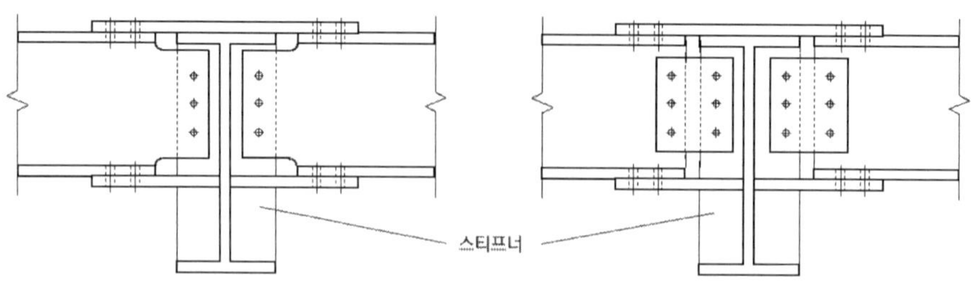


(1) 웨브 이음 고장력 볼트

웨브에 고장력볼트는 전단하중만을 지지하는 단순접합으로 가정한다.

$$n = \frac{V_u}{\phi R_n}$$

(2) 웨브 이음판의 설계강도

　(a) 이음판의 설계전단항복강도　　　　　$\phi R_n = 1.0(0.6F_y)A_{gv}$

　(b) 이음판의 설계전단파단강도　　　　　$\phi R_n = 0.75(0.6F_u)A_{nv}$

　(c) 이음판의 설계블록전단파단강도

$$R_n = [0.6F_u A_{nv} + U_{bs}F_u A_{nt}] \leq [0.6F_y A_{gv} + U_{bs}F_u A_{nt}]$$

　　여기서, $U_{bs}$ 는 인장응력이 균일할 경우 1.0, 불균일할 경우 0.5, $\phi = 0.75$

1) 전단연결의 설계방법 : 전단하중만을 받는 전단연결은 볼트의 전단파괴, 연결판의 지압파괴, 연결판의 블록전단파괴와 같은 3가지 한계상태에 대해 검토한다. 볼트의 전단은 연결판의 배치에 따라 1면 전단과 2면 전단으로 구분되며 볼트의 전단응력은 계수화된 하중을 볼트의 단면적으로 나누어 계산한다. 볼트의 저항계수값은 $\phi = 0.6$을 사용한다. 연결판의 지압에 의한 한계상태는 볼트간격과 연단거리에 따라 변화되는데 저항내력식은 다음과 같다.

① 연단파괴      $\phi V_n = \phi f_u t ED$

   여기서    $\phi = 0.75$,    $f_u$ :연결재의 인장강도,    $t$ : 연결재의 두께,    $ED$ : 연단거리

② 볼트구멍의 지압 : 볼트간격이 볼트지름의 1.5배 이상인 경우    $\phi V_n = \phi (2.4 f_u) dt$

   여기서    $\phi = 0.75$,    $f_u$ :연결재의 인장강도 ,    $d$ : 볼트직경,    $t$ : 연결재의 두께

③ 연결판의 블록전단 검토 : 연결판의 인장응력 저항면과 전단저항면이 볼트구멍 주변에서 형성되어 파괴되는 것으로 다음 식으로 검토한다.

$$F_u A_{nt} \geq 0.6 F_u A_{nv} : \phi R_n = \phi [0.6 F_y A_{gv} + F_u A_{nt}]$$

$$F_u A_{nt} < 0.6 F_u A_{nv} : \phi R_n = \phi [0.6 F_u A_{nv} + F_y A_{gt}] \qquad 여기서 \;\; \phi = 0.75$$

2) 플레이트 연결 : 플레이트 전단 연결부는 연결부의 구조적 거동이 전단연결재의 휨 작용으로 전단내력 감소를 방지하기 위하여 연결부 편심거리(e)에 대한 전단연결재의 길이(L)를 2 이상이 되도록 한다. 플레이트 전단연결부의 한계상태설계는 다음과 같이 검토된다.

① 플레이트 총단면적의 전단항복     $\phi V_n = 0.9(0.6) f_y L_g t$,    $L_g$ : 플레이트 전체길이

② 플레이트 유효단면적의 전단파단    $\phi V_n = 0.75(0.6) f_u L_n t$,    $L_n$ : 플레이트 유효길이

③ 보복부나 플레이트 지압파괴      $\phi V_n = C(0.75)(2.4) f_u dt$,    $C$ : 볼트의 편심 계수

④ 볼트의 전단파괴            $\phi V_n = C(0.6) n A_b f_s = C(0.6) n A_b (0.6 f_u)$

## 5. 강접합(모멘트 접합)의 설계

기둥–보 강접합부는 보 단부에 작용하는 휨모멘트, 축력, 전단력을 보 단부에서 회전을 허용하지 않고 기둥에 전달하기 위해 적합한 강도와 강성을 가져야 한다. 보 플랜지에 작용하는 힘 $P_{uf}$는 소요휨모멘트($M_u$)와 플랜지 중심 간의 거리($d_m$)를 기준으로 산정한다.

$$P_{uf} = \frac{M_u}{d_m}$$

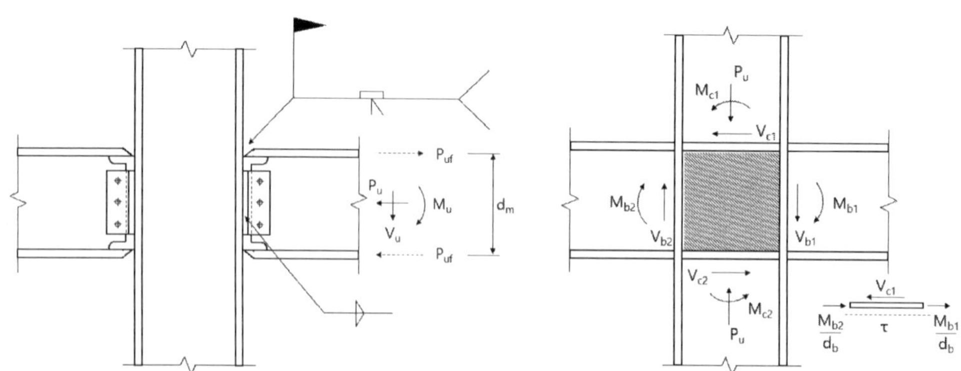


## 6. 패널 존의 전단보강

강접합부의 기둥–보 접합부의 패널존에 수평하중이 작용하는 경우에는 상하 기둥의 단부와 좌우 보의 단부로부터 커다란 전단력과 휨모멘트가 작용하기 때문에 복잡한 응력분포를 나타낸다. 이 경우 패널존의 전단항복에 의한 과도한 전단변형으로 구조물 전체의 안전에 큰 영향을 미칠 수 있기 때문에 전단강도와 강성에 대한 고려가 필요하다.

패널존 변형의 영향이 고려되지 않은 경우 전단력과 압축력을 받는 패널존의 공칭전단강도는 $R_v$ 라고 하면, 설계전단강도 $\phi_l R_v$ 는 다음과 같이 산정한다.

① $P_u \leq 0.4P_y$ 인 경우    $\phi_l R_v = \phi_l (0.6F_{yw})d_c t_w$

② $P_u > 0.4P_y$ 인 경우    $\phi_l R_v = \phi_l (0.6F_{yw})d_c t_w \left(1.4 - \dfrac{P_u}{P_y}\right)$

여기서, $\phi_l = 0.9$, $R_v$ 기둥웨브의 공칭전단강도, $P_u$ 소요압축강도, $P_y = F_y A$

$F_{yw}$ 기둥 웨브의 항복강도, $t_w$ 기둥 웨브의 두께, $d_c$ 기둥의 높이, $d_b$ 보부재의 높이

패널존의 두께($t$)가 부족한 경우에는 접합부의 패널존을 2중 플레이트 또는 1쌍의 대각스티프너로 보강한다. 2중 플레이트의 용접은 기둥 필릿까지 용접하는 것이 좋다.

# 7. 주각부(기둥의 기초판) 설계

주각은 기둥의 하중과 모멘트를 기초를 통하여 지반에 전달하고 기초콘크리트에 지압응력이 잘 분포되도록 충분한 면적과 두께를 갖는 베이스 플레이트를 필요로 한다. 기둥의 축방향력을 기초에 전달하기 위해서는 베이스 플레이트의 기초면의 밀착이 중요하다. 그러나 기초 콘크리트면은 일반적으로 평활하지 않으므로 베이스 플레이트를 직접 기초 콘크리트면에 밀착시키는 것은 곤란하다. 일반적으로 베이스 플레이트를 앵커볼트에 가조립한 후 베이스 플레이트 밑면에 무수축 모르타르로 충전시켜 기초 콘크리트와 베이스 플레이트를 밀착시킨다.

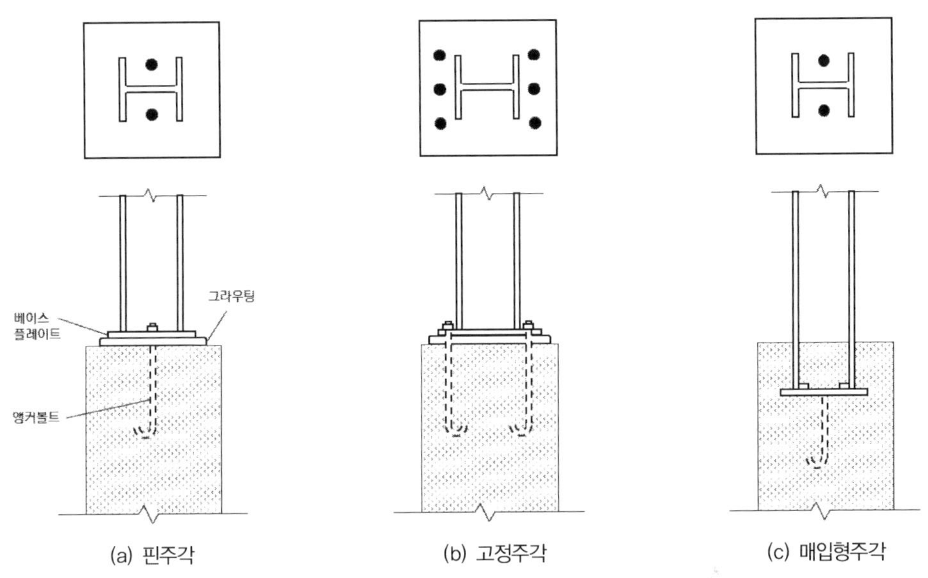


## 1) 주각부와 콘크리트 지압

기둥의 기초판의 설계는 지지재료의 지압응력과 판의 휨을 고려하여야 한다. 보의 지압판은 일방향 휨인 데 비해서 기둥의 기초판은 두 방향 휨을 받는 것이 다른 점으로 기둥의 기초판의 설계에서는 웨브의 항복과 국부손상은 설계인자가 아니다. 기초콘크리트에 대한 설계지압강도 $\phi_c P_p$ 는 베이스 플레이트의 지지형식에 따라 다음과 같이 산정한다.

① 콘크리트 총단면이 지압을 받는 경우   $\phi_c P_p = \phi_c (0.85 f_{ck}) A_1$

② 콘크리트 단면의 일부분이 지압을 받는 경우 $\phi_c P_p = \phi_c (0.85 f_{ck}) A_1 \sqrt{\dfrac{A_2}{A_1}} \leq \phi_c 1.7 f_{ck} A_1$

여기서, $\phi_c = 0.65$ (무근 콘크리트의 경우 $\phi_c = 0.55$), $A_1$ 은 베이스 플레이트의 면적, $A_2$ 는 베이스플레이트와 닮은 꼴의 콘크리트 지지부분의 최대면적이며 2 이하이어야 한다.

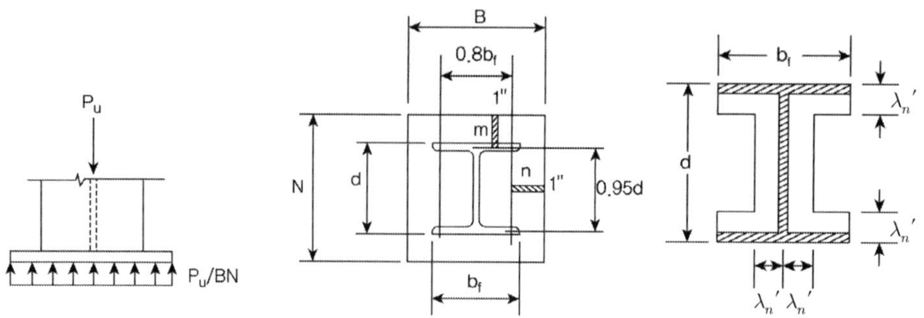

$A_1$은 가상적인 것으로 기둥의 폭($b_f$)와 높이 ($d$)의 곱으로 표현된다. 우선 $A_1 = b_f d$로 가정하고 최종적으로 $A_1$은 $B$와 $N$을 조금씩 늘려가면서 다음과 같이 조정한다.

$$N = \sqrt{A_1} + \Delta$$

여기서, $A_1$은 콘크리트 지압의 관계에서 구한 소요 베이스플레이트의 면적($=BN$)

$$\Delta = 0.5(0.95d - 0.80b_f)$$
$$B = A_1 / N$$

2) 베이스 플레이트의 소요판 두께

베이스 플레이트는 길이 $m$, $n$의 캔틸레버로 모멘트에 저항할 수 있도록 설계해야한다. 강재 기둥의 베이스 플레이트 두께를 $t_{bp}$라고 하면,

$$t_{bp} \geq l \sqrt{\frac{2P_u}{0.9BNf_y}}$$

여기서, $l = \max(m, \ n, \ \lambda n')$

$$m = \frac{N - 0.95d}{2}, \quad n = \frac{B - 0.8b_f}{2} \quad \text{베이스 플레이트 돌출길이}$$

$$\lambda_n{}' = \frac{1}{4}\lambda\sqrt{b_f d}, \quad \lambda = \frac{2\sqrt{X}}{1 + \sqrt{1-X}} \leq 1, \quad \lambda' \text{ 축력이 작용하는 유효 H형강 단면}$$

돌출길이

$$X = \left(\frac{4b_f d}{(b_f + d)^2}\right)\frac{P_u}{\phi_c P_p}, \quad , \quad \phi_c = 0.65, \quad P_p : \text{공칭지압강도}$$

## 1. AISC LRFD 베이스 플레이트 두께 산정 방식

베이스 플레이트 두께판을 산정하기 위해서는 기둥의 기초판을 대형과 소형으로 분류한다. 소형은 판의 크기와 기둥의 단면이 거의 비슷한 경우로 하중이 작은 경우와 하중이 큰 경우는 다른 거동을 보인다.

① 대형판의 두께는 기둥의 외곽선 바깥으로 연장된 부분의 휨을 고려하여 결정한다. 휨은 기둥플랜지의 모서리 부근 판 두께의 중심축에 대하여 발생한다고 가정한다. 웨브와 평행한 두 축은 서로 $0.8b_f$만큼 떨어져 있고 플랜지와 평행한 두 축은 $0.95d$만큼 떨어져 있다. 판 두께를 구하기 위해서 $m$, $n$으로 표기된 1in인 폭 캔틸레버 스트립(strip) 중에서 큰 값을 다음의 식(보의 지압판 판의 두께 산정식)의 $n$으로 사용한다.

$$t \geq \sqrt{\frac{2R_u n^2}{0.9BNf_y}} = \sqrt{\frac{2P_u n^2}{0.9BNf_y}}$$

② 소형판의 경우에는 Murry–Stockwell의 방법을 이용하여 설계한다. 이 방법은 기둥경계인 면적 $b_f d$의 내부에 재하되는 하중은 아래 그림의 H형강 모양의 면적에 등분포한다고 가정한다. 따라서 지압은 기둥의 외곽선 부근에 집중된다. 판의 두께는 단위 폭과 길이 $c$인 캔틸레버 스트립의 휨 해석을 통하여 결정된다.

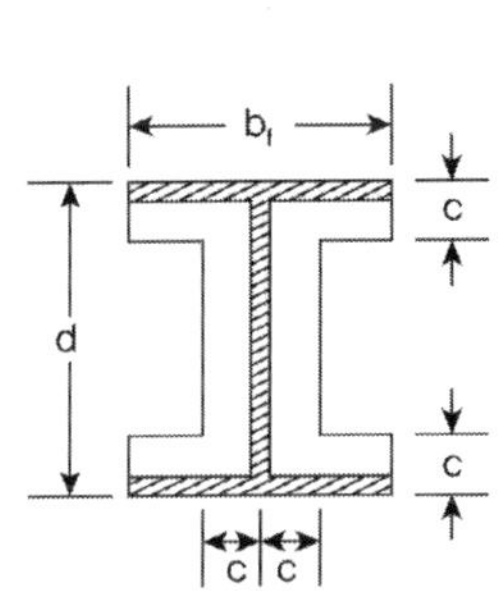

$$t \geq \sqrt{\frac{2P_0 c^2}{0.9A_H f_y}}$$

여기서, $P_0 = \dfrac{P_u}{BN} \times b_f d$ (면적 $b_f d$의 내부하중, H면적상 하중)

$A_H$ : H형태의 면적

$c$ : 응력 $P_0/A_H$를 지점 재료의 설계지압응력과 같도록 하는 크기

③ 큰 하중이 재하되는 기초판에 대하여는 Thornton이 플랜지와 웨브 사이의 판면적의 두 방향 휨에 근거한 해석방법을 제안하였다. 판 조각은 웨브에서는 고정단으로 플랜지에서는 단순지로 그리고 다른 모서리는 자유단으로 가정한다.

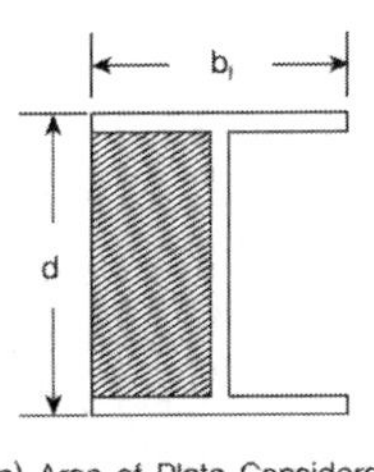

(a) Area of Plate Considered

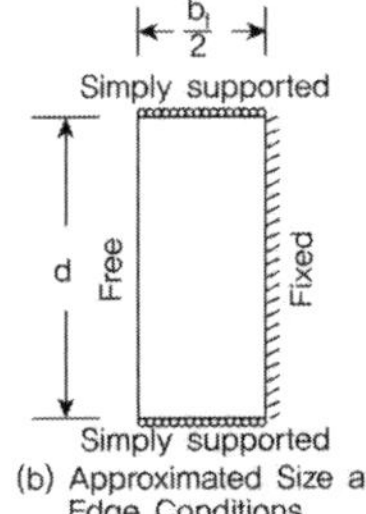


(b) Approximated Size and Edge Conditions

$$t \geq \sqrt{\frac{2P_u n'^2}{0.9BNf_y}}$$

여기서 $n' = \dfrac{1}{4}\sqrt{b_f d}$

④ 이 3가지 접근방법에 대해서 Thornton에 의해 조합되어 통합되었으며 통합된 소요두께 산정식은 아래와 같다.

$$t \geq \sqrt{\frac{2P_u l^2}{0.9BNf_y}} = l\sqrt{\frac{2P_u}{0.9BNf_y}}$$

여기서 $l = \max(m,\ n,\ \lambda n')$

$$m = \frac{N - 0.95d}{2}, \quad n = \frac{B - 0.8b_f}{2}, \quad \lambda = \frac{2\sqrt{X}}{1 + \sqrt{1-X}} \leq 1$$

$$X = \left(\frac{4b_f d}{(b_f + d)^2}\right)\frac{P_u}{\phi_c P_p}, \quad n' = \frac{1}{4}\sqrt{b_f d}, \quad \phi_c = 0.65, \quad P_p : 공칭지압강도$$

계산의 편의를 위해서 $\lambda$는 안전치인 1.0을 취한다. 이 방법은 LRFD에 적용된 방법과 같다.

## 2. ASD 베이스 플레이트 두께 산정 방식

① $P_u$ 대신에 $P_a$, $\phi$ 대신에 $1/\Omega(=1.67)$을 적용한다.

$$t \geq l\sqrt{\frac{2P_a}{(1/\Omega)BNf_y}} = l\sqrt{\frac{2P_a}{BNf_y/1.67}}$$

② $X$에 관한 식에서도 $P_u$ 대신에 $P_a$, $\phi$ 대신에 $1/\Omega_c(=2.31)$을 적용

$$X = \left(\frac{4b_f d}{(b_f + d)^2}\right)\frac{P_u}{\phi_c P_p} = \left(\frac{4b_f d}{(b_f + d)^2}\right)\frac{P_a}{P_p/\Omega_c}$$

③ $l,\ m,\ n,\ \lambda,\ n'$는 LRFD와 같다.

## 8. 보의 지압판(Concentrated Loads Applied to Rolled beams, AISC LRFD)

웹의 항복이나 큰 충격을 주지 않을 N값, 반력에 저항할 수 있는 B, $t$의 값을 산정하기 위해서는
다음의 사항에 대해 고려하여야 한다.

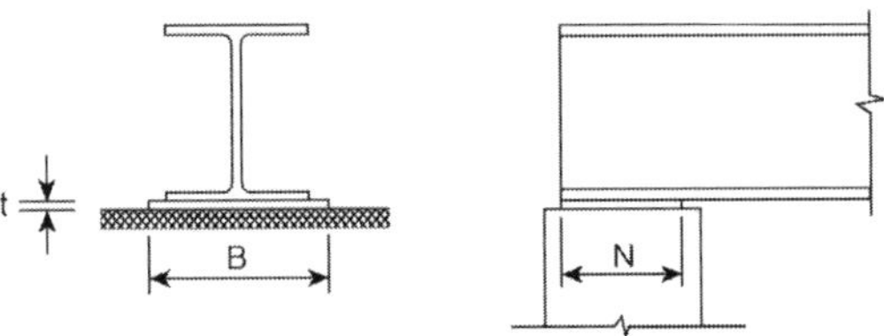

① Local web yielding $\rightarrow$ Determine N

② Web inelastic buckling(crippling) $\rightarrow$ Determine N

③ Side-sway web buckling

④ Web compression buckling


### 1) Local web yielding

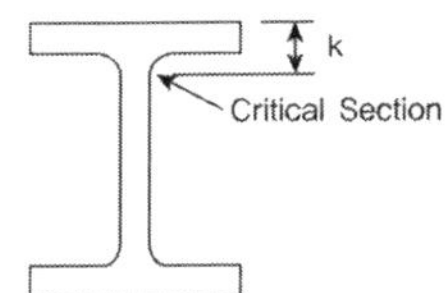


임계단면(Critical section) : 플랜지 상단에서 용접 하단부까지 거리
$k$만큼 떨어진 지점에서의 단면

① AISC LRFD ($\phi = 1.0$)

   − Interior loads : $R_n = (N + 5k)f_{yw}t_w$

   − End reaction : $R_n = (N + 2.5k)f_{yw}t_w$

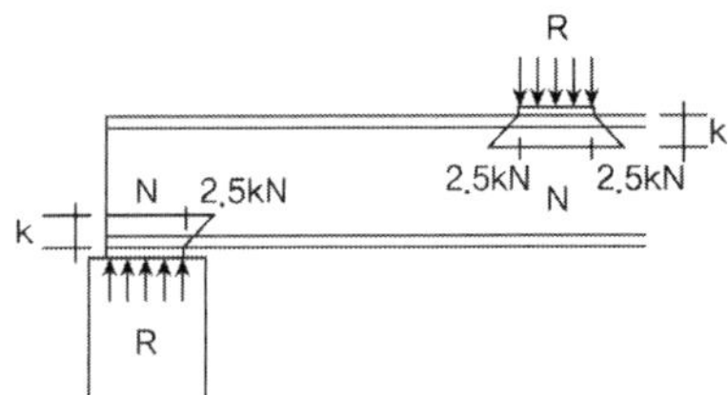

② ASD ($\Omega = 1.5$)

   − Interior loads : $f_c = \dfrac{R}{t_w(N + 5k)} \le 0.66f_y \left( = \dfrac{f_y}{SF} \right)$

   − End reaction  : $f_c = \dfrac{R}{t_w(N + 2.5k)} \le 0.66f_y \left( = \dfrac{f_y}{SF} \right)$


### 2) Web crippling

① AISC LRFD($\phi = 0.75$)

   − Interior loads : $R_n = 0.80t_w^2 \left[ 1 + 3\left( \dfrac{N}{d} \right)\left( \dfrac{t_w}{t_f} \right)^{1.5} \right] \sqrt{\dfrac{Ef_{yw}t_f}{t_w}}$

– End reaction

$$R_n = 0.4t_w^2\left[1 + 3\left(\frac{N}{d}\right)\left(\frac{t_w}{t_f}\right)^{1.5}\right]\sqrt{\frac{Ef_{yw}t_f}{t_w}} \qquad (N/d \le 0.2)$$

$$R_n = 0.4t_w^2\left[1 + 3\left(\frac{4N}{d} - 0.2\right)\left(\frac{t_w}{t_f}\right)^{1.5}\right]\sqrt{\frac{Ef_{yw}t_f}{t_w}} \qquad (N/d > 0.2)$$

② ASD($\Omega = 2.0$)

$$P_{all} = 0.5R_n$$

3) Concrete bearing strength

$$P_p = 0.85f_{ck}A_1 \quad \text{or} \quad P_p = 0.85f_{ck}A_1\sqrt{\frac{A_2}{A_1}} \le 1.7f_{ck}A_1$$

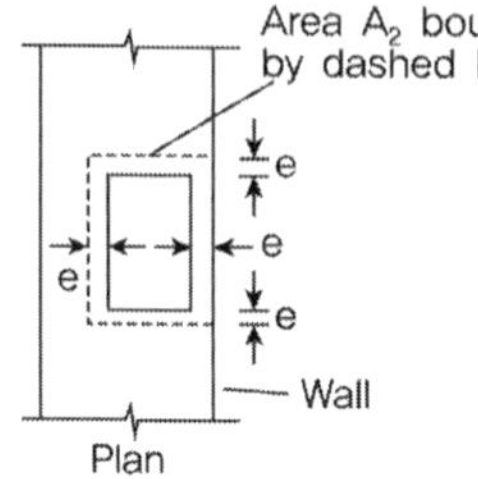


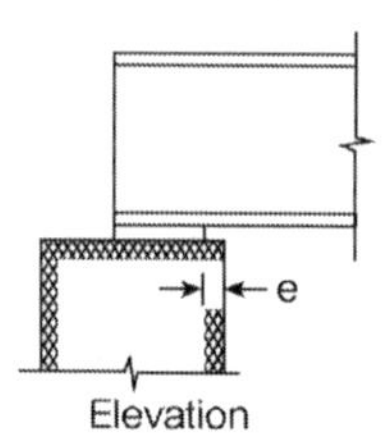


4) Plate thickness

$$\phi_b M_n \ge M_u$$

$$0.9f_y\frac{t^2}{4} \ge \frac{R_u n^2}{2BN} \qquad \therefore t \ge \sqrt{\frac{2R_u n^2}{0.9BNf_y}} = \sqrt{\frac{2.22R_u n^2}{BNf_y}}$$

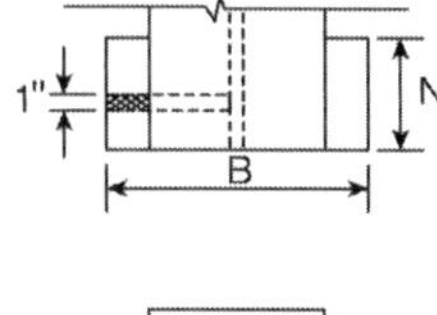


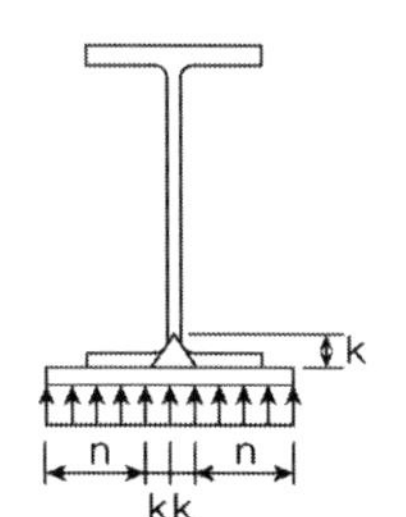


Critical Section

$$M_n = M_p = f_y\frac{t^2}{4}$$

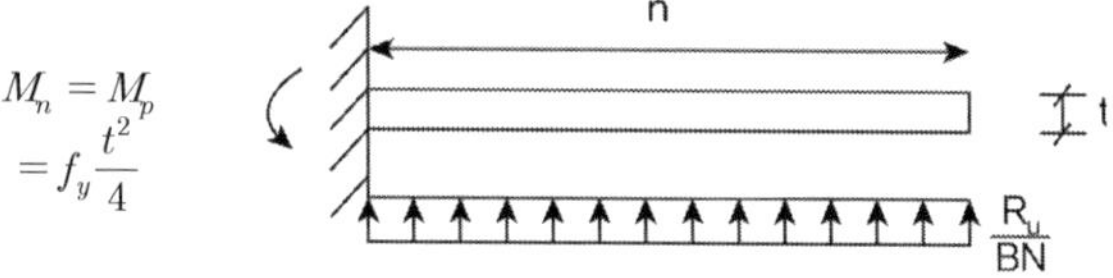


$$\therefore M_u = \frac{R_u}{BN} \times n \times \frac{n}{2} = \frac{R_u}{2BN}n^2$$

패널존

강구조에서의 패널 존(panel zone)

## 풀 이

### ▶ 보와 기둥의 연결부 개요

강구조에서 보와 기둥의 연결부는 연속부의 구속조건에 따라 다음과 같이 3가지로 구분한다.

① 단순연결(Simple frame, 단순접합 Simple connection) : 회전능력이 있으며 $F$와 $V$에 대해 설계

전단이음이나 전단접합은 보의 단부가 회전저항에 유연해서 모멘트를 전달하지 않는 접합의 형태이다. 실제 구조물의 전단접합은 플랜지를 연결하지 않고 웨브만 접합한 형태이다. 전단접합은 어느 정도 모멘트 저항을 갖고 있지만 모멘트 저항의 정도가 부재의 모멘트 내력보다 상대적으로 작을 때 이 저항을 무시하고 전단에만 저항하는 것으로 본다.

② 완전강결연결(Rigid frame, 강접합 Rigid connection) : $M$, $V$, $F$의 조합력에 따라 설계

강접합은 이론적으로 보 단부에서 회전을 허용하지 않고 100%에 가까운 단부 모멘트를 기둥 또는 이음부에 전달하는 접합부이다. 충분한 회전저항력을 확보하기 위해 기둥의 웨브에 스티프너가 필요하고 기둥의 패널존의 강성이 보의 모멘트 내력보다 크게 설계되어야 한다.

③ 반강절 연결(Semi-Rigid frame, 반강접합 Semi-Rigid connection)

반강접 접합은 부재 단부의 회전저항에 따른 단부모멘트를 발생시킬 수 있는 접합부이다. 보통 설계에서는 모든 접합부는 단순접합 또는 강접합으로 가정하여 단순하게 수행된다. 그러나 실제 구조물에서는 단순접합과 강접합의 중간인 반강접합의 상태가 대부분이다.

실제 구조물은 완전강성 또는 완전회전인 접합은 없기 때문에 접합부의 형식은 완전강성 또는 완전 모멘트저항을 발휘할 수 있는 모멘트에 대한 비율에 따라 분류하는 것이 일반적인 관례이다. 모멘트저항을 발휘할 수 있는 정도에 따라 단순연결은 0~20%, 반강절 연결은 20~90%, 완전강결 연결은 90~100% 모멘트에 대한 저항을 갖는 것으로 분류한다.

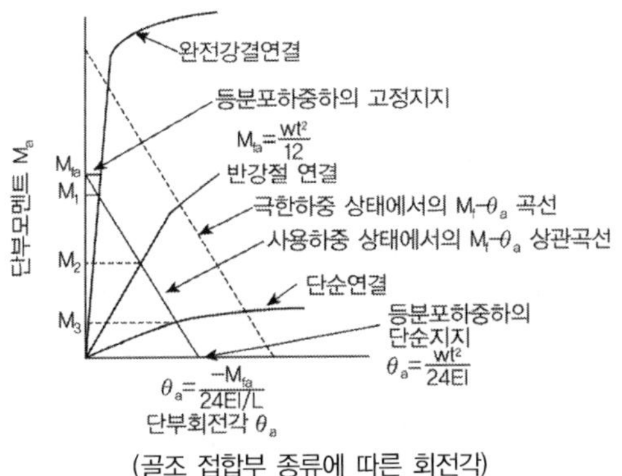


(골조 접합부 종류에 따른 회전각)

## ➤ 패널존

패널존은 강접합의 기둥–보 접합부에 기둥과 보로 둘러싸인 부분으로 아래의 그림에 빗금친 부분에 해당된다. 완전강결연결(Rigid frame, 강접합 Rigid connection)은 접합부가 모멘트 내력을 가지고 부재의 연속성이 유지되도록 충분한 회전강성을 갖는 접합으로 응력의 변화가 급격하며 응력집중으로 최대응력이 발생하게 되는데 특히 패널존의 기둥 플랜지와 웨브는 국부휨, 국부항복 등으로 파괴를 유발할 가능성이 높은 구역이다.

패널존에 수평하중이 작용하는 경우는 상하 기둥의 단부와 좌우 보의 단부로부터 커다란 전단력과 휨모멘트가 작용하므로 패널존에 복잡한 응력분포가 나타난다. 이 경우에 패널존의 전단항복에 의한 과도한 전단 변형으로 골조 전체의 안전에 나쁜 영향을 미칠 수 있다. 그러므로 패널존의 판 두께에 대한 충분한 검토를 통하여 전단강도와 강성을 높일 필요가 있다.

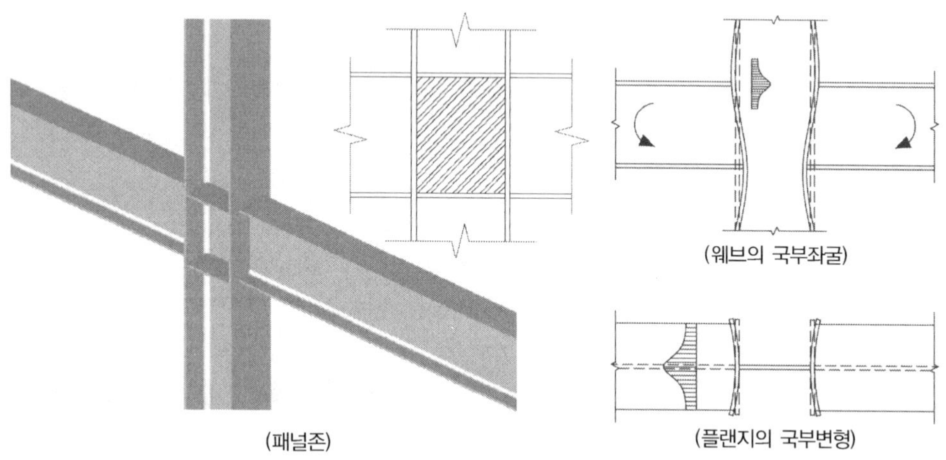



기둥과 보의 접합부는 기둥 관통형이 보통이며, 이 경우 보 단부에 생기는 휨모멘트가 보 플랜지 위치에서 기둥에 집중력으로 작용한다. 보 단부의 휨모멘트가 클 경우에는 위의 그림과 같이 국부적으로 대변형이 발생되어 파괴를 유발하게 되며 이를 방지하기 위해서는 수평보강재를 설치하여야 한다.

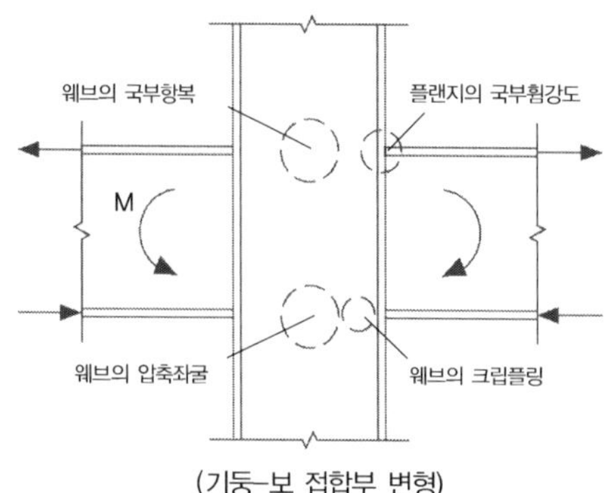

**➤ 기둥―보 접합부 설계 시 고려사항**

1) 기둥―보 접합부를 구성하는 요소들은 구조체에 작용하는 계수하중에 대한 소요강도 이상이 되거나 접합부와 충분한 내력을 발휘할 수 있는 강도 이상이 되도록 해야 한다.

2) 기둥―보 접합부는 구성요소가 설계강도의 50% 이상이 되도록 설계하는 것이 바람직하다.

3) 접합부 패널의 보 플랜지 위치에는 다이아프램을 설치해야 한다.

4) 기둥―보 접합부에서 기둥 플랜지에 수직이며 웨브에 대하여 대칭인 집중하중을 받는 경우에 기둥 플랜지 및 웨브는 플랜지의 국부휨, 웨브의 국부항복, 웨브 크리플링에 대하여 설계한다.

5) 기둥―보 접합부에서 기둥 양측에 보 플랜지로부터 집중하중을 받는 경우 기둥 웨브는 웨브 국부항복, 웨브 크리플링 및 웨브의 압축좌굴에 대하여 설계한다.

6) 큰 전단력을 받는 기둥의 웨브는 패널존 항복에 대하여 설계한다.

### 부분구속 연결

부분구속 연결(partially restrained connection or semirigid connection)

### 풀 이

#### ▶ 강구조물의 연결

강구조물 부재의 연결은 볼트접합과 고력볼트접합과 같은 기계적인 접합방식과 용접접합과 같은 야금적인 접합방식으로 구분된다. 일반적으로 공사현장에서의 접합은 주로 고력볼트접합이지만 후판부재의 접합인 경우 현장용접으로 접합하는 경우도 발생된다. 이러한 부재의 접합부는 하중의 전달여부에 따라 연속부의 구속조건을 단순연결(Simple frame connection), 완전강결연결(Rigid frame connection), 부분구속연결(Semi-Rigid frame connection)로 구분할 수 있다.

#### ▶ 접합부의 연결방법

강구조에서 보와 기둥의 연결부는 연속부의 구속조건에 따라 다음과 같이 3가지로 구분한다.

① 단순연결(Simple frame, 단순접합 Simple connection) : 회전능력이 있으며 $F$와 $V$에 대해 설계

전단이음이나 전단접합은 보의 단부가 회전저항에 유연해서 모멘트를 전달하지 않는 접합의 형태이다. 실제 구조물의 전단접합은 플랜지를 연결하지 않고 웨브만 접합한 형태이다. 전단접합은 어느 정도 모멘트 저항을 갖고 있지만 모멘트 저항의 정도가 부재의 모멘트 내력보다 상대적으로 작을 때 이 저항을 무시하고 전단에만 저항하는 것으로 본다.

② 완전강결연결(Rigid frame, 강접합 Rigid connection) : $M$, $V$, $F$의 조합력에 따라 설계

강접합은 이론적으로 보 단부에서 회전을 허용하지 않고 100%에 가까운 단부 모멘트를 기둥 또는 이음부에 전달하는 접합부이다. 충분한 회전저항력을 확보하기 위해 기둥의 웨브에 스티프너가 필요하고 기둥의 패널존의 강성이 보의 모멘트 내력보다 크게 설계되어야 한다.

③ 반강절 연결(Semi-Rigid frame, 반강접합 Semi-Rigid connection)

반강접 접합은 부재 단부의 회전저항에 따른 단부모멘트를 발생시킬 수 있는 접합부이다. 보통 설계에서는 모든 접합부는 단순접합 또는 강접합으로 가정하여 단순하게 수행된다. 그러나 실제 구조물에서는 단순접합과 강접합의 중간인 반강접합의 상태가 대부분이다.

실제 구조물은 완전강성 또는 완전회전인 접합은 없기 때문에 접합부의 형식은 완전강성 또는 완전 모멘트저항을 발휘할 수 있는 모멘트에 대한 비율에 따라 분류하는 것이 일반적인 관례이다. 모멘트저항을 발휘할 수 있는 정도에 따라 단순연결은 0~20%, 반강절 연결은 20~90%, 완전강결 연결은 90~100% 모멘트에 대한 저항을 갖는 것으로 분류한다.

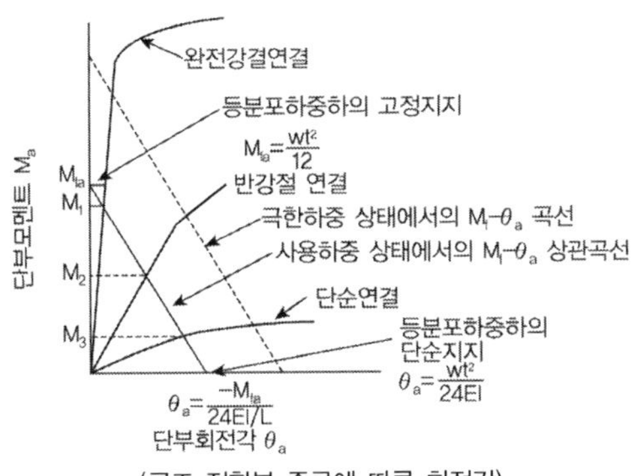



(골조 접합부 종류에 따른 회전각)

> **부분구속연결**(반강절 연결 Semi-Rigid frame, 반강접합 Semi-Rigid connection)

부분구속연결은 모멘트 저항능력이 20~90%정도인 접합부를 말한다. 모멘트 저항능력이 전혀 없는 단순접합연결과 완전모멘트 저항능력을 갖는 강접합부의 중간적인 거동특성을 나타낸다. 등분포하중을 받는 보의 경우 단순접합부의 회전저항에 따라서 최대모멘트의 위치가 아래와 같이 달라지게되며 아래의 (d)의 경우 단순지지인 (a)의 경우보다 최대 모멘트 50%에 불가함을 알 수 있으며, 강접합인 (b)의 경우의 75%에 불과함을 알 수 있다. 강접합의 경우보다 60~70% 단부구속을 갖는 부분구속연결을 사용할 경우 부재의 단면을 감소시켜 강접합이나 단순접합보다 경제적인 설계가 가능하다.

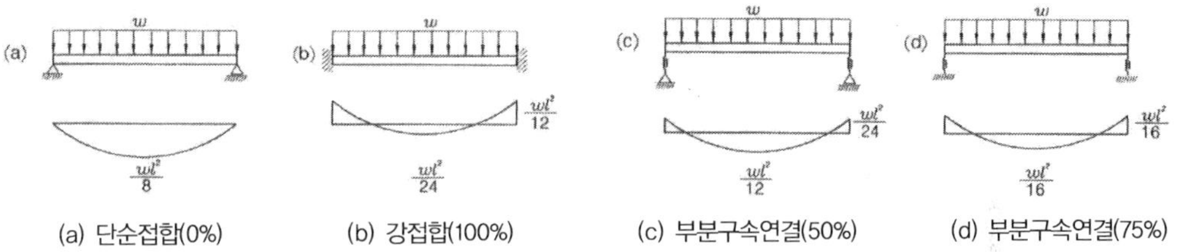



일반적으로 헤더플레이트 접합, 탑앤시트 ㄱ형강 접합, 엔드플레이트 접합 등이 부분구속연결에 해당한다. AASHTO LRFD설계기준에서는 부분접합(Type PR)으로 분류하고 있으며 일반적으로 소성해석을 통하여 건물이 설계되는 경우는 반강접합부는 사용하고 있지 않다.

강구조물의 절점

강구조물에서 부분 강절점(Semi-Rigid Joint)에 대하여 설명하시오.

## 풀 이

### ▶ 강구조물의 연결

강구조물 부재의 연결은 볼트접합과 고력볼트접합과 같은 기계적인 접합방식과 용접접합과 같은 야금적인 접합방식으로 구분된다. 일반적으로 공사현장에서의 접합은 주로 고력볼트접합이지만 후판부재의 접합인 경우 현장용접으로 접합하는 경우도 발생된다. 이러한 부재의 접합부는 하중의 전달여부에 따라 연속부의 구속조건을 단순연결(Simple frame connection), 완전강결(Rigid frame connection), 부분구속연결(Semi-Rigid frame connection)로 구분할 수 있으며, 부분구속 연결된 절점을 부분 강절점이라고 한다.

### ▶ 부분 강절점(Semi-Rigid frame/joint/connection)

반강접 접합은 부재 단부의 회전저항에 따른 단부모멘트를 발생시킬 수 있는 접합부이다. 보통 설계에서는 모든 접합부는 단순접합 또는 강접합으로 가정하여 단순하게 수행된다. 그러나 실제 구조물에서는 단순접합과 강접합의 중간인 반강접합의 상태가 대부분이다. 모멘트저항을 발휘할 수 있는 정도에 따라 단순연결은 0~20%, 부분 강절점(반강절 연결)은 20~90%, 완전강결연결은 90~100% 모멘트에 대한 저항을 갖는 것으로 분류한다.

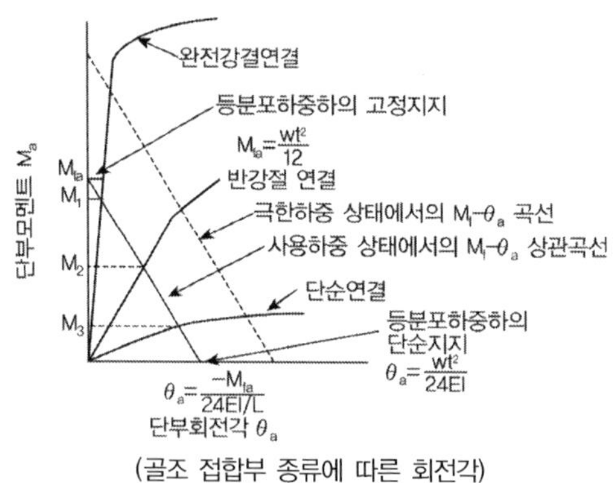


(골조 접합부 종류에 따른 회전각)

모멘트 저항능력이 전혀 없는 단순접합연결과 완전모멘트 저항능력을 갖는 강접합부의 중간적인 거동특성을 나타낸다. 등분포하중을 받는 보의 경우 단순접합부의 회전저항에 따라서 최대모멘트의 위치가 아래와 같이 달라지게되며 아래의 (d)의 경우 단순지지인 (a)의 경우보다 최대모멘트

50%에 불가함을 알 수 있으며, 강접합인 (b)의 경우의 75%에 불과함을 알 수 있다. 강접합의 경우보다 60~70% 단부구속을 갖는 부분구속연결을 사용할 경우 부재의 단면을 감소시켜 강접합이나 단순접합보다 경제적인 설계가 가능하다.

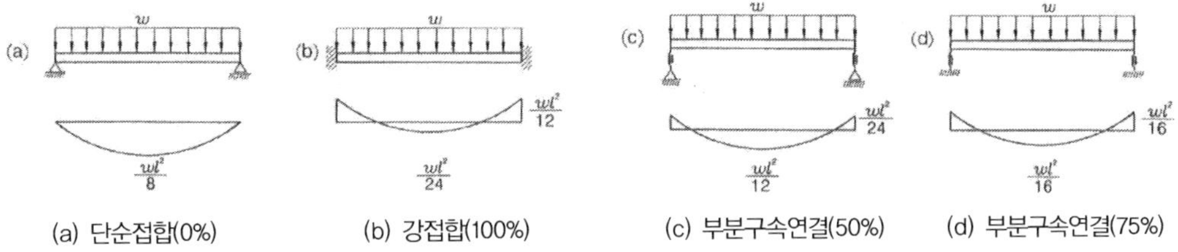

(a) 단순접합(0%)    (b) 강접합(100%)    (c) 부분구속연결(50%)    (d) 부분구속연결(75%)

일반적으로 헤더플레이트 접합, 탑앤시트 ㄱ형강 접합, 엔드플레이트 접합 등이 부분구속연결에 해당한다. AASHTO LRFD설계기준에서는 부분접합(Type PR)으로 분류하고 있으며 일반적으로 소성해석을 통하여 건물이 설계되는 경우는 반강접합부는 사용하고 있지 않다.

### 전단연결부(복L형강) 설계 : 2014 강구조설계기준

그림과 같은 복L형강 전단 연결부에 계수하중 300kN이 작용된 경우 안전성을 검토하시오.
보는 H450×200×9×14(SS400)이고 고력볼트는 M22(F10T)이며 연결 L형강은 2L-150×150×12
(SS400)이다.

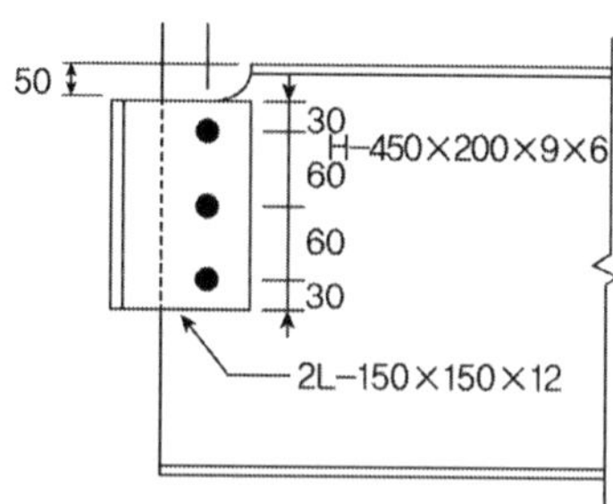




## ➤ 볼트 전단검토

고력볼트 1개의 설계강도 $\phi_s P_{ns}$

$$\phi_s = 0.6$$

$$P_{ns} = nA_b f_s = nA_b(0.6f_u) = 2 \times 380^{mm^2} \times (0.6 \times 410) \times 10^{-3} = 186.96^{kN} \text{ (2면전단)}$$

$$\phi_s P_{ns} = 0.6 \times 186.96 = 112.2^{kN}$$

$$\phi P_s = 3^{EA} \times 112.2 = 336.6^{kN} > P_u = 300^{kN} \qquad \text{O.K}$$

## ➤ 보의 복부지압강도 검토

보 복부의 지압검토는 최상단 볼트에 의한 판의 연단파단과 나머지 볼트에 의한 복부판 지압을
고려한다.

1) 연단파괴

볼트의 연단거리 =30mm < 1.5 × 볼트직경 (=1.5×22 = 33mm)

$$\phi V_n = \phi f_u tED = 0.75 \times 410 \times 9 \times 30 \times 10^{-3} = 83^{kN}$$

2) 판(볼트구멍)의 지압

$$\phi V_n = \phi(2.4f_u)dt = 0.75 \times 2.4 \times 410 \times 22 \times 9 = 146^{kN}$$

3) 보 복부의 지압내력

$$83^{kN} + 146 \times 2 = 375^{kN} > 300^{kN} \qquad \text{O.K}$$

## ➤ 보 복부의 블록전단

$$F_u A_{nt} = 410 \times (50 - 12) \times 9 = 140.2^{kN}$$

$$0.6 F_u A_{nv} = 0.6 \times 410 \times (30 + 160 - (2.4 \times 25)) \times 9 = 288^{kN}$$

$$\therefore \ \phi R_n = \phi[0.6 F_u A_{nv} + F_y A_{gt}] = 0.75 \times [0.6 \times 410 \times 1300 + 240 \times 450] = 321^{kN} > P_u$$

## ➤ L형강판의 지압

L형강판의 지압은 L형강의 판두께가 보 복부판 두께보다 크므로 안전하다.

## ➤ L형강판의 전단

$$A_{nv} = [220 - 30 \times 2.4] \times 12 = 1780^{mm^2} \quad \text{(전단저항 순단면적)}$$

$$\phi R_n = \phi(0.6 f_u) A_{nv} = 0.75 \times 0.6 \times 410 \times 1780 = 328^{kN} > P_u \qquad \text{O.K}$$

단순접합부(기둥–보 접합)의 설계 : KDS 14 30 10 2024 강구조 부재 설계기준

존재응력설계법에 의한 소요전단강도 $V_u = 270\text{kN}$가 필요한 전단 접합부(단순접합)를 고장력볼트 마찰접합을 이용하여 검토하시오. 기둥부재는 H400×400×13×21(SM355)이고 보부재는 H488×300×11×18(SM275), 이음판은 PL–10×100×315(SM275)이다.

고장력볼트는 M20(F10T, 표준구멍)이며, 설계 볼트장력 $T_0$=165kN이다.

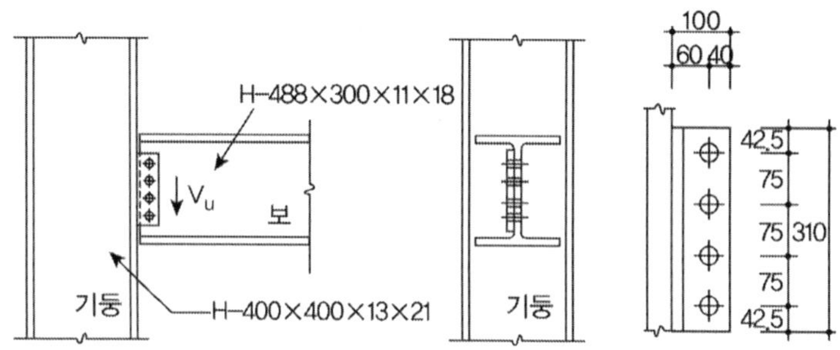




### ▶ 보–웨브의 볼트 설계

고장력 볼트 1개의 수직 전단력 $\quad P_u = \dfrac{V_u}{n} = \dfrac{270}{4} = 67.5\,\text{kN}$

고장력 볼트의 설계미끄럼 강도

$$\phi R_n = \phi \mu h_f T_0 N_s = 1.0 \times 0.5 \times 1.0 \times 165 \times 1 = 82.5\,\text{kN} \;>\; P_u \quad \text{O.K}$$

### ▶ 이음판 설계 검토

① 설계전단항복강도

$$\phi R_n = 1.0(0.6 F_y) A_{gv} = 1.0 \times 0.6 \times 275 \times 315 \times 10 \times 10^{-3} = 519.8\,\text{kN} > V_u \quad \text{O.K}$$

② 설계전단파단강도

$$\phi R_n = 0.75(0.6 F_u) A_{nv} = 0.75 \times 0.6 \times 410 \times [(315 - 4 \times 22) \times 10] \times 10^{-3}$$
$$= 418.8\,\text{kN} \;>\; V_u \quad \text{O.K}$$

③ 조합응력 검토

$$\text{전단응력} f_{uv} = \dfrac{V_u}{A} = \dfrac{270 \times 10^3}{315 \times 10} = 86\,\text{MPa}$$

플레이트 연결부와 볼트부 편심에 의한 휨응력　$M = 270 \times 60 \times 10^{-3} = 16.2\,\mathrm{kNm}$

$$S = \frac{bh^2}{6} = \frac{10 \times 315^2}{6} = 1.653 \times 105\,\mathrm{mm}^3$$

휨응력 $f_{ub} = \dfrac{M}{S} = 98\,\mathrm{MPa}$

$$\therefore \text{조합응력 } f_u = \sqrt{f_{ub}^2 + 3f_{uv}^2} = \sqrt{98^2 + 3 \times 86^2} = 178$$

$$\therefore \phi F_y = 0.9 \times 275 = 247.5\,\mathrm{MPa} \ > f_u \qquad \text{O.K}$$

## ➤ 이음판 용접설계

플레이트 양면에 필릿용접 $s = 8\,\mathrm{mm}$로 하는 것으로 가정한다.

유효목두께 $a = 0.7s = 5.6\,\mathrm{mm}$

유효길이 $l_e = l - 2s = 315 - 2 \times 8 = 299\,\mathrm{mm}$

유효면적 $A_w = 2 \times a l_e = 2 \times 5.6 \times 299 = 3349\,\mathrm{mm}^2$

$$\therefore S_w = 2 \times \frac{a l_e^2}{6} = 1.67 \times 10^5\,\mathrm{mm}^3$$

① 전단응력 $f_{uv} = \dfrac{V_u}{A_w} = \dfrac{270 \times 10^3}{3349} = 80.6\,\mathrm{MPa}$

② 편심에 의한 휨응력 $f_{ub} = \dfrac{M}{S_w} = \dfrac{16.2 \times 10^6}{1.67 \times 10^5} = 97\,\mathrm{MPa}$

③ 조합응력 검토 $f_u = \sqrt{f_{ub}^2 + f_{uv}^2} = \sqrt{97^2 + 80.6^2} = 126\,\mathrm{MPa}$

모재 SM355의 인장강도 $F_u = 490\,\mathrm{MPa}$이므로, 용접재는 KS D 7104 연강 및 고장력강용 아크용접플럭스 코어선을 사용하며 이때 인장강도 $F_{uw} = 490\,\mathrm{MPa}$이다.

$$\therefore \phi(0.6F_{uw}) = 0.75 \times 0.6 \times 490 = 220.5\,\mathrm{MPa} \ > \ f_u \qquad \text{O.K}$$

| 모재강종 | 적용 가능한 용접재료 | 용접재 인장강도($F_w$) |
|---|---|---|
| 인장강도 400MPa급 연강 | KS D 7004 연강용 피복아크용접봉 | 420 |
| 인장강도 490MPa급 고장력강 | KS D 7006 고장력강용 피복아크용접봉 | 490, 520 |
| 인장강도 400MPa급 연강 | KS D 7104 연강 및 고장력강용 | 420 |
| 인장강도 490MPa급 고장력강 | 아크용접플럭스 코어선 | 490, 540 |
| 인장강도 400MPa급 연강 | KS D 7025 연강 및 고장력강용 | 420 |
| 인장강도 490MPa급 고장력강 | 아크용접솔리드와이어 | 490 |

## 단순접합부의 설계 : 2014 강구조설계기준

계수하중에 의한 부재력 $V_u = 310^{kN}$을 받는 단순접합부를 다음 조건에 따라 설계하시오.

기둥부재는 H400×400×13×21(SM490)이고 보부재는 H488×300×11×18(SS400)

1) 볼트연결 시 볼트는 M24(F10T), 플레이트는 PL-10×90×310(SS400)를 사용하시오.

2) 용접연결 시 양면 필릿용접으로 하고 $S = 10^{mm}$로 가정

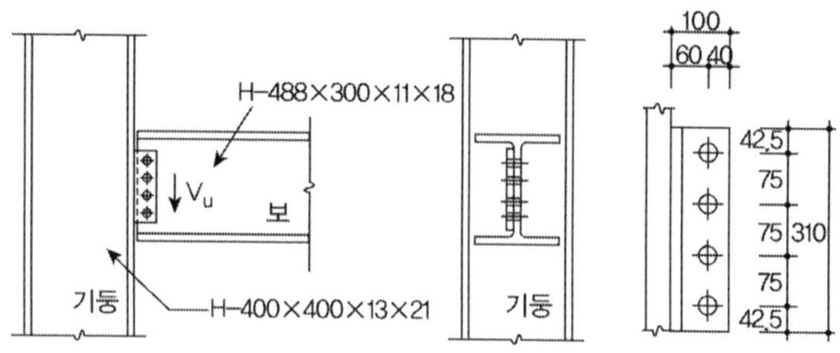




### ▶볼트 연결 설계

1) 보-웨브의 볼트 설계

① 볼트 형식 가정 : 4-M24(F10T) 사용

② 볼트의 수직전단력 $P_u$ 산정    $P_u = \dfrac{V_n}{n} = \dfrac{310}{4} = 77.5^{kN}$

③ 설계미끄럼 강도 산정

$$\phi S_s = \phi n A_b f_{ss} = 0.9 \times 1 \times \left(\frac{\pi \times 24^2}{4}\right) \times 220 = 89.5^{kN} \;\rangle\; P_u \qquad \text{O.K}$$

2) 플레이트

① 전단 항복강도

$$\phi V_n = \phi(0.6 f_y) A_g = 0.9 \times 0.6 \times 235 \times (310 \times 10) = 393.4^{kN} > 310^{kN} \qquad \text{O.K}$$

② 전단 파단강도

$$\phi V_n = \phi(0.6 f_u) A_n = 0.75 \times 0.6 \times 400 \times (310 - 4 \times 26) \times 10 = 370.1^{kN} > 310^{kN} \qquad \text{O.K}$$

③ 조합응력 검토

  (1) 전단응력

$$f_{uv} = \frac{V_u}{A} = \frac{310 \times 10^3}{310 \times 10} = 100^{MPa}$$

  (2) 편심모멘트에 의한 휨응력

$$M = 310 \times 60 = 18.6^{kNm}$$

$$S = \frac{bh^2}{6} = \frac{10 \times 310^2}{6} = 1.6 \times 10^{5(mm^3)} \qquad\qquad f_{ub} = \frac{M}{S} = 116^{MPa}$$

  (3) 조합응력검토

$$f_u = \sqrt{f_{ub}^2 + 3f_{uv}^2} = \sqrt{116^2 + 3 \times 100^2} = 208^{MPa}$$

$$\phi f_y = 0.9 \times 235 = 212^{MPa} > f_u \qquad\qquad \text{O.K}$$

## ▶ 용접 연결 설계

1) 플레이트 양면에 필릿용접

$$s = 10^{mm} \text{ 이고 유효용접길이} \quad l_e = 310 - 2 \times 10 = 290^{mm}$$

$$\therefore \text{유효면적} \; A_w = l_e \times (2a) = 290 \times (2 \times 0.707 \times 10) = 4060^{mm^2}$$

2) 응력검토

  ① 전단력에 의한 전단응력

$$f_{uv} = \frac{V_u}{A_w} = \frac{310 \times 10^3}{4060} = 76^{MPa}$$

  ② 편심모멘트에 의한 휨응력

$$S = a\frac{l_e^2}{6} = \frac{(2 \times 0.707 \times 10) \times 290^2}{6} = 1.96 \times 10^{5(mm^3)}$$

$$f_{ub} = \frac{M}{S} = \frac{1.86 \times 10^7}{1.96 \times 10^5} = 95^{MPa}$$

  ③ 조합응력 검토

$$f_u = \sqrt{f_{ub}^2 + f_{uv}^2} = \sqrt{95^2 + 76^2} = 122^{MPa}$$

$$\phi(0.6f_{y)} = 0.9 \times 0.6 \times 235 = 127^{MPa} > f_u \qquad\qquad \text{O.K}$$

### 필릿용접부 안정성 검토 : 2014 강구조설계기준

그림과 같이 H–400×200×8×13을 사용한 보의 필릿용접 안정성을 검토하시오.
$M_u = 140^{kNm}$, $V_u = 120^{kN}$ 이고 강재는 SS400이다.

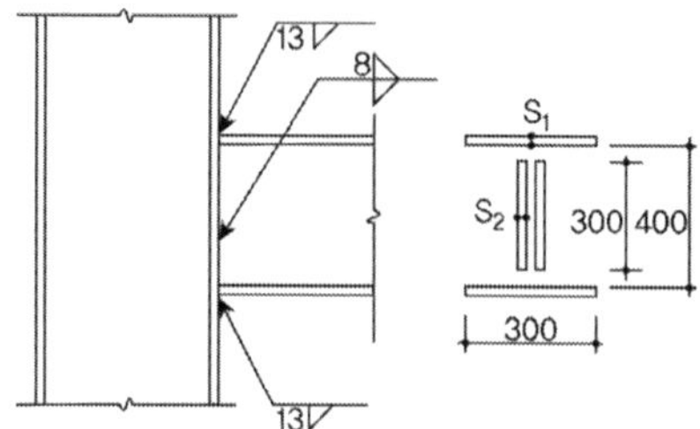




### ▶ 유효 목두께

1) 플랜지 : $a = 0.707 s_1 = 0.707 \times 13 = 9.1^{mm}$

2) 복  부 : $a = 0.707 s_2 = 0.707 \times 8 = 5.6^{mm}$

### ▶ 용접부의 단면2차 모멘트 및 복부부의 단면적

$$I_w = 2\left[\frac{t_{ww}h_1^3}{12} + t_{wf}B\left(\frac{H}{2}\right)^2 + \frac{Bt_{wf}^3}{12}\right] = 2\left[\frac{5.6 \times 300^3}{12} + 9.1 \times 200\left(\frac{400 + 9.1}{2}\right)^2 + \frac{200 \times 9.1^3}{12}\right]$$

$$= 1.78 \times 10^{8\,(mm^4)}$$

$$A_{ww} = 2t_{ww}h_1 = 2 \times 5.6 \times 300 = 3360^{mm^2}$$

### ▶ 플랜지 검토

$$y = \frac{H}{2} = 200^{mm}, \qquad \sigma_w = \frac{M_u}{I_w}y = \frac{140 \times 10^6}{1.78 \times 10^6} \times 100 = 79^{MPa}$$

$$\phi f_w = \phi 0.6 f_y = 0.9 \times 0.6 \times 235 = 127^{MPa} > \sigma_w \qquad \text{O.K}$$

### ▶ 복부 검토

$$y_1 = \frac{h_1}{2} = 150^{mm}, \quad \sigma_{wm} = \frac{M_u}{I_w}y_1 = \frac{140 \times 10^6}{1.78 \times 10^8} \times 150 = 118^{MPa}$$

$$v = \frac{V_u}{A_{ww}} = \frac{120 \times 10^3}{3360} = 36^{MPa}, \qquad \sigma_{wv} = \sqrt{\sigma_{wm}^2 + v^2} = 123^{MPa} < \phi f_w \qquad \text{O.K}$$

## 보-기둥 접합부 : 2014 강구조설계기준

다음 그림과 같은 보-기둥 연결부에 수직하중 $V_u$=300kN을 받는 볼트접합부를 한계상태설계법으로 검토하시오(단, 기둥 H-400×400×21×21(SM490), 보 H-500×300×11×18(SS400), 연결볼트 M24(F10T), 플레이트는 PL-10×100×325(SS400), 볼트미끄럼강도 220MPa, 볼트공차 2mm, 미끄럼저항계수 $\phi$=0.75, 치수의 단위는 mm).

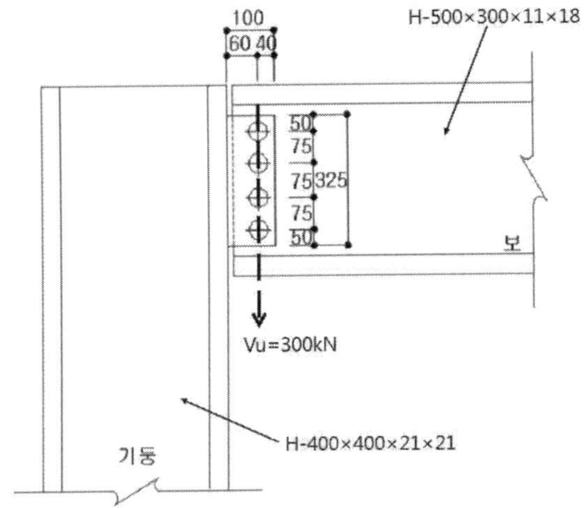


### 풀 이

> ### 개요

강구조 설계기준에 따라 풀이한다.

> ### 볼트 연결 설계

1) 보-웨브의 볼트 설계

① 볼트 형식 가정 : 4-M24(F10T) 사용

② 볼트의 수직전단력 $P_u$ 산정 $\qquad P_u = \dfrac{V_u}{n} = \dfrac{300}{4} = 75kN$

③ 설계미끄럼 강도 산정

$$\phi S_s = \phi n A_b f_{ss} = 0.75 \times 1 \times \left( \dfrac{\pi \times 24^2}{4} \right) \times 220 = 74.6^{kN} < P_u \qquad \text{N.G}$$

∴ 볼트의 개수를 5개로 하여 검토한다.

2) 보-웨브의 볼트 설계

　① 볼트 형식 가정 : 5-M24(F10T) 사용

　② 볼트의 수직전단력 $P_u$ 산정　　　$P_u = \dfrac{V_n}{n} = \dfrac{300}{5} = 60kN$

　③ 설계미끄럼 강도 산정

$$\phi S_s = \phi n A_b f_{ss} = 0.75 \times 1 \times \left(\frac{\pi \times 24^2}{4}\right) \times 220 = 74.6^{kN} > P_u \qquad \text{O.K}$$

3) 플레이트

　① 전단 항복강도

$$\phi V_n = \phi(0.6 f_y) A_g = 0.9 \times 0.6 \times 235 \times (325 \times 10) = 412.4 kN \ > \ 300 kN \qquad \text{O.K}$$

　② 전단 파단강도

$$\phi V_n = \phi(0.6 f_u) A_n$$

$$= 0.75 \times 0.6 \times 400 \times (325 - 5 \times (24+2)) \times 10 = 351 kN \ > \ 300 kN \qquad \text{O.K}$$

　③ 조합응력 검토
　　(1) 전단응력

$$f_{uv} = \frac{V_u}{A} = \frac{300 \times 10^3}{325 \times 10} = 92.3 MPa$$

　　(2) 편심모멘트에 의한 휨응력

$$M = 300 \times 60 = 18 kNm$$

$$S = \frac{bh^2}{6} = \frac{10 \times 325^2}{6} = 1.76 \times 10^5 mm^3 \qquad\qquad f_{ub} = \frac{M}{S} = 102 MPa$$

　　(3) 조합응력검토

$$f_u = \sqrt{f_{ub}^2 + 3 f_{uv}^2} = \sqrt{102^2 + 3 \times 92.3^2} = 189.6 MPa$$

$$\phi f_y = 0.9 \times 235 = 212 MPa > f_u \qquad \text{O.K}$$

## ➤ 개요

도로교 설계기준(한계상태설계법 2015)에 따라 풀이한다. 마찰연결은 사용한계상태 II에 대해 미끄럼을 방지하여야 하며, 극한한계상태에 대해 지압, 전단 및 인장에 대해 저항 할 수 있어야 한다.

## ➤ 볼트 연결 설계

1) 미끄럼 방지 마찰강도 산정

$$R_n = K_h K_s N_s P_t$$

여기서, $N_s$ : 볼트 1개당 미끄러짐면의 수

$P_t$ : 볼트의 설계축력(N)

| 볼트 직경(mm) | 볼트 축력 $P_t$(kN) | | |
|---|---|---|---|
| | F8T | F10T | F13T |
| 20 | 130 | 160 | 215 |
| 22 | 160 | 200 | 265 |
| 24 | 190 | 235 | 305 |
| 27 | – | 310 | – |
| 30 | – | 375 | – |

$K_h$ : 볼트 연결부에서의 구멍크기 계수

| 표준구멍 | 과대볼트구멍 또는 짧은 슬롯 | 재하방향에 직각인 긴 슬롯 | 재하방향에 평행인 긴 슬롯 |
|---|---|---|---|
| 1.0 | 0.85 | 0.70 | 0.60 |

$K_s$ : 볼트 연결부에서의 표면상태계수

| 등급 A 표면상태 | 등급 B 표면상태 | 등급 C 표면상태 |
|---|---|---|
| 페인트칠하지 않은 깨끗한 흑피 또는 녹을 제거하고 A등급 도장을 한 표면 | 도장을 하지 않고 녹을 제거한 깨끗한 표면, 녹을 제거한 깨끗한 표면에 등급 B도장을 한 표면 | 용융 도금한 표면과 거친 표면 |
| 0.33 | 0.40 | 0.33 |

주어진 조건에서 볼트의 미끄럼 강도가 220MPa로 주어졌으므로

$$R_n = 220 \times \frac{\pi \times 24^2}{4} = 99.525 kN \text{ (1EA당)}$$

전단력을 받는 고장력 볼트(F8T, F10T, F13T)에 대한 $\phi_t = 0.80$이므로

$$R_r = \phi_t R_n = 79.6 kN > V_u / n = 75 kN \qquad \text{O.K}$$

2) 플레이트의 지압검토

볼트 구멍의 유효지압 면적은 볼트지름×연결부재 두게

지압력 방향에 평행한 긴슬롯

볼트 구멍의 순간격 75-24=51

볼트구멍의 순연단 거리 50-24/2=38 　　　　두값의 min ＜ 2d

$$\therefore \text{지압강도 } R_n = 1.2 L_c t F_u \times 4 = 1.2 \times 38 \times 10 \times 235 = 428.640kN$$

$$R_r = \phi_{bb} R_n = 0.8 R_n = 342.912kN$$

$$1.25 V_u = 375kN \quad \therefore R_r < 1.25 V_u \quad N.G$$

3) 볼트 전단에 대한 검토

전단단면의 나사산에 대한 언급이 없으므로 나사산이 없는 경우로 가정

$$R_n = 0.48 A_b F_{ub} N_s = 0.48 \times \frac{\pi d^2}{4} \times 1000 \times 1 \times 4$$

$$\phi_{vy}(0.48 A_b F_{yb}) \times 4 = 703.556kN$$

$$\phi_{vu}(0.48 A_b F_{ub}) \times 4 = 651.441kN \quad \therefore R_r = 651.441kN > 1.25 V_u \quad O.K$$

4) 인장 및 블록전단

인장력이 작용하지 않으므로 생략

5) 플레이트의 전단 검토

$$R_r = \phi_v(0.58 A_g F_y) = 398.678kN > 1.25 V_u \quad O.K$$

## 단순접합부(큰 보–작은 보 접합)의 설계 : KDS 14 30 10 2024 강구조 부재 설계기준

존재응력설계법에 의한 소요전단강도 $V_u = 240\text{kN}$인 큰 보의 스티프너에 고장력볼트로 마찰접합된 작은 보 H-400×200×8×13(SM275)접합의 안전성을 검토하시오. 고장력볼트는 M22(F10T, 표준구멍)을 사용하고, 설계볼트장력 $T_0 = 200\text{kN}$이다. 큰 보의 시티프너(8mm)는 안전하다고 가정한다.

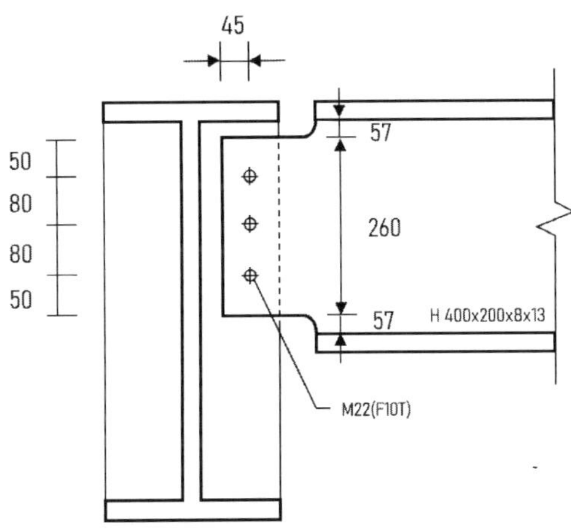


### 풀 이

#### ▶ 고장력 볼트의 설계 미끄럼 강도

M22(F10T), 1면 전단, 고장력 볼트 3개 사용한다고 가정

볼트 1개가 부담하는 전단강도 $\quad \dfrac{V_u}{n} = \dfrac{240}{3} = 80\,\text{kN}$

볼트 1개의 설계 미끄럼 강도 $\phi R_n = \phi \mu h_f T_0 N_s = 1.0 \times 0.5 \times 1.0 \times 200 \times 1 = 100\,\text{kN}$

$$\therefore \ \phi R_n \ > \ \frac{V_u}{n}\,\text{kN} \qquad \text{O.K}$$

#### ▶ 보 웨브의 설계전단항복강도

$$\phi R_n = \phi(0.6 F_y)A_{gv} = 1.0 \times 0.6 \times 275 \times 260 \times 8 \times 10^{-3} = 343.2\,\text{kN}$$
$$\therefore \ \phi R_n \ > \ V_u \qquad \text{O.K}$$

### ▶ 보 웨브의 설계전단파단강도

$$\phi R_n = \phi(0.6F_u)A_{nv} = 0.75 \times 0.6 \times 410 \times (260 - 3 \times 24) \times 8 \times 10^{-3} = 277.5$$

$$\therefore \ \phi R_n \ > \ V_u \qquad \text{O.K}$$

### ▶ 보 웨브의 설계블록전단파단강도

$$A_{gv} = (50 + 2 \times 80) \times 8 = 1680, \qquad A_{nv} = (50 + 2 \times 80 - 2.5 \times 24) \times 8 = 1200$$

$$A_{gt} = 45 \times 8 = 360 \qquad\qquad A_{nt} = (45 - 0.5 \times 24) \times 8 = 264$$

$$U_{bs} = 1.0 \ \text{(인장응력이 일정)}$$

$$U_{bs}F_u A_{nt} = 1.0 \times 410 \times 264 \times 10^{-3} = 108.2 \,\text{kN}$$

$$0.6F_u A_{nv} = 0.6 \times 410 \times 1200 \times 10^{-3} = 295.2 \,\text{kN}$$

$$0.6F_y A_{gv} = 0.6 \times 275 \times 1680 \times 10^{-3} = 277.2 \,\text{kN}$$

$$0.6F_u A_{nv} + U_{bs}F_u A_{nt} = 295.2 + 108.2 = 403.4 \,\text{kN}$$

$$0.6F_y A_{gv} + U_{bs}F_u A_{nt} = 277.2 + 108.2 = 385.4 \,\text{kN}$$

$$R_n = 0.6F_u A_{nv} + U_{bs}F_u A_{nt} > 0.6F_y A_{gv} + U_{bs}F_u A_{nt} \ \text{이므로,}$$

$$\phi R_n = 0.75 \times 385.4 = 289.1 \,\text{kN} \ > \ V_u \qquad \text{O.K}$$

### ▶ 큰 보 스프너의 설계전단파단강도

큰 보의 스프너는 작은 보 웨브와 동일한 두께를 사용하였으므로 검토가 필요없다.

## 강접합부(모멘트 접합)의 설계 : KDS 14 30 10 2024 강구조 부재 설계기준

존재응력설계법에 의한 소요휨강도 $M_u = 500\,\mathrm{kNm}$, 소요전단강도 $V_u = 200\mathrm{kN}$인 강접합부의 안전성을 검토하시오.

기둥부재 H$-400 \times 200 \times 13 \times 21$(SM355, $r = 22\mathrm{mm}$), 보 부재 H$-588 \times 300 \times 12 \times 20$(SM275, $r = 22\mathrm{mm}$), 고장력볼트 M20(F10T, 표준구멍), 마찰접합이며 기둥과 보 플랜지는 완전용입 그루브용접을 한다. 플레이트는 PL$-9 \times 90 \times 230$(SM355)로 가정한다.

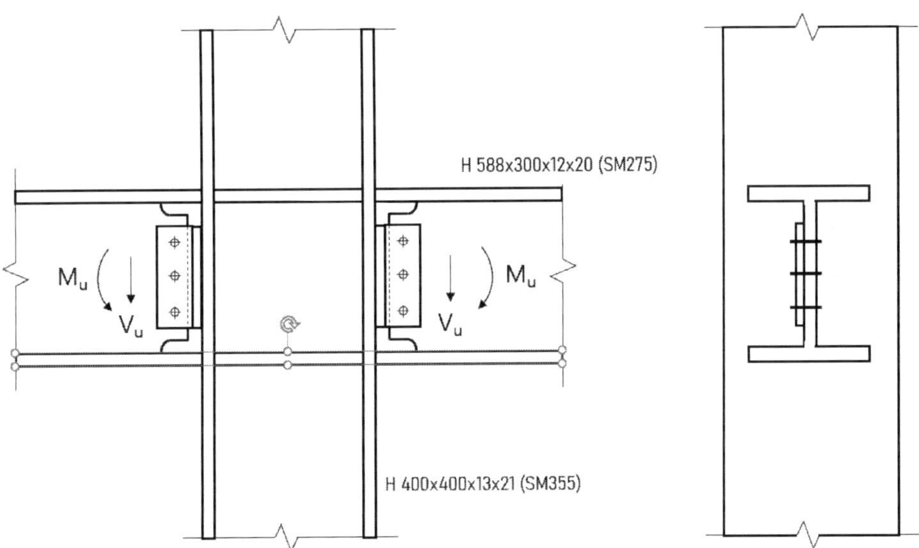




### ▶ 기둥과 보 플랜지 용접부의 안전성

완전용입그루브용접이므로 보 플랜지의 인장강도와 동등하다고 가정한다.

$$P_{uf} = \frac{M_u}{d_m} = \frac{M_u}{h - t_f} = \frac{500 \times 10^3}{588 - 20} = 880\,\mathrm{kN}$$

$$\therefore\ \phi R_n = \phi_b F_{fy} A_f = 0.9 \times 265 \times (300 \times 20) \times 10^{-3} = 1431\,\mathrm{kN} > P_{uf} \qquad \mathrm{O.K}$$

### ▶ 보 웨브의 고장력볼트 설계미끄럼강도 및 안전성

볼트 1개가 부담하는 전단강도 $\quad \dfrac{V_u}{n} = \dfrac{200}{3} = 66.67\,\mathrm{kN}$

M20(F10T) 고장력볼트의 설계미끄럼강도(1면전단)

$$\phi R_n = \phi \mu h_f T_0 N_s = 1.0 \times 0.5 \times 1.0 \times 165 \times 1 = 82.5\,\mathrm{kN}$$

$$\therefore \ \phi R_n \ > \ \frac{V_u}{n}\,\mathrm{kN} \qquad \mathrm{O.K}$$

## ▶ 웨브 플레이트의 안전성

PL$-9 \times 90 \times 230$(SM355)를 사용하므로

① 설계전단항복강도

$$\phi V_n = 0.9 \times (0.6 F_y A_{gv}) = 0.9 \times 0.6 \times 355 \times (230 \times 9) \times 10^{-3} = 396.8\,\mathrm{kN} > V_u \qquad \mathrm{O.K}$$

② 설계전단파단강도

$$\phi V_n = 0.75 \times (0.6 F_u A_{nv}) = 0.75 \times 0.6 \times 490 \times (230 - 3 \times 22) \times 9 \times 10^{-3}$$
$$= 325.5\,\mathrm{kN} > V_u \qquad \mathrm{O.K}$$

## ▶ 기둥 플랜지에 플레이트 용접

필릿용접의 크기 $s = 7\,\mathrm{mm}$로 양면에 용접하는 것으로 가정한다.

유효목두께     $a = 0.7s = 4.9\,\mathrm{mm}$
유효길이     $l_e = 230 \pm 2 \times 7 = 216\,\mathrm{mm}$
유효면적     $A_w = (a \times l_e) \times 2 = 4.9 \times 216 \times 2 = 2117\,\mathrm{mm}^2$

플레이트의 용접부에서 모재(SM355)의 인장강도 $F_u = 490\,\mathrm{MPa}$이므로, 용접재는 KS D 7104 연강 및 고장력강용 아크용접플럭스 코어선을 사용한다. $F_{uw} = 490\,\mathrm{MPa}$

용접재의 설계강도

$$\phi F_w A_w = 0.75 \times (0.6 F_{uw}) A_w = 0.75 \times 0.6 \times 490 \times 2117 \times 10^{-3}$$
$$= 467\,\mathrm{kN} > V_u \qquad \mathrm{O.K}$$

## ▶ 기둥의 웨브 및 플랜지 강도 검토

기둥에 작용하는 $P_u$값이 주어지지 않았으므로 $P_u \le 0.4 P_y$인 경우로 가정한다.

H$-400 \times 200 \times 13 \times 21$의 $A = 21.87 \times 10^3\,\mathrm{mm}^2$

$$P_y = F_y A = 345 \times 21.87 \times 10^3 \times 10^{-3} = 7545\,\text{kN}$$

$$\phi_l R_v = \phi_l(0.6F_{yw})d_c t_w = 0.9 \times 0.6 \times 345 \times 400 \times 13 \times 10^{-3} = 969\,\text{kN}$$

패널존에 작용하는 전단력

$$V_u = 2 \times \frac{M_u}{d_b - t_{fb}} - V_c = 2 \times \frac{500 \times 10^3}{588 - 20} - 0 = 1761\,\text{kN}$$

$$\therefore \; \phi_l R_v < V_u \; \text{이므로 패널존 보강이 필요하다.}$$

$$t_w \geq \frac{V_u}{\phi_l(0.6F_{yw})d_c} = \frac{1761}{0.9 \times 0.6 \times 355 \times 400} = 22.96\,\text{mm}$$

22.96-13=9.96mm, 따라서 패널존 양족에 각각 6㎜ 강판(필릿용접, 필릿사이즈 5mm)으로 보강한다.

보강판 가로길이 : 400-2×21-2×22-2×5=304mm

보강판 세로길이 : 588-2×20-2×28-2×5=482mm

$\therefore$ 2PL-6×304×482를 용접한다.

## 접합부 안정성 검토 : 2014 강구조설계기준

계수하중에 의한 부재력 $M_u = 450kNm$, $V_u = 190kN$을 받는 강접합부에 대해 안정성을 검토하시오. 단, 기둥부재는 H-400×400×13×21(SM490, r=22mm), 보 부재는 H-600×300×12×20 (SM490), 고력볼트는 M22(F10T, 표준구멍)를 사용하고 H형강기둥과 보 플랜지는 맞댐용접으로 한다.

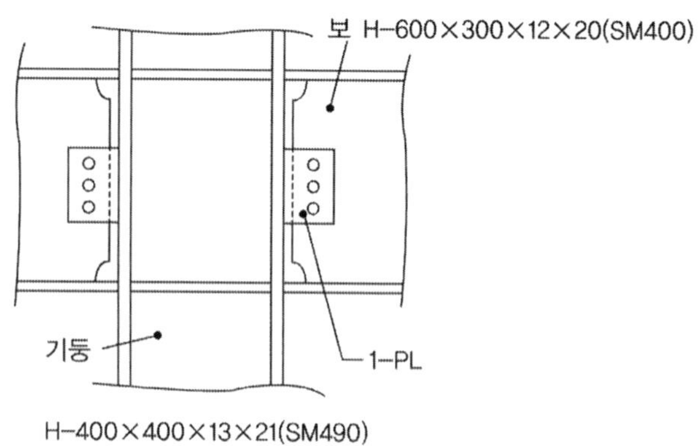


---

### 풀 이

> ### 개요

강구조설계기준에 따라 설계 안정성을 검토한다.

> ### 보 플랜지의 용접설계

① 휨모멘트에 의한 보 플랜지의 응력

$$P_{uf} = \frac{M_u}{d - t_f} = \frac{450 \times 10^3}{600 - 20} = 775.86^{kN}$$

② 보 플랜지의 항복 인장력

$$\phi P_{yf} = \phi A_f f_{by} = 0.9 \times 300 \times 20 \times 235 \times 10^{-3} = 1269^{kN} > P_{uf} \qquad O.K$$

휨모멘트는 보 플랜지가 지지하는 것으로 하며 완전 용입 맞댐 용접으로 한다.

> ### 웨브 볼트 설계

전단력만 지지하는 것으로 가정한다.

① 미끄럼 강도에 의한 볼트 개수 산정

$$\phi S_s = \phi n A_b f_{ss} = 0.9 \times 1 \times \left(\frac{\pi \times 22^2}{4}\right) \times 220 \times 10^{-3} = 75.266^{kN}$$

$$n \geq \frac{V_u}{\phi S_s} = \frac{190}{75.266} = 2.52^{EA} \qquad \therefore \ 3 - \text{M22(F10T) 사용}$$

### ▶ 웨브 플레이트의 설계

PL-9×90×230(SM490) 사용으로 가정한다.

① 전단 항복강도

$$\phi V_n = 0.9 \times (0.6 f_y A_g) = 0.9 \times 0.6 \times 325 \times (230 \times 9) \times 10^{-3} = 363.3^{kN} > 190^{kN} \quad \text{O.K}$$

② 전단 파단 강도

그림과 같이 웨브플레이트를 가정하면,

$$A_n = 230 - 3 \times (22 + 3) \times 9 = 1395 mm^2$$

$$\phi V_n = 0.75 \times (0.6 f_u A_n) = 0.75 \times 0.6 \times 490 \times 1395 = 307.6^{kN}$$

$$\therefore \ \phi V_n > V_u \qquad \text{O.K}$$

### ▶ 기둥 플랜지에 플레이트 용접

용접두께 $s = 8.0 mm$ 인 양면 필릿용접으로 설계한다.

유효 용접길이 $l_e = 230 - 2 \times 8 = 214^{mm}$

유효 면적 $A_w = l_e(2a) = 214 \times (2 \times 0.707 \times 8) = 2,420.768^{mm^2}$

플레이트의 용접부 검토

$$\phi f_w A_w = 0.9(0.6 f_y) A_w = 0.9 \times (0.6 \times 325) \times 2420.768 \times 10^{-3} = 424.84^{kN} > V_u \quad \text{O.K}$$

### ▶ 집중하중을 받는 기둥 웨브 및 플랜지 강도 검토

$$P_{uf} = \frac{M_u}{d - t_f} = \frac{450 \times 10^3}{600 - 20} = 775.86^{kN}$$

① 기둥 플랜지의 국부 휨강도

$$\phi R_n = 0.9 \times 6.25 \times t_f^2 \times f_{yf} = 0.9 \times 6.25 \times 21^2 \times 325 \times 10^{-3} = 806^{kN} > P_{uf} \qquad \text{O.K}$$

② 기둥 웨브의 국부 항복강도

$$\phi R_n = 1.0 \times (5k + l_c) t_w f_{yw} = 1.0 \times [5 \times (21 + 22) + 18] \times 13 \times 325 \times 10^{-3} = 984^{kN} > P_{uf} \quad \text{O.K}$$

③ 기둥 웨브의 크립플링 강도

$$\phi R_n = 0.75 \times 0.8 t_w^2 \left[ 1 + 3\frac{l_c}{d}\left(\frac{t_w}{t_f}\right)^{1.5} \right] \sqrt{\frac{E f_{yw} t_f}{t_w}}$$

$$= 0.75 \times 0.8 \times 13^2 \times \left[ 1 + 3\frac{18}{400}\left(\frac{13}{21}\right)^{1.5} \right] \sqrt{\frac{210,000 \times 325 \times 21}{13}} \times 10^{-3} = 1134.71^{kN}$$

$$\therefore \ \phi R_n > P_{uf} \quad \text{O.K}$$

④ 기둥 웨브의 압축좌굴강도

$$\phi R_n = 0.9 \times \frac{24 t_w^3 \sqrt{E f_{yw}}}{h} = 0.9 \times \frac{24 \times 13^3 \times \sqrt{210,000 \times 325}}{(400 - 21 \times 2 - 22 \times 2)} \times 10^{-3} = 1248.5^{kN} > P_{uf} \quad \text{O.K}$$

(여기서, $h = H - 2t_f - 2r$)

∴ 기둥 플랜지의 국부 휨강도가 보 플랜지의 인장력보다 크므로 스티프너가 필요하지 않다.

---

**TIP** | Stiffener가 필요할 경우 |

만약 $P_{uf} = 1064^{kN}$이라면,

① 스티프너의 필요 단면적

$$A_r = \frac{P_{uf} - \phi R_n}{\phi f_{yst}} = \frac{1064 - 806}{0.85 \times 325} = 934^{mm^2}$$

② 기둥 웨브의 양면에 보 플랜지의 폭과 일치하게 스티프너 설치
두께를 9mm로 가정하면,

$$A_{st} = 2 \times 9 \times 200 = 1800 mm^2 > A_r \quad \text{O.K}$$

## 주각부 베이스 플레이트 설계 : KDS 14 30 10 2024 강구조 부재 설계기준

단면이 H-300×305×15×16(SM 355, $F_y = 355$MPa, $F_u = 490$MPa) 인 기둥이 600mm×600mm 의 콘크리트 부재에 지지되어 있다. 콘크리트 부재와 베이스플레이트 사이에는 그라우팅(무수축 몰탈)되어 있다. 아래의 압축력을 받을 때 베이스 플레이트를 설계하시오. 소요강도 $P_u = 3000$ kN, 사용하는 베이스 플레이트는 SM275($F_y = 255$MPa, $F_u = 410$MPa)이며 콘크리트의 강도 $f_{ck} = 21$MPa, 무수축 몰탈의 강도 $f_{ck} = 27$MPa이다.

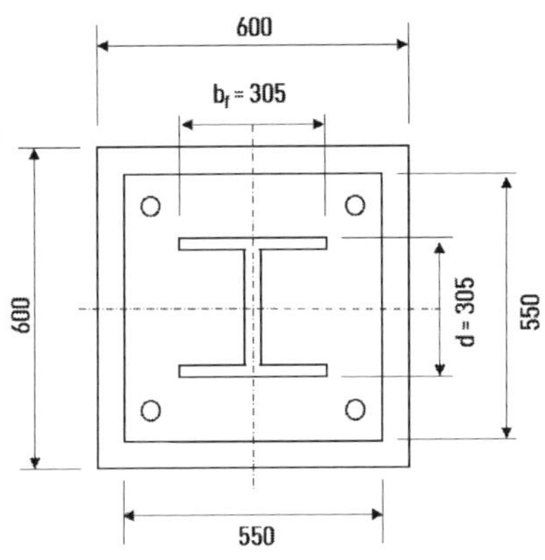




### ▶ 기둥과 보 플랜지 용접부의 안전성

콘크리트 기초의 크기가 베이스 플레이트 크기의 4배 이하이므로 콘크리트의 지압영역은 기하학 적으로 베이스 플레이트와 거의 같다고 본다.

$$A_{ped} = 600 \times 600 = 360,000 \, \text{mm}^2$$
$$A_{co} = 300 \times 305 = 91,500 \, \text{mm}^2$$

### ▶ 베이스 플레이트의 넓이 산정

$\phi_c P_p = \phi_c (0.85 f_{ck}) A_1 \geq P_u$ 로부터

$$A_{1(req)} = \frac{P_u}{\phi_c (0.85 f_{ck})} = \frac{3000 \times 10^3}{0.65 \times 0.85 \times 21} = 259,000 \, \text{mm}^2$$

### ▶ 베이스 플레이트의 크기 산정

$$\Delta = 0.5\,(0.95d - 0.80b_f) = 0.5 \times (0.95 \times 305 - 0.8 \times 305) = 20.5\,\text{mm}$$

$$N = \sqrt{A_1} + \Delta = \sqrt{259,000} + 20.5 = 529\,\text{mm} < 550\,\text{mm} \quad\quad \text{O.K}$$

$$B = A_1 / N = 259,000 / 529 = 490\,\text{mm} < 550\,\text{mm} \quad\quad \text{O.K}$$

따라서, 베이스플레이트의 넓이는 550mm $\times$ 550mm 으로 가정한다.

$$A_1 = NB = 550 \times 550 = 303,000\,\text{mm}^2 > 259,000\,\text{mm}^2$$

### ▶ 콘크리트의 지압강도

$$A_2 = 600 \times 600 = 360,000\,\text{mm}^2$$

$$\phi_c P_p = \phi_c (0.85 f_{ck}) A_1 \sqrt{\frac{A_2}{A_1}}$$

$$= 0.65 \times 0.85 \times 21 \times 303,000 \times \sqrt{\frac{360,000}{303,000}} = 3,830\,\text{kN} > P_u \quad\quad \text{O.K}$$

### ▶ 베이스 플레이트 소요두께

$$m = \frac{N - 0.95d}{2} = \frac{550 - 0.95 \times 300}{2} = 133\,\text{mm}$$

$$n = \frac{B - 0.8b_f}{2} = \frac{550 - 0.8 \times 305}{2} = 153\,\text{mm}$$

$$X = \left(\frac{4b_f d}{(b_f + d)^2}\right)\frac{P_u}{\phi_c P_p} = \frac{4 \times 305 \times 300 \times 3,000}{(305 + 300)^2 \times 3,830} = 0.783$$

$$\lambda = \frac{2\sqrt{X}}{1 + \sqrt{1 - X}} = \frac{2\sqrt{0.783}}{1 + \sqrt{1 - 0.783}} = 1.2 > 1 \quad\quad \therefore \lambda = 1.0$$

$$\lambda_n{}' = \frac{1}{4}\lambda\sqrt{b_f d} = \frac{1}{4} \times 1.0 \times \sqrt{305 \times 300} = 75.6\,\text{mm}$$

$$\therefore l = \max(m,\ n,\ \lambda n') = 153\,\text{mm}$$

$$\therefore t_{bp} \geq l\sqrt{\frac{2P_u}{0.9BNf_y}} = 153 \times \sqrt{\frac{2 \times 3000 \times 10^3}{0.9 \times 550 \times 550 \times 255}} = 45.0\,\text{mm}$$

$\therefore$ 베이스 플레이트는 PL-550×550×50을 사용한다.

## 축방향 하중을 받는 베이스 플레이트의 두께 산정 : 2014 강구조설계기준

그림과 같은 주각이 중심축하중 $P_u = 7500^{kN}$ 을 받을 때, 베이스플레이트(SM490)를 한계상태설계법으로 설계하시오(단, H–428×407×20×35, SM490). 기초크기는 $4,000mm \times 4,000mm$, $f_{ck} = 24^{MPa}$

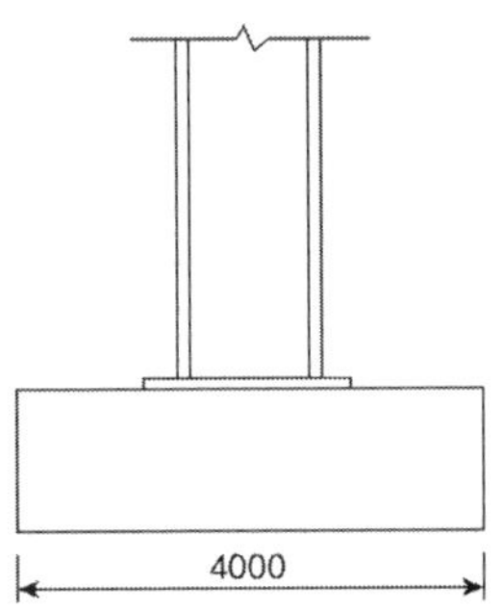



## 풀 이

### ▶ 베이스 플레이트 크기 결정

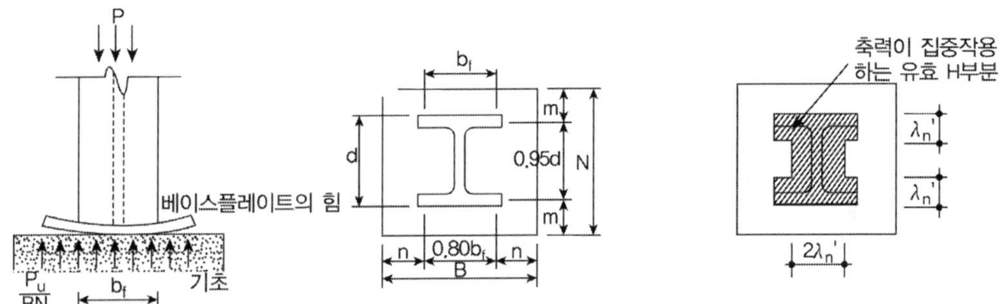



① 콘크리트의 지압강도

$$A_2 = 4000 \times 4000 = 16,000,000 mm^2$$

지지 콘크리트의 면적이 베이스 플레이트 면적을 $\sqrt{A_2/A_1} \geq 2$ 가 되도록 가정하면,

$$P_u = \phi_B P_p = \phi_B \left( 0.85 f_{ck} A_1 \sqrt{\frac{A_2}{A_1}} \right) \text{으로부터,}$$

$$A_1 = \frac{P_u}{\phi_B (0.85 f_{ck}) \sqrt{A_2/A_1}} = \frac{7500 \times 10^3}{0.6 \times 0.85 \times 24 \times 2.0} = 306,372 mm^2$$

$$\sqrt{A_2/A_1} = 7.22 \geq 2 \qquad \text{O.K}$$

② 기둥의 크기 고려

베이스 플레이트는 기둥보다 커야 하므로

$$A = db_f = 428 \times 407 = 174,200mm^2 < A_1 = 306,372mm^2 \qquad \text{O.K}$$

③ 최적 베이스 플레이트의 크기

$$\Delta = \frac{0.95d - 0.8b_f}{2} = \frac{0.95 \times 428 - 0.8 \times 407}{2} = 40.5mm$$

$$N = \sqrt{A_1} + \Delta = \sqrt{306,372} + 40.5 = 594mm \qquad \therefore \text{USE 650mm}$$

$$B = A_1 / N = 306372 / 650 = 470mm \qquad \therefore \text{USE 550mm}$$

## ➤ 베이스 플레이트의 지압검토

$$\phi_B P_B = \phi_B(0.85f_{ck})A_1\sqrt{A_2/A_1} = \phi_B(0.85f_{ck})(2BN)$$

$$= 0.6 \times 0.85 \times 24 \times 2 \times 650 \times 550 \times 10^{-3} = 8751.6^{kN} > P_u = 7500^{kN} \quad \text{O.K}$$

## ➤ 베이스 플레이트의 두께 산정

$$m = \frac{N - 0.95d}{2} = \frac{650 - 0.95 \times 428}{2} = 121.7mm$$

$$n = \frac{B - 0.8b_f}{2} = \frac{550 - 0.8 \times 407}{2} = 112.2mm$$

$$X = \left(\frac{4b_fd}{(b_f + d)^2}\right)\frac{P_u}{\phi_B P_B} = \left(\frac{4 \times 428 \times 407}{(428 + 407)^2}\right)\frac{7500}{8751.6} = 0.8564$$

$$\lambda = \frac{2\sqrt{X}}{1 + \sqrt{1-X}} = 1.342 > 1 \qquad \therefore \lambda = 1.0$$

$$\lambda_n' = \frac{\lambda\sqrt{db_f}}{4} = \frac{\sqrt{428 \times 407}}{4} = 104.342mm$$

$$l = \max(m, \; n, \; \lambda_n') = 121.7mm$$

$$\therefore t_p \geq \max(m, \; n, \; \lambda_n') \times \sqrt{\frac{2P_u}{\phi_b BNf_y}} = 121.7 \times \sqrt{\frac{2 \times 7500 \times 10^3}{0.9 \times 550 \times 650 \times 325}} = 46.09mm$$

∴ 베이스 플레이트는 PL-550×650×50을 사용한다.

## 휨과 압축을 받는 경우의 베이스 플레이트 산정 : 2014 강구조설계기준

철골기둥 주각부의 설계지압을 검토하고 설계조건에서 주어진 Base Plate 크기로 두께를 산정하시오(건축구조 기준 KBC2009적용 : 한계상태설계법).

- 콘크리트 설계 압축강도 $f_{ck} = 24MPa$, 철골기둥 H-400×400×13×21(SS400), Base Plate SS400
- 소요강도 $P_D = 1,400^{kN}$, $P_L = 1,200^{kN}$, $M_D = 50^{kNm}$, $M_L = 40^{kNm}$ (모멘트는 강축방향)
- Pedestal 크기 700×600(철근콘크리트), Base Plate산정 시 캔틸레버 방법으로 할 것, Rib Plate 없음
- 예시 공식

$$t_p = \max(m,\ n,\ \lambda_n{}') \times \sqrt{\frac{2P_u}{\phi_b BN f_y}}, \quad m = \frac{N - 0.95d}{2}, \quad n = \frac{B - 0.8b_f}{2}$$

$$\lambda_n{}' = \frac{\lambda\sqrt{db_f}}{4} \quad \lambda = \frac{2\sqrt{X}}{1 + \sqrt{1 - X}} \leq 1, \quad X = \left(\frac{4b_f d}{(b_f + d)^2}\right)\frac{P_u}{\phi_c P_p}$$

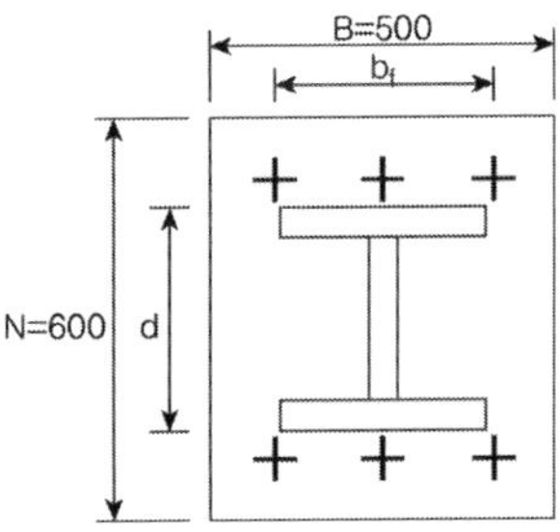


---

### 풀 이

### ▶ 개요

축하중과 휨모멘트를 받는 베이스 플레이트의 설계는 모멘트를 축하중으로 나누어서 구한 등가편심거리 $e$를 이용하여 산정한다. 주어진 축하중과 모멘트는 기둥 중심으로부터 $e$만큼 떨어진 지점에서 작용하는 등가 축하중으로 대치시켜서 설계한다.

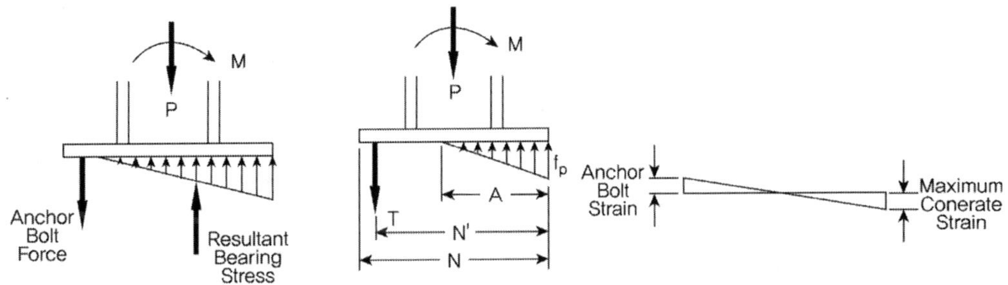

$$P_u = 1.2P_D + 1.6P_L = 1.2 \times 1400 + 1.6 \times 1200 = 3600^{kN}$$

$$M_u = 1.2M_D + 1.6M_L = 1.2 \times 50 + 1.6 \times 40 = 124^{kNm}$$

## ▶ 등가편심거리 $e$ 와 한계편심거리 $e_{crit}$ 산정

$$e = M/P = 124/3600 = 0.0344^m = 34.4mm \ < \ N/6 = 100^{mm}, \quad N/2 = 300^{mm}$$

$$I = \frac{BN^3}{12} = 9.0 \times 10^9 mm^4,$$

$$f_{1,2} = \frac{P}{BN} \pm \frac{Mc}{I} = \frac{3600 \times 10^3}{500 \times 600} \pm \frac{124 \times 10^6 \times 300}{9.0 \times 10^9} = 16.13^{MPa}, \ 7.87^{MPa}$$

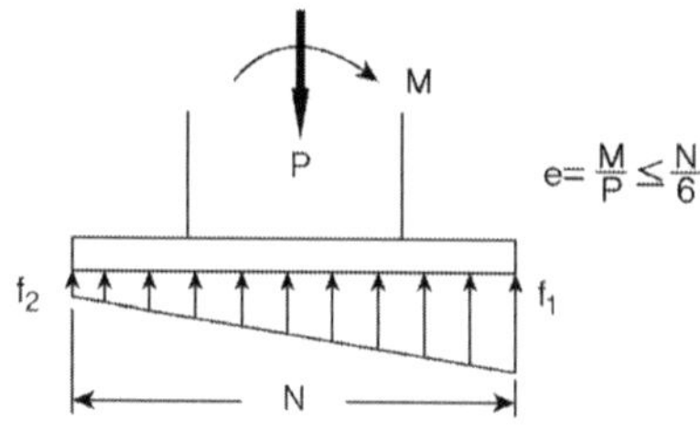


$$A_1 = 600 \times 500, \quad A_2 = 700 \times 600, \quad A_2/A_1 = 1.4$$

$$f_{p(\max)} = \phi_B f_p = \phi_B \left( 0.85 f_{ck} \sqrt{\frac{A_2}{A_1}} \right) = 0.6 \times 0.85 \times 24 \times \sqrt{1.4} = 14.48^{kN}$$

$$q_{\max} = f_{p(\max)} \times B = 14.48 \times 500 = 7240 N/mm$$

$$\therefore e_{crit} = \frac{N}{2} - \frac{P_u}{2q_{\max}} = 300 - \frac{3600 \times 10^3}{2 \times 7240} = 51.38^{mm} \ > e$$

Small Moment를 가진 경우의 베이스 플레이트 설계경우에 따른다.

## ▶ Bearing length Y

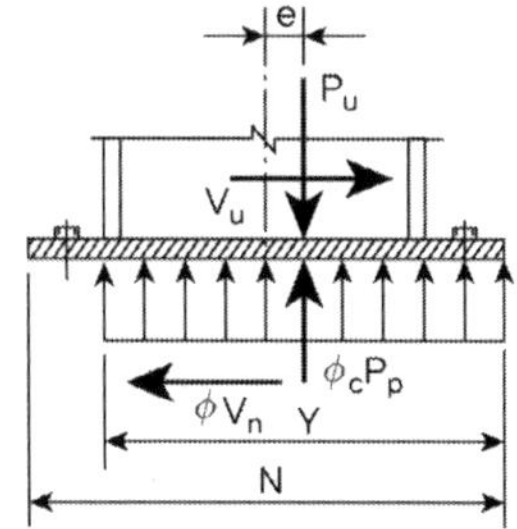


$$Y = N - 2e = 600 - 2 \times 34.4 = 531.2^{mm}$$

$$q = \frac{P_u}{Y} = \frac{3600 \times 10^3}{531.2} = 6777.108 N/mm \ < q_{\max} \quad O.K$$

➤ Determine minimum plate thickness

$$f_p = \frac{P_u}{BY} = 13.554^{MPa}$$

$$m = \frac{N - 0.95d}{2} = \frac{600 - 0.95 \times 400}{2} = 110$$

$$Y \geq m \text{이므로} \qquad \therefore t_{p(req)} = 1.5m\sqrt{\frac{f_p}{f_y}} = 1.5 \times 110 \times \sqrt{\frac{13.554}{400}} = 30.37^{mm}$$

➤ Check the Thickness

$$n = \frac{B - 0.8b_f}{2} = \frac{500 - 0.8 \times 400}{2} = 90^{mm}$$

$$t_p = 1.5n\sqrt{\frac{f_p}{f_y}} = 1.5 \times 90 \times \sqrt{\frac{13.554}{400}} = 24.85^{mm} < t_{p(req)} \qquad O.K$$

$$\therefore \text{Base Plate의 두께를 안전율을 고려하여 32mm로 한다.}$$

---

**TIP** | AISC Base Plate Design : LRFD | AISC Design Guide : Base Plate and Anchor Rod Design $2^{nd}$

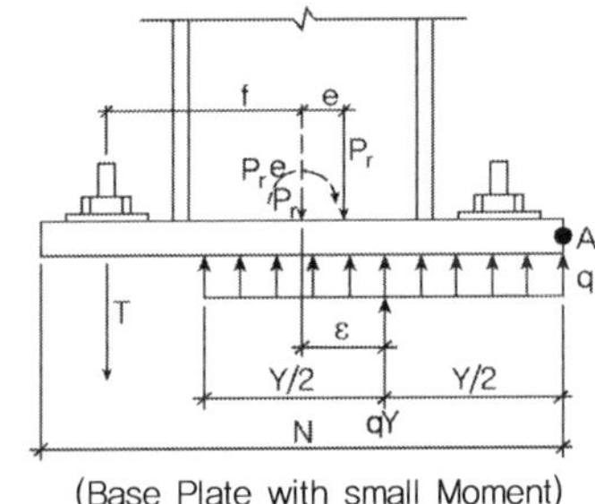


(Base Plate with small Moment)

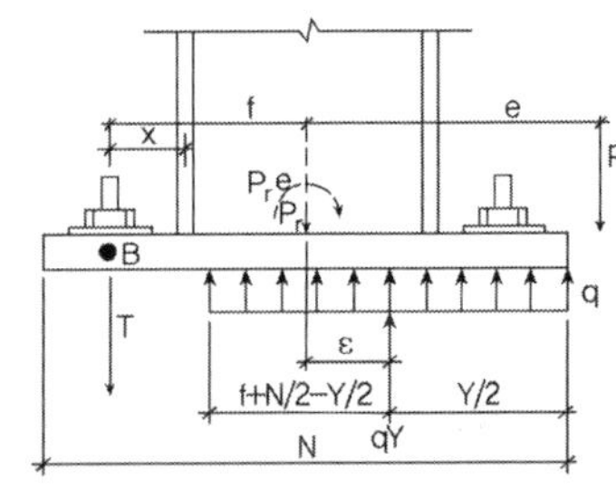


(Base Plate with large Moment)

1. Design of Column Base Plate with small Moment

   Given $P_u$, $M_u$ $\quad \therefore e = M_u/P_u$

   Small Moment without up lifting : $0 < M_u < \dfrac{P_u N}{6}$ $\quad$ or $\quad 0 < e < \dfrac{N}{6}$

   편심이 작은 경우에는 축력은 지지력으로만 지지되며, 편심이 큰 경우에는 앵커로드가 필요하다.
   위의 그림과 같이 모멘트가 작은 경우에는 지지반력이 $qY$로 정의되며 이때의 $q$는 다음과 같다.

   $q = f_p \times B$

   $f_p$ : bearing stress between the plate and concrete

   $B$ : Base plate width

A점을 기준으로 합력은 $Y/2$의 거리에서 작용하므로 플레이트의 중앙에서 합력과의 거리 $\epsilon$는

$$\epsilon = \frac{N}{2} - \frac{Y}{2}$$

$Y$가 작아질수록 $\epsilon$는 커진다. $Y$는 $q$가 최댓값을 가질 때 최솟값을 가지게 된다.

$$Y_{\min} = \frac{P_r}{q_{\max}}, \quad \text{여기서 } q = f_{p(\max)} \times B$$

$$\therefore \ \epsilon_{\max} = \frac{N}{2} - \frac{Y_{\min}}{2} = \frac{N}{2} - \frac{P_u}{2q_{\max}} \quad \rightarrow \quad \therefore \ e_{crit} = \epsilon_{\max} = \frac{N}{2} - \frac{Y_{\min}}{2} = \frac{N}{2} - \frac{P_u}{2q_{\max}}$$

$e \leq e_{crit}$인 경우 모멘트 평형을 위해 전도되고 앵커로드가 필요하지 않으므로, 이때의 경우를 Small Moment를 갖는 경우로 본다. 만약 $e > e_{crit}$인 경우에는 앵커로드가 필요하게 된다. 이러한 경우를 Large Moment를 갖는 경우로 본다.

2. Design of Column Base Plate with small Moment

  1) Concrete bearing stress

      콘크리트의 지압력은 등분포하중이 $Y \times B$에 작용하는 것으로 가정한다.

$$e = \epsilon \text{이면}, \ \frac{N}{2} - \frac{Y}{2} = e \text{이므로} \ \therefore \ Y = N - 2e$$

      Small Moment인 경우 $(e \leq e_{crit}, \ q \leq q_{\max}, \ f_p \leq f_{p(\max)})$ 따라서 지압응력은 $q = \dfrac{P_r}{Y}$

$$\left( \because f_p = \frac{P_r}{BY} \right)$$

$$e = e_{crit} \text{이라면}, \ Y = N - 2e = N - 2\left( \frac{N}{2} - \frac{P_u}{2q_{\max}} \right) = \frac{P_u}{q_{\max}}$$

$$\left( \because e_{crit} = \epsilon_{\max} = \frac{N}{2} - \frac{Y_{\min}}{2} = \frac{N}{2} - \frac{P_u}{2q_{\max}} \right)$$

  2) Base Plate Flexural Yielding Limit at Bearing Interface

      콘크리트와 플레이트의 지압력은 강축의 캔틸레버 길이 $m$을 가지는 휨과 약축 캔틸레버 길이 $n$을 가지는 휨을 유발한다. 강축에 대한 휨에 대해서는

$$f_p = \frac{P_r}{BY} = \frac{P_r}{B(N - 2e)}$$

      베이스 플레이트에 필요한 강도는 다음과 같이 구분하여 결정된다.

    ① $Y \geq m \quad M_{pl} = f_p \left( \dfrac{m^2}{2} \right) \qquad$ ② $Y < m \quad M_{pl} = f_{p(\max)} Y \left( m - \dfrac{Y}{2} \right)$

        여기서 $M_{pl}$ : Plate bending moment per unit width

          단위 폭당 플레이트의 저항 모멘트는 $M_n = R_n = f_y t_p^2 / 4$

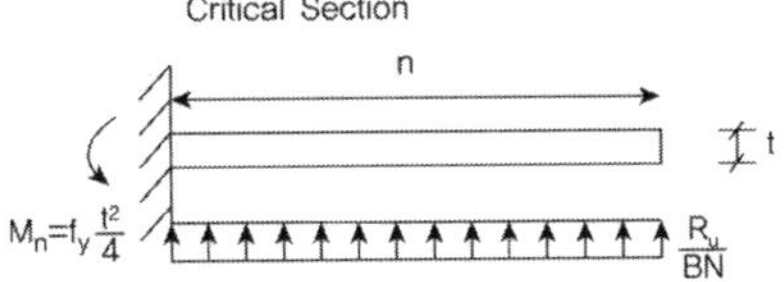



$$(\text{LRFD}) \quad \phi_b R_n = \phi_b f_y \frac{t_p^2}{4} \qquad\qquad (\text{ASD}) \quad \frac{R_n}{\Omega} = \frac{f_y}{\Omega} \frac{t_p^2}{4}$$

($\phi_b = 0.90$ : 휨강도감소계수, $\Omega = 1.67$ : 휨 안전계수)

### 3) Base Plate thickness

| 구분 | LRFD | ASD |
|---|---|---|
| $Y \geqq m$ | $t_{p(req)} = \sqrt{\dfrac{4\left[f_p\left(\dfrac{m^2}{2}\right)\right]}{0.90 f_y}} = 1.5m\sqrt{\dfrac{f_p}{f_y}}$ | $t_{p(req)} = \sqrt{\dfrac{4\left[f_p\left(\dfrac{m^2}{2}\right)\right]}{f_y/1.67}} = 1.83m\sqrt{\dfrac{f_p}{f_y}}$ |
| $Y < m$ | $t_{p(req)} = \sqrt{\dfrac{4\left[f_p Y\left(m - \dfrac{Y}{2}\right)\right]}{0.90 f_y}}$ | $t_{p(req)} = \sqrt{\dfrac{4\left[f_p Y\left(m - \dfrac{Y}{2}\right)\right]}{f_y/1.67}}$ |

* 만약 $n > m$ 인 경우에는 $n$ 에 의해서 지배되므로 크기를 비교하여 검토한다( if $n > m$ , $m \rightarrow n$ ).

### 4) General Design Procedure

① Determine the axial load and moment

② Pick a trial base plate size, $N \times B$

③ Determine the equivalent eccentricity $e = M_r / P_r$, $e \leq e_{crit}$ 이면 다음단계로 가고 그렇지 않으면 large moment 설계방법에 따른다.

④ Determine $Y \rightarrow$ Determine $t_{req} \rightarrow$ Determine the anchor rod size

## 3. Design of Column Base Plate with large Moment

$$M_u > \frac{P_u N}{6} \ \text{ or } \ e > \frac{N}{6} \quad \text{and} \quad e > e_{crit} = \frac{N}{2} - \frac{P_r}{2q_{max}} \ (\text{앵커로드가 필요한 경우})$$

### 1) Concrete bearing and anchor rod forces

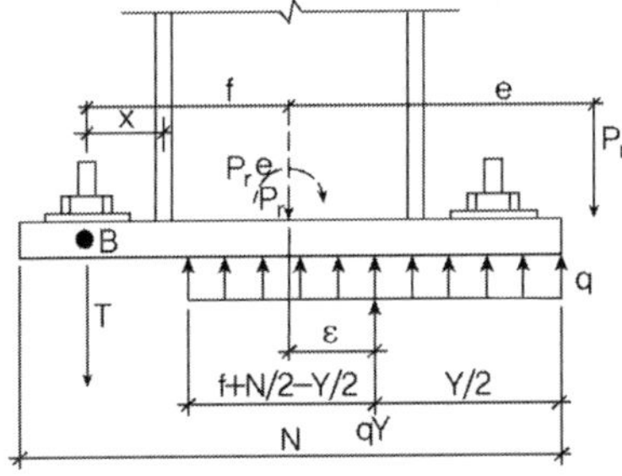



$$\sum F_v = 0 \ : \ T = q_{max} Y - P_r$$

여기서 $T$ 는 앵커로드가 필요로 하는 인장강도

$$\sum M_B = 0 \ : \ q_{max} Y\left(\frac{N}{2} - \frac{Y}{2} + f\right) - P_r(e + f) = 0$$

$Y$ 에 관한 2차 방정식으로 풀이하면

$$\therefore \ Y = \left(f + \frac{N}{2}\right) \pm \sqrt{\left(f + \frac{N}{2}\right)^2 - \frac{2P_r(e + f)}{q_{max}}}$$

위의 값은 $\left(f+\dfrac{N}{2}\right)^2 \geq \dfrac{2P_r(e+f)}{q_{max}}$ 인 경우에만 만족되므로 $e = e_{crit} = \dfrac{N}{2} - \dfrac{P_r}{2q_{max}}$ 로 표현하면,

$$Y = \left(f+\frac{N}{2}\right) \pm \sqrt{\left(f+\frac{N}{2}\right)^2 - \frac{2P_r\left[f+\left(\dfrac{N}{2}-\dfrac{P_r}{2q_{max}}\right)\right]}{q_{max}}} = \left(f+\frac{N}{2}\right) \pm \left[\left(f+\frac{N}{2}\right) - \frac{P_r}{q_{max}}\right]$$

$Y < N$ 이므로   $\therefore\ Y = \dfrac{P_r}{q_{max}}$

**2) Base Plate Flexural Yielding Limit at Bearing Interface**

Large Moment의 경우 지압응력은 최대 한계값을 갖는다.

$$f_p = f_{p(max)}$$

따라서 필요한 베이스 플레이트의 두께는 small moment를 갖는 경우에서 $f_p$ 대신 $f_{p(max)}$ 로 한다.

| 구분 | LRFD | ASD |
|---|---|---|
| $Y \geq m$ | $t_{p(req)} = \sqrt{\dfrac{4\left[f_{p(max)}\left(\dfrac{m^2}{2}\right)\right]}{0.90f_y}} = 1.5m\sqrt{\dfrac{f_{p(max)}}{f_y}}$ | $t_{p(req)} = \sqrt{\dfrac{4\left[f_{p(max)}\left(\dfrac{m^2}{2}\right)\right]}{f_y/1.67}} = 1.83m\sqrt{\dfrac{f_{p(max)}}{f_y}}$ |
| $Y < m$ | $t_{p(req)} = \sqrt{\dfrac{4\left[f_{p(max)}Y\left(m-\dfrac{Y}{2}\right)\right]}{0.90f_y}}$ | $t_{p(req)} = \sqrt{\dfrac{4\left[f_{p(max)}Y\left(m-\dfrac{Y}{2}\right)\right]}{f_y/1.67}}$ |

* 만약 $n > m$ 인 경우에는 $n$ 에 의해서 지배되므로 크기를 비교하여 검토한다( if $n > m$, $m \rightarrow n$).

**3) Base Plate Yielding Limit at tension Interface**

앵커로드의 인장력($T_u$ : LRFD, $T_a$ : ASD)이 플레이트에 휨으로 작용되므로 캔틸레버 작용이 앵커의 중앙과 기둥 플랜지의 중앙까지의 등가거리 $x$ 에 따라 작용된다.

$$x = f - \frac{d}{2} + \frac{t_f}{2}, \quad M_{pl} = \frac{T_u x}{B} \text{(LRFD)}, \quad M_{pl} = \frac{T_a x}{B} \text{(ASD)}$$

$$\phi_b R_n = \phi_b f_y \frac{t_p^2}{4} = M_{pl}$$

$$\therefore\ t_{p(req)} = \sqrt{\frac{4T_u x}{0.9Bf_y}} = 2.11\sqrt{\frac{T_u x}{Bf_y}} \text{(LRFD)}, \quad 2.58\sqrt{\frac{T_u x}{Bf_y}} \text{(ASD)}$$

## 1. 강교량 부재의 연결부설계 <sup>94회</sup>

**【기출유형 ①】** 강재로 된 부재의 용접 시 용접설계원칙과 용접종류별 응력산정식

### 1) 설계 일반사항

① 부재의 연결은 작용응력에 대해 설계하는 것을 원칙으로 한다.

② 주요부재의 연결은 적어도 모재의 강도에 75% 이상의 강도를 갖도록 설계하여야 한다. 다만 전단력에 대해서는 작용응력으로 설계하여도 좋다.

③ 부재의 연결부 구조는 다음의 사항을 만족하도록 설계하여야 한다.

- 연결부의 구조가 단순하여 응력의 전달이 확실할 것
- 구성하는 각 재편에 있어서 가급적 편심이 일어나지 않도록 할 것
- 응력집중이 생기지 않도록 할 것
- 해로운 잔류응력이나 2차 응력이 생기지 않도록 할 것

④ 연결부에서 단면이 변하는 경우 작은 단면을 기준으로 연결 제규정을 적용한다.

## 2. 고장력 볼트 이음

① 고장력 볼트 이음은 마찰이음, 지압이음 및 인장이음으로 하며 주요부재는 마찰이음을 원칙으로 한다.

② 고장력 볼트 지압이음을 사용은 압축부재 및 2차 부재 연결 등 부득이한 경우에 한한다.

③ 고장력 볼트 인장이음을 채용하는 경우에는 볼트의 허용응력, 체결력, 이음부의 강성 및 응력 상태 등에 대한 충분한 검토를 하여야 한다.

④ 반복 인장력을 받는 볼트의 피로 : 반복해서인장력을 받게 되는 볼트의 접합부는 공용하중으로 인한 인장력 및 프라잉력의 합에 의한 볼트의 인장응력으로 다음 값(MPa)을 초과하지 않아야 한다(프라잉력은 볼트 연결부에서 작용력의 편심으로 연결판의 변형이 발생하게 될 경우 연결부에 추가적으로 작용하게 되는 인장력을 말하며, 공용하중의 60% 이하여야 한다).

| 반복횟수 | F8T | F10T(S10T) | F13T(S13T) |
|---|---|---|---|
| 10만 회 | 200 | 210 | 160 |
| 50만 회 | 110 | 120 | 90 |
| 50만 회 이상 | 100 | 110 | 80 |

## 3. 지압이음 고장력 볼트 설계

접합부에서 상대적인 미끄러짐을 허용하는 지압이음은 연결부재의 지압파괴와 볼트의 전단파괴
가 가능하며, 따라서 허용력은 연결부재의 허용지압력과 볼트의 허용전단력 중 작은 값에 의해서
결정된다.

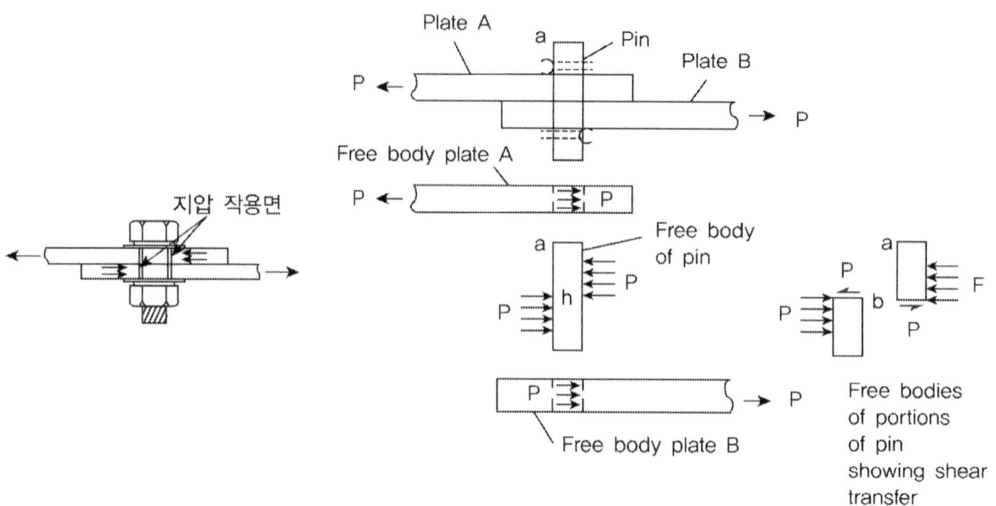


① 지압이음 고장력 볼트의 허용지압응력

$$P_{ba} = f_{ba}dt \qquad (d : 볼트의\ 공칭지름,\ t : 부재\ 또는\ 연결판의\ 두께)$$

| 구분 | SM400 | SM490 | SM520 | SM570 |
|---|---|---|---|---|
| 40mm 이하 강재판 $f_{ba}$ | 235 | 315 | 355 | 450 |

② 지압이음 고장력 볼트의 허용전단응력

$$P_{va} = v_a A_b \qquad (A_b : 볼트의\ 공칭단면적)$$

| 볼트 등급 | B8T | B10T | B13T |
|---|---|---|---|
| 허용전단응력 $v_a$ | 150 | 190 | 245 |

## 4. 마찰이음 고장력 볼트 설계

볼트에 도입된 인장력에 의해서 접합되는 부재의 접촉면에서 마찰 저항력이 생기도록 하여 부재 간에 작용하는 전단력에 저항하도록 한다. 마찰력은 볼트 체결력과 표면의 마찰계수에 비례한다.

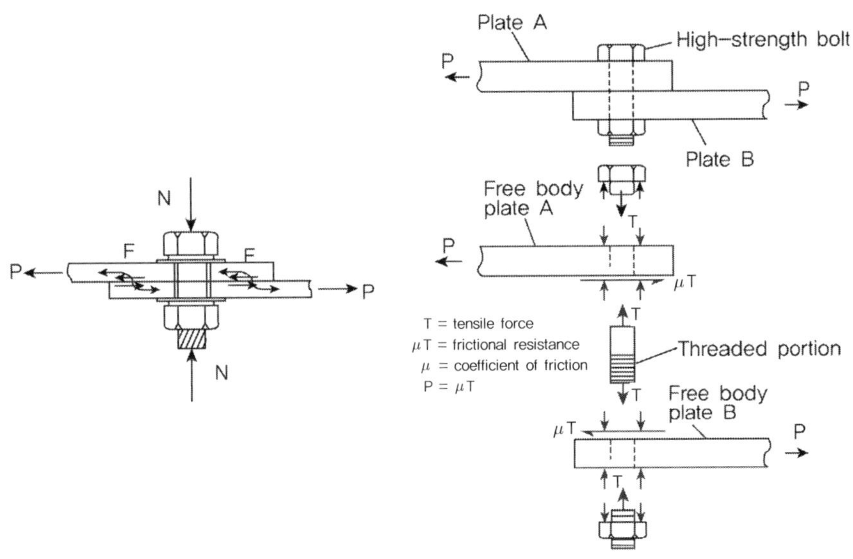


- 마찰이음을 할 경우 볼트에 작용하는 설계볼트 축력

$$N = \alpha f_y A_s \quad [\alpha : \text{볼트이 항복강도에 대한 비율}, \ F8T(0.85), \ F10T(0.75)]$$

- 마찰이음 볼트 하나의 마찰면에 대한 허용력

$$\rho_a = \mu \frac{N}{S.F} \quad [\mu : \text{마찰계수}(0.4), \ S.F : \text{이음의 미끄러짐에 대한 안전율}(1.7)]$$

① 마찰이음 고장력 볼트의 허용력(M20, M22, M24, M27, M30 : 1볼트 1마찰면 기준)

|  | F8T(MPa) | F10T(MPa) | F13T(MPa) |
|---|---|---|---|
| M20 | 31 | 39 | 50 |
| M22 | 39 | 48 | 63 |
| M24 | 45 | 56 | 73 |

※ 도로교설계기준에서 미끄럼 내력이 강재의 항복점에 상당하다고 평가하여 $S.F$는 허용인장응력의 항복점에 대한 안전율과 동일한 1.7을 사용하며, 마찰계수 $\mu$는 볼트의 배치, 접촉면 사이의 불균질한 압축력 등으로 인한 영향과 볼트의 크리프, 릴렉세이션에 의한 축력의 감소를 고려하여 0.4를 적용하였다.

## 5. 인장이음

볼트의 축방향과 일치하여 하중이 직접 볼트 인장력에 의해 지지된다.

$$P_{ta} = f_{ta} \times A_b$$

($P_{ta}$ : 볼트 1개당 허용축방향 인장력, $A_b$: 볼트의 공칭 단면적, $f_{ta}$ : 볼트의 허용인장응력)

① 볼트 외부에 인장력 작용 시 역학적 거동

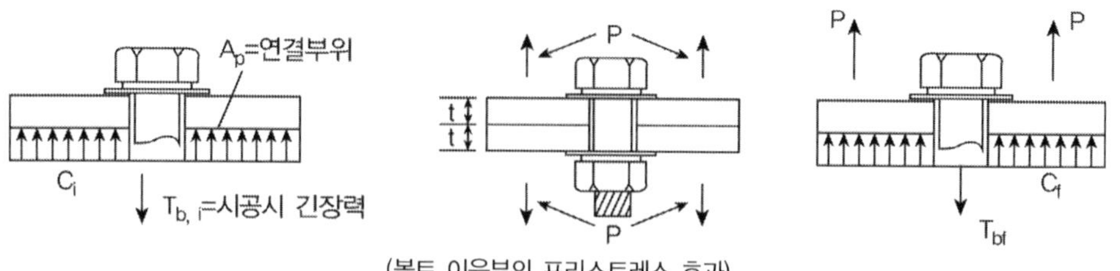



(볼트 이음부의 프리스트레스 효과)

$$C_i = T_{b,i} \qquad\qquad P + C_f = T_{b,f}$$

($C_f$ : 하중 P 작용 시 접촉면의 압축력, $T_{b,f}$ : 하중 P 작용 시 볼트의 인장력)

하중 P의 작용으로 볼트의 머리와 너트 사이 간격이 증가하면서 압축력을 받고 있는 연결판은 압축력이 감소되고 볼트의 인장력은 증가한다.

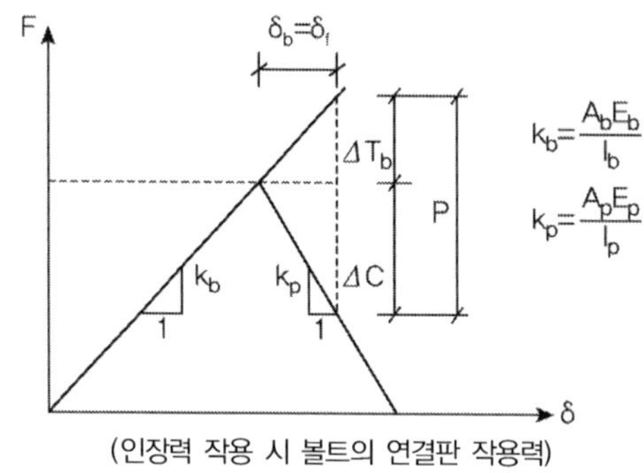



(인장력 작용 시 볼트의 연결판 작용력)

- 볼트 증가길이　　$\delta_b = (T_{b,f} - T_{b,i})\dfrac{l_b}{A_b E_b}$　　여기서 $l_b = 2t$ : 볼트의 체결길이

- 연결판 증가길이　$\delta_p = (C_i - C_f)\dfrac{2t}{A_p E_p}$　　　　여기서 $A_p$, $E_p$ 유효접촉면적과 탄성계수

- $\delta_b = \delta_p$ : 접촉면이 분리되지 않을 경우　$(T_{b,f} - T_{b,i})\dfrac{l_b}{A_b E_b} = (C_i - C_f)\dfrac{2t}{A_p E_p}$

  $E_b \fallingdotseq E_p$, 볼트 체결길이와 연결판 두께가 같으므로

$$T_{b,f} = T_{b,i} + \frac{P}{1 + A_p/A_b}$$

$$\Delta T_b = \frac{A_b}{A_b + A_p} P \quad \text{(하중작용으로 인한 볼트의 인장력 변화)}$$

$$\Delta C = \frac{A_p}{A_b + A_p} P \quad \text{(접촉면 압축면의 변화량)}$$

연결판의 유효접촉면적 산정 시 접촉면의 지름은 볼트 공칭지름의 약 4배 사용

② 프라잉 작용(Prying action)

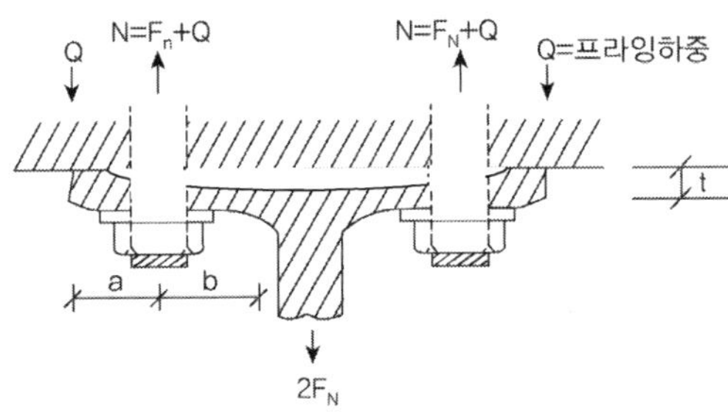

(볼트 연결된 T형 부재의 프라잉 작용)

- T형 부재 플랜지에 설치된 볼트가 하중을 지지하기 위해 인장력을 받게 된다.
- 플랜지가 변형되면서 볼트 체결점 외측 지점이 있는 지렛대 역할을 하여 접촉면에 Q라는 반력이 생성된다.
- 직접적인 인장력 + 추가반력 Q가 작용
- 인장하중이 클수록 플랜지 볼트 간의 거리가 클수록 프라잉 작용 영향은 커진다.
- 파괴형태
  (1) 플랜지가 파괴되는 경우 : 프라잉 작용 있음
  (2) 플랜지와 볼트가 파괴되는 경우 : 프라잉 작용 없음
  (3) 볼트가 파괴되는 경우 : 프라잉 작용 없음

---

**TIP** | AASHTO |

AASHTO 시방서에서의 프라잉 작용에 의한 볼트 인장력 증가

$$Q = \left[ \frac{3b}{8a} - \frac{t^3}{328} \right] F_s \geq 0$$

여기서, $Q$ : 외부하중으로 인한 볼트 1개당 인장력

　　　　$a$ : 플랜지 연단에서 볼트 중심까지의 거리

　　　　$b$ : 볼트 중심에서 하중이 작용하는 복부의 용접단부까지의 거리

　　　　$t$ : 플랜지의 두께(cm)

## 6. 전단–인장 이음

지압이음에서 볼트에 인장력과 전단력이 동시 작용(원형 상호작용 곡선)

$$\left[\frac{P_t}{P_{ta}}\right]^2 + \left[\frac{P_v}{P_{va}}\right]^2 \le 1.0$$

여기서 $P_t$ : 볼트의 축방향 인장력 $\qquad$ $P_v$ : 볼트의 축에 직각으로 작용하는 전단력

$\qquad$ $P_{ta}$ : 볼트 축방향 인장력만 작용할 경우 허용인장력

$\qquad$ $P_{va}$ : 볼트에 전단력만 작용할 경우 허용 전단력

마찰이음인 경우 안전측으로 계산한다 (직선식).

$$\left[\frac{P_t}{P_{ta}}\right] + \left[\frac{P_v}{P_{va}}\right] \le 1.0$$

## 7. 편심하중을 받는 볼트 연결부

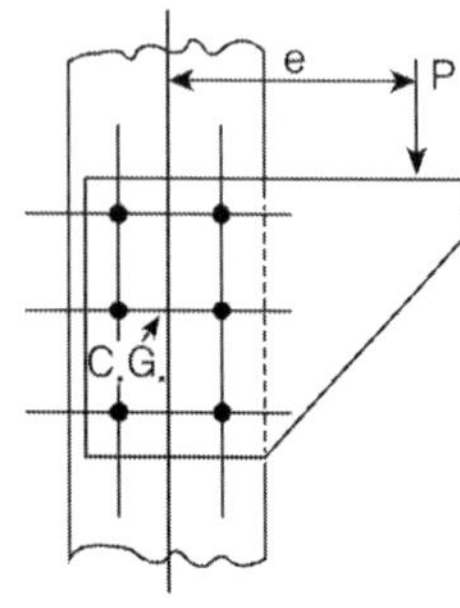
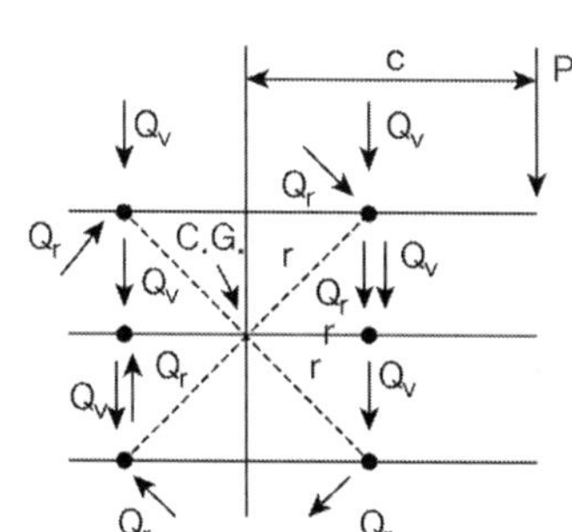


집중하중($Q_v$)와 비틂 모멘트($Q_T$)가 작용한다.

$$v = \frac{M_T}{J}r \ : \ 임의\ 볼트에서의\ 비틂\ 모멘트에\ 의한\ 전단응력$$

$$여기서,\ J : 극관성\ 2차\ 모멘트\ \ \sum Ar^2 = \sum A\left(x_i^2 + y_i^2\right)$$

• 비틂에 의해서 볼트 하나가 받는 힘 : $Q_T = vA = \dfrac{M_T A}{J}r = \dfrac{PeA}{\sum A\left(x_i^2 + y_i^2\right)}r = \dfrac{Pe}{\sum \left(x_i^2 + y_i^2\right)}r$

• 편심하중을 받는 볼트군의 볼트 하나가 받게 되는 힘($R$)

$$R = \sqrt{R_n^2 + v_n^2 + 2R_n v_n \cos\theta} \quad \text{또는} \quad R = \sqrt{(Q_x + Q_{Tx})^2 + (Q_y + Q_{Ty})^2}$$

## 8. 전단력과 인장력을 동시에 받는 볼트 연결부

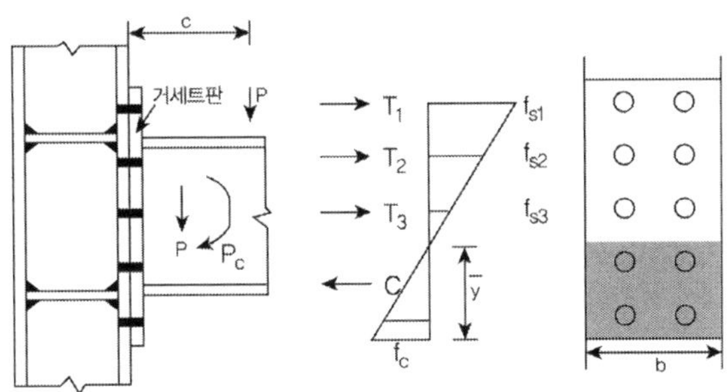


(볼트군의 전단면과 직각으로 편심하중을 받는 경우)

중립축 윗부분인 인장부는 볼트의 축력만을 중립축 아랫부분은 접촉강판이 압축력을 받는 것으로
보고 볼트의 축방향력을 산정한다.

$$C = T_1 + T_2 + T_3 \qquad\qquad C = \frac{1}{2}f_c b\bar{y}, \quad T = (볼트인장응력) \times (볼트단면적)$$

## 9. 보와 기둥의 연결

1) 골조 구조물의 볼트 연결 : ① 보연결, ② 기둥연결, ③ 보-기둥 연결

2) 보(휨모멘트와 전단력의 영향) : 전단이음

3) 기둥(압축력, 전단력, 휨모멘트 영향) : 전단이음, 기둥단부에 머리판 용접과 볼팅

4) 보-기둥의 연결 형태

  (1) 완전강결 연결(TYPE 1) : 연결부에서 부재의 연속성 유지

  (2) 단순 연결(TYPE 2) : 연결부에서 회전에 대한 구속을 작게하며 전단만 전달하게 하고 연결부
       를 힌지로 가정(이론적 회전각의 80% 이상 발생)

  (3) 반강절 연결(TYPE 3) : 연결부에서 두 부재 단부의 회전에 대한 구속이 20~90%

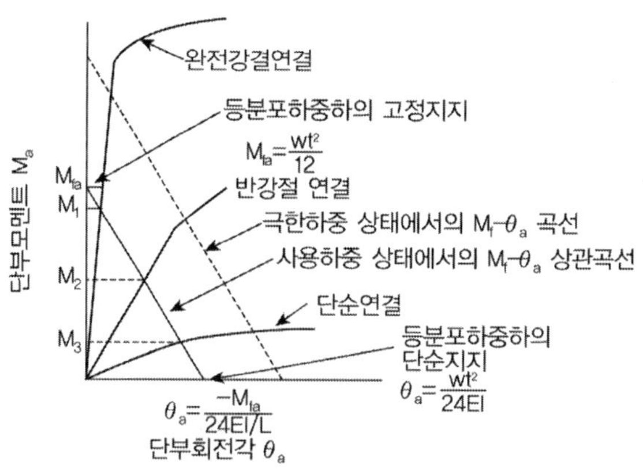


(골조 접합부 종류에 따른 회전각)

① 보의 연결

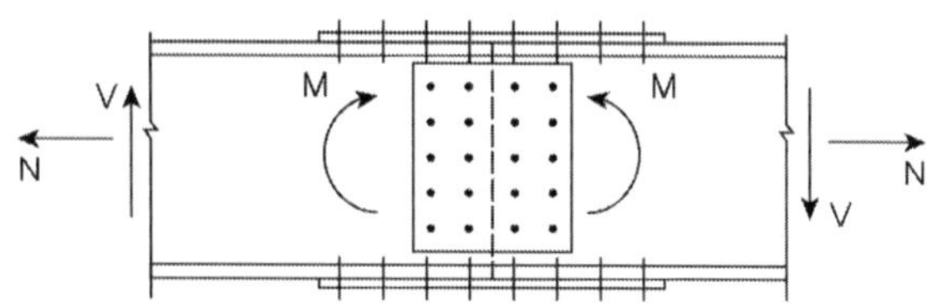


연결부에서 발생하는 전단력은 모두 복부판이 받고 휨모멘트와 축력은 모두 플랜지가 받는다.

(1) 플랜지 연결 : 휨모멘트에 의한 힘 + 축력에 의한 힘

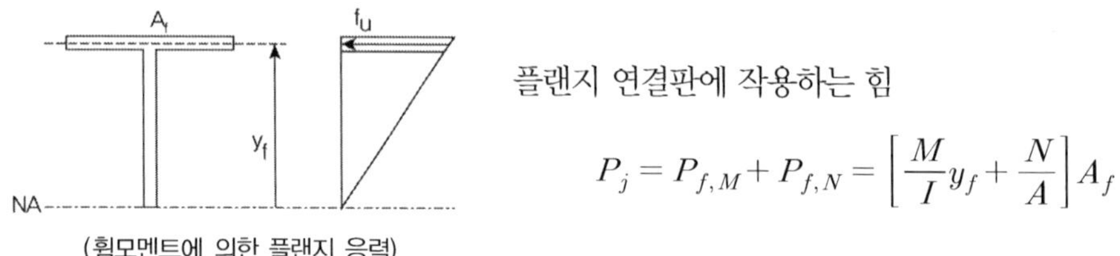


플랜지 연결판에 작용하는 힘

$$P_j = P_{f,M} + P_{f,N} = \left[\frac{M}{I}y_f + \frac{N}{A}\right]A_f$$

(2) 복부 연결 : 보에 작용하는 전체 단면력, 볼트 1개가 1면 전단인 경우로 받는 힘

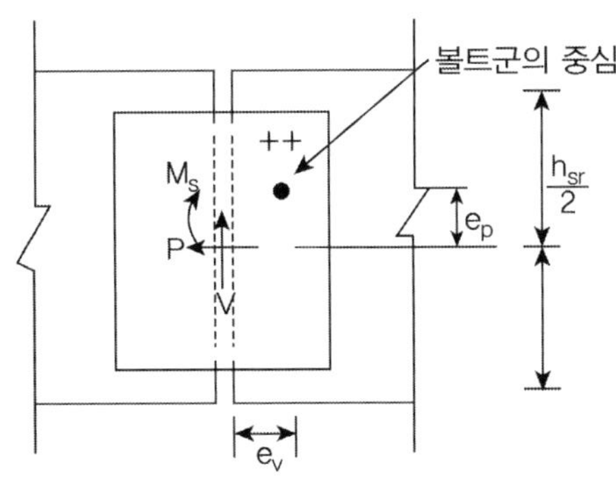

(휨모멘트에 의한 플랜지 응력)

수직방향 전단력 $R_{w,v} = \dfrac{V}{n_b \times n_s}$ ($n_b$ : 볼트 개수, $n_s$ : 볼트이음의 전단면수)

축력에 의해 볼트 하나가 받는 힘 $R_{w,p} = \dfrac{P\left(\dfrac{A_w}{A}\right)}{n_b \times n_s} = \dfrac{P_w}{n_b \times n_s}$

($A_w$ : 복부의 단면적, $P_w$ : 연결되는 보의 축력 중 복부판이 분담하는 힘)

볼트 군이 받는 우력

$$M_s = M_w + Ve_v + Pe_p$$

여기서, $M_w$ : 휨모멘트에 대한 복부 분담력$(=\dfrac{I_w}{I}M)$

$e_v$ : 전단력 작용점과 볼트군의 중심과의 거리

$e_p$ : 축력 작용점과 볼트군의 중심과의 거리

볼트 최대반력은 볼트군의 중심에서 가장 멀리 떨어져 있는 최외곽 볼트에서 발생

$$R_{w,M_x} = \dfrac{M_s y_e}{\sum (x_i^2 + y_i^2)}, \quad R_{w,M_y} = \dfrac{M_s x_e}{\sum (x_i^2 + y_i^2)}$$

외측 볼트 1개가 받는 힘의 수직과 수평성분의 힘의 합력

$$R = \sqrt{(R_{w,p} + R_{w,Mx})^2 + (R_{w,v} + R_{w,My})^2}$$

① 축방향력 또는 전단력을 받는 판에 연결한 볼트 $\rho = \dfrac{P}{n} \le \rho_a$

② 휨모멘트가 작용하는 판에 연결한 볼트 $\rho = \dfrac{M}{\sum y_i^2} y_i \le \dfrac{y_i}{y_n} \rho_a$

③ 축방향력, 휨모멘트, 전단력이 함께 작용하는 판에 연결한 볼트 $\sqrt{(\rho_p + \rho_m)^2 + \rho_s^2} \le \rho_a$

④ 휨에 의한 전단력을 받는 판을 수평방향으로 연결한 볼트 $\rho_h = \dfrac{VQ}{I} \dfrac{p}{n} \le \rho_a$ ($p$: 볼트의 피치)

⑤ 이음판의 설계

인장력이 작용하는 판의 이음판은 순단면적에 생기는 응력이 허용응력 이하가 되도록

압축력이 작용하는 판의 이음판은 총단면에 생기는 응력이 허용압축응력 이하가 되도록

휨모멘트가 작용하는 판의 이음판은 다음에 만족하도록 $f = \dfrac{M}{I} y \le f_a$

⑥ 비틀림 : $R_n = \tau A = \left(\dfrac{Tr}{J}\right) \times a = \dfrac{Ped_i}{\sum(x_i^2 + y_i^2)}$ (용접, $J = I_x + I_y$)

② 보-기둥 연결

보-기둥 접합 시 연결판 또는 머리판을 이용한다. 압축력은 연결판이 부담하고 인장력은 볼트가 받는다. 이때 볼트의 기능은 휨모멘트와 축력에 의해서 축방향의 힘을 받는다(마찰이음, 지압이음) 전단력에 의해서는 복트 축 직각방향의 힘을 받는다.

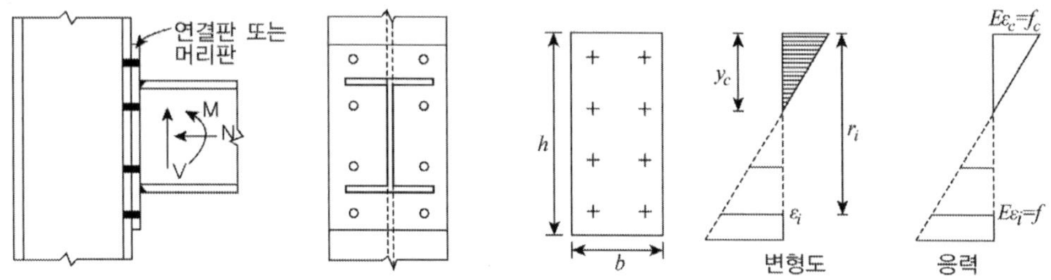


보-기둥 연결부의 계산산정

(1) 볼트 해체

(2) 중립축 $y_c$ 위치 산정, 압축측 변형도 $\epsilon_c$로 가정

(3) 압축력은 연결판 부담, 인장력은 볼트가 부담

$$\epsilon_c : y_c = \epsilon_i : (r_i - y_c) \qquad \therefore \epsilon_i = \dfrac{r_i - y_c}{y_c} \epsilon_c$$

후크의 법칙에 의해 $i$ 번째 볼트의 응력  $f_i = E\epsilon_i = E\dfrac{r_i - y_c}{y_c}\epsilon_c = \dfrac{r_i - y_c}{y_c}f_c$

(4) 축력에 대한 평형방정식

$N = C - T$ (압축력이 없는 경우 $N = 0$)

압축력  $C = \dfrac{1}{2}E\epsilon_c by_c = \dfrac{1}{2}f_c by_c$

인장력  $T = \displaystyle\sum_{i=1}^{k} E\epsilon_i A_{si} = \sum_{i=1}^{k} E\dfrac{r_i - y_c}{y_c}\epsilon_c A_{si} = \sum_{i=1}^{k} \dfrac{r_i - y_c}{y_c}f_c A_{si}$

중립축에서의 모멘트 식 : $M = C\left(\dfrac{2}{3}y_c\right) + \displaystyle\sum_{i=1}^{k} \dfrac{(r_i - y_c)^2}{y_c}f_c A_{si}$

(5) 가정한 $y_c$와 구한 $y_c$가 일치하는 지 검토하고 불일치 시 반복
(6) 위에서 구한 중립축에 대해 단면 2차 모멘트 산정
(7) 최대 응력(인장응력, 압축응력) 계산
(8) 재료의 허용응력 산정
(9) 최대응력과 허용응력을 비교, 허용응력 초과 시 위의 과정 반복


## 10. 용접이음

1) 전단면용입 홈용접의 목두께는 다음과 같이 취하고 두께가 다를 경우 얇은 부재의 두께로 한다.

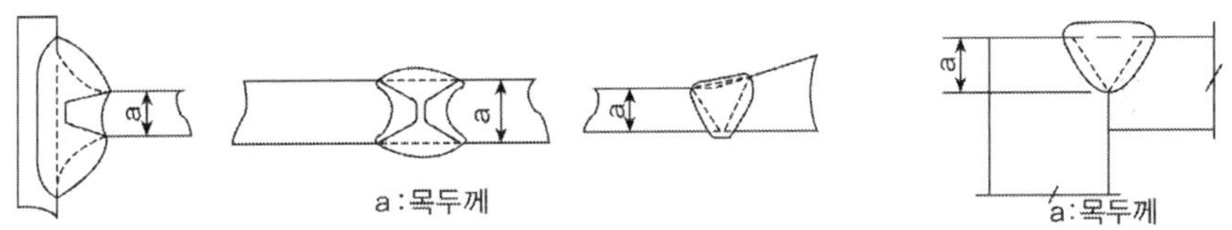


2) 부분용입 홈용접의 목두께는 용입깊이로 한다.

3) 필릿용접의 목두께는 이음의 루우트를 꼭짓점으로 하는 2등변 삼각형의 높이로 한다.

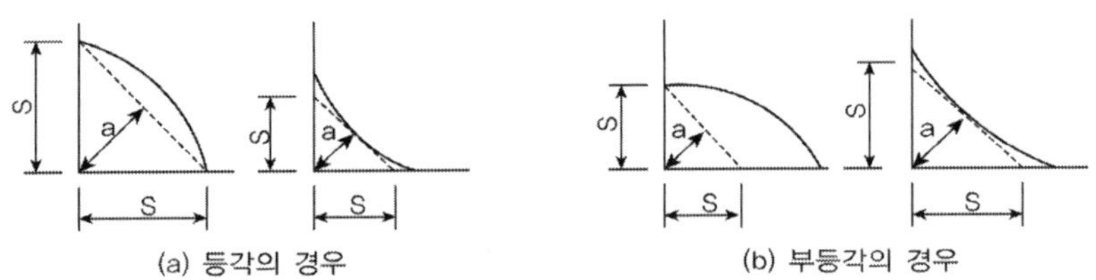

4) 용접부의 유효길이는 이론상의 목 두께를 가지는 용접부의 길이로 한다. 다만 전단면용입 홈용접에서 용접선이 응력방향에 직각이 아닌 경우에는 실제적인 유효길이를 응력에 직각인 방향에 투영시킨 길이로 할 수 있다.

5) 필릿 용접에서 끝돌림 용접을 실시한 경우에는 끝돌림용접 부분은 유효길이에서 제외한다.

6) 주요부재의 응력을 전달하는 필릿 용접의 치수는 $6^{mm}$ ($20^{mm}$ 초과 모재는 $8^{mm}$ ) 이상, 용접부의 얇은 쪽 모재 두께 미만의 범위로 한다.

7) 필릿용접의 최소 유효길이는 치수의 10배 이상, $80^{mm}$ 이상으로 한다.

## 11. 용접이음의 설계

1) 축방향력 또는 전단력 : 필릿 용접 및 부분용입홈용접의 응력은 작용하는 힘의 종류와 관계없이 항상 전단응력만 받는 것으로 보고 계산한다.

$$(\text{용접부 수직응력}) \; f = \frac{P}{\sum al}$$

$$(\text{용접부 전단응력}) \; v = \frac{P}{\sum al}$$

2) 휨모멘트

$$(\text{전단면 용입 홈용접, 수직응력}) \; f = \frac{M}{I}y$$

$$(\text{필릿용접, 전단응력}) \; v = \frac{M}{I}y$$

3) 합성응력

$$(\text{전단면 용입 홈용접}) \; \left(\frac{f}{f_a}\right)^2 + \left(\frac{v_s}{v_a}\right)^2 \leq 1.2$$

$$(\text{필릿용접}) \; \left(\frac{v_b}{v_a}\right)^2 + \left(\frac{v_s}{v_a}\right)^2 \leq 1.0$$

4) 비틀림 : $R_n = \tau A = \left(\dfrac{Tr}{J}\right) \times a = \dfrac{Ped_i}{\sum \left(x_i^2 + y_i^2\right)}$ (용접, $J = I_x + I_y$)

$$\text{합성력} \quad R = \sqrt{R_n^2 + v_n^2 + 2R_n v_n \cos\theta}$$

## 마찰접합과 전단접합

고장력 볼트 마찰접합 이음부의 강도 및 응력분포 특성을 리벳접합의 경우와 비교 설명하시오

### 풀 이

> **개요**

볼트 연결의 접합방법은 크게 전단접합과 마찰접합으로 구분할 수 있으며, 리벳접합은 전단접합으로 볼 수 있다.

> **리벳접합**

가열한 리벳을 양판재의 구멍에 끼우고 압력을 이용하여 열간타격으로 접합하는 방식으로 리벳은 900~1,000℃로 가열한 것을 사용하며 600℃ 이하로 냉각된 것은 사용이 불가하다.

1) 특징
   ① 경합금과 같이 용접이 곤란한 재료의 결합에 신뢰성이 좋다.
   ② 리벳 길이 방향의 하중에 약하다.
   ③ 기밀 및 수밀의 유지가 불리하며 리벳이음 시 소음이 발생한다.
   ④ 숙련도가 요구된다.

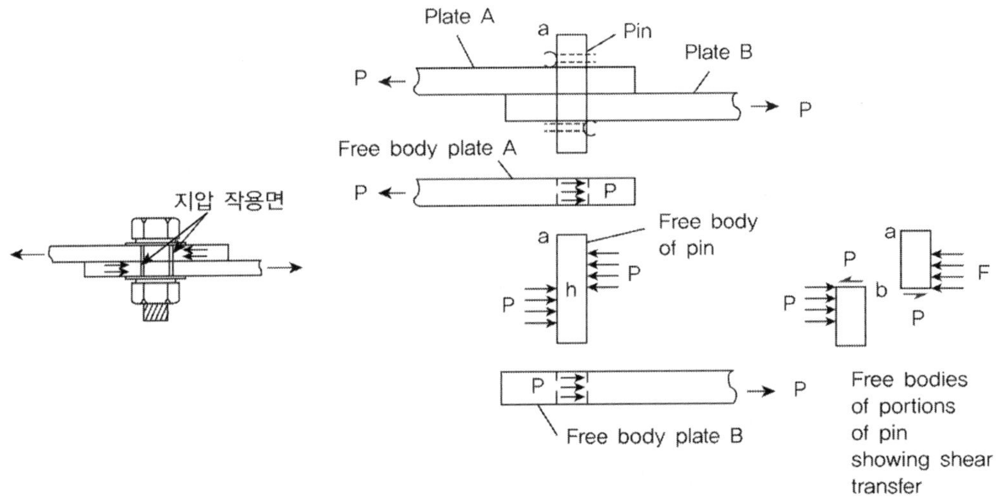

### ➤ 고장력 볼트 마찰접합

고장력볼트를 조여서 생기는 인장력으로 접합재 상호 간 발생하는 마찰력으로 접합하는 방식으로 강구조물에서 주로 사용되는 접합방식이다.

1) 특징
  ① 접합부 강성이 크다.
  ② 소음이 적고 불량개수 수정이 쉽다.
  ③ 현장설비가 간단하여 노동력 절감 및 공기단축이 가능하다.
  ④ 피로강도가 높다.

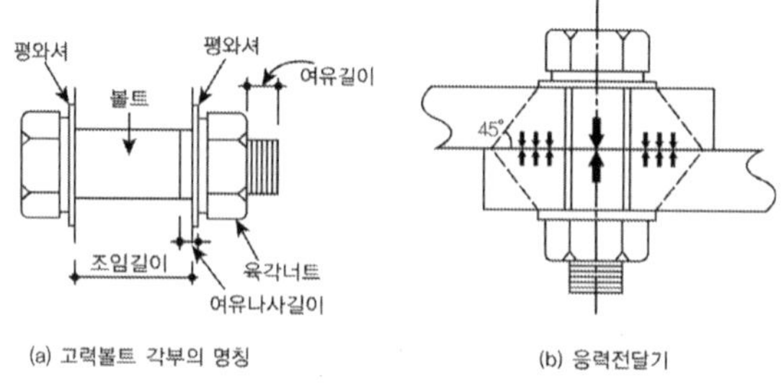


고장력볼트 마찰접합의 응력전달기구

2) 마찰접합 이음부의 강도와 응력분포 특성

볼트에 도입된 인장력에 의해서 접합되는 부재의 접촉면에서 마찰 저항력이 생기도록 하여 부재간에 작용하는 전단력에 저항하도록 한다. 마찰력은 볼트 체결력과 표면의 마찰계수에 비례한다. 리벳접합의 경우 전단접합으로 부재 접촉면에서의 마찰저항력은 고려하지 않는다.

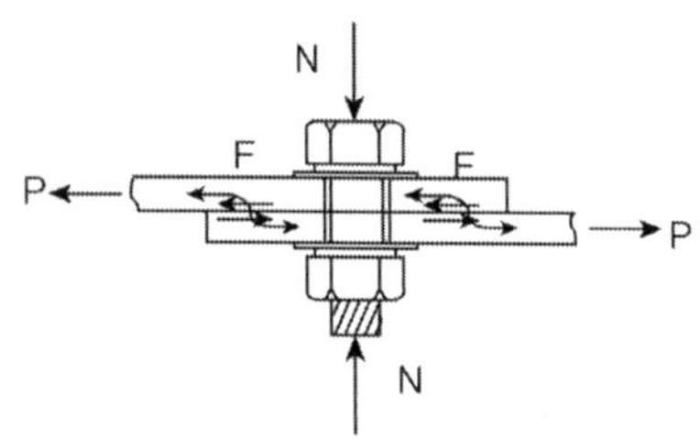


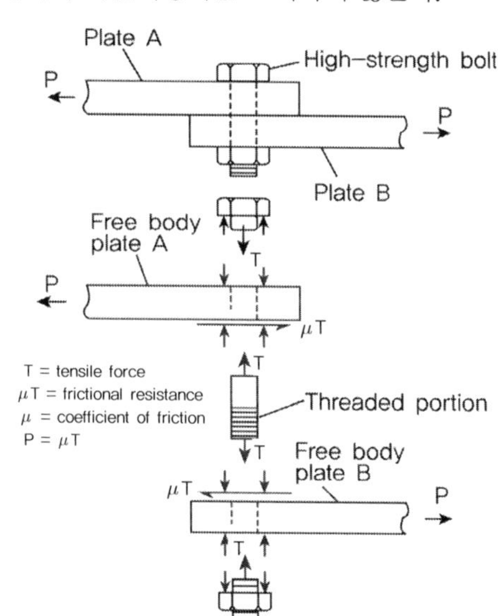


· 마찰이음을 할 경우 볼트에 작용하는 설계볼트 축력
  $$N = \alpha f_y A_s$$
  $\alpha$ : 볼트 항복강도 비율, $F8T(0.85)$, $F10T(0.75)$

· 마찰이음 볼트 하나의 마찰면에 대한 허용력
  $$\rho_a = \mu \frac{N}{S.F}$$
  $\mu$ : 마찰계수(0.4)
  $S.F$ : 이음의 미끄러짐에 대한 안전율(1.7))

## 지압이음

SS400 강판을 2면 전단 연결하여 강판의 인장능력을 최대로 활용하고자 한다. 고장력 볼트 M22-B8T를 사용하여 지압이음으로 점선위치에 배열할 때 볼트의 총 소요 개수를 산정하라.

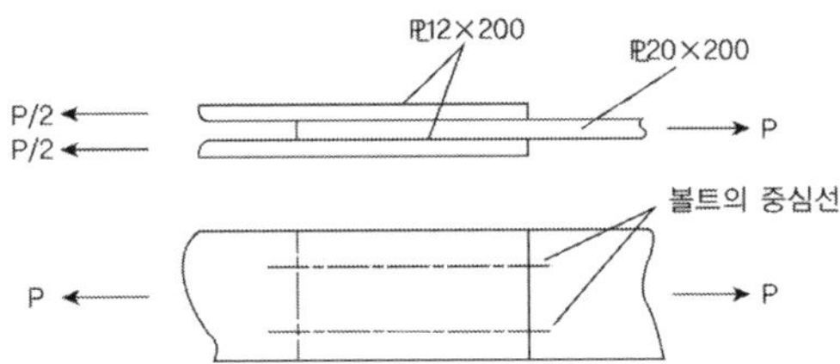




### ▶ 강판의 허용인장력

가운데 부재의 두께가 바깥쪽 부재의 두께의 합보다 작으므로 가운데 부재에 대한 최대 허용인장력을 계산한다.

- 전체 단면적   $A_g = 2000 \times 20 = 4000 mm^2$

- 순 단면적   $A_n = 400 - 2 \times 20 \times (22 + 3) = 3000 cm^2$

- SS400의 허용 축방향 인장력   $P_{ta} = 140 \times 3000 = 420^{kN}$

### ▶ 볼트의 허용 전단력 및 볼트 소요개수

- 지압이음 고장력 볼트 M22-B8T의 허용 전단응력   $v_a = 150^{MPa}$

- 1면 전단에 대한 볼트 1개당 허용 전단력   $P_{va} = 15 \times \dfrac{\pi}{4} \times 22^2 = 57.02^{kN}$

- 필요한 볼트 개수(2면 전단)   $n_b = \dfrac{420}{57.02 \times 2} = 3.68^{EA}$

∴ 한 열에 3개씩 총 6개의 볼트 사용

### ▶ 지압이음에 대한 검토

- 볼트 하나에 대한 허용지압력   $P_{ba} = f_{ba} \times d \times t = 235 \times 22 \times 20 = 103.4^{kN}$

- 볼트 1개당 가운데 부재에 작용하는 지압력   $P_b = \dfrac{420}{6} = 70^{kN} < P_{ba}$   O.K

## 마찰이음

강판의 마찰이음용 고장력 볼트 M22-F8T를 사용하였다. 1면 전단 마찰이음으로 한다. 연결된 두 부재의 접촉면에서 미끄러짐이 발생할 때 볼트 1개당 마찰면 하나가 미끄러짐에 저항하는 힘 $P_{slip}$과 볼트 자체의 가상 전단면에 대한 전단응력을 산정하라. 단, 마찰계수 $\mu$는 0.4, 볼트의 항복강도의 85%에 해당하는 인장응력이 볼트의 응력단면에 작용하도록 체결이 이루어진 것으로 가정한다.

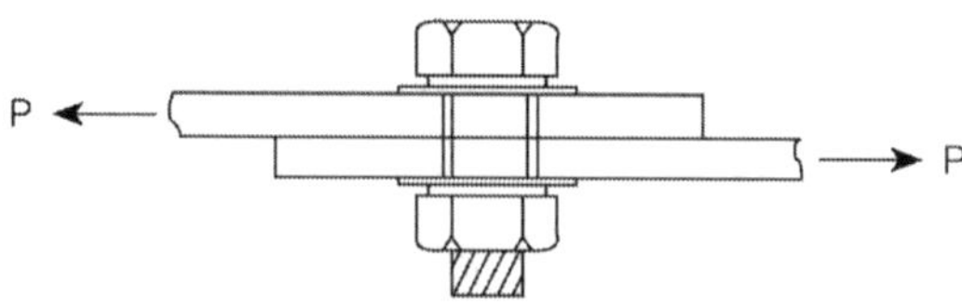

## 풀 이

### ▶ 변수 산정

$$N = \alpha f_y A_s = 0.85 \times 64 \times 3.034 = 165^{kN}$$

$$P_{slip} = \mu \times N = 0.4 \times 165 = 66^{kN}$$

$$A_b = \pi \times 2.2^2 / 4 = 3.801 cm^2$$

$$v_{slip} = P_{slip} / A_b = 66/3.801 = 17.36 kN/cm^2$$

### ▶ 안전율 적용

$$\rho_a = \frac{P_{slip}}{SF} = \frac{\mu N}{SF} = \frac{66}{1.7} = 39^{kN}$$

$$v_a = \frac{v_{slip}}{SF} = 10.0^{kN/cm^2}$$

### ▶ 마찰면이 2개인 경우 볼트 1개당 마찰면 하나가 미끄러짐에 저항하는 힘

$$P_{slip} = 1/2 \times 66 = 33^{kN}$$

마찰이음, 연결판

SS400강판에 4개의 표준규격 볼트 HOLE을 만들었다. 마찰이음용 고장력 볼트 M22-F10T를 사용할 때 연결부재에 180kN의 인장력 작용 시 볼트 연결부의 안전성을 검토하라.

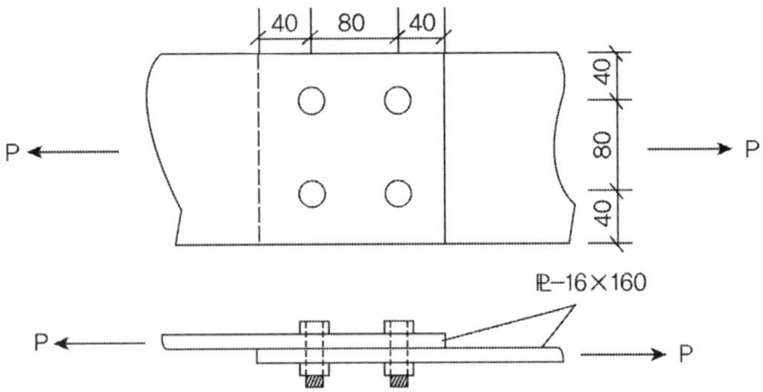


풀 이

▶ **강판에 대한 안전성 검토**

$$A_g = 160 \times 16 = 2560mm^2$$

$$A_n = 2560 - 2 \times 1.6 \times (22 + 3) = 1770mm^2$$

SS400 허용축방향 인장력　$T_a = 140 \times 1770 = 246.4^{kN} > 180^{kN}$　　O.K

▶ **볼트에 대한 안전성 검토**

M22-F10T볼트 1개당 마찰면에 대한 허용력　$\rho_a = 48^{kN}$

연결부 미끄러짐에 대한 허용력　$P_a = 4 \times \rho_a = 192^{kN} > 180^{kN}$　　O.K

## 인장연결

고장력 볼트 M22–F10T를 사용, 연결부재의 80kN 연직하중 작용 시 볼트의 인장력 증가량을 계산하라. 연결부재의 접촉면적은 60cm²이고 볼트는 시방서 규정의 긴장력이 도입되었다.

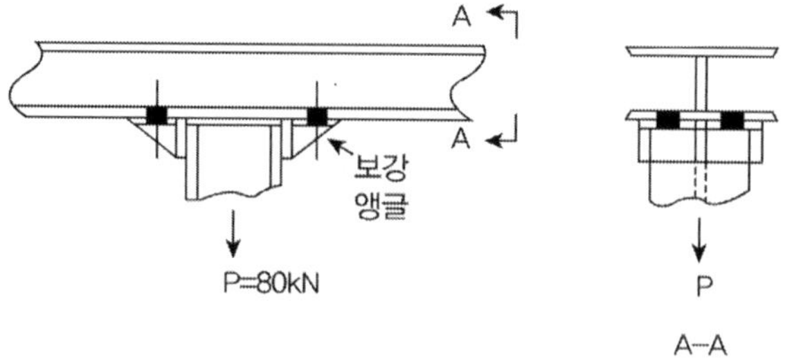


## 풀 이

### ▶ 도입되는 인장력

$$T_{b,i} = \alpha A_s f_y = 0.75 \times 3.034 \times 90 = 204.80^{kN}$$

### ▶ 볼트의 단면적과 강판의 접촉면적 비

$$A_p / A_b = 60/3.80 = 15.79$$

### ▶ 하중 작용 시 볼트가 받는 인장력

$$T_{b,f} = T_{b,i} + \frac{P}{1 + A_p/A_b} = 204.8 + \frac{80}{1 + 15.79} = 209.6^{kN}$$

### ▶ 하중으로 인한 볼트의 안장력 증가비율

$$\frac{209.6 - 204.8}{204.8} = 2.3\%$$

인장연결

볼트연결 부재에 편심하중 작용 시 A볼트의 반력을 산정하라. 모든 볼트의 규격은 동일하다.

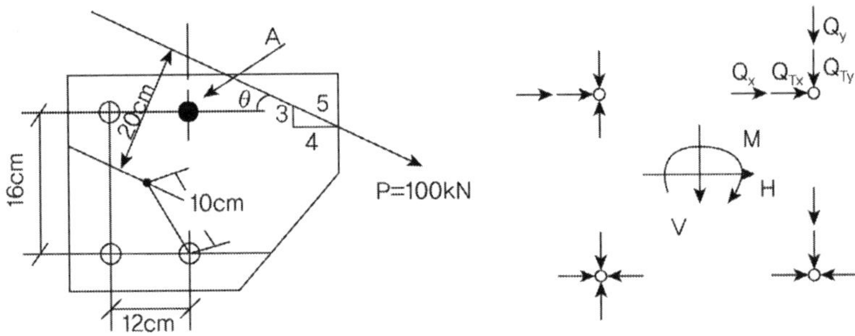


## 풀 이

### ▶ 단면치수

$$e_p = 20cm, \quad x_e = 6cm, \quad y_e = 8cm, \quad \sum (x_i^2 + y_i^2) = 4 \times (6^2 + 8^2) = 400cm^2$$

### ▶ 외력

$$H = 100 \times \frac{4}{5} = 80^{kN}, \quad V = 100 \times \frac{3}{5} = 60^{kN}, \quad M_T = Pe_p = 100 \times 0.2 = 20^{kNm}$$

### ▶ 볼트 작용력

$$Q_x = \frac{80}{4} = 20^{kN}, \quad Q_y = \frac{60}{4} = 15^{kN}$$

$$Q_{Tx} = 20 \times \frac{100}{400} \times 8 = 40^{kN}, \quad Q_{Ty} = 20 \times \frac{100}{400} \times 6 = 30^{kN}$$

$$R = \sqrt{(20 + 40)^2 + (15 + 30)^2} = 75^{kN}$$

### 인장연결

고장력 볼트 M20-F10T로 연결된 브라켓에서 프라잉 작용은 무시하고 이 접합부가 적절한지 검토하라, M20의 유효단면적 $A_s = 2.448cm^2$ 이다.

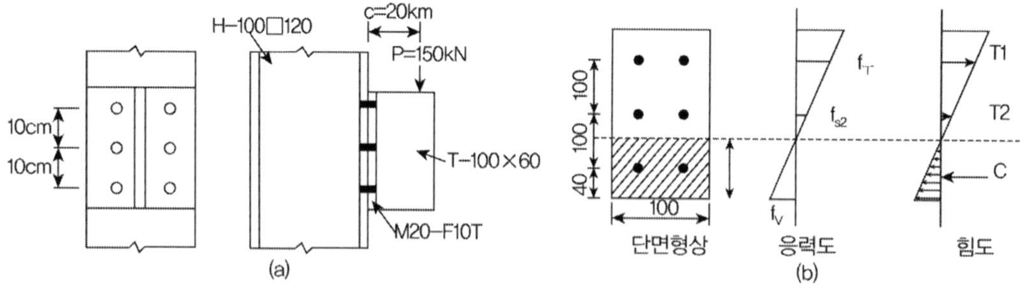





### ▶ 단면 상수 산정

중립축이 그림과 같이 위치해 있다고 가정하면 그림의 응력도로부터

$$f_{s1} = \frac{24 - \overline{y}}{\overline{y}} f_c, \quad f_{s2} = \frac{14 - \overline{y}}{\overline{y}} f_c$$

힘도로부터

$$C = \frac{1}{2} f_c b \overline{y}, \quad T_1 = f_{s1} A_s n_1 = \frac{24 - \overline{y}}{\overline{y}} f_c A_s n_1, \quad T_2 = f_{s2} A_s n_2 = \frac{14 - \overline{y}}{\overline{y}} f_c A_s n_2$$

힘의 평형방정식으로부터

$$T_1 + T_2 - C = 0 : \frac{24 - \overline{y}}{\overline{y}} f_c A_s n_1 + \frac{14 - \overline{y}}{\overline{y}} f_c A_s n_2 - \frac{1}{2} f_c b \overline{y} = 0$$

$$n_1 = n_2 = 2, \quad A_s = 2.448cm^2, \quad b = 10cm \qquad \therefore \overline{y} = 5.20cm$$

단면 2차 모멘트 산정

$$I = \frac{1}{12} \times 10 \times 5.2^3 + (5.2 \times 10) \times \left(\frac{5.2}{2}\right)^2 + 2.448 \times 2 \times (24 - 5.2)^2 + 2.448 \times 2 \times (14 - 5.2)^2$$

$$= 2578cm^4$$

➤ **작용력 산정**

모멘트 $M = 150 \times 20 = 3000^{kNm}$

전단력 $P_v = \dfrac{150}{6} = 25^{kN}$

$$f_{s1} = \frac{M}{I} y_{\max} = \frac{3000}{2578} \times 18.80 = 21.877^{kN/cm^2}$$

인장력 $P_t = 21.877 \times 2.448 = 53.555^{kN}$

전단 인장 검토

$$\left[\frac{P_t}{P_{ta}}\right] + \left[\frac{P_v}{P_{va}}\right] = \left[\frac{53.555}{75.89}\right] + \left[\frac{25}{36.72}\right] = 1.387 > 1.0 \qquad \text{N.G}$$

➤ **작용력 산정**

### 인장연결

축력과 모멘트를 받는 보와 기둥의 접합부를 설계 시 연결부 중립축의 위치와 최대 인장응력을 산정하라. 고장력 볼트 M20 유효단면적 $A_s = A_b = \pi \times \dfrac{2^2}{4} = \pi cm^2$

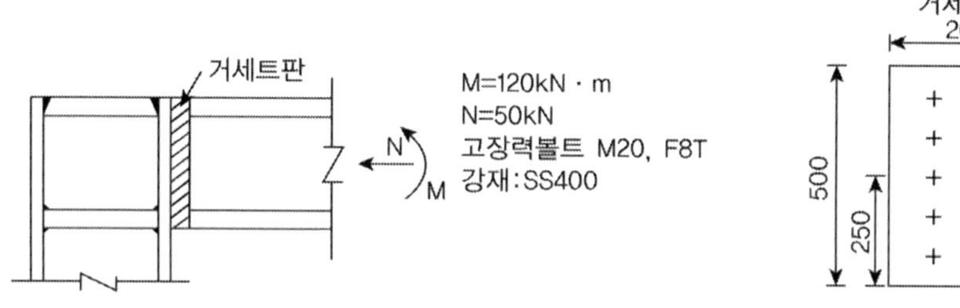




### ▶ 중립축 및 응력분포 가정

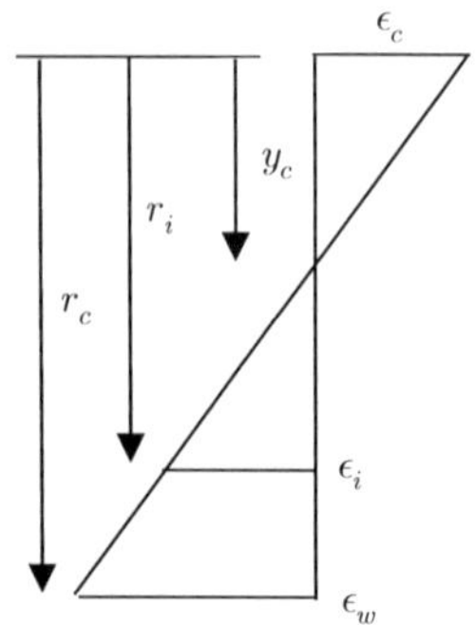


중립축의 위치를 $15 < y_c < 25$ 로 가정

응력분포식 $f_i = \dfrac{r_i - y_c}{y_c} E\epsilon_c = \dfrac{r_i - y_c}{y_{cf_c}}$

### ▶ 축력에 대한 평형식

압축력 : $C = \dfrac{1}{2} E\epsilon_c by_c = \dfrac{1}{2} f_c by_c$

인장력 : $T = \displaystyle\sum_{i=1}^{k} f_i A_{si}$

축력에 대한 평형식 : $N = C - T$

$$50 = \dfrac{1}{2} f_c \times 20 \times y_c - \dfrac{2 \times A_s \times f_c}{y_c} \times [(45 - y_c) + (35 - y_c) + (25 - y_c)]$$

### ▶ 모멘트에 대한 평형식

$$M = C\left(\frac{2}{3}y_c\right) + \sum_{i=1}^{k} \frac{(r_i - y_c)^2}{y_c} f_c A_{si}$$

$$12000 = \frac{20}{3} f_c y_c^2 + \frac{f_c}{y_c} 2\pi[(45 - y_c)^2 + (35 - y_c)^2 + (25 - y_c)^2] \qquad \therefore y_c = 7.69cm$$

가정사항$(15 < y_c < 25)$과 상이하므로  N.G

### ▶ 중립축 재가정   $5 < y_c < 15$

축력에 대한 평형식

$$50 = \frac{1}{2} f_c \times 20 \times y_c - \frac{2 \times A_s \times f_c}{y_c} \times [(45 - y_c) + (35 - y_c) + (25 - y_c) + (15 - y_c)]$$

모멘트에 대한 평형식

$$12000 = \frac{20}{3} f_c y_c^2 + \frac{f_c}{y_c} 2\pi[(45 - y_c)^2 + (35 - y_c)^2 + (25 - y_c)^2 + (15 - y_c)^2]$$

$$\therefore y_c = 7.95cm \qquad 가정사항(5 < y_c < 15)과 동일하므로  O.K$$

### ▶ 단면 2차 모멘트 산정

$$I = \frac{1}{3} \times 20 \times 7.95^3 \times 2\pi[(45 - 7.95)^2 + (35 - 7.95)^2 + (25 - 7.95)^2 + (15 - 7.95)^2] = 18.71cm^2$$

### ▶ 볼트의 최대 인장응력

$$f_{max} = \frac{M}{I} y_{max} + \frac{P}{A} = \frac{120 \times 100}{18711} \times (45 - 7.95) - \frac{50}{20 \times 7.95 + 6 \times \pi \times 2^2/4} = 23.48^{kN/cm^2}$$

여기서 단면 A는 휨모멘트에 의해서 압축을 받는 강판면적$(20 \times 7.95 = 159cm^2)$과 인장을 받는 6개의 M20볼트의 단면적$(6 \times \pi = 18.84cm^2)$의 합으로 산정

### ▶ 최대 인장력

$$P_{max} = f_{max} \times A_s = 23.48 \times \pi \times \frac{2^2}{4} = 73.8^{kN}$$

### ▶ 허용인장력

$$P_a = 25 \times \pi \times \frac{2^2}{4} = 78.5^{kN} > 73.8^{kN} \qquad O.K$$

## 플레이트거더 이음부 설계 (도로설계편람 506)

다음 이음부의 적정성 및 설계를 검토하시오.

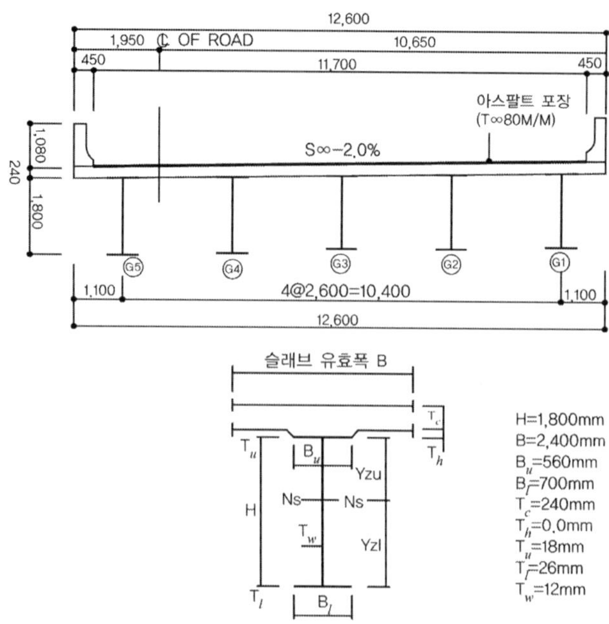


## 1) 압축부 상부플랜지

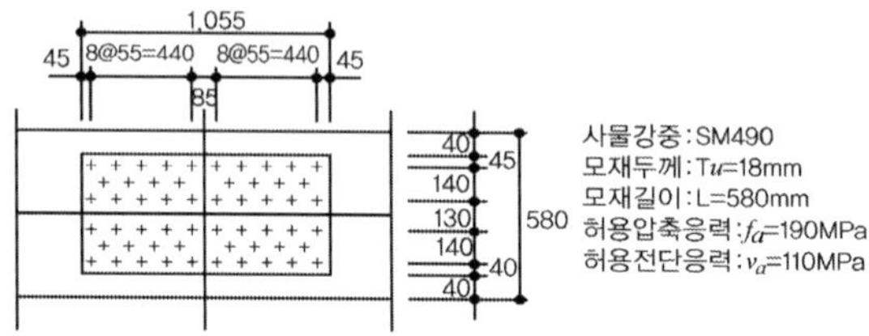


## 2) 인장부 하부플랜지

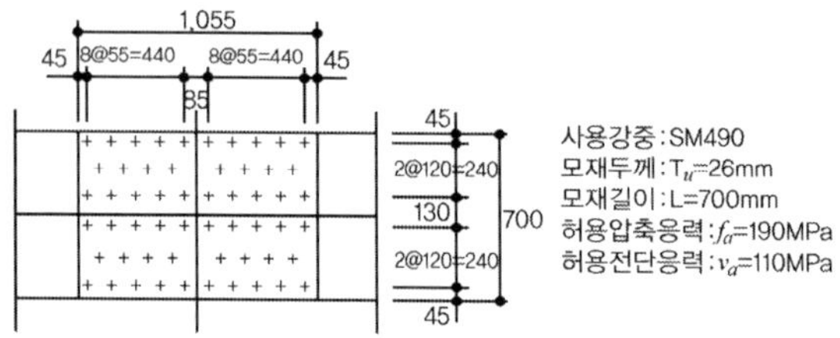

3) 복부 연결부

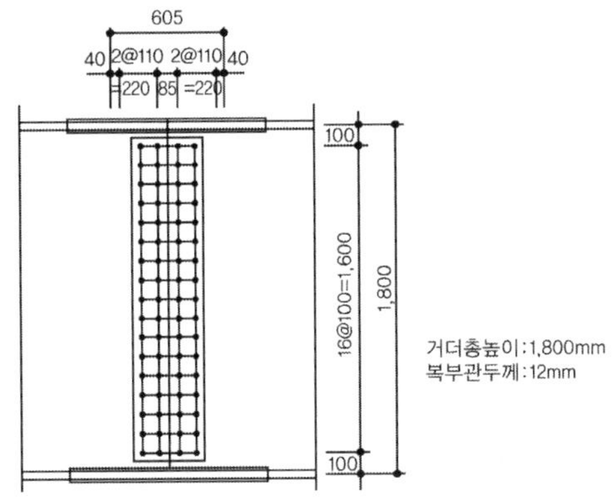


합성 전 휨모멘트 $M_s = 1606.73^{kNm}$ 　　　합성 후 휨모멘트 $M_v = 3990.91^{kNm}$

합성 전 전단력 $S_s = -119.42^{kN}$ 　　　합성 후 전단력 $S_v = -363.13^{kN}$

총 비틀림 모멘트 $M_t = 0.11^{kNm}$ 　　　상부 플랜지 응력 $f_u = 63.6^{MPa}$

하부 플랜지 응력 $f_l = -91.9^{MPa}$ 　　　볼트 HT(M22 F10T) $\rho_a = 48 \times 2$면마찰 $= 96^{kN}$

합성 전 중립축으로부터 압축부(인장부) 플랜지 최외단까지의 거리 : 1041.9mm (802.1mm)

합성 후 중립축으로부터 압축부(인장부) 플랜지 최외단까지의 거리 : 279.1mm (1564.9mm)

합성 전 중립축에 대한 총단면의 단면 2차 모멘트 $I_s = 28,619,709,085mm^4$

합성 후 중립축에 대한 총단면의 단면 2차 모멘트 $I_v = 68,900,000,000mm^4$

### 풀 이

▶ **압축부 플랜지**

$$f_s = 63.6MPa, \quad f_s' = 0.75 \times 190 = 142.5MPa \text{ (모재강도의 75\%)}$$

∴ 이음부 설계응력은 142.5MPa를 적용한다.

1) 필요 볼트수 산정

$$n = \frac{A_s \times f_s}{\rho_a} = \frac{18 \times 580 \times 142.5}{96 \times 10^3} = 16^{EA} \qquad \therefore n_{use} = 28^{EA}$$

2) 이음판의 결정

$$\text{필요단면적} : A_{s(req)} = \frac{18 \times 580 \times 142.5}{190} = 7830^{mm^2}$$

사용이음판 $A_s =$ 1-PL 500×12×1=6000mm$^2$,      2-PL 220×12×2=5280mm$^2$

$\sum A_s = 11,280mm^2 > A_{s(req)}$      O.K

이음판의 응력 검토 : $f_s = \dfrac{18 \times 580 \times 142.5}{11280} = 131.89^{MPa} < f_{sa}$     O.K

## 3) 볼트의 응력검토

### ① 직응력

$$\rho_p = \frac{P}{n} = \frac{18 \times 580 \times 142.5}{28} = 53.132^{kN/EA} < \rho_a \qquad \text{O.K}$$

### ② 휨 전단응력

합성 전 전단력 $S_s = -119.42^{kN}$,   합성 후 전단력 $S_v = -363.13^{kN}$

합성전 단면 1차 모멘트 $Q_s = 580 \times 18 \times (1041.9 - 9) = 10,783,476mm^3$

합성후 단면 1차 모멘트 $Q_v = 580 \times 18 \times (279.1 - 9) = 2,819,844mm^3$

합성전 $I_s = 28,619,709,085mm^4$,   합성 후 $I_v = 68,900,000,000mm^4$

$p$ : 접합선 방향의 볼트의 평균피치=플랜지전폭 / 횡방향볼트수=580/(28/9)=186.4mm

$$\therefore \rho_h = \left( \frac{S_s Q_s}{I_s} + \frac{S_v Q_V}{I_v} \right) \times \frac{p}{n} = -1239.9^{N/EA}$$

### ③ 합성응력 검토

$$\rho = \sqrt{\rho_p^2 + \rho_h^2} = 53.146^{kN/EA} < \rho_a \qquad \text{O.K}$$

## ▶ 인장부 하부플랜지

$$f_s = 91.9MPa, \quad f_s' = 0.75 \times 190 = 142.5MPa \text{ (모재강도의 75\%)}$$

$\therefore$ 이음부 설계응력은 142.5MPa를 적용한다.

## 1) 필요 볼트 수 산정

$$n = \frac{A_s \times f_s}{\rho_a} = \frac{26 \times 700 \times 142.5}{96 \times 10^3} = 28^{EA} \qquad \therefore n_{use} = 28^{EA}$$

## 2) 이음판의 결정

필요단면적 : $A_{s(req)} = \dfrac{26 \times 700 \times 142.5}{190} = 13,650^{mm^2}$

사용이음판 $A_s = $ 1-PL 700×12×1=8,400mm$^2$,    2-PL 320×12×2=7,680mm$^2$

$$\sum A_s = 13,680mm^2 > A_{s(req)} \qquad \text{O.K}$$

이음판의 응력 검토 : $f_s = \dfrac{26 \times 700 \times 142.5}{13,680} = 189.583^{MPa} < f_{sa}$    O.K

3) 볼트의 응력검토

① 직응력

$$\rho_p = \frac{P}{n} = \frac{26 \times 700 \times 142.5}{28} = 92.625^{kN/EA} < \rho_a \qquad \text{O.K}$$

② 휨 전단응력

합성 전 전단력 $S_s = -119.42^{kN}$,    합성 후 전단력 $S_v = -363.13^{kN}$

합성 전 단면 1차 모멘트 $Q_s = 700 \times 26 \times (802.1 - 13) = 14,361,620mm^3$

합성 후 단면 1차 모멘트 $Q_v = 700 \times 26 \times (1564.9 - 13) = 28,244,580mm^3$

합성 전 $I_s = 28,619,709,085mm^4$,    합성 후 $I_v = 68,900,000,000mm^4$

$p$ : 접합선 방향의 볼트의 평균피치=플랜지전폭 / 횡방향 볼트 수=700/(28/9)=225mm

$$\therefore \rho_h = \left( \frac{S_s Q_s}{I_s} + \frac{S_v Q_V}{I_v} \right) \times \frac{p}{n} = -5219.65^{N/EA}$$

③ 합성응력 검토

$$\rho = \sqrt{\rho_p^2 + \rho_h^2} = 92.772^{kN/EA} < \rho_a \qquad \text{O.K}$$

④ 모재의 응력검토

플랜지의 총단면적 $A_s = 26 \times 700 = 18,200mm^2$

볼트구멍을 공제한 플랜지의 순단면적 $A_n = 15,600mm^2$

모재의 응력 검토 $f_l = \dfrac{18,200 \times 142.5}{15,600} = 166.25^{MPa} < f_{sa}$    O.K

### ▶ 복부 연결부의 계산

1) 볼트의 응력계산

볼트 1개의 휨작용력

$$\sum y_i^2 = 2열 \times (100^2 + 200^2 + \dots + 800^2) \times 2 = 8,160,000mm^2$$

휨모멘트 성분

$$M_w = \frac{f \times t_w \times h_w^2}{6} = \frac{142.5 \times 12 \times 1800^2}{6} = 923.400^{kNm}$$

$$\rho_m = \frac{M_w}{\sum y_i^2} y = \frac{923,400,000}{8,160,000} \times 800 = 92.529^{kN}$$

$$\rho_s = \frac{363,130}{34} = 10.680^{kN}$$

$$\rho = \sqrt{\rho_m^2 + \rho_s^2} = 91.127^{kN} < \rho_a \qquad \text{O.K}$$

2) 이음판의 응력계산

① 복부판의 단면 2차 모멘트

합성 전 $I_{sw}{}' = \dfrac{12 \times 1800^3}{12} + 12 \times 1800 \times (900 - 802.1)^2 = 6,039,023,256 mm^4$

합성 후 $I_{vw}{}' = \dfrac{12 \times 1800^3}{12} + 12 \times 1800 \times (1564.9 - 900)^2 = 15,381,187,416 mm^4$

② 복부에 작용하는 모멘트

합성 전 모멘트 $M_{sw} = M_s \times \dfrac{I_{sw}{}'}{I_s} = 1606.7 \times \dfrac{6,039,023,256}{28,619,709,085} = 339^{kNm}$

합성 후 모멘트 $M_{vw} = M_v \times \dfrac{I_{sw}{}'}{I_s} = 3,990.9 \times \dfrac{15,381,187,416}{68,900,000,000} = 890.9^{kNm}$

③ 이음판의 단면 2차 모멘트 산정(단위 mm)

| Splice | $A$ | $Y$ | $AY$ | $AY^2$ | $I_0$ |
|---|---|---|---|---|---|
| 2PL 1,600×10 | 32,000 | 0 | 0 | 0 | 6,826,666,666 |

합성 전 중립축에 대한 이음판의 단면 2차 모멘트

$$I_{sw} = 6,826,666,666 + 32,000 \times (900 - 802.1)^2 = 7,133,367,786 mm^4$$

합성 후 중립축에 대한 이음판의 단면 2차 모멘트

$$I_{vw} = 6,826,666,666 + 32,000 \times (1564.9 - 900)^2 = 20,973,610,986 mm^4$$

합성 전 중립축에서 이음판 상, 하연까지의 거리

$$Y_{su} = 1041.9mm, \ Y_{sl} = 802.1mm$$

합성 후 중립축에서 이음판 상, 하연까지의 거리

$$Y_{vu} = 279.1mm, \ Y_{vl} = 1564.9mm$$

④ 이음판의 응력 산정

이음판의 상연응력

$$f_u = \frac{M_{sw}}{I_{sw}} Y_{su} + \frac{M_{vw}}{I_{vw}} Y_{vu} = \frac{339.035 \times 10^6}{7,133,367,786} \times 1041.9 + \frac{890.928 \times 10^6}{20,973,610,986} \times 279.1$$

$$= 61.375^{MPa} < f_{sa} \qquad \text{O.K}$$

이음판의 하연응력

$$f_u = \frac{M_{sw}}{I_{sw}} Y_{sl} + \frac{M_{vw}}{I_{vw}} Y_{vl} = \frac{339.035 \times 10^6}{7,133,367,786} \times 802.1 + \frac{890.928 \times 10^6}{20,973,610,986} \times 1564.9$$

$$= 104.597^{MPa} < f_{sa} \qquad \text{O.K}$$

## fillet 용접

아래 그림과 같은 T형보를 전면 필릿 용접으로 공장에서 제작한다. 하중은 용접선에 수직으로 작용하고 강종은 SM400, 모재의 두께는 40mm 이하이다. 용접선에 작용하는 응력과 합성응력을 구하시오(P=120kN, f=15.0mm, h=10.0mm, L=100.0mm).

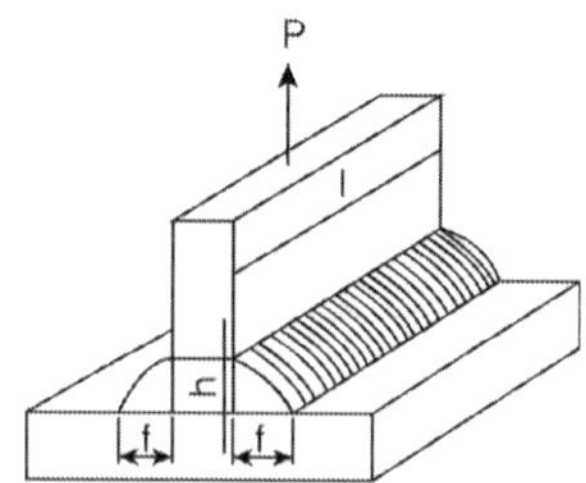


### 풀 이

### ➤ 개요

필릿용접의 검토는 전단에 대해서 검토하도록 규정하고 있으므로 전단에 대해서 검토

1) 필릿용접의 응력검토

　① 축방향력(전단으로 검토)　$f_p = \Sigma \dfrac{P}{al}$　　　② 전단　$v_s = \Sigma \dfrac{P}{al}$

　③ 휨　$f_b = \dfrac{M}{I}y$　　　④ 합성응력 검토　$\left(\dfrac{f}{f_a}\right)^2 + \left(\dfrac{v}{v_a}\right)^2 \leq 1.0\,(fillet),\quad 1.2\,(groove)$

　⑤ 비틀림　$R_n = \tau A = \left(\dfrac{Tr}{J}\right) \times a = \dfrac{Ped_i}{\Sigma\,(x_i^2 + y_i^2)}$　　(용접, $J = I_x + I_y$)

　⑥ 합성력　$R = \sqrt{R_n^2 + v_n^2 + 2R_n v_n \cos\theta}$

2) 용접 일반사항

　① 용접은 잔류응력의 발생으로 인해서 취성파괴, 피로파괴, 부식저항, 좌굴강도의 영향이 발생하며, 용접의 잔류응력의 최소화하기 위해서는 용착금속량의 최소화, 용착법 순서 준수, 예열 및 용접방향을 응력방향과 평행하게 수행 하는 등의 대책을 마련하여야 한다.

　② 용접의 종류로는 홈용접(Groove), 모살용접(fillet), 슬롯용접, 플러그 용접 등이 있다.

　③ 홈용접(축력)의 허용응력은 $f_a = f_y$ 로 하며, 홈용접, 부분홈용접 및 필릿(전단)용접의 허용응력은 $v_a = f_a / \sqrt{3}$ 로 하되 현장용접은 공장용접의 90%를 적용한다.

　④ 용접의 최대치수의 제한(모재응력 이상방지) 및 최소치수의 제한(냉각속도가 빨라져 균열방지)

을 위해 $t_1 > s > \sqrt{2t_2}$ 로 규정한다.

⑤ 용접의 장단점

| 장점 | 단점 |
|---|---|
| • 강중절약(거셋/연결판등)<br>• 사용성 유리(강관기둥연결)<br>• 강절구조에 적합<br>• 설계변경, 오류수정 용이<br>• 소음이 작고 확실한 인장이음<br>• 곡선부, 소형 폐단면적용 유리<br>• 수밀성 확보 | • 용접부 응력집중<br>• 용접부 변형에 의한 2차응력 발생 가능<br>• 잔류응력의 영향 → 피로, 부식, 좌굴, 취성파괴 영향 |

## ▶용접 목 두께 산정

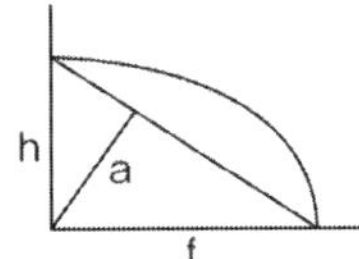

$h = 10.0mm$, $f = 15mm$ (삼각형의 면적비로부터)

$h \times f = \sqrt{h^2 + f^2} \times a$

$\therefore\ a = 8.32mm$

용접길이$(l)$ = 100mm

## ▶용접선 작용응력

$SM400$의 허용응력 $f_a = 140MPa$ → 모재강도의 75%　　105$MPa$

① 작용하중에 의한 응력

$$v = \frac{P}{\Sigma al} = \frac{120 \times 10^3}{8.32 \times 2 \times 100} = 72.12MPa < v_a = f_a/\sqrt{3} = 80MPa \qquad \text{O.K}$$

② 만약 용접 길이 중 단부에 $a$만큼 양단의 용접 길이를 제외하여 계산할 경우

$$v = \frac{P}{\Sigma al} = \frac{120 \times 10^3}{8.32 \times 2 \times (100 - 2 \times 8.32)} = 86.51MPa > v_a = f_a/\sqrt{3} = 80MPa \qquad \text{N.G}$$

## ▶②인 경우

목두께 변경 시($h \to 15mm$) $s = 10.61mm$

$$v = \frac{P}{\Sigma al} = \frac{120 \times 10^3}{10.61 \times 2 \times (100 - 2 \times 10.61)} = 71.78MPa < v_a = f_a/\sqrt{3} = 80MPa \ \text{O.K}$$

## 지압이음

다음 그림과 같은 구조로 500kN의 인장력을 전달하기 위한 구조를 지압이음으로 설계하려고 한다. SS400강재와 M22-B10T(지압이음용 고장력 볼트)를 사용할 때 구조검토를 수행하고 연결에 필요한 볼트의 최소개수를 구하시오.

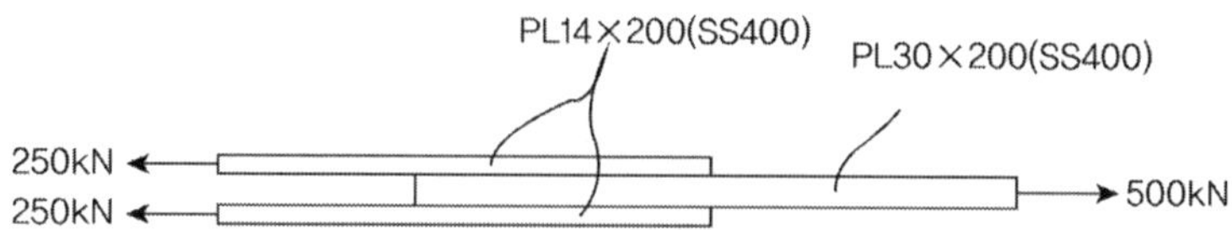


### 풀 이

### ▶ 강판의 허용인장력

볼트의 배열은 2열 배치로 검토한다.

가운데 부재의 두께가 바깥쪽 부재의 두께의 합보다 크므로 바깥쪽 부재에 대한 최대 허용인장력을 계산한다.

전체 단면적 $\quad A_g = 14 \times 2 \times 200 = 5,600 mm^2$

순 단면적 $\quad A_n = A_g - 2 \times 14 \times 2 \times (22+3) = 4,200 mm^2$

SS400의 허용 축방향 인장력 $\quad P_{ta} = 140^{MPa} \times 4200^{mm^2} = 588^{kN}$

### ▶ 볼트의 허용 전단력 및 볼트 소요개수

지압이음용 고장력 볼트 M22-B8T의 허용전단응력 $\quad v_a = 150^{MPa}$

1면 전단에 대한 볼트 1개당 허용전단력 $\quad P_{va} = 150 \times \dfrac{\pi}{4} \times 22^2 = 57.02^{kN}$

필요한 볼트 개수(2면 전단) $\quad n_b = \dfrac{P_{ta}}{2 \times P_{va}} = 5.16^{EA}$

∴ 한 열에 3개씩 총 6개의 볼트 사용

### ▶ 지압이음에 대한 검토

볼트 하나에 대한 허용지압력 : $P_{ba} = f_{ba} \times d \times t = 235^{MPa} \times 22 \times 28 = 144.76^{kN}$

볼트 1개당 측면 부재에 작용하는 지압력 : $P_b = \dfrac{588}{6} = 98^{kN} < P_{ba}(= 144.76^{kN})$ $\qquad$ O.K

### 전단응력

휨부재로 사용되는 강재 H-400×200×8×13 의 단면 복부판 축을 따라 전단력 V = 200kN이 작용한다. 이때 이 단면에 발생하는 최대전단응력을 구하시오(단, H-형강의 구석살(fillet)은 무시한다).

### 풀 이

#### ▶ 단면의 성질

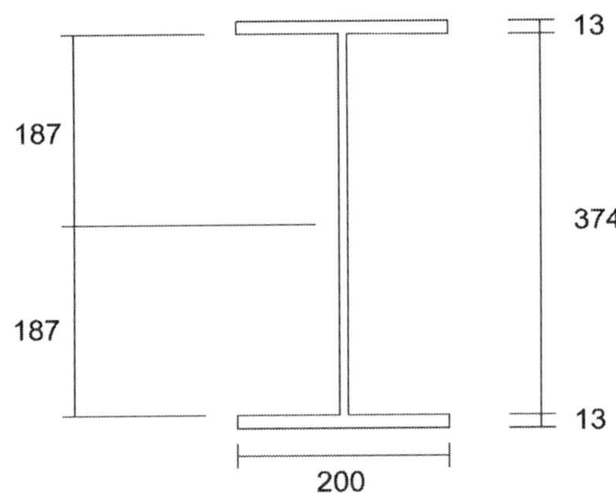


$$I = \frac{BH^3}{12} - \frac{bh^3}{12} = \frac{200 \times 400^3}{12} - \frac{(200-8)(400-13\times 2)^3}{12} = 229,648,683 mm^4$$

$$Q_{\max} = 200 \times 13 \times \left(200 - \frac{13}{2}\right) + 187 \times 8 \times \frac{1}{2} \times (200-13) = 642,976 mm^3$$

#### ▶ 최대전단응력 산정

복부판 중앙에서 $Q_{\max}$ 이므로,

$$\tau_w = \frac{VQ}{It} = \frac{200 \times 10^3 \times 642,976}{2.29649 \times 10^8 \times 8} = 69.996^{MPa}$$

## 볼트의 조합력

그림과 같은 브래킷의 연결에서 모든 볼트가 동일한 직경의 볼트로 연결되어 하중 P=100 kN 가 작용할 경우 각각의 볼트가 받는 전단력을 계산하고, 최대의 전단력을 받는 볼트는 6개 중 어느 것인가 확인하시오[단, 볼트는 그림과 같이 편심전단 하중을 받는 경우로서, 전체 볼트군(fastener group)은 도심(centroid)에 대하여 비틀림 모멘트와 직접전단(direct shear)을 받으며, 브라켓의 판(plate)은 강체(rigid)로 연결되었고, 판(plate) 사이의 마찰은 없는 것으로 가정].

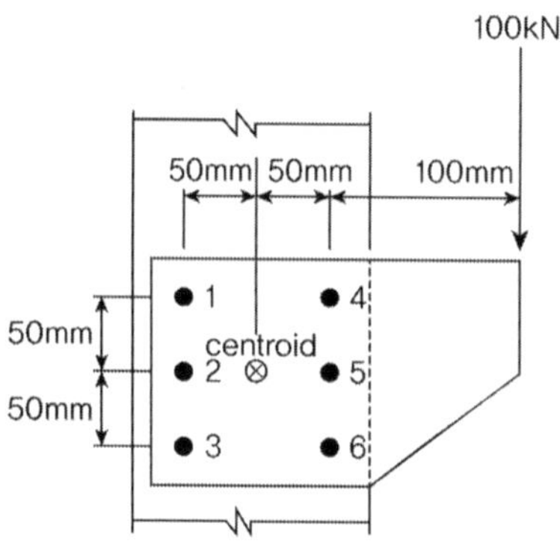


## 풀 이

### ▶ 전단력 산정

$$R_V = \frac{V}{n} = \frac{100}{6} = 16.67^{kN}$$

### ▶ 비틀림 산정

1) 거리산정(볼트 1, 3, 4, 6)    $d_1 = \sqrt{x^2 + y^2} = \sqrt{50^2 + 50^2} = 70.71^{mm}$

2) 거리산정(볼트 2, 5)    $d_2 = 50^{mm}$

3) 비틀림력 산정

$$R_T = \frac{Pe}{\sum (x^2 + y^2)} d_i$$

① 볼트 1, 3, 4, 6 : $R_T = \dfrac{100 \times 150}{4 \times 5000 + 2 \times 2500} \times 70.71 = 42.43^{kN}$

② 볼트 2, 5 : $R_T = \dfrac{100 \times 150}{4 \times 5000 + 2 \times 2500} \times 50 = 30^{kN}$

### ▶ 볼트별 합성 전단력 산정

합성력 산정 $R = \sqrt{R_V^2 + R_T^2 + 2R_V R_T \cos\theta}$

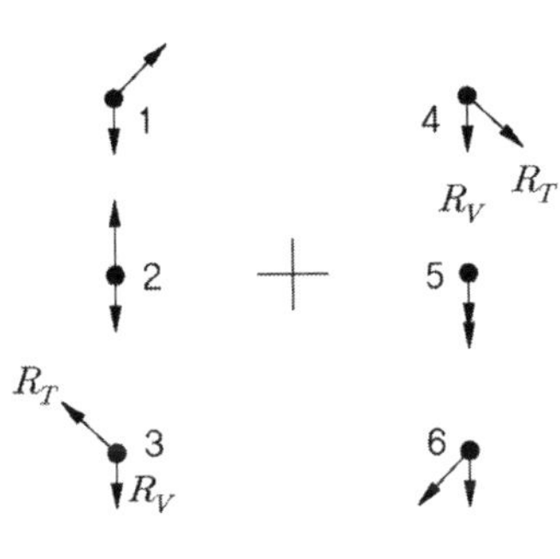

| 번호 | $\theta$ | $R_V$ | $R_T$ | $R$ |
|----|------|-------|-------|------|
| 1 | 135° | 16.67 | 42.43 | $R_1 = 32.829^{kN}$ |
| 2 | 180° | 16.67 | 30.0 | $R_2 = 13.333^{kN}$ |
| 3 | 135° | 16.67 | 42.43 | $R_3 = R_1 = 32.829^{kN}$ |
| 4 | 45° | 16.67 | 42.43 | $R_4 = 55.478^{kN}$ |
| 5 | 0° | 16.67 | 30.0 | $R_5 = 46.667^{kN}$ |
| 6 | 45° | 16.67 | 42.43 | $R_6 = R_4 = 55.478^{kN}$ |

$\therefore R_{\max} = 55.478^{kN}$　(4, 6번 볼트에서 발생)

## 연결부 허용하중

다음 그림과 같이 덧댐판에 $200 \times 10\,mm$의 강판을 (가)현장필릿용접(끝돌림 실시) 또는 (나)고장력 볼트 이음을 하려고 할 때 이음부의 허용인장하중 $P_{ta}$를 비교하시오(단, SS 400 강재, F10T(M22) 볼트 사용).

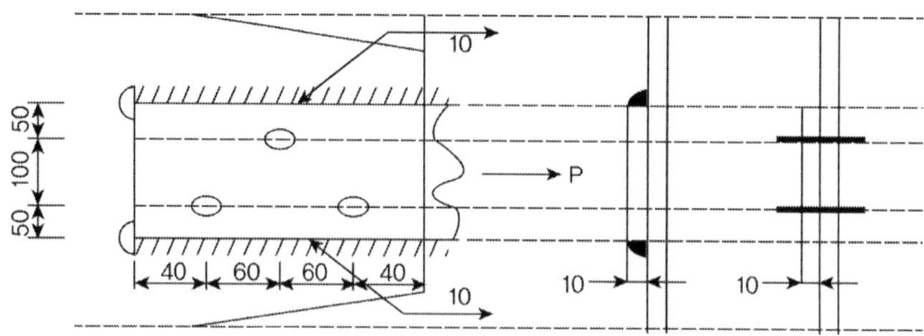


### 풀 이

### ▶ 현장 필릿용접

SS400의 필릿용접 허용 전단응력 $v_a = 0.9 \times 80 = 72^{MPa}$ (현장용접은 공장용접의 90%)

$$a = 0.707s = 7.07^{mm}$$

끝돌림 용접이므로 끝돌림 길이를 $a$로 가정하여 유효길이에서 제외

$$l = 2 \times (200 - 2 \times a)^{mm} = 371.7^{mm}$$

$$\therefore \text{이음부 허용하중}\ P_{ta} = v_a \times a \times l = 72 \times 7.07 \times 371.7 = 189.21^{kN}$$

### ▶ 고장력 볼트 이음

F10T(M22)의 허용 전단력 $\rho_a = 48^{kN/EA}$

이음부의 허용인장하중은 1면 전단이므로

$$\therefore \text{이음부 허용하중}\ P_{ta} = 3\rho_a = 144^{kN}$$

## 강재라멘의 좌굴

다음과 같은 상자형 단면 강재 라멘교각 기둥부재의 면내 및 면외방향 유효폭과 유효좌굴길이를 도로교설계기준에 의거하여 산정하시오(단, 보와 기둥의 단면 2차 모멘트는 각각 $I_B$와 $I_C$이다).

유효폭의 산정식 :  
$$\lambda = b \qquad\qquad\qquad\qquad\qquad\qquad (b/L_e \leq 0.02)$$
$$= [1.06 - 3.2(b/L_e) + 4.5(b/L_e)^2]b \qquad (0.02 < b/L_e < 0.3)$$
$$= 0.15L_e \qquad\qquad\qquad\qquad\qquad (0.3 \leq b/L_e)$$

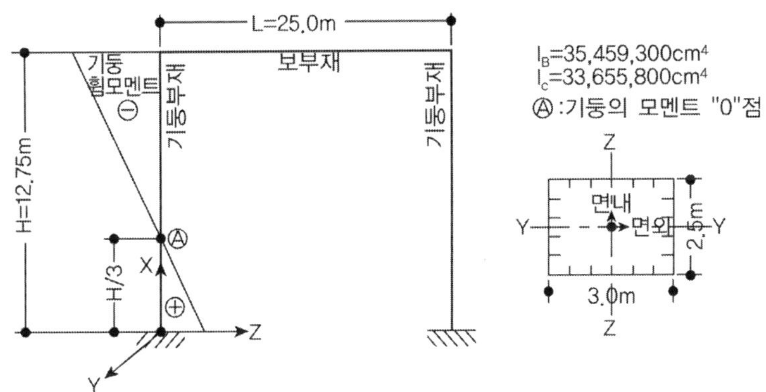




### ▶ 유효폭

도로교 설계기준 3.8.3.4에 따라 플랜지 유표폭에 준하여 산정하도록 하고 있다.

| 구분 | 유효폭의 변화 상태 | 구 간 | 등가지간장 |
|---|---|---|---|
| 단순<br>거더 | | ① | $\lambda L$(거더전장) : $l = L$ |
| 연속<br>거더 | | ① | $\lambda L_1$ (지간중앙부) : $l = 0.8L_1$ |
| | | ⑤ | $\lambda L_2$ (지간중앙부) : $l = 0.6L_2$ |
| | | ③ | $\lambda S_1$ (지간중앙부) : $l = 0.2(L_1 + L_2)$ |
| | | ⑦ | $\lambda S_2$ (지간중앙부) : $l = 0.2(L_2 + L_3)$ |
| | | ②④⑥⑧ | 양단의 유효폭을 사용하여 직선적으로 변화한다. |

응력계산을 위한 유효폭은 도로교 설계기준 3.8.3.4에 따라 플랜지 유효폭에 준하여 산정하는 것으로 하고 있으나 하부구조의 등가지간길이 $l$에 대해서는 명시되어 있지 않으므로 지배적인 하중재하 상태에서의 휨모멘트 분포형상을 고려하여 결정하여야 한다.

| 구분 | 교각형식 | 구 간 | 등가지간길이 | 적 용 | 비 고 |
|---|---|---|---|---|---|
| 역L형 교각 | | ① | $l = 2L_1$ | 캔틸레버부 | $L_1$ : 보의 내민길이 |
| | | ② | $l = 2L_2$ | 캔틸레버부 | $L_2$ : 기둥 기초부로 부터 접합부까지의 높이 |
| 라멘 교각 | | ① | $l = 2 \cdot (0.2L_1)$ | 캔틸레버부 | $L_1$ : 기둥간격 |
| | | ② | $l = 0.6L_1$ | 지간중앙부 | |
| | | ③ | $l = 2(0.2L_1)$ | 캔틸레버부 | |
| | | ④ | $l = 2\left(\dfrac{1}{3}L_2\right)$ | 캔틸레버부 | $L_2$ : 기둥 기초부로 부터 접합부까지의 높이 |
| | | ⑤ | $l = 2\left(\dfrac{1}{3}L_2\right)$ | 캔틸레버부 | |

(면내방향 등가지간길이)

라멘교각의 보 경간부에 대해서는 연속거더 지간 중앙부에 준하는 것으로 하며, 기둥에 대해서는 캔틸레버부를 적용하되 이때의 거리는 모멘트 변화 위치를 고려하여 기둥기초부로부터 높이의 1/3지점까지 거리를 택하여 적용한다.

▶ **면외변형에 대한 등가지간길이**

라멘교각의 기둥은 캔틸레버부로 간주하여 등가지간길이를 계산토록 한다.

| 구분 | 교각형식 | 구 간 | 등가지간길이 | 적 용 | 비 고 |
|---|---|---|---|---|---|
| 역L형 교각 | | ① | $l = 2L_1$ | 캔틸레버부 | $L_1$ : 보의 내민길이 |
| | | ② | $l = 2L_2$ | 캔틸레버부 | $L_2$ : 기둥 기초부로부터 접합부까지의 높이 |
| 라멘 교각 | | ② | $l = 2L_2$ | 캔틸레버부 | $L_2$ : 기둥 기초부로부터 접합부까지의 높이 |

(면외방향 등가지간길이)

## ▶ 유효좌굴길이 설계기준

### 1) 도로교 설계기준

도로교 설계기준에서는 라멘기둥의 유효좌굴길이 $l$은 특별히 엄밀한 계산을 하지 않을 때는 다음
과 같이 계산하도록 하고 있다.

| 부재 | 좌굴형식 | 면내좌굴 | |
|---|---|---|---|
| 1층기둥 | 하단고정 | $l = 1.5h$ <br> $= [1.5 + 0.04(k-5)]h$ | $k \leq 5$ <br> $5 < k \leq 10$ |
| | 하단힌지 | $l = 3.5h$ <br> $= [3.5 + 0.2(k-5)]h$ | $k \leq 5$ <br> $5 < k \leq 10$ |
| 2층이상의 기둥 | | $l = 1.9h$ <br> $= [1.9 + 0.14(k-5)]h$ | $k \leq 5$ <br> $5 < k \leq 10$ |
| 외다리 기둥 | | $l = 2.0h$ | |
| 2층 이상의 외다리 기둥 | | $l = 2.2h$ | |

여기서 $k = \dfrac{I_C/h}{I_B/L}$  $I_C$, $I_B$: 기둥, 거더의 단면 2차 모멘트,  $h$ : 각층의 라멘기둥 높이

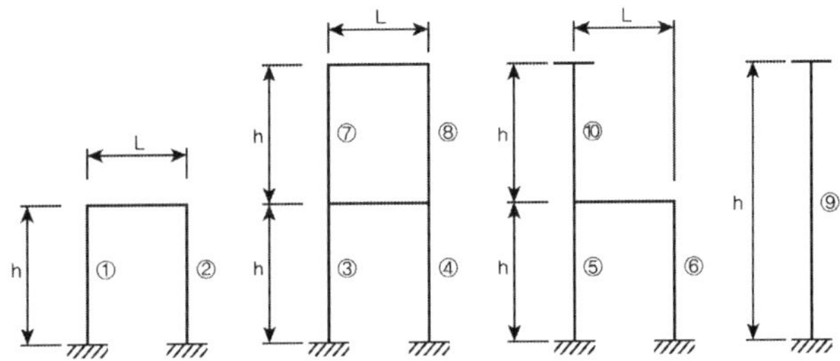

### 2) 철도설계기준

라멘 기둥의 유효좌굴길이는 철도설계기준에서는 라멘 교각에 대해서는 보와 기중의 강비, 지점
이 고정 또는 힌지 인지 여부, 라멘의 보에 올린 교량의 주거더가 라멘구조를 어떻게 구속하고 있
는지에 의해 압축부분을 검토하기 위한 $l$의 산정방법이 달라진다.
라멘구조의 형식은 1층 라멘의 보 위에 교량의 주거더를 올려놓는 방식이 가장 많이 사용되며 이
러한 경우의 $l$을 결정하는 방법은 아래와 같다. 기둥의 $l$은 아래의 값에 따라 기둥의 길이 $H$를
곱하여 구한다.

| 부재 | 기둥의 받침조건 | 힌지 | 고정 |
|---|---|---|---|
| 보 | | $l = B$ | $l = B$ |
| 기둥 | 라멘 면내 | $\eta = 1.64 \sqrt{\dfrac{B}{B-a}} \leq 2.32$ | $\eta = 0.82 \sqrt{\dfrac{B}{B-a}} \leq 1.16$ |
| | 라멘 면외 | $\eta = \left( \dfrac{4a}{B} + 0.3 \right)\left( 1 - \dfrac{b}{B} \right) + 0.7 \geq 1$ | $\eta = 2$ |

여기서 $\eta$ : 기둥 좌굴계산 시 기둥길이에 곱하는 계수$(l = \eta \times H)$

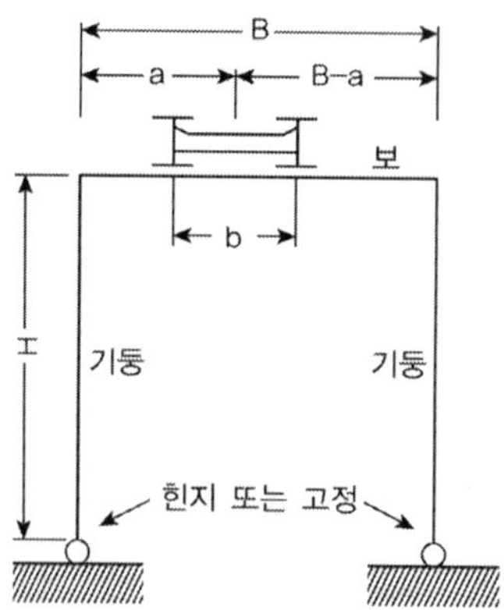


### ▶ 라멘교각 기둥부재의 면내 및 면외방향 유효폭 산정

1) 면내방향

$$면내방향\ 등가지간장(l)=2\left(\frac{1}{3}H\right)=\frac{2}{3}\times12.75=8.5^{m}$$

$$\frac{b}{l}=\frac{2.5}{8.5}=0.294 \qquad \therefore\ 0.02 < \frac{b}{l} < 0.3$$

$$\therefore \lambda = [1.06 - 3.2(b/l) + 4.5(b/l)^2]b = [1.06 - 3.2\times0.294 + 4.5\times0.294^2]\times2.5 = 1.05^{m}$$

2) 면외방향

$$면외방향\ 등가지간장(l) = 2H = 2\times12.75 = 25.5^{m}$$

$$\frac{b}{l}=\frac{3.0}{25.5}=0.118 \qquad \therefore\ 0.02 < \frac{b}{l} < 0.3$$

$$\therefore \lambda = [1.06 - 3.2(b/l) + 4.5(b/l)^2]b = [1.06 - 3.2\times0.118 + 4.5\times0.118^2]\times3.0 = 2.24^{m}$$

### ▶ 도로교 설계기준에 따른 라멘교각 기둥부재의 유효좌굴길이 산정

$$k = \frac{I_C/h}{I_B/L} = \frac{33,655,800^{cm^4}/1275^{cm}}{35,459,300^{cm^4}/2500^{cm}} = 1.861 \leq 5$$

$$\therefore\ l = 1.5H = 1.5\times12.75 = 19.125^{m}$$

## 합성구조 안정성 해석

다음 그림 및 조건과 같은 교각 지점부 단면의 휨응력, 전단응력, 조합응력 및 항복에 대한 안정성을 해석하시오(단, 크리프, 건조수축, 온도 및 비틀림 영향은 무시한다).

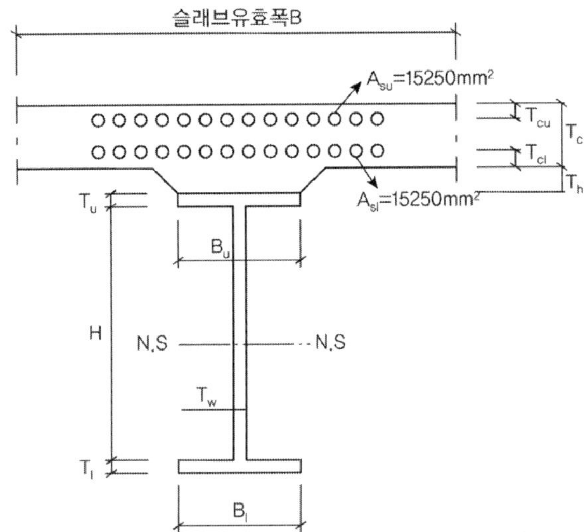


〈조건〉

$M_{s1}$ : 합성 전 고정하중에 의한 모멘트 = $-7500.0$kN·m

$M_{s2}$ : 합성 후 고정하중에 의한 모멘트 = $-3500.0$kN·m

$M_v$ : (활하중+지점침하)에 의한 모멘트 = $-4100.0$kN·m

$S_{s1}$ : 합성 전 고정하중에 의한 전단력 = $-1400.0$kN

$S_{s2}$ : 합성 후 고정하중에 의한 전단력 = $-600.0$kN

$S_v$ : (활하중+지점침하)에 의한 전단력 = $-480.0$kN

$T_{cu}$, $T_{cl}$ : 교축방향 철근의 피복두께(상면, 하면)　　　60mm, 40mm

강재 : SM490, $f_y$=320MPa, $f_{ta}$=190MPa, $v_a$=110MPa

$$f_{ca} ; \frac{b}{11.1} \leq t, \qquad f_{ca}=190\text{MPa}$$

$$\frac{b}{16} \leq t < \frac{b}{11.1}, \qquad f_{ca} = 24000\left(\frac{T_l}{b}\right)^2 \text{MPa}$$

철근 : SD400, 　　$f_{ta}$=160MPa, 　$f_{ca}$=180MPa

탄성계수 : $E_s$ = 200,000MPa, 　$E_c$ = 27,000MPa

## ▶ 단면검토

$$n = E_s/E_c = 7.4$$

| 단면 | B(mm) | H(mm) | A(mm²) | Y(mm) | AY(mm²) | AY2(mm³) | $I_x$(mm⁴) |
|---|---|---|---|---|---|---|---|
| 상부플랜지 | 550 | 30 | 16,500 | 1,615 | 26,647,500 | 43,035,712,500 | 1,237,500 |
| 복부 | 12 | 3200 | 38,400 | – | – | – | 32,768,000,000 |
| 하부플랜지 | 660 | 30 | 19,800 | −1615 | −31,977,000 | 51,642,855,000 | 1,485,000 |
| 강단면합계 | – | – | 74,700 | – | −5,329,500 | 94,678,567,500 | 32,770,722,500 |
| 상부철근 | – | – | 15,250 | 1,780 | 27,145,000 | 48,318,100,000 | – |
| 하부철근 | – | – | 15,250 | 1,640 | 25,010,000 | 41,016,400,000 | – |
| 철근합계 | – | – | 30,500 | – | 52,155,000 | 89,334,500,000 | – |
| 바닥판 | 2,300 | 240 | 552,000 | 1,720 | 949,440,000 | 1,633,036,800,000 | 2,649,600,000 |

## ▶ 응력검토

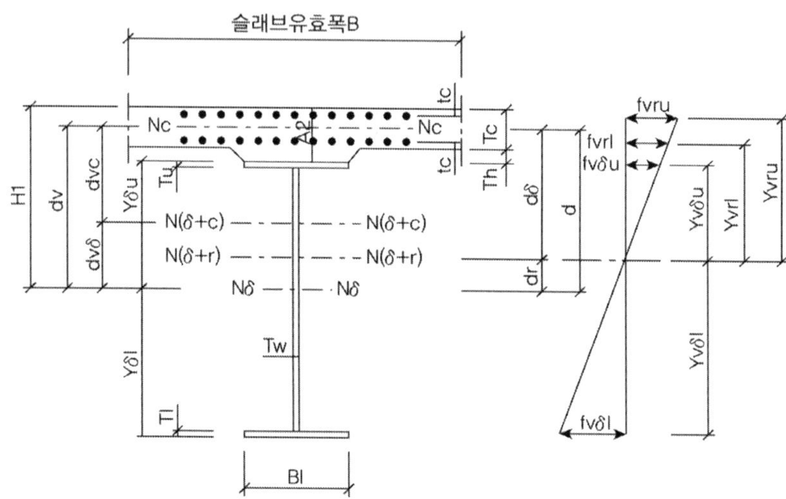


## 1) 합성 전

$$I_s{}' = A_s Y^2 + \Sigma I_s = \qquad 127{,}449{,}290{,}000 \quad mm^4$$

$$\delta_s = \Sigma(AY)/A_s = \qquad -71.34538153 \quad mm$$

$$I_s = I_s{}' - A_s\delta_s^2 = \qquad 127{,}069{,}054{,}789 \quad mm^4$$

$$Y_{su} = H/2 + T_u - \delta_s = \qquad 1{,}701.35 \quad mm$$

$$Y_{sl} = H/2 + T_l + \delta_s = \qquad -1{,}558.65 \quad mm$$

$$f_{su} = M_{s1} \times Y_{su}/I_s = \qquad -100.4 \quad \text{MPa}$$

$$f_{sl} = M_{s1} \times Y_{sl}/I_s = \qquad 92.0 \quad \text{MPa}$$

$$K = \sum bt^3/3 = \qquad 12{,}733{,}200 \quad \text{mm}$$

$$\tau_s = S_{s1}/A_{web} + M_{st}t_w/K = \qquad -36.46 \quad \text{MPa}$$

$A_s$ : 강재의 단면적, $M_{st}$ : 합성 전 고정하중에 의한 비틀림 모멘트

## 2) 합성 후

$$A_v = A_s + A_r = \qquad 105{,}200 \quad mm^2$$

$$d = Y_{su} - T_u + T_h + t_{cl} + (T_c - T_{cu} - T_{cl})A_{ru}/Ar = \qquad 1{,}781.35 \quad mm$$

$$d_r = dA_s/(A_s + A_r) = \qquad 1{,}264.89 \quad mm$$

$$d_s = d - d_r = \qquad 516.45 \quad mm$$

$$Y_{vru} = d_r + (T_c - T_{cu} - T_{cl})A_{rl}/A_r = \qquad 1{,}334.89 \quad mm$$

$$Y_{vrl} = d_r - (T_c - T_{cu} - T_{cl})A_{ru}/A_r = \qquad 1{,}194.89 \quad mm$$

$$Y_{vsu} = Y_{vrl} - T_{cl} - T_h + T_u = \qquad 1{,}184.89 \quad mm$$

$$Y_{vsl} = Y_{vsu} - (H + T_u + T_l) = \qquad -2075.11 \quad mm$$

$$I_{rv} = I_s + A_s d_s^2 + A_r d_r^2 = \qquad 195{,}791{,}873{,}742 \quad mm^4$$

$$f_{vru} = M_{s2} \times Y_{vru}/I_{rv} = \qquad -23.86 \quad \text{MPa}$$

$$f_{vrl} = M_{s2} \times Y_{vrl}/I_{rv} = \qquad -21.36 \quad \text{MPa}$$

$$f_{vsu} = M_{s2} \times Y_{vsu}/I_{rv} = \qquad -21.18 \quad \text{MPa}$$

$$f_{vsl} = M_{s2} \times Y_{vsl}/I_{rv} = \qquad 37.09 \quad \text{MPa}$$

$$K' = K + \sum Bt^3/3/n = \qquad 1{,}444{,}949{,}416 \quad mm^4$$

$$\tau_{sv} = S_{s2}/A_{web} + M_{sct}t_w/K' = \qquad -15.625 \quad \text{MPa}$$

$A_r$ : 철근의 단면적, $M_{sct}$ : 합성 후 고정하중에 의한 비틀림 모멘트

## 3) 활하중

$$f_{vru} = M_v \times Y_{vru}/I_{rv} = \qquad -27.95 \quad \text{MPa}$$

$$f_{vrl} = M_v \times Y_{vrl}/I_{rv} = \qquad -25.02 \quad \text{MPa}$$

$$f_{vsu} = M_v \times Y_{vsu}/I_{rv} = \qquad -24.81 \quad \text{MPa}$$

$$f_{vsl} = M_v \times Y_{vsl}/I_{rv} = \qquad 43.45 \quad \text{MPa}$$

$$v = S_v/A_{web} + M_{vt}t_w/K' = \qquad\qquad -12.50 \quad \text{MPa}$$

$M_{vt}$ : (활하중+지점침하)에 의한 비틀림 모멘트

## 4) 전단 및 비틀림

비틀림력은 없으므로 순수비틀림에 의한 전단응력, 뒴비틀림에 의한 전단과 수직응력의 검토는 생략한다.

$$v = (S_{s1} + S_{s2} + S_v)/A_{web} = 2480 \times 10^3/3200 = 64.58MPa < v_a(=110MPa) \quad \text{O.K}$$

## 5) 조합응력 검토

① 인장(상부) 플랜지의 허용응력(SM490) $f_{ta} = 190^{MPa}$

$$f_u = f_{su} + f_{vsu} + f_{vsu}(활하중) = -146.41MPa < f_{ta} = 190^{MPa} \quad \text{O.K}$$

② 압축(하부) 플랜지의 허용응력(SM490)

$$b = (B_l - t_w)/2 = (660 - 12)/2 = 324mm$$

$$\frac{b}{11.2} = 28.93^{mm} \leq t_l(=30^{mm}) \qquad \therefore f_{ca} = 190^{MPa}$$

$$f_l = f_{sl} + f_{vsl} + f_{vsl}(활하중) = 172.55MPa < f_{ca} = 190^{MPa} \quad \text{O.K}$$

③ 합성응력 검토

$$상연 : \left(\frac{f}{f_a}\right)^2 + \left(\frac{v}{v_a}\right)^2 = \left(\frac{146.41}{190}\right)^2 + \left(\frac{64.58}{110}\right)^2 = 0.94 < 1.2 \quad \text{O.K}$$

$$하연 : \left(\frac{f}{f_a}\right)^2 + \left(\frac{v}{v_a}\right)^2 = \left(\frac{172.75}{190}\right)^2 + \left(\frac{64.58}{110}\right)^2 = 1.17 < 1.2 \quad \text{O.K}$$

## 6) 항복에 대한 안전도 검사

$$\Sigma f = 1.2(합성 \ 전 \ 고정하중 \ 응력 + 합성 \ 후 \ 고정하중 \ 응력) + 1.6(활하중에 \ 의한 \ 응력)$$

① 바닥판 콘크리트

합성 후 고정하중 응력 : $f_{vru} = M_{s2} \times Y_{vru}/I_{rv} = -23.86$ MPa

합성 후 활하중 응력 : $f_{vru} = M_v \times Y_{vru}/I_{rv} = -27.95$ MPa

$$1.3 \times -23.86 + 1.6 \times -27.95 = -75.738MPa < f_y(=400MPa) \quad \text{O.K}$$

② 강재주형 상부플랜지

합성 전 고정하중 응력 : $f_{su} = M_{s1} \times Y_{su}/I_s = -100.4$ MPa

합성 후 고정하중 응력 : $f_{vsu} = M_{s2} \times Y_{vsu}/I_{rv} = -21.18$ MPa

합성 후 활하중 응력 : $f_{vsu} = M_v \times Y_{vsu}/I_{rv} = -24.81$ MPa

$$1.3 \times (-100.4 - 21.18) + 1.6 \times -24.81 = -197.75 MPa \ < \ f_y (=320\text{MPa}) \qquad \text{O.K}$$

③ 강재주형 하부플랜지

합성 전 고정하중 응력 : $f_{sl} = M_{s1} \times Y_{sl}/I_s = 92.0$ MPa

합성 후 고정하중 응력 : $f_{vsl} = M_{s2} \times Y_{vsl}/I_{rv} = 37.09$ MPa

합성 후 활하중 응력 : $f_{vsl} = M_v \times Y_{vsl}/I_{rv} = 43.45$ MPa

$$1.3 \times (92.0 + 37.09) + 1.6 \times 43.45 = 237.337 MPa \ < \ f_y (=320\text{MPa}) \qquad \text{O.K}$$

### 잔류응력

다음그림과 같은 봉을 용접하여 연결하고자 한다.

1) 용접부에서 발생하는 잔류응력의 원인과 영향 및 저감대책에 대해 설명하시오.

2) 봉의 양단이 그림 a와 같이 자유단일 때와 그림b와 같이 고정단일 때에 용접에 의해서 발생되는 변형률과 잔류응력을 구하시오.

---

〈조건〉

- 용접열 = 500℃ · 선팽창계수 = $1.2 \times 10^{-5}$/℃
- 강재탄성계수(E) = 200,000MPa · 두께 = 일정

---

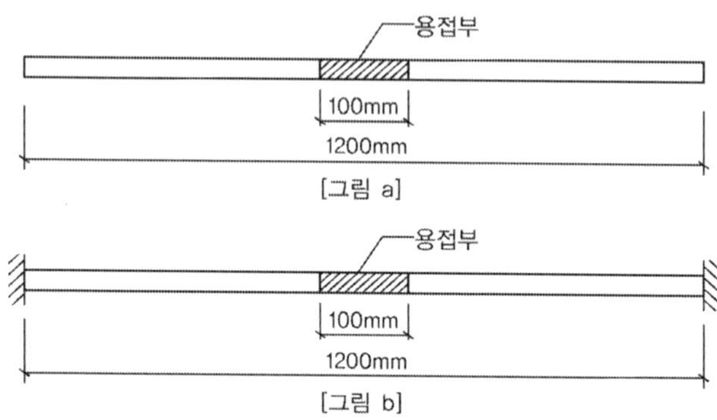


---

### 풀 이

#### ▶ 개요

강구조물의 잔류응력은 열연이나 압연 또는 구조물의 캠버(Camber)조정 시 소성변형의 발생으로 인하여 발생되며 잔류응력으로 인하여 구조물의 취성파괴, 좌굴강도 감소, 용접부의 응력집중, 부식저항성능 저하, 피로강도 저하 등의 영향을 미친다.

#### ▶ 용접부의 잔류응력 원인 및 영향, 대책

용접부에서 발생하는 잔류응력은 열가공으로 인하여 열온도의 응력구배가 발생하고 이로 인하여 냉각되는 속도차에 의하여 잔류변형 및 이로 인한 잔류응력이 필연적으로 발생된다.

실험을 통해서 I형강의 경우 잔류응력($f_r$)의 크기는 $(0.2{\sim}0.3)f_y$, 강박스 구조물은 $0.3f_y$ 정도를 가지는 것으로 보고되고 있다.

1) 용접부 잔류응력으로 인한 영향

   ① 강재의 취성파괴 : 용접부의 잔류응력으로 인한 강도저하로 취성파괴를 유발한다.
   ② 강재의 피로수명 및 피로강도 저하 : 잔류응력으로 인한 피로수명과 강도가 저하된다.
   ③ 강재의 좌굴강도 저하 : 잔류응력으로 인한 강재의 좌굴강도가 저하된다.
   ④ 부식저항성능 저하 : 용접부의 응력집중으로 인하여 부식저항성능이 저하된다.
   ⑤ 용접부의 응력집중 : 잔류응력부에 응력이 집중되어 취성파괴 및 피로파괴를 유발한다.
   ⑥ 극한강도 및 휨내력 저하
   ⑦ 잔류변형으로 인한 뒤틀림 발생

2) 용접부 잔류응력 저감 대책

   ① 용착금속량 및 용접부 최소화
   ② 용접방향(응력방향과 평행하게) 및 용접순서(구속이 적게) 준수로 잔류변형 최소화
   ③ 예열 준수 : 온도응력 구배를 최소화시키기 위하여 예열 처리
   ④ 잔류응력부 잔류변형 풀림처리 : 구속해제로 잔류응력 해제
   ⑤ 소성변형 추가로 인한 잔류응력 최소화 : 소성변형을 추가하여 잔류응력을 한 방향으로 처리
   ⑥ 응력이완작용으로 잔류응력 최소화

### ▶ 용접에 의한 변형률 및 잔류응력검토

1) a 구조계 : 내부구속이 없으므로 변형률 발생

   변형률 : $\epsilon = \alpha \triangle T = 1.2 \times 10^{-5} \times 500 = 0.006$

   잔류응력 : $\sigma = 0$

2) b 구조계 : 내부구속으로 잔류변형에 의한 잔류응력 발생

   변형률 : $\epsilon = \triangle l / l = 0$

   잔류응력 : $\sigma = \alpha E \triangle T = 0.006 \times 200,000 = 1,200 MPa$

## 볼트연결 : 허용응력설계법

그림과 같이 강판을 접합하고자 할 때 4-$\phi$22의 볼트가 저항할 수 있는 최대인장력의 크기를 구하시오(단, 마찰연결의 경우 F10T, 지압연결의 경우 B10T볼트를 사용하고 덧댐판의 재질은 SM490으로 한다).

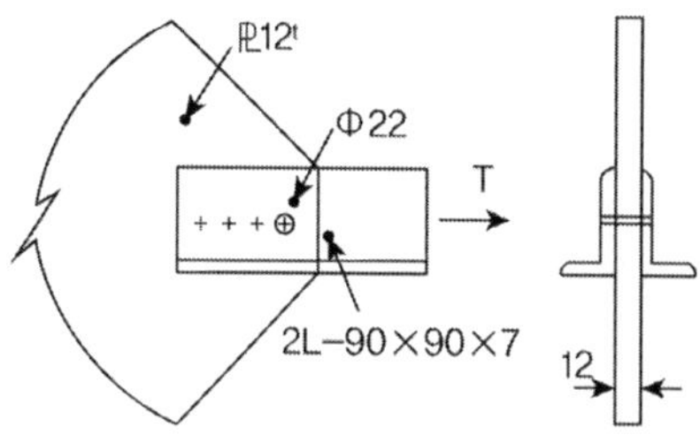


### 풀  이

#### ▶ 개요

LRFD에 의하거나 허용응력설계법에 따라 마찰이음과 지압이음에 대한 검토를 수행할 수 있다.

#### ▶ 허용응력 설계법

볼트 구멍 직경 : $d = 22 + 3 = 25mm$

총단면적 : $A_g = [(90 + 90 - 7) \times 7] \times 2^{EA} = 2422mm^2$

**1) 강판의 허용인장력**

순폭 : $(90 + 90 - 7) - 25 = 148mm$

$$A_n = 2 \times 148 \times 7 = 2072^{mm^2}$$

SM490의 허용 축방향 인장력 $\quad P_{ta} = 160^{MPa} \times A_n = 331.52^{kN}$

**2) 마찰이음**

F10T의 허용력 : 2면마찰 $\quad \rho_a = 2 \times 48 = 96MPa$

$$P_{ta} = P_{va} \times 4^{EA} = 384^{kN} > 강판 P_{ta}$$

∴ 강판의 허용 축방향 인장력 $P_{ta} = 331.52^{kN}$을 사용한다.

3) 지압이음

B10T $v_a = 190^{MPa}$

1면 전단 대한 볼트 1개당 허용전단력 $P_{va} = 190 \times \dfrac{\pi}{4} \times 22^2 = 72.22^{kN}$

2면 전단 $P_{ta} = 2 \times P_{va} \times 4^{EA} = 577.8^{kN} >$ 강판$P_{ta}$

$\therefore$ 강판의 허용 축방향 인장력 $P_{ta} = 331.52^{kN}$을 사용한다.

## 고장력 볼트, 이음판 설계

플레이트 거더교의 주형 설계 시 현장연결부(연결판 : 전단판 및 모멘트 판)의 단면력(휨모멘트, 전단력)을 산정하는 이유와 연결판 계산방법에 대해 설명하고 고장력 볼트 이음 시 연결판을 개략적으로 그리시오.

## 풀 이

### ▶ 개요

플레이트 거더의 제작상의 한계로 인하여 불가피하게 연결부가 발생하게 되며, 현장에서의 연결의 시공성 및 편리성 등을 감안하여 고장력 볼트를 이용한 연결이 주로 사용된다. 주형의 단면력을 연속적으로 전달할 수 있도록 현장연결부를 설계토록 하고 있는데 이음판의 설계에 대한 허용응력설계법의 일반사항은 아래와 같다.

### ▶ 이음판 설계

1) 주요부재의 연결은 작용응력에 대해 설계하는 경우라도 모재 전강도의 75% 이상의 강도를 갖도록 설계한다. 전단력에 대해서는 작용응력을 사용하여 설계해도 좋다. 또한 부재의 연결부 구조는 다음 사항을 만족하도록 하여야 한다.

    ① 연결부 구조가 단순하고 응력전달이 확실히 할 것
    ② 구성하는 각 재편에 있어서 가능한 한 편심이 일어나지 않게 할 것
    ③ 유해한 응력집중이나 2차 응력이 생기지 않도록 할 것
    ④ 연결부에서 단면이 변하는 경우 작은 단면을 기준으로 연결의 제규정을 적용한다.

2) 인장력이 작용하는 판은 순단면에 생기는 응력이 허용응력 이하가 되도록 설계한다.

3) 압축판이 작용하는 판의 이음판은 총단면적에 생기는 응력이 허용압축응력 이하가 되도록 한다.

4) 휨모멘트가 작용하는 판의 이음판은 다음의 식을 만족하여야 한다.

$$f = \frac{M}{I}y \leq f_a$$

5) 모재 한쪽의 이음판 소요두께가 25mm를 초과하는 경우에는 두께 10mm 이상, 21mm 이하의 2개 또는 3개의 판재를 사용하도록 한다.

6) 연결위치는 다음 그림과 같은 위치가 바람직하며 천공에 의한 단면보강을 하지 않아도 좋을 위치를 선정하는 것이 좋다. 수직브레이싱의 간격 및 배치, 중간 보강재 배치 등과의 중첩을 피하도록 한다.

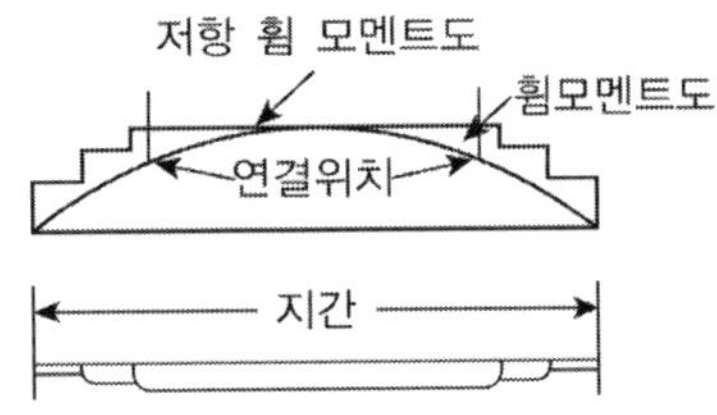


### ▶ 연결판의 계산방법

연결부에서 발생하는 전단력은 모두 복부판이 받으며 휨모멘트와 축력은 모두 플랜지가 받는다.

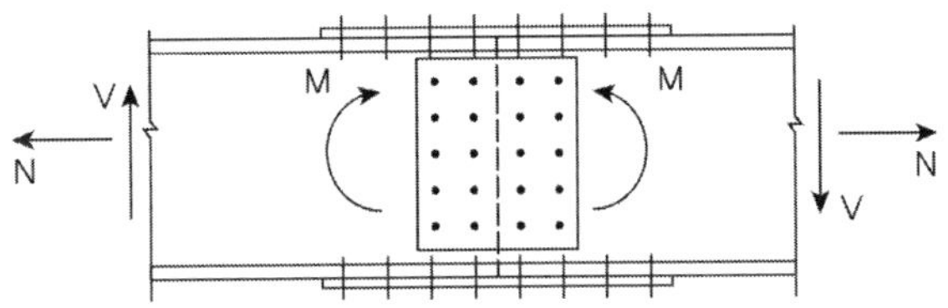


### 1) 압축부/인장부 플랜지

플랜지 연결은 모재 전강도의 75% 이상의 강도를 갖도록 설계하여야 하며, 하중에 의한 부분에 대해서는 휨모멘트에 의한 힘 + 축력에 의한 힘에 대해서 검토한다. 하중에 의한 응력과 모재 전강도의 75% 중 큰 값에 대해서 설계한다.

인장력이 작용하는 판의 이음판은 순단면적에 생기는 응력이 허용응력 이하가 되도록, 압축력이 작용하는 판의 이음판은 총단면에 생기는 응력이 허용압축응력 이하가 되도록 한다.

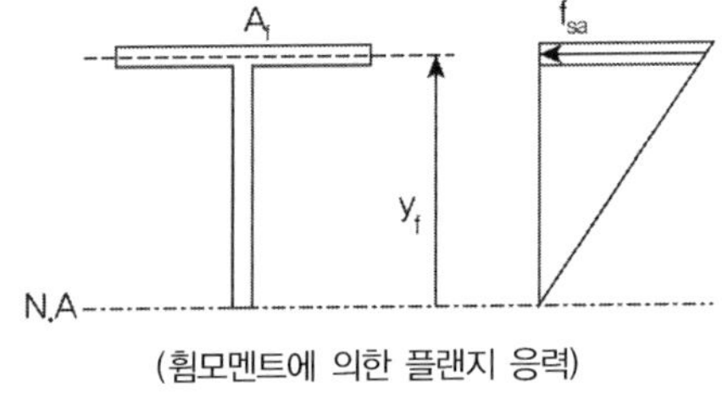

(휨모멘트에 의한 플랜지 응력)

플랜지 연결판에 작용하는 힘

$$P_j = P_{f,M} + P_{f,N} = \left[ \frac{M}{I} y_f + \frac{N}{A} \right] A_f$$

① 이음판 : $A_{s(use)} \geq A_{s(req)} = A_s \times \dfrac{f_s}{f_{sa}}$

② 볼트 연결

• 직응력 검토 : $\rho_p = \dfrac{P}{n} < \rho_a$

- 휨 전단응력 검토 : $\rho_h = \left( \dfrac{S_s Q_s}{I_s} + \dfrac{S_v Q_V}{I_v} \right) \times \dfrac{p}{n} < \rho_a$

- 합성응력 검토 : $\rho = \sqrt{\rho_p^2 + \rho_h^2} < \rho_a$

2) 복부 연결 : 보에 작용하는 전체 단면력, 볼트 1개가 1면 전단인 경우로 받는 힘

① 이음판 : 합성 전후의 모멘트와 단면2차 모멘트를 산정하여 이음판의 상하연 응력이 허용응력 이내인지 여부를 검토한다.

(상연응력) $f_u = \dfrac{M_{sw}}{I_{sw}} Y_{su} + \dfrac{M_{vw}}{I_{vw}} Y_{vu} < f_{sa}$

(하연응력) $f_u = \dfrac{M_{sw}}{I_{sw}} Y_{sl} + \dfrac{M_{vw}}{I_{vw}} Y_{vl} < f_{sa}$

② 볼트 연결 : 볼트의 휨작용력을 산정하고 모멘트에 의한 응력과, 전단에 의한 응력을 검토하고 합성응력에 대해서 검토한다.

- 전단응력 검토 : $\rho_s = \dfrac{V}{n} < \rho_a$

- 휨 응력 검토 : $\rho_m = \dfrac{M_w}{\sum y_i^2} y < \rho_a$

- 합성응력 검토 : $\rho = \sqrt{\rho_m^2 + \rho_s^2} < \rho_a$

## ➤ 고장력 이음 시 개략적인 이음판의 형상

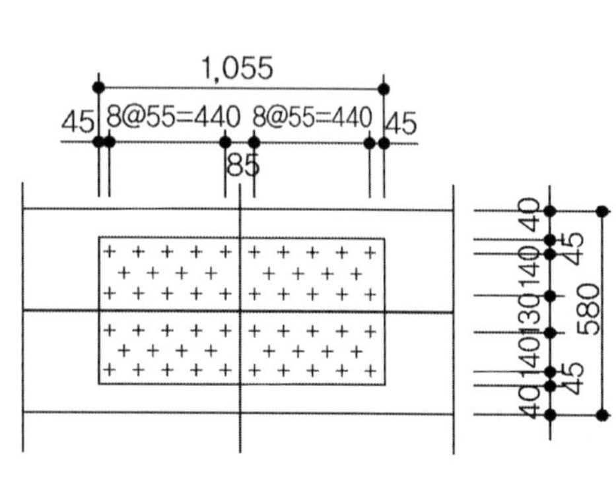


압축부/인장부 플랜지

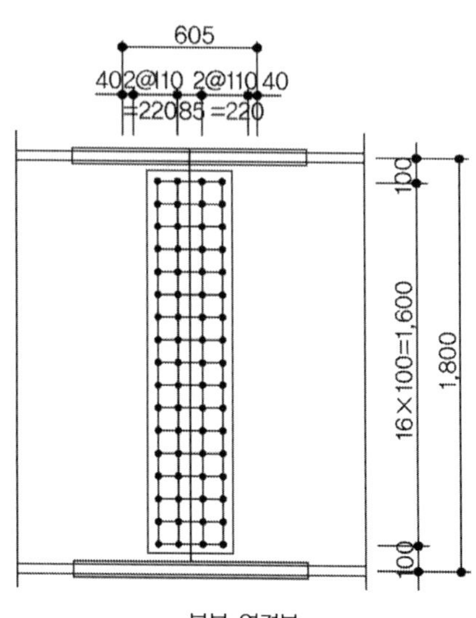


복부 연결부

# Chapter 08

# 합성부재

# 합성부재

## 01 합성부재의 설계 일반

합성단면의 가용강도(available strength)는 소성응력분포법이나 변형도적합법을 사용하여 구할 수 있으며 본 장에서는 소성응력분포법을 근거로 하였다.

합성단면의 설계는 강재와 콘크리트의 거동을 동시에 고려해야 하며, 강구조설계기준과 콘크리트 설계기준 사이의 모순점을 최소화하고 합성설계의 장점을 나타내도록 하여야 하며 이를 위하여 기둥의 설계에 있어서 콘크리트 구조설계기준에서 사용되는 단면강도법을 주로 사용한다. 이를 통해서 합성기둥과 합성보 모두에 대해 단면강도를 사용하는 일관성을 유지할 수 있다.

### 1. 일반사항

합성부재의 가용 압축강도는 단면을 구성하는 모든 요소의 강도의 합으로 구해진다. 인장부재의 경우 콘크리트 인장강도는 무시하며 강재의 강도와 적절하게 정착된 철근의 강도를 사용하여 가용인장강도를 구한다. 전단에 저항하는 경우 강재와 콘크리트 사이에 발생할 수 있는 변형의 차이를 고려하여 강재와 철근 콘크리트 중에서 하나만을 사용하여 가용전단강도를 구한다. 매입형 합성 기둥과 충전형 합성기둥 모두에 대해 합성부재 내의 하중의 전달경로를 고려하여야 하며 전단전달기구 및 관련 상세가 제시되어야 한다.

### 2. SRC구조물의 특징 <sup>92회/95회/130회</sup>

【 기출유형 ① 】 철골 철근 콘크리트 구조물의 특징, 용도 및 해석방법
【 기출유형 ② 】 철골 철근 콘크리트 구조물의 특징과 강구조 및 RC구조와 비교

SRC 구조는 철근 콘크리트와 철골의 각기 단점을 보충하여 장점을 살린 일종의 합성구조로서 철골둘레에 철근을 배치하고 콘크리트를 타설한 것으로 역학적으로 일체로 작용토록 한 구조물이

다. SRC의 종류로는 원형강관과 각형강관이 많이 사용되고 강관 내부에 콘크리트를 친 충전형, 외부를 콘크리트로 감싼 피복형, 내외부 모두 콘크리트를 친 충전 피복형 등이 있다.

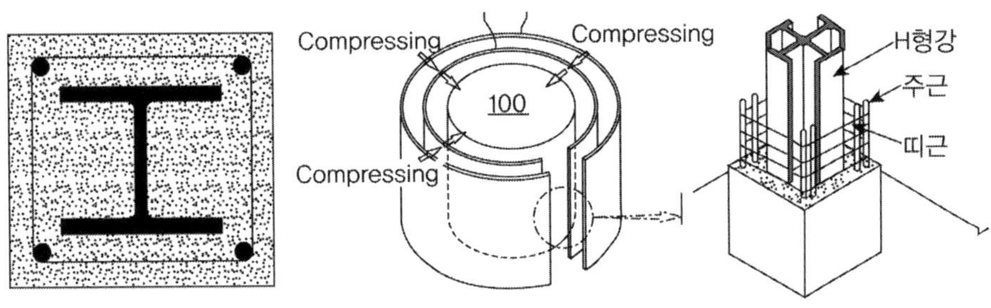


| 구분 | RC구조물과 비교 | 강구조물과 비교 |
|---|---|---|
| 장 점 | ① 단면치수의 감소로 경제적이다.<br>② 인성이 증가되어 내진성이 우수하다.<br>③ 자중감소가 기대된다.<br>④ 철근량이 감소된다.<br>⑤ 극한하중 작용 시 철골의 소성저항능력으로 안전성이 확보된다.<br>⑥ 구조체의 신뢰성 향상<br>⑦ 철골 우선시공으로 시공성 향상 | ① 방청, 방화 등 유지관리 불필요하다.<br>② 강성이 커서 변형량이 작아진다.<br>③ 소음, 진동이 경감된다.<br>④ 공사비가 감소한다. |
| 단 점 | ① 콘크리트와 부착력이 낮아 분리 가능<br>② 철골비율이 높으면 콘크리트 균열폭 증가<br>③ RC구조에 비해 고가<br>④ 강재비율이 높으면 콘크리트 타설 곤란<br>⑤ 철근 설계가 복잡하다. | ① 자중의 증대<br>② 철근 조립 후 콘크리트 타설로 공사기간 증가 |

1) SRC 구조의 특징(강구조와 콘크리트 구조의 차이점)

① RC구조에 비해 변위 및 내진성능향상 : RC에 비하여 인성이 대단히 크다.

② 강관으로 인한 내부 콘크리트 구속으로 변위에너지 증가 : 강관의 구속효과에 따라 내부 콘크리트의 강도 상승(내진보강개념→소성힌지 형성)

③ 국부좌굴방지 및 연성도 증가 : 강관의 국부좌굴방지를 위하는데 내부콘크리트는 효과적이고 변형성능도 좋아진다.

④ 내화성능 향상 : 충전형의 경우 내부에 콘크리트가 충전되어 있음으로써 내화피복이 일반 강구조에 비하여 경제적으로 할 수도 있다.

⑤ 시공성 개선 : 충전형에서는 콘크리트 치기용 기둥 거푸집이 필요 없다.

⑥ 부착강도와 균열의 문제점 해결이 관건 : 철골과 콘크리트의 부착강도 저하로 인하여 균열 및 부착성능이 저하될 수 있다.

⑦ 합리적인 설계법 개발 필요 : 섬유요소(Fiber element)를 이용한 프레임 요소 비선형 해석 등

2) SRC 구조의 내진특성

① 부재의 연성능력(Ductility capacity)이 RC부재보다 크다.

→ RC부재의 내진성능개선, RC부재의 전단파괴 가능성이 있는 부재의 보강용

② 부재의 감쇠력이 RC부재보다 크다.

→ SRC $\xi = 5{\sim}7\%$, RC $\xi = 3{\sim}5\%$(감쇠증가로 변위응답이 작다, 내진에 유리)

3) 사용용도

① RC구조에서 내진성이 약한 경우

② 강구조물에서 강성이 부족한 경우

③ 장기간 보를 지지하는 기둥

④ 전단파괴가 예상되는 기둥

⑤ 응력과 변형집중이 예상되는 경우

4) 설계방법

허용응력설계법을 기반으로 할 경우 SRC구조에 대한 기존의 설계방법은 철근콘크리트 방식, 철골방식, 누가강도방식 등을 사용하였으나, 최근의 KDS 14 31 80에 따른 합성구조 부재의 공칭강도 산정방법은 크게 소성응력분포법과 변형률적합법에 따르도록 규정하고 있다.

① 소성응력분포법 : 소성응력분포법에서는 강재가 인장 또는 압축으로 항복응력에 도달할 때 콘크리트는 축력과/또는 휨으로 인한 압축으로 $0.85f_{ck}$의 응력에 도달한 것으로 가정하여 공칭강도를 계산한다. 충전형 원형강관 합성기둥의 콘크리트가 축력과 휨, 축력 또는 휨으로 인한 압축응력을 받는 경우 구속효과를 고려한다. 원형강관의 구속효과를 고려한 콘크리트의 소성 압축응력은 축압축력을 받는 원형 충전강관 기둥부재에서는 $0.85\left(1+1.56\dfrac{f_y t}{D_o f_{ck}}\right)f_{ck}$로 하고, 축압축력을 받지 않는 원형 충전강관 휨부재에서는 $0.95f_{ck}$로 한다.

② 변형률적합법 : 변형률적합법에서는 단면에 걸쳐 변형률이 선형적으로 분포한다고 가정하며 콘크리트의 최대 압축변형률을 0.003으로 가정한다. 강재 및 콘크리트의 응력−변형률 관계는 공인된 실험을 통해 구하거나 유사한 재료에 대한 공인된 결과를 사용한다.

③ 철근콘크리트방식 : SRC의 휨에 대한 극한모멘트는 철골을 이것과 동량의 철근으로 바꾸어 놓은 철근콘크리트 보와 거의 같다고 보고, 철골을 철근의 일부로 간주하여 SRC 부재단면을 RC단면으로 가정하여 설계하는 방식.

④ 철골방식 : 철근을 철골의 일부로 대치하여 콘크리트 부분을 계산상 무시하는 것이며 따라서 경제적 측면에서 불리하다.

⑤ 누가강도방식 : 누가강도방식은 재료의 허용응력에 기준을 둔 것으로 종국강도방식과는 차이가 있으며 RC의 허용단면력과 철골의 허용단면력을 합산하여 SRC구조의 단면력으로 한다.

5) 해석 시 유의사항

SRC의 극한 내하력은 누가강도방식으로 적용하여 해결하였으나 구조물의 변형문제에 대하여
는 다음과 같은 검토가 필요하다(RC는 극한강도개념설계로 중립축에 비례하여 응력계산하는
데 반해 철골은 허용응력을 기준으로 하기 때문에 변위 및 변형 등의 상관관계에 중립축이 일
치하지 않아 주의가 요구된다).
(1) 기둥의 축압축력과 변형의 상관관계
(2) 철골단면과 변형의 상관관계
(3) 횡방향 구속철근과 변형의 상관관계

6) 시공상 주의점과 문제점

① 주의사항
(1) 철골과 콘크리트 사이의 부착에 대하여 검토할 필요가 있다.
(2) 띠철근, 축방향 철근을 배치하는 것이 바람직하다.
(3) 철골 판요소의 폭두께비를 제한치보다 크게 잡지 말아야 한다.
② 문제점
(1) 기둥, 보의 접속에서 주근의 정착길이를 다루기 어렵다.
(2) 폐쇄형 전단보강 철근을 넣기 어렵다.
(3) HooK, 걸쇠를 구부리기가 어렵다.
(4) 유공보의 보강철근을 배근하기 어렵다.
(5) 상하층 벽근을 통하기 어렵다.

7) SRC 구조물은 일본 관동대지진 때에 큰 내진성을 보여 주었고 지진이 많은 일본에서 발달한 구조물
이다. 일반적으로 단면력 계산은 누가 강도 방식에 의하고 응력, 균형넓이, 변형량 산정은 철근 콘크
리트 방식에 의한다.

## 철골 철근 콘크리트(SRC) 구조물의 특징

철골철근(鐵骨鐵筋) 콘크리트(SRC, Steel framed Reinforced Concrete) 구조의 특징을 강구조 및 철근콘크리트구조와 각각 비교하고 부재의 단면설계방법에 대하여 설명하시오.

### 풀 이

### ▶ 개요

SRC구조는 철근 콘크리트와 철골의 각기 단점을 보충하여 장점을 살린 일종의 합성구조로서 철골둘레에 철근을 배치하고 콘크리트를 타설한 것으로 역학적으로 일체로 작용토록 한 구조물이다. SRC의 종류로는 원형강관과 각형강관이 많이 사용되고 강관 내부에 콘크리트를 친 충전형, 외부를 콘크리트로 감싼 피복형, 내외부 모두 콘크리트를 친 충전피복형 등이 있다.

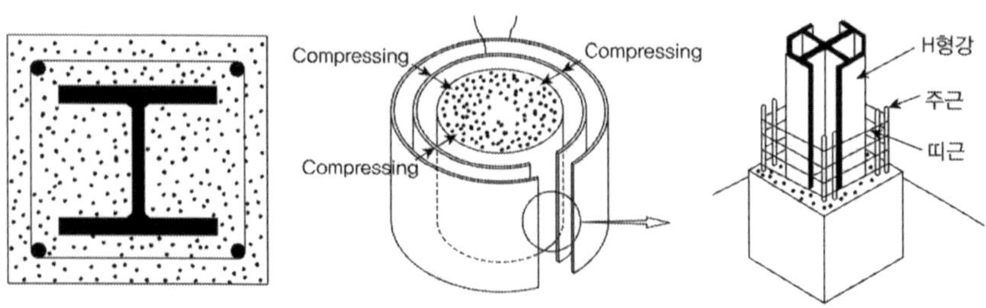


### ▶ 철골철근 콘크리트(SRC) 구조의 특징

① RC구조에 비해 변위 및 내진성능 향상 : RC에 비하여 인성이 대단히 크다.

② 강관으로 인한 내부 콘크리트 구속으로 변위에너지 증가 : 강관의 구속효과에 따라 내부 콘크리트의 강도 상승(내진보강개념→소성힌지 형성)

③ 국부좌굴 방지 및 연성도 증가 : 강관의 국부좌굴방지를 위하는데 내부 콘크리트는 효과적이고 변형성능도 좋아진다.

④ 내화성능 향상 : 충전형의 경우 내부에 콘크리트가 충전되어 있음으로써 내화피복이 일반 강구조에 비하여 경제적으로 할 수도 있다.

⑤ 시공성 개선 : 충전형에서는 콘크리트 치기용 기둥 거푸집이 필요 없다.

⑥ 부착강도와 균열의 문제점 해결이 관건 : 철골과 콘크리트의 부착강도 저하로 인하여 균열 및 부착성능이 저하될 수 있다.

⑦ 합리적인 설계법의 개발 필요 : 섬유요소(Fiber element)를 이용한 프레임요소 비선형 해석이 대안이 될 수 있을 것으로 생각된다.

| 구분 | RC구조물과 비교 | 강구조물과 비교 |
|---|---|---|
| 장 점 | ① 단면치수의 감소로 경제적이다.<br>② 인성이 증가되어 내진성이 우수하다.<br>③ 자중감소가 기대된다.<br>④ 철근량이 감소된다(다단배근 불필요).<br>⑤ 극한하중 작용 시 철골의 소성저항능력으로 안전성이 확보된다.<br>⑥ 구조체의 신뢰성이 향상<br>⑦ 철골 우선시공(거푸집 이용)으로 시공성 향상<br>⑧ 강관구속효과로 내부 콘크리트 강도 상승<br>⑨ 강관 국부좌굴 방지(내부 콘크리트) | ① 방청, 방화 등 유지관리 불필요하다.<br>② 강성이 커서 변형량이 작아진다.<br>③ 소음, 진동이 경감된다.<br>④ 공사비가 감소한다.<br>⑤ 내화, 내진, 내수성 우수 |
| 단 점 | ① 콘크리트와 부착력이 낮아 분리가능<br>② 철골비율이 높으면 콘크리트 균열폭 증가<br>③ RC구조에 비해 고가<br>④ 강재비율이 높으면 콘크리트 타설 곤란<br>⑤ 철근 설계가 복잡하다. | ① 자중의 증대(사하중 증가)<br>② 철근 조립후 콘크리트 타설로 공사기간 증가<br>③ 시공이 복잡하고 설계방법이 다소 복잡 |

### ▶ 사용용도

1) RC구조에서 내진성이 약한 경우

2) 강구조물에서 강성이 부족한 경우

3) 장기간 보를 지지하는 기둥

4) 전단파괴가 예상되는 기둥

5) 응력과 변형집중이 예상되는 경우

### ▶ 합성단면의 공칭강도 산정방식

소성응력분포법과 변형률적합법의 2가지 방법을 사용할 수 있으며, 합성단면의 공칭강도를 결정하는 데 있어 콘크리트의 인장강도는 무시한다.

① 소성응력분포법 : 소성응력분포법에서는 강재가 인장 또는 압축으로 항복응력에 도달할 때 콘크리트는 압축으로 $0.85f_{ck}$ 의 응력에 도달한 것으로 가정하여 공칭강도를 계산한다. 충전형 원형 강관 합성기둥의 콘크리트가 균일한 압축응력을 받는 경우 구속효과를 고려한다.

② 변형률적합법 : 변형률적합법에서는 단면에 걸쳐 변형률이 선형적으로 분포한다고 가정하며 콘크리트의 최대 압축변형률을 0.003mm/mm로 가정한다. 강재 및 콘크리트의 응력변형률 관계는 공인된 실험을 통해 구하거나 유사한 재료에 대한 공인된 결과를 사용한다.

## 02  합성슬래브와 합성보

## 1. 합성슬래브

합성슬래브는 콘크리트 슬래브와 강제 데크플레이트가 일체로 거동하도록 형성된 슬래브로 데크플레이트는 거푸집으로 사용이 가능하며 콘크리트의 보강근으로는 철근 또는 용접철망이 사용된다. 데크플레이트는 조건에 합당한 경우 콘크리트 슬래브의 인장보강근 역할을 겸하여 합성슬래브로 사용할 수 있으며 경우에 따라서는 거푸집 용도로만 사용되기도 한다.

### 1) 합성슬래브의 설계

합성슬래브의 설계는 콘크리트가 양생된 후에는 콘크리트와 데크플레이트가 일체화되어 거동하므로 콘크리트와 데크플레이트의 합성단면에 대해 실시한다. 합성슬래브는 작용하고 있는 하중에 충분히 저항하여야 하며 장단기 처짐이 사용상, 내력상 충분한 강성을 가져야 한다. 일반적으로 합성슬래브는 전단부착파괴 또는 휨파괴에 의해 최대 내력에 도달하므로 두 가지 한계상태에 대해 검토한다.

① 전단부착강도 : 콘크리트 슬래브와 데크플레이트 사이에 부착파괴로 인한 미끄러짐이 발생되는 현상으로 일반적으로 합성슬래브의 전단부착강도는 따로 계산하지 않고 실험에 근거한 전단부착강도를 사용한다.

② 휨강도 : 합성슬래브의 설계휨강도는 단면의 소성응력분포를 고려하여 산정할 수 있다. 이때 데크플레이트의 기여도는 생략한다.

③ 처짐검토 : 데크플레이트를 콘크리트 환산 단면으로 치환하여 처짐 등 사용성을 검토한다.

## 2. 합성보 <sup>102회/121회/122회/133회</sup>

> 【 기출유형 ① 】  완전 합성보
> 【 기출유형 ② 】  합성보의 휨강도, 소성모멘트 산정

강재보를 사용하는 대부분의 교량은 합성구조이며, 합성보는 건축물에서도 가장 경제적인 대안으로 자주 고려된다. 합성구조의 효율로 인해서 높이가 낮은 보가 사용되거나 처짐 등에서 비합성구조보다 작은 등 더 유리하다.

1) 합성보의 탄성응력

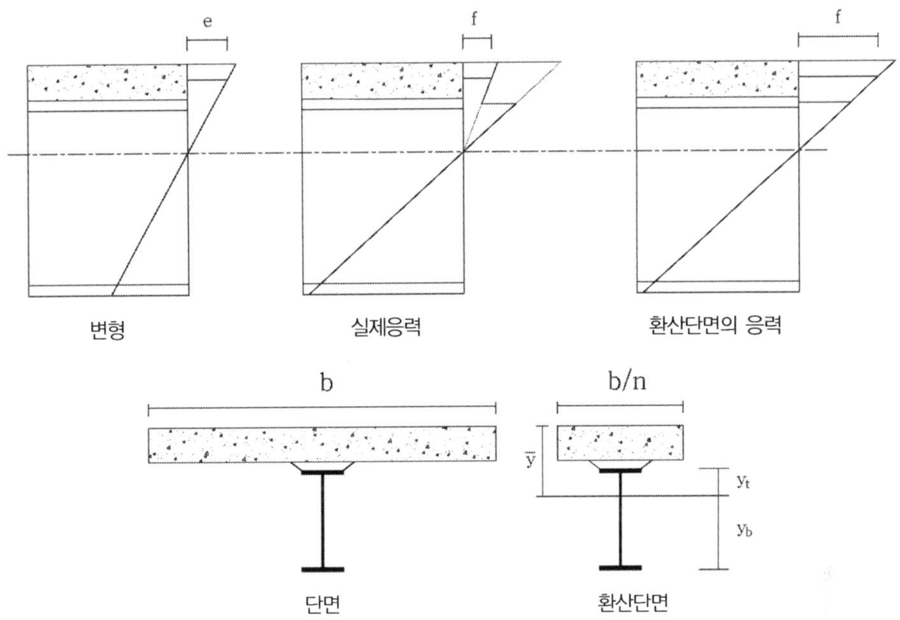



합성보의 설계강도는 보통 파괴 시의 상태를 기본으로 하며, 하나의 재료로 이루어진 것이 아니므로 환산단면으로 환산하여 계산한다. 미소처짐이론에 따라 휨을 받기 전에 평면이었던 단면은 휨 이후에도 평면을 유지한다는 가정은 보가 균질한 재료로 이루어졌을 때만 성립된다. 따라서 콘크리트 면적을 탄성계수비로 나누어 환산단면적을 이용하여 적용할 수 있다.

$$f_b = \frac{M_c}{I}y, \quad f_v = \frac{VQ}{It}, \quad \epsilon_c = \epsilon_s, \quad \frac{f_c}{E_c} = \frac{f_s}{E_s}, \quad f_s = \frac{E_s}{E_c}f_c = nf_c$$

강재보의 상연응력 $\quad f_{st} = \dfrac{M}{I_{tr}}y_t \qquad$ 강재보의 하연응력 $\quad f_{sb} = \dfrac{M}{I_{tr}}y_b$

콘크리트의 응력 $\quad f_c = \dfrac{1}{n}\dfrac{M}{I_{tr}}\overline{y}$

2) 완전 합성보와 부분 합성보

① 완전 합성보 : 강재보와 철근콘크리트 슬래브가 완전한 합성작용을 하도록 전단연결재(강재앵커)를 충분히 사용된 합성보로 내력을 충분히 발휘하기까지 전단연결재가 파괴되지 않는다.

② 부분 합성보 : 완전 합성보로 작용하기에 불충분한 전단연결재를 사용한 보를 부분 합성보라고 한다. 부분 합성보는 내력을 충분히 발휘하기 전에 전단연결재가 먼저 파괴된다. 부분 합성

보는 다음과 같은 경우에 활용된다.

(1) 콘크리트 타설 시점을 고려하여 선정된 강재보 단면에 대해 완전 합성보로 설계 시 필요 이상의 전단연결재를 사용한 과다 설계가 되기 때문에 강재앵커를 줄이고 싶은 경우
(2) 골데크플레이트 리브가 강재보와 직각으로 배치되어 전단연결재(강재앵커) 간격을 리브 간격과 통일하기 위해 전단연결재 간격을 넓힐 필요가 있는 경우

## 3) 합성보의 유효폭

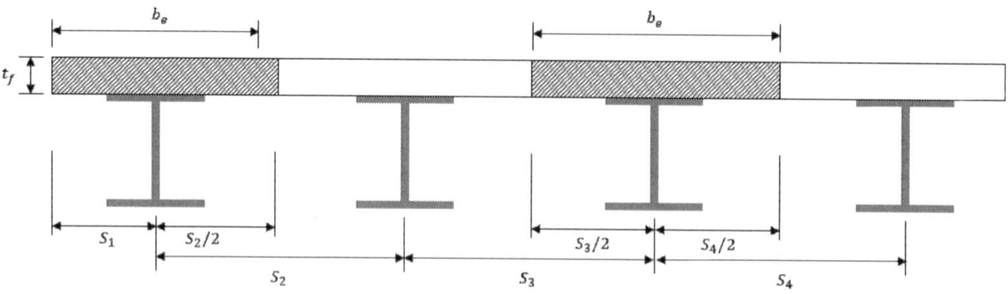

콘크리트 슬래브의 유효폭은 보 중심을 기준으로 좌우 각 방향에 대한 유효폭의 합으로 구하며 각 방향에 대한 유효폭은 다음 중에서 최솟값으로 구한다.

① 보경간(지지점의 중심간)의 1/8
② 보중심선에서 인접보 중심선까지 거리의 1/2
③ 보중심선에서 슬래브 가장자리까지의 거리

## 4) 전단연결재의 설계

전단연결재는 철근콘크리트와 강재보 사이의 미끄러짐을 방지하고 두 부재 사이의 수평전단력에 저항하는 역할을 한다. 통상 스터드 앵커 형식이나 ㄷ형강 앵커를 사용한다. 스터드 앵커의 경우 콘크리트가 비탄성 변형 또는 강재 앵커 하부 주위에서 파괴될 경우 강재 앵커의 변형이 발생할 수 있다. 콘크리트 파괴를 기초로 하여 강도를 산정한 경우에도 강재 앵커는 연성적인 거동을 보인다. 강재 앵커의 전단력과 모멘트는 보 플랜지와 강재 앵커를 연결하는 용접에서 최댓값을 가지며 용접에서 멀어지면서 급격히 감소한다. 강재 앵커 길이-직경 비가 큰 경우에는 기초 위의 캔틸레버 거동과 유사한 거동을 보인다.

| 조건 | | | $R_g$ | $R_p$ |
|---|---|---|---|---|
| 골데크플레이트를 사용하지 않은 경우 | | | 1.0 | 0.75 |
| 데크플레이트의 골방향이 강재보와 평행한 경우 | $\dfrac{w_r}{h_r} \geq 1.5$ | | 1.0 | 0.75 |
| | $\dfrac{w_r}{h_r} < 1.5$ | | 0.85* | 0.75 |
| 데크플레이트의 골방향이 강재보에 직각인 경우에 데크플레이트의 골당 스터드 전단연결재의 개수 | 약한 위치의 스터드 전단연결재 | 1개 | 1.0 | 0.6 |
| | | 2개 | 0.85 | 0.6 |
| | | 3개 이상 | 0.7 | 0.6 |
| | 강한 위치의 스터드 전단연결재 | 1개 | 1.0 | 0.75 |
| | | 2개 | 0.85 | 0.75 |
| | | 3개 이상 | 0.7 | 0.75 |

$h_r$ : 리브의 공칭높이(mm)

$w_r$ : 콘크리트 리브 또는 헌치의 평균 폭(mm)

* : 스터드 전단연결재가 1개인 경우

• 약한 위치의 스터드 전단연결재 : $e_{mid-ht} < 50$ mm인 경우

• 강한 위치의 스터드 전단연결재 : $e_{mid-ht} \geq 50$ mm인 경우

① 스터드앵커의 공칭강도($Q_n$)

매입된 스터드앵커 1개의 공칭전단강도 $Q_n$

$$Q_n = 0.5 A_{sa} \sqrt{f_{ck} E_c} \leq R_g R_p A_{sa} F_u$$

여기서, $A_{sa}$ 스터드앵커의 단면적(mm$^2$), $F_u$ 스터드앵커의 설계기준 인장강도(MPa)

$R_g$, $R_p$ 조건에 따른 감소계수(아래 표)

② ㄷ형강 앵커의 공칭강도($Q_n$)

매입된 ㄷ형강 앵커 1개의 공칭전단강도 $Q_n$

$$Q_n = 0.3 (t_f + 0.5 t_w) L_a \sqrt{f_{ck} E_c}$$

여기서, $t_f$, $t_w$ ㄷ형강 앵커 플랜지, 웨브 두께(mm), $L_a$ ㄷ형강 앵커 길이(mm)

③ 강재앵커가 지지해야 하는 수평전단력

노출형 합성보의 H형강과 슬래브면 사이의 전체 수평전단력($V'$)은 강재앵커에 의해서만 전달되다고 본다. 노출형 합성보가 완전합성작용을 발휘하가 위해 강재 앵커가 지지하는 총수평전

단력($V^{'}$)은 다음과 같다.

 (1) 정모멘트를 받는 합성보 : 콘크리트 압괴, 강재단면의 인장항복, 강재앵커의 강도 중 최소값

  (a) 콘크리트 압괴   $V^{'} = 0.85 f_{ck} A_c$

  (b) 강재단면의 인장항복   $V^{'} = F_y A_s$

  (c) 강재앵커 강도 $V^{'} = \sum Q_n$

 (2) 부모멘트를 받는 합성보 : 슬래브 철근의 항복과 강재앵커의 강도 중 최소값

  (a) 슬래브 철근 항복   $V^{'} = F_{yr} A_r$

  (b) 강재앵커 강도 $V^{'} = \sum Q_n$

 (3) 강재앵커 개수 산정과 배열   $n \geq \dfrac{V^{'}}{Q_n}$

## 5) 강재 전단연결재를 갖는 합성보의 휨강도 산정

대부분 정모멘트를 받을 때 강재 전단면이 항복되고 콘크리트가 압축상태로 파괴될 때의 공칭휨강도에 도달하게 된다. 이때 합성단면의 응력분포를 소성응력분포(plastic stress distribution)라고 하며 휨강도에 대한 KDS 14 31 80(합성구조 부재 설계기준, 2024)에서는 AISC와 유사한 방식으로 강도산정방법을 제시하고 있다. 다만 KDS 합성구조 부재설계기준은 교량용 강합성거더를 제외한 합성보에서만 적용한다(교량용 강합성거더 설계기준 KDS 14 31 10 4.3.3 교량용거더).

① 정모멘트에 대한 휨강도($\phi_b M_n$) : 항복한계상태로부터 구하며 $\phi_b = 0.90$ 적용

 (1) $\dfrac{h}{t_w} \leq 3.76 \sqrt{\dfrac{E}{f_y}}$ (조밀한 복부를 갖는 형강) : 공칭강도 $M_n$은 소성모멘트 $M_p$

 (2) $\dfrac{h}{t_w} \leq 3.76 \sqrt{\dfrac{E}{f_y}}$ (비조밀한 복부를 갖는 형강) : 공칭강도 $M_n$은 항복모멘트 $M_y$

 (3) AISC LRFD의 경우 설계강도는 $\phi_b M_n$에서 $\phi_b = 0.90$을 적용하고, ASD의 경우에는 허용강도를 $M_n / SF$로 이때 $SF = 1.67$을 적용한다.

② 부모멘트에 대한 휨강도($\phi_b M_n$) : 항복한계상태에 대한 합성단면의 소성응력분포로부터 구하며, $\phi_b = 0.90$ 적용한다. 이때 강재보는 조밀단면이며 횡지지되어야 하고, 부모멘트 구간에서는 강재 전단연결재가 설치되어야 하며 유효폭 내의 강재보에 평행한 슬래브 철근이 적절히 정착되어야 한다.

## 6) 소성한계상태

합성보가 소성한계상태에 도달할 때에는 Whitney의 등가응력블록(RC편 참조) 가정에 따라 콘크리트 응력은 $0.85f_{ck}$의 균일한 압축응력블럭으로 슬래브 상면으로부터 하면까지 분포된다고 가정한다. 응력의 분포는 소성중립축의 위치에 따라 다음의 3가지 경우로 구분할 수 있다.

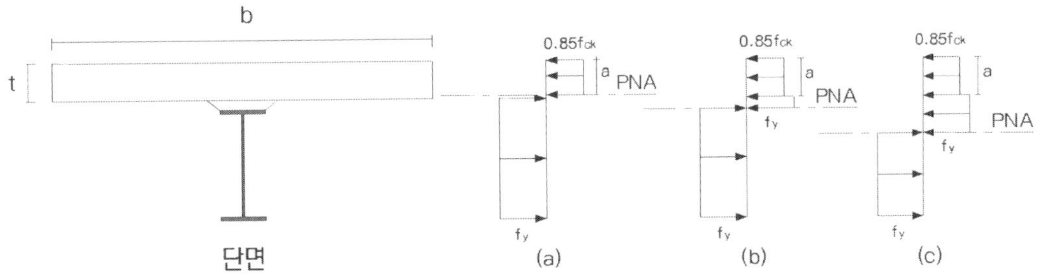


(소성중립축 위치에 따른 응력분포)

(a) : 강재는 완전 인장항복상태에 있고 콘크리트는 부분 압축상태로 소성중립축이 슬래브 안에 있을 경우, 콘크리트의 인장응력은 무시, 충분한 전단연결재로 연결되어 완전합성거동을 이룰 경우 보통 대부분의 응력분포

(b) : 콘크리트 응력분포가 슬래브 전 두께에 걸쳐 분포되며 강형 플랜지의 일부분이 압축상태인 경우로 슬래브의 압축력이 증가된다.

(c) : 소성중립축이 강재 복부에 존재하는 경우

## 7) 압축력 산정

$$C = Min[A_s f_y, \ 0.85f_{ck}A_c, \ \Sigma Q_n], \quad \Sigma Q_n : \text{전단연결재의 총 전단강도}$$

## 8) 휨강도 산정

콘크리트 합성작용 시 횡–비틀좌굴은 발생하지 않으므로 모멘트 합력으로 산정

완전 합성보

완전 합성보에 대하여 설명하시오.

**풀 이**

## ▶ 개요

합성보는 한 가지 이상의 재료로 제작된 보를 의미하며, 완전 합성보의 경우 하나의 부재로 거동하는 것처럼 단면은 평면을 유지한다는 미소변위이론을 적용할 수 있는 부재를 말한다.

## ▶ 완전 합성보와 부분 합성보

### 1) 완전 합성보

완전 합성보는 강재보와 철근콘크리트 슬래브가 완전한 합성작용을 할 수 있도록 강재앵커(전단 연결재)가 충분히 사용해 합성한 보를 의미한다. 완전 합성보는 합성보의 내력을 충분히 발휘하기까지 강재앵커가 파괴되지 않는다고 가정한다.

### 2) 부분 합성보

완전 합성보로 작용하기에는 불충분한 양의 강재앵커를 사용한 것을 부분 합성보라고 한다. 부분 합성보는 하중이 작용한 경우 합성보의 내력이 충분히 발휘하기 전에 강재앵커가 먼저 파괴된다. 완전 합성보로 설계하기에는 강재앵커가 너무 많이 용구되는 다음과 같은 경우에는 부분 합성보로 설계한다.

① 콘크리트 타설시점을 고려하여 선정된 강재보 단면에 대해 완전 합성보로 설계하면 필요 이상의 강재앵커를 사용한 과다설계가 되기 때문에 완전 합성보로 설계할 필요가 없는 경우
② 골데크플레이트 리브가 강재보와 직각으로 배치되어 강재앵커간격을 리브 간격과 통일하기 위하여 강재앵커 간격을 넓힐 필요가 있는 경우

## ▶ 합성보의 설계강도

### 1) 합성보의 탄성응력

합성보의 설계강도는 보통 파괴 시의 상태를 기본으로 하며, 하나의 재료로 이루어진 것이 아니므로 환산단면으로 환산하여 계산한다. 미소처짐이론에 따라 휨을 받기 전에 평면이었던 단면은 휨 이후에도 평면을 유지한다는 가정은 보가 균질한 재료로 이루어졌을 때만 성립된다. 따라서 콘크리트 면적을 탄성계수비로 나누어 환산단면적을 이용하여 적용할 수 있다.

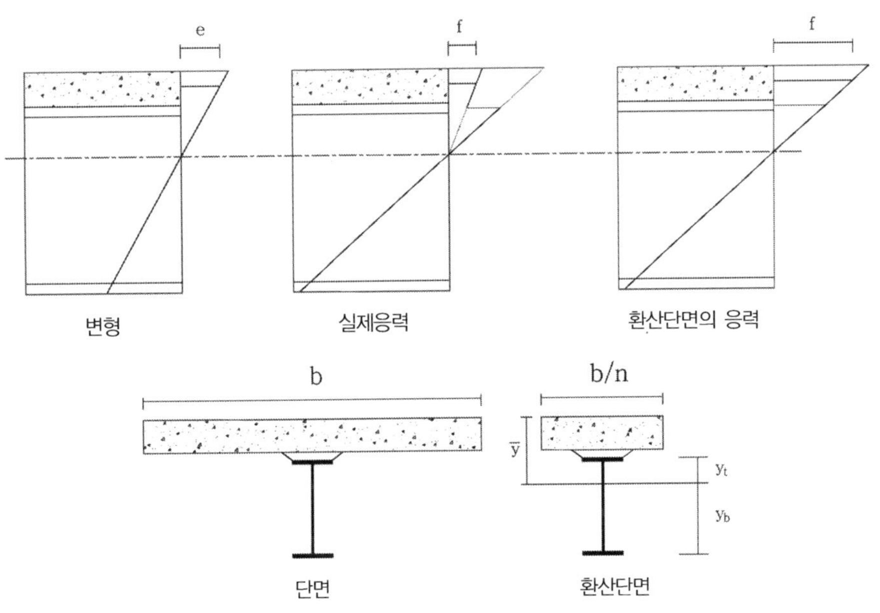



강재보의 상연응력 $\qquad f_{st} = \dfrac{M}{I_{tr}} y_t$ 　　강재보의 하연응력 $\qquad f_{sb} = \dfrac{M}{I_{tr}} y_b$

콘크리트의 응력 $\qquad f_c = \dfrac{1}{n} \dfrac{M}{I_{tr}} \bar{y}$

## 2) 휨강도 산정

대부분 정모멘트를 받을 때 강재 전단면이 항복되고 콘크리트가 압축상태로 파괴될 때의 공칭휨강도에 도달하게 된다. 이때 합성단면의 응력분포를 소성응력분포(plastic stress distribution)라고 하며 휨강도에 대한 AISC시방규정은 다음과 같다.

① 조밀한 복부를 갖는 형강에 대해 공칭강도 $M_n$은 소성응력 분포상태로부터 구한다(조밀한 복부를 갖는 형강 : $h/t_w \leq 3.76\sqrt{E/f_y}$ ).

② 비조밀 복부를 갖는 형강에 대해 공칭강도 $M_n$은 강재가 처음 항복할 때인 탄성응력 분포상태로부터 구한다(비조밀한 복부를 갖는 형강 : $h/t_w > 3.76\sqrt{E/f_y}$ ).

③ LRFD의 경우 설계강도는 $\phi_b M_n$으로 $\phi_b = 0.90$을 적용하고 ASD의 경우 허용강도는 $M_n/SF$ 로 $SF = 1.67$을 적용한다.

## 3) 소성한계상태

합성보가 소성한계상태에 도달할 때에는 Whitney의 등가응력블록(RC편 참조) 가정에 따라 콘크리트 응력은 $0.85f_{ck}$의 균일한 압축응력블록으로 슬래브 상면으로부터 하면까지 분포된다고 가정한다. 응력의 분포는 소성중립축의 위치에 따라 다음의 3가지 경우로 구분할 수 있다.

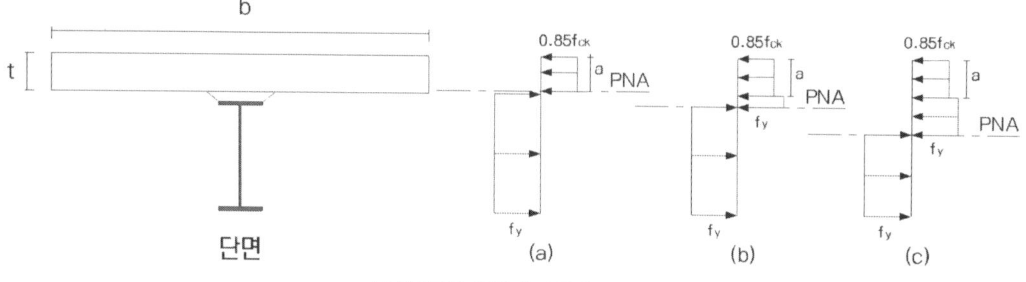


(소성중립축 위치에 따른 응력분포)

(a) : 강재는 완전 인장항복상태에 있고 콘크리트는 부분 압축상태로 소성중립축이 슬래브 안에 있을 경우, 콘크리트의 인장응력은 무시, 충분한 전단연결재로 연결되어 완전합성거동을 이룰 경우 보통 대부분의 응력분포
(b) : 콘크리트 응력분포가 슬래브 전 두께에 걸쳐 분포되며 강형 플랜지의 일부분이 압축상태인 경우로 슬래브의 압축력이 증가된다.
(c) : 소성중립축이 강재 복부에 존재하는 경우

## 4) 압축력 산정

$$C = Min[A_s f_y, \ 0.85 f_{ck} A_c, \ \Sigma Q_n], \quad \Sigma Q_n \text{ : 전단연결재의 총 전단강도}$$

## 5) 휨강도 산정

콘크리트 합성작용 시 횡-비틂좌굴은 발생하지 않으므로 모멘트 합력으로 산정

## 합성보

그림과 같은 합성보에 대해 설계 휨강도를 강도설계법으로 구하시오(단, 콘크리트 변형률은 극한
변형률, 철근과 강재 변형률은 항복변형률 이상으로 가정한다).

〈조건〉
콘크리트 강도는 28MPa, 강재 및 철근의 항복강도는 300MPa
탄성계수비 n = 7
콘크리트 단면적 계산 시 철근 단면적 공제 무시

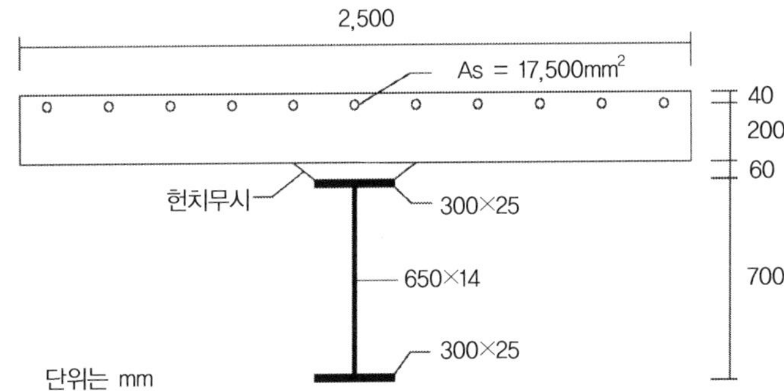


## 풀 이

### ▶ 중립축 산정

$b/n = 2500/7$

$\sum Ay = 2500/7 \times 240 \times 120 + 300 \times 25 \times (300 + 25/2)$
$\qquad + 650 \times 14 \times (300 + 700/2) + 300 \times 25 \times (1000 - 25/2)$
$\qquad = 25,950,714 mm^3$

$\sum A = 2500/7 \times 240 + 300 \times 25 + 650 \times 14 + 300 \times 25 = 109,814 mm^2$

$\therefore \overline{y} = \dfrac{\sum Ay}{\sum A} = 236.31 mm < t_{con}$

단면의 중립축이 콘크리트 슬래브 두께 내에 존재하고 콘크리트의 인장력을 무시한다.

### ▶ 콘크리트의 압축력 산정

완전합성작용이 일어난다고 가정하고 콘크리트가 극한변형률에 도달했을 때 압축철근도 항복변
형률에 도달하여 $f_y$를 발휘하고 강재도 $f_y$를 발휘한다고 가정하면,

콘크리트의 극한변형률 0.003에 도달할 때 철근은 $\epsilon^r = 0.003 \times \dfrac{196.31}{236.31} = 0.00249 > \epsilon_y$

강재 최하단의 변형률 $\epsilon_s = 0.003 \times \dfrac{(1000 - 236.31)}{236.31} = 0.009695 > \epsilon_y$

완전합성작용이 일어난다고 가정하면 $A_s f_y$와 $0.85 f_{ck} A_c + A_s^r f_y^r$ 중에서 작은 값이 콘크리트의 압축력으로 본다.

$$A_s f_y = (300 \times 25 + 650 \times 14 + 300 \times 25) \times 300 = 7230 kN$$

$$0.85 f_{ck} A_c + A_s^r f_y^r = 0.85 \times 28 \times 240 \times 2500 + 17500 \times 300 = 19,530 kN$$

$$\therefore C = A_s f_y = 7230 kN$$

### ➤ 설계휨강도 산정

콘크리트의 인장력과 헌치는 무시하고 산정한다.

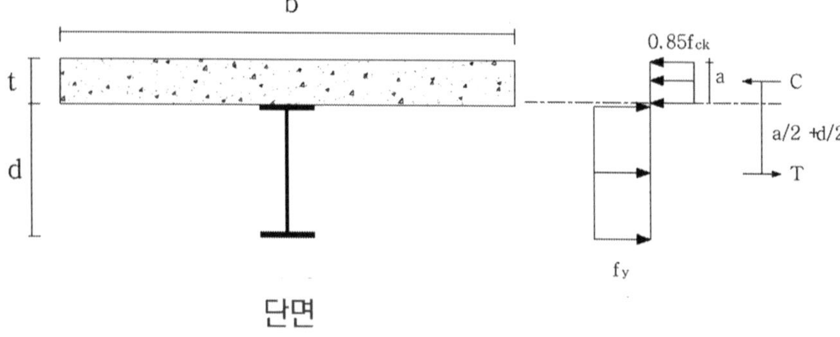


$$M_n = C\left(\frac{a}{2} + \frac{d}{2}\right) = 7230 \times \left(\frac{236.31}{2} + \frac{700}{2}\right) = 3,384.76 kNm$$

$\phi_b = 0.90$이므로

$$\therefore M_d = \phi_b M_n = 3046.3 kNm$$

## 합성보의 휨강도

완전 합성거더교 횡단면상의 내측지간이 아래 그림과 같은 단면으로 구성되어 있을 경우
(a) 정모멘트 500kN·m를 받는 경우 강재 상·하단과 콘크리트 상단의 응력
(b) 합성보의 공칭휨강도

<table>
<tr><td>

- 상부 콘크리트 슬래브
  - 유효폭 b=2,400mm, 두께 t =150mm
  - 콘크리트 단위질량 $m_c$=2,300kg/m³,
    평균압축강도 $f_{cm}$ =28MPa
- 형강 : H-500×200×10×16
  - 항복강도 $F_y$=355MPa, 탄성계수 $E_s$=210GPa
  - 단면적 A = 11,420mm²
    강축 단면2차 모멘트 $I_{x0}$=4.78×10⁸mm⁴
- 탄성계수비는 정수를 사용(소수점 이하 절사)

</td><td>

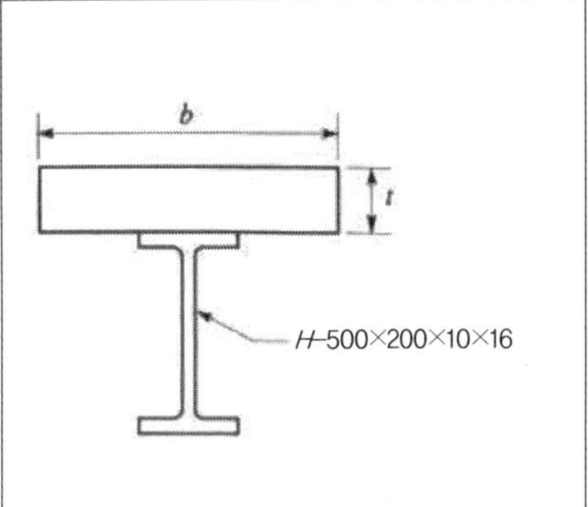


</td></tr>
</table>



## ▶ 단면계수 산정

보통 콘크리트 탄성계수 $E_c = 0.077 m_c^{1.5} \sqrt[3]{f_{cm}}$ =25,791(MPa)

탄성계수비(n) = $E_s / E_c$ = 210,000/25,791 = 8.14 ≈ 8.0

## ▶ 중립축 산정

$b/n = 2400/8$ =300mm

$$\sum Ay = 2400/8 \times 150 \times 75 + 200 \times 16 \times (150 + 16/2) + (500 - 16 \times 2)$$
$$\times 10 \times (150 + 500/2) + 200 \times 16 \times (150 + 500 + 16/2)$$
$$= 7,858,200 \text{mm}^3$$

$$\sum A = 2400/8 \times 150 + 200 \times 16 + (500 - 16 \times 2) \times 10 + 200 \times 16$$
$$= 56,080 \text{mm}^2$$

$$\therefore \bar{y} = \frac{\sum Ay}{\sum A} = 140.12 \text{mm} < t_{con}$$

단면의 중립축이 콘크리트 슬래브 두께 내에 존재하고 콘크리트의 인장력을 무시한다.

## ▶ 정모멘트 500kNm일 때 강재 상하단과 콘크리트 상단의 응력

단면은 평면을 유지한다고 가정하면,

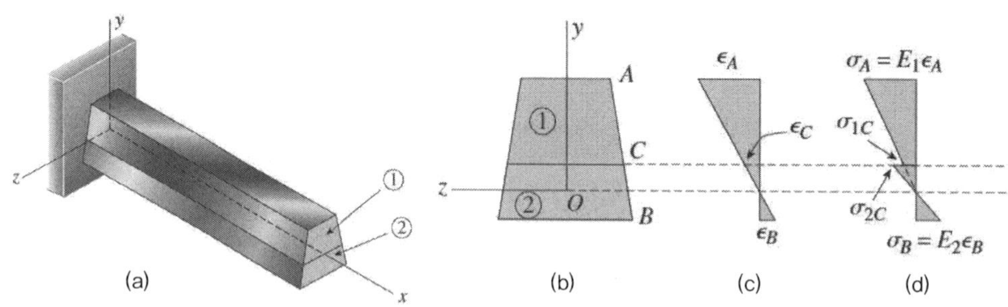



$$\epsilon_x = -\frac{y}{\rho} = -\kappa y$$

$E_2 > E_1$ 이라면,

$$\sigma_{x1} = -E_1\epsilon = -E_1\kappa y, \qquad \sigma_{x2} = -E_2\epsilon = -E_2\kappa y$$

① 중립축

　단면에 작용하는 축력의 합은 0

$$\int_1 \sigma_{x1}dA + \int_2 \sigma_{x2}dA = 0 \qquad \therefore E_1\int_1 ydA + E_2\int_2 ydA = 0$$

② 2축 대칭인 단면의 경우

　중립축은 도심축과 일치

$$M = \int_A \sigma_x ydA = -\kappa E_1\int_1 y^2 dA - \kappa E_2\int_2 y^2 dA = -\kappa(E_1I_1 + E_2I_2)$$

$$\sigma_{x1} = -\frac{MyE_1}{E_1I_1 + E_2I_2}, \quad \sigma_{x2} = -\frac{MyE_2}{E_1I_1 + E_2I_2}$$

$$E_c = 25,791 \text{ MPa}, \ E_s = 210\text{GPa}, \ I_c = \frac{bt^3}{12} = 6.75\times10^8 \text{mm}^4, \ I_s = I_{x0} = 4.78\times10^8 \text{mm}^4$$

$$\therefore \sigma_{con(t)} = \frac{500\times10^6 \times 25,791}{25,791\times675\times10^8 + 210,000\times4.78\times10^8}\times140.12 = 0.981 \text{ N/mm}^2$$

$$\therefore \sigma_{st(t)} = -\frac{500\times10^6 \times 210,000}{25,791\times675\times10^8 + 210,000\times4.78\times10^8}\times(150 - 140.12) = 0.563 \text{ N/mm}^2$$

$$\therefore \sigma_{st(b)} = -\frac{500 \times 10^6 \times 210,000}{25,791 \times 675 \times 10^8 + 210,000 \times 4.78 \times 10^8} \times (650 - 140.12) = 29.07 \text{ N/mm}^2$$

### ▶ 콘크리트의 압축력 산정

완전합성작용이 일어난다고 가정하고 콘크리트가 극한변형률에 도달했을 때

강재 최하단의 변형률 $\epsilon_s = 0.003 \times \dfrac{(650 - 140.12)}{140.12} = 0.0109 > \epsilon_y$

완전합성작용이 일어난다고 가정하면 $A_s f_y$와 $0.85 f_{ck} A_c$ 중에서 작은 값이 콘크리트의 압축력으로 본다.

$$A_s f_y = (200 \times 16 \times 2 + (500 - 2 \times 16) \times 10) \times 355 = 3,933.4 \text{ kN}$$
$$0.85 f_{ck} A_c = 0.85 \times 28 \times 150 \times 2400 = 8,568 \text{ kN}$$
$$\therefore C = A_s f_y = 3,933.4$$

### ▶ 설계휨강도 산정

콘크리트의 인장력은 무시하고 산정한다.

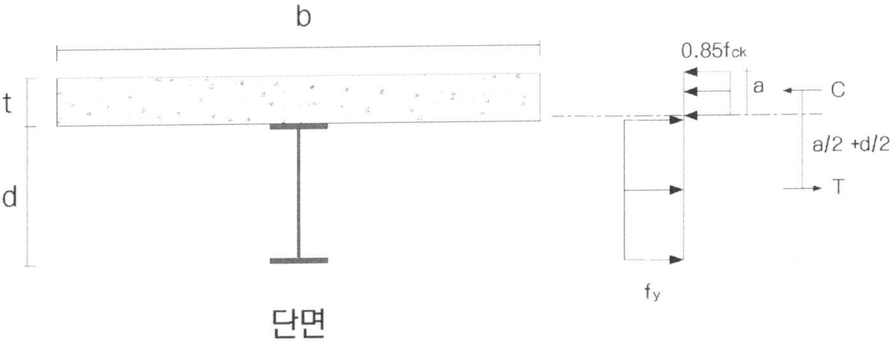


$$M_n = C\left(\frac{a}{2} + \frac{d}{2}\right) = 3,933.4 \times \left(\frac{140.12}{2} + \frac{500}{2}\right) = 1,258.9 \text{ kNm}$$

$\phi_b = 0.90$ 이므로

$$\therefore M_d = \phi_b M_n = 1,133 \text{ kN}$$

## 합성보의 소성모멘트

그림과 같이 전단연결재로 연결된 합성거더의 단면이 부모멘트를 받고 있다. 이때 소성중립축 위치를 검토하고 소성모멘트를 구하시오.

(단, 콘크리트의 설계기준 압축강도 $f_{ck}$=30MPa, 강재의 항복강도 $f_y$=340MPa이다. 상부철근 단면적은 1800mm$^2$, 하부철근 단면적은 1000mm$^2$이며 철근의 최소항복강도 $f_{yr}$=400MPa이다.)

| 경우 | 소성<br>중립축 | 조건 | $\overline{Y}$와 $M_p$ |
|---|---|---|---|
| I | 복부판 | $P_c + P_w \geq P_t + P_{rb} + P_{rt}$ | $\overline{Y}=\left(\dfrac{D}{2}\right)\left[\dfrac{P_c - P_t - P_{rt} - P_{rb}}{P_w}+1\right]$ <br><br> $M_p = \dfrac{P_w}{2D}[\overline{Y}^2 + (D-\overline{Y})^2] + [P_{rt}d_{rt} + P_{rb}d_{rb} + P_t d_t + P_c d_c]$ |
| II | 상부<br>플랜지 | $P_c + P_w + P_t \geq P_{rb} + P_{rt}$ | $\overline{Y}=\left(\dfrac{t_t}{2}\right)\left[\dfrac{P_w + P_c - P_{rt} - P_{rb}}{P_t}+1\right]$ <br><br> $M_p = \dfrac{P_t}{2t_t}[\overline{Y}^2 + (t_t-\overline{Y})^2] + [P_{rt}d_{rt} + P_{rb}d_{rb} + P_w d_w + P_c d_c]$ |

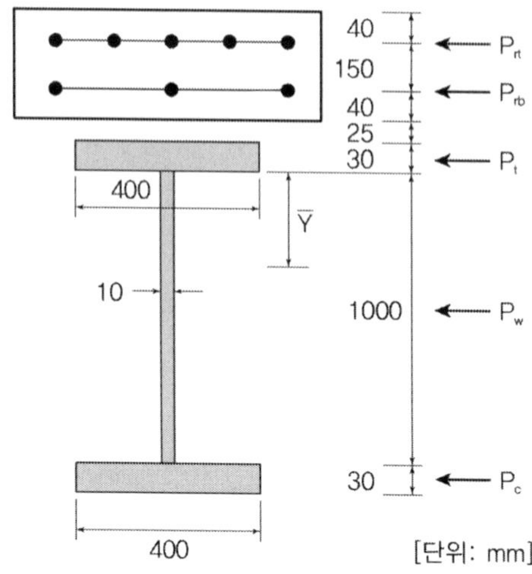




### ▶ 개요

합성보가 소성한계상태에 도달할 때에는 Whitney의 등가응력블록 가정에 따라 콘크리트 응력은 $0.85f_{ck}$의 균일한 압축응력블럭으로 슬래브 상면으로부터 하면까지 분포된다고 가정한다. 응력의 분포는 소성중립축의 위치에 따라 다음의 3가지 경우로 구분할 수 있다.

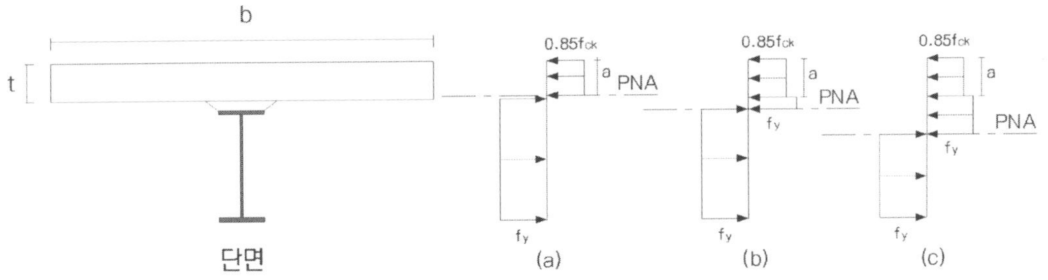



(소성중립축 위치에 따른 응력분포)

(a) : 강재는 완전 인장항복상태에 있고 콘크리트는 부분 압축상태로 소성중립축이 슬래브 안에
있을 경우, 콘크리트의 인장응력은 무시, 충분한 전단연결재로 연결되어 완전합성거동을 이
룰 경우 보통 대부분의 응력분포

(b) : 콘크리트 응력분포가 슬래브 전 두께에 걸쳐 분포되며 강형 플랜지의 일부분이 압축상태인
경우로 슬래브의 압축력이 증가된다.

(c) : 소성중립축이 강재 복부에 존재하는 경우

## ➤ 소성중립축과 소성모멘트 산정

도로교설계기준 한계상태설계법(2016)에서 제시한 $M_p$에 대한 공식에서 $d$는 합력과 소성중립축
간의 거리이다. 합력은 ① 플랜지와 슬래브의 중심점, ② 복부판의 중간점, ③ 철근의 중심에 작
용한다. 모든 합력, 치수 및 거리는 양의 값을 취한다. 소성중립축의 위치와 소성모멘트는 위의
표(부모멘트)에 주어진 순서에 따라 검토한다. 즉, 소성중립축은 표의 경우 I부터 차례로 검토하
여 합력조건을 맨 먼저 만족하는 경우에 해당된다.

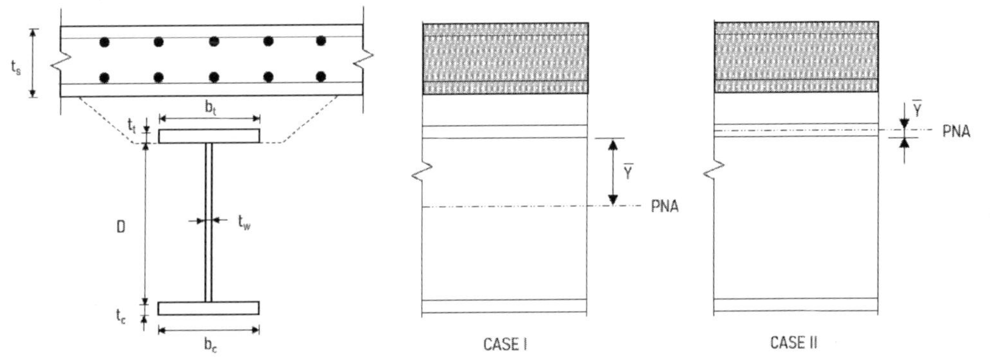



1) 작용력 산정

① 하부플랜지 $P_c$        $P_c = A_{bf}f_y = 400 \times 30 \times 340 \times 10^{-3} = 4,080\text{kN}$

② 웨브 $P_w$    $\quad P_w = A_w f_y = 10 \times 1000 \times 340 \times 10^{-3} = 3,400 \text{kN}$

③ 상부플랜지 $P_t$    $\quad P_t = A_{tf} f_y = 400 \times 30 \times 340 \times 10^{-3} = 4,080 \text{kN}$

④ 하부철근 $P_{rb}$    $\quad P_{rb} = A_{bs} f_y = 1000 \times 400 \times 10^{-3} = 400 \text{kN}$

⑤ 상부철근 $P_{rt}$    $\quad P_{rt} = A_{ts} f_y = 1800 \times 400 \times 10^{-3} = 720 \text{kN}$

$$\therefore P_c + P_w \geq P_t + P_{rb} + P_{rt} \text{ 이므로 소성중립축은 복부판에 있다.}$$

### 2) 소성중립축 산정 도로교설계기준 2016

$$\overline{Y} = \left(\frac{D}{2}\right)\left[\frac{P_c - P_t - P_{rt} - P_{rb}}{P_w} + 1\right] = \frac{1000}{2} \times \left[\frac{4080 - 4080 - 720 - 400}{3400} + 1\right] = 335.29 \text{mm}$$

### 3) 소성모멘트 산정

$d_{rt}$ = 40+150+40+25+30+335.29 = 620.29mm

$d_{rb}$ = 40+25+30+335.29 = 430.29mm

$d_t$ = 30/2+335.29 = 350.29mm

$d_c$ = 1000−335.29+30/2 = 679.70mm

$$M_p = \frac{P_w}{2D}\left[\overline{Y}^2 + (D - \overline{Y})^2\right] + \left[P_{rt}d_{rt} + P_{rb}d_{rb} + P_t d_t + P_c d_c\right]$$

$$= \frac{3400}{2 \times 1000}\left[335.29^2 + (1000 - 335.29)^2\right]$$

$$+ \left[720 \times 620.29 + 400 \times 430.29 + 4080 \times 350.29 + 4080 \times 679.70\right] = 5,763,365 \text{kNmm}$$

$$\therefore M_p = 5,763 \text{kNm}$$

## 소성 중립축과 공칭 휨모멘트

지간 10m의 보에서 그림과 같이 3m의 보 중심간 간격을 가지는 완전 강합성보의 소성 중립축과 공칭휨모멘트를 하중저항계수설계법에 의해 구하시오. 단, 콘크리트의 슬래브 두께 $t_s$ =200mm, 설계기준강도 $f_{ck}$ =24MPa, 항복강도 $F_y$ =325MPa이며, 강재의 규격은 H-1100×300×18×32이다.

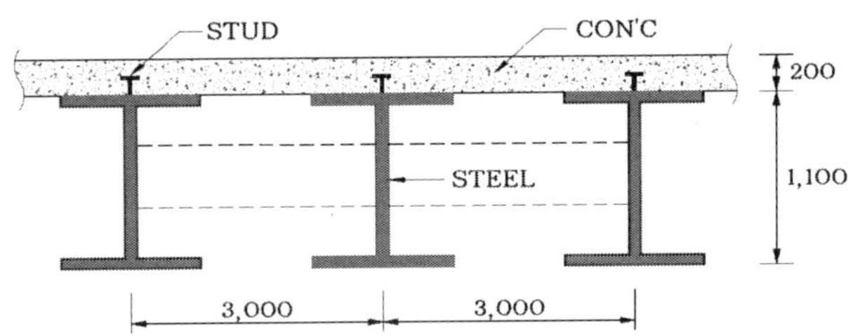


### 풀 이

#### ▶ 개요

강구조설계기준(2014)에 따라 검토한다. 주어진 조건에서 콘크리트 바닥판의 유효폭은 내측 보의 유효폭 산정방법에 따라 다음의 값 중 최솟값인 2.5m를 적용한다.

① 유효 지간길이의 1/4 = 2.5m

② 바닥판 평균두께의 12배에 웨브두께와 상부플랜지 폭의 1/2 중 큰 값을 합한 값 = 2.55m

③ 인접한 보와의 평균 간격 = 3.0m

#### ▶ 소성중립축 산정

합성보가 소성한계상태에 도달할 때에는 Whitney의 등가응력블록 가정에 따라 콘크리트 응력은 $0.85f_{ck}$의 균일한 압축 응력 블럭으로 슬래브 상면으로부터 하면까지 분포된다고 가정한다. 응력의 분포는 소성중립축의 위치에 따라 다음의 3가지 경우로 구분할 수 있다.

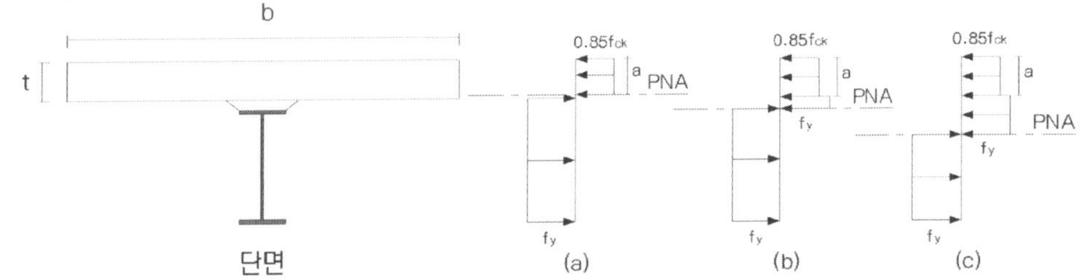


(소성중립축 위치에 따른 응력분포)

(a) : 강재는 완전 인장항복상태에 있고 콘크리트는 부분 압축상태로 소성중립축이 슬래브 안에 있을 경우, 콘크리트의 인장응
　　　력은 무시, 충분한 전단연결재로 연결되어 완전합성거동을 이룰 경우 보통 대부분의 응력분포
(b) : 콘크리트 응력분포가 슬래브 전 두께에 걸쳐 분포되며 강형 플랜지의 일부분이 압축상태인 경우로 슬래브의 압축력이 증
　　　가된다.
(c) : 소성중립축이 강재 복부에 존재하는 경우

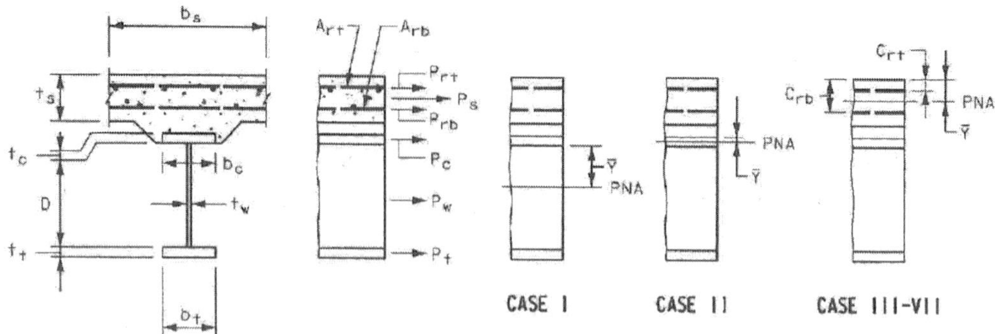


## 1) 요소별 단면력

### ① 콘크리트 $P_s$

$$P_s = \text{Min}[A_s f_y, \ 0.85 f_{ck} A_c, \ \Sigma Q_n] = 0.85 f_{ck} A_c = 0.85 \times 24 \times 2500 \times 200 = 10,200\text{kN}$$

여기서, 　$\Sigma Q_n$ : 전단연결재의 총 전단강도

### ② 상부·하부플랜지 $P_c = P_t = F_y b_c t_c = 325 \times 300 \times 32 = 3120\text{kN}$

### ③ 웨브 $P_w = F_y D t_w = 325 \times (1100-32 \times 2) \times 18 = 6060.6\text{kN}$

## 2) 소성중립축 위치 검토

강구조설계기준(2014)에 따라 단계적 검토 수행

### ① (CASE I)소성 중립축 위치 웨브 가정 : $P_t + P_w \geq P_c + P_s + P_{rb} + P_{rt}$ 　 N.G

여기서, $P_{rb}$, $P_{rt}$ 는 콘크리트 내의 철근

### ② (CASE II)소성 중립축 위치 상부플랜지 가정 : $P_t + P_w + P_c \geq P_s + P_{rb} + P_{rt}$ 　 O.K

## 3) 소성중립축 위치 산정

$$\overline{Y} = \left(\frac{t_c}{2}\right)\left[\frac{P_w + P_t - P_s - P_{rt} - P_{rb}}{P_c} + 1\right] = \frac{32}{2} \times \left[\frac{6060.6 + 3120 - 10200}{3120} + 1\right] = 10.77\text{mm}$$

대부분 정모멘트를 받을 때 강재 전단면이 항복되고 콘크리트가 압축상태로 파괴될 때의 공칭휨
강도에 도달하게 된다. 이때 합성단면의 응력분포를 소성응력분포(plastic stress distribution)이
라고 하며 휨강도에 대한 AISC시방규정은 다음과 같다.

① 조밀한 복부를 갖는 형강에 대해 공칭강도 $M_n$은 소성응력 분포상태로부터 구한다(조밀한 복
  부를 갖는 형강 : $h/t_w \le 3.76\sqrt{E/f_y}$).

② 비조밀 복부를 갖는 형강에 대해 공칭강도 $M_n$은 강재가 처음 항복할 때인 탄성응력 분포상태
  로부터 구한다(비조밀한 복부를 갖는 형강 : $h/t_w > 3.76\sqrt{E/f_y}$).

③ LRFD의 경우 설계강도는 $\phi_b M_n$으로 $\phi_b = 0.90$을 적용하고 ASD의 경우 허용강도는 $M_n/SF$
  로 $SF = 1.67$을 적용한다.

1) 좌굴 검토

(FLB) 슬래브에 구속되어 있으므로 고려하지 않는다.

(WLB) $\lambda = \dfrac{h}{t_w} = \dfrac{1100}{18} = 61.11 < \lambda_p = 3.76\sqrt{\dfrac{E}{F_y}} = 94.43$　∴　조밀단면

(LTB) $L_b < L_p$ 거더가 횡지지(슬래브와 크로스 빔)되어 있기 때문에 고려하지 않는다.

2) 휨 강도 산정

$$M_d = \phi M_p$$

$$M_p = \frac{P_c}{2t_c}\left[\overline{Y}^2 + (t_c - \overline{Y})^2\right] + \left[P_s d_s + P_{rt}d_{rt} + P_{rb}d_{rb} + P_w d_w + P_t d_t\right]$$

$$= \frac{3120}{2\times 32}\times[10.77^2 + (32-10.77)^2]$$
$$+\ 10{,}200\times110.77 + 6060.6\times(550-10.77) + 3120\times(1100-10.77-32/2) = 7774 \text{ kNm}$$

$\phi = 0.9$　∴　$M_d = 6996.6 \text{ kNm}$

| 경우 | 소성중립축 | 조건 | $\overline{Y}, \; M_p$ |
|---|---|---|---|
| I | 웨브 | $P_t+P_w \geq P_c+P_s+P_{rb}+P_{rt}$ | $\overline{Y}=\left(\dfrac{D}{2}\right)\left[\dfrac{P_t-P_c-P_s-P_{rt}-P_{rb}}{P_w}+1\right]$ <br> $M_p=\dfrac{P_w}{2D}\left[\overline{Y}^2+(D-\overline{Y})^2\right]$ <br> $+[P_s d_s+P_{rt}d_{rt}+P_{rb}d_{rb}+P_c d_c+P_t d_t]$ |
| II | 상부플랜지 | $P_t+P_w+P_c \geq P_s+P_{rb}+P_{rt}$ | $\overline{Y}=\left(\dfrac{t_c}{2}\right)\left[\dfrac{P_w+P_t-P_s-P_{rt}-P_{rb}}{P_c}+1\right]$ <br> $M_p=\dfrac{P_c}{2t_c}\left[\overline{Y}^2+(t_c-\overline{Y})^2\right]$ <br> $+[P_s d_s+P_{rt}d_{rt}+P_{rb}d_{rb}+P_w d_w+P_t d_t]$ |
| III | 콘크리트바닥판 ($P_{rb}$아래) | $P_t+P_w+P_c \geq \left(\dfrac{c_{rb}}{t_s}\right)P_s+P_{rb}+P_{rt}$ | $\overline{Y}=(t_s)\left[\dfrac{P_c+P_w+P_t-P_{rt}-P_{rb}}{P_s}\right]$ <br> $M_p=\left(\dfrac{\overline{Y}^2 P_s}{2t_s}\right)$ <br> $+[P_{rt}d_{rt}+P_{rb}d_{rb}+P_c d_c+P_w d_w+P_t d_t]$ |
| IV | 콘크리트바닥판 ($P_{rb}$부분) | $P_t+P_w+P_c+P_{rb} \geq \left(\dfrac{c_{rb}}{t_s}\right)P_s+P_{rt}$ | $\overline{Y}=c_{rb}$ <br> $M_p=\left(\dfrac{\overline{Y}^2 P_s}{2t_s}\right)+[P_{rt}d_{rt}+P_c d_c+P_w d_w+P_t d_t]$ |
| V | 콘크리트바닥판 ($P_{rb}$, $P_{rt}$ 사이) | $P_t+P_w+P_c+P_{rb} \geq \left(\dfrac{c_{rt}}{t_s}\right)P_s+P_{rt}$ | $\overline{Y}=(t_s)\left[\dfrac{P_{rb}+P_c+P_w+P_t-P_{rt}}{P_s}\right]$ <br> $M_p=\left(\dfrac{\overline{Y}^2 P_s}{2t_s}\right)$ <br> $+[P_{rt}d_{rt}+P_{rb}d_{rb}+P_c d_c+P_w d_w+P_t d_t]$ |
| VI | 콘크리트바닥판 ($P_{rt}$부분) | $P_t+P_w+P_c+P_{rb}+P_{rt} \geq \left(\dfrac{c_{rt}}{t_s}\right)P_s$ | $\overline{Y}=c_{rb}$ <br> $M_p=\left(\dfrac{\overline{Y}^2 P_s}{2t_s}\right)+[P_{rb}d_{rb}+P_c d_c+P_w d_w+P_t d_t]$ |
| VII | 콘크리트바닥판 ($P_{rt}$위) | $P_t+P_w+P_c+P_{rb}+P_{rt} < \left(\dfrac{c_{rt}}{t_s}\right)P_s$ | $\overline{Y}=(t_s)\left[\dfrac{P_{rb}+P_c+P_w+P_t-P_{rt}}{P_s}\right]$ <br> $M_p=\left(\dfrac{\overline{Y}^2 P_s}{2t_s}\right)$ <br> $+[P_{rt}d_{rt}+P_{rb}d_{rb}+P_c d_c+P_w d_w+P_t d_t]$ |

(강구조 설계기준 2014, 소성중립축과 모멘트 산정)

## 강합성 거더

도로교설계기준(한계상태설계법)의 하이브리드 강합성 거더에 대하여 설명하시오.

### 풀 이

### ▶ 개요

도로교설계기준(한계상태설계법)에서는 하이브리드 거더를 상·하부 플랜지에 사용한 강판과 다른(일반적으로 낮은) 최소항복강도를 갖는 강판을 복부판으로 사용한 거더로 정의하고 있으며, 하이브리드 강합성 거더를 사용하여 설계할 경우 세장비 제한 등 비조밀단면에 대해서는 플랜지의 강도를 감소계수 $R_h$를 통해 감소하여 사용하도록 하고 있다.

### ▶ 하이브리드 강합성 거더의 플랜지 강도 감소계수

도로교설계기준(2015)에서는 강재의 항복강도가 460MPa 이하이고, 거더의 높이가 일정하고, 복부판에 수평보강재가 없고 인장플랜지에 구멍이 없는 경우에는 조밀단면의 복부판 세장비 규정에서부터 휨강도 검토를 수행하며, 그 외의 경우에는 정모멘트를 받는 합성단면은 비조밀단면의 플랜지 휨강도 규정을 적용하여 각 플랜지의 휨강도를 구하고, 기타 단면은 비조밀단면 압축플랜지 세장비 규정을 검토하도록 하고 있다.

이때 하이브리드 강합성 거더의 경우 소성모멘트 산정 시 하이브리드 단면의 영향이 고려되기 때문에 조밀단면이 아닌 경우에 대해 플랜지의 강도저감계수 $R_h$를 고려한다.

$$M_r = \phi_f M_n, \quad F_r = \phi_f F_n \quad \text{여기서 } \phi_f = 1.0$$

1) 균질단면의 경우 : $R_h = 1.0$

2) 정모멘트를 받는 합성단면

$$R_h = 1 - \left\{ \frac{\beta\psi(1-\rho)^2(3-\psi+\rho\psi)}{6+\beta\psi(3-\psi)} \right\}$$

여기서, $\rho = F_{yw}/F_{yb}$, $\beta = A_w/A_{fb}$, $\psi = d_n/d$

$d_n$ : 하부플랜지 외측겸에서부터 단기 합성단면의 중립축까지 거리(mm)

$d$ : 강재단면 높이

$F_{yb}$는 하부플랜지 항복강도, $F_{yw}$는 복부판의 항복강도

$A_w$는 복부판의 단면적($\text{mm}^2$), $A_{fb}$는 하부플랜지의 단면적($\text{mm}^2$)

3) 비합성단면과 부모멘트를 받는 합성단면 : 합성하이브리드 단면의 중립축 또는 비합성 하이브리드 단면의 중립축이 복부판 중앙으로부터 복부판 높이의 10% 안에 있을 때

$$R_h = \frac{M_{yr}}{M_y}$$

여기서, $M_y$ 복부판 항복을 무시할 경우 항복 모멘트,
$M_{yr}$ 복부판 항복을 고려할 경우 항복모멘트

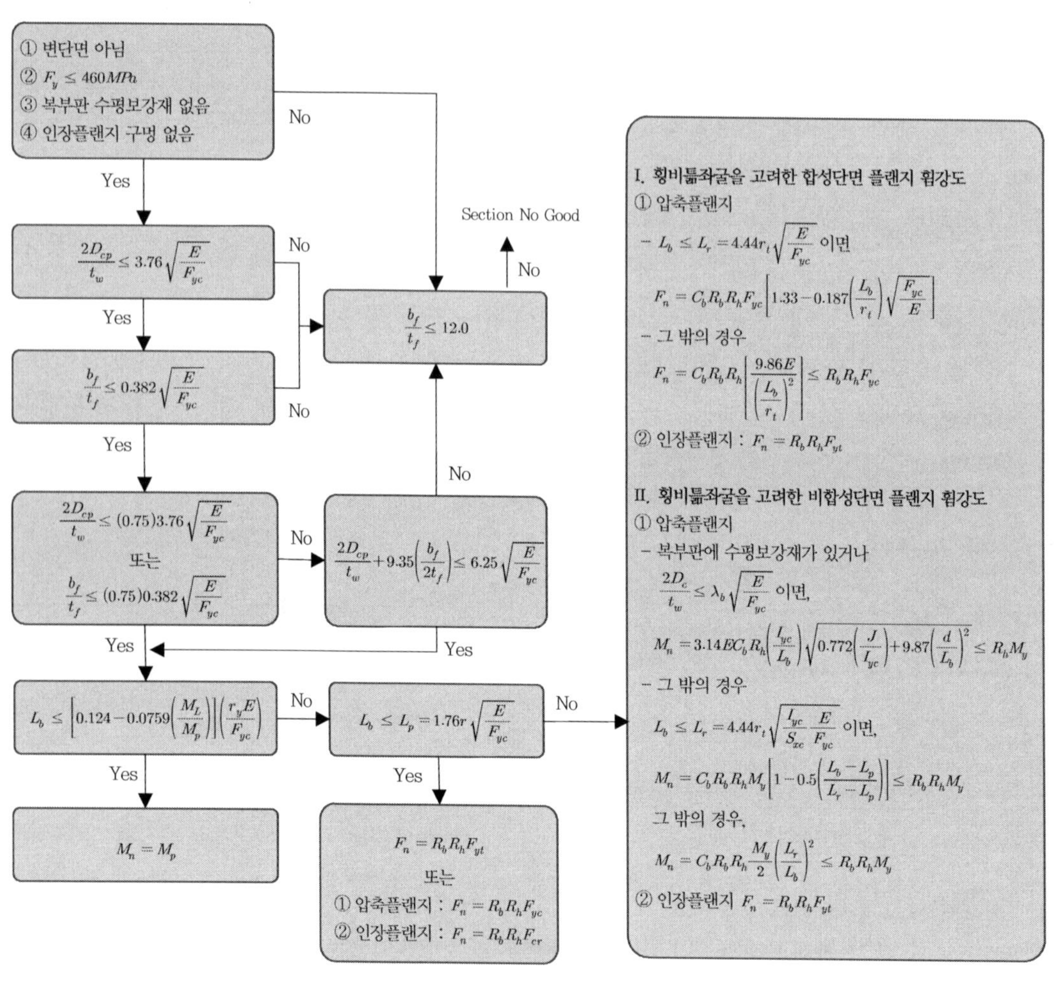

〈I형 단면의 휨설계를 위한 흐름도〉

### 강박스 스터드

그림과 같이 박스거더 상부플랜지에 스터드가 설치되어 있다. 구조적으로 유리하게 스터드를 재 배치하여 그림을 그리고 이유를 설명하시오.

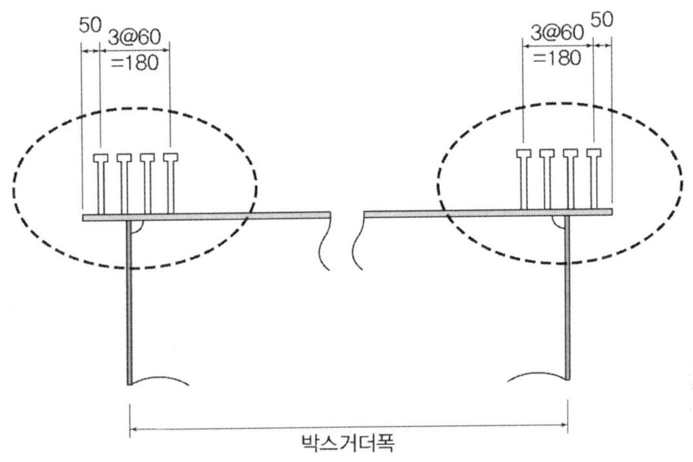


### 풀 이

#### ▶ 개요

전단연결재는 콘크리트 바닥판과 강형을 연결하여 주형과 바닥판이 외력에 대해 일체로서 저항하도록 해주는 구조물을 말하며 합성형에서 가장 중요한 역할을 수행한다. 강구조설계기준에서는 스터드(stud)나 ㄷ형강을 사용하여 전단연결재는 전단력에 저항할 수 있는 충분한 내력과 바닥판이 들뜨는 것을 방지하도록 하고 있다.

#### ▶ 강 박스거더의 스터드 설치 규정

스터드는 시공성이 우수하며 교축방향과 교축직각방향의 수평전단력을 동시에 받을 수 있기 때문에 방향성에 의존하지 않는다는 장점을 가지고 있다. 스터드를 설치할 때에는 바닥판의 교축직각방향 하측철근(또는 헌치철근)의 위까지 바닥판 콘크리트 속으로 매립될 수 있도록 최소높이를 150mm로 하며, 스터드의 머리 하면과 교축직각방향 하측철근(또는 헌치철근)의 상면과의 거리는 40mm보다 크게 해야 한다. 가로보와 연결되는 수직보강재 바로 위에 배치되는 스터드에는 회전구속에 기인한 큰 인발력이 작용하므로 인반력을 감소시키기 위해 수직보강재 바로 위에는 스터드를 배치하지 않는 것이 좋으며, 수직보강재로부터 교축방향으로 50mm 이상 떨어뜨려 배치하는 것이 바람직하다.

강구조 부재설계기준(KDS 14 31 10)에서는 강재의 전단연결재의 측 방향의 콘크리트 순 피복두께는 25mm 이상으로 하고, 스터드 전단연결재의 중심간 최소간격은 어느 방향이든 몸체 직경의 4배로 하도록 규정하고 있다. 스터드 전단연결재의 중심간 최대간격은 어느 방향이든 몸체 직경의 32배로 하며, ㄷ형강 전단연결재의 중심간 최대간격은 600 mm로 하도록 규정하고 있다.

① 스터드 앵커의 콘크리트 피복두께는 어느 방향으로나 25mm 이상으로 한다. 다만, 데크플레이트 골 속에 스터드 앵커가 설치되는 경우는 예외로 한다. 또한 스터드 앵커의 중심에서 전단력 방향에 있는 가장자리까지의 거리는 보통콘크리트에서는 200mm 이상, 경량콘크리트에서는 250mm 이상으로 한다.

② 강재보 웨브 바로 위에 플랜지를 설치하게 된 경우를 제외하고는 스터드 앵커의 지름 $d_s$ 는 플랜지 두께의 2.5배 이하로 한다.

③ 스터드앵커의 높이 $H_s$ 는 스터드 앵커 지름의 4배 이상으로 한다.

④ 스터드앵커의 피치는 스터드 앵커 지름의 6배 이상으로 하고, 스터드 앵커의 게이지는 스터드 앵커 지름의 4배 이상으로 한다.

⑤ 스터드 앵커의 중심 간 간격은 슬래브 총 두께의 8배 또는 900mm를 초과할 수 없다.


### ▶ 구조적으로 유리한 스터드 재배치

1) 전단지연 최소화와 경계면 박리 방지

강박스 거더가 콘크리트 슬래브와 완전 합성되어야만 전단지연 현상이 발생되지 않으며, 이러한 전단지연을 최소화하기 위해서는 주형의 웨브와 가까운 지점에서 발생하는 큰 하중을 슬래브에 전달할 수 있는 구조형식이어야 한다.

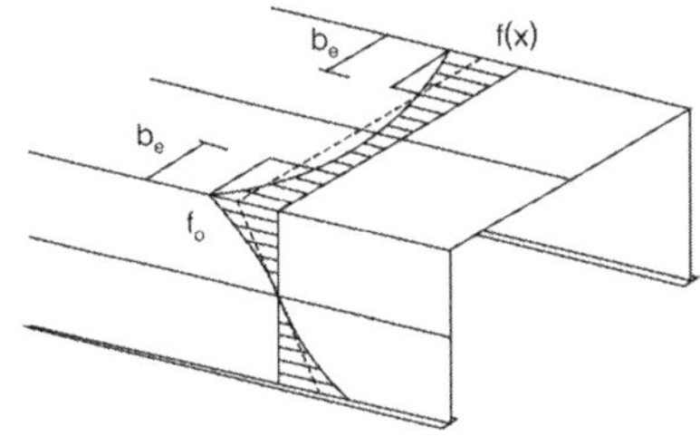


2) 경계면 박리 방지

또한 바닥판과 거더 상부플랜지 사이의 경계면 박리 방지를 위해 외측스터드는 가능한 플랜지 외측에 배치하고 복부판 바로 위에 스터드를 배치(스터드가 짝수 개일 경우에는 가운데 2개를 되도록 복부판에 가깝게)하는 것이 바람직하다.

3) 구조적으로 유리하게 재배치

① 콘크리트 최소 피복두께 25mm 이상, ② 스터드 전단연결재의 중심간 최소간격은 몸체 직경의 4배를 만족하면서, 스터드의 개수가 짝수이므로 ③ 가운데 2개를 최대한 복부판에 가깝도록 배치하는 것이 구조적으로 유리하다.

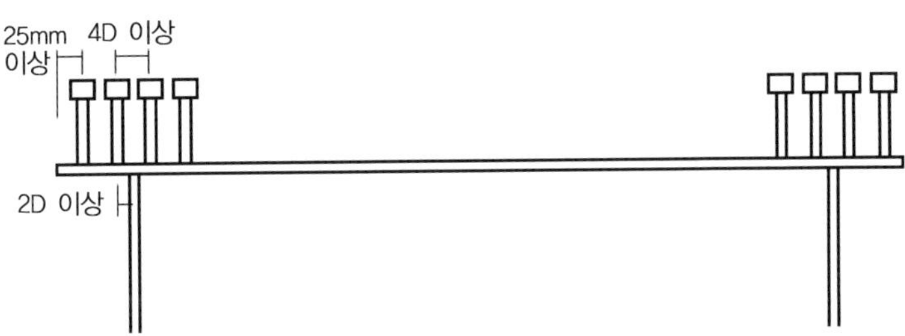

## 1. 합성기둥의 설계방법 102회/111회/115회/120회/129회

**【 기출유형 ① 】** 강관이 콘크리트와 함께 거동하도록 설계할 때 공칭강도 산정방법
**【 기출유형 ② 】** 매입형과 충전형 합성기둥의 구조적 특징, 해석방법
**【 기출유형 ③ 】** 합성기둥의 좌굴거동과 파괴거동

강구조설계기준의 합성기둥의 한계상태설계법은 미국의 AISC LRFD를 기본개념으로 하며, 부분적으로 유럽기준(Eurocode 4)과 일본의 SRC기준을 참고하여 개발되었다. 합성단면의 공칭강도는 소성응력분포법과 변형률적합법의 2가지 방법을 사용할 수 있으며, 합성단면의 공칭강도를 결정하는 데 있어 콘크리트의 인장강도는 무시한다.

① 소성응력분포법 : 소성응력분포법에서는 강재가 인장 또는 압축으로 항복응력에 도달할 때 콘크리트는 압축으로 $0.85 f_{ck}$의 응력에 도달한 것으로 가정하여 공칭강도를 계산한다. 충전형 원형 강관 합성기둥의 콘크리트가 균일한 압축응력을 받는 경우 구속효과를 고려한다. 원형강관의 구속효과를 고려한 콘크리트의 소성압축응력은 축압축력을 받는 원형 충전강관 기둥부재에서는 $0.85\left(1 + 1.56 \dfrac{f_y t}{D_c f_{ck}}\right) f_{ck}$로 하고, 축압축력을 받지 않는 원형 충전강관 휨부재에서는 $0.95 f_{ck}$로 한다.

② 변형률적합법 : 변형률적합법에서는 단면에 걸쳐 변형률이 선형적으로 분포한다고 가정하며 콘크리트의 최대 압축변형률을 0.003mm/mm로 가정한다. 강재 및 콘크리트의 응력변형률 관계는 공인된 실험을 통해 구하거나 유사한 재료에 대한 공인된 결과를 사용한다.

합성구조에 사용되는 구조용 강재, 철근 및 콘크리트는 실험 또는 해석으로 검증되지 않을 경우 다음과 같은 제한조건들을 만족해야 한다.
① 콘크리트 설계기준강도 $f_{ck}$는 21MPa 이상, 70MPa 미만 (경량 21MPa 이상, 42MPa 이하)
② 강재 및 철근의 항복강도는 650MPa 미만
③ 교량의 합성기둥인 경우, 강재의 단면적이 전체단면의 4% 이상일 때에는 세장비에 따라 압축강도를 결정한다. 강재 또는 강판의 단면적이 전체단면적의 4% 이하일 경우에는 철근콘크리트 기둥으로 계산한다. 콘크리트의 압축강도는 21 MPa 이상 55 MPa 이하로 한다. 공칭압축강도 계산을 위한 강재의 길이방향 철근의 항복강도는 420 MPa를 넘지 않도록 한다.

### 1) 매입형 합성기둥

① 구조제한
  (1) 강재코아의 단면적은 합성 기둥 총단면적의 1% 이상으로 한다.

(2) 횡방향 철근의 중심간 간격은 직경 D10철근은 300mm 이하, D13 이상 철근은 400mm 이하로 한다. 횡방향 철근의 최대간격은 강재 코어의 설계기준공칭항복강도가 450MPa 이하일 경우 부재단면에서 최소크기의 0.5배를 초과할 수 없고, 450MPa 초과할 경우 부재단면 최소크기의 0.25배를 초과할 수 없다.

(3) 연속된 길이방향철근의 최소 철근비 $\rho_{sr}$ 은 0.004로 하며 다음과 같은 식으로 구한다.

$$\rho_{sr} = \frac{A_{sr}}{A_g} \qquad A_{sr} : \text{연속길이 방향 철근량}, \qquad A_g : \text{합성부재 총단면}$$

(4) 교량의 매입형 합성기둥 부재인 경우, 합성단면은 최소한 하나의 대칭축을 가져야 하고 콘크리트로 둘러싸인 강재 단면은 길이방향 및 횡방향으로 보강해야 한다. 보강방법에 대해서는 콘크리트 단면의 설계규정을 따르고, 횡방향 띠철근 간격은 다음을 초과할 수 없다.

(a) 종방향 철근지름의 16배

(b) 띠철근 지름의 48배

(c) 합성단면 최소변길이의 1/2

② 매입형 합성기둥의 압축강도

축하중을 받는 매입형 합성기둥의 설계압축강도 $\phi_c P_n$ 은 기둥세장비에 따른 휨좌굴 한계상태로부터 다음과 같이 하며 강도저항계수 $\phi_c = 0.75$ 를 적용한다.

(1) $\dfrac{P_{n0}}{P_e} \leq 2.25, \ P_e \geq 0.44 P_{n0}$ $\qquad\qquad P_n = P_{n0}\left[0.658^{\left(\frac{P_{n0}}{P_e}\right)}\right]$

(2) $\dfrac{P_{n0}}{P_e} > 2.25, \ P_e < 0.44 P_{n0}$ $\qquad\qquad P_n = 0.877 P_e$

여기서 $P_{n0} = A_s F_y + A_{sr} F_{ysr} + 0.85 A_c f_{ck}, \quad P_e = \dfrac{\pi^2 (EI_{eff})}{(KL)^2}$

$A_c$ : 콘크리트 단면적($\text{mm}^2$) 단, 강재 코아의 설계기준 항복강도가 450MPa를 초과할 경우는 $A_c = A_{ce}$ 로 해야 한다.

$A_{ce}$ : 피복두께와 띠철근 직경을 제외한 심부콘크리트 유효단면적($\text{mm}^2$)

$EI_{eff} = E_s I_s + 0.5 E_s I_{sr} + C_1 E_c I_c$

$C_1 = 0.1 + 2\left(\dfrac{A_s}{A_c + A_s}\right) \leq 0.3$

③ 매입형 합성기둥의 인장강도 $\qquad \phi_t = 0.90, \qquad P_n = F_y A_s + F_{ysr} A_{sr}$

2) 충전형 합성기둥

① 구조제한

(1) 강관의 단면적은 합성기둥 총단면적의 1% 이상으로 한다.

(2) 충전형 합성부재는 국부좌굴효과를 고려하여 분류한다.

② 축력을 받는 충전형 합성단면의 분류

| 구분 | $\lambda$ (폭두께비) | $\lambda_p$ (조밀/비조밀) | $\lambda_r$ (비조밀/세장) | $\lambda_{max}$ (최대허용) |
|---|---|---|---|---|
| 각형강관 | $b/t$ | $2.26\sqrt{\dfrac{E}{F_y}}$ | $3.00\sqrt{\dfrac{E}{F_y}}$ | $5.00\sqrt{\dfrac{E}{F_y}}$ |
| 원형강관 | $D/t$ | $\dfrac{0.15E}{F_y}$ | $\dfrac{0.19E}{F_y}$ | $\dfrac{0.31E}{F_y}$ |

③ 압축강도

(1) 조밀단면($\lambda \leq \lambda_p$)
$$P_{no} = P_p = F_y A_s + F_{yr} A_{sr} + C_2 f_{ck}\left(A_c + A_{sr}\frac{E_{sr}}{E_c}\right)$$

여기서, $C_2$ : 사각형 단면에서는 0.85, 원형 단면에서는 $0.85\left(1 + 1.56\dfrac{F_y t}{D_c f_{ck}}\right)$

$D_c = D - 2t$, $\quad t$ : 강관의 두께

(2) 비조밀단면($\lambda_p < \lambda \leq \lambda_r$) $\quad P_{no} = P_p - (P_p - P_y)\dfrac{(\lambda - \lambda_p)^2}{(\lambda_r - \lambda_p)^2}$

여기서, $P_y = F_y A_s + 0.7 f_{ck}\left(A_c + A_{sr}\dfrac{E_{sr}}{E_c}\right)$

(3) 세장단면($\lambda > \lambda_r$)
$$P_{no} = F_{cr} A_s + 0.7 f_{ck}\left(A_c + A_{sr}\frac{E_{sr}}{E_c}\right)$$

여기서, $F_{cr} = \dfrac{9E_s}{(b/t)^2}$ : 사각단면, $\quad F_{cr} = \dfrac{0.72 F_y}{[(D/t)(F_y/E_s)]^{0.2}}$ : 원형단면

$EI_{eff} = E_s I_s + E_{sr} I_{sr} + C_3 E_c I_c$

$C_3$는 충전형 합성압축부재의 유효강성을 구하기 위한 계수

$$C_3 = 0.6 + 2\left[\frac{A_s}{A_c + A_s}\right] \leq 0.9$$

④ 충전형 합성기둥의 인장강도 $\quad \phi_t = 0.90, \quad P_n = F_y A_s + F_{ysr} A_{sr}$

3) 휨과 압축력을 동시에 받는 합성기둥(휨과 축력이 작용하는 1축 및 2축 대칭단면부재)

$$① \quad \frac{P_u}{\phi_c P_n} \geq 0.2 \; : \; \frac{P_u}{\phi_c P_n} + \frac{8}{9}\left(\frac{M_{ux}}{\phi_b M_{nx}} + \frac{M_{uy}}{\phi_b M_{ny}}\right) \leq 1.0$$

$$② \quad \frac{P_u}{\phi_c P_n} < 0.2 \; : \; \frac{P_u}{2\phi_c P_n} + \left(\frac{M_{ux}}{\phi_b M_{nx}} + \frac{M_{uy}}{\phi_b M_{ny}}\right) \leq 1.0$$

## 2. 합성기둥의 전단강도

### 1) 합성기둥의 전단강도

압축력을 받는 합성기둥의 설계전단강도는 강재 단면의 전단강도에 띠철근의 전단강도를 더한 값, 철근콘크리트의 설계전단강도 중 작은 값으로 한다.

① 강재와 띠철근의 전단강도 합산 값  $\qquad \phi_v = 0.75, \qquad V_n = 0.6 F_y A_w + A_{srh} F_{yr} \dfrac{d}{s}$

② 철근콘크리트의 전단강도  $\qquad \phi_v = 0.75, \qquad V_n = \dfrac{1}{6}\left(1 + \dfrac{N_u}{14 A_g}\right)\sqrt{f_{ck}}\, bd + A_{srh} F_{yr} \dfrac{d}{s}$

여기서 $A_{srh} F_{yr}(d/s)$ 는 띠철근의 공칭전단강도,   $A_{srh}$ 는 띠철근의 단면적

$d$ 는 콘크리트 단면의 높이, $N_u$ 압축력, $A_g$ 전체 단면적, $s$ 띠철근의 간격

### 2) 압축력의 분배

합성기둥에서 강재와 콘크리트 간에 전단되어야 할 힘의 크기는 다음과 같이 분배한다.

① 외력이 강재단면에 직접 가해지는 경우 콘크리트에 전달되어야 할 힘 $V_r{}'$

$$V_r{}' = P_r (1 - F_y A_s / P_{no})$$

② 외력이 콘크리트에 직접 가해지는 경우 강재에 전달되어야 할 힘 $V_r{}'$

$$V_r{}' = P_r (F_y A_s / P_{no})$$

③ 외력이 강재단면과 콘크리트에 동시에 가해지는 경우 콘크리트에서 강재 또는 강재에서 콘크리트로 전달되어야 할 힘 $V_{r'}$ 는 강재에 직접 가해지는 외력의 일부 $P_{rs}$ 와 외력에 콘크리트에 직접 가해질 때 강재에 전달되어야 할 힘 (2)와의 차이로 한다.

$$V_r{}' = P_{rs} - P_r (F_y A_s / P_{no})$$

### 3) 검토사항

① 외력이 콘크리트 직접 전달 시 콘크리트 설계지압강도 $\phi_B P_p$

$$\phi_B = 0.65, \quad P_p = 1.7 f_{ck} A_c$$

② 강재앵커의 설계전단강도

$$\phi_v = 0.65(\text{스터드}),\ 0.75(\text{ㄷ형강}), \quad R_c = \sum Q_{cv}, \quad Q_{nv} = F_u A_{sa}$$

③ 직접 부착한 경우 $\qquad \phi = 0.45,\ R_n = U_{in} L_{in} F_{in}$

여기서, $U_{in}$ H형강 또는 강관의 둘레길이(mm)

$L_{in}$ 하중도입부의 길이(mm), 하중작용방향으로 합성단면부재의 최소 폭의 2배와 부재길이의 1/3 중 작은 값

$F_{in}$ 공칭부착응력(MPa)

| 단면종류 | | $F_{in}$ |
|---|---|---|
| 콘크리트에 완전 매입된 H형강 단면 | | 0.66 |
| 각형강관 | | 0.40 |
| 원형강관 | 조밀단면 | 1.22 |
| | 비조밀, 세장단면 | 0.40 |

## 합성기둥의 특징

매입형 강합성 기둥과 충전형 강합성 기둥의 구조적 특성에 대하여 설명하시오.

### 풀 이

#### ▶ 개요

철근콘크리트와 강구조의 각기 단점을 보충해 장점을 살린 합성구조형식의 기둥으로 매입형 합성기둥은 매입형과 충전형으로 분류되며 매입형은 강재가 철근콘크리트 속에 매입되어 있는 형태이며, 충전형은 강관 속에 콘크리트가 충전된 형태를 말한다. 강구조설계기준에서는 매입형 합성기둥은 기둥 단면 내에 한 개의 압연형강 또는 용접형강이 매입되어 구성되는 합성기둥에 국한하며, 합성기둥에 있어서 강재만의 기둥좌굴이나 횡비틀림 좌굴, 강재의 국부좌굴은 없는 것으로 가정한다. 이는 내부의 주철근, 띠철근, 콘크리트에 의해 좌굴이 방지되기 때문이다.

#### ▶ 매입형과 충전형 기둥의 구조적 특징

합성기둥은 RC 구조에 비해 인성이 크기 때문에 변위 및 내진성능이 향상되고, 충전형 기둥의 경우 강관으로 인한 내부 콘크리트 구속으로 변위에너지가 증가되며, 내부에 콘크리트가 충전되어 일반 강구조에 비해 내화성능이 향상되고 별도의 거푸집이 필요없어 시공성이 개선된다. 매입형의 경우 콘크리트의 보강으로 인해 국부좌굴이 방지되고 연성도가 증가되는 특성을 가진다.

#### ▶ 합성기둥별 적용 제한사항

강구조설계기준에 따라 합성기둥을 설계에 적용할 때에는 합성기둥에 작용하는 축력이 인장이거나 인장력과 휨모멘트에 저항하는 경우 콘크리트 단면은 무시하고 강재와 철근의 단면만을 사용한다. 또한 합성단면은 양방향 대칭이어야 하며 전체길이에 걸쳐 등단면이어야 한다. 어느 한 방향에 대해 비대칭일 경우 안전성이 확실하면 적절한 대칭단면으로 변환하여 설계할 수 있다. 매입형 합성기둥은 기둥 단면 내에 한 개의 압연형강 또는 용접형강이 매입되어 구성되는 합성기둥에 국한된다. 또한 합성기둥에 있어서 강재만의 기둥좌굴이나 횡비틀림 좌굴, 강재의 국부좌굴은 없는 것으로 가정한다.

1) 매입형과 충전형의 공통 구조제한

　① 교량강구조의 경우 강재단면적은 총단면적의 4% 이하일 경우에는 철근콘크리트 기둥으로 계산하며, 4% 이상일 경우에는 합성기둥의 압축강도 규정에 따라 결정한다.

② 콘크리트의 압축강도는 20MPa 이상, 55MPa 이하로 한다.

③ 강재와 종방향 철근의 항복강도는 420MPa 이하로 한다.

④ 기둥과 보의 접합부에서 합성기둥의 유효단면을 연속적으로 확보하기 위해서는 콘크리트가 불완전 충전 등 접합부위에서의 단면결손이 있어서는 안 된다.

## 2) 매입형 합성기둥

교량강구조로 사용되는 매입형 합성기둥은 콘크리트로 둘러싸인 단면은 종방향 및 횡방향으로 보강해야 한다. 또한 횡방향 띠철근 간격은 다음을 초과할 수 없다.

① 종방향 철근지름의 16배

② 띠철근 지름의 48배

③ 합성단면 최소변길이의 1/2

④ 최소 4개 이상의 연속된 길이방향 철근을 사용한다.

⑤ 횡방향 철근의 배치간격은 길이방향 철근직경의 16배, 띠철근 직격의 48배 또는 합성단면 최소 치수의 0.5배 중 작은 값 이하로 한다.

⑥ 철근의 피복두께는 40mm 이상이어야 한다.

## 3) 충전형 합성기둥

교량강구조로 사용되는 충전형 합성기둥은 강구조설계기준에서 제시한 판폭두께비의 제한에 따라야 한다.

합성단면

합성 압축부재 단면의 공칭강도 결정방법에 대하여 설명하시오.

## 풀 이

### ▶ 개요

철골과 철근콘크리트를 합성한 SRC(Steel Reinforced Concrete) 구조는 철근 콘크리트와 철골의 각기 단점을 보충하여 장점을 살린 합성구조로서 철골둘레에 철근을 배치하고 콘크리트를 타설한 것으로 역학적으로 일체로 작용토록 한 구조물이다. 합성단면의 가용강도(available strength)는 소성응력 분포법이나 변형도적합법을 사용하여 구할 수 있으며 강구조설계기준(2014)과 도로교 설계기준(2015)에서도 이 방법을 채택하였다. 합성단면의 설계는 강재와 콘크리트의 거동을 동시에 고려해야 하며, 강구조설계기준과 콘크리트설계기준 사이의 모순점을 최소화하고 합성설계의 장점을 나타내도록 하여야 하며 이를 위하여 기둥의 설계에 있어서 콘크리트 구조설계기준에서 사용되는 단면강도법을 주로 사용한다.

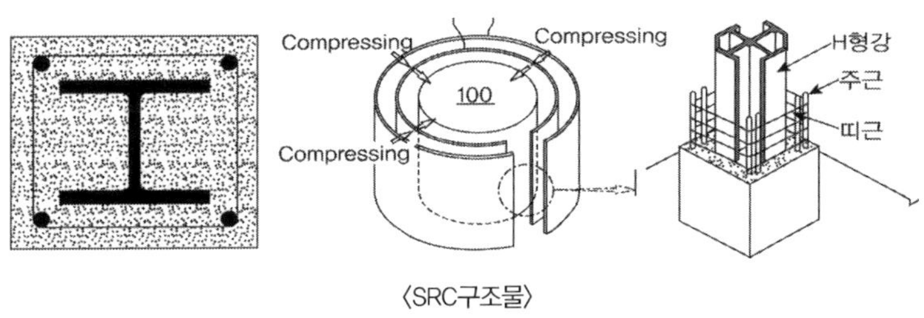


〈SRC구조물〉

### ▶ 합성 압축부재의 공칭강도 결정방법

합성압축부재의 공칭강도는 크게 철골을 동량의 철근으로 바꾸어 계산하는 철근 콘크리트 방식과 콘크리트는 무시하고 철근을 철골의 일부로 대치해는 철골방식, RC와 철골의 허용단면력을 합산하는 누가강도방식이 있다. 국내 강구조설계기준의 합성기둥의 한계상태설계법에서는 매입형과 충전형의 두 가지 형태로 구분하고 각각의 기둥에 대한 적용 제한사항을 두고 있으며, 소성응력 분포법과 변형률적합법의 2가지 방법을 사용하여 합성 압축부재의 공칭강도를 결정하도록 하고 있다. 이때 콘크리트의 인장강도는 무시하도록 하였다.

1) 합성단면의 공칭강도 산정방법(강구조설계기준 2014)

　① 소성응력분포법 : 소성응력분포법에서는 강재가 인장 또는 압축으로 항복응력에 도달할 때 콘크리트는 압축으로 $0.85f_{ck}$의 응력에 도달한 것으로 가정하여 공칭강도를 계산한다. 충전형

원형 강관 합성기둥의 콘크리트가 균일한 압축응력을 받는 경우 구속효과를 고려한다.

② 변형률적합법 : 변형률적합법에서는 단면에 걸쳐 변형률이 선형적으로 분포한다고 가정하며 콘크리트의 최대 압축변형률을 0.003mm으로 가정한다. 강재 및 콘크리트의 응력변형률 관계는 공인된 실험을 통해 구하거나 유사한 재료에 대한 공인된 결과를 사용한다.

## 2) 합성단면의 공칭강도 산정식(강구조설계기준 2014)

① 매입형 합성기둥의 압축강도 : 축하중을 받는 매입형 합성기둥의 설계압축강도 $\phi_c P_n$ 은 기둥 세장비에 따른 휨좌굴 한계상태로부터 다음과 같이 하며 강도저항계수는 $\phi_c = 0.75$ 를 적용한다.

$$P_e \geq 0.44 P_0 \qquad P_n = P_0 \left[ 0.658^{\left( \frac{P_0}{P_e} \right)} \right]$$

$$P_e < 0.44 P_0 \qquad P_n = 0.877 P_e$$

여기서 $P_0 = A_s f_y + A_{sr} f_{yr} + 0.85 A_c f_{ck}, \quad P_e = \dfrac{\pi^2 (EI_{eff})}{(KL)^2}$

$$EI_{eff} = E_s I_s + 0.5 E_s I_{sr} + C_1 E_c I_c$$

$$C_1 = 0.1 + 2 \left( \frac{A_s}{A_c + A_s} \right) \leq 0.3$$

② 매입형 합성기둥의 인장강도 : $\phi_t = 0.90$ 을 적용한다.

$$P_n = A_s f_y + A_{sr} f_{yr}$$

③ 충전형 합성기둥의 압축강도 : 축하중을 받는 충전형합성기둥의 설계압축강도 $\phi_c P_n$ 은 기둥세장비에 따른 휨좌굴 한계상태로부터 다음과 같이 하며 강도저항계수 $\phi_c = 0.75$ 를 적용한다.

$$P_e \geq 0.44 P_0 \quad P_n = P_0 \left[ 0.658^{\left( \frac{P_0}{P_e} \right)} \right]$$

$$P_e < 0.44 P_0 \quad P_n = 0.877 P_e$$

여기서 $P_0 = A_s f_y + A_{sr} f_{yr} + C_2 A_c f_{ck}, \quad P_e = \dfrac{\pi^2 (EI_{eff})}{(KL)^2}$

$$C_2 = 0.85 \ : \ 각형강관$$

$$= 0.95 \ : \ 원형강관(교량 강구조)$$

$$= 0.85 \left( 1 + 1.8 \frac{t f_y}{D f_{ck}} \right) \ : \ 원형강관(건축물 강구조)$$

$$EI_{eff} = E_s I_s + 0.5 E_s I_{sr} + C_3 E_c I_c$$

$$C_3 = 0.6 + 2\left(\frac{A_s}{A_c + A_s}\right) \leq 0.9$$

④ 충전형 합성기둥의 인장강도 : $\phi_t = 0.90$을 적용한다.

$$P_n = A_s f_y + A_{sr} f_{yr}$$

⑤ 휨과 압축력을 동시에 받는 합성기둥(휨과 축력이 작용하는 1축 및 2축 대칭단면부재)

합성기둥이 축방향 압축력과 x방향 또는 y방향의 휨모멘트를 동시에 받는 경우 다음과 같이 수정 후 조합식에 적용시킨다.

$$\frac{P_u}{\phi_c P_n} \geq 0.2 \ : \ \frac{P_u}{\phi_c P_n} + \frac{8}{9}\left(\frac{M_{ux}}{\phi_b M_{nx}} + \frac{M_{uy}}{\phi_b M_{ny}}\right) \leq 1.0$$

$$\frac{P_u}{\phi_c P_n} < 0.2 \ : \ \frac{P_u}{2\phi_c P_n} + \left(\frac{M_{ux}}{\phi_b M_{nx}} + \frac{M_{uy}}{\phi_b M_{ny}}\right) \leq 1.0$$

### 충전강관 후 좌굴

콘크리트 충전강관(Concrete filled tube) 기둥의 후 좌굴(Post local buckling) 거동을 설명하시오.

### 풀 이

**콘크리트 충전 각형강관 기둥의 폭두께비 제한에 관한 연구(최영환, 강구조 학회지 2012.8)**
**CFT기둥과 DSCT기둥의 휨거동 비교 실험 연구(한택희, 방재학회지 2018.8)**

### ▶ 개요

콘크리트 충전강관(CFT)은 콘크리트와 강재의 각기 단점을 보충한 합성형 구조로 일반적인 강관 기둥에 비해 내부 콘크리트 충전으로 인한 구속효과로 좌굴에 더 유리하다. 후 좌굴(Post local buckling)은 좌굴 후에도 주변의 구속조건 등으로 인해서 극한상태에 도달하지 않고 일정 수준 이상의 강도를 나타내는 현상을 말한다.

### ▶ CFT의 후 좌굴과 설계기준

구조적인 측면에서 콘크리트 충전강관(CFT)의 가장 큰 장점은 콘크리트의 횡 변위가 강관에 의해 억제되어 콘크리트가 3축 응력상태에 있게 되어 구속효과로 인해 강도와 연성이 크게 증가되는 것과 강관 내부에 콘크리트가 존재하기 때문에 강관의 국부좌굴이 콘크리트로 인해 지연되는 것이다. 순수 강관은 서로 인접한 면에서 한쪽은 안쪽방향으로 다른 쪽은 바깥 방향으로 좌굴이 나타나는 반면 CFT는 안쪽 방향의 좌굴이 콘크리트로 인해 방지되어 바깥 방향으로 좌굴이 일어나며 이렇게 좌굴모드가 변화되는 동안 강도와 연성이 증가하게 된다.

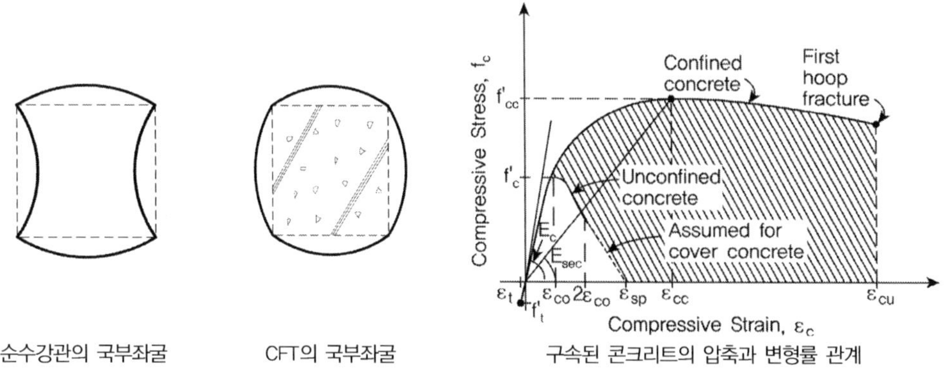


| | | |
|---|---|---|
| 순수강관의 국부좌굴 | CFT의 국부좌굴 | 구속된 콘크리트의 압축과 변형률 관계 |

압축력을 받는 강재의 안정성은 크게 전체좌굴(global buckling)과 국부좌굴(local buckling)로 나눌 수 있다. 국내 설계기준에서도 얇은 판의 강재를 사용할 때는 국부좌굴을 고려하도록 하고

있다. 재료가 고강도화 됨에 따라 동일한 하중을 지지하기 위해 자연스럽게 얇은 판의 강재를 사용할 수 있으므로 이는 전체좌굴보다는 국부좌굴에 의한 영향이 더 커질 수 있음을 의미한다.

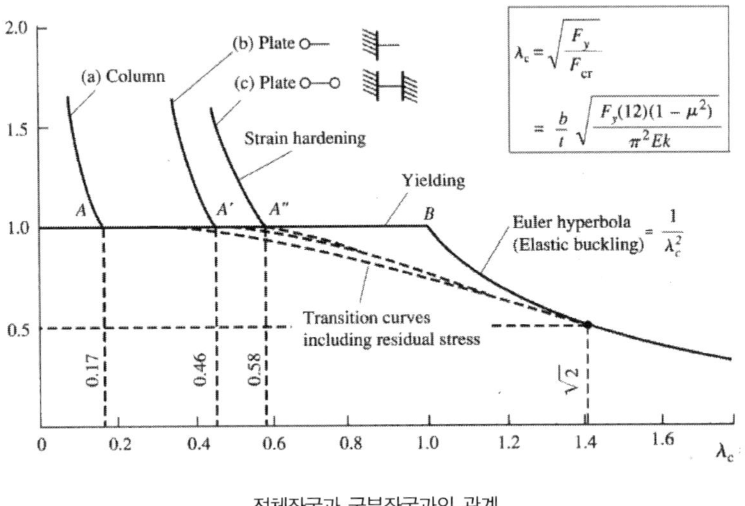


전체좌굴과 국부좌굴과의 관계

전체좌굴과 국부좌굴과의 관계는 세장비에 따른 부재((a) column)와 플레이트((b)와 (c))의 압축력에 대한 거동의 차이로부터 이해할 수 있다. 플레이트 좌굴응력은 다음의 식에 의해 결정된다.

$$F_{cr.plate} = \frac{k\pi^2 E}{12(1-\nu^2)}\left(\frac{t}{b}\right)^2$$

이때, k는 좌굴계수로 응력의 종류, 단부조건, 형상비(a/b)에 의해서 결정된다. 단면을 이루는 플레이트의 세장비가 너무 크게 되면 부재가 좌굴되기 이전에 플레이트에서 좌굴(국부좌굴)이 발생하게 되므로 이의 상관관계를 고려하여야 하는 것이다. 전체좌굴이 발생하기 이전에 국부좌굴이 발생하면 그에 따라 부재의 강도가 그만큼 감소하게 되므로 강구조에서는 일반적으로 이를 방지하기 위해 부재에서의 전체좌굴이 발생할 때까지 국부좌굴이 발생하지 않도록 판의 폭-두께비를 확보한다. 현재 강구조 설계기준(2014)에서는 충전형 합성부재에 대한 폭두께비 제한을 다음과 같이 구분하고 있다.

| 구분 | 폭두께비 | $\lambda_p$ (조밀/비조밀) | $\lambda_r$ (비조밀/세장) | $\lambda_{max}$ (최대허용) |
|---|---|---|---|---|
| 각형강관 | b/t | $2.26\sqrt{\dfrac{E}{F_y}}$ | $3.00\sqrt{\dfrac{E}{F_y}}$ | $5.00\sqrt{\dfrac{E}{F_y}}$ |
| 원형강관 | D/t | $\dfrac{0.15E}{F_y}$ | $\dfrac{0.19E}{F_y}$ | $\dfrac{0.31E}{F_y}$ |

강구조설계기준(2014) 충전형 합성부재 압축 강재요소의 폭두께비 제한

## ▶ CFT의 후 좌굴(Post buckling)

콘크리트 충전강관(Concrete filled tube) 기둥은 구속효과에 의해 일반 강관에 비해 좌굴강도가 높고 좌굴 후에도 일정강도 이상을 발휘한다. 구속조건으로 좌굴 계수 k값이 다르게 변화하기 때문이다. 현재 강구조설계기준에서는 충전형 강관에 대해 폭두께비 제한을 두고 있어 전체 좌굴이 발생되기 이전에 국부좌굴이 발생되지 않는 조건으로 설계되도록 규정하고 있다. 그러나 CFT는 양단단순지지조건과 양단고정조건의 좌굴계수(k)의 비율을 단순 적용하기에는 서로 거동이 다른 시스템(순수강관과 합성강관)을 비슷하게 유추하여 산정하였기 때문에 현행 한계폭두께비가 CFT에 적절하다고 보기에는 다소 어려움이 있으며, 보다 많은 연구가 필요하다.

파괴거동

소성힌지 보강철근이 없는 철근콘크리트 기둥과 충전식 강관기둥에서 압축하중 재하 시와 휨모멘트 재하 시의 파괴거동에 대하여 설명하시오

## 풀 이

**원형 콘크리트 충전 강관(CFT) 기둥의 P–M상관 곡선 평가(대한토목학회, 문지호, 2014)**

### ▶ 개요

RC교각은 축방향 철근량과 횡방향 철근량의 비율, 축력의 크기, 전단지간과 두께의 비율($M/VD$, 또는 형상비)에 따라 파괴거동이 다르게 나타난다. 지진하중과 같이 수평하중으로 인한 휨모멘트 등이 증가하는 경우의 교각과 같은 기둥에서는 소성힌지구간에 심부구속철근을 보강하도록 하고 있으며, 심부구속철근이 배근됨으로 인해 콘크리트의 단면 손실을 적게 함으로써 강도와 연성을 증가시키는 역할을 수행하게 된다. 충전식 강관기둥의 경우 외부에 감싸진 강관으로 인해 단면손실이 거의 없기 때문에 충분한 연성효과를 가질 수 있다.

### ▶ 기둥의 파괴거동

1) 소성힌지 보강철근이 없는 철근 콘크리트 기둥의 압축하중 : 보강철근이 없거나 적은 경우 RC구조의 기둥에서는 축하중이 파괴하중 이상으로 증가하게 되면 콘크리트의 외부 피복이 파열되면서 떨어져 나가게 되고 이로 인해서 단면손실로 인해 급격한 파괴 형상이 진행된다. 따라서 소성힌지 발생 구간과 같이 파괴가 우려되는 구간에는 심부구속철근과 같은 보강철근을 배치하여야 일부 피복이 떨어져도 내부 콘크리트를 구속해서 충분한 강도와 연성을 발휘할 수 있다.

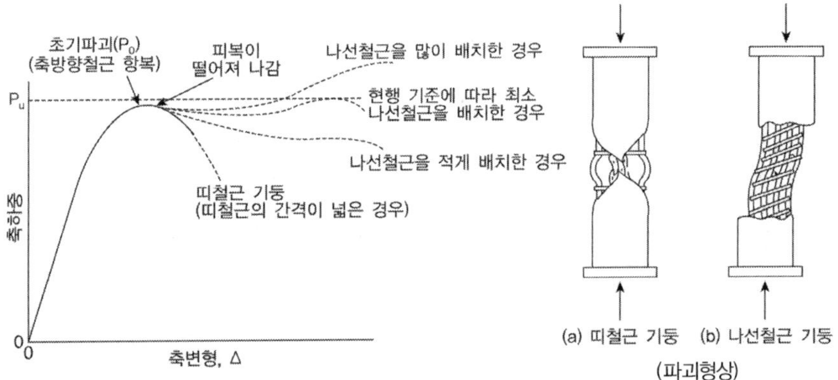

2) 소성힌지 보강철근이 없는 철근 콘크리트 기둥의 휨하중 : 기둥에서 편심하중이나 상·하부 강결로 인해 휨모멘트가 전달될 수 있으며, 이 경우 압축과 휨모멘트의 상관관계에 따라 파괴형상이 달라진다. 모멘트의 크기에 따라 균형파괴(압축부 콘크리트가 $\epsilon_{cu} = 0.003$ 일 때, 인장부 $\epsilon_t = \epsilon_y$ 인 경우) 이상으로 모멘트의 영향을 더 받는 경우 인장지배를 받으며 휨파괴와 유사한 파괴 형태를 띠게 된다. 압축지배를 받을 경우 압축하중으로 인한 기둥파괴형상을 보이게 된다.

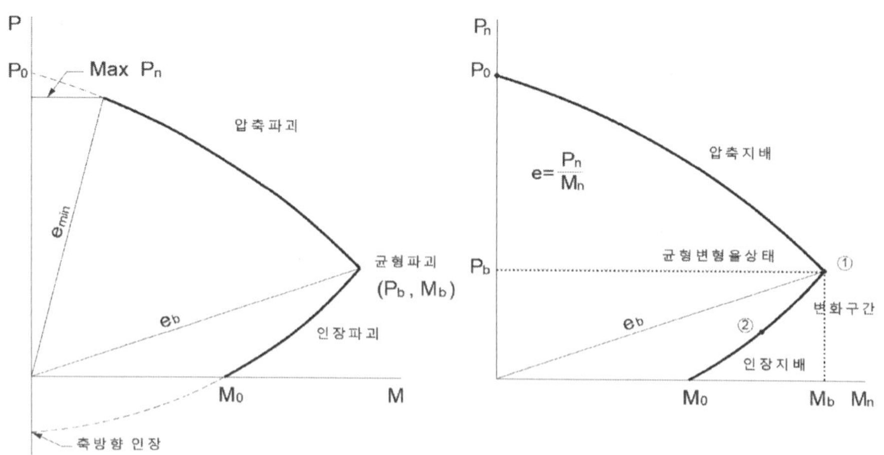


3) 충전식 강관기둥에서 압축하중 재하 시 : 충전식 강관기둥으로 외부가 구속된 콘크리트는 구속으로 인해서 압축강도가 현격히 증가된다. 이러한 특성을 고려해 교각의 내진보강 시에도 외부 강판피복 등의 보강공법에도 많이 이용된다. 충전된 강관기둥의 파괴형태는 외부의 강판이 부풀어 오르며 면외 좌굴이 발생하게 되고 이에 따라 강관 내벽에서 콘크리트 슬립현상을 수반해 45도 방향의 사인장 파괴가 발생된다.

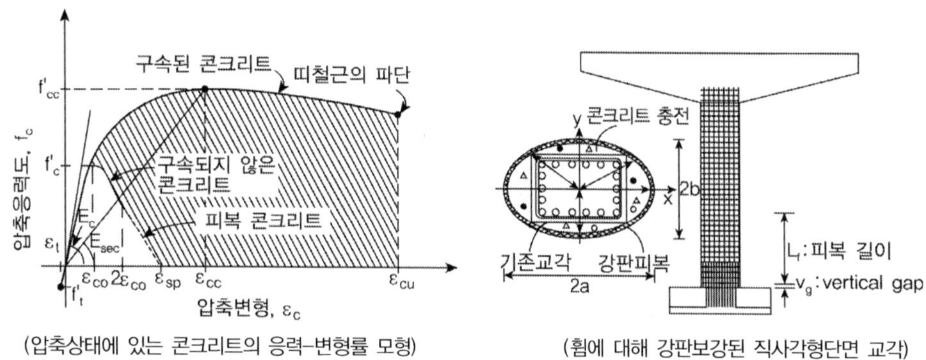


(압축상태에 있는 콘크리트의 응력-변형률 모형)    (휨에 대해 강판보강된 직사각형단면 교각)

4) 충전식 강관기둥에서 휨모멘트 재하 시 : 소성응력분배법에 따라 충전식 강관기둥의 휨과 압축력이 동시에 작용할 때 AISC와 EC4에서 콘크리트의 압축력은 $0.95f_c'$과 $1.0f_c'$의 값으로 평가된다. 외부강관 구속효과에 따라 콘크리트의 강도가 0.85보다 큰 값으로 평가되며, 강관은 전 구간에 걸쳐 항복응력 $f_y$에 도달한다고 가정하기 때문에 강도가 RC에 비해 크게 됨을 알 수 있다. 강재의 항복응력을 $f_y$로 제한하여 평가하나 실제로는 강재의 항복 이후에도 변형률 경화로 인해 응력이 증가하게 되며 이에 따라 휨모멘트에 대한 강성이 증가한다. 파괴의 거동은 RC보와 유사한 P–M상관도와 같은 파괴 형상을 보이며, 강관의 파괴특성상 세장비에 따라 휨모멘트로 국부좌굴과 전체좌굴의 형상에 의해 파괴된다. 강관의 좌굴이 발생된 이후에는 콘크리트에도 휨과 전단파괴가 발생된다.

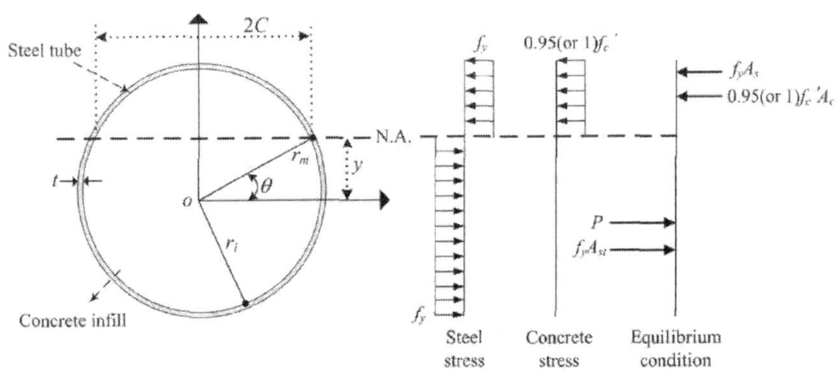

CFT기둥의 소성응력분배법에 따른 하중분담

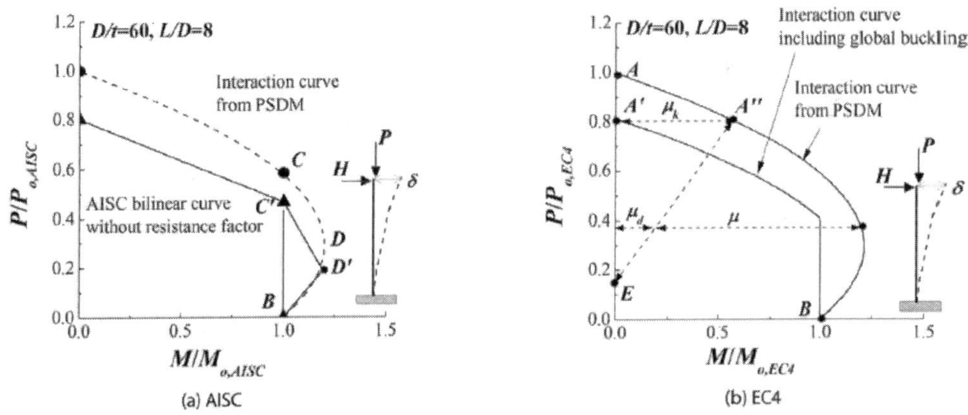

(a) AISC

(b) EC4

CFT기둥의 P–M상관도

## 압축력을 받는 매입형 합성기둥

그림과 같은 매입형 합성기둥이 고정하중 1,500kN, 활하중 4,000kN의 압축력을 받는 경우 구조제
한과 안전성을 검토하고, 스터드 앵커를 사용해 전단접합을 할 때 적용될 스터드 앵커(직경 19mm,
길이 80mm, $F_u = 400\,\text{MPa}$)의 개수와 간격을 계산하라. 부재의 길이는 4.24m이고, 양단 핀지지이
며, 하중은 매입 콘크리트에 직접 작용한다.

[설계조건]
- 내부강재 : H−250×250×9×14 (SM355A)

  $A_s = 9{,}218\,\text{mm}^2,\ I_s = 36.5 \times 10^6\,\text{mm}^4,$

  $E_{sr} = 2.1 \times 10^5\,\text{MPa}$
- 보강철근 : 8−HD25(SD400)

  $A_{sr} = 506.7\,\text{mm}^2,\ E_{sr} = 2 \times 10^5\,\text{MPa}$
- 콘크리트 : $f_{ck} = 35\,\text{MPa},\ E_c = 28{,}800\,\text{MPa}$
- 띠철근 : HD13@300(SD400)

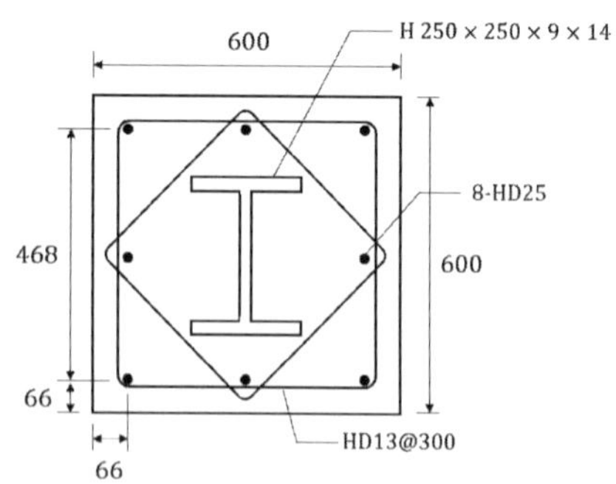




### ▶ 구조제한 검토

**1) 재료 성질**

① 내부강재 : H−250×250×9×14 (SM355A),　$F_y = 355\,\text{MPa}$,　$F_u = 490\,\text{MPa}$

② 보강철근 : 8−HD25(SD400),　$F_{yr} = 400\,\text{MPa}$

③ 콘크리트 : $f_{ck} = 35\,\text{MPa},\ E_c = 28{,}800\,\text{MPa}$

**2) 단면 계수**

① 내부강재 : H−250×250×9×14 (SM355A), $A_s = 9{,}218\,\text{mm}^2$, $I_s = 36.5 \times 10^6\,\text{mm}^4$

② 보강철근 : 8−HD25(SD400)　　　$A_{sr} = 8 \times 506.7 = 4{,}054\,\text{mm}^2$

　$n_{sr}$은 강축방향 중심의 2개의 철근을 제외

$$I_{sr} = n\frac{\pi D^4}{64} + n_{sr}Ad^2 = 8 \times \frac{\pi \times 25^4}{64} + 6 \times 506.7 \times 234^2 = 1.66 \times 10^8\,\text{mm}^4$$

③ 콘크리트 : $A_c = A_{cg} - A_s - A_{sr} = 600 \times 600 - 9{,}218 - 4{,}054 = 346{,}728\,\text{mm}^2$

$$I_c = I_{cg} - I_s - I_{sr} = \frac{600 \times 600^3}{12} - 36.5 \times 10^6 - 1.66 \times 10^8 = 10.6 \times 10^9\,\text{mm}^4$$

3) 구조제한 검토

  ① 콘크리트 강도 : $f_{ck} = 35\,\text{MPa}, \quad 21\,\text{MPa} \leq f_{ck} \leq 70\,\text{MPa}$         O.K

  ② 강재 및 철근의 강도 : $F_y = 355\,\text{MPa}, \quad F_{yr} = 400\,\text{MPa} \leq 650\,\text{MPa}$     O.K

  ③ 강재 코아 단면적 : $\dfrac{9{,}218}{360{,}000} = 0.026 > 0.01$         O.K

  ④ 횡방향 철근 간격 : HD13@300 $\leq 400\,\text{mm}$ (D13 이상 철근)         O.K

  ⑤ 길이방향 철근의 최소철근비 : $\rho_{sr} = \dfrac{A_{sr}}{A_g} = \dfrac{4{,}054}{360{,}000} = 0.011 > 0.004$     O.K

## ▶ 안전성 검토

1) 계수하중(소요강도) : 건축설계기준에서 제시된 계수를 적용해 검토한다.

$$P_u = 1.2 \times 1{,}500 + 1.6 \times 4{,}000 = 8{,}200\,\text{kN}$$

2) 공칭강도

$$P_{n0} = A_s F_y + A_{sr} F_{ysr} + 0.85 A_c f_{ck}$$
$$= [355 \times 9{,}218 + 400 \times 4{,}054 + 0.85 \times 35 \times 346{,}728] \times 10^{-3} = 15{,}209\,\text{kN}$$

$$C_1 = 0.1 + 2\left(\frac{A_s}{A_c + A_s}\right) = 0.1 + 2\left(\frac{9{,}218}{346{,}728 + 9{,}218}\right) = 0.15 \leq 0.3$$

$$EI_{eff} = E_s I_s + 0.5 E_s I_{sr} + C_1 E_c I_c$$
$$= 210{,}000 \times 36.5 \times 10^6 + 0.5 \times 200{,}000 \times 1.66 \times 10^6 + 0.15 \times 28{,}800 \times 10.6 \times 10^9$$
$$= 7.012 \times 10^{13}\ \text{Nmm}^2 = 70{,}117\ \text{kNm}^2$$

$$P_e = \frac{\pi^2 (EI_{eff})}{(KL)^2} = \frac{\pi^2 \times 70{,}117}{(1.0 \times 4.24)^2} = 38{,}493\ \text{kN}$$

$$\frac{P_{n0}}{P_e} = \frac{15{,}209}{38{,}493} = 0.39 \leq 2.25 \qquad \therefore P_n = P_{n0}\left[0.658^{0.39}\right] = 12{,}918.4\,\text{kN}$$

$$\therefore \phi_c P_n = 0.75 \times 12{,}918.4 = 9{,}688.8\ \text{kN} > P_u = 8{,}200\,\text{kN} \qquad \text{O.K}$$

**▶ 스터드 검토**

### 1) 계수하중(소요강도)

$$P_u = 8,200\,\text{kN}$$

$$V_r' = P_r\,(F_y A_s / P_{no}) = 8,200 \times 355 \times 9,218 \times 10^{-3}/15,209 = 1,764\ \text{kN}$$

### 2) 스터드 앵커 1개의 공칭강도

$$Q_{nv} = F_u A_{sa} = 400 \times 283.5 \times 10^{-3} = 113.4\,\text{kN}$$

$$\phi_v R_c = 0.65 \times 113.4 = 73.71\,\text{kN}$$

$$\therefore\ n = \frac{V_r'}{\phi_v R_c} = \frac{1,764}{73.71} = 23.9 \qquad \text{플랜지당 13개(총 26개)를 배치, 2열 배치 시 플랜지당 7열}$$

### 3) 스터드 앵커의 설치 간격

스터드 앵커의 설치길이는 다음의 값 중 작은 값으로 하므로 1,200mm를 적용한다.
① 하중작용방향으로 합성단면부재의 최소 폭의 2배 : $2 \times 600 = 1,200\,\text{mm}$
② 부재길이의 1/3 : $4,240/3 = 1,400\,\text{mm}$

$$\therefore\ s = \frac{1200}{(7+1)} = 150\,\text{mm}$$

스터드 앵커 간격은 150mm로 2열 배치하고 플랜지 단부로부터 1,200mm에 설치한다.

## 압축력을 받는 충전형 합성기둥

그림과 같은 충전형 원형강관 합성기둥의 설계압축강도를 산정하시오

[설계조건]

- 원형강관 : $\phi-500\times12$ (SM355A)

$$A_s = 18,400\,\mathrm{mm}^2,\ I_s = 548\times10^6\,\mathrm{mm}^4$$

- 콘크리트 : $f_{ck} = 27\,\mathrm{MPa},\ E_c = 26,700\,\mathrm{MPa}$

- 부재의 유효좌굴길이 : $KL = 5.0\,\mathrm{m}$

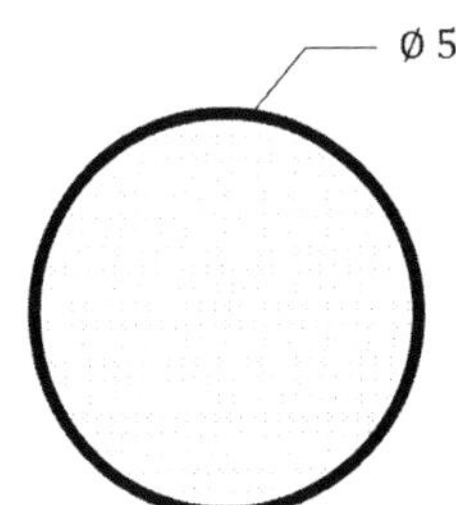




### ▶ 구조제한 검토

① 콘크리트 강도 : $f_{ck} = 27\,\mathrm{MPa},\quad 21\,\mathrm{MPa} \le f_{ck} \le 70\,\mathrm{MPa}$     O.K

② 강재 및 철근의 강도 : $F_y = 355\,\mathrm{MPa},\quad F_{yr} = 400\,\mathrm{MPa} \le 650\,\mathrm{MPa}$     O.K

③ 강재비 : $\rho_s = \dfrac{A_s}{A_g} = \dfrac{18,400}{\pi\times500^2/4} = 0.094 > 0.01$     O.K

### ▶ 단면구분

$$\frac{D}{t} = \frac{500}{12} = 41.67 \ < \ \frac{0.15E}{F_y} = \frac{0.15\times210,000}{355} = 88.7 \qquad \therefore\ \text{조밀단면}$$

### ▶ 설계 압축강도 산정

① 합성단면의 유효강성 산정

$$A_c = \frac{\pi\times500^2}{4} - 18,400 = 177,950\,\mathrm{mm}^2$$

$$I_c = \frac{\pi d^4}{64} = \frac{\pi(500 - 12\times2)^4}{64} = 2.52\times10^9\,\mathrm{mm}^4$$

$$C_3 = 0.6 + 2\left[\frac{A_s}{A_c + A_s}\right] = 0.6 + 2\left[\frac{18,400}{177,950 + 18,400}\right] = 0.79 \le 0.9$$

$$EI_{eff} = E_s I_s + E_{sr} I_{sr} + C_3 E_c I_c$$
$$= (210,000\times548\times10^6 + 0.79\times26,700\times2.52\times10^9)\times10^{-9} = 168,234\,\mathrm{kNm}^2$$

② 탄성좌굴 강도

$$P_e = \frac{\pi^2(EI_{eff})}{(KL)^2} = \frac{\pi^2 \times 168,234}{(1.0 \times 5)^2} = 66,416 \text{ kN}$$

③ 설계 압축강도

$$C_2 = 0.85\left(1 + 1.56\frac{F_y t}{D_c f_{ck}}\right) = 0.85\left(1 + 1.56\frac{355 \times 12}{(500 - 12 \times 2) \times 27}\right) = 1.29$$

$$P_{no} = F_y A_s + F_{yr} A_{sr} + C_2 f_{ck}\left(A_c + A_{sr}\frac{E_{sr}}{E_c}\right)$$

$$= (355 \times 18,400 + 1.29 \times 27 \times 177,950) \times 10^{-3} = 12,730 \text{ kN}$$

$$\frac{P_{no}}{P_e} = \frac{12,730}{66,416} = 0.19 < 2.25 \qquad \therefore P_n = P_{n0}\left[0.658^{0.19}\right] = 11,756.8 \text{ kN}$$

$$\therefore \phi_c P_n = 0.75 \times 11,756.8 = 8,817.6 \text{ kN}$$

### 압축력을 받는 충전형 합성기둥

그림과 같은 충전형 각형강관 합성기둥의 설계압축강도를 산정하시오

[설계조건]

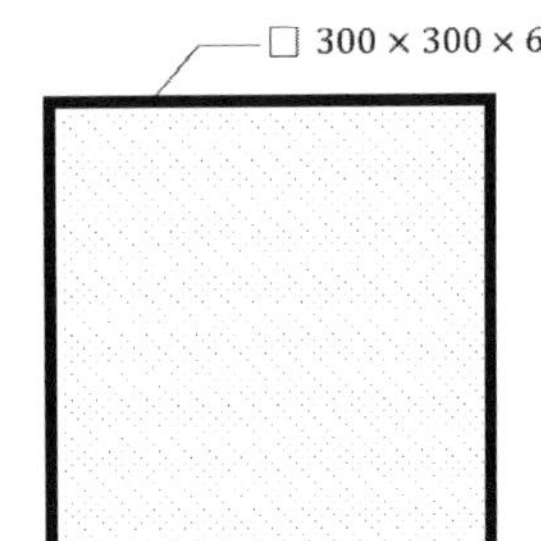


- 원형강관 : □-300×300×6 (SM355A)

$$A_s = 6{,}993\,\text{mm}^2,\ I_s = 9.96 \times 10^7\,\text{mm}^4$$

- 콘크리트 : $f_{ck} = 27\,\text{MPa},\ E_c = 26{,}700\,\text{MPa}$

- 부재의 유효좌굴길이 : $KL = 3.5\,\text{m}$



## ▶ 구조제한 검토

① 콘크리트 강도 : $f_{ck} = 27\,\text{MPa},\quad 21\,\text{MPa} \le f_{ck} \le 70\,\text{MPa}$      O.K

② 강재 및 철근의 강도 : $F_y = 355\,\text{MPa},\quad F_{yr} = 400\,\text{MPa} \le 650\,\text{MPa}$      O.K

③ 강재비 : $\rho_s = \dfrac{A_s}{A_g} = \dfrac{6{,}993}{300 \times 300} = 0.078 > 0.01$      O.K

## ▶ 단면구분

$$\frac{b}{t} = \frac{300 - 6 \times 2}{6} = 48.0 \ < \ \frac{0.15E}{F_y} = 2.26\sqrt{\frac{E}{F_y}} = 2.26 \times \sqrt{\frac{210{,}000}{355}} = 54.9$$

$$\therefore\ \text{조밀단면}$$

## ▶ 설계 압축강도 산정

① 합성단면의 유효강성 산정

$$A_c = (300 - 6 \times 2)^2 = 82{,}944\,\text{mm}^2$$

$$I_c = \frac{288 \times 288^3}{12} = 5.73 \times 10^8\,\text{mm}^4$$

$$C_3 = 0.6 + 2\left[\frac{A_s}{A_c + A_s}\right] = 0.6 + 2\left[\frac{6{,}993}{82{,}944 + 6{,}993}\right] = 0.76 \le 0.9$$

$$EI_{eff} = E_s I_s + E_{sr} I_{sr} + C_3 E_c I_c$$

$$= (210{,}000 \times 9.96 \times 10^7 + 0.76 \times 26{,}700 \times 5.73 \times 10^8) \times 10^{-9} = 32{,}543.3\,\text{kNm}^2$$

② 탄성좌굴 강도

$$P_e = \frac{\pi^2 (EI_{eff})}{(KL)^2} = \frac{\pi^2 \times 32{,}543.3}{(1.0 \times 3.5)^2} = 26{,}219.6 \text{ kN}$$

③ 설계 압축강도

$$C_2 = 0.85 \ (\text{각형단면})$$

$$P_{no} = F_y A_s + F_{yr} A_{sr} + C_2 f_{ck}\left(A_c + A_{sr}\frac{E_{sr}}{E_c}\right)$$

$$= (355 \times 6{,}993 + 0.85 \times 27 \times 82{,}944) \times 10^{-3} = 4{,}386 \text{ kN}$$

$$\frac{P_{no}}{P_e} = \frac{4{,}386}{26{,}219.6} = 0.17 < 2.25 \qquad \therefore \ P_n = P_{n0}\left[0.658^{0.17}\right] = 4{,}084.8 \,\text{kN}$$

$$\therefore \ \phi_c P_n = 0.75 \times 4{,}084.8 = 3{,}063.6 \,\text{kN}$$

### 압축력을 받는 매입형 합성기둥

그림과 같은 매입형 합성기둥이 고정하중 2,500kN, 활하중 7,000kN의 축력을 받고 있다. 부재의 길이는 5.0m이고, 양단 핀으로 지지되어 있다. 하중은 매입콘크리트에 직접 작용할 때 합성기둥의 안전성을 검토하라.

[설계조건]

- 내부강재 : H-400×400×13×21 (SM355A)
- 보강철근 : 12-HD29(SD400)

  $A = 642.4\,\mathrm{mm}^2,\ E_{sr} = 2\times10^5\,\mathrm{MPa}$

- 콘크리트 : $f_{ck} = 24\,\mathrm{MPa},\ E_c = 27,000\,\mathrm{MPa}$

- 띠철근 : HD13@300(SD400)

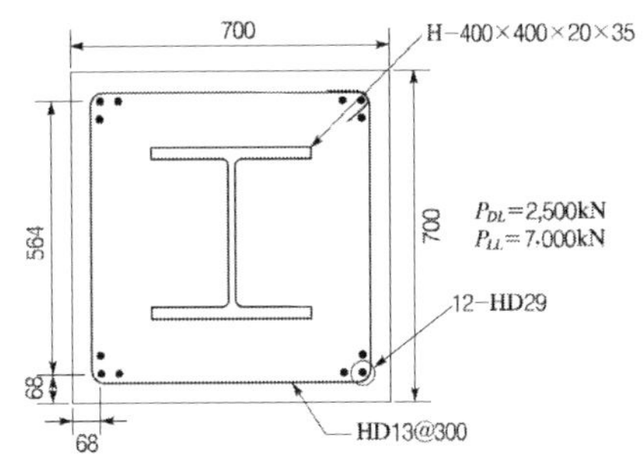




### ▶ 단면 검토

① 내부강재 : H-400×400×13×21 (SM355A)

$$A_s = 2(400\times35) + 20(400 - 2\times35) = 34,600\,\mathrm{mm}^2$$

$$I_s = \frac{400^4}{12} - \frac{(400-20)(400-2\times35)^3}{12} = 9.953\times10^8\,\mathrm{mm}^4$$

② 보강철근 : 12-HD29(SD400)

$$A_{sr} = 12\times642.4 = 7,708.8\,\mathrm{mm}^2$$

$$I_{sr} = n\frac{\pi D^4}{64} + n_{sr}Ad^2 = 12\times\frac{\pi\times29^4}{64} + 12\times624.4\times282^2 = 6.134\times10^8\,\mathrm{mm}^4$$

③ 콘크리트 : $f_{ck} = 24\,\mathrm{MPa},\ E_c = 27,000\,\mathrm{MPa}$

$$A_c = A_{cg} - A_s - A_{sr} = 700\times700 - 34,600 - 7,708.8 = 447,691\,\mathrm{mm}^2$$

$$I_c = I_{cg} - I_s - I_{sr} = \frac{700\times700^3}{12} - 9.953\times10^8 - 6.134\times10^8 = 18.39\times10^9\,\mathrm{mm}^4$$

### ▶ 구조제한 검토

① 콘크리트 강도 : $f_{ck} = 24\,\mathrm{MPa},\quad 21\,\mathrm{MPa} \le f_{ck} \le 70\,\mathrm{MPa}$        O.K

② 강재 및 철근의 강도 : $F_y = 345\,\mathrm{MPa}$, $F_{yr} = 400\,\mathrm{MPa} \leq 650\,\mathrm{MPa}$      O.K

③ 강재 코아 단면적 : $\dfrac{34,600}{490,000} = 0.071 > 0.01$      O.K

④ 횡방향 철근 간격 : HD13@300 $\leq 400\,\mathrm{mm}$ (D13 이상 철근)      O.K

⑤ 길이방향 철근의 최소철근비 : $\rho_{sr} = \dfrac{A_{sr}}{A_g} = \dfrac{7,708.8}{490,000} = 0.016 > 0.004$      O.K

## ▶ 안전성 검토

1) 계수하중(소요강도) : 건축설계기준에서 제시된 계수를 적용해 검토한다.

$$P_u = 1.2 \times 2,500 + 1.6 \times 7,000 = 14,200\,\mathrm{kN}$$

2) 공칭강도

$$P_{n0} = A_s F_y + A_{sr} F_{ysr} + 0.85 A_c f_{ck}$$

$$= [345 \times 34,600 + 400 \times 7,708.8 + 0.85 \times 24 \times 447,691] \times 10^{-3} = 24,153.4\,\mathrm{kN}$$

$$C_1 = 0.1 + 2\left(\frac{A_s}{A_c + A_s}\right) = 0.1 + 2\left(\frac{34,600}{447,691 + 34,600}\right) = 0.24 \leq 0.3$$

$$EI_{eff} = E_s I_s + 0.5 E_s I_{sr} + C_1 E_c I_c$$

$$= 210,000 \times 9.953 \times 10^8 + 0.5 \times 200,000 \times 6.13 \times 10^8 + 0.24 \times 27,000 \times 18.39 \times 10^9$$

$$= 3.895 \times 10^{14}\ \mathrm{Nmm}^2 = 389,480\ \mathrm{kNm}^2$$

$$P_e = \frac{\pi^2 (EI_{eff})}{(KL)^2} = \frac{\pi^2 \times 389,480}{(1.0 \times 5.0)^2} = 153,760\ \mathrm{kN}$$

$$\frac{P_{n0}}{P_e} = \frac{24,153}{153,760} = 0.16 \leq 2.25 \qquad\qquad \therefore\ P_n = P_{n0}\left[0.658^{0.16}\right] = 22,616.5\,\mathrm{kN}$$

$$\therefore\ \phi_c P_n = 0.75 \times 22,616.5 = 16,962.4\ \mathrm{kN} > P_u = 14,200\,\mathrm{kN} \qquad \text{O.K}$$

### 합성기둥 설계

단면이 $500 \times 1{,}200$mm인 직사각형 합성기둥(SRC)에 8개의 D25철근($4{,}053.6$mm²)과 H$500 \times 250 \times 10 \times 20$인 H형강이 그림과 같이 배치되어 있다. 이 직사각형 합성기둥(SRC)에 대한 균형 파괴 시의 $N_b$, $M_b$를 구하시오(단, $N_b$, $M_b$ 계산 시 H형강의 복부 두께는 무시하되, 직사각형 콘크리트 단면에서 철근과 H형강의 단면적은 공제하지 않는다).

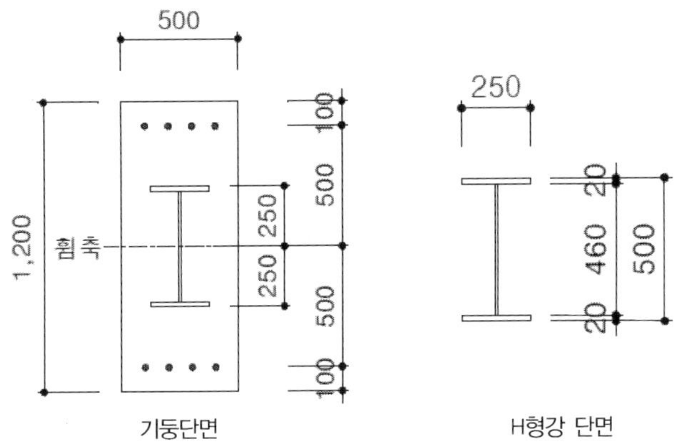


### 풀 이

#### ➤ 개요

균형파괴 시에는 콘크리트가 압축변형률 $\epsilon_{cu} = 0.0033$에 도달하고 최외각 철근의 인장변형률은 $\epsilon_t = \epsilon_y$인 경우이다.

#### ➤ 중립축 산정

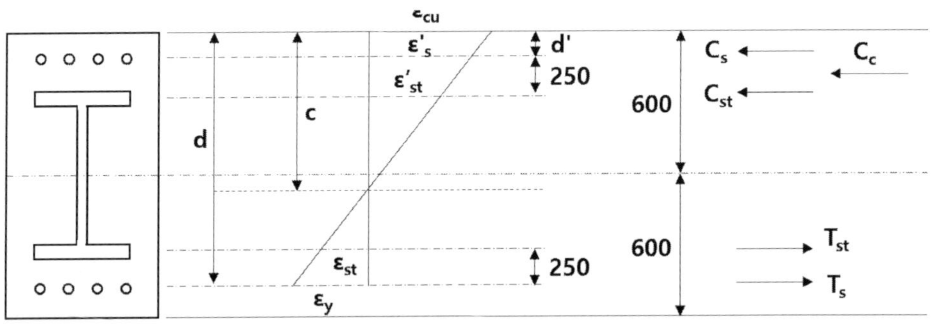


변형률 관계로부터 $c_b : \epsilon_{cu} = d : \epsilon_{cu} + \epsilon_y$ $\quad \therefore c_b = \dfrac{0.0033}{0.0033 + 0.002} \times 1100 = 684.91$mm

① 압축철근의 변형률 $\quad \epsilon_s{}' = \dfrac{c - d'}{c} \times \epsilon_{cu} = 0.00282 > \epsilon_y$

② 압축부 형강의 변형률 $\quad \epsilon_{st}{}' = \dfrac{c - 350}{c} \times \epsilon_{cu} = 0.00161$

③ 인장부 형강의 변형률 $\quad \epsilon_{st} = \dfrac{\epsilon_{cu}}{c} \times (1100 - 250 - c) = 0.000795$

➤ **균형파괴 시 $N_b$, $M_b$**

1) 균형파괴 시 축력 $N_b$

① 콘크리트 $C_c = \alpha f_{cd} cb = \alpha(\alpha_{cc}\phi_c f_c)cb = 0.8 \times (0.85 \times 0.65 \times 30) \times 684.91 \times 500 \times 10^{-3}$
$$= 4{,}540.95 \text{ kN}$$

② 압축철근 $C_s = \phi_s f_y A_s = 0.9 \times 400 \times 2026.8 \times 10^{-3} = 729.65 \text{ kN}$

③ 압축부 형강 $C_{st} = \phi_s f_s A_{st} = \phi_s E_s \epsilon_{st}{}' A_{st} = 0.9 \times 200{,}000 \times 0.00161 \times 250 \times 20 \times 10^{-3}$
$$= 1{,}449.00 \text{ kN}$$

④ 인장부 형강 $T_{st} = \phi_s E_s \epsilon_{st} A_{st} = 0.9 \times 200{,}000 \times 0.000795 \times 250 \times 20 \times 10^{-3}$
$$= 715.50 \text{ kN}$$

⑤ 인장철근 $T_s = \phi_s f_y A_s = 0.9 \times 400 \times 2026.8 \times 10^{-3} = 729.65 \text{ kN}$

$$\therefore N_b = C_c + C_s + C_{st} - T_{st} - T_s = 5274.45 \text{ kN}$$

2) 균형파괴 시 모멘트 $M_b$

휨축에 대한 모멘트를 산정하면

$$\therefore M_b = C_c(600 - c/2) + C_s \times 500 + C_{st} \times 250 + T_{st} \times 250 + T_s \times 500 = 2440.3 \text{ kNm}$$

## 매입합성기둥

다음 그림과 같은 단면을 갖는 교량용 매입합성기둥이 순수 압축력을 받을 경우의 구조제한사항을 검토하고 설계압축강도를 구하시오(단, 양단 힌지로 지지된 기둥의 길이는 5m이며, 강도산정에 필요한 제반조건은 아래와 같다).

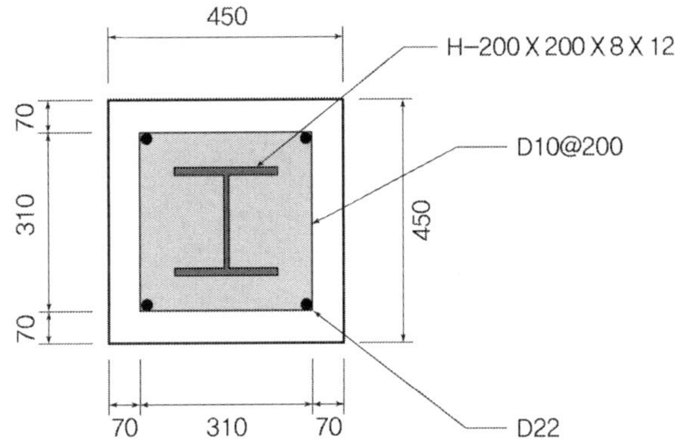


| 구분 | 콘크리트(fck=35MPa) | | 강재<br>(SM355) | 철근<br>(SD400) |
|---|---|---|---|---|
| | 총 단면 | 순 단면 | | |
| 단면적(mm$^2$) | $A_g$ = 202,500 | $A_c$ = 194,627 | $A_s$ = 6,353.0 | $A_{sr}$=1,520.5 |
| 강축의 단면2차 모멘트(mm$^4$) | $I_{gx}$ = 341.7×10$^7$ | $I_{cx}$ = 333.3×10$^7$ | $I_{sx}$ = 4.72×10$^7$ | $I_{srx}$ = 3.66×10$^7$ |
| 약축의 단면2차모멘트(mm$^4$) | $I_{gz}$ = 341.7×10$^7$ | $I_{cz}$ = 336.4×10$^7$ | $I_{sz}$ = 1.60×10$^7$ | $I_{srz}$ = 3.66×10$^7$ |
| 설계기준압축강도(MPa) | 35 | 35 | — | — |
| 항복강도(MPa) | — | — | 355 | 400 |
| 탄성계수(MPa) | 29,800 | 29,800 | 210,000 | 200,000 |

### 풀 이

#### ▶ 개요

KDS 14 31 80 합성구조 부재 설계기준(하중저항계수설계법)에 따라 매입형 합성부재의 구조제한사항에 대해 검토한다.

#### ▶ 구조제한 검토

1) 강재비 : 강재 코아의 단면적은 합성부재 총단면적의 1% 이상으로 한다.

$$\rho_s = \frac{A_s}{A_g} = \frac{6,353.0}{202,500} = 0.0313 > 1\%$$
O.K

2) 띠철근 간격 : 강재 코아를 매입한 콘크리트는 연속된 길이방향 철근과 띠철근 또는 나선철근으로 보강되어야 한다. 횡방향 철근의 중심간 간격은 직경 D10의 철근을 사용할 경우에는 300mm 이하, 직경 D13 이상의 철근을 사용할 경우에는 400mm 이하로 한다. 이형철근망이나 용접철근을 사용하는 경우에는 앞의 철근에 준하는 등가단면적을 가져야 한다. 또한 횡방향 철근의 최대간격은 강재 코아의 설계항복강도가 450MPa 이하일 경우에는 부재단면에서 최소크기의 0.5배를 초과할 수 없으며 강재 코아의 설계기준 항복강도가 450MPa를 초과하는 경우는 부재단면에서 최소크기의 0.25배를 초과할 수 없다.

(1) 횡방향 철근의 중심간 간격은 D10 이하 철근 사용할 경우 300mm 이하 : $s = 200$mm O.K

(2) 횡방향 철근의 최대간격은 강재코아의 설계항복강도가 450MPa 이하일 경우 부재단면에서 최소 크기의 0.5배를 초과할 수 없다 : $s = 200$mm $< 225$mm$(=0.5 \times 450)$　　　O.K

3) 주철근비 : 연속된 길이방향 철근의 최소철근비 $\rho_{sr}$ 는 0.004로 한다.

$$\rho_{sr} = \frac{A_{sr}}{A_g} = \frac{1,520.5}{202,500} = 0.0075 \; > 0.004 \hspace{3cm} \text{O.K}$$

## ➤ 설계압축강도

1) 매입형 합성압축부재 유효강성 계수

$$C_1 = 0.1 + 2\left(\frac{A_s}{A_c + A_s}\right) = 0.1 + 2\left(\frac{6353}{194627 + 6353}\right) = 0.163 \leq 0.3$$

2) 합성단면의 유효강성

$$EI_{eff} = E_s I_s + 0.5 E_{sr} I_{sr} + C_1 E_c I_c$$
$$= 210,000 \times 1.60 \times 10^7 + 0.5 \times 200,000 \times 3.66 \times 10^7 + 0.163 \times 29800 \times 336.4 \times 10^7$$
$$= 2.338 \times 10^{13} \; \text{Nmm}^2$$

3) 탄성임계 좌굴하중

양단 힌지조건이므로 $k = 1.0, \; L = 5,000$mm

$$P_e = \frac{\pi^2 (EI_{eff})}{(kL)^2} = \frac{\pi^2 \times 2.338 \times 10^{13}}{5000^2} \times 10^{-3} = 9,231 \; \text{kN}$$

4) 기둥의 세장비 판별 및 압축강도 산정

$$P_{no} = F_y A_s + F_{ysr} A_{sr} + 0.85 f_{ck} A_c$$
$$= [355 \times 6,353 + 400 \times 1,520.5 + 0.85 \times 35 \times 194,627] \times 10^{-3} = 8,653.67 \; \text{kN}$$

$$\frac{P_{no}}{P_e} = 0.937 \leq 2.25$$

$$\therefore \ P_n = P_{no}\left[0.658^{\left(\frac{P_{no}}{P_e}\right)}\right] = 8653.67 \times \left[0.658^{0.937}\right] = 5{,}845.14 \ \text{kN}$$

$$\therefore \ 설계압축강도 \quad \phi_c P_n = 0.75 \times 5845.14 = 4{,}383.85 \ \text{kN}$$

## 압축력을 받는 매입형 합성기둥 : 강구조 설계기준 2009

매입형 합성기둥의 설계기준(KBC 2009) 구조제한을 검토하고 이 기둥이 받을 수 있는 최대 설계압축강도를 산정하시오(단, 휨 및 전단에 대한 조건은 무시하고 양단부의 경계조건은 핀으로 가정).

[설계조건]

- 콘크리트 $f_{ck} = 24^{MPa}$,    $E_c = 29,800^{MPa}$

- 철근 $f_y = 400^{MPa}$,    $E_s = 200,000^{MPa}$

  HD25철근($A_g = 507^{mm^2}$),    HD13철근($A_g = 127^{mm^2}$)

- 철골강재 $f_y = 325^{MPa}$,    $f_u = 490^{MPa}$,    $E_s = 205,000^{MPa}$

  H-300×300×10×15(SM490)

  $A_s = 11,980mm^2$,

  $I_x = 20,400 \times 10^4 mm^4$

  $I_y = 6,750 \times 10^4 mm^4$

- 기둥의 순높이 : 4.5m

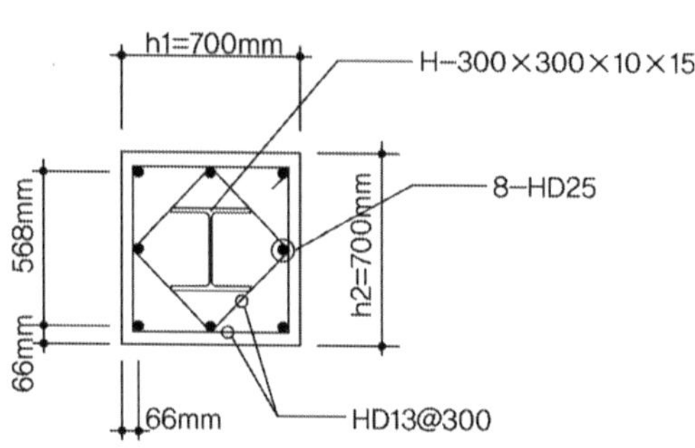


---

### 풀 이

#### ▶ 구조제한 검토

1) 콘크리트 압축강도    $21MPa \leq f_{ck} < 70MPa$

2) 강재 및 철근의 항복강도    $f_y \leq 440MPa$

3) 강재비

$$\rho_s = \frac{A_s}{A_g} = \frac{11,980}{700 \times 700} = 0.02449 > 0.01 \qquad O.K$$

4) 주철근비

주철근 $8 - HD25$  $A_{sr} = 8 \times 507 = 4056mm^2$

$$\rho_{sr} = \frac{A_{sr}}{A_g} = \frac{4056}{700 \times 700} = 0.00827 > 0.004 \quad O.K$$

5) 띠철근비    $\rho_h = \dfrac{A_h}{s} = \dfrac{2 \times 127}{300} = 0.8467 mm^2/mm \geqq 0.23 mm^2/mm$     O.K


### ▶ 단면성능

1) 세장효과를 고려하지 않는 압축강도(소성압축강도)

$$A_c = A_{cg} - A_s - A_{sr} = 700^2 - 11,980 - 4,056 = 473,964 mm^2$$
$$P_0 = A_s f_y + A_{sr} f_{yr} + 0.85 A_c f_{ck} = 11,980 \times 325 + 4,056 \times 400 + 0.85 \times 473,694 \times 24$$
$$= 15,184.8 kN$$

2) 합성단면의 유효강성

$$C_1 = 0.1 + 2\left(\frac{A_s}{A_c + A_s}\right) = 0.149 \leq 0.3$$

$$I_{sr} = \Sigma\left(\frac{\pi D^4}{64}\right) + \Sigma A d^2 = 8 \times \left(\pi \times \frac{25^4}{64}\right) + 6 \times 507 \times \left(\frac{568}{2}\right)^2 = 245,508,950 mm^4$$

$$I_c = I_{cg} - I_s - I_{sr} = \frac{700 \times 700^3}{12} - 6,750 \times 10^4 - 245,508,950 = 19.695 \times 10^9 mm^4$$

$$EI_{eff} = E_s I_s + 0.5 E_s I_{sr} + C_1 E_c I_c$$
$$= 205,000 \times 6,750 \times 10^4 + 0.5 \times 200,000 \times 2.455 \times 10^8$$
$$+ 0.149 \times 29,800 \times 19.695 \times 10^9 = 126.019 \times 10^{12} Nmm^2$$

3) 좌굴하중

$$P_e = \frac{\pi^2 (EI_{eff})}{(KL)^2} = 61,420,243 N = 61,420 kN$$

### ▶ 설계압축강도 산정

$$\frac{P_e}{P_0} = 4.04 > 0.44 \quad \therefore \ P_n = P_0\left[0.658^{\left(\frac{P_0}{P_e}\right)}\right] = 15,184.8\left[0.658^{(0.25)}\right] = 13,676 kN$$

$$\therefore \ \phi_c P_n = 0.75 \times 13,676 = 10,257.1 kN$$

## 압축력과 휨을 받는 매입형 합성기둥 : 강구조 설계기준 2005

부재 유효좌굴길이 $kL = 4.5m$ 이다. 내부강재 H $400\times400\times20\times30(f_y = 325MPa)$

$$A_s = 30,800mm^2, \quad I_{sx} = 8,890,000\times10^4mm^4, \quad I_{sy} = 32,000\times10^4mm^4$$

내부철근 12-HD32($A = 794mm^2$, $f_{yr} = 400MPa$), 콘크리트 $f_{ck} = 23.5MPa$, 띠철근 D10@200

1) 그림과 같은 매입형 합성기둥이 순수 압축력만 받는 경우 설계압축강도를 구하시오.

2) 강축에 대해 순수 휨모멘트를 받는 경우 설계휨강도를 구하시오.

3) $P_D = 1,500kN$, $P_L = 750kN$, $M_D = 900kNm$, $M_L = 600kNm$ 일 경우 안전여부를 판단하시오(2차 효과는 무시한다).

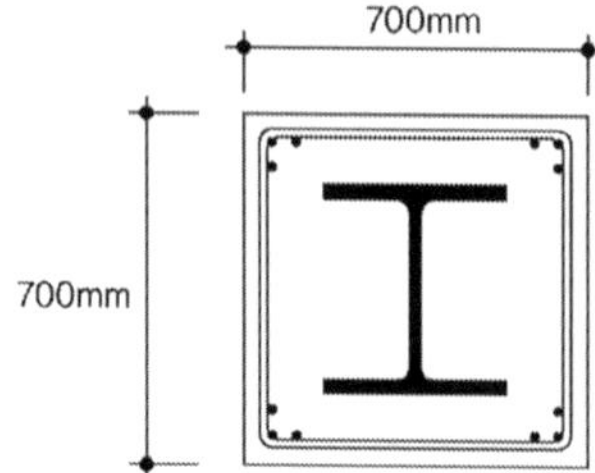




### ▶ 설계압축강도 산정

1) 구조제한 검토

① 강재비 : $\rho_s = \dfrac{A_s}{A_g} = \dfrac{30,800}{700\times700} = 0.063 > 0.03$

② 주철근비 : $\rho_r = \dfrac{A_r}{A_g} = \dfrac{12\times794}{700\times700} = 0.019 > 0.003$

③ 띠철근비 : $\rho_h = \dfrac{A_h}{hs} = \dfrac{2\times71}{700\times200} = 0.001$

2) 단면성능

① 합성단면적 $\quad A_m = A_s = 30,800mm^2$

② 합성단면 2차 반경

강재의 단면 2차 반경 $r_s = \sqrt{\dfrac{I_{sy}}{A_s}} = \sqrt{\dfrac{32,000\times10^4}{30,800}} = 101.9mm$

$$r_m = 0.3B = 0.3 \times 700 = 210mm > 101.9mm \quad \therefore r_m = 210mm$$

③ 합성항복강도

$$f_{ym} = f_y + 0.7f_{yr}\frac{A_r}{A_s} + 0.6f_{ck}\frac{A_c}{A_s} = 325 + 0.7 \times 400 \times \frac{12 \times 794}{30,800} + 0.6 \times 23.5 \times \frac{449,672}{30,800} = 617.5^{MPa}$$

④ 합성탄성계수

$$E_c = 8500\sqrt[3]{f_{cu}} = 26,845MPa, \quad E_m = E_s + 0.2E_c\frac{A_c}{A_s} = 284,385MPa$$

3) 설계압축강도 산정

① 한계세장비 $\overline{\lambda_c} = \left[\frac{1}{\pi}\sqrt{\frac{f_y}{E}}\left(\frac{kl}{r}\right)\right] = \left(\frac{kL}{r_m\pi}\right)\sqrt{\frac{f_{ym}}{E_m}} = \frac{4,500}{210 \times 3.14} \times \sqrt{\frac{617.5}{284,385}} = 0.33$

② 좌굴응력 $f_{cr} = (0.66^{\overline{\lambda_c^2}})f_{ym} = 0.66^{0.33^2} \times 617.5 = 589.8MPa$

③ 설계압축강도 $\phi_c P_n = 0.85A_m f_{cr} = 0.85 \times 30,800 \times 589.8 \times 10^{-3} = 15,442kN$

**▶ 설계휨강도 산정**

1) 철근 및 콘크리트 효과를 무시하고 강재단면만으로 검토 시

① 소성단면계수 $\quad Z = \frac{1}{4}(400 \times 400^2 - 380 \times 340^2) = 5,018,000mm^3$

② 공칭휨강도(횡좌굴과 판폭두께비를 고려하지 않아도 무방)

$$M_n = M_p = Zf_y = 5018 \times 10^3 \times 325 = 1,631kNm$$

2) 철근 및 콘크리트 효과를 포함하여 합성단면으로 검토 시

① 탄성계수비

$$n = \frac{E_s}{E_c} = \frac{2.06 \times 10^5}{2.28 \times 10^4} = 9.04$$

② 단면의 도심산정

$$\frac{1}{n} \times 700 \times y_0 \times \frac{y_0}{2} - 12 \times 794 \times (350 - y_0) - 30800 \times (350 - y_0) = 0 \quad \therefore y_0 = 277mm$$

③ 환산단면2차 모멘트

$$I_{tr} = \frac{1}{9.04} \times \frac{1}{3} \times 700 \times 277^3 + 4 \times 794 \times (277 - 70)^2 2 \times 794 \times (277 - 70 - 80)^2$$

$$+2\times794\times(423-70-80)^2+4\times794\times(423-70)^2+1/12\times(400\times400^3-380\times340^3)$$
$$+308\times(350-277)^2\fallingdotseq2.11\times10^9mm^4$$

④ 소성단면계수

$$Z_c=\frac{2.11\times10^9}{277}=7.62\times10^6mm^3,\qquad Z_s=\frac{2.11\times10^9}{(350+200-277)}=7.73\times10^6mm^3$$

$$Z_r=\frac{2.11\times10^9}{(423-70)}=5.98\times10^6mm^3$$

⑤ 공칭휨강도

$$M_{n.c}=nZ_c\times(0.85f_{ck})=1,376kNm$$
$$M_{n.s}=Z_sf_y=2,512kNm$$
$$M_{n.r}=Z_rf_{yr}=2,392kNm$$

$\therefore$ 세 값 중에서 콘크리트 단면이 가장 먼저 한계상태에 도달하므로 $M_n=1,376kNm$

3) 합성부재의 설계휨강도

철근과 콘크리트 효과를 무시하고 강재단면만을 하는 경우가 가장 큰 값이므로

$$\therefore\ M_n=1,631kNm$$
$$\phi_bM_n=0.9\times1,631=1,467.9kNm$$

## ▶ 휨과 압축동시 작용 시 안정성

1) 소요강도 계산

$$P_u=1.2P_D+1.6P_L=3,000kN,\quad M_u=1.2M_D+1.6M_L=2,040kNm$$

2) 공칭휨강도

소성중립축이 웨브에 있다고 가정하면,
$$700\times y_p\times(0.85\times23.5)-2\times20\times(350-y_p)\times325=4,705,00$$
$$\therefore\ y_p=343mm\,(웨브에\ 존재)$$

$$M_{n3}=5,018\times10^3\times325+[(4\times794)\times(700-2\times70)\times400+2\times794\times(700-2\times150)\times400]$$
$$+700\times343\times(343/2+7)\times23.5=3,604\times10^6Nmm=3,604kNm$$
$$M_{n0}=1,631kNm$$

$$M_n=M_{n0}+(M_{n3}-M_{n0})\frac{P_u}{0.3\phi_cP_n}=1,631+(3,604-1,631)\times\frac{3,000}{4,640}=2,906.6kNm$$

3) 휨과 압축을 받는 합성기둥 검토

$$\frac{P_u}{\phi_c P_n} = \frac{3,000}{0.85 \times 18,197} = 0.19 < 0.3$$

$$\therefore \; \frac{P_u}{2\phi_c P_n} + \frac{M_u}{\phi_b M_n} = 0.097 + 0.780 = 0.88 < 1.0 \qquad \text{안전하다.}$$

## 압축력을 받는 원형 충전형 합성기둥 : 강구조 설계기준 2009

다음 그림과 같이 중심축하중을 받는 길이 L=10.0m인 콘크리트로 채워진 원형강관에서 합성기둥의 설계압축강도($P_r$)를 도로교 설계기준(2012 한계상태설계법)에 따라 산정하시오(단, 극한한계상태로 가정하며, 콘크리트의 설계기준강도 $f_{ck}=27MPa$, 강재의 항복강도 $f_y=315MPa$(강종 : STK490), 콘크리트의 탄성계수 $E_c=26,700MPa$, 강재의 탄성계수 $E_c=205,000MPa$, 기둥외경 $D=300mm$, 강재두께 $t=10mm$).

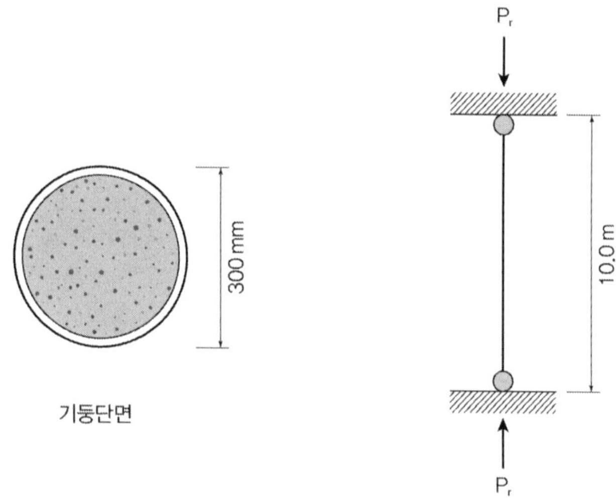


---

### 풀 이

### ▶ 재료의 특성

강관 : $f_y=315MPa$,   $E_s=205,000MPa$

콘크리트 : $f_{ck}=27MPa$,   $E_c=26,700MPa$

### ▶ 강관의 특성

$$A_s=\frac{\pi}{4}(D^2-d^2)=9,110.6mm^2, \quad I_s=I_x=I_y=\frac{\pi}{64}(D^4-d^4)=9.589\times10^7mm^4$$

### ▶ 콘크리트의 특성

$$A_c=\frac{\pi}{4}(300-10\times2)^2=61,575.2mm^2, \quad I_c=\frac{\pi}{64}(300-20)^4=3.017\times10^8mm^4$$

**➤ 구조제한 검토 ; 충전형 합성기둥**

1) 콘크리트 설계기준 압축강도 $\qquad 21^{MPa} \leq f_{ck} \leq 70^{MPa}$

2) 강재의 설계기준 항복강도 $\qquad f_y \leq 440^{MPa}$

3) 강관의 단면적 $\qquad \rho_s = \dfrac{A_s}{A_g} = \dfrac{9111}{61575} = 0.15 > 0.04$

4) 원형강관의 두께비 (교량강구조) $\qquad \left[ \dfrac{D}{t} = \dfrac{300}{10} = 30 \right] \leq \left[ 2.8 \sqrt{\dfrac{E_s}{f_y}} = 71.43 \right]$

**➤ 설계압축강도**

1) $P_0$

$$C_2 = 0.95 \; : \; \text{원형강관(교량강구조)}$$

$$P_0 = A_s f_y + A_{sr} f_{yr} + C_2 A_c f_{ck} = A_s f_y + C_2 A_c f_{ck}$$

$$\therefore P_0 = A_s f_y + C_2 A_c f_{ck} = 9,111 \times 315 + 0.95 \times 61,575 \times 27 = 4,449 kN$$

2) $EI_{eff}$

$$C_3 = 0.6 + 2 \left( \frac{A_s}{A_c + A_s} \right) = 0.6 + 2 \times \left( \frac{9,111}{61,575 + 9,111} \right) = 0.86 < 0.9$$

0.9보다 작으므로 $C_3 = 0.86$

$$EI_{eff} = E_s I_s + E_s I_{sr} + C_3 E_c I_c = 205,000 \times 9.589 \times 10^7 + 0.86 \times 26,700 \times 3.017 \times 10^8$$

$$= 2.657 \times 10^{13} Nmm^2$$

3) $P_e$

$$P_e = \frac{\pi^2 EI_{eff}}{(kL)^2} = \frac{\pi^2 \times 2.657 \times 10^{13}}{10000^2} \times 10^{-3} = 2,622 kN$$

4) $P_n$

$$P_e / P_0 = 0.59 > 0.44 \qquad \therefore P_n = P_0 \left[ 0.658^{\left( \frac{P_0}{P_e} \right)} \right] = 2,187 kN$$

충전형 합성기둥 $\phi_c = 0.75 \qquad \therefore \phi_c P_n = 1,640 kN$

## 압축력을 받는 각형 충전형 합성기둥 : 강구조 설계기준 2009

직사각형 강관 250×150×9(SM490)에 콘크리트($f_{ck} = 35MPa$)로 채워진 4.2m 높이의 합성기둥에 고정하중 250kN, 활하중 750kN의 압축력이 작용할 때 기둥의 적정성을 검토하시오. 단, 기둥의 양단부의 경계조건은 핀지지이고 베이스플레이트 상부에서 하중이 직접 지압으로 콘크리트에 전달된다.

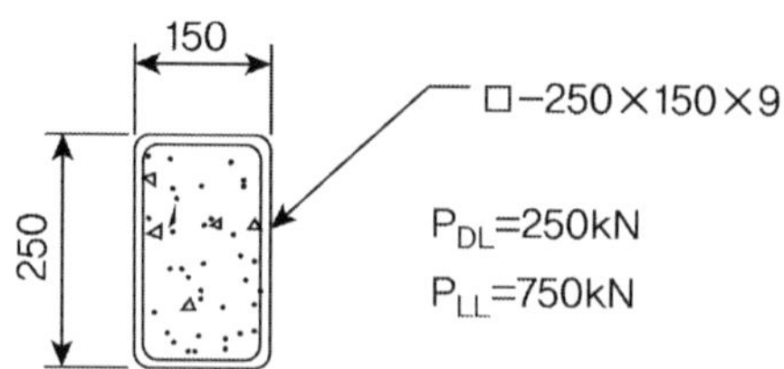


### 풀 이

#### ▶ 소요 압축강도

$$P_u = 1.2P_D + 1.6P_L = 1,500kN > 1.4P_D(= 350kN)$$

#### ▶ 재료의 특성

강관 : $f_y = 325MPa$,　$f_u = 490MPa$,　$E_s = 205,000MPa$

콘크리트 : $f_{ck} = 35MPa$,　$E_C = 29,800MPa$

#### ▶ 강관의 특성

$$A_s = 6,670mm^2, \quad I_x = 54.8 \times 10^6 mm^4, \quad I_y = 24.7 \times 10^6 mm^4, \quad h/t = 27.7$$

#### ▶ 콘크리트의 특성

① 콘크리트의 단면적

$$r = 2t = 2 \times 9 = 18mm \, (외경)$$
$$b_f = b - 2r = 250 - 2 \times 18 = 214mm$$
$$h_f = h - 2r = 150 - 2 \times 18 = 114mm$$
$$A_c = b_f h_f + \pi (r-t)^2 + 2b_f (r-t) + 2h_f (r-t)$$
$$= 214 \times 114 + \pi \times (18-9)^2 + 2 \times 214 \times (18-9) + 2 \times 114 \times (18-9) = 30,600mm^2$$

② 콘크리트의 단면2차 모멘트

$$I_c = \frac{b_1 h_1^3}{12} + \frac{2b_2 h_2^3}{12} + 2(r-t)^4\left(\frac{\pi}{8} - \frac{8}{9\pi}\right) + 2\left(\frac{\pi(r-t)^2}{2}\right)\left(\frac{h_2}{2} + \frac{4(r-t)}{3\pi}\right)^2$$

단면의 약축에 대한 검토

$h_1 = 150 - 2 \times 9 = 132mm, \quad b_1 = 250 - 4 \times 9 = 214mm,$

$h_2 = 150 - 4 \times 9 = 114mm, \quad b_2 = 9mm, \quad (r-t) = 18 - 9 = 9mm$

$I_c = 44.2 \times 10^6 mm^4$

③ 구조제한 검토

콘크리트 설계기준 압축강도 　　$21MPa \leq f_{ck} \leq 70MPa$

강재의 설계기준항복강도 　　$f_y \leq 440MPa$

강관의 단면적 　　$\rho_s = \dfrac{A_s}{A_g} = \dfrac{6670}{(30,600 + 6,670)} = 0.179 > 0.01$

각형강관의 판폭두께비 　$b/t = 232/9 = 25.7 \leq 2.26\sqrt{\dfrac{E_s}{f_y}} = 2.26\sqrt{\dfrac{205,000}{325}} = 56.8$


## ➤ 설계압축강도

① 세장효과를 고려하지 않는 압축강도(소성압축강도, 각형단면의 경우)

$$P_0 = A_s f_y + A_{sr} f_{yr} + 0.85 A_c f_{ck}$$
$$= 6,670 \times 325 + 0 \times 0 + 0.85 \times 30,600 \times 35 = 3,080kN$$

② 합성단면의 유효강성

$$C_2 = 0.6 + 2\left(\frac{A_s}{A_c + A_s}\right) = 0.6 + 2 \times \left(\frac{6,670}{30,600 + 6,670}\right) = 0.958 > 0.9 \quad \therefore C_2 = 0.9$$

$$EI_{eff} = E_s I_s + E_s I_{sr} + C_2 E_c I_c$$
$$= 205,000 \times 24.7 \times 10^6 + 200,000 \times 0 + 0.9 \times 29,800 \times 44.2 \times 10^6 = 6.25 \times 10^{12} Nmm^2$$

③ 오일러좌굴하중 　　$P_e = \dfrac{\pi^2 EI_{eff}}{(kL)^2} = \dfrac{\pi^2 \times 6.25 \times 10^{12}}{4200^2} = 3.5 \times 10^6 N$

④ 공칭압축강도

$$\frac{P_0}{P_e} = \frac{3,080,000}{3,500,000} = 0.880 \leq 2.27$$

$$\therefore \ P_n = P_0 \left[ 0.658^{\left( \frac{P_0}{P_e} \right)} \right] = 3,080,000 \times 0.658^{0.880} = 2,130 \times 10^3 N$$

⑤ 설계압축강도 $\quad \phi_c = 0.75, \quad \therefore \ \phi_c P_n = 0.75 \times 2,130 = 1,600kN > P_u\,(= 1,500kN)$

## 압축력을 받는 각형 충전형 합성기둥 : 강구조 설계기준 2009

그림과 같이 중심축하중을 받는 길이 $L = 5.0m$ (양단힌지)인 교각용 콘크리트 충전 합성기둥의 설계강도 $P_d$를 강구조 설계기준(하중저항계수설계법)에 의해 구하시오.

조건. $f_{ck} = 21MPa$, $f_y = 245MPa$, $E_c = 24,900MPa$, $E_s = 205,000MPa$, $t = 8^{mm}$

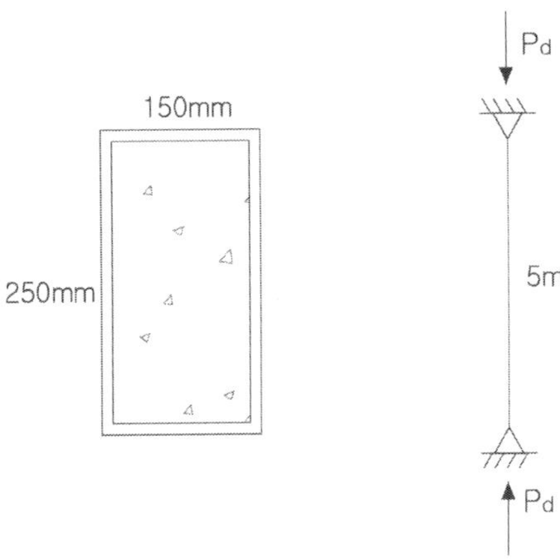


## 풀 이

### ➤ 단면의 특성

콘크리트의 단면 2차 모멘트

$$강축 : I_x = \frac{bh^3}{12} = \frac{(150-18)(250-18)^3}{12} = 143,077,428mm^4$$

$$약축 : I_y = \frac{b^3h}{12} = \frac{(150-18)^3(250-18)}{12} = 46,919,028mm^4$$

강재의 단면 2차 모멘트

$$강축 : I_x = \frac{b_1 h_1^3}{12} - \frac{b_2 h_2^3}{12} = 195,312,500 - 143,077,428 = 52,235,072mm^4$$

$$약축 : I_y = \frac{b_1^3 h_1}{12} - \frac{b_2^3 h_2}{12} = 70,312,500 - 46,919,028 = 23,393,472mm^4$$

### ➤ 강구조설계기준에 따른 구조제한 검토

1) 콘크리트 설계기준 압축강도      $21MPa \leq f_{ck} \leq 70MPa$     O.K

2) 강재의 설계기준항복강도 $\qquad f_y \le 440 MPa \qquad$ O.K

3) 강관의 단면적 비율 검토

$$A_s = 250 \times 150 - (250 - 8 \times 2)(150 - 8 \times 2) = 6,144 mm^2$$

$$A_g = A_c + A_s = 250 \times 150 = 37,500 mm^2, \quad A_c = 31,356 mm^2$$

$$\therefore \ \rho_s = \frac{A_s}{A_g} = \frac{6,144}{37,500} = 0.164 > 0.01 \qquad\qquad \text{O.K}$$

4) 각형강관의 판폭두께비

$$\frac{b}{t} = \frac{250}{8} = 31.25 \le 2.26 \sqrt{\frac{E_s}{f_y}} = 2.26 \sqrt{\frac{205,000}{245}} = 65.4 \quad \text{O.K}$$

### ▶ 설계압축강도

1) 세장효과를 고려하지 않는 압축강도(소성압축강도, 각형단면의 경우)

$$P_0 = A_s f_y + A_{sr} f_{yr} + 0.85 A_c f_{ck}$$
$$= 6,144 \times 245 + 0 \times 0 + 0.85 \times 31,356 \times 21 = 2,065 kN$$

2) 합성단면의 유효강성

$$C_2 = 0.6 + 2 \left( \frac{A_s}{A_c + A_s} \right) = 0.6 + 2 \times \left( \frac{6,144}{37,500} \right) = 0.928 > 0.9 \quad \therefore C_2 = 0.9$$

$$EI_{eff} = E_s I_s + E_s I_{sr} + C_2 E_c I_c = 205,000 \times 23,393,472 + 0.9 \times 24,900 \times 46,919,028$$
$$= 5.847 \times 10^{12} Nmm^2$$

3) 오일러좌굴하중

$$P_e = \frac{\pi^2 EI_{eff}}{(kL)^2} = \frac{\pi^2 \times 5.847 \times 10^{12}}{5000^2} = 2.31 \times 10^6 N$$

4) 공칭압축강도

$$\frac{P_0}{P_e} = \frac{2,065}{2,310} = 0.894 \le \frac{1}{0.44} (= 2.27)$$

$$\therefore P_n = P_0 [0.658^{\left( \frac{P_0}{P_e} \right)}] = 2,065 \times 0.658^{0.894} = 1,420 kN$$

5) 설계압축강도

$$\phi_c = 0.75, \quad \therefore P_d = \phi_c P_n = 0.75 \times 1,420 = 1,065 kN$$

## 압축력을 받는 각형 충전형 합성기둥의 설계 : 강구조 설계기준 2009

그림과 같은 단면을 갖는 길이 L=12m인 콘크리트 충전 강관 합성기둥의 안정성을 하중저항계수
설계법에 의해 검토하시오(단, 합성단면의 공칭강도 계산 시 소성응력 분포법을 사용하며 안전성
은 휨과 압축에 관한 상관식을 사용한다).

〈조건〉

| 작용하중 | 계수축하중 $P_u = 5,000kN$ | 계수휨모멘트 $M_u = 700kN \cdot m$ |
|---|---|---|
| 사용재료 | • 강재 SM490<br>항복강도 $F_y = 325MPa$<br>탄성계수 $E_S = 205GPa$<br>• 콘크리트<br>설계기준강도 $f_{ck} = 50MPa$ | 인장강도 $F_u = 490MPa$<br><br>탄성계수 $E_c = 32GPa$ |
| 단면상수 | 총단면적 $A_g = 3,025cm^2$<br>콘크리트 단면적 $A_c = 2,809cm^2$<br>강재 단면적 $A_s = 216cm^2$ | 총단면 2차 모멘트 $I_g = 762,552cm^2$<br>콘크리트 단면 2차 모멘트 $I_c = 657,540cm^2$<br>강재 단면 2차 모멘트 $I_s = 105,012cm^2$ |

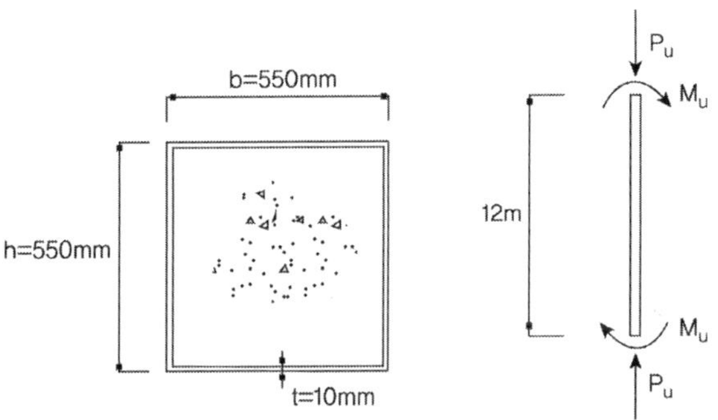


## 풀 이

### ▶ 개 요

2009 강구조설계기준 하중저항계수설계법에 따라 검토하며, 휨과 압축을 동시에 받는 구조물로 교량
구조물이 아닌 강구조물로 보고 설계한다(교량구조물로 볼 경우 충전형 각형강관의 구조제한 N.G).

### ▶ 구조제한 검토

1) 콘크리트 압축강도 $\qquad\qquad\qquad 21MPa \leq f_{ck} < 70MPa$

2) 강재 및 철근의 항복강도 $\qquad\qquad f_y \leq 440MPa$

3) 강재비     $\rho_s = \dfrac{A_s}{A_g} = \dfrac{21,600}{550 \times 550} = 0.0714 > 0.01$     O.K

4) 충전형 각형강관 구조제한 검토     $\dfrac{b}{t} = \dfrac{550}{12} = 45.83 < 2.26\sqrt{\dfrac{E_s}{f_y}} = 56.76$     O.K

## ➤ 설계압축강도 산정

1) $P_0$

$$C_2 = 0.85 \ (\text{각형강관}) \ \ P_0 = A_s f_y + A_{sr} f_{yr} + C_2 A_c f_{ck}$$

$$\therefore P_0 = A_s f_y + A_{sr} f_{yr} + C_2 A_c f_{ck} = 216 \times 10^2 \times 325 + 0.85 \times 2809 \times 10^2 \times 50$$
$$= 18,958.25 kN$$

2) $EI_{eff}$

$$C_3 = 0.6 + 2\left(\dfrac{A_s}{A_c + A_s}\right) = 0.7428 \leq 0.9$$

$$\therefore EI_{eff} = E_s I_s + 0.5 E_s I_{sr} + C_3 E_c I_c$$
$$= 205,000 \times 105,012 \times 10^4 + 0.7428 \times 32,000 \times 657,540 \times 10^4 = 3.7157 \times 10^{14} Nmm^2$$

3) $P_e$

양단에 모멘트가 발생하므로 양단 고정조건으로 가정한다.   $K = 0.5$

$$\therefore P_e = \dfrac{\pi^2 (EI_{eff})}{(KL)^2} = 101,868 kN$$

4) $P_n$

$$P_e / P_0 = 5.373 > 0.44 \quad \therefore P_n = P_0 \left[ 0.658^{\left(\frac{P_0}{P_e}\right)} \right] = 17,537.56 kN$$

$$\phi_c = 0.75 \qquad\qquad \therefore \phi_c P_n = 13,153 kN > P_u (= 5,000 kN)$$

## ➤ 설계휨강도 산정

1) 콘크리트 효과를 무시하고 강재단면만으로 검토 시

① 소성단면계수

$$Z = \dfrac{1}{4}(550^3 - 530^3) = 4,374,500 mm^3$$

② 공칭휨강도(횡좌굴과 판폭두께비를 고려하지 않아도 무방)

$$M_n = M_p = Zf_y = 4,374,500 \times 325 = 1,421.7kNm$$

2) 철근 및 콘크리트 효과를 포함하여 합성단면으로 검토 시

① 탄성계수비 $\qquad n = \dfrac{E_s}{E_c} = \dfrac{205}{32} = 6.4$

② 단면의 도심산정 $\qquad$ 대칭이므로 $y_0 = 275mm$

③ 환산단면2차 모멘트 $\qquad I_{tr} = \dfrac{1}{12}(550^4 - 530^4) + \dfrac{1}{6.4} \times \dfrac{530^4}{12} = 2,077,526,380mm^4$

④ 소성단면계수

$$Z_c = Z_t = \frac{2,077,526,380}{(275 - 10)} = 7,839,722.19mm^3$$

$$Z_c = Z_t = \frac{2,077,526,380}{275} = 7,554,641.38mm^3$$

⑤ 공칭휨강도

$$M_{n.c} = nZ_c \times (0.85f_{ck}) = 2,134.5kNm$$

$$M_{n.s} = Z_sf_y = 2,455.3kNm$$

$\therefore$ 두 값 중에서 콘크리트 단면이 가장 먼저 한계상태에 도달하므로 $M_n = 2,134.5kNm$

3) 합성부재의 설계휨강도

콘크리트 효과를 포함하는 경우가 가장 큰 값이므로

$$\therefore M_n = 2,134.5kNm$$

$$\phi_b M_n = 0.9 \times 2,134.5 = 1,921.04kNm$$

### ▶ 휨과 압축동시 작용 시 안정성

$$P_u = 5,000kN, \qquad M_u = 700kNm$$

$$\frac{P_u}{\phi_c P_n} = \frac{5000}{13153.17} = 0.38 > 0.2 \qquad \therefore M_n = 2,134.5kNm$$

$$\therefore \frac{P_u}{\phi_c P_n} + \frac{8}{9}\frac{M_u}{\phi_b M_n} = 0.19 + 0.324 = 0.51 < 1.0 \qquad 안전하다.$$

## 압축력을 받는 각형 충전형 합성기둥 : 강구조 설계기준 2009

그림과 같이 1,000mm×1,000mm의 강–콘크리트 합성기둥에 압축력 P=22,000kN, 수평축(y축)에
대한 모멘트 M=4,000kNm가 작용할 때 강재 및 콘크리트에 발생하는 최대 응력을 구하시오
단, 강재의 두께는 20mm이고 전단 연결재가 충분히 배치되어 강–콘크리트는 완전합성작용을 하
며 강재와 콘크리트의 탄성계수는 각각 200GPa, 30GPa이고 단면치수는 mm이다.

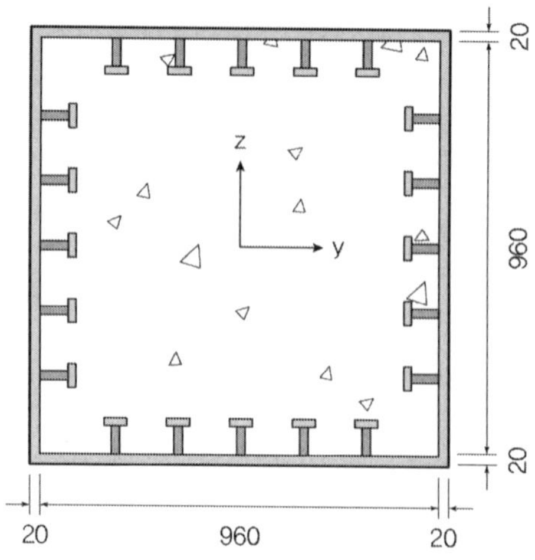


## 풀 이

### ▶ 개요

주어진 조건에서 스터드는 강재와 콘크리트의 완전합성작용에만 기여하는 것으로 보고, 단면 상
수 산정 등에서는 무시한다. 합성기둥의 설계방법은 현행 강구조 설계기준에서 소성응력분포법이
나 변형률적합법의 2가지 방법을 사용하도록 하고 있으나 주어진 문제의 조건상 두 부재 모두 탄
성 범위 내에서 거동하는 것으로 가정한다.

### ▶ 단면 성질

1) 콘크리트 $\quad A_c = 960^2 = 921,600\,\text{mm}^2, \quad I_c = 960^4/12 = 7.078 \times 10^{10}\,\text{mm}^4$

2) 강재 $\quad A_s = 1000^2 - 960^2 = 78,400\,\text{mm}^2, \quad I_s = 1000^4/12 - 960^4/12 = 1.255 \times 10^{10}\,\text{mm}^4$

➤ **하중 분담**

완전 합성 구조물이므로 두 부재의 변위는 같고 각각이 부담하는 하중의 합은 외력과 같다.

① 압축력

$$P = P_c + P_s = 22,000\text{kN}$$

$$\delta_c = \delta_s \ ; \quad \frac{P_c L}{E_c A_c} = \frac{P_s L}{E_s A_s} \qquad \therefore P_c = 14038.4\text{kN}, \quad P_s = 7961.6\text{kN}$$

② 모멘트

$$M = M_c + M_s = 4,000\text{kN}$$

$$\delta_c = \delta_s \ ; \quad \frac{M_c}{E_c I_c} = \frac{M_s}{E_s I_s} \qquad \therefore M_c = 1833.12\text{kN}, \quad M_s = 2166.88\text{kN}$$

➤ **부재별 최대응력 산정**

① 콘크리트 $\quad f_{c,m} = \dfrac{P_c}{A_c} + \dfrac{M_c}{I_c} y_c = 27.66 \text{ MPa}$

② 강재 $\qquad f_{s,m} = \dfrac{P_s}{A_s} + \dfrac{M_s}{I_s} y_s = 187.88 \text{ MPa}$

## 압축력을 받는 원형 충전형 합성기둥 : 강구조 설계기준 2009

그림과 같은 강구조 건축물에서 원형강관($\phi - 500 \times 9$, SM490)에 콘크리트($f_{ck} = 24MPa$)로 채워진 5m 높이의 충전합성기둥의 중심에 압축력이 작용할 때 기둥의 안정성을 검토하시오. 단, KBC2009 적용, 기둥의 양단부 경계조건은 핀이고 베이스플레이트 상부에서 하중이 직접 지압콘크리트에 전달된다.

[검토조건]

원형강관 ($\phi - 500 \times 9$, SM490)

$f_y = 325MPa, \quad f_u = 490MPa,$

$E_s = 2.05 \times 10^5 MPa, \quad A_s = 13,880mm^2$

콘크리트 $f_{ck} = 24MPa, \quad E_c = 2.98 \times 10^4 MPa$

$P_{DL} = 1000kN, \quad P_{LL} = 1400kN$

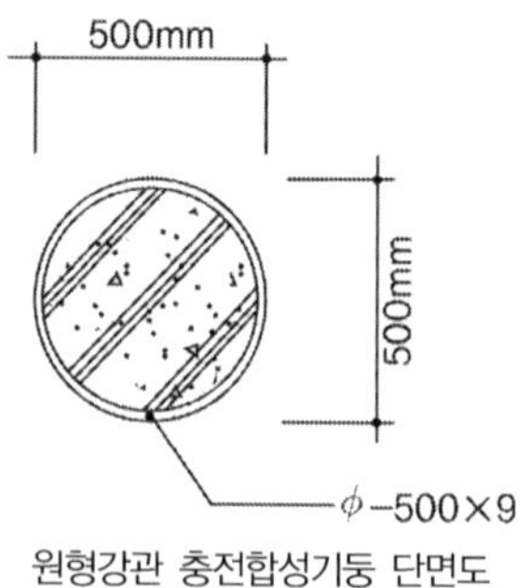


원형강관 충전합성기둥 단면도

### 풀 이

#### ▶ 소요 압축강도

$$P_u = 1.2P_D + 1.6P_L = 3,440kN > 1.4P_D (= 1,400kN)$$

#### ▶ 재료의 특성

강관 : $f_y = 325MPa, \quad f_u = 490MPa, \quad E_s = 205,000MPa$

콘크리트 : $f_{ck} = 24MPa, \quad E_c = 2.98 \times 10^4 MPa$

#### ▶ 강관의 특성

$$A_s = 13,880mm^2, \quad I_x = I_y = \frac{\pi}{64}(D^4 - d^4) = 3.742 \times 10^8 mm^4$$

#### ▶ 콘크리트의 특성

$$A_c = \frac{\pi}{4}(500 - 8 \times 2)^2 = 183,984mm^2, \quad I_c = \frac{\pi}{64}(500 - 16)^4 = 2.693 \times 10^9 mm^4$$

## ▶ 구조제한 검토

1) 콘크리트 설계기준 압축강도 $\qquad 21^{MPa} \le f_{ck} \le 70^{MPa}$

2) 강재의 설계기준 항복강도 $\qquad f_y \le 440^{MPa}$

3) 강관의 단면적 $\qquad \rho_s = \dfrac{A_s}{A_g} = \dfrac{13880}{196349} = 0.07 > 0.01$

4) 원형강관의 두께비 $\qquad \dfrac{D}{t} = \dfrac{500}{9} = 55.55 < 0.15 E/f_y = 94.61$


## ▶ 설계압축강도

1) $P_0$

$$C_2 = 0.85\left(1 + 1.8\frac{tf_y}{Df_{ck}}\right) = 0.85\left(1 + 1.8\frac{9 \times 325}{500 \times 24}\right) = 1.2229 \ : \ \text{원형강관(건축물강구조)}$$

$$P_0 = A_s f_y + A_{sr} f_{yr} + C_2 A_c f_{ck}$$

$$\therefore P_0 = A_s f_y + A_{sr} f_{yr} + C_2 A_c f_{ck} = 13,880 \times 325 + 1.2229 \times 183,984 \times 24 = 9,911.02 kN$$

2) $EI_{eff}$

$$C_3 = 0.6 + 2\left(\frac{A_s}{A_c + A_s}\right) = 0.6 + 2 \times \left(\frac{13,880}{183,894 + 13,880}\right) = 0.74 < 0.9$$

0.9보다 작으므로 $C_3 = 0.74$

$$EI_{eff} = E_s I_s + E_s I_{sr} + C_3 E_c I_c = 205,000 \times 3.742 \times 10^8 + 0.74 \times 29,800 \times 2.693 \times 10^9$$
$$= 1.361 \times 10^{14} Nmm^2$$

3) $P_e$

$$P_e = \frac{\pi^2 EI_{eff}}{(kL)^2} = \frac{\pi^2 \times 1.361 \times 10^{14}}{5000^2} \times 10^{-3} = 53,728 kN$$

4) $P_n$

$P_e/P_0 = 0.01 < 0.44 \qquad \therefore P_n = 0.877 P_e = 47,119 kN$

$\phi_c = 0.75 \qquad\qquad\quad \therefore \phi_c P_n = 35,339 kN < P_u \qquad\qquad$ O.K

## 압축력을 받는 각형 충전형 합성기둥 : 강구조 설계기준 2009

그림과 같은 충전형 각형강관 합성기둥의 설계압축강도를 산정하시오

가정조건 1) □－600×600×12 (SM490, $f_y = 325MPa$)

2) 콘크리트 설계기준강도 $f_{ck} = 27MPa$

3) 부재의 길이 6m, 양단 핀지지

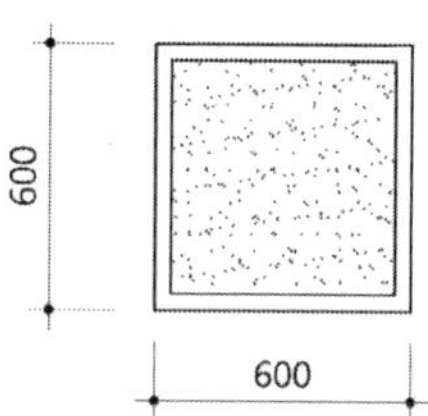

## 풀 이

### ▶ 단면의 특성

콘크리트의 단면 2차 모멘트

$$I_x = I_y = \frac{bh^3}{12} = \frac{(600 - 12 \times 2)^4}{12} = 9,172,942,848mm^4$$

강재의 단면 2차 모멘트

$$I_x = I_y = \frac{b_1 h_1^3}{12} - \frac{b_2 h_2^3}{12} = 10,800,000,000 - 9,172,942,848 = 1,627,057,152mm^4$$

### ▶ 강구조설계기준에 따른 구조제한 검토

1) 콘크리트 설계기준 압축강도      $21MPa \leq f_{ck} \leq 70MPa$     O.K

2) 강재의 설계기준항복강도      $f_y \leq 440MPa$     O.K

3) 강관의 단면적 비율 검토

$$A_s = 600^2 - (600 - 12 \times 2)^2 = 28,224mm^2$$

$$A_g = A_c + A_s = 600 \times 600 = 360,000mm^2, \quad A_c = 331,776mm^2$$

$$\therefore \rho_s = \frac{A_s}{A_g} = \frac{28,224}{360,000} = 0.0784 > 0.01 \qquad O.K$$

4) 각형강관의 판폭두께비

$$\frac{b}{t} = \frac{600}{12} = 50 \leq 2.26 \sqrt{\frac{E_s}{f_y}} = 2.26 \sqrt{\frac{205,000}{325}} = 56.8 \quad O.K$$

**➤ 설계압축강도**

1) 세장효과를 고려하지 않는 압축강도(소성압축강도, 각형단면의 경우)

$$P_0 = A_s f_y + A_{sr} f_{yr} + 0.85 A_c f_{ck}$$
$$= 28,224 \times 325 + 0 \times 0 + 0.85 \times 331,776 \times 27 = 16,787 kN$$

2) 합성단면의 유효강성

$$C_2 = 0.6 + 2\left(\frac{A_s}{A_c + A_s}\right) = 0.6 + 2 \times \left(\frac{28,224}{360,000}\right) = 0.76 < 0.9 \qquad \therefore \ C_2 = 0.76$$

$$E_c = 8,500 \sqrt[3]{f_{cu}} = 8,500 \sqrt[3]{27 + 8} = 27,804 MPa$$

$$EI_{eff} = E_s I_s + E_s I_{sr} + C_2 E_c I_c$$
$$= 205,000 \times 1,627,057,152 + 0.76 \times 27,804 \times 9,172,942,848$$
$$= 5.2656 \times 10^{14} Nmm^2$$

3) 오일러좌굴하중

$$P_e = \frac{\pi^2 EI_{eff}}{(kL)^2} = \frac{\pi^2 \times 5.2656 \times 10^{14}}{6000^2} = 1.4436 \times 10^8 N$$

4) 공칭압축강도

$$\frac{P_0}{P_e} = \frac{16,787}{144,360} = 0.116 \leqq \frac{1}{0.44}(= 2.27) \quad \because \ P_e \geq 0.44 P_0$$

$$\therefore \ P_n = P_0 \left[0.658^{\left(\frac{P_0}{P_e}\right)}\right] = 16,787 \times 0.658^{0.116} = 15,989 kN$$

5) 설계압축강도

$$\phi_c = 0.75, \quad \therefore \ P_d = \phi_c P_n = 0.75 \times 15,989 = 11,992 kN$$

# REFERENCE


| 1 | KDS 설계기준 | 국토교통부 |
|---|---|---|
| 2 | 도로교 설계기준 해설 | 대한토목학회 2008 |
| 3 | 도로교 설계기준 한계상태설계법 | 대한토목학회 2012 |
| 4 | 도로교 설계기준 한계상태설계법 | 국토교통부, 2016 |
| 5 | 도로설계편람 | 국토해양부 2008 |
| 6 | 강구조설계기준 | 한국강구조학회 2009 |
| 7 | 강구조설계기준-하중저항계수설계법 | 한국강구조학회 2014 |
| 8 | 강구조설계 | 한국강구조학회 2022 |
| 9 | ASSHTO LRFD | ASSHTO |
| 10 | 강도로교 상세부 설계지침 | 한국강구조학회 2006 |
| 11 | 강구조설계 예제집 | 한국강구조학회 2009 |
| 12 | 대한토목학회지 | 대한토목학회 |
| 13 | 한국강구조학회지 | 한국강구조학회 |
| 14 | 강구조공학 | 조효남 구미서관 2008 |
| 15 | 강구조설계 | 한국강구조학회 구미서관 2009 |
| 16 | Stability design criteria for metal structure | Galambos |
| 17 | Structural stability : theory and implementation | Wai-Fah Chen |
| 18 | Principles of structural stability theory | Alexander Chajes |
| 19 | Steel Design | William T.Segui |
| 20 | 고려대학교 강구조공학 강의노트 | 고려대학교 |
| 21 | 핫스팟 응력 해석을 위한 일반지침 | 용접강도연구위원회, 2006 |

# 저자 소개

## 안시준

### • 학력 및 경력

고려대학교 토목환경공학과 학사
고려대학교 구조공학 공학석사
The University of Sheffield 도시공학 공학석사
토목구조기술사(99회, 2013년)

### • 활동 조직 및 단체

행정안전부 재난안전관리본부 과학기술서기관
한국토지주택공사 과장
국토교통부 중앙건설기술심의위원
해양수산부 설계심의분과위원
충청남도 · 대전광역시 · 경상북도 · 인천광역시 지방건설기술심의위원
국가철도공단 설계심의분과위원 · 기술자문위원
한국수자원공사 · 경기주택도시공사 기술심의위원 등

## 최성진

### • 학력 및 경력

고려대학교 토목공학과 학사
한양대학교 공학대학원 첨단건설구조 공학석사
토목구조기술사(57회, 1999년)

### • 활동 조직 및 단체

한국토지주택공사 신도시계획처장
국토교통부 중앙건설기술심의위원
한국토지주택공사 기술심사평가위원
대한토목학회 편집위원 · 평위원
부산지방국토관리청 기술자문위원
서울시설공단 · 한국수자원공사 · 한국철도공사 기술자문위원
국토안전원 국토안전자문위원
국토교통과학기술진흥원 건설신기술 심사위원 등

토목구조기술사 합격 바이블 4권 제3판

# 강구조

1 판 발행  2014년 9월 5일
2 판 발행  2017년 2월 1일
3 판 발행  2026년 3월 3일

지 은 이  안시준, 최성진
펴 낸 이  김성배
펴 낸 곳  (주)에이퍼브프레스

책임편집  신은미
디 자 인  윤지환, 이미애
제    작  김문갑

출판등록  제25100-2021-000115호(2021년 9월 3일)
주    소  (04626) 서울특별시 중구 필동로8길 43(예장동 1-151)
전    화  02-2274-3666(대표) | 팩스  02-2274-4666
홈페이지  www.apub.kr

I S B N  979-11-94599-21-0 (94530)
         979-11-94599-14-2 (세트)